DicodeBio

2e éd.

W0317444

Chez le même éditeur

Extrait du catalogue

BRESNICK S.D., Biologie

CAIN M.L., DAMMAN H., LUE R.A., YOON C.K. , Découvrir la biologie

DARNELL J. ***et al***, Biologie moléculaire de la cellule. 3e éd.

GILBERT S.F., Biologie du développement. 2e éd.

GILLES R., Physiologie animale

KARP G., Biologie cellulaire et moléculaire. 2e éd.

PRESCOTT L.M., HARLEY J.P., KLEIN D.A., Microbiologie. 2e éd.

SLACK J.M.W., Biologie du développement

TANZARELLA S., Perception et communication chez les animaux

WAKEFORD T., Aux origines de la vie

Romaric **Forêt**

DicodeBio

2e éd.

8 612 définitions
pour un panorama
des sciences de la vie

- ▷ 57 tableaux synthétiques
- ▷ 23 arbres phylogénétiques
- ▷ traduction anglaise de chaque mot
- ▷ index anglais/français

Préface
d'Annie Mamecier

de boeck

Pour toute information sur notre fonds et les nouveautés dans votre domaine de spécialisation, consultez notre site web **www.deboeck.com**

© De Boeck & Larcier s.a., 2006
Éditions De Boeck Université
rue des Minimes 39, B-1000 Bruxelles
Pour la traduction et l'adaptation française

Tous droits réservés pour tous pays.
Il est interdit, sauf accord préalable et écrit de l'éditeur, de reproduire (notamment par photocopie) partiellement ou totalement le présent ouvrage, de le stocker dans une banque de données ou de le communiquer au public, sous quelque forme et de quelque manière que ce soit.

Conception graphique (intérieur et couverture) : Primo&Primo

Imprimé en Belgique

Dépôt légal :
Bibliothèque Nationale, Paris : octobre 2006
Bibliothèque Royale Albert Ier, Bruxelles : 2006/0074/256

ISBN : 2-8041-5248-0
ISBN13 : 978-2-8041-5248-2

4. Au niveau des organismes

5. Les cladogrammes

Index des tableaux

1. Au niveau moléculaire

2. Au niveau cellulaire

3. Au niveau des organes

Remerciements

Pour la première édition du Dico de Bio, j'avais trouvé auprès de mon éditrice Ariane VLÉRICK beaucoup de confiance, de sympathie et de disponibilité. Je souhaite renouveler ces qualificatifs à celui qui l'a remplacée, Fabrice CHRETIEN, ainsi qu'à Olivier RUOL, son adjoint. Concevoir avec eux ces deux éditions aura été un plaisir et je leur en suis reconnaissant.

Mme Annie MAMECIER, Doyenne de l'Inspection Générale des Sciences de la Vie et de la Terre, m'a fait l'honneur d'écrire la préface et je l'en remercie vivement.

Cet ouvrage a fait l'objet d'un travail de relecture long et fastidieux par plusieurs professeurs d'Université spécialistes des différents domaines abordés. Leurs apports et remarques ont grandement participé à la qualité du contenu et je les en remercie chaleureusement : Jean-Pierre AUQUIERE (Université catholique de Louvain), Max BUGNICOURT (Université d'Amiens), René MISSLIN (Université de Strasbourg) et René REZSOHAZY (Université catholique de Louvain).

Je remercie chaleureusement Colette CORDIER, ma mère, sans qui la rédaction de ce dictionnaire aurait été difficile voire impossible, ainsi que Florent ZANETTI pour m'avoir fait part de ses réflexions avisées sur de nombreux points.

Malgré le temps, l'attention et le soin que j'aurai apportés à la rédaction, je ne suis pas à l'abri des omissions, des généralisations abusives voire des erreurs. Je suis reconnaissant à quelques lecteurs de m'avoir fait parvenir leurs remarques, qui, dans l'ensemble, ont été suivies dans cette nouvelle édition et je prie donc de nouveau les lecteurs de bien vouloir transmettre à l'éditeur leurs observations et suggestions afin d'épurer et d'enrichir cette nouvelle édition :

- par mail à :
  fabrice.chretien@deboeck.com.
- par courrier à :
  Editions De Boeck
  à l'intention de Fabrice Chrétien
  5/7 rue de la Gare
  92130 ISSY LES MOULINEAUX

Romaric FORET

Lorsqu'il y a plusieurs définitions, chacune d'elles est mise en évidence par un chiffre en gras.

Deux cas sont alors possibles pour la nature, le genre, et la traduction :

• si ces éléments sont communs à toutes les définitions, ils sont situés juste après l'entrée.

• s'ils diffèrent selon la définition, ils sont situés au début ou à la fin de chaque définition.

b. Concernant l'entrée :

• Lorsque l'entrée comprend plusieurs mots (ex. : Cellule de Sertoli), c'est généralement le premier mot qui détermine où sera placée alphabétiquement la définition. C'est le cas pour les acides, les cellules, les glandes, les canaux, les hormones, les facteurs, les corps, les cavités, etc., qu'il faut donc rechercher à ces mots.

• Dans le cas où le deuxième mot est plus important dans la définition, c'est lui qui détermine l'emplacement.

• La préposition « de » entre les deux mots de l'entrée est prise en compte dans l'ordre alphabétique.

c. Concernant la nature et de le genre des mots :

• Les abréviations suivantes sont utilisées : n. : nom ; m. : masculin ; f. : féminin ; sing. : singulier ; pl. : pluriel ; adj. : adjectif ; v. t. : verbe transitif ; v. i. : verbe intransitif.

• Dans certains cas, les deux genres sont acceptés. Ex. : Enzyme, Coenzyme.

• Les nature et genre du mot sont ceux correspondant au mot pris dans son contexte biologique uniquement.

d. Concernant la définition :

• Une entrée est définie seulement dans son contexte biologique, tout en faisant abstraction des groupes systématiques. Ex. : *Crustacé adj.* (et non pas *Crustacés n. m. pl.*, pris comme clade).

• Lorsque seul un synonyme est donné à la place d'une définition, le lecteur trouvera la définition du mot en entrée en se reportant à ce synonyme.

• Les termes du texte, dérivés de l'entrée, sont indiqués en gras, et les termes importants en italique.

• Tous les noms d'êtres vivants, du Virus à l'Homme, prennent une majuscule à la faveur d'une double volonté : d'une part, celle de faciliter le repérage des noms d'espèces dans le texte, d'autre part celle de marquer le respect à toutes les formes de vie qui, chacune à leur niveau, participent, ou ont participé, à faire de la nature ce qu'elle est aujourd'hui.

Préface

Les sciences de la vie constituent des champs spécialisés en plein essor. Aussi, l'expression des connaissances nécessite-t-elle des terminologies progressivement plus riches et plus précises. Le vocabulaire spécifique doit prendre en compte d'une part les explications qui tiennent au développement des nouvelles biosciences comme, par exemple, la biologie moléculaire, la biologie du développement, la neurobiologie, d'autre part les données traditionnelles de la biologie animale, de la biologie végétale, de la génétique, de la physiologie générale, de l'écologie...

L'intérêt du dictionnaire spécialisé est de faciliter l'assimilation de définitions précises et d'explications actualisées rapprochant les deux règnes, végétal et animal, ainsi que les notions construites aux divers niveaux d'organisation du vivant, de la molécule et des microorganismes jusqu'à l'écosystème.

C'est bien le choix qui a été fait par Romaric FORET dans le dictionnaire de biologie qu'il propose. Environ 8600 mots et sigles représentent autant d'entrées faciles vers les biosciences. A chacun sont associés la forme grammaticale et le genre, l'étymologie, la traduction anglaise, la ou les définitions ainsi que, éventuellement, le synonyme, l'antonyme et souvent un ou plusieurs exemples. Le dictionnaire comporte aussi les formules moléculaires les plus courantes et les mots étrangers qui sont passés dans le vocabulaire des enseignants et chercheurs. En outre, le caractère désuet de certains mots est souligné. La qualité de l'ouvrage tient aussi au respect et à la prise en compte équilibrée des différents domaines des sciences de la vie. Par des liens ou renvois vers des termes corrélatifs et par le jeu des synonymes, des regroupements thématiques ou l'établissement de réseaux notionnels sont tout à fait possibles.

L'outil de travail proposé est d'un très grand intérêt pour les universitaires, les étudiants des filières de sciences de la vie et les jeunes chercheurs en biologie. Le vocabulaire spécialisé est aussi mis au service des professeurs du secondaire et de leurs élèves. Ainsi, le dictionnaire peut apporter une aide véritable aux enseignants qui, dans le cadre des programmes officiels, explicitent les contenus de formation, notamment dans les disciplines suivantes : sciences de la vie et de la Terre dans les collèges et les lycées d'enseignement général, vie sociale et professionnelle et hygiène-prévention-sécurité dans les lycées professionnels, biotechnologie-santé-environnement et sciences et techniques médico-sociales dans les lycées technologiques. Dans ces disciplines, définir les notions exigibles à chaque niveau de scolarité reste une préoccupation majeure des professeurs, le choix d'un niveau de formulation des notions contribuant à la cohérence verticale des enseignements et à une représentation commune des connaissances à faire acquérir.

L'ouvrage présente aussi un très grand intérêt pour les étudiants qui préparent les concours externes et internes de recrutement de l'enseignement secondaire (agrégations, CAPES, CAPET), ainsi que pour les étudiants des classes préparatoires aux grandes écoles. Le rôle explicatif du dictionnaire, sa facilité d'utilisation, la clarté et la précision des définitions apportent une contribution essentielle au développement de l'univocité du langage et aussi à l'établissement de ponts entre disciplines d'enseignement. L'approche transversale et les complémentarités nécessaires entre biologie, biochimie, chimie et physique... sont en effet recherchées.

Au-delà de son utilisation professionnelle, le dictionnaire présente un intérêt majeur pour un vaste public, en France et dans les pays d'expression française. En effet, la composante scientifique du développement culturel apparaît aujourd'hui indispensable ; complémentaire de la culture humaniste, elle fait partie de la culture générale utile à la compréhension des enjeux de la biologie dans la société.

Précis, juste, actualisé, le dictionnaire de Romaric FORET respecte à la fois la sauvegarde utile de toute la richesse de la culture naturaliste et les signaux de la recherche scientifique moderne. La portée de ce parcours pertinent sur le vivant sera très vivement appréciée.

Annie MAMECIER
Inspectrice générale de l'Education nationale
Doyenne du groupe des Sciences de la Vie et de la Terre

Avant-propos

En hommage à mes parents Colette et Paul.
A la mémoire de mon grand-père qui aurait tant souhaité le lire.
A la mémoire d'un grand ami, David, qui a tant aimé savoir.

La somme considérable des articles scientifiques qui paraissent chaque année témoigne de l'essor actuel de la biologie moléculaire et de la génétique. Ce développement s'est accompagné malheureusement d'un abandon progressif des disciplines naturalistes. Zoologie, botanique, mycologie, systématique et même écologie disparaissent progressivement des enseignements primaire et secondaire et les facultés voient se réduire à leur portion congrue les crédits alloués à la recherche naturaliste.

Et pourtant, beaucoup reste à faire dans ce domaine : l'inventaire du monde vivant, bien que plus d'1,5 million d'espèces soient décrites, reste juste ébauché ; les processus de l'évolution ne sont pas encore bien compris, de même que le fonctionnement des systèmes écologiques.

Or on ne peut comprendre le monde vivant avec une vision réductionniste, c'est-à-dire au travers des seules disciplines molécularistes, sans que ce niveau moléculaire ne soit intégré dans des niveaux supérieurs, l'organisme lui-même et son comportement, la population et l'écosystème dans lesquels il évolue.

C'est pourquoi j'ai eu à cœur dans ce dictionnaire de ne négliger aucune discipline des sciences de la vie. C'est l'une des forces de cet ouvrage que de définir des termes appartenant à la fois au domaine de la biologie moléculaire et au domaine naturaliste, dans une proportion environ égale, de façon à redonner au naturalisme l'attention qu'il mérite. Le Dico de bio met les acquis essentiels de la biologie, sous ses multiples aspects, à la disposition de tous, et particulièrement des étudiants qui trouveront des définitions écrites dans un langage clair, précis et concis et des professeurs qui y puiseront une aide pour la définition des nombreux concepts et notions à enseigner.

Ce dictionnaire comprend plus de 8600 entrées qui couvrent toute la biologie et exclusivement elle. En sont donc exclus les termes de médecine et de pathologie. Les noms des espèces vivantes ne sont pas définis ; cependant, lorsque des espèces vivantes sont citées, leur binôme linnéen est généralement précisé.

Je me suis efforcé de composer des définitions qui contiennent tout ce qui doit y être précisé, en rejetant ce qui est superflu. La grande majorité des termes fait l'objet d'un développement qui dépasse la simple définition lexicale en présentant les informations indispensables à une meilleure compréhension. Enfin, de nombreux tableaux en fin d'ouvrage aident la vision synthétique d'un thème et élargissent certaines définitions s'y rapportant. D'autres tableaux sont en fait des cladogrammes qui présentent, dans l'état actuel des connaissances en phylogenèse, l'ensemble du monde vivant et ceci de manière exhaustive.

J'ai entrepris la rédaction de ce dictionnaire à la fin de mes études de biologie, pendant lesquelles j'avais éprouvé une lacune de l'édition scientifique dans ce type d'ouvrage. Je voyais cet exercice comme une façon de rassembler et de donner corps à ce que j'avais appris. Dès mon jeune âge, les dictionnaires n'ont cessé de me fasciner par la somme de savoirs qu'ils renferment et je savais le plaisir que j'avais à les consulter. En revanche, je ne savais pas celui d'en écrire un. Certes, la réalisation de ce dictionnaire m'aura imposé rigueur et esprit de synthèse, m'aura réclamé beaucoup de temps et m'aura enseigné l'humilité devant la nature si complexe. Ce fut pourtant une gourmandise de tous les instants, toujours renouvelée à chaque définition : c'est ce plaisir qui m'aura permis d'aller jusqu'au bout, et de garder jusqu'à la dernière virgule la ferveur des débuts.

Je me représente ce dictionnaire de biologie comme un reflet de la complexité et de l'harmonie de la vie et de la nature. Malgré le caractère rigide de la forme, à laquelle il est difficile dans ce genre d'écriture de se soustraire, j'ai l'espoir vif que ma passion pour le savoir, pour les mots et pour la biologie transparaîtra au travers des définitions et contribuera à éveiller chez les lecteurs, notamment les plus jeunes, le sentiment supérieur de cette beauté, et à stimuler leur envie de toujours mieux comprendre le monde vivant… pour mieux le respecter.

Conventions

a. Concernant les articles en général :

D'une manière générale, chaque article est structuré de la manière suivante : l'entrée, la nature grammaticale du mot, son étymologie, sa traduction en anglais, sa ou ses définitions, un exemple, le(s) synonyme(s), le(s) antonyme(s).

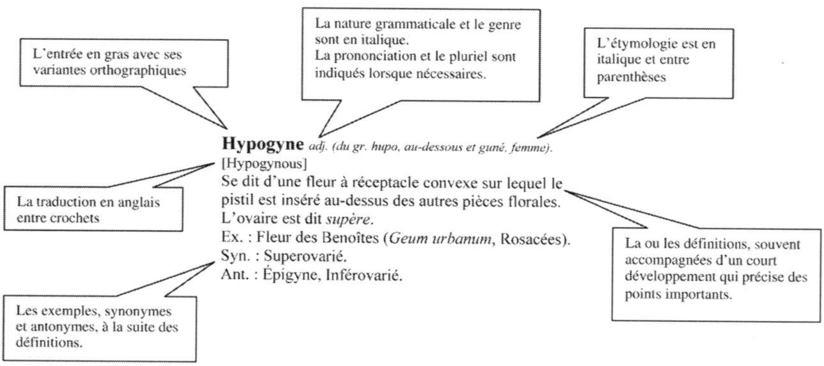

A

A ▸ ① Symbole de l'adénine dans la formule des nucléotides et de l'acide adénylique dans la séquence des acides nucléiques; ▸ ② Symbole de l'alanine dans la formule des protéines; ▸ ③ Groupe sanguin du système ABO. L'antigène de groupe A (oligosaccharide membranaire) est caractérisé par la présence d'une N-acétylgalactosamine; ▸ ④ **a:** Symbole du sang artériel; ▸ ⑤ Voir strie; ▸ ⑥ Voir site ribosomique; ▸ ⑦ Voir Vitamine; ▸ ⑧ Symbole de l'ampère, unité d'intensité électrique; ▸ ⑨ **a:** Symbole du préfixe atto-, qui indique une division par 10^{18} de l'unité qu'il précède; ▸ ⑩ Å: Symbole de l'angström, unité de longueur valant 10^{-10} m.

A I Sigle d'Angiotensine I. Voir Angiotensine.

A II Sigle d'Angiotensine II. Voir Angiotensine.

Aa [Aa] Sigle de Acide aminé. Voir ce mot.

Aa-AMP *n. m.* [Aa-AMP] Sigle de Aminoacyl-adénosine-5'-monophosphate appelé aussi Aminoacyl-adénylate. Voir ce mot.

Aa-ARNt *n. m.* [Aa-ARNt] Sigle de Aminoacyl-acide ribonucléique de transfert. Voir Aminoacyl-adénylate.

ABA *n. m.* [ABA] Sigle de l'acide abscissique.

Abactérien *adj. (du gr. a-, élément privatif et bactérien).* [**Abacterial**] Qui ne contient pas de Bactéries.

Abajoue *n. f. (de la bajoue).* [**Cheek pouch**] Évagination interne des joues de certains Rongeurs et de certains Singes, fermée par un sphincter et utilisée pour accumuler rapidement de la nourriture.

Abâtardir *v. t. (de bâtard).* [**To cause to degenerate**] Faire dégénérer une espèce, une race, par perte de ses qualités originelles. **Syn.:** Dégénérer.

Abaxial *adj. (du lat. ab, loin de et axis, axe).* [**Abaxial**] Éloigné de l'axe, orienté en direction opposée à l'axe. **Ant.:** Adaxial.

Abdomen *n. m. (mot latin).* [**Abdomen**] ▸ ① Région postérieure du tronc des Mammifères limitée à l'avant par le diaphragme et à l'arrière par le bassin; ▸ ② Partie postérieure du corps des Arthropodes.

L'abdomen des Mammifères et des Arthropodes abrite la majeure partie des appareils physiologiques (appareils digestif, excréteur, reproducteur). Chez les Arthropodes, l'abdomen contribue parfois à la locomotion (grâce à la chambre rectale des larves d'Odonates ou aux furcas des Collemboles).

Abducteur *adj. m. et n. m.* [**Abducent (adj.), Abductor (n.)**] Voir Abduction.

Abduction *n. f. (du gr. ab, loin de et du lat. ducere, conduire).* [**Abduction**] Mouvement qui éloigne un membre ou une partie d'un membre du plan de symétrie de l'organisme. L'abduction est réalisée par les muscles *abducteurs*. **Ant.**: Adduction.

Aberration chromosomique *f.* [**Chromosomal aberration**] Anomalie génétique portant sur la structure ou le nombre des chromosomes. Les **aberrations de structure** résultent d'une:

• *délétion:* perte d'un segment de chromosome,

• *duplication:* doublement d'un segment de chromosome,

• *translocation:* transfert d'un segment de chromosome sur un autre segment,

• *inversion:* retournement d'un segment de chromosome.

Les **aberrations du nombre de chromosomes** touchent aussi bien les autosomes (trisomie 21) que les gonosomes (syndrome de Klinefelter: 44 A + XXY, syndrome de Turner: 44 A + X). **Syn.**: Anomalie chromosomique.

Abiétaie *n. f. (du lat. abies, sapin).* [**Abies plantation**] **Syn.**: Sapinière.

Abiéticole *adj. (du lat. abies, sapin et colere, habiter).* [**Abieticolous**] Qui vit sur ou sous les Sapins (genre *Abies*). **Ex.**: Amanite panthère (*Amanita pantherina var. abietum*).

Abiogenèse *n. f. (du gr. a-, élément privatif, bios, vie et genesis, formation).* [**Abiogenesis**] Théorie ancienne selon laquelle la vie pourrait naître de la matière inorganique. **Syn.**: Génération spontanée. **Ant.**: Biogenèse.

Abiose *n. f.* [**Abiosis**] Suspension apparente de la vie. **Ex.**: Abiose des graines en dormance.

Abiotique *adj. (du gr. a-, élément privatif et biôtikos, qui concerne la vie).* [**Abiotic**] ▸ ① Se dit d'un facteur écologique physique ou chimique qui ne dépend pas des êtres vivants. **Ex.**: lumière, température, vent; ▸ ② Se dit d'un milieu où la vie est absente ou impossible. **Ant.**: Biotique.

ABO *adj.* [**ABO**] Voir Système ABO.

Abomasum *n. m. (du lat. ab, du côté de et omasum, tripes de bœuf).* [**Abomasum**] **Syn.**: Caillette.

Abondance-dominance *n. f.* Quantité d'un type biologique ou des individus d'une espèce donnée, du double point de vue de leur nombre et de la surface qu'ils couvrent dans la station considérée. L'abondance-dominance est exprimée sur une échelle à 6 ou 7 degrés inventée par les botanistes Braun-Blanquet et Pavillard, et sur l'échelle à 9 degrés de Van der Maarel.

Abondant *adj. (de abondance).* Se dit d'une espèce dont le nombre d'individu est élevé sur une surface donnée.

Abortif *adj. et n. m. (du lat. abortivus, qui fait avorter).* [**Abortive (adj.), Abortifacient (n.)**] ▸ ① Se dit d'un organe ou d'un organisme qui n'a pas accompli son développement complet ou de la maladie qui en est responsable; ▸ ② Qui provoque l'avortement.

ABP *n. f.* [**ABP**] ▸ ① Sigle de l'anglais *Actin binding protein,* protéine de liaison à l'actine; ▸ ② *(Sigle de l'anglais Androgen binding protein, Protéine de liaison aux androgènes).* Protéine synthétisée par les cellules de Sertoli et qui se fixe aux androgènes. Elle module le passage des androgènes vers les spermatogonies et assure une concentration importante des androgènes dans les tubules séminifères; ▸ ③ *(Sigle de l'anglais Auxin binding protein, Protéine de liaison à l'auxine).* Récepteur protéique de l'auxine, présent surtout dans le tonoplaste, le plasmalemme et le lumen du réticulum endoplasmique de plusieurs types cellulaires comme les cellules du coléoptile, des racines... La fixation de l'auxine sur son récepteur induit l'activation de l'adénylate cyclase par l'intermédiaire de la protéine G.

Abranche *adj.* Qui n'a pas de branchies ou dont les branchies ne sont pas apparentes.

Abscissine *n. f. (de absciss(ion) et suff. -ine).* [**Abscissin**] **Syn.:** Acide abscissique.

Abscission *n. f. (du lat. abscessio, action de s'éloigner).* [**Abscission**] Processus physiologique qui se termine par la chute des feuilles, des fleurs, des fruits et parfois des rameaux d'une plante. Il est déclenché par une augmentation de la teneur en éthylène ($H_2C{=}CH_2$) dans les tissus. Au niveau de la zone de contact entre l'axe et le pétiole ou le pédoncule, des cellules se différencient: elles s'imprègnent de subérine et la couche moyenne s'hydrolyse, ce qui conduit à l'apparition d'une zone annulaire fragile qui sera le site de rupture du pétiole ou du pédoncule. Ce processus naturel est régulé par des facteurs externes (température, photopériode) et internes (teneurs en auxine et éthylène).

Abscissique *adj.* Voir Acide abscissique.

Absentéisme *n. m.* [**Absenteeism**] Mode de surveillance des petits qui consiste à les laisser souvent seuls et à venir les voir régulièrement pour leur apporter de la nourriture.

Absorbance *n. f. (du lat. absorbere, avaler).* Grandeur physique sans unité mesurant la capacité d'une solution d'absorber une onde électromagnétique à une longueur d'onde donnée. Elle est mesurée par un spectrophotomètre. Elle est proportionnelle à la concentration de la solution en solutés absorbants et à l'épaisseur de la couche traversée.

Absorption *n. f.* [**Absorption**] Passage d'une substance du milieu extérieur vers une cellule vivante.

Abyssal *adj. (du lat. abyssus, abîme).* [**Abyssal**] Relatif à l'étage des grandes profondeurs de –3000 à –6000 m. Les zones abyssales, totalement obscures, ne sont colonisées par aucun organisme photosynthétique.

Abyssobenthique *adj. (du lat. abyssus, abîme et benthique).* [**Abyssobenthic**] Qui vit sur ou dans les sédiments abyssaux.

Abyssobenthos *n. m. (du lat. abyssus, abîme et benthos).* [**Abyssobenthos**] Benthos des abysses.

Abyssopélagique *adj. (du lat. abyssus, abîme et pélagique).* [**Abyssopelagic**] Voir Pélagique.

Abzyme *n. f. (de l'angl. a(nti)b(ody), anticorps et (en)zyme).* [**Abzyme**] Anticorps à activité enzymatique qui catalyse la réaction concernant la molécule antigénique liée à son site de liaison spécifique.

Ac Abréviation de Anticorps. Voir ce mot.

AC Sigle de Adénylate cyclase. Voir ce mot.

Acalorique *adj. (du gr. a-, élément privatif et calorique).* [**Calorie-free**] Qui n'apporte pas de calories à un organisme. **Ex.:** Eau.

Acanthé ou Acanthacé *adj.* Qui est pourvu d'épines. **Ant.:** Anacanthé.

Acanthocarpe *adj. (du gr. akantha, épine et karpos, fruit).* [**Acanthocarpous**] Se dit d'une plante qui produit des fruits épineux ou à crochets. Leurs épines s'agrippent facilement aux poils et aux plumes et favorisent ainsi la dissémination des fruits par les Animaux (épizoochorie). **Ex.**: Bardane (*Arctium lappa*, Astéracées), Datura (*Datura sp.*, Solanacées).

Acanthozoïde *n. m. (du gr. akantha, épine et zôoeidês, semblable à un animal).* [**Acanthozooid**] Chez les Cnidaires Hydrozoaires, individu colonial sans tentacules ni bouche qui assure la protection des autres polypes accomplissant les fonctions physiologiques.

Acariforme *adj. (de acari(en) et forme).* Se dit de la larve des Pentastomides (Pancrustacés Maxillopodes), pourvue d'un rostre perforant et de deux paires d'appendices terminés en griffe.

Acarocécidie *n. f. (de acarien et cécidie).* [**Acarocecidium (sing.), Acarocecidia (pl.)**] Voir Cécidie.

Acarophile *adj. (de acarien et du gr. philos, ami).* [**Acarophilous**] Se dit d'une plante dont le cycle de reproduction nécessite un Acarien ou d'un organisme qui vit en association avec les Acariens.

Acarophilie *n. f. (de acarien et du gr. philos, ami).* [**Acarophily**] Propriété des espèces acarophiles.

Acarophytisme *n. m. (de acarien et du gr. phuton, plante).* [**Acarophytism**] Symbiose entre une Plante et un Acarien.

Acarpe *adj. (du gr. a-, élément privatif et karpos, fruit).* [**Acarpous**] Se dit d'une plante qui ne produit pas de fruits.

ACAT *n. f. (sigle de AcylcoA cholestérol acyltransférase).* [**ACAT**] Enzyme du réticulum endoplasmique qui estérifie le cholestérol et joue ainsi un rôle important dans la formation des plaques d'athérome et dans l'athérosclérose.

Acaule *adj. (du gr. a-, élément privatif et kaulos, tige).* [**Acaulous**] Se dit d'un végétal sans tige apparente. **Ex.**: Pissenlits, Primevères, Violette odorante, Pâquerette. **Ant.**: Caulescent.

Acaulescent *adj. (du gr. a-, élément privatif et kaulos, tige).* [**Acaulescent**] Se dit d'un végétal presque dépourvu de tige. **Ant.**: Caulescent.

Acaulie *n. f. (du gr. a-, élément privatif et kaulos, tige).* [**Acauly**] Propriété des végétaux acaules.

ACC *n. m. (sigle de Acide 1-aminocyclopropane carboxylique).* [**ACC**] Acide aminé cyclique disubstitué synthétisé à partir de la S-adénosyl-méthionine grâce à l'ACC synthase, une enzyme à pyridoxal phosphate, et qui est le précurseur direct de l'éthylène $C_2 H_4$. Voir ACC oxydase.

ACC oxydase *n. f.* [**ACC oxidase**] Enzyme qui catalyse la transformation de l'acide 1-amino-cyclopropane carboxylique en éthylène en présence de dioxygène. Son site actif est composé d'un ion ferreux Fe II coordiné à deux histidines et un aspartate.

Accélérine *n. f.* [**Accelerin**] β-Globuline plasmatique synthétisée par le foie sous forme inactive (*proaccélérine* ou facteurs V) et intervenant dans la coagulation sanguine: elle accélère l'action du facteur X sur l'activateur de la prothrombine qui transforme la prothrombine en thrombine.

Accepteur *n. m. et adj. m.* [**Acceptor (n.)**] Molécule ou groupement capable de fixer d'autres molécules, notamment le dioxygène et le dihydrogène, ou capable d'attirer les électrons dans les réactions d'oxydo-réduction. **Ex.**: NAD, NADP et FAD: trois accepteurs de protons et d'électrons.

Accidentel *adj. et n.* [Accidental] Se dit d'une plante qui est présente dans une station qui ne lui est pas habituelle. Les plantes accidentelles sont généralement en petit nombre, chétives et stériles.

Acclimatation *n. f.* [Acclimatization (US: Acclimation)] Processus réalisé par l'Homme ayant pour but de faire vivre des organismes hors de leurs stations naturelles. L'acclimatation n'est jamais spontanée et nécessite certaines similitudes de conditions écologiques entre les milieux naturels et artificiels.

Acclimaté *adj.* [Acclimated] Se dit d'une espèce, d'un individu qui a réussi son acclimatation.

Acclimatement *n. m.* [Acclimatization (US: Acclimation)] Le fait de vivre et de se reproduire dans un milieu différent du milieu originel; résultat de l'acclimatation.

Accombant *adj.* [Accumbent] Se dit d'un organe qui est couché sur un autre. **Ex.**: Écailles des Cyprès couchées sur le rameau.

Accommodat *n. m.* [Non-inherited phenotype] Caractère morphologique ou physiologique non héréditaire qui apparaît à la suite d'un changement de milieu et qui permet à un organisme de s'adapter à des conditions de milieu nouvelles; l'organisme qui possède un tel caractère.

Accommodation *n. f.* [Accommodation] ▸ ① Adaptation réversible et non héréditaire d'un organisme à un nouveau milieu; ▸ ② Augmentation de la courbure du cristallin grâce à la contraction des muscles ciliaires de l'œil, de façon à ce que l'image d'un objet proche soit focalisée sur la rétine; ▸ ③ **Accommodation neuronale,** Diminution de l'excitabilité d'un neurone, d'un récepteur ou d'un organe sensoriel, à la suite d'une stimulation continue.

Accommodé *adj.* [Accommodated] Se dit d'un individu appelé *accommodat* qui présente des caractères obtenus par accommodation.

Accompagnateur *adj.* Voir Essence accompagnatrice.

Accouplement *n. m.* [Mating, Pairing] Union de deux organismes de sexe opposé ou hermaphrodites appartenant à une même espèce ou à des espèces voisines, en vue de la reproduction sexuée.

Accrescent *adj. (du lat. accrescere, s'accroître).* [Accrescent] Se dit d'une pièce florale autre que l'ovaire qui poursuit sa croissance après la fécondation. **Ex.**: Styles des Benoîtes (*Geum sp.*), réceptacle floral du Fraisier (*Fragaria sp.*) qui donnera la partie charnue et rouge de la fraise.

Accrochant *adj.* Se dit d'une diaspore pourvue de crochets. Ces derniers facilitent la dissémination des diaspores par épizoochorie. **Ex.**: Fruit de la Bardane (*Arctium lappa*).

Accru *n. m. (de accroître).* [Sucker] Chez les essences ligneuses, nouvelle pousse d'origine racinaire qui participe à l'extension d'une région boisée.

Accrue *n. f. (de accroître).* Extension naturelle d'une forêt en gagnant sur le terrain voisin grâce à des rejets naturels ou *accrus*.

ACE *n. f. (sigle de l'angl. Angiotensin converting enzyme, Enzyme de conversion de l'angiotensine).* [ACE] Métallopeptidase à zinc synthétisée par les cellules endothéliales vasculaires et qui transforme l'angiotensine I en angiotensine II en libérant un dipeptide carboxyterminal (His-Leu).

Acellulaire *adj. (du gr. a-, élément privatif et cellulaire).* [**Acellular**] Qui ne possède pas de cellules bien délimitées par une membrane.

Acentrique *adj.* [**Acentric**] ▸ ① Se dit d'un chromosome dépourvu de centromère; ▸ ② **Syn.**: Anastral.

Acéphale *adj. (du gr. a-, élément privatif et kephalê, tête).* [**Acephalous**] Qui n'a pas de tête. **Ex.**: Larve acéphale des Diptères.

Acéraie *n. f. (du genre Acer, Érable).* [**Acer plantation**] **Syn.**: Érablaie.

Acétabulaire *adj.* [**Acetabular**] Qui se rapporte à la cavité cotyloïde.

Acétabulum *n. m.* [**Acetabulum**] **Syn.**: Cavité cotyloïde.

Acétaldéhyde *n. m. (de acét(ique) et aldéhyde)* [**Acetaldehyde**] Métabolite intermédiaire de la réduction du pyruvate en éthanol dans la fermentation alcoolique et de la formation de l'acétylcoenzyme A. Formule: CH_3–CHO.

Acétogenèse *n. f. (du gr. acetum, vinaigre et genesis, origine)* [**Acetogenesis**] Synthèse bactérienne d'acide acétique (ou acide éthanoïque), par oxydation aérobie de l'éthanol, par fermentation d'hexoses ou par formation autotrophe à partir de CO_2 et de H_2.

Acétoïne *n. f.* [**Acetoin**] Produit intermédiaire de la fermentation butanediolique (*Enterobacter, Serratia*), synthétisé par décarboxylation de l'acétoacétate puis réduit grâce au NADH en 2,3-butanediol. Formule: H_3C–CHOH–CO–CH_3. **Syn.**: Acétylméthylcarbinol.

Acétylation *n. f.* [**Acetylation**] Transfert d'un groupement acétyle CH_3–CHO sur une molécule réceptrice.

Acétylcholine *n. f.* [**Acetylcholine**] Symb.: ACh – Neuromédiateur contenu dans les vésicules synaptiques:

- de certains axones du système nerveux central;
- des axones du système nerveux autonome parasympathique;
- des axones préganglionnaires du système nerveux sympathique;
- des jonctions neuromusculaires.

Lors de l'influx nerveux, l'acétylcholine est libérée dans la synapse par exocytose des vésicules; elle y sera hydrolysée en choline et acide acétique par une enzyme, l'acétylcholinestérase. L'acétylcholine se fixe sur des récepteurs muscariniques et nicotiniques de la membrane postsynaptique et déclenche la formation respectivement de potentiels postsynaptiques inhibiteurs et excitateurs. Formule: CH_3–COO–CH_2–CH_2–N^+–$(CH_3)_3$.

Acétylcholinestérase *n. f.* [**Acetylcholinesterase**] Enzyme qui catalyse l'hydrolyse de l'acétylcholine en choline et en acide acétique dans les fentes synaptiques et dans certaines cellules comme les globules rouges. Elle existe sous plusieurs formes moléculaires: monomère, polymère ou forme asymétrique pourvue d'une queue collagénique.

AcétylcoA *n. f.* [**AcetylcoA**] **Syn.**: Acétylcoenzyme A.

AcétylcoA-carboxylase *n. f.* [**AcetylcoA-carboxylase**] Enzyme à biotine qui catalyse en présence d'ATP la carboxylation par le CO_2 de l'acétylcoenzyme A en malonylcoenzyme A, lors de la biosynthèse des acides gras. Le CO_2 est d'abord fixé sur le cofacteur (ce qui donne la carboxybiotine) puis est transféré sur l'acétylcoenzyme A.

Acétylcoenzyme A *n. f.* [**Acetylcoenzyme A**] Abrév.: AcétylcoA – Composé formé par condensation d'une coenzyme A et d'un groupement acétyle issu de la décarboxylation du pyruvate à la fin de la glycolyse, ou de la β-oxydation des acides gras. Elle est à la base de l'anabolisme des lipides. Elle transfère son radical à l'oxaloacétate pour former le citrate dans le cycle de Krebs et à la choline pour former l'acétylcholine.

N-acétylgalactosamine *n. f.* [N-acetylgalactosamine] Voir Glycosaminoglycane.

N-acétylglucosamine *n. f.* [N-acetylglucosamine] Voir Glycosaminoglycane.

Acétylméthylcarbinol *n. m.* [Acetylmethylcarbinol] **Syn.**: Acétoïne.

N-acétylmuramique *adj.* [N-acétylmuramic] Voir Acide N-acétylmuramique.

N-acétylneuraminique *adj.* Voir Acide N-acétylneuraminique.

ACh Abréviation de Acétylcholine. Voir ce mot.

Achaine, Achène → **Akène** [Achene]

AChE Abréviation de Acétylcholinestérase. Voir ce mot.

Acheb [*akeb*] *n. m.* [Acheb] Formation végétale herbacée du Sahara qui se développe très rapidement après une averse. Les plantes réalisent leur cycle de reproduction en quelques jours avant le retour de la période sèche et passent celle-ci sous forme de graines; ce sont donc des *éphémérophytes*.

Achlamydé *adj. (du gr. a-, élément privatif et khlamys, manteau).* [Achlamydeous] **Syn.**: Apérianthé.

Achromatique *adj. (du gr. a-, élément privatif et khrôma, couleur).* [Achromatic] Qui ne fixe pas ou mal les colorants cytologiques. **Ex.**: Fuseau achromatique.

Acicole *adj. (du lat. acicula, aiguille et colere, habiter).* [Acicolous] Qui vit parmi ou sur les aiguilles de Conifères. **Ex.**: Certains Clitocybes.

Aciculaire *adj. (du lat. acicula, aiguille).* [Acicular, Aciculate] ▸ ① Qui a la forme d'une aiguille; ▸ ② Piquant comme une aiguille.

Acicule *n. f. (du lat. acicula, aiguille).* [Acicula] Petit aiguillon fin et droit à la surface de certains organes **Ex.**: Acicules des tiges et feuilles des Rosiers (*Rosa sp.*, Rosacées).

Aciculifolié *adj. (du lat. acicula, aiguille et folié).* [Aciculifoliate] Se dit d'une plante dont les feuilles sont en aiguilles, et de la formation végétale qui est constituée de telles plantes.

Aciculisylve ou Aciculisilve *n. f. (du lat. acicula, aiguille et silva, forêt).* Forêt de Conifères. **Syn.**: Conisylve.

Acide *n. m.* [Acid] Corps capable de céder des protons (H^+) et de former un sel avec une base.

Les **acides organiques** possèdent un ou plusieurs groupements carboxyle (-COOH). Les **acides aminés** possèdent au moins une fonction acide et une fonction amine. Les **acides gras** sont formés d'une chaîne hydrocarbonée; ils sont dits *saturés* ou *insaturés* selon la saturation en hydrogène des atomes de carbone de leur chaîne. Les **acides nucléiques** (ADN, ARN) sont composés d'oses (ribose ou désoxyribose), de bases azotées et de phosphates.

Acide abscissique *m.* [Abscissic acid] Sigle: ABA – Sesquiterpène (à 15 C) synthétisé par les Végétaux supérieurs. Il ralentit la croissance, provoque la fermeture des stomates, favorise la maturation et la dormance des graines et des bourgeons, accélère la sénescence. Il accélère la chute des feuilles et des fruits mais ne la déclenche pas. Sa synthèse augmente en période de stress: sécheresse, anoxie des racines, forte concentration en sels. **Syn.** anciens: Abscissine, Dormine.

Acide acétoacétique *m.* [Acetoacetic acid] Syn.: Acide acétylacétique.

Acide acétylacétique *m.* [Acetylacetic acid] Corps cétonique issu de la condensation de 3 molécules d'acétylcoenzyme A. Il redonnera de l'acétylcoenzyme A dans différents tissus, notamment le myocarde. Ce composé est soluble et donc plus facile à transporter que les acides gras. Formule: CH_3–CO–CH_2–COOH. **Syn.**: Acide acétoacétique. Voir aussi Cétogenèse.

Acide N-acétylmuramique *m.* [N-acetylmuramic acid] Sigle: NAM – Composé formé par liaison d'un acétate sur le C3 d'une glucosamine. C'est un des constituants du peptidoglycane de la paroi des Eubactéries, dans de longs polymères, en alternance avec la N-acétylglucosamine.

Acide N-acétylneuraminique *m.* [N-acetylneuraminic acid] Sigle: NANA – Acide sialique issu de la condensation d'un acide pyruvique et d'une mannosamine, puis de l'acétylation du groupement aminé de cette osamine. Il est présent dans les gangliosides, dans les glycosaminoglycanes et dans les glycoprotéines.

Acide adénylique *m.* [Adenylic acid] **Syn.**: Adénosine-5'-monophosphate, Adénylate. Voir Ribonucléotide.

Acide-alcool *n. m.* [Acid alcohol] Substance organique possédant les fonctions acide et alcool. **Ex.**: Acide malique, Acide lactique.

Acide alginique *m.* [Alginic acid] Chez les Phéophycées, polymère (polyuronide) linéaire constitué par l'association de deux hexuronides: l'acide D-mannuronique et l'acide L-guluronique, dont les proportions dépendent de l'espèce. Ils sont sous forme de sels appelés alginates (ex.: alginate de calcium) et forment au contact de l'eau un gel incolore. **Syn.**: Algine.

Acide allantoïque *m.* [Allantoic acid] Acide résultant du catabolisme des bases puriques, chez les espèces qui possèdent les enzymes nécessaires à sa synthèse. Il est excrété chez les Téléostéens et certains Insectes. Chez les autres animaux, il est dégradé en urée et en ammoniac grâce à une allantoïcase. Formule: $(H_2N–CO–NH)_2$–CH–COOH. **Syn.**: Acide amniotique.

Acide aminé *m.* [Amino acid] Molécule organique comportant au moins un groupement carboxyle et un groupement amine primaire. Une vingtaine d'entre eux constituent les protides de la matière vivante en étant reliés par des liaisons peptidiques. On distingue les acides aminés:

- **hydrophobes** à chaîne latérale non polaire;
- **hydrophiles** à chaîne latérale polaire neutre, basique ou acide.

Chaque acide aminé existe sous deux formes: un isomère D et un isomère L, en fonction de la disposition des liaisons du carbone α asymétrique. Ils absorbent les rayons de longueur d'onde inférieure à 230 nm.

Selon la chaîne latérale, on distingue les acides aminés:

- **aliphatiques:** *glycine, alanine, valine, leucine, isoleucine*;
- **diaminés:** *arginine, histidine, lysine;*
- **à fonction amide:** *asparagine, glutamine;*
- **dicarboxyliques:** acide *aspartique, acide glutamique;*
- **à fonction alcool:** *sérine, thréonine;*

• **aromatiques:** *phénylalanine, tryptophane, tyrosine;*

• **soufrés:** *cystéine, méthionine;*

• **hétérocycliques:** *histidine, proline, tryptophane.*

Les **acides aminés essentiels** pour l'Homme, c'est-à-dire que l'Homme ne peut pas synthétiser, sont au nombre de huit: l'isoleucine, la leucine, la lysine, la méthionine, la phénylalanine, la thréonine, le tryptophane et la valine. **Syn.**: Aminoacide.

Voir tableau 4: classification des acides aminés constitutifs des protéines.

Acide α-aminoacétique *m.* [α-Aminoacetic acid] **Syn.**: Glycine.

Acide 4-aminobutanoïque *m.* [4-Aminobutanoic acid] **Syn.**: GABA.

Acide γ-aminobutyrique *m.* [γ-Aminobutyric acid] Voir GABA.

Acide 2-aminopropanoïque *m.* [2-Aminopropanoic acid] **Syn.**: α-Alanine.

Acide amniotique *m.* [Amniotic acid] **Syn.**: Acide allantoïque.

Acide arachidonique *m.* [Arachidonic acid] Acide gras polyinsaturé C_{20}, $\Delta^{5,8,11,14}$, libéré d'un phosphoglycérolipide par une phospholipase A2 et précurseur des eicosanoïdes.

Voir tableau 2: les acides gras.

Acide L-ascorbique *m.* [Ascorbic acid] γ-Lactone d'un acide hexuronique, qui s'oxyde facilement en *acide déshydroascorbique*. Il est très répandu dans les règnes végétal et animal. Quelques Vertébrés ne peuvent le synthétiser (Primates, certains Oiseaux et Poissons). Il est antiscorbutique, intervient dans le métabolisme de la tyrosine en protégeant une oxydase de l'oxydation et stimule le système immunitaire. **Syn.**: Vitamine C, Vitamine antiscorbutique.

Voir tableau 21: les vitamines

Acide aspartique *m.* [Aspartic acid] Acide aminé dicarboxylique constitutif des protéines et qui intervient dans de nombreuses réactions métaboliques:

• Lors de la synthèse des ribonucléosides pyrimidiques, il se lie au carbamylphosphate grâce à une aspartate transcarbamylase pour former le carbamylaspartate, précurseur des ribonucléosides;

• Par transamination avec l'α-cétoglutarate, il donne de l'oxaloacétate: il est donc glucoformateur;

• Par désamination, il donne de l'acide acétique;

• Par décarboxylation, il donne l'α-alanine et la β-alanine;

• Dans le cycle de l'urée, il se lie à la citrulline pour former l'acide argininosuccinique.

• Chez certaines plantes en C4 appelées plantes à aspartate (*Amaranthus, Atriplex, Eragrostis*), c'est une forme de réserve de CO_2 dans les chloroplastes des cellules du mésophylle et de transfert du CO_2 aux mitochondries des cellules de la gaine périvasculaire. Il est synthétisé par amination réductrice de l'oxaloacétate. Codons correspondants: GAC, GAU. Formule: $HOOC–CH_2–CH(NH_2)–COOH$.

Acide benzoylaminoacétique *m.* [Benzoylaminoacetic acid] **Syn.**: Acide hippurique.

Acide biliaire [Bile acid] Chacun des stéroïdes isolés de la bile. Ils sont synthétisés dans le foie par oxydation du cholestérol et stockés dans la bile sous forme de conjugués avec la taurine et la glycine: ce sont les acides taurocholique, glycocholique, désoxytaurocholique et désoxyglycocholique. Ils sont déversés dans l'intestin et facilitent la digestion des lipides en les solubilisant sous forme de micelles.

Acide butanedioïque *m.* [Butanedioic acid] **Syn.**: Acide succinique.

Acide cérébronique *m. (du lat. cerebrum, cerveau).* [Cerebronic acid] Acide gras à 24 carbones entrant dans la composition des cérébrosides. **Syn.**: Acide α-hydroxytétracosanoïque, Acide neurostéarique, Acide phrénosinique.

Acide cholique *m. (du gr. kholê, bile).* [Cholic acid] Acide biliaire le plus abondant de la bile, que l'on trouve conjugué avec la taurine et la glycine (acides taurocholique et glycocholique) et le plus souvent sous forme de sels (taurocholate et glycocholate). Voir Acide biliaire.

Acide citrique *m.* [Citric acid] Acide organique tricarboxylique (à trois fonctions acide) et à un alcool tertiaire, premier maillon du cycle de Krebs (ou cycle de l'acide citrique). Il résulte de la condensation du groupement acétyle de l'acétylcoenzyme A sur l'acide oxaloacétique grâce à une citrate synthétase. Son nom provient du citron où il est très abondant.

Acide coniférique *m.* [Coniferic acid] **Syn.**: Acide férulique.

Acide cyanhydrique *m.* [Cyanhydric acid] Composé volatil présent dans les organes de diverses plantes. Il joue un rôle défensif contre les herbivores. Il est toxique pour l'homme (troubles neurologiques et thyroïdiens). C'est un inhibiteur du transfert d'électrons dans le complexe de la cytochrome oxydase de la chaîne respiratoire des mitochondries. Formule: HCN.

Acide cytidylique *m.* [Cytidylic acid] **Syn.**: Cytidine-5'-monophosphate. Voir Rinonucléotide.

Acide déshydroascorbique *m.* [Dehydroascorbic acid] Voir Acide ascorbique.

Acide désoxyadénylique *m.* [Deoxyadenylic acid] **Syn.**: Désoxyadénosine-5'-monophosphate. Voir Désoxyribonucléotide.

Acide désoxycholique *m.* [Deoxycholic acid] Acide biliaire secondaire formé par les Bactéries intestinales à partir de l'acide cholique dont il diffère par la présence d'un H au lieu d'un OH sur le C 7.

Acide désoxycytidylique *m.* [Deoxycytidylic acid] **Syn.**: Désoxycytidine-5'- monophosphate. Voir Désoxyribonucléotide.

Acide désoxyguanylique *m.* [Deoxyguanylic acid] **Syn.**: Désoxyguanosine- 5'-monophosphate. Voir Désoxyribonucléotide.

Acide désoxyribonucléique *m.* [Deoxyribonucleic acid] Voir ADN.

Acide désoxythymidylique *m.* [Deoxythymidylic acid] **Syn.**: Désoxythymidine-5'-monophosphate. Voir Désoxyribonucléotide.

Acide désoxyuridylique *m.* [Deoxyuridylic acid] **Syn.**: Désoxyuridine-5'-monophosphate. Voir Désoxyribonucléotide.

Acide 2,3-diphosphoglycérique *m.* [2,3-Diphosphoglyceric acid] Abrév.: 2,3-DPG – Métabolite intermédiaire du glucose synthétisé à partir de l'acide 1,3-diphosphoglycérique par l'action d'une diphosphoglycérate mutase. Il est très abondant dans les hématies où il diminue l'affinité de l'hémoglobine pour l'oxygène.

Acide 6,8-dithiooctanoïque *m.* [6,8-Dithiooctanoic acid] **Syn.**: Acide lipoïque.

Acide férulique *m.* [Ferulic acid] Acide terpénique à noyau cinnamoyle, inhibiteur volatil naturel de la levée de dormance, présent dans les téguments des graines des fruits charnus. La levée de dormance est due à l'altération des téguments de la graine qui permet la volatilisation de l'acide férulique. **Syn.**: Acide coniférique.

Acide folique *m. (du lat. folium, feuille).* [**Folic acid**] Vitamine B9 résultant de la conjugaison d'un acide glutamique, d'un acide para-aminobenzoïque et d'une 2-amino-4-hydroxyptéridine. Sa forme active est l'acide tétrahydrofolique. C'est une coenzyme de transport de radicaux monocarbonés intervenant dans la synthèse des bases puriques et pyrimidiques, dans la conversion de la sérine en glycine et dans la méthylation de l'adrénaline. **Syn.**: Vitamine B9, Vitamine M, Acide ptéroylglutamique, Folacine.

Acide fumarique *m.* [**Fumaric acid**] Acide organique résultant de la déshydrogénation de l'acide succinique par une succinate déshydrogénase à FAD dans le cycle de Krebs et donnant l'acide malique par hydratation par une fumarase. Son nom vient du fait qu'il a été isolé de la Fumeterre (*Fumaria officinalis,* Fumariacées). Formule: HOOC–CH=CH–COOH.

Acide gallique *m.* [**Gallic acid**] Acide phénol entrant dans la composition des tanins hydrolysables et issu du shikimate. **Syn.**: Acide trihydroxy-3,4,5-benzoïque.

Acide glutamique *m.* [**Glutamic acid**] Abrév.: Glu, E – Acide aminé dicarboxylique constitutif des protéines. Il est formé à partir de l'acide α-cétoglutarique par amination réductrice. Par décarboxylation, il fournit le GABA. C'est un constituant du glutathion et de la vitamine B9 (ou acide ptéroylglutamique). Il est aussi le précurseur de la proline, de la glutamine et de l'ornithine. Codons correspondants: GAA, GAG.

Formule: $HOOC–CH(NH_2)–CH_2–CH_2–COOH$.

Acide glycocholique *m.* [**Glycocholic acid**] Voir Acide biliaire.

Acide gras *m.* [**Fatty acid**] Voir le tableau 2: les acides gras. Acide organique à chaîne hydrocarbonée aliphatique à nombre pair de carbones, hydrophobe, saturée ou non, de longueur variable et généralement non ramifiée.

a. Acides gras saturés: formule générale: $CH_3–(CH_2)_n–COOH$:

- *acide butyrique:* $CH_3–(CH_2)_2–COOH$;
- *acide caproïque:* $CH_3–(CH_2)_4–COOH$;
- *acide caprylique:* $CH_3–(CH_2)_6–COOH$;
- *acide caprique:* $CH_3–(CH_2)_8–COOH$;
- *acide laurique:* $CH_3–(CH_2)_{10}–COOH$;
- *acide myristique:* $CH_3–(CH_2)_{12}–COOH$;
- *acide isomyristique:* $CH_3–(CH_2)_{12}–COOH$;
- *acide palmitique:* $CH_3–(CH_2)_{14}–COOH$;
- *acide stéarique:* $CH_3–(CH_2)_{16}–COOH$;
- *acide isostéarique:* $CH_3–(CH_2)_{16}–COOH$;
- *acide arachidique:* $CH_3–(CH_2)_{18}–COOH$;
- *acide béhénique:* $CH_3–(CH_2)_{20}–COOH$;
- *acide lignocérique:* $CH_3–(CH_2)_{22}–COOH$;
- *acide cérotique:* $CH_3–(CH_2)_{24}–COOH$;

- *acide montanique:*
  $CH_3-(CH_2)_{26}-COOH$;
- *acide mélissique:*
  $CH_3-(CH_2)_{28}-COOH$;
- *acide laccéroïque:*
  $CH_3-(CH_2)_{30}-COOH$;

b. **Acides gras insaturés,** acides aminés qui ont au moins une double liaison.

Il existe des acides gras hydroxylés (*acide ricinoléique*), des acides gras ramifiés (Bactéries: *acide mycolique*, *acide phytanique*) et des acides gras porteurs d'un cycle (*acide chaulmoogrique*). Leur catabolisme génère une grande quantité d'acétylcoenzymes A.

Acide guanylique *m.* [Guanylic acid] **Syn.**: Guanosine-5'-monophosphate, Guanylate. Voir Ribonucléotide.

Acide hippurique *m. (du gr. hippos, cheval et ouron, urine).* [Hippuric acid] Composé résultant de la combinaison de l'acide benzoïque et de la glycine dans le foie. L'acide hippurique est excrété dans l'urine; c'est une forme d'élimination de l'acide benzoïque qui est toxique. **Syn.**: Acide benzoylaminoacétique.

Acide hyaluronique *m.* [Hyaluronic acid] Glycosaminoglycane non sulfaté formé d'unités disaccharidiques d'acide D-glucuronique et de N-acétyl-D-glucosamine. Il est présent dans de nombreux tissus conjonctifs et est dégradé par une hyaluronidase. C'est le seul glycosaminoglycane non conjugué à une protéine.

Acide α-hydroxytétracosanoïque *m.* [α-hydroxytetracosanoic acid] **Syn.**: Acide cérébronique.

Acide indole-3-acétique *m.* [Indolacetic acid] Voir Auxine.

Acide inosique ou inosinique *m.* [Inosic acid] **Syn.**: Hypoxanthine-5'- monophosphate. Voir Ribonucléotide.

Acide isocitrique *m.* [Isocitric acid] Composé du cycle de Krebs obtenu par hydratation de l'acide cis-aconitique par une aconitase.

Formule: $HOOC-CH_2-CH(COOH)-CHOH-COOH$.

Acide lactique *m.* [Lactic acid] Chez les Bactéries anaérobies et aéro-indifférentes et dans les cellules musculaires en anaérobiose, acide organique obtenu par réduction de l'acide pyruvique par une lactate déshydrogénase à NAD. C'est le métabolite final de la fermentation lactique. Formule: $H_3C-CHOH-COOH$. **Syn.**: Acide α-hydroxypropionique.

Acide lipoïque *m.* [Lipoic acid] Coenzyme de l'α-cétoglutarate déshydrogénase et de la pyruvate décarboxylase, qui catalyse la décarboxylation de l'acide pyruvique en acétylcoA. Formule:

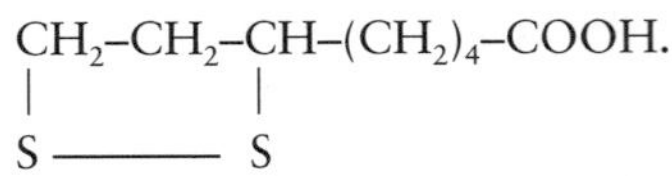

Syn.: Acide 6,8-dithiooctanoïque, Acide thioctique.

Acide malique *m. (du lat. malum, pomme).* [Malic acid] Acide-alcool dicarboxylique formé dans le cycle de Krebs par hydratation du fumarate par la fumarase. Chez les Plantes CAM et en C4, il est formé à partir de l'oxaloacétate par la malate déshydrogénase et constitue la forme de stockage du CO_2. Formule: $HOOC-CH_2-CHOH-COOH$.

Acide N-méthylguanidoacétique *m.* [N-methylguanidoacetic acid] **Syn.**: Créatine.

Acide neurostéarique *m.* [Neurostearic acid] **Syn.**: Acide cérébronique.

Acide nicotinique *m.* [Nicotinic acid]

Composé formé d'un noyau pyridine associé à un groupement carboxylique, doté d'une activité vitaminique. Son amide, le *nicotinamide*, est la vitamine B3 ou PP (anti-pellagre).

Acide nucléique *m.* [Nucleic acid] Grand polymère non ramifié de nucléotides reliés entre eux par une liaison 3',5'-phosphodiester. Selon la nature du pentose des nucléotides, on distingue deux types d'acides nucléiques: l'ADN (acide désoxyribonucléique avec un désoxyribose) et l'ARN (acide ribonucléique avec un ribose). Voir ARN et ADN. **Syn.**: Polynucléotide.

Acide orotique *m.* [Orotic acid] Métabolite intermédiaire de la biosynthèse des bases pyrimidiques.

Acide oxaloacétique *m.* [Oxaloacetic acid] Diacide organique cétonique intervenant dans de nombreuses voies métaboliques:

- dans le cycle de Krebs, il donne de l'acide citrique par fixation du radical acétyle de l'acétylcoenzyme A grâce une citrate synthétase;
- chez les Plantes CAM et en C4, il est réduit par le NADPH en malate par une malate déshydrogénase.

Formule: $HOOC–CO–CH_2–COOH$.

Acide pantothénique *m.* [Pantothenic acid] Composé formé d'un acide panthoïque (dihydroxy-β-β'-diméthylbutyramide) lié à une β-alanine. Sa forme active est la coenzyme A. **Syn.**: Vitamine B5.

Acide para-aminobenzoïque *m.* [Paraaminobenzoic acid] Voir Acide folique.

Acide phosphatidique *m.* [Phosphatidic acid] **Syn.**: Glycérophospholipide.

Acide phosphoénolpyruvique *m.* [Phosphoenolpyruvic acid] Sigle: PEP – Composé intermédiaire de la glycolyse provenant du 2-glycérophosphate par perte d'une molécule d'eau grâce à une énolase et qui donne du pyruvate par une pyruvate kinase. **Syn.**: Phosphoénolpyruvate.

Acide 2-phosphoglycérique *m.* [2-Phosphoglyceric acid] Dans la glycolyse, triose issu de l'acide 3-phosphoglycérique grâce à une phosphoglycérate mutase et qui donne l'acide phosphoénolpyruvique par déshydratation grâce à une énolase. Formule: $HOCH_2–CH[O(PO_3H_2)]–COOH$

Acide 3-phosphoglycérique *m.* [3-Phosphoglyceric acid] Dans la glycolyse, triose issu de la déphosphorylation de l'acide 1,3-bisphosphoglycérique par une 3-phosphoglycérate kinase à ADP. Dans le cycle de Calvin, il est issu de la carboxylation du ribulose-1,5-bisphosphate par la rubisco. Formule: $[O(PO_3H_2)]–CH_2–CHOH–COOH$.

Acide phrénosinique *m.* [Phrenosinic acid] **Syn.**: Acide cérébronique.

Acide pipéridique *m.* [Piperidic acid] **Syn.**: GABA.

Acide polyadénylique *m.* [Polyadenylic acid] **Syn.**: Queue poly-A. Voir Polyadénylation.

Acide ptéroylglutamique *m.* [Pteroylglutamic acid] **Syn.**: Acide folique.

Acide pyruvique *m.* [Pyruvic acid] Acide α-cétonique monocarboxylique, dernier métabolite de la glycolyse obtenu par déphosphorylation du phosphoénolpyruvate par une pyruvate kinase, avec formation d'ATP. Il est au carrefour de nombreuses voies métaboliques comme la formation de l'acétylcoenzyme A et la fermentation. Formule: $H_3C–CO–COOH$. **Syn.**: Pyruvate.

Acide rétinoïque *m.* [Retinoic acid]

Dérivé oxydé du rétinol. C'est un agent modulateur de la croissance cellulaire et un agent morphogène.

Acide ribonucléique *m.* [Ribonucleic acid] Voir ARN.

Acide sialique *m.* [Sialic acid] Chacun des monosaccharides constitutifs de divers glycolipides et glycoprotéines, issus de la combinaison de l'acide neuraminique (D-mannosamine associée à l'acide pyruvique) avec l'acide acétique ou l'acide glycolique. **Ex.:** Acide N-acétylneuraminique, acide N-glycolylneuraminique.

Acide succinique *m.* [Succinic acid] Diacide organique du cycle de Krebs issu de la succinylcoenzyme A par une succinylcoA synthétase et qui donne de l'acide fumarique par oxydation grâce à une succinate déshydrogénase. Il doit son nom au succin (ambre jaune) duquel il a été isolé. Formule: $COOH–CH_2–CH_2–COOH$. **Syn.:** Acide butanedioïque.

Acide taurocholique *m.* [Taurocholic acid] Voir Acide biliaire.

Acide tétrahydrofolique *m.* [Tetrahydrofolic acid] Voir Acide folique.

Acide thymidylique *m.* [Thymidylic acid] **Syn.:** Thymidine-5'-monophosphate. Voir Ribonucléotide.

Acide uridylique *m.* [Uridylic acid] **Syn.:** Uridine-5'-monophosphate. Voir Ribonucléotide.

Acide urique *m.* [Uric acid] Composé résultant du catabolisme des bases puriques. C'est la forme d'élimination de l'azote purique chez l'Homme et les Singes anthropoïdes, les Oiseaux et les Reptiles, qui sont des animaux qui ne possèdent pas l'uricase. **Syn.:** Trihydroxy-2,6,8-purine.

Acide vanilmandélique *m.* Sigle: VMA – Catabolite issu de la désamination oxydative et de la 3-méthoxylation de l'adrénaline et de la noradrénaline. Il sera excrété dans les urines. **Syn.:** Acide 3-méthoxy-4-hydroxymandélique.

Acidicline ou Acidocline *adj. (de acide et du gr. klinein, pencher).* Se dit d'un individu, d'une espèce, d'un peuplement qui préfère les sols légèrement acides. **Ant.:** Basicline, Neutrocline.

Acidicole *adj. (de acide et du lat. colere, habiter).* [Acidicolous] **Syn.:** 2. Acidophile.

Acidiphile → **Acidophile**

Acidiphyte → **Acidophyte**

Acido-alcoolo-résistant *adj.* Se dit d'une coloration différentielle de Mycobactéries consistant en un chauffage avec de la fuchsine et du phénol puis un lavage avec un mélange d'éthanol et d'acide chlorhydrique. Cette coloration est employée pour identifier les Mycobactéries telles que *Mycobacterium tuberculosis* responsable de la tuberculose et *M. leprae* responsable de la lèpre. Ces Mycobactéries dites acido-alcoolo-résistantes ne sont pas décolorées par le lavage et restent rouges grâce à la présence en grande quantité d'acides mycoliques (lipides ramifiés) dans leur paroi. Les Bactéries non résistantes sont décolorées par le lavage puis colorées en bleu par le bleu de méthylène, un contre-colorant.

Acidophile ou Acidiphile *adj. (de acide et du gr. philos, ami).* [Acidophilous] ▸ ① Qui fixe les colorants acides comme l'éosine; ▸ ② Se dit d'un organisme qui se développe préférentiellement ou obligatoirement dans un milieu acide. **Syn.:** Acidicole; ▸ ③ Se dit d'une Plante qui pousse sur un sol acide (dans le sens riche en silice). **Ex.:** Châtaignier. **Ant.:** Basophile, Alcalinophile.

Acidophilie ou Acidiphilie *n. f. (de acide et du gr. philos, ami).* [Acidophily] Propriété des organismes *acidophiles.*

Acidophyte ou Acidiphyte *n. f. (de acide et du gr. phuton, plante).* [Acidophyte, Acidiphyte] Plante acidophile. **Ant.**: Basophyte.

Acidose *n. f.* [Acidosis] Augmentation de l'acidité d'un liquide de l'organisme, notamment du sang. On distingue **l'acidose métabolique** (synthèse exagérée d'acides) et **l'acidose gazeuse** ou **respiratoire** (baisse de l'excrétion de CO_2). **Ant.**: Alcalose.

Acineux *adj. (de acinus)* [Acinar] Se dit d'une glande, d'un épithélium glandulaire organisé en acini.

Acinus *n. m. (mot lat., grain de raisin, baie). Pl.: Acinus ou acini.* [Acinus] Groupe de cellules sécrétrices qui délimitent un canal en leur centre dans lequel elles déversent leurs sécrétions exocrines. Ce canal se déverse dans un tubule excréteur commun à plusieurs acini. On les trouve entre autres dans le pancréas, les glandes salivaires et les glandes mammaires; ces glandes sont dites *acineuses.*

Acœle *adj.* ▸ ① Se dit d'un type de corps vertébral dont les faces antérieures et postérieures sont planes et parallèles. Le type acœle n'existe que chez les Mammifères. **Syn.**: Biplan. ▸ ② Qui est dépourvu de cavité.

Acœlomates *n. m. pl.* [Acœlomata] Ensemble qui regroupe tous les animaux triploblastiques dont le mésoderme ne se creuse pas d'une cavité. Tous les Acœlomates appartiennent à l'embranchement des Plathelminthes. A la lumière des récentes découvertes en phylogénie moléculaire, les triploblastiques semblent être tous cœlomates ce qui rend caducs les concepts d'acœlomate et de peudocœlomate.

Aconitase *n. f.* [Aconitase] Enzyme du cycle de Krebs qui transforme le citrate en cis-aconitate par déshydratation, puis le cis-aconitate en isocitrate par hydratation.

Aconitine *n. f. (de Aconit).* [Aconitin] Alcaloïde présent chez les Aconits (*Aconitum sp.*, Renonculacées), particulièrement dans leur racine, et leur valant d'être parmi les plantes les plus toxiques de notre flore. L'aconitine est le dérivé acétylé et benzoylé de l'aconine, une alcamine diterpénique pentahydroxylée.

Acotylédoné *adj. (du gr. a-, élément privatif et kotulêdon, creux, cavité).* [Acotyledonous] Se dit d'une plante dépourvue de cotylédons ou dont les cotylédons sont peu développés (**Ex.**: Cuscute, *Cuscuta sp.*).

Acquis *adj.* [Acquired] Se dit d'un caractère qui n'est pas inné ni héréditaire mais qui apparaît au fil de la vie en réponse à des contraintes du milieu et peut permettre une adaptation phénotypique à ce milieu.

Acrasine *n. f.* [Acrasin] Nom générique donné à diverses substances sécrétées par les Mycétozoaires Acrasiomycètes et qui favorisent leur agrégation. C'est l'AMPc chez *Dictyostelium discoideum*, et le dipeptide glutamate-ornithine chez *Polyspondylium.* Les acrasines sont dégradées par des *acrasinases.*

Acraspède *adj.* Se dit des méduses dont le corps voûté n'est pas obturé par un *diaphragme* (ou *craspédon*). Les méduses acraspèdes se rencontrent chez les Cnidaires Scyphozoaires. **Ant.**: Craspédote.

Acridophage *adj. et n. m. (du gr. akris, akridos, sauterelle et phagein, manger).*

[Acridophagous] Qui se nourrit de Criquets.

Acrocarpe *adj. (du gr. akros, à l'extrémité et karpos, fruit).* [Acrocarpic, Acrocarpous] Se dit d'une Mousse ou d'une Hépatique chez laquelle le sporophyte apparaît au sommet de la tige feuillée gamétophytique. La majorité des Mousses est acrocarpe.

Acrocaule *adj. (du gr. akros, à l'extrémité et du lat. caulis, tige).* Qui se trouve à l'extrémité d'une tige, d'un rameau.

Acrocentrique *adj. (du gr. akros, à l'extrémité et centre).* [Acrocentric] Se dit d'un chomosome dont le centromère est situé près d'une extrémité. **Syn.**: Acrocentromérique.

Acrocentromérique *adj.* [Acrocentromeric] **Syn.**: Acrocentrique.

Acrodendrophile *adj.* [Acrodendrophilous] Qui vit à l'extrémité supérieure des arbres.

Acrodonte *adj.* [Acrodont] Se dit de l'implantation des dents lorsque la racine est soudée à la face externe de la mâchoire.

Acrodrome *adj. (du gr. akros, à l'extrémité et dromos, course).* [Acrodromous] Se dit de la nervation d'une feuille de Dicotylédones dont les nervures secondaires sont courbées en direction de la pointe de la feuille. **Ex.**: Nervure acrodrome des feuilles de Cornouiller (*Cornus sp.*, Cornacées).

Acrogamie *n. f. (du gr. akros, à l'extrémité et gamos, union).* [Acrogamy] Mode de fécondation d'un ovule végétal qui a lieu lorsque le micropyle est bouché par les téguments; le tube pollinique s'introduit alors par le pôle opposé au micropyle en lysant les cellules du nucelle. **Ant.**: Porogamie.

Acrogyne *adj. (du gr. akros, à l'extrémité et gunê, femme).* [Acrogynous] ▸ ① Se dit d'une plante dont le gynécée est situé à l'extrémité de la formation qui le supporte. Ce fait l'empêche de poursuivre sa croissance; ▸ ② Se dit des Hépatiques dont les archégones naissent à l'extrémité du gamétophyte. **Ex.**: *Caldoryum*. **Ant.**: Anacrogyne.

Acropause *n. f. (du gr. akros, à l'extrémité et pause).* ▸ ① Limite supérieure de la végétation, toit végétal; ▸ ② Par extension, couche de l'atmosphère située juste au-dessus du toit végétal et qui est directement modifiée par le fonctionnement de la végétation.

Acropète *adj. (du gr. akros, à l'extrémité et du lat. petere, tendre vers).* [Acropete] Se dit d'un développement se réalisant de la base vers le sommet. **Ex.**: Floraison d'un thyrse de Lilas. **Syn.**: Basifuge. **Ant.**: Basipète.

Acropleustophyte *n. f.* [Acropleustophyte] Toute Plante aquatique de grande taille qui flotte à la surface de l'eau sans être enracinée. **Ex.**: Jacinthe d'eau (*Eichhornia crassipes*, Pontédériacées).

Acropode *n. m. (du gr. akros, à l'extrémité et pous, podos, pied).* [Acropod] Extrémité de l'autopode du membre chiridien qui correspond à l'ensemble des phalanges.

Acropodial *adj. (du gr. akros, à l'extrémité et pous, podos, pied).* Se dit du mode de croissance et de l'architecture des arbustes possédant plusieurs axes au sommet desquels poussent de longues feuilles étroites et les inflorescences. **Ex.**: *Dracaena arborea* (Agavacées).

Acrosine *n. f. (du gr. akros, à l'extrémité).* [Acrosin] Enzyme protéolytique de la membrane interne de l'acrosome dont le rôle est de digérer la membrane pellucide et qui contribue ainsi au passage du spermatozoïde vers la membrane de l'ovule.

Acrosome *n. m. (du gr. akros, à l'extrémité et sôma, corps).* [Acrosome] Organite situé à l'avant du noyau du spermatozoïde et l'entourant comme un capuchon. L'acrosome résulte de la fusion de vésicules de Golgi formées dans la spermatide lors de la spermiogenèse. Au cours de la fécondation a lieu la réaction acrosomienne qui consiste en une fusion de la membrane de l'acrosome et de la membrane plasmique du spermatozoïde. Les enzymes de l'acrosome sont alors déversées au contact de la membrane pellucide qui sera ainsi digérée.

Acrospore *n. f. (du gr. akros, à l'extrémité et spora, semence).* [Acrospore] Spore naissant à l'extrémité d'un filament mycélien.

Acrotaxie *n. f.* [Acrotaxis] Voir Taxie.

Acrotonie *n. f. (du gr. akros, à l'extrémité et tonos, tension).* [Acrotony] Mode de ramification caractérisé par des pousses de longueur croissante du sommet à la base du végétal. L'acrotonie caractérise les arbres, en particulier les Conifères, à la différence des arbrisseaux. **Ant.**: Basitonie.

Acrotrophique *adj. (du gr. akros, à l'extrémité et trophê, nourriture).* [Acrotrophic] Chez les Insectes, se dit d'un ovaire méroïstique dont les cellules nourricières restent dans la partie inférieure du germarium. La liaison avec les ovocytes est temporaire et réalisée par des cordons nourriciers. **Syn.**: Télotrophique.

ACTH *n. f. (sigle de l'angl. Adrenocorticotrophic hormone).* [ACTH] Voir Corticostimuline.

Actine *n. f. (du lat. actus, mouvement).* [Actin] Protéine cytoplasmique existant sous deux formes: **l'actine G**, globulaire et monomérique, et **l'actine F**, filamenteuse, polymérique et résultant de la polymérisation de l'actine G. Ces deux formes sont en équilibre dynamique dans la cellule. Les filaments d'actine font partie du cytosquelette et ont un diamètre de 7 nm. L'actine F possède de nombreux rôles:

a. ***mouvement et déplacement:*** en présence de Ca^{2+}, les filaments épais de myosine se lient aux filaments minces d'actine, ce qui permet le glissement de chaque filament l'un contre l'autre et par conséquent la contraction musculaire. Elle forme aussi les filopodes et les pseudopodes;

b. ***forme de la cellule:*** l'actine est fixée aux protéines de la membrane plasmique par des protéines d'ancrage comme la spectrine, l'ankyrine, la filamine et la dystrophine;

c. ***structure***: l'actine forme le cytosquelette des microvillosités et stéréocils.

d. ***relation:*** l'actine est reliée à la matrice extracellulaire ou à d'autres cellules par l'intermédiaire des intégrines.

α-Actinine *n. f. (du lat. actus, mouvement).* [α-Actinine] Protéine fibrillaire qui permet à l'actine de se lier aux stries Z des sarcomères des fibres musculaires squelettiques ainsi qu'aux intégrines membranaires. C'est un homodimère à sous-unités de 95 kDa. **Syn.**: Butyrobétaïne.

Actinobiologie *n. f. (du gr. aktinos, rayon et biologie).* [Actinobiology] Partie de la biologie qui étudie les effets des rayonnements et des radiations sur les êtres vivants.

Actinocongestine *n. f.* [Actinocongestin] Chez les Cnidaires, substance urticante synthétisée par les cnidoblastes et inoculée en un mouvement rapide par le filament urticant lorsque le cnidocil est excité. **Syn.**: Actinagestine

Actinogestine *n. f.* **Syn.**: Actinocongestine.

Actinomorphe *adj. (du gr. aktinos, rayon et morphê, forme).* [**Actinomorphic**] Se dit d'une fleur, d'une corolle qui présente une symétrie radiaire. **Syn.**: Régulier. **Ant.**: Zygomorphe.

Actinomycine D *n. f.* [**D Actinomycin**] Antibiotique décapeptidique synthétisé par des Bactéries du genre *Actinomyces*, efficace contre les Procaryotes et les Eucaryotes. L'actinomycine D se fixe de façon stable au voisinage des guanines de l'ADN et empêche ainsi la transcription et la réplication.

Actinorhize *n. f. (du gr. aktinos, rayon et rhiza, racine).* [**Actinorrhiza**] Formation racinaire des espèces ligneuses en symbiose avec des Actinomycètes, qui constitue le lieu de fixation symbiotique du diazote atmosphérique. **Ex.**: Actinorhizes cérébriformes de l'Aulne (*Alnus sp.*, Bétulacées).

Actinostèle *n. f. (du gr. aktinos, rayon et stêlê, colonne).* [**Actinostele**] Stèle dont le xylème interne présente un contour lobé; le phloème remplit les zones entre les lobes de telle façon que les deux éléments conducteurs s'interpénètrent.

Actinotaxie *n. f. (du gr. aktinos, rayon et taxie).* [**Actinotaxy**] Voir Taxie.

Actinotriche *n. m. (du gr. aktinos, rayon et thrix, trikhos, poil).* [**Actinotrichium**] Chacun des rayons exosquelettiques qui supportent la partie non musculaire de la nageoire des Poissons. Les actinotriches s'articulent avec les radiaux chez les Chondrichtyens et avec les lépidotriches chez les Ostéichtyens.

Actinotropisme *n. m. (du gr. aktinos, rayon et tropisme).* [**Actinotropism**] Voir Tropisme.

Actinotroque *adj.* [**Actinotroc**] *Larve actinotroque*, larve des Phoronidiens (Protostomiens lophotrochozoaires) marine, libre et ciliée issue du développement de la gastrula. Elle possède un capuchon préoral qui recouvre la bouche, le *prototroque*, et une collerette de tentacules ciliés, le *paratroque*. Au bout de quelques semaines de vie libre, cette larve subira une métamorphose complexe.

Activateur *n. m.* [**Activator**] Protéine codée par un gène régulateur et capable de se fixer sur un site initiateur d'un autre gène pour en accroître l'expression.

Activateur du plasminogène *m.* [**Plasminogen activator**] Protéase qui clive le plasminogène inactif en plasmine, en ouvrant la liaison peptidique Arg 560-Val 561. La plasmine est responsable de la fibrinolyse.

Activation d'un acide aminé *f.* Fixation d'un ARNt sur l'acide aminé spécifique correspondant, réaction catalysée par une aminoacyl-ARNt synthétase.

Activine *n. f.* [**Activin**] Peptide du groupe des facteurs de croissance des tumeurs (TGF β). L'activine est un facteur inducteur du mésoderme dans le centre de Nieuwkoop. Elle est aussi synthétisée par les cellules granuleuses des ovaires, par les cellules de Sertoli des testicules et dans l'hypophyse où elle active la sécrétion de FSH.

Actomyosine *n. f. (de actine et myosine).* [**Actomyosin**] Molécule résultant de la liaison entre actine et myosine.

Actophile *adj.* [**Actophilous**] Qui vit sur les rivages rocheux dans la zone touchée par les vagues.

Actotropomyosine *n. f. (de actine et tropomyosine).* [Actotropomyosin] Molécule résultant de la liaison entre l'actine et la tropomyosine.

Aculé *adj. (du lat. aculeus, aiguillon).* Qui est pourvu d'un aiguillon.

Aculéolé *adj. (du lat. aculeus, aiguillon).* [Aculeate] Chez les Champignons supérieurs, se dit d'un hyménophore pourvu d'aiguillons. Ex: *Hydnum* (Pied-de-mouton).

Acumen *n. m. (mot lat., pointe).* [Acumen] Extrémité d'un organe qui est brusquement rétréci, effilé; l'organe est dit *acuminé.*

Acuminé *adj.* [Acuminate] Voir Acumen.

Acutifolié *adj. (du lat. acutus, aigu et folium, feuille).* [Acutifoliate] Se dit d'un végétal dont les feuilles sont aiguës et terminées en pointe.

Acutilobé *adj. (du lat. acutus, aigu et lobé).* [Acutilobate] Se dit d'une feuille dont les lobes sont effilés voire piquants. **Ex.**: Feuilles du Houx (*Ilex sp.*, Ilicacées) et de l'Érable plane (*Acer platanus,* Acéracées).

Acyclique *adj. (du gr. a-, élément privatif et cyclique).* [Acyclic] ▸ ① Se dit d'une fleur dont les pièces florales sont disposées sur une hélice et non un cycle. **Ant.**: Verticillé, Cyclique. ▸ ② Se dit d'un composé aliphatique qui ne comporte pas de cycle.

Acyl(-)coA *n. f. ou m.* Voir Acylcoenzyme A.

Acyl(-)coenzyme A *n. f. ou m.* [Acyl(-)coenzyme A] Abrév.: Acyl(-)coA – Molécule intermédiaire de la voie de dégradation des acides gras, résultant de la combinaison entre un acide gras et une coenzyme A par une acylcoA synthétase.

Acystidié *adj. (du gr. a-, élément privatif et cystide).* [Acystidiate] Chez les Basidiomycètes, se dit de l'hyménium (ou du champignon qui le porte) qui ne possède pas de cystides.

Adamantoblaste *n. m. (du gr. adamos, adamantos, diamant et blastos, germe).* [Ameloblast] **Syn.**: Améloblaste.

Adaptateur *n. m.* [Adaptator] ▸ ① ARNt capable de se charger d'un acide aminé et de se fixer sur un ribosome lors de la traduction; ▸ ② Courte séquence nucléotidique capable de réaliser le pontage de deux fragments d'ADN dont les séquences terminales ne sont pas complémentaires.

Adaptation *n. f.* [Adaptation] Caractère héréditaire d'un organisme lui permettant de survivre dans un milieu donné. L'adaptation a un déterminisme génétique et assure une relation harmonieuse et durable entre l'organisme et son environnement. On distingue:

- des **adaptations morphologiques:** nageoires et branchies des Poissons aquatiques, feuilles laciniées des Myriophylles;
- des **adaptations physiologiques:** résistance des Mammifères marins à la plongée;
- des **adaptations comportementales.**

Adapté *adj.* Se dit d'un organisme, d'une espèce qui présente des caractères héréditaires lui permettant l'adaptation à son milieu. Ne pas confondre avec Accommodé.

Adaptines *n. f. pl. (de adaptation)* [Adaptor proteins] Sigle: AP – Famille de protéines qui se fixent à la surface des puits et vésicules tapissés de la membrane plasmique. Ces adaptines reconnaissent un groupe de 4 acides aminés de la queue cytoplasmique des récepteurs transmembranaires et se fixent à eux ainsi qu'à la clathrine. Elles jouent ainsi un rôle de piégeage de récepteurs qui leur sont spécifiques dans les vésicules d'endocytose et un rôle d'attachement de la clathrine à la membrane plasmique. **Syn.**: Protéines adaptatrices.

Adaxial *adj. (du lat. ad, près de et axis, axe).* [**Adaxial**] Qui est situé près de l'axe, tourné en direction de l'axe. **Ant.**: Abaxial.

Adducteur *n. m. et adj.* [**Adductor (n.), Adducent (adj.)**] Voir Adduction.

Adduction *n. f. (du lat. adducere, amener).* [**Adduction**] Mouvement qui rapproche une partie du corps de l'axe de symétrie. Il est réalisé par les muscles *adducteurs*. **Ant.**: Abduction.

Adélomorphe *adj. (du gr. adelos, peu visible et morphê, forme).* [**Adelomorphous**] Qui n'a pas de forme définie.

Adélophycé *adj. (du gr. adelos, peu visible et phukos, algue).* Se dit de la phase du cycle d'une Algue qui est trop ténue pour être visible à l'œil nu (généralement, la phase gamétophytique).

Adelphe *adj. (du gr. adelphos, frère).* [**Adelphous**] Se dit d'un androcée dont les étamines sont soudées. On distingue les **androcées monadelphes** où les étamines sont regroupées en un seul faisceau, les **androcées diadelphes** où elles forment deux faisceaux (nombreuses Fabacées) et les **androcées polyadelphes** à plusieurs faisceaux. **Syn.**: Synstémone.

Adelphophagie *n. f. (du gr. adelphos, frère et phagein, manger).* [**Adelphophagy**] Propriété de certaines espèces animales et végétales de se nourrir d'autres individus de la même espèce ou de la même ponte. Un cas particulier d'adelphophagie existe dans le sac embryonnaire où, après la fécondation, on obtient deux organismes frères car fécondés par deux spermatozoïdes différents provenant d'un seul grain de pollen: l'embryon diploïde et l'albumen triploïde. L'embryon diploïde va se développer aux dépens de l'albumen qui possède les réserves.

Adénine *n. f. (du gr. adên, glande).* [**Adenine**] Symb.: A – Base azotée purique entrant dans la composition de certains nucléotides et de certaines coenzymes. Elle est formée d'un noyau purique aminé (soit au total 5 atomes d'azote). Elle possède deux bases complémentaires: la thymine dans l'ADN, et l'uracile dans l'ARN. Son nom provient du fait qu'elle a été isolée la première fois en 1885 des nucléoprotéines d'une glande (en gr.: *adên*), le pancréas. **Syn.**: 6-Aminopurine, Vitamine B4.

Adénohypophyse *n. f. (du gr. adên, glande et hypophyse).* [**Adenohypophysis**] Partie de l'hypophyse qui comprend le lobe antérieur (*pars distalis*), le lobe moyen (*pars intermedia*) et une partie de la tige hypophysaire ou lobe tubéral. L'adénohypophyse sécrète de nombreuses hormones peptidiques, glycopeptidiques ou protéiniques: l'hormone somatotrope (STH) ou hormone de croissance (GH) et les diverses stimulines: thyréostimuline (TSH), corticostimuline (ACTH), folliculostimuline (FSH), mélanostimuline (MSH), hormone lutéinisante (LH) et la prolactine (LTH). Ces hormones sont sécrétées par différents types cellulaires (cellules α, β, γ), sous contrôle de l'hypothalamus qui sécrète en amont des facteurs de libération, les libérines.

Adénoïde *adj. (du gr. adên, glande et eidos, aspect).* [**Adenoid**] Relatif au tissu ganglionnaire.

Adénosine *n. f. (du gr. adên, glande et ose).* [Adenosine] Voir Nucléoside.

Adénosine diphosphate glucose *f.* [Adenosine diphosphate glucose] Sigle: ADPG – Forme de glucose activé par la liaison avec le nucléotide ADP provenant de l'hydrolyse de l'ATP. C'est la forme active du glucose qui peut se lier à l'amidon, la dissociation de l'ADP fournissant l'énergie nécessaire à cette liaison.

Adénosine monophosphate, Adénosine diphosphate *f.* Voir Ribonucléotide.

Adénosine monophosphate cyclase *f.* Syn.: Adénylate cyclase.

Adénosine monophosphate cyclique *f.* [Cyclic adenosine monophosphate] Sigle: AMPc – Nucléotide cytoplasmique synthétisé par une enzyme membranaire, l'adénylate cyclase, et dégradé par l'AMPc phosphodiestérase. La synthèse d'AMPc est déclenchée lorsque l'adénylate cyclase est activée par la liaison d'un ligand à un récepteur membranaire. L'AMPc active alors une kinase A dont le substrat diffère selon le type cellulaire. L'AMPc est donc un messager secondaire qui joue un rôle très important dans le processus d'amplification cellulaire du message.

Adénosine-5'-phosphosulfate *n. f.* [Adenosine-5'-phosphosulfate] Sigle: APS – Composé issu de la combinaison d'une adénosine et d'un acide sulfurique, constituant un intermédiaire de la réduction des sulfates (SO_4^{2-}) en sulfites (SO_3^{2-}) lors de l'assimilation des sulfates par les Végétaux ou par les Bactéries réduisant les sulfates.

Adénosine triphosphatase *n. f.* [Adenosine triphosphatase] Voir ATP.

Adénosine triphosphate *n. f.* [Adenosine triphosphate] Voir ATP.

Adénovirus *n. m. (du gr. adên, glande et virus).* [Adenovirus] Tout Virus à ADN double brin linéaire, non enveloppé, à symétrie icosaédrique, infectant les appareils digestif et respiratoire des Animaux.

Adénylate cyclase *n. f.* [Adenylate cyclase] Enzyme membranaire qui catalyse la cyclisation de l'AMP en AMPc. Elle est activée par la protéine G, elle-même activée par la liaison récepteur-ligand. Elle participe donc à la transmission du message reçu par la cellule et est un élément important de l'amplification cellulaire de la réponse car une seule molécule de ligand active plusieurs enzymes qui, chacune, catalyseront la formation de nombreuses molécules d'AMPc. **Syn.**: Adénosine monophosphate cyclase.

Adénylate kinase *n. f.* [Adenylate kinase] Enzyme abondante dans les muscles, où elle catalyse la réaction de transphosphorylation: AMP + ATP 2 ADP. Il existe plusieurs isoenzymes: adénylate kinase I dans le cytoplasme, II dans l'espace intermembranaire des mitochondries, III dans la matrice mitochondriale. **Syn.**: Myokinase.

ADH *n. f. (sigle de l'angl. Antidiuretic hormone).* Voir Hormone antidiurétique.

Adhérent *adj.* [Adherent] Se dit d'un organe, ou d'une partie d'un organe, qui est soudé à la formation voisine. **Ex.**: Étamines soudées à l'ovaire. **Syn.**: Adné.

Adichogamie *n. f. (du gr. a-, élément privatif et dichogamie).* [Adichogamy] Maturation simultanée des organes reproducteurs mâles et femelles. **Ant.**: Dichogamie.

Adipocyte *n. m. (du lat. adeps, adipis, graisse et du gr. kutos, cellule).* [Lipocyte,

Fat cell] Cellule du tissu conjonctif spécialisée dans le stockage des lipides, fréquente surtout dans l'hypoderme, le mésentère et la moelle osseuse. **Syn.**: Cellule adipeuse, Lipocyte.

Adipogenèse *n. f. (du lat. adeps, adipis, graisse et du gr. genesis, formation).* **[Lipogenesis]** Formation du tissu adipeux. **Ant.**: Adipolyse.

Adipolyse *n. f. (du lat. adeps, adipis, graisse et du gr. lusis, dissolution).* **[Lipolysis]** Hydrolyse du tissu adipeux. **Ant.**: Adipogenèse.

Adipopexie *n. f. (du lat. adeps, adipis, graisse et du gr. pêxis, fixation).* **[Adipopexis]** Fixation des graisses dans le tissu adipeux.

Adjuvant *n. m. (du lat. adjuvare, aider).* **[Adjuvant]** Toute substance qui augmente le pouvoir immunogène d'un antigène.

Adlittoral *adj. (du lat. ad, près de et littoral).* Se dit d'un organisme qui vit sur les littoraux, mais sans avoir de contact direct avec la mer hormis par les embruns. **Syn.**: Juxtalittoral.

ADN ou A.D.N. *n. m. (sigle de Acide désoxyribonucléique).* **[Deoxyribonucleic acid (DNA)]** Macromolécule constituant le support des informations génétiques de tous les êtres vivants exceptés les Virus à ARN. Elle est formée d'une double chaîne hélicoïdale de désoxyribonucléotides, chaque chaîne ou *brin* étant complémentaire de l'autre. Chez les Eucaryotes et certaines Archées (ex.: Euryarchaeota), la molécule d'ADN est enroulée autour de protéines appelées *histones*. L'ordre d'enchaînement des nucléotides est transmis héréditairement. Un des deux brins d'ADN sert de matrice à la synthèse d'un ARN messager complémentaire porteur des informations génétiques nécessaires à la biosynthèse des protéines. On distingue de nombreux types d'ADN:

a. Selon leur localisation dans la cellule:

• **ADN cellulaire**, ensemble des molécules d'ADN d'une cellule;

• **ADN chloroplastique (ADNcp)**, ADN contenu dans les chloroplastes **[Chloroplastic DNA (cpDNA)]**;

• **ADN chromosomique**, ADN des chromosomes **[Chromosomal DNA]**;

• **ADN mitochondrial (ADNmt)**, ADN contenu dans les mitochondries, à l'origine d'une hérédité non mendélienne **[Mitochondrial DNA (mtDNA)]**;

• **ADN nucléaire**, ADN du noyau des cellules eucaryotes **[Nuclear DNA]**;

• **ADN plasmidique** ou **plasmidial**, ADN des plasmides **[Plasmid DNA]**;

• **ADN extrachromosomique**, tout ADN autre que l'ADN chromosomique **[Extrachromosomal DNA]**;

b. Selon le nombre de brins:

• **ADN bicaténaire**, syn.: ADN double brin;

• **ADN bifilaire**, syn.: ADN double brin;

• **ADN double brin**, formé de deux brins à séquences complémentaires. **[Double strand DNA]**;

• **ADN duplex**, syn.: ADN bouble brin;

• **ADN monobrin**, syn.: ADN simple brin;

• **ADN monocaténaire**, syn.: ADN simple brin;

• **ADN monofilaire**, syn.: ADN simple brin;

• **ADN simple brin**, ADN constitué d'un seul brin, chez certains Virus. **Syn.**: ADN monocaténaire, ADN monofilaire, ADN monobrin. **[Single stranded DNA]**;

c. Selon d'autres caractéristiques:

• **ADN A,** ADN dont la double hélice est raccourcie et plus trapue, obtenue lors de l'assèchement des cristaux d'ADN B. Cet ADN n'existe pas dans les conditions physiologiques;

• **ADN B,** forme la plus courante de l'ADN. Le pas (droit) de l'hélice est formé de 10,4 bases. Le diamètre de l'hélice est de 2,37 nm;

• **ADN Z,** forme peu fréquente de l'ADN caractérisée par une hélice de pas gauche et par une alternance régulière de bases puriques et pyrimidiques sur le même brin;

• **ADN bactérien,** ADN du «chromosome» et des plasmides d'une Bactérie. [Bacterial DNA];

• **ADN chimère,** syn.: ADN recombiné. [Chimeric DNA];

• **ADN complémentaire** (ADNc), ADN synthétisé *in vitro* à partir d'un ARN grâce à une transcriptase inverse. [Complementary DNA];

• **ADN espaceur,** syn.: Espaceur. [Spacer DNA];

• **ADN hybride,** syn.: ADN recombiné. [Hybrid DNA];

• **ADN lieur** ou **ADN de jonction,** ADN qui relie deux nucléosomes. [Linker DNA];

• **ADN recombiné,** ADN issu de la combinaison d'une molécule d'ADN avec un segment d'un autre ADN. **Syn.:** ADN chimère. [Recombinant DNA];

• **ADN répétitif,** ADN composé de séquences répétées. [Repetitive DNA];

• **ADN satellite,** ensemble de l'ADN hautement répétitif et de l'ADN extrachromosomique. [Satellite DNA];

ADNase *n. f.* [DNAase] **Syn.:** Désoxyribonucléase.

ADN hélicase *n. f.* [DNA helicase] **Syn.:** Hélicase.

ADN ligase *n. f.* [DNA ligase] Enzyme qui catalyse la formation d'une liaison phosphodiester entre deux nucléotides consécutifs d'un brin d'ADN.

ADN polymérase *n. f.* [DNA polymerase] Enzyme qui catalyse la polymérisation d'une molécule d'ADN en ajoutant des désoxyribonucléotides à l'extrémité 3'.

ADN topo-isomérase *n. f.* [DNA topo- isomerase] Enzyme qui catalyse la modification de la topologie de l'ADN. **Syn.:** Facteur de relaxation, Topo-isomérase.

Adné *adj. (du lat. ad, près de et né).* [Adnate] **Syn.:** Adhérent.

ADP *n. m. (sigle de Adénosine-5'-diphosphate).* Ribonucléotide formé d'une base purique, l'adénine, d'un pentose, le ribose et de deux phosphates. Il est rapidement phosphorylé en ATP par phosphorylation oxydative, par photophosphorylation ou encore par phosphorylation au niveau du substrat. Il se fixe au glucose pour donner l'ADP-glucose, monomère activé qui se fixera à la chaîne d'amidon en formation.

Adrénaline *n. f. (du lat. ad, près de et renal, du rein).* [Adrenalin(e)] Hormone du groupe des catécholamines, synthétisée par les glandes médullosurrénales à partir de la tyrosine. C'est l'hormone du stress, des états d'urgence: elle augmente la fréquence cardiaque et le tonus cardiovasculaire, et provoque la glycogénolyse (foie et muscles) et la lipolyse (tissu adipeux). Elle favorise ainsi la fuite devant un danger et la lutte contre le froid et la fatigue. Ses effets sont donc sympathicomimétiques. **Syn.:** Épinéphrine.

Adrénergique *adj. (de adrén(aline) et du gr. ergon, travail).* [Adrenergic] Se dit des fibres nerveuses qui sécrètent de l'adrénaline et de la noradrénaline et des récepteurs auxquels elles se lient.

Adrénolytique *n. m. et adj.* [**Adrenolytic**] Toute substance qui diminue ou supprime l'action de l'adrénaline.

Adrénostérone *n. f.* [**Adrenosterone**] 17-Cétostéroïde androgène sécrété par les corticosurrénales et possédant une faible activité d'hormone mâle.

Adret *n. m. (du prov. adrech, bon côté).* [**South-facing slope**] Versant d'une montagne exposé au sud, donc le plus chaud, le plus sec et le mieux éclairé. La flore et la faune sont généralement très différentes entre les deux versants. Ceci est valable dans l'hémisphère Nord; dans l'hémisphère Sud, l'adret est le versant exposé au Nord. **Syn.**: Soulane (dans les Pyrénées). **Ant.**: Ubac.

Advectif *adj. (du lat. ad, près de et vect(eur)).* Voir Potentiel advectif.

Adventice *n. f. et adj. (du lat. adventicius, supplémentaire).* [**Adventitious**] ▸ ① Plante qui colonise spontanément un territoire inhabituel. Après l'avoir colonisé à la faveur de conditions temporairement favorables, la plante, qui n'est pas parfaitement adaptée à ce nouvel habitat, disparaîtra lorsque reviendront des conditions plus difficiles (froid, sécheresse…); ▸ ② Plante indésirable poussant dans les cultures agricoles; mauvaise herbe. **Ex.**: le Muscari à toupet (*Muscari comosum*, Liliacées), adventice des vignobles; ▸ ③ Tunique fibreuse constituée surtout de collagène, formant la limite externe des vaisseaux sanguins. **Syn.**: Externa.

Adventif *adj. (du lat. adventicius, supplémentaire).* [**Adventitious**] Se dit d'un organe qui pousse en une position inhabituelle. On distingue les **bourgeons adventifs** (sur des racines ou sur des feuilles) et les **racines adventives** (Maïs, Philodendron).

Aérenchyme *n. m. (du gr. aêr, air et (par)enchyme).* [**Aerenchyma**] Parenchyme dont les cellules sont séparées par de vastes méats ou *lacunes aérifères*. Il est très répandu chez les espèces aquatiques (Nénuphars, Joncs) dont il facilite la flottaison et les échanges gazeux entre les organes émergés et immergés. **Syn.**: Parenchyme aérifère.

Aéricole *adj. (du gr. aêr, air et du lat. colere, habiter).* [**Aericolous**] Qui vit entièrement dans l'air.

Aérifère *adj. (du gr. aêr, air et du lat. ferre, porter).* [**Aeriferous**] ▸ ① Qui est rempli d'air. **Ex.**: Ballonnets des grains de pollen des Pins. ▸ ② Racine aérifère, **syn.**: Pneumatophore.

Aéro-anaérobie *adj. et n. m.* [**Aero-anaerobic (adj.)**] Voir Aérobie.

Aérobie *adj. et n. m. (du gr. aêr, air et bios, vie).* [**Aerobic (adj.)**] Se dit d'un organisme qui ne peut vivre qu'en présence d'oxygène. Il existe des organismes dits *aérobies facultatifs* qui peuvent vivre sans oxygène en réalisant la fermentation ou la respiration anoxygénique: ce sont des *aéro-anaérobies*. **Ant.**: Anaérobie.

Aérobiose *n. f. (du gr. aêr, air et bios, vie).* [**Aerobiosis**] Mode de vie dans un milieu oxygéné. **Ant.**: Anaérobiose.

Aérochorie *n. f. (du gr. aêr, air et khôrein, se déplacer).* [**Aerochory**] **Syn.**: Anémochorie.

Aérocyste *n. m. (du gr. aêr, air et kustis, vessie).* [**Aerocyst**] Chez les Algues, vésicule remplie de gaz (azote surtout) qui joue le rôle de flotteurs. **Ex.**: *Fucus vesiculosus*.

Aérogamie *n. f. (du gr. aêr, air et gamos, mariage).* [**Aerogamy**] **Syn.**: Anémogamie.

Aérohalin *adj. (du gr. aêr, air et halin).* [Aerohaline] Qui est soumis aux embruns. **Syn.**: Hygrohalin.

Aérohygrophile *adj. (du gr. aêr, air, hugros, humide et philos, ami).* [Aerohygrophilous] Se dit d'une plante vivant dans un habitat suffisamment humide pour qu'elle puisse puiser son eau dans l'atmosphère et être ainsi plus ou moins indépendante de l'eau du sol. **Ex.**: Nombreux Lichens, Bryophytes et épiphytes. **Ant.**: Aérohygrophobe.

Aérohygrophobe *adj. (du gr. aêr, air, hugros, humide et phobos, crainte).* [Aerohygrophobous] Se dit d'une plante qui ne se développe que dans un milieu à faible hygrométrie. **Ant.**: Aérohygrophile.

Aérohygrophyte *n. f. (du gr. aêr, air, hugros, humide et phuton, plante).* [Aerohygrophyte] Plante aérohygrophile.

Aéromorphose *n. f. (du gr. aêr, air et morphê, forme).* [Aeromorphosis] ▸ ① Changements morphologiques, anatomiques et physiologiques apparaissant chez une plante amphibie lorsqu'elle passe du milieu aquatique au milieu aérien; ▸ ② **Syn.**: Anémomorphose.

Aérophile *adj. (du gr. aêr, air et philos, ami).* [Aerophilous] Qui vit dans un milieu fortement venté.

Aérophique *adj.* Se dit d'un habitat, d'un milieu, d'un horizon de sol dans lequel l'air est la composante prépondérante. **Ex.**: Strate des troncs d'arbres d'une futaie.

Aérophyse *n. m.* Ensemble de l'air contenu dans un habitat ou dans une de ses parties. **Ex.**: Air d'un horizon de sol.

Aéroplancton *n. m. (du gr. aêr, air et plancton).* [Aeroplankton] Fraction du plancton véhiculée par le vent.

Aérotaxie *n. f. (du gr. aêr, air et taxie).* [Aerotaxis] Voir Taxie.

Aestisylve → **Estisylve**

Afférent *adj. (du lat. afferre, apporter).* [Afferent] Qui amène de la périphérie vers le centre. **Ex.**: Nerf afférent (= nerf sensitif).

Affin *adj.* [Affine] ▸ ① Se dit d'une substance présentant une affinité pour une autre. **Ex.**: Une enzyme affine pour son substrat; ▸ ② Se dit de formes biologiques présentant une forte ressemblance qui ne s'accompagne pas obligatoirement d'une relation de parenté. **Ex.**: les Sélaginelles affines des Lycopodes. ▸ ③ Se dit de deux espèces qui vivent volontiers en présence l'une de l'autre.

Affinité *n. f.* ▸ ① Caractère des molécules et des organismes dit *affins*. ▸ ② *Affinité sociologique*, propriété qu'ont plusieurs espèces végétales de vivre volontiers ensemble et de constituer ainsi des groupes les réunissant chaque fois que les conditions du milieu le permettent.

Aflatoxine *n. f. (de A(spergillus) fla(vus) et toxine).* [Aflatoxin] Toxine sécrétée par l'Ascomycète *Aspergillus flavus*, fréquente sur diverses graines en condition chaude et humide. C'est un agent oncogène puissant, en particulier sur le foie, et un inhibiteur de la synthèse des ARNm.

Afro-alpin *adj.* Se dit de l'étage alpin des montagnes africaines et des êtres vivants qui y vivent.

Afrogée *n. f.* **Syn.**: Paléotropis. Voir Empire biogéographique.

Afromontagnard *adj.* Se dit de l'étage montagnard des montagnes africaines et des êtres vivants qui y vivent.

Afrosubalpin *adj.* Se dit de l'étage subalpin des montagnes africaines et des êtres vivants qui y vivent.

Ag Abréviation de Antigène.

Agame *adj. (du gr. a-, élément privatif et gamos, union).* [**Agamic**] Se dit d'un être vivant qui est dépourvu d'appareil reproducteur fonctionnel et qui se reproduit donc uniquement par multiplication végétative.

Agamète *n. m. (du gr. a-, élément privatif et gamète).* [**Agamete**] Cellule reproductrice asexuée (spore). **Ant.**: Gamète.

Agamie *n. f. (du gr. a-, élément privatif et gamos, union).* [**Agamy**] ▸ ① **Syn.**: Reproduction asexuée. Voir Reproduction; ▸ ② État des organismes agames.

Agamogenèse *n. f.* [**Agamogenesis**] **Syn.**: Reproduction asexuée. Voir Reproduction.

Agamogonie *n. f.* [**Agamogony**] Reproduction asexuée des Protozoaires, par division binaire transversale ou longitudinale, par schizogonie ou par bourgeonnement.

Agamospermie *n. f.* [**Agamospermy**] **Syn.**: Apomixie.

Agar-agar *n. m.* [**Agar-agar**] Constituant polysaccharidique des parois squelettiques de diverses Rhodophycées (*Gelidium, Gracilaria*), utilisé en cuisine (gélose) et en laboratoire (milieu de culture gélosé). Il est composé d'un mélange variable de trois molécules: l'agarose, le pyruvylagarose et une forme sulfatée. Il se dissout dans l'eau chaude et se solidifie en gels épais en se refroidissant. **Syn.**: Gélose, Agar.

Agarose *n. m. (de agar et ose).* [**Agarose**] Polysaccharide linéaire formé d'une alternance de D-galactoses et de L-galactoses. Formule: $[\beta\text{–}(1,3)\text{–D–Gal–}\alpha\text{–}(1,4)\text{–L–Gal}]_n$.

AGE *n. m.* Sigle de Acide gras essentiel.

Agénésie *n. f. (du gr. a-, élément privatif et genesis, formation).* [**Agenesis**] ▸ ① Croisement entre deux espèces proches, dont les produits ne sont pas féconds, ni entre eux ni avec les espèces parentales. **Syn.**: Hybridité agénésique; ▸ ② Absence ou arrêt de développement d'un organe.

Agglutination *n. f.* [**Clump**] Réunion en amas de cellules bactériennes, d'hématies ou de Virus. Elle est souvent accompagnée de l'inactivation et de la sédimentation des éléments agglutinés. Elle est le résultat de la liaison entre deux molécules: une agglutinine sérique spécifique et un agglutinogène fixé à la surface de chaque élément agglutiné. Cette réaction réalisée avec des hématies permet la détermination des groupes sanguins.

Agglutinine *n. f.* [**Agglutinin**] ▸ ① Anticorps qui provoque l'agglutination des cellules ou des Bactéries auxquelles il se lie de manière spécifique; ▸ ② Toute substance qui provoque une agglutination.

Agglutinogène *n. m. (de agglutin(er) et du gr. genos, origine).* [**Agglutinogen**] Molécule antigénique de la surface des hématies et des Bactéries qui provoque leur agglutination en présence de l'agglutinine correspondante.

AGL *n. m.* Sigle de Acide gras libre.

Aglycone *n. m. ou f. (du gr. a-, élément privatif et glukus, doux).* [**Aglycon**] Partie non glucidique entrant dans la composition d'un hétéroside.

Aglyphe *adj. (du gr. a-, élément privatif et gluphê, sillon).* [**Aglyphous**] Se dit d'un serpent peu ou non venimeux dont les dents ne possèdent pas de sillon pour l'écoulement du venin. Celui-ci s'écoule dans la gueule et se mélange à la salive.

Agnathe *adj. (du gr. a-, élément privatif et gnathos, mâchoire).* [**Agnathan**] Qui n'a pas de mâchoires.

Agnation *n. f. (du lat. natus, né).* [Agnation] Parenté entre individus qui ont le même père mais pas la même mère. De tels individus sont dits *agnats*. **Ant.**: Cognation (et cognat).

AGNE *n. m.* Sigle de Acide gras non estérifié.

Agnostérol *n. m. (du lat. agnus, agneau et stérol).* [Agnosterol] Stérol présent dans le suint (graisse de laine). Contrairement aux autres zoostérols, l'agnostérol possèdent 30 carbones.

Agoniste *n. m. et adj. (du lat. agonista, qui combat dans les jeux).* [Agonist (n.), Agonistic (adj.)] ▸ ① Molécule qui se lie spécifiquement à un récepteur cellulaire donné et qui déclenche les mêmes effets que le ligand naturel; ▸ ② *Muscle agoniste*, qui participe à la réalisation d'un mouvement. **Syn.**: Congénère. **Ant.**: Antagoniste.

Agonistique *adj. (du lat. agonista, qui combat dans les jeux).* [Agonistic] Se dit d'un comportement où les individus d'une même espèce simulent un combat pour s'approprier leur territoire.

Agranulocyte *n. m.* [Agranulocyte] Leucocyte dépourvu de granulations. **Ant.**: Granulocyte.

Agrégation *n. f.* Rassemblement de plantes dites *agrégées* en groupes assez denses.

Agrégé *adj.* Voir Agrégation.

Agressif *adj. Mimétisme agressif*, mimétisme qui consiste pour un prédateur à ressembler à une espèce inoffensive pour leurrer ses proies. [Aggressive mimicry].

Agreste *adj. (du lat. ager, agri, champ).* [Agrestic] Se dit d'une espèce qui pousse préférentiellement sur les sols labourés.

Agri-environnement *n. m.* Organisation raisonnée d'une région naturelle qui doit permettre d'associer les activités agricoles et la protection de l'environnement (paysage, biodiversité...).

Agrine *n. f.* [Agrin] Protéine de 200 kDa produite dans le muscle et présente en grande quantité au niveau de la jonction neuromusculaire. Elle contrôle l'arrangement structural de la membrane postsynaptique de la plaque motrice.

Agrippement *n. m.* [Grasping-reflex] Réflexe de fermeture de la main sous l'effet d'une stimulation de la paume, présent chez les petits des Primates, et en particulier des Humains.

Agrobiologie *n. f. (du gr. agros, champ et biologie).* [Agrobiology] Science de l'application des connaissances biologiques à l'agriculture.

Agrostidaie *n. f.* Formation végétale herbacée des zones tempérées, dominée par l'Agrostis (Poacées).

Agrostologie *n. f. (du gr. agrôstis, Chiendent* et *logos*, discours*).* [Agrostology] Branche de la botanique qui étudie les Poacées.

AGTLC *n. m.* Sigle de Acide gras à très longue chaîne.

AIA *n. f.* [IAA] Sigle de Acide indole-3-acétique. Voir Auxine.

Aigicole *adj. (du gr. aegialos, rivage et du lat. colere, habiter).* [Aigicolous] Qui vit sur les plages.

Aigrette *n. f. (du provençal aigron, Héron).* [Egret] ▸ ① Faisceau de plumes ornementant la tête de certains Oiseaux (Héron, Hibou); ▸ ② Faisceau de poils ou de soies de certains fruits et de certaines graines, favorisant leur dispersion par le vent (anémochorie).

Aigu *adj. (Fém.: Aiguë).* [Sharp, Pointed] Se dit d'un organe qui se rétrécit progressivement en pointe.

Aiguille *n. f.* [Needle] Feuille caractérisant la plupart des Gymnospermes ainsi que certaines Angiopermes adaptées à la sécheresse comme les Cactacées. La différence avec la feuille "normale" réside dans la diminution de surface et la présence d'une couche importante de cutine qui rend l'aiguille imperméable sauf au niveau des stomates qui sont localisés sur la face inférieure c'est-à-dire à l'opposé du soleil. Chez les Gymnospermes, les aiguilles possèdent des canaux résinifères.

Aiguillon *n. m.* [Sting] **Syn.**: 2. Dard.

Aile *n. f.* [Wing] ▸ ① Organe du vol présent chez tous les Oiseaux, chez la plupart des Insectes (dit ptérygotes), chez certaines espèces d'Anoures et de Reptiles, et chez de rares Mammifères (Chauve-souris, Écureuil volant) et Poissons (Exocétidés, Dactyloptéridés). Le mot recoupe donc des éléments anatomiques différents dits analogues; il y a convergence de formes entre les différents groupes; ▸ ② Expansion tégumentaire de fruits ou de graines, facilitant la dispersion par le vent (anémochorie). **Ex.**: Samare; ▸ ③ Chacun des deux pétales latéraux de la corolle des Fabacées; ▸ ④ Chacune des parties latérales minces d'un thalle d'Hépatique, situées de part et d'autre d'un épaississement médian; ▸ ⑤ Chacune des deux parties latérales d'un élément anatomique. **Ex.**: Ailes d'un os, du nez.

Ailé *adj.* [Winged, Alate] Pourvu d'ailes, aux sens 1 et 2.

Aileron *n. m.* [Fin] Nageoire triangulaire de certains Poissons, particulièrement des Requins.

Aire *n. f.* [Eyrie] Nid de grande taille de certains Rapaces, formé de branchages. **Syn.**: Aire de répatition.

Aire cérébrale *f.* [Cerebral area]. **Syn.**: Aire corticale.

Aire corticale *f.* [Cortical area] Zone motrice ou sensitive du cortex correspondant à une zone d'arrivée et de départ de fibres nerveuses motrices ou sensitives. On distingue les **aires corticales motrices** responsables de la motricité, les **aires corticales sensitives** permettant la perception sensorielle et les **aires corticales associatives** qui servent d'intégrateur des informations sensorielles. Chez l'Homme, ce sont les:

• Aires motrices: aire motrice primaire, aire motrice du langage, aire oculo-motrice frontale;

• Aires sensitives: aire somesthésique primaire, aire pariétale postérieure, aire visuelle, aire auditive, aire olfactive, aire gustative;

• Aires associatives: aire prémotrice, aires associatives visuelle, auditive, olfactive et gustative, cortex préfrontal, aire gnosique, aire du langage, aires associatives viscérales.

Syn.: Aire cérébrale.

Aire de répartition *f.* Partie d'un habitat où vit une espèce donnée. Les aires de répartition de toutes les espèces végétales d'une région sont représentées sur les cartes de végétation. **Syn.**: Aire, Aire géographique, Aire d'extension. On distingue:

• l'aire circumterrestre, parcourant tout le globe dans des limites latitudinales;

• l'aire continue, d'un seul tenant. **Ant.**: Aire discontinue, Aire disjointe;

• l'aire d'expansion, partie nouvellement occupée par l'espèce;

• l'aire écologique, ensemble des habitats présentant des conditions écologiques favorables à une espèce donnée;

• l'aire méridienne, dont le grand axe est orienté Nord-Sud;

• l'aire minimale, plus petite surface où coexistent toutes les espèces végétales d'un groupement donné;

• l'aire zonale, dont les frontières correspondent aux grandes zones climatiques du globe.

Aire embryonnaire *f.* [**Embryonary area**] Dans le blastoderme des œufs télolécithes, zone médiane de l'aire pellucide où se forme l'embryon. **Ant.**: Aire extra-embryonnaire.

Aire extra-embryonnaire *f.* [**Extra embryonary area**] Dans le blastoderme des œufs télolécithes, ensemble de l'aire opaque et de la périphérie de l'aire pellucide, qui formera les replis amniotiques et le sac vitellin. **Ant.**: Aire embryonnaire.

Aire opaque *f.* [**Area opaca**] Zone périphérique du blastoderme en segmentation des œufs télolécithes. Elle comprend la zone marginale et la zone de recouvrement.

Aire pellucide *f.* [**Area pellucida**] Zone centrale du blastoderme des œufs télolécithes. Elle est plus transparente que l'aire opaque car elle est séparée du vitellus par la cavité sous-germinale.

Aire péristomiale *f. (du gr. peri, autour et stoma, bouche)*. Chez les Échinodermes Astérides et Échinides, petit zone circulaire, membraneuse et inerme de la face ventrale, au centre de laquelle s'ouvre la bouche.

Aisselle *n. f.* [**Axilla**] Zone de contact entre la base d'un rameau ou d'un pétiole et l'axe qui les supporte. A son niveau existe un *bourgeon axillaire*.

Akène, Achaine ou Achène *[aken] n. m. (du gr. a-, élément privatif et khainein, s'ouvrir)*. [**Achene**] Fruit sec indéhiscent à une seule graine. La *samare* (ex.: Frêne) est un akène ailé. Un *diakène* est un groupe de deux akènes soudés issus d'un ovaire à deux loges (**Ex.**: Apiacées).

Akinèse *n. f. (du gr. a-, élément privatif et kinêsis, mouvement)*. [**Akinesia**] **Syn.**: Thanatose.

Akinète *n. f. (du gr. a-, élément privatif et kinêsis, mouvement)*. [**Akinete**] Chez les Champignons et les Algues, spore à paroi épaisse, en état de dormance, représentant une forme de résistance aux mauvaises conditions. **Syn.**: Hypnospore.

Alanine *n. f. (de al(déhyde) et suff. -anine)*. [**Alanine**] ▸ ① Acide aminé entrant dans la composition des protéines des êtres vivants. Sa désamination oxydative conduit à l'acide pyruvique. Codons: GCA, GCC, GCG, GCU. Formule: $H_2N–CH–CH_3–COOH$. **Syn.**: Acide amino-2-propanoïque; ▸ ② **β-Alanine**, isomère de l'alanine présent dans deux protéines musculaires, la carnosine et l'ansérine et dans l'acide pantothénique. Elle provient de la décarboxylation de l'acide aspartique. Formule: $H_2N–CH_2–CH_2–COOH$.

Alarme *n. f. Cri d'alarme,* cri émis par un individu à l'approche d'un danger pour avertir ses congénères [**Alarm call**].

Albédo *n. m. (du lat. albedo, blancheur)* Partie interne blanche du zeste des agrumes, la partie externe étant le flavédo.

Albinervé *adj. (du lat. albus, blanc et nervus, nerf)*. Se dit d'une feuille qui présente des nervures blanches.

Albuginée *n. f. (du lat. albugo, taie, de albus, blanc)*. [**Albuginea**] Tunique fibromusculaire qui protège le testicule des Vertébrés. Elle est constituée de tissu conjonctif élastique et de fibres musculaires lisses qui se contractent pour expulser les spermatozoïdes dans l'épididyme.

Albumen *n. m. (mot lat., blanc d'œuf).* [**Albumen**] ▸ ① Blanc de l'œuf des Sauropsidés contribuant à la protection et à la nutrition de la cellule œuf puis de l'embryon. Il est constitué d'eau et de protéines dont l'albumine qui est la principale; ▸ ② Tissu de réserve des graines d'Angiospermes, issu de la fécondation des noyaux polaires du sac embryonnaire par l'un des deux anthérozoïdes apportés par le grain de pollen; c'est donc l'homologue triploïde du vrai embryon donnant la plantule, qui lui, est diploïde. Les réserves peuvent être de nature glucidique, lipidique ou protéique. Il persiste dans les graines albuminées mais est très vite digéré dans les graines exalbuminées.

Albumine *n. f. (du lat. albumen, blanc d'œuf).* [**Albumin**] Glycoprotéine hydrosoluble qui coagule à la chaleur, qui précipite dans les solutions salines saturées. Elle est présente dans de nombreux tissus animaux et végétaux: liquide interstitiel (**sérumalbumine**), lait (**lactalbumine**), muscles (**myalbumine**), œufs des Sauropsidés (**ovalbumine**), graines de Pois (**léguminosine**) et de Blé (**leucosine**). Ce sont des protéines de réserve d'azote. La sérumalbumine est une protéine de transport des hormones thyroïdiennes et stéroïdes, des acides gras, des acides biliaires, des vitamines liposolubles, de la bilirubine et des ions Ca^{2+} et Mg^{2+}.

Albuminé *adj.* [**Albuminous**] Se dit d'une graine dont la plantule est entourée de l'albumen chez les Angiospermes ou de l'endosperme chez les Gymnospermes.

Alcalinophile *adj. (de alcalin et du gr. philos, ami)* [**Alcalinophilic**] **Syn.**: Basophile.

Alcaloïde *n. m. (de alcali et du gr. eidos, aspect).* [**Alkaloid**] Substance organique basique et azotée, d'origine végétale le plus souvent, dont la toxicité parfois redoutable est utilisée par les Végétaux pour leur défense contre les prédateurs (phytophages). Les alcaloïdes présentent de nombreuses propriétés dont les scientifiques et les médecins ont su tirer parti en les utilisant à des doses très faibles. **Ex.**: Colchicine (Colchique, *Colchicum sp.*, Liliacées), Nicotine (Tabac, *Nicotiana tabaccum*, Solanacées), Caféine (Café, *Coffea sp.*, Rubiacées), Cocaïne (Coca, *Erythroxylon coca*, Érythroxylacées), Quinine (*Cinchona sp.*, Rubiacées).

Alcalose *n. f. (de alcali).* [**Alkalosis**] Augmentation de la basicité d'un liquide de l'organisme, en particulier du sang. L'alcalose est détectée par des chimiorécepteurs. **Ant.**: Acidose.

Alcool *n. m. (du lat. alkohol, substance produite par une distillation totale, de l'ar. al-kohl, antimoine pulvérisé).* [**Alcohol**] Composé organique possédant le groupement hydroxyle –OH sur une chaîne hydrocarbonée. On distingue les:

- alcools primaires: $R{-}CH_2OH$
- alcools secondaires:

$$\begin{array}{c} R{-}CHOH \\ | \\ R' \end{array}$$

- alcools tertiaires:

$$\begin{array}{c} R'' \\ | \\ R{-}COH \\ | \\ R' \end{array}$$

Alcoolification *n. f. (de alcool et du*

lat. fieri, devenir). [Alcoholification] **Syn.**: Fermentation alcoolique.

Aldéhyde *n. m. (du lat. al(kohol) dehyd(rogenatum), alcool déshydrogéné).* [Aldehyde] Composé organique possédant le groupement carbonyle –CHO, formé par oxydation d'un alcool primaire (R–CH_2OH).

Aldose *n. m. (de ald(éhyde) et suff. -ose).* [Aldose] Ose comportant un groupement carbonyle –CHO.

Aldostérone *n. f. (de ald(éhyde), stér(ol) et suff. -one).* [Aldosterone] Hormone minéralocorticoïde tétracyclique, à 21 atomes de carbone, synthétisée à partir de la progestérone dans la zone glomérulée des corticosurrénales. Elle maintient l'équilibre hydrominéral en stimulant au niveau du rein la réabsorption de Na^+ et la sécrétion de K^+. Sa sécrétion est sous le contrôle de l'angiotensine qui est elle-même synthétisée lors d'une diminution du volume sanguin ou d'un déséquilibre ionique. **Syn.** désuet: Électrocortine.

Alécithe *adj. (du gr. a-, élément privatif et lekithos, jaune d'œuf).* [Alecithal] Se dit d'un œuf dépourvu de vitellus. **Ex.**: Œufs des Mammifères vivipares.

Alétophile *adj.* [Aletophilous] Se dit d'une espèce végétale qui vit sur le bord des chemins et sur les talus des voies ferrées.

Aleurone *n. f. (du gr. aleuron, farine).* [Aleuron] Dans les graines, substance protéique de réserve sous forme de microscopiques amas cytoplasmiques appelés *grains d'aleurone*. Ces grains protéiques contiennent parfois des inclusions glucidiques ou *globoïdes* (phytine chez les Poacées) et des inclusions cristallisées ou *cristalloïdes*. Chaque grain résulte de la fragmentation de la vacuole en nombreux sacs vacuolaires puis de leur déshydratation. Lors de la germination, les grains d'aleurone se réhydratent et servent de réserve nutritive à la plantule en croissance.

Algine *n. f. (de alg(ue) et suff. -ine).* [Algin] **Syn.**: Acide alginique.

Algivore *adj. (de alg(ue) et du lat. vorare, manger).* [Algivorous] Qui se nourrit d'Algues. **Syn.**: Algophage.

Algocécidie *n. f. (de alg(ue) et cécidie).* [Algocecidium]. Voir cécidie.

Algologie *n. f. (de alg(ue) et du gr. logos, discours).* [Algology] Partie de la botanique qui étudie les Algues. Le botaniste qui les étudie est appelé *algologue* ou *phycologue*. **Syn.**: Phycologie.

Algologue *n. m. (de alg(ue) et du gr. logos, discours).* [Algologist] Voir Algologie.

Algophage *adj. (de alg(ue) et du gr. phagein, manger).* [Algophagous] **Syn.**: Algivore.

Algueraie *n. f.* Formation végétale constituée d'Algues.

Algueux *adj.* Se dit d'un milieu, d'une région où les Algues sont nombreuses.

Aliénigène *adj.* Se dit d'une espèce étrangère à la flore locale qui ne se développe que dans les stations artificielles.

Alima *adj. et n. f. Larve alima*, larve évoluée des Squilles (*Squilla mantis*, Eumalacostracés Hoplocarides), libérée à l'éclosion, portant déjà deux grandes pattes ravisseuses.

Aliment *n. m.* [Food] Toute substance pouvant servir à la nutrition d'un organisme hétérotrophe.

Alimentaire *adj.* Relatif aux aliments.

Aliphatique *adj. (du gr. aleiphar, graisse).* [Aliphatic] Se dit d'un composé organique dont la chaîne carbonée est acyclique.

Allaiter *v. t. (du lat. lactus, lait).* [**To suckle**] Nourrir de lait un petit, jusqu'au sevrage.

Allantochorial *adj. Placenta allantochorial*, placenta irrigué par les vaisseaux de la splanchnopleure de l'allantoïde. Ce type de placenta existe chez les Mammifères Euthériens. [**Allantochorial placenta**] **Syn.**: Allantoplacenta.

Allantochorion *n. m.* [**Allantochorion**] Chez les Vertébrés Amniotes, membrane formée par l'union de la splanchnopleure de l'allantoïde et de la somatopleure du chorion. Cette membrane est très vascularisée et constitue un lieu d'échanges respiratoires. Chez les Sauropsidés, il constitue la membrane la plus externe de l'œuf, au contact de la membrane coquillière. Chez les Mammifères Euthériens, il constitue le placenta au contact de la membrane utérine. **Syn.**: Membrane allantochoriale, Membrane chorio-allantoïdienne (chez les Sauropsidés).

Allantoïde *n. m. (gr. allantoeidês, en forme de boyau).* [**Allantois**] Chez les Vertébrés Amniotes, une des annexes embryonnaires correspondant à un diverticule de l'intestin postérieur doublé de la splanchnopleure. En s'appliquant contre la somatopleure du chorion, il forme l'allantochorion qui donnera la partie fœtale du placenta chez les Mammifères Euthériens et la membrane la plus externe de l'œuf chez les Sauropsidés.

Allantoïne *n. f.* [**Allantoin**] Produit intermédiaire de la dégradation des bases puriques résultant de l'oxydation de l'acide urique par une uricase. L'allantoïne est présente chez certains Insectes et chez les Mammifères exceptés les Primates qui ne possèdent pas cette enzyme.

Allantoplacenta *n. m. (de allanto(ïde) et placenta).* [**Allantoplacenta**]. Voir Allantochorial.

Allèle *n. m. (abrév. de allélomorphe).* [**Allele**] Chacune des formes possibles d'un gène. En général, il existe quelques allèles pour chaque gène, mais certains gènes possèdent plusieurs dizaines d'allèles (polyallélie des gènes du CMH). Chaque allèle occupe la même place ou *locus* sur les chromosomes homologues, et gouverne la même fonction; seules les modalités d'expression de la fonction sont différentes selon l'allèle. **Syn.** désuet: Gène allélomorphe.

Allélogène *adj. (du gr. allêlo-, élément marquant la réciprocité et genos, naissance).* [**Allelogenous**] Se dit d'une femelle dont la descendance est entièrement mâle ou entièrement femelle. **Syn.**: Allélogénique. **Ant.**: Amphogène.

Allélomorphe *adj. (du gr. allêlo-, élément marquant la réciprocité et morphê, forme).* Gène allélomorphe, syn. désuet de Allèle. [**Allelomorphic gene**].

Allélopathie *n. f. (du gr. allêlo-, élément marquant la réciprocité et pathos, ce qu'on éprouve).* [**Allelopathy**] Interaction chimique à distance entre Végétaux, induite par la présence de métabolites. Ces derniers peuvent être synthétisés par les plantes vivantes ou être issus de la décomposition en détritus toxiques d'une plante morte. Il peut s'agir d'une relation d'entraide ou d'exclusion. **Ex.**: La juglone (racines du Noyer, *Juglans sp.*) inhibant le développement de nombreuses espèces. **Syn.**: Télétoxie.

Allélotype *n. m.* [**Allelotype**] Ensemble des allèles d'un gène au sein d'une population.

Allen *n. pr.* Voir Règle d'Allen.

Allergène *n. m. et adj. (de allergie et*

du gr. genos, origine). **[Allergen (n.), Allergenic (adj.)]** Toute substance déterminant une allergie. **Syn.:** Allergénique (adj.).

Alliance *n. f.* [Alliance] Voir Phytosociologie.

Allocarpie *n. f. (du gr. allos, autre et karpos, fruit).* **[Allocarpy]** Production d'un fruit issu d'une allogamie.

Allochorique *adj. (du gr. allos, autre et khôros, emplacement).* **[Allochoric]** Se dit des populations d'une même espèce qui sont isolées bien qu'elles vivent dans une même zone biogéographique.

Allochtone *adj. (du gr. allos, autre et khthôn, terre).* **[Allochtonous]** Se dit d'une espèce qui n'est pas originaire de la région considérée. **Ant.:** Autochtone.

Alloenzyme *n. f. (du gr. allos, autre et enzyme).* **[Alloenzyme] Syn.:** Isoenzyme.

Allofécondation *n. f. (du gr. allos, autre et fécondation).* **[Allofertilization]. Syn.:** Allogamie.

Allofertile *adj. (du gr. allos, autre et fertile).* Qui peut être fécondé par un autre taxon. Cette propriété est *l'allofertilité.* **Ant.:** Allostérile.

Allofertilité *n. f. (du gr. allos, autre et fertilité).* Voir Allofertile.

Allogamie *n. f. (du gr. allos, autre et gamos, mariage).* **[Allogamy]** Mode de reproduction sexuée chez les Végétaux où les deux gamètes proviennent d'individus différents ou de fleurs différentes situées sur un même pied (*gitonogamie*) ou sur deux pieds différents (*xénogamie*). **Syn.:** Fécondation croisée, 3. Hétérogamie, Allofécondation, Allopollinisation.

Allogène *adj. (du gr. allos, autre et genos, origine).* ▸ ① Se dit d'une race introduite récemment dans une région, minoritaire dans la population et qui présente encore des caractères raciaux distincts de la population autochtone. **[Non-indigenous] Ant.:** Indigène.; ▸ ② Se dit d'une succession végétale qui débute à partir d'un milieu perturbé.

Allogénique *adj. (du gr. allos, autre et genos, origine).* **[Allogeneic]** ▸ ① Se dit d'un tissu ou d'un organe d'un donneur dont le génotype est différent de celui du receveur, donneur et receveur appartenant cependant à la même espèce; se dit aussi de la greffe de ce tissu; ▸ ② Se dit de deux animaux appartenant à une même espèce mais à des lignées pures différentes. **Ant.:** Syngénique.

Allogreffe *n. f. (du gr. allos, autre et greffe).* **[Allograft]** Voir Greffe.

Allo-immunisation *n. f.* **[Alloimmunisation] Syn.:** Iso-immunisation.

Allomone *n. f. (du gr. allos, autre et (hor)mone).* **[Allomone]** Substance synthétisée par un organisme pour sa défense. **Ex.:** Antibiotique, toxine, venin.

Allopatrique *adj. (du gr. allos, autre et patria, pays du père).* **[Allopatric]** Se dit d'espèces, de races ou de populations dont les aires de distribution géographique sont différentes bien que souvent adjacentes, ou de la spéciation qui résulte de cette séparation. **Ant.:** Sympatrique.

Allopélagique *adj. (du gr. allos, autre et pélagique).* **[Allopelagic]** Se dit d'une espèce océanique pélagique qui vit à toutes les profondeurs.

Allophile *adj. (du gr. allos, autre et philos, ami).* **[Allophilous]** Se dit d'une espèce végétale qui est dépourvue d'éléments qui attirent les Insectes pollinisateurs.

Alloplasmique *adj. (du gr. allos, autre et plasmique).* **[Alloplasmic]** Se dit d'une cellule dont on a remplacé le noyau par celui d'une autre cellule.

Alloploïde *adj. (du gr. allos, autre et*

(ha)ploïde). [**Alloploid**] **Syn.:** Allopolyploïde.

Allopollen *n. m. (du gr. allos, autre et pollen).* [**Allopollen**] Pollen appartenant à un autre individu que celui considéré.

Allopollinisation *n. f. (du gr. allos, autre et pollinisation).* [**Allopollination**] **Syn.:** Allogamie.

Allopolyploïde *adj. (du gr. allos, autre, polus, nombreux et (ha)ploïde).* [**Allopolyploid**] Qui possède un génome à plus de 2n chromosomes issu du croisement entre deux espèces voisines. Selon le degré de polyploïdie, on parle *d'allotriploïdie* (3n), *d'allotétraploïdie* ou *d'amphidiploïdie* (4n). L'allopolyploïdie est dite *monobasique* si le nombre n de chromosomes des deux espèces est identique, *polybasique* dans le cas contraire. **Syn.:** Alloploïde.

Allorge et Jovet *n. pr.* Voir Classification d'Allorge et Jovet.

Allosome *n. m. (du gr. allos, autre et sôma, corps).* [**Allosome**] **Syn.** désuet de Gonosome.

Allostérie *n. f. (du gr. allos, autre et stereos, solide).* [**Allostery**] Dans une enzyme dite *allostérique*, phénomène d'interaction entre deux sites de liaison à deux ligands différents. La fixation d'un ligand à son site de liaison induit le changement de conformation de l'autre site de liaison donc le changement de l'affinité de l'enzyme pour l'autre ligand, même si les deux sites sont éloignés. Ce couplage entre les sites d'une même molécule participe à la régulation du métabolisme grâce à des rétrocontrôles négatifs sur la réaction enzymatique, exercés par le produit même de cette réaction. **Ex.:** La fixation de l'ATP ou du glucose sur une enzyme appelée hexokinase augmente l'affinité de l'enzyme pour l'autre ligand et favorise ainsi la phosphorylation du glucose en glucose-6- phosphate (première étape de la glycolyse).

Allostérile *adj. (du gr. allos, autre et stérile).* Se dit d'une espèce qui ne peut pas être fécondée par une autre espèce. Cette propriété est *l'allostérilité*. **Ant.:** Allofertile.

Allosyndèse *n. f. (du gr. allos, autre et syndèse).* [**Allosyndesis**] Chez un hybride, appariement de deux chromosomes d'espèces différentes. **Ant.:** Autosyndèse.

Allotétraploïdie *n. f. (du gr. allos, autre et tétraploïdie).* [**Allotetraploidy**] Voir Allopolyploïde.

Allotherme *adj. (du gr. allos, autre et thermon, chaleur).* [**Allothermous**] **Syn.:** Ectotherme.

Allotriploïdie *n. f. (du gr. allos, autre et triploïdie).* [**Allotriploidy**] Voir Allopolyploïde.

Allotrophe *adj. (du gr. allos, autre et trophê, nourriture).* [**Allotrophic**]. ▸ ① Se dit d'un organisme hétérotrophe qui peut vivre en hémiparasite, parasite ou saprotrophe selon les circonstances. ▸ ② **Syn.:** Polyphage.

Allotropie *n. f. (du gr. allos, autre et tropos, direction).* [**Allotropy**] Propriété qu'ont certains êtres vivants de revêtir des aspects différents selon les conditions du milieu.

Allotype *n. m. (du gr. allos, autre et tupos, modèle).* [**Allotype**] Au sein d'une même espèce, variété d'une protéine due à de légères différences de la séquence nucléotidique de l'ADN et ayant une spécificité antigénique différente de celle des autres variétés.

Allozyme *n. f. (du gr. allos, autre et (en)zyme).* [**Allozyme**]. **Syn.:** Isoenzyme.

Alnicole *adj. (du lat. alnus, aulne et colere, habiter).* [**Alnicolous**] Qui vit de préférence sous les Aulnes (*Alnus sp.*).

Alpestre *adj. (de Alpes).* [Alpine] Se dit d'une plante vivant dans les régions montagneuses d'altitude moyenne (environ 1000 m).

Alpin *adj. (de Alpes).* [Alpine] ▸ ① Se dit de l'étage montagneux dont la végétation est dépourvue d'arbres et est caractérisée par des espèces prairiales et des sous-arbrisseaux. Sous nos latitudes, l'étage alpin est compris entre 2200 m et le niveau d'apparition des neiges persistantes; ▸ ② Se dit des plantes de haute montagne vivant à plus haute altitude que les plantes alpestres.

Alsophile *adj.* [Alsophilous] Qui vit dans des groupes d'arbres isolés.

Alternance de générations *f.* [Alternation of generations] ▸ ① Succession d'organismes haploïdes et diploïdes dans le cycle de développement d'un organisme. L'importance relative de ces deux phases est extrêmement variable. **Syn.**: Alternance de phases; ▸ ② Succession d'organismes asexués et sexués au cours du cycle de développement d'un être vivant.

Alternance de phases *f.* **Syn.**: Alternance de générations.

Alternatif *adj.* Voir Nom alternatif.

Alterne *adj.* [Alternate] ▸ ① Se dit d'organes, notamment de feuilles, qui s'insèrent chacun à des niveaux différents sur l'axe qui les supporte; ▸ ② Se dit de pièces florales verticillées qui s'insèreraient entre les pièces florales du verticille précédent si ces deux verticilles étaient comprimés en un seul. Généralement les pétales sont alternes avec les sépales et les étamines le sont avec les pétales.

Alticole *adj. (de alti(tude) et du lat. colere, habiter).* [Alticolous] Qui vit dans la haute montagne.

Altimontain *adj.* Situé au-dessus de l'étage montagnard.

Altisylve *n. f. (de alti(tude) et du lat. silva, forêt).* Forêt altimontaine.

Altitude *n. f. (du lat. altus, haut).* [Altitude] Élévation verticale qui influence de nombreux facteurs écologiques, et par conséquent, la distribution de toutes les espèces. Une augmentation de l'altitude s'accompagne d'une baisse de la teneur en oxygène, d'une baisse de la température et d'un changement de l'intensité et de la composition spectrale du rayonnement solaire. On peut rapprocher les effets de l'altitude à ceux de l'augmentation en latitude.

Altricial *adj.* [Altricial] Se dit des jeunes Vertébrés qui ont besoin des soins de leurs parents après la naissance. **Ant.**: Précoce.

Altruisme *n. m.* [Altruism] Comportement d'un individu qui consiste à favoriser un autre individu du groupe.

ALU *adj. (sigle de Arthrobacter luteus).* Famille de séquences génétiques répétitives d'environ 150 à 300 paires de bases, possédant une séquence de reconnaissance de l'enzyme de restriction Alu. Elles représentent environ 5 % du génome humain.

Alule *n. f. (du lat. alula, petite aile).* Chacune des plumes insérées sur le pouce des Oiseaux, participant à la stabilisation du vol.

Alvéole *n. f. ou (vx) m. (du lat. alveus, cavité).* ▸ ① Cavité de section hexagonale, où les larves des Abeilles se développent jusqu'au stade adulte et où le miel est mis en réserve. [Cell]; ▸ ② **Alvéole dentaire**, cavité des os maxillaires où s'insèrent les racines des dents chez les Reptiles et les Mammifères. [Socket]; ▸ ③ **Alvéole pulmonaire**, sac membraneux microscopique constituant l'extrémité des conduits aériens pulmonaires, et dont la paroi très fine et très irriguée assure les échanges gazeux avec le sang des capillaires. [**Alveolus of the lungs**].

Amacrine *adj.* [**Amacrine**] Se dit d'un neurone qui ne possède pas de longs prolongements.

Amande *n. f. (du lat. amygdala, fruit de l'amandier).* [**Kernel**] Graine d'un fruit lorsqu'elle est contenue dans un noyau.

Amanitine *n. f. (de amanit(e) et suff. -ine).* [**Amanitin**] Alcaloïde heptapeptidique cyclique extrait de certaines Amanites auxquelles il donne leur propriété vénéneuse voire mortelle. L'**α-amanitine** inhibe l'ARN polymérase II responsable de la transcription des gènes en ARNm chez les Eucaryotes. La **β-amanitine** diffère de la première par un seul acide aminé. Les DL 50 sont respectivement de 38 $\mu g. kg^{-1}$ et 97 $\mu g. kg^{-1}$.

Amaril *adj. (de l'esp. (febre) amarilla, (fièvre) jaune).* [**Amarillic**] Propre à la fièvre jaune. **Ex.**: Virus amaril.

Ambipare *adj. (du lat. ambo, double et parere, engendrer).* [**Ambiparous**] Se dit d'un bourgeon qui comporte à la fois des feuilles et des fleurs.

Ambisexualité *n. f. (du lat. ambo, double et sexualité).* [**Ambisexuality**] Présence de caractères appartenant aux deux sexes, chez un individu d'une espèce pourtant gonochorique (à sexes séparés).

Ambivalent *adj.* [**Ambivalent**] Se dit d'un gène dont l'expression peut être bénéfique ou néfaste à l'organisme qui le porte.

Ambre *n. m. et adj. (de l'arabe anbar, ambre gris).* ▸ ① **Ambre gris**, concrétions intestinales odorantes des Cachalots, qui flottent à la surface de la mer lorsqu'elles sont rejetées et qui entrent dans la composition de certains parfums dits *ambrés*. Le principal composant de l'ambre est *l'ambréine*, un alcool terpénique. [**Ambergris**]; ▸ ② **Ambre jaune**, résine fossile d'origine végétale, dure, translucide, le plus souvent jaune-orange. [**Yellow amber**]; ▸ ③ Adj. **Codon ambre**, voir Codon stop.

Ambulacraire *adj. (du lat. ambulacrum, promenade).* [**Ambulacral**] Qui se rapporte aux ambulacres.

Ambulacre *n. m. (du lat. ambulacrum, promenade).* [**Ambulacrum**] ▸ ① Chez les Échinodermes, chacun des pieds rétractiles sortant du test rigide par des *trous ambulacraires*, et représentant l'organe de locomotion. Chaque ambulacre est relié à une *vésicule de Poli* qui, en se contractant, fait varier la pression du liquide ambulacraire et par conséquent la turgescence des podies. **Syn.**: Podie; ▸ ② Partie du test des Échinodermes qui est percée de trous servant au passage des podies. Les ambulacres alternent régulièrement avec les *interambulacres* (sans trous ambulacraires).

Ambulatoire *adj. (du lat. ambulatorius, qui se déplace).* [**Ambulatory**] Se dit d'un organe qui sert à la locomotion.

Améiose *n. f.* [**Ameiosis**] **Syn.**: Apoméiose.

Améliorant *adj.* Se dit d'une plante dont la culture améliore le sol pour les cultures suivantes, par enrichissement en azote, aération du sol, apport d'humus…

Amélioration génétique *f.* Ensemble des méthodes et techniques qui visent à améliorer le programme génétique d'un organisme de manière à ce qu'il soit adapté aux exigences agricoles ou à des conditions écologiques particulières.

Améloblaste *n. m. (de l'angl. ameloblast, de enamel, émail).* [Ameloblast] Cellule prismatique, haute, synthétisant l'émail dentaire. Les améloblastes sont réunis en une couche unique entre l'émail qu'ils sécrètent et l'organe de l'émail. Lors de l'éruption dentaire, les améloblastes et l'organe de l'émail dégénèrent, laissant l'émail en contact avec l'extérieur. **Syn.**: Adamantoblaste, Émailloblaste.

Amensalisme *n. m.* [Amensalism] Absence de relation trophique entre deux organismes qui ne peuvent pas vivre ensemble en raison notamment d'une allélopathie.

Amentacé *adj.* Se dit des inflorescences en chatons.

Amentifère *adj. (du lat. amentum, cordon et ferre, porter).* [Amentiferous] Se dit d'une plante dont les inflorescences sont en chaton ou amentum. **Ex.**: Bouleau (*Betulus sp.*, Bétulacées).

Amentum *n. m. (mot lat., cordon).* [Amentum] **Syn.**: Chaton.

Amétabole *adj. et n. m. (du gr. a-, élément privatif et metabolê, changement).* [Ametabolous (adj.), Ametabola (n. pl.)] Se dit des Insectes qui ne subissent pas de métamorphose et qui ne possèdent pas d'ailes. Ils forment un groupe qui comprend 5 ordres: les Diploures, les Protoures, les Collemboles, les Archaeognathes et les Zygentomes. **Syn.**: 2. Homomorphe.

Amétropie *n. f.* [Ametropy] Défaut de réfraction de la lumière dans l'œil empêchant la formation d'une image nette sur la rétine. **Ex.**: Astigmatisme, Hypermétropie, Myopie. **Ant.**: Emmétropie.

AMH *n. f. (sigle de l'angl. Antimullerian hormone).* Voir Hormone antimüllérienne.

Amibocyte *n. m. (du gr. ameibein, changer et kutos, cellule).* [Amebocyte] Cellule amiboïde chez un Métazoaire. **Ex.**: Phagocytes, diverses cellules lorsqu'elles sont mises en culture *in vitro*.

Amiboïde *adj. (de amibe et du gr. eidos, aspect).* [Ameboid] Se dit de cellules qui rappellent le mouvement caractéristique des Amibes lorsqu'elles se déplacent: il y a projection de prolongements cytoplasmiques grâce aux remaniements continuels du cytosquelette, en particulier des filaments d'actine.

Amiboïsme *n. m.* [Ameboidism] Capacité qu'ont certaines cellules de se déplacer grâce à des mouvements amiboïdes.

Amidase *n. f. (de amide et suff. - ase).* [Amidase] Nom générique donné aux enzymes qui catalysent l'hydrolyse de la liaison amide ou peptidique: –CO–NH–.

Amide *n. m (de am(moniac) et suff. - ide).* [Amide] Tout composé organique qui possède le groupement amide CO–NH_2 dérivant de l'ammoniac.

Amidon *n. m. (du lat. amylum, amidon).* [Starch] Polyholoside de réserve formé de longues chaînes d'α-D-glucoses réunis entre eux par des liaisons 1,4 sauf au niveau des ramifications où deux glucoses sont reliés par une liaison 1,6. Il existe deux types de chaînes: *l'amylose* qui est non ramifiée et hélicoïdale, et *l'amylopectine* qui possède de nombreuses ramifications plus courtes que la chaîne axiale principale. L'amidon est caractéristique des Végétaux et des Algues pour lesquels il constitue une réserve glucidique. Ces grains d'amidon sont très nombreux dans les divers organes de réserve: graine, tubercule, bulbe. La synthèse d'amidon est réalisée dans le stroma des chloroplastes lorsque la production photosynthétique est excessive par rapport aux besoins de la plante. Deux glycéraldéhyde-3-phosphate sont convertis en un glucose-1-phosphate qui se liera à un UTP pour former un UDP-glucose. Ce nucléotide glycosylé est le précurseur de l'amidon. La présence d'amidon est révélée par l'eau iodée (Lugol) qui le colore en violet foncé. Formule: $(C_6H_{10}O_5)_n$.

Amine *n. f. (de am(moniac) et suff. -ine).* [**Amine**] Tout composé qui possède un groupement amine formé par substitution de radicaux hydrocarbonés univalents à l'hydrogène de l'ammoniac. On distingue les:
- **amine primaire:** R–NH_2
- **amine secondaire:**

```
R–N–R
  |
  H
```

- **amine tertiaire:**

```
R–N–R'
  |
  R"
```

Amine biogène *f.* [**Biogenic amine**] Amine issue de la décarboxylation d'un acide aminé grâce à une *aminoacide décarboxylase*.

Amino(-)acide *n. m.* [**Aminoacid**] **Syn.**: Acide aminé.

Aminoacide décarboxylase *f.* [**Aminoacid decarboxylase**] Voir Amine biogène.

Aminoacyl-adénylate *n. m.* [**Aminoacyladenylate**] Acide aminé activé par un AMP (= acide adénylique) lié à son groupement carboxyle. Cette liaison apporte l'énergie nécessaire à la fixation de l'acide aminé sur l'ARNt avant son utilisation lors de la traduction d'un ARNm en protéines. Ces deux étapes que sont l'activation et la fixation de l'acide aminé sont catalysées par *l'aminoacyl-ARNt synthétase*.

Aminoacyl-ARNt synthétase *f.* [**Aminoacyl-tRNA-synthetase**] Voir Aminoacyl-adénylate.

Amino-2-éthanol *n. m. (de amine et éthanol).* [**Amino-2-ethanol**] **Syn.**: Éthanolamine.

Aminopeptidase *n. f. (de amine et peptidase).* [**Aminopeptidase**] Enzyme de la bordure en brosse de l'intestin grêle qui catalyse l'hydrolyse des liaisons peptidiques de l'extrémité aminée des polypeptides. **Ant.**: Carboxypeptidase.

6-Aminopurine *n. f. (de amine et purine).* [**6-Aminopurin**] **Syn.**: Adénine.

Amitose *n. f. (du gr. a-, élément privatif et du gr. mitos, filament).* [**Amitosis**] Le plus simple des processus de division nucléaire qui a lieu sans disparition complète de la membrane nucléaire ni formation du fuseau mitotique ni même condensation des chromosomes. L'amitose s'observe chez certains microorganismes ainsi que dans certains organes des Vertébrés lorsqu'il s'agit d'augmenter la masse de tissu (foie, muscle). **Syn.**: Division acinétique, Division amitosique. **Ant.**: Mitose.

Amixie *n. f. (du gr. a-, élément privatif et de l'angl. to mix, mélanger).* [**Amixy**] Impossibilité de reproduction entre deux espèces ou races, due à des facteurs physiologiques, éthologiques ou géographiques.

Ammocète *n. f. et adj. (du gr. ammos, sable et koitè, couche).* [**Ammocoete**] Larve des Lamproies, limicole et microphage, vivant de 3 à 5 ans en eau douce avant de subir une métamorphose qui conduira à un adulte marin (ex.: *Petromyzon marinus*) ou dulçaquicole (ex.:

Lampetra planeri). **Syn.**: Chatouille, Lamprillon.

Ammocole *adj. (du gr. ammos, sable et du lat. colere, habiter).* **[Ammocolous]** **Syn.**: Psammophile.

Ammoniaque *n. f.* **[Ammonia]** Produit terminal du catabolisme azoté des animaux mais aussi de la décomposition de la matière organique. Il est toxique et doit être transformé en urée et/ou acide urique chez les animaux dont l'approvisionnement en eau n'est pas assez important pour permettre son évacuation. Formule: NH_3.

Ammoniotélisme *n. m. (de ammoni(aque) et du gr. telikos, concernant la fin).* **[Ammoniotelism]** Modalité d'excrétion caractérisée par le rejet d'ammoniaque, observée chez les Invertébrés aquatiques, les Téléostéens et les larves d'Amphibiens.

Ammonisation *n. f.* **[Ammonification]** Transformation de la fraction azotée de la matière organique en ammoniaque par les microorganismes.

Ammophilaie *n. f. (du gr. ammos, sable et philos, ami).* Formation végétale herbacée composée d'espèces du genre *Ammophila* (Oyat, Poacées), premier stade de la colonisation des dunes. Le réseau racinaire dense de l'Oyat fixe le sable et par conséquent les dunes.

Ammophile *adj. (du gr. ammos, sable et philos, ami).* **[Ammophilous]** **Syn.**: Psammophile.

Amnicole *adj. (du lat. amnis, rivière et colere, habiter).* **[Amnicolous]** **Syn.**: Ripicole.

Amniogenèse *n. f. (de amnio(s) et du gr. genesis, formation).* **[Amniogenesis]** Formation de la cavité amniotique.

Amnios *n. m. (mot gr., membrane qui enveloppe le fœtus).* **[Amnion]** ▸ ① Chez les Amniotes, annexe embryonnaire formant une poche membranaire autour de l'embryon. Il est formé de l'épiblaste extra-embryonnaire doublé de la somatopleure et il se raccorde à l'épiblaste et à la somatopleure de l'embryon. La cavité amniotique est remplie du *liquide amniotique* qui joue un rôle protecteur contre les chocs et la dessiccation. ▸ ② Dans l'embryon des Insectes, assise cellulaire issue des replis amniotiques antérieur et postérieur, qui entoure l'embryon et délimite une cavité amniotique, et qui est elle-même entourée par la séreuse. **Syn.**: Séro-amnios.

Amniote *adj. et n. m. (de amnios).* **[Amniote (adj. et n.)]** Se dit d'un Vertébré dont l'embryon est entouré d'une annexe embryonnaire appelé *amnios*.

AMP *n. m. (sigle de Adénosine-5'-monophosphate).* Voir Ribonucléotide.

AMPc *n. m.* **[cAMP]** Sigle de Adénosine monophosphate cyclique.

Amphiarthrose *n. f. (du gr. amphô, en double et (di)arthrose).* **[Amphiarthrosis]** **Syn.** désuet de Symphyse.

Amphiaster *n. m. (du gr. amphô, en double et astêr, étoile).* **[Amphiaster]** Structure étoilée issue du dédoublement de l'aster spermatique qui a pénétré dans l'ovule au cours de la cytogamie. Les deux parties de cet amphiaster rejoindront chacune un pôle de l'ovule afin de créer le premier fuseau mitotique du zygote. Ce dédoublement est rendu obligatoire par l'absence d'aster ovocytaire.

Amphi-atlantique *adj. (du gr. amphô, en double et atlantique).* Se dit de l'aire de répartition disjointe de part et d'autre de l'océan Atlantique et des espèces qui y vivent.

Amphibie *adj. (du gr. amphô, en double et bios, vie).* **[Amphibious]** Qui peut vivre à l'air ou dans l'eau.

Amphibiotique *adj. (du gr. amphô, en double et bios, vie).* [**Amphibiotic**] Se dit des animaux qui passent du milieu marin à l'eau douce (migration potamotoque) ou inversement (migration thalassotoque). **Syn.**: 3. Amphidrome, Diadrome.

Amphiblastula *n. f.* [**Amphiblastula**] Blastula de Spongiaires, de forme ovoïde et dont les cellules ciliées de la moitié antérieure permettent la nage jusqu'au support de fixation et formeront l'endoderme. La moitié postérieure non ciliée donnera l'ectoderme.

Amphicarpe *adj. (du gr. amphô, en double et karpos, fruit).* [**Amphicarpic**] Se dit d'un végétal qui produit des fruits de forme et/ou de localisation différentes. **Ex.**: Arachide (cacahuètes).

Amphicœle *adj.* [**Amphicoele**] Se dit d'un type de corps vertébral dont les faces antérieures et postérieures sont creusées en cône. **Syn.**: Biconcave.

Amphiconté *adj. (du gr. amphô, en double et kontos, bâton).* Se dit d'une cellule qui porte des flagelles aux deux pôles opposés.

Amphicrine *adj. (du gr. amphô, en double et krinein, sécréter).* [**Mixed (gland)**] Se dit d'une glande à sécrétion à la fois exocrine et endocrine. **Ex.**: Testicule, pancréas, foie.

Amphide *n. f.* Chez les Nématodes, chacune des invaginations cuticulaires latérales dans la partie céphalique de l'organisme. Dans les amphides s'abouchent les terminaisons nerveuses sensorielles des nerfs amphidiaux, et une cellule géante glandulaire qui sécrète des toxines.

Amphidiploïdie *n. f. (du gr. amphô, en double et diploïdie).* [**Amphidiploidy**] Voir Allopolyploïde.

Amphidisque *n. m. (du gr. amphô, en double et disque).* Chez les Éponges Hexactinellides, spicule en forme d'haltère.

Amphidrome *adj. (du gr. amphô, en double et dromos, course).* [**Amphidromous**] ▸ ① Se dit d'une espèce qui vit dans les airs et sur le sol; ▸ ② Se dit des Insectes dont les larves sont aquatiques et les adultes aériens; ▸ ③ **Syn.**: Amphibiotique.

Amphigastre *n. m. (du gr. amphô, en double et gastêr, ventre).* [**Amphigastrium**] Feuille particulière sur la face inférieure de la tige rampante de certaines Hépatiques. Elle constitue donc une troisième rangée de feuilles qui se distinguent des autres par leur morphologie.

Amphigène *adj. (du gr. amphô, en double et genos, naissance).* [**Amphigenous**] Chez les Champignons supérieurs, se dit d'un hyménophore qui tapisse le sporophore sur toute sa surface.

Amphimixie *n. f. (du gr. amphô, en double et mixis, mélange).* [**Amphimixis**] Fusion de deux pronucléus mâle et femelle aboutissant à la formation d'un zygote. **Syn.**: Caryogamie.

Amphipacifique *adj. (du gr. amphô, en double et pacifique).* Se dit de l'aire de répartition disjointe de part et d'autre de l'océan Pacifique et des espèces qui y vivent.

Amphipériodique *adj. (du gr. amphô, en double et périodique).* Se dit d'une plante qui ne peut fleurir que lorsque que la durée d'éclairement est comprise entre une limite inférieure et une limite supérieure. Ce caractère s'appelle l'*amphipériodisme*.

Amphiphloïque *adj. (du gr. amphô, en double et phloios, écorce d'arbre).* [**Amphiphloic**] Se dit d'une siphonostèle qui possède un deuxième manchon de phloème à l'intérieur du xylème.

Amphiphyte *n. f. (du gr. amphô, en double et phuton, plante).* **[Amphiphyte]** Espèce végétale amphibie.

Amphipneuste *adj. (du gr. amphô, en double et pnein, respirer).* **[Amphipnous]** Qui est pourvu à la fois de branchies et de poumons.

Amphistomatique *adj. (du gr. amphô, en double et stomatique).* Se dit d'une feuille (et de la plante) qui porte des stomates sur ses deux faces.

Amphistylique *adj.* **[Amphistylic]** Se dit d'un type de disposition osseuse de la mâchoire où le ptérygo-carré (arc mandibulaire) est relié à l'hyomandibulaire (arc hyoïde). On rencontre ce type chez de rares Élasmobranches primitifs.

Amphithécium *n. m. (du gr. amphi, autour de et theca, sac).* **[Amphithecium]** Chez les Ascomycètes et les Ascolichens, tissu central d'une apothécie, compris entre le parathécium à l'extérieur et l'hypothécium à l'intérieur.

Amphitène *n. m. et adj.* **[Amphitene]** **Syn.:** Zygotène.

Amphitonie *n. f. (du gr. amphi, autour de et tonos, tension).* **[Amphitony]** Localisation des bourgeons les plus vigoureux sur les flancs des rameaux, ce qui donne une ramification dans un même plan.

Amphitrope *adj. (du gr. amphi, des deux côtés et tropos, direction).* **[Amphitropous]** Chez les Angiospermes, se dit d'un embryon très recourbé dans la graine de telle sorte que ses deux extrémités sont adjacentes.

Amphitrophe *adj. (du gr. amphô, en double et trophê, nourriture).* **[Amphitrophic]** Qui vit comme phototrophe le jour et comme chimiotrophe la nuit.

Amphogène *adj. (du gr. amphô, en double et genos, naissance).* **[Amphogenous]** Se dit d'une femelle dont les descendants appartiennent aux deux sexes. **Ant.:** Allélogène.

Amplectif *adj. (du lat. amplecti, entourer).* En botanique, se dit d'un organe qui en enveloppe complètement un autre. **Ex.:** Coléoptile, Coléorhize.

Amplexicaule *adj. (du lat. amplexus, enlacement et caulis, tige).* **[Amplexicaulous]** Se dit d'une feuille, d'une bractée ou d'une stipule qui entourent complètement la tige qui les supporte. **Syn.:** Embrassant.

Amplexifolié *adj. (du lat. amplexus, enlacement et folié).* **[Amplexifoliate]** Se dit d'une plante dont les feuilles sont amplexicaules.

Ampliation *n. f. (du lat. amplus, ample).* **[Ampliation]** Augmentation du volume de la cage thoracique lors de l'inspiration.

Amplificateur *n. m.* **[Enhancer]** Séquence d'ADN qui active le promoteur. **Syn.:** Facilitateur, Enhanceur.

Amplification génique *f.* **[Gene amplification]** Synthèse de nombreuses copies de segments d'ADN correspondant à un gène ou un groupe de gènes en vue d'une production massive de protéines.

Amplitude écologique *f.* Étendue des valeurs d'un facteur écologique donné qui permettent la vie d'un organisme donné.

Ampoule *n. f. (du lat. ampulla, fiole).* Renflement de certains organes. **Ex.:** Ampoule rectale, ampoule de la trompe utérine. **L'ampoule hépato-pancréatique** est un renflement du conduit hépato-pancréatique qui régule les apports de bile et de suc pancréatique dans le duodénum grâce à un muscle, le sphincter d'Oddi. **Syn.:** Ampoule de Vater.

Ampoule ambulacraire *f.* Chez les Échinodermes Astérides, extrémité en entonnoir du canal hydrophore qui s'ouvre sur l'extérieur au niveau de la plaque madréporique.

Ampullacé *adj. (du lat. ampulla, fiole).* [**Ampullaceous**] Qui a la forme d'une ampoule.

Ampullaire *adj. (du lat. ampulla, fiole).* [**Ampullar**] Qui a la forme d'une petite bouteille. Ex: Crête ampullaire.

Amygdale *n. f. (du lat. amygdala, amande).* [**Tonsil**] ▸ ① Chez les Tétrapodes, organe lymphatique secondaire situé au niveau du pharynx. Le tissu lymphatique est constitué de follicules et est recouvert d'un épithélium qui s'invagine profondément pour former des *cryptes*. Ces dernières recueillent de nombreuses particules étrangères qui traversent l'épithélium et sont détruites. Chez l'Homme, pendant l'enfance, les amygdales sont parfois hypertrophiées; les amygdales pharyngiennes forment alors les *végétations adénoïdes*. Après l'enfance, les amygdales involuent. **Syn.**: Tonsille; ▸ ② Chez les Mammifères, complexe de noyaux gris jouant un rôle dans les émotions, la peur et l'agressivité.

Amygdaline *n. f. (du lat. amygdala, amande).* [**Amygdalin**] Glucoside cyanogénétique contenu dans les graines des Rosacées. **Syn.**: Amygdaloside, Mandélonitrile-β-D-gentioboside.

Amygdaloside *n. m.* [**Amygdaloside**] **Syn.**: Amygdaline.

Amylacé *adj.* [**Starchy**] De la nature de l'amidon; qui contient de l'amidon.

Amylase *n. f. (du lat. amylum, amidon et suff. -ase).* [**Amylase**] Enzyme qui catalyse l'hydrolyse des α-glucosanes en maltose et dextrines.

L'**α-amylase** est synthétisée chez les Animaux par les glandes salivaires (*ptyaline*), le pancréas (*amylopsine*) et l'intestin grêle, et chez les Végétaux sous l'influence des gibbérellines dans les graines. Elle hydrolyse les liaisons glucosidiques α-(1,4) à l'intérieur des chaînes sans toucher aux liaisons α-(1,6); on obtient donc des dextrines limites en plus du maltose. **Syn.**: Endoamylase, Dextrinogène amylase.

La **β-amylase** est synthétisée chez les Végétaux et les Bactéries et hydrolyse les chaînes α-glucosidiques à partir de leur extrémité non réductrice. Elle est bloquée par les ramifications α-1,6. **Syn.**: Exoamylase, Saccharogène amylase.

Amyline *n. f.* Sigle: IAPP (de l'angl. *Insulin amyloid polypeptide*) – Polypeptide de 37 acides aminés sécrété en même temps que l'insuline par les cellules β des îlots de Langerhans et qui constitue des fibres amyloïdes intra- ou extracellulaires conduisant au dysfonctionnement voire à la mort des cellules β. Ces fibres diminuent ainsi la sécrétion d'insuline ce qui maintient une hyperglycémie chronique.

Amylogenèse *n. f. (du lat. amylum, amidon et genèse).* [**Amylogenesis**] Biosynthèse d'amidon, chez les organismes photosynthétiques.

Amylo-α-1,6-glucosidase *n. f. (du lat. amylum, amidon).* [**Amylo-α-1,6-glucosidase**] Enzyme de la muqueuse intestinale qui catalyse l'hydrolyse de la liaison glucosidique (1,6) d'un α-glucosane (amidon, glycogène). **Syn.**: Dextrinase.

Amylopectine *n. f. (du lat. amylum, amidon et pectine).* [**Amylopectin**] Polysaccharide formé d'une chaîne principale de glucoses reliés par des liaisons α-(1,4) sur laquelle se rattachent par des liaisons α-(1,6) des chaînes latérales de quelques dizaines de glucoses. Elle représente la composante non colorable par l'eau iodée de l'amidon.

Amyloplaste *n. m. (du lat. amylum, amidon et plaste).* [**Amyloplast**] Plaste qui accumule l'amidon très répandu dans le règne végétal. C'est en fait un type de leucoplaste qui deviendra à terme un grain d'amidon après disparition du suc plastidial.

Amylopsine *n. f.* [**Amylopsin**] Voir Amylase.

Amylose *n. f. (du lat. amylum, amidon et suff. -ose).* [**Amylose**] Holoside non ramifié de 300 à 1000 unités de glucose unis par des liaisons α-(1,4), représentant une partie de l'amidon. C'est la composante colorable par l'eau iodée de l'amidon.

Anabiose *n. f. (du gr. anabiôsis, résurrection).* [**Anabiosis**] Reprise d'une vie active après une diapause prolongée, en particulier après une dessiccation. **Ant.**: Abiose. **Ex.**: Mousses, Insectes, Tardigrades.

Anabolisant *n. m. et adj. (de anabolisme).* [**Anabolic (adj.)**] Substance stimulant l'anabolisme.

Anabolisme *n. m. (du gr. anabolê, ascension).* [**Anabolism**] Partie du métabolisme correspondant à la biosynthèse des molécules constitutives de la matière vivante appelées *anabolites*. **Ant.**: Catabolisme.

Anacanthé *adj. (du gr. an-, préfixe privatif et akantha, épine).* Qui est dépourvu d'épines. **Ant.**: Acanthé.

Anachorique *adj. (du gr. ana-, en sens contraire et khôros, espace).* [**Anachoric**] Qui vit dans un trou, une petite cavité.

Anacrogyne *adj. (du gr. an-, élément privatif, akros, à l'extrémité et gunê, femme).* [**Anacrogynous**] Se dit des Hépatiques à feuilles dont les archégones naissent latéralement et non pas à l'extrémité de la tige feuillée. **Ex.**: *Haplomitrium*. **Ant.**: Acrogyne.

Anadrome *adj. (du gr. anadromos, qui court en remontant).* [**Anadromous**] **Syn.**: Potamotoque.

Anaérobie *adj. et n. m. (du gr. an-, élément privatif et aérobie).* [**Anaerobic**] ▸ ① Se dit des organismes qui se développent dans des milieux dépourvus d'oxygène. La plupart sont des microorganismes, les autres sont le plus souvent parasites. On peut distinguer 3 cas:

- Cas où l'oxygène leur est toxique: ce sont des **anaérobies stricts** ou **obligatoires;**
- Cas où le développement est normal aussi bien en présence qu'en absence d'oxygène: ils sont dits **anaérobies aérotolérants;**
- Cas où l'oxygène n'est pas nécessaire à la croissance mais la croissance est meilleure en sa présence: ces organismes sont des **anaérobies facultatifs;**

▸ ② Se dit d'une réaction métabolique qui se déroule sans présence d'oxygène.

Ant.: Aérobie.

Anaérobiose *n. f.* [**Anaerobiosis**] Mode de vie en milieu anoxygénique. **Ant.**: Aérobiose.

Anagenèse ou Anagénèse *n. f. (du gr. ana-, en arrière et genèse).* [**Anagenesis**] Mode de spéciation par transformation progressive d'une espèce. L'anagenèse ne s'accompagne pas d'une augmentation du nombre des espèces. **Ant.**: Cladogenèse.

Analeptique *adj. et n. m. (du gr. analambanein, se remettre (d'une maladie)).* [**Analeptic (adj.)**] Qui rétablit ou stimule les fonctions physiologiques.

Analogue *adj. et n. m. (du gr. ana-, de nouveau et logos, discours).* [**Analogous**] ▸ ① Se dit d'organes qui réalisent la même fonction avec souvent une ressemblance morphologique, mais qui ont cependant des origines embryologiques et/ou évolutives différentes. **Ant.**: 1. Homologue; ▸ ② Dans une réaction métabolique, composé qui peut se substituer au composé naturel grâce à la similarité de leurs structures moléculaires, mais qui empêche la poursuite normale de la réaction.

Analyse pollinique *f.* Ensemble des techniques de détermination et de comptage des spores et pollens d'un sédiment, aux fins de reconstituer le paléoenvironnement correspondant.

Anamniote *adj. et n. m. (du gr. an-, élément privatif et amniote).* [**Anamniote (adj. et n.)**] Se dit d'un Vertébré dont l'embryon est dépourvu d'amnios. Les anamniotes sont les Cyclostomes, les Poissons et les Amphibiens. **Ant.**: Amniote.

Anamorphe *adj.* [**Anamorph**] Se dit de la forme asexuée d'un Champignon. Les Champignons dont on ne connaît que la phase anamorphe sont classés dans les Adélomycètes, dans l'attente de découvrir leur hypothétique forme sexuée. **Ant.**: Téléomorphe.

Anamorphose *n. f. (du gr. anamorphoun, transformer).* [**Anamorphosis**] Chez les Myriapodes, développement embryonnaire direct où la larve possède un nombre de métamères différent de celui de l'adulte. **Ant.**: 2. Épimorphose.

Anaphase *n. f. (du gr. ana-, à rebours et phase).* [**Anaphase**] Phase de la division cellulaire comprise entre la métaphase et la télophase. Au cours de la mitose, l'anaphase est caractérisée par la séparation des deux chromatides de chaque chromosome. Au cours de la méiose, la première anaphase (phase réductionnelle) est caractérisée par la séparation des chromosomes homologues, puis la deuxième anaphase (phase équationnelle) voit chacun des chromosomes se séparer en deux chromatides (analogue de l'anaphase mitotique). Chaque chromosome ou chaque chromatide issu de la séparation migre ensuite de la plaque équatoriale vers les pôles en étant tiré grâce à la dépolymérisation des microtubules du fuseau achromatique.

Anaphylatoxine *n. f.* [**Anaphylatoxin**] Fragment de protéines du complément qui attire les leucocytes (chimiotactisme) et stimule la sécrétion de diverses substances à rôle inflammatoire (prostaglandines, leucotriènes, histamine). **Ex.**: C3a, C4a, C5a.

Anaplasie *n. f. (du gr. anaplasis, formation nouvelle).* [**Anaplasia**] **Syn.**: Dédifférenciation cellulaire.

Anapside *adj. et n. m. (du gr. an-, élément privatif et hapsis, orbite).* [**Anapsid**] Se dit d'un Vertébré dont le toit dermique crânien est entier, sans fosses temporales. Les anapsides correspondent aux Cotylosauriens (fossiles) et aux Chéloniens.

Anastomose *n. f. (gr. anastomôsis, embouchure).* [**Anastomosis**] Communication entre des structures de même nature dites *anastomosées* (entre vaisseaux sanguins, nervures, nerfs, canaux...). Voir aussi Anse d'anastomose.

Anastral *adj. (du gr. an-, privation et du lat. aster, étoile).* [**Anastral**] Se dit d'une division cellulaire qui se déroule sans aster. **Syn.**: 2. Acentrique.

Anatomie *n. f. (du lat. anatomia, dis-*

section). [**Anatomy**] Étude scientifique de l'organisation des êtres vivants, ainsi que des relations entre leurs diverses composantes. On distingue:

- **l'anatomie animale** et **l'anatomie végétale;**
- **l'anatomie descriptive macroscopique** qui renseigne sur l'anatomie d'un organisme;
- **l'anatomie descriptive microscopique** qui étudie les structures à l'échelle cellulaire. Elle comprend la cytologie et l'histologie;
- **l'anatomie du développement** qui décrit les transformations d'un organisme de sa conception à son vieillissement;
- **l'anatomie comparée** qui s'attache à montrer les homologies et analogies entre différentes espèces;
- **l'anatomie fonctionnelle.**

Le spécialiste de l'anatomie est *l'anatomiste*.

Anatonose *n. f. (du gr. ana-, de nouveau et tonos, tension).* [**Anatonosis**] Rétablissement de l'isotonie dans une cellule déturgescente grâce à l'hydrolyse de ses grosses molécules en molécules plus petites.

Anatoxine *n. f. (du gr. ana-, en sens contraire et toxine).* [**Anatoxin**] Toxine bactérienne qui, par un traitement, a perdu ses propriétés toxiques mais gardé ses propriétés immunogènes et qui est utilisée dans la préparation de vaccins. **Ex.**: Anatoxine diphtérique.

Anatrepsis *n. f.* Chez les Insectes, mouvement embryonnaire de la partie caudale vers l'avant et de la tête vers l'arrière. Cette phase est suivie de la *catatrepsis* où la tête retrouve sa position antérieure initiale.

Anatrope *adj. (du gr. anatropê, renversement).* [**Anatropous**] Se dit d'un ovule végétal retourné sur lui-même d'un angle de 180°, de telle sorte que le micropyle, toujours opposé à la chalaze, se retrouve voisin du hile. Ce mouvement est dû à une croissance inégale entre les deux côtés du tissu situé à la base du nucelle. Le funicule et les téguments de l'ovule qui viennent à son contact forment ensemble le *raphé*. Le type anatrope est le plus courant.

Anatropisme *n. m. (du gr. ana-, en sens contraire et tropisme).* [**Anatropism**] Tropisme positif.

Anavirus *n. m. (du gr. ana-, en sens contraire et virus).* [**Anavirus**] Virus qui a perdu sa virulence par traitement.

Ancipité *adj.* Se dit d'un organe comprimé et à bords tranchants.

Andouiller *n. m. (du lat. antoculare, qui est devant les yeux).* [**Antler**] Ramification du merrain des bois des Cervidés, permettant de déterminer l'âge de l'animal.

Androcée *n. m. (du gr. anêr, andros, mâle et oikia, maison).* [**Androecium**] Ensemble des étamines d'une fleur. **Ant.**: Gynécée.

Androchorie *n. f. (du gr. anêr, andros, mâle et khôrein, se déplacer).* [**Androchory**] Voir Zoochorie et le tableau des types de dispersion des diaspores.

Androdioïque *adj. (du gr. anêr, andros, mâle, di-, deux fois et oikia, maison).* [**Androdioecious**] Voir Dioïque et le tableau de la répartition des organes reproducteurs.

Androgamète *n. m. (du gr. andros, mâle et gamète).* Gamète mâle. Terme désuet. **Syn.**: Spermatozoïde, Anthérozoïde.

Androgamone *n. f. (du gr. anêr, andros, mâle et gamos, mariage).* [**Androgamone**] Substance produite par les gamètes mâles. **L'androgamone I** est l'antifertilisine spermatique qui, lorsqu'elle se lie à une fertilisine, active le mouvement des spermatozoïdes. **L'androgamone II** est une enzyme qui lyse la membrane de l'ovocyte. **Ant.**: Gynogamone.

Androgène *n. m. et adj. (du gr. anêr, andros, mâle et genos, naissance).* [**Androgen (n.), Androgenic (adj.)**] Substance hormonale qui induit la masculinisation d'un individu. **Ex.**: Testostérone. **Syn.**: Androgénique (adj.).

Androgenèse *n. f. (du gr. anêr, andros, mâle et genos, naissance).* [**Androgenesis**] ▸ ① Synthèse des hormones androgènes dans les testicules (la testostérone dans les cellules de Leydig) et accessoirement dans les corticosurrénales, à partir du cholestérol; ▸ ② Développement d'un œuf fécondé à partir du seul pronucléus mâle. **Syn.**: Parthénogenèse mâle; ▸ ③ Régénération d'un individu à partir de la culture *in vitro* de grains de pollen. **Syn.**: Androgénie.

Androgénie *n. f.* [**Androgeny**] **Syn.**: 3. Androgenèse.

Androgénique *adj.* [**Androgenic**] **Syn.**: Androgène.

Androgyne *adj. (du gr. anêr, andros, mâle et gunê, femme).* [**Androgynous**] ▸ ① Se dit d'une inflorescence (et de la plante qui la porte) composée de fleurs mâles et de fleurs femelles, ou d'une fleur possédant des organes reproducteurs des deux sexes. Ces fleurs sont aussi dites *hermaphrodites*. La plante qui possède les organes mâles et femelles sur un même pied est appelée *monoïque*; ▸ ② Voir Pseudohermaphrodisme.

Androgynoflore *adj.* Qui porte des fleurs androgynes.

Androgynophore *n. m. (du gr. anêr, andros, mâle, gunê, femme et pherein, porter).* [**Androgynophore**] Chez certaines espèces, partie effilée du réceptacle située entre le périanthe et les organes reproducteurs. **Syn.**: Gynandrophore.

Androïque *adj. (du gr. anêr, andros, mâle et oikia, maison).* [**Androecious**] Se dit d'un pied qui ne porte que des fleurs mâles.

Androkinine *n. f.* [**Androkinin**] **Syn.**: Androstérone.

Andromonoïque *adj. (du gr. anêr, andros, mâle, monos, seul et oikia, maison).* [**Andromonoecious**] Voir Dimonoïque et le tableau de répartition des organes reproducteurs.

Andropare *adj. (du gr. anêr, andros, mâle et du lat. parere, engendrer).* [**Androparous**] Se dit d'une femelle parthénogénétique qui donne naissance uniquement à des mâles. **Ex.**: Femelles des Hétéroptères Aphidiens (= Pucerons). **Syn.**: 3. Androphore.

Androphile *adj. (du gr. anêr, andros, mâle et philos, ami).* [**Androphilous**] Se dit d'un parasite qui s'attaque préférentiellement aux mâles.

Androphore *n. m. et adj. (du gr. anêr, andros, mâle et pherein, porter).* [**Androphore (n.)**] ▸ ① N. m. Structure résultant de la soudure des filets des étamines entre eux; ▸ ② N. m. Gonozoïde des Cœlentérés dans lequel ne se développent que des spermatozoïdes; ▸ ③ Adj. **Syn.**: Andropare.

Androspermatozoïde *n. m. (du gr. anêr, andros, mâle et spermatozoïde).* [**Androspermatozoon**] Spermatozoïde dont le génome détermine, lors de la fécondation, le sexe mâle du zygote. Il possède alors le chromosome Y (cas le plus courant). Chez certaines espèces, le mâle possède deux chromosomes X; dans ce cas, c'est donc l'ovule X ou Y qui déterminera le sexe du zygote (cas des Oiseaux).

Androsporophylle *n. f. (du gr. anêr, andros, mâle et sporophylle).* [**Androsporophyll**] **Syn.**: Microsporophylle.

Androstane *n. m.* [**Androstane**] Noyau de base des hormones stéroïdes androgènes, à 19 carbones, sans chaîne latérale. **Syn.**: Étioallocholane.

Androstène-3,17-dione *n. f.* [**Androstene-3,17-dione**] 17-Cétostéroïde à deux fonctions cétone, sécrété par les corticosurrénales, les testicules et les ovaires, et précurseur de la testostérone et des œstrogènes.

Androstérone *n. f. (du gr. anêr, andros, mâle, stér(ol) et (horm)one).* [**Androsterone**] Hormone sexuelle à activité androgénique faible et qui constitue une forme d'élimination urinaire de la testostérone. **Syn.**: Androkinine.

Anémochorie *n. f. (du gr. anemos, vent et khôrein, se déplacer).* [**Anemochory**] Dispersion des diaspores végétales et fongiques par le vent. Elle s'accompagne d'adaptations diverses dont le rôle est d'augmenter la portance au vent: pappus des fruits d'Astéracées, aile membraneuse des samares. **Syn.**: Aérochorie.

Anémogamie *n. f. (du gr. anemos, vent et gamos, mariage).* [**Anemogamy**] Mode de pollinisation qui s'effectue par le vent. La plante, dite *anémogame*, possède des adaptations touchant divers organes: les organes mâles ont une forme qui facilite la dispersion du pollen, le pistil présente un stigmate souvent volumineux afin d'augmenter la surface de réception du pollen, les fleurs naissent à l'extrémité des tiges ou des rameaux pour améliorer la prise au vent. **Syn.**: Anémophilie (Anémophile), Aérogamie (Aérogame).

Anémogénète *adj. (du gr. anemos, vent et genesis, formation).* Se dit d'une formation végétale dont les caractères (composition floristique, localisation, évolution) sont conditionnés par le vent.

Anémomorphe *adj. (du gr. anemos, vent et morphê, forme).* [**Anemomorphic**] Se dit d'un caractère morphologique d'une plante dû à l'action du vent (anémomorphisme).

Anémomorphisme *n. m. (du gr. anemos, vent et morphê, forme).* [**Anemomorphism**] Croissance asymétrique que présentent les arbres et les arbustes soumis régulièrement à des vents forts ayant une direction privilégiée. Il en résulte une forme dite “en drapeau”, due à la seule croissance des bourgeons qui sont sur la partie du tronc protégée du vent.

Anémomorphose *n. f. (du gr. anemos, vent et morphê, forme).* [**Anemomorphosis**] Résultat de l'anémomorphisme. **Syn.**: 2. Aéromorphose.

Anémophilie *n. f. (du gr. anemos, vent et philos, ami).* [**Anemophily**] **Syn.**: Anémogamie.

Anémophyte *n. f. (du gr. anemos, vent et phuton, plante).* [**Anemophyte**] Plante anémophile.

Anémotaxie *n. f. (du gr. anemos, vent et taxie).* [**Anemotaxis**] Voir Taxie.

Anémotropisme *n. m. (du gr. anemos, vent et tropisme).* [**Anemotropism**] Voir Tropisme.

Anergie *n. f. (du gr. an-, élément privatif et (all)ergie).* [**Anergy**] Perte de l'aptitude d'un organisme à réagir face à un antigène contre lequel il était immunisé.

Anergié *adj. (du gr. an-, préfixe privatif et ergon, travail).* Se dit d'un tissu végétal qui a perdu la capacité de réagir à une substance, notamment à une hormone.

Aneuploïdie *n. f. (du gr. an-, élément privatif, eu, bien et haplous, simple).* [**Aneuploidy**] Modification anormale du nombre de chromosomes d'une cellule, d'un organisme. Ce terme couvre la **polysomie**, lorsqu'il y a trop de chromosomes, la **monosomie**, quand un des chromosomes homologues manque, et la **nullisomie** quand la paire homologue a disparu. **Ant.**: Euploïdie.

Aneurine *n. f. (du gr. a-, élément privatif et neuron, nerf).* [**Aneurin**] **Syn.**: Thiamine.

ANF *n. m. (sigle de l'angl. Atrial natriuretic factor).* Voir Facteur natriurétique auriculaire.

Angioblaste *n. m. (du gr. aggeion, vaisseau et blastos, germe).* [**Angioblast**] Cellule souche de l'endothélium des capillaires sanguins.

Angiocarpe *adj. (du gr. aggeion, enveloppe et karpos, fruit).* Se dit d'un Champignon dont le sporophore est clos, l'hyménium n'apparaissant à l'extérieur qu'à maturité.

Angiogenèse *n. f. (du gr. aggeion, vaisseau et genesis, naissance).* [**Angiogenesis**] Formation des vaisseaux sanguins et lymphatiques, particulièrement au cours du développement, mais aussi chez l'adulte après une blessure ou pour coloniser de nouveaux tissus. Les vaisseaux apparaissent à partir de vaisseaux préexistants formés par vasculogenèse.

Angiospermique *adj. (du gr. aggeion, enveloppe et sperma, semence).* [**Angiospermic**] Relatif aux Angiospermes.

Angiosporie *n. f. (du gr. aggeion, enveloppe et de spore).* [**Angiospory**] Caractère spécifique des Spermatophytes et des Préspermatophytes chez lesquelles les mégaspores donc les gamétophytes femelles restent enfermés dans le mégasporange (nucelle).

Angiotensine *n. f. (du gr. aggeion, vaisseau, tens(ion) et suff.-ine).* [**Angiotensin**] ▸ ① **Angiotensine I**, décapeptide inactif libéré de l'angiotensinogène par une protéase acide appelée rénine sécrétée par les cellules rénales juxtaglomérulaires lorsque la pression artérielle diminue. ▸ ② **Angiotensine II**, hormone octapeptidique qui stimule la sécrétion d'aldostérone par les corticosurrénales et d'hormone antidiurétique par la neurohypophyse. Elle provoque la constriction des vaisseaux sanguins de la peau et des reins et la dilatation des vaisseaux du cerveau et des muscles. Elle concourt donc à la régulation de la pression artérielle et de la volémie. Elle dérive de l'angiotensine I par l'action d'une enzyme de conversion présente dans le rein, les poumons et le plasma, qui libère deux acides aminés carboxyterminaux. Formule: $_2$HN–Asp-Arg-Val-Tyr-Val-His-Pro-Phe-(His-Leu)–COOH (entre parenthèses: acides aminés libérés). **Syn.** désuets: Angiotonine, Hypertensine. ▸ ③ **Angiotensine III**, hormone heptapeptique à faible action vasoconstrictrice mais qui stimule la sécrétion d'aldostérone. Elle dérive de l'angiotensine II par l'action d'une aminopeptidase A qui libère l'acide aspartique.

Angiotensinogène *n. m. (de angiotensine et du gr. genos, origine).* [**Angiotensinogen**] Voir Angiotensine II.

Angiotonine *n. f. (du gr. aggeion, vaisseau et tonos, tension).* [**Angiotonin**] **Syn.**: Angiotensine.

Angiovarie *n. f. (du gr. aggeion, enveloppe et de ovaire).* [**Angiovary**] Caractère des fleurs inférovariées dont le réceptacle entoure l'ovaire.

Anguleux *adj.* Se dit d'une feuille

dont le limbe a une marge composée de grandes dents. **Ex.**: *Lamium album* (Lamiacées).

Angustifolié *adj. (du lat. angustus, étroit et folium, feuille).* [**Angustifoliate**] Se dit d'une plante dont les feuilles sont longues et étroites. La plupart des Monocotylédones sont angustifoliées.

Angustisepté *adj. (du lat. angustus, étroit et septum, cloison).* [**Angustiseptate**] Se dit des siliques et des silicules qui sont aplaties perpendiculairement au plan passant par la ligne de suture des deux carpelles constituant le fruit.

Anhiste *adj. (du gr. an-, élément privatif et histos, tissu).* [**Anhistic**] Se dit d'une structure qui est dépourvue de cellules ou sans cellules apparentes.

Anhydrobiose *n. f. (du gr. an-, élément privatif, hudôr, eau et bios, vie).* [**Anhydrobiosis**] Vie ralentie observée chez certains organismes (Tardigrades, Rotifères, Bryophytes) lorsque le milieu devient très sec. Elle est caractérisée par une dessiccation poussée et par l'arrêt complet des fonctions vitales. Lorsqu'ils sont réhydratés, ces organismes recouvrent leur activité normale; c'est la *reviviscence*. Chez certaines espèces (Tardigrades), l'anhydrobiose peut durer plusieurs années.

Animal *n. m. (mot lat., être vivant).* [**Animal**] Eucaryote pluricellulaire hétérotrophe capable de mouvements et dont les cellules ne possèdent pas de paroi.

Animalcule *n. m. (de animal, d'après homoncule).* [**Animalcule**] Animal microscopique.

Animalité *n. f. (de animal).* [**Animality**] Ensemble des caractères propres aux Animaux.

Anisocladie *n. f. (du gr. an-, élément privatif, isos, égal et klados, rameau).* [**Anisoclady**] Inégalité de croissance des rameaux insérés à un même niveau.

Anisocotylie *n. f. (du gr. an-, préfixe privatif, isos, égal et cotyl(édon)).* Caractère des plantules de certaines Spermatophytes de posséder des cotylédons de structures inégales. **Syn.**: Hétérocotylie. **Ant.**: Isocotylie.

Anisocytique *adj. (du gr. an-, élément privatif, isos, égal et kutos, cellule).* [**Anisocytic**] Se dit d'un stomate qui possède trois cellules annexes de taille inégale.

Anisogamie *n. f. (du gr. an-, élément privatif, isos, égal et gamos, mariage).* [**Anisogamy**] Mode de fécondation où les gamètes (anisogamètes) de sexe opposé présentent des différences de morphologie et/ou de motilité. **Syn.**: 2. Hétérogamie. **Ant.**: Isogamie.

Anisomorphe *adj. (du gr. an-, élément privatif, isos, égal et morphê, forme).* [**Anisomorphic**] Se dit d'un cycle de développement dont les phases haploïde et diploïde sont très différentes morphologiquement. **Ant.**: Isomorphe.

Anisophyllie *n. f. (du gr. an-, élément privatif, isos, égal et phullon, feuille).* [**Anisophylly**] **Syn.**: Hétérophyllie.

Anisostémone *adj. (du gr. an-, élément privatif, isos, égal et stamen, fil).* Se dit d'un androcée dont le nombre d'étamines est inférieur à celui des pétales. **Ex.**: Lilas (2 étamines, 4 pétales).

Anisostylie *n. f.* **Syn.**: Hétérostylie.

Ankyrine *n. f.* [**Ankyrin**] Protéine de liaison intracellulaire de grande taille, liant la spectrine au domaine cytoplasmique de la bande 3, donc à la membrane plasmique de l'hématie.

Anneau *n. m.* ▸ ① Chacun des segments, des métamères d'un animal; ▸ ② Chez les Champignons Autobasidiomycètes, collerette membraneuse du stipe du sporophore, relique du voile partiel ou du voile général. [Annulus]

Anneau ambulacraire *m.* Chez les Échinodermes, partie circulaire de l'appareil ambulacraire, formant un anneau autour de l'œsophage, d'où partent les canaux radiaires et auquel sont reliés les vésicules de Poli, les corps de Tiedmann chez les Astérides et les corps spongieux chez les Échinides.

Anneau de Balbiani *m.* [Balbiani ring] **Syn.**: Puff.

Anneau de Jensen *m.* [Jensen's ring] **Syn.**: Annulus.

Anneau de Weismann *m.* Chez les Diptères, ensemble annulaire de glandes endocrines rétrocérébrales situé autour de l'aorte juste en arrière du cerveau, et comportant les corpora allata, les corpora cardiaca et la glande de mue.

Anneau initial *m.* [Initial ring] Partie d'un méristème végétatif caulinaire qui est à l'origine des feuilles. Dans le méristème floral, la zone méristématique correspondant à l'anneau initial est à l'origine des sépales et des pétales.

Anneau mécanique *m.* [Elastic ring] Chez les Ptéridophytes Filicales, assise cellulaire de la paroi des sporanges, formée de cellules dont les parois latérales et internes sont épaissies et créent ainsi une tension mécanique sur les parois externes plus fines. A la faveur d'une sécheresse, l'anneau se rompra et libérera les spores.

Annelé *adj. (de anel, anneau).* ▸ ① Se dit d'un Champignon supérieur dont le stipe possède un anneau. [Annulate]; ▸ ② Se dit d'une trachéide ou d'un vaisseau dont la paroi secondaire possède des épaississements en forme d'anneau. [Annular]

Annexe embryonnaire *f.* Chacun des organes extra-embryonnaires qui participent au développement de l'embryon des Amniotes en lui assurant nutrition et protection. Chez les Sauropsidés, ce sont *l'amnios, l'allantoïde, la vésicule vitelline* auxquels se rajoute le *placenta* chez les Mammifères.

Annuel *adj.* [Annual] Se dit d'un végétal dont le développement, de la germination à la maturation des graines, est réalisé en un an au plus. S'oppose à Bisannuel, Vivace.

Annulus *n. m.* [Annulus] Anneau protéique situé derrière le centriole distal de la spermatide. Lors de la maturation, il migre depuis le cou jusqu'à son emplacement définitif qui constituera la limite postérieure de la pièce intermédiaire. **Syn.**: Anneau de Jensen.

Anodonte *adj. (du gr. an-, élément privatif et odous, odontos, dent).* [Anodont, Toothless] Qui ne possède pas de dents.

Anœstrus *n. m. (du gr. an-, élément privatif et œstrus).* [Anœstrus] Période de repos sexuel.

Anomalie chromosomique *f.* [Chromosome anomaly] **Syn.**: Aberration chromosomique.

Anomocytique *adj. (du gr. anomalos, inégal et kutos, cellule).* [Anomocytic] Se dit d'un stomate qui ne possède pas de cellules annexes bien identifiables.

Anomomérie *n. f. (du gr. anomalos, inégal et meros, partie).* Variation du nombre de pièces florales dans un verticille.

Anophtalme *adj. (du gr. an-, élément privatif et ophtalmos, œil).* [Anophtalmic] Qui est dépourvu d'yeux. **Ex.**: la plupart des espèces cavernicoles et endoparasites.

Anosmatique *adj. (du gr. an-, élément privatif et osma, sentir).* [Anosmatic] Qui est dépourvu du sens olfactif. **Ex.**: Cétacés. **Syn.**: Anosmique.

Anosmique *adj.* [**Anosmic**] **Syn.**: Anosmatique.

Anoure *adj. (du gr. an-, élément privatif et oura, queue).* [**Anurous**] Qui est dépourvu de queue.

Anoxémie *n. f. (du gr. an-, élément privatif, ox(ygène) et du gr. haima, sang).* [**Anoxemia**] Diminution de la teneur en oxygène du sang.

Anoxie *n. f. (du gr. an-, élément privatif et ox(ygène)).* [**Anoxia**] Diminution de l'apport en oxygène aux tissus.

Anoxytrope *adj. (du gr. an-, élément privatif, oxy(gène) et tropos, direction).* Voir Déshydrogénase.

Anse d'anastomose *f.* [**Hyphal anastomosis**] Chez les Champignons Basidiomycètes, petite structure en forme d'anse reliée à l'hyphe au niveau de chacune des futures cloisons du mycélium dicaryotique. L'anse participe à la mitose des deux noyaux de l'article binucléé et à leur migration de part et d'autre de la cloison qui se met en place.

Anse de Henlé *f.* [**Henle's loop**] Segment intermédiaire entre les segments proximal et distal des néphrons des Mammifères et des Oiseaux, long, étroit, en forme d'épingle à cheveux, aux cellules non ciliées. On distingue des néphrons à anse courte qui ne pénètrent pas dans la médulla interne et des néphrons à anse longue. Dans la branche ascendante, il y a une réabsorption active de NaCl ce qui entraîne la réabsorption d'eau au niveau de la branche descendante. Le contrôle de la réabsorption de NaCl permet donc le contrôle de la concentration de l'urine.

Ansériforme *adj. (du lat. anser, oie et forma, forme).* [**Anseriform**] Qui a l'apparence d'une Oie.

Antagonisme *n. m.* [**Antagonism**] ▸ ① Opposition fonctionnelle entre deux systèmes, deux muscles; ▸ ② **Syn.**: Antibiose.

Antagoniste *n. m. et adj. (du gr. anta, face à face et agônistês, qui lutte).* [**Antagonist**] ▸ ① N. m. Composé capable de se lier spécifiquement à un récepteur à la place du composé naturel ou *agoniste*. Sa liaison avec le récepteur est irréversible et ne produit pas d'effets physiologiques mais empêche l'agoniste de produire ses effets; ▸ ② Adj. Qui est en antagonisme (sens 1). **Ant.**: Agoniste.

Antapse *n. f.* Synapse entre le corps cellulaire et l'axone d'un seul et même neurone.

Antarctis *n. m. ou f.* [**Antarctis**] Voir Empire biogéographique.

Antéclimacique *adj. (du lat. ante, avant et de climax).* Relatif à l'antéclimax.

Antéclimax *n. m. (du lat. ante, avant et du gr. klimax, gradation).* Stade évolutif antérieur au climax mais qui se maintient longtemps. **Syn.**: Climax temporaire.

Antéhypophyse *n. f. (du lat. ante, avant et hypophyse).* [**Antehypophysis**] Lobe antérieur de l'hypophyse constitué de sept types de cellules hormonopoïétiques correspondant aux sept hormones antéhypophysaires: somatotropine, corticotropine, folliculotropine, lutéotropine, mélanotropine, thyrotropine, prolactine. Elle provient d'une invagination du stomodéum de l'embryon appelée *poche de Rathke*. **Syn.**: *Pars distalis*.

Antennaire *adj.* [**Antennary**] ▸ ① Qui porte des antennes. **Syn.**: Antennifère; ▸ ② Relatif aux antennes.

Antennapedia *adj.* Complexe Antennapedia, groupe de gènes sélecteurs homéotiques qui contrôlent les différences entre les segments thoraciques et ceux de la tête. Chez la Drosophile, la mutation Antennapedia entraîne la formation de pattes à la place des antennes. Ce complexe comprend 5 gènes: Labial (Lab), Proboscipedia (Pb), Deformed (Dfd), Sex-comb reduced (Scr) et Antennapedia (Antp). [**Antennapedia complex**]

Antenne *n. f.* [**Antenna**] Appendice sensoriel à l'avant de la tête des Arthropodes Antennates. Il peut y en avoir une ou deux paires. Chez les Crustacés (deux paires), les antennes de la paire antérieure, plus petites, sont appelées *antennules*.

Antennifère *adj.* [**Antenniferous**] **Syn.**: 1. Antennaire.

Antennule *n. f.* [**Antennule**] Voir Antenne.

Antéversion *n. f. (du lat. ante, avant et version).* [**Anteversion**] Inclinaison d'un organe vers l'avant selon un plan vertical, sans flexion. **Ex.**: Utérus: fundus vers le ventre et col vers le dos. **Ant.**: Rétroversion.

Anthécologie *n. f.* [**Anthecology**] Partie de l'écologie qui étudie la pollinisation et les relations entre les Plantes et les Insectes.

Anthèle *n. f. (du gr. anthos, fleur).* Type de grappe composée dans laquelle certains rameaux sont plus grands que l'axe principal de l'inflorescence.

Anthère *n. f. (du gr. anthêros, fleuri).* [**Anther**] Partie terminale de l'étamine, comprenant le *connectif* et les *loges polliniques*. Dans le cas général, il existe deux loges composées chacune de deux sacs polliniques. Certaines espèces possèdent des anthères à deux sacs polliniques (Scrophulariacées, Amarantacées), et plus rarement à un seul sac (Polygalacées). Tandis que d'autres ont plus de 4 sacs (Lauracées, Onagracées, Mimosacées). C'est au niveau des sacs polliniques qu'existent les cellules mères diploïdes qui engendrent chacune 4 grains de pollen haploïdes à la suite d'une méiose. Les grains de pollen, qui sont des gamétophytes, sont libérés par la déhiscence des anthères matures à la faveur d'une atmosphère sèche.

Anthéridie *n. f. (de anthère).* [**Antheridium**] Chez les Végétaux et les Champignons, organe mâle produisant les *anthérozoïdes*. Chez les Thallophytes, elles se réduisent à une cellule unique alors qu'elles sont pluricellulaires chez les Cormophytes. Chez les Mousses, elles sont de forme allongée, entre des paraphyses au sein d'un périgone. Chez les Ptéridophytes, elles constituent de petites outres subsphériques. Les anthéridies des groupes plus complexes sont d'interprétation difficile; chez les Gymnospermes, elles seraient réduites à trois cellules dans les grains de pollen; chez les Angiospermes, le gamétophyte est réduit à deux cellules: la cellule végétative qui donnera le tube pollinique et la cellule générative (= anthéridie) qui se divisera en deux anthérozoïdes. S'oppose à Archégone.

Anthéridiophore *n. m. (de anthéridie et du gr. pherein, porter).* [**Antheridiophore**] Formation dressée sur le thalle gamétophytique mâle des Marchantiales (Hépatiques à thalle) et qui est formée d'un pédoncule portant à son sommet un plateau lobé. C'est sur la face supérieure de ce plateau que se forment les anthéridies.

Anthérozoïde *n. m. (du gr. anthêros, fleuri et zôoeidês, semblable à un animal).* [**Antherozoid**] Gamète mâle des Végétaux et Champignons, mobile grâce à des cils ou des flagelles, sauf chez les Spermatophytes chez qui les gamètes doivent être déposés près de l'oosphère par siphonogamie.

Anthèse *n. f. (du gr. anthêsis, floraison).* [**Anthesis**] Épanouissement de la fleur.

Anthocarpe *n. m. (du gr. anthos, fleur et karpos, fruit).* Fruit composé.

Anthocyanoside *n. m. (du gr. anthos, fleur, kuanos, bleu sombre et oside).* [**Anthocyanoside**] Pigment végétal hétérosidique, hydrosoluble, contenu dans les vacuoles de divers organes (fruits, pétales). L'aglycone est une flavone chargée positivement (= cation flavylium). La partie osidique peut être monosaccharidique (glucose, galactose, rhamnose), disaccharidique ou trisaccharidique. Leur couleur varie du rouge au violet-noir en fonction du pH: rouge à pH entre 2 et 5, violet à pH 7 et bleu au-delà. Les anthocyanosides sont présents chez toutes les Angiospermes sauf quelques rares familles (Caryophyllacées et Molluginacées).

Anthode ou Anthodium *n. m. (du gr. anthos, fleur).* **Syn.**: Capitule.

Anthophage *adj. (du gr. anthos, fleur et phagein, manger).* [**Anthophagous**] Qui se nourrit de fleurs.

Anthophile *adj. (du gr. anthos, fleur et philos, ami).* [**Anthophilous**] Se dit des Animaux qui favorisent la pollinisation ou qui se nourrissent de fleurs.

Anthophore *n. m. (du gr. anthos, fleur et pherein, porter).* [**Anthophore**] Réceptacle floral présentant un allongement de la seule zone comprise entre le niveau d'insertion des sépales et celui des pétales.

Anthracologie *n. f. (du gr. anthrax,-acos, charbon et logos, discours).* Discipline qui étudie les restes des végétaux carbonisés retrouvés dans le sol.

Anthracophile *adj. (du gr. anthrax, anthracos, charbon et philos, ami).* [**Anthracophilous**] Se dit d'une plante qui pousse sur un milieu incendié donc charbonneux. Une telle plante est une *anthracophyte*.

Anthracophyte *n. f. (du gr. anthrax, anthracos, charbon et phuton, plante).* [**Anthracophyte**] Voir Anthracophile.

Anthropique *adj. (du gr. anthrôpos, homme).* Qui résulte de l'action de l'Homme, de l'anthropisation; se dit de cette action elle-même. **Syn.**: Anthropogène.

Anthropisation *n. f. (du gr. anthrôpos, homme).* [**Anthropisation**] Modification du milieu par l'Homme; résultat de cette intervention.

Anthropisé *adj. (du gr. anthrôpos, homme).* Qui a subi une anthropisation. **Syn.**: Anthropogénisé.

Anthropochorie *n. f. (du gr. anthrôpos, homme et khôrein, se déplacer).* [**Anthropochory**] Voir Zoochorie et le tableau des types de dispersion des diaspores.

Anthropoclimax *n. m. (du gr. anthrôpos, homme et climax).* Stade évolutif durable d'une succession végétale, apparu grâce à l'action de l'homme.

Anthropogène *adj. (du gr. anthrôpos, homme et genos, origine).* **Syn.**: Anthropique.

Anthropogénisé *adj. (du gr. anthrôpos, homme et genos, origine).* **Syn.**: Anthropisé.

Anthropoïde *adj. (du gr. anthrôpos, homme et eidos, aspect).* [**Anthropoid**] Qui ressemble à l'Homme. **Ex.**: Singe anthropoïde. **Syn.**: Anthropomorphe.

Anthropomorphe *adj. (du gr. anthrôpos, homme et morphê, forme).* [**Anthropomorphic**] **Syn.**: Anthropoïde.

Anthropophile *adj. (du gr. anthrôpos, homme et philos, ami).* [**Anthropophilous**] ▸ ① Qui vit au contact de l'Homme ou dans les lieux qu'il fréquente. **Ex.**: Rat, Pigeon, Pou. **Syn.**: Androphile; ▸ ② Se dit d'une plante qui est pollinisée par l'Homme.

Anthropophilie *n. f. (du gr. anthrôpos, homme et philos, ami).* [**Anthropophily**] Mode de pollinisation par l'Homme.

Anthropophyte *n. f. (du gr. anthrôpos, homme et phuton, plante).* [**Anthropophyte**] Plante pollinisée par l'Homme.

Antibiogramme *n. m. (de antibio(tique) et du gr. gramma, lettre).* [**Bacterial sensitivity test to antibiotics**] Test de laboratoire permettant de déterminer la sensibilité de Bactéries à des antibiotiques donnés.

Antibiose ou Antibiosis *n. f. (du gr. anti, contre, d'après symbiose).* [**Antibiosis**] Interaction entre organismes végétaux ou fongiques qui se traduit par la diminution ou l'inhibition de la croissance d'un ou plusieurs organismes de la relation, voire leur disparition. Elle résulte de la sécrétion de molécules toxiques ou de la formation de ces molécules par la dégradation des plantes mortes. **Syn.**: 2. Antagonisme.

Antibiotique *n. m. et adj. (du gr. anti, contre et biôtikos, qui concerne la vie).* [**Antibiotic**] Substance naturelle ou synthétique qui inhibe le développement des microorganismes voire les détruit. La plupart des antibiotiques naturels sont synthétisés par les Champignons inférieurs et par les Bactéries. **Ex.**: Pénicilline synthétisée par *Penicillium notatum*.

Anticholinergique *adj. et n. m. (du gr. anti, contre et cholinergique).* [**Anticholinergic**] Se dit d'une substance qui s'oppose à l'action de l'acétylcholine. **Ex.**: Atropine. **Ant.**: Cholinergique.

Anticipé *adj.* [**Anticipated**] Se dit d'un rameau qui se forme avant que le rameau qui le porte ne soit lignifié.

Anticline *adj. (du gr. anti, contre et klinein, pencher).* Qui est dirigé perpendiculairement à une surface. **Ant.**: Péricline.

Anticodon *n. m. (du gr. anti, contre et codon).* [**Anticodon**] Triplet de nucléotides présent sur les ARNt, dont le rôle est de s'apparier, par complémentarité des bases, au codon correspondant sur l'ARNm. Cette reconnaissance est nécessaire lors de la traduction pour l'assemblage dans un ordre précis des acides aminés accrochés à l'ARNt. Les anticodons possèdent un nucléotide particulier, l'acide inosique (IMP), dont la base appelée *hypoxanthine* peut se lier à l'uracile, la cytosine et l'adénine. Un anticodon peut donc se lier à plusieurs codons différents.

Anticorps *n. m. (du gr. anti, contre et corps).* [**Antibody**] Immunoglobuline sérique synthétisée par les plasmocytes qui sont des cellules immunitaires obtenues par maturation des lymphocytes B entrés en contact avec un antigène étranger. Chaque clone de plasmocytes produit seulement des anticorps spécifiques de l'antigène; ce sont des anticorps monoclonaux. Ces anticorps peuvent se combiner à l'antigène et ainsi les inactiver selon divers mécanismes qui faciliteront la phagocytose des particules antigéniques:

- neutralisation des parties dangereuses des toxines et des virus;
- agglutination des cellules porteuses des antigènes;
- précipitation des antigènes solubles.

En outre, le complexe anticorps-antigène stimule le complément *via* la voie classique. Tous les anticorps possèdent une structure de base de 4 chaînes polypeptidiques reliées par des ponts disulfure. Il existe deux types de chaînes:

• les chaînes légères ou L (light) qui sont les chaînes kappa (κ) et lambda (λ);

• les chaînes lourdes ou H (heavy) dont chacun des 9 types déterminent une classe d'anticorps: Ig A1, Ig A2, Ig D, Ig E, Ig G1, G2, G3, G4 et Ig E. Chaque chaîne possède une région constante C et une région variable V qui diffère selon l'anticorps sauf s'ils sont issus d'un même plasmocyte. Les régions variables d'une chaîne légère et d'une chaîne lourde s'associent pour former le site de fixation à l'antigène. Les régions constantes vont déterminer la classe et le mode d'action des anticorps.

Antidiurétique *adj. et n. m. (du gr. anti, contre et diurétique).* [**Antidiuretic**] Qui diminue la sécrétion d'urine. **L'hormone antidiurétique** est aussi appelée vasopressine.

Antifertilisine *n. f. (du gr. anti, contre et fertilisine).* [**Antifertilizin**] Voir Androgamone.

Antigène *n. m. (de anti(corps) et du gr. genos, origine).* [**Antigen**] Toute substance capable de déclencher une réaction immunitaire. Les antigènes sont en général de grosses molécules. Les petites molécules (peptides, nucléotides) n'ont un pouvoir immunogène que si elles sont liées à une protéine du soi; c'est cette association qui est reconnue comme étrangère et les petites molécules sont appelées *haptènes*. Les antigènes complets possèdent deux propriétés importantes dans la réaction:

• *l'immunogénicité* ou capacité de déclencher la réaction immunitaire spécifique;

• la *réactivité* ou capacité de réagir spécifiquement aux anticorps et aux cellules immunitaires.

Seules certaines parties de l'antigène sont antigéniques: ce sont les déterminants antigéniques ou *épitopes*. Ils se lient à une partie des anticorps ou des récepteurs des lymphocytes appelée *paratope*, à la faveur d'une complémentarité de leurs structures tridimensionnelles. Les **auto-antigènes,** ou marqueurs du soi, ne sont pas immunogènes pour l'individu qui les possèdent mais le sont pour tous les autres (sauf chez les vrais jumeaux). Ce sont des molécules protéiques extrêmement diverses présentes à la surface de toutes les cellules; la plupart d'entre elles sont codées par les gènes du complexe majeur d'histocompatibilité (CMH) appelé aussi système HLA chez l'Homme.

Anti-oncogène *n. m. et adj. (du gr. anti, contre, onkos, tumeur et genos, naissance).* [**Antioncogene (n.), Antioncogenous (adj.)**] **Syn.**: Gène suppresseur de tumeur.

Antiparallèle *adj. (du gr. anti, contre et parallèle).* [**Antiparallel**] ▸ ① Se dit des deux brins d'une molécule d'ADN caractérisés par leur sens opposé (l'extrémité 3' de l'un des brins fait face à l'extrémité 5' de l'autre); ▸ ② Se dit de deux structures secondaires d'une protéine (feuillets ou hélices) lorqu'elles sont placées côte à côte en sens opposé.

Antipéristaltique *adj.* [**Antiperistaltic**] Se dit des contractions de l'estomac et de l'œsophage opposées aux contractions péristaltiques et qui peuvent faire remonter les aliments lors du vomissement. **Ant.**: Péristaltique.

Antiplasmine *n. f. (du gr. anti, contre et plasmine).* [**Antiplasmin**] Facteur plasmatique inhibiteur de la plasmine (ou fibrinolysine) et par conséquent de la fibrinolyse. On distingue les antiplasmines α 1 (lente) et α 2 (rapide).

Antipode *n. f. (du gr. anti, contre et pous, podos, pied).* [**Antipodal cell**] Chacune des cellules haploïdes du sac embryonnaire, situées à l'opposé des synergides et de l'oosphère. Les antipodes, au nombre de trois généralement, ne participent pas à la fécondation et finissent par dégénérer.

Antiport *n. m. (du gr. anti, contre et du lat. portare, porter).* [**Antiport**] Type de cotransport transmembranaire dans lequel le passage d'un soluté dépend du passage d'un autre soluté en sens inverse.

Antithrombine III *n. f. (du gr. anti, contre et thrombine).* [**Antithrombin**] Abrév.: AT III – Globuline plasmatique synthétisée dans le foie et inhibitrice de la thrombine (qui transforme le fibrinogène en fibrine) et des facteurs IX, X et XI.

Antitoxine *n. f. (du gr. anti, contre et toxine).* [**Antitoxin**] Anticorps spécifique d'une toxine.

Antrorse *adj.* [**Antrorse**] Se dit d'une étamine dont la zone de déhiscence de l'anthère est dirigée vers le haut. **Ant.:** Rétrorse

Antrum *n. m. (mot lat., creux).* [**Antrum**] Cavité ménagée au sein de la granulosa du follicule ovarien tertiaire chez les Mammifères. L'antrum est remplie d'un liquide contenant diverses substances synthétisées par les cellules de la granulosa et de la thèque interne.

Anucléé *adj. (du gr. a-, élément privatif et nucléé).* [**Anucleate**] Dépourvu de noyau.

Anucléolé *adj. (du gr. a-, élément privatif et nucléolé).* [**Anucleolate**] Dépourvu de nucléole.

Anus *n. m. (mot lat., anneau).* [**Anus**] Chez les Triploblastiques, orifice de l'intestin postérieur servant de passage aux matières fécales vers l'extérieur.

AO Sigle de Acide orotique.

AOA Sigle de Acide oxaloacétique.

Aoûtement *n. m.* Chez un végétal vivace des régions froides et tempérées, lignification des jeunes rameaux ou des jeunes pousses, s'accompagnant de l'accumulation de réserves dans le parenchyme. L'aoûtement tire son nom du fait qu'il a lieu surtout en août.

Apérianthé *adj. (du gr. a-, élément privatif et périanthe).* Se dit d'une fleur dépourvue de périanthe (sépales et pétales). **Ex.:** fleurs de nombreux arbres (Chêne, Noisetier, Châtaignier...). **Syn.:** Achlamydé, Nu.

Apérispermé *adj. (du gr. a-, élément privatif et périsperme).* Se dit d'une graine qui est dépourvue de périsperme.

Aperture *n. f. (du lat. aperire, ouvrir).* [**Aperture**] Zone d'interruption de la paroi externe ou exine des grains de pollen d'Angiospermes, jouant un rôle de régulation de la pression osmotique interne, et surtout un rôle de passage du tube pollinique lors de la germination du grain de pollen. Le nombre d'apertures (1 ou 3) est un nouveau critère de classification des Angiospermes (Monoaperturées et Triaperturées).

Apétale *adj. (du gr. a-, élément privatif et pétale).* [**Apetalous**] Se dit d'une fleur dont le périanthe ne possède qu'un verticille, considéré comme celui des sépales même s'il ressemble à des pétales (Anémone, Renoncule). **Syn.:** Monopérianthé, Monochlamydé.

Apex *n. m. (mot lat., sommet).* [**Apex**]

▸ ① Extrémité d'une tige ou d'une racine qui abrite un méristème primaire apical; ▸ ② Sommet de la coquille des Gastéropodes; ▸ ③ Pôle sécréteur d'une cellule exocrine.

2-APG *n. m.* Sigle de Acide 2-phosphoglycérique.

3-APG *n. m.* Sigle de Acide 3-phosphoglycérique.

Aphanoplasmode *n. m.* Plasmode mince, peu apparent des Myxomycètes. **Ant.**: Phanéroplasmode.

Aphlébie *n. f.* Chez les Ptéridophytes, organe plus ou moins foliacé situé au niveau de l'insertion des ramifications, présent surtout chez les formes fossiles et très rarement chez les formes actuelles. **Ex.**: Ptéridophytes Marattiales.

Aphotique *adj. (du gr. a-, élément privatif et phôs, phôtos, lumière).* [**Aphotic**] ▸ ① Se dit d'un milieu qui n'est pas éclairé; ▸ ② Se dit d'une plante qui n'a pas besoin de lumière pour sa mise à fleur.

Aphylle *adj. (du gr a-, élément privatif et phullon, feuille).* [**Aphyllic**] Se dit d'une plante qui est dépourvue de feuilles ou qui ne possède pas de feuilles utiles pour la photosynthèse; dans ce cas, les feuilles sont généralement très réduites (épines des Cactus). Ce caractère s'appelle l'*aphyllie*.

Aphyllie *n. f. (du gr. a-, préfixe privatif et phullon, feuille).* Voir Aphylle.

Aphytal *adj. (du gr. a-, élément privatif et phuton, plante).* [**Aphytal**] Se dit d'un milieu aquatique dépourvu de végétaux chlorophylliens. **Syn.**: Aphytique.

Aphytique *adj. (du gr. a-, élément privatif et phuton, plante).* **Syn.**: Aphytal.

Apicule *n. f.* [**Apicule**] Petite pointe charnue à l'extrémité de certains organes dits *apiculés*. **Ex.**: Apicule des gousses de Lentille (*Lens culinaris*, Fabacées). **Syn.**: Apiculum.

Apiculum *n. m.* [**Apiculum**] **Syn.**: Apicule.

Apidologie *n. f. (du lat. apis, abeille et du gr. logos, discours).* [**Apidology**] Voir Entomologie.

Apivore *adj. et n. m. (du lat. apis, abeille et vorare, manger).* [**Apivorous**] Se dit d'un animal qui se nourrit d'abeilles et/ou de leur couvain. **Ex.**: *Varroa sp.* (Acariens).

Aplane *adj.* Se dit d'une cellule incapable de mouvement. Les spores de ce type sont des *aplanospores*, les gamètes de ce type sont des *aplanogamètes*. **Syn.**: Aplanétique.

Aplanogamète *n. m. (de aplane et gamète).* [**Aplanogamete**] Voir Aplane.

Aplanospore *n. f. (de aplane et spore).* [**Aplanospore**] Voir Aplane.

Aplastidié *adj. (du gr. a-, préfixe privatif et plaste).* Se dit d'une cellule végétale ou fongique qui ne possède pas de plastes.

Apneumie *n. f. (du gr. a-, élément privatif et pneumôn, poumon).* Absence de poumons.

Apneustique *adj. (du gr. a-, élément privatif et pneumôn, poumon).* [**Apneustic**] Se dit d'une larve d'Insecte dont les trachées sont trop réduites pour conduire l'oxygène. La respiration est alors transtégumentaire.

Apo A, B, C *n. f.* Abréviations de Apolipoprotéines A, B, C.

Apocarpe *adj. (du gr. apo-, loin de et karpos, fruit).* [**Apocarpous**] Se dit d'un gynécée dont les carpelles ne sont pas soudés entre eux. **Ex.**: Gynécée des Magnoliacées, Renonculacées. **Syn.**: Dialycarpe, Dialycarpellé. **Ant.**: Syncarpe, Gamocarpe, Gamocarpellé.

Apocrine *adj. (du gr. apo-, loin de et*

krinein, sécréter). [Apocrine] Se dit d'une cellule exocrine (et de la glande) dont les produits de sécrétion s'accumulent à l'apex et sont émis en même temps qu'une partie du cytoplasme par rupture de cet apex; la cellule se répare ensuite. La présence de glandes apocrines chez l'Homme est encore discutée (peut-être la glande mammaire). **Syn.**: Holomérocrine.

Apocyte *n. m. (du gr. apo-, dérivé de et kutos, cellule).* [Apocyte] Chez certains Champignons et Algues, compartiment plurinucléé délimité par des cloisons rigides.

Apode *adj. (du gr. a-, élément privatif et pous, podos, pied).* [Apodous] Qui est dépourvu de pattes, de nageoires.

Apodème *n. m.* [Apodeme] Repli chitineux de la face interne de la cuticule des Arthropodes, servant de point de fixation des muscles ou de protection de la chaîne nerveuse des Crustacés.

Apoenzyme *n. f. (du gr. apo-, dérivé de et enzyme).* [Apoenzyme] Partie protéique d'une enzyme, responsable de la spécificité envers le substrat, et dont l'association avec une coenzyme forme l'enzyme complète.

Apoferritine *n. f.* [Apoferritin] Voir Ferritine.

Apoflorie *n. f.* Formation de bulbilles à la place d'une fleur, au sein d'une inflorescence. **Ex.**: *Poa bulbosa* (Poacées).

Apogamie *n. f. (du gr. apo-, marquant la négation et gamos, mariage).* [Apogamy] Chez les Végétaux, forme d'apomixie où le sporophyte est formé à partir du gamétophyte sans production de gamètes fonctionnels.

Apolipoprotéine *n. f.* [Apolipoprotein] Glycoprotéine qui s'associe aux lipides pour former les formes de circulation des lipides dans le sang: chylomicrons, VLDL, LDL et HDL.

Apoméiose *n. f. (du gr. apo-, marquant la négation et méiose).* [Apomeiosis] Méiose anormale sans réduction chromatique. **Syn.**: Améiose.

Apomictique *adj.* [Apomictic] Se dit d'un organisme se reproduisant par apomixie.

Apomixie *n. f. (du gr. apo-, marquant la négation et de l'angl. to mix, mélanger).* [Apomixis] Mode de reproduction où l'embryon est formé sans l'intervention de la fécondation. L'apomixie regroupe *l'aposporie*, *l'apogamie* et la *parthénogenèse*. Voir ces mots. **Syn.**: Agamospermie.

Apomorphe *adj. (du gr. apo-, dérivé de et morphê, forme).* [Apomorph] Dans l'approche cladistique de l'évolution, se dit d'un caractère évolué, dérivé du caractère ancestral. **Ant.**: Plésiomorphe.

Aponévrose *n. f.* [Fascia] Feuillet plat de tissu conjonctif dense régulier qui relie un muscle à un os (**aponévrose d'insertion**) ou qui enveloppe ce muscle (**aponévrose de revêtement**).

Apophyse *n. f. (du gr. apophuein, pousser de).* ▸ ① Éminence naturelle à la surface d'un os. [Apophysis]; ▸ ② Chez certaines Bryophytes, partie renflée juste sous la capsule, à l'extrémité distale de la soie du sporophyte; ▸ ③ Chez les Gymnospermes, partie visible d'une écaille lorsque le cône est fermé.

Apophyte *adj.* [Apophyte] Se dit d'une espèce qui doit sa présence en un lieu donné à l'activité humaine.

Apoplaste *n. m.* [Apoplast] Dans les tissus d'une plante, ensemble de tout ce qui n'est pas vivant: paroi, vaisseau du xylème, méat... **Ant.**: Symplaste.

Apoprotéine *n. f.* [Apoprotein] Partie protéique d'une hétéroprotéine, associée au groupement prosthétique pour former la protéine fonctionnelle.

Apoptogène *adj. (de apopto(se) et du gr. genos, naissance).* [Apoptosis inducing] Qui déclenche l'apoptose.

Apoptose *n. f.* [Apoptosis] Chez les Animaux, processus naturel entraînant la mort des cellules, au cours duquel on observe une condensation du noyau et de la cellule, ce qui aboutit à son internalisation et sa digestion par une cellule voisine ou par des phagocytes. A la différence de la mort par lésion, il n'y a pas d'épanchement de cytoplasme dans l'espace extracellulaire, ce qui évite toute réaction inflammatoire. La mort des cellules par apoptose est nécessaire pour un développement normal:

- chez *Cænorhabditis elegans*, 959 cellules somatiques chez les hermaphrodites et 1031 chez les mâles sont formées mais une centaine meurt sans entraîner d'anomalie;
- l'apoptose aide à sculpter les membres en cours de développement (élimination de la palmure des doigts);
- l'absence d'apoptose peut entraîner l'apparition de cancers.

L'apoptose est déclenchée par l'activation de certains gènes (ex.: Gène ICE), lorsque la cellule ne perçoit plus de signaux spécifiques de maintien en vie. L'apoptose existe aussi chez les végétaux mais suit le plus souvent une voie diférente (rupture du tonoplaste).

Apopyle *n. m.* Chez les Éponges calcaires, chacun des orifices des diverticules tubulaires débouchant dans l'atrium au stade sycon et des corbeilles vibratiles débouchant dans le canal exhalant au stade leucon.

Aporogamie *n. f. (du gr. a-, préfixe privatif et porogamie).* [Aporogamy] Mode de fécondation où le tube pollinique pénètre par une autre voie que le micropyle. **Ant.**: Porogamie.

Aposématique *adj.* [Aposematic] Se dit des couleurs ou des ornements du corps de certains animaux qui dissuadent les prédateurs. **Ex.**: Couleurs vives des Salamandres, faux yeux sur les ailes des Papillons.

Aposporie *n. f. (du gr. apo-, marquant la privation et spore).* [Apospory] Forme d'apomixie où le gamétophyte se développe à partir du sporophyte sans qu'il y ait eu production de spore ni méiose. Le gamétophyte est alors diploïde. Ce phénomène est fréquent chez les Bryophytes et les Ptéridophytes.

Apothécie *n. f. (du gr. apothêkê, réservoir).* [Apothecium] Chez les Ascomycètes Discomycètes et les Discolichens, sporophore en forme de coupelle, contenant l'hyménium. En plus de l'hyménium, une apothécie est formée de l'extérieur vers l'intérieur:

- du *parathécium*, paroi externe de l'apothécie;
- de *l'amphithécium;*
- de *l'hypothécium*, qui forme le cœur de l'apothécie.

Apotransferrine *n. f.* [Apotransferrin] Voir Transferrine.

Apotrope *adj.* [Apotrope] Se dit d'un ovule anatrope qui est situé en dessous du niveau d'insertion du funicule sur la paroi ovarienne.

Appareil *n. m.* [Apparatus] **Syn.**: Système.

Appareil cinétique *m.* [Kinetic apparatus] Appareil locomoteur des Protozoaires flagellés. Il est composé du flagelle, de l'axostyle, du blépharoplaste, du centrosome et du corps parabasal.

Syn.: Cinétide, Appareil flagellaire.

Appareil de Golgi *m.* [Golgi apparatus] Organite cellulaire formé d'un ou de plusieurs *dictyosomes* disséminés dans le cytoplasme. Un dictyosome est un empilement de saccules membraneux aplatis, dont la légère courbure permet de distinguer une face convexe ou *face cis* et une face concave ou *face trans*. L'appareil de Golgi a pour fonction de modifier, de concentrer, de trier et d'emballer les protéines dans des vésicules. Les protéines migrent vers la face trans tout en subissant des modifications, notamment des glycosylations. Elles ressortent dans des vésicules qui naissent de la membrane de la face trans. L'appareil de Golgi forme l'acrosome des spermatozoïdes et dans les cellules végétales, la paroi de séparation des deux cellules filles ou phragmoplaste.

Appareil flagellaire *m.* **Syn.**: Appareil cinétique.

Appareil mitotique *m.* [Mitotic apparatus] Ensemble des structures participant à la division cellulaire: fuseau chromatique, asters et matériel génétique.

Appareil parabasal *m.* [Parabasal body] Chez les Protozoaires flagellés, dictyosome situé près du blépharoplaste et en relation avec le centrosome par le filament parabasal.

Appareil péri-hémal *m.* **Syn.**: Appareil sinusaire.

Appareil sinusaire *m.* Chez les Échinodermes, un des systèmes de cavités coelomiques. **Syn.**: Appareil périhémal.

Appareil vacuolaire *m.* [Vacuolar apparatus] Voir Vacuole.

Appariement chromosomique *m.* [Chromosome pairing] Regroupement des chromosomes homologues en paires au cours de la méiose.

Appauvrissement *n. m.* Dégradation des horizons supérieurs d'un sol par une érosion interne et un drainage des éléments vers l'aval. Cela conduit à la formation d'horizons sableux fragiles en amont et d'horizons argileux d'accumulation en aval.

Appendice *n. m. (du lat. appendix, -icis, ce qui pend).* ▸ ① Prolongement d'un organe ou d'une structure. [Appendix]; ▸ ② Expansion articulée généralement paire du corps des Arthropodes. Les appendices remplissent plusieurs fonctions telles que l'olfaction (antennes), la locomotion (pattes), l'alimentation (pièces buccales), la reproduction (tarière de ponte). Fondamentalement, un appendice est constitué d'une base ou *protopodite*, qui comprend le coxopodite et le basipodite, d'un *endopodite* pentamère et d'un *exopodite* formé de très nombreux articles. [Appendage]

Appendiculé *adj. (de appendice).* Se dit de la marge d'un sporophore sur laquelle subsistent des fragments du voile.

Appressorium *n. m.* [Appressorium] Chez les Champignons parasites, structure ramifiée à l'extrémité d'une hyphe permettant un accroissement de la surface d'échanges avec l'organisme hôte.

Apprimé *adj.* [Appressed] Se dit d'un élément en contact étroit avec un organe mais sans lui être soudé.

APS Sigle de Adénosine-5'-phosphosulfate.

Aptère *adj. (du gr. a-, élément privatif et pteron, aile).* [Apterous,] [Wingless, Flightless] Qui est dépourvu d'ailes ou doté d'ailes très réduites ne permettant pas le vol. **Ant.**: Ailé.

Aptérie *n. f.* Chez les Oiseaux, région du corps qui ne porte pas de plumes de contour. **Ant.**: Ptéryle.

Apyrène *adj. (du gr. a-, préfixe privatif et purên, noyau)*. **Syn.**: Asperme.

Aquatique *adj. (du lat. aqua, eau)*. [Aquatic] Qui vit dans, sur ou à proximité de l'eau.

Aqueduc de Sylvius *m.* [Aqueduct of Sylvius] Canal étroit qui relie entre eux les 3e et 4e ventricules dans le mésencéphale.

Aquifère *adj.* [Aquiferous] Se dit d'une structure, d'un tissu, d'un organe qui comporte beaucoup d'eau. **Ex.**: Stomate aquifère (ou hydatode), tissu aquifère.

Arabane *n. m.* [Araban] Polyoside formé d'arabinose présent dans la lamelle pectique des parois végétales.

Arabinose *n. m. (de arabin(e) et suff. -ose)*. [Arabinose] Aldopentose constitutif de nombreux polysaccharides végétaux. Formule: $CH_2OH–(CHOH)_3–CHO$.

Arachnoïde *adj. et n. f. (du gr. arakhnê, araignée et eidos, aspect)*. ▸ ① Adj. Se dit de la médulle uniquement fongique des thalles de certains Lichens hétéromères; ▸ ② N. f. Chez les Tétrapodes, partie externe de la méninge interne, formée d'une membrane fibroblastique non vasculaire et de ses nombreux canalicules qui traversent l'espace sous-arachnoïdien rempli de liquide céphalorachidien. Elle est séparée de la dure-mère par l'espace sous-dural et de la pie-mère par l'espace sous-arachnoïdien. **Syn.**: Méninge arachnoïdienne. [Arachnoid]

Arachnologie *n. f. (du gr. arakhnê, araignée et logos, discours)*. [Arachnology] Étude scientifique des Arachnides. Le spécialiste est l'*arachnologue*. **Syn.**: Aranéologie (Aranéologue).

Arachnolysine *n. f. (du gr. arakhnê, araignée et lysine)*. [Arachnolysin] Hémolysine du venin d'Araignée.

Aranéologie *n. f. (du lat. aranea, araignée et du gr. logos, discours)*. [Araneology] **Syn.**: Arachnologie.

Arboré *adj.* [Arboreous] Parsemé d'arbres.

Arborescent *adj. (du lat. arborescens, qui prend forme d'arbre)*. [Arborescent] Qui prend la taille et le port d'un arbre. **Ex.**: *Cyathea* (Fougère arborescente).

Arboricole *adj. (du lat. arbor, arbre et colere, habiter)*. [Arboreal] Qui vit, pousse sur les arbres.

Arbousière *n. f.* Fruticée méditerranéenne composée d'Arbousiers (*Arbutus sp.*, Éricacées).

Arbovirus *n. m. (de l'angl. ar(thropod) bo(rne) virus, virus transporté par les Arthropodes)*. [Arbovirus] Tout Rétrovirus pathogène transmis par les Arthropodes. **Ex.**: Virus de la fièvre jaune.

Arbre *n. m.* [Tree] Végétal ligneux caractérisé par:

• un tronc;

• une grande taille (au moins 4 ou 7 m selon les normes);

• une grande longévité.

Le terme arbre peut être accompagné d'un complément qui souligne une particularité remarquable: Arbre à pain (*Artocarpus incisa*, Moracées), Arbre aux fraises (*Arbutus unedo*, Éricacées). Dans ce cas, le végétal correspondant peut n'être qu'un arbuste voire un arbrisseau.

Arbrisseau *n. m. (du lat. arbor, arbre)*. [Shrub] Végétal ligneux caractérisé par une taille inférieure à 4 m et une ramification apparaissant dès la base.

Arbrisselé *adj.* Parsemé d'arbrisseaux.

Arbusculaire *adj.* ▸ ① Se dit d'un Lichen dont la morphologie évoque celle d'un arbre. ▸ ② Relatif aux arbuscules.

Arbuscule *n. m. (du lat. arbuscula, petit arbre).* [Arbuscule] Chez certains Champignons symbiotiques, structure ramifiée, arborescente, réalisée par les extrémités des hyphes qui ont pénétré dans les cellules de l'hôte. Les arbuscules deviennent des *ptyosomes* après leur dégradation par phagocytose par les cellules hôtes. On les rencontre dans les endomycorhizes, les endomycorhizomes et les endomycothalles.

Arbuste *n. m.* [Shrub] Végétal ligneux dont la taille est intermédiaire entre celle de l'arbre et celle de l'arbrisseau. Il présente les caractères de l'arbre.

Arbusté *adj.* **Syn.**: 2. Arbustif.

Arbustif *adj.* ▸ ① Relatif aux arbustes; ▸ ② Parsemé d'arbustes. **Syn.**: Arbusté.

Arc branchial *m.* [Branchial arch] Chacun des arcs viscéraux n°s 3 à 7 formés fondamentalement d'un pharyngo- branchial, d'un épi-branchial, d'un cérato-branchial et d'un hypo-branchial.

Arché(o)bactéries *n. f. pl. (du gr. arkhaios, ancien et bactérie).* [Archaebacteria] **Syn.** ancien d'Archées.

Archéobotanique *n. f.* **Syn.**: Paléobotanique.

Archéobotaniste *n. m.* **Syn.**: Paléobotaniste.

Archées *n. f. pl.* [Archaea] Domaine des Procaryotes qui vivent dans des milieux extrêmes et qui sont phylogénétiquement plus proches des Eucaryotes que des Eubactéries. Il en existe trois grands types: les **halophiles extrêmes**, les **méthanogènes** et les **thermophiles extrêmes**. Le peptidoglycane de leur paroi est caractérisé par l'acide N-acétyltalosaminuronique (NATUR) qui remplace l'acide N-acétylmuramique. Les acides gras ont des chaînes ramifiées et des liaisons éther. L'ARNt initiateur de la chaîne peptidique est la méthionine (et non la formylméthionine comme chez les Eubactéries). **Syn.** ancien: Arché(o)bactéries. Voir le tableau de comparaison des Bactéries, des Archées et des Eucaryotes.

Arc hémal *m.* [Hemal arch] Partie ventrale d'une vertèbre qui entoure et protège l'artère et la veine caudale.

Arc hyoïde *m.* [Hyoid arch] Deuxième arc viscéral formé d'un hyomandibulaire pair dorsal, d'un cérato-hyal pair ventral et d'un basi-hyal médian impair. Chez les Mammifères, il forme l'étrier.

Arc mandibulaire *m.* [Mandibular arch] Premier arc viscéral formé du cartilage ptérygo-carré et du cartilage de Meckel. Il donne chez les Mammifères l'enclume et le marteau.

Arc neural *m.* [Neural arch] Partie dorsale d'une vertèbre qui entoure le canal neural et qui se prolonge dorsalement par une épine neurale plus ou moins développée sur laquelle s'insèrent des muscles axiaux.

Arc post-mandibulaire *m.* [Postmandibular arch]. Chacun des arcs postérieurs à l'arc mandibulaire (arc hyoïde et arcs branchiaux).

Arc viscéral *m.* [Visceral arch]. Ensemble de pièces cartilagineuses embryonnaires disposées en arc et formant une partie du splanchnocrâne et des éléments musculaires, vasculaires et nerveux.

Arcade zygomatique *f.* [Zygomatic arch] Structure osseuse résultant de la soudure de deux apophyses: l'apophyse zygomatique de l'os temporal et l'apophyse temporale de l'os zygomatique.

Archégone *n. m. (du gr. arkhê, principe et gonê, génération).* [**Archegonium**] Gamétange femelle des Archégoniates. Chez les Bryophytes et les Ptéridophytes, il est bien différencié et possède un *ventre* abritant *l'oosphère*, surmonté d'un canal plus ou moins allongé appelé *col.* Chez les Gymnospermes, l'archégone est réduit à quelques cellules. Chez les Angiospemes, il ne serait plus représenté que par les deux synergides du sac embryonnaire (interprétation discutée). S'oppose à Anthéridie.

Archégoniates *n. m. pl.* [**Archegoniatae**] Ensemble des Végétaux dont les gamétanges femelles sont fondamentalement des archégones (Bryophytes, Ptéridophytes, Préspermatophytes et Spermatophytes).

Archégoniophore *n. m. (de archégone et du gr. pherein, porter).* [**Archegoniophore**] Gamétophore femelle observé sur le thalle des Hépatiques de l'ordre des Marchantiales, formé d'un pédoncule supportant un chapeau à 9 lobes dont la face inférieure abrite les archégones.

Archencéphale *n. m. (du gr. arkhaios, ancien et encéphale).* [**Archencephalon**] Encéphale embryonnaire avant sa division en trois vésicules: le prosencéphale, le mésencéphale et le rhombencéphale.

Archentéron *n. m. (du gr. arkhaios, ancien et enteron, intestin).* [**Archenteron**] Dans le cas de la gastrulation par embolie, structure tubulaire formée par l'invagination du blastoderme végétatif. L'archentéron est endodermique et est à l'origine du futur tube digestif. Il s'ouvre sur l'extérieur par le *blastopore* qui deviendra la bouche chez les Protostomiens et l'anus chez les Deutérostomiens (sauf dans certains cas où il disparaît, l'anus se reformant dans un second temps). **Syn.**: Cavité gastruléenne.

Archéobaside *n. f. (du gr. arkhaios, ancien et baside).* [**Archeobasidium**] Baside observée chez les Téliomycètes (Rouilles) et les Ustomycètes (Charbons). Elle présente un allongement et un cloisonnement transversal, ce qui induit un échelonnement de l'insertion des 4 basidiospores.

Archéocyte *n. m. (du gr. arkhaios, ancien et kutos, cellule).* [**Archeocyte**] Chez les Spongiaires, chacune des cellules indifférenciées des gemmules. Elles phagocytent les trophocytes et se transforment en *thésocytes binucléés* par une mitose qui n'est pas suivie d'une cytodiérèse.

Archésporium *n. m.* Chez les Angiospermes, assise sporogène à l'origine des archéspores qui donneront les différentes assises staminales et les cellules mères du pollen.

Archéthalle *n. m. (du gr. arkhaios, ancien et thalle).* [**Archethallus**] Groupement rudimentaire de cellules chez certaines Algues et Cyanobactéries, prémices d'une organisation pluricellulaire.

Archétype *n. m. (du gr. arkhetupon, modèle primitif).* [**Archetype**] Modèle idéal hypothétique qui se rapprocherait le plus de l'espèce primitive à l'origine d'un groupe monophylétique.

Archicarpe *n. m. (du gr. arkhaios, ancien et karpos, fruit).* [**Archicarp**] **Syn.** désuet de Ascogone.

Archicérébellum *n. m.* [**Archicerebellum**] Partie la plus primitive du cervelet constituant les *auricules* chez les Vertébrés aquatiques et les *flocules* chez les

Vertébrés terrestres. C'est un centre secondaire du système stato-acoustico-latéral. **Syn.**: Archicervelet.

Archicervelet *n. m. (du gr. arkhaios, ancien et cervelet).* [**Archicerebellum**] **Syn.**: Archicérébellum.

Archicortex *n. m. (du gr. arkhaios, ancien et cortex).* [**Archicortex**] **Syn.**: Archipallium.

Archipallium *n. m. (du gr. arkhaios, ancien et pallium).* [**Archipallium**] Centre olfactif tertiaire (après les bulbes olfactifs et le paléopallium) médiodorsal présent chez les Tétrapodes. Chez les Mammifères, il s'enroule sur lui-même et forme l'hippocampe. Il est relié à son symétrique par la *commissure archipalliale* ou *trigone*. **Syn.**: Archicortex.

Architecture *n. f.* [**Architecture**] ▸ ① Organisation spatiale d'une formation végétale; ▸ ② Organisation d'un végétal déterminée par le fonctionnement normal des méristèmes.

Architomie *n. f. (du gr. arkhaios, ancien et temnein, couper).* [**Architomy**] Mode de scissiparité où la régénération des parties manquantes est réalisée après la section. **Ex.**: *Syllis gracilis* (Polychètes Syllidés). **Ant.**: Paratomie.

Arctico-alpin *adj.* [**Artic alpine**] Qui vit dans les régions arctiques et subarctiques, ainsi que dans les zones de haute altitude.

Arctogée *n. f.* **Syn.**: Holarctis. Voir Empire biogéographique.

Aréal *adj. (du lat. area, aire).* Relatif à une aire de répartition.

Arénicole *adj. (du lat. arena, sable et colere, habiter).* [**Arenicolous**] **Syn.**: Psammophile.

Arénivore *adj. (du lat. arena, sable et vorare, manger).* [**Arenivorous**] Qui ingère du sable pour en prélever les particules organiques.

Arénophile *adj. (du lat. arena, sable et du gr. philos, ami).* [**Arenophilous**] **Syn.**: Psammophile.

Aréographie *n. f. (du lat. area, aire et du gr. graphein, écrire).* Sous-discipline de la chorologie qui étudie et établit les cartes de répartition des plantes et des groupements végétaux.

Aréolation *n. f.* [**Areolation**] Chez les Bryophytes, mode de répartition des différents types cellulaires dans les diverses parties des feuilles (apex, marge, base). L'aréolation constitue un critère de distinction des espèces.

Aréole *n. f. (du lat. area, aire).* [**Areola**] ▸ ① Surface pigmentée qui entoure les mamelons, particulièrement développée chez la femme; ▸ ② Chez les Spermatophytes, structure circulaire observée dans la paroi des cellules conductrices appelées *trachéides aréolées*. Ce sont des zones plus claires caractérisées par un décollement de la paroi secondaire ce qui rend le transfert de substances plus faciles. A cet endroit, la paroi primaire présente un petit épaississement ou *torus*, dont la position change selon les variations de pression de part et d'autre de l'aréole ce qui influence les échanges entre les deux trachéides accolées; ▸ ③ Petite formation spécifique des tiges des Cactacées pouvant se développer en poils ou en épines.

Arête *n. f. (du lat. arista, barbe d'épi).* ▸ ① Chacun des éléments du squelette des Poissons. [**Bone**]; ▸ ② Ligne osseuse saillante. **Ex.**: Arête du nez; ▸ ③ Prolongement fin et raide des glumelles des Poacées. Ces glumelles sont dites *aristées*. [**Beard**]

Arête branchiale *f.* Chez les Poissons Ostéichtyens, chacune des baguettes cartilagineuses ou osseuses qui soutiennent les lames branchiales et qui jouent donc le rôle du septum des Chondrichtyens.

Argilicole *adj. (de argile et du lat. colere, habiter).* **Syn.**: Argilophile.

Argilophile *adj. (de argile et du gr. philos, ami).* [**Argilophilous**] Qui vit, pousse dans un milieu argileux. **Syn.**: Argilicole.

Arginase *n. f. (de argin(ine) et suff. -ase).* [**Arginase**] Dans les hépatocytes, enzyme du cycle de l'urée qui catalyse l'hydrolyse de l'arginine en urée et ornithine.

Arginine *n. f. (de arg(ent), le nitrate d'arginine ayant un aspect argenté et suff. -inine).* [**Arginine**] Symb.: Arg, R – Acide aminé basique constitutif des protéines des êtres vivants. Lors de l'uréogenèse, elle est hydrolysée en urée et ornithine par une arginase. Elle est le précurseur du monoxyde d'azote et de la créatine. Codons correspondants: AGA, AGG, CGA, CGC, CGG, CGU. **Syn.**: Acide amino-guanidino-valérianique.

Arhize *adj. (du gr. a-, élément privatif et rhiza, racine).* [**Arrhiza**] Se dit d'une plante qui ne possède pas de racines.

Aridité *n. f.* [**Aridity**] Sécheresse importante d'un milieu ou d'un climat dits *arides*, où les précipitations annuelles sont inférieures à 200 mm. Seuls les organismes adaptés à cette sécheresse peuvent y vivre.

Arille *n. m. (du lat. arillus, grain de raisin).* [**Arillus**] Expansion externe d'origine tégumentaire de certaines graines, au niveau du hile, différenciée après la fécondation et ayant donc valeur d'induvie. Un arille associé à la région du micropyle est appelé **arillode. Syn.**: 4. Caroncule, Strophiole.

Arillode *n. m.* [**Arillode**] Voir Arille.

Aristé *adj.* [**Aristate**] Qui est pourvu d'une arête. **Ex.**: Glumelle aristée. **Ant.**: Mutique.

Aristogenèse *n. f.* [**Aristogenesis**] **Syn.**: Orthogenèse.

Armé *adj.* Se dit d'une formation végétale riche en épineux.

ARN *n. m. (sigle d'Acide ribonucléique).* [**RNA**] Acide nucléique résultant de la transcription de l'ADN. Au niveau de la structure, les ARN se distinguent de l'ADN par de nombreuses caractéristiques:

- leur pentose est un ribose;
- l'uracile remplace la thymine;
- ils sont monocaténaires (excepté chez de rares Virus).

Leurs fonctions sont nombreuses et remplies par des formes différentes d'ARN. On définit ainsi:

a. les ARN messagers (ARNm): ils sont lus ou traduits en protéines au niveau des ribosomes. Chez les Eucaryotes, ils sont constitués seulement d'exons, les introns ayant été auparavant excisés lors de l'épissage. Chez les Eucaryotes, les ARNm sont *monocistroniques*, c'est-à-dire qu'ils sont issus d'un seul gène et qu'ils ne codent qu'une seule chaîne peptidique. Les ARNm *polycistroniques*, présents chez les Procaryotes, proviennent de la transcription de plusieurs gènes et codent plusieurs peptides;

b. les ARN de transfert (ARNt): ils sont constitués d'environ 60 nucléotides formant une boucle. Chaque ARNt possède un anticodon complémentaire d'un codon de l'ARNm auquel il se lie lors de la traduction. L'extrémité 3' de l'ARNt possède un site de liaison à l'acide aminé correspondant à l'anticodon;

c. les ARN ribosomiques (ARNr): associés à des protéines, ils constituent les ribosomes. Il existe plusieurs ARNr que l'on différencie par leur coefficient de sédimentation exprimés en svedbergs (S): l'ARN 5 S, d'environ 120 nucléotides, constituant de la grosse sous-unité du ribosome; l'ARN 45 S et ses dérivés 28 S, 18 S et 5,8 S;

d. les ARN extranucléaires: ils sont issus de la transcription de l'ADN des mitochondries et des chloroplastes;

e. les ARN nucléaires hétérogènes (**ARNnh**)*:* ce sont les transcrits primaires avant maturation. Seuls 5 % d'entre eux seront utilisés, les autres dégénèrent rapidement.

ARN polymérase *n. f.* [**RNA polymerase**] Enzyme qui se lie aux promoteurs de l'ADN puis catalyse la synthèse des ARN lors de la transcription. Les Eucaryotes possèdent trois types d'ARN polymérases que l'on distingue par leur sensibilité à l'α-amanitine:

- **l'ARN polymérase I**, insensible, synthétise les ARNr 45 S;
- **l'ARN polymérase II**, très sensible, donne les ARNm;
- **l'ARN polymérase III**, peu sensible, est à l'origine des ARNr 5 S et des ARNt.

ARN primase *n. f.* [**RNA primase**] Lors de la duplication de l'ADN, enzyme qui synthétise de courts segments d'ARN (4 à 12 nucléotides) servant d'amorces à l'ADN polymérase pour la formation des fragments d'Okasaki, au niveau du brin de sens contraire au sens de progression de l'ADN polymérase. **Syn.**: Primase.

ARN réplicase *n. f.* [**RNA replicase**] ARN polymérase de certains Virus qui synthétise le brin complémentaire d'un ARN.

Arolaie, Arolière *n. f.* **Syn.**: Cembraie.

Arrhénogénie *n. f. (du gr. arrên, mâle et genos, naissance).* [**Arrhenogeny**] Voir Monogénie.

Arrhénotoque *adj. (du gr. arrên, mâle).* [**Arrenotokous**] Voir Parthénogenèse.

Arrière-fleur *n. f.* Fleur qui apparaît après la période normale de floraison.

Artère *n. f.* [**Artery**] Vaisseau sanguin qui transporte le sang du cœur vers les tissus. Leurs parois sont formées de fibres élastiques (surtout dans les **artères conductrices**) et musculaires (surtout dans les **artères distributrices**).

Artériole *n. f.* [**Arteriole**] Chacune des branches terminales d'une artère, de faible diamètre et formée surtout de fibres musculaires lisses.

Arthrodie *n. f. (gr. arthrôdia, sorte d'articulation).* [**Plane joint**] Type d'articulation mobile à surface plane ou peu arrondie. **Ex.**: Articulation entre l'omoplate et la clavicule.

Arthrodonte *adj. (du gr. arthron, articulation et odous, odontos, dent).* [**Arthrodontous**] Se dit d'un péristome de Bryophytes dont les dents possèdent des parois cellulaires épaisses restant en place après la mort des cellules.

Arthropodine *n. f.* [**Arthropodin**] Groupe de protéines de l'endocuticule des Arthropodes.

Article *n. m. (du lat. articulus, articulation).* ▸ ① Chacune des pièces articulées du corps ou des appendices des Arthropodes; ▸ ② Fragment d'un organe végétal compris entre deux zones fragiles et capable de ce fait de s'isoler du plant; ▸ ③ Chez les Champignons à hyphes cloisonnées (Septomycètes), compartiment plurinucléé d'une hyphe compris entre deux cloisons.

Articulaire *n. m.* [**Articular**] Os enchondral formé dans la région postérieure du cartilage de Meckel (arc mandibulaire), et constituant avec d'autres os, la mâchoire inférieure.

Articulateur *n. m.* [Articulator] Tout organe participant à l'élaboration du langage parlé.

Articulation *n. f. (du lat. articulus, articulation).* [Articulation] ▸ ① Jonction entre deux os; ensemble des tissus maintenant cette jonction; ▸ ② Zone du tégument des Arthropodes où la cuticule est amincie et souple ce qui facilite les mouvements; ▸ ③ Point de jonction entre deux articles d'un végétal, souvent souligné par un épaississement extérieur des tissus.

Articulation mammalienne *f.* [Mammalian articulation] Chez les Mammifères, articulation entre le dentaire (mandibule) et le squamosal du toit dermique. S'oppose à Articulation reptilienne.

Articulation reptilienne *f.* [Reptilian articulation] Chez les non-mammaliens, articulation entre l'articulaire de la mandibule et le carré de la mâchoire supérieure. S'oppose à Articulation mammalienne.

Artificiel *adj.* Qui a été réalisé par l'Homme. **Ant.**: Naturel.

Artioploïde *adj. (du gr. artios, pair et (di)ploïde).* [Artioploid] Voir Polyploïde.

Artiozoaire *n. m. (du gr. artios, pair et zôon, animal).* Tout animal à symétrie bilatérale.

Arvicole *adj. (du lat. arva, champ et colere, habiter).* Qui pousse principalement dans les champs, les prés.

Ascendant *adj. Préfloraison ascendante*, syn.: Préfloraison carénale. Voir Carénal.

Ascidie *n. f. (du gr. askidion, petite outre).* [Ascidium] Feuille en forme d'urne, notamment chez certaines plantes carnivores (*Nepenthes*, *Sarracenia*) où elles servent de piège à Insectes et d'organe digestif.

Ascocarpe *n. m. (du gr. askos, outre et karpos, fruit).* [Ascocarp] **Syn.**: Ascoma.

Ascogène *adj. (du gr. askos, outre et genos, naissance).* [Ascogenous] Se dit d'une hyphe d'un ascoma qui donnera une asque.

Ascogone *n. m. (du gr. askos, outre et gonos, génération).* [Ascogonium] Gamétocyste femelle des Champignons Ascomycètes. Il reçoit le noyau mâle par une petite expansion appelée *trichogyne* et engendrera les hyphes ascogènes. **Syn.** désuet: Archicarpe.

Ascohyménial *adj.* [Ascohymenial] Chez les Ascomycètes Pyrénomycètes, se dit d'un périthèce dont les hyphes ascogènes sont logées dans des follicules ou *ascothécies* formés par des filaments issus de la base de l'ascogone. **Ant.**: Ascoloculaire.

Ascolichen *n. m. (du gr. askos, outre et lichen).* [Ascolichen] Lichen dont le mycobionte est un Ascomycète. Selon le type d'ascoma, on distingue:

- les Pyrénolichens à périthèces;
- les Discolichens à apothécies.

Les Ascolichens représentent environ 90 % des Lichens.

Ascoloculaire *adj.* [Ascolocular] Chez les Ascomycètes Pyrénomycètes, se dit d'un périthèce dont les hyphes ascogènes et les asques sont situées dans de petites loges du stroma ou *loculas*.

Ascoma *n. m. (du gr. askos, outre).* [Ascoma] Sporophore des Ascomycètes: ce sont les *apothécies* et les *périthèces*. **Syn.**: Ascocarpe.

Ascon *n. m.* Forme simple ou forme juvénile des Éponges calcaires.

Ascospore *n. f. (du gr. askos, outre et spore).* [Ascospore] Chez les Ascomycètes, spore élaborée dans une asque et issue d'une caryogamie suivie d'une méiose puis d'une mitose. Chaque asque forme 8 ascospores (rarement 4). Voir Asque.

Ascothécie *n. f. (du gr. askos, outre et thêkê, loge).* [**Ascothecium**] Voir Ascohyménial.

Aseptique *adj. (du gr. a-, élément privatif et sêptikos, putréfié).* [**Aseptic**] ▸ ① Qui est dépourvu de microorganismes; ▸ ② Qui n'est pas dû à un microorganisme.

Asexualité *n. f. (du gr. a-, élément privatif et sexualité).* État d'un organisme qui est dépourvu d'appareil sexuel.

Asexué *adj.* [**Asexual**] ▸ ① Qui n'a pas d'appareil reproducteur; ▸ ② Qui ne se fait pas par des gamètes, en parlant d'un mode de reproduction.

Asparaginase *n. f.* [**Asparaginase**] Enzyme qui catalyse l'hydrolyse de l'asparagine en acide aspartique et ammoniac.

Asparagine *n. f. (du lat. asparagus, asperge).* [**Asparagine**] Symb.: Asn, N – Acide aminé qui entre dans la constitution des protéines des êtres vivants. Chez les Végétaux, c'est la forme de transport et de réserve de l'azote. Codon correspondant: AAU, AAC. Formule: $H_2N–CO–CH_2–CH(NH_2)–COOH$.

Asperme *adj. (du gr. aspermos, sans semence).* [**Asperm**] Se dit d'un fruit qui ne produit pas de graines. **Syn.**: Parthénocarpique, Apyrène.

Aspidozoïte *n. m.* Chez les Siphonophores (Cnidaires Hydrozoaires), polype modifié en bractée musculeuse, sans bouche, à rôle de protection de la cormidie.

Asque *n. f. ou m. (du gr. askos, outre).* [**Ascus**] Sporocyste des Ascomycètes en forme de sac allongé contenant les *ascospores* généralement au nombre de huit et entourées d'un cytoplasme appelé *épiplasme*. Les asques se différencient dans un hyménium, lui-même contenu dans une apothécie ou dans un périthèce. Les asques sont uni- ou bituniquées. La libération des ascospores peut se faire par la gélification de ces tuniques, par leur rupture ou encore *via* un opercule.

Assimilation *n. f.* [**Assimilation**] Processus physiologique de transformation des substances minérales et des nutriments en matière organique constitutive des organismes vivants. L'énergie nécessaire est plus ou moins importante en fonction de la différence qui existe entre la molécule initiale et la molécule qui doit être obtenue. Si cette énergie provient de réactions chimiques, on parle de *chimiosynthèse* (Animaux et Champignons). Si elle provient des radiations solaires, on parle de *photosynthèse* ou **assimilation chlorophyllienne** (Bactéries et Végétaux chlorophylliens).

Assimilation chlorophyllienne *f.* [**Chlorophyllian assimilation**] **Syn.**: Photosynthèse.

Assise *n. f. (de asseoir).* Ensemble de cellules disposées sur une couche. On distingue:

- **l'assise génératrice** qui constitue un méristème secondaire. Il en existe deux: *l'assise génératrice libéro-ligneuse* ou *cambium* et *l'assise subéro- phellodermique* ou *phellogène;*
- **l'assise mécanique** dont les cellules ont des parois épaissies sur une partie seulement ce qui permet, à la faveur d'une dessiccation, de créer une tension jusqu'à la rupture de l'assise. Le phénomène intervient dans la déhiscence des anthères et des sporanges;

• **l'assise pilifère**, syn.: Rhizoderme;

• **l'assise subéreuse** placée juste sous le rhizoderme et formée de cellules subéreuses à rôle protecteur.

Association végétale *f.* Unité élémentaire de la phytosociologie comportant un certain nombre d'espèces végétales caractéristiques. Chaque individu est appelé *individu d'association*. Le nom des associations est formé du nom de genre latin de l'espèce dominante suivi du suffixe -etum.

Associé *adj.* Voir Espèce associée.

Astaxanthine *n. f. (du lat. astacus, écrevisse et xanthine).* [Astaxanthin] Pigment caroténoïde orange de la carapace et des œufs des Crustacés et de certaines Chlorophycées.

Aster *n. m. (mot lat., étoile).* [Aster] Organite cytoplasmique formé de microtubules rayonnants, visible seulement pendant la division cellulaire. Il n'y a pas d'asters chez les Végétaux supérieurs.

Astrocyte *n. m. (du gr. astrum, astre et kutos, cellule).* [Astrocyte] Cellule de la névroglie dotée de nombreux prolongements lui conférant une forme étoilée. Les astrocytes maintiennent la teneur en ions K^+ du liquide extracellulaire, constituent un élément de la barrière hémato-encéphalique et participent au métabolisme des neurotransmetteurs. On distingue les **astrocytes protoplasmiques** dans la substance grise et les **astrocytes fibrillaires** dans la substance blanche.

Astrosphère *n. f.* [Astrosphere] Centre de l'aster.

Asylvatique *adj. (du gr. a-, élément privatif et du lat. silva, forêt).* [Asylvatic] Se dit d'un milieu dont les conditions ne permettent pas la formation d'une forêt. Ex.: Étage alpin.

Asyndèse *n. f.* [Asynapsis] Mauvais appariement des chromosomes, en particulier chez les hybrides pour lesquels il constitue une cause de stérilité.

Atactostèle *n. f. (du gr. ataktos, désordonné et stèle).* [Atactostele] Stèle fréquente chez les Monocotylédones, plus rare chez les Dicotylédones, caractérisée par de nombreux faisceaux conducteurs disposés en cercles concentriques.

Atavisme *n. m. (du lat. atavi, ancêtres).* [Atavism] ▸ ① Réapparition de caractères primitifs qui avaient disparu dans les générations précédentes; ▸ ② Présence d'un caractère, d'une fonction sans utilité actuelle pour l'organisme.

Atélomique *adj.* Se dit de la croissance de certaines Algues filamenteuses qui est réalisée par des divisions de cellules intercalaires et non apicales.

Athrocytose *n. f.* [Athrocytosis] Absorption d'une substance par endocytose suivie d'une concentration dans des granules de stockage.

Atlas *n. m.* [Atlas] Première vertèbre cervicale des Amniotes s'articulant avec les condyles occipitaux du crâne et l'apophyse odontoïde de la deuxième vertèbre cervicale, l'axis.

Atoque *adj. (du gr. atokos, stérile).* [Atoke] Se dit d'une Annélide Polychète qui n'a pas subi l'épitoquie et qui n'est donc pas mature sexuellement.

ATP ou A.T.P. *n. f. (sigle d'Adénosine triphosphate).* [ATP] Ribonucléotide formé d'un sucre, le ribose, auquel sont reliés une base azotée en 1', l'adénine, et trois phosphates en 5'. Chacun de ces trois phosphates porte une charge négative, ce qui crée des forces électrostatiques répulsives qui fragilisent les liaisons entre phosphates. La rupture de chacune de ses liaisons libère de l'énergie qui sera utilisée par la cellule pour assurer ses différentes fonctions; cette réaction exergonique est couplée à de très nombreuses réactions qui elles sont endergoniques. Chez les Eucaryotes, l'ATP est formée majoritairement par phosphorylation de l'ADP au niveau de la membrane mitochondriale interne ou de la membrane des thylacoïdes des chloroplastes grâce à l'énergie du gradient de protons, et au niveau des étapes finales de la glycolyse (formation du 3-phosphoglycérate et du pyruvate).

ATP synthétase *n f.* [ATP synthetase] Complexe enzymatique de 9 chaînes polypeptidiques de la membrane interne des mitochondries et de la membrane des thylakoïdes et des Bactéries. C'est un dispositif qui couple la synthèse d'ATP à l'énergie libérée par un flux de protons suivant leur gradient de concentration.

Atrésie folliculaire *f.* [Atresia] Dégénérescence naturelle de certains follicules ovariens qui a lieu à tous les stades de développement de l'individu.

Atriopeptide *n. m.* [Atriopeptid] **Syn.**: Facteur natriurétique auriculaire.

Atrium *n. m. (mot lat.).* [Atrium] ▸ ① Chez les animaux hermaphrodites, cavité dans laquelle débouchent les canaux génitaux mâle et femelle; ▸ ② Cavité d'un organe; ▸ ③ Cavité gastrale des Spongiaires; ▸ ④ Chambre cardiaque à paroi musculeuse et extensible présente chez les embryons de Vertébrés, chez les Cyclostomes et les Poissons (sauf les Dipneustes). Chez les Dipneustes et les Tétrapodes, l'atrium est cloisonné en deux oreillettes; ▸ ⑤ **Syn.**: Cavité péribranchiale.

Atrophie *n. f. (du lat. atrophia, consomption).* [Atrophy] Diminution de la taille d'une structure d'un organisme, résultant de facteurs divers: dénutrition, maladie, défaut d'usage.

Atropine *n. f. (du genre Atropa).* [Atropin(e)] Alcaloïde tropanique de la Belladone (*Atropa belladonna*, Solanacées). C'est un parasympathicolytique antagoniste des récepteurs muscariniques des organes innervés par les fibres postganglionnaires parasympathiques. Toutes les parties de la plante en contiennent.

Atténué *adj.* [Attenuated] Se dit d'un organe végétal dont la largeur diminue progressivement jusqu'à l'apex.

Attrition *n. f. (du lat. attritio, frottement).* [Attrition] Érosion de la surface d'une structure animale par frottements (peau, émail...).

Atypie *n. f. (du gr. a-, élément privatif et de type).* Écart par rapport au type de référence.

Aubier *n. m. (du lat. albus, blanc).* [Sapwood] Bois périphérique des arbres où circule la sève brute, plus jeune, plus clair et plus tendre que le *bois de cœur* ou *duramen*. **Ant.**: Duramen, Bois de cœur.

Audition *n. f. (du lat. audire, entendre).* [Hearing] Perception des sons.

Auge *n. f. (du lat. alveus, cavité).* Espace vide entre les branches du maxillaire inférieur de certains quadrupèdes, notamment du Cheval.

Aulnaie ou Aunaie *n. f.* Formation végétale dominée par l'Aulne (*Alnus sp.*, Bétulacées).

Aulophyte *n. f.* [Aulophyte] Plante épiphyte qui vit dans une cavité du tronc ou des branches d'un arbre.

Aunaie → **Aulnaie**

Auréomycine *n. f. (du lat. aureus, d'or, mukês, champignon et suff. -ine).*

[**Aureomycin**] Antibiotique synthétisé par le Champignon *Streptomyces aureofaciens*, dérivé chloré de la tétracycline. **Syn.**: Chlortétracycline.

Auriculaire *adj. (du lat. auricula, oreille).* [**Auricular**] Relatif aux oreilles, aux oreillettes du cœur.

Auricularia *n. f. et adj.* [**Auricularia.**] Larve pélagique des Échinodermes Holothurides.

Auricule *n. f. (du lat auricula, oreille).* [**Auricula, Auricle**] Petit prolongement latéral d'une feuille.

Australis *n. m.* [**Australis**] Voir Empire biogéographique.

Autoanticorps *n. m. (du gr. autos, soi-même et anticorps).* [**Autoantibody**] Anticorps produit naturellement par un organisme contre un autoantigène. **Syn.**: Anticorps naturel.

Autoantigène *n. m. (du gr. autos, soi-même et antigène).* [**Autoantigen**] Antigène constitutif des cellules qui induit la production d'autoanticorps.

Autochorie *n. f. (du gr. autos, soi-même et khôrein, se déplacer).* [**Autochory**] Dissémination des diaspores par les propres moyens de l'organisme. **Ex.**: *Ecballium sp.* (Cucurbitacées) qui dissémine ses graines par éjection très forte d'une pulpe qui les contient. **Syn.**: Autodissémination, Bolochorie. Voir le tableau des types de dispersion de diaspores.

Autochtone *adj. (du gr. autos, soi-même et khthôn, terre).* Se dit d'une espèce, d'un groupement originaire de la région où ils se trouvent. **Ant.**: Allochtone.

Autocrine *adj. (du gr. autos, soi- même et krinein, sécréter).* [**Autocrine**] Se dit d'un messager chimique (et de la sécrétion de ce messager) qui agit sur la cellule qui l'a sécrété.

Autodissémination *n. f.* [**Autodissemination**] **Syn.**: Autochorie.

Autoécique *adj. (du gr. autos, soi-même et oikos, maison).* [**Autoecious**] ▸ ① Se dit d'un gamétophyte de Mousses produisant anthéridies et archégones sur des rameaux différents mais appartenant au même individu; ▸ ② **Syn.**: Autoxène.

Aut(o)écologie *n. f.* [**Aut(o)ecology**] Voir Écologie.

Autofécondation *n. f. (du gr. autos, soi-même et fécondation).* [**Autofertilization**] **Syn.**: Autogamie.

Autofertile *adj. (du gr. autos, soi-même et fertile).* Se dit d'un Végétal qui peut réaliser l'autofécondation, c'est-à-dire être fécondé par ses propres gamètes. Cette propriété est l'autofertilité. **Ant.**: Autostérile.

Autofertilité *n. f.* Voir Autofertile.

Autogamie *n. f. (du gr. autos, soi-même et gamos, mariage).* [**Autogamy**] ▸ ① Chez certains Champignons, caryogamie entre noyaux d'un même dicaryon. Ces deux noyaux appartiennent au même individu mais se comportent l'un comme noyau mâle, l'autre comme noyau femelle; ▸ ② Chez certains Protozoaires, mode de reproduction au cours duquel les cellules filles, issues de la division d'une cellule mère, se comportent comme des gamètes; ▸ ③ Chez les Angiospermes, mode de reproduction par union de gamètes mâles et femelles issus d'une même fleur ou d'un même plant. Ce mode est obligatoire pour les fleurs cléistogames (ex.: *Viola odorata*, Violacées). **Syn.**: Autofécondation. **Ant.**: Allogamie, Allofécondation.

Autogreffe *n. f.* [**Autograft**] Voir Greffe.

Autohématorrhée *n. f.* Chez certains Arthropodes, rejet de liquide toxique jouant un rôle de défense.

Auto-immunisation *n. f.* [**Autoimmunization**] Réaction immunitaire naturelle entre autoantigènes et autoanticorps.

Auto-incompatibilité *n. f.* [**Self-incompatibility**] Chez les Spermatophytes, impossibilité physiologique pour un gamète mâle de féconder un gamète femelle de la même fleur. L'auto-incompatibilité peut être d'origine gamétophytique ou sporophytique. **Syn.**: Autostérilité.

Autoïque *adj.* **Syn.**: Autoxène.

Autolyse *n. f. (du gr. autos, soi- même et lyse).* [**Autolysis**] Destruction des cellules par leurs propres enzymes (lysosomiales chez les Eucaryotes). Ce processus naturel participe au développement normal des organismes, en particulier lors de la métamorphose des Insectes et des Anoures. Ce processus est fréquent chez les Bactéries.

Automixie *n. f. (du gr. autos, soi-même et de l'angl. to mix, mélanger).* [**Automixis**] ▸ ① Fusion de 2 ou 4 noyaux haploïdes issus de la méiose de la cellule mère du sac embryonnaire. Ce dernier a alors une origine bi- ou tétrasporique, selon les espèces; ▸ ② Fusion d'un ovocyte haploïde avec un globule polaire. Le zygote est alors diploïde et parthénogénétique.

Autophagie *n. f. (du gr. autos, soi-même et phagein, manger).* [**Autophagy**] ▸ ① Autodigestion des organites cellulaires par fusion avec les lysosomes pour former des *autophagolysosomes*. Ce phénomène permet le renouvellement naturel des organites. **Ant.**: Hétérophagie; ▸ ② Résorption d'organes qui ne sont pas indispensables à la survie de l'animal, dans le but de fournir un apport de nutriments et d'énergie en période de dénutrition.

Autophagolysosome *n. m.* [**Autophagolysosome**] Voir Autophagie.

Autoplastique *adj.* [**Autoplastic**] Voir Greffe.

Autoploïde *adj.* [**Autoploid**] **Syn.**: Autopolyploïde.

Autopode *n. m.* [**Autopod**] Partie distale du membre chiridien comprenant le basipode, le métapode et l'acropode. Chez l'Homme, il correspond à la main et au pied.

Autopollinisation *n. f. (du gr. autos, soi-même et pollinisation).* [**Autopollination**] Pollinisation du pistil d'une fleur par son propre pollen. S'il n'y a pas d'auto-incompatibilité, l'autopollinisation se traduira par une autogamie. Chez les fleurs cléistogames, l'autopollinisation est obligatoire. **Syn.**: Pollinisation directe.

Autopolyploïde *adj. (du gr. autos, soi-même et polyploïde).* [**Autopolyploid**] Se dit d'un individu qui possède un ou des lots supplémentaires de chromosomes provenant de la même espèce. **Syn.**: Autoploïde.

Autorégulation *n. f. (du gr. autos, soi-même et régulation).* [**Self-regulation, Autogenous regulation**] ▸ ① Régulation d'un système (processus, fonction) sans aide extérieure. **Ex.**: Autorégulation de la glycémie, de la pression artérielle; ▸ ② Régulation de l'expression d'un gène par le produit de ce gène. **Syn.**: Régulation autogène.

Autoreproduction *n. f.* [**Autoreproduction**] Duplication d'un organite.

Autosome *n. m. (du gr. autos, soi-même et sôma, corps).* [**Autosome**] Chromosome qui ne détermine pas le sexe. **Syn.**: Euchromosome. Ant: Hétérochromosome, Gonosome, Chromosome sexuel.

Autostérile *adj. (du gr. autos, soi-même et stérile).* Se dit d'un Végétal qui ne peut pas s'autoféconder. Cette propriété est l'autostérilité. **Ant.**: Autofertile.

Autostérilité *n. f. (du gr. autos, soi-même et stérilité).* [Self-sterility] **Syn.**: Auto-incompatibilité.

Autostylique *adj.* [Autostylic] Se dit d'une disposition osseuse dans laquelle le cartilage ptérygo-carré (mâchoire supérieure) est indépendant de l'arc hyoïde. Ce caractère appelé *autostylie* est présent chez les Holocéphales, les Dipneustes et les Tétrapodes.

Autosyndèse *n. f.* [Autosyndesis] Lors de la méiose chez un hybride dont au moins une des espèces parentales est polyploïde, formation de bivalents par union de deux chromosomes homologues de la même origine parentale (tous les deux d'origine soit paternelle soit maternelle). **Ant.**: Allosyndèse.

Autotomie *n. f. (du gr. autos, soi-même et temnein, couper).* [Autotomy] Auto-amputation d'une partie du corps d'un animal pour se soustraire à l'emprise d'un prédateur. **Ex.**: Pattes des Insectes et Araignées, queue des Lézards, tentacule des Mollusques.

Autotoxicité *n. f. (du gr. autos, soi-même et toxicité).* [Autotoxicity] Toxicité pour une plante due à ses propres sécrétions racinaires qui nuisent ainsi à sa propre croissance.

Autotrophe *adj. et n. m. (du gr. autos, soi-même et trophê, nourriture).* [Autotrophic] Se dit d'un organisme qui synthétise ses propres constituants organiques à partir d'éléments minéraux, lors de la photosynthèse ou de la chimiosynthèse. Cette propriété est *l'autotrophie*. **Ant.**: Hétérotrophe.

Autotrophie *n. f.* [Autotrophy] Voir Autotrophe.

Autoxène *adj.* [Autoxenous] Se dit d'un parasite qui se développe aux dépens d'un seul hôte. **Syn.**: Autoïque, 2. Autoécique.

Autozoécie *n. f.* Chez les Ectoproctes (Protostomiens Lophophorates), l'un des types d'organismes d'une colonie chez les espèces présentant un polymorphisme des zoécies.

Auxèse *n. f. (du gr. auxein, accroître).* [Auxesis] Élongation des cellules végétales, un des processus cellulaires permettant la croissance des Végétaux.

Auxiblaste *n. m. (du gr. auxein, accroître et blastos, germe).* [Auxiblast] Chez les essences ligneuses, type de rameau le plus long, à croissance indéfinie.

Auxine *n. f. (du gr. auxein, accroître).* [Auxin] Classe de phytomédiateurs végétaux stimulant à faible concentration de nombreux mécanismes physiologiques: élongation de la tige et des racines, ramification, fructification, rhizogenèse, divisions cellulaires. Les auxines sont responsables du phototropisme et du gravitropisme. Elles sont synthétisées par les méristèmes apicaux, les feuilles et les embryons. Le transport des auxines est unidirectionnel, de l'apex vers la base, dans le phloème surtout et est réalisé par des protéines de transport spécifiques. L'auxine ayant l'activité la plus importante est l'acide indole-3-acétique, les autres étant des précurseurs à activité auxinique plus faible. **Syn.**: Acide indole-3-acétique (AIA).

Auxocyte *n. m. (du gr. auxein, accroître et kutos, cellule).* [Auxocyte] Spermatocyte ou ovocyte.

Auxospore *n. f. (du gr. auxein, accroître et spora, semence).* [Auxospore] Spore des Diatomées issue de la fusion de deux gamètes.

Auxotrophe *adj. et n. m. (du gr. auxein, accroître et trophê, nourriture).* [**Auxotrophic**] Se dit d'un organisme unicellulaire, d'une souche, dont la croissance nécessite un apport exogène d'une substance, lorsqu'il est inapte à la synthétiser notamment à la suite d'une mutation. Cette propriété est *l'auxotrophie*. **Ant.**: Prototrophe.

Avichorie *n. f. (du lat. avis, oiseau et du gr. khôrein, se déplacer).* [**Avichory**] Voir Zoochorie.

Avidine *n. f. (du lat. avis, oiseau et suff. -ine).* [**Avidin**] Protéine du blanc d'œuf qui peut fixer la biotine et la rendre inactive.

Avifaune *n. f. (du lat. avis, oiseau et faune).* [**Avifauna**] Ensemble des Oiseaux dans un lieu ou une période donnés.

Axe *n. m. (du lat. axis, essieu).* [**Axis**] Partie allongée d'un végétal qui supporte d'autres organes. **Ex.**: tige, branche, rameau, pédoncule.

Axe épicotylé, syn.: Épicotyle.

Axe hypocotylé, syn.: Hypocotyle.

Axénique ou Axène *adj. (du gr. a-, élément privatif et xenos, étranger).* [**Axenic**] ▸ ① Se dit d'une culture de microorganismes qui se développent dans un milieu stérile; ▸ ② Se dit d'un organisme exempt de microorganismes, mêmes symbiotiques.

Axérophtol *n. m. (du gr. a-, élément privatif, xéropht(almie) et suff. -ol).* [**Axerophtol**] **Syn.**: Vitamine A1, Rétinol.

Axile *adj. (du lat. axis, axe).* [**Axile**] Se dit d'un mode de placentation où les ovules sont insérés sur l'axe de l'ovaire. Cette insertion implique nécessairement que les carpelles se soient repliés sur eux-mêmes avant de se souder puisque les ovules sont insérés sur la marge des carpelles.

Axillaire *adj. (du lat axilla, aisselle).* [**Axillary**] Relatif à l'aisselle. **Ex.**: Bourgeon axillaire.

Axillant *adj. (du lat axilla, aisselle).* Se dit de l'organe à l'aisselle duquel se développe un autre organe dit *axillaire*. Il y a toujours une *bractée axillante* à la base d'un pédoncule floral ou foliaire.

Axis *n. m. (mot lat., axe).* [**Axis**] Chez les Amniotes, deuxième vertèbre du cou sur laquelle pivote la première vertèbre permettant ainsi une mobilité importante de la tête.

Axolemme *n. m. (du gr. axon, axe et lemma, enveloppe).* [**Axolemma**] Membrane plasmique des neurones.

Axone *n. m. (du gr. axon, axe).* [**Axon**] Prolongement cytoplasmique unique des neurones, conduisant les influx nerveux du corps cellulaire jusqu'aux boutons synaptiques. **Syn.**: Cylindraxe.

Axonème *n. m. (du gr. axon, axe et nêma, fil).* [**Axoneme**] Structure centrale d'un flagelle ou d'un cil, formée de neuf doublets de microtubules disposés en couronne et d'un doublet central. L'axonème est responsable des mouvements des flagelles et des cils grâce à la présence de diverses protéines telles que la dynéine et la nexine.

Axoplasme *n. m. (du gr. axon, axe et (cyto)plasme).* [**Axoplasm**] Cytoplasme des neurones.

Axopode *n. m. (de axe et du gr. pous, podos, pied).* [**Axopodium**] Chez certains Rhizopodes, expansion cytoplasmique rigide, apparenté aux flagelles.

Axostyle *n. m.* [**Axostyle**] Chez certains Protozoaires flagellés, axe cytosquelettique relié au centrosome, pourvu de propriétés contractiles.

Azoïque *adj. (du gr. a-, élément priva-*

tif et zoôn, animal). [**Azoic**] Qui est dépourvu de toute vie animale.

Azote *n. m.* [**Nitrogen**] Symb.: N – Élément chimique (Z = 7) qui représente 78 % de l'air atmosphérique en volume. Il est le 4e élément le plus représenté dans la matière vivante après le carbone, l'oxygène et l'hydrogène. C'est un constituant essentiel des protéines et des acides nucléiques. La nutrition azotée des autotrophes s'effectue par assimilation de l'azote minéral ou par fixation du diazote atmosphérique par des Bactéries (diazotrophie).

Azotémie *n. f. (de azote et du gr. haima, sang).* [**Azotaemia**] Taux d'azote dans le sang (sous forme conjuguée).

Azoturie *n. f. (de azote et du gr. ourêsis, action d'uriner).* [**Azoturia**] Taux d'azote dans les urines.

Azygote *n. m. et adj. (du gr. a-, élément privatif et zygote).* [**Azygote (n.), Azygotic (adj.)**] Se dit de tout individu issu d'une parthénogenèse haploïde.

B

B ▸ ① Groupe sanguin du système ABO. L'antigène de groupe B (oligosaccharide membranaire) est caractérisé par la présence d'un galactose en plus par rapport à l'antigène de groupe O; ▸ ② Voir Vitamine et le tableau des vitamines.

Babiller *v. i. (de bab-, racine onomat. exprimant le mouvement des lèvres).* [To twitter] Pousser son cri, le *babillage*, en parlant de la Pie et du Merle.

Baccifère *adj. (du lat. bacca, baie et ferre, porter).* [Bacciferous] Qui porte des baies.

Bacciforme *adj. (du lat. bacca, baie et forme).* [Bacciform] Se dit d'un organe qui a l'apparence d'une baie. **Ex.:** Ovule de Ginkgo, cône femelle de l'If.

Baccivore *adj. (du lat. bacca, baie et vorare, manger).* [Baccivorous] Qui se nourrit surtout de baies.

Bacille *n. m. (du lat. bacillum, baguette).* [Bacillus] Toute Bactérie qui a la forme d'un bâtonnet. **Ex.:** *Escherichia coli, Legionella pneumophila,* Bacille de la lèpre (*Mycobacterium leprae*), Bacille de Thuringe (*Bacillus thuringiensis*).

Bacilliforme *adj. (de bacille et forme).* [Bacilliform] Qui a la forme d'un bacille.

Backcross *n. m. (mot angl.).* **Syn.** français: Croisement en retour.

Bactérie *n. f. (du gr. baktêrion, petit bâton).* [Bacterium] Tout microorganisme unicellulaire procaryote. Les Bactéries sont réparties en deux grands domaines: les Eubactéries et les Archées. Voir ces mots et le tableau de comparaison des Bactéries, Archées et Eucaryotes.

Bactériocécidie *n. f. (de bactérie et cécidie).* [Bacteriocecidium] Voir Cécidie.

Bactériochlorophylle *n. f. (de bactérie et chlorophylle).* [Bacteriochlorophyll] Chlorophylle des Bactéries phototrophes qui diffère de la chlorophylle a des Eucaryotes par quelques substitutions externes sur les noyaux pyrroles. On rencontre:

- la **bactériochlorophylle a** chez toutes les Bactéries;
- la **bactériochlorophylle b** chez les Bactéries pourpres sulfureuses ou non;
- la **bactériochlorophylle c** chez les Bactéries vertes sulfureuses ou non;
- les **bactériochlorophylles d et e** chez les Bactéries vertes sulfureuses.

Bactériocine *n. f. (de bactérie et (coli)cine).* [Bacteriocin] Toxine protéique sécrétée par certaines Bactéries et qui se fixe sur des récepteurs de la paroi d'autres bactéries dont elle modifie la structure et la fonction de la membrane. Certaines sont utilisées pour la conservation des aliments. **Ex.:** Colicine

(*E. coli*), pyocine, vibriocine, staphylococcine, nisine.

Bactériologie *n. f. (de bactérie et du gr. logos, discours).* [Bacteriology] Partie de la microbiologie qui traite des Bactéries. Le spécialiste est un *bactériologiste.*

Bactériolyse *n. f. (de bactérie et lyse).* [Bacteriolysis] Destruction des Bactéries par certaines substances bactériolytiques. **Syn.**: Lyse bactérienne.

Bactériolysine *n. f. (de bactérie, lyse et suff. -ine).* [Bacteriolysin] Anticorps qui provoque la lyse d'une Bactérie.

Bactériophage *n. m. (de bactérie et du gr. phagein, manger).* [Bacteriophage] Tout Virus infectant les Bactéries dans lesquelles il se reproduit. L'ADN viral peut s'intégrer dans le chromosome de la Bactérie; il est alors appelé *provirus* et transforme la Bactérie en Bactérie lysogène. Les Bactériophages peuvent jouer un rôle dans la transmission de gènes bactériens entre Bactéries (transduction) **Ex.**: Bactériophage T4, Bactériophage ΦX 174. **Syn.**: Phage (par aphérèse).

Bactérioplancton *n. m. (de bactérie et plancton).* [Bacterioplankton] Voir Plancton.

Bactériorhize *n. f. (de bactérie et du gr. rhiza, racine).* [Bacteriorrhiza] Symbiose entre des Bactéries fixatrices d'azote et les racines d'une plante supérieure. **Ex.**: *Rhizobium sp.* et Fabales.

Bactériostase *n. f. (de bactérie et stase).* [Bacteriostasis] Arrêt du développement des Bactéries.

Bactériostatique *adj. et n. m. (de bactérie et de stase).* [Bacteriostatic] Se dit d'une substance qui inhibe la prolifération des Bactéries, sans toutefois les tuer.

Bactéroïde *n. m. (de bactérie et du gr. eidos, aspect).* [Bacteroid] Forme bactérienne symbiotique qui fixe l'azote moléculaire au sein du cytoplasme des cellules de l'hôte au niveau des nodosités.

Baculum *n. m.* [Baculum] **Syn.**: Os pénien.

Baguage *n. m.* [Ringing] Technique de marquage des Oiseaux par une bague sur laquelle sont inscrits la date et le lieu de la capture.

Baie *n. f.* [Berry] ▸ ① Fruit charnu indéhiscent à graines appelées *pépins* et à mésocarpe évoluant en *pulpe*. **Ex.**: Raisin, Groseille, Tomate; ▸ ② Tout fruit sauvage petit et sphérique.

Balancier *n. m.* [Balancer, Haltere] Organe double des Diptères, en forme d'haltère, qui participe à la stabilisation du vol. Il provient de la transformation de la paire d'ailes postérieures. **Syn.**: Haltère.

Balanifère *adj. (du lat. balanus, gland et ferre, porter).* [Balaniferous] Qui porte des glands (fruits).

Ballitospore *n. f. (du gr. ballein, lancer et spore).* Spore de Basidiomycètes projetée avec force lorsqu'elle est mature.

Ballochorie *n. f.* **Syn.**: Bolochorie.

Ballonnet *n. m.* Structure creuse caractéristique des grains de pollen de certaines Gymnospermes, résultant d'un décollement entre exine et intine. Ils sont deux par grain de pollen et diminuent sa densité ce qui facilite la pollinisation par le vent.

Balsamier ou Baumier *n. m. et adj.* [Balsam tree] Tout arbre producteur de baume. **Ex.**: Sapin balsamier *(Abies balsamea,* Abiétacées) qui produit le baume du Canada.

Bambouseraie *n. f.* Peuplement de Bambous, dans les régions tropicales. **Syn.**: Bambousaie

Bamb(o)usaie *n. f.* **Syn.**: Bambouseraie.

Bambusiforme *adj.* Se dit d'une plante qui ressemble aux Bambous.

Bande *n. f.* Végétation étroite, allongée. **Ex.**: Forêt-galerie, haie, mangrove, étage de végétation.

Bande chromosomique *f.* [Chromosome band] Région d'un chromosome que l'on distingue des autres par des colorations spécifiques.

Bande de Caspary *f.* [Casparian strip] **Syn.**: Cadre de Caspary. Voir Endoderme.

Bandelette *n. f.* ▸ ① Formation en relief présente sur la paroi externe des graines des Apiacées, correspondant en profondeur à des poches sécrétrices de substances aromatiques. ▸ ② **Bandelette germinative**, chez les Insectes, blastoderme ventral qui constitue l'ébauche de l'embryon dont les parois latérales s'étendent vers la région dorsale et englobent le vitellus. [Germ band]

Barbe *n. f.* ▸ ① Touffe de poils longs portés par la mâchoire de certains animaux (Chèvre). [Beard]; ▸ ② Petit cartilage servant de nageoire aux poissons plats; ▸ ③ Chacune des lames filamenteuses insérées le long du rachis de la plume et dont l'ensemble forme le vexillum de la plume. [Barb]; ▸ ④ Chez les Poacées, autre nom de l'arête portée par les glumes.

Barbillon *n. m.* ▸ ① Excroissance filamenteuse aux bords de la bouche de certains Poissons comme le Poisson-chat. **Syn.**: 4. Cirr(h)e. [Barbel]; ▸ ② Repli de la muqueuse de la bouche, sous la langue, chez certains animaux comme le Bœuf et le Cheval. [Barbs]

Barbu *adj.* Se dit d'un Lichen formé de barbes plus ou moins longues qui pendent des branches lui servant de support.

Barbule *n. f.* [Barbule] Chacun des nombreux filaments très fins insérés sur les barbes des plumes et qui relient les barbes entre elles.

Baresthésie *n. f. (du gr. baros, pesanteur et aisthêsis, sensation).* [Baresthesia] Sensibilité à la pesanteur et à la pression.

Baréter *v. i.* **Syn.**: Barrir.

Barocepteur → **Barorécepteur**

Barochore *adj. (du gr. baros, pesanteur et khôrein, se déplacer).* Se dit d'une plante qui dissémine ses fruits et graines par barochorie.

Barochorie *adj. (du gr. baros, pesanteur et khôrein, se déplacer).* [Barochory] Dissémination des diaspores par la simple gravité. **Ex.**: *Rhizophora sp.* (Rhizophoracées). **Syn.**: Clitochorie. Voir le tableau des types de dispersion des diaspores.

Barophile *adj. (du gr. baros, pesanteur et philos, ami).* [Barophilic] Se dit d'un organisme qui vit dans les grandes profondeurs donc sous de grandes pressions.

Barorécepteur ou Barocepteur *n. m. (du gr. baros, pesanteur et (ré)cepteur).* [Baroreceptor] Mécanorécepteur sensible aux variations de pression sanguine. Ce sont des terminaisons nerveuses libres (dendrites). Chez les Mammifères, ils sont situés dans les sinus carotidiens, dans le sinus de la crosse aortique et dans la plupart des artères du cou et du thorax. Leurs axones se projettent dans les centres vasomoteur et cardiaque du bulbe rachidien et permettent la régulation de la pression artérielle, par le jeu de l'activation ou de l'inhibition des neurones sympathiques et parasympathiques de ces centres.

Barotaxie *n. f. (du gr. baros, pesanteur et taxis, ordre).* [Barotaxy] Voir Taxie.

Barre temporale *f.* Ensemble d'os crâniens. La **barre temporale supérieure** est formée du post-orbitaire et du squamosal et sépare les fosses temporales supérieure et inférieure. La **barre temporale inférieure** est formée du jugal et du quadrato-jugal et ferme ventralement la fosse temporale inférieure. Cet ensemble osseux existe chez les Rhynchocéphales et les Crocodiliens.

Barrière *n. f.* ▸ ① Obstacle qui provoque la séparation et l'isolement de deux populations; ▸ ② Tout facteur biologique qui s'oppose à une fécondation viable entre deux individus d'espèces différentes. Ces facteurs peuvent être d'ordres anatomique, génétique (ex.: méiose anormale de l'hybride), physiologique (ex.: période de maturité sexuelle)...

Barrière génétique *f.* [Genetical barrier] Impossibilité de croisement viable à long terme entre deux espèces différentes, due à un défaut d'appariement des chromosomes homologues de l'hybride lors de la méiose. L'hybride est donc viable mais stérile.

Barrir *v. i. (du lat. barrus, éléphant).* [To trumpet] Pousser son cri, le *barrissement*, en parlant de l'Éléphant et du Rhinocéros. **Syn.**: Baréter.

Barymorphose *n. f.* [Barymorphosis] Adaptation morphologique à une pression externe importante.

Bas *adj.* Voir Tourbière.

Basal *adj.* [Basal] Qui est à la base d'une structure. **Syn.**: Proximal. **Ant.**: Apical, Distal.

Base azotée *f.* [Nitrogenous base] Corps hétérocyclique azoté possédant des propriétés basiques. Dans les cellules, les bases azotées sont constitutives des acides nucléiques. On distingue:

- les **bases puriques**, dérivées du noyau purine: adénine, guanine, hypoxanthine, xanthine;
- les **bases pyrimidiques**, dérivées du noyau pyrimidine: cytosine, thymine, uracile, méthylcytosine, hydroxyméthylcytosine.

L'ADN contient deux bases puriques, l'adénine et la guanine, et deux bases pyrimidiques, la cytosine et la thymine. Dans l'ARN, la thymine est remplacée par l'uracile. Il existe d'autres bases rares dans les ARNt et chez certains Virus (ex.: hypoxanthine). Les bases azotées sont complémentaires deux à deux: l'adénine s'associe à la thymine ou l'uracile et la cytosine à la guanine. Si l'on assimile la molécule d'ADN à une échelle, les bases azotées en constituent les barreaux. Les liaisons complémentaires sont réalisées par un nombre différent de liaisons hydrogène: 2 entre adénine et thymine, 3 entre cytosine et guanine, ce qui détermine une différence dans la force de ces liaisons.

Basi-branchial *adj. et n. m.* [Basibranchial] **Syn.**: Copule.

Basicline *adj.* Qui vit dans un milieu légèrement basique.

Baside *n. f. (du gr. basis, base).* [Basidium] Chez les Champignons Basidiomycètes, chacune des cellules reproductrices présentes généralement au niveau d'un hyménium et constituant le lieu de la fusion de deux noyaux haploïdes suivie d'une méiose. A leur sommet existent 4 fins prolongements appelés *stérigmates* dont les extrémités distales se dilatent, reçoivent chacun un noyau et forment ainsi les *basidiospores*. Les basides entières sont des **homobasides** ou **eubasides**, celles cloisonnées transversalement des **archéobasides** et celles cloisonnées longitudinalement des **hétérobasides**.

Basidiocarpe *n. m. (du lat. basidium, baside et du gr. karpos, fruit).* [Basidiocarp] **Syn.:** Basidiome.

Basidiole *n. f.* [Basidiole] Baside avortée ne produisant ni stérigmates ni spores et qui est intercalée entre les basides vraies et les cystides de l'hyménium.

Basidiolichen *n. m. (du lat. basidium, baside et lichen).* [Basidiolichen] Lichen dont le mycobionte est un Basidiomycète. En Europe, ils ne sont représentés que par une dizaine d'espèces.

Basidiome ou Basidioma *n. m.* [Basidiome] Sporophore des Basidiomycètes. **Syn.** ancien: Basidiocarpe, Carpophore.

Basidiospore *n. f. (du lat. basidium, baside et spore).* [Basidiospore] Spore des Basidiomycètes élaborée au sommet des stérigmates portés par les basides. Elles sont généralement 4 par baside mais il existe des basides à 2 (Agaric) ou à 6 basidiospores.

Basifixe *adj. (de base etde fixé).* Qui est fixé à la base d'un organe ou qui est fixé par sa base.

Basiflore *adj. (de base et du lat. flos, floris, fleur).* Dont les fleurs poussent sur le tronc.

Basifuge *adj. (de base et du lat. fugere, fuir).* [Basifugal] **Syn.:** Acropète.

Basilaire *adj. (de base).* Qui sert de base ou qui appartient à la base.

Basionyme *n. m. (du gr. basis, base et onoma, nom).* [Basionyme] Binôme linnéen ayant servi le premier à nommer une espèce.

Basipète *adj. (de base et du lat. petere, tendre vers).* [Basipetal] Se dit d'un développement qui se fait de l'apex vers la base. **Ant.:** Basifuge, Acropète.

Basiphile → **Basophile**

Basiphylle *adj. (de base et du gr. phullon, feuille).* [Basiphyll] Dont les feuilles poussent à la base de la hampe florale ou de la tige. **Ant.:** Cauliphylle.

Basiphyte → **Basophyte**

Basipode *n. m. (de base et du gr. pous, podos, pied).* [Basipodium] Partie proximale de l'autopode correspondant au carpe ou au tarse et formée d'une dizaine de petits os.

Basipodial *adj. (de base et du gr. pous, podos, pied).* [Basipodial] Se dit d'un mode de croissance où plusieurs tiges poussent à partir de la même souche. C'est un caractère qui définit le port arbrisseau.

Basitonie *n. f. (de base et du gr. tonos, tension).* [Basitony] Mode de développement d'un végétal consistant en une croissance plus importante des rameaux situés vers la base par rapport à ceux plus proches de l'apex. La basitonie conduit au port arbustif. **Ant.:** Acrotonie.

Basophile ou Basiphile *adj. (de base et du gr. philos, ami).* [Basophilous, Basiphilous] ▸ ① Qui fixe les colorants basiques; ▸ ② Qui vit, pousse dans un milieu à pH basique. **Ex.:** Pas d'âne (*Tussilago farfara*, Astéracées), Mouron rouge (*Anagallis arvensis*, Primulacées); ▸ ③ Qui vit, pousse dans les milieux calcaires. **Syn.:** Alcalinophile. **Ant.:** Acidophile, Acidiphile.

Basophobe *adj. (de base et du gr. phobos, crainte).* [Basophobous] **Syn.:** Acidophile.

Basophyte ou Basiphyte *n. f. (de base et du gr. phuton, plante).* [Basophyte, Basiphyte] Plante basophile. **Ant.:** Acidophyte, Acidiphyte.

Bassinet *n. m.* [Pelvis] Chez les Mammifères, structure creuse en forme d'entonnoir qui reçoit l'urine des calices rénaux et qui la déverse dans l'uretère. **Syn.**: Pelvis rénal.

Batésien *adj. Mimétisme batésien*, mimétisme consistant pour une espèce comestible et inoffensive à prendre l'apparence d'une autre espèce toxique ou dangereuse afin de dissuader le prédateur. [Batesian mimicry]

Bathyal *adj. (du gr. bathus, profond).* [Bathyal] Qui concerne la zone sous-marine comprise entre –200 et –3000 m.

Bathypélagique *adj. (du gr. bathus, profond et pélagique).* [Bathypelagic] Voir Pélagique.

Bathyplancton *n. m. (du gr. bathus, profond et plancton).* [Bathyplankton] Voir Plancton.

Bâtonnet (rétinien) *n. m.* [Retinal rod] Photorécepteur de la rétine dont le segment externe a une forme de bâtonnet. Les bâtonnets sont très sensibles à la lumière et sont donc adaptés à la vision crépusculaire. Leur nombre va croissant de la macula à la périphérie de l'œil; ils sont donc aussi responsables de la vision périphérique du champ visuel. Le photopigment est la *rhodopsine* chez les Tétrapodes adultes et la *porphyropsine* chez les Poissons d'eau douce (certains ont les deux pigments), chez les larves d'amphibiens et chez les Tortues d'eau douce.

Baume *n. m. (du lat. balsamum, baumier).* [Balm, Balsam] Substance résineuse odoriférante qui contient un mélange de résines et d'essences, synthétisée par diverses plantes, souvent ligneuses. **Ex.**: Benjoin (*Styrax benzoin*, Styracacées), baume du Canada (*Abies balsamea*, Abiétacées).

Baumier → Balsamier

Bave *n. f. (du lat. pop. baba, onomat. exprimant le babil des enfants).* [Slime] Substance muqueuse sécrétée par certains Mollusques pour réduire les frottements lors de la locomotion.

Bec *n. m.* [Beak] ▸ ① Structure buccale cornée et saillante, propre à tous les Oiseaux, mais aussi à quelques autres animaux comme la Tortue, l'Ornithorynque et certains Céphalopodes. Le bec est constitué par les mâchoires et les pièces cornées qui les recouvrent. Il a un rôle préhensile, sensoriel et défensif. Il existe autant de types de bec que de régimes alimentaires, leur taille, leur forme, leur couleur pouvant varier; ▸ ② Grande pointe qui termine un fruit, notamment ceux des Géraniacées.

Becquée ou béquée *n. f.* [Beakful] Nourriture qu'un oiseau tient dans son bec afin de se nourrir ou de nourrir ses petits.

Bégueter *v. i. (de l'anc. fr. béguer, bégayer).* Pousser son cri, le *béguètement*, en parlant de la Chèvre.

Bêler *v. i.* [To bleat] Pousser son cri, le *bêlement*, en parlant des Ovins et de la Chèvre.

Benjoin *n. m. (de l'ar. luban djawi, encens de Java).* [Benzoin] Résine balsamique riche en acide benzoïque et sécrétée par le tronc du Styrax (*Styrax tonkinensis, Styrax benzoin*), arbres d'Extrême-Orient de la famille des Styracacées.

Benthique *adj. (du gr. benthos, profondeur).* [Benthic] Voir Benthos.

Benthos *n. m. (mot gr., profondeur).* [Benthos] Ensemble des organismes aquatiques dits *benthiques* qui vivent sur le fond ou près du fond de l'eau. On distingue le **phytobenthos** végétal et le **zoobenthos** animal, ainsi que le **macrobenthos** visible à l'œil nu et le **microbenthos** visible sous microscope.

Bergmann *n. pr.* Voir Loi de Bergmann.

Bêtabloquant ou β-bloquant *n. m. et adj.* [**Beta-blocker (n.)**] Substance antagoniste des récepteurs adrénergiques bêta.

Bétulaie *n. f. (du lat. betula, bouleau).* [**Birch stand**] Formation végétale ligneuse constituée principalement de Bouleaux (*Betula sp.*, Bétulacées), que l'on rencontre surtout sur les sols siliceux et humides. **Syn.**: Boulaie.

Bétulicole *adj. (du lat. betula, bouleau et colere, habiter).* Se dit d'un Champignon ou d'une plante qui pousse sur les Bouleaux ou près d'eux.

Beugler *v. i. (du lat. buculus, jeune bœuf).* [**To low**] Pousser son cri, le *beuglement*, en parlant des Bovins. **Syn.**: Meugler.

Bézoard *n. m. (du persan padzahr, préserver du poison).* [**Bezoard**] Concrétion composée de poils et de débris végétaux qui se forme dans le tube digestif de certains herbivores.

Bicarpellé *adj. (du lat. bis, deux fois et carpellé).* [**Bicarpellate**] Qui contient deux carpelles.

Bicaténaire *adj.* [**Double-stranded**] Se dit d'une molécule à deux chaînes comme la molécule d'ADN.

Biceps *n. m. (mot lat., qui a deux têtes).* [**Biceps**] Tout muscle qui possède deux origines distinctes.

Bicipital *adj.* [**Bicipital**] Du biceps.

Bicollatéral *adj.* [**Bicollateral**] Se dit d'un faisceau libéro-ligneux dont le bois est compris radialement entre deux zones de liber, l'une interne, l'autre externe.

Biconcave *adj.* [**Biconcave**] **Syn.**: Amphicœle.

Bicorne *adj.* [**Two-horned**] Se dit d'un animal qui à deux cornes. **Ex.**: les deux espèces africaines de Rhinocéros.

Bicouche lipidique *f.* Double couche de phospholipides constitutive des membranes cellulaires plasmiques et intracytoplasmiques. Les pôles hydrophobes des phospholipides sont tournés vers le centre de la bicouche alors que les pôles hydrophiles sont tournés vers l'extérieur. Dans cette bicouche s'enchâssent des protéines diverses et des stéroïdes qui lui donnent ses propriétés structurales et fonctionnelles.

Bidenté *adj. (du lat. bis, deux fois et denté).* [**Bidentate**] Pourvu de dents qui sont elles-mêmes dentées.

Bifide *adj. (du lat. bifidus, fendu en deux).* [**Bifid**] Qui est fendu en deux.

Biflagellé *adj. (du lat. bis, deux fois et flagellé).* [**Biflagellate**] Se dit d'une cellule pourvue de deux flagelles.

Biflore *adj. (du lat. bis, deux fois et flos, floris, fleur).* [**Biflorous**] ▸ ① Qui possède deux fleurs; ▸ ② Qui fleurit au printemps et à l'automne.

Bifolié *adj. (du lat. bis, deux fois et folié).* [**Bifoliate**] Qui possède deux feuilles.

Bifoliolé *adj. (du lat. bis, deux fois et foliolé).* [**Bifoliolate**] Qui possède deux folioles.

Bigéminé *adj. (du lat. bigeminus, quadruple).* [**Bigeminate**] Se dit d'une inflorescence à 4 fleurs formant deux paires.

Bihémisphérique *adj. (du lat. bis, deux fois et hémisphérique).* Se dit d'un Végétal, d'un groupement, d'une formation végétale qui existe dans les deux hémisphères.

Bilabié *adj. (du lat. bis, deux fois et labium, lèvre).* [**Bilabiate**] Se dit d'une corolle ou d'un calice partagé en deux lèvres, notamment chez les Lamiacées et les Scrophulariacées.

Bile *n. f.* [Bile] Solution aqueuse visqueuse, amère, vert jaunâtre, sécrétée par le foie, stockée entre les repas dans la vésicule biliaire et déversée pendant la digestion dans le duodénum. La bile contient des sels biliaires, des pigments biliaires, du cholestérol, des phospholipides et autres graisses et des électrolytes. Elle a pour rôle d'émulsionner les graisses afin de favoriser leur digestion et sert de vecteur au cholestérol et à la bilirubine (résidu de l'hème de l'hémoglobine des hématies usagées).

Biligenèse *n. f. (de bile et genèse).* [Biligenesis] Production de bile par les hépatocytes.

Biliprotéine *n. f.* [Biliprotein] Protéine dont le groupement prosthétique est une chaîne tétrapyrrolique. **Ex.**: Phycoérythrine, phycocyanine.

Bilirubine *n. f. (de bile, du lat. rubens, rouge et suff. -ine).)* [Bilirubin] Voir Pigment biliaire.

Biliverdine *n. f. (de bile, vert et suff. -ine).* [Biliverdin] Voir Pigment biliaire.

Bilobé *adj. (du lat. bis, deux fois et lobé).* [Bilobate, Bilobed] Qui a deux lobes.

Biloculaire *adj. (du lat. bis, deux fois et du lat. loculus, petit endroit).* [Bilocular] Qui possède deux loges.

Bindine *n. f. (de l'angl. to bind, lier).* [Bindin] Protéine de liaison à la membrane vitelline de l'ovule, située sur la face interne de la vésicule acrosomienne du spermatozoïde, chez certaines espèces comme l'Oursin.

Binôme linnéen *m.* [Linnean binome] Groupe de deux mots latins, le premier déterminant le genre et le second l'espèce de l'organisme considéré. Le nom de genre commence par une majuscule, le nom d'espèce par une minuscule. Les deux noms s'écrivent en italique. **Ex.**: *Homo sapiens.*

Binucléé *adj. (du lat. bis, deux fois et nucléé).* [Binucleate] Qui a deux noyaux cellulaires. **Ex.**: Paramécie.

Binucléolé *adj. (du lat. bis, deux fois et nucléolé).* [Binucleolate] Qui a deux nucléoles.

Bioaccumulation *n. f.* [Bioaccumulation] Processus par lequel une substance du milieu est absorbée et stockée dans un organe d'un être vivant. **Syn.**: Bioconcentration.

Bioacoustique *n. f. (du gr. bios, vie et acoustique).* [Bioacoustics] Étude des sons émis par les animaux, mais aussi par certains végétaux (cavitations).

Bioamplification *n. f.* [Biomagnification] Processus d'augmentation de la concentration en toxines dans les tissus des êtres vivants au fur et à mesure qu'on progresse dans la chaîne trophique. C'est la conséquence du fait que la biomasse d'un niveau trophique donné est produite à partir d'une biomassse plus importante du niveau trophique inférieur.

Bioastronomie *n. f. (du gr. bios, vie et astronomie).* [Bioastronomy] **Syn.**: Exobiologie.

Biocatalyseur *n. m. (du gr. bios, vie et catalyseur).* [Biocatalyst] Macromolécule naturelle qui accélère une réaction biochimique. **Ex.**: Enzyme, ribozyme, abzyme.

Biocénologie ou Biocœnologie *n. f. (de biocénose et du gr. logos, discours)* [Biocenology] **Syn.**: Biocénotique.

Biocénose ou biocœnose *n. f. (du gr. bios, vie et koinos, commun).* [Bioc(o)enosis] Ensemble des êtres vivants d'un écosystème donné. On parle de **biocénose ouverte** quand elle peut accueillir de nouvelles espèces et de **biocénose fermée** dans le cas contraire. L'ensemble de la biocénose et du biotope forme un écosystème. **Syn.**: Communauté (pour les écologues francophones).

Biocénotique ou Biocœnotique *n. f.* [**Biocenotics**] Partie de l'écologie qui étudie les regroupements d'êtres vivants en ensembles appelés *biocénoses*. **Syn.**: Biocénologie.

Biochimie *n. f. (du gr. bios, vie et chimie).* [**Biochemistry**] Partie de la chimie qui étudie la composition et les phénomènes chimiques des êtres vivants. **Syn.**: Chimie biologique.

Biochore *n. m. (du gr. bios, vie et khôros, espace).* Petite portion d'un habitat.

Biochorie *n. f. (du gr. bios, vie et khôrein, se déplacer).* [**Biochory**] Dissémination des diaspores par un être vivant.

Bioclimat *n. m. (du gr. bios, vie et climat).* Ensemble des facteurs climatiques qui agissent sur les êtres vivants, à toutes les échelles de locale à mondiale.

Bioclimatologie *n. f. (du gr. bios, vie et climatologie).* [**Bioclimatology**] Étude de l'influence des conditions climatiques sur le développement des êtres vivants et inversement. **Syn.**: Biométéorologie.

Bioconcrétionnement *n. m. (du gr. bios, vie et concrétionnement).* Ensemble des processus biochimiques et chimiques responsables de la formation des *bioconcrétions*.

Biocœnologie, Biocœnose, Biocœnotique → Biocénologie, Biocénose, Biocénotique

Bioconcentration *n. f.* [**Bioconcentration**] **Syn.**: Bioaccumulation.

Bioconcrétion *n. f.* Structure fortement calcifiée résultant de l'activité biologique de certains organismes. **Ex.**: Barrière de corail.

Bioconversion *n. f. (du gr. bios, vie et conversion).* [**Bioconversion**] Transformation d'une substance organique en une ou plusieurs autres grâce à l'action d'organismes vivants ou d'un système enzymatique.

Biocycle *n. m. (du gr. bios, vie et cycle).* [**Biocycle**] Ensemble des processus, des transformations, des déplacements subis au cours des temps géologiques par un élément chimique biogène. **Ex.**: Cycle du carbone. **Syn.**: Biogéocycle, Cycle biogéochimique.

Biocytine *n. f. (du gr. bios, vie et kutos, cellule).* [**Biocytin**] Composé résultant de la combinaison d'une biotine et d'une lysine.

Biodégradation *n. f. (du gr. bios, vie et dégradation).* [**Biodegradation**] Dégradation de la matière organique ou d'agents polluants par les êtres vivants.

Biodisponibilité *n. f. (du gr. bios, vie et disponibilité).* [**Bioavailability**] Voir Biodisponible.

Biodisponible *adj.* [**Bioavailable**] Se dit d'un élément chimique ou d'une molécule, parfois toxique, qui peut être assimilé par un organisme. Ce caractère est la biodisponibilité.

Biodiversification *n. f. (du gr. bios, vie et diversification).* Accroissement de la diversité biologique. Ensemble des mécanismes qui permettent cet accroissement.

Biodiversité *n. f. (du gr. bios, vie et diversité).* [**Biodiversity**] ▸ ① **Biodiversité spécifique**, diversité des espèces dans un milieu donné. Elle est maximale dans la forêt tropicale et dans les récifs coralliens; ▸ ② **Biodiversité génétique**, diversité des variétés, races et cultivars au sein d'une espèce donnée. **Syn.**: Diversité biologique.

Bioélectricité *n. f. (du gr. bios, vie et électricité).* [Bioelectricity] Électricité produite par les êtres vivants.

Bioélément *n. m. (du gr. bios, vie et élément).* [Bioelement] Élément chimique constitutif des êtres vivants.

Bioénergétique *adj. et n. f. (du gr. bios, vie et énergétique).* ▸ ① Adj. Qui concerne les transformations d'énergie au sein des êtres vivants. [Bioenergetic]; ▸ ② N. f. Partie de la physiologie qui étudie les échanges et conversions d'énergie au sein des organismes. [Bioenergetics]

Biofaciès *n. m. (du gr. bios, vie et faciès).* [Biofacies] Caractéristique bioclimatique d'une station, du point de vue de la pluviométrie et de la température. L'échelle Houzard permet de classer chaque mois de l'année en 7 catégories en fonction du rapport de la pluviométrie (en mm) sur la température (en °C): aride ($P/T < 1$), sec, sub-sec, déficient, subhumide, humide et hyperhumide ($P/T > 6$).

Biogène *adj. (du gr. bios, vie et genos, origine).* [Biogenic] ▸ ① Se dit d'un végétal qui en parasite un autre; ▸ ② Qui entre dans la composition de la matière vivante; ▸ ③ Qui est produit par les êtres vivants.

Biogenèse *n. f. (du gr. bios, vie et genèse).* [Biogenesis] ▸ ① Théorie selon laquelle les êtres vivants n'apparaissent qu'à partir d'autres êtres vivants. **Ant.**: Abiogenèse, Génération spontanée; ▸ ② Apparition de la vie sur Terre; ▸ ③ Premières étapes de l'évolution de la vie, jusqu'à l'apparition de la cellule eucaryote.

Biogéocénose ou Biogéocœnose *n. f.* [Biogeoc(o)enosis] **Syn.**: Écosystème.

Biogéocycle *n. m. (du gr. bios, vie, de gê, terre et cycle).* [Biogeocyle] **Syn.**: Biocycle.

Biogéographie *n. f. (du gr. bios, vie et géographie).* [Biogeography] Science qui étudie la répartition des êtres vivants et des milieux écologiques sur la surface du globe. Elle se divise en *zoogéographie* et *phytogéographie*. Le spécialiste est un biogéographe.

Bio-indicateur *n. m. et adj.* [Bioindicator (n. et adj.)] Organisme dont la présence et les caractères indiquent la valeur d'un facteur écologique donné, donc la qualité de l'environnement pour ce facteur. **Ex.**: certains Lichens. **Syn.**: Biosenseur.

Biolistique *n. f. (du gr. bios, vie et (ba)listique).* [Biolistics] Technique d'introduction d'un ADN dans une cellule en projetant des microparticules recouvertes de cet ADN.

Biologie *n. f. (du gr. bios, vie et logos, discours).* [Biology] ▸ ① Ensemble des sciences dont l'objet d'étude est la vie. Ces différentes sciences étudient les êtres vivants selon:

- leur forme (*morphologie, biométrie*),
- leur organisation (*anatomie, organographie, histologie*),
- leurs cellules (*cytologie, caryologie, physiologie cellulaire, ectobiologie*),
- leur fonctionnement (*physiologie du mouvement, neurophysiologie, neurobiologie, physiologie des sens, esthésiologie, physiologie du métabolisme, endocrinologie, électrophysiologie, ergologie*),
- leur développement (*biologie du développement, embryologie*),
- leurs constituants chimiques (*biochimie, biologie moléculaire, bioénergétique, enzymologie*),

• leur génome (*génétique, cytogénétique, génétique moléculaire, génétique des populations*),
• leurs relations avec leur environnement (*écologie, biogéographie, bioclimatologie, édaphologie, phénogénétique, phénologie, phytosociologie, phytocinétique*),
• leur milieu de vie (*hydrobiologie, potamobiologie, aérobiologie, limnobiologie, phréatobiologie),*
• leur répartition (*chorologie, géonémie*),
• leurs comportements (*éthologie, sociobiologie*),
• leurs rythmes (*chronobiologie*),
• leur évolution (*biologie de l'évolution*),
• leurs formes fossiles (*paléontologie*),
• leurs maladies (*pathologie*).
On distingue aussi
a. Selon le groupe des organismes étudiés:
• la *zoologie* (Animaux): *arachnologie* (Arachnides), *carcinologie* (Crustacés), *chélonographie* (Tortues), *conchyliologie* (coquillages), *entomologie* (Insectes), *(h)erpétologie* (Reptiles et Amphibiens), *helminthologie* (Vers), *ichtyologie* (Poissons), *mammalogie* (Mammifères), *ornithologie* (Oiseaux), *ostracologie* (coquillages), *primatologie* (Primates), *teuthologie* (Céphalopodes);
• la *botanique* ou *phytobiologie* (Végétaux): *agrostologie* (Poacées), *bryologie* (Bryophytes), *cryptologie* (Cryptogames), *phycologie* (Algues), *phanérologie* (Phanérogames);
• la *mycologie* (Champignons) et la *lichénologie* (Lichens);
• la *microbiologie*: *bactériologie* (Bactéries), *protistologie* (Protistes), *virologie* (Virus).
b. Selon le type d'organismes:
• la *planctonologie* (Plancton),
• la *parasitologie* (parasites),
• la *dendrologie* (arbres).
c. Selon la structure étudiée:
• la *carpologie* (fruits),
• la *palynologie* (pollen),
• l'*oologie* (œufs).
Une discipline utilise tous les critères que l'on vient d'énumérer: la *systématique* (ou *taxonomie*), dont le but est de classer tous les êtres vivants. Le spécialiste de la biologie est le *biologiste*; ▸ ② Ensemble des caractéristiques essentielles d'un groupe systématique, du fonctionnement d'un organisme ou d'un de ses organes.

Bioluminescence *n. f. (du gr. bios, vie et luminescence).* [**Bioluminescence**] Production de lumière par certains êtres vivants appartenant à tous les règnes. La lumière provient d'une réaction biochimique entre un substrat aldéhydique à longue chaîne (*luciférine*) et une enzyme à FMN (*luciférase*). Le substrat est oxydé (oxyluciférine) avec formation d'eau et de lumière. Cette lumière ne contient que les radiations allant du bleu au jaune.

Biomagnétisme *n. m. (du gr. bios, vie et magnétisme).* [**Biomagnetism**] Sensibilité des êtres vivants aux champs magnétiques grâce à des *magnétosomes* (inclusions de magnétite Fe_3O_4). **Ex.**: Pigeons, Saumons, Bactéries.

Biomasse *n. f. (du gr. bios, vie et masse).* [**Biomass**] Masse de tous les êtres vivants par unité de surface en milieu terrestre et par unité de volume en milieu aquatique.

Biome *n. m. (du gr. bios, vie).* [**Biome**] Macroécosystème terrestre ou aquatique d'échelle planétaire, présent dans une aire bioclimatique caractérisée par une flore, une faune et un climat spécifiques. **Ex.:** Savane, forêt tropicale, toundra, désert, océan arctique.

Biomécanique *n. f. (du gr. bios, vie et mécanique).* ▸ ① Ancienne science dont les équivalents actuels seraient la biochimie et la biophysique; ▸ ② Étude des structures et fonctions biologiques, en rapport avec les lois de la mécanique. [Biomechanics]

Biométéorologie *n. f. (du gr. bios, vie et météorologie).* [Biometeorology] **Syn.:** Bioclimatologie.

Biométhane *n. m. (du gr. bios, vie et méthane).* [Biomethane] Méthane biogène.

Biométrie *n. f. (du gr. bios, vie et métrie).* [Biometry] Étude statistique des variations d'un système biologique défini (espèce, population...). Le spécialiste est un *biométricien.*

Biomorphose *n. f. (du gr. bios, vie et morphê, forme).* [Biomorphosis] Modification de la forme d'un organe ou d'un organisme par un parasite ou par le partenaire symbiotique. **Ex.:** Biomorphose *d'Euphorbia cyparissias*, l'Euphorbe petit chêne par *Uromyces pisi* (Rouille).

Bionomie *n. f.* [Bionomy] Partie de la biogéographie dont l'objet est la description de la distribution géographique des êtres vivants. **Syn.:** Géonémie.

Bionomique *adj.* [Bionomic] Voir Type bionomique.

Biophage *adj. (du gr. bios, vie et phagein, manger).* [Biophagous] Qui se nourrit d'organismes vivants. **Ant.:** Nécrophage.

Biophylaxie *n. f.* [Biophylaxis] Ensemble des réactions immunitaires non spécifiques.

Biophysique *n. f. et adj. (du gr. bios, vie et physique).* [Biophysics] Étude des phénomènes biologiques par les modèles et techniques de la physique.

Biopolymère *n. m. (du gr. bios, vie et polymère).* [Biopolymer] Macromolécule biologique qui résulte de la polymérisation de molécules plus simples ou *monomères.*

Biopsie *n. f. (du gr. bios, vie et opsis, vue).* [Biopsy] Prélèvement d'un fragment de tissu en vue de son étude microscopique.

Biorhexistasie *n. f. (du gr. bios, vie, rhexis, cassure et statos, stable).* [Biorhexistasy] Théorie émise par L. Erhart en 1956, selon laquelle les relations qui existent entre la formation des sols sur les continents et la nature des dépôts marins synchrones s'expliquent par une évolution discontinue de la planète, alternant entre biostasie et rhexistasie. Durant la biostasie, les précipitations abondantes et régulières entraînent une forte pédogenèse caractérisée par une altération importante de la roche-mère et une lixiviation intense des alcalins et des alcalino-terreux ce qui se traduit par la formation d'argiles, d'oxydes de fer et d'aluminium. Un tel climat favorise aussi la végétation qui protège les sols de l'érosion. Les eaux de percolation aboutissent dans les lacs et en mer où le calcium lixivié précipite sous forme de calcaire. Au cours de la rhexistasie, le climat est plus sec, ce qui entraîne une dégradation de la végétation associée à une forte érosion des sols d'où une sédimentation détritique.

Biorythme *n. m. (du gr. bios, vie et rythme).* [Biorythm] **Syn.:** Rythme biologique.

Biosciences *n. f. pl. (du gr. bios, vie et sciences).* [Biosciences] Ensemble des sciences de la vie. Voir Biologie.

Biosenseur *n. m.* **Syn.**: Bio-indicateur.

Biosome *n. m. (du gr. bios, vie et sôma, corps).* [Biosome] Tout organite ou inclusion d'une cellule.

Biosphère *n. f. (du gr. bios, vie et sphère).* [Biosphere] ▸ ① Zone englobant toutes les parties de l'atmosphère, de la lithosphère et de l'hydrosphère où la vie est présente; ▸ ② Ensemble des êtres vivants de la planète.

Biostasie *n. f. (du gr. bios, vie et statos, stable).* Voir Biorhexistasie.

Biostratigraphie *n. f. (du gr. bios, vie et stratigraphie).* [Biostratigraphy] Étude des couches de terrain afin d'établir une chronologie stratigraphique relative grâce aux fossiles qui leur sont associés. L'étude de ces fossiles peut permettre d'établir des corrélations stratigraphiques entre terrains éloignés. **Syn.**: Paléontologie stratigraphique.

Biosynthèse *n. f. (du gr. bios, vie et synthèse).* [Biosynthesis] Synthèse de substances organiques par un organisme. L'ensemble des biosynthèses forment *l'anabolisme*.

Biote *n. m. (du gr. bios, vie).* Être vivant.

Biotechnologie *n. f. (du gr. bios, vie et technologie).* [Biotechnology] Ensemble des techniques qui utilisent les propriétés biochimiques des organismes à des fins industrielles et agricoles. **Syn.**: Biotechnique.

Biotecton *n. m.* [Biotecton] **Syn.**: Périphyton.

Biotine *n. f. (du gr. bios, vie et (vitam)ine).* [Biotin] Vitamine hydrosoluble formée d'un double noyau sulfo- azoté porteur d'une chaîne latérale pentacarbonée. Elle est synthétisée par les Bactéries du tube digestif et présente entre autres dans le foie, le jaune d'œuf, les Légumineuses, les noix. Elle joue le rôle de coenzyme porteuse de CO_2 pour de nombreuses enzymes de carboxylation, décarboxylation et désamination, en particulier dans le cycle de Krebs et dans la formation des purines et des acides aminés non essentiels. **Syn.**: Vitamine B8, Vitamine H. Voir Tableau des vitamines.

Biotique *adj. (du gr. bios, vie).* [Biotic] Qui concerne les êtres vivants, qui est dû à leur présence.

Biotome *n. m. (du gr. bios, vie et temnein, couper).* Limite entre deux types de végétation, entre deux flores, due à des changements de facteurs écologiques.

Biotope *n. m. (du gr. bios, vie et topos, lieu).* [Biotope] Composante d'un écosystème du point de vue de ses caractéristiques physico-chimiques dont les valeurs déterminent une biocénose particulière.

Biotrophe *adj. (du gr. bios, vie et trophê, nourriture).* [Biotrophic] Se dit d'un organisme qui se nourrit aux dépens d'un autre organisme. **Ex.**: Parasite, symbionte.

Biotype *n. m. (du gr. bios, vie et type).* **Syn.**: Écotype.

Biovulaire *adj. (du lat. bis, deux fois et ovule).* [Biovular] **Syn.**: Dizygote.

Biovolume *n. m. (du gr. bios, vie et volume).* Volume apparent, au-dessus du sol, d'un organisme ou d'un groupement végétal.

Biovulé *adj. (du lat. bis, deux fois et ovule).* Qui comporte deux ovules.

Bipare *adj. (du lat. bis, deux fois et pars, partie). Cyme bipare*, cyme dont les ramifications sont opposées deux à deux. [Biparous cyme]

Bipède *adj. (du lat. bis, deux fois et pous, podos, pied).* [Biped] Qui marche sur deux pieds. **Ex.**: Homme, Oiseaux.

Bipenne ou Bipenné *adj. (du lat. bis, deux fois et penna, aile).* [Bipennate] Se dit d'une feuille composée pennée dont les folioles sont elles aussi pennées.

Bipinnaria *n. f. et adj.* [Bipinnaria] Larve des Astérides, à deux anneaux ciliaires.

Biplan *adj.* **Syn.**: Acœle.

Bipolaire *adj. (du lat. bis, deux fois et polaire).* Qui vit dans les hautes latitudes australes et septentrionales.

Bisannuel *adj. (du lat. bis, deux fois et annuel).* [Biannual] Se dit d'un végétal qui se développe sur deux années. La première année, la plante forme une rosette de feuilles et accumule des réserves. Les conditions rudes de l'hiver induisent la mise à fleur qui aura lieu lors du printemps de la deuxième année. **Ex.**: Carotte (*Daucus carota,* Apiacées), Betterave (*Beta vulgaris,* Chénopodiacées). S'oppose à Annuel, Vivace.

Bisexué *adj. (du lat. bis, deux fois et sexué).* [Bisexual] Qui possède les organes sexuels des deux sexes. **Syn.**: Hermaphrodite, Monoïque.

Bisporique *adj. (du lat. bis, deux fois et spore).* [Bisporic] Se dit d'une baside qui ne produit que deux *basidiospores*. Comme elle ne produit de même que deux stérigmates, elle est dite *bistérigmique*. **Ex.**: *Agaric sp.*

Bistérigmique *adj. (du lat. bis, deux fois et stérigm(ate)).* Voir Bisporique.

Bitegminé *adj. (du lat. bis, deux fois et tegumentum, tégument).* Se dit de l'ovule (et de la graine) de la plupart des Angiospermes lorsqu'il possède deux téguments autour du nucelle (*primine* interne et *secondine* externe). **Syn.**: Bitégumenté. **Ant.**: Unitegminé, Unitégumenté.

Bitégumenté *adj.* **Syn.**: Bitegminé.

Bithorax *n. m. et adj.* [Bithorax] Complexe de gènes sélecteurs homéotiques situés sur le chromosome 3 de la Drosophile et qui détermine les structures du 3e segment thoracique et de l'abdomen. Il regroupe les gènes Ultrabithorax (Ubx), Abdominal-A (Abd-A) et Abdominal-B (Abd-B).

Bivalent *n. m.* [Bivalent] Groupe de deux chromosomes homologues appariés lors de la prophase de la première division de méiose. **Syn.**: Tétrade.

Bivalve *adj.* [Bivalve] ▸ ① Dont la coquille possède deux valves. **Ex.**: Lamellibanches, Brachiopodes; ▸ ② Se dit d'un fruit qui s'ouvre en deux valves. Ex: Silique, gousse.

Bivitellin *adj. (du lat. bis, deux fois et vitellus, jaune d'œuf).* [Bivitelline] **Syn.**: Dizygote.

Bivoltin *adj.* [Bivoltine] Se dit d'une espèce qui engendre deux générations par an.

Blanc *adj.* Voir Dune blanche.

Blanc de baleine *m.* **Syn.**: Spermaceti.

Blastème *n. m. (du gr. blastêma, bourgeon).* [Blastema] Groupement de cellules indifférenciées à l'origine de nouveaux tissus lors du développement de l'organisme animal ou lors de la régénération d'une partie du corps.

Blastocèle ou Blastocœle *n. m. (du gr. blastos, germe et koilos, creux).* [Blastocoele] Cavité de la blastula délimitée par les blastomères. **Syn.**: Cavité de segmentation.

Blastoconidie *n. f. (du gr. blastos, germe et conidie).* [Blastoconidium] **Syn.**: Blastospore.

Blastocyste *n. m. (du gr. blastos, germe et kustis, poche gonflée).* [Blastocyst] Blastula des Mammifères Thériens, formée de quelques dizaines de cellules réparties en deux groupes: le *trophoblaste*, assise de cellules périphériques, et le *bouton embryonnaire*, amas de cellules à l'intérieur du trophoblaste. **Syn.**: Vésicule blastodermique.

Blastoderme *n. m. (du gr. blastos, germe et derma, peau).* **[Blastoderm]** **Syn.**: Disque germinatif.

Blastodisque *n. m. (du gr. blastos, germe et disque).* **[Blastodisc]** **Syn.**: Disque germinatif.

Blastogenèse *n. f. (du gr. blastos, germe et genesis, formation).* **[Blastogenesis]** ▸ ① Formation de la blastula; ▸ ② **Syn.**: Bourgeonnement.

Blastokinèse *n. f.* **[Blastokinesis]** Ensemble des mouvements embryonnaires chez les Insectes, comportant 2 phases: *l'anatrepsis* et la *catatrepsis*.

Blastomère *n. m. (du gr. blastos, germe et meros, partie).* **[Blastomere]** Chacune des cellules issues de la segmentation d'une cellule œuf.

Blastopore *n. m. (du gr. blastos, germe et poros, passage).* **[Blastopore]** Ouverture sur l'extérieur de l'archentéron. Il constitue la bouche ou l'ostiole chez les Diploblastiques, peut constituer la bouche ou se refermer chez les Protostomiens et donne l'anus chez les Deutérostomiens.

Blastospore *n. f. (du gr. blastos, germe et spore).* **[Blastospore]** Spore issue d'un bourgeonnement. **Syn.**: Blastoconidie.

Blastostyle *n. m. (du gr. blastos, germe et du lat. stilus, poinçon).* **[Blastostyle]** Axe fertile des gonozoïdes des colonies de Cnidaires qui engendre des méduses par bourgeonnement.

Blastozoïde ou Blastozoïte *n. m. (du gr. blastos, germe et zôoeidês, semblable à un animal).* **[Blastozoid]** Organisme colonial issu du bourgeonnement d'un oozoïde chez les Bryozoaires et les Urocordés.

Blastula *n. f. (du gr. blastos, germe).* **[Segmented egg]** Stade embryonnaire de quelques dizaines de blastomères répartis en une ou plusieurs couches cellulaires autour d'une cavité de segmentation ou *blastocèle*.

Blatérer *v. i. (du lat. blaterare, bavarder).* Pousser son cri, le *blatèrement*, en parlant du Chameau et du Dromadaire (**[To roar]**) et du Bélier (**[To bleat]**).

Blépharoplaste *n. m. (du gr. blepharon, paupière et plaste).* **[Blepharoplast]** Centriole de la base des cils et flagelles dont le prolongement forme l'axonème. A la différence de ce dernier, le blépharoplaste ne possède pas de doublet central de microtubules. **Syn.**: Corpuscule (ou grain) basal, Cinétosome, Mastigosome.

β-Bloquant → Bêtabloquant

Bogue *n. f.* **[Chestnut bur]** Enveloppe épineuse de divers fruits, notamment de la châtaigne (Châtaignier: *Castanea sp.*) et de la faîne (Hêtre: *Fagus sp.*), résultant de la soudure des bractées de l'inflorescence.

Bois *n. m. (du francique bosk, buisson).* **[Wood]** ▸ ① **Syn.**: Xylème secondaire; ▸ ② **Bois de réaction**, tissu lignifié anormal formé sous une contrainte mécanique extérieure au végétal. On distingue le *bois de compression*, par exemple sur la face inférieure des branches plagiotropes et le *bois de tension* au niveau de leur face supérieure; ▸ ③ Terrain couvert d'arbres; ensemble de ces arbres; ▸ ④ Cornes osseuses caduques des mâles des Cervidés (mâles et femelles chez le Renne). **[Antlers]**

Boîte crânienne *f.* **Syn.**: Crâne.

Boîte de Pribnow *f.* **[Pribnow box]**

Syn.: Boîte TATA.

Boîte de Pétri *f.* [Petri dish] Petit récipient circulaire de laboratoire destiné à la culture de microorganismes, de cellules ou de fragments d'organe sur un milieu nutritif solidifié.

Boîte TATA *f.* [TATA box] Partie du promoteur de l'ADN des Procaryotes située à environ dix paires de nucléotides en amont du point de départ de la transcription. Elle est formée de 6 nucléotides pouvant varier, la séquence TATATT correspondant aux nucléotides les plus conservés d'une espèce à l'autre. **Syn.**: Boîte de Pribnow.

Bol alimentaire *m.* [Alimentary bolus] Masse d'aliments imprégnés de salive et avalés en une seule déglutition.

Bolochorie *n. f.* [Bolochory] **Syn.**: Autochorie.

Bombé *adj.* Voir Tourbière.

Bombycol *n. m. (de Bombyx et suff. -ol).* [Bombykol] Phéromone sexuelle de la femelle du Bombyx. **Syn.**: Hexadéca-4,6-diène-16-ol.

Bonnet *n. m.* [Second stomach, Reticulum] Seconde poche de l'estomac antérieur des Ruminants, après la panse et avant le feuillet. Sa muqueuse présente des replis qui forment des alvéoles penta- ou hexagonaux d'où son autre nom de «réseau». **Syn.**: Réticulum, Réseau.

Bordure en brosse *f.* [Brush border] Structure apicale absorbante de certaines cellules, formée de très nombreuses microvillosités qui lui donnent un aspect de brosse et en augmentent la surface d'échanges. **Ex.**: Membrane apicale des entérocytes.

Bostryx *n. m.* Cyme unipare hélicoïde.

Botanique *adj. et n. f. (du gr. botanê, plante).* ▸ ① Adj. Relatif aux Végétaux. [Botanical]; ▸ ② N. f. Science qui regroupe l'ensemble des disciplines qui étudient les Végétaux et les Champignons. Le spécialiste est le *botaniste*. **Syn.**: Phytologie (phytologiste). [Botany (Botanist)]

Botryoïde *adj. (du lat. botrytis, grappe de raisin).* Qui a des ramifications nombreuses et désordonnées.

Botrytique *adj.* Qui a une forme de grappe.

Boubouler *v. i.* Pousser son cri, en parlant du Hibou.

Bouche *n. f.* [Mouth] Chez les Métazoaires (sauf les Spongiaires), partie antérieure élargie du tube digestif s'ouvrant sur l'extérieur. **Syn.**: Cavité buccale.

Bouchon vitellin *m.* [Yolk plug] Dans la gastrula des Amphibiens, groupe de cellules endodermiques au pôle végétatif encore visibles à l'extérieur, et qui est délimité par la fente blastoporale circulaire. L'invagination du bouchon vitellin signera la fin de la gastrulation.

Boucle de délétion *f.* [Deletion loop] Lors de l'appariement de chromosomes homologues, boucle d'ADN qui se forme sur un des chromosomes si l'autre a subi une délétion dans la zone correspondante. Cette boucle est donc constituée par les gènes qui n'ont pas leurs homologues sur le deuxième chromosome.

Bouclier *n. m. (de l'anc. fr. escut bucler, écu à bosse).* [Scale, Shield] ▸ ① Élytre fort de la plupart des Coléoptères; ▸ ② **Syn.**: Cuirasse.

Boulaie *n. f.* **Syn.**: Bétulaie.

Bourgeon *n. m. (du lat. burra, bourre).* [Bud] ▸ ① Organe végétal constitué d'ébauches foliaires (bourgeon à bois) ou florales (bourgeon à fleur) enveloppées d'écailles (chez les espèces ligneuses) ou non, et au sommet desquelles existe un méristème en dormance jusqu'à l'éclosion. On distingue les **bourgeons terminaux** ou **apicaux** au sommet des axes, les **bourgeons latéraux** ou **axillaires** à l'aisselle des feuilles, les **bourgeons adventifs** apparaissant n'importe où. Il existe généralement une dominance des bourgeons apicaux sur les bourgeons axillaires, qui se traduit par l'entrée en dormance de ces derniers. **Syn.**: Bouton; ▸ ② **Bourgeon gustatif**, chacun des groupes de quelques dizaines de cellules épithéliales situés pour la plupart sur la langue, mais aussi sur la paroi bucco-pharyngée et sur les barbillons et le corps des Poissons. Les bourgeons sont responsables de la sensation gustative grâce à leurs cellules gustatives qui possèdent de longues microvillosités baignant dans la salive ou l'eau extérieure. Ces cellules sont entourées par les cellules de soutien et par les cellules basales. [**Taste bud**]; ▸ ③ Ébauche d'un organe, de forme globuleuse.

Bourgeonnement *n. m.* [**Budding**] ▸ ① Chez les organismes unicellulaires, mode de multiplication asexuée par individualisation d'une évagination qui finit par se détacher; ▸ ② Chez les Invertébrés, mode de multiplication asexuée par formation d'excroissance de l'organisme père jusqu'à la formation d'un nouvel individu. Si celui-ci ne se détache pas, on obtient une colonie (Spongiaires, Cnidaires). **Syn.**: Gemmiparité, 2. Blastogenèse; ▸ ③ Chez les Végétaux supérieurs, formation des bourgeons; ▸ ④ Chez les Bryophytes, formation des propagules.

Bourre *n. f. (du lat. burra, étoffe grossière).* [**Down, Floss**] Duvet recouvrant les bourgeons de certains arbres et qui a un rôle de protection contre le froid.

Bourrelet médullaire *m.* [**Neural fold**] Chacun des deux bords latéraux de la plaque neurale qui se soulèveront l'un vers l'autre, fusionneront et formeront ainsi le tube neural. Leur partie la plus latérale constitue les *crêtes neurales*.

Bourses *n. f. pl. (du lat. bursa, cuir).* [**Scrotum**] **Syn.**: Scrotum.

Bourse de Fabricius *f.* [**Bursa of Fabricius**] Organe lymphoïde des Oiseaux où a lieu la différenciation des lymphocytes B. La bourse de Fabricius provient du bourgeonnement d'un diverticule dorsal du proctodéum (cloaque). Elle n'a pas d'équivalent chez les autres Vertébrés.

Bourse séreuse *f.* **Syn.**: Bourse synoviale.

Bourse synoviale *f.* Poche fibreuse tapissée d'une membrane synoviale et remplie de liquide synovial réduisant les frictions et les échauffements entre deux os d'une articulation. **Syn.**: Bourse séreuse.

Boursouflure *n. f.* **Syn.**: Puff.

Bouton *n. m. (de bouter, pousser).* ▸ ① **Syn.**: 1. Bourgeon. [**Bud**]; ▸ ② **Bouton embryonnaire**, voir Blastocyste.

Bouturage *n. m.* [**Propagation by cuttings**] Multiplication végétative d'une plante à partir d'un rameau, d'une feuille, pouvant être naturelle ou non.

Bouture *n. f. (de bouter, pousser).* [**Cutting**] Fragment d'un végétal pouvant régénérer une plante entière.

Bouturé *adj.* Se dit d'une plante qui résulte d'un bouturage.

Boveri *n. pr.* Voir Loi de Boveri.

Brachiation *n. f.* [Brachiation] Mode de locomotion de certains Singes arboricoles qui se balancent au bout de leurs bras pour se projeter de branche en branche.

Brachidium *n. m.* [Brachidium] Chez les Brachiopodes, squelette calcaire en spirale qui soutient le lophophore. **Syn.**: Squelette brachial.

Brachyblaste *n. m. (du gr. brakhus, court et blastos, germe).* [Brachyblast] Chez certaines Gymnospermes, rameau très court qui porte les aiguilles.

Brachycéphale *adj. et n. (du gr. brakhus, court et kêphalê, tête).* [Brachycephalic (adj.)] Dont le crâne est aussi large que long. **Ant.**: Dolichocéphale.

Brachyodonte *adj. (du gr. brakhus, court et odous, odontos, dent).* [Brachyodont] Se dit des dents qui ont une croissance limitée. Leur couronne est basse.

Brachyptérie *n. f. (du gr. brakhus, court et pteron, aile).* [Brachyptery] Phénomène de raccourcissement des ailes d'Insectes chez les écotypes septentrionaux.

Bractée *n. f. (du lat. bractea, feuille de métal).* [Bract] Feuille modifiée qui axille une fleur. Les bractées sont généralement petites et entières. Elles peuvent être souples, rigides voire acérées comme des épines. Chez certaines espèces, elles sont remarquables par leur taille et/ou leur couleur (bractées rouges des *Poinsettia*, spathe des Aracées).

Bractéole *n. f.* [Bracteole] Bractée secondaire à la base des pédicelles floraux d'une inflorescence composée.

Bradykinine *n. f. (du gr. bradus, lent et kinein, mouvoir).* [Bradykinin] Nonapeptide formé à partir d'un précurseur synthétisé dans le foie, le *bradykininogène*, sous l'action de la kallicréine. La bradykinine provoque la contraction des muscles lisses, une augmentation de la perméabilité capillaire et une dilatation des capillaires. Elle intervient dans la réaction inflammatoire. **Syn.**: Kallidine I.

Bradykininogène *n. m. (de bradykinine et du gr. genos, origine).* [Bradykininogen] Voir Bradykinine.

Bradymétabole *adj. et n. m. (du gr. bradus, lent et metabolê, changement).* [Bradymetabolous (adj.)] Se dit des animaux à métabolisme trop faible pour maintenir leur chaleur interne à un niveau élevé. **Ant.**: Tachymétabole.

Braire *v. i.* [To bray] Pousser son cri, le *braiment*, en parlant d'un âne.

Bramer *v. i. (de l'anc. provençal bramar, chanter).* [To bell] Pousser un cri prolongé, le *brame*, en parlant des Cervidés. **Syn.**: Raire, Réer.

Branchage *n. m.* [Branches, Boughs] Ensemble des branches d'un arbre ou d'un arbuste.

Branche *n. f. (du lat. branca, patte d'un animal).* [Branch] ▸ ① Ramification latérale des Végétaux ligneux directement rattachée au tronc et de diamètre décroissant de la base à l'extrémité distale; ▸ ② Chacune des ramifications d'un organe. **Ex.**: Branches d'un nerf, d'un vaisseau.

Branchicole *adj. (de branchie et du lat. colere, habiter).* [Branchicolous] Se dit d'une espèce qui parasite les branchies des organismes aquatiques.

Branchicténie *n. f.* [Branchictenium] Chez les Sélaciens, excroissance du septum interbranchial située du côté pharyngien de la branchie septale. Les branchicténies filtrent l'eau avant son passage au niveau des branchies. **Syn.**: Peigne branchial.

Branchie *n. f.* [Branchia, Gill] Organe respiratoire des animaux aquatiques qui utilisent l'oxygène dissous dans l'eau. Les branchies sont des expansions externes du tégument, fines, avec une surface et une vascularisation importantes, caractéristiques qui facilitent les échanges gazeux, l'osmorégulation et l'excrétion (CO_2, ammoniaque). Ce sont de petites *vésicules* chez les Échinodermes, des *structures tubulaires* chez les Annélides aquatiques et les Crustacés, des *cténidies* et leurs dérivés chez les Mollusques, des *lamelles* chez les Poissons et les larves d'Amphibiens.

Branchiostégite *n. m. (de branchie et du gr. stegein, couvrir).* Chez les Crustacés, partie latérale de la carapace thoracique qui délimite la paroi extérieure de la cavité branchiale et qui abrite et protège les branchies.

Branchiotaxie *n. f. (de branchie et du gr. taxis, ordre).* [Branchiotaxy] Attraction des Poissons vers une eau plus oxygénée.

Brèche *n. f. (de l'anc. all. Brecha, fracture).* Discontinuité au niveau d'une stèle due à la vascularisation des organes insérés le long de la tige.

Bréchet *n. m. (de l'angl. breast, poitrine).* [Breastbone] Crête osseuse ventrale portée par la face externe du sternum des Oiseaux. Sur le bréchet s'insèrent les muscles du vol. Il est absent chez les Ratites. **Syn.:** ▸ ③ Carène.

Brévicaule *adj. (du lat. brevis, court et caulis, tige).* [Brevicaulis] Se dit d'une plante qui a une tige courte, parfois difficilement visible.

Brévistylé *adj. (du lat. brevis, court et style).* [Brevistyle] Voir Hétérostylie.

Brin *n. m.* [Strand] Chaîne linéaire de nucléotides.

Brin codant, celui des deux brins d'un ADN double brin qui est utilisé pour la transcription. L'autre est le **brin non codant.** [Coding strand]

Bronche *n. f.* [Bronchus (pl.: Bronchi)] Conduit pulmonaire acheminant l'air vers les poumons ou les sacs pulmonaires (Oiseaux). Chez les Amphibiens, les bronches sont absentes. Chez les Squamates, elles sont seulement extrapulmonaires. Chez les autres Reptiles et chez les Mammifères, elles pénètrent dans les poumons. Chez ces derniers, les deux **bronches souches** droite et gauche sont issues de la division de la trachée artère. Au niveau de l'entrée dans le poumon, elles se subdivisent en **bronches lobaires:** 2 à gauche, 3 à droite, soit une par lobe pulmonaire. Ces dernières se divisent à leur tour en **bronches segmentaires** qui donneront chacune des bronches d'ordre supérieur jusqu'au stade **bronchiole** (diamètre de moins de 1 mm).

Bronchiole *n. f.* [Bronchiole] Conduit pulmonaire de moins de 1 mm de diamètre issu de la division des bronches et se terminant dans les alvéoles. Les parois des bronchioles n'ont ni cartilage de soutien ni cils ni cellules muqueuses. Les **bronchioles terminales** donnent naissance aux **bronchioles respiratoires** qui se prolongent en *conduits alvéolaires* puis en *alvéoles*.

Brosse *n. f.* Rangée de poils sur les pattes et le torse de certains Insectes.

Broticole *adj.* [Broticolous] Se dit des espèces qui vivent près de ou dans les maisons.

Brotochorie *n. f.* [Brotochory] Voir Zoochorie et le tableau des types de dispersion des diaspores.

Brou *n. m. (de brout, pousse).* [Husk, Hull] Partie externe du péricarpe (surtout le mésocarpe) formant une coque verte puis brune autour des graines de divers fruits comme la noix (Noyer).

Brousse *n. f. (du prov. brousso, broussailles).* [**Bush**] Végétation arbustive des zones tropicales, adaptée aux températures élevées et à la sécheresse.

Brucine *n. f. (du lat. brucea, anc. nom d'un arbuste d'Abyssinie découvert par J. Bruce).* [**Brucine**] Alcaloïde indolique de la noix vomique (*Strychnos nux-vomica*), dérivé diméthoxylé (avec 2 O–CH_3) de la strychnine.

Brun *adj.* Voir Dune brune.

Bruyère *n. f.* [**Heather**] Formation végétale basse où dominent les Éricacées (*Calluna sp., Erica sp.*).

Bryoflore *n. f. (du gr. bruon, mousse et flos, floris, fleur).* [**Bryoflora**] Ensemble des espèces de Bryophytes dans un lieu donné.

Bryologie *n. f. (du gr. bruon, mousse et logos, dicours).* [**Bryology**] Partie de la botanique qui étudie les Bryophytes. Le spécialiste est un *bryologue*.

Bryophytion *n. m. (de Bryophytes).* Ensemble des Bryophytes d'une station.

Bryophytique *adj. (de Bryophytes).* [**Bryophytic**] ▸ ① Relatif aux Bryophytes; ▸ ② Qui est constitué de Bryophytes; ▸ ③ Qui a l'apparence des Bryophytes.

Budget énergétique *m.* Répartition des dépenses énergétiques au sein d'une population ou d'une biocénose dans les trois grands domaines principaux: entretien, reproduction et croissance.

Bufotoxine *n. f. (du lat. bufo, crapaud et toxine).* [**Bufotoxin**] Toxine hallucinogène sécrétée par les glandes cutanées de certains Anoures, principalement tropicaux. **Ex.**: Bufotaline, Bufoténine.

Buissière *n. f.* **Syn.**: Buxaie.

Buissonnaie *n. f.* Formation végétale formée d'arbustes et d'arbrisseaux. **Syn.**: Fruticée, Dumetum.

Buissonnant *adj. (de buisson).* Se dit d'un Végétal ligneux (et de son port) qui se ramifie dès la base.

Bulbe *n. m. (du lat. bulbus, oignon).* [**Bulb**] ▸ ① Organe de réserve souterrain de forme globuleuse, chez certaines Monocotylédones et de rares Dicotylédones. Il est formé d'une courte tige ou *plateau* entourée de nombreuses feuilles: ce sont des *écailles* si elles ne sont pas assez larges pour se recouvrir complètement et des *tuniques* si elles sont cylindriques et assez larges pour entourer tout le bulbe. Dans les **bulbes solides** ou **caulinaires**, seule la tige est chargée de réserves. Dans les **bulbes écailleux** ou **foliaires**, la tige et les feuilles sont succulentes. Dans les **bulbes tuniqués ou oignons**, les feuilles sont grandes et épaissies par les réserves qu'elles contiennent. Cet organe permet à la plante de reconstituer son appareil végétatif après avoir servi d'organe de résistance pendant la mauvaise saison; ▸ ② Renflement d'un organe. **Ex.**: Bulbe de l'urètre.

Bulbe artériel *m.* Chambre la plus antérieure du cœur des Téléostéens et des Cyclostomes, sans valvules et non contractile à la différence de son équivalent chez les autres Poissons, le bulbe cardiaque.

Bulbe cardiaque *m.* Chambre la plus antérieure du cœur des Poissons autres que les Téléostéens et des embryons de Vertébrés. Les parois du bulbe cardiaque sont épaisses, musculeuses et comportent de nombreuses valvules. Il est en liaison avec l'aorte ventrale par l'intermédiaire du tronc artériel.

Bulbe oculaire *m.* [Ocular bulb] Syn.: Globe oculaire.

Bulbe olfactif *m.* [Olfactory bulb] Renflement distal des tractus olfactifs composé de cellules mitrales qui font synapse au niveau des glomérules avec les cellules de l'épithélium olfactif.

Bulbe olfactif accessoire *m.* Diverticule pair du bulbe olfactif principal qui est présent chez tous les embryons de Tétrapodes mais qui disparaît chez les adultes des Crocodiliens, des Oiseaux, des Odontocètes et des Primates. Il est sensible aux phéromones, qui sont mises en contact de l'organe par la langue. **Syn.**: Organe voméronasal, Organe de Jacobson, Organe de Ruysche (seulement chez l'Homme, rudimentaire).

Bulbe pileux *m.* Base élargie du follicule pileux comportant la *papille du chorion* recouverte d'une strate unique de cellules de la couche basale de l'épiderme appelée *matrice du poil*.

Bulbe rachidien *m.* [Medulla oblongata] Chez les Vertébrés, prolongement de la moelle épinière dans la partie inférieure du tronc cérébral. Chez les Mammifères, la face ventrale du bulbe rachidien présente deux renflements longitudinaux ou *pyramides* qui contiennent les fibres motrices issues du cortex. La face dorsale porte les *pédoncules cérébelleux inférieurs* qui le relient au cervelet. Le bulbe rachidien abrite de nombreux noyaux gris: noyaux olivaires, cochléaires, graciles, cunéiformes. De plus, il contient de nombreux centres réflexes autonomes comme le centre cardiovasculaire et les centres respiratoires. Le bulbe rachidien provient du myélencéphale. **Syn.** désuet: Moelle allongée.

Bulbiforme *adj. (de bulbe et forme).* [Bulbiform] En forme de bulbe.

Bulbille *n. m.* [Small bulb] Petit bulbe se formant à l'aisselle des feuilles ou des fleurs, ou sur les feuilles elles-mêmes chez certaines plantes comme la Ficaire (*Ranunculus ficaria*, Renonculacées) et la Cardamine des prés (*Cardamine pratensis*, Brassicacées). Ce sont des organes de propagation (bouturage) qui, une fois détachés de la plante mère, poursuivent leur croissance et forment une plante identique.

α-Bungarotoxine *n. f. (de bungare, nom d'un Serpent de l'Insulinde et toxine).* [α-Bungarotoxin] Toxine du venin de Serpent, antagoniste spécifique du récepteur nicotinique de l'acétylcholine. Cette propriété est utilisée dans les études neurophysiologiques.

Bunodonte *adj. (du gr. bounos, colline et odous, odontos, dent).* [Bunodont] Se dit d'une molaire dont les tubercules sont arrondis, caractéristique du régime omnivore.

Bursicon *n. m.* [Bursicon] Hormone synthétisée par les ganglions cérébroïdes des Insectes, responsable du tannage de la cuticule.

Bursicule *n. f.* Petite cavité du gynostème d'une fleur d'Orchidée, dans laquelle se loge le rétinacle.

Bush *n. m. (mot angl., broussailles).* [Bush] Formation végétale adaptée à la sécheresse et formée d'arbrisseaux et de quelques arbres isolés, présente en Afrique et en Australie.

Butyrobétaïne *n. f.* [Butyrobetain] Syn.: α-Actinine.

Buxaie *n. f. (du lat. buxus, buis).* Peuplement de Buis (*Buxus sempervirens*, Buxacées) sur sol calcaire, constituant une formation pionnière ou une formation régressive de la chênaie-buxaie ou de la hêtraie thermophile. **Syn.**: Buissière.

Byssus *n. m. (mot latin, du gr. bussos, lin très fin).* ▸ ① Chez certains Bivalves, ensemble de filaments protéiques sécrétés par la *glande du byssus* et qui leur permettent de se fixer au substrat. [**Byssus**]; ▸ ② Chez les Champignons lignicoles et corticoles, faisceau de filaments soyeux au niveau du point de fixation sur le substrat.

C

C ▸ ① Symbole de la cytosine dans la formule des nucléotides et de l'acide cytidylique dans la formule des acides nucléiques; ▸ ② Symbole de la cystéine dans la formule des protéines; ▸ ③ **c:** Symbole du sang capillaire.

Cacaber *v. i. (du gr. kakkabê, perdrix).* Crier, en parlant de la Perdrix, de la Caille.

Cacarder *v. i.* Crier, en parlant de l'Oie.

Cactiforme *adj. (de cactus et forme).* [**Cactiform**] Dont la tige est large et les feuilles réduites, à l'instar de certaines Cactacées. **Syn.:** Cactoïde.

Cadhérine *n. f. (de c(alcium), adhér(er) et suff. -ine).* [**Cadherin**] Molécule d'adhérence intercellulaire Ca^{2+}-dépendante. La **cadhérine E** est présente dans les cellules épithéliales, la **cadhérine N**, dans les cellules nerveuses et cardiaques et la **cadhérine P**, dans les cellules du placenta et de l'épiderme. On en connaît actuellement une douzaine. Ce sont des glycoprotéines transmembranaires à traversée unique. La partie extracellulaire est formée de 5 domaines d'une centaine d'acides aminés chacun, dont trois possèdent des sites de fixation au Ca^{2+}. On les rencontre dans les ceintures d'adhérence où elles sont reliées aux filaments intermédiaires et aux filaments d'actine de la cellule.

Caduc *adj. (du lat. cadere, tomber).* ▸ ① Adj. Se dit d'un organe qui tombe naturellement après avoir rempli sa fonction (feuilles, pétales, bois des Cervidés). **Ant.:** Persistant. [**Deciduous**]; ▸ ② **Membrane caduque** ou n. f. **Caduque**, partie de l'endomètre d'une femelle gestante de Mammifères à placenta décidué, qui sera expulsée avec l'embryon et le placenta lors de la parturition. **Syn.:** Membrane déciduale, Décidue. [**Decidua**]

Caduciflore *adj. (du lat. cadere, tomber et flos, floris, fleur).* Se dit d'une plante dont les fleurs tombent précocement après leur ouverture.

Caducifolié *adj. (du lat. cadere, tomber et folium, feuille).* [**Caducifoliate**] Se dit d'un végétal dont les feuilles sont caduques ou d'une formation végétale composée de tels végétaux. **Syn.:** Caducescent.

Caducité *n. f. (de caduc).* Propriété de ce qui est caduc ou qui porte des organes caducs.

Caduque *adj. et n. f.* Voir Caduc.

Cæcotrophie *n. f. (de cæcum et du gr. trophein, manger).* [**Caecotrophy**] Chez les Rongeurs et les Lagomorphes, ingestion de *pelottes stercorales* ou *cæcotrophes*, sorte de crottes molles, humides entourées de mucus. Les aliments subissent donc une deuxième digestion qui apporte à l'organisme les nutriments élaborés par les Bactéries. Ce comportement est normal et même obligatoire, son empêchement entraînant la mort de l'animal au bout de quelques semaines.

Cæcum *n. m. (du lat. (intestinum) caecum, (intestin) aveugle). Pl. Cæca.* [Caecum] ▸ ① Cul-de-sac intestinal des Oiseaux et des Mammifères, marquant la limite entre l'intestin grêle (antérieur) et le gros intestin (postérieur). Il ne joue pas un rôle digestif essentiel. Chez les Mammifères herbivores non ruminants, il constitue une chambre de fermentation abritant des microorganismes capables de digérer la cellulose; ▸ ② **Cæcum pylorique**, évagination de la muqueuse intestinale juxta-pylorique de nombreux Poissons Actinoptérygiens. Ces cæca peuvent être très nombreux et augmentent la surface d'absorption intestinale; ▸ ③ **Cæcum hépatique**, évagination de l'intestin antérieur des Céphalocordés, jouant un rôle de synthèse protéique et de réserve de substances énergétiques.

Caféine *n. f. (de café et suff. -ine).* [Caffeine] Alcaloïde présent dans les graines de Cacaoyer (*Theobroma cacao*, Sterculiacées), de Caféier (*Coffea sp.*, Rubiacées), de Guarana (*Paullinia cupana*, Sapindacées), de Kolatier (*Cola sp.*, Sterculiacées), de Théier (*Camellia sinensis*, Théacées), et dans les feuilles de Maté (*Ilex paraguariensis*, Ilicacées). C'est une base purique c'est-à-dire formée d'un noyau purine. Elle stimule l'état d'éveil, l'idéation et les contractions cardiaques. **Syn.**: 1,3,7-Triméthylxanthine, Théine (caféine dans le thé).

Cage thoracique *f.* [Rib cage] Structure osseuse des Amniotes formée à l'avant par le *sternum*, latéralement par les *côtes* et à l'arrière par les *vertèbres thoraciques*. La cage thoracique protège les organes du thorax (cœur, poumons), soutient la ceinture scapulaire et permet l'inspiration grâce aux contractions des muscles intercostaux qui lui sont rattachés.

Caïeu ou Cayeu *n. m. (mot normand, rejeton).* [Offset bulb] Petit bulbe secondaire issu du développement d'un bourgeon axillaire d'un bulbe. Chaque caïeu qui se détache de la plante mère pourra former un nouvel individu.

Caillette *n. f. (de l'anc. fr. cail, présure).* [Fourth stomach, Velles] Quatrième et dernière poche de l'estomac des Ruminants où a lieu la digestion proprement dite des Végétaux et la digestion des Bactéries symbiotiques qui constituent un apport supplémentaire de nutriments. **Syn.**: Abomasum.

Caillot sanguin *m.* [Clot] Petite masse gélatineuse de sang coagulé retenu par un réseau de fibrine. La formation du caillot nécessite une trentaine de substances dont le fibrinogène qui, stimulé par la thrombine, se transforme en fibrine. Le caillot permet de stopper l'hémorragie; il sera éliminé lors de la cicatrisation par un processus appelé *fibrinolyse*.

Caisse tympanique *f.* [Meddle ear] Chez les Tétrapodes, cavité de l'oreille moyenne en arrière du tympan, où est logée la columelle tympanique (étrier) chez les non-mammaliens à laquelle s'ajoutent le marteau et l'enclume chez les Mammifères. Elle provient de la première poche viscérale. Elle est isolée de l'extérieur par le tympan et est en contact avec le pharynx par la trompe d'Eustache et avec l'oreille interne par les fenêtres ovale et ronde.

Cal *n. m.* [**Callus**] ▸ ① Dépôt de callose au niveau d'un crible dans un tube criblé; ce dépôt obstrue le vaisseau et empêche la sève de circuler, particulièrement pendant la mauvaise saison; ▸ ② Tissu végétal formé de cellules totipotentes qui se met en place dans les cultures *in vitro* de tissu végétal et qui constitue le site de différenciation des tissus et des organes d'un nouvel individu; ▸ ③ **Cal cicatriciel**, bourrelet de tissu apparaissant au niveau d'une blessure chez un animal ou un végétal, et tendant à la recouvrir; ▸ ④ Tissu osseux qui apparaît au niveau d'une fracture et qui soude les deux fragments de l'os fracturé; ▸ ⑤ Formation cornée épaisse et dure qui apparaît sur l'épiderme au niveau d'une zone de frottements importants et répétés. **Syn.**: Callosité.

Calaminifère *adj. (du gr. kadmeia (petra), minerai de zinc et du lat. ferre, porter).* [**Calaminiferous**] Se dit d'une plante qui se développe sur une terre riche en plomb.

Calamistrum *n. m. (du lat. calamister, fer à friser).* Chez les femelles d'Arachnides Aranéides Aranéomorphes Cribellates (possédant un cribellum), ensemble de soies courtes sur la face dorsale des métatarses de la 4e paire de pattes, servant à dévider les fils de soie sortant au niveau des cribellums qui recouvrent et protègent les filières.

Calamus *n. m.* [**Calamus**] Axe creux et rigide d'une plume. **Syn.**: Tuyau, 2. Rachis.

Calathide *n. f. (du lat. calathus, calice).* **Syn.**: Capitule.

Calcaricole *adj. (du lat. calx, calcis, chaux et colere, habiter).* **Syn.**: Calcicole.

Calcémie *n. f. (du lat. calx, calcis, chaux et du gr. haima, sang).* [**Calcemia**] Taux de calcium dans le sang. Une hausse de la calcémie entraîne la libération de la calcitonine, hormone thyroïdienne hypocalcémiante. A l'inverse, une baisse de la calcémie provoque la libération de la parathormone, hormone parathyroïdienne hypercalcémiante. Cette régulation hormonale agit sur la fixation ou la libération du calcium du tissu osseux. Chez l'Homme, la calcémie normale est de 0,9 à 1,1 $g.L^{-1}$.

Calcicline *adj.* [**Calcicline**] Qui pousse sur des sols légèrement calcaires.

Calcicole *adj. (du lat. calx, calcis, chaux et colere, habiter).* [**Calcicolous**] Qui pousse sur les sols calcaires. **Ex.**: Hêtre (*Fagus sp.*, Fagacées). **Syn.**: Calciphile, Calcaricole. **Ant.**: Calcifuge.

Calciférol *n. m. (du lat. calx, calcis, chaux et ferre, porter).* [**Calciferol**] Forme inactive de la vitamine D. On distingue:

- **l'ergocalciférol** ou **vitamine D2** qui se forme dans la peau à partir de l'ergostérol d'origine végétale;
- le **cholécalciférol** ou **vitamine D3** qui provient de la transformation dans la peau du 7-déhydrocholestérol d'origine animale. Ergocalciférol et cholécalciférol subiront dans le foie et les reins deux hydroxylations successives pour donner la vitamine D active ou *calcitriol* (1,25-dihydroxycholécalciférol).

Calcification *n. f.* [**Calcification**] Dépôt de sels calcaires lors de la formation des os ou au cours de leur réparation à la suite d'une fracture.

Calcifuge *adj. (du lat. calx, calcis, chaux et fugere, fuir).* [**Calcifuge**] Qui se développe peu ou pas du tout sur les sols calcaires. **Ex.**: Châtaignier (*Castanea sativa*, Fagacées), Myrtille (*Vaccinium myrtillus*, Ericacées). **Syn.**: Calciphobe. **Ant.**: Calcicole, Calciphile, Calcaricole.

Calciphile *adj. (du lat. calx, calcis, chaux et du gr. philos, ami).* [Calciphilic] **Syn.**: Calcicole.

Calciphobe *adj. (du lat. calx, calcis, chaux et du gr. phobos, crainte).* [Calciphobic] **Syn.**: Calcifuge.

Calciphyte *n. f. (du lat. calx, calcis, chaux et du gr. phuton, plante).* [Calciphyte] Plante calciphile.

Calciprotéine *n. f. (du lat. calx, calcis, chaux et protéine).* [Calciprotein] Toute protéine capable de fixer le calcium, comme la calmoduline.

Calcitonine *n. f. (du lat. calx, calcis, chaux et ton(us)).* [Calcitonin] Hormone hypocalcémiante de 32 acides aminés, synthétisée par les *cellules parafolliculaires* ou *cellules* C de la glande thyroïde. Elle inhibe la libération du calcium et du phosphore du tissu osseux par les ostéoclastes et provoque à l'inverse leur fixation dans la matrice osseuse. Elle augmente l'excrétion du Ca^{2+} par le rein. Sa synthèse est stimulée par une hausse de la calcémie, par le glucagon et par la gastrine, et inhibée par la somatostatine. La calcitonine agit très rapidement mais pendant une durée courte. **Syn.**: Thyrocalcitonine.

Calcium *n. m. (du lat. calx, calcis, chaux).* [Calcium] Élément chimique (Z = 20) du groupe des alcalino-terreux. Le calcium est le minéral le plus abondant de l'organisme et ses rôles sont nombreux et divers.

a. Le calcium précipité intervient dans de nombreuses fonctions où la rigidité des structures est essentielle: locomotion et maintien (os), équilibre (otolithes), protection (os du crâne, de la cage thoracique, du bassin), digestion (dents).

b. Le calcium ionisé est entre autres:

- le *facteur IV* de la coagulation sanguine;
- un *élément structural* permettant la bonne conformation spatiale des cadhérines, sélectines et intégrines;
- un *messager intracellulaire* permettant la liaison entre l'actine et la myosine donc la contraction musculaire, le détachement des vésicules synaptiques du cytosquelette, l'activation des protéines kinases C et des protéines kinases dépendantes du complexe Ca^{2+}/calmoduline.

La calcémie est régulée par deux hormones antagonistes: la calcitonine et la parathormone. Le calcium est absorbé par les entérocytes en présence de vitamine D. L'apport journalier recommandé est de 800 à 1500 mg selon l'âge.

Calciurie *n. f. (du lat. calx, calcis, chaux et du gr. ourêsis, action d'uriner).* [Calciuria] Taux de calcium dans l'urine, relativement indépendant des apports alimentaires.

Calcosaxicole *adj.* [Calcosaxicolous] Qui pousse sur les rochers calcaires.

Calice *n. m.* ▸ ① Ensemble des sépales d'une fleur. Un calice aux sépales soudés est *gamosépale;* aux pétales libres, il est *dialysépale.* [Calyx]; ▸ ② Petit canal collecteur d'urine se jetant dans le bassinet. Les nombreux **calices mineurs** (un par pyramide) se rejoignent pour former 2 ou 3 **calices majeurs** plus larges, eux-mêmes se réunissant en un *bassinet.* [Calyx]; ▸ ③ Corps des Crinoïdes (Échinodermes) portant les tentacules.

Calicule *n. m.* [Calycle] Verticille supplémentaire de petites pièces florales à l'extérieur du calice chez certaines espèces (Fraisier, *Fragaria*, Mauve, *Malva*). On les considère comme des stipules de sépales. **Syn.**: Épicalice.

Calleux *adj.* Voir Corps calleux.

Callose *n. m.* [Callose] Polymère de D-glucoses reliés par des liaisons β-(1,3), synthétisé par les cellules des tubes criblés pour former un cal qui stoppe le passage de la sève élaborée et forme obstacle aux Bactéries et Champignons lors de la mauvaise saison ou après la mort des cellules.

Callosité *n. f.* [Callosity] **Syn.**: 5. Cal.

Callunaie *n. f.* Formation végétale silicicole où dominent les Bruyères, les Ajoncs et les Genêts.

Calmoduline *n. f. (de cal(cium), modul(er) et suff. -ine).* [Calmodulin] Protéine d'environ 150 acides aminés qui possède 4 sites de fixation des ions calcium et qui est présente dans toutes les cellules animales ou végétales. Le complexe Ca^{2+}/calmoduline stimule les protéines kinases dépendantes de ce complexe ou CaM kinases.

Calséquestrine *n. f.* [Calsequestrin] Protéine du réticulum sarcoplasmique qui peut fixer une cinquantaine d'ions calcium. Elle est riche en acide aspartique et acide glutamique.

Calybium ou Calybion *n. m.* [Calybium, Calybion] Fruit sec des Fagales, issu d'un ovaire uniloculaire infère. **Ex.**: Glands des chênes *Quercus sp.*, faines des Hêtres *Fagus sp.*, Châtaignes des Châtaigniers *Castanea sp*, Noisette des Noisetiers *Corylus sp.*

Calymnocyte *n. m.* Chez les Urocordés, cellule du follicule ovarien se multipliant activement.

Calyptre *n. m. (du gr. kaluptêr, couverture).* [Calyptre] Chez les Bryophytes, paroi de l'archégone étirée lors du développement de l'embryon. Le développement important de l'embryon déchire cette paroi; ce qui en restera formera la *coiffe*.

CAM Sigle de Complexe d'attaque membranaire.

Camail *n. m. (du lat. caput, tête et macula, maille).* [Neck feathers, Hackles] Ensemble des longues plumes du cou et de la poitrine du Coq et des espèces voisines.

Cambium *n. m. (du lat. cambiare, changer).* [Cambium] Chez les Dicotylédones et les Gymnospermes, zone génératrice en forme de cylindre qui produit les tissus conducteurs secondaires dans les axes et certaines feuilles persistantes. Le cambium est issu de la différenciation de cellules méristématiques situées entre le xylème et le phloème primaires. Il est composé de deux types de cellules:

- les **initiales fusiformes** qui produisent le xylème secondaire vers l'intérieur et le phloème secondaire vers l'extérieur (système vertical);
- les **initiales radiales** à l'origine des rayons ligneux (système horizontal).

L'apparition du cambium a permis l'existence du port arborescent. **Syn.**: Assise génératrice libéro-ligneuse.

Caminal *adj.* Se dit d'une plante qui pousse en bordure des chemins.

Campaniforme *adj. (du lat. campana, cloche et forme).* [Campaniform] **Syn.**: Campanulé.

Campanule de Haller *m.* Chez les Téléostéens, structure vasculaire d'origine choroïdienne qui pénètre dans le corps vitré de l'œil. Son rôle est mal connu.

Campanulé *adj. (du lat. campana, clo-*

che). En forme de clochette. **Syn.**: Campaniforme.

Campodéiforme *adj. (de campode et forme)*. **[Campodeiform]** Se dit des larves d'Insectes holométaboles qui ressemblent au Campode (O. Diploures). Elles possèdent trois paires de longues pattes, un appareil buccal broyeur, un corps aplati dorso-ventralement et une grosse tête. Elles sont agiles et prédatrices, terrestres ou aquatiques.

Camptodrome *adj. (du gr. kamptos, recourbé et dromos, course)*. **[Camptodromous]** Se dit d'un type de nervation foliaire où les nervures secondaires sont légèrement courbées près du bord du limbe. **Ex.**: Nerprun (*Rhamnus cathartica*, Rhamnacées).

Campylotrope *adj. (du gr. kampulos, recourbé et tropos, direction)*. **[Campylotropous]** Se dit d'un ovule qui s'est courbé pendant son développement jusqu'à former un angle droit.

Canal *n. m.* **[Canal, Duct]** Structure tubulaire par laquelle s'écoule une substance ou qui offre passage à un nerf, un vaisseau.

Canal anal *m.* **[Anal canal]** Partie du rectum qui s'ouvre à l'extérieur par l'anus et qui possède deux sphincters: le *sphincter interne* de l'anus (involontaire) et le *sphincter externe* de l'anus (volontaire).

Canal central de l'ostéon *m.* Voir Ostéon.

Canal cholédoque *m. (du gr. kholê, bile et dekhesthai, recevoir)*. **[Bile duct]** Canal issu de la fusion des canaux cystique et hépatique et qui transporte la bile vers le duodénum. **Syn.**: Cholédoque.

Canal cochléaire *m.* Chez les Tétrapodes, canal de l'oreille interne issu de l'allongement de la *lagéna*. Il est courbé chez les Crocodiliens, les Oiseaux et les Monotrèmes et en hélice chez les Marsupiaux et les Euthériens. Il abrite *l'organe de Corti* issu de l'allongement de la papille basilaire et à son extrémité distale, la *macule lagénaire* (qui disparaît chez les Mammifères Euthériens et les Marsupiaux).

Canal cordal *m.* **[Chordal canal]** Dans la gastrula de Mammifères Thériens, formation tubulaire mésoblastique creuse, ouverte au niveau du nœud de Hensen, et qui se fissure ventralement puis se soude à l'endoderme entourant le lécithocèle pour former la *plaque cordale* qui sera à l'origine de la corde. **Syn.**: Canal neurentérique, Canal protochondral.

Canal cystique *m.* **[Cystic duct]** Canal en cul-de-sac renflé à une extrémité en vésicule biliaire. L'autre extrémité s'unit au canal hépatique pour former le canal cholédoque.

Canal de Bartholin *m.* **Syn.**: Canal de Rivinus.

Canal de Botal *m.* **[Ductus arteriosus]** Chez les embryons d'Amniotes, canal artériel qui relie le ventricule droit à la crosse aortique. Il permet de dévier le sang à destination des poumons encore non fonctionnels vers la circulation générale.

Canal de Havers *m.* **[Haversian canal]** **Syn.**: Canal central de l'ostéon. Voir Ostéon.

Canal de Müller *m.* **[Mullerian duct]** Chez les embryons de Vertébrés, chacun des deux canaux qui se différencient à partir de l'épithélium cœlomique au niveau du pronéphros. Chez le mâle, ils régressent sous l'effet de la sécrétion de l'hormone antimüllérienne par les cellules de Sertoli. Chez la femelle, ils donneront les trompes utérines, les utérus et les vagins. Chez certains Mammifères, ils fusionnent de manière à ne former qu'un seul vagin et/ou un seul utérus.

Canal de Rivinus *m.* [**Rivinus canal**] Canal principal des glandes sublinguales. **Syn.**: Canal de Bartholin.

Canal de Sténon *m.* [**Stenon's canal**] Canal excréteur des glandes parotides débouchant au niveau de la 2e molaire supérieure. **Syn.**: Canal parotidien.

Canal de Volkmann *m.* [**Volkmann's canal**] Canal perpendiculaire aux ostéons, permettant la communication sanguine et nerveuse entre le périoste, les canaux de Havers et le canal médullaire. **Syn.**: Canal perforant de l'os compact.

Canal de Wharton *m.* [**Wharton's canal**] Canal excréteur des glandes sous-maxillaires qui débouche au niveau du frein de la langue.

Canal de Wolff *m.* [**Wolffian duct**] Canal rénal du pronéphros des embryons de Vertébrés. Son devenir est très variable selon les organismes et on peut distinguer 4 cas:

a. *chez les Anamniotes mâles* (sauf Urodèles et Poissons cartilagineux), le canal de Wolff est en relation avec le mésonéphros et les testicules et transporte ainsi les spermatozoïdes et l'urine (*urospermiducte*);

b. *chez les Anamniotes femelles*, le canal subsiste mais a un rôle purement excréteur;

c. *chez les Amniotes mâles*, le mésonéphros régresse et le canal de Wolff n'est plus représenté que par *l'épididyme* et le *canal déférent*. L'urine est alors évacuée par des canaux collecteurs et une uretère secondaire issus du bourgeonnement de la partie postérieure du canal de Wolff;

d. *chez les Amniotes femelles*, le mésonéphros et le canal de Wolff régressent complètement.

Syn.: Uretère primaire.

Canal déférent *(du lat. deferre, porter).* [**Deferent duct**] Chez les Gnathostomes, chacun des deux conduits génitaux mâles acheminant les spermatozoïdes à l'extérieur. Ils sont issus du canal de Wolff. Chez les Téléostéens, ils sont issus du testicule. Chez les Anamniotes, ils évacuent aussi l'urine: on les appelle alors *urospermiductes*. Ils sont absents chez les Cyclostomes.

Syn.: Spermiducte.

Canal efférent *m.* [**Efferent duct**] Chez les Amniotes mâles, chacun des conduits reliés au rete testis et conduisant les spermatozoïdes dans l'épididyme. Les canaux efférents sont issus de quelques néphrons aglomérulés du mésonéphros qui n'ont pas dégénéré.

Canal épidermique *m.* [**Epidermal duct**] Chez les Poissons, chacun des canaux du système latéral provenant de l'invagination de l'épiderme et abritant les *neuromastes*. Il existe 4 canaux épidermiques céphaliques pairs et un seul canal épidermique troncal pair.

Canal épididymaire *m.* [**Epididymial duct**] Voir Épididyme.

Canal galactophore *m.* [**Galactophore duct**] Chacun des canaux excréteurs de lait, allant d'un lobe de la glande mammaire au mamelon.

Canal hydrophore *m.* Chez les Échinodermes, tube cylindrique de l'appareil ambulacraire qui fait circuler l'eau de mer entre la plaque madréporique et l'anneau ambulacraire péri-œsophagien. **Syn.**: Canal ambulacraire, Canal du sable.

Canal hypophysaire *m.* Voir Canal nasohypophysaire.

Canal ionique *m.* [Ionic canal] Protéine transmembranaire de transport des ions dans le sens de leur gradient de concentration. On distingue les **canaux passifs** qui sont toujours ouverts, et les **canaux actifs** qui sont fermés s'ils ne sont pas stimulés. Parmi ces derniers existent les **canaux voltage-dépendants** et les **canaux ligand-dépendants**.

Canal médullaire *m.* Voir Os.

Canal nasal *m.* Chez les Reptiles et les Mammifères, canal qui fait communiquer l'organe voméronasal avec la cavité olfactive. Chez les Euthériens macrosmiques, le canal nasal se prolonge et s'ouvre dans la cavité buccale; on parle alors de *canal nasopalatin.*

Canal nasohypophysaire *m.* Chez les Cyclostomes, invagination tubulaire du tégument antérodorsal qui se divise en un *canal olfactif* et un *canal hypophysaire*. L'extrémité de ce dernier se différenciera en une adénohypophyse. Chez les Myxines, le canal hypophysaire s'ouvre dans le pharynx ce qui permet l'entrée d'eau de mer dans le pharynx.

Canal nasopalatin *m.* Voir Canal nasal.

Canal neurentérique *m.* **Syn.**: Canal cordal.

Canal parotidien *m.* **Syn.**: Canal de Sténon.

Canal perforant de l'os compact *m.* **Syn.**: Canal de Volkmann.

Canal périlymphatique *m.* Chez les Tétrapodes, canal de l'oreille interne qui entoure le canal cochléaire et qui est rempli d'un liquide, la *périlymphe*. Ce canal est formé d'une *rampe tympanique* au contact de l'organe de Corti et d'une *rampe vestibulaire* à l'opposé.

Canal protochondral *m.* **Syn.**: Canal cordal.

Canal rachidien *m.* [Rachidian canal] **Syn.**: Canal vertébral.

Canal sacral *m.* [Sacral canal] Canal vertébral du sacrum.

Canal sécréteur *m.* Chez les Plantes supérieures, cavité formée par écartement des cellules qui la bordent et qui reçoit leurs sécrétions.

Canal semi-circulaire *m.* [Semi-circular canal] Chacun des trois canaux de l'oreille interne issus du bourgeonnement de l'utricule. A l'une de leurs extrémités, un renflement ou ampoule abrite une *crête ampulaire*, organe sensoriel responsable de l'équilibre. On distingue deux canaux verticaux et un canal horizontal.

Canal thoracique *m.* [Thoracic duct] Chacun des deux vaisseaux lymphatiques longitudinaux qui récolte la lymphe des vaisseaux lymphatiques du système profond et qui abouche dans le confluent des veines jugulaire interne gauche et subclavière gauche. **Syn.**: Conduit thoracique.

Canal vertébral *m.* [Vertebral canal] Cavité longitudinale de la colonne vertébrale formée par la succession continue des trous vertébraux et qui abrite la moelle épinière. **Syn.**: Canal rachidien, Cavité vertébrale.

Canal vitellin *m.* Chez le jeune embryon des Vertébrés à œufs télolécithes, canal qui relie l'intestin moyen au sac vitellin. **Syn.**: Pédicule vitellin.

Cancelé *adj. (du lat. cancellus, barreau).* ▸ ① Se dit d'un limbe foliaire sans parenchyme et seulement formé du réseau de ses nervures; ▸ ② Se dit du sporophore de certains Champignons Gastéromycètes qui prend une forme de cage de grillage. **Ex.**: *Clathrus ruber.*

Canine *n. f. (de canis, chien).* [**Canine**] Dent labiale pointue située entre les incisives et les prémolaires. Chez les Carnivores, les canines sont très développées: ce sont des **crocs**. Chez le Sanglier, on parle de **défenses**.

Cannelle *n. f.* [**Cinnamon**] Écorce du Cannelier (*Cinnamomum sp.*, Lauracées) à propriété aromatique. Elle contient de l'amidon, des diterpènes polycycliques, du cinnamaldéhyde et de l'eugénol.

Cannibalisme *n. m.* [**Cannibalism**] Type de prédation consistant à se nourrir des individus de sa propre espèce.

Canopée *n. f.* [**Canopy**] Strate supérieure d'une forêt fermée abritant la majeure partie des organismes de la forêt.

Capacitation *n. f.* [**Capacitation**] Ensemble des modifications que subissent les spermatozoïdes dans les voies génitales femelles et qui leur permettent de féconder l'ovocyte. Les protéines stabilisantes de la membrane sont éliminées, les sites de reconnaissance de protéines de la membrane pellucide sont libérés, la motilité s'accroît, les enzymes acrosomiennes ne sont plus inhibées. La capacitation est due aux enzymes du liquide de l'utérus et de l'oviducte. Elle est rapide pendant la période d'ovulation mais impossible pendant la phase lutéale. Elle est réversible.

Capacité respiratoire *f.* Somme d'au moins deux volumes respiratoires. On distingue:

- la **capacité inspiratoire**, quantité maximale d'air inspiré après une expiration normale (somme des volumes courant et de réserve inspiratoire soit environ 3,6 L);
- la **capacité résiduelle fonctionnelle**, quantité d'air restant dans les poumons après une expiration normale (somme des volumes résiduel et de réserve expiratoire soit environ 2,4 L);
- la **capacité vitale**, quantité maximale d'air expiré après une inspiration maximale (somme des volumes courant, de réserve inspiratoire et de réserve expiratoire soit environ 4,8 L);
- la **capacité pulmonaire totale**, quantité d'air contenu dans les poumons après une inspiration maximale (somme de tous les volumes soit environ 6 L).

N.B.: Volumes donnés pour un homme en bonne santé; chez la femme, ils sont un peu plus faibles.

Capillaire lymphatique *m.* [**Lymph capillary**] Vaisseau lymphatique de petite taille, en cul-de-sac, très perméable, présent dans tous les tissus sauf la moelle osseuse, le système nerveux, les os et les dents. Leurs cellules endothéliales se chevauchent en formant ainsi des disjonctions qui s'ouvrent ou se ferment selon la différence de pression entre le capillaire et le tissu environnant. Les capillaires lymphatiques recueillent le surplus de liquide interstitiel provenant du sang; dans le système lymphatique, ce liquide prend le nom de lymphe. Dans les microvillosités intestinales, on les appelle **vaisseaux chylifères**, chargés du transport des graisses.

Capillaire sanguin *m.* [**Capillary**] Vaisseau sanguin de très petit diamètre (8 à 12 µm), à paroi mince parfois formée d'une seule couche de cellules endothéliales. Ils constituent les sites des échanges de gaz, de cellule ou de liquide entre le sang et les tissus. On distingue différents types de capillaires selon la qualité des jonctions de leurs cellules:

• les **capillaires continus** à cellules endothéliales jointives et lame basale continue (peau, muscles, système nerveux) [**Continuous capillaries**];

• les **capillaires fenestrés** dont les cellules endothéliales ménagent entre elles des pores ou *fenestrations* recouverts généralement d'une membrane ou *diaphragme* (glandes endocrines, glomérule rénal, intestin grêle) [**Fenestrated capillaries**];

• les **capillaires sinusoïdes** ou **discontinus** à cellules peu liées formant des trous sans diaphragme ni lame basale qui peuvent laisser passer des hématies (foie, rate, moelle osseuse) [**Sinusoids**]

Capillitium *n. m.* [**Capillitium**] ▸ ① Chez les Myxomycètes, ensemble de filaments anastomosés au sein des sporocystes et entre lesquels se forment les spores; ▸ ② Chez les Angiospermes, ensemble des poils à l'intérieur de certains fruits.

Capité *adj. (du lat. caput, capitis, tête).* [**Capitate, Capitose**] Qui est terminé en tête globuleuse. **Ex.**: Poils de la Drosé-ra.

Capitule *n. m. (du lat. capitulum, petite tête).* [**Capitulum**] Type d'inflorescence à fleurs sessiles réunies sur un réceptacle élargi et bordé d'un involucre de bractées. **Syn.**: Anthode, calathide. Voir tableau.

Capitulum *n. m.* [**Capitulum**] Tête principale des côtes bicéphales des Tétrapodes qui s'articule sur une parapophyse du centre vertébral ou sur la base de l'arc neural. S'oppose à Tuberculum.

Capréolé *adj. (du lat. capreolus, vrille).* Qui porte des vrilles. **Ex.**: Vigne (*Vitis vinifera*, Vitacées).

Capside *n. f. (du lat. capsa, boîte).* [**Capsid**] Coque protéique des Virus qui protège l'acide nucléique. Elle est composée de nombreuses unités ou *capsomères* et peut prendre des formes géométriques diverses.

Capsomère *n. m. (de caps(ide) et du gr. meros, partie).* [**Capsomer**] Voir Capside.

Capsule *n. f. (du lat. capsula, petite boîte).* [**Capsule**] ▸ ① Fruit sec déhiscent à paroi rigide, formé d'un ou de plusieurs carpelles. Voir Tableau des fruits simples; ▸ ② Chez les Bryophytes, partie apicale renflée du sporophyte qui est l'équivalent d'un sporange de Ptéridophyte. Chez les Mousses, la capsule est formée d'une apophyse, d'une columelle, d'un diaphragme, d'un péristome, d'un opercule. Dans les autres groupes, sa structure est plus simple; ▸ ③ Chez certaines Bactéries dites *capsulées*, structure la plus externe, entourant la Bactérie, formée de divers acides uroniques et de ribitol phosphate. Elle joue un rôle dans la virulence car elle empêche la phagocytose. Elle est mise en évidence par coloration négative à l'encre de Chine qu'elle repousse, apparaissant ainsi claire sur fond noir. Elle est utilisée dans la classification infraspécifique; ▸ ④ Formation anatomique qui en enveloppe une autre. Voir ci-dessous.

Capsule adipeuse du rein *f.* Une des trois couches de tissu, située entre les deux autres, composée de tissu adipeux. Elle protège le rein contre les coups et le maintient en place dans l'abdomen.

Capsule articulaire *f.* Couche tissulaire entourant les articulations synoviales et y délimitant une cavité remplie de liquide. Elle est en fait formée de deux couches: une couche fibreuse (externe) fixée au périoste des os adjacents et une couche synoviale (interne) formée de tissu conjonctif lâche.

Capsule de Bowman *f.* [Bowman's capsule] **Syn.**: Capsule glomérulaire.

Capsule fibreuse du rein *f.* Une des trois capsules du rein, accolée à la surface du tissu rénal et en liaison avec l'uretère. C'est une couche fibreuse, transparente et lisse, formant une barrière contre les agents infectieux.

Capsule glomérulaire *f.* Couche tissulaire entourant le glomérule rénal. Elle est formée de deux feuillets séparés par une cavité dite *chambre glomérulaire:* le *feuillet pariétal* (externe) est un épithélium simple squameux; le *feuillet viscéral* (interne) est composé de cellules épithéliales modifiées ou podocytes qui enserrent les capillaires et constituent une membrane de filtration. **Syn.**: Capsule de Bowman.

Capsule interne *f.* [Internal capsule] Partie du faisceau de fibres nerveuses de projection située entre le thalamus et le corps strié (noyaux basaux). Ces neurofibres sont sensitives ou motrices et relient le cortex au reste du système nerveux ou du corps (effecteurs et récepteurs sensoriels).

Capsule surrénale *f.* **Syn.**: Glande surrénale.

Captacule *n. m.* Chez les Mollusques Scaphophodes, chacun des nombreux filaments ciliés, contractiles et renflés à leur extrémité distale qui naissent de la région dorso-buccale. Ils sécrètent un mucus gluant qui agglutine les proies qui seront portées à la bouche par les cils.

Capuchon *n. m.* Partie élargie du cou des Najas (Squamates Ophidiens).

Capuchon céphalique *m.* Chez les Nautiles (*Nautilus pompilus*), Mollusques Céphalopodes Tétrabranchiaux, sorte de bouclier calcaire constitué par le manteau dorsal, qui recouvre et protège la tête et sert d'opercule lorsque l'animal se replie dans sa coquille.

Caractère *n. m.* [Characteristic] Chacun des traits du phénotype d'un organisme.

• **Caractère sexuel**, trait morphologique ou psychologique propre à l'un ou l'autre sexe. Chez les animaux, on peut distinguer les **caractères sexuels primitifs** (gonades), les **caractères sexuels primaires** qui concernent l'appareil copulateur et ses glandes annexes et les **caractères sexuels secondaires** qui concernent les modifications apparaissant lors de la maturation sexuelle [Sex character];

• **Caractère spécifique**, trait propre à une espèce, commun à tous les individus appartenant à cette espèce;

• **Caractère lié au sexe**, caractère génique porté par les chromosomes sexuels [Sex linked character];

• **Caractère méristique**, caractère relatif au nombre de certains organes (nageoires, pétales);

• **Caractère héréditaire**, caractère transmis d'une génération à la suivante [Hereditary character];

• **Caractère dominant**, caractère déterminé par un allèle dominant;

• **Caractère récessif**, caractère déterminé par un allèle récessif;

• **Caractère acquis**, caractère qui apparaît au cours de la vie. [Acquired character]

Carapace *n. f.* ▸ ① Tégument épaissi protégeant le corps de nombreux animaux, notamment celui des Arthropodes. [Shell]; ▸ ② Ensemble de plaques osseuses recouvertes d'écailles cornées chez les Chéloniens et les Tatous. [Shell]; ▸ ③ Syn.: Frustule.

Carbaminoprotéine *n. f.* [Carbaminoprotein] Protéine liée au CO_2.

Carbamylphosphate *n. m.* [Carbamylphosphate] Molécule qui se lie à l'ornithine pour former la citrulline dans le cycle de l'urée, et qui se combine à l'acide aspartique dans la chaîne de synthèse des pyrimidines. Formule: $H_2N–COO–PO_4H_3$.

Carbohémoglobine ou Carbhémoglobine *n. f. (du lat. carbo, charbon et hémoglobine).* [Carbhemoglobin] Hémoglobine liée au CO_2. Cette combinaison se forme au niveau des tissus où la pression partielle en CO_2 est élevée (45 mmHg) et se dissocie au niveau des poumons où la pression partielle alvéolaire en CO_2 est basse (40 mmHg). 20 à 30 % du dioxyde de carbone est transporté sous cette forme.

Carbone *n. m. (du lat. carbo, carbonis, charbon).* [Carbon] Symb.: C – Élément chimique (Z = 6) du groupe des nonmétaux. Il est l'élément de base de toutes les molécules organiques.

Carbonicole *adj. (du lat. carbo, carbonis, charbon et colere, habiter).* [Carbonicolous] Qui pousse préférentiellement sur les sols où un feu a eu lieu. **Ex.**: Funaire hygrométrique (*Funaria hygrometrica*).

Carbonylhémoglobine *n. f.* [Carbonylhemoglobine] **Syn.**: Carboxyhémoglobine.

Carboxydismutase *n. f.* [Carboxydismutase] **Syn.** désuet de Rubisco.

Carboxyhémoglobine *n. f.* [Carboxyhemoglobin] Hémoglobine liée au monoxyde de carbone (CO). Cette combinaison est très stable et se fait aux dépens de l'oxygène ce qui rend dangereuses de très faibles teneurs en CO qui est en outre inodore et incolore. **Syn.**: Carbonylhémoglobine.

Carboxylase *n. f.* [Carboxylase] Enzyme qui catalyse la fixation du CO_2 sur un composé organique c'est-à-dire la *carboxylation*.

Carboxypeptidase *n. f.* [Carboxypeptidase] Exopeptidase qui catalyse la dégradation des polypeptides par leur extrémité C-terminale. Ces enzymes sont sécrétées par le pancréas sous forme de procarboxypeptidases inactives qui sont déversées dans le duodénum où elles sont activées par l'action de la trypsine. S'oppose à Aminopeptidase.

Carcailler *v. i.* Pousser son cri, le *courcaillet*, en parlant de la Caille. Voir Cacaber.

Carcinologie *n. f. (du gr. karkinos, crabe et logos, discours).* [Carcinology] Partie de la zoologie qui étudie les Crustacés.

Cardia *n. m. (mot latin, cœur).* [Cardiac orifice] Orifice de l'estomac par lequel la nourriture passe de l'œsophage à l'estomac.

Cardiolipide *n. m.* **ou Cardiolipine** *n. f.* [Cardiolipid, Cardiolipin] Glycérophospholipide double (deux glycérols). Les cardiolipides sont abondants dans les membranes des Bactéries et les membranes internes des mitochondries. **Syn.**: Diphosphatidylglycérol.

Carénal *adj. Préfloraison carénale*, préfloraison où la carène recouvre les ailes qui recouvrent elles-mêmes l'étendard. **Syn.**: Ascendant.

Carence *n. f.* [Deficiency] Déficit d'un nutriment dans un organisme ou dans son habitat.

Carène *n. f. (du lat. carina, coquille de noix).* ▸ ① Ensemble de deux pétales plus ou moins soudés formant une structure en forme de carène de bateau, notamment chez les Fabales;

▸ ② Ligne saillante d'un pétale ou d'une feuille formée par la nervure principale; ▸ ③ **Syn.**: Bréchet.

Cariçaie *n. f.* Peuplement de Carex (Cypéracées), en station humide.

Caricine *n. f.* [Caricine] **Syn.**: Papaïne.

Carnassier *adj. et n.* ▸ ① Qui se nourrit de proies animales. [**Carnivorous (adj.), Carnivore (n.)**]; ▸ ② **Dent carnassière** ou N. f. **Carnassière**, molaire tranchante des Carnivores (4e prémolaire supérieure et 1re molaire inférieure). [**Carnassial**]

Carnitine *n. f. (du lat. caro, carnis, chair et suff. -ine).* [**Carnitine**] Composé qui se lie à un acide gras activé (acylcoA) pour former une acylcarnitine et une coenzyme A grâce à une enzyme localisée sur la face interne de la membrane externe de la mitochondrie, la carnitine palmitoyl transférase I (CPTI). Sous la forme acylcarnitine, l'acide gras peut passer à l'intérieur de la mitochondrie grâce à une acylcarnitine translocase de la membrane interne, pour y subir la β-oxydation. Formule: $(CH_3)_3–N^+–CH_2–CHOH–CH_2–COO^-$. **Syn.** désuet: Vitamine BT, Vitamine B11.

Carnivore *adj. et n. m. (du lat. caro, carnis, chair et vorare, dévorer).* [**Carnivorous (adj.), Carnivore (n.)**] Qui se nourrit d'animaux. On distingue les **carnivores primaires** qui se nourissent d'herbivores et les **carnivores secondaires** qui se nourrissent de carnivores primaires. Une telle alimentation s'appelle le *carnivorisme*. **Syn.**: Zoophage.

Carnivorisme *n. m.* [**Carnivorism**] Voir Carnivore.

Carnosine *n. f. (du lat. caro, carnis, chair et suff. -ine).* [**Carnosin**] Dipeptide des muscles striés formé de β-alanine et d'histidine. Ce serait un activateur d'enzymes musculaires.

Caroncule *n. f. (du lat. caro, chair).* [**Caruncle**] ▸ ① Petite excroissance cornée sur le bec des poussins leur permettant de briser la coquille de l'œuf; ▸ ② Excroissance charnue et rouge de la tête et du cou de certains animaux (Dindon, Coq); ▸ ③ Petite excroissance charnue. **Ex.**: Caroncule lacrymale; ▸ ④ **Syn.**: Arille.

Caroncule lacrymale *f.* [**Lacrimal caruncle**] Éminence charnue de l'angle interne de l'œil. Elle contient des glandes sébacées produisant la substance huileuse et blanchâtre qui s'accumule pendant le sommeil.

Carotène *n. m. (de carotte).* [**Carotene**] Pigment jaune à rouge du groupe des caroténoïdes présent chez toutes les plantes. Ils interviennent dans la collecte des photons au niveau des photosystèmes de la chaîne photosynthétique. Ce sont les précurseurs de la vitamine A chez les Animaux.

Caroténoïde *n. m.* [**Carotenoid**] Tout pigment liposoluble terpénique formé par combinaison de 8 unités d'isoprène. Les caroténoïdes forment un groupe comprenant les carotènes, les xanthophylles et la vitamine A. On les rencontre dans les chloroplastes, dans les chromoplastes (lycopène de la Tomate, zéaxanthine du Maïs), chez certains Champignons et certaines Bactéries.

Carpelle *n. m. (du gr. karpos, fruit).* [**Carpel**] Chez les Angiospermes, pièce fertile femelle, de nature foliaire, portant les ovules sur la marge. Cette pièce foliaire s'enroule sur elle-même et délimite ainsi une partie renflée et close, l'*ovaire*, surmontée d'une partie effilée, le *style* terminé par le *stigmate*. L'ensemble des carpelles forment le *gynécée* ou *pistil*. **Syn.**: Gynosporophylle.

Carpellé *adj.* [Carpellate] Se dit d'une fleur qui ne porte que des carpelles. **Syn.**: Pistillé. **Ant.**: Staminé.

Carpellotaxie *n. f. (de carpelle et du gr. taxis, arrangement).* [Carpelotaxy] Disposition des carpelles dans une fleur ou dans un fruit.

Carpidie *n. f. (du gr. karpos, fruit).* **Syn.** désuet de Carpelle.

Carpogone *n. m. (du gr. karpos, fruit et gonos, génération).* [Carpogonium] Gamète femelle des Algues rouges (Rhodophycées), comprenant une partie basale renflée qui contient le noyau, surmontée d'un prolongement filiforme ou *trichogyne*.

Carpologie *n. f. (du gr. karpos, fruit et logos, discours).* [Carpology] Partie de la botanique qui étudie les fruits.

Carpophage *adj. et n. m. (du gr. karpos, fruit et phagein, manger).* [Carpophagous (adj.)] **Syn.**: Frugivore.

Carpophore *n. m. (du gr. karpos, fruit et pherein, porter).* [Carpophore] **Syn.** ancien de sporophore.

Carpophylle *n. f. (du gr. karpos, fruit et phullon, feuille).* [Carpophyll] **Syn.** désuet de Carpelle.

Carpospore *n. f. (du gr. karpos, fruit et spore).* [Carpospore] Voir Carposporophyte.

Carposporocyste *n. m. (du gr. karpos, fruit et sporocyste).* [Carposporocyst] Voir Carposporophyte.

Carposporophyte *n. m. (du gr. karpos, fruit et sporophyte).* [Carposporophyte] Chez les Algues rouges, premier des deux sporophytes qui se succèdent dans le cycle trigénétique. Il est réduit à quelques *carposporocystes* qui se transforment chacun en *carpospore* aplane diploïde. C'est un parasite du gamétophyte. **Syn.**: Gonimoblaste.

Carraghénane *n. m.* [Carrageenan] Galactane fortement sulfaté extrait des Algues rouges. Les carraghénanes ont la propriété de former des gels.

Carré *n. m.* [Quadrate] Chez les Tétrapodes, os enchondral de la partie postérieure du complexe palatin. Chez les non-mammaliens, le carré s'articule avec l'articulaire de la mâchoire inférieure. Chez les Mammifères, il devient l'enclume de l'oreille moyenne.

Carte de végétation *f.* [Vegetation map] Représentation cartographique de la végétation d'une région, sur laquelle l'aire de répartition de chaque espèce importante est représentée avec une couleur spécifique.

Carte génétique *f.* [Genetic map] Représentation de la position et de la distance relative des gènes d'un chromosome.

Cartilage *n. m.* [Cartilage] Tissu conjonctif compact, résistant et élastique. On distingue:

• le **cartilage hyalin**, type le plus fréquent, présent au niveau des cloisons nasales, du larynx, des anneaux de la trachée, des extrémités sternales des côtes et sur les surfaces articulaires. Il est aussi le tissu précurseur des os. [Hyaline cartilage];

• le **cartilage fibreux** ou **fibrocartilage**, dans la symphyse pubienne, les disques intervertébraux et les ligaments. [Fibrocartilage];

• le **cartilage élastique**, riche en fibres élastiques, situé dans le pavillon de l'oreille, l'épiglotte, la trompe d'Eustache [Elastic cartilage].

Le cartilage est généralement dépourvu de vaisseaux sanguins. Sa formation débute par la différenciation des *chondroblastes* qui sécrètent la matrice extracellulaire. Ils deviendront des cellules matures ou *chondrocytes*. La croissance se fait à partir du centre (croissance interstitielle) ou à partir de la périphérie (croissance appositionnelle ou périchondrale).

Cartilage de Meckel *m.* [Meckel's cartilage] Partie du chondrocrâne qui dérive du premier arc viscéral et qui constitue la mâchoire inférieure.

Cartilage ptérygo-carré *m.* [Pterygoquadrate cartilage] Partie du chondrocrâne qui dérive du premier arc viscéral et qui constitue la mâchoire supérieure.

Cartographie *n. f. (de carte et du gr. graphein, écrire).* [Mapping] Établissement de la disposition des gènes sur les chromosomes.

Caryocinèse *n. f. (du gr. karuon, noyau et kinêsis, mouvement).* [Karyokinesis] Division du noyau en deux noyaux fils. **Syn.**: Caryodiérèse. **Ant.**: Caryostase.

Caryocyte *n. m. (du gr. karuon, noyau et kutos, cellule).* [Karyocyte] Toute cellule nucléée.

Caryodiérèse *n. f.* [Karyodieresis] **Syn.**: Caryocinèse.

Caryogamie *n. f. (du gr. karuon, noyau et gamos, mariage).* [Karyogamy] Fusion des noyaux de deux gamètes. Elle a lieu parfois longtemps après la plasmogamie, notamment chez les Champignons supérieurs, ce qui induit l'existence d'une *dicaryophase*. **Syn.**: Amphimixie.

Caryolobé *adj. (du gr. karuon, noyau et lobé).* Dont le noyau est lobé.

Caryologie *n. f. (du gr. karuon, noyau et logos, discours).* [Karyology] Partie de la cytologie qui étudie le noyau.

Caryolyse *n. f. (du gr. karuon, noyau et lyse).* [Karyolysis] ▸ ① Disparition de l'enveloppe nucléaire à la fin de la prophase; ▸ ② Disparition progressive du noyau lors de l'apoptose.

Caryolytique *adj.* [Karyolytic] Se dit d'une substance qui détruit le noyau cellulaire.

Caryonymphie *n. f. (du gr. karuon, noyau et nymphe).* Chez les Champignons supérieurs, caractère des hyphes du mycélium secondaire dans lesquelles les noyaux complémentaires n'ont pas fusionné. Les cellules en caryonymphie sont donc *dicaryotiques* et *dihaploïdes*. La caryonymphie peut durer longtemps et prend fin lors de la production des ascospores ou des basidiospores. **Syn.**: Dihaploïdie.

Caryoplasme *n. m. (du gr. karuon, noyau et du gr. plasma, chose façonnée).* [Karyoplasm] **Syn.**: Nucléoplasme.

Caryopse *n. m. (du gr. karuon, noyau et opsis, apparence).* [Caryopsis] Fruit sec indéhiscent (akène) dont la graine unique est soudée aux téguments du fruit. C'est le fruit caractéristique des Poacées.

Caryosome *n. m. (du gr. karuon, noyau et sôma, corps).* [Karyosome] Amas de chromatine, notamment dans les neurones. **Syn.**: Faux nucléole.

Caryostase *n. f. (du gr. karuon, noyau et stase).* [Karyostasis] Période de repos du noyau cellulaire. **Ant.**: Caryocinèse.

Caryosystématique *n. f. (du gr. karuon, noyau et systématique).* Classification des êtres vivants en fonction de leur caryotype.

Caryotype *n. m. (du gr. karuon, noyau et type).* [Karyotype] Représentation ordonnée de l'ensemble des chromosomes d'une cellule. Ils sont photographiés pendant la métaphase et classés par paires homologues et par ordre de taille décroissant.

Caryozoaire *n. m. et adj. (du gr. karuon, noyau et zôon, animal et suff. -aire).* Parasite intracellulaire qui vit dans le noyau de la cellule.

Cascabelle *n. f.* Ensemble des plaques cornées à l'extrémité de la queue des Crotales servant à prévenir un prédateur de l'imminence d'une attaque s'il reste à proximité.

Caséine *n. f. (du lat. caseus, fromage).* [Casein] Mélange de phosphoprotéines du lait riches en acide glutamique formées de deux sous-unités de 15 acides aminés. Dans le lait, la caséine est sous forme de caséinogène, un précurseur qui précipite en caséine sous l'action de la rennine (présure).

Casque *n. m. (de l'esp. cascar, briser).* ▸ ① Partie de la corolle ou du calice en forme de casque. [Helmet] **Ex.**: *Aconitum napellus* (Renonculacées), *Orchis militaris* (Orchidacées); ▸ ② Protubérance cornée ou osseuse de la tête ou du bec de certains Oiseaux. [Casque] **Ex.**: Toucan, Calao, Casoar.

Caste *n. f. (du port. casto, pur).* [Caste] Chez les Insectes sociaux, groupe d'individus spécialisés dans une ou plusieurs fonctions grâce à une morphologie, une anatomie et une physiologie particulières.

Castoréum *n. m.* [Castoreum] Chez le Castor, substance sébacée odorante sécrétée par des glandes en forme de petits sacs plissés dérivés de l'ectoderme de la région préputiale. Le castoréum sert au marquage du territoire.

Catabolisme *n. m. (du gr. kata, en arrière).* [Catabolism] Partie du métabolisme qui correspond à la dégradation des composés organiques complexes en molécules simples avec libération d'énergie et de déchets (CO_2). **Syn.**: Désassimilation. **Ant.**: Anabolisme.

Catabolite *n. m.* [Catabolite] Molécule produite au cours des réactions du catabolisme.

Catadrome *adj. (du gr. kata, en bas et dromos, course).* [Catadromous] **Syn.**: Thalassotoque.

Catalase *n. f. (de catal(yse) et suff. -ase).* [Catalase] Enzyme du groupe des oxydoréductases qui catalyse la transformation du peroxyde d'hydrogène en eau et dioxygène selon la réaction: $2\ H_2O_2 \rightarrow 2\ H_2O + O_2$. C'est une chromoprotéine porphyrinique à hème ferrique présente dans les peroxysomes animaux et végétaux et dans les globules rouges.

Catalyse *n. f. (du g. katalusis, dissolution).* [Catalysis] Accélération d'une réaction chimique grâce à une substance appelée *catalyseur* qui ne subit pas de transformation et qui agit très rapidement et à concentration très faible. Dans les cellules, les biocatalyseurs sont les enzymes.

Cataphylle *n. f. (du gr. kata, en dessous et phullon, feuille).* [Cataphyll] Feuille de la partie inférieure de la plante, particulièrement les cotylédons et les feuilles de la rosette. Elles sont généralement de formes et de tailles différentes des autres feuilles. **Ant.**: Hypsophylle.

Catastrophisme *n. m.* [Catastrophism] Théorie de l'évolution selon laquelle l'apparition de nouvelles espèces atteint son taux maximal après un cataclysme mondial.

Catatrepsis *n. f.* [Catatrepsis] Voir Anatrepsis.

Catécholamine *n. f.* [Catecholamine] Groupe d'amines biogènes synthétisées à partir de la tyrosine ou de la phénylalanine dans les médullosurrénales, dans certaines structures cérébrales et dans les neurones du système nerveux orthosympathique. Elles jouent le rôle d'hormones ou de neurotransmetteurs. Les principales sont la dopamine, la noradrénaline et l'adrénaline.

Catena *n. f.* Succession de sols différents et des formations végétales qui leur sont associées, par exemple de l'amont à l'aval d'un versant de montagne.

Caténique *adj.* Relatif à une catena.

Cathéméral *adj.* [Cathemeral] Se dit d'un animal dont l'activité est diurne et nocturne.

Cathepsine *n. f. (du gr. kathepsein, se réduire).* [Cathepsin] Endopeptidase lysosomiale des cellules animales existant sous de nombreuses formes. Elles ne fonctionnent qu'à pH très acide et participent à l'autolyse apoptotique et à la digestion intracellulaire.

Caudicule *n. m. (du lat. cauda, queue).* Dans les fleurs d'Orchidées, pédicelle supportant à son sommet une pollinie.

Caulescent *adj. (du lat. caulis, tige).* [Caulescent] Se dit d'une plante qui est pourvue d'une tige apparente. **Ant.**: Acaule, Acaulescent.

Caulicole *adj. (du lat. caulis, tige et colere, habiter).* [Caulicolous] Qui vit sur les tiges herbacées.

Cauliflore *adj. (du lat. caulis, tige et flos, floris, fleur).* [Cauliflorous] Voir Cauliflorie.

Cauliflorie *adj. (du lat. caulis, tige et flos, floris, fleur).* [Cauliflory] Caractère de certaines plantes dites *cauliflores* dont les fleurs poussent directement sur les branches et les troncs. **Ex.**: Arbre de Judée (*Cercis siliquastrum*, Césalpiniacées), *Forsythia sp.* (Oléacées), Cacaoyer (*Theobroma cacao*, Sterculiacées).

Cauliforme *adj. (du lat. caulis, tige et forme).* [Cauliform] Qui a l'apparence d'une tige.

Cauligé *n. m.* Ensemble des tiges fines des arbustes et des arbrisseaux.

Caulinaire *adj. (du lat. caulis, tige).* [Cauline] Qui se rapporte à la tige chez les Végétaux supérieurs ou au stipe chez les Champignons supérieurs.

Cauliphylle *adj. (du lat. caulis, tige et du gr. phullon, feuille).* [Cauliphylle] Dont les feuilles poussent régulièrement le long de la tige. **Ant.**: Basiphylle.

Caulocystide *n. f. (du lat. caulis, tige et cystide).* [Caulicystidium] Voir Cystide.

Cauloïde *n. m. (du lat. caulis, tige).* **Syn.**: Télome.

Caulophyte *n. f. (du lat. caulis, tige et du gr. phuton, plante).* Plante caulescente.

Cavernicole *adj. (du lat. caverna, caverne et colere, habiter).* [Cavernicolous] Qui vit dans les cavernes. Les espèces cavernicoles présentent de nombreuses modifications: cécité totale ou partielle, dépigmentation, ralentissement du métabolisme. **Syn.**: Troglobie.

Cavicole *adj. (du lat. cavus, creux et colere, habiter).* [Cavicolous] Qui vit dans les cavités naturelles des animaux.

Cavicorne *adj. (du lat. cavus, creux et corne).* [Cavicorn] Se dit des animaux qui possèdent des cornes creuses. **Ex.**: Bovidés, Girafe, Okapi.

Cavitation *n. f. (du lat. cavus, creux).* [Cavitation] ▸ ① Formation d'une cavité au sein d'un amas cellulaire; ▸ ② Rupture de la continuité du liquide dans les vaisseaux conducteurs de sève, ce qui provoque l'arrêt de fonctionnement du vaisseau.

Cavité *n. f. (du lat. cavus, creux).* [Cavity] Partie creuse d'un organe, d'une structure. Voir ci-après.

Cavité abdominale *f.* [Abdominal cavity] Voir Cavité abdomino-pelvienne.

Cavité abdomino-pelvienne *f.* Chez les Mammifères, cavité délimitée par le diaphragme et le bassin et formée de deux parties:

• une partie antérieure ou **cavité abdominale** qui contient l'estomac, les intestins, la rate, le foie, le pancréas, les reins;

• une partie postérieure ou **cavité pelvienne** qui contient la vessie, les organes génitaux internes et le rectum.

Cavité amniotique *f.* [Amniotic cavity] Chez les Amniotes (Sauropsidés et Mammifères), cavité remplie de liquide amniotique, délimitée par l'amnios et dans laquelle se développe l'embryon. Elle permet la protection de l'embryon ainsi que son développement dans un milieu liquide contrôlé.

Cavité antérieure *f.* Ensemble des cavités thoracique et abdomino-pelvienne. **Syn.**: Cavité ventrale. **Ant.**: Cavité postérieure, Cavité dorsale.

Cavité articulaire *f.* [Articular cavity] Dans les articulations synoviales, espace situé entre les os, rempli de liquide synovial et délimité par la capsule articulaire.

Cavité buccale *f.* [Buccal cavity] **Syn.**: Bouche.

Cavité cœlomique *f.* [Coelomic cavity] **Syn.**: Cœlome.

Cavité cotyloïde *f.* [Cotyloid cavity] Fosse de la face externe de l'os iliaque recevant le fémur pour former l'articulation coxo-fémorale. **Syn.**: Acétabulum, Cotyle.

Cavité crânienne *f.* [Cranial cavity] Cavité délimitée par les os du crâne et contenant l'encéphale.

Cavité de segmentation *f.* [Segmentation cavity] **Syn.**: Blastocèle.

Cavité dorsale *f.* **Syn.**: Cavité postérieure.

Cavité épidurale *f.* [Epidural cavity] **Syn.**: Espace épidural.

Cavité gastruléenne *f.* **Syn.**: Archentéron.

Cavité générale *f.* [General cavity] **Syn.**: Cœlome.

Cavité glénoïde *f.* [Glenoid cavity] Cavité articulaire peu profonde d'un os. **Ex.**: Cavité glénoïde de l'omoplate.

Cavité palléale *f.* Espace ménagé entre le manteau et le corps des Mollusques et des Brachiopodes, en communication avec l'extérieur. Elle contient les branchies chez les Mollusques et le lophophore chez les Brachiopodes et reçoit les produits génitaux, urinaires et digestifs avant de les expulser dans l'eau.

Cavité péribranchiale *f.* [Peribranchial cavity] Chez les Céphalocordés, cavité qui entoure le pharynx. **Syn.**: 5. Atrium.

Cavité péricardique *f.* [Pericardial cavity] Cavité qui entoure le cœur des Vertébrés.

Cavité péritonéale *f.* [Cavity of peritoneum] Espace compris entre les deux feuillets viscéral et pariétal du péritoine, et qui contient un liquide lubrifiant sécrété par les séreuses.

Cavité pleurale *f.* [Pleural cavity] Espace presque virtuel entre les deux feuillets de la plèvre, rempli d'un liquide pleural lubrifiant.

Cavité postérieure *f.* Ensemble des cavités crânienne et vertébrale. **Syn.**: Cavité dorsale. **Ant.**: Cavité antérieure.

Cavité sous-germinale *f.* Lors de la segmentation des œufs télolécithes, cavité résultant du décollement du blastoderme de la surface du vitellus, et remplie de liquide sécrété par les blastomères sous-jacents.

Cavité subarachnoïdienne *f.* Espace situé entre l'arachnoïde et la pie-mère, rempli de liquide céphalorachidien et contenant les vaisseaux sanguins irriguant le tissu nerveux. Son nom vient de la présence de nombreux prolongements filamenteux qui relient l'arachnoïde à la pie-mère et qui évoquent une toile d'araignée.

Cavité thoracique *f.* [Thoracic cavity] Chez les Mammifères, cavité délimitée par le diaphragme et les clavicules, abritant les poumons et le cœur.

Cavité vertébrale *f.* [Vertebral cavity] **Syn.**: Canal vertébral.

Cayeu → **Caïeu**

CCK Sigle de Cholécystokinine.

Cécidie *n. f. (du gr. kêkis, -idos, noix de galle).* [Cecidium] Chez les Végétaux, tumeur formée en réaction à l'attaque d'un parasite ou d'un prédateur. Selon le groupe d'organismes qui les provoque, on distingue:

- les **bactériocécidies** (Procaryotes);
- les **mycocécidies** (Champignons);
- les **algocécidies** (Algues);
- les **zoocécidies** (règne animal): *entomocécidie* (Insectes), *diptérocécidie* (Diptères), *acarocécidie* (Acariens), *nématocécidie* (Nématodes).

Les cécidies sont utilisées par les organismes cécidogènes comme habitat. **Syn.**: Galle.

Cécidogène *adj. (de cécidie et du gr. genos, naissance).* [Cecidogenous] Qui provoque l'apparition de cécidies. **Syn.**: Galligène.

Cédraie *n. f.* Peuplement forestier dominé par les Cèdres (*Cedrus sp.*, Pinacées).

Ceinture *n. f.* Chez les Vertébrés, groupe d'os auquel se rattachent les membres. On distingue:

- la **ceinture scapulaire** ou **ceinture pectorale**, à l'avant, dont les os diffèrent selon les groupes zoologiques: scapulas, procoracoïdes, coracoïdes, clavicules, interclavicules, cleithrums. [Shoulder girdle];
- la **ceinture pelvienne**, à l'arrière, formée du pubis, des ischions, de l'ilion (relié à la colonne vertébrale), de l'épipubis (chez les Marsupiaux). [Pelvic girdle]

Ceinture de végétation *f.* [Vegetation belt] Région précise d'un écosystème caractérisée par des facteurs écologiques différents de ceux des régions voisines et par des Végétaux adaptés à ces facteurs. Ces régions se répartissent concentriquement ou en bandes successives, rappelant ainsi des ceintures.

Célestine *n. f. (de céleste, pour sa couleur souvent bleue).* [Celestine] Sulfate de strontium constitutif des spicules des Actinopodes, et que l'on retrouve dans les roches sédimentaires en nodules, en fibres ou en aiguilles. Formule: $Sr\ SO_4$ (système orthorhombique).

Cellobiose *n. m.* [Cellobiose] Diholoside obtenu par hydrolyse ménagée de la cellulose et formé de deux glucoses reliés par liaisons β.

Cellulase *n. f.* [Cellulase] Groupe d'enzymes (endoglucanases, polyglucosidases) qui catalysent l'hydrolyse de la cellulose. Elles sont synthétisées par certains microorganismes (Bactéries, Champignons, Protozoaires) vivant souvent en symbiose avec des animaux phytophages, et par certains animaux phytophages (certains Insectes, Mollusques et Annélides).

Cellule *n. f. (du lat. cella, chambre).* [Cell] Unité morphologique et fonctionnelle de tout être vivant. Deux niveaux d'organisation existent: la cellule procaryote des Archées et des Eubactéries, sans noyau, plus petite et plus simple que la cellule eucaryote qui possède un noyau, chez tous les autres organismes. Toute cellule possède un *cytoplasme* limité par une *membrane plasmique*, et de *l'ADN* dans un noyau ou non. Elles peuvent être isolées (organismes unicellulaires) ou groupées (organismes pluricellulaires). Les cellules ont des formes et des tailles très variées, des spécialisations diverses selon leur position dans l'organisme ou selon le milieu dans lequel elles se trouvent. Chez les Végétaux, les Bactéries et les Champignons, les cellules sont entourées d'une paroi.

Cellule A ou α *f.* Voir Pancréas.

Cellule absorbante *f.* **Syn.**: Entérocyte.

Cellule à chlorures *f.* **Syn.**: Ionocyte.

Cellule adélomorphe *f.* **Syn.**: Cellule principale.

Cellule adipeuse *f.* **[Adipose cell]** **Syn.**: Adipocyte.

Cellule amacrine *f.* **[Amacrine cell]** Dans la rétine, neurone dont les dendrites s'étendent latéralement et font synapse avec plusieurs cellules bipolaires et ganglionnaires. Elles jouent un rôle d'intégrateur local qui module les signaux transmis par les cellules bipolaires aux cellules ganglionnaires.

Cellule à mucus du collet *f.* Cellule de la partie supérieure (collet) des glandes gastriques qui sécrète du mucus.

Cellule annexe *f.* **[Subsidiary cell]** Voir Stomate.

Cellule apicale *f.* **[Apical cell]** Chez certaines Algues et Bryophytes, unique cellule initiale au sommet d'un méristème apical, donnant naissance par ses divisions à tous les tissus de l'organisme. Si les cellules issues de cette division

- s'alignent en une file, la division est unidirectionnelle;
- forment un plan, la division est bidirectionnelle;
- forment un tissu épais, la division est tridirectionnelle.

Syn.: Apicale (*n. f.*).

Cellule à poussières *f.* **Syn.**: Macrophage alvéolaire. Voir Macrophage.

Cellule APUD *f.* (*Sigle de Amine precursor uptake and decarboxylation: Incorporation de précurseurs aminés et décarboxylation).* Chacune des cellules qui sécrètent des neurotransmetteurs ou des amines ou des peptides ayant une activité hormonale. Les cellules APUD comprennent entre autres les cellules C de la thyroïde, les cellules endocrines pancréatiques et gastro-intestinales, les cellules corticotropes et mélanotropes, les cellules juxtaglomérulaires, les récepteurs du glomus carotidien, les cellules de la médullosurrénale.

Cellule B *f.* ▸ ① **Syn.**: Lymphocyte B; ▸ ② Voir Pancréas.

Cellule basale *f.* **[Basal cell]** ▸ ① Chez les Angiospermes, une des deux cellules issues de la première division du zygote, située du côté du micropyle, et ne participant qu'à la formation du suspenseur. **Ant.**: Cellule terminale; ▸ ② Cellule souche à la base des bourgeons gustatifs, donnant naissance aux cellules de soutien et aux cellules gustatives; ▸ ③ Cellule de la couche la plus interne d'un épithélium.

Cellule bipolaire *f.* **[Bipolar cell]** Neurone de la rétine qui reçoit les signaux électriques des photorécepteurs et fait synapses avec les cellules ganglionnaires et les cellules amacrines.

Les cellules bipolaires possèdent seulement une grosse dendrite et un axone.

Cellule bordante *f.* **Syn.**: Cellule pariétale.

Cellule C *f.* Chez les Mammifères, cellule de la glande thyroïde située dans le tissu conjonctif qui entoure les follicules. Les cellules C synthétisent la calcitonine, hormone polypeptidique hypocalcémiante. Elles proviennent de l'épithélium de la dernière paire de poches viscérales embryonnaires. **Syn.**: Cellule parafolliculaire.

Cellule caliciforme *f.* [Goblet cell] Cellule sécrétrice de mucus en forme de calice. Dans la partie évasée (apicale) de ce calice figurent de nombreuses vésicules de mucine. On les observe dans les épithéliums du tube digestif et de l'appareil respiratoire. **Syn.**: Cellule mucipare.

Cellule cardionectrice *f.* Cellule cardiaque non contractile produisant des potentiels d'action rythmiques afin de stimuler les cellules musculaires cardiaques. L'ensemble de ces cellules forment le *tissu cardionecteur.*

Cellule chromaffine *f.* [Chromaffin cell] Neurone sympathique postganglionnaire modifié, du groupe des cellules APUD, sécrétant et emmagasinant de grandes quantités de catécholamines. Chez les Tétrapodes, les cellules chromaffines sont regroupées en paraganglions adrénalinogènes qui deviennent les médullosurrénales chez les Mammifères Thériens. **Syn.**: Cellule phéochrome, Phéochromocyte.

Cellule cible *f.* [Target cell] Cellule sensible à l'action d'une hormone grâce à la présence de récepteurs de cette hormone.

Cellule ciliée *f.* [Ciliate cell] Chacune des cellules sensorielles de la papille basilaire ou de l'organe de Corti, disposées entre la membrane tectoriale et la lame basilaire. Leur pôle apical possède des cils de taille différente dont l'inclinaison sous l'effet des ondes sonores est responsable de la production d'influx nerveux.

Cellule compagne *f.* [Companion cell] Chez les Angiospermes, chacune des cellules de contact qui jouxtent les tubes criblés phloémiens. Ellle dérivent de la même cellule mère que les tubes criblés. Elles sont caractérisées par un cytoplasme dense, de nombreuses mitochondries et un noyau volumineux. Elles contrôlent le déchargement de la sève élaborée dans les tissus que traverse le système conducteur.

Cellule cornéagène *f. (de cornée et du gr. genos, origine).* Chez les Insectes, cellule qui sécrète la cornée cuticulaire transparente des ocelles et des yeux composés. **Syn.**: Cellule cornéenne.

Cellule cornée *f.* **Syn.**: Cellule kératinisée.

Cellule corticotrope *f.* Cellule de l'antéhypophyse qui sécrète la corticostimuline (ACTH) sous l'action de la corticolibérine hypothalamique. Leurs grains de sécrétion sont localisés à la périphérie de la cellule et leur cytoplasme est clair.

Cellule coxale *f. (du lat. coxa, hanche).* **Syn.**: Cellule péricentrale.

Cellule cristallinienne *f. (de cristallin).* Chez les Insectes, chacune des cellules qui sécrètent le cristallin dans les ocelles et les yeux composés.

Cellule cytotoxique *f.* [Cytotoxic cell] Cellule capable d'en tuer une autre. **Ex.**: Lympocyte T cytotoxique, Cellule NK.

Cellule D ou δ *f.* Voir Pancréas.

Cellule déciduale *f.* [Decidual cell] Chez les femelles gestantes de Mammifères, cellule hypertrophiée du chorion à réserves abondantes en glycogène.

Cellule de Bowman *f.* [Bowman's cell] **Syn.**: Podocyte.

Cellule de Davidoff *f.* [Davidoff's cell] **Syn.**: Cellule de Paneth.

Cellule de Deiters *f.* [Deiters cell] **Syn.**: Astrocyte.

Cellule dendritique *f.* [Dendritic cell] Toute cellule présentatrice d'antigènes pourvue d'expansions cytoplasmiques.

Cellule de garde *f.* [Guard cell] Voir Stomate.

Cellule de Goormaghtigh *f.* [Goormaghtigh 's cell] **Syn.**: Cellule du lacis.

Cellule de Hortega *f.* [Hortega's cell] **Syn.**: Microgliocyte. Voir Microglie.

Cellule de Kultchitzky *f.* [Kultchitzky's cell] Cellule de l'épithélium respiratoire appartenant au système endocrine diffus et qui sécrète des peptides et des amines biogènes. Ces cellules participent à la régulation autonome de l'appareil respiratoire. **Syn.**: Cellule K.

Cellule de Kupffer *f.* [Kupffer's cell] Cellule de la paroi des sinusoïdes hépatiques capable de phagocytose et participant à l'élimination des hématies usagées et de débris divers. **Syn.**: Macrophagocyte stellaire.

Cellule de Langerhans *f.* [Langerhans' cell] Cellule de l'épiderme présentant de nombreux prolongements qui s'insinuent entre les kératinocytes. Ce sont des leucocytes faisant partie du groupe des cellules présentatrices des antigènes; lorsqu'elles sont stimulées, elles migrent vers les ganglions lymphatiques et présentent l'antigène aux lymphocytes T. **Syn.**: Macrophage intraépidermique, Cellule dendritique épidermique.

Cellule de Leydig *f.* [Leydig's cell] Cellule du tissu interstitiel des testicules des Vertébrés. Elles sécrètent les hormones sexuelles mâles sous le contrôle de la LH. Elles disparaissent pendant l'hiver chez les Urodèles et sont absentes chez les Chondrichtyens. **Syn.**: Cellule interstitielle, Cellule diastématique.

Cellule délomorphe *f.* **Syn.**: Cellule pariétale.

Cellule de Merkel *f.* [Merkel's cell] Voir Corpuscule de Merkel.

Cellule de Müller *f.* [Müller's cell] Cellule gliale de la rétine qui s'étend de la membrane limitante externe à la membrane limitante interne et qui possède des prolongements cytoplasmiques qui remplissent les espaces intercellulaires. Elles constituent une armature et facilitent le transfert des métabolites aux neurones rétiniens. **Syn.**: Cellule radiale.

Cellule de Paneth *f.* [Paneth's cell] Cellule de l'épithélium de l'intestin grêle des Mammifères, située au fond des glandes de Lieberkühn. Elles sécrètent le lysozyme et sont capables de phagocytose. **Syn.**: Cellule de Davidoff.

Cellule de Schwann *f.* [Schwann's cell] Cellule du système nerveux périphérique:

- qui s'enroule de nombreuses fois autour d'un seul axone dont elle forme la gaine de myéline (cas des fibres myélinisées);
- ou qui abrite plusieurs axones dans des renfoncements tubulaires de sa membrane plasmique, sans s'enrouler.

Syn.: Neurolemmocyte.

Cellule de Sertoli *f.* [Sertoli's cell] Cellule somatique polymorphe de la paroi des tubules séminifères, dont les ramifications entourent les cellules germinales. Elles sont reliées entre elles par des jonctions serrées et forment ainsi la barrière hémato-testiculaire. Elles ont un rôle nourricier pour les cellules germinales et elles résorbent le corps résiduel issu de la maturation des spermatozoïdes. Dans le testicule fœtal, elles sécrètent l'hormone anti-müllérienne et chez l'adulte, les inhibines et l'activine. Enfin, elles synthétisent les protéines de liaison à la testostérone. **Syn.**: Épithéliocyte de soutien.

Cellule dendritique épidermique *f.* **Syn.**: Cellule de Langerhans.

Cellule diastématique *f.* **Syn.**: Cellule de Leydig.

Cellule du lacis *f.* Dans le rein, cellule située dans le triangle constitué par les artérioles afférente et efférente et le tubule rénal contourné distal. Elles sont aplaties, allongées et pourvues d'expansions cytoplasmiques. Leur rôle est mal connu. **Syn.**: Cellule mésangiale extraglomérulaire, Cellule de Goormaghtigh.

Cellule du sac *f.* Vaste cellule du sac embryonnaire des Angiospermes, possédant deux *noyaux* dits *polaires* qui fusionnent avec un spermatozoïde pour former l'embryon accessoire triploïde ou *albumen*.

Cellule endothéliale *f.* [Endothelial cell] Chacune des cellules très aplaties constitutives de l'endothélium des vaisseaux sanguins et lymphatiques où elles forment ensemble une barrière de perméabilité. Dans les vaisseaux sanguins, elles sécrètent des substances vaso-actives: NO (vasodilatateur), prostacycline, endothéline (vasoconstrictrice), des facteurs de croissance: facteur de croissance des fibroblastes, facteur de croissance dérivé des plaquettes.

Cellule enveloppe *f.* Chez les Insectes, cellule qui entoure le corps scolopidial et l'extrémité de la cellule sensorielle mécanoréceptrice des scolopidies.

Cellule entérochromaffine *f.* [Enterochromaffin cell] Chacune des cellules neuroendocrines de l'épithélium gastro-intestinal qui sécrètent diverses hormones comme la gastrine, la sécrétine, la cholécystokinine. Leur nom vient du fait qu'elles se colorent en jaune par les sels de chrome comme les cellules chromaffines de la médullosurrénale. **Syn.**: Endocrinocyte gastro-intestinal.

Cellule épendymaire *f.* [Ependyma cell] Chacune des cellules de l'épithélium qui tapissent les cavités du système nerveux central. Elles possèdent généralement des cils dont les battements facilitent le déplacement du liquide céphalo-rachidien. **Syn.**: Épendymocyte, Cellule névroglique épithéliale.

Cellule épineuse *f.* [Spinose cell] Voir Stratum spinosum.

Cellule F *f.* Voir Pancréas.

Cellule folliculaire *f.* [Follicular cell] Voir Follicule.

Cellule G *f.* Cellule entérochromaffine des glandes gastriques produisant la gastrine.

Cellule ganglionnaire *f.* [Ganglionar cell] Neurone de la couche interne de la rétine qui reçoit les influx nerveux des neurones bipolaires et des cellules amacrines. Leurs axones se courbent et suivent la surface de la rétine jusqu'au point aveugle où ils s'assemblent en un nerf optique.

Cellule germinale *f.* [Germ cell] Cellule de la lignée reproductrice qui donne naissance par méiose aux gamètes.

Les **cellules germinales diploïdes** sont les gonies et les auxocytes I. Les **cellules germinales haploïdes** sont les auxocytes II, les spermatides et les ovotides. **Syn.**: Gonocyte.

Cellule gliale *f.* Voir Névroglie.

Cellule gonadotrope *f.* [Gonadotropic cell] Cellule de l'antéhypophyse qui sécrète les gonadotrophines FSH et LH. Elles représentent environ 5 % de la masse de l'antéhypophyse.

Cellule granuleuse *f.* ▸ ① Neurone du bulbe olfactif qui sécrète le GABA au niveau des synapses avec les cellules mitrales, ce qui permet l'adaptation olfactive; ▸ ② Chacune des cellules des follicules ovariens appelées ainsi dès lors qu'il y en a plusieurs couches (cellule folliculaire s'il n'y en a qu'une couche). Elles transforment les androgènes sécrétés par la thèque interne en œstrogènes et sécrètent la substance qui formera la zone pellucide. Après l'ovulation, elles forment le corps jaune et sécrètent la progestérone. **Syn.**: Cellule de la granulosa.

Cellule gustative *f.* Cellule sensorielle des bourgeons du goût pourvue de longues microvillosités qui baignent dans la salive.

Cellule hépatique *f.* [Hepatic cell] **Syn.**: Hépatocyte.

Cellule Hfr *f. (sigle de High frequency of recombination).* Cellule bactérienne porteuse d'un plasmide F intégré au chromosome et capable de transmettre des gènes chromosomiques avec une fréquence élevée de recombinaison.

Cellule horizontale *f.* [Horizontal cell] Interneurone de la couche interne de la rétine qui présente plusieurs dendrites courtes faisant synapse avec des photorécepteurs et des cellules bipolaires, et un axone long qui propage l'information visuelle à d'autres photorécepteurs plus éloignés. Elle participe au traitement initial de l'information visuelle.

Cellule horizontale de Cajal *f.* Neurone de la couche superficielle du cortex, petit, fusiforme, orienté parallèlement à la surface corticale. Ces cellules font synapse avec les dendrites des cellules pyramidales.

Cellule hôte *f.* [Host cell] Cellule qui abrite un parasite, un plasmide.

Cellule indifférenciée *f.* **Syn.**: Cellule souche.

Cellule initiale *f.* [Initial cell] Cellule à divisions nombreuses à l'origine d'un tissu. **Syn.**: Initiale (n. f.).

Cellule initiale du col *f.* Chez les Gymnospermes, celle des deux cellules issues de la division d'une cellule de l'endosperme qui sera à l'origine du col de l'archégone.

Cellule interstitielle *f* ▸ ① **Syn.**: Cellule de Leydig; ▸ ② Chez les Cœlentérés, cellule indifférenciée disposée en amas entre les cellules myoépithéliales de l'ectoderme. Elles peuvent donner naissance à tous les types cellulaires ectodermiques.

Cellule juxta-glomérulaire *f.* [Juxtaglomerular cell] Cellule musculaire modifiée de la paroi des artères afférentes du glomérule rénal. Ce sont des mécanorécepteurs qui libèrent de la rénine lorsque la pression artérielle baisse.

Cellule K *f.* **Syn.**: Cellule de Kultchitsky.

Cellule kératinisée *f.* [Horn cell] Cellule morte remplie de fibrilles de kératine, constituant la couche cornée de l'épiderme. **Syn.**: Cellule cornée.

Cellule lactotrope *f.* [Lactotropic cell] Cellule de l'antéhypophyse sécrétant la prolactine.

Cellule mémoire *f.* [Memory cell] Lymphocyte B ou T formé lors de la réaction immunitaire primaire et pouvant rester dans l'organisme toute la vie. La cellule mémoire permettra à l'organisme de réagir plus vite lors d'un deuxième contact avec l'antigène.

Cellule mésangiale extraglomérulaire *f.* **Syn.**: Cellule du lacis.

Cellule mitrale *f.* [Mitral cell] Chacun des neurones du bulbe olfactif faisant synapse avec les cellules olfactives au niveau des glomérules et dont les axones forment le tractus olfactif.

Cellule mucipare *f.* **Syn.**: Cellule caliciforme.

Cellule muqueuse *f.* [Mucosal cell] Cellule glandulaire qui sécrète du mucus, présente dans l'épithélium du tube digestif, de la trachée, des bronches, du tractus uro-génital et dans les glandes salivaires.

Cellule myoépithéliale *f.* [Myoepithelial cell] Cellule épithéliale pourvue de propriétés contractiles, que l'on rencontre chez les Némathelminthes et les Cnidaires ainsi que dans certaines glandes de Vertébrés (glande mammaire).

Cellule nerveuse *f.* [Nerve cell] **Syn.**: Neurone.

Cellule neuroépithéliale *f* ▸ ① Cellule embryonnaire à l'origine du tube nerveux; ▸ ② Cellule nerveuse d'un épithélium sensoriel.

Cellule neurosécrétrice *f.* Neurone sécrétant des hormones dans le sang. **Ex.**: Neurones de l'hypothalamus.

Cellule névroglique épithéliale *f.* **Syn.**: Cellule épendymaire.

Cellule NK *f. (Sigle de Natural killer).* Lymphocyte à activité cytolytique non spécifique. Les cellules NK provoquent la lyse des cellules tumorales ou des cellules infectées par un Virus grâce à la libération de perforine et de granzyme. **Syn.**: Cellule tueuse naturelle.

Cellule nourricière *f.* [Nurse cell] Dans certains follicules, cellule de la lignée germinale associée à l'ovocyte et synthétisant les ARN qui seront nécessaires au développement du zygote. Entre une cellule nourricière et l'ovocyte existent des ponts cytoplasmiques par lesquels sont transférés les ARN jusqu'au cytoplasme de l'ovocyte. **Syn.**: Cellule vitelline, Trophocyte.

Cellule oxyphile *f.* [Oxyphil cell] Cellule non sécrétrice des glandes parathyroïdes. Elles sont disposées en amas entre les cellules principales et leur nombre augmente avec l'âge. Leur rôle n'est pas connu.

Cellule parafolliculaire *f.* [Parafollicular cell] **Syn.**: Cellule C.

Cellule pariétale *f.* [Parietal cell] Cellule des glandes gastriques portant de nombreuses microvillosités à leur pôle apical. Elles synthétisent l'acide chlorhydrique et le facteur intrinsèque. **Syn.**: Cellule bordante, Cellule oxyntique, Cellule délomorphe.

Cellule péricentrale *f.* Chez les Algues à cladothalle, chacune des cellules situées à la base des pleuridies et réalisant la jonction avec le cladome. **Syn.**: Cellule coxale.

Cellule phéochrome *f.* **Syn.**: Cellule chromaffine.

Cellule physaliphore *f.* Cellule du *nucleus pulposus* des disques intervertébraux.

Cellule pigmentaire de la rétine *f.* Cellule cubique de la partie pigmentaire de la rétine, pourvue de microvillosités sur la face apicale, de nombreuses mitochondries, de lipofuscine et de mélanine. Cette dernière absorbe la lumière et l'empêche de se réfléchir dans l'œil. Ces cellules phagocytent les segments externes usagés des photorécepteurs et constituent une réserve de vitamine A pour la synthèse du rétinal. Elles jouent aussi un rôle de soutien et nourricier pour les photorécepteurs.

Cellule présentatrice d'antigènes *f.* Sigle: CPA – Cellule immunitaire phagocytaire dont le rôle est de digérer les éléments antigéniques et d'en présenter des fragments aux lymphocytes T spécifiques correspondants afin de les stimuler. Ce terme générique regroupe divers types cellulaires: les cellules dendritiques, les macrophages et les lymphocytes B activés.

Cellule primordiale *f.* [Primordial cell] **Syn.**: Cellule souche.

Cellule principale *f.* [Zymogenic cell] Cellule de la partie basale des glandes gastriques sécrétant le pepsinogène, précurseur de la pepsine. **Syn.**: Cellule adélomorphe.

Cellule radiale *f.* **Syn.**: Cellule de Müller.

Cellule reproductrice *f.* [Reproductive cell] **Syn.**: Gamète.

Cellule réticulaire *f.* [Reticular cell] Cellule phagocytaire du système réticuloendothélial présente dans les tissus lymphoïdes et le foie. Elles sécrètent des fibres de réticuline (collagène III). L'ensemble de ces cellules forme le tissu conjonctif réticulaire.

Cellule rythmogène *f.* Cellule non contractile des muscles lisses qui, par leur rythme de dépolarisation/repolarisation, détermine la fréquence de contraction de la couche cellulaire correspondante.

Cellule satellite *f* ▸ ① Myoblaste du tissu musculaire squelettique strié, intervenant dans la réparation des fibres musculaires lésées et pouvant se différencier en fibre musculaire; ▸ ② Cellule aplatie qui forme une couche cellulaire autour de chaque corps cellulaire dans les ganglions spinaux et qui joue un rôle métabolique et structural. Elles proviennent des crêtes neurales.

Cellule sensorielle *f.* **Syn.**: Récepteur sensoriel.

Cellule séreuse *f.* [Serous cell] Toute cellule sécrétrice d'un liquide semblable à du sérum et riche en enzymes.

Cellule sexuelle *f.* [Sexual cell] **Syn.**: Gamète.

Cellule somatique *f.* [Somatic cell] Voir Soma.

Cellule somatotrope *f.* [Somatotropic cell] Cellule de l'antéhypophyse sécrétant la somatotrophine ou hormone de croissance sous le contrôle de la somatolibérine hypothalamique.

Cellule souche *f.* [Stem cell] Cellule pluripotente qui a subi la détermination mais pas encore la différenciation. Par ses divisions, elle assure le renouvellement des cellules. **Syn.**: Cellule indifférenciée, Cellule primordiale.

Cellule T *f.* **Syn.**: Lymphocyte T.

Cellule thyréotrope *f.* [Thyreotropic cell] Cellule de l'antéhypophyse sécrétant la thyréostimuline sous l'effet de la thyréolibérine hypothalamique. Elles représentent environ 5 % des cellules sécrétrices de l'antéhypophyse.

Cellule trachéolaire *f.* *(de trachéole).* Chez les Insectes, grosse cellule à l'extrémité des trachées, étalée sur tous les organes, parcourue par de nombreuses trachéoles intracytoplasmiques à cuticule fine, au niveau de laquelle les échanges d'oxygène et de dioxyde de carbone se réalisent.

Cellule trichogène *f. (du gr. thrix, thrikhos, poil et genos, origine)*. Chez les Insectes, cellule qui sécrète les soies sensitives.

Cellule tueuse naturelle *f.* [Natural killer cell] **Syn.**: Cellule NK.

Cellule vitelline *f.* **Syn.**: Cellule nourricière.

Cellulolytique *adj. (de cellule et lytique)*. [Cellulolytic] Se dit d'une enzyme qui dégrade la cellulose et de l'organisme qui la synthétise.

Cellulose *n. f. (de cellule et ose)*. [Cellulose] Polyholoside de D-glucoses reliés par liaisons β-(1,4) formant de grandes chaînes linéaires réunies en fibrilles, elles-mêmes réunies en fibres. La cellulose est le composant principal des parois des cellules végétales.

Cembraie *n. f.* Peuplement forestier composé de Pin cembro (*Pinus cembra*). **Syn.**: Arolaie, Arolière.

Cément *n. m. (du lat. cæmentum, moellon)*. [Cementum] Tissu conjonctif calcifié qui recouvre la racine des dents et sur lequel se fixe le ligament alvéolodentaire. Il est élaboré par les *cémentocytes* qui entoure la dentine.

Cémentocyte *n. m. (de cément et du gr. kutos, cellule)*. [Cementocyte] Voir Cément.

Cénapse *n. f. (du gr. koinos, commun et haptein, toucher)*. [Coenapsis] Association de protéines et de lipides ou de protéines et de glucides liés de manière non covalente. **Ex.**: Lipoprotéine.

Cénobe ou Cœnobe *n. m. (du gr. koinos, commun et bios, vie)*. [Coenobium] Colonie d'Algues unicellulaires qui comprend de 4 à plusieurs centaines de cellules présentant chez certaines espèces des spécialisations dans la reproduction et/ou dans la locomotion et/ou dans la physiologie.

Cénobiose ou Cœnobiose *n. f. (du gr. koinos, commun et bios, vie)*. [Coenobiosis] **Syn.**: Biocénose.

Cénocarpe ou Cœnocarpe *adj. (du gr. koinos, commun et karpos, fruit)*. [Coenocarp] **Syn.**: Gamocarpellé.

Cénocyte ou Cœnocyte *n. m. (du gr. koinos, commun et kutos, cellule)*. [Coenocyte] **Syn.**: Syncytium.

Cénon *n. m.* Groupe d'organismes fortement dépendants les uns des autres au sein d'une biocénose.

Cénose *n. f. (du gr. koinos, commun)*. **Syn.**: Communauté.

Cénotoxine *n. f.* Toxine synthétisée dans le muscle fatigué.

Centimorgan *n. m. (du lat. centum, cent et Morgan, généticien)*. [Centimorgan] Unité de distance entre deux gènes. Un centimorgan correspond à la distance entre deux gènes nécessaire pour que la fréquence de recombinaison entre ces deux gènes soit de 1 %.

Centre cellulaire *m.* **Syn.**: Centrosome.

Centre de Nieuwkoop *m.* [Nieuwkoop center] Chez le Xénope, aire dorsale de l'œuf située à l'opposé du point d'entrée du spermatozoïde et qui détermine la polarité dorso-ventrale de l'embryon.

Centre organisateur des microtubules *m.* [Microtubule organizing center] **Syn.**: Centrosome.

Centre réactionnel *m.* [Reaction center] Voir Photosystème.

Centre vertébral *m.* **Syn.**: Corps vertébral.

Centrifuge *adj. (du lat. centrum, centre et fugere, fuir)*. [Centrifugal] Se dit d'un organe, d'une structure qui se développe du centre vers la périphérie. **Ex.**: Xylème secondaire. **Ant.**: Centripète.

Centriole *n. m. (de centre).* [Centriole] Organite cytoplasmique présent dans la plupart des cellules (absent chez les Cormophytes). C'est un cylindre creux constitué de 9 triplets de microtubules, d'une longueur de 5 µm et d'un diamètre de 2 µm environ. Ils forment les corpuscules basaux des cils et des flagelles et se réunissent par deux pour former le diplosome du centrosome. Pendant l'interphase, le centrosome se duplique. Lors de la prophase, chaque centrosome migre vers un des pôles cellulaires. Ils seront à l'origine du fuseau achromatique.

Centripète *adj. (du lat. centrum et petere, tendre vers).* [Centripetal] Se dit d'un organe, d'une structure qui se développe de la périphérie vers le centre. **Ex.**: Phloème secondaire. **Ant.**: Centrifuge.

Centrique *adj.* [Centric] Se dit des Diatomées dont l'ornementation est radiaire.

Centrodesmose *n. f.* [Centrodesmose] Au cours de la pleuromitose, faisceau de microtubules qui se forme entre les centrosomes, à l'extérieur du noyau qui reste en place. **Syn.**: Paradesmose.

Centrolécithe *adj. (de centre et du gr. lekithos, jaune d'œuf).* [Centrolecithal] Se dit des œufs des Insectes dont le vitellus est très abondant et en position centrale, repoussant le cytoplasme en périphérie.

Centromère *n. m. (de centre et du gr. meros, partie).* [Centromere] Région étroite des chromosomes (ou des chromatides), généralement en leur centre, au niveau de laquelle les chromatides sont étroitement liées, et qui porte les *kinétochores* qui se lient aux fuseaux kinétochoriens lors de la mitose.

Centroplasme *n. m. (de centre et du gr. plasma, chose façonnée).* [Centroplasme] ▸ ① Chez les Cyanobactéries, zone de la cellule où se trouve l'ADN; ▸ ② Zone de cytoplasme dense aux électrons qui entoure le centrosome.

Centrosome *n. m. (de centre et du gr. sôma, corps).* [Centrosome] Organite cytoplasmique présent dans les cellules animales et composé de tubuline et d'autres protéines spécifiques. C'est le site de polymérisation des microtubules. Dans les cellules animales, il contient une paire de centrioles. Chez les Végétaux supérieurs, il n'y a pas de centriole. Chez les Champignons et les Diatomées, le centrosome est une plaque liée à la membrane nucléaire et est appelé *corps du pôle du fuseau.* **Syn.**: Centre organisateur des microtubules, Centre cellulaire, Corps du pôle du fuseau.

Centrosphère *n. f.* [Centrosphere] Zone du centrosome entourant les centrioles et constituant le site de polymérisation des microtubules. **Syn.**: Matériel péricentriolaire, Matrice centrosomique, Sphère directrice.

Cénure ou Cœnure *n. m. (du gr. koinos, commun et oura, queue).* [Coenurus] Cysticerque volumineux de certains Ténias, caractérisé par une multiplication asexuée importante.

Céphalanthie *n. f. (du gr. kephalê, tête et anthos, fleur).* Inflorescence terminale dense. **Ex.**: *Globularia sp.* (Globulariacées).

Céphalé *adj. (du gr. kephalê, tête).* [Cephalous] Qui est pourvu d'une tête bien individualisée.

Céphaline *n. f. (du gr. kephalê, tête).* [Cephalin] Glycérophospholipide dont le phosphate est lié à la sérine (*phosphatidylsérine*) ou à l'éthanolamine (*phosphatidyléthanolamine*). Son nom vient de sa présence en grande quantité dans le tissu nerveux.

Céphalique *adj. (du gr. kephalê, tête).* [Cephalic] Relatif à la tête ou à la partie antérieure d'un animal.

Céphalisation *n. f. (du gr. kephalê, tête).* [Cephalization] Au cours de l'évolution, différenciation de la tête qui s'accompagne de la concentration des centres nerveux et des organes sensoriels. **L'indice de céphalisation** est le rapport du volume de la tête à celui du corps. NB: Ne pas confondre avec Cérébralisation (formation du cerveau).

Céphalodie *n. f. (du gr. kephalê, tête).* [Cephalodia] Excroissance du thalle d'un lichen, formée par un photobionte différent du photobionte du thalle.

Céphalon *n. m. (du gr. kephalê, tête).* [Cephalon] Extrémité céphalique de certains Crustacés.

Céphalorachidien *adj.* [Cephalorachidian] Qui se rapporte à la tête et à la colonne vertébrale. **Syn.**: Cérébrospinal.

Céphalosporine *n. f. (du gr. kephalê, tête, spor(e) et suff. -ine).* [Cephalosporin] Antibiotique de la famille des β-lactamines synthétisé par un Champignon (*Cephalosporium sp.*).

Céphalothorax *n. m. (du gr. kephalê, tête et thorax).* [Cephalothorax] Chez les Chélicérates, région antérieure du corps formée par la tête et le thorax qui sont fusionnés.

Céramide *n. m.* [Ceramide] Sphingolipide formé d'une molécule de sphingosine (alcool) combinée à un acide gras par une liaison amide.

Cérasine *n. f.* [Cerasin] Voir Cérébroside.

Cercaire *n. f. (du gr. kerkos, queue).* [Cercaria] Chez les Trématodes Digéniens, forme larvaire issue des rédies. Elles ont l'organisation d'un adulte mais les organes génitaux ne sont pas différenciés. Elles possèdent une queue et des glandes tégumentaires ou glandes kystogènes qui sécrètent la coque protectrice du stade suivant (métacercaire).

Cercle annuel *m.* **Syn.**: Cerne.

Céréale *n. f. (de Cérès, déesse des moissons).* [Cereal] Plante dont les fruits secs (cayopses) servent à l'alimentation des Hommes et des animaux qu'ils élèvent. Ce sont toutes des Poacées sauf le Sarrasin (Polygonacées). **Ex.**: Avoine (*Avena sativa*), Blé (*Triticum sp.*), Maïs (*Zea mays*), Riz (*Oryza sativa*), Sarrasin (*Fagopyrum sp.*).

Cérébelleux *adj. (du lat. cerebrum, cerveau).* [Cerebellar] Relatif au cervelet.

Cérébral *adj. (du lat. cerebrum, cerveau).* [Cerebral] Relatif au cerveau.

Cérébronique *adj. (du lat. cerebrum, cerveau).* Voir Acide cérébronique.

Cérébrose *n. m. (du lat. cerebrum, cerveau et ose).* [Cerebrose] **Syn.**: Galactose.

Cérébroside *n. m. (du lat. cerebrum, cerveau et oside).* [Cerebroside] Sphingoglycolipide présent en quantité importante dans le cerveau, formé d'une molécule de sphingosine, d'un acide gras à longue chaîne et d'un ose, le galactose. Dans la *cérasine*, l'acide gras est l'acide lignocérique; dans la *phrénosine*, l'acide gras est l'acide cérébronique et dans la *nervone*, c'est l'acide nervonique.

Cérébrospinal *adj. (du lat. cerebrum, cerveau et spinal).* [Cerebrospinal] **Syn.**: Céphalorachidien.

Céride *n. m. (du lat. cera, cire).* [Cerid] Lipide constitutif des cires, formé d'un acide gras et d'un alcool, tous les deux à longue chaîne. **Ex.**: Palmitate de cétyle (blanc de Baleine).

Cérifère *adj. (du lat. cera, cire et ferre, porter).* [Ceriferous] Qui sécrète de la cire.

Cerne *n. m. (du lat. circus, cercle).* [Age ring] Couche concentrique de bois, correspondant à un dépôt annuel. Chaque cerne est formé de deux types de bois:

- un bois clair, aux vaisseaux larges, dit **bois de printemps**;
- un bois sombre, aux vaisseaux étroits et riches en fibres, dit **bois d'automne**.

C'est cette alternance qui permet de distinguer chaque dépôt annuel et de connaître ainsi l'âge de l'arbre. L'épaisseur de chaque cerne est fonction des conditions de croissance du végétal. **Syn.**: Cercle annuel.

Céroma *n. m.* [Ceroma] **Syn.**: 2. Cire.

Cerque *n. m. (du gr. kerkos, queue).* [Cercus (pl. Cerci)] Chez certains Insectes, chacun des deux longs appendices sensoriels portés par le 10e segment abdominal. **Ex.**: Cerques des Perles, des Blattes, des Éphémères.

Céruloplasmine ou Céruléoplasmine *n. f. (du lat. cælum, ciel et plasmine).* [Coeruloplasmin] Enzyme de la classe des oxydoréductases qui catalyse l'oxydation des ions ferreux en ions ferriques pour leur transport par les transferrines. C'est une α_2-globuline plasmatique comportant 8 atomes de cuivre et de poids moléculaire 151 kDa. **Syn.**: Ferroxydase I.

Cérumen *n. m. (du lat. cera, cire).* [Earwax, Cerumen] Substance cireuse jaunâtre sécrétée par les *glandes cérumineuses* du conduit auditif externe qui sont des glandes sudoripares apocrines modifiées.

Cerveau *n. m. (du lat. cerebrum, cerveau).* [Brain] Partie la plus antérieure et la plus volumineuse de l'encéphale, composée des deux hémisphères cérébraux et du diencéphale. Il est protégé par les os du crâne et est en relation avec le tronc cérébral et le cervelet. Il est le siège des fonctions cérébrales supérieures telles que le sommeil, la conscience et la mémoire, et est responsable des intégrations sensorielles et motrices.

Cervelet *n. m.* [Cerebellum] Partie métencéphalique de l'encéphale située en arrière du tronc cérébral, responsable de la régulation et de la coordination des activités motrices. On distingue:

- *l'archicérébellum (auricules* et *flocules*), centre de l'orientation spatiale;
- le *paléocérébellum (corps du cervelet* ou *vermis)* responsable du maintien de la posture;
- le *néocérébellum (hémisphères cérébelleux*), présent seulement chez les Mammifères et contrôlant les activités motrices volontaires.

Cervical *adj. (du lat. cervix, -icis, nuque).* ▸ ① [Cervical] Relatif à la nuque; ▸ ② Qui concerne un orifice en forme de col; ▸ ③ Relatif au collet de la dent.

Cespiteux *adj. (du lat. cespes, -itis, touffe, gazon).* [Caespitose] Qui pousse en touffes denses.

Cétogenèse *n. f. (de cétone et genèse).* [Ketogenesis] Dans les mitochondries des cellules hépatiques, synthèse de corps cétoniques, essentiellement l'acétone, l'acide acétylacétique et l'acide β-hydroxybutyrique, à partir de trois molécules d'acétylcoenzyme A. Ces corps cétoniques diffusent à travers les membranes et sont solubles dans le sang. Ils sont transportés vers le myocarde, le rein et le cerveau où ils sont transformés en acétylcoenzyme A qui pourra entrer dans le cycle de Krebs.

Cétohexose, Cétopentose *n. m.* [Ketohexose, Ketopentose] Voir Cétose.

Cétose *n. m.* [Ketose] Glucide simple possédant la fonction cétone C=O. Les cétopentoses ont 5 carbones (ex.: ribulose), les cétohexoses ont 6 carbones (ex.: fructose).

17-Cétostéroïde *n. m.* [17-Ketosteroid] Stéroïde possédant une fonction cétone sur le carbone 17. Les hormones surrénaliennes et leurs métabolites sont des 17-cétostéroïdes.

Chablis *n. m. (du lat. catabola, machine à lancer des pierres).* Arbre renversé, déraciné ou brisé par un facteur naturel (vent, neige, vieillesse).

Chaetosome *n. m. (du gr. khaitê, chevelure et sôma, corps).* Chez les Insectes Lépidoptères, chacune des deux saillies couvertes de soies au sommet de la tête, en arrière des Antennes.

Chaîne *n. f.* [Chain] Succession d'éléments anatomiques ou de molécules. **Ex.**: Chaîne nerveuse ventrale, chaîne respiratoire des mitochondries.

Chaîne alimentaire *f.* [Food chain] Ensemble d'êtres vivants reliés du point de vue de leur alimentation de telle façon que l'absence de l'un d'entre eux affectent tous les autres membres. Dans cette chaîne alimentaire cyclique, on distingue plusieurs types d'organismes en fonction de la place qu'ils y occupent: les producteurs (autotrophes), les consommateurs primaires (herbivores), les consommateurs secondaires, tertiaires...(carnivores) et les décomposeurs (saprophages). **Syn.**: Chaîne trophique.

Chaîne légère, Chaîne lourde *f.* [Light, Heavy chain] Voir Immunoglobuline.

Chaîne respiratoire *f.* [Respiratory chain] Dans la membrane interne des mitochondries, ensemble de 4 complexes enzymatiques, de l'ubiquinone et du cytochrome c. Ce sont des transporteurs d'électrons et pour certains de protons qui représentent l'étape finale de la production d'énergie au cours du processus d'oxydation des molécules énergétiques. Tous les éléments excepté l'ubiquinone sont des protéines possédant des groupements prosthétiques qui oscillent entre une forme oxydée et une forme réduite, selon qu'ils ont reçu ou donné un électron. Le dernier accepteur d'électrons est l'oxygène qui se lie avec les protons pour former de l'eau. Un gradient de protons est créé entre la matrice mitochondriale et l'espace intermembranaire et son énergie est utilisée pour former de l'ATP.

Chaîne trophique *f.* [Food chain] **Syn.**: Chaîne alimentaire.

Chalaze *n. f. (du gr. khalaza, grêlon).* ▸ ① Dans les ovules d'Angiospermes, zone d'attache du nucelle aux téguments à la base de l'ovule. C'est à ce niveau que les faisceaux conducteurs du funicule se terminent ou divergent pour irriguer l'ovule; ▸ ② Dans l'œuf d'Oiseau, groupe de filaments d'albumine torsadés fixés à la membrane coquillière interne. Les filaments suspendent le jaune dans l'albumen. L'enroulement des chalazes est dextre à gauche de l'embryon et senestre à sa droite, l'embryon étant disposé la tête vers l'avant. [Chalaza]

Chalazogamie *n. f. (de chalaze et du gr. gamos, mariage).* [Chalazogamy] Mode de fécondation où le tube pollinique pénètre dans l'ovule en passant par la chalaze au lieu du micropyle. **Ex.**: Aulne (*Alnus sp.*), Bouleau (*Betula sp.*), Filao (*Casuarina sp.*), Noyer (*Juglans sp.*).

Chalone *n. f.* [Chalon] Polypeptide inhibiteur de la mitose, dans certains tissus.

Chambre de l'œil *f.* Cavité de l'œil située à l'avant du cristallin et remplie de l'humeur aqueuse. On distingue la **chambre antérieure** entre la cornée et l'iris et la **chambre postérieure** entre l'iris et le cristallin.

Chambre glomérulaire *f.* Dans le corpuscule rénal, lumière de la capsule de Bowman, en continuité avec la lumière du tubule contourné proximal. **Syn.**: Espace urinaire.

Chambre pollinique *f.* [Pollen chamber] Chez les Préspermatophytes, cavité ménagée au sommet du nucelle recevant les grains de pollen après résorption de la goutte micropylaire. Dans cette cavité, le grain de pollen germe et les spermatozoïdes libérés nagent vers les archégones.

Chambre sous-stomatique *f.* [Substomatal chamber] Cavité du mésophylle située juste sous un stomate.

Chaméphyte *n. f. (du gr. khamai, à terre et phuton, plante).* [Chamaephyte] Toute plante possédant pendant l'hiver des bourgeons persistants situés à moins de 50 cm du sol. Les chaméphytes représentent un des types biologiques de la classification de Raunkiaer. Voir Tableau des types biologiques.

Champ morphogénétique *m.* [Morphogenetic field] Territoire déterminé de l'embryon sans différenciation visible mais représentant l'ébauche d'un organe. La régulation d'un champ entier est impossible, mais des régulations subsistent à l'intérieur d'un champ.

Champignonniste *adj. (de champignon).* [Fungi cultivating] Se dit des Insectes qui cultivent du mycélium pour s'en nourrir. **Ex.**: Fourmis (*Atta sp.*), Termites (Macrotermitidés).

Chanfrein *n. m.* [Forehead] Partie antérieure de la tête de certains grands Mammifères, située entre le front et les naseaux.

Chaparral *n. m. (mot esp., de chaparro, plantation de chênes).* [Chaparral] Formation végétale xérophytique du Texas, de la Californie et du Nord du Mexique, composée de broussailles épineuses denses hautes d'environ 2 m.

Chapeau *n. m. (du lat. cappa, capuchon).* [Cap, Pileus] Chez les Basidiomycètes, partie supérieure du sporophore qui porte l'hyménium.

Chaperon *n. m. et adj.* Voir Protéine chaperon.

Charaçaie *n. f.* Formation végétale herbacée aquatique dominée par les Characées et les Bryophytes. **Syn.**: Charaie.

Charaie *n. f.* **Syn.**: Charaçaie.

Charmaie *n. f.* Peuplement forestier dominé par le Charme (*Carpinus betulus*, Bétulacées). **Syn.**: Charmeraie.

Charmeraie *n. f.* **Syn.**: Charmaie.

Charnière *n. f. (du lat. cardo, gond).* [Hinge] Chez les Bivalves, zone d'articulation entre les deux valves de la coquille et où se loge le ligament élastique.

Charnu *adj. (du lat. caro, carnis, chair).* [Fleshy] Se dit d'un végétal ou d'un organe dont les tissus ou chair sont gorgés de suc.

Charognard *n. m. et adj. (du lat. caro, carnis, chair).* [Carrion feeder] Animal qui se nourrit de charognes, qui pratique le *charognage*.

Chasmogamie *n. f. (du gr. kasma, ouverture et gamos, mariage).* [Chasmogamy] Mode de reproduction des fleurs qui s'épanouissent normalement ce qui autorise donc la fécondation croisée. **Ant.**: Cléistogamie.

Chasmophile *adj. (du gr. kasma, ouverture et philos, ami).* [**Chasmophilous**] Qui vit dans les fissures des rochers. **Syn.**: Fissuricole.

Chasmophyte *n. f. (du gr. kasma, ouverture et phuton, plante).* [**Chasmophyte**] Plante chasmophile. **Ex.**: Linaire cymbalaire (*Linaria cymbalaria*, Scrofulariacées).

Châtaigneraie *n. f.* Peuplement forestier de Châtaigniers (*Castanea sativa*, Fagacées).

Chaton *n. m. (allusion à la queue d'un chat).* [**Catkin**] Épi dense de fleurs sessiles incomplètes et unisexuées. **Syn.**: Amentum.

Chatouille *n. f.* **Syn.**: Ammocète.

Chaume *n. m. (du lat. calamus, tige de roseau).* [**Stubble**] Tige des Poacées, creuse, cylindrique, pouvant atteindre des hauteurs considérables (Bambou). Les feuilles s'insèrent au niveau des nœuds qui eux sont pleins.

Chéilanthe *adj. (du gr. keilos, lèvre et anthos, fleur).* Qui porte des fleurs labiées. **Ex.**: Lamiacées.

Chéilocystide *n. f. (du gr. keilos, lèvre et kustis, vessie).* [**Cheilocystidium**] Voir Cystide.

Chéilodrome *adj. (du gr. keilos, lèvre et dromos, course).* **Syn.**: Craspédodrome.

Chélat ou Chélate *n. m. (du gr. khêlê, pince).* [**Chelate**] Voir Chélateur.

Chélateur *n. m. et adj. m. (du gr. khêlê, pince).* Complexe organique négatif qui se lie par des liaisons faibles à un ion positif en l'entourant. Le composé obtenu est appelé *chélat* ou *chélate*.

Chélicère *n. f. (du gr. khêlê, pince et keras, corne).* [**Chelicera**] Chez les Chélicérates, appendice de la paire la plus antérieure, en position préorale. Chez les Scorpions, elles forment une *pince*, chez les Araignées, un *crochet venimeux* et chez les Acariens parasites, un *stylet piqueur.*

Chélonographie *n. f. (du gr. khelônê, tortue et graphein, écrire).* Partie de la zoologie qui traite des Tortues.

Chémocepteur ou Chémorécepteur *n. m. et adj.* [**Chemoreceptor, Chemoceptor**] **Syn.**: Chimiorécepteur.

Chênaie *n. f.* Peuplement forestier dominé par des Chênes (*Quercus sp.*), d'une seule espèce dans la **chênaie pure**, de plusieurs espèces dans la **chênaie mélangée**, et accompagnés d'autres espèces ligneuses dans la **chênaie mixte** ou **chênaie diversifiée**.

- **Chênaie-bétulaie**, forêt de Chênes et de Bouleaux, stade jeune d'un peuplement forestier;
- **Chênaie-buxaie**, forêt de Chênes et de Buis, sur sol calcaire;
- **Chênaie-charmaie**, forêt de Chênes et de Charmes;
- **Chênaie-frênaie**, forêt de Chênes et de Frênes;
- **Chênaie-hêtraie**, forêt de Chênes et de Hêtres;
- **Chênaie pubescente**, forêt subméditerranéenne de Chênes pubescents (*Quercus pubescens*).

Chenille *n. f. (du lat. canicula, petite chienne).* [**Caterpillar**] Larve des Lépidoptères et des Coléoptères, phytophage, au corps annelé, lisse ou velue.

Chersophyte *n. f.* [**Chersophyte**] Plante qui pousse sur un sol pauvre et mince.

Chétotaxie *n. f. (du gr. khaitê, chevelure et taxis, arrangement).* [**Chaetotaxy**] Étude de la disposition des soies chez les Insectes.

Chevelu racinaire *m.* Chez les Plantes supérieures, ensemble des racines les plus fines.

Cheville osseuse *f.* **Syn.**: Cornillon.

Chiasma *n. m. (du gr. khiasma, croisement).* [**Chiasma**] ▸ ① Au cours de la prophase I de la méiose, zone de croisement de deux chromatides homologues, l'une d'origine maternelle et l'autre d'origine paternelle. A ce niveau a lieu un enjambement ou échange de portion de chromatides; ▸ ② Croisement de fibres nerveuses en forme de X. **Ex.**: Chiasma optique.

Chimère *n. f.* [**Chimera**] Structure vivante créée artificiellement par fusion entre deux structures de génotypes différents.

Chimioautotrophe *adj. et n. m. (de chimie et autotrophe).* [**Chemoautotrophic**] Se dit d'un Procaryote qui obtient de l'énergie par l'oxydation de substances inorganiques et qui utilise le CO_2 comme source de carbone. **Syn.**: Chimiolithotrophe. Voir Tableau des types nutritionnels.

Chimiohétérotrophe *adj. et n. m. (de chimie et hétérotrophe).* [**Chemoheterotrophic**] Se dit d'un organisme qui obtient de l'énergie par l'oxydation de molécules organiques et qui utilise des molécules organiques comme source de carbone. Ce mode de nutrition existe dans tous les règnes et c'est le seul mode existant chez les Animaux et les Champignons. **Syn.**: Chimioorganotrophe. Voir Tableau des types nutritionnels.

Chimiolithotrophe *adj. et n. m. (de chimie et lithotrophe).* [**Chemolithotrophic**] **Syn.**: Chimioautotrophe.

Chimioorganotrophe *adj. et n. m. (de chimie et organotrophe).* [**Chemoorganotrophic**] **Syn.**: Chimiohétérotrophe.

Chimiorécepteur *n. m. et adj. (de chimie et récepteur).* [**Chemoreceptor**] Récepteur sensoriel sensible à des substances chimiques. **Syn.**: Chémorécepteur, Chémocepteur.

Chimiosynthèse *n. f. (de chimie et synthèse).* [**Chemosynthesis**] Synthèse de substances organiques en utilisant l'énergie tirée de l'oxydation de substances organiques (chimioorganotrophes) ou non (chimiolithotrophes).

Chimiotaxie *n. f. (de chimie et taxie).* [**Chemotaxis**] Voir Taxie.

Chimiotropisme *n. m. (de chimie et tropisme).* [**Chemotropism**] Voir Tropisme.

Chimiotype *n. m. (de chimie et type).* [**Chemotype**] Variété d'un Végétal qui se caractérise par une composition chimique particulière.

Chionophile *adj. (du gr. chionos, neige et philos, ami).* [**Chionophilous**] Qui est adapté à ou qui supporte un enneigement prolongé. **Syn.**: Nivicole. **Ant.**: Chionophobe.

Chionophobe *adj. (du gr. chionos, neige et phobos, crainte).* [**Chionophobous**] Qui ne supporte pas un enneigement prolongé. **Ant.**: Chionophile.

Chiroptérochorie *n. f. (de chiroptère et du gr. khôrein, se déplacer).* [**Chiropterochory**] Dissémination des diaspores par les Chauves-souris. Voir le tableau des types de dispersion des diaspores.

Chiroptérogamie *n. f. (de chiroptère et du gr. gamos, mariage).* [**Chiropterogamy**] Mode de fécondation qui nécessite l'intervention d'une Chauve-souris. **Ex.**: Baobab (*Adansonia digitata*, Malvacées). **Syn.**: Chiroptérophilie.

Chiroptérophilie *n. f. (de chiroptère et du gr. philos, ami).* [**Chiropterophily**] **Syn.**: Chiroptérogamie.

Chitine *n. f. (du gr. chitôn, tunique).*

[Chitin] Polysaccharide de N-acétyl-β-D-glucosamines reliées par liaisons (1,4). La chitine constitue la cuticule de certains Invertébrés, notamment des Arthropodes, et est présente dans la paroi cellulaire des Champignons.

Chiton *n. m.* Paroi des oogones (gamétocyste femelle des Thallophytes).

Chlamydé *adj. (du gr. khlamus, manteau).* [Chlamydeous] Se dit d'une fleur pourvue d'un périanthe.

Chlamydospore *n. f. (du gr. khlamus, manteau et spore).* [Chlamydospore] Spore à paroi squelettique épaisse et riche en lipides chez certaines Algues et certains Champignons (*Mucor*).

Chloramphénicol *n. m.* [Chloramphenicol] Antibiotique à large spectre synthétisé par *Streptomyces venezuelae*. Il inhibe la peptidyltransférase des ribosomes donc la synthèse des protéines. **Syn.**: Chloromycétine.

Chlore *n. m.* [Chlor] Symb.: Cl – Élément chimique (Z = 17) du groupe des halogènes. L'ion chlorure est le principal anion extracellulaire et il se trouve en abondance dans le suc gastrique sous forme d'acide chlorhydrique, dans la bile et dans le suc pancréatique. Il est facilement réabsorbé par l'intestin.

Chlorocruorine *n. f. (du gr. khlôros, vert).* [Chlorocruorin] Chez certains Annélides Polychètes (Sabellidés, Serpulidés), pigment respiratoire protéique vert présent dans le plasma sanguin. L'hème porte un ion ferrique Fe^{3+}.

Chlorocyste *n. m. (du gr. khlôros, vert et kustis, vessie).* [Chlorocyst] Chez les Sphaignes, cellule des feuilles, allongée, étroite, constituant le siège de la photosynthèse.

Chloromycétine *n. f. (du gr. khlôros, vert, mukês, champignon et suff. – ine).* [Chloromycetin] **Syn.**: Chloramphénicol.

Chloronéma *n. m. (du gr. khlôros, vert et nêma, filament).* [Chloronema] Protonéma chlorophyllien des Bryophytes.

Chlorophylle *n. f. (du gr. khlôros, vert et phullon, feuille).* [Chlorophyll] Pigment porphyrique contenu dans les chloroplastes des Végétaux phototrophes aussi appelés chlorophylliens. Le *noyau tétrapyrrolique* contient en son centre un *atome de magnésium* et à sa périphérie diverses substitutions dont un alcool à longue chaîne, le *phytol*. Le noyau tétrapyrrolique constitue le pôle hydrophile et le phytol, le pôle hydrophobe qui s'enchâsse dans la membrane des thylakoïdes. La **chlorophylle b** diffère de la **chlorophylle a** par la présence d'un substituant formyle (CHO) à la place d'un méthyle (CH_3) sur un carbone d'un des pyrroles. La **chlorophylle c** ne possède pas de phytol. La chlorophylle a est présente chez tous les phototrophes, la chlorophylle b chez les Cormophytes et les Chlorophytes, la chlorophylle c chez les Pyrrophytes, Chrysophytes et Phéophytes, et la chlorophylle d chez les Rhodophytes. Les chlorophylles captent les photons dont l'énergie excite un électron qui est alors transmis à un pigment voisin. Ce transfert d'électrons permettra *in fine* la formation de potentiel réducteur et d'ATP.

Chloroplaste *n. m. (du gr. khlôros, vert et plaste).* [Chloroplast] Organite cytoplasmique limité par une double membrane et contenant les chaînes photosynthétiques insérées dans des sacs membranaires ou *thylakoïdes*. Les thylakoïdes baignent dans le *stroma* qui contient le génome chloroplastique, des globules lipidiques et des grains d'amidon. Les chloroplastes sont présents chez tous les Eucaryotes photosynthétiques. Ils proviennent vraisemblablement de Cyanobactéries qui seraient devenues symbiotiques au cours de l'évolution.

Chlortétracycline *n. f. (de chlor(e), tettares, quatre et cycline).* [**Chlortetracycline**] **Syn.**: Auréomycine.

Choane *n. f. (du gr. khoanê, entonnoir).* [**Choana**] Chez les Tétrapodes, orifice postérieur des fosses nasales qui met ces dernières en communication avec les poumons et qui confère donc à l'organe olfactif une fonction respiratoire. **Syn.**: Narine interne.

Choanocyte *n. m. (du gr. khoanê, entonnoir et kutos, cellule).* [**Collar cell**] Chez les Spongiaires, cellule flagellée de l'endoderme. Le flagelle est entouré d'une *collerette*, l'ensemble constituant une *corbeille vibratile* dont le rôle est de créer un courant d'eau.

Cholagogue *adj. et n. m. (du gr. kholê, bile et agein, conduire).* [**Cholagogic (adj.), cholagogue (n.)**] Se dit d'une substance qui facilite l'évacuation de la bile. **Ex.**: Hépatokinine.

Cholécalciférol *n. m. (du gr. kholê, bile et calciférol).* [**Cholecalciferol**] Précurseur de la vitamine D active (1,25-dihydroxycholécalciférol), issu de l'action des rayons UV au niveau de la peau sur le 7-déhydrocholestérol. **Syn.**: Vitamine D3.

Cholécystokinine *n. f. (du gr. kholê, bile, kustos, cellule et kinine).* [**Cholecystokinin**] Sigle: CCK – Hormone polypeptidique de 33 acides aminés sécrétée dans le sang par les endocrinocytes de la muqueuse duodénale lorsqu'ils sont en présence de lipides et de protéines. La cholécystokinine stimule la production d'un suc pancréatique riche en enzymes, stimule la contraction de la vésicule biliaire et entraîne le relâchement du sphincter d'Oddi. **Syn.**: Pancréozymine.

Cholédoque *adj. et n. m.* [**Choledoc**] Voir Canal cholédoque.

Cholérétique *adj. et n. m. (du gr. kholê, bile et airetikos, qui prend).* [**Choleretic (adj.)**] Se dit d'une substance qui stimule la sécrétion de la bile.

Cholestane *n. m.* [**Cholestane**] Composé tétracyclique à 27 carbones, dont 2 méthyles et une chaîne latérale de 8 carbones. C'est la base moléculaire commune à presque tous les stéroïdes et stérides.

Cholestérol *n. m. (du gr. kholê, bile et sterros, consistant).* [**Cholesterol**] Stéroïde à 27 carbones présent dans les membranes plasmiques des Eucaryotes. Il régule la fluidité des membranes en modérant les mouvements des chaînes hydrocarbonées lorsque la température augmente et en évitant leur cristallisation lorsque la température diminue. C'est aussi le précurseur des hormones stéroïdes, des acides biliaires et de la vitamine D. Il est d'origine alimentaire ou synthétisé à partir de trois acétylcoenzymes A selon une longue chaîne de réactions biochimiques. Dans le sang, il est transporté du foie vers les cellules sous forme de LDL (Low density lipoprotein) et des cellules vers le foie (pour y être éliminé dans la bile) sous forme de HDL. Chez l'Homme, la cholestérolémie normale est de 1,5 à 2,6 $g.l^{-1}$.

Choline *n. f. (du gr. kholê, bile).* [**Choline**] Alcool azoté entrant dans la composition des phosphoglycérides (phosphatidylcholine) et de la sphingomyéline. La choline acétylase catalyse le transfert du radical acétyle de l'acétylcoenzyme A sur la choline pour former *l'acétylcholine*, un neurotransmetteur. Formule: $(CH_3)_3-N^+-CH_2-CH_2OH$.

Choline acétylase *n. f.* [**Choline acetylase**] Voir Choline.

Cholinergique *adj.* [**Cholinergic**] ▸ ① Se dit d'un élément de l'organisme (récepteur, neurofibre...) qui sécrète de l'acétylcholine ou qui lui est sensible; ▸ ② Se dit d'une substance aux propriétés semblables à celles de l'acétylcholine. **Syn.**: Parasympathicomimétique. **Ant.**: Anticholinergique.

Cholinestérase *n. f.* [**Cholinesterase**] Enzyme de la classe des hydrolases qui catalyse l'hydrolyse de l'acétylcholine en choline et acide acétique.

Cholique *adj. (du gr. kholê, bile).* Voir Acide cholique.

Chomophile *adj.* [**Chomophilous**] Voir Chomophyte.

Chomophyte *n. f.* [**Chomophyte**] Plante *chomophile*, c'est-à-dire poussant sur les éboulis et les matériaux détritiques.

Chondrification *n. f. (du gr. khondros, cartilage).* [**Chondrification**] Chez l'embryon des Vertébrés, formation du cartilage à partir du mésenchyme squelettogène.

Chondrifié *adj.* Se dit d'un tissu qui a été transformé en cartilage, qui a subi la chondrification.

Chondrioconte *n. m. (du gr. khondrion, granule).* [**Chondriocont**] Mitochondrie allongée en forme de bâtonnet.

Chondriodiérèse *n. f. (du gr. khondrion, granule et diérèse).* [**Chondriokinesis**] Division des mitochondries. Cette division ainsi que la réplication de l'ADN mitochondrial ont lieu tout au long du cycle cellulaire sans synchronisation avec la division cellulaire.

Chondriome *n. m. (du gr. khondrion, granule).* [**Chondriome**] Ensemble des mitochondries d'une cellule. Le nombre de mitochondries est plus ou moins important selon l'activité de la cellule et est modifié par une variation du rythme de divisions des mitochondries.

Chondroblaste *n. m. (du gr. khondrion, granule et blastos, germe).* [**Chondroblast**] Cellule déterminée mais indifférenciée du cartilage en croissance, sécrétant la matrice extracellulaire et subissant des mitoses. Les chondroblastes se différencieront en *chondrocytes*, cellules matures du cartilage.

Chondrocrâne *n. m. (du gr. khondros, cartilage et crâne).* [**Chondrocranium**] Crâne cartilagineux issu de la chondrification du mésenchyme squelettogène. Il n'est définitif que chez les Cyclostomes et les Chondrichtyens. S'oppose à Ostéocrâne.

Chondrocyte *n. m. (du gr. khondros, cartilage et kutos, cellule).* [**Chondrocyte**] Chacune des cellules différenciées du cartilage que l'on trouve assemblées dans de petites loges de la matrice cartilagineuse ou *chondroplastes*. Elles maintiennent l'intégrité de la matrice en synthétisant régulièrement de la matrice.

Chondrogenèse *n. f. (du gr. khondros, cartilage et genèse).* [**Chondrogenesis**] Formation du cartilage. **Ant.**: Chondrolyse.

Chondroïtine sulfate *f.* [**Chondroitin sulfate**] Polysaccharide du groupe des glycosaminoglycanes que l'on trouve dans la substance fondamentale du tissu conjonctif, et notamment du cartilage. C'est une chaîne linéaire d'unités disaccharidiques répétitives formées d'un *acide glucuronique* et d'une *N-acétyl-β-D-galactosamine* ou *chondrosine* unis par une liaison (1,3).

Ces diosides sont unis par des liaisons β- (1,4). Des sulfates estérifient l'hydroxyle du carbone 4 de l'acétylgalactosamine (c'est le carbone 6 dans le dermatane sulfate).

Chondrologie *n. f. (du gr. khondros, cartilage et du gr. logos, discours).* [**Chondrology**] Partie de l'anatomie qui étudie les cartilages.

Chondrolyse *n. f. (du gr. khondros, cartilage et lyse).* [**Chondrolysis**] Destruction du cartilage. **Ant.**: Chondrogenèse.

Chondromucoïde *n. m.* [**Chondromucoid**] Ancien nom donné à l'ensemble des protéoglycanes du cartilage.

Chondroplaste *n. m. (du gr. khondros, cartilage et plaste).* [**Chondroplast**] Dans le cartilage, cavité de la substance fondamentale où loge un ou plusieurs chondrocytes.

Chondrosine *n. f. (du gr. khondros, cartilage et ose).* [**Chondrosin**] Voir Chondroïtine sulfate.

Chorde → Corde

Chorion *n. m.* [**Chorion**] ▸ ① Chez les Mammifères, membrane extra-embryonnaire résultant de l'accolement de la somatopleure au cytotrophoblaste. Lorsque l'allantoïde se développe chez certaines espèces, il vient se coller au chorion et forme avec lui *l'allantochorion*. Avec l'amnios, il y a formation de *l'amnio-chorion;* ▸ ② Chez l'embryon d'Oiseaux, membrane extra-embryonnaire résultant de l'accolement de la somatopleure et de l'ectoderme extra-embryonnaire. **Syn.**: Séreuse de Von Baer; ▸ ③ Dans un œuf d'Insectes, enveloppe externe imperméable sécrétée par les cellules folliculaires et pourvue d'une ouverture apicale ou micropyle par laquelle pénètrent les spermatozoïdes; ▸ ④ Tissu conjonctif aréolaire présent sous l'épithélium des muqueuses.

Chorionine *n. f. (de chorion et suff. -ine).* Protéine tannée du chorion des œufs d'Insectes.

Choripétale *adj. (du gr. choris, séparément et pétale).* [**Choripetalous**] **Syn.**: Dialypétale.

Chorisépale *adj. (du gr. choris, séparément et sépale).* [**Chorisepalous**] **Syn.**: Dialysépale.

Choroïde *n. f. (du gr. khorion, membrane et eidos, aspect).* [**Choroid**] Chez les Vertébrés, membrane vascularisée de l'œil située entre la sclérotique et la rétine. Elle possède de la mélanine qui absorbe la lumière pour l'empêcher de diffuser à l'intérieur de l'œil (sauf chez quelques Poissons et quelques Mammifères nocturnes). A l'avant, elle forme les corps ciliaires qui sécrètent l'humeur aqueuse et contribue à la formation de l'iris.

Chorologie *n. f. (du gr. khôra, pays et logos, discours).* [**Chorology**] Étude de la répartition des organismes, de l'histoire de cette répartition et des modes de dispersion.

Chortonomie *n. f.* Ensemble des méthodes et techniques permettant la constitution d'un herbier.

Chromatide *n. f. (du gr. khrôma, couleur).* [**Chromatid**] Élément cellulaire allongé correspondant à une molécule d'ADN condensée. Deux chromatides assemblées au niveau du centromère forme un *chromosome*. Les deux chromatides se séparent lors de la mitose au début de l'anaphase et lors de la méiose au début de l'anaphase de la deuxième division.

Chromatine *n. f. (du gr. khrôma, couleur).* [**Chromatin**] Molécule d'ADN associée à diverses protéines dont les histones qui sont organisées en nucléosomes. La molécule d'ADN s'enroule autour de chaque nucléosome en réalisant deux tours complets et se prolonge jusqu'au nucléosome suivant par un ADN internucléosomique. On distingue **l'euchromatine**, décondensée, peu colorable et **l'hétérochromatine**, condensée, très colorable. Seule l'euchromatine est transcrite.

Chromatophore *n. m. (du gr. khrôma, couleur et pherein, porter).* [**Chromatophore**] ▸ ① Cellule pigmentaire des téguments. Les **mélanophores** synthétisent la mélanine. Les **lipophores** contiennent des caroténoïdes. Les **guanophores** ou **iridocytes** ou **xanthophores** possèdent des cristaux de guanine. Les modifications de couleur des téguments sont dues aux variations de taille des chromatophores, sous contrôle hormonal; ▸ ② Chloroplaste unique de certaines Algues contenant les pigments photosynthétiques.

Chrome *n. m. (du gr. khrôma, couleur).* [**Chromium**] Symb.: Cr – Élément chimique (Z = 24) du groupe des métaux. Cet oligoélément stimule la synthèse des récepteurs à l'insuline et est un constituant du facteur de tolérance au glucose qui agit en synergie ave l'insuline. Une carence provoque l'opacité de la cornée et du cristallin. Il augmente la longévité des animaux.

Chromogène *adj. (du gr. khrôma, couleur et genos, naissance).* Se dit des Bactéries qui synthétisent des substances colorées.

Chromolipide *n. m. (du gr. khrôma, couleur et lipide).* [**Chromolipid**] Globule lipidique où sont dissous des caroténoïdes. **Syn.:** Lipochrome.

Chromomère *n. m. (du gr. khrôma, couleur et meros, partie).* [**Chromomere**] Dans les ovocytes au stade diplotène, portion de chromatine condensée des chromosomes en écouvillon. Les chromomères alternent avec les *boucles* qui sont des segments de chromatine décondensée. La chromatine des chromomères n'est pas transcrite.

Chromonema *n. m. (du gr. khrôma, couleur et nêma, filament). Pl. Chromonemata.* [**Chromonema**] Filament de chromatine.

Chromophore *n. m. (du gr. khrôma, couleur et pherein, porter).* [**Chromophore**] Composé chimique qui, en se liant à un autre composé, confère à celui-ci une couleur déterminée.

Chromoplaste *n. m. (du gr. khrôma, couleur et plaste).* [**Chromoplast**] Plaste des cellules végétales renfermant des pigments (xanthophylles, carotènes, flavonoïdes). On rencontre des **phéoplastes** à fucoxanthine chez les Phéophycophytes et des **rhodoplastes** à phycoérythrine et phycocyanine chez les Rhodophycophytes.

Chromoprotéine *n. f. (du gr. khrôma, couleur et protéine).* [**Chromoprotein**] Hétéroprotéine dont le groupement prosthétique lui confère une couleur. **Ex.:** Hémoglobine, cytochrome.

Chromosome *n. m. (du gr. khrôma, couleur et sôma, corps).* [**Chromosome**] Structure filamenteuse permanente, nucléaire ou cytoplasmique, présente dans toutes les cellules (au-moins au début de leur vie), formée d'une ou plusieurs molécules d'ADN bicaténaire, associées chez les Eucaryotes à des protéines basiques appelées histones.

Chez les Eucaryotes, les chromosomes sont constitués d'une molécule d'ADN pendant l'interphase, de deux molécules d'ADN juste avant la division cellulaire (mitose, méiose), l'une étant la copie de l'autre par réplication, ou de nombreuses molécules d'ADN identiques (copies) dans le cas des **chromosomes polytènes**. Dans les cellules haploïdes, chaque chromosome est unique alors qu'ils sont en double exemplaire dans les cellules diploïdes et en plusieurs exemplaires dans les cellules polyploïdes.

Pendant l'interphase, les chromosomes sont des filaments très longs, fins, décondensés et ne sont pas observables individuellement. Pendant la division cellulaire, les chromosomes sont courts, épais, très condensés et visibles au microscope photonique. Les chromosomes possèdent alors deux molécules d'ADN condensées appelées *chromatides* réunies au niveau d'une région étroite appelée *centromère*. Lors de l'anaphase mitotique et de l'anaphase de la deuxième division de méiose, c'est à ce niveau que les chromatides se séparent pour rejoindre chacune un des pôles de la cellule.

On distingue les **chromosomes sexuels** ou **gonosomes** ou **hétérochromosomes**, responsables du sexe de l'individu, et tous les autres chromosomes ou **autosomes**.

Chez les Procaryotes, le chromosome est unique, circulaire et cytoplasmique (**chromosome bactérien** ou **nucléoïde**). Par extension, les matériels génétiques des Virus, des plastes et des mitochondries sont parfois appelés chromosomes.

Chromosome en écouvillon *m.* [**Lampbrush chromosome**] Dans certains ovocytes au stade diplotène, chromosome présentant une alternance de secteurs de chromatine condensée, les *chromomères* et de secteurs de chromatine déspiralisée, les *boucles*. Les boucles ont une position fixe et se font face sur les deux chromatides d'un chromosome. Elles possèdent des gènes qui sont transcrits abondamment pour la synthèse des ARN pendant l'ovogenèse. **Syn.**: Chromosome plumeux, Chromosome en lampbrush.

Chromosome en lampbrush *m.* **Syn.**: Chromosome en écouvillon.

Chromosome géant *m.* **Syn.**: Chromosome polytène.

Chromosome plumeux *m.* **Syn.**: Chromosome en écouvillon.

Chromosome polytène *m. (du gr. polus, nombreux et tainia, bandelette, ruban).* [**Polytene chromosome**] Chromosome très grand et très large que l'on observe dans certaines cellules géantes de larves d'Insectes Diptères (Drosophile, Chironome). Sa largeur résulte de l'accolement de très nombreuses chromatides issues d'autant de mitoses qui n'ont pas été suivies de la division de la cellule. Sa longueur serait due à la faiblesse de la condensation de la chromatine par rapport aux chromosomes normaux. Chaque chromosome présente une alternance de bandes sombres (5000) et d'interbandes claires, la couleur variant selon le degré de condensation de la chromatine. **Syn.**: Chromosome géant, Chromosome polyténique.

Chromosome polyténique *m.* **Syn.**: Chromosome polytène.

Chromosome sexuel *m.* [**Sexual chromosome**] **Syn.**: Gonosome.

Chromosporé *adj. (du gr. khrôma, couleur et sporé).* Se dit d'un Champignon supérieur dont les spores sont colorées.

Chronaxie *n. f. (du gr. khrônos, temps et axia, valeur).* [**Chronaxis**] Temps nécessaire pour exciter un tissu nerveux ou musculaire par un influx nerveux dont l'intensité est le double de celle du seuil d'excitation.

Chronobiologie *n. f. (du gr. khrônos, temps et biologie).* [Chronobiology] Étude des rythmes biologiques.

Chrysalide *n. f. (du gr. khrusos, or).* [Chrysalis] Nymphe des Lépidoptères souvent entourée d'un cocon que la larve a sécrété; enveloppe de cette nymphe.

Chrysocarpe *adj. (du gr. khrusos, or et karpos, fruit).* [Chrysocarpous] Qui a des fruits dorés.

Chrysocystide *n. f. (du gr. khrusos, or et cystide).* [Chrysocystidium] Voir Cystide.

Chthonophyte *n. f.* Syn.: Pézophyte.

Chuinter *v. i.* [To hoot] Pousser son cri, le *chuintement*, en parlant de la Chouette.

Chyle *n. m. (du gr. khulos, suc).* [Chyle] Lymphe de couleur blanc laiteux, chargée de triglycérides, formée dans les vaisseaux lymphatiques des villosités de l'intestin. Elle retourne à la circulation sanguine au niveau du cou (veine subclavière gauche).

Chylifère *adj. et n. m. (du gr. khulos, suc et du lat. ferre, porter). Vaisseau chylifère* ou *n. m. Chylifère*, vaisseau lymphatique des villosités intestinales qui récupère les chylomicrons issus de la digestion des lipides. [Chyliferous vessel]

Chylification *n. f.* [Chylification] Formation du chyle dans les entérocytes et les vaisseaux lymphatiques.

Chylomicron *n. m. (du gr. khulos, suc et micron).* [Chylomicron] Globule lipoprotéique de la taille du micromètre. Ils sont formés dans les entérocytes à partir des triglycérides issus de la digestion, de phospholipides et de cholestérol. Ces lipides sont recouverts d'une fine couche de protéines dans l'appareil de Golgi. Les chylomicrons passent ensuite dans les vaisseaux chylifères, leur taille ne leur permettant pas de traverser l'endothélium des capillaires sanguins. Ils rejoignent la circulation sanguine où ils subissent une digestion par la lipoprotéine lipase associée à l'endothélium capillaire.

Chylophyte *n. f.* [Chylophyte] Se dit d'un végétal qui pousse sur un substrat dur.

Chyme *n. m. (du gr. khumos, humeur).* [Chyme] Bouillie alimentaire qui se forme dans l'estomac par l'action du suc gastrique.

Chymification *n. f.* [Chymification] Transformation des aliments en chyme, dans l'estomac.

Chymodénine *n. f.* Polypeptide duodénal qui stimule la sécrétion de chymotrypsinogène par le pancréas.

Chymosine *n. f.* [Chymosin] Syn.: Rennine.

Chymotrypsine *n. f. (de chyme et trypsine).* [Chymotrypsin] Endoprotéase pancréatique qui catalyse l'hydrolyse des liaisons peptidiques entre acides aminés aromatiques. Elle est produite dans les acini du pancréas sous forme de précurseur, le *chymotrypsinogène*. Elle est formée de trois chaînes polypeptidiques reliées par des ponts disulfure.

Chymotrypsinogène *n. m.* [Chymotrypsinogen] Zymogène précurseur de la chymotrypsine, synthétisé par le pancréas. La trypsine élimine les 15 premiers acides aminés puis deux dipeptides pour former la chymotrypsine.

Cicatricule *n. f.* [Cicatricle] Dans les œufs télolécithes, région du pôle animal composée de cytoplasme sans vitellus et dont la segmentation donnera le disque germinatif.

Cicatrisation *n. f.* [Cicatrization, Healing] Processus par lequel une lésion tissulaire est réparée. Chez les Végétaux, la cicatrisation, très longue, consiste en la croissance de bourrelets cicatriciels du bord de la plaie. Chez les animaux, elle fait intervenir de nombreux mécanismes tels que l'hémostase, la réparation des tissus et la néoformation de tissus cicatriciels.

Ciclosporine ou Cyclosporine *n. f.* [Ciclosporin] Oligopeptide cyclique à 11 acides aminés extrait d'un Champignon, *Tolypocladium inflatum*. C'est un suppresseur de l'immunité à médiation cellulaire par inhibition de la transcription des gènes de l'interleukine. Elle est utilisée pour éviter les réactions de rejet en cas d'allogreffes.

Cicutine *n. f. (du lat. cicuta, ciguë).* [Cicutine] Alcaloïde acétylénique synthétisé par la Ciguë aquatique (*Cicuta virosa*, Apiacées). **Syn.**: Conicine.

Cil *n. m.* ▸ ① Poil du bord libre des paupières, chez les Mammifères. Un contact avec un des cils déclenche le réflexe de clignement. [Eyelash]; ▸ ② Organite cellulaire correspondant à une expansion en doigt de gant du cytoplasme, pourvu en son centre d'un faisceau de microtubules, *l'axonème*. Les cils naissent à partir d'une structure cytoplasmique, le corpuscule basal. Les champs de cils ondulent d'une manière coordonnée. Les cils ont un rôle sensoriel et locomoteur. [Cilium]; ▸ ③ Poil fin à la surface des feuilles et des pétales de certaines espèces végétales, ou de la marge des apothécies des Ascomycètes Discomycètes. [Cilium]

Cil stéréoscopique *m.* **Syn.**: Stéréocil.

Cilié *adj.* [Ciliate] Pourvu de poils, de cils.

Ciliogenèse *n. f. (de cil et genèse).* [Ciliogenesis] Formation des cils d'une cellule.

Cime *n. f. (du lat. cyma, pousse).* [Top] Partie sommitale d'un arbre.

Cinchonine *n. f. (du genre Cinchona, Quinquina).* [Cinchonine] Alcaloïde quinoléique, dérivé déméthoxylé de la quinidine, synthétisé par le Quinquina (*Cinchona sp.*, Rubiacées).

Cincinnus *n. m.* Cyme unipare scorpioïde.

1,8-Cinéole *n. m.* [1,8-Cineole] **Syn.**: Eucalyptol.

Cinèse *n. f. (du gr. kinêsis, mouvement).* Déplacement d'un animal provoqué par un stimulus extérieur et dont la vitesse et la forme du trajet varie avec l'intensité du stimulus.

Cinétide *n. f. (du gr. kinêtos, mobile).* [Kinetid] **Syn.**: Appareil cinétique.

Cinétie *n. f. (du gr. kinêtos, mobile).* [Kinety] Rangée de cils coordonnés par l'intermédiaire d'un *cinétodesme*.

Cinétochore *n. m. (du gr. kinêtos, mobile et khôrein, se déplacer).* [Kinetochore] **Syn.**: Kinétochore.

Cinétodesme *n. m.* [Kinetodesma] Ensemble des filaments réunissant entre eux les blépharoplastes d'une cinétie.

Cinétosome *n. m. (du gr. kinêtos, mobile et sôma, corps).* [Kinetosome] **Syn.**: Blépharoplaste.

Cingulum *n. m.* Chez les Rotifères femelles, couronne ciliaire externe de la tête, plus développée que la couronne interne ou trochus ou prototroque. **Syn.**: Paratroque.

Circadien *adj. (du lat. circa diem, pres-*

que un jour). [Circadian] Se dit d'un phénomène biologique dont la période est proche de 24 heures.

Circalittoral *adj.* [Circalittoral] Relatif à l'étage océanique compris entre l'étage infralittoral et l'étage bathyal, zone limite d'éclairement.

Circannuel *adj. (du lat. circa, environ et annuel)*. [Circannual] Se dit d'un rythme biologique annuel.

Circiné *adj. (du lat. circinare, arrondir)*. [Circinate] Se dit d'un organe enroulé sur lui-même. **Ex.**: Fronde des Fougères.

Circonvolution cérébrale *f. (du lat. circumvolutus, roulé autour)*. [Convolution] Chez les Mammifères gyrencéphales, repli sinueux du cortex séparé des replis voisins par des sillons et des fissures. **Syn.**: Gyrus.

Circulation sanguine *f.* [Circulation] Mouvement de sang dans les vaisseaux sanguins. Chez les Tétrapodes, on distingue:

- la **circulation pulmonaire** ou **petite circulation**, du cœur vers les poumons ou branchies;
- la **circulation systémique** ou **grande circulation**, du cœur vers les organes et les muscles;
- la **circulation coronarienne** qui dessert le cœur.

Circumaustral *adj.* Qui vit dans la zone tempérée froide de l'hémisphère Sud.

Circumboréal *adj.* Qui vit dans la zone tempérée froide de l'hémisphère Nord.

Circumduction *n. f. (du lat. couque circumducere, contourner)*. [Circumduction] Mouvement d'un membre ou d'une partie d'un membre décrivant dans l'espace un cône ayant pour sommet l'articulation correspondante: l'épaule pour le bras, la hanche pour la jambe, l'articulation du pouce.

Circum-méditerranéen *adj.* Qui vit sur le pourtour de la Méditerranée.

Circumnutation *n. f. (du lat. circum, autour de et nutation)*. [Circumnutation] Mouvement circulaire de la pointe d'une tige ou d'une racine en croissance. Le phénomène est particulièrement marqué chez les plantes volubiles.

Cire *n. f.* ▸ ① Substance lipidique solide composée de cérides (acides cérotique, montanique, mélissique) et synthétisée par de nombreux organismes. **Ex.**: Cire d'Abeilles, spermaceti du Cachalot, cire de l'épiderme des feuilles et fruits. [Wax]; ▸ ② Membrane qui recouvre la base du bec chez certains Oiseaux (Échassiers, Palmipèdes). **Syn.**: Céroma.

Cirier *adj. et n.* Qui produit de la cire. **Ex.**: Abeille, Arbre à cire.

Cirre ou cirrhe *n. m. (du lat. cirrus, frange)*. [Cyrr(h)us] ▸ ① Chez les Crustacés Cirripèdes, patte thoracique transformée en une sorte de fouet dont le battement crée un courant d'eau nécessaire au renouvellement de l'oxygène et des particules alimentaires; ▸ ② Chez les Amphioxus, appendice court et fin entourant la bouche et jouant un rôle sensoriel; ▸ ③ Chez les Champignons, groupe de conidies adhérant entre elles; ▸ ④ **Syn.**: Barbillon (Poissons); ▸ ⑤ **Syn.**: Vrille (plantes grimpantes).

Cirreux *adj.* [Cirrous] Se dit d'une feuille qui se termine par une vrille ou cirre. **Syn.**: Cirrifère.

Cirrhe → **Cirre**

Cirrifère *adj. (du lat. cirrus, frange et ferre, porter)*. [Cirriferous] **Syn.**: Cirreux.

Cistaie *n. f.* Formation végétale méditerranéenne, herbacée, basse, composée de Cistes (*Cistus sp.*, Cistacées).

Cis-trans Voir Test cis-trans.

Cistron *n. m. (de cis et trans)*. [Cistron] Segment d'ADN contenant l'information nécessaire à la synthèse d'une chaîne polypeptidique. Il est défini par le test de complémentation fonctionnelle ou test cis-trans.

Citerne *n. f. (du lat. cista, coffre)*. Tubule large de réticulum sarcoplasmique qui est en contact avec une invagination de la membrane sarcoplasmique ou tubule T. L'ensemble d'un tubule T et de deux citernes forme une *triade*. Les citernes terminales sont disposées transversalement par rapport aux myofibrilles. Elles sont situées au niveau de la jonction entre les stries A et les stries Z dans les fibres musculaires squelettiques et juste à côté des stries Z dans les fibres cardiaques. Leur rôle est de libérer puis de récupérer les ions calcium après l'arrivée de l'influx nerveux.

Citrate synthétase *n. f.* [Citrate synthase] Voir Acide citrique.

Citrique *adj.* Voir Acide citrique.

Citrulline *n. f.* [Citrulline] Acide aminé formé au cours du cycle de l'urée par fixation du carbamylphosphate sur l'ornithine. La citrulline n'entre pas dans la composition des protéines. Par condensation avec l'acide aspartique, elle donne l'arginine. Son nom vient du fait qu'elle a été isolée de la Pastèque (*Citrullus vulgaris,* Cucurbitacées).

Formule: $H_2N–CO–NH–(CH_2)_3–CH(NH_2)–COOH$.

Civette *n. f. (de l'ar. zabad, musc produit par la civette)*. [Civet] Matière onctueuse et odorante sécrétée par les glandes périnéales de la Civette. **Syn.**: Viverreum.

Clade *n. m. (du gr. klados, rameau)*. [Clade] Rameau évolutif monophylétique défini par la présence de caractères nouveaux dits apomorphes qui sont propres aux espèces qui le constituent. Toutes les espèces d'un clade ont une origine commune.

Cladisme *n. m.* [Cladism] Classification des êtres vivants fondée sur leur degré de parenté phylogénétique sans tenir compte de leurs ressemblances morphologiques. **Syn.**: Cladistique.

Cladistique *n. f.* [Cladistics] **Syn.**: Cladisme.

Cladode *n. m. (du gr. klados, rameau)*. [Cladode] Rameau aplati, chlorophyllien, à croissance définie, ressemblant à une feuille. Les cladodes supportent des fleurs donc des fruits sur leur marge ou sur leurs faces supérieure ou inférieure. **Ex.**: Fragon (*Ruscus aculeatus*), *Nepenthes sp*. **Syn.**: Cladophyle, Phylloclade.

Cladogenèse *n. f. (de clade et genèse)*. [Cladogenesis] Formation d'une nouvelle espèce à partir d'une espèce mère qui continue d'exister. La cladogenèse accroît le nombre d'espèces et la diversité biologique. **Syn.**: Évolution divergente. **Ant.**: Anagenèse.

Cladogramme *n. m. (de clade et du gr. gramma, écriture)*. [Cladogram] Arbre phylogénétique cladistique.

Cladome *n. m. (du gr. klados, rameau)*. Chez les Algues pluricellulaires, ensemble de *l'axe* à croissance illimitée et des *pleuridies* à croissance limitée. Selon que l'axe comporte une seule colonne de cellules ou plusieurs, on parle de *cladome uniaxial* ou *multiaxial*. Les pleuridies peuvent être soudées ou non.

Cladophylle *n. f. (du gr. klados, rameau et phullon, feuille)*. **Syn.**: Cladode.

Clairance *n. f.* [Clearance] Débit d'élimination d'une substance d'un fluide organique par un organe. **Syn.**: Clearance (mot anglais).

Clasmatocyte *n. m.* [Clasmatocyte] **Syn.**: Histiocyte.

Clapir *v. i.* [To squeal] Pousser son cri, en parlant du Lapin.

Claqueter *v. i.* Pousser son cri, la *claquettement*, en parlant de la Cigogne, de la Grue. **Syn.**: Craqueter.

Clasper *n. m.* [Clasper] **Syn.**: Ptérygopode.

Classe *n. f.* [Class] ▸ ① Subdivision d'un embranchement. Plusieurs classes peuvent être réunies en une superclasse et chaque classe peut comprendre plusieurs sous-classes ou plusieurs ordres; ▸ ② Groupe de molécules ayant des propriétés structurales ou fonctionnelles communes. **Ex.**: classes d'immunoglobulines.

Classification d'Allorge et Jovet *f.* Typologie des formations végétales, distinguant:

- les formations terrestres: formations continues (plusieurs types de forêts, de fruticées et de formations herbacées) et formations discontinues,
- les formations aquatiques à hydrophiles.

Classification phytosociologique *f.* Nomenclature des groupements végétaux. Voir Phytosociologie.

Clastase *n. f. (du gr. klastos, brisé).* [Clastase] Toute enzyme participant à une réaction de rupture.

Clathrine *n. f. (du lat. clatri, barreaux).* [Clathrin] Complexe protéique composé de 6 chaînes polypeptidiques, 3 légères en forme de U et 3 lourdes. Les 6 chaînes forment une structure en étoile à 3 branches appelée *triskèle* ou *triskélion*. Les triskèles s'assemblent pour former des manteaux recouvrant des puits sur la face cytoplasmique de la membrane. Le manteau de clathrine aiderait à courber le membrane plasmique afin de former les vésicules (de pinocytose, de phagocytose) et aiderait à capturer des récepteurs spécifiques liés à leur ligand.

Clavicule *n. f. (du lat. clavicula, petite clé).* [Collarbone] Chez les Tétrapodes, os long et mince formant l'avant de la ceinture scapulaire exosquelettique (os dermique). Les clavicules transmettent la force développée par les membres antérieurs au squelette axial. Elles sont absentes chez les Urodèles, les Chéloniens, les Crocodiliens et certains Mammifères.

Clavule *n. f. (du lat. clava, massue).* Sporophore en forme de massue chez les Clavaires dites en pilon.

Clearance *n. f. (mot angl.).* **Syn.**: Clairance.

Cleithrum *n. m.* [Cleithrum] Arc osseux de la ceinture pectorale secondaire (dermique) des Ostéichtyens.

Cléidoïque *adj.* [Cleidoic] Se dit des œufs des Animaux ovipares terrestres, constituant un système presque clos et autosuffisant pour le développement de l'embryon, excepté pour les gaz qui sont échangés avec l'extérieur.

Cléistogamie *n. f. (du gr. kleistos, fermé et gamos, mariage).* [Cleistogamy] Forme d'autofécondation due au fait que la fleur ne s'ouvre pas. Ces fleurs sont dites *cléistogames*. **Ex.**: Céréales, Violettes. **Ant.**: Chasmogamie.

Cléistophique *adj.* Se dit d'un milieu entièrement recouvert par une végétation très serrée.

Cléistothèce *n. m. (du gr. kleistos, fermé et thêkê, boîte).* Ascocarpe dépourvu d'ouverture, caractéristique des Ascomycètes plectomycètes.

Cleptobiose *n. f. (du gr. kleptês, vo-*

leur et bios, vie). [Kleptobiosis] Comportement de certaines espèces d'Oiseaux qui pondent dans des nids abandonnés ou qui pillent le nid d'une autre espèce. **Ex.**: Coucou gris (*Cuculus canorus*). **Syn.**: Cleptoparasitisme.

Cleptoparasitisme *n. m.* [Kleptoparasitism] **Syn.**: Cleptobiose.

Climacique *adj.* [Climacic] Relatif au climax.

Climax *n. m. (du gr. klimax, gradation).* ▸ ① Équilibre écologique optimal défini par les conditions du milieu. [Climax]; ▸ ② Fin de la métamorphose des Amphibiens, caractérisé par le retour à un équilibre endocrine bas entre la thyroxine et la thyréostimuline.

Clinandre *n. m.* Chez les Orchidées, cavité où est logée l'anthère.

Clinanthe *n. m. (du gr. klinein, pencher et anthos, fleur).* **Syn.**: Réceptacle.

Cline *n. m. (du gr. klinein, pencher).* [Cline] Évolution graduelle d'un caractère biologique d'une espèce le long d'un axe géographique qui présente des gradients de conditions écologiques.

Clitellum *n. m.* Chez les Annélides Oligochètes et Polychètes sexuellement matures, groupe de quelques métamères dont l'ectoderme s'épaissit et sécrète du mucus lors de la période d'accouplement. Le clitellum sécrète un manchon annulaire muqueux dans lequel a lieu la fécondation, et qui sera libéré par l'animal pour servir de cocon de ponte protecteur des embryons qui se développeront immédiatement.

Clitochorie *n. f.* [Clitochory] **Syn.**: Barochorie.

Clitoris *n. m.* [Clitoris] Chez les Mammifères Thériens femelles, petit organe érectile situé à la jonction supérieure des petites lèvres. Il provient du tubercule génital, comme le pénis, dont il est l'homologue. Il est formé comme lui de corps caverneux (mais pas de corps spongieux) et est richement innervé par des terminaisons nerveuses sensitives.

Cloaque *n. m. (du lat. cloaca, égout).* [Cloaca] Chez les Vertébrés, région terminale du tube digestif dans laquelle débouchent les conduits génitaux et urinaires. Les Mammifères n'ont pas de cloaque sauf les Monotrèmes et les Marsupiaux (rudimentaire).

Cloche natatoire *f.* Chez les Cnidaires Hydrozoaires Siphonophores, chacune des méduses modifiées contractiles servant au déplacement par réaction de la colonie.

Cloison *n. f. (du lat. clausus, clos).* [Septum] Structure tissulaire séparant des cavités anatomiques. **Ex.**: Cloison nasale, cloison du cœur.

Clone *n. m. (du gr. klôn, pousse).* [Clone] ▸ ① Ensemble des cellules au génome identique obtenues par multiplication végétative ou par parthénogenèse d'une seule cellule; chacune de ces cellules; ▸ ② Organisme issu du développement d'un ovule dont le noyau a été remplacé par celui d'une cellule somatique. L'organisme nouvellement formé est donc le clone de celui qui a fourni le noyau.

Clupéine *n. f. (du lat. clupea, alose et suff. -ine).* [Clupein] Voir Protamine.

Clypéus *n. m. (du lat. clipeus, bouclier).* Partie antérieure de la tête des Insectes, comprise entre le labre à l'avant et le front dorsal (métamère antennulaire) à l'arrière.

CMH *n. m.* [MHC] Sigle de Complexe majeur d'histocompatibilité.

Cnidoblaste *n. m. (du gr. knidê, ortie et blaste).* [**Cnidoblast, Thread cell**] Cellule urticante caractéristique de l'ectoderme des Cnidaires. Elle comporte une capsule appelée *cnidocyste* ou *nématocyste* et un filament sensoriel, le *cnidocil*. Le cnidocyste contient un filament enroulé autour d'une hampe, le tout baignant dans un liquide urticant et venimeux. Lorsqu'une proie touche le cnidocil, la hampe se dévagine et se plante dans les tissus de la proie. **Syn.**: Nématoblaste.

Cnidocil *n. m. (du gr. knidê, ortie et cil).* [**Cnidocil**] Voir Cnidoblaste.

Cnidocyste *n. m. (du gr. knidê, ortie et kustis, vessie).* [**Cnidocyst**] Voir Cnidoblaste.

CoA [**CoA**] Abrév. de Coenzyme A.

Coacervat *n. m. (du lat. coacervare, mettre en tas).* [**Coacervate**] Gouttelette de polypeptides, d'acides nucléiques et de polysaccharides formée en laboratoire et dont on pense qu'elle a pu être la première forme cellulaire apparue sur la Terre.

Coadaptation *n. f.* [**Coadaptation**] Adaptation de plusieurs espèces en conditions écologiques identiques aboutissant à des homologies entre elles.

Coagulation *n. f.* [**Coagulation**] Transformation d'une substance organique liquide en une substance solide, le *coagulum*. Dans l'organisme a lieu la coagulation du sang et celle du lait. La coagulation du sang comprend trois étapes majeures: l'activateur de la prothrombine se forme par suite de réactions complexes. Cet activateur transforme une protéine plasmatique, la prothrombine, en une enzyme, la thrombine. La thrombine catalyse la formation de filaments de fibrine insolubles à partir d'un précurseur soluble, le fibrinogène. Cette fibrine crée un réseau fibreux qui retient les globules rouges et forme ainsi le caillot qui colmate le vaisseau endommagé. Il existe environ une trentaine de facteurs de coagulation.

Coaguline *n. f.* [**Coagulin**] Enzyme du venin de certains Serpents provoquant la coagulation du sang.

Coagulum *n. m.* [**Clot**] Voir Coagulation.

Coalescence *n. f. (du lat. coalescere, croître avec).* [**Coalescence**] Union de deux éléments voisins, dits *coalescents*.

Coaptation *n. f. (du lat. coaptare, ajuster).* [**Coaptation**] Ajustement morphologique entre deux organes indépendants, chez le même individu ou entre deux individus de sexe opposé; ce dispositif anatomique.

Coasser *v. i.* [**To croak**] Pousser son cri, le *coassement*, en parlant de la Grenouille et du Crapaud.

Cobalamine *n. f.* [**Cobalamin**] Molécule complexe comprenant un noyau tétrapyrrolique pourvu d'un atome central de cobalt. Les pyrroles ont de nombreux substituants méthyles (CH_3), acétamides (CH_3-CO-NH_2) et propionamides (CH_3-CH_2-CO-NH_2). Un des substituants propionamides est lié à un isopropanol lui-même lié à un nucléotide dont la base, le 5,6-diméthylbenzimidazole, est reliée au cobalt. La 5'-désoxyadénosine peut être liée au cobalt: on parle de *5'-désoxyadénosylcobalamine*, coenzyme de diverses enzymes catalysant les réductions de ribo- et désoxyribonucléotides. Si un méthyle est relié au cobalt, on parle de *méthylcobalamine*, une coenzyme de transméthylases catalysant les transméthylations. La vitamine B12 est nécessaire à la maturation des érythrocytes. Son absorption intestinale nécessite la présence du facteur intrinsèque gastrique. **Syn.**: Vitamine B12.

Cobalt *n. m. (de l'all. Kobold, lutin).* [Cobalt] Symb.: Co – Élément chimique (Z = 27) du groupe des métaux de transition. Il entre dans la constitution de la vitamine B12 ou cobalamine.

Cobamine *n. f.* [Cobamin] **Syn.**: Méthylcobalamine.

Cocaïne *n. f. (de coca et suff. -ine).* [Cocain] Alcaloïde tropanique extrait du Coca (*Erythroxylum sp.*). C'est un sympathicomimétique qui bloque le recaptage de la noradrénaline, aux propriétés analgésiques, anesthésiques et psychotropes. **Syn.**: Méthylbenzoylecgonine.

Cocarboxylase *n. f.* [Cocarboxylase] **Syn.**: Thiamine pyrophosphate. Voir Thiamine.

Coccolite *n. f.* [Coccolite] Voir Coccosphère.

Coccosphère *n. f.* [Coccosphaera] Coque calcaire des Haptophytes (les anciens Coccolithophoridés), Flagellés photosynthétiques marins constitutifs du phytoplancton. Chaque coque est formée de nombreuses plaques calcaires appelées *coccolites*.

Coccus *n. m. (du lat. coccum, grain). Pl. Coccus ou Cocci.* [Coccus] Toute Bactérie sphérique. Les cocci sont isolés, par paires (diplocoque), en amas (Staphylocoque) ou en chaînette (Streptocoque).

Coccyx *n. m. (du gr. kokkux, coucou, par analogie de forme avec le bec de cet oiseau).* [Coccyx] Chez l'Homme et les Singes anthropomorphes, os triangulaire formant l'extrémité inférieure de la colonne vertébrale. Il résulte de la soudure de 3, 4 ou 5 vertèbres atrophiées et s'articule avec le sacrum.

Côcher *v. t. (du lat. calcare, presser, fouler).* [To tread] Couvrir la femelle en parlant des Oiseaux.

Cochlée *n. f. (du lat. cochlea, escargot).* [Cochlea] Chez les Mammifères Thériens, cavité osseuse de l'oreille interne, spiralée et conique à la manière de la coquille d'un escargot. Elle décrit presque trois tours autour d'un pilier central, la *columelle*. Elle abrite les récepteurs auditifs ou *organe de Corti*. La cochlée est divisée en trois cavités distinctes:

- la *rampe vestibulaire* dans le prolongement du vestibule;
- le *conduit cochléaire* où sont logées les cellules ciliées et les fibres nerveuses du nerf cochléaire;
- la *rampe tympanique* qui se termine à la fenêtre de la cochlée.

Seul le conduit cochléaire fait partie du labyrinthe membraneux et contient donc de l'endolymphe; les deux rampes contiennent de la périlymphe. Ces dernières se rejoignent à l'apex de la cochlée appelé *hélicotréma*.

Cocon *n. m. (du gr. kokkos, graine).* [Cocoon] Enveloppe faite d'un enroulement de fils de soie sécrétés par certaines chenilles juste avant la mue nymphale.

Cocoteraie *n. f.* [Coconut grove] Peuplement de Cocotiers (*Cocos nucifera*, Arécacées), sur les rivages tropicaux.

Coction *n. f. (du lat. coquere, cuire).* [Coction] Digestion des aliments dans l'estomac.

Codécarboxylase *n. f.* [Codecarboxylase] Coenzyme d'une décarboxylase. **Ex.**: Pyridoxal phosphate.

Code génétique *m.* [Genetic code] Ensemble des correspondances qui existent entre les séquences de trois nucléotides (codons) et les acides aminés constitutifs des protéines. Ce code fait référence aux séquences des ARN messagers. A chaque acide aminé peuvent correspondre plusieurs codons; le code est dit *dégénéré* ou *redondant*.

Coder *v. t.* [**To code**] En génétique, détenir une information codée qui pourra être lue par un système de décodage (transcription et traduction). **Ex.**: Un gène code pour une protéine.

Codéshydrogénase *n. f.* [**Codehydrogenase**] Coenzyme de déshydrogénase. **Ex.**: NAD, NADP.

Codominance *n. f.* [**Codominance**] ▸ ① Relation existant entre deux allèles d'un même gène lorsqu'ils s'expriment simultanément dans le phénotype; ▸ ② Présence simultanée dans un habitat de deux espèces semblables par leur abondance.

Codon *n. m. (de code (génétique)).* [**Codon**] Triplet de nucléotides d'ARNm qui s'unira, lors de la traduction, à un triplet complémentaire ou *anticodon* d'un ARNt. Chaque codon est exprimé par les initiales des noms des bases azotées qui le constituent. La succession ordonnée des codons commande l'ordre des acides aminés dans une protéine;

• **Codon stop**, codon qui provoque l'arrêt de la traduction. Ce sont les codons UAA (*codon ambre*), UAG (*codon ocre*) et UGA (*codon opale*). **Syn.**: Codon non-sens, Codon de terminaison, Codon d'arrêt [**Stop codon**];

• **Codon d'élection**, codon utilisé préférentiellement parmi les autres possibles pour coder un acide aminé donné chez un organisme donné;

• **Codon d'initiation**, codon AUG qui détermine le début de la traduction de la protéine; il correspond à la *méthionine* chez les Eucaryotes à la *N-formylméthionine* chez les Procaryotes. [**Initiation codon**]

Cœliaque *adj. (du gr. koliakos, qui appartient aux intestins).* [**Coeliac**] Relatif à la cavité abdominale.

Cœloblaste *n. m. (du gr. koilos, creux et blastos, germe).* [**Coeloblast**] Mésoblaste qui évolue en vésicules cœlomiques.

Cœloblastula *n. f. (du gr. koilos, creux et blastula).* [**Coeloblastula**] Blastula pourvue d'une cavité, le *blastocèle*. Elle résulte de la segmentation totale des œufs pauvres en vitellus (œufs alécithes, oligolécithes et hétérolécithes).

Cœlomate *n. m. et adj. (du gr. koilos, creux).* [**Coelomate**] Métazoaire triploblastique dont le mésoderme se creuse d'une cavité, le **cœlome**. Tous les Métazoaires triploblastiques sont cœlomates bien que certains perdent leur cœlome secondairement (les anciens Acœlomates et Pseudocœlomates).

Cœlome *n. m. (du gr. koilôma, partie creuse).* [**Coelom**] Chez les Cœlomates, cavité formée par le creusement du mésoderme. Le cœlome est limité par un feuillet externe, la *somatopleure* et un feuillet interne, la *splanchnopleure*. Chez les Vertébrés Amniotes, le *cœlome externe* est une cavité extra-embryonnaire délimitée par le chorion et l'amnios et qui donnera la cavité amniotique. **Syn.**: Cavité cœlomique.

Cœnenchyme *n. m.* [**Coenenchyme**] Dans les colonies de Cnidaires, cloison calcaire qui se développe entre chacun des polypes.

Cœnobe → **Cénobe**

Cœnocarpe → **Cénocarpe**

Cœnocyte → **Cénocyte**

Cœnosarc *n. m.* [**Coenosarc**] Chez les Cnidaires coloniaux, masse de mésoglée résultant de la mise en commun des mésoglées de chacun des polypes d'une colonie. Le cœnosarc est recouvert d'un ectoderme commun à tous les individus.

Cœnure → **Cénure**

Coenzyme *n. f. ou m.* [Coenzyme] Partie non protéique d'une enzyme, nécessaire à son activité. Certaines coenzymes sont facilement dissociables de la protéine (ex.: NAD, NADP). D'autres sont liées de façon covalente à la protéine (ex.: FAD, biotine, pyridoxal phosphate). **Syn.**: Cofacteur, Coferment (désuet).

Coenzyme I *n. f. ou m.* [Coenzyme I] **Syn.** désuet de NAD (Nicotinamide adénine dinucléotide).

Coenzyme II *n. f. ou m.* [Coenzyme II] **Syn.** désuet de NADP (Nicotinamide adénine dinucléotide phosphate).

Coenzyme A *n. f. ou m.* [Coenzyme A] Abrév.: CoA ou CoA-SH (pour mettre en exergue le groupe réactif) – Coenzyme résultant de la combinaison d'un acide pantothénique (vitamine B5) à une cystéamine et un ADP. Le groupement SH de la cystéamine peut se lier avec un acétyle pour former de l'acétylcoenzyme A. La coenzyme A joue de ce fait un rôle essentiel dans les réactions de transfert de groupes acétyles (oxydation des acides gras par ex.).

Coenzyme Q *n. f. ou m.* [Coenzyme Q] **Syn.**: Ubiquinone.

Cœur *n. m.* [Heart] ▸ ① Organe de l'appareil circulatoire jouant le rôle de pompe pour faire circuler le sang ou l'hémolymphe.

- Chez les Poissons, le cœur est composé d'un sinus veineux, d'une oreillette et d'un ventricule;
- Chez les Amphibiens, il existe deux oreillettes et un ventricule où les sangs oxygéné et désoxygéné se mélangent en partie;
- Chez les Reptiles, le cœur possède deux oreillettes et un ventricule qui possède une cloison partielle ou totale;
- Chez les Oiseaux et Mammifères, oreillettes et ventricules sont doubles.
- Chez les Invertébrés, le cœur est une spécialisation d'un vaisseau et est composé d'une cavité unique;

▸ ② Partie centrale morte d'un tronc d'arbre, souvent colorée par des substances synthétisées par l'arbre qui remplissent les cavités des cellules mortes (duraminisation). **Syn.**: Duramen.

Cœur branchial *m.* Chez les Céphalopodes, partie basale élargie de chaque veine branchiale afférente, qui se contracte pour envoyer le sang riche en CO_2 dans les branchies où il subira l'hématose.

Coévolution *n. f.* [Coevolution] Évolution parallèle de deux espèces en relation étroite, l'adaptation de l'une se réalisant en réaction aux changements de l'autre. **Ex.**: Fleur entomophile et Insectes pollinisateurs.

Cofacteur *n. m.* [Cofactor] **Syn.**: Coenzyme.

Coferment *n. m.*

- **Coferment de Von Euler**, syn. désuet de NAD.
- **Coferment de Warburg**, syn. désuet de NADP.

Syn.: Coenzyme, Cofacteur.

Cognation *n. f. (du lat. natus, né).* [Cognation] Parenté entre individus qui ont la même mère mais pas le même père. De tels individus sont dits *cognats*. **Ant.**: Agnation (et agnat).

Coiffe *n. f. (du germ. kufia, casque).* ▸ ① Dans les racines des Trachéophytes, massif cellulaire en forme de capuchon qui entoure et protège le méristème apical racinaire. Les cellules de la coiffe sécrètent des polysaccharides formant un gel qui facilite la pénétration de la racine dans le substrat. **[Root-cap]**; ▸ ② Chez les Bryophytes, reste de la partie supérieure de l'archégone entourant la capsule du sporogone; ▸ ③ Chez les Eucaryotes, molécule, la 7-*méthylguanosine triphosphate*, qui se fixe à l'extrémité 5' d'un ARNm. Elle protège l'ARNm contre les enzymes hydrolytiques et sert de signal d'attache aux petites sous-unités des ribosomes. **[Cap]**

Coït *n. m. (du lat. coire, aller ensemble)*. **[Coitus, Coition] Syn.**: Copulation.

Col *n. m.* **[Neck]** Portion rétrécie de certains organes. **Ex.**: Col de l'archégone, col du fémur, col de l'utérus.

Colamine *n. f.* **[Colamine] Syn.**: Éthanolamine.

Colchicine *n. f. (de colchique)*. **[Colchicine]** Alcaloïde isoquinoléique synthétisé par le Colchique (*Colchicum autumnale*, Colchicacées) et présent dans toutes les parties de la plante. La colchicine inhibe l'addition de tubulines aux extrémités des microtubules, ce qui empêche la formation du fuseau achromatique. Chez l'Homme, la dose mortelle est de 40 mg.

Coléoptile *n. m. (du gr. koleos, étui et ptil, plume légère)*. **[Coleoptile]** Gaine entourant les premières feuilles de la plantule des Monocotylédones, et constituant le lieu de synthèse de l'auxine. Le coléoptile est responsable du phototropisme de la plantule.

Coléorhize *n. f. (du gr. koleos, étui et rhiza, racine)*. **[Coleorhiza]** Gaine entourant la radicule des plantules de Monocotylédones.

Colinéarité *n. f.* **[Colinearity]** Chez les Procaryotes, corrélation qui existe entre l'ordre des nucléotides des gènes, l'ordre des nucléotides des ARNm et l'ordre des acides aminés des protéines. Cette corrélation ne peut s'appliquer aux Eucaryotes du fait de la présence de séquences non codantes ou introns qui morcèlent les gènes.

Collagénase *n. f.* **[Collagenase]** Enzyme protéolytique qui catalyse l'hydrolyse des molécules de collagène. Elle scinde la liaison entre une leucine et une isoleucine.

Collagène *n. m. (de colle et du gr. genos, origine)*. **[Collagen]** Classe de glycoprotéines fibreuses de la matrice extracellulaire composées de trois chaînes α enroulées l'une autour de l'autre. On connaît actuellement 25 chaînes α différentes codées par des gènes distincts, et une quinzaine de types de collagène différents. Les collagènes sont synthétisés par les cellules du tissu conjonctif. Ils sont riches en glycine, proline et hydroxyproline. Les collagènes des tissus conjonctifs les plus communs sont les types I, II, III, V et XI; ce sont les collagènes fibrillaires. Les types VI, IX et XII sont les collagènes associés aux fibrilles car ils entourent les fibrilles des collagènes fibrillaires. Les types IV et VII sont des collagènes formant des réseaux, dans la lame basale. Les fibrilles sont sécrétées sous forme de procollagène qui possède des extensions peptidiques non hélicoïdales qui seront éliminées.

Collarium *n. m. (du lat. collum, collier)*. **[Collarium]** Petite saillie circulaire de la face inférieure du chapeau, près du stipe, qui ménage un petit espace entre le stipe et l'hyménium.

Collatéral *adj.* **[Collateral]** Se dit des bourgeons axillaires placés les uns à côté des autres à l'aisselle d'une même feuille.

Collenchyme *n. m. (du gr. kolla, colle et enkuma, épanchement).* [Collenchyma] Chez les Végétaux, tissu de soutien des organes en croissance, formé de cellules qui ne possèdent pas de paroi secondaire. La paroi primaire peut être épaissie sur toute la surface de la cellule (**collenchyme annulaire ou rond**), sur certaines faces (**collenchyme tangentiel ou lamellaire**) ou dans les angles (**collenchyme angulaire**).

Collencyte *n. m. (du gr. kolla, colle et kutos, cellule).* [Collencyte] Chez les Spongiaires, cellule étoilée de la mésoglée qui sécrète la substance interstitielle gélatineuse.

Collet *n. m.* [Neck] ▸ ① Zone de transition entre le système racinaire et la tige feuillée des Trachéophytes; ▸ ② Zone de transition entre la racine et la couronne d'une dent.

Colliculus *n. m. (pl. Colliculi).* [Colliculus] **Syn.**: Tubercule quadrijumeau.

Collier *n. m.* Partie du plumage ou du pelage au niveau du cou de certains animaux, dont la couleur diffère de celle du reste du corps. **Ex.**: Collier vert du Canard colvert.

Collinéen *adj.* [Hill] Se dit de l'étage de végétation compris entre la plaine et l'étage montagnard.

Colloblaste *n. m. (du gr. kolla, colle et blastos, germe).* [Colloblast] Chez les Cténophores, cellule ectodermique des tentacules qui possède une partie sphérique recouverte de globules collants et une partie effilée spirale contenant le noyau et fixant la cellule au tentacule. Les proies se collent aux globules et la partie effilée se contracte alors pour rapprocher la proie du tentacule.

Colloïde *n. m. (du gr. kolla, colle et eidos, aspect).* [Colloid] Substance amorphe remplissant la cavité des follicules de la thyroïde et contenant la *thyroglobuline*, forme de réserve des hormones thyroïdiennes.

Côlon *n. m.* [Colon] Portion moyenne du gros intestin comprise entre le cæcum et le rectum. Chez l'Homme, on le divise en **côlon ascendant, côlon transverse, côlon descendant** et **côlon sigmoïde.**

Colonie *n. f.* [Colony] ▸ ① Ensemble d'organismes appartenant à la même espèce et vivant en commun. Ce groupe peut résulter d'une multiplication asexuée à partir d'un seul individu et constitue alors un clone. Les individus sont parfois spécialisés dans une fonction donnée. Lorsque chaque individu a une tâche précise et qu'il entre en communication avec les autres, on parle de *société;* ▸ ② Ensemble de Bactéries cultivées *in vitro* résultant de la multiplication d'une seule Bactérie souche.

Colonisation *n. f.* [Colonization] Installation d'une espèce dans un territoire qui en était dépourvu.

Colonne *n. f.* ▸ ① **Syn.**: Gynostème; ▸ ② Ensemble des étamines soudées par leur filet. **Ex.**: Malvacées.

Colonne vertébrale *f.* [Spinal column, Spine] Chez les Vertébrés, axe osseux généralement articulé qui soutient le corps et protège la moelle épinière. Chez les Anoures, toutes les vertèbres sont fusionnées. Chez l'Homme, elle comprend initialement 33 vertèbres dont 9 fusionneront pour former le sacrum (5) et le coccyx (4). **Syn.**: Épine dorsale, Rachis, Échine.

Colorant *n. m.* ▸ ① Substance colorante employée en histologie et en cytologie destinée à imprégner les tissus vivants ou morts afin d'en différencier les éléments. On distingue les colorants vitaux qui ne tuent par les cellules (ex.: bleu de méthylène) et les colorants employés sur coupe histologique ou sur matériel mort. [**Colorant, Dye**]; ▸ ② En microscopie électronique, contrastant (sels de métaux lourds).

Colostrum *n. m.* [**Colostrum**] Liquide jaunâtre sécrété par les glandes mammaires et constituant le premier lait après la naissance. Il est pauvre en lipides mais riche en protéines et en anticorps Ig A.

Colpus *n. m.* Chacun des sillons de l'exine des grains de pollen.

Columelle *n. f. (du lat. columna, colonne).* ▸ ① Axe formé par le bord interne de la coquille des Gastéropodes, autour duquel elle s'enroule. [**Columella**]; ▸ ② Axe osseux de la cochlée. [**Modiolus**]; ▸ ③ **Columelle tympanique**, osselet de l'oreille moyenne des Tétrapodes non mammaliens qui transmet les vibrations sonores du tympan à la fenêtre ovale. La columelle est issue de l'hyomandibulaire (arc hyoïde); ▸ ③ Chez les Mucorales (Zygomycètes), petite proéminence à l'intérieur d'un sporocyste, résultant du bombement de la paroi transversale qui sépare le sporocyste du reste de l'hyphe qui le supporte; ▸ ④ Chez les Mousses et les Anthocérotales, axe stérile de la capsule.

Columnaire *adj.* [**Columnar**] Se dit d'un port en forme de colonne.

Comidochorophyte *n. f. (du lat. comes, compagnon de voyage, et du gr. khôrein, se déplacer et phuton, plante).* Espèce allochtone qui s'est dispersée dans la flore locale à la faveur des déplacements de l'Homme.

Commensalisme *n. m. (du lat. com, avec et mensa, table).* [**Commensalism**] **Syn.**: Inquilinisme.

Commissure *n. f. (du lat. committere, joindre ensemble).* [**Commissure**] Structure réalisant la jonction entre deux éléments anatomiques. **Ex.**: Commissures des lèvres.

• La **commissure grise** est le pont de substance grise situé entre les deux masses symétriques de substance grise de la moelle épinière;

• **Commissures paléopalliale, archipalliale**, Voir Paléopallium, Archipallium;

• **Commissure néopalliale**, syn.: Corps calleux.

Commissure cérébroïde *f.* Chez les Mollusques, connectif nerveux transversal supra-œsophagien reliant les deux ganglions cérébroïdes donc les deux connectifs longitudinaux.

Communauté *n. f.* [**Community**] ▸ ① **Syn.**: Biocénose (pour les écologues français); ▸ ② Sous-ensemble d'une biocénose, intermédiaire entre le peuplement et les sous-ensembles fonctionnels qui subdivisent la biocénose (producteurs, consommateurs, décomposeurs). **Ex.**: Communauté des herbivores, des organismes planctoniques.

Compaction *n. f.* Dans le blastocyste des Mammifères, formation du bouton embryonnaire à la faveur de l'augmentation de l'adhésion intercellulaire.

Compagne *adj.* Voir Cellule compagne.

Compas *n. m.* Chez les Oursins (Échinodermes Échinides), chacune des 5 pièces calcifiées de l'appareil masticateur (ou lanterne d'Aristote), en forme de Y, situées au-dessus des rotules et sur lesquelles sont fixés les muscles protracteurs.

Compensation *n. f.* Voir Point de compensation.

Compétence *n. f.* [Competence] Caractère d'un tissu ou d'une cellule indifférenciés qui possèdent l'aptitude à réagir à un facteur externe inducteur en se différenciant.

Compétition *n. f.* [Competition] Relation de rivalité entre deux ou plusieurs individus de la même espèce (intraspécifique) ou non (interspécifique) pour l'accès à une ressource naturelle. On distingue:

• La **compétition de combat** où les individus s'affrontent pour définir un territoire;

• La **compétition en mêlée**, anarchique, sans combats;

• la **compétition par interférence** qui s'expriment par une baisse de fitness: ex: substances nocives.

Complément *n. m.* [Complement] Système complexe d'une trentaine de protéines plasmatiques: les protéines C1 à C9 (C1 est constitué de 3 protéines), les facteurs B, D et P (properdine) et des protéines régulatrices, qui constitue un des systèmes de l'immunité non spécifique. Son activation aboutit à la lyse des Bactéries introduites dans l'organisme. Il est activé par la voie classique ou par la voie alterne: la *voie classique* nécessite la présence de complexes antigène-anticorps alors que la *voie alterne* est déclenchée par l'interaction des facteurs C3, B, D et P avec les lipopolysaccharides de la paroi des microorganismes. Ces deux voies aboutissent à l'insertion d'un *complexe d'attaque membranaire* (CAM) sur la membrane des cellules étrangères puis à la lyse cellulaire. Les protéines C3a, C4a et C5a sont des *anaphylatoxines*, molécules dont le rôle est de déclencher ou d'augmenter l'inflammation. Voir le tableau du complément.

Complémentarité *n. f.* [Complementarity] Propriété des bases azotées des acides nucléiques de pouvoir s'associer avec leur base complémentaire: adénine avec thymine (ou uracile si on considère la complémentarité entre ADN et ARN) et guanine avec cytosine.

Complet *adj.* [Complete] Se dit d'une fleur qui possède tous les types de pièces florales. **Ant.**: Incomplet.

Complexe *adj. et n. m.* ▸ ① Adj. Se dit d'un thalle lichénique composé de deux parties distinctes: un thalle foliacé et un thalle fruticuleux; ▸ ② N. m. Association de plusieurs molécules unies pour réaliser une fonction biologique déterminée. **Ex.**: Complexe de la chaîne respiratoire. [Complex] ▸ ③ Adj. Voir fruit.

Complexe bc1, Complexe III *m.* **Syn.**: Cytochrome c réductase.

Complexe d'attaque membranaire *m.* [Membrane attack complex] Sigle: CAM – Voir Complément.

Complexe d'épissage *m.* **Syn.**: Splicéosome.

Complexe d'espèces *m.* Ensemble des espèces pouvant se croiser entre elles.

Complexe majeur d'histocompatibilité *m.* [Major histocompatibility complex (MHC)] Sigle: CMH – Groupe de gènes codant pour des protéines diverses: molécules de présentation des peptides antigéniques aux lymphocytes T (de classes I et II), protéines solubles (C4, facteur B, TNF, HSP 70), protéines du protéasome (Lmp 2 et Lmp 7). Chez la Souris, on parle de *complexe H2*, situé sur le chromosome 17. Chez l'Homme, on parle de *complexe HLA* (Human leucocyte antigen) situé sur le bras court du chromosome 6. Tous ces gènes sont caractérisés par leur polyallélisme, certains pouvant présenter plusieurs dizaines d'allèles.

Complexe pinéal *m.* [Pineal complex] Ensemble des organes pinéal et parapinéal. Voir ces mots.

Complexe synaptonémal *m.* [Synaptonemal complex] Complexe protéique qui se forme pendant le stade zygotène d'une méiose entre une chromatide maternelle et une chromatide paternelle d'un bivalent. Ce complexe maintient les chromosomes homologues étroitement liés. Il est formé d'un axe central et de deux axes latéraux. L'axe central porte des *nodules de recombinaison*, gros globules protéiques qui provoquent les enjambements. **Syn.**: Complexe synaptonémique, Synapton.

Comportement *n. m.* [Behaviour] Ensemble des réactions observables d'un organisme.

Composé *adj.* [Compound] ▸ ① Se dit d'une feuille divisée en plusieurs petits éléments appelés *folioles*. Si les folioles sont insérées tout le long du rachis, on parle de *feuilles composées pennées*. Si les folioles s'insèrent en un seul point, on parle de *feuilles composées palmées;* ▸ ② Se dit d'une inflorescence comportant plusieurs inflorescences élémentaires du même type. **Ex.**: Ombelle d'ombellules; ▸ ③ Se dit d'un fruit formé de plusieurs fruits simples issus chacun d'un carpelle. **Ex.**: Framboise (polydrupe). **Ant.**: Simple.

Composite *adj.* [Composite] Se dit d'une inflorescence qui est formée d'une combinaison de plusieurs inflorescences élémentaires de types différents. **Ex.**: Corymbe de capitules (*Achillea sp.*, Astéracées).

Composition floristique *f.* Ensemble des espèces végétales d'une station.

COMT *n. f. (Sigle de Catéchol-O-méthyltransférase).* [COMT] Lors de la dégradation des catécholamines, enzyme qui catalyse la 3-méthoxylation de l'adrénaline en métanéphrine et de la noradrénaline en normétanéphrine.

Concaulescence *n. f.* [Concaulescence] Déplacement d'un bourgeon axillaire le long de la tige, ce qui entraîne son rapprochement du nœud situé audessus.

Conceptacle *n. m.* [Conceptacle] Chez les Algues brunes, petite cavité qui résulte de l'invagination de la surface du thalle et qui abrite les gamétocystes mâles et/ou femelles.

Conchyliologie *n. f. (du gr. konkhulion, coquillage et logos, discours).* [Conchology] Partie de la zoologie qui étudie les coquillages. **Syn.**: Ostracologie.

Conchyoline *n. f. (du gr. kogkhulion, coquillage et suff. -ine).* [Conchyolin] Chez les Mollusques, substance organique formée de scléroprotéines, sécrétée par un sillon glandulaire du bord du manteau et constituant le *périostracum* et associée à des cristaux de calcite, *l'ostracum*.

Concrescent *adj.* [Concrescent] En botanique, se dit d'un organe ou d'un tissu soudé à un autre.

Conditionnement *n. m.* [Conditioning] ▸ ① Action de créer chez un animal un réflexe comportemental en associant un stimulus dit *inconditionnel* (ex.: odeur d'un aliment) à un autre dit *conditionnel* (ex.: son de cloche). L'animal réagit au stimulus conditionnel comme s'il s'agissait du stimulus inconditionnel; ▸ ② Altération du phénotype d'un individu par des facteurs extérieurs intervenant lors des premiers stades du développement.

Conducteur *adj.* [Conducting] Se dit

des vaisseaux et des tissus qui transportent la sève brute ou la sève élaborée, comme les trachéides, les tubes criblés.

Conductibilité *n. f.* [Conductivity] Propriété des fibres nerveuses et musculaires de propager l'influx nerveux.

Conduit auditif *m.* [Auditory canal]

• **Conduit auditif externe**, canal situé entre le pavillon et le tympan, chez les Mammifères, les Oiseaux et les Crocodiliens;

• **Conduit auditif interne**, canal contenant le nerf auditif.

Conduit thoracique *m.* **Syn.**: Canal thoracique.

Condupliqué *adj.* [Conduplicate] Se dit d'un organe plié en deux dans le sens de la longueur. **Ex.**: Feuilles de l'Oyat (*Ammophila arenaria*, Poacées), feuilles de la Dionée (*Dionaea sp.*).

Condyle *n. m. (du gr. kondulos, articulation).* [Condyle] Protubérance arrondie d'un os, constituant un des éléments d'une articulation. **Ex.**: Condyle de la mandibule, condyle de l'occipital.

Cône *n. m.* ▸ ① Photorécepteur de la rétine dont le segment externe a une forme conique. Les cônes sont responsables de la vision des couleurs et fonctionnent en lumière importante. Ils sont de trois types, sensibles chacun à des longueurs d'ondes différentes. [Retinal cone]; ▸ ② Chez les Gymnospermes, fleur mâle ou inflorescence femelle. [Cone]; ▸ ③ Toute inflorescence conique (ex.: Houblon, Aulne).

Cône de fécondation *m.* [Fertilization cone] Zone du cytoplasme de l'ovule qui se soulève lorsque la tête du spermatozoïde entre en contact avec la membrane de l'ovule. Ce soulèvement est dû à la contraction des fibres d'actine des microvillosités de la surface ovulaire. **Syn.**: Cône d'attraction, Cône de fertilisation.

Cône de fertilisation *m.* **Syn.**: Cône de fécondation.

Cône efférent *m.* [Efferent ducts] Chez les Vertébrés Amniotes, ensemble des tubules de jonction entre le *rete testis* du testicule et l'épididyme qui transportent les spermatozoïdes. Ils proviennent de quelques mésonéphrons aglomérulés qui ont subsisté à la dégénérescence du mésonéphros.

Cône médullaire *m.* **Syn.**: Cône terminal.

Cône terminal *m.* Extrémité postérieure de la moelle épinière. **Syn.**: Cône médullaire.

Conéine ou Coniine *n. f.* [Coneine, Coniine] **Syn.**: Cicutine.

Congénère *n. m. et adj. (du lat. com, avec et genus, genre).* ▸ ① Organisme qui appartient à la même espèce, au même genre qu'un autre. [Congener]; ▸ ② **Muscles congénères**, syn.: Agonistes. [Congenerous]

Congénérique *adj.* [Congeneric] Se dit des espèces qui appartiennent au même genre.

Congénital *adj. (du lat. congenitus, né avec).* [Congenital] Qui est présent à la naissance.

Congruence des génomes *f.* Similitude dans le nombre et la forme des chromosomes entre deux espèces proches.

Conicine *n. f.* [Conicine] **Syn.**: Cicutine.

Conidie *n. f. (du gr. konis, -idos, poussière).* [Conidium] Spore fongique formée par fragmentation d'une hyphe. Elles participent donc à la reproduction asexuée. Elles sont uni- ou plurinucléées, uni- ou pluricellulaires, isolées ou en groupes. **Syn.**: Conidiospore.

Conidiophore *n. m. (du gr. konis, -idos, poussière et pherein, porter).* [Conidiophore] Filament dressé qui différencie à son extrémité des phialides qui se fragmentent en conidies.

Conidiospore *n. f.* [Conidiospore] **Syn.**: Conidie.

Conidiosporé *adj.* Se dit des Champignons qui se reproduisent par conidies.

Conigène *adj. (de cône et du gr. genos, origine).* Se dit d'un Champignon qui se développe sur un cône de Gymnospermes.

Coniophage *adj.* [Coniophage] Macrophagocyte qui digère les particules de poussières.

Conirostre *adj. (de cône et du lat. rostrum, bec).* Qui a le bec court et conique.

Conisylve ou Conisilve *n. f. (de cône et du lat. silva, forêt).* Forêt de Conifères.

Conjonctif *adj.* Voir Tissu conjonctif.

Conjonctive *n. f.* [Conjunctiva] Membrane qui tapisse la face interne des paupières (**conjonctive palpébrale**) et la partie antérieure du globe oculaire excepté la cornée (**conjonctive bulbaire**). Entre le globe et la paupière existe un petit espace ou *sac de la conjonctive*. Elle sécrète un liquide lubrifiant qui prévient le dessèchement.

Conjonctivochorial *adj.* [Conjunctivochorial] Se dit d'un placenta indécidué dont l'épithélium maternel est discontinu. Les villosités sont localisées au niveau de plages ou *cotylédons;* de de fait, un tel placenta est aussi dit *cotylédonaire*. **Syn.**: Syndesmochorial.

Conjugaison *n. f.* [Conjugation] ▸ ① Mode de reproduction sexuée de certains organismes (Ciliés, Algues vertes). Chez les Protozoaires Ciliés, il y a échange d'un micronucléus. Chez les Algues vertes, elle consiste en une caryogamie entre deux gamétocystes, par l'entremise d'un tube de conjugaison. **Syn.**: Cystogamie; ▸ ② Chez les Bactéries, transfert orienté d'un fragment d'ADN, d'une Bactérie donneuse F^+ vers une Bactérie receveuse F^-. Le facteur F possède les informations nécessaires à la formation d'un pilus sexuel dont la Bactérie donneuse se sert comme d'un grappin pour tirer la Bactérie receveuse à elle.

Conjugué *adj.* [Conjugate] Se dit de structures qui participent à la même fonction ou qui sont formées par la réunion de deux parties symétriques.

Conné *adj.* Se dit de deux organes semblables soudés par des parties similaires.

Connectif *n. m.* [Connective] ▸ ① Cordon nerveux longitudinal reliant deux ganglions; ▸ ② Partie du filet de l'étamine sur laquelle sont fixées les anthères.

Connectif cérébro-palléal *m.* Chez les Mollusques, faisceau nerveux longitudinal pair reliant les ganglions cérébroïdes aux ganglions palléaux.

Connectif cérébro-pédieux *m.* Chez les Mollusques, faisceau nerveux longitudinal pair reliant les ganglions cérébroïdes aux ganglions pédieux.

Connectivité *n. f.* [Connectivity] Degré de liaison entre deux sous-populations qui occupent des territoires différents éloignés ou séparés par des obstacles.

Connexine *n. f.* [Connexin] Voir Connexon.

Connexion *n. f.* [Connection] Liaison

structurale permanente qui existe entre deux habitats différents.

Connexon *n. m.* [Connexon] Structure transmembranaire formée de 6 sous-unités protéiques identiques ou *connexines* chacune formée de 4 hélices α transmembranaires. Les connexines s'arrangent de façon à ménager un large canal central. Lorsque deux connexons appartenant à deux cellules en contact sont alignés, ils forment un canal continu qui relie les milieux intérieurs des deux cellules. Les connexons se réunissent en un site de la membrane et forment alors une *jonction gap*.

Connivent *adj. (du lat. connivere, cligner les yeux).* [Connivent] Se dit d'un organe qui converge vers un autre ou qui lui est accolé sans lui être soudé.

Conophorophile *adj.* [Conophorophilous] Qui vit dans les forêts de Conifères.

Conque *n. f. (du gr. konkhê, coquille).* [Concha] Cavité centrale du pavillon de l'oreille externe, d'où part le conduit auditif.

Consanguinité *n. f.* [Inbreeding] Lien de parenté entre organismes dits *consanguins* dont les ascendants sont proches parents. La consanguinité aboutit à l'augmentation de la fréquence de certains allèles dans une population.

Consommateur *n. m.* [Consumer] Organisme hétérotrophe. Les **consommateurs primaires** se nourrissent de producteurs (organismes autotrophes); les **consommateurs secondaires** se nourrissent des consommateurs primaires et sont donc carnivores.

Constante de Michaelis-Menten *f.* [Michaelis-Menten constant] Abrév.: K_m – Concentration du substrat pour laquelle la vitesse initiale d'une réaction enzymatique est égale à la moitié de la vitesse maximale.

Constitutif *adj.* [Constitutive] Se dit d'un gène qui s'exprime constamment, qui n'est pas soumis à une régulation.

Constricteur *adj. m. et n. m. (du lat. constringere, serrer).* [Constrictor] ▸ ① *Muscle constricteur* ou *n. m. Constricteur,* se dit d'un muscle qui resserre circulairement, qui réalise une *constriction*. **Ant.**: Dilatateur; ▸ ② Se dit d'un animal qui étouffe ses proies en s'enroulant autour d'elle.

Continuisme *n. m. (de continu et suff. -isme).* Théorie phytoécologique peu suivie selon laquelle la végétation ne se présente pas en groupements bien individualisés mais plutôt en gradients appelés *continuums*.

Continuiste *adj. et n.* ▸ ① Adj. Relatif au continuisme. ▸ ② N. Adepte du continuisme.

Continuum *n. m. (mot latin, continu).* Voir Continuisme.

Contorté *adj. (du lat. torquere, tordre). Préfloraison contortée*, préfloraison dans laquelle toutes les pièces florales d'un verticille ont un bord recouvert et un bord recouvrant. **Syn.**: Tordu.

Contractilité *n. f. (du lat. contrahere, resserrer).* [Contractility] Propriété d'un organe, d'une cellule de pouvoir se contracter.

Contrefort *n. m.* Chacune des saillies longitudinales de la base d'un tronc, plus ou moins larges, joignant le fût aux racines, observées notamment chez de nombreux arbres tropicaux. **Syn.**: Racine-contrefort, Racine- palette.

Convergence *n. f. (du lat. vergere, incliner vers).* [Convergence] ▸ ① Ressemblance entre espèces taxonomiquement éloignées sous la pression d'un facteur contraignant du milieu, ou entre organes qui ont la même fonction sans toutefois avoir la même nature; ▸ ② Au cours de la gastrulation, mouvement des cellules de l'hémisphère végétatif du blastocyste vers le blastopore (chez les Oursins, les Amphibiens) ou vers la ligne primitive (Oiseaux).

Convertine *n. f.* [**Convertin**] Glycoprotéine plasmatique qui se lie à la thromboplastine tissulaire en présence de Ca^{2+} lors du processus de coagulation par la voie extrinsèque. La convertine est synthétisée par le foie sous forme d'un précurseur, la *proconvertine*. **Syn.**: Facteur VII.

Convoluté *adj. (du lat. convolvere, rouler autour).* [**Convolute(d), whorled**] Se dit d'un organe qui est enroulé sur lui-même, au moins au stade jeune. **Ex.**: Jeunes feuilles de nombreuses Monocotylédones.

Copahu *n. m.* [**Copahu**] Oléorésine sécrétée par les Copayers (*Copaifera sp.*, Césalpiniacées).

Copal *n. m.* [**Copal**] Résine synthétisée par des arbres tropicaux, utilisée dans l'industrie des vernis. **Ex.**: Copal de Kauri (synthétisé par un *Agathis*).

Cope *n. pr.* Voir Loi de Cope.

Coprobionte *n. m. (du gr. kopros, excrément et bios, vie).* [**Coprobiont**] Organisme qui transforme les excréments. On distingue les coprophytes (végétaux) et les coprozoïtes (animaux). **Syn.**: Coprophile.

Coprodéum *n. m. (du gr. kopros, excrément et odaios, qui conduit).* [**Coprodeum**] Partie antérieure du cloaque des Sauropsidés, recevant l'intestin.

Coprologie *n. f. (du gr. kopros, excrément et logos, discours).* [**Coprology**] Étude des excréments.

Coprophage *adj. (du gr. kopros, excrément et phagein, manger).* [**Coprophagous**] Qui se nourrit d'excréments. **Ex.**: Bousier (Insecte). **Syn.**: Scatophage, Scatophile, Stercoraire.

Coprophile *adj. (du gr. kopros, excrément et philos, ami).* [**Coprophilous**] Qui vit, pousse dans les excréments.

Coprophyte *n. f. (du gr. kopros, excrément et phuton, plante).* [**Coprophyte**] Voir Coprobionte.

Coprostérol *n. m. (du gr. kopros, excrément et stérol).* [**Coprosterol**] Principal stérol des selles issu de la réduction du cholestérol par les Bactéries intestinales.

Copulation *n. f. (du lat. copulation, union).* [**Copulation**] Accouplement chez les animaux entre un individu mâle et un individu femelle. **Syn.**: Coït.

Copule *n. f.* Chez les Vertébrés, pièce cartilagineuse impaire qui réunit les hypo-branchiaux droit et gauche de chaque arc branchial. **Syn.**: Basi- branchial.

Coque *n. f. (du gr. kokkos, graine).* [**Shell, husk**] Péricarpe lignifié de certains fruits. **Ex.**: Coque de noix, de noisette.

Coquille *n. f.* [**Shell**] ▸ ① Enveloppe calcaire des œufs des Sauropsidés et des Mammifères Monotrèmes, composée de carbonates et phosphates de calcium et de magnésium et sécrétée par la *glande coquillière* de l'oviducte. Elle protège l'embryon et constitue une source importante de minéraux pour la formation de son squelette. Elle est poreuse et permet donc les échanges gazeux avec l'extérieur; ▸ ② Enveloppe calcaire des Mollusques et des Brachiopodes, sécrétée par le manteau.

Coracidium *n. m. et adj.* [**Coracidium**] Larve du Bothriocéphale (*Diphyllo-*

bothrium latum), dulçaquicole, mobile, qui donnera une *larve procercoïde* après avoir été ingérée par un Crustacé d'eau douce.

Coracoïde *n. m. et adj.* [Coracoid] Os de la ceinture pectorale primaire enchondrale des Reptiles fossiles de la lignée mammalienne et des Monotrèmes. Dans ces groupes, il participe à la constitution de la cavité glénoïde. Il est absent chez les autres Mammifères.

Corail *n. m.* [Coral] Formation calcaire correspondant au squelette externe des Cnidaires coloniaux.

Coralloïde *adj.* [Coralloid] Se dit des racines de Cycas et de certaines mycorhizes, ressemblant au corail.

Corbeille à propagules *f.* [Gemmae cup] Chez les Hépatiques et certaines Mousses, structure généralement en forme de coupe dans laquelle se différencient les *propagules*, organes de multiplication végétative.

Corbeille vibratile *f.* Chez les Spongiaires, chacune des nombreuses cavités où circule un courant d'eau unidirectionnel généré par les battements des flagelles des choanocytes qui tapissent ces cavités.

Corde dorsale *f. (du gr. khordê, boyau).* [Spinal cord] Chez les Cordés, baguette longitudinale de tissu conjonctif située entre le système nerveux et le tube digestif. Les cellules de la corde appelées *lamelles* sont discoïdales, aplaties et vacuolisées. La corde se met en place au cours de la gastrulation par invagination du mésoblaste cordal présomptif au niveau du blastopore ou du nœud de Hensen. Elle est entourée par deux gaines: une *gaine cordale interne*, épaisse et fibreuse et une *gaine cordale externe* mince et élastique. Elle est bien développée chez tous les embryons de Cordés, chez les adultes de Céphalocordés, d'Urocordés Pérennicordés et de certains Vertébrés inférieurs (Cyclostomes, Chondrostéens). Chez les autres Vertébrés, elle est incomplète. **Syn.**: Notocorde.

Cordes vocales *f. pl.* [Vocal cords] Ensemble des ligaments élastiques tendus entre les cartilages aryténoïdes et le cartilage thyroïde, et des replis muqueux qui les recouvrent. La vibration des cordes vocales créée par le passage de l'air par la glotte entraîne la formation des sons, la hauteur du son variant avec la tension des cordes.

Cordomésoblaste *n. m.* [Cordomesoblast] Dans une gastrula de Vertébré, partie du territoire présomptif du mésoblaste qui se différenciera en corde. **Syn.**: Cordomésoderme, Mésoblaste cordal.

Cordomésoderme *n. m.* [Cordomesoderm] **Syn.**: Cordomésoblaste.

Cordons de Billroth *m. pl.* Ancien nom, fautif, du parenchyme de la pulpe rouge de la rate.

Cordon médullaire *m.* **Syn.**: Cordon sexuel. Voir Cortex gonadique.

Cordon ombilical *m.* [Umbilical cord] Chez les Mammifères Placentaires, cordon formé de divers tissus reliant le fœtus au placenta. Il est formé des *pédicules vitellin et allantoïdien* et des *vaisseaux ombilicaux* au sein d'une gaine de mésenchyme appelée *gelée de Wharton*. Il est délimité par l'amnios.

Cordon sexuel *m.* [Sexual cord] Voir Cortex gonadique.

Cordon spermatique *m.* [Spermatic cord] Ensemble du canal déférent et des vaisseaux et nerfs qui vont au testicule, entouré d'une tunique conjonctive.

Cordon testiculaire *m.* [Testicular

cord] Cordon sexuel des testicules avant la puberté. A la puberté, ils donnent les *tubules séminifères*.

Corémie *n. f.* **[Coremium]** Chez certains Champignons, groupe plus ou moins lâche de *conidiophores*.

Corépresseur *n. m.* **[Corepressor]** Molécule qui active un aporépresseur, ce qui rend ce dernier capable de reconnaître l'opérateur d'un gène et de réprimer la transcription.

Corme *n. m. (du gr. kormos, tige).* **[Corm]** Bulbe caulinaire qui contient des réserves et qui est entouré de feuilles sèches sans réserves. Il constitue un organe de passage de l'hiver chez diverses Monocotylédones. **Ex.**: Corme des Glaïeuls.

Cormidie *n. f. (du gr. kormos, tige).* **[Cormidia]** Chez les Cnidaires Hydrozoaires Siphonophores, chacun des groupes de quelques polypes modifiés spécialisés dans des fonctions précises: *l'aspidozoïte* à rôle protecteur, le *cystozoïte* à rôle excréteur et urticant, les *gonozoïtes* reproducteurs et le *gastrozoïte* à rôle nourricier. L'association de plusieurs cormidies forme le *siphosome* de la colonie.

Cormophyte *n. f. (du gr. kormos, tige et phuton, plante).* **[Cormophyte]** Végétal qui possède un *cormus*. Toutes les cormophytes différencient des archégones et sont donc des *archégoniates*. **Ant.**: Thallophyte.

Cormus *n. m. (du gr. kormos, tige).* **[Cormus]** Axe ou *tige* portant des appendices latéraux ou *feuilles* et des *racines* (sauf chez les Bryophytes). Le cormus correspond à l'appareil végétatif des Plantes supérieures ou Cormophytes.

Corne *n. f.* ▸ ① **[Horn]** Chez certains Mammifères, excroissance pointue de nature variée et portée par la tête. On distingue:

• les **cornes épidermiques kératinisées permanentes** chez les Rhinocéros et les Bovidés;

• les **cornes épidermiques kératinisées caduques** chez le mâle *Antilocapra*;

• les **cornes dermiques osseuses permanentes** des Giraffidés (os cornus);

• les **cornes dermiques osseuses caduques** des Cervidés ou *bois*;

▸ ② Substance dure composée de cellules mortes entièrement kératinisées formant les poils, les plumes, les ongles, les griffes, les sabots, les cornes épidermiques, les becs, les fanons et les écailles des Reptiles; ▸ ③ Organe ou partie d'organe ressemblant à une corne. **Ex.**: Appendice céphalique des Escargots. **[Horn]**; ▸ ④ **Cornes dorsales, latérales et ventrales de la moelle épinière**, expansions de la substance grise dans la substance blanche de la moelle épinière.

Cornée *n. f.* **[Cornea]** ▸ ① Partie antérieure transparente de la tunique fibreuse du globe oculaire des Vertébrés. Sa transparence est due à la disposition régulière et parallèle des fibres de collagène, chaque couche de fibres formant un angle droit avec les couches voisines. Les deux faces de la cornée sont recouvertes d'un épithélium. L'épithélium interne est pourvu de pompes à sodium qui rejettent les ions Na^+ vers l'humeur aqueuse, l'eau suivant le même chemin. ▸ ② Chez les Insectes, lentille cuticulaire transparente des ocelles et des stemmates sécrétée par les *cellules cornéagènes*. ▸ ③ Chez les Mollusques Céphalopodes, membrane transparente de l'œil percée d'un orifice cornéen qui laisse entrer l'eau de mer dans la chambre antérieure de l'œil.

Cornet *n. m.* [Turbinate bone] Chacune des expansions latérales de la paroi des fosses nasales qui permettent une augmentation de la surface de la muqueuse nasale.

Cornéule *n. f. (de cornée et suff. -ule).* Chez les Insectes, petite lentille cuticulaire pigmentée au sommet d'une ommatidie.

Corniculé *adj.* [Corniculate] Se dit d'une feuille dont le limbe est enroulé totalement ou partiellement sur lui-même.

Cornillon *n. m.* Chez certains Mammifères, expansion pointue d'un os de la tête, formant une partie de la corne. **Syn.**: Os cornu, Cheville osseuse.

Cornu *adj.* [Horned] ▸ ① Pourvu de cornes; ▸ ② Qui a la forme d'une corne.

Corolle *n. f. (du lat. corona, couronne).* [Corolla] Ensemble des pétales d'une fleur. La corolle a un rôle protecteur avant l'épanouissement et un rôle attractif pour les Insectes pollinisateurs après épanouissement, grâce à son parfum et sa couleur. La corolle peut être *papilionacée* chez les Fabacées et Césalpiniacées, *cruciforme* chez les Brassicacées, *ligulée* chez les Astéracées, *bilabiée* chez les Lamiacées. Si les pétales sont soudés, la corolle est *gamopétale;* s'ils sont libres, elle est *dialypétale*.

Corolliflore *adj.* [Corolliflorous] Se dit d'une plante ou d'un androcée dont les étamines sont soudées aux pétales. **Ex.**: Primulacées.

Corona radiata *f.* [Corona radiata] Ensemble des cellules folliculaires entourant l'ovocyte des Mammifères dans le follicule ovarien et dans les premières heures après l'ovulation. Dans le follicule tertiaire, la corona radiata n'est plus en relation avec la granulosa que par un groupe de cellules appelé *cumulus oophorus* ou *oophore*. **Syn.**: Couronne de Bischoff.

Coronule *n. f.* [Coronule] Chez quelques Angiospermes, verticille d'appendices surnuméraires de la corolle, formant une structure en forme de couronne au-dessus de la corolle proprement dite. **Ex.**: *Narcissus sp*. **Syn.**: Couronne, Paracorolle.

Corpora allata *m. pl. (mots lat.).* [Corpora allata] Chez les Insectes, organes endocrines pairs de la tête, appartenant au système endocrine rétrocérébral. Les corpora allata élaborent l'hormone juvénile qui maintient les caractères larvaires lors du développement postembryonnaire et qui stimule la vitellogenèse lors de la vie imaginale. **Syn.**: Corps allates.

Corps allates *m. pl.* **Syn.**: Corpora allata.

Corps accessoire *m.* Chez les Amphibiens Anoures, organe extracrânien qui se détache de l'épiphyse chez l'embryon, et qui vient se loger sous une zone épidermique peu pigmentée du front. Son épithélium est différencié en photorécepteurs comme dans l'épiphyse. **Syn.**: Organe frontal.

Corps aortique *m.* [Aortic body] Chez les Tétrapodes, structure de la paroi de la crosse de l'aorte et de la paroi des carotides internes, formée de cellules de soutien et de cellules chimiosensibles issues des crêtes neurales. Ces cellules sont sensibles à l'hypoxie, à l'hypercapnie et à l'acidose du sang. Ces corps sont innervés par des fibres sensitives du nerf glossopharyngien qui transmettent les informations au centre de la respiration du bulbe rachidien. **Syn.**: Glomus aortique, Glomus carotidien, Corps carotidien.

Corps brun *m.* Chez les Ectoproctes Gymnolémides, résidu de couleur sombre issu de la dégénération d'un polypide. Ce corps brun pourra être englobé dans le tube digestif du nouveau polypide qui va remplacer le précédent et pourra être ainsi évacué comme déchet.

Corps calleux *m.* [Corpus callosum] Chez les Mammifères Euthériens, commissure de substance blanche entre les deux hémisphères cérébraux. Chez les Monotrèmes et les Marsupiaux, il existe un équivalent rudimentaire du corps calleux. **Syn.**: Commissure néopalliale.

Corpora cardiaca *m. pl. (mots lat.).* [Corpora cardiaca] Chez les Insectes, organe endocrine annexé à l'aorte, d'où son nom. Les corpora cardiaca emmagasinent les neurosécrétions issues des axones des cellules neurosécrétrices qui viennent s'y terminer, puis les libèrent dans l'hémolymphe. En outre, ils possèdent des cellules sécrétrices propres qui contrôlent divers paramètres comme le rythme cardiaque, la diurèse, la lipémie, la protéinémie. **Syn.**: Corps cardiaques.

Corps cardiaques *m. pl.* **Syn.**: Corpora cardiaca.

Corps carotidien *m.* [Carotid body] **Syn.**: Corps aortique.

Corps caverneux *m.* [Corpus cavernosum] Structure allongée du pénis des Chéloniens, des Crocodiliens, des Oiseaux et des Mammifères, formée de tissu érectile pouvant se gorger de sang et durcir pour rendre le pénis apte à réaliser la copulation. Les corps caverneux existent aussi dans le clitoris.

Corps central *m.* Chez les Insectes, centre nerveux d'association du protocérébron, qui relie et coordonne les lobes optiques.

Corps ciliaire *m.* [Ciliary body] Épaississement annulaire de la choroïde autour du cristallin. Le corps ciliaire est formé de cellules musculaires lisses intervenant dans l'accommodation. Sa face postérieure présente des crêtes vascularisées qui sécrètent l'humeur aqueuse et nourrissent les structures non vascularisées (cristallin, cornée, corps vitré).

Corps de Barr *m.* [Barr body] Chez les femelles de Mammifères, un des deux chromosomes X, inactivé. **Syn.**: Corps chromatinien de Barr, Corpuscule de Barr.

Corps de Brockmann *m.* [Brockmann body] Dans le pancréas des Téléostéens, îlot de Langerhans géant, visible à l'œil nu, et presque isolé du reste du pancréas.

Corps de Herring *m.* [Herring body] Dans les cellules de la neurohypophyse, vésicule dense de neurohormones.

Corps de Nissl *m.* [Nissl body] Réticulum endoplasmique rugueux d'un neurone.

Corps de restitution *m.* Chez certains Spongiaires ayant subi une dissociation mécanique de leurs cellules, groupe de cellules à l'origine d'un nouvel individu, formé par regroupement spontané de ces cellules séparées.

Corps fibreux *m.* [Fibrous body] **Syn.**: Corps jaune.

Corps géniculé *m.* **Syn.**: Corps genouillé.

Corps genouillé *m.* [Geniculate body] Chez les Amniotes, noyau gris double du thalamus dorsal. On distingue les **corps genouillés externes** ou **latéraux**, centres de relais des fibres optiques et les **corps genouillés internes** ou **médians**, centres de relais des fibres auditives. **Syn.**: Corps géniculé.

Corps glycogénique *m.* [Glycogenic body] Chez les Oiseaux, protubérance dorsale de la moelle épinière lombosacrée, résultant de la prolifération d'astrocytes remplis de glycogène. Son rôle est inconnu.

Corps gras *m.* [Fat body] Chez les Insectes, tissu adipeux de réserve, formant une gaine autour du tube digestif et contre les téguments.

Corps interrénaux *m. pl.* Ensemble des cellules sécrétrices de corticostéroïdes d'origine mésonéphritique, situé entre les régions antérieures des deux reins chez les Ostéichtyens et entre les régions postérieures des deux reins chez les Chondrichtyens. Chez les Tétrapodes, ils constituent avec les cellules chromaffines les glandes surrénales; chez les Euthériens et les Marsupiaux, les cellules interrénales s'assemblent en un cortex dans les glandes surrénales: ce sont les *corticosurrénales*.

Corps jaune *m.* [Yellow body] Chez les Mammifères, structure ovarienne résultant de la transformation d'un follicule après l'ovulation. Les cellules de la granulosa deviennent des *cellules lutéales*, sécrétrices de progestérone. S'il y a fécondation, le corps jaune sécrète de la progestérone jusqu'à ce que le placenta le remplace (**corps jaune gravidique**). Sinon, le corps jaune involue en un *corpus albicans*. **Syn.**: Corps progestatif, Corps fibreux.

Corps mamillaire *m.* [Mamillary body] Chez les Vertébrés, noyau gris pair postérieur de l'hypothalamus, servant de relais aux fibres olfactives.

Corps pédonculé *m.* Chez les Arthropodes, chacun des centres nerveux d'association qui relient tous les centres nerveux et qui représentent le siège intégrateur du cerveau. Ils sont constitués d'un calice regroupant les noyaux des neurones et d'un pédoncule constitué des fibres nerveuses motrices, sensitives ou associatives.

Corps progestatif *m.* **Syn.**: Corps jaune.

Corps résiduel *m.* [Residual body] Au cours de la spermiogenèse, portion de cytoplasme excédentaire éliminé de la spermatide, qui sera digérée par les cellules de Sertoli.

Corps spongieux *m.* [Corpus spongiosum penis] Chez certains Mammifères, structure érectile qui engaine l'urètre pénien.

Corps strié *m.* [Striate body] Structure anatomique correspondant à l'ensemble du noyau caudé et du noyau lenticulaire.

Corps suprarénaux *m. pl.* [Suprarenal bodies] Chez les Poissons, ensemble des cellules chromaffines sécrétrices de catécholamines, indépendants des corps interrénaux. Chez les Tétrapodes, les cellules chromaffines s'associent au corps interrénaux pour former les *glandes surrénales*. Chez les Marsupiaux et les Euthériens, les cellules chromaffines se concentrent en une *médullosurrénale*.

Corps ultimobranchiaux *m. pl. (de ultime et branchie)*. [Ultimobranchial bodies] Corpuscules épithéliaux issus de la dernière paire de poches branchiales. Chez les Agnathes, les corps ultimobranchiaux sont absents. Chez les non-mammaliens, ils sont indépendants de la thyroïde. Chez les Mammifères, ils sont incorporés dans la thyroïde et leurs cellules forment les *cellules C* sécrétrices de calcitonine.

Corps vertébral *m.* [Body of vertebrae] Partie d'une vertèbre entourant directement la corde. Chez les Cyclostomes et certains Poissons, les corps vertébraux sont absents (état acentrique ou aspondyle). **Syn.**: Centre vertébral.

Corps vitellin de Balbiani *m.* [Balbiani's vitelline body]. Amas d'organites dans les ovocytes jeunes de certaines espèces animales.

Corps vitré *m.* [Vitreous body] Gel hydraté (99,9 % d'eau), transparent, de la chambre postérieure (derrière l'iris) du globe oculaire des Vertébrés. **Syn.**: Humeur vitrée.

Corpus *n. m.* [Corpus] Chez les Phanérogames, partie centrale du méristème apical caulinaire située sous la tunica et dont les divisions cellulaires n'ont pas de direction privilégiée.

Corpus albicans *m.* [Corpus albicans] Voir Corps jaune.

Corpuscule basal *m.* [Basal body] **Syn.**: Blépharoplaste.

Corpuscule de Barr *m.* [Barr corpuscle] **Syn.**: Corps de Barr.

Corpuscule de Hassal *m.* [Hassal body] Dans le thymus des Amniotes, groupe de cellules réticulaires aplaties disposées en couches concentriques. Les cellules centrales peuvent se calcifier ou dégénérer. Le rôle de cette disposition est inconnu. **Syn.**: Corpuscule de Leber.

Corpuscule de Krause *m.* [Krause corpuscle] Chez les Mammifères (surtout Primates), mécanorécepteur extérocepteur encapsulé dont la structure accessoire est formée par des cellules de Schwann disposées de façon irrégulière.

Corpuscule de Leber *m.* [Leber body] **Syn.**: Corpuscule de Hassal.

Corpuscule de Malpighi *m.* [Malpighi corpuscle] **Syn.**: Corpuscule rénal.

Corpuscule de Meissner *m.* [Meissner corpuscle] Chez les Mammifères (surtout Primates), mécanorécepteur extérocepteur encapsulé dont la structure accessoire est formée de cellules de Schwann empilées. Ils sont situés dans les papilles dermiques, surtout dans les régions glabres et sensibles (doigts, lèvres, plante des pieds). Ils sont responsables du toucher discriminant.

Corpuscule de Merkel *m.* [Merkel corpuscle] Mécanorécepteur extérocepteur non encapsulé constitué d'une ou plusieurs cellules épidermiques modifiées appelées *cellules de Merkel* associées à une dendrite libre. Les cellules de Merkel sont épidermiques sauf chez les Oiseaux (dermiques) et les Reptiles (mixtes). Les corpuscules de Merkel sont responsables du toucher léger. **Syn.**: Disque de Merkel, Cellule de Merkel.

Corpuscule de Pacini *m.* [Pacini corpuscle] Chez les Mammifères, mécanorécepteur encapsulé dont la structure accessoire est formée de cellules de Schwann enroulées concentriquement autour de la fibre nerveuse, à la manière d'un oignon. Ce sont les plus gros des corpuscules tactiles et ils sont disséminés dans de nombreuses régions (derme, tissus conjonctifs, viscères). Ils sont responsables de la sensibilité aux pressions fortes et aux vibrations. **Syn.**: Corpuscule de Vater- Pacini.

Corpuscule de Ruffini *m.* [Ruffini corpuscle] Mécanorécepteur formé de nombreuses terminaisons dendritiques dans une capsule en forme de fuseau. Ils sont présents dans le derme, l'hypoderme et les capsules articulaires. Ils sont responsables de la sensibilité aux pressions intenses et continues.

Corpuscule de Stannius *m.* [Stannius corpuscle] Chez les Holostéens et les Téléostéens, glande endocrine située près de la région postérieure des reins et sécrétant une protéine hypocalcémiante, la *stanniocalcine*.

Corpuscule de Tiedmann *m.* Chez les Échinodermes Astérides, chacun des organes glandulaires interradiaux, jaunâtres, probablement à fonction leucopoïétique, reliés à l'anneau ambulacraire péri-œsophagien.

Corpuscule de Vater-Pacini *m.* [Vater-Pacini corpuscle] **Syn.**: Corpuscule de Pacini.

Corpuscule rénal *m.* [Renal corpuscle] Structure formant l'extrémité interne du néphron et composée de la *capsule glomérulaire rénale* ou *capsule de Bowman* et d'un groupe de capillaires artériels ou *glomérule rénal*. C'est à ce niveau qu'a lieu le processus de filtration du sang et de formation de l'urine primaire. **Syn.**: Corpuscule de Malpighi.

Corrélation *n. f.* [Correlation] Relation de nature variée existant entre différents organes d'un même organisme. **Ex.**: Corrélation trophique.

Cortège *n. m.* ▸ ① Groupe d'espèces liées à un peuplement; ▸ ② **Cortège floristique**, ensemble d'espèces végétales dont la coexistence signe un territoire biogéographique précis.

Cortex cellulaire *m. (mot lat., écorce).* [Cellular cortex] Réseau dense de filaments d'actine et de protéines liant l'actine, situé sous la membrane plasmique des cellules animales. Le cortex cellulaire est à l'origine des mouvements cellulaires comme la phagocytose, la locomotion et la cytodiérèse.

Cortex cérébral *m.* [Cerebral cortex] Chez les Mammifères, couche multiple de substance grise à la surface des hémisphères cérébraux. Chez les Mammifères lissencéphales, le cortex a une surface lisse alors que les Mammifères gyrencéphales ont un cortex pourvu de nombreuses saillies sinueuses ou *gyrus*. Le cortex cérébral est le siège de la perception sensorielle et de la motricité volontaire. Chez l'Homme, il est aussi responsable des fonctions mentales supérieures (langage, jugement, conscience). Il est composé de trois types d'aires fonctionnelles: les aires motrices, sensitives et associatives. **Syn.**: Pallium.

Cortex gonadique *m.* [Gonadic cortex] Structure périphérique des gonades embryonnaires des Vertébrés, correspondant à l'épithélium germinatif des crêtes génitales qui s'est épaissi après sa colonisation par les gonocytes. Chez les Mammifères femelles, le cortex émet des *cordons sexuels primaires* qui régresseront pour former le tissu médullaire de l'ovaire. Une seconde poussée de cordons sexuels contenant les ovocytes apparaît: chacun de ces *cordons sexuels* se fragmentera en follicules primordiaux autour d'un ovocyte. Chez les Mammifères mâles, il n'y a qu'une poussée de cordons sexuels qui sont composés des cellules de Sertoli.

Cortexone *n. f. (du lat. cortex, écorce).* [Cortexon] **Syn.**: 11-Désoxycorticostérone.

Cortex surrénalien *m.* [Surrenal cortex] **Syn.**: Corticosurrénale.

Corticoïde *n. m. et adj. (du lat. cortex, -icis, écorce).* [Corticoid] **Syn.**: Corticostéroïde.

Corticole *adj. (du lat. cortex, -icis, écorce et colere, habiter).* [Corticolous] Se dit d'une espèce qui vit dans ou sur l'écorce des arbres.

Corticolibérine *n. f. (du lat. cortex, -icis, écorce).* [**Corticoliberine**] Sigle: CRF (*Corticotropin releasing factor*) – Hormone polypeptidique hypothalamique de 41 acides aminés qui commande la synthèse et la sécrétion de la proopiomélanocortine, précurseur des mélanocortines comme l'ACTH et la MSH.

Corticostéroïde *n. m. et adj. (du lat. cortex, -icis, écorce et stéroïde).* [**Corticosteroid**] Hormone stéroïde sécrétée par les corticosurrénales sous l'action (entre autres) de la corticostimuline (ACTH). Une trentaine de stéroïdes ont été identifiés, dont huit ont un rôle physiologique connu. On distingue les *minéralocorticoïdes* qui régulent les concentrations d'électrolytes, les *glucocorticostéroïdes* qui agissent sur le métabolisme glucidique des cellules et les *gonadocorticoïdes* qui sont des hormones sexuelles. **Syn.**: Corticoïde.

Corticostérone *n. f. (du lat. cortex, -icis, écorce).* [**Corticosterone**] Glucocorticostéroïde faiblement sécrété, aux effets analogues à ceux du cortisol. Elle est issue de la progestérone par l'action d'une 21-hydroxylase puis d'une 11-hydroxylase. C'est la forme prédominante des glucocorticoïdes chez les Rongeurs.

Corticostimuline *n. f.* [**Corticostimuline**] Sigle: ACTH – Hormone polypeptidique de 39 acides aminés sécrétée par les cellules corticotropes de l'adénohypophyse. Sa séquence varie, en fonction des espèces, du 25e au 33e acide aminé. Elle stimule la sécrétion hormonale des corticosurrénales. C'est l'hormone du stress. Elle provient du clivage de la proopiomélanocortine et sa sécrétion est stimulée par la corticolibérine hypothalamique. **Syn.**: Corticotrophine, Corticotropine, Hormone adrénocorticotrope, Hormone corticotrope, Adrénotrophine, Adrénocorticotrophine.

Corticosurrénale *n. f. et adj.* [**Adrenal cortex (n. m.), Adrenocortical (adj.)**] *Glande corticosurrénale* ou n. f. *Corticosurrénale*, chez les Euthériens et les Marsupiaux, région externe de la glande surrénale formée par les cellules interrénales d'origine mésonéphritique. La corticosurrénale est partagée en trois zones concentriques:

- la *zone glomérulée* sécrétrice de minéralocorticoïdes;
- la *zone fasciculée* sécrétrice de glucocorticoïdes;
- la *zone réticulée* sécrétrice de gonadocorticoïdes.

Syn.: Cortex surrénalien.

Corticotrop(h)ine *n. f.* [**Corticotrop(h)ine**] **Syn.**: Corticostimuline.

Cortine *n. f. (du lat. cortina, chaudron).* [**Cortina**] Ensemble des filaments soyeux et fragiles tendus entre le bord du chapeau et la partie supérieure du stipe, chez certains jeunes Champignons (Cortinaire, Hébélome).

Cortiqué *adj.* Qui est recouvert d'une enveloppe coriace.

Cortisol *n. m.* [**Cortisol**] Hormone glucocorticoïde (21 C) la plus abondante chez l'Homme, synthétisée à partir de la progestérone grâce à des hydroxylases dans la zone fasciculée de la corticosurrénale. Le cortisol stimule la gluconéogenèse, le catabolisme des protéines, la synthèse d'enzymes du métabolisme et amplifie les effets vasoconstricteurs des catécholamines. Il accroît la filtration glomérulaire, entraîne l'involution des cellules lymphoïdes et du thymus et par conséquent a un effet immunosuppresseur et anti-allergique. **Syn.**: Hydrocortisone.

Cortisone *n. f.* [**Cortisone**] Hormone glucocorticoïde, synthétisée en très faible quantité chez l'Homme, mais qui est le glucocorticoïde le plus abondant chez les Bovins.

Corylaie *n. f. (du lat. corylus, Noisetier).* **Syn.**: Coudraie.

Corymbe *n. m. (du gr. korumbos, sommet).* [**Corymb**] Inflorescence dont les fleurs sont disposées dans un même plan horizontal et dont les pédoncules sont de longueurs différentes et s'insèrent à des niveaux différents sur l'axe.

Corymbifère *adj. (de corymbe et du lat. ferre, porter).* [**Corymbiferous**] Se dit d'une plante qui porte des inflorescences en corymbe.

Cosmide *n. m.* [**Cosmid**] Vecteur de clonage dérivé du Bactériophage lambda, conçu pour accepter des fragments d'ADN de grande taille (35 à 45 kb).

Cosmine *n. f.* [**Cosmine**] Dentine propre à la lignée sarcoptérygienne (Cœlacanthes) qui forme une couche au-dessus de l'os spongieux dans les écailles cosmoïdes.

Cosmoïde *adj.* [**Cosmoid**] *Écaille cosmoïde*, écaille de la lignée sarcoptérygienne formée fondamentalement de 4 couches superposées: os compact lamelleux, os spongieux, cosmine, émail.

Cosmopolite *adj. (du gr. kosmopolitês, citoyen du monde).* [**Cosmopolitan**] Se dit d'une espèce colonisant des milieux et des zones géographiques variés sur toute la surface du globe. Certains auteurs réservent ce terme aux seules espèces qui ont une vaste répartition géographique mais non écologique. **Syn.**: Ubiquiste.

Cospéciation *n. f.* [**Cospeciation**] Apparition simultanée de deux ou plusieurs espèces impliquées dans une relation trophique. **Ex.**: Apparition d'une espèce de Plantes et de l'espèce d'Insectes qui la pollinise.

Cosse *n. f. (du lat. cochlea, coquille d'escargot).* [**Pod, Husk, Hull**] Péricarpe des gousses.

Costa *n. f. (mot lat. côte).* [**Costa**] Nervure des feuilles de Mousses ou renflement axial des feuilles de certaines Hépatiques.

Côte *n. f.* [**Rib**] ▸ ① Chez les Gnathostomes, os étroit et allongé dont l'extrémité dorsale est articulée ou soudée aux vertèbres et dont l'extrémité ventrale est libre (**côte flottante**) ou soudée au sternum. L'extrémité dorsale ou tête peut être simple (**côte monocéphale** des Poissons) ou double (**côte dicéphale** des Tétrapodes). ▸ ② Chez les Végétaux, ligne saillante à la surface de certains organes; ▸ ③ **Côte abdominale**, syn.: Gastralia.

Cotyle *n. m. ou f. (du gr. kotulê, cavité).* ▸ ① **Syn.**: Cavité cotyloïde. [**Cotyla**]; ▸ ② Ventouse des tentacules des Céphalopodes.

Cotylédon *n. m. (du gr. kotulêdon, cavité).* [**Cotyledon**] ▸ ① Première feuille de la plantule des Spermatophytes. Les Angiospermes ont un (Monocotylédones) ou deux cotylédons (Dicotylédones); les Gymnospermes en ont de 5 à 12. Dans la graine des Angiospermes, les cotylédons sont souvent des organes de réserve pour le développement de la plantule; ▸ ② Plage du chorion où se regroupent les villosités du placenta et que l'on rencontre dans les placentas conjonctivochoriaux dits *placentas cotylédonaires* (Ruminants).

Cotylédonaire *adj.* [**Cotyledonary**] Voir Conjonctivochorial.

Cotyloïde *adj.* [Cotyloid] Voir Cavité cotyloïde.

Cotype *n. m.* Spécimen végétal récolté dans le même biotope que l'holotype.

Cou *n. m.* [Neck] Chez les Amniotes, partie du corps qui relie la tête au tronc et qui est formée de vertèbres cervicales à côtes réduites voire absentes.

Couche euphotique *f.* [Euphotic zone] Zone superficielle de l'eau où l'optimum photosynthétique est possible grâce à un éclairement suffisant.

Couche oligophotique *f.* [Oligophotic zone] Zone profonde de l'eau où la photosynthèse n'est possible que pour les Algues qui possèdent d'autres pigments que la chlorophylle.

Couché *adj.* Se dit d'une tige qui s'étale sur le sol sans toutefois constituer de racines.

Couches optiques *f. pl.* **Syn.** désuet de Thalamus.

Coudraie *n. f.* Formation buissonnante dominée par le Coudrier ou Noisetier (*Corylus avellana*, Bétulacées). **Syn.**: Noiseraie, Corylaie.

Coulant *n. m.* [Runner] **Syn.**: Stolon.

Coumarine *n. f. (du genre Coumarouna, arbre du Brésil).* [Coumarin] Métabolite secondaire aromatique du groupe des shikimates, répandu chez les Dicotylédones, surtout dans les racines. Les coumarines sont odorantes et confèrent leur odeur au foin.

Coupe histologique *f.* [Histological section] Coupe fine d'un organe réalisée à fin d'études microscopiques. Elles sont réalisées par un microtome (5 à 10 µm d'épaisseur) ou par un ultramicrotome (1 à 2 µm d'épaisseur). Les tissus sont inclus dans des résines époxy ou dans la paraffine. Elles peuvent être réalisées sans inclusion préalable; elles sont alors gelées.

Couplage énergétique *m.* [Energy coupling] Association de deux réactions enzymatiques, l'une exergonique, l'autre endergonique, grâce à laquelle l'énergie libérée par la première peut être directement transmise à la seconde au lieu d'être perdue sous forme de chaleur.

Courcailler *v. i.* **Syn.**: Carcailler.

Couronne *n. f.* [Crown] ▸ ① Partie de la dent située au-dessus de la gencive et recouverte d'émail; ▸ ② **Syn.**: Coronule.

Couronne de Bischoff *f.* [Bischoff crown] **Syn.**: Corona radiata.

Coussin *n. m.* Port particulier en touffes basses, en réaction à des contraintes climatiques comme le vent, le froid, la sécheresse. **Syn.**: 3. Coussinet.

Coussinet *n. m. (du lat. coxa, cuisse).* ▸ ① Bourrelet charnu recouvert de corne sous les pattes de certains Mammifères comme les Carnivores et les Primates et dont le nombre, la forme et la disposition sont caractéristiques de l'espèce; ▸ ② Partie médiane du prothalle des Filicinées, portant les gamétanges sur sa face inférieure. ▸ ③ **Syn.**: Coussin.

Couvain *n. m.* [Nest of insect eggs] Chez les Insectes sociaux, ensemble des œufs, des larves et des nymphes.

Couvaison *n. f.* ▸ ① Durée pendant laquelle les Oiseaux couvent leurs œufs [Brooding ou Sitting time]; ▸ ② Acte de couver [Incubation, Hatching] **Syn.**: Incubation.

Couvée *n. f.* [Clutch (œufs), Brood (poussins)] Ensemble des œufs couvés par un Oiseau, ou de ses petits qui viennent d'éclore.

Couver *v. t. (du lat. cubare, être couché).* [To sit on] Chez les Oiseaux, recouvrir de son corps ses œufs afin de leur fournir la chaleur nécessaire au développement des poussins. La couvaison est plus ou moins longue selon les espèces.

Couvert végétal *m.* Ensemble de tous les végétaux sur un territoire donné. **Syn.**: Couverture végétale.

Couverture vivante *f.* Ensemble des strates muscinale, herbacée et suffrutescente d'un sous-bois.

Couvrir *v. t.* [To cover] S'accoupler avec une femelle, en parlant d'un mâle.

Coxa *n. f.* [Coxa] Chez les Insectes, article court, trapu, relié dans sa partie distale au trochanter, et dans sa partie proximale au corps au niveau du processus coxal qui permet les mouvements dans toutes les directions. **Syn.**: Hanche.

Coxal *adj. (du lat. coxa, hanche).* [Coxal] ▸ ① Relatif à la hanche. ▸ ② Voir cellule péricentrale.

CPA *n. f.* [APC] Sigle de Cellule présentatrice d'antigènes.

Crailler *v. i.* Pousser son cri, en parlant de la Corneille (*Corvus sp.*).

Crampon *n. m. (du frq. krampo, crochet).* ▸ ① Chez certaines plantes supérieures grimpantes, courte racine adventive permettant la fixation de la plante sur son substrat. **Ex.**: Crampons du Lierre (*Hedera helix*, Araliacées); ▸ ② Chez certaines Algues pluricellulaires, différenciation de la base de leur thalle leur permettant de se fixer au substrat. **Syn.**: Haptère; ▸ ③ Chez les Lichens foliacés, petit amas d'hyphes se différenciant sur la face inférieure et se fixant au substrat.

Crâne *n. m.* [Skull] Structure squelettique la plus antérieure du corps des Crâniates. On subdivise le crâne en **neurocrâne** qui protège l'encéphale et les organes sensoriels pairs et en **splanchnocrâne** qui soutient les cavités buccale et pharyngienne. Au cours du développement, le mésenchyme squelettogène, qui est issu des crêtes neurales céphaliques et du mésenchyme somitique, subit une chondrification qui donne le **chondrocrâne**, définitif chez les Cyclostomes et les Chondrichtyens. Chez les autres Vertébrés a lieu ensuite une ossification soit enchondrale qui aboutit à la formation de **l'ostéocrâne enchondral** ou **endosquelettique** et une ossification dermique qui donne **l'ostéocrâne dermique** ou **ostéocrâne exosquelettique** ou **dermatocrâne. Syn.**: Boîte crânienne.

Craqueter *v. i.* ▸ ① Émettre son bruit en parlant de la Cigale; ▸ ② **Syn.**: Claqueter.

Craspédodrome *adj. (du gr. kraspêdon, frange et dromos, course).* [Craspedodromous] Se dit de la nervation pennée où les nervures atteignent le bord du limbe. **Syn.**: Chéilodrome.

Craspédon *n. m. (du gr. kraspêdon, frange).* **Syn.**: 3. Vélum.

Craspédote *adj.* Se dit des méduses dont le corps voûté est obturé par un diaphragme ou vélum ou craspédon. Les méduses craspédotes se rencontrent chez les Cnidaires Hydrozoaires. **Ant.**: Acraspède.

Crassicaule *adj. (du lat. crassus, épais et caulis, tige).* Se dit d'une plante qui a une tige large et charnue (plante grasse).

Crassifolié *adj. (du lat. crassus, épais et folié).* Dont les feuilles sont épaisses et charnues. **Ex.**: Crassulacées.

Crassinucellé *adj. (du lat. crassus, épais et nucelle).* [Crassinucellate] Se dit d'un ovule dont le nucelle est volumineux.

Crassulescent *adj. (du lat. crassus, épais).* [Crassulescent] Se dit des végétaux qui ont des organes épais, charnus. **Ex.**: Orpin, Cactus.

Créatine *n. f. (du gr. kreas, kreatos, chair).* [Creatin] Composé azoté présent en quantité importante dans les muscles. Au cours des périodes de repos, la créatine se lie à l'ATP pour former la *créatine phosphate*. Lors d'une activité, ce phosphate peut être transféré à une molécule d'ADP pour régénérer l'ATP utilisée. L'enzyme qui réalise les deux réactions est la *créatine kinase*. La créatine est formée dans le rein et le foie à partir de trois acides aminés: l'arginine, la glycine et la méthionine. La créatine se dégrade par perte d'une molécule d'eau en *créatinine* qui sera évacuée dans l'urine. Formule:

$$\begin{array}{lll} HN{=}C & \text{——} & N{-}CH_2{-}COOH \\ \quad\; | & & | \\ H_2N & & CH_3 \end{array}$$

Syn.: Acide N-méthylguanidoacétique.

Créatine kinase *n. f.* [Creatine kinase] Voir Créatine.

Créatine phosphate *n. f.* [Creatine phosphate] Composé azoté des muscles comportant une liaison guanidine phosphate riche en énergie. Le phosphate est transféré à l'ADP pour régénérer l'ATP utilisée lors d'un exercice. La créatine qui en résulte est rephosphorylée en période de repos à partir de l'ATP issue des phosphorylations oxydatives mitochondriales. **Syn.**: Phosphocréatine.

Créatinine *n. f.* [Creatinine] Catabolite de la créatine par déshydratation et éliminé dans l'urine. Formule: $HN{=}C(NH){-}N(CH_3){-}CH_2{-}CO$.

Créationnisme *n. m.* [Creationism] Théorie d'origine religieuse, abandonnée aujourd'hui par les scientifiques, selon laquelle tous les êtres vivants ont été créés en même temps et de façon immuable.

Cremnée *n. f.* Formation végétale des rochers.

Crémocarpe *n. m.* [Cremocarp] Fruit schizocarpique caractéristique des Apiacées.

Crénelé *adj.* [Crenate(d)] Se dit d'un organe, particulièrement d'un limbe foliaire, dont le bord à des dents arrondies et larges (crénelures). **Ex.**: feuille de Chêne.

Crénicole *adj. (du gr. krênê, source et du lat. colere, habiter).* [Crenicolous] Qui vit dans les sources ou dans les eaux alimentées par une cascade. **Ex.**: Cardamine amère (*Cardamine amara*, Brassicacées). **Syn.**: Crénophile, Crénobie.

Crénobie *adj. (du gr. krênê, source et bios, vie).* [Crenobic] **Syn.**: Crénicole.

Crénon *n. m. (du gr. krênê, source).* [Crenon] Biocénose des sources.

Crénophile *adj. (du gr. krênê, source et philos, ami).* [Crenophilous] **Syn.**: Crénicole.

Crénulé *adj.* [Crenulate] Se dit d'un limbe foliaire dont la marge porte de petites dents. **Ex.**: Feuilles de Charme (*Carpinus sp.*, Bétulacées).

Crête *n. f.* [Crest] ▸ ① Chez certains Oiseaux, excroissance charnue et rouge portée par la tête. La crête est plus développée chez le mâle; ▸ ② Chez certains Reptiles, excroissance tégumentaire de la tête et du dos. **Ex.**: Iguane; ▸ ③ Partie saillante et allongée d'une structure.

Crête génitale *f.* [Genital ridge] Ébauche neutre de la gonade, formée par épaississement et creusement de la somatopleure des lames latérales. La partie de la crête génitale qui est colonisée par les cellules germinales formera le *cortex gonadique*. La partie qui n'est pas colonisée donc stérile disparaîtra ou formera un organe lymphoïde (organe progonal des Anoures et organe épigonal des Élasmobranches).

Crête neurale *f.* [Neural crest] Chez les embryons de Vertébrés, formation ectoblastique dorso-latérale au tube neural, formée de cellules originaires de la jonction entre le neuroblaste et l'épiblaste. Les cellules de la crête neurale acquièrent des propriétés migratrices, se dispersent dans tout le corps et se différencient en nombreux types cellulaires: neurones extérieurs au système nerveux central, cellules de Schwann, cellules pigmentaires du tégument et de l'iris, ectomésenchyme à l'origine du crâne et des muscles striés céphaliques.

Cri *n. m.* [Cry] Son vocal émis par un animal.

Cribellum *n. m.* Chez les Arachnides Aranéomorphes Cribellates femelles, plaque simple ou double criblée de centaines de fusules par lesquelles sort une soie particulière.

Crible *n. m.* [Sieve area] Cloison transversale perforée propre aux cellules conductrices du phloème. Cette cloison sépare deux cellules contiguës tout en assurant une communication facile entre elles. Chaque perforation est traversée par des éléments du réticulum endoplasmique et par des tubules de protéine. Pendant l'hiver, les cribles sont obturés par un bouchon de callose.

Cricoïde *adj. et n. m. (du gr. krikos, anneau).* [Cricoid] *Cartilage cricoïde* ou n. m. *Cricoïde*, chez les Tétrapodes, cartilage pair du larynx dont les deux parties sont généralement fusionnées en anneau. Il provient de la 3e paire d'arcs branchiaux (5e paire d'arcs viscéraux).

Crin *n. m. (du lat. crinis, cheveu).* Poil de couverture long et raide de la crinière et de la queue de certains animaux, notamment des Équidés.

Crinière *n. f.* [Mane] Ensemble des crins poussant sur le cou de certains animaux. **Ex.:** Lion, Cheval.

Crinolysosome *n. m. (du gr. krinein, sécréter et lysosome).* [Crinolysosome] Organite issu de la fusion d'une vésicule de sécrétion excédentaire avec un lysosome.

Crinophagie *n. f. (du gr. krinein, sécréter et phagein, manger).* [Crinophagy] Digestion des produits de sécrétion en excédent par les lysosomes.

Cristallin *n. m.* ▸ ① [Crystalline lens] Structure transparente de l'œil des Vertébrés et de certains Céphalopodes, permettant l'accommodation. Chez les Cyclostomes, les Poissons et les larves d'Amphibiens, le cristallin est sphérique et appliquée contre la cornée. Chez les Tétrapodes, c'est une lentille biconvexe maintenue par un appareil suspenseur appelé *zonule ciliaire*. ▸ ② Chez les Insectes, lentille transparente des ommatidies et des stemmates, sécrétée par les cellules cristalliniennes.

Cristalline *n. f.* [Crystalline] Chacune des différentes protéines du cristallin.

Cristalloïde *n. m. et n. f.* [Crystalloid] ▸ ① N. f. Membrane basale épithéliale épaisse et transparente enveloppant le cristallin; ▸ ② N. m. Inclusion protéique des grains d'aleurone; ▸ ③ **Cristalloïde de Reinke,** inclusion protéique des cellules de Leydig, à rôle inconnu.

Croasser *v. i.* [To caw, To croak] Pousser son cri, le *croassement*, en parlant du Corbeau, de la Corneille.

Croc *n. m.* [Fang] Dent pointue et puissante chez les Carnivores.

Crochet *n. m.* [Fang] Dent courbe, chez certains animaux, souvent associée à une glande venimeuse.

Croisement *n. m.* [Crossbreed, Cross] Reproduction entre deux individus de races, de variétés ou d'espèces différentes.

Croisement en retour *m.* [Backcross] Croisement d'un individu hétérozygote né de parents de souche pures différentes, avec un individu de l'une de ces souches. **Syn.**: Test-cross, Backcross.

Croissance *n. f.* [Growth] Augmentation de la taille ou du poids d'un organisme, d'un organe, d'une population ou du nombre de cellules d'une culture *in vitro*. Chez les Végétaux, elle est *indéfinie*. La croissance en longueur de la tige et des racines, due aux méristèmes primaires apicaux, est appelée **croissance primaire**. La croissance en épaisseur, chez les Végétaux ligneux seulement, due à des méristèmes latéraux, est appelée **croissance secondaire**. Chez les animaux, la croissance est *définie*. Elle est *discontinue* chez les animaux présentant un tégument rigide et des mues et chez les Végétaux (arrêt hivernal de la croissance). La croissance a un contrôle hormonal (Végétaux: auxine, gibbérelline, cytokinine; Animaux: hormone de croissance).

Croissant germinal antérieur *m.* [Germinal crescent] Chez les embryons des Oiseaux et de certains Reptiles, ensemble de l'hypoblaste et des cellules germinales primordiales, en forme de croissant dans la partie extra-embryonnaire antérieure. Les gonocytes primordiaux y prolifèrent puis empruntent la circulation sanguine pour rejoindre par chimiotactisme les crêtes génitales.

Croissant gris *m.* [Grey crescent] Zone superficielle en forme de croissant de l'œuf fécondé des Amphibiens, résultant d'un déplacement du cytoplasme superficiel contenant la couche pigmentaire. Le cytoplasme qui bascule vers le pôle animal (rotation de symétrisation) abandonne sur place quelques granules pigmentaires qui donnent sa couleur grise à cette région. Le croissant gris sera la future région dorsale de l'embryon.

Crossing-over *n. m. inv. (mot anglais, de to cross over, se croiser en se recouvrant).* [Crossing over] Échange de fragments de chromatides, au cours de la mitose ou de la méiose, qui entraîne des recombinaisons génétiques. Le crossing-over méiotique a lieu au stade pachytène dans une région qui est visible au stade diplotène grâce à l'apparition d'un chiasma où a eu lieu la recombinaison. Il a lieu entre deux chromosomes homologues lors de la méiose et entre deux chromosomes homologues ou non lors de la mitose. Le crossing-over mitotique est un phénomène rare. **Syn.**: Enjambement.

Crural *adj. (du lat. crus, cruris, jambe).* [Crural] Relatif à la cuisse.

Crustacé *adj. (du lat. crusta, croûte).* [Crustaceous] Se dit des Végétaux, des Champignons et des Lichens qui sont intimement fixés au substrat et qui ont l'apparence d'une croûte.

Crymnophile *adj.* [Crymnophilous] Se dit d'une espèce qui vit dans les régions polaires.

Crymnophyte *n. f.* [Crymnophyte] Plante crymnophile.

Crymion *n. m.* Formation végétale de la toundra.

Cryodécapage *n. m. (du gr. kruos, froid).* [Freeze-etching technique] Technique de préparation d'échantillons destinés à être étudiés en microscopie électronique. Elle repose sur le principe qu'une cellule congelée se brise au niveau des zones de moindre résistance, c'est-à-dire au niveau des membranes. L'échantillon est donc congelé, puis brisé. La glace est sublimée puis on réalise un ombrage par vaporisation d'éléments lourds sur la surface de l'échantillon, de façon à obtenir un moule de l'échantillon. C'est cette empreinte qui sera observée.

Cryophile *adj. (du gr. kruos, froid et philos, ami).* [Cryophilous] Se dit des organismes qui peuvent vivre à des températures basses.

Cryophytie *n. f. (du gr. kruos, froid et phuton, plante).* Phytocénose cryophile.

Cryoplancton *n. m. (du gr. kruos, froid et plancton).* [Cryoplankton] Plancton des eaux polaires ou des lacs alimentés par les eaux de fonte des neiges et des glaciers.

Crypsis *n. m. (du gr. kruptos, caché).* [Crypsis] Dissimulation d'un organisme dans son milieu naturel par analogie de forme ou de coloration avec le substrat.

Crypte *n. f.* [Crypt] Cavité de la surface d'un organe. ▸ ① **Crypte pilifère,** présente à la surface des feuilles de certaines plantes xérophiles (Laurier-rose: *Nerium oleander*), en relation avec l'extérieur, et abritant de nombreux stomates et des poils qui limitent l'évapo-transpiration; ▸ ② Cavité contenant des Bactéries symbiotiques (crypte de la Filicinée *Azolla sp.*); ▸ ③ **Crypte gastrique,** invagination de la muqueuse de l'estomac contenant les cellules sécrétrices du suc digestif. ▸ ④ **Crypte de Lieberkühn,** syn.: Glande de Lieberkühn.

Cryptique *adj. (du gr. kruptos, caché).* [Cryptic] Qui favorise la dissimulation des animaux dans leur milieu naturel. **Ex.:** Rayures du tigre.

Cryptobiose *n. f. (du gr. kruptos, caché et bios, vie).* [Cryptobiosis] Vie latente d'un organisme qui ne présente aucun signe de vie. **Ex.:** Certaines Bryophytes, les Tardigrades.

Cryptobiotique *adj. (du gr. kruptos, caché et biotique).* [Cryptobiotic] Qui vit caché dans des anfractuosités, des fissures.

Cryptofaune *n. f. (du gr. kruptos, caché et faune).* [Cryptofauna] Ensemble des animaux cryptobiotiques.

Cryptogame *adj. et n. f. (du gr. kruptos, caché et gamos, union).* [Cryptogam] Dont les organes reproducteurs sont peu apparents. Les organismes cryptogames sont les Champignons, les Lichens, les Algues, les Bryophytes et les Ptéridophytes. **Ant.:** Phanérogame.

Cryptogamie *n. f. (du gr. kruptos, caché et gamos, union).* [Cryptogamy] Partie de la biologie végétale qui étudie les plantes cryptogames. Le spécialiste est un *cryptogamiste*.

Cryptoniscienne *adj. Larve cryptoniscienne*, Voir Épicaridien.

Cryptophyte *n. f. et adj. (du gr. kruptos, caché et phuton, plante).* [Cryptophyte (n.), Cryptophytic (adj.)] Plante qui passe la mauvaise saison sous forme de graine ou d'organe de réserve. Ce terme fait référence à un des types biologiques de la classification de Raunkiaer. Voir le tableau des formes biologiques.

Cryptorchidie *n. f.* [Cryptorchidism] Persistance des testicules adultes dans leur position embryonnaire c'est-à-dire intra-abdominale. Cela concerne tous les Vertébrés non mammaliens et quelques Mammifères (Monotrèmes, Siréniens, Proboscidiens, Damans et Musaraignes).

Cténoïde *adj.* [Ctenoid] *Écaille cténoïde*, écaille ganoïde des Téléostéens évolués réduite à l'os lamelleux et portant des denticules.

Cucujoïde *adj.* [Cucujoid] Se dit des larves de certains Coléoptères, de forme cylindrique, à tête petite et à pattes courtes et robustes. Elles vivent dans le bois décomposé, sous les écorces et dans la terre. Elles sont xylophages ou prédatrices.

Cucullé *adj.* Se dit d'un organe en forme de capuchon. **Syn.:** Cuculliforme.

Cucurbitain ou Cucurbitin *n. m. (du lat. cucurbita, courge).* Proglottis mûr de certains Plathelminthes Cestodes, rempli d'œufs et rappelant par sa forme une graine de Courge.

Cuirasse *n. f.* [Cuirass] Tégument épais de certains animaux. **Ex.:** Tatou et Crocodiliens. **Syn.:** 2. Bouclier.

Cuivre *n. m. (du lat. cyprium, Chypre).* [Copper] Symb.: Cu – Élément chimique (Z = 29) du groupe des métaux. C'est un oligoélément constitutif du groupement prosthétique de nombreuses enzymes (cytochrome oxydase, tyrosine oxydase, superoxyde dismutase). Le cuivre est nécessaire à la synthèse de la mélanine, de l'hémoglobine, de l'élastine, du collagène et de la myéline.

Culture *in vitro* *f.* [*In vitro* culture] Technique de production de cellules, de tissu ou d'organe en dehors de tout organisme, sur un milieu nutritif et dans des conditions contrôlées.

Cumulus oophorus *m.* [Cumulus oophorus] Voir Corona radiata.

Cunéiforme *adj. et n. m. (du lat. cuneus, coin et forme).* [Cuneiform] *Os cunéiforme* ou n. m. *Cunéiforme*, chacun des trois os médians du tarse de certains Vertébrés, qui s'articulent avec les trois premiers métatarsiens.

Cupressoïde *adj.* [Cupressoid] Se dit du feuillage de certains Conifères composé d'écailles serrées contre l'axe qui les porte.

Cuprophyte *n. f. (du lat. cuprum, cuivre et du gr. phuton, plante).* [Cuprophyte] Plante cuprophile.

Cupule *n. f. (du lat. cupula, petit tonneau).* ▸ ① Structure lignifiée en forme de coupe entourant la base des akènes de certaines essences ligneuses. La cupule est issue de la soudure des bractées de la base de la fleur correspondante. [Acorn cup] **Ex.:** Cupules du gland (Chêne), de la faîne (Hêtre), de la noisette (Noisetier); ▸ ② Structure recouvrant les cellules sensorielles des macules et des crêtes ampullaires de l'oreille interne et des neuromastes du système latéral des Poissons. [Cupula]

Curare *n. m. (mot caraïbe k-urary, là où il vient, on tombe).* [Curare] Terme générique regroupant des alcaloïdes de natures diverses synthétisés par des plantes appartenant à de nombreuses familles. Ils bloquent les récepteurs nicotiniques de l'acétylcholine ce qui entraîne une hypotonie musculaire et une paralysie progressive.

Curculionoïde *adj.* [Curculionoid] Se dit des larves de certains Insectes Coléoptères, au corps mou, gros et arqué, sans pattes et avec une tête très petite et peu chitinisée. Elles vivent dans les tissus végétaux dont elles se nourissent. **Ex.**: Larves de *Donacia*, des Curculionidés.

Cuspide *n. f. (du lat. cuspis, -idis, pointe).* [**Cusp**] ▸ ① Pointe des molaires et des prémolaires; ▸ ② Pointe aiguë d'un organe végétal.

Cuticule *n. f. (du lat. cuticula, petite peau).* [**Cuticle**] ▸ ① Tégument de divers animaux, notamment des Arthropodes. Chez les Arthropodes, elle est formée de 5 couches qui sont de l'extérieur vers l'intérieur: le *cément*, la *couche cireuse*, *l'épicuticule*, *l'exocuticule* et *l'endocuticule*. Elle est présente à la surface de toutes les formations ectodermiques (stomodéum, proctodéum, trachées...). Elle est composée de chitine, de protéines cuticulaires (arthropodine, sclérotine), de sels minéraux chez les Crustacés et les Myriapodes Diplopodes, et de cires; ▸ ② Pellicule plus ou moins épaisse de cutine sur les feuilles et les tiges des Cormophytes. Elle est élaborée par les cellules épidermiques et permet l'imperméabilisation des surfaces végétales.

Cuticuline *n. f.* [**Cuticulin**] Lipoprotéine tannée par des quinones présente dans l'épicuticule des Arthropodes.

Cutine *n. f.* [**Cutin**] Substance lipidique amphiphile qui constitue avec les cires la cuticule. C'est un polymère d'hydroxyacides en C 16 ou C 18 reliés entre eux par des liaisons ester donnant naissance à un réseau tridimensionnel.

Cutis *n. m.* [**Cutis**] Revêtement des sporophores des Champignons Basidiomycètes. On distingue le *piléocutis* au niveau du chapeau et le *caulocutis* au niveau du stipe.

Cyanocobalamine *n. f.* [**Cyanocobalamin**] Dérivé de la cobalamine (vitamine B12) issu de la combinaison d'un anion CN– au cobalt de la vitamine B12.

Cyanogenèse *n. f.* [**Cyanogenesis**] Synthèse d'acide cyanhydrique par certaines plantes dites *cyanogènes*.

Cyathe *n. m.* [**Cyathium**] Inflorescence propre à certaines Euphorbiacées évoluées. Un cyathe est formé:

• d'une inflorescence femelle réduite à une seule fleur elle-même réduite à son pistil;

• de plusieurs inflorescences mâles elles aussi réduites à une seule fleur réduite elle-même à une étamine;

• d'un involucre de 5 bractées (péricyathe) qui porte des glandes nectarifères. **Syn.**: Cyathium.

Cyathium *n. m.* **Syn.**: Cyathe.

Cybernétique *n. f. (du gr. kubernan, gouverner).* [**Cybernetics**] Science qui étudie les moyens de commande, de contrôle, de régulation et de communication chez les êtres vivants (et dans les machines).

Cybernine *n. f.* [**Cybernin**] Substance sécrétée par un tissu et qui inhibe la sécrétion d'un autre tissu.

Cybernine ovarienne *f.* Chacune des substances polypeptidiques produites par les ovaires qui jouent un rôle dans la régulation de la folliculogenèse et de l'ovulation. On distingue:

• *l'inhibiteur de la maturation ovocytaire* qui inhibe la méiose et la bloque en prophase I. Lorsque l'ovocyte est expulsé de l'ovaire, la méiose peut reprendre;

• *l'inhibiteur de la fixation de FSH*, qui bloque l'évolution des follicules à partir du 5e jour du cycle;

• *les 2 inhibiteurs de la lutéinisation*, synthétisés par l'ovocyte pour inhiber la lutéinisation spontanée du follicule en corps jaune avant l'ovulation;

• *les inhibines A et B*, hormones glycoprotéiques synthétisées par les cellules de la granulosa, de la thèque interne, des cellules lutéales et du placenta, qui inhibent la sécrétion hypophysaire de FSH;

• *l'activine*, dimère de sous-unités β de l'inhibine, qui active la sécrétion hypophysaire de FSH;

• les *gonadocrines*, polypeptides qui se fixent sur les récepteurs de GnRH et les stimulent.

Cybride *n. m.* [Cybrid] Individu hybride qui résulte de la fusion de deux protoplastes mais qui ne possède qu'un seul noyau appartenant à l'un ou l'autre des protoplastes parentaux.

Cycle biliaire de Schiff *m.* [Schiff's biliary cycle] Cycle effectué par les sels biliaires qui sont déversés dans l'intestin puis réabsorbés pour être utilisés à nouveau.

Cycle biologique *m.* [Biologic cycle] Période allant de la germination à la fructification.

Cycle cellulaire *m.* [Cellular cycle] Ensemble des phases que connaît une cellule entre deux divisions cellulaires. On distingue:

• la *phase* G_1, ou phase de croissance cytoplasmique;

• la *phase S* ou phase de duplication de l'ADN;

• la *phase* G_2 ou phase de préparation à la division cellulaire;

• la *phase M:* mitose ou méiose.

Les phases G_1, G_2 et S constituent l'interphase qui peut être rallongée de la phase G_0.

Cycle de Calvin *m.* [Calvin cycle] Dans le stroma des chloroplastes, ensemble des réactions de la phase sombre de la photosynthèse, dont le rôle est de reconstituer 3 molécules de ribulose-1,5- bisphosphate (en C5), sur lesquelles se fixe le CO_2, à partir de 5 molécules de trioses phosphate (en C3).

Cycle de Cori *m.* [Cori cycle] Voie métabolique qui consiste en la dégradation du glucose en acide lactique dans le muscle, puis en la réaction inverse dans le foie, c'est-à-dire la transformation de l'acide lactique en glucose puis en glycogène (glycogénonéogenèse). Ce cycle évite la perte de l'énergie potentielle de l'acide lactique. **Syn.:** Cycle de l'acide lactique.

Cycle de développement *m.* [Development cycle] Ensemble des transformations subies par un organisme du stade zygote au stade gamète à l'origine du zygote du cycle suivant.

Cycle de Dickens-Horecker *m.* [Dickens-Horecker cycle] **Syn.:** Cycle des pentoses phosphate.

Cycle de Felig *m.* [Felig cycle] Ensemble des réactions consistant en la dégradation du glucose en acide pyruvique puis en alanine dans les muscles et en la conversion de l'alanine en glucose dans le foie. **Syn.:** Cycle de l'alanine.

Cycle de Krebs *m.* [Krebs cycle] Cycle de réactions biochimiques en condition aérobie consistant en l'oxydation du radical acétyle de l'acétylcoenzyme A issue de la dégradation du pyruvate de la glycolyse, ou issue de la β- oxydation des acides gras ou encore de la désamination des acides aminés. L'acétylcoenzyme A cède son acétyle à l'oxaloacétate (4 C) pour former du citrate (6 C). Ce dernier est reconverti en oxaloacétate grâce à des décarboxylations et des déshydrogénations qui génèrent 2 molécules de CO_2, 3 $NADH + H^+$, un $FADH_2$ et un ATP par acétyle. Ce cycle a lieu dans les mitochondries. **Syn.**: Cycle de l'acide citrique, Cycle des acides tricarboxyliques.

Cycle de l'acide citrique *m.* [Citric acid cycle] **Syn.**: Cycle de Krebs.

Cycle de l'acide lactique *m.* [Lactic acid cycle] **Syn.**: Cycle de Cori.

Cycle de l'alanine *m.* [Alanine cycle] **Syn.**: Cycle de Felig.

Cycle de l'urée *m.* [Urea cycle] Ensemble de réactions se déroulant dans le foie de certains Vertébrés. L'ornithine cytoplasmique pénètre dans la mitochondrie, fixe un carbamylphosphate pour former de la citrulline qui ressort de la mitochondrie. La citrulline sera convertie en arginine par combinaison avec un acide aspartique. L'arginine cède alors un molécule d'urée et redonne de l'ornithine. **Syn.**: Cycle de Krebs-Henselheit.

Cycle des acides tricarboxyliques *m.* [Tricarboxylic acids cycle] **Syn.**: Cycle de Krebs

Cycle des pentoses phosphate *m.* [Pentose phosphate cycle] Ensemble de réactions cytosoliques, au cours duquel 6 molécules de ribulose-5-phosphate sont transformées en 5 glucose-6-phosphate. Ce cycle fournit des pentoses phosphate pour la synthèse des nucléotides, du NADPH, des fructoses et des trioses réutilisés dans le métabolisme général. **Syn.**: Cycle des pentoses, Cycle gluconique, Cycle de Dickens-Horecker.

Cycle du glyoxylate *m.* [Glyoxylic acid cycle] Dans les peroxysomes des graines, variante du cycle de Krebs au cours de laquelle l'isocitrate se scinde en deux composés: le succinate qui rejoint le cycle de Krebs et le glyoxylate qui se lie à une acétylcoA pour former du malate. Dans un tour de cycle, deux acétylcoA sont donc utilisées. L'acétylcoA provient de la β-oxydation des acides gras mis en réserve dans la graine. Ces peroxysomes spécialisés sont appelées *glyoxysomes*.

Cycle gluconique *m.* [Gluconic cycle] **Syn.**: Cycle des pentoses phosphate.

Cycle lysogénique *m.* [Lysogenic cycle] Cycle de réplication d'un Bactériophage au cours duquel le génome du phage s'insère dans celui de la cellule hôte et prend alors le nom de *prophage*. Ce génome est dupliqué en même temps que le génome cellulaire à la faveur des divisions, ce qui lui permet de se répandre sans détruire les cellules dont il dépend. Ce cycle prend fin au moment où le prophage sort du génome bactérien; il entre alors dans le *cycle lytique*. **Syn.**: Cycle lysogène.

Cycle lytique *m.* [Lytic cycle] Cycle de réplication d'un Bactériophage qui aboutit rapidement à la lyse de la Bactérie hôte.

Cycle menstruel *m.* [Menstrual cycle] **Syn.**: Cycle œstral.

Cycle nycthéméral *m.* [Day-night cycle] Cycle biologique d'une période de 24 h réglé par l'alternance jour-nuit.

Cycle œstral *m.* [Estrous cycle] Chez les femelles de Mammifères, ensemble des modifications structurales, physiologiques et comportementales qui existent entre deux œstrus ou entre deux menstruations. Chez la femme et certains Primates, le cycle oestrien est un *cycle menstruel* caractérisé par la présence de menstruations. Chez les autres Mammifères, l'endomètre est réabsorbé donc les menstruations sont absentes.

Cycle ovarien *m.* [Ovarian cycle] Ensemble des modifications des follicules ovariens aboutissant à l'expulsion périodique entre deux menstruations d'un ou plusieurs ovocytes matures dans l'oviducte.

Cycle spermatogénétique *m.* [Spermatogen(et)ic cycle] Ensemble des modifications que subit une cellule germinale mâle depuis le stade gonie primordiale jusqu'au stade spermatozoïde. Chez l'Homme, il dure 74 jours.

Cycline *n. f.* [Cyclin] Famille de protéines cytoplasmiques synthétisées régulièrement dans toutes les cellules mais dont la concentration varie de façon cyclique en raison de leur dégradation enzymatique au début de la mitose. Leur liaison avec le MPF (*Maturation promoting factor*) forme un complexe qui déclenche la mitose lorsqu'il atteint une concentration suffisante.

Cyclique *adj.* [Cyclic] Se dit d'une fleur dont les pièces s'insèrent sur le réceptacle en formant des verticilles. **Syn.**: Verticillé. **Ant.**: Acyclique.

Cyclocytique *adj. (de cycle et du gr. kutos, cellule).* [Cyclocytic] Se dit d'un stomate qui est entouré de plusieurs cellules annexes réalisant un anneau autour de lui.

Cyclomorphose *n. f.* [Cyclomorphosis] Modifications morphologiques saisonnières des générations parthénogénétiques qui se succèdent tout au long de l'année.

Cyclooxygénase *n. f.* [Cyclooxygenase] Enzyme qui catalyse l'oxydation de l'acide arachidonique en prostaglandines.

Cyclopodite *adj. et n. f. (de Cyclops et du gr. pous, podos, pied). Larve cyclopodite*, larve des Copépodes (Pancrustacés Maxillopodes), stade larvaire suivant la larve métanauplius.

Cyclopoïde *adj. et n. f. (de Cyclops et du gr. eidos, aspect). Larve cyclopoïde*, larve de certains Hyménoptères parasites, ayant l'allure du Copépode *Cyclops*, et représentant une forme embryonnaire précoce qui donnera une larve acéphale.

Cyclose *n. f.* [Cyclosis] Mouvement circulaire du cytoplasme des cellules.

Cyclosérine *n. f.* [Cycloserin] Antibiotique synthétisé par *Streptomyces orchidaceus*, inhibant la formation de la paroi des Bactéries.

Cyclosporine → **Ciclosporine**

Cylindraxe *n. m. (de cylindre et axe).* [Axis cylinder] **Syn.**: Axone.

Cyme *n. f. (du lat. cyma, tendron de chou).* [Cyme] Inflorescence définie composée d'un axe principal portant un (**cyme unipare**), deux (**cyme bipare**) ou plusieurs (**cyme multipare**) rameaux latéraux ramifiés ou non. La floraison est centrifuge car la première fleur est celle de l'axe principal. La cyme unipare peut être **scorpioïde** lorsque les ramifications sont toutes d'un même côté en formant une spirale, ou **hélicoïde** quand les ramifications sont alternativement d'un côté puis de l'autre. Voir le tableau des inflorescences.

Cynurénine ou Kynurénine *n. f. (du gr. kunos, chien et rénine).* [Kinurenine] Métabolite du tryptophane qui se forme par oxydation du noyau pyrrole et départ du formyle. Par cyclisation, on obtient de l'acide cynurénique. La cynurénine constitue un précurseur du NAD.

Cyphelle *n. f.* [Cyphella] Dépression de la surface supérieure de certains Lichens foliacés.

Cyphonaute *adj. et n. f. Larve cyphonaute*, larve des Ectoproctes, planctonique, transparente, ciliée, ayant la forme d'un cône comprimé entre deux valves chitineuses.

Cyprière *n. f.* Formation végétale méditerranéenne dominée par les Cyprès (*Cupressus sp.*, Cupressacées).

Cypris *n. m. et adj.* [Cypris] Chez les Crustacés Cirripèdes, forme larvaire qui suit le stade nauplius. Elle est pourvue d'une carapace bivalve et se fixe sur un support par ses antennules adhésives. La région céphalique subit alors une métamorphose de fixation et se transforme en pédoncule (Anatifes) ou en sole de fixation (Balanes).

Cypsela *n. f.* [Cypsela] Akène des Astéracées, surmonté d'un pappus et issu d'un ovaire bicarpellé uniloculaire et uniovulé.

Cyrtos *n. m.* [Cyrtos] Chez certains Ciliés (Phyllopharyngidés), appareil cytopharyngien développé présentant des expansions foliacées.

Cystathionase *n. f.* [Cystathionase] Voir Cystathionine.

Cystathionine *n. f.* [Cystathionine] Acide aminé soufré qui résulte de la condensation de la sérine et de l'homocystéine grâce à la *cystathionine synthétase*. La cystathionine se rompt grâce à la *cystathionase* en cystéine et acide α-cétobutyrique. C'est un métabolite de la méthionine.

Cystathionine synthétase *n. f.* [Cystathionine synthetase] Voir Cystathionine.

Cyste germinal *m.* [Germinal cyst] Dans le testicule de certains Invertébrés, amas ovoïde de cellules germinales entourées d'une couche de cellules mésodermiques. Ces cellules germinales sont issues d'une seule spermatogonie qui se divise et se différencie en spermatocystes I puis II puis en spermatides et spermatozoïdes.

Cystéine *n. f. (de cystine, du gr. kustis, vessie).* [Cysteine] Symb.: Cys, C – Acide aminé soufré constitutif des protéines, portant un groupement thiol (-SH). Ce dernier permet la formation de ponts disulfure entre deux chaînes polypeptidiques. Codons correspondants: UGU et UGC. Formule: $HS–CH_2–CH(NH_2)–COOH$.

Cysticercoïde *n. m.* [Cysticercoid] Chez les Cestodes Cyclophyllidiens Hyménolépides, cysticerque particulier, sans vésicule, pourvu d'un appendice caudal portant des crochets chitineux, et dont le scolex est invaginé.

Cysticerque *n. m. (du gr. kustis, vessie et kerkos, queue).* [Cysticercus] Chez la plupart des Cestodes, forme larvaire qui succède à l'embryon hexacanthe lorsqu'il est parvenu dans les tissus de l'hôte final. Le cysticerque possède une vésicule cystique dont la cavité est remplie d'un liquide albumineux et est pourvue d'un scolex invaginé ou dévaginé. Le cysticerque est dans un état de vie ralentie et peut survivre plusieurs années dans les tissus de l'hôte intermédiaire.

Cystide *n. f. (du gr. kustis, vessie).* [Cystid] ▸ ① Élément stérile des Basidiomycètes. On distingue:

- les **caulocystides** sur le stipe;
- les **cheilocystides** sur les bords des lamelles;
- les **chrysocystides** à inclusions dorées;
- les **gléocystides** à nombreuses inclusions lipidiques;
- les **leptocystides** à paroi fine;
- les **lamprocystides** à paroi épaisse;
- les **macrocystides** très allongées;
- les **piléocystides** ou **pilocystides** ou **dermatocystides** sur le revêtement du chapeau;

• les **pleurocystides** sur les faces des lamelles de l'hyménium.

▸ ② Chez les Ectoproctes, logette musculeuse parfois calcifiée dans laquelle vit suspendu l'individu proprement dit ou *polypide*.

Cystidienne *adj. (du gr. kustis, vessie).* [Cystidean] Se dit de la larve des Crinoïdes qui a une forme cylindrique, 5 ceintures ciliées et une touffe apicale de cils.

Cystidiole *n. f. (du gr. kustis, vessie).* [Cystidiole] Petite cystide atypique d'un hyménium.

Cystine *n. f. (du gr. kustis, vessie).* [Cystine] Acide aminé formé de deux molécules de cystéine unies par une liaison disulfure, jouant un rôle important dans la formation de la structure tertiaire des protéines.

Cystique *adj. (du gr. kustis, vessie).* [Cystic] ▸ ① Relatif à la vésicule biliaire; ▸ ② Relatif à la vessie.

Cystocarpe *n. m. (du gr. kustis, vessie et karpos, fruit).* [Cystocarp] Chez les Rhodophycophytes (Algues rouges), organe du gamétophyte femelle élaboré autour du zygote après la fécondation (qui a lieu sur le gamétophyte femelle). Il forme une outre dans laquelle le carposporophyte se développera et formera les carpospores diploïdes.

Cystogamie *n. f. (du gr. kustis, vessie et gamos, union).* [Cystogamy] ▸ ① Chez les Zygomycètes Mucorales, fécondation entre deux gamétocystes multinucléés à noyaux haploïdes; ▸ ② Chez certaines Algues vertes, mode de reproduction caractérisée par la fécondation entre deux cellules transformées en gamètes. **Syn.**: Conjugaison.

Cystolithe *n. m. (du gr. kustis, vessie et lithos, pierre).* [Cystolith] Amas de cristaux de carbonate de calcium dans les cellules du mésophylle des feuilles de certaines Angiospermes. **Ex.**: Figuier (*Ficus sp.*, Moracées), Houblon (*Humulus lupulus*, Cannabacées).

Cystospore *n. f. (de (sporo)cyste et spore).* [Cystospore] Toute spore formée dans un sporocyste.

Cytidine *n. f.* [Cytidine] Voir Ribonucléoside.

Cytidine-5'-mono-, di- ou triphosphate *f.* [Cytidine-5'-mono-, di- ou triphosphate] Cytidine-5'-monophosphate, syn.: Acide cytidylique. Voir Ribonucléotide.

Cytochrome *n. m. (du gr. kutos, cellule et khrôma, couleur).* [Cytochrome] Chromoprotéine dont le groupement prosthétique est une porphyrine. Ce sont des transporteurs d'électrons dans les chaînes respiratoire et photosynthétique. Dans la chaîne respiratoire interviennent dans l'ordre les cytochromes b, c_1, c, a, et a_3. Le cytochrome b reçoit les électrons de l'ubiquinone, le cytochrome a_3 les cède à l'accepteur final. Dans la chaîne photosynthétique, le cytochrome f reçoit les électrons de la protéine fer-soufre et les transmet à la plastocyanine.

Cytochrome c oxydase *n. f.* [Cytochrome c oxidase] Molécule transporteur d'électrons de la chaîne respiratoire. Elle est formée par l'union des cytochromes a et a3. Elle transmet les électrons à l'accepteur final qui est l'oxygène. **Syn.**: Complexe IV.

Cytochrome c réductase *n. f.* [Cytochrome c reductase] Molécule transporteur d'électrons de la chaîne respiratoire. Elle est formée par l'union des cytochromes b et c_1. Elle transmet les électrons de l'ubiquinone au cytochrome c. **Syn.**: Complexe bc_1, Complexe III, Ubiquinol-cytochrome c réductase.

Cytocinèse *n. f. (du gr. kutos, cellule et kinêsis, mouvement).* [**Cytokinesis**] **Syn.**: Cytodiérèse.

Cytodiérèse *n. f. (du gr. kutos, cellule et diérèse).* [**Cytodieresis**] Division de la cellule par constriction centripète chez les cellules animales et par formation centrifuge d'un phragmoplaste chez les cellules végétales. **Syn.**: Cytocinèse, Plasmodiérèse.

Cytodifférenciation *n. f. (du gr. kutos, cellule et différenciation).* [**Cytodifferentiation**] Différenciation des cellules.

Cytogamie *n. f. (du gr. kutos, cellule et gamos, mariage).* [**Cytogamy**] Ensemble de la plasmogamie et de la caryogamie.

Cytogénétique *n. f. (du gr. kutos, cellule et génétique).* [**Cytogenetics**] Branche de la génétique qui étudie les chromosomes et leurs anomalies, ainsi que les maladies qui en résultent.

Cytokératine *n. f. (du gr. kutos, cellule et kératine).* [**Cytokeratin**] Type de kératine intracytoplasmique en filaments.

Cytokine *n. f. (du gr. kutos, cellule et kinein, bouger).* [**Cytokine**] Toute molécule jouant le rôle de médiateur cellulaire. Les cytokines sont émises par des cellules isolées et ont une action essentiellement locale, de type autocrine ou paracrine. Certaines cytokines interviennent dans l'inflammation et l'immunité, d'autres jouent un rôle dans la division et la différenciation cellulaires et d'autres possèdent des propriétés antivirales. Les cytokines font l'objet d'études pour le traitement des cancers, des maladies auto-immunes et du sida. **Ex.**: Interférons, Interleukines.

Cytokinine *n. f. (du gr. kutos, cellule et kinein, bouger).* [**Cytokinin**] Chacune des adénines substituées sur l'azote 6 jouant un rôle hormonal dans la plante. En présence d'auxine, les cytokinines stimulent la mérèse, la différenciation des bourgeons et le débourrement des bourgeons.

Cytologie *n. f. (du gr. kutos, cellule et logos, dicours).* [**Cytology**] Partie de la biologie qui étudie la cellule vivante. **Syn.**: Biologie cellulaire.

Cytolyse *n. f. (du gr. kutos, cellule et lyse).* [**Cytolysis**] Destruction d'une cellule.

Cytolysine *n. f. (du gr. kutos, cellule et lysine).* [**Cytolysin**] Molécule qui entraîne la cytolyse.

Cytopharynx *n. m. (du gr. kutos, cellule et pharynx).* [**Cytopharynx**] Chez les Ciliés, invagination de la membrane plasmique au niveau de laquelle les particules alimentaires sont englouties dans le cytoplasme par l'intermédiaire de vésicules digestives. **Syn.**: Appareil cytopharyngien.

Cytoplasme *n. m. (du gr. kutos, cellule et (proto)plasme).* [**Cytoplasm**] Ensemble du contenu cellulaire délimité par la membrane plasmique, à l'exclusion du noyau.

Cytosine *n. f. (du gr. kutos, cellule et suff. -ine).* [**Cytosine**] Symb.: C – Base azotée complémentaire de la guanine, entrant dans la composition des acides nucléiques.

Cytosol *n. m.* [**Cytosol**] Substance cytoplasmique dans laquelle baignent les organites. **Syn.**: Hyaloplasme.

Cytosquelette *n. m. (du gr. kutos, cellule et squelette).* [**Cytoskeleton**] Dans les cellules eucaryotes, ensemble des filaments protéiques du cytoplasme. Il est formé de trois types de filaments: les filaments d'actine, les filaments intermédiaires et les microtubules.

Cytostatique *adj. (du gr. kutos, cellule*

et statique). [Cytostatic] Se dit d'une molécule qui inhibe la croissance et la division cellulaires.

Cytotoxique *adj. (du gr. kutos, cellule et toxique).* [Cytotoxic] Se dit d'une substance ou d'une cellule spécialisée capable de détruire les cellules.

Cytotrophoblaste *n. m. (du gr. kutos, cellule et trophoblaste).* [Cytotrophoblast] Voir Trophoblaste.

Cytotype *n. m. (du gr. kutos, cellule et type).* [Cytotype] Individu qui se distingue des autres par sa ploïdie.

Cytozoaire *n. m. (du gr. kutos, cellule et zôon, animal).* [Cytozoon] Parasite vivant à l'intérieur des cellules.

D

D Symbole de l'acide aspartique dans la formule des protéines.

Dactylozoïde ou Dactylozoïte *n. m. (du gr. daktulos, doigt et zôeidês, semblable à un animal).* [Dactylozooid] Chez les Cnidaires Hydrozoaires coloniaux, polype spécialisé dans la protection ou l'alimentation (certains ont un filament pêcheur). Ils sont dépourvus de bouche et sont généralement munis de nématoblastes urticants.

Dague *n. f. (du lat. daca, épée de Dacie).* ▸ ① Premier bois petit et courbe des jeunes Cervidés (daguets); ▸ ② Défense de Sanglier correspondant à une canine.

Dalton *n. m. (de Dalton, n. pr.).* [Dalton] Symb.: Da – Unité de masse moléculaire correspondant au seizième de la masse d'un atome d'oxygène soit $1{,}66.10^{-24}$g.

Dard *n. m.* ▸ ① Organe venimeux et acéré de l'extrémité postérieure de certains animaux, servant à piquer la proie et lui inoculer un venin. **Ex.:** Scorpionides, Hyménoptères Aculéates. [Sting]; ▸ ② Différenciation piquante du parenchyme cortical des tiges de certaines plantes. **Ex.:** Dard du rosier. **Syn.:** Aiguillon. [Spur]

Darwinien *adj.* [Darwinian] Relatif au darwinisme.

Darwinisme *n. m. (de Darwin, savant anglais).* [Darwinism] Théorie de l'évolution développée par Darwin selon laquelle les espèces descendent les unes des autres et évoluent selon les lois de la sélection naturelle.

Dasmatrophie *n. f.* [Dasmatrophy] Mode d'alimentation qui consiste à rejeter du suc digestif sur la proie puis à ingérer le liquide nutritif qui résulte de cette digestion externe.

Dasyphylle *adj. (du gr. dasys, épais et phullon, feuille).* Qui porte des feuilles épaisses.

Débourrement *n. m.* [Bud burst] Ouverture des bourgeons des essences ligneuses après la mauvaise saison.

Décarboxylase *n. f.* [Decarboxylase] Enzyme qui catalyse une réaction de *décarboxylation*, c'est-à-dire le détachement d'une molécule de CO_2.

Décarboxylation *n. f.* [Decarboxylation] Voir Décarboxylase.

Décarboxylation oxydative *f.* [Oxidative decarboxylation] Association d'une décarboxylation et d'une oxydation de la même molécule. **Ex.:** Décarboxylation oxydative du pyruvate en acétylcoenzyme A.

Décidu *adj. et n. f.* ▸ ① Adj. **Syn.:** Caduc, Caducifolié. [Deciduous;] ▸ ② N. f. **Décidue**, syn.: Caduque. [Decidua]

Décidual *adj. et n. f. (du lat. decidua, qui tombe).* [Decidual] *Membrane déci-*

duale ou n. f. *Déciduale*, syn.: Caduque. [Decidua]

Décidué *adj.* [Deciduous] Se dit d'un placenta (ou de l'individu qui le possède) dont le trophoblaste pénètre dans l'endomètre. Lors de la parturition, la muqueuse utérine est détruite en partie. **Ant.**: Indécidué.

Décombant *adj.* ▸ ① Se dit d'un organe qui ne peut se soutenir de lui-même et qui penche vers le sol. **Ex.**: Branches du Saule pleureur. **Syn.**: Défléchi; ▸ ② Se dit des feuilles de certaines Hépatiques qui sont recouvertes en partie par les feuilles insérées juste au-dessus. **Syn.**: Succube.

Décomposeur *n. m. et adj.* [Decomposer, Scavenging microorganism] Organisme qui dégrade la matière organique morte en digérant ses molécules complexes (chitine, cellulose). Les décomposeurs constituent le dernier maillon de la chaîne trophique. Ce sont souvent des Bactéries et des Champignons.

Décurrent *adj. (du lat. decurrens, qui court le long de).* [Decurrent] Se dit d'un organe qui se prolonge au-delà du point d'insertion habituel. **Ex.**: Pétiole se prolongeant sur la tige, lamelles se prolongeant sur le stipe d'un Champignon.

Décurtation *n. f.* [Decurtation] Chute naturelle des rameaux courts de l'année chez certaines espèces ligneuses. **Ex.**: Cyprès-chauve (*Taxodium sp.*, Cupressacées), *Metasequoia glyptostroboides*.

Décussation *n. f.* [Decussation] Entrecroisement des fibres nerveuses symétriques droites et gauches au niveau de la face dorsale du bulbe rachidien et des pédoncules cérébraux. Au point de croisement, les faisceaux nerveux de la droite passent à gauche et inversement. **Ex.**: Décussation des pyramides, décussation de Meynert.

Décussé *adj.* [Crossed, Decussated] Se dit des feuilles opposées d'un nœud lorsqu'elles forment un angle droit par rapport aux feuilles opposées du nœud précédent et du nœud suivant.

Dédifférenciation cellulaire *f.* [Dedifferentiation] Perte totale ou partielle des caractères d'une cellule qu'elle avait acquis au cours de son développement ou *différenciation*. Une cellule dédifférenciée présente des caractères embryonnaires et recouvre une potentialité importante de développement. **Syn.**: Anaplasie.

Défécation *n. f. (du lat. defaecare, débarrasser de la lie (faex)).* [Defecation] Expulsion des matières fécales.

Défectif *adj. (du lat. deficere, faire défaut).* [Defective] Se dit d'un virus qui est incapable de boucler son cycle de reproduction.

Défense *n. f.* [Tusk] Dent saillante, longue, robuste, souvent courbe, chez certains Mammifères. **Ex.**: Défenses d'Éléphant, de Morse, de Sanglier.

Déférent *adj. et n. m.* [Deferens] Voir Canal déférent.

Défeuillaison *n. f.* **Syn.**: Défoliation.

Défini *adj.* [Definite] ▸ ① Se dit d'une inflorescence dont l'axe principal a fini sa croissance et se termine par une fleur. **Syn.**: Déterminé; ▸ ② Se dit de la croissance des organismes qui cesse définitivement à un âge donné, variable selon les espèces.

Ant.: Indéfini.

Défléchi *adj.* **Syn.**: 1. Décombant.

Défloraison *n. f.* [Falling of blossom] Chute des fleurs ou de certaines pièces florales.

Défoliation *n. f.* [Defoliation] Chute des feuilles, naturelle ou pathologique, à l'approche de la saison défavorable (hiver ou saison sèche). **Syn.**: Défeuillaison.

Dégénérer *v. t.* [To degenerate] **Syn.**: Abâtardir (s').

Dégénérescence *n. f.* [Degeneration] Propriété du code génétique de coder chaque acide aminé par plusieurs codons. On dit que le code génétique est *dégénéré*.

Déglutition *n. f. (du lat. deglutire, avaler).* [Swallowing] Acte réflexe permettant de faire passer le bol alimentaire de la bouche vers l'œsophage.

Dégranulation *n. f.* [Degranulation] Exocytose de vésicules cytoplasmiques présentes dans certaines cellules, induite par un facteur externe. **Ex.**: Dégranulation des vésicules à histamine des mastocytes, des granules corticaux des ovocytes.

Déhiscent *adj. (de lat. dehiscere, s'ouvrir).* [Dehiscent] Se dit d'un organe clos qui s'ouvre à maturité par temps sec pour libérer son contenu. L'ouverture s'appelle la *déhiscence*. **Ex.**: Anthère, sporange. **Ant.**: Indéhiscent.

7-Déhydrocholestérol *n. m.* [7-Dehydrocholesterol] Dérivé déshydrogéné du cholestérol obtenu par l'action d'une déshydrogénase sur le C 7. Au niveau de la peau, il se transforme en cholécalciférol (vitamine D_3) par ouverture du noyau B, sous l'action des UV. **Syn.**: Provitamine D3.

Déhydroépiandrostérone *n. f.* [Dehydroepiandrosterone] Sigle: DHEA – Hormone 17-cétostéroïde corticosurrénalienne, ayant une action androgène plus faible que la testostérone. Une partie de cette hormone est transformée en testostérone.

Déimatique *adj.* [Deimatic] Se dit du comportement de défense de certains animaux consistant à intimider le prédateur.

Délamination *n. f.* [Delamination] Dédoublement d'un feuillet embryonnaire que l'on observe au cours de la gastrulation chez certains animaux (Insectes).

Délétion *n. f.* [Deletion] Perte d'un segment d'ADN pouvant aller d'une paire de base à un segment de chromosome (**délétion chromosomique**).

Délophycé *adj. (du gr. delos, clair et phukos, algue).* Chez les Algues, se dit de la phase pendant laquelle la taille de l'organisme est maximale et donc où elle est la mieux visible.

Deltidium *n. m. (de delta, pour sa forme).* [Deltidium] Chez les Brachiopodes, ensemble des 2 petites plaques calcaires symétriques de la valve ventrale qui obture en partie le delthyrium en ne laissant qu'une petite ouverture appelé foramen par lequel sort le pédoncule de fixation.

Delthyrium *n. m.* [Delthyrium] Voir Deltidium.

Deltoïde *adj. (du gr. deltoeidês, en forme de delta).* [Deltoid] Se dit d'une feuille qui a la forme de la lettre grecque delta.

Dème *n. m. (du gr. dêmos, peuple).* [Deme] **Syn.**: Population.

Dém(o)écologie *n. f. (du gr. dêmos, peuple et écologie).* [Dem(o)ecology, Population dynamics] Partie de l'écologie qui étudie les populations et les peuplements en relation avec leur environnement, de façon à expliquer les variations de leurs effectifs.

Démersal *adj.* [Demersal] Se dit d'une espèce dulçaquicole qui vit plus près du fond que de la surface. **Ex.**: Carpe.

Déméthylase *n. f.* [Demethylase] Enzyme qui catalyse une *déméthylation*, c'est-à-dire la perte d'un radical méthyle.

Demi-fleuron *n. m.* Chez les Astéracées, fleur ligulée présente sur la totalité du capitule chez les Liguliflores ou seulement sur le pourtour chez les Radiées.

Démissine *n. f.* [Demissin] Alcaloïde synthétisé par l'espèce *Solanum demissum* (Solanacées) qui la protège contre l'infestation par le Doryphore.

Dénaturation de l'ADN *f.* [DNA denaturation] Dissociation réversible des deux brins de l'ADN sous l'effet de facteurs comme la température et le pH.

Dendrigé *n. m.* Ensemble des branches maîtresses d'un arbre.

Dendrite *n. f. (du gr. dendritês, qui concerne les arbres).* [Dendrite] Ramification cytoplasmique d'un neurone qui reçoit l'influx nerveux et le conduit vers le corps cellulaire.

Dendritique *adj.* [Dendritic] ▸ ① Relatif aux dendrites; ▸ ② Voir Cellule dendritique.

Dendrobie *adj. (du gr. dendron, arbre et bios, vie).* [Dendrobious] **Syn.**: Dendrocole.

Dendrochronologie *n. f. (du gr. dendron, arbre et chronologie).* [Dendrochronology] Méthode d'établissement et de datation des changements climatiques par l'étude de l'épaisseur des cernes des troncs d'arbre.

Dendroclimatologie *n. f. (du gr. dendros, arbre et climatologie).* [Dendroclimatology] Étude du climat passé à l'aide la dendrochronologie.

Dendrocole *adj. (du gr. dendron, arbre et du lat. colere, habiter).* [Dendrocolous] Qui vit sur les arbres. **Syn.**: Dendrobie.

Dendroïde *adj. (du gr. dendron, arbre).* [Dendroid] Dont la forme rappelle celle d'un arbre.

Dendrologie *n. f. (du gr. dendron, arbre et logos, discours).* [Dendrology] Partie de la botanique qui étudie les arbres.

Dendrophile *adj. (du gr. dendron, arbre et philos, ami).* [Dendrophilous] **Syn.**: Dendrocole.

Dénitrifiant *adj.* [Denitrificating] Voir Dénitrification.

Dénitrification *n. f.* [Denitrification] Réduction des ions nitrates NO_3^- en ions ammonium NH_4^+ ou en azote gazeux N_2 par les Bactéries dénitrifiantes.

Dent *n. f.* [Tooth (Pl.: Teeth)] Chez les Gnathostomes, organe dur, minéralisé, implanté dans la muqueuse buccale (ou rarement pharyngienne) par une *racine*. La partie visible de la dent est la *couronne*, la jonction entre racine et couronne s'appelle le *collet*. Le principal constituant est la *dentine* ou *ivoire*, présente dans tous les groupes taxonomiques. Elle peut être entourée de l'émail, du cément et des émailoïdes. La croissance des dents peut être limitée dans le temps (dents *brachyodontes*) ou non (dents *hypsodontes*). Elles peuvent être très nombreuses mais il existe une tendance évolutive à la réduction de leur nombre voire leur disparition (Chéloniens, Oiseaux).

Dentaire *n. m. et adj.* ▸ ① Chez les Gnathostomes à l'exception des Chondrichtyens, os dermique de la mâchoire inférieure sur lequel s'insèrent les dents. [Dentary]; ▸ ② Adj. Qui se rapporte aux dents. [Dental]

Dentine *n. f.* [Dentin] Tissu mésenchymateux dont la substance fondamentale s'est minéralisée et s'est séparée des odontoblastes qui l'ont synthétisée. La dentine est présente chez tous les Vertébrés et constitue la majeure partie des dents. **Syn.**: Ivoire, Substance éburnée.

Denture *n. f.* [Set of teeth] Ensemble des dents d'un animal.

Déphosphorylation *n. f.* [Dephosphorylation] Perte d'un groupement phosphoryle.

Dépolarisation *n. f.* [Depolarization] Diminution de la différence de potentiel existant de part et d'autre d'une membrane, due à l'ouverture de canaux ioniques qui permettent la diffusion des cations du liquide extracellulaire vers le liquide intracellulaire.

Dépositivore *adj. et n. m.* [Depositivorous (adj.), Deposit feeder (n.)] Qui se nourrit des particules de matière organique qui se déposent sur le fond de l'eau.

Dépurination *n. f.* [Depurination] Lésion naturelle de l'ADN par rupture thermique de la liaison entre les bases puriques et les désoxyriboses. Ces modifications aléatoires de l'ADN sont effacées par le processus de réparation de l'ADN.

Dérépression *n. f.* [Derepression] Levée de l'inhibition de la transcription grâce à l'inactivation du répresseur par sa liaison avec un inducteur.

Dérive génétique *f.* [Genetic drift] Modification aléatoire de la fréquence des allèles d'une petite population au cours des générations. Plus la population est petite, plus la dérive génétique est importante.

Dermatane sulfate *n. m.* [Dermatane sulphate (US: sulfate)] Glycosaminoglycane formé d'unités disaccharidiques d'acide L-iduronique et de N-acétyl-D-galactosamine-4-sulfate. Son nom vient du fait qu'il est répandu dans la peau.

Dermatocystide *n. f. (du gr. derma, dermatos, peau et kustis, vessie).* [Dermatocystidium] Voir Cystide.

Dermatoglyphe *n. m. (du gr. derma, dermatos, peau et gluphê, entaille).* [Fingerprint pattern] Dessin formé par les sillons de la peau des doigts, des orteils et de la paume des mains.

Dermatome *n. m.* [Dermatome] Voir Dermomyotome.

Dermatotrope *adj.* **Syn.**: Dermotrope.

Derme *n. m. (du gr. derma, peau).* [Dermis, Derm] Chez les Crâniates, tissu conjonctif qui supporte et nourrit l'épiderme. Chez les Vertébrés, il est issu du dermatome et des crêtes neurales. La matrice extracellulaire est formée de fibres collagènes et de fibres élastiques. Il comporte des vaisseaux sanguins et lymphatiques, des terminaisons nerveuses, des chromatophores et des éléments invaginés d'origine épidermique (glandes, follicules pileux). Un derme existe aussi chez les Céphalocordés.

Dermomyotome *n. m.* [Dermomyotome] Chez les embryons de Vertébrés, partie restante d'un somite après que le sclérotome s'est dissocié. Sa partie externe forme le *dermatome* qui sera à l'origine du derme. Sa partie interne ou *myotome* sera à l'origine de la musculature striée volontaire. **Syn.**: Myodermatome.

Dermotrope *adj. (du gr. derma, peau et tropos, direction).* [Dermotropic] Se dit d'un élément qui se fixe électivement sur la peau et les muqueuses ou exerce son action à leur niveau. **Syn.**: Dermatotrope.

Désaminase *n. f.* [Deaminase] Enzyme qui catalyse une *désamination* c'est-à-dire la perte d'une amine (–NH_2). **Ex.**:

D-aminoacide oxydase, sérine déshydratase.

Désamination *n. f.* [Deamination] Voir Désaminase.

Désassimilation *n. f.* [Disassimilation] **Syn.**: Catabolisme.

Descendance *n. f.* [Progeny] Ensemble des individus issus d'un même parent.

Désert *n. m.* [Desert] Biome terrestre le plus sec, caractérisé par des précipitations inférieures à 200 mm par an et une végétation xérophytique clairsemée. Ils peuvent être chauds (Sahara, centre de l'Australie) ou froids (Atacama au Chili).

Déserticole *adj. (de désert et du lat. colere, habiter).* [Deserticolous] Qui vit dans les déserts. **Syn.**: Érémicole, Érémophile, Hélioxérophile.

Désertion *n. f.* [Desertion] Abandon de la couvée, de la portée par l'un des deux partenaires du couple, le plus souvent par le mâle.

Déshydrogénase *n. f.* [Dehydrogenase] Enzyme de la classe des oxydoréductases qui catalyse la perte d'un hydrogène ou *déshydrogénation*. Les **déshydrogénases oxytropes** transfèrent l'hydrogène sur l'oxygène, les **déshydrogénases anoxytropes** le transfèrent sur un accepteur d'hydrogène autre que l'oxygène.

Déshydrogénase lactique, syn.: Lactate déshydrogénase.

Déshydrogénation *n. f.* [Dehydrogenation] Voir Déshydrogénase.

Désiodase *n. f.* [Deiodinase] Enzyme qui catalyse l'élimination d'un atome d'iode des hormones thyroïdiennes ou *désiodation*. On distingue la **5'-désiodase** qui catalyse la désiodation de la thyroxine en T_3 ou 3,5,3'-triiodothyronine et la **5-désiodase** qui catalyse la désiodation de la thyroxine en rT_3 ou 3,3',5'-triiodothyronine.

Désiodation *n. f.* [Deiodination] Voir Désiodase.

Desmine *n. f.* [Desmin] Protéine mineure des cellules musculaires qui contrôle l'assemblage des myofibrilles à la périphérie des stries Z.

Desmoenzyme *n. f.* [Desmoenzyme] **Syn.**: Endoenzyme.

Desmolase *n. f.* [Desmolase] Enzyme qui catalyse la rupture d'une chaîne carbonée. **Ex.**: Citrate lyase.

Desmologie *n. f.* [Desmology] Partie de l'anatomie qui traite des ligaments.

Desmoplakine *n. f.* [Desmoplakin] Voir Desmosome.

Desmosine *n. f.* [Desmosine] Tétrapeptide résultant de la condensation des chaînes latérales de trois allysines et d'une lysine appartenant à deux molécules d'élastine contiguës. Ces liaisons croisées entre les élastines leur confèrent leur couleur jaune.

Desmosome *n. m.* [Desmosome] Structure protéique intercellulaire dont le rôle est de maintenir assemblées deux cellules voisines et d'offrir des points d'ancrage aux filaments intermédiaires des cellules. Sur la face cytoplasmique de chacune des membranes adjacentes se trouve une plaque circulaire de protéines d'attachement intracellulaires (*plakoglobine* et *desmoplakines*), à laquelle sont attachés les filaments intermédiaires. Les deux plaques adjacentes sont reliées par des molécules d'adhérence intercellulaire Ca^{2+}-dépendantes de la famille des cadhérines.

Desmotubule *n. m.* [Desmotubule] Dans le canal d'un plasmodesme, structure cylindrique étroite qui permet la continuité entre les réticulums endoplasmiques lisses des deux cellules végétales connectées.

Désose *n. m.* [Desose] Ose dont un des carbones ne porte pas d'oxygène. **Ex.**: Désoxyribose.

Désoxyadénosine-5'-mono-, di- ou triphosphate [Deoxyadenosine-5'- mono-, di- ou triphosphate] Sigles: dAMP, dADP, dATP. dAMP, syn.: Acide désoxyadénylique. Voir Désoxyribonucléotide.

Désoxycholique *adj.* Voir Acide désoxycholique.

11-Désoxycorticostérone *n. f.* [11-Deoxycorticosterone] Sigle: DOC – Hormone minéralocorticostéroïde issue de l'hydroxylation de la progestérone par la 21-β-hydroxylase. Elle est le précurseur de la corticostérone par hydroxylation sur le C11 et de l'aldostérone par hydroxylation sur le C18. **Syn.**: Cortexone, Désoxycortone.

Désoxycortone *n. f.* [Deoxycortone] **Syn.**: 11-Désoxycorticostérone.

Désoxycytidine *n. f.* [Deoxycytidine] Voir Désoxyribonucléoside.

Désoxycytidine-5'-mono-, di- ou triphosphate [Deoxycytidine-5'-mono-, di- ou triphosphate] Sigles: dCMP, dCDP, dCTP. dCMP: **Syn.**: Acide désoxycytidylique. Voir Désoxyribonucléotide.

6-Désoxygalactose *n. m.* [6-Deoxygalactose] **Syn.**: Fucose.

Désoxyguanosine *n. f.* [Deoxyguanosine] Voir Désoxyribonucléoside.

Désoxyguanosine-5'-mono-, di-, ou triphosphate [Deoxyguanosine-5'- mono-, di-, ou triphosphate] Sigles: dGMP, dGDP, dGTP. dGMP, syn.: Acide désoxyguanylique. Voir Désoxyribonucléotide.

Désoxyhémoglobine *n. f.* [Deoxyhemoglobin] Forme réduite de l'hémoglobine où le fer hémique n'est pas lié à l'oxygène. **Ant.**: Oxyhémoglobine.

Désoxynucléoside *n. m.* [Deoxynucleoside] **Syn.**: Désoxyribonucléoside.

Désoxynucléotide *n. m.* [Deoxynucleotide] **Syn.**: Désoxyribonucléotide.

Désoxyribonucléase *n. f.* [Deoxyribonuclease] Enzyme qui catalyse la dépolymérisation de l'ADN par hydrolyse. **Syn.**: ADNase.

Désoxyribonucléique *adj.* [Deoxyribonucleic] Voir ADN.

Désoxyribonucléoside *n. m.* [Deoxyribonucleoside] Composé formé par l'association d'une base azotée et d'un désoxyribose. Chaque composé est nommé selon sa base azotée: *désoxyadénosine* (adénine), *désoxycytidine* (cytosine), *désoxyguanosine* (guanine), *désoxythymidine* (thymine), *désoxyuridine* (uracile). Les 4 premiers s'associent à une molécule d'acide phosphorique pour former un désoxyribonucléotide constitutif de l'ADN. **Syn.**: Désoxyriboside, Désoxynucléoside. Voir Tableau des nucléotides.

Désoxyribonucléotide *n. m.* [Deoxyribonucleotide] Composé formé par l'association entre un désoxyribonucléoside et 1, 2 ou 3 acides phosphoriques. On distingue:

- la désoxyadénosine-5'-mono-, di- ou triphosphate;
- la désoxycytidine-5'-mono-, di- ou triphosphate;
- la désoxyguanosine-5'-mono-, di- ou triphosphate;
- la désoxythymidine-5'-mono-, di- ou triphosphate;
- la désoxyuridine-5'-mono-, di- ou triphosphate;

Les 4 premiers désoxyribonucléotides monophosphatés sont les éléments constitutifs de l'ADN, les triphosphatés représentant leurs précurseurs utilisés dans la synthèse de l'ADN. **Syn.**: Désoxyribotide, Désoxynucléotide. Voir Tableau des nucléotides.

Désoxyribose *n. m.* [Deoxyribose] Pentose différant du ribose par la réduction de la fonction alcool du C2. Il entre dans la composition des nucléotides de l'ADN.

Désoxyriboside, Désoxyribotide *n. m.* [Deoxyribonucleoside, Deoxyribonucleotid] **Syn.**: Désoxyribonucléoside, Désoxyribonucléotide.

Désoxythymidine *n. f.* [Deoxythymidine] Voir Désoxyribonucléoside.

Désoxythymidine-5'-mono-, di- ou triphosphate [Deoxythymidine-5'- mono-, di- or triphosphate] Sigles: dTMP, dTDP, dTTP. dTMP, syn.: Acide désoxythymidylique. Voir Désoxyribonucléotide.

Désoxyuridine *n. f.* [Deoxyuridine] Voir Désoxyribonucléoside.

Désoxyuridine-5'-mono-, di- ou triphosphate [Deoxyuridine-5'-mono-, di- or triphosphate] Sigles: dUMP, dUDP, dUTP. dUMP, syn.: Acide désoxyuridylique. Voir Désoxyribonucléotide.

Désoxyvirus *n. m.* [Deoxyvirus] Virus à ADN.

Déspiralisation *n. f.* [Uncoiling] Décondensation des chromosomes après la division cellulaire.

Desquamation *n. f.* [Exfoliation] Élimination des couches cornées superficielles du tégument.

Désynapse *n. f.* [Desynapsis] Lors de la prophase méiotique, séparation précoce de chromosomes homologues induite par l'expression de gènes de désynapse qui empêchent la formation d'enjambement.

Déterminant antigénique *m.* [Antigenic determinant] Région d'un antigène qui possède des propriétés antigéniques et qui constitue le site de fixation aux anticorps ou aux récepteurs lymphocytaires. **Syn.**: Épitope.

Déterminant cytoplasmique *m.* [Cytoplasmic determinant] Élément du cytoplasme d'un ovocyte qui détermine le devenir du blastomère qui le reçoit au cours de la segmentation. Ils existent dans tous les œufs mais leurs effets sont plus marqués dans les œufs à développement en mosaïque. Dans certains oeufs (Anoures, Nématodes, Insectes), le *déterminant germinal* ou *plasme germinatif*, riche en ribonucléoprotéines, détermine les blastomères qui le possèdent à former les cellules germinales primordiales.

Déterminant germinal *m.* Voir Déterminant cytoplasmique.

Détermination cellulaire *f.* [Cell determination] Caractère d'une cellule dont le devenir est fixé à partir d'un certain stade de son développement. Une fois la cellule déterminée, elle subit la différenciation.

Détoxication *n. f. (de dé et (in)toxication).* [Detoxication] Suppression des effets toxiques d'un composé, notamment par les enzymes du foie qui le modifient et le rendent plus solubles.

Détriticole *adj. (de détritus et du lat. colere, habiter).* [Detriticolous] Qui vit dans des débris organiques. Les organismes détriticoles se nourrissent de ces débris: ils sont donc *détritivores* ou *détritiphages*.

Détritiphage *adj. (de détritus et du gr. phagein, manger).* [Detritiphagous] Voir Détriticole.

Détritivore *adj. (de détritus et du lat vorare, dévorer).* [Detritivorous] Voir Détriticole.

Deutérostomien *n. m. et adj. (du gr. deuteros, deuxième et stoma, bouche).* [Deuterostomian (adj.)] Tout animal triploblastique cœlomate dont la bouche n'est pas issue du blastopore mais d'une formation secondaire. Le blastopore fournit l'anus. **Ant.**: Protostomien.

Deutérotoque *adj. (du gr. deuteros, deuxième et tokos, enfantement).* [Deuterotokous] Voir Parthénogenèse.

Deutéroxylème *n. m. (du gr. deuteros, deuxième et xylème).* [Deuteroxylem] **Syn.**: Métaxylème.

Deutocérébron *n. m. (du gr. deuteros, deuxième et cérébron).* [Deutocerebron] Partie médiane du cerveau des Insectes, correspondant aux deux centres nerveux antennaires reliés aux antennes et entre eux par une commissure transverse sus-œsophagienne.

Développement *n. m.* [Development] Succession des transformations que subit un organisme depuis le stade zygote jusqu'au stade adulte. On distingue le **développement embryonnaire** et le **développement post-embryonnaire**, la limite entre les deux étant l'éclosion chez les Animaux ovipares, la parturition chez les Animaux vivipares et la levée de dormance de la graine chez les Angiospermes.

Dextre *adj. (du lat. dexter, qui est à droite).* [Dextral] Se dit d'une coquille enroulée dans le sens des aiguilles d'une montre en partant du sommet. **Ant.**: Sénestre.

Dextrinase *n. f.* [Dextrinase] Enzyme qui catalyse la conversion des dextrines en glucose et maltose. **Syn.**: Amylo-α-1,6-glucosidase.

Dextrine *n. f.* [Dextrin] Oligoside résultant de l'hydrolyse partielle des α-glucosanes. On distingue:

- les **dextrines linéaires** de 6 à 8 glucoses;
- les **dextrines limites** de 10 à 12 glucoses situées au voisinage des points de ramification à liaison α-1,6-glucosidique;
- les **dextrines cycliques de Schardinger** de 6 à 8 glucoses.

Dextrinogène amylase *n. f.* [Dextrinogen amylase] **Syn.**: α-Amylase.

Dextrose *n. m.* [Dextrose] **Syn.**: D-Glucose.

DHEA *n. f.* Sigle de Déhydroépiandrostérone.

DHT *n. f.* Sigle de Dihydrotestostérone.

Diacinèse *n. f.* [Diakinesis] Dernier stade de la prophase de la première division de méiose caractérisé par la condensation maximale des chromosomes. Les bivalents ne sont plus reliés qu'au niveau des chiasmas.

Diacylglycérol *n. m.* [Diacylglycerol] Diglycéride issu de l'hydrolyse par la phospholipase C du phosphatidylinositol-4,5-diphosphate et enchâssé dans la membrane plasmique. Cette hydrolyse est déclenchée par la liaison d'un ligand à un récepteur membranaire. Une fois formé, il active la protéine kinase C.

Diacytique *adj.* [Diacytic] Se dit d'un stomate entouré de grandes cellules annexes allongées selon le petit axe du stomate.

Diadelphe *adj. (du gr. di-, deux fois et adelphos, frère).* [Diadelphous] Se dit d'un androcée dont les étamines sont réunies en deux faisceaux.

Diadrome *adj. (du gr. dia-, à travers et dromos, course).* [Diadromous] **Syn.**: Amphibiotique.

Diagéotropisme *n. m. (du gr. dia, à travers, gê, Terre et tropisme).* [Diageotropism] Voir Gravitropisme.

Diagnose *n. f. (du lat. diagnosis, discernement).* [Diagnosis] Description scientifique d'une espèce qui permet de la reconnaître et de la caractériser par rapport aux espèces voisines.

Diagramme floral *m.* [**Floral diagram**] Représentation schématique d'une coupe transversale d'une fleur qui passerait idéalement par toutes les pièces florales. Les pétales et les sépales sont représentés par un croissant sombre ou clair, les étamines par un schéma d'une coupe de leurs anthères, le pistil par un schéma d'une coupe dans l'ovaire.

Diagramme pollinique *m.* Représentation graphique des fréquences des pollens de différentes espèces (placées en abscisses) au sein de sédiments de profondeurs donc d'âges différents (placés en ordonnée). Ces diagrammes permettent de reconstituer l'évolution du paléoclimat et du paléoenvironnement du territoire considéré.

Diagravitropisme *n. m. (du gr. dia-, à travers et gravitropisme).* [**Diagravitropism**] Voir Gravitropisme.

Diakène *n. m. (du gr. di-, deux fois et akène).* [**Diachene**] Voir Akène.

Diallysine *n. f. (du gr. di-, deux fois et allysine).* [**Diallysine**] Acide aminé résultant de la condensation de deux allysines entre deux chaînes polypeptidiques.

Dialycarpe *adj.* **Syn.:** Apocarpe.

Dialycarpellé *adj. (du gr. dialuein, séparer et carpelle).* [**Dialycarpelous**] **Syn.:** Apocarpe.

Dialypétale *adj. (du gr. dialuein, séparer et pétale).* [**Dialypetalous**] Dont les pétales sont libres. **Syn.:** Choripétale, Polypétale. **Ant.:** Gamopétale.

Dialysable *adj. (du gr. dialusis, séparation).* [**Dialysable**] Se dit d'une substance qui peut traverser une membrane semi-perméable.

Dialysat *n. m. (du gr. dialusis, séparation).* [**Dialysate**] Voir Dialyse.

Dialyse *n. f.* [**Dialysis**] Séparation de substances de poids moléculaire différent par diffusion à travers une membrane semi-perméable qui laisse seulement passer les petites molécules. Le filtrat obtenu s'appelle un *dialysat.*

Dialysépale *adj (du gr. dialuein, séparer et sépale).* [**Dialysepalous**] Dont les sépales sont libres. **Syn.:** Chorisépale, Polysépale. **Ant.:** Gamosépale.

Diandre *adj. (du gr. di-, deux fois et anêr, andros, mâle).* [**Diandrous**] Qui a seulement deux étamines.

Diapause *n. f.* [**Diapause**] Phase de vie ralentie observée chez de nombreuses espèces, particulièrement chez les Insectes et les Plantes. La diapause est une réponse adaptative aux mauvaises conditions environnementales.

Diapédèse *n. f. (du gr. dia, à travers et pêdân, jaillir).* [**Diapedesis**] Passage des leucocytes à travers la paroi d'un capillaire entre deux cellules endothéliales. C'est un processus essentiel de la réponse immunitaire qui intervient à la suite de l'entrée d'antigènes dans l'organisme. **Syn.:** Transmigration.

Diaphototropisme *n. m. (du gr. dia-, à travers, phôs, -tos, lumière et tropisme).* [**Diaphototropism**] Croissance orientée perpendiculairement à la direction privilégiée de la lumière, chez les Végétaux dits *diaphototropes*. **Ant.:** Orthophototropisme.

Diaphototrope *adj. (du gr. dia-, à travers, phôs, -tos, lumière et tropos, direction).* [**Diaphototrope**] Voir Diaphototropisme.

Diaphragme *n. m. (du gr. diaphragma, séparation).* [**Diaphragm**] ▸ ① Organe membraneux qui sépare les régions thoracique et abdominale. Chez les

Crocodiliens et les Oiseaux, le diaphragme dit **ornithique** est formé à partir de deux ébauches différentes: la membrane pleuro-péritonéale et le septum transverse. Chez les Mammifères, le diaphragme dit **mammalien** provient de 4 ébauches différentes et est colonisé secondairement par des fibres musculaires striées innervées par le nerf phrénique; il joue alors un rôle important dans la ventilation pulmonaire, à la différence du diaphragme ornithique; ▸ ② Chez les Poacées, cloison formée de cellules parenchymateuses au niveau d'un nœud; ▸ ③ Assise cellulaire plus ou moins rigide qui délimite une cavité aérifère dans les tiges de plantes aquatiques; ▸ ④ **Syn.**: 2. Épiphragme.

Diaphyse *n. f. (du gr. diaphusis, séparation naturelle).* [**Diaphysis**] Partie médiane d'un os long, formé de tissu osseux compact. Elle est allongée, cylindrique et contient un canal central rempli de moelle osseuse. S'oppose à 2. Épiphyse.

Diapophyse *n. f.* [**Diapophysis**] Chez les Tétrapodes, partie articulaire des apophyses transverses d'une vertèbre.

Diapside *adj.* [**Diapsid**] Se dit des Vertébrés qui possèdent fondamentalement deux paires de fosses temporales. Le type diapside existe chez les Rhynchocéphales et les Crocodiliens et de façon modifiée chez les Squamates et les Oiseaux.

Diarche *adj.* [**Diarch**] Se dit d'une stèle qui possède deux pôles ligneux.

Diarthrose *n. f. (du gr. di-, deux fois et arthron, articulation).* [**Synovial joint**] Articulation mobile. **Ex.**: Genou, épaule.

Diaspore *n. f. (du gr. diaspora, dispersion).* [**Diaspore**] Tout élément fongique ou végétal qui peut former un nouvel individu. **Ex.**: Spore des Cryptogames, fruit, graine, propagule.

Diastase *n. f. (du gr. diastasis, séparation).* [**Diastase**] **Syn.** désuet de Enzyme.

Diastole *n. f. (du gr. diastolê, dilatation).* [**Diastole**] Phase de dilatation du cœur permettant le remplissage des oreillettes et des ventricules. **Ant.**: Systole.

Diblastique *adj. et n. m. (du gr. di-, deux fois et blastos, germe).* [**Diblastic**] **Syn.**: Diploblastique.

Dicaryon *n. m. (du gr. di-, deux fois, et karuon, noyau).* [**Dikaryon**] Voir Dicaryophase.

Dicaryophase *n. f. (du gr. di-, deux fois, karuon, noyau et phase).* [**Dikaryophase**] Chez certains Ascomycètes et Basidiomycètes, phase de développement caractérisée par des *dicaryons*, cellules possédant deux noyaux haploïdes. Cet état résulte de l'absence de caryogamie lors de la fécondation. Il prend fin lorsqu' a lieu la caryogamie.

Dicentrie *n. f.* [**Dicentry**] État de l'œuf fécondé dont le spermaster s'est dédoublé afin de réaliser le premier fuseau de division.

Dichasium *n. m.* [**Dichasium**] Chacune des fourches raméales dichotomiques résultant du développement des bourgeons latéraux les plus proches de l'apex, après la disparition du bourgeon apical. **Ex.**: Lilas (*Syringa sp.*, Oléacées).

Dichogamie *n. f. (du gr. dikha, en deux et gamos, mariage).* [**Dichogamy**] Type d'allogamie résultant d'un asynchronisme dans la maturation des étamines et du pistil. Il y a *protandrie* lorsque les étamines arrivent à maturité les premières et *protogynie* dans le cas contraire. **Ant.**: Adichogamie.

Dichotomie *n. f. (du gr. dikha, en deux*

et temnein, couper). [Dichotomy] Mode de ramification de divers organes (tige, nervure, thalle, inflorescence) conduisant à la formation de deux branches sœurs de taille égale (**dichotomie isotone**) ou inégale (**dichotomie anisotone**).

Dicline *adj. (du gr. di-, deux fois et klinê, lit).* [Diclinous] Se dit d'une plante dont les fleurs (toutes ou certaines seulement) ne sont pas unisexuées. Une espèce est *polygame* si la plante possède des fleurs unisexuées et bisexuées.

Dicotylédone *adj. (du gr. di-, deux fois et de cotylédon).* [Dicotyledonous] Qui a deux cotylédons.

Dictyocinèse *n. f. (du gr. diktuon, filet et kinêma, mouvement).* [Dictyokinesis] Division des dictyosomes par bipartition.

Dictyosome *n. m. (du gr. diktuon, filet et sôma, corps).* [Dictyosome] Voir Appareil de Golgi.

Dictyostèle *n. f. (du gr. diktuon, filet et stèle).* [Dictyostele] Siphonostèle altérée par des brèches foliaires qui divisent la stèle en autant de faisceaux. Ce type est fréquent chez les Filicinées, rare chez les Spermatophytes.

Dictyotène *n. m. (du gr. diktuon, filet et tainia, bandelette, ruban).* [Dictyotene] Voir Diplotène.

Didactyle *adj. (du gr. di-, deux fois et daktulos, doigt).* [Didactylous] Dont les membres se terminent par deux doigts.

Didermique *adj. (du gr. di-, deux fois et dermique).* [Didermic] Se dit d'un embryon qui possède deux feuillets, l'endoderme et l'ectoderme.

Diduction *n. f. (du lat. diducere, mener en diverses directions).* [Lateral excursion] Mouvement latéral de la mâchoire inférieure, notamment chez les Ruminants.

Didyme *adj. (du gr. didumos, jumeau).* [Didym] Qui est formé de deux lobes égaux.

Didyname *adj. (du gr. di-, deux fois et dunamis, force).* [Didyname] Se dit d'une fleur ou d'un androcée qui possède deux étamines longues et deux étamines courtes. **Ex.**: Lamiacées.

Diécie ou Diœcie *n. f. (du gr. di-, deux fois et oikos, habitat).* [Dioecy] Voir Dioïque.

Diencéphale *n. m.* [Diencephalon] Partie de l'encéphale qui est formée du complexe pinéal, du thalamus et de l'hypothalamus. Bien que petit et caché par les hémisphères cérébraux, il joue un rôle essentiel dans la régulation des fonctions physiologiques et dans l'homéostasie. Il provient du prosencéphale.

Différenciation cellulaire *f.* [Cell differenciation] Acquisition par une cellule des caractères spécifiques d'un type cellulaire.

Digénétique *adj.* [Digenetic] Qui présente une alternance de deux générations, l'une diploïde appelée *sporophyte*, issue de la fécondation, l'autre haploïde appelée *gamétophyte*, résultant de la germination d'une spore.

Digestion *n. f. (du lat. digerere, distribuer).* [Digestion] ▸ ① Ensemble des transformations que subissent les aliments afin d'être assimilables par l'organisme. Les transformations chimiques sont réalisées par des enzymes qui hydrolysent les protéines en acides aminés, les glucides en oses et les lipides en acides gras et glycérol. Les transformations mécaniques sont dues à la mastication ou à la trituration et aux contractions musculaires des organes du tube digestif. La digestion est généralement extracellulaire mais elle est intracellulaire ou mixte chez les

Protozoaires et certains Invertébrés; ▸ ② **Digestion enzymatique,** transformation d'un substrat en un produit par une enzyme.

Digitaline *n. f. (du genre Digitalis, du lat. digitus, doigt).* [Digitalin] Alcaloïde synthétisé par la Digitale pourpre (*Digitalis purpurea*, Scrofulariacées), à propriétés cardiotoniques. Formule: $C_{36}H_{56}O_{14}$.

Digitigrade *adj. et n. m. (du lat. digitus, doigt et gradi, marcher).* [Digitigrade (adj. et n.)] Qui marche en prenant appui sur ses doigts. **Ex.:** Chien, Chat. **Ant.:** Plantigrade et Onguligrade.

Diholoside *n. m.* [Diholoside] Glucide formé de deux molécules d'oses. **Ex.:** Saccharose (glucose + fructose), maltose (deux glucoses). **Syn.:** Disaccharide, Dioside.

Dihybridisme *n. m.* [Dihybrid cross] Croisement entre deux progéniteurs de lignée pure qui diffèrent par deux caractères.

Dihydrofolliculine *n. f. (du gr. di-, deux fois, hudôr, eau et folliculine).* [Dihydrofolliculin] **Syn.:** Œstradiol.

Dihydrotestostérone *n. f.* [Dihydrotestosterone] Sigle: DHT – Dérivé de la testostérone formé par saturation de la double liaison par une 5-α-réductase dans les organes cibles (prostate, vésicules séminales, peau). Le complexe DHT/récepteur est plus stable que le complexe testostérone/récepteur et la DHT est l'hormone active sauf pour les muscles striés et chez le fœtus où c'est la testostérone qui agit.

Dihydro-uracile *n. m.* [Dihydro- uracile] Base azotée pyrimidique des ARNt qui forme le nucléoside appelé dihydro-uridine.

Dihydroxyacétone phosphate *n. f.* [Dihydroxyacetone phosphate] Phosphotriose cétonique, métabolite intermédiaire de la glycolyse produit à partir du fructose-1,6-diphosphate par l'action d'une aldolase. Il est transformé en 3-phosphoglycéraldéhyde par une triose phosphate isomérase.

1,25-Dihydroxycholécalciférol *n. m.* [1,25-Dihydroxycholecalciferol] Vitamine D active résultant de deux hydroxylations successives de l'ergocalciférol ou du cholécalciférol. La première a lieu dans le foie grâce à une 25-hydroxylase et la deuxième dans le rein grâce à une 1-hydroxylase; elle est donc considérée comme une hormone rénale. Cette vitamine liposoluble active l'absorption du Ca^{2+} par l'intestin en induisant la synthèse de la calcium binding protein. Elle active la mobilisation du calcium osseux par les ostéoclastes et favorise la réabsorption rénale de calcium et de phosphate. Les parathormones stimulent sa synthèse et la vitamine D exerce un rétrocontrôle négatif sur la sécrétion de ces parathormones.

Dihydroxyphénylalanine *n. f.* [Dihydroxyphenylalanine] **Syn.:** DOPA.

Dihydroxy-3,4-phényléthylamine *n. f.* [Dihydroxy-3,4-phenylethylamine] **Syn.:** Dopamine.

Dihydroxy-2,6-purine *n. f.* [Dihydroxy-2,6-purine] **Syn.:** Xanthine.

Dihydroxy-2,4-pyrimidine *n. f.* [Dihydroxy-2,4-pyrimidine] **Syn.:** Uracile.

Diiodotyrosine *n. f.* [Diiodotyrosine] Produit intermédiaire de la synthèse des hormones thyroïdiennes, formé d'une tyrosine liée à deux atomes d'iode. Elle se lie à la mono-iodotyrosine pour former la *triiodotyronine* ou hormone T3 ou à une autre diiodotyrosine pour former la *thyroxine* ou hormone T4.

Dilatateur *adj. et n. m.* [Dilatator] *Muscle dilatateur* ou n. m. *Dilatateur*, muscle qui dilate un orifice, un canal. **Ant.**: Constricteur.

Dimère *adj. et n. m. (du gr. di-, deux fois et meros, partie).* ▸ ① Se dit d'une fleur dont les verticilles sont formés de deux pièces. [Dimeric or Dimerous]; ▸ ② Molécule formée par l'assemblage de deux sous-unités identiques (*homodimère*) ou non (*hétérodimère*). [Dimer]

Diméthyladénine *n. f.* [Dimethyladenine] Base azotée des ARNt portant 2 méthyles sur le carbone 6 de l'adénine. Liée à un ribose, elle forme le nucléoside appelé *diméthyladénosine*.

Diméthylguanine *n. f.* [Dimethylguanine] Base azotée des ARNt portant 2 méthyles sur le carbone 2 de la guanine. Sa liaison avec un ribose donne un nucléoside appelé *diméthylguanosine*.

1,3-Diméthylxanthine *n. f.* [1,3- Dimethylxanthine] **Syn.**: Théophylline.

3,7-Diméthylxanthine *n. f.* [3,7- Dimethylxanthine] **Syn.**: Théobromine.

Dimitique *adj.* [Dimitic] Se dit de la structure de certains Champignons, surtout du groupe des Aphyllophorales, qui présentent deux types d'hyphes, les unes à paroi fine et les autres à paroi épaisse.

Dimonoïque *adj.* [Dimonoecious] Se dit d'une plante monoïque qui porte des fleurs hermaphrodites et des fleurs mâles (*andromonoïque*), des fleurs hermaphrodites et des fleurs femelles (*gynomonoïque*) ou des fleurs hermaphrodites et des fleurs stériles (*agamonoïque*). **Syn.**: Polygame.

Dimorphisme *n. m. (du gr. di-, deux fois et morphê, forme).* [Dimorphism] Caractère de certaines espèces qui se présentent sous deux formes distinctes, soit en fonction de la saison (**dimorphisme saisonnier**), soit en fonction du sexe (**dimorphisme sexuel**).

Dinucléotide *n. m.* [Dinucleotide] Molécule comportant deux nucléotides. **Ex.**: NAD, FAD.

Diœcie → **Diécie**

Diœstrus *n. m.* [Dioestrus] Phase de repos entre deux œstrus chez les femelles de Mammifères.

Dioïque *adj. (du gr. di-, deux fois et oikos, maison).* [Dioecious] Se dit d'une espèce de plante qui présente deux pieds différents, l'un mâle et l'autre femelle. Quelques variations sont possibles:

- les espèces *androdioïques* ont un pied mâle et un pied hermaphrodite;
- les espèces *gynodioïques* ont un pied femelle et un pied hermaphrodite.

Voir le tableau de la répartition des organes reproducteurs. **Ant.**: Monoïque.

Dioside *n. m. (du gr. di-, deux fois et oside).* [Dioside] **Syn.**: Diholoside.

Dioxygénase *n. f. (du gr. di-, deux fois et oxygénase).* [Dioxygenase] Voir Oxygénase.

Dipeptidase *n. f. (du gr. di-, deux fois et peptidase).* [Dipeptidase] Enzyme intestinale de la bordure en brosse catalysant l'hydrolyse des dipeptides en deux acides aminés.

Dipeptide *n. m. (du gr. di-, deux fois et peptide).* [Dipeptide] Voir Peptide.

Dipétale *adj. (du gr. di-, deux fois et pétale).* [Dipetalous] Qui a deux pétales.

Diphasique *adj. (du gr. di-, deux fois et phase).* [Diphasic] Se dit d'un animal dont la vie se partage en une période trophique puis une période reproductive. **Ex.**: Papillon.

Diphosphatidylglycérol *n. m.* [Diphosphatidylglycerol] **Syn.**: Cardiolipide, Cardiolipine.

2,3-Diphosphoglycérique *adj.* Voir

Acide 2,3-diphosphoglycérique.

Diphosphothiamine *n. f.* [**Diphosphothiamine**] **Syn.**: Thiamine pyrophosphate. Voir Thiamine.

Diphycerque *adj.* [**Diphycercal**] Se dit de la nageoire caudale des Dipneustes dans laquelle la colonne vertébrale pénètre jusqu'à son extrémité.

Diphyodonte *adj.* [**Diphyodont**] Se dit des animaux qui présentent fondamentalement deux poussées dentaires successives: la dentition de lait et la dentition définitive. Il peut y avoir *monophyodontie* par régression des germes des dents définitives (Cétacés à dents) ou par développement des dents définitives sans développement des dents de lait (Phoque).

Diplanétisme *n. m.* [**Diplanetism**] Chez les Phycomycètes, formation de deux types de zoospores: des *zoospores primaires*, flagellées, qui s'enkystent en un zoosporocyste et des *zoospores secondaires* provenant de ce zoosporocyste et qui sont à l'origine d'un nouveau mycélium.

Diplasie *n. f.* [**Diplasia**] Dichotomie du tronc d'un arbre en deux éléments d'égale importance.

Dipleurula *n. f. et adj.* [**Dipleurula**] Chez les Échinodermes Éleuthérozoaires, larve commune à toutes les classes à partir de laquelle dérivent les larves des différentes classes qui se distinguent principalement par la position et la forme de la couronne ciliée circumorale.

Diplobionte *n. m. (du gr. diploos, double et bios, vie).* [**Diplobiont**] **Syn.**: Diplonte.

Diplobiontique *adj.* [**Diplobiontic**] Se dit d'un cycle de reproduction dont la phase diploïde est nettement plus longue que la phase haploïde. **Ant.**: Haplobiontique.

Diploblastique *n. m. et adj. (du gr. diploos, double et blastos, germe).* [**Diploblastic**] Métazoaire primitif constitué de deux feuillets embryonnaires: l'endoderme et l'ectoderme. Ce groupe comprend les Spongiaires, les Cnidaires et les Cténophores. **Syn.**: Diblastique. **Ant.**: Triploblastique.

Diplocoque *n. m. (du gr. diploos, double et kokkos, graine).* [**Diplococcus**] Association de deux Bactéries sphériques identiques.

Diploé *n. m. (gr. diploê, chose double).* [**Diploe**] Partie spongieuse des os plats, comprise entre deux lames d'os compact.

Diploïde *adj. (du gr. diploos, double et eidos, aspect).* [**Diploid**] Qui a un lot double de chromosomes (2n). Ce caractère est la *diploïdie*. **Ant.**: Haploïde.

Diploïdie *n. f. (du gr. diploos, double et eidos, aspect).* [**Diploidy**] Voir Diploïde.

Diplolépidé *adj. (du gr. diploos, double et lepis, lepidos, écaille).* [**Diplolepideous**] Se dit du péristome de certaines Mousses dont les dents s'insèrent sur deux verticilles. **Ant.**: Haplolépidé.

Diplonte *n. m. (du gr. diploos, double).* [**Diplont**] Organisme dont la phase diploïde du cycle de développement est nettement plus longue que la phase haploïde. **Syn.**: Diplobionte. **Ant.**: Haplonte.

Diplophase *n. f. (du gr. diploos, double et phase).* [**Diplophase**] Phase du cycle vital d'un organisme caractérisée par la présence d'un lot double de chromosomes dans les cellules somatiques. **Ant.**: Haplophase.

Diplosome *n. m. (du gr. diploos, double et sôma, corps).* [**Diplosome**] Groupe de deux centrioles perpendiculaires l'un par rapport à l'autre, élément constitutif du centrosome.

Diplostélé *adj. (du gr. diploos, double et stêlê, stèle).* Se dit d'une feuille de Pinacées dont la stèle est formée de deux faisceaux libéro-ligneux.

Diplostémone *adj. (du gr. diploos, double et stamen, fil).* [Diplostemonous] Qui possède des étamines en nombre double par rapport aux pétales et qui alternent régulièrement sur deux verticilles. Dans le cas où les étamines externes sont chacune face au pétale qui leur correspond, la fleur est *obdiplostémone*.

Diplotène *n. m. (du gr. diploos, double et tainia, bandelette, ruban).* [Diplotene] Quatrième stade de la première prophase de méiose au cours duquel les chromosomes d'un bivalent s'écartent l'un de l'autre tout en restant liés au niveau des chiasmas. Chez de nombreuses espèces, les ovocytes à ce stade connaissent une transcription intense. Chez les Mammifères, le diplotène est long et s'appelle *dictyotène* pendant la période sans transcription.

Dipneumone *adj. (du gr. di-, deux fois et pneumôn, poumon).* [Dipneumone] Qui possède deux poumons ou deux sacs pulmonaires.

Diptérocécidie *n. f. (de diptère et cécidie).* [Dipterocecidium] Voir Cécidie.

Disaccharide *n. m. (du gr. di-, deux fois et saccharide).* [Disaccharide] **Syn.:** Diholoside.

Disamare *n. f. (du gr. di-, deux fois et du lat. samara, graine d'orme).* [Disamara] Groupe de deux akènes soudés pourvus chacun d'une aile membraneuse qui est une expansion du péricarpe. Son caractère double est dû au fait que les deux carpelles soudés ont évolué indépendamment l'un de l'autre. **Ex.:** Érable (*Acer sp.*, Acéracées).

Discoblastula *n. f. (du gr. diskos, disque et blastula).* [Discoblastula] Dans un œuf télolécithe, blastula issue de la segmentation partielle du cytoplasme au niveau d'une aire réduite, le *blastodisque*.

Discoïdal *adj. (du gr. diskos, disque et eidos, aspect).* [Discoidal] Voir Hémochorial.

Discontinu *adj.* Voir Aire de répartition.

Disjoint *adj.* Voir Aire de répartition.

Disjoncteur *n. m.* Chez les Cyanobactéries, cellule ou groupe de cellules d'un trichome qui, en se gélifiant, forme une zone de rupture et participe ainsi à la multiplication végétative.

Disjonction *n. f.* [Disjunction] Séparation de deux chromosomes homologues lors de la première division de méiose ou de deux chromatides d'un chromosome lors de l'anaphase mitotique. **Syn.:** Ségrégation.

Dispermie *n. f.* [Dispermy] **Syn.:** Double fécondation.

Dispersalisme *n. m.* [Dispersalism] Théorie de l'évolution selon laquelle la spéciation serait une conséquence de l'isolement de quelques individus de leur population d'origine après qu'ils ont franchi une barrière géographique.

Disque *n. m.* [Disk] Organe adhésif de la base du stipe de certaines Algues grâce auquel elles se fixent sur leur substrat.

Disque de Merkel *m.* [Merkel disc] **Syn.:** Corpuscule de Merkel.

Disque embryonnaire *m.* [Embryonic disc] Chez les Mammifères, partie de la blastula secondaire dérivée du bouton embryonnaire et composée de deux feuillets: l'épiblaste et l'endoblaste. Il formera l'embryon.

Disque germinatif *m.* [Germinal disc]

Ensemble du cytoplasme des œufs télolécithes, repoussé dans une petite zone périphérique par le vitellus très abondant. **Syn.**: Blastodisque, Blastoderme.

Disque imaginal *m.* [Imaginal disc] Chez les larves d'Insectes holométaboles, invagination du tégument comportant des cellules déterminées indifférenciées qui se développeront lors de la métamorphose en organes adultes (ailes, pattes, yeux).

Disque intervertébral *m.* [Intervertebral disk] Cartilage fibreux de l'articulation entre deux vertèbres et destiné à absorber les chocs verticaux.

Disque nectarifère *m.* [Nectariferous disk] Chez certaines Dicotylédones, organe glandulaire situé sur le réceptacle floral et sécrétant un nectar qui attire les Insectes.

Disruption génique *f.* [Gene disruption] Discontinuité de la séquence d'un gène due à l'introduction d'un segment d'ADN.

Dissection *n. f. (du lat. dissecare, couper en deux).* [Dissection] Examen anatomique des différentes parties d'un organisme, en procédant à l'ouverture de son corps.

Dissépiment *n. m.* [Dissepiment] Chez les Triploblastiques, notamment les Annélides, cloison transversale résultant de l'accolement des parois antérieure et postérieure de deux vésicules cœlomiques consécutives.

Distique *adj. (du gr. di-, deux fois et stikhos, rangée).* Se dit d'organes disposés en deux rangées opposées, dans un même plan.

Dition *n. f.* Territoire sur lequel s'opère une étude, une recherche naturaliste.

Diurne *adj. (du lat. dies, jour).* [Diurnal] Qui se montre (animal) ou s'épanouit (fleur) le jour. **Ant.**: Nocturne.

Diversité biologique *f.* [Biological diversity] **Syn.**: Biodiversité.

Division cellulaire *f.* [Cell division] Formation de deux cellules ou plus à partir d'une seule, ce qui assure leur accroissement numérique. Chez les Protozoaires, on distingue la **division binaire** qui peut être transversale ou longitudinale, la **division par bourgeonnement** et la **division multiple** où de nombreuses divisions successives du noyau (*caryocinèse*) sont suivies de la formation d'autant de cellules filles au même moment (*cytodiérèse*). Lors de la mitose, les cellules filles sont identiques à la cellule mère. En revanche, lors de la méiose, la cellule mère donne deux cellules filles haploïdes à n chromosomes puis chacune de ces cellules filles donnent deux cellules à n chromatides.

Dixène *adj.* [Dixenous] Se dit d'un parasite (ou de son cycle) qui nécessite deux hôtes.

Dizygote *adj. et n. m. (du gr. di-, deux fois et zygote).* [Dizygotic (adj.)] Se dit de jumeaux résultant de la fécondation de deux ovocytes par deux spermatozoïdes différents (faux jumeaux). **Syn.**: Bivitellin, Biovulaire. **Ant.**: Monozygote, Univitellin.

Doigt *n. m.* [Digit] Chez les Tétrapodes, chacune des extensions allongées de l'extrémité de l'autopode, en contact avec le sol, et sur lesquelles prennent appui les animaux digitigrades. L'extrémité des doigts est protégée par des formations épidermiques cornées comme les ongles, les sabots et les griffes. Les doigts sont articulés grâce à la présence d'os appelés *phalanges*.

Doigt de zinc *m.* [Zinc finger] Dans les protéines régulatrices de gènes, domaine protéique d'une trentaine d'acides aminés rassemblés autour d'un atome de zinc. C'est le motif de liaison à l'ADN.

Dolichocéphale *adj. et n. (du gr. dolikhos, long et kephalê, tête).* [**Dolichocephalic (adj.)**] Dont la boîte crânienne est allongée. **Ant.**: Brachycéphale.

Dolicholphosphate *n. m. (du gr. dolikhos, long, -ol et phosphate).* [**Dolicholphosphate**] Lipide de la membrane du réticulum endoplasmique rugueux, formé d'une chaîne de 15 à 20 unités isopréniques. C'est un transporteur de l'oligosaccharide de 14 oses utilisé pour glycosyler les protéines. Le premier glucide est lié au dolicholphosphate par une liaison pyrophosphate. L'énergie de cette liaison permettra le transfert de l'oligosaccharide au groupement $-NH_2$ de la chaîne latérale d'une asparagine de la protéine.

Dolipore *n. m.* [**Dolipore**] Chez les Basidiomycètes, pore situé au centre des cloisons transversales des hyphes.

Dollo *n. pr.* Voir Loi de Dollo.

Domaine vital *m.* Ensemble des habitats d'une espèce donnée de Mammifères.

Domatie *n. f.* [**Domatium (pl.: Domatia)**] Structure particulière produite par un Végétal qui est sous l'influence d'un symbionte. **Ex.**: Mycorhize, nodosité, galle.

Dominance *n. f.* [**Dominance**] ▸ ① Chez un hétérozygote et pour un gène donné, propriété d'un allèle dit *dominant* dont l'expression prévaut sur celle des autres allèles dits *récessifs*, et qui impose ainsi le caractère phénotypique; ▸ ② Dans une société, supériorité d'un animal acquise à l'issue de combats et s'exprimant par la priorité dans l'alimentation et les relations sexuelles; ▸ ③ *Dominance apicale*, inhibition des bourgeons latéraux, la croissance du végétal se réalisant à partir du bourgeon apical. Cette dominance est due à la synthèse d'auxine en grande quantité ce qui inhibe la synthèse des cytokinines et stimule celle des hormones inhibitrices telles que l'éthylène et l'acide abscissique; ▸ ④ Prépondérance d'une espèce dite *dominante* dans une communauté.

Dominé *adj.* [**Dominated**] Se dit d'un arbre dépassé par les autres en hauteur.

DOPA *n. f. (abrév. de DihydrOxyPhénylAlanine).* [**DOPA**] Acide aminé n'entrant pas dans la constitution des protéines naturelles et résultant de l'hydroxylation de la tyrosine par une tyrosine hydroxylase. La DOPA est le précurseur de la dopamine et de la mélanine. **Syn.**: 3,4-Dihydroxyphénylalanine.

DOPA décarboxylase *n. f.* [**DOPA decarboxylase**] Voir Dopamine.

Dopamine *n. f. (de dopa et amine).* [**Dopamine**] Catécholamine résultant de la décarboxylation de la DOPA par la DOPA décarboxylase. C'est un neurotransmetteur et le précurseur de la noradrénaline et de l'adrénaline. **Syn.**: 3,4-Dihydroxyphényléthylamine, Hydroxytyramine.

Dopamine hydroxylase *n. f.* [**Dopamine hydroxylase**] Voir Noradrénaline.

Dopaminergique *adj.* [**Dopaminergic**] Qui agit grâce à ou comme la dopamine.

Dormance *n. f.* [**Dormancy**] État de vie latente profonde des semences et des bourgeons pour laquelle le retour à la vie active est impossible même si les conditions extérieures sont favorables à cette vie active. Pendant la dormance, l'activité métabolique est très réduite voire non mesurable : il n'y a pas de synthèses, ni d'échanges, ni de croissance ni de respiration ni de production de chaleur et l'activité est limitée au minimum indispensable pour maintenir les structures cellulaires. On distingue les dormances vraies où l'embryon ne se développe pas, même isolé de ses téguments et dans des conditions favorables, et les dormances par inhibition. La dormance permet d'éviter aux plantes de voir leurs graines se développer sur la plante mère, ou avant l'année suivante dans le cas des plantes annuelles pour lesquelles la levée de dormance nécessite le froid hivernal.

Dormine *n. f.* [Dormin] **Syn.**: Désuet d'acide abscissique.

Dorsifixe *adj.* [Dorsifixed] **Syn.**: Médifixe.

Dose létale *f.* [Lethal dose] Abrév.: DL – Quantité d'une substance pouvant entraîner la mort d'un pourcentage déterminé d'organismes vivants. **Ex.**: Dose létale 50 (50 % des organismes meurent).

Double fécondation *f.* [Double fertilization] Fécondation propre aux Angiospermes, au cours de laquelle les deux anthérozoïdes apportés par le tube pollinique fécondent chacun une cellule du sac embryonnaire: *l'oosphère* haploïde qui donnera *l'embryon* diploïde et le *noyau polaire* diploïde qui donnera l'embryon accessoire ou *albumen* triploïde. **Syn.**: Dispermie.

2,3-DPG *n. m.* Sigle d'Acide 2,3-diphosphoglycérique.

Drageon *n. m. (p.-ê. du francique draibjo, pousse).* [Root sucker] Pousse aérienne née d'un bourgeon adventif d'une racine.

Drageonnant *adj.* Qui émet des drageons.

Dressé *adj.* Se dit d'un organisme végétal qui s'élève verticalement.

Dromoïde *adj. (du gr. dromos, course et eidos, aspect).* Se dit du type de plantes herbacées rampantes par rhizomes ou stolons.

Dromotrope *adj. (du gr. dromos, course et tropos, direction).* Se dit d'une substance, ou de son effet, qui augmente la conductibilité cardiaque.

Drupacé *adj.* [Drupaceous] Qui a l'apparence d'une drupe. **Ex.**: Datte (baie).

Drupe *n. f. (du lat. drupa, pulpe).* [Drupe] Fruit charnu, indéhiscent. La paroi d'une drupe est formée d'un épiderme externe, *l'épicarpe*, d'un parenchyme charnu, le *mésocarpe*, et d'un noyau dur, *l'endocarpe*, qui contient une graine ou *amande*. **Ex.**: Abricot, amande, cerise, pêche, prune, olive.

Drupéole *n. f.* [Drupeole] Chacune des petites drupes élémentaires des polydrupes (fruits multiples) comme la mûre (Ronce) et la framboise.

Dryon *n. m.* Toute formation végétale frutescente climacique.

Dulçaquicole *adj. (du lat. dulcis, doux, aqua, eau et colere, habiter).* [Freshwater] Qui vit dans l'eau douce. **Syn.**: Dulcicole. **Ant.**: Marin.

Dulcicole *adj. (du lat. dulcis, doux et colere, habiter).* [Freshwater]. **Syn.**: Dulçaquicole.

Dumetum *n. m.* **Syn.**: Fruticée.

Dumicole *adj.* [Dumicolous] Qui pousse, vit dans les buissons.

Dune blanche *f.* [White dune] Formation herbacée du versant maritime des dunes littorales, premier stade de la colonisation.

Dune brune *f.* [Brown dune] Formation frutescente sur sol sableux, succédant à la dune blanche.

Dune grise *f.* Formation herbacée de type pelouse, composée de plantes fixatrices de sable. Ce stade de consolidation succède à la dune blanche.

Dune noire *f.* Type de dune grise composée de Bryophytes (ex.: *Tortula sp.*) qui, sèches, prennent une teinte foncée.

Duodénum *n. m. (du lat. duodenum digitorum, de douze doigts).* [**Duodenum**] Partie initiale de l'intestin grêle, recevant les sucs pancréatique et biliaire.

Duplication *n. f.* [**Duplication**] ▸ ① **Syn.**: Réplication (à préférer); ▸ ② Doublement d'un segment du génome.

Dural *adj.* [**Dural**] Qui se rapporte à la dure-mère.

Duramen *n. m.* [**Heart wood**] Au centre du tronc, bois secondaire mort, dur, coloré et imprégné de tanins et de résines (*duraminisation*). **Syn.**: Bois de cœur. **Ant.**: Aubier.

Durée germinative *f.* Période de temps pendant laquelle une graine peut encore germer.

Dure-mère *n. f.* [**Dura mater**] Voir Méninge.

Durisylve ou Durisilve *n. f.* Forêt sclérophylle méditerranéenne.

Duvet *n. m.* [**Down**] ▸ ① Ensemble des petits poils chez les Mammifères et des plumules chez les Oiseaux (excepté les Ratites) qui jouent un rôle d'isolation thermique; ▸ ② Chez certaines espèces végétales, ensemble des petits poils épidermiques à la surface de certains organes, rendus ainsi tomenteux.

Dynamogène *adj. (du gr. dunamis, force et genos, naissance).* Qui engendre de l'énergie et/ou de la force. **Ex.**: Glucose.

Dynéine *n. f.* [**Dynein**] ▸ ① **Dynéine ciliaire**, complexe protéique lourd (2 MDa) de l'axonème d'un cil ou d'un flagelle, relié par sa base au microtubule A d'un doublet et par ses trois têtes au microtubule B d'un doublet adjacent. Lorsque la tête hydrolyse l'ATP lié, elle se déplace vers l'extrémité moins du microtubule B, ce qui crée un déplacement entre les doublets adjacents. Du fait des liaisons qui existent entre les doublets, ce déplacement génère une flexion; ▸ ② **Dynéine cytoplasmique**, complexe protéique moteur, plus léger que la dynéine ciliaire, dont les deux têtes à activité ATPasique se lient aux microtubules du cytosquelette et dont la base se fixe aux vésicules cytoplasmiques. Le déplacement des vésicules cytoplasmiques se fait dans le sens opposé à celui généré par la kinésine, une autre protéine motrice.

Dynorphine *n. f.* [**Dynorphin**] Voir Endomorphine.

Dysphotique *adj. (du gr. dus-, idée de manque et photique).* [**Disphotic**] Se dit d'une espèce végétale qui croît en lumière atténuée.

Dystrophe *adj. (du gr. dus-, exprimant la difficulté et trophê, nourriture).* Se dit d'un milieu saturé en eau, peu oxygéné et riche en matière organique, et de la flore qui y pousse.

Dystrophine *n. f.* [**Dystrophin**] Protéine se liant à l'actine et permettant l'arrimage des sarcomères à la membrane plasmique des cellules musculaires.

Dystrophisation *n. f. (du gr. dus-, exprimant la difficulté et trophê, nourriture).* Formation d'un milieu dystrophe.

E

E Symbole de l'acide glutamique dans la formule des protéines.

Ébauche *n. f.* [Anlage] Ensemble des tissus embyonnaires qui seront à l'origine d'un organe ou d'un membre.

Éburné *adj. (du lat. eburneus, d'ivoire).* [Eburneous] *Substance éburnée*, syn.: Dentine.

Écaille *n. f. (du francique skalja, tuile).* [Scale, Shell (Tortue)] ▸ ① Chez les Poissons, les Amphibiens et les «Reptiles», formation exosquelettique d'origine dermique:

• Chez les Chondrichtyens, elles sont renouvelées de façon continue et n'ont pas de tissu osseux;

• Chez les Ostéichtyens, elles sont permanentes et composées de dentine, d'émail et d'os;

• Chez les Amphibiens, elles n'existent plus que chez quelques Apodes et sont osseuses;

• Chez les «Reptiles», les écailles osseuses fusionnent en *gastralia* chez les Rhynchocéphales et les Crocodiliens et forment les *ostéodermes* chez la plupart (sauf Ophidiens et Chéloniens);

▸ ② Chez les Chéloniens, formation cornée d'origine épidermique recouvrant les plaques osseuses de la carapace. [Shell]; ▸ ③ Chez les «Reptiles», chacun des petits épaississements cornés différenciés sur la totalité du tégument; ▸ ④ Chez les Lépidoptères, plaquette microscopique recouvrant les ailes et résultant de la transformation des macrotriches. Elles contiennent des pigments colorés et des urates; ▸ ⑤ Chacune des feuilles modifiées d'un bulbe écailleux (elles ne l'entourent pas complètement); ▸ ⑥ Chez certains Conifères, notamment les Cupressacées, petite feuille rigide, apprimée contre le rameau; ▸ ⑦ Chez certaines Angiospermes, feuille atrophiée. **Ex.**: Orobanche; ▸ ⑧ Chez les Champignons supérieurs, ornementation superficielle du sporophore.

Écaillure *n. f.* Ensemble des écailles d'un Poisson, d'un Reptile.

Eccrine *adj.* [Eccrine] Se dit d'une glande mérocrine qui expulse ses produits à la surface de la peau. **Ex.**: Glande sudoripare.

Eccritique *adj.* [Eccritic] Se dit de la température optimale pour un animal ectotherme.

Ecdysiotrophine *n. f.* [Ecdysiotrophin] **Syn.**: Hormone prothoracotrope.

Ecdysis *n. m. (du gr. ekdusis, action de se dépouiller).* [Ecdysis] **Syn.**: Exuviation. Voir Exuvie.

Ecdysone *n. f. (du gr. ekdusis, action de se dépouiller).* [Ecdysone] Hormone stéroïde déclenchant la mue des Insectes et des Crustacés. Chez les Insectes, elle est synthétisée par les glandes prothoraciques sous forme de **α-ecdysone.** Dans les corps gras, une C20-monoxygénase l'hydroxyle en 20-hydroxyecdysone ou **β-ecdysone**. Chez les Crustacés, les ecdystéroïdes sont synthétisés par l'organe Y et sont convertis en une β-ecdysone appelée **crustecdysone. Syn.**: Hormone de mue.

Ecdystéroïde *n. m.* [Ecdysteroid] Stéroïde synthétisé par les glandes prothoraciques chez les Insectes et l'organe Y chez les Crustacés. Ils sont variés: chez les Insectes: 26-hydroxyecdysone, 20,26-dihydroecdysone, 2-déoxyecdysone, makistérone A, ponastérone A; chez les Crustacés: 3-déhydroecdysone, 25-désoxyecdysone, α-ecdysone, toutes converties dans l'hémolymphe en β-ecdysone et en ponastérone A. Les ecdystéroïdes sont aussi synthétisés par les Végétaux (**phytoecdystéroïdes**) mais leur rôle est inconnu.

Écèse *n. f.* [Ecesis] Installation et développement de plantes pionnières sur un terrain nu.

Échantillon *n. m.* [Sample] ▸ ① Groupe d'individus représentatif de l'ensemble plus vaste auquel il appartient; ▸ ② Fragment prélevé d'un organisme.

Échasse *n. f.* **Syn.**: Racine-échasse.

Échine *n. f. (du francique skina, os long).* [Spine] **Syn.**: Colonne vertébrale.

Échiné *adj. (du gr. ekhinos, oursin).* [Echinous] Hérissé de piquants.

Échinémone *n. f.* Pigment caroténoïde qui colore les gonades mâles et femelles de certains Oursins.

Échinoplutéus *n. m. et adj.* [Echinopluteus] Voir Plutéus.

Écholocation ou Écholocalisation *n. f. (de l'angl. echo, écho et location, localisation).* [Echolocation] Système de repérage des proies et des obstacles propre à certains Mammifères comme les Chiroptères et les Cétacés. Des ultrasons sont émis par des cordes vocales du larynx (Chiroptères) ou nasales (Cétacés). Ces ondes sonores se réfléchissent sur l'obstacle, subissent des modifications qui sont traduites par le cerveau en termes de distance, de forme et de taille.

Écidie *n. f.* [Aecidium] Chez les Basidiomycètes de l'ordre des Urédinales (Rouilles), organe en forme de coupe renfermant des hyphes formées de dicaryons. En se détachant, ces dicaryons forment des *écidiospores*, elles aussi dicaryotiques, qui infectent un deuxième hôte.

Écidiospore *n. f.* [Aecidiospore] Voir Écidie.

Éclosion *n. f. (du lat. excludere, faire sortir).* [Hatching] Chez les animaux ovipares, ouverture de l'œuf marquant le début du développement post-embryonnaire. De l'œuf sort une larve (têtard, chenille...) chez les ovipares à développement indirect ou un jeune (alevin, oisillon...) chez les ovipares à développement direct.

Écocline *n. f.* [Ecocline] Gradient de la valeur d'un facteur écologique le long d'une zone géographique.

Écocomplexe *n. m.* Système d'écosystèmes interdépendants dans un territoire, représentant le résultat d'une histoire naturelle et d'une histoire humaine imbriquées.

Écologie *n. f. (du gr. oikos, maison et logos, discours).* [Ecology] ▸ ① Science qui étudie les relations entre les êtres vivants, le milieu dans lequel ils vivent et leurs relations avec ce milieu. On distingue:

• **l'aut(o)écologie** qui étudie les êtres vivants en relation avec leur milieu sans considérer leurs interactions avec les autres êtres vivants;

• la **dém(o)écologie** qui étudie les populations dans leur milieu;

• la **synécologie** qui étudie les écosystèmes;

• **l'écophysiologie** qui étudie l'action de l'environnement sur la physiologie;

• **l'écoéthologie** qui étudie le comportement en relation avec le milieu.

Le spécialiste est un *écologue*; ▸ ② Ensemble des rapports d'une plante, d'une formation, avec son milieu.

Écomone *n. f.* [Ecomone] Substance sécrétée dans le milieu par une espèce et qui agit sur une autre espèce.

Écomorphose *n. f.* [Ecomorphosis] Variation de la forme d'un organisme en fonction de certains facteurs écologiques comme la lumière, la température. **Syn.**: Morphose.

Écophase *n. f.* [Ecophase] Période de la vie d'un organisme qui présente des adaptations à un milieu particulier différent de celui du reste de sa vie. **Ex.**: Vie aquatique des larves de Libellules.

Écophysiologie *n. f.* [Ecophysiology] Voir Écologie.

Écorce *n. f. (du lat. scortea, manteau de peau).* [Bark] Partie d'une tige ou d'une racine située à l'extérieur du système conducteur.

Écosphère *n. f. (du gr. oikos, maison et sphère).* [Ecosphere] Ensemble des éléments terrestres qui sont nécessaires à la vie, c'est-à-dire l'ensemble de la photosphère, de la lithosphère, de l'atmosphère et de l'hydrosphère.

Écosystème *n. m. (de éco(logie) et système).* [Ecosystem] Ensemble des êtres vivants (*biocénose*) et du milieu naturel dans lequel ils vivent (*biotope*), constituant une unité écologique équilibrée. **Syn.**: Biogéocénose.

Écotaxie *n. f.* [Homing] Migration de cellules vers un tissu donné. **Syn.**: Homing.

Écotone *n. m.* [Ecotone] Milieu naturel situé à la limite de deux écosystèmes voisins et qui comporte des espèces appartenant aux deux biocénoses voisines en plus des espèces ubiquistes.

Écotype *n. m.* [Ecotype] Forme biologique d'une espèce, adaptée à des facteurs écologiques particuliers. L'écotype ne revêt souvent pas de signes extérieurs distinctifs, la différence n'étant que physiologique. Les écotypes peuvent se féconder sans perte de fertilité des descendants.

Écoumène ou Œcoumène *n. m. (du gr. oikoumenê, habité).* Partie du globe habitée ou habitable par les Humains. **Ant.**: Érème.

Ectendomycorhize *n. f.* [Ectendomycorrhiza] Type de mycorhize où les hyphes forment un manteau fongique autour de la racine et pénètrent aussi dans les cellules corticales. **Syn.**: Mycorhize ectendotrophe. Voir Tableau des mycorhizes.

Ectobiologie *n. f. (du gr. ektos, au-dehors et biologie).* [Ectobiology] Étude de la composition des surfaces cellulaires. Voir Biologie.

Ectoblaste *n. m. (du gr. ektos, au-dehors et blastos, germe).* [Ectoblast] Feuillet embryonnaire superficiel. Chez les Vertébrés, il se différencie en *épiblaste* à l'origine des épithéliums, en *neuroblaste* qui donnera le système nerveux et en *crêtes neurales* à l'origine de divers types cellulaires. **Syn.**: 1. Ectoderme. **Ant.**: Endoblaste.

Ectoderme *n. m. (du gr. ektos, au-de-*

hors et derma, peau). [Ectodermis] ▸ ① **Syn.**: Ectoblaste; ▸ ② Tissu externe des Métazoaires diploblastiques. S'oppose à endoderme.

Ectolécithique *adj. (du gr. ektos, au-dehors et lekhitos, jaune d'œuf).* [Ectolecithal] Chez certains Plathelminthes Turbellariés, se dit d'un développement qui est réalisé à partir des réserves vitellines situées dans les cellules vitellines associées à l'œuf dans le cocon de ponte. Ce développement est celui des Planaires, des Rhabdocèles et des Alloeocèles. **Ant.**: Endolécithique.

Ectomycorhize *n. f. (du gr. ektos, au-dehors et mycorhize).* [Ectomycorrhiza] Type de mycorhize où les hyphes pénètrent peu dans la racine et restent extérieures aux cellules. Le mycélium forme un manchon ou *manteau fongique* autour de la racine et les hyphes qui s'insèrent entre les cellules corticales périphériques forment le *réseau de Hartig*. **Syn.**: Mycorhize ectotrophe.

Ectoparasite *n. m. et adj. (du gr. ektos, au- dehors et parasite).* [Ectoparasite] Voir Parasite.

Ectophloïque *adj. (du gr. ektos, au-dehors et phloios, écorce).* [Ectophloic] Voir Siphonostèle.

Ectophylle *n. m. (du gr. ektos, au- dehors et phullon, feuille).* [Ectophylle] Feuillet embryonnaire supérieur du blastodisque de l'œuf des Sauropsidés et du blastocyste de l'œuf des Mammifères.

Ectophyte *adj. (du gr. ektos, au-dehors et phuton, plante).* [Ectophytic] Qui vit à la surface d'un végétal.

Ectoplasme *n. m. (du gr. ektos, au-dehors et plasma, chose façonnée).* [Ectoplasm] Couche périphérique de cytoplasme visqueux chez les Protozoaires. **Ant.**: Endoplasme.

Ectoptérygoïde *n. m.* [Ectopterygoid] Chez les Tétrapodes, os dermique participant à la constitution des parties latérales du palais.

Ectotherme *adj. et n. m. (du gr. ektos, au-dehors et thermos, chaud).* [Ectothermic (adj.)] Se dit d'un animal qui ne maintient pas sa température constante et dont la valeur suit celle de l'extérieur. Tous les ectothermes sont donc également *hétérothermes*. **Ex.**: Invertébrés, Poissons, Amphibiens, Reptiles. **Syn.**: Poïkilotherme, Allotherme. **Ant.**: Endotherme, Homéotherme.

Ectozoochorie *n. f.* [Ectozoochory] **Syn.**: Épizoochorie. Voir Zoochorie.

Écusson *n. m.* ▸ ① Partie supérieure d'une écaille de cône de Pin, visible même lorsque le cône est clos; ▸ ② Pièce dorsale du thorax des Insectes. **Syn.**: Scutum; ▸ ③ **Syn.**: Scutellum.

Édaphique *adj. (du gr. edaphos, sol). Facteur édaphique*, facteur abiotique lié au sol, intervenant dans la répartition des espèces. [Edaphic factor]

Édaphisme *n. m. (du gr. edaphos, sol).* Influence du sol sur les organismes.

Édaphologie *n. f. (du gr. edaphos, sol et logos, discours).* [Edaphology] Science qui étudie les relations entre le substrat et la végétation.

Édaphon *n. m. (du gr. edaphos, sol).* [Edaphon] Ensemble des organismes du sol. **L'euédaphon** rassemble les espèces (géobiontes) qui vivent continûment dans le sol; ceux qui y vivent temporairement (géophiles) forment **l'hémiédaphon.**

Édificateur *adj. et n.* [Edificator] Qui participe à la consolidation d'un substrat meuble par le développement de ses racines.

EDRF *n. m. (Sigle de l'angl. Endothelium derived relaxing factor, Facteur de re-*

laxation dérivé de l'endothélium). [EDRF] **Syn.:** Monoxyde d'azote.

Effecteur *adj. et n. m.* [Effector] ▸ ① Se dit d'un organe, d'une cellule qui réagit à une commande du système nerveux central; ▸ ② N. m. Gène qui code pour une protéine activant ou inhibant la transcription; la protéine elle-même.

Efférent *adj. (du lat. efferre, porter hors).* [Efferent] Qui conduit du centre vers la périphérie, hors d'un organe. **Ant.:** Afférent.

Effet de position *m.* [Position effect] Modification de l'activité d'un gène lorsque sa position par rapport aux autres gènes est modifiée.

Effeuillaison *n. f.* [Leaf fall] Chute naturelle des feuilles. **Syn.:** Effeuillement.

Effeuillement *n. m.* [Leaf fall] **Syn.:** Effeuillaison.

Efficience d'assimilation *f.* [Assimilation efficiency] Rapport entre la quantité d'aliments ingérés et la quantité de nutriments assimilés.

Efflorescence *n. f. (du lat. efflorescere, fleurir).* [Bloom] **Syn.:** Pruine.

EGF *n. m. (Sigle de l'angl. Epithelial growth factor).* [EGF] Voir Facteur de croissance épidermique.

Eicosanoïde *n. m.* [Eicosanoid] Composé lipidique synthétisé au niveau de la membrane plasmique par toutes les cellules à partir de l'acide arachidonique (20 C). L'acide arachidonique provient de l'hydrolyse des phospholipides membranaires par la phospholipase A2. Il existe 4 types d'eicosanoïdes: les prostaglandines, les prostacyclines, les thromboxanes et les leucotriènes. La synthèse des trois premiers est catalysée par une cyclooxygénase, celle des leucotriènes par une lipooxygénase. Ils favorisent l'inflammation, participent à la douleur et à la contraction des muscles lisses. Leur durée de vie est courte, car ils sont dégradés rapidement par des enzymes extracellulaires.

Éjaculation *n. f. (du lat. ejaculari, lancer avec force).* [Ejaculation] Chez les Vertébrés, émission de sperme par l'organe copulateur.

Élastase *n. f.* [Elastase] Enzyme digestive de la famille des sérine protéases qui catalyse l'hydrolyse des liaisons peptidiques au niveau des petits acides aminés neutres. Elle est sécrétée par les acini pancréatiques sous forme de proélastase.

Élastine *n. f.* [Elastin] Protéine d'environ 750 acides aminés riche en proline et en glycine comme le collagène, mais pauvre en hydroxylysine et en hydroxyproline contrairement à celui- ci. C'est le composant principal des fibres élastiques présentes en quantité dans la matrice extracellulaire de certains tissus comme la peau, les poumons, les tendons et les artères. Les molécules d'élastine sont sécrétées dans le liquide extracellulaire et s'assemblent en fibres qui elles-mêmes s'assemblent en réseau. L'élasticité résulte de l'aptitude de l'élastine à se replier sur elle-même ou à s'allonger.

Élatère *n. f. (du gr. elateros, disperser).* Structure favorisant la dissémination de certaines diaspores:

• Chez certains Myxomycètes, les élatères sont des filaments anastomosés diploïdes formant le *capillitium;*

• Chez les Hépatiques, ce sont des cellules allongées de la capsule, dont la paroi possède des épaississements spiralés qui permettent des mouvements de rétraction et de détente;

• Chez les Prêles, les élatères sont des bandelettes sur les spores, au nombre de 4, issues de la délimination de la partie externe de la paroi.

Électrocortine *n. f.* [Electrocortin] **Syn.**: Aldostérone.

Électrolocation ou Électrolocalisation *n. f.* [Electrolocation] Système de repérage des proies et des obstacles à l'aide d'un champ électrique. L'électricité est produite par des cellules musculaires modifiées ou *électroplaques*, chez certains Poissons (Gymnote, Torpille, Raie).

Électrophysiologie *n. f.* [Electrophysiology] ▸ ① Partie de la physiologie qui étudie les propriétés électriques des cellules vivantes; ▸ ② Étude de la production de courants électriques par certains organismes.

Électroplaque *n. f.* [Electroplaque] Chez les Poissons électriques, chacune des cellules des organes électriques résultant de la transformation de myoblastes. Elles sont aplaties, une seule de leurs faces étant innervée par une fibre nerveuse. Elles sont entourées d'une gelée anhiste et sont empilées en prismes, eux-mêmes étant associés en parallèle pour former l'organe électrique. Cette disposition permet une sommation des différences de potentiel existant entre les deux faces des électroplaques ce qui peut conduire à la formation d'un courant de plusieurs centaines de volts.

Électroporation *n. f.* [Electroporation] Technique d'introduction d'ADN dans les cellules grâce à l'augmentation de la perméabilité membranaire par un courant électrique.

ELISA *(sigle de Enzyme Linked ImmunoSorbent Assay).* [ELISA] Technique de dosage de protéines consistant en la fixation sur la ou les protéines à doser d'anticorps spécifiques auxquels ont été liées des enzymes. Une réaction avec l'enzyme produit une coloration dont l'intensité est fonction de la quantité d'enzymes et qui sera donc mesurée.

Élongation *n. f. (du lat. elongatio, éloignement).* [Elongation] Ajout de nucléotides à l'extrémité d'un ARN ou d'un ADN en cours de synthèse.

Élytre *n. m. (du gr. elutron, étui).* [Elytron] Aile antérieure de certains Insectes, dure, cornée, protégeant les ailes postérieures. Chez les Coléoptères, les élytres sont des étuis protecteurs et ne participent plus au vol.

Émail *n. m.* [Enamel] Substance la plus dure de l'organisme recouvrant la couronne des dents. Elle contient 98 % de sels minéraux et deux types de protéines: *l'amélogénine* et *l'énaméline*. L'émail est dépourvu de fibres collagènes. Il est sécrété par les *adamantoblastes*, cellules épidermiques qui meurent après la formation de la couche d'émail.

Émailloblaste *n. m.* **Syn.**: Améloblaste.

Émailoïdes *n. m. pl.* Substance fortement minéralisée (90 à 95 % de sels minéraux), d'origine dermo-épidermique, possédant une matrice avec des fibres collagènes. Les émailoïdes remplacent l'émail des dents chez les Chondrichtyens et de nombreux Actinoptérygiens et recouvrent la surface externe des écailles des Poissons.

Émarginé *adj.* Se dit d'une feuille ou d'une foliole dont l'extrémité est légèrement échancrée.

Embolie *n. f. (du gr. embolos, qui s'enfonce dans).* [Embolism] Invagination de l'hémisphère végétatif à l'intérieur du blastocèle lors de la gastrulation des œufs pauvres en vitellus et possédant un blastocèle (Échinodermes, Céphalocordés, Amphibiens). La partie invaginée du blastoderme donnera l'endoblaste. Dans ce mode de gastrulation, les cellules gardent leurs relations structurales et fonctionnelles.

Embranchement *n. m.* **[Phylum]** Subdivision d'un règne regroupant des classes et parfois des sous-embranchements. **Ex.**: Arthropodes (Règne des Animaux), Spermatophytes (Règne des Végétaux), Sarcomastigophores (Règne des Protistes).

Embrassant *adj.* **Syn.**: Amplexicaule.

Embryogenèse *n. f. (du gr. embruon, embryon et genesis, formation).* **[Embryogenesis]** Ensemble des transformations que subit un embryon du stade cellule œuf jusqu'à l'éclosion, la parturition ou la germination.

Embryologie *n. f. (du gr. embruon, embryon et logos, discours).* **[Embryology]** Science qui étudie le développement embryonnaire. **L'embryologie descriptive** étudie le développement d'un point de vue morphologique, **l'embryologie comparée** s'occupe des analogies et des différences de développement entre groupes proches, **l'embryologie causale** analyse les relations entre les différents territoires de l'embryon et **l'embryologie moléculaire** étudie l'expression des gènes en relation avec le développement.

Embryon *n. m. (du gr. embruos, qui se développe à l'intérieur).* **[Embryo]** Organisme en développement, avant l'éclosion (Animaux ovipares), avant la naissance (Animaux vivipares) ou avant la germination (Végétaux). Chez l'Homme, à partir de la neuvième semaine, on parle de *fœtus*.

Embryophore *n. m. (du gr. embruon, embryon et pherein, porter).* **[Embryophore]** ▸ ① Ébauche du cordon ombilical. **Syn.**: Pédicule embryonnaire; ▸ ② Chez les Plathelminthes Cestodes, enveloppe chitinoïde de l'embryon hexacanthe qui constitue avec lui *l'oncosphère*. L'embryophore est parfois cilié (ordre des Pseudophyllidiens).

Embryotrophe *n. m. (du gr. embruon, embryon et trophê, nourriture).* **[Embryotroph]** **Syn.**: Lait utérin.

Émergent *adj. et n. m.* **[Emergent]** Se dit d'un arbre forestier qui dépasse les autres en hauteur. **Syn.**: Surcimant.

Émétine *n. f.* **[Emetine]** Alcaloïde isoquinoléique de l'Ipéca (*Cephaelis sp.*, Rubiacées), aux propriétés expectorantes.

Emménophyte *n. f.* **[Emmenophyte]** Plante aquatique dépourvue d'organes de flottaison. **Ex.**: Élodée.

Emmétropie *n. f. (du gr. emmetros, proportionné et ôps, opis, vue).* **[Emmetropia]** Vision normale. **Ant.**: Amétropie.

Émonctoire *n. m. (du lat. emungere, moucher).* **[Emunctory]** Tout organe qui élimine les déchets de l'organisme. **Ex.**: Anus, foie, nez, poumon, rein, peau.

Empéripoïèse *n. f.* **[Emperipoiesis]** Présence d'une cellule à l'intérieur d'une autre.

Empire biogéographique *m.* **[Biogeographical empire]** La plus grande des subdivisions biogéographiques, définie à l'échelle du globe. On distingue:

- **l'Empire holarctique** ou **Holarctis** (régions froides et tempérées de l'hémisphère sud);
- **l'Empire paléarctique**;
- **l'Empire éthiopien**;
- **l'Empire indo-malais**;
- **l'Empire océnien**;
- **l'Empire néotropical** ou **Néotro-**

pis (régions tropicales et équatoriales du Nouveau monde);

• **l'Empire antarctique** ou **Antarctis;**

• **l'Empire australien** ou **Australis;**

Chacun de ces empires est subdivisé en provinces, elles-mêmes subdivisées en domaines.

N.B. Il est traditionnel de mettre une majuscule à Empire.

Empreinte *n. f.* [**Imprinting**] Type de processus d'apprentissage chez les Animaux. L'empreinte se distingue par une période critique en dehors de laquelle elle ne peut s'établir, et par le fait que sa réussite ne dépend pas de l'espèce sur laquelle elle s'exerce. **L'empreinte parentale** s'exerce dans les premiers instants de la vie du nouveau-né: elle a pour effet la reconnaisance du premier objet qu'il voit comme étant sa mère. **L'empreinte sexuelle** a lieu lors de la puberté et se traduit par la reconnaissance des individus qui l'entourent comme étant des partenaires sexuels.

Empreinte génétique *f.* [**Genetic footprint**] Caractéristique structurale fine d'une région spécifique de l'ADN permettant d'identifier une cellule et sa filiation.

Émulsine *n. f.* [**Emulsin**] Groupe d'enzymes qui catalysent l'hydrolyse des glucosides et des galactosides dans les amandes. Son nom provient de ce que l'extrait d'amandes a des propriétés émulsifiantes. **Syn.**: Synaptase.

Enarmement *n. m.* Colonisation d'un terrain par de petits ligneux épineux.

Énaulofaune *n. f.* [**Enaulofauna**] Faune des dunes de sable.

Énaulophile *adj.* [**Enaulophilous**] Qui vit dans les dunes de sable.

Énaulophyte *n. f.* [**Enaulophyte**] Plante énaulophile.

Encapsidation *n. f.* [**Packaging**] Empaquetage du matériel génétique d'un virion à l'intérieur d'une capside.

Encéphale *n. m.* [**Brain**] Chez les Vertébrés, partie du système nerveux central située dans la cavité crânienne, comprenant le cerveau, le cervelet et le tronc cérébral.

Encéphaline → Enképhaline

Enchylème *n. m. (du gr. enchylos, juteux).* **Syn.** désuet de Suc nucléaire.

En(do)chondral *adj.* [**En(do)chondral**] Voir Ossification.

Enclume *n. f.* [**Anvil**] Chez les Mammifères, deuxième osselet de l'oreille moyenne qui transmet les ondes sonores du marteau à l'étrier. L'enclume résulte de la modification du carré.

Encre *n. f.* [**Ink**] Chez certains Céphalopodes Dibranchiaux, suspension noire de grains de mélanine synthétisée par la *poche du noir* (glande anale). L'encre est expulsée par l'entonnoir pour permettre à l'animal de se soustraire à l'attaque d'un prédateur. **Syn.**: Sépia.

Endarche *adj.* [**Endarch**] Se dit d'une stèle dont le protoxylème est en position interne et se différenciation centrifuge. **Ant.**: Exarche.

Endartère *n. f. (du gr. endon, en dedans et artère).* [**Endarterium**] **Syn.**: Intima.

Endémique *adj.* [**Endemic**] Se dit d'une espèce présente seulement dans une région bien délimitée, le plus souvent peu étendue.

Endergonique *adj. (du gr. endon, en dedans et ergon, travail).* [**Endergonic**] Se dit d'une réaction qui nécessite un apport d'énergie. **Ant.**: Exergonique.

Endoamylase *n. f. (du gr. endon, en dedans et amylase).* [**Endoamylase**] **Syn.**: α-amylase.

Endobaside *n. f. (du gr. endon, en dedans et baside).* [Endobasidium] Baside formée à l'intérieur d'un sporophore clos de Basidiomycètes.

Endobionte *n. m.* [Endobiont] Parasite ou symbionte qui vit à l'intérieur d'un organisme hôte.

Endoblaste ou Entoblaste *n. m. (du gr. endon, en dedans et blastos, germe).* [Endoblast] Feuillet embryonnaire interne qui se met en place à la gastrulation et qui est à l'origine de l'épithélium du tube digestif et de ses dérivés (foie, pancréas, poumon, thymus, thyroïde...). **Syn.**: 3. Endoderme.

Endocarde *n. m. (du gr. endon, en dedans et kardia, cœur).* [Endocardium] Tissu qui tapisse les cavités cardiaques, constitué d'un endothélium reposant sur une couche de tissu conjonctif lâche.

Endocarpe *n. m. (du gr. endon, en dedans et karpos, fruit).* [Endocarp] Partie la plus interne de la paroi du fruit. Dans les drupes, il est lignifié en un noyau.

Endocaténase *n. f.* **Syn.**: Endopeptidase. Voir Protéase.

En(do)chondral *adj.* [En(do)chondral] Voir Ossification.

Endoconidie *n. f. (du gr. endon, en dedans et conidie).* [Endoconidia] Chez les Champignons, spore formée à l'intérieur d'une hyphe avant sa libération dans le milieu extérieur.

Endocrine *adj. (du gr. endon, en dedans et krinein, sécréter).* [Endocrine] Se dit d'une substance, et de la glande qui la sécrète, qui est déversée directement dans le sang ou dans la lymphe. **Ant.**: Exocrine.

Endocrinologie *n. f. (de endocrine et du gr. logos, discours).* [Endocrinology] Partie de la physiologie qui étudie les glandes endocrines, leurs sécrétions et leurs maladies.

Endocuticule *n. f. (du gr. endon, en dedans et cuticule).* [Endocuticule] Chez les Arthropodes, partie interne de la cuticule, épaisse, élastique, non tannée, formée d'un empilement de lamelles de chitine et d'arthropodines.

Endocytose *n. f. (du gr. endon, en dedans et kutos, cellule).* [Endocytosis] Absorption d'un élément étranger au sein d'une cellule. Il existe deux modes selon la taille de l'élément: la *phagocytose* et la *pinocytose*. (Voir ces mots). **Ant.**: Exocytose.

Endoderme *n. m. (du gr. endon, en dedans et derma, peau).* [Endodermis] ▸ ① Assise cellulaire la plus interne de l'écorce, en contact avec le péricycle. Les parois radiales des cellules sont subérifiées de telle sorte qu'il se forme une barrière entre l'écorce et le cylindre central appelé *cadre de Caspary.* A ce niveau, le transport de l'eau et des solutés suit obligatoirement la voie symplasmique; ▸ ② Tissu interne des Métazoaires diploblastiques. **Ant.**: Ectoderme; ▸ ③ **Syn.**: Endoblaste.

Endoenzyme *n. f. (du gr. endon, en dedans et enzyme).* [Endoenzyme] Enzyme fortement liée aux cellules. **Syn.**: Desmoenzyme.

Endogamie *n. f. (du gr. endon, en dedans et gamos, mariage).* [Endogamy] Croisement entre gamètes issus d'un même individu ou de deux individus d'un même groupe. **Ant.**: Exogamie.

Endogé *adj. (du gr. endon, en dedans et gê, terre).* [Endogeous] Se dit d'un organisme qui vit dans le sol. **Syn.**: 1. Hypogé.

Endogène *adj. (du gr. endon, en dedans et genos, naissance).* [Endogenous] Se dit d'une structure qui résulte de la multiplication de cellules provenant de la partie profonde d'un organe. **Ant.**: Exogène.

Endogénéré *adj.* Se dit d'une substance dont la diffusion à l'extérieur de l'organisme n'est pas spontanée mais créée par un facteur extérieur (blessure). **Ex.**: Latex, essences végétales. **Ant.**: Exogénéré.

Endoglycosidase *n. f. (du gr. endon, en dedans et glycosidase).* [Endoglycosidase] Enzyme qui catalyse l'hydrolyse d'une chaîne polyosidique en rompant les liaisons à l'intérieur de la chaîne. **Ex.**: β-Amylase.

Endolithique *adj.* [Endolithic] Se dit d'un thalle de Lichen crustacé qui est presque inclus dans la roche.

Endolymphe *n. f. (du gr. endon, en dedans et lymphe).* [Endolymph] Liquide contenu dans le labyrinthe membraneux de l'oreille interne. Il transmet les vibrations du tympan aux cellules ciliées et ses mouvements dus à l'accélération et aux changements de position du corps excitent les récepteurs de l'équilibre (macules et crêtes ampullaires).

Endolysine *n. f.* [Phage lysozyme] Enzyme des Bactériophages qui lyse la paroi des Bactéries pour permettre leur libération.

Endolysosome *n. m.* [Endolysosome] Organite cytoplasmique résultant de la fusion entre un lysosome et une vésicule d'endocytose.

Endoméiose *n. f. (du gr. endon, en dedans et méiose).* [Endomeiosis] Miniméiose propre aux Pucerons, chez les femelles parthénogénétiques donnant des sexués mâles. Cette méiose ne concerne que les chromosomes X, un des deux étant expulsé dans le globule polaire.

Endomètre *n. m. (du gr. endon, en dedans et mêtra, matrice).* [Endometrium] Muqueuse qui tapisse la cavité de l'utérus.

Endomitose *n. f. (du gr. endon, en dedans et et mitose).* [Endomitosis] Mitose anormale au cours de laquelle le dédoublement des chromosomes n'est pas suivi de la disparition de l'enveloppe nucléaire ni de la formation du fuseau achromatique. Il en résulte des cellules polyploïdes ou à chromosomes polytènes.

Endomorphine *n. f.* [Endomorphine] Neuropeptide opioïde de l'encéphale et du tube digestif caractérisé par la séquence terminale Phe–Gly–Gly–Tyr–NH_3^+. Il existe trois classes d'endomorphines:

- les dérivés de la proopiomélanocortine (*α-, β- et γ-endorphine*);
- les dérivés de la proenképhaline (*enképhalines*);
- les dérivés de la prodynorphine (*dynorphine, néoendorphine, leuenképhalines*).

Les endomorphines participent à la modulation de diverses sensations comme la douleur, le plaisir, la faim et la soif. **Syn.**: Endorphine.

Endomycorhize *n. f. (du gr. endon, en dedans et mycorhize).* [Endomycorrhiza] Mycorhize dans laquelle les hyphes se développent dans les cellules du cortex racinaire. A l'intérieur des cellules, les hyphes différencient des structures caractéristiques, les *vésicules* et les *arbuscules*. **Syn.**: Mycorhize endotrophe.

Endomycorhizome *n. m.* [Endomycorhizome] Association symbiotique entre un Champignon endophyte et un rhizome. **Ex.**: Psilophytinées, Orchidacées arhizes.

Endomycothalle *n. m.* [Endomycothallus] Association symbiotique entre un Champignon endophyte et un gamétophyte de Bryophytes ou de Ptéridophytes. **Ex.**: *Ophioglossum*.

Endomysium *n. m.* [**Endomysium**] Gaine de tissu conjonctif lâche enveloppant chacune des fibres d'un muscle.

Endonèvre *n. m. (du gr. endon, en dedans et neuron, nerf)*. [**Endoneurium**] Gaine de tissu conjonctif lâche enveloppant chacun des axones d'un nerf.

Endonucléase *n. f. (du gr. endon, en dedans et nucléase)*. [**Endonuclease**] Voir Nucléase.

Endoparasite *n. m. et adj. (du gr. endon, en dedans et parasite)*. [**Endoparasite**] Voir Parasite.

Endopeptidase *n. f. (du gr. endon, en dedans et peptidase)*. [**Endopeptidase**] Voir Protéase.

Endopéridium *n. m.* [**Endoperidium**] Partie interne de la paroi du sporophore des Basidiomycètes Gastéromycètes et de certains Ascomycètes hypogés.

Endophage ou Entophage *n. m. et adj. (du gr. endon, en dedans et phagein, manger)*. [**Endophagous (adj.)**] Prédateur qui mange sa proie de l'intérieur.

Endophénotype *n. m. (du gr. endon, en dedans et phénotype)*. [**Endophenotype**] Partie du phénotype d'un organisme qui ne participe pas directement à l'adaptation au milieu de vie. **Ant.**: Exophénotype.

Endophléode *adj. (du gr. endon, en dedans et phloios, écorce)*. Se dit d'un organisme qui est totalement inclus dans l'écorce d'un arbre.

Endophylle *(du gr. endon, en dedans et phullon, feuille) adj.* [**Endophyllous**] Se dit d'un animal qui vit dans le parenchyme foliaire et y creuse des galeries.

Endophyte *adj. et n. m. (du gr. endon, en dedans et phuton, plante)*. [**Endophyte**] Se dit d'un organisme qui vit à l'intérieur d'une plante. **Ex.**: Champignons mycorhiziens.

Endoplasme *n. m. (du gr. endon, en dedans et plasma, chose façonnée)*. [**Endoplasm**] ▸ ① Partie interne du cytoplasme des Protozoaires. **Ant.**: Ectoplasme; ▸ ② Région du cytoplasme qui entoure la vacuole des cellules végétales.

Endoploïdie *n. f.* [**Endoploidy**] Augmentation du nombre de chromosomes à la suite d'une *endomitose*. **Syn.**: Endopolyploïdie.

Endopolyploïdie *n. f.* **Syn.**: Endoploïdie.

Endoptérygote *adj et n. m. (du gr. endon, en dedans et ptérygote)*. [**Endopterygote (adj. et n.)**] Se dit des Insectes dont les ébauches alaires n'apparaissent extérieurement qu'au stade nymphal. Tous les endoptérygotes sont *holométaboles*. **Ant.**: Exoptérygote.

Endoribonucléase *n. f.* [**Endoribonuclease**] Voir Ribonucléase.

Endorphine *n. f. (de l'angl. end(ogenous) et (m)orphine)*. [**Endorphine**] **Syn.**: Endomorphine.

Endosmose *n. f.* [**Endosmosis**] Transfert d'un liquide au travers d'une membrane, du compartiment extérieur (hypotonique) vers le compartiment intérieur (hypertonique). **Ant.**: Exosmose.

Endosome *n. m. (du gr. endon, en dedans et somâ, corps)*. [**Endosome**] Vésicule provenant de l'endocytose d'une région de la membrane plasmique.

Endosperme *n. m. (du gr. endon, en dedans et sperma, semence)*. [**Endosperm**] Chez les Gymnospermes et Prégymnospermes, gamétophyte femelle accumulant des réserves pour le futur développement de l'embryon. Cette mise en réserve a lieu avant la fécondation (prégraine) chez les Prégymnospermes et après chez les Gymnospermes.

Endospore *n. f. (du gr. endon, en dedans et spore).* [Endospore] ▸ ① Spore qui apparaît à l'intérieur d'un sporocyste; ▸ ② Partie interne de la paroi d'une spore végétale. **Ant.**: Exospore; ▸ ③ Structure en dormance des Bactéries à Gram positif, résistant aux conditions extrêmes de l'environnement (chaleur, radiations, désinfectants chimiques, sécheresse). Elle constitue donc un moyen de survie pour la Bactérie. Elle est composée de l'extérieur vers l'intérieur:

- d'un exosporium fin,
- d'une tunique (responsable de la résistance aux produits chimiques),
- d'un cortex de peptidoglycane,
- d'un protoplaste inerte.

Endostome *n. m. (du gr. endon, en dedans et stoma, bouche).* ▸ ① Rangée interne de dents dans le péristome de la capsule des Mousses. **Ant.**: Exostome; ▸ ② Chez les Limules (*Xyphosura polyphemus*), sorte de petit sternum étroit médian situé en arrière de la bouche.

Endostyle *n. m.* [Endostyle] Chez les Céphalocordés et les Ascidies, gouttière pharyngienne ventrale présentant des cils et des glandes (pour la capture de l'iode).

Endosymbionte ou Endosymbiote *n. m.* [Endosymbiont] Voir Endosymbiose.

Endosymbiose *n. f. (du gr. endon, en dedans et symbiose).* [Endosymbiosis] Type de symbiose dans laquelle un des symbiontes, appelé *endosymbionte*, vit dans le corps de l'autre. **Ex.**: Flagellés et Bactéries de la panse des Ruminants, Bactéries fixatrices d'azote chez les Fabales.

Endotesta *n. f. (du gr. endon, en dedans et du lat. testa, coquille dure).* [Endotesta] Chez les Prégymnospermes, couche interne du tégument de l'ovule, généralement fine, recouvrant le nucelle.

Endothécium *n. m. (du gr. endon, en dedans et thêkê, loge).* [Endothecium] ▸ ① **Syn.**: Assise mécanique. Voir Assise; ▸ ② Partie interne de la capsule du sporogone des Bryophytes, qui forme la columelle et l'assise des cellules mères des spores.

Endothélial *adj.* [Endothelial] Relatif à l'endothélium.

Endothéliochorial *adj. Placenta endothéliochorial*, placenta décidué dont l'épithélium et une partie de l'endomètre utérins ont été résorbés ce qui permet un contact direct entre le syncytiotrophoblaste et les capillaires maternels. Dans ce type de placenta, les villosités chorioniques sont rassemblées en une ceinture autour du sac embryonnaire; c'est un *placenta zonaire*. [Endotheliochorial placenta] **Ex.**: Placenta des Carnivores.

Endothélium *n. m. (du gr. endon, en dedans et thélê, mamelon).* [Endothelium] Épithélium simple squameux formant le revêtement interne des vaisseaux sanguins, des vaisseaux lymphatiques et des cavités cardiaques. Le pavage régulier des cellules plates offre une faible résistance à l'écoulement du sang. La paroi des capillaires est formée de ce seul endothélium, dont la minceur facilite les échanges gazeux avec les tissus.

Endotherme *adj. et n. m. (du gr. endon, en dedans et thermos, chaud).* [Endothermic (adj.)] Qui maintient constante sa température en dépit des variations de la température extérieure. Les seuls animaux endothermes sont les Oiseaux et les Mammifères. **Syn.**: Homéotherme. **Ant.**: Hétérotherme, Ectotherme.

Endothorax *n. m. (du gr. endon, en dedans et thorax).* Chez les Insectes, ensemble des invaginations des tergites (*endotergites*), des pleurites (*endopleurites*) et des sternites (*endosternites*) qui forment un *endosquelette thoracique* sur lequel se fixent certains muscles longitudinaux.

Endotoxine *n. f. (du gr. endon, en dedans et toxine).* [**Endotoxin**] Lipopolysaccharide de la membrane externe de la paroi de la plupart des Bactéries à Gram négatif. Les endotoxines sont toxiques uniquement à des concentrations élevées et sont faiblement immunogènes. **Ant.**: Exotoxine.

Endotrophe *adj. Mycorhize endotrophe*, syn.: Endomycorhize. [**Endotrophic mycorrhiza**]

Endoxyle *adj. (du gr. endon, en dedans et xulon, bois).* [**Endoxylic**] Se dit d'un Insecte phytophage qui pénètre en profondeur dans la plante. **Syn.**: Endoxylique.

Endoxylique *adj.* **Syn.**: Endoxyle.

Endozoïque *adj. (du gr. endon, en dedans et zôon, animal).* [**Endozoic**] Se dit d'un mode de dissémination de diaspores grâce à leur ingestion par des animaux et leur rejet dans les excréments.

Endozoochorie *n. f.* [**Endozoochory**] Voir Zoochorie.

Énergide *n. f.* [**Energid**] ▸ ① Portion d'une cellule cénocytique correspondant à un noyau et au cytoplasme qui l'entoure; ▸ ② Chez les Angiospermes, chacune des cellules du sac embryonnaire (oosphère, synergides et antipodes).

Énerve *adj. (du lat. ex-, marquant la privation et nervus, tendon).* Se dit d'une feuille qui est dépourvue de nervures, caractère courant chez les Bryophytes.

Engainant *adj.* [**Sheating**] Qui forme une gaine autour d'un organe chez les Plantes et les Champignons.

Enhancer *n. m.* [**Enhancer**] **Syn.**: Amplificateur.

Énilème *n. f. (du gr. eneilema, enveloppe).* Nom ancien de la secondine, tégument de l'ovule.

Enjambement *n. m.* [**Crossing-over**] **Syn.**: Crossing-over.

Enképhaline ou Encéphaline *n. f. (du gr. egkekalos, qui est dans la tête).* [**Enkephalin**] Pentapeptide opioïde contenant une méthionine (**mét-enképhaline**: *Tyr-Gly-Gly-Phe-Met*) ou une leucine (**leu-enképhaline**: *Tyr-Gly-Gly-Phe-Leu*). Les enképhalines sont présentes dans les terminaisons nerveuses du tube digestif et du cerveau. Elles sont synthétisées à partir de la *proenképhaline*. Elles jouent un rôle dans l'analgésie.

Enkystement *n. m.* [**Encystment**] Formation d'un kyste.

Énolase *n. f.* [**Enolase**] Enzyme de la glycolyse qui catalyse la transformation du 2-phosphoglycérate en phosphoénolpyruvate. Lors de cette réaction, le départ d'une molécule d'eau s'accompagne de la formation d'une liaison énolphosphate riche en énergie, qui permet le transfert du groupement phosphoryle sur un ADP par la pyruvate kinase.

Enrésinement *n. m.* [**Conifers afforestation**] Apparition d'essences résineuses dans une forêt caducifoliée.

Ensellure *n. f.* Concavité naturelle marquée de la région lombaire de certains quadrupèdes.

Ensemencement *n. m.* [**Seeding**] Introduction de microbes dans un milieu de culture.

Ensiforme *adj. (du lat. ensis, épée et*

forma, forme). [Ensiform] Se dit d'une feuille ou d'un autre organe qui a la forme d'une épée.

Entactine *n. f.* [Entactin] Dans les lames basales, petite glycoprotéine en forme d'haltère formant un pont entre le collagène IV et la laminine.

Entaillase *n. f.* [Nickase] Endonucléase qui scinde une liaison phosphodiester d'un des brins d'une molécule d'ADN double-brin.

Entérocyte *n. m. (du gr. enteron, intestin et kutos, cellule).* [Enterocyte] Chacune des cellules constituant l'épithélium intestinal et présentant des microvillosités sur leur pôle apical qui augmentent la surface d'absorption des nutriments. **Syn.**: Cellule absorbante.

Entérokinase *n. f. (du gr. enteron, intestin et kinase).* [Enterokinase] **Syn.**: Entéropeptidase.

Entéropeptidase *n. f. (du gr. enteron, intestin et peptidase).* [Enteropeptidase] Enzyme de la bordure en brosse du duodénum qui transforme le trypsinogène en trypsine en détachant un hexapeptide amino-terminal. Elle porte des polysaccharides qui l'empêchent d'être digérée elle-même avant d'agir. **Syn.**: Entérokinase.

Entérotoxine *n. f. (du gr. enteron, intestin et toxine).* [Enterotoxin] Toxine bactérienne qui agit sur la muqueuse intestinale.

Entier *adj.* Se dit d'une feuille dont le limbe n'est pas divisé.

Entoblaste → Endoblaste

Entoderme → Endoderme

Entomocécidie *n. f. (du gr. entomon, insecte et cécidie).* [Entomocecidium] Voir Cécidie.

Entomochorie *n. f. (du gr. entomon, insecte et khôrein, se déplacer).* [Entomochory] Voir Zoochorie.

Entomogamie *n. f. (du gr. entomon, insecte et gamos, mariage).* [Entomogamy] Mode de pollinisation qui est assurée par les Insectes, notamment les Abeilles. Les Insectes sont attirés par le nectar, le parfum et la couleur des fleurs. Les fleurs acquièrent parfois des adaptations qui facilitent la pollinisation (ex.: Sauge). **Syn.**: Entomophilie.

Entomologie *n. f. (du gr. entomon, insecte et logos, discours).* [Entomology] Partie de la zoologie qui étudie les Insectes. On distingue:

- la *myrmécologie* (Fourmis);
- *l'apidologie* (Abeilles).

Entomophage *adj. (du gr. entomon, insecte et phagein, manger).* [Entomophagous] Qui se nourrit d'Insectes.

Entomophilie *n. f. (du gr. entomon, insecte et philos, ami).* [Entomophilous] **Syn.**: Entomogamie.

Entomosymbionte ou Entomosymbiote *n. m. et adj. (du gr. entomon, insecte et symbio(n)te).* [Entomosymbiont] Organisme vivant en symbiose avec un Insecte. **Ex.**: Bactéries du tube digestif des Termites.

Entonnoir *n. m.* [Funnel] Chez les Céphalopodes, organe musculeux et creux, en forme d'entonnoir, permettant l'évacuation de l'eau de la cavité palléale qui a baigné les branchies. Il est issu de la transformation de la partie postérieure du pied. **Syn.**: Hypostome.

Entophage → Endophage

Entophylle *n. m.* [Entophyll] ▸ ① Chez les embryons de Mammifères Thériens en cours de gastrulation, partie dorsale du bouton embryonnaire à l'origine des tissus de l'embryon et de l'épithélium amniotique; ▸ ② Chez les embryons d'Oiseaux en cours de gastrulation, feuillet dorsal du blastoderme diblastique.

Entourbement *n. m.* Ensemble des processus de transformation d'un marais en tourbière.

Entre-nœud *n. m.* [Internode] Partie d'une tige comprise entre deux nœuds successifs. **Syn.**: Mérithalle.

Énucléable *adj.* Se dit d'un basidiome lorsque le stipe est facilement détachable du chapeau. **Syn.**: Séparable.

Énucléation *n. f.* [Enucleation] Ablation ou destruction du noyau cellulaire.

Enveloppe *n. f.* Structure entourant un organisme, un organe ou un organite. **Ex.**: Coque, capsule, tunique, coquille, périanthe, tégument.

Enveloppe nucléaire *f.* [Nuclear envelope] Structure qui délimite le compartiment nucléaire des cellules eucaryotes. Elle est composée de deux membranes nucléaires, l'une interne et l'autre externe, ménageant entre elles *l'espace périnucléaire*. L'enveloppe est en continuité avec le réticulum endoplasmique. Elle est percée de pores nucléaires qui offrent passage dans les deux sens à des molécules de poids moléculaire inférieur à 60 kDa, comme les histones, les ADN et ARN polymérases et les ARN.

Environnementaliste *n. (de environnement).* Écologue qui se consacre à l'étude et la protection de l'environnement.

Enzyme *n. f. ou m. (du gr. en, dans et zumê, levain).* [Enzyme] Substance protéique qui catalyse les réactions biochimiques en agissant en quantité infime et sans être modifiées par la réaction. Elles accélèrent les réactions en abaissant leur énergie d'activation. Leur activité varie en fonction de certains facteurs comme la température, le pH et leur concentration. Chaque enzyme est plus ou moins spécifique de son substrat auquel elle se lie étroitement pour catalyser sa transformation. Les enzymes peuvent être uniquement de nature protéique ou bien être associées à une autre substance; dans ce cas, la fraction protéique est appelée *apoenzyme* et la fraction non protéique, la *coenzyme* ou le *cofacteur* (vitamine, ion). Les enzymes sont classées selon le type de réactions qu'elles produisent en 6 classes: les oxydoréductases, les transférases, les hydrolases, les lyases, les isomérases et les ligases ou synthétases.

Enzyme allostérique *f.* [Allosteric enzyme] Voir Allostérie.

Enzyme de conversion *f.* [Angiotensin converting enzyme] Exopeptidase produite par le foie et présente surtout dans l'endothélium des capillaires pulmonaires. Elle catalyse la transformation de l'angiotensine I (décapeptide) en angiotensine II (octopeptide) en clivant le dipeptide carboxy-terminal His-Leu.

Enzymologie *n. f. (de enzyme et du gr. logos, discours).* [Enzymology] Science qui étudie la structure, le mode d'action et le rôle des enzymes.

Éobiogenèse *n. f.* [Eobiogenesis] Formation des premiers êtres vivants de la Terre, les *éobiontes*, à partir des molécules prébiotiques.

Éobionte *n. m.* [Eobiont] Voir Éobiogenèse.

Éoclimax *n. m. (du gr. eôs, aurore et climax).* Climax qui n'a pas subi d'influence humaine.

Éosinocyte *n. m. (de éosine et du gr. kutos, cellule).* [Eosinocyte] Voir Éosinophile.

Éosinophile *adj. et n. m. (de éosine et du gr. philos, ami).* [Eosinophil] *Granulo-*

cyte éosinophile ou n. m. *Éosinophile*, Granulocyte qui possède un noyau bilobé et des granulations que l'éosine colore en rouge. Ils détruisent les parasites en déversant leurs granulations remplies d'enzymes digestives et atténuent les réactions allergiques en phagocytant les protéines étrangères et en inactivant des médiateurs de la réaction inflammatoire. **Syn.**: Éosinocyte.

Éosinopoïèse *n. f. (de éosino(phile) et du gr. poiêsis, création).* [Eosinopoiesis] Production des granulocytes éosinophiles dans la moelle osseuse.

Épaule *n. f. (du lat. spathula, spatule).* [Shoulder] Chez l'Homme et les quadrupèdes, partie proximale du membre antérieur qui se rattache à la ceinture scapulaire.

Épendyme *n. m. (du gr. epi, sur et enduma, vêtement).* [Ependyma] Épithélium qui tapisse les ventricules cérébraux et le canal médullaire. Il est formé des *cellules épendymaires*.

Épendymocyte *n. m. (de épendyme et du gr. kustos, cellule).* [Ependymocyte] **Syn.**: Cellule épendymaire.

Éperon *n. m.* [Spur] Chez certaines Angiospermes, prolongement des pétales, des sépales, de la corolle ou encore du calice, en forme de cornet et contenant souvent des glandes nectarifères.

Éphédrine *n. f. (du gr. ephedra, sorte de Prêle).* [Ephedrine] Alcaloïde dérivé de la phénéthylamine, spécifique du genre *Ephedra* (Éphédracées). C'est un sympathicomimétique provoquant la libération des catécholamines des fibres sympathiques postganglionnaires.

Éphémère *adj. (du gr. ephêmeros, qui dure un jour).* [Ephemeral] Qui ne vit que très peu de temps.

Éphémérophyte *n. f. (de éphémère et du gr. phuton, plante).* [Ephemerophyte] Thérophyte des déserts qui présente une phase végétative extrêmement brève, parfois limitée à une ou deux feuilles. La plante peut ainsi réaliser son cycle de reproduction pendant la courte période des pluies. Voir le tableau des formes biologiques.

Éphyra ou Éphyrula ou Éphyrule *n. f.* [Ephyrula] Chez les Cnidaires Scyphozoaires, jeune méduse formée par strobilisation du scyphistome.

Épi *n. m. (du lat. spica, pointe).* [Spike] Inflorescence indéfinie à fleurs sessiles réparties tout au long de l'axe. **Ex.**: Poacées, Plantain (*Plantago sp.*, Plantaginacées). Voir le tableau des inflorescences.

Épibaside *n. f. (du gr. epi, sur et baside).* [Epibasidium] Partie supérieure d'une hétérobaside (baside cloisonnée longitudinalement). **Ant.**: Hypobaside.

Épibenthique *adj. (du gr. epi, sur et benthos, profondeur).* [Epibenthic] Qui vit sur le fond d'un océan ou d'un lac.

Épibenthos *n. m. (du gr. epi, sur et benthos, profondeur).* [Epibenthos] Ensemble des animaux épibenthiques.

Épibionte *n. m. (du gr. epi, sur et bios, vie).* [Epibiont] Organisme qui vit fixé à la surface d'un substrat sans avoir de relation avec lui.

Épibiotique *adj. (du gr. epi, sur et bios, vie).* [Epibiotic] Qui vit à la surface d'un organisme.

Épiblaste *n. m. (du gr. epi, sur et blastos, germe).* [Epiblast] ▸ ① Chez certains embryons de Vertébrés, partie latérale de l'ectoblaste, à l'origine de l'épiderme et des placodes sensorielles; ▸ ③ Chez les embryons de Vertébrés, un des deux feuillets embryonnaires du disque didermique de la blastula secondaire; ▸ ② **Syn.**: Lobule. Organe filiforme des embryons des Poacées qui est peut- être l'équivalent rudimentaire d'un second cotylédon.

Épibolie *n. f.* [Epiboly] Chez les embryons de certains Vertébrés, processus de gastrulation qui consiste en la multiplication des cellules de l'hémisphère animal jusqu'à envelopper l'hémisphère végétatif, rendu ainsi interne de façon passive. La gastrulation par épibolie existe chez les embryons dont le blastocèle est peu développé ou dont les cellules végétatives sont trop volumineuses pour rentrer dans le blastocèle. **Ex.**: Lombric.

Épicalice *n. m. (du gr. epi, sur et calice).* [Epicalyx] Verticille de bractées entourant le calice de certaines fleurs. **Ex.**: Épicalice des Malvacées. **Syn.**: Calicule.

Épicarde *n. m. (du gr. epi, sur et kardia, cœur).* [Epicardium] Feuillet viscéral du péricarde, tapissant la face externe du myocarde. L'épicarde est formé de tissu conjonctif recouvert de mésothélium.

Épicaridien *adj. Larve épicaridienne*, larve des Crustacés Isopodes Épicarides, qui se fixe sur les Copépodes à l'aide de ses péréiopodes et en aspire le sang. Cette larve fixée se transforme en *larve microniscienne* puis en *larve cryptoniscienne* qui rejoindra l'hôte définitif.

Épicarpe *n. m. (du gr. epi, sur et karpos, fruit).* [Epicarp] Partie la plus externe du péricarpe. L'épicarpe est généralement fin et fragile, parfois duveteux (pêche).

Épichile *n. m. (du gr. epi, sur et chilos, lèvre).* [Epichile] Chez certaines Orchidacées, partie distale du labelle. **Ant.**: 1. Hypochile.

Épicortex *n. m. (du gr. epi, sur et cortex).* [Epicortex] Couche polysaccharidique recouvrant le cortex supérieur de certaines Parméliacées (Lichens foliacés).

Épicotyle *n. m. (du gr. epi, sur et kotulê, cavité).* [Epicotyl] Chez les Angiospermes, premier entre-nœud de l'axe situé au-dessus des cotylédons et résultant de la croissance de la gemmule. **Syn.**: Axe épicotylé.

Épictèse *n. f.* [Epictesis] Absorption active d'ions minéraux par une cellule végétale dans le but de rétablir son hypertonicité par rapport au milieu extérieur devenu plus concentré.

Épicuticule *n. f. (du gr. epi, sur et cuticule).* [Epicuticle] Couche la plus externe de la cuticule des Arthropodes. Elle comprend deux couches: *l'épicuticule externe* (20 nm) et *l'épicuticule interne* (200 à 500 nm).

Épicutis *n. m. (du gr. epi, sur et du lat. cutis, peau).* [Epicutis] Chez les Basidiomycètes, couche la plus externe du revêtement du chapeau.

Épidendre *adj. (du gr. epi, sur et dendros, arbre).* [Epidendric] Qui vit à la surface d'un arbre.

Épiderme *n. m. (du gr. epi, sur et derma, peau).* [Epidermis] ▸ ① Épithélium d'origine ectodermique qui recouvre entièrement le corps des Métazoaires. Chez les Invertébrés, il est monostratifié et peut sécréter une cuticule. Chez les Vertébrés, il est pluristratifié et produit les phanères (cornes, poils, plumes); ▸ ② Tissu de revêtement recouvrant les organes des Plantes supérieures (tige, feuilles, racines, fleurs, fruits). Il présente souvent des organes annexes comme les stomates et les poils et est recouvert d'une cuticule.

Épididyme *n. m. (du gr. epi, sur et didumos, testicule).* [Epididymis] Chez les Amniotes, petit organe accolé au testicule qui abrite un tube glandulaire pelotonné transportant les spermatozoïdes. Ce tube se poursuit hors de l'épididyme par le canal déférent. Les spermatozoïdes séjournent dans l'épididyme durant un temps très variable pendant lequel ils acquièrent leur pouvoir fécondant. L'épididyme résulte de l'hypertrophie de la partie antérieure du canal de Wolff.

Épifaune *n. f. (du gr. epi, sur et faune).* **[Epifauna]** Ensemble des animaux qui vivent sur des organismes vivants.

Épigamie *n. f. (du gr. epi, sur et gamos, mariage).* **[Epigamy]** **Syn.**: Épitoquie.

Épigé *adj. (du gr. epi, sur et gaia, terre).* **[Epigeal]** ▸ ① Qui vit au-dessus du sol. **Ant.**: Hypogé; ▸ ② Se dit d'une germination au cours de laquelle les cotylédons se développent au-dessus du sol grâce à la croissance d'un hypocotyle.

Épigenèse ou Épigénèse *n. f. (du gr. epi, sur et genesis, formation).* **[Epigenesis]** Théorie selon laquelle le développement embryonnaire s'effectue par différenciation progressive des tissus indifférenciés en fonction des tissus environnants.

Épigénétique *adj.* **[Epigenetic]** Se dit d'un facteur qui influence l'expression du génome lors de son développement, c'est-à-dire son phénotype, sans affecter le génotype. **Ex.**: Méthylation de l'ADN.

Épiglotte *n. f. (du gr. epi, sur et glôtta, langue).* **[Epiglottis]** Chez certains Mammifères, repli dorsal de la muqueuse pharyngienne qui vient obstruer la glotte au moment de la déglutition.

Épigyne *adj. et n. m. (du gr. epi, sur et gunê, femme).* **[Epigynous]** ▸ ① Se dit d'une pièce florale (et de la fleur qui la possède), qui est insérée au-dessus de l'ovaire, alors qualifié d'infère. ▸ ② *n. m.* Chez les Arachnides Aranéides, petit clapet qui obture l'orifice génital de l'abdomen.

Épilimnion *n. m.* **[Epilimnion]** Zone superficielle des lacs qui possède une eau riche en oxygène et bien éclairée.

Épilithe *adj. (du gr. epi, sur et lithos, pierre).* **[Epilithic]** Qui vit à la surface d'une roche. **Syn.**: Épilithique.

Épillet *n. m.* **[Spikelet]** Chacun des épis élémentaires des Poacées regroupés en un épi composé ou en une panicule. Un épillet, formé fondamentalement de trois fleurs sessiles, est délimité par deux bractées protectrices insérées à sa base ou *glumes*.

Épimatium *n. m.* **[Epimatium]** Chez les Podocarpacées, excroissance drupacée charnue et colorée des pièces ovulifères.

Épimérase *n. f.* **[Epimerase]** Enzyme de la classe des isomérases qui catalyse une *épimérisation*, c'est-à-dire la transformation d'une molécule carbonée en une autre qui ne diffère que par l'orientation des groupements liés à un seul des carbones. **Ex.**: Phosphocétopentose épimérase (cycle des pentoses phosphates).

Épimorphose *n. f. (du gr. epi, sur et morphê, forme).* **[Epimorphosis]** ▸ ① Mode de régénération des tissus utilisé lorsque la partie à reconstituer est petite par rapport aux tissus de départ qui ne seront pas remaniés. La partie manquante est régénérée à partir des néoblastes et s'ajoute aux tissus déjà formés. **Ant.**: Morphallaxie; ▸ ② Mode de développement où le jeune possède le nombre définitif de segments et d'appendices. **Ant.**: Anamorphose.

Épimysium *n. m.* **[Epimysium]** Gaine de tissu conjonctif dense entourant le muscle entier.

Épinaie *n. f. (de épine, d'après chênaie)*. Buissonnaie épineuse.

Épinastie *n. f. (du gr. epi, sur et nastie)*. [Epinasty] Voir Nastie.

Épine *n. f.* ▸ ① Production rigide et piquante de la surface des tiges, des rameaux, des feuilles de certaines espèces, et qui est en continuité avec les vaisseaux conducteurs de l'organe qui la supporte. L'épine a donc une origine profonde à la différence de l'aiguillon. [Thorn, Prickle] **Ex.**: Épine de l'Épine-Vinette; ▸ ② Partie saillante et allongée d'un os; ▸ ③ **Épine dorsale**, ensemble des processus épineux des vertèbres qui forment une saillie longitudinale médiodorsale; par extension, la colonne vertébrale elle-même. [Backbone]

Épinéphrine *n. f. (du gr. épi, sur et nephros, rein)*. [Epinephrine] **Syn.**: Adrénaline.

Épineurien *adj. et n. m. (du gr. epi, sur et neuron, nerf)*. [Epineural (adj.)] Qui possède un système nerveux en position dorsale et isolé de l'épiderme. Les seuls épineuriens sont les Pharyngotrèmes (Cordés et Hémicordés). **Ant.**: Hyponeurien et Épithélioneurien.

Épineuston *n. m.* [Epineuston] Ensemble des organismes qui vivent sur la surface de l'eau. **Ex.**: *Gerris sp.*

Épineux *adj. (de épine)*. [Thorny] Qui porte des épines, des aiguillons. **Syn.**: Spinifère.

Épinèvre *n. m. (du gr. epi, sur et neuron, nerf)*. [Epineurium] Gaine de tissu conjonctif entourant un nerf.

Épinière *adj. f.* Voir Moelle épinière.

Épiopticum *n. m. (du gr. epi, sur et ops, optikos, relatif à la vue)*. Chez les Insectes, partie médiane des lobes optiques, dans le protocérébron. **Syn.**: Médulla externe.

Épipariétal *adj.* [Epiparietal] Se dit d'un élément situé à la surface externe d'une hyphe.

Épipause *n. f. (du gr. epi, sur et pause)*. Surface du sol.

Épipélagique *adj. (du gr. epi, sur et pélagique)*. [Epipelagic] Voir Pélagique.

Épipétale *adj. (du gr. epi, sur et pétale)*. [Epipetalous] Se dit d'une étamine située juste en face d'un pétale.

Épiphléode *adj. (du gr. epi, sur et phloios, écorce)*. Qui vit à la surface d'une écorce. **Ex.**: Algues unicellulaires, Lichens. **Ant.**: Hypophléode.

Épiphragme *n. m. (du gr. epi, sur et phragma, clôture)*. [Epiphragm] ▸ ① Chez les Gastéromycètes Nidulariales, membrane qui obture le basidiome, protégeant ainsi leurs péridioles; ▸ ② Dans la capsule de certaines Mousses, structure qui obture le sommet de la cavité sous-operculaire et qui résulte de l'élargissement apical de la columelle. **Syn.**: 4. Diaphragme; ▸ ③ Chez les Mollusques Gastéropodes, membrane sécrétée par les cellules glandulaires du pied, obturant l'ouverture de la coquille en cas de sécheresse ou de froid.

Épiphylle *adj. (du gr. epi, sur et phullon, feuille)*. [Epiphyll] Qui vit sur les feuilles et les frondes.

Épiphyse *n. f. (du gr. epi, sur et physis, croissance)*. ▸ ① Chez les Vertébrés, glande endocrine qui sécrète la sérotonine et la mélatonine et qui résulte d'une évagination du toit du diencéphale. Ses neurones sont différenciés en **photorécepteurs fonctionnels** (Lamproies, Poissons) qui, au cours de l'évolution, perdent leur sensibilité à la lumière et deviennent des **photorécepteurs modifiés** (Poissons, Serpents, Oiseaux) puis des **pinéalocy-**

tes (Serpents, Oiseaux et Mammifères). L'épiphyse est absente chez les Myxines et les Crocodiliens. **Syn.**: Glande pinéale. [Pineal body]; ▸ ② Partie terminale des os longs, formée de tissu osseux spongieux. La partie de l'épiphyse qui participe à l'articulation est recouverte d'une couche de cartilage hyalin. **Ant.**: Diaphyse. [Epiphysis]

Épiphyte *adj. et n. m. (du gr. epi, sur et phuton, plante).* [Epiphytic (adj.), Epiphyte (n.)] Qui vit sur une autre plante en l'utilisant seulement comme support, sans établir de relations trophiques avec elle. **Ex.**: Vanillier (*Vanilla sp.*, Orchidacées), Lierre (*Hedera helix*, Araliacées).

Épiphytion *n. m.* Ensemble d'épiphytes.

Épiphytisme *n. m.* [Epiphytism] ▸ ① Ensemble des caractères d'une plante qui lui permettent de vivre en épiphyte; ▸ ② Présence d'épiphytes dans une formation végétale.

Épiphytoïde *adj.* [Epiphytoid] Se dit d'une plante parasite ou hémiparasite des parties aériennes d'une autre plante.

Épiplancton *n. m. (du gr. epi, sur et plancton).* [Epiplankton] Voir Plancton.

Épiplasme *n. m. (du gr. epi, sur et plasma, chose façonnée).* [Epiplasm] Dans une asque, partie du cytoplasme qui ne participe pas à la formation des spores.

Épiploon *n. m. (du gr. epiploon, flottant).* [Omentum] Repli du péritoine qui relie les organes abdominaux entre eux. **Syn.**: Omentum.

Épiptérygoïde *n. m.* [Epipterygoid] Chez les Ostéichtyens, os enchondral du complexe palatin, formé par ossification de l'avant du ptérygo-carré.

Épipubis *n. m.* [Epipubis] Chez les Monotrèmes et les Marsupiaux, os pair de la ceinture pelvienne qui s'articule avec le pubis, absent chez la plupart des mâles. **Syn.**: Os marsupial.

Épirhize *adj. (du gr. epi, sur et rhiza, racine).* [Epirhizous] Qui vit ou se forme à la surface des racines.

Épirhizoïde *adj.* [Epirhizoid] Se dit d'une plante parasite ou hémiparasite des racines d'une autre plante. **Ex.**: *Orobanche sp.* (Orobanchacées).

Épisome *n. m. (du gr. epi, sur et sôma, corps).* [Episome] Chez les Bactéries, tout fragment d'ADN qui peut être intégré ou non au chromosome. S'il n'est pas intégré, il se réplique de façon autonome. **Ex.**: Facteur de sexualité.

Épissage *n. m.* [Splicing] Au cours du processus de maturation de l'ARN prémessager (ARNpm), ensemble des mécanismes d'excision des introns et de liaison des exons. L'épissage est réalisé par le complexe d'épissage ou *splicéosome* qui est un assemblage de petites particules nucléaires ribonucléoprotéiques (snRNP). Il y a généralement formation d'un lasso avec l'intron puis clivage du site d'épissage en 5'. Ensuite a lieu le clivage du site 3', suivi de la ligature des deux exons. Les réactions de coupure et d'épissure doivent être précises afin de ne pas modifier le cadre de lecture. **L'épissage alternatif** ou **différentiel** est un mode d'épissage par lequel plusieurs ARNm peuvent être produits à partir d'un seul ARN prémessager.

Épispore *n. f. (du gr. epi, sur et spore).* **Syn.** de Exine.

Épistasie *n. f. (du gr. epistasis, action de se tenir dessus).* [Epistasis] Interaction entre deux gènes situés sur des locus différents (donc non allèles) dont l'un empêche l'autre de s'exprimer.

Épistomatique *adj. (du gr. epi, sur et*

de stomate). Dont les stomates sont situés uniquement sur la face supérieure de la feuille. **Ant.**: Hypostomatique.

Épithéliochorial *adj. Placenta épithéliochorial*, placenta indécidué dans lequel le trophoblaste est en contact avec l'épithélium utérin. [Epitheliochorial placenta] **Ex.**: Cétacés, Porc, Cheval, Ruminants.

Épithélioneurien *adj. et n. m.* [Epithelioneural (adj.)] Qui possède un système nerveux encore relié à l'épiderme. **Ex.**: Échinodermes.

Épithélium *n. m. (du gr. epi, sur et thélê, mamelon).* [Epithelium] Tissu organisé en feuillet qui recouvre les surfaces externes et internes de l'organisme. Les cellules épithéliales sont reliées fortement entre elles par des jonctions intercellulaires. Les épithéliums possèdent une polarité: une surface apicale exposée à la lumière de la cavité ou à l'extérieur et une surface basale qui est reliée au tissu sous-jacent. Ils ne sont pas vascularisés, possèdent parfois des cellules glandulaires et reposent sur une lame basale qui les relient au tissu conjonctif. Selon le nombre de couches cellulaires, on distingue:

- les **épithéliums simples** ou **monostratifiés** (Invertébrés);
- les **épithéliums pluristratifiés;**
- les **épithéliums pseudostratifiés**, qui sont monostratifiés mais dont les noyaux sont situés à des niveaux différents selon les cellules.

Selon la forme des cellules, on distingue:

- les **épithéliums pavimenteux** ou **squameux** dont les cellules sont aplaties (endothélium, mésothélium);
- les **épithéliums cubiques;**
- les **épithéliums prismatiques** aux cellules plus hautes que larges.

Épithème *n. m.* Tissu aquifère d'un hydathode, formé de petites cellules sans chloroplastes, à l'extrémité des vaisseaux conducteurs de sèves.

Épithèque *n. f. (du gr. epi, sur et thêkê, loge).* Voir Frustule.

Épitope *n. m.* [Epitope] **Syn.**: Déterminant antigénique.

Épitoquie *n. f. (du gr. epitokos, fécond).* [Epitoky] Transformation que subissent certaines Annélides Polychètes lors de la maturation sexuelle et qui les fait passer du stade juvénile *atoque* ou *agame* au stade *sexué* ou *épigame*. L'épitoquie intéresse les segments médians et/ou postérieurs du corps. Elle se traduit entre autres par l'apparition de couleurs vives, par l'hypertrophie des ocelles, par l'apparition de soies natatoires et par le passage d'une vie sédentaire et benthique à une vie pélagique. L'épitoquie est sous le contrôle d'hormones: le cerveau sécrète un facteur inhibiteur de la maturation sexuelle, cette sécrétion étant influencée par la lumière. **Syn.**: Épigamie.

Épitrope *adj.* [Epitrope] Se dit d'un ovule anatrope lorsqu'il est placé audessus du funicule qui le relie à la paroi de l'ovaire.

Épixyle *adj. (du gr. epi, sur et xulon, bois).* [Epixylic] Qui vit à la surface du bois. **Syn.**: Épixylique.

Épixylique *adj.* [Epixylic] **Syn.**: Épixyle.

Épizoécie *n. f. (du gr. epi, sur et zoécie).* Forme de phorésie consistant en la fixation d'un végétal sur un animal. **Ex.**: Algues sur une coquille.

Épizoochorie *n. f. (du gr. epi, sur et zoochorie).* [Epizoochory] Voir Zoochorie.

EPO *n. f.* [EPO] Sigle de Érythropoïétine.

Équienne *adj. (du lat. æquus, égal et annuus, année).* [**Even-aged**] Se dit d'un peuplement ligneux qui est composé d'arbres du même âge.

Équinoxial *adj.* Se dit d'une fleur qui reste ouverte puis fermée pendant une durée identique.

Équitant *adj. (du lat. equitans, chevauchant).* [**Equitant**] Se dit de feuilles ou de cotylédons qui sont pliés en deux longitudinalement et qui s'emboîtent les uns dans les autres. **Ex.**: Feuilles de l'Iris, du Poireau.

Érablaie *n. f. (de érable).* **Syn.**: Acéraie.

Érectile *adj. (du lat. erigere, dresser).* [**Erectile**] ▸ ① Qui peut être en état d'érection; ▸ ② Qui peut se dresser.

Érection *n. f. (du lat. erigere, dresser).* [**Erection**] Redressement d'un organe, particulièrement du pénis, grâce à son gonflement et son durcissement dû à un afflux de sang. L'érection du pénis permet son introduction dans l'organe sexuel femelle afin d'y déposer le sperme.

Érème *n. m.* Partie du globe qui n'est pas habitée par l'Homme. **Ant.**: Écoumène.

Érémicole *adj.* [**Eremicolous**] **Syn.**: Déserticole.

Érémobionte *n. m.* [**Eremobiont**] Organisme déserticole.

Érémophile *adj.* [**Eremophilous**] **Syn.**: Déserticole.

Érémophyte *adj. et n. f. (du gr. erêmos, désert et phuton, plante).* [**Eremophyte**] Plante érémophile.

Érepsine *n. f. (du gr. ereipein, démolir). Vx.* [**Erepsin**] Mélange de peptidases pancréatiques (carboxypeptidase) et intestinales (aminopeptidase, dipeptidase) qui hydrolysent les peptides en acides aminés.

Ergastoplasme *n. m. (du gr. ergastês, celui qui travaille et plasma, chose façonnée).* [**Ergastoplasm**] **Syn.**: Réticulum endoplasmique rugueux.

Ergatomorphe *adj. (du gr. ergon, travail et morphê, forme).* [**Ergatomorphic**] Qui ressemble aux ouvrières chez les Hyménoptères sociaux.

Ergocalciférol *n. m.* [**Ergocalciferol**] Stéroïde dérivé de l'ergostérol par ouverture du cycle B sous l'action des rayons ultraviolets au niveau de la peau. Deux hydroxylations successives, dans le foie puis dans le rein, le transformeront en vitamine D active. **Syn.**: Vitamine D_2.

Ergologie *n. f. (du gr. ergon, travail et logos, discours).* [**Ergology**] Partie de la physiologie qui étudie l'activité musculaire.

Ergosome *n. m. (du gr. ergon, travail et sôma, corps).* [**Ergosome**] **Syn.**: Polyribosome.

Ergostérol *n. m. (de ergo(t de seigle) et stérol).* [**Ergosterol**] Stéroïde abondant dans l'Ergot de seigle et dans la Levure de bière et qui est transformé en ergocalciférol par ouverture du cycle B sous l'action des rayons ultraviolets au niveau de la peau.

Ergot *n. m.* [**Spur**] Chez certains animaux, petite formation cornée à l'arrière des pattes. Chez les Gallinacés mâles, il correspond à un doigt abortif servant d'arme de défense. Chez le Cheval, l'ergot correspond au vestige des sabots des doigts II et IV. De tels animaux sont dits *ergotés*.

Ergotamine *n. f.* [**Ergotamine**] Alcaloïde de l'Ergot du Seigle (*Claviceps purpurea*), utilisé pour son effet vasoconstricteur.

Ériçaie *n. f.* Formation suffrutescente composée d'Éricacées.

Éricoïde *adj.* [Ericoid] Se dit d'un port végétal caractérisé par:

• des feuilles étroites et dont les marges peuvent se recourber sur elles-mêmes;

• une croissance lente qui aboutit à la formation de tige à l'aspect contourné.

Ériocaule *adj. (du gr. erion, laine et kaulos, tige).* Se dit d'une plante pourvue d'une tige duveteuse.

Erme ou Herme *n. m.* Formation végétale herbacée discontinue, stade de dégradation de la couverture végétale.

Erpétologie ou Herpétologie *n. f. (du gr. herpeton, serpent et logos, discours).* [Herpetology] Partie de la zoologie qui étudie les Reptiles et les Amphibiens.

Éruciforme *adj. (du lat. eruca, chenille et forma, forme).* [Eruciform] ▸ ① Qui a la forme d'une chenille; ▸ ② **Larve éruciforme**, larve de certains Insectes Holométaboles (Lépidoptères, Hyménoptères Symphytes, Mécoptères, Trichoptères), au corps allongé et mou, portant 3 paires de pattes thoraciques courtes et des fausses pattes abdominales (au maximum 5 chez les Lépidoptères, plus de 5 chez les Hyménoptères, 8 chez les Mécoptères). L'appareil buccal est de type broyeur et elles sont pour la plupart phytophages.

Érucivore *adj. (du lat. eruca, chenille et vorare, manger).* [Erucivorous] Qui se nourrit de chenilles.

Érumpant *adj.* [Erumpent] Se dit d'un Champignon supérieur qui vit sous l'écorce d'un arbre et dont les sporophores apparaissent à l'extérieur de l'écorce en la perçant.

Érythroblaste *n. m. (du gr. eruthros, rouge et blastos, germe).* [Erythroblast] Dans les organes érythropoïétiques (moelle osseuse, foie, rate), cellule souche des érythrocytes issue d'un précurseur, le *proérythroblaste*. **L'érythroblaste basophile** est le premier stade de la différenciation cellulaire: il synthétise les chaînes protéiques de l'hémoglobine. Les deux stades suivant sont **l'érythroblaste polychromatophile** puis **l'érythroblaste acidophile;** ils synthétisent et accumulent l'hémoglobine. Lorsque la concentration en hémoglobine est suffisante, l'érythroblaste acidophile perd ses organites et donne le *réticulocyte*. Le noyau est expulsé chez les Mammifères seulement. Voir Tableau des lignées cellulaires de l'hématopoïèse.

Érythrocruorine *n. f.* [Erythrocruorin] Protéine porphyrique extracellulaire qui transporte l'oxygène chez certains Invertébrés (Annélides, Mollusques, Branchiopodes). L'hème comporte toujours un atome de fer ferreux Fe^{2+}.

Érythrocyte *n. m. (du gr. eruthros, rouge et kutos, cellule).* [Erythrocyte] Cellule sanguine qui dérive d'un érythroblaste des tissus érythropoïétiques, et qui a pour rôle principal le transport de l'oxygène de l'extérieur vers les tissus et inversement du dioxyde de carbone des tissus vers l'extérieur. Les érythrocytes doivent leur nom à leur couleur rouge due à la présence en énorme quantité d'un pigment respiratoire protéique, l'*hémoglobine*, qui fixe l'oxygène. Au cours de leur formation, les érythrocytes perdent leur chondriome, leur appareil de Golgi et leurs centrosomes. Chez les Mammifères, ils perdent aussi leurs noyaux. **Syn.**: Hématie, Globule rouge, Normocyte.

Érythromycine *n. f. (du gr. eruthros, rouge et mukos, mukêtos, champignon).* [Erythromycin] Antibiotique synthétisé par le Champignon *Streptomyces erythreus*. Il agit seulement chez les Procaryotes en inhibant la translocation des ribosomes sur l'ARNm.

Érythropoïèse *n. f. (du gr. eruthros, rouge et poiêsis, formation).* [Erythropoiesis] Formation des érythrocytes à partir de cellules précurseurs, les proérythroblastes, ou cellules d'explosion érythrocytaire (BFC-E pour *burst-forming cell-erythrocyte*). Ces *proérythroblastes* se différencient en érythroblastes ou cellules de formation de colonie érythrocytaire (CFC-E pour *colony-forming cell-erythrocyte*). Ces érythroblastes sont sensibles à l'*érythropoïétine*, une hormone synthétisée par le rein qui détermine leur survie et leur prolifération.

Érythropoïétine *n. f. (de l'angl. erythropoietic, qui produit les érythrocytes).* [Erythropoietin] Sigle: EPO – Hormone glycoprotéique sécrétée par les reins sous l'effet d'une insuffisance en érythrocytes ou d'une hypoxie. Elle agit sur les CFC-E ou érythroblastes en stimulant leur survie, leur prolifération et leur différenciation en érythrocytes.

Érythropsine *n. f.* [Erythropsin] **Syn.**: Rhodopsine.

Esclavagisme *n. m.* [Slavery, Esclavagism] Relation qui existe entre une colonie de Fourmis et des fourmis d'espèces différentes qui ont été rendues esclaves et dont le travail bénéficie à la colonie.

Esculine *n. f. (du lat. esca, nourriture).* [Aesculin] Hétéroside du groupe des coumarines synthétisé par le Marronnier d'Inde (*Aesculus hippocastanum*, Hippocastanacées). Ses alcools, l'esculétol et le 4-méthylesculétol sont utilisés pour leur propriété vasculoprotectrice.

Ésérine *n. f. (de ésère, fève de Calabar).* [Eserin] Alcaloïde dérivé du tryptophane présent dans les fèves de Calabar (*Physostigma venenosum*), inhibiteur réversible de l'acétylcholinestérase. **Syn.**: Physostigmine.

Espace de Disse *m.* [Disse's space] Espace compris entre un hépatocyte et un vaisseau sanguin. Il est traversé par de nombreuses microvillosités qui augmentent la surface d'échanges. **Syn.**: Espace péricapillaire.

Espace épidural *m.* [Extradural space] Espace situé entre les vertèbres ou le crâne et la dure-mère, rempli de graisse et parcouru par un réseau veineux. **Syn.**: Cavité épidurale.

Espace péricapillaire *m.* [Pericapillary space] **Syn.**: Espace de Disse.

Espace périovulaire *m.* **Syn.**: **Espace périvitellin.**

Espace périvitellin *m.* [Perivitelline space] Espace compris entre la membrane plasmique de l'œuf fécondé et la membrane de fécondation. Il contient le liquide *périvitellin* qui résulte de l'émission d'eau sous la membrane de fécondation grâce à la contraction de l'œuf. Il reçoit le contenu des granules corticaux et contribue à l'évitement de la polyspermie. **Syn.**: Espace périovulaire.

Espace sous-arachnoïdien *m.* [Cavum subarachnoidale] Espace compris entre la pie-mère et l'arachnoïde, traversé par les prolongements filamenteux de l'arachnoïde. Il contient le *liquide céphalorachidien* et les vaisseaux sanguins qui desservent l'encéphale.

Espace sous-dural *m.* [Subdural space] Espace compris entre la dure-mère et l'arachnoïde.

Espaceur *n. m.* [Spacer] Segment

d'ADN non transcrit qui sépare deux gènes. Dans l'ADN ribosomique, les espaceurs séparent deux unités de transcription, une unité de transcription et un espaceur formant une *unité de répétition*. Dans l'ADN messager, ils séparent les séquences codantes. **Syn.**: ADN espaceur.

Espèce *n. f. (du lat. species, aspect).* [Species] Ensemble des individus suffisamment semblables pour pouvoir se croiser entre eux et donner des descendants fertiles. L'espèce constitue une subdivision du genre. Elle est parfois elle-même divisée en sous-espèces. Pour désigner un individu, le nom de l'espèce est accompagné du nom de genre: c'est le *binôme linnéen*.

Espèce linnéenne, syn.: Linnéon.

Essaimage *n. m.* [Swarming] Chez les Insectes sociaux, migration d'un groupe d'individus, *l'essaim*, afin de fonder une nouvelle société.

Essence *n. f.* ▸ ① Espèce d'arbres. On distingue les **essences feuillues** et les **essences résineuses**. Selon les exigences trophiques, on parle **d'essences d'ombre** ou de **lumière.** [Species]; ▸ ② Mélange de composés chimiques odorants et volatils, synthétisés par certains Animaux, Champignons et Végétaux. [Essence]

Essence accompagnatrice *f.* Arbre qui participe à la constitution de la strate arborescente supérieure, sans y être prédominant.

Essence associée *f.* Arbre qui participe à la constitution de la strate arborescente supérieure de façon prépondérante.

Essence progressive *f.* Espèce d'arbre qui indique par son abondance une évolution de la végétation vers le climax.

Essence régressive *f.* Espèce d'arbre qui indique par son abondance une végétation qui s'éloigne du climax.

Estérase *n. f.* [Esterase] Enzyme du groupe des hydrolases qui catalyse l'hydrolyse des liaisons ester (entre un alcool ou un phénol et un acide).

Esthésie *n. f. (du gr. aisthêsis, sensation).* [Aesthesia] Aptitude d'un organisme à percevoir des sensations.

Esthésiologie *n. f. (du gr. aisthêsis, sensation et logos, discours).* [Aesthesiology] Partie de la physiologie qui étudie les mécanismes de la sensibilité.

Esthète *n. m. (du gr. aisthêtês, celui qui sent).* Chez les Mollusques Polyplacophores, chacun des organes sensoriels qui traversent les plaques calcaires dorsales. On distingue les *microesthètes* à rôle tactile et olfactif et les *macroesthètes* correspondant à des yeux à cristallin.

Estisylve ou Estisilve *n. f.* Forêt caducifoliée des régions tempérées.

Estivation *n. f.* [Estivation, Aestivation, Summer dormancy] ▸ ① Engourdissement de certains animaux pendant la période chaude et/ou sèche; ▸ ② Disposition des sépales dans le bourgeon floral.

Estomac *n. m. (du gr. stoma, bouche).* [Stomach] Organe de l'appareil digestif des Vertébrés qui reçoit les aliments et commence leur digestion. C'est une dilatation du tube digestif qui prend des formes très variables selon les espèces. Sa paroi est formée de muscles puissants et est tapissée par un épithélium gastrique simple, prismatique qui s'invagine en glandes tubuleuses. Ces glandes sécrètent l'acide chlorhydrique, la pepsine et du mucus. Chez les Oiseaux, il est partagé en deux parties: le *ventricule succenturié* et le *gésier*. Chez les

Ruminants, il comprend 4 régions: la *panse*, le *bonnet*, le *feuillet* et la *caillette*. L'estomac, défini par les propriétés de sa muqueuse, n'existe pas chez les Cyclostomes, chez divers Poissons et chez les Monotrèmes.

Estrogène → **Œstrogène**

Estrone → **Œstrone**

Étage de végétation *m.* [Story of vegetation] ▸ ① Zone géographique située dans un intervalle altitudinal, au climat défini et caractérisée par une végétation spécifique. Selon une altitude croissante, on distingue les étages collinéen, montagnard, subalpin, alpin et nival; ▸ ② Zone du littoral caractérisée par une certaine profondeur d'eau et des conditions écologiques constantes. Selon une profondeur d'eau croissante, on distingue les étages supralittoral, littoral et infralittoral.

Étage dominant *m.* [Overstory] Strate arborescente supérieure dans une forêt.

Étamine *n. f. (du lat. stamen, fil).* [Stamen] Chez les Préspermatophytes et les Spermatophytes, organe reproducteur mâle qui est l'équivalent de la *microsporophylle* des Ptéridophytes. Chaque étamine comporte un *filet* au sommet duquel sont différenciées les anthères comprenant des *loges polliniques*. La paroi des loges polliniques produit les spores qui seront à l'origine du gamétophyte mâle: le grain de pollen. L'ensemble des étamines forment *l'androcée*. Les étamines sont insérées en spirale ou en verticille, et sont en nombre très variable (de une à plusieurs dizaines). Il existe parfois des étamines stériles appelées *staminodes* (**Ex.**: Véronique).

Éteint *adj.* Se dit d'un taxon qui a disparu de la Terre.

Étendard *n. m.* [Standard, Vexillum] ▸ ① Chez certaines Fabacées, pétale supérieur de la fleur, généralement plus grand que les autres; ▸ ② Partie portante de la plume, plate, souple, formée par les barbes et séparée en deux par le rachis. **Syn.**: Vexillum.

Éthanolamine *n. f.* [Ethanolamine] Monoamine issue de la décarboxylation de la sérine par une sérine décarboxylase. Elle est un constituant des céphalines et donne la choline par triméthylation. Formule: $CH_2OH–CH_2–NH_2$. **Syn.**: Colamine, Amino-2-éthanol.

Ethmoïde *n. m. et adj. (du gr. êthmos, crible et eidos, forme).* [Ethmoidal bone] Os de la base du crâne, criblé de trous par lesquels passent les nerfs olfactifs.

Éthologie *n. f. (du gr. ethos, mœurs et logos, discours).* [Ethology] Science qui étudie le comportement des animaux.

Éthylène *n. m. (de éth(er) et du gr. ulê, bois).* [Ethylene] Phytomédiateur gazeux synthétisé à partir de la méthionine. L'éthylène est formé dans les fruits et les feuilles sénescentes dont il déclenche et accélère respectivement la maturation et l'abscission. Il s'oppose aussi à certains effets de l'auxine. Formule: $H_2C{=}CH_2$. Voir Tableau des Phytohormones.

Étioallocholane *n. m.* [Etioallocholane] **Syn.**: Androstane.

Étiolement *n. m.* [Legginess, Straggliness] Dépérissement d'une plante dû à une carence de lumière, qui se traduit par l'allongement des entre-nœuds et la disparition de la chlorophylle. Une telle plante et ses organes sont dits *étiolés*.

Étioplaste *n. m.* [Etioplast] Plaste des cellules privées de lumière, contenant un précurseur de la chlorophylle. Il se convertit facilement en *chloroplaste* s'il est exposé à la lumière.

Étrangleur *adj.* Se dit d'une plante dont l'appareil végétatif est très développé et enserre le végétal qui lui sert de support jusqu'à provoquer sa mort. **Ex.**: Figuier étrangleur.

Étrier *n. m. (du francique streup, courroie qui servait d'étrier).* **[Stirrup bone]** Chez les Mammifères, troisième osselet de l'oreille moyenne recevant les ondes sonores de l'enclume et les transmettant à la périlymphe de la cochlée par l'intermédiaire de la fenêtre du vestibule. Il est issu de l'arc hyomandibulaire.

Eubactéries *n. f. pl. (du gr. eu, bien et bactérie).* **[Eubacteria]** Domaine réunissant tous les Procaryotes à l'exception des Archées.

a. *Cytologie:* Les bactéries peuvent avoir une forme ronde (cocci), en bâtonnet (bacilles) ou en spirale (spirilles). Elles sont isolées, réunies sous forme de chaînettes (Actinomycètes, Streptocoques) ou réunies sous forme d'amas importants (Staphylocoques) ou réduits (Sarcines, diplocoques). La membrane plasmique est doublée d'une paroi à la fois protéique, lipidique et polysaccharidique. Cette paroi est parfois entourée d'une gaine polysaccharidique appelée *capsule*. Le cytoplasme est remarquable par l'absence d'organites excepté les ribosomes. Le génome est constitué d'un chromosome unique ou *nucléoïde*, circulaire, sans histones (ADN nu), ainsi que de *plasmides*, molécules d'ADN extrachromosomiques portant notamment des gènes de résistance aux antibiotiques. Certaines sont munies de *cils* et de *flagelles* permettant leur déplacement.

b. *Physiologie:* Les ribosomes (70 S) traduisent les ARNm au fur et à mesure de leur transcription; il n'y a donc pas de maturation des ARNm. Il n'y a ni mitose ni structures mitotiques. Elles se reproduisent par division binaire ou par conjugaison. Elles sont hétérotrophes saprophytes, symbiotiques, parasites ou commensales, photoautotrophes (Chloro- et Rhodobactéries) ou encore chimioautotrophes. Selon leur tolérance à l'oxygène, on distingue les aérobies strictes, les aérobies facultatives, les microaérobies et les anaérobies. Certaines produisent des exotoxines ou des endotoxines et sont ainsi pathogènes. Certaines forment des spores de résistance lorsque les conditions du milieu se dégradent. Les bactéries anaérobies et certaines autres réalisent la fermentation en l'absence d'oxygène.

c. *Utilisation:* Les bactéries capables de réaliser la fermentation sont cultivées industriellement pour la fabrication des fromages et du vin. Certaines constituent un matériel de recherche pour la compréhension des régulations génétiques, d'autres servent de vecteurs de gènes lors de l'amélioration génétique (*Agrobacterium tumefaciens*).

Eubaside *n. f.* **[Eubasidium]** Voir Baside.

Eucalyptol *n. m.* **[Eucalyptol]** Constituant majoritaire de l'huile essentielle *d'Eucalyptus sp.* (Myrtacées) aux propriétés expectorantes. **Syn.**: 1,8-Cinéole.

Eucaryote *adj. et n. m. (du gr. eu, bien et karuon, noyau).* **[Eukaryotic (adj.), Eukaryote (n.)]** Dont les chromosomes sont enclos dans un noyau. **Ant.**: Procaryote.

Eucéphale *adj. (du gr. eu, bien et ke-*

phalê, tête). [**Eucephalous**] Voir Vermiforme.

Euchromatine *n. f. (du gr. eu, bien et chromatine).* [**Euchromatin**] Voir Chromatine.

Euchromosome *n. m. (du gr. eu, bien et chromosome).* [**Euchromosome**] **Syn.**: Autosome.

Euclimax *n. m. (du gr. eu, bien et climax).* Climax vrai, c'est-à-dire climatique ou climacique.

Eudoxie *n. f.* Chez les Cnidaires Hydrozoaires Siphonophores, cormidie âgée détachée d'une colonie, qui peut ainsi répandre ses embryons.

Euédaphon *n. m. (du gr. eu, bien et édaphon).* [**Euedaphon**] Voir Édaphon.

Euphorbaie *n. f.* Formation végétale dominée par les Euphorbes (*Euphorbia sp.*).

Euphotique *adj.* [**Euphotic**] Se dit de la couche d'eau dont l'éclairement est suffisant pour permettre la photosynthèse.

Euploïdie *n. f.* [**Euploidy**] Caractère d'une cellule qui possède deux ou plusieurs lots complets de chromosomes (2n, 3n, 4n). **Syn.**: Orthoploïdie. **Ant.**: Aneuploïdie, Anorthoploïdie.

Euryapside *adj.* [**Euryapsid**] Se dit d'un type d'ostéocrâne qui ne possède que la fosse temporale supérieure. Ce type caractérise les Ichtyosaures (Reptiles fossiles).

Eurybathe *adj. (du gr. eurus, large et bathus, profond).* [**Eurybathic**] Qui tolère des variations importantes de profondeur de l'eau. **Ant.**: Sténobathe.

Eurybionte ou Eurybiote *adj. (du gr. eurus, large et bios, vie).* [**Eurybiont**] Organisme qui tolère des conditions écologiques diverses. **Ant.**: Sténobionte.

Euryhalin *adj. (du gr. eurus, large et hals, halos, sel).* [**Euryhaline**] Qui tolère des variations importantes de la salinité de l'eau environnante. **Ant.**: Sténohalin.

Euryhygre *adj. (du gr. eurus, large et hugros, humide).* [**Euryhygric**] Qui tolère des variations importantes de l'hygrométrie de l'air. **Ant.**: Sténohygre.

Eury-ionique *adj. (du gr. eurus, large et ionique).* [**Euryionic**] Qui tolère de grandes variations de pH. **Ant.**: Sténoionique.

Euryoxique *adj.* [**Euryoxic**] Qui tolère des variations de la teneur en oxygène dissous.

Euryphage *adj. et n. m. (du gr. eurus, large et phagein, manger).* [**Euryphagous**] **Syn.**: Polyphage.

Euryphote *adj. (du gr. eurus, large et photos, lumière).* [**Euryphotic**] Qui supporte des écarts importants de l'intensité lumineuse. **Ant.**: Sténophote.

Eurytherme *adj. (du gr. eurus, large et thermos, chaleur).* [**Eurythermal**] Qui tolère de grands écarts de température. **Ant.**: Sténotherme.

Eurythérophyte *n. f.* [**Eurytherophyte**] Plante annuelle qui produit le premier fruit fertile lontemps après l'apparition du premier bouton floral.

Eurytope *adj.* [**Eurytopic**] Qui tolère des variations importantes des conditions abiotiques du milieu. **Ant.**: Sténotope.

Euryxène *adj. (du gr. eurus, large et xenos, étranger).* [**Euryxenous**] Se dit d'un parasite qui peut se développer sur de nombreux hôtes différents.

Eusporangié *adj.* [**Eusporangiate**] Se dit des Ptéridophytes Filicinées dont les sporanges ont une paroi formée de plusieurs couches de cellules et sont issus de la multiplication d'un massif de cellules épidermiques. Ces Filicinées appartiennent à deux ordres: les Ophioglossales et les Marattiales. **Ant.**: Leptosporangié.

Eusporium *n. m.* [Eusporium] Ensemble des deux couches les plus internes de la paroi des spores des Champignons supérieurs.

Eustèle *n. f. (du gr. eu, bien et stèle).* [Eustele] Stèle la plus évoluée, formée par la juxtaposition des faisceaux conducteurs qui relient chacune des brèches foliaires. On la rencontre dans les tiges des Dicotylédones.

Eutrophisation *n. f. (du gr. eu, bien et trophê, nourriture).* [Eutrophication] Accumulation de matière organique entraînant un appauvrissement en oxygène. Ce phénomène résulte d'un enrichissement excessif de l'eau en sels minéraux ce qui a pour conséquence d'accélérer la multiplication de certains organismes comme les Algues unicellulaires.

Évapotranspiration *n. f.* [Evapotranspiration] Perte d'eau due à deux phénomènes: l'évaporation de l'eau du sol et des plantes et la transpiration des plantes. Ce phénomène et à l'origine de la montée de la sève dans les vaisseaux.

Évent *n. m.* [Blowhole, Spout] Chez les Cétacés, narine externe unique sur le sommet du crâne.

Évolution *n. f. (du lat. evolutio, action de dérouler).* [Evolution] Ensemble des transformations biologiques que subissent les êtres vivants et qui aboutissent à l'apparition de nouvelles espèces ou à leur extinction. Ces changements ont pour origine les mutations génétiques du génome des cellules germinales. Les mutations qui améliorent l'adaptation de l'individu à son milieu augmentent sa survie et par conséquent augmentent les chances qu'elles soient transmises de génération en génération: c'est la sélection naturelle.

Évolutionnisme *n. m. (de évolution)* [Evolutionnism] Théorie selon laquelle toutes les espèces dérivent les unes des autres, au sein d'une évolution constante de la vie. Le partisan est un *évolutionniste*.

Exalbuminé *adj. (du lat. ex, hors de et albuminé).* [Exalbuminous] Chez les Angiospermes, se dit d'une graine dont l'albumen a été digéré par l'embryon (adelphophagie). **Ex.**: Haricot.

Exannulé *adj.* [Exannulate] Se dit d'un sporophore de Basidiomycètes dont le stipe ne porte pas d'anneau.

Exarche *adj.* [Exarch] Dont le protoxylème est en position périphérique ce qui induit une différenciation centripète. **Ant.**: Endarche.

Excipulum *n. m.* [Excipulum] Chez les Ascomycètes, paroi de l'ascoma, formée de deux couches tissulaires: à l'extérieur, *l'amphithécium*, à l'intérieur le *périthécium*.

Excitation *n. f.* [Excitation] ▸ ① Modification de l'état électrique d'une cellule excitable sous l'effet d'un stimulus qui induit cette cellule à augmenter son activité; ▸ ② État de grande activité d'une cellule nerveuse ou musculaire se traduisant par des phénomènes électriques et/ou physicochimiques.

Exclusion allélique *f.* [Allelic exclusion] Expression génique d'un seul des deux allèles, maternel ou paternel.

Excrétion *n. f. (du lat. excretio, action de séparer).* [Excretion] ▸ ① Fonction physiologique animale qui permet la formation puis le rejet de l'urine hors de l'organisme; ▸ ② Rejet des déchets hors de l'organisme, qu'ils soient solides (fèces), liquides (urine) ou gazeux (dioxyde de carbone); ▸ ③ Émission par une glande de ses produits de sécrétion dans des canaux excréteurs ou directement dans le sang.

Exhalation *n. f.* [Exhalation] ▸ ① Rejet d'air chargé de vapeur et de CO_2 lors de l'expiration. **Ant.**: Inhalation; ▸ ② Élimination de produits volatils par la peau ou les poumons.

Exine *n. f.* [Exine] Couche externe de la paroi du grain de pollen, formée de *sporopollénine*, une substance imperméable voisine de la cutine. L'exine peut être lisse ou ornementée de tubercules, pointes, crêtes, stries caractéristiques de certaines espèces. Elle s'amincit par endroits pour former les apertures dont le nombre (1 ou 3) est à l'origine de la répartition des Angiospermes en deux groupes: les Monoaperturées et les Triaperturées. L'exine est absente chez certaines plantes à pollinisation aquatique. **Syn.**: Épispore. **Ant.**: Intine.

Exoamylase *n. f.* [Exoamylase] Voir Amylase.

Exobiologie *n. f. (du gr. exô, au-dehors et biologie).* [Exobiology] Étude des possibilités de vie en dehors de la Terre. **Syn.**: Bioastronomie.

Exobrévicomine *n. f.* [Exobrevicomin] Voir Frontaline.

Exocaténase *n. f.* Voir Peptidase.

Exocrine *adj. (du gr. exô, au-dehors et krinein, sécréter).* [Exocrine] Se dit d'une cellule ou d'une glande qui déverse ses produits de sécrétion dans le milieu extérieur ou dans une cavité naturelle; se dit aussi de ces sécrétions. **Ant.**: Endocrine.

Exocuticule *n. f. (du gr. exô, au-dehors et cuticule).* [Exocuticle] Couche moyenne de la cuticule des Arthropodes, dure, stratifiée, formée de scléroprotéines tannées et de chitine.

Exocytose *n. f. (du gr. exô, au-dehors et kutos, cellule).* [Exocytosis] Déversement des produits d'une vésicule à l'extérieur de la cellule, par fusion de la membrane plasmique avec la membrane de cette vésicule.

Exoenzyme *n. f. (du gr. exô, au-dehors et enzyme).* [Exoenzyme] Enzyme qui est excrétée et qui fonctionne à l'extérieur de la cellule qui l'a sécrétée. **Syn.**: Lyoenzyme. **Ant.**: Endoenzyme.

Exogamie *n. f. (du gr. exô, au-dehors et gamos, mariage).* [Exogamy] Croisement entre individus non apparentés, favorisant l'hétérozygotie. **Ant.**: Endogamie.

Exogénéré *adj.* Se dit d'une substance qui diffuse passivement dans le milieu extérieur. **Ex.**: Parfum des fleurs. **Ant.**: Endogénéré.

Exogyne *adj. (du gr. exo, au-dehors et gunê, femme).* Dont le pistil est saillant à l'extérieur de la fleur. **Ex.**: Consoude (*Symphytum sp.*, Boraginacées).

Exon *n. m. (de ex(primé) et (cod)on).* [Exon] Séquence de l'ARN prémessager qui n'est pas excisée lors de la maturation. L'ARNm est donc formé par l'assemblage de tous les exons. **Ant.**: Intron.

Exonucléase *n. f. (du gr. exô, au-dehors et nucléase).* [Exonuclease] Voir Nucléase.

Exopeptidase *n. f.* [Exopeptidase] Voir Peptidase.

Exophénotype *n. m.* [Exophenotype] Partie du phénotype d'un organisme qui participe directement à l'adaptation au milieu de vie. **Ant.**: Endophénotype.

Exoptérygote *adj. et n. m. (du gr. exô, au-dehors et pteron, ailé).* [Exopterygote (n. et adj.)] Se dit des Insectes dont les ébauches alaires sont externes. Les exoptérygotes subissent tous une métamorphose incomplète; ce sont de ce fait des *hétérométaboles*. **Ant.**: Endoptérygote.

Exoribonucléase *n. f.* [Exoribonuclease] Voir Ribonucléase.

Exosmose *n. f. (du gr. exô, au-dehors et osmose).* [Exosmosis] Transfert de liquide au travers d'une membrane, du compartiment intérieur (hypotonique) vers le compartiment extérieur (hypertonique). **Ant.**: Endosmose.

Exospore *n. f. (du gr. exô, au-dehors et spore).* [Exospore] ▸ ① Chez les Champignons, spore élaborée à une extrémité d'une hyphe; ▸ ② Partie externe de la paroi d'une spore de Champignons. **Ant.**: 2. Endospore.

Exosquelette *n. m. (du gr. exô, au- dehors et squelette).* [Exoskeleton] Tégument externe dur qui protège le corps de certains Invertébrés. **Ex.**: Coquille, test, cuticule.

Exostome *n. m. (du gr. exô, au-dehors et stoma, bouche).* Rangée de dents externes dans un péristome d'une capsule de Mousses. **Ant.**: Endostome.

Exotoxine *n. f. (du gr. exô, au-dehors et toxine).* [Exotoxin] Toute toxine libérée dans le milieu avant la mort de la cellule. **Ant.**: Endotoxine.

Expansion *n. f.* Voir Aire de répartition.

Expiration *n. f.* [Expiration] Expulsion passive de l'air contenu dans les poumons. Elle est due à la décontraction des muscles respiratoires qui ont servi à l'inspiration.

Explant *n. m.* [Explant] Fragment d'organe ou de tissu qui est prélevé sur un organisme, puis conservé et cultivé *in vitro*.

Explosion vernale *f.* Augmentation soudaine de l'activité végétative des plantes à la faveur du réchauffement printanier, s'exprimant souvent par des floraisons en nombre.

Expression génique *f.* [Gene expression] Ensemble des processus qui aboutissent à la formation d'un ARN et d'une protéine à partir d'un gène.

Exsudat *n. m.* [Exsudate] Substance végétale qui s'écoule ou suinte à l'extérieur. **Ex.**: Résine, gomme, sève.

Extenseur *adj. m. et n. m.* [Extensor] *Muscle extenseur* ou *n. m. Extenseur*, muscle qui sert à étendre. **Ex.**: Extenseur commun des doigts. **Ant.**: Fléchisseur.

Externa *n. f.* [Externa] **Syn.**: 3. Adventice.

Extérocepteur *n. m.* [Exteroceptor] Récepteur sensoriel qui recueille les stimulations provenant de l'extérieur de l'organisme. Ce récepteur est dit *extéroceptif*. **Ant.**: Intérocepteur et Propriocepteur.

Extinction *n. f.* [Extinction] Disparition définitive d'une espèce.

Extracellulaire *adj. (du lat. extra, en dehors et cellulaire).* [Extracellular] Qui est à l'extérieur de la membrane plasmique d'une cellule.

Extrorse *adj.* [Extrorse] Se dit d'une étamine ou d'une anthère dont la déhiscence se réalise vers l'extérieur de la fleur. **Ant.**: Introrse.

Exuviation *n. f.* [Exuviation] Voir Exuvie.

Exuvie *n. f. (du lat. exuviae, dépouille).* [Exuvia] Tégument rejeté par certains animaux (Arthropodes, Serpents) lors de la *mue* ou *exuviation* ou *ecdysis*.

F

F Symbole de la phénylalanine dans la formule des protéines.

Fabricius *n. pr.* Voir Bourse de Fabricius.

Facilitateur *adj. et n. m.* [Enhancer] **Syn.**: Amplificateur.

Facteurs antihémophiliques A, B et C *m.* [Antihaemophilic factor] **Syn.**: Facteurs de coagulation VIII, IX et XI.

Facteur antihéparinique *m.* **Syn.**: Facteur plaquettaire 4.

Facteur cytostatique *m.* [Cytostatic factor] Sigle: CSF – Chez les gamètes des Vertébrés, protéine kinase qui stabilise le MPF (*Maturation promoting factor*) donc la division cellulaire, la méiose étant bloquée en métaphase de seconde division. Au moment de la fécondation, une enzyme protéolytique, la calpaïne, est activée par l'augmentation du Ca^{2+} intracellulaire et dégrade le CSF, ce qui entraîne la reprise de la méiose.

Facteur cytotoxique *m.* [Cytotoxic factor] **Syn.**: Lymphotoxine.

Facteur d'activation des macrophages *m.* [Macrophage activating factor] Sigle: MAF – Lymphokine qui active les macrophages.

Facteur d'activation des plaquettes *m.* [Platelet activating factor] Sigle: PAF – Molécule synthétisée par certaines cellules activées qui entraîne l'agrégation des plaquettes, le chimiotactisme et la libération des enzymes lysosomiales.

Facteur de coagulation sanguine *m.* [Coagulation factor] Substance qui intervient dans le mécanisme de l'hémostase. Ils sont 12 mais numérotés de I à XIII, le facteur VI étant identique au facteur V. Ils sont tous indispensables, la déficience d'un seul entraînant différentes formes d'hémophilie.

- **Facteur I:** Fibrinogène;
- **Facteur II:** Prothrombine;
- **Facteur III:** Thromboplastine tissulaire;
- **Facteur IV:** Calcium (Ca^{2+});
- **Facteur V:** Proaccélérine, Facteur A labile;
- **Facteur VI**, terme non reconnu;
- **Facteur VII:** Proconvertine, Prothrombine sérique, Facteur stable;
- **Facteur VIII:** Facteur antihémophilique A, Thromboplastinogène;
- **Facteur IX:** Facteur antihémophilique B, Facteur Christmas;
- **Facteur X:** Thrombokinase, Thromboplastine plasmatique, Facteur Stuart, Facteur Stuart-Prower;
- **Facteur XI:** Facteur antihémoplilique C, Facteur prothromboplastique plasmatique C;
- **Facteur XII:** Facteur Hageman, Facteur d'activation;

• **Facteur XIII:** Facteur de stabilisation de la fibrine, Fibrinase, Transglutaminase.

Facteur de croissance *m.* [Growth factor] Protéine sérique ou stéroïde agissant à des concentrations très faibles sur les cellules dont elle contrôle et régule divers processus (croissance, division, différenciation, migration, survie). Il existe un récepteur spécifique pour chaque facteur de croissance; la cellule n'exprime que certains de ces récepteurs ce qui ne la rend sensible qu'aux facteurs correspondants. On peut les diviser en facteurs à large spécificité et facteurs à spécificité étroite, en fonction du nombre de types cellulaires sur lesquels ils agissent.

Facteur de croissance dérivé des plaquettes *m.* [Platelet derived growth factor] Sigle: PDGF – Protéine libérée par les plaquettes d'un caillot, par le placenta, par les cellules endothéliales et par les cellules cancéreuses. Le PDGF stimule la division des cellules du tissu conjonctif, des muscles lisses, du trophoblaste et des cellules gliales et stimule certaines voies métaboliques des fibroblastes et des cellules musculaires lisses. Il est formé d'un hétérodimère de 30 kDa codé par le proto-oncogène c-Cis.

Facteur de croissance des fibroblastes *m.* [Fibroblast growth factor] Sigle: FGF – Protéine qui stimule la prolifération des fibroblastes, des cellules endothéliales et des neurones et qui intervient dans l'induction du mésoblaste.

Facteur de croissance des hépatocytes *m.* [Hepatocyte growth factor] Sigle: HGF – Famille de protéines qui stimulent la prolifération des hépatocytes et qui rendent mobiles certaines cellules épithéliales. Pour ce rôle, ce facteur est aussi appelé *facteur de dispersion.*

Facteur de croissance du nerf *m.* [Nerve growth factor] Sigle: NGF – Protéine synthétisée par les cellules cibles innervées par les neurones. Elle maintient en vie les neurones, induit leur croissance et intervient dans le contrôle de la mort programmée des neurones au cours du développement. Le NGF est constitué de 5 sous-unités protéiques dont une, formée de 2 polypeptides, est seule responsable de son activité.

Facteur de croissance épidermique *m.* [Epidermal growth factor] Sigle: EGF – Polypeptide de 53 acides aminés qui stimule la prolifération des cellules épidermiques et de nombreux autres types cellulaires.

Facteur de croissance semblable à l'insuline *m.* [Insulin-like growth factor] Sigle: IGF – Protéine présentant deux types: l'IGF I (70 acides aminés) et l'IGF II (67 acides aminés), synthétisée dans le foie et stimulant la multiplication et le métabolisme cellulaires. **Syn.:** Somatomédine.

Facteur de croissance transformant β *m.* [Transforming growth factor β] Sigle: TGF β – Terme générique regroupant une vingtaine de polypeptides qui potentialisent ou inhibent l'action des autres facteurs de croissance, qui contrôlent la différenciation des cellules embryonnaires et qui induisent le mésoderme à former des structures dorsales. **Ex.:** Activines, protéine Vg1.

Facteur de décondensation *m.* [Decondensation factor] Facteur ovocytaire qui induit la décondensation de la chromatine du noyau spermatique par rupture des ponts disulfure des protamines qui seront remplacées par des histones. La chromatine devient fibrillaire et le noyau spermatique évolue en pronucléus mâle.

Facteur de fertilité *m.* [Fertility factor] Abrév.: Facteur F – Épisome qui comporte environ 25 gènes nécessaires à la conjugaison et notamment à la formation des pili sexuels. Une Bactérie qui le possède (F+) est appelée donneuse car elle peut en céder une copie à une autre qui ne le possède pas (F–) et qui est appelée receveuse; celle-ci devient alors F+. Si le facteur F s'intègre au chromosome, on parle de Bactérie Hfr (haute fréquence de recombinaison); le facteur pourra ainsi être transmis avec une partie du chromosome. **Syn.**: Plasmide F.

Facteur de libération *m.* [Releasing factor] ▸ ① Protéine cytoplasmique qui se lie à un codon stop lorsque celui-ci atteint le site A du ribosome. Cette liaison induit la peptidyltransférase à catalyser l'addition d'une molécule d'eau à la place d'un acide aminé à l'extrémité du polypeptide, ce qui libère le polypeptide du ribosome et termine la traduction. **Syn.**: Facteur de terminaison; ▸ ② **Syn.**: Hormone de libération.

Facteur de relaxation *m.* [Relaxation factor] **Syn.**: ADN topo-isomérase.

Facteur de stabilisation de la fibrine *m.* **Syn.**: Fibrinase.

Facteurs d'initiation *m.* [Initiation factor] Sigles: IF, eIF – Protéines diverses qui catalysent l'initiation de la traduction des ARNm. Le facteur d'initiation eucaryote 2 (eIF-2) permet le positionnement du premier ARNt sur la petite sous-unité du ribosome. Lorsque l'ARNt initiateur se fixe sur le codon AUG (méthionine), les facteurs d'initiation liés à la petite sous-unité se détachent et laissent ainsi la place pour la liaison de la petite sous-unité du ribosome avec la grande.

Facteur écologique *m.* [Ecological factor] Paramètre de l'environnement dont la valeur influence la biocénose. Il en existe 4 types principaux:

- les **facteurs climatiques** (température, pluviométrie, luminosité, hygrométrie, force des vents);
- les **facteurs édaphiques** (structure, texture, nature, composition chimique et pH du sol);
- les **facteurs hydrologiques** (courant, pH de l'eau, teneur en sels minéraux);
- les **facteurs biotiques** (relations trophiques).

Un **facteur limitant** est un facteur écologique dont l'absence ou la faible intensité empêche la pleine croissance d'un organisme, d'une population.

Facteur endothélial de relaxation vasculaire *m.* **Syn.**: Monoxyde d'azote.

Facteur F *m.* [F factor] Abrév. de Facteur de fertilité.

Facteurs généraux de transcription *m. pl.* [General transcription factors] Sigle: TF – Protéines qui se lient aux promoteurs de l'ADN et qui permettent à l'ARN polymérase de commencer la transcription. A chaque type d'ARN polymérases I, II, III correspondent des facteurs de transcription différents: TFI, TFII et TFIII. TFII D est le premier à se fixer à la boîte TA-TA, le promoteur de l'ARN polymérase II. Les autres facteurs et la polymérase viennent ensuite s'y accrocher.

Facteur Hageman *m.* [Hageman factor] Enzyme protéolytique synthétisée dans le foie et qui est le premier facteur activé dans la voie intrinsèque de l'hémostase. Il active le facteur prothromboplastique plasmatique C et le plaminogène (fibrinolyse). **Syn.:** Facteur XII.

Facteur intrinsèque *m.* [Intrinsic factor] Glycoprotéine qui se lie dans l'intestin à la vitamine B_{12} et permet ainsi son absorption au niveau de l'iléum. Elle est sécrétée par les cellules pariétales des glandes gastriques.

Facteur limitant *m.* Voir Facteur écologique.

Facteur natriurétique auriculaire *m.* [Atrial natriuretic factor] Sigles: FNA, ANF – Hormone peptidique de 28 acides aminés synthétisée par des myocytes spécialisés des oreillettes lorsqu'ils sont trop étirés. Elle abaisse la pression artérielle en inhibant la synthèse de la rénine, de l'aldostérone et de l'hormone antidiurétique, en inhibant directement la réabsorption rénale de sodium et en stimulant la vasodilatation. **Syn.:** Facteur natriurétique atrial, Atriopeptide, Peptide natriurétique auriculaire.

Facteur plaquettaire *m.* [Platelet factor] Chacune des substances qui interviennent dans la coagulation et qui sont sécrétées par les plaquettes ou fixées à elles mais d'origine plasmatique. Le **facteur 3** est un phospholipide membranaire qui se lie aux facteurs de coagulation V et X, ce qui forme un complexe appelé *activateur de la prothrombine*. Le **facteur 4** ou **facteur antihéparinique** est une protéine de 70 acides aminés qui neutralise l'activité anticoagulante de l'héparine.

Facteur promoteur de la phase M *m.* [M-phase promoting factor] Sigle: MPF – Complexe protéique formée de deux sous-unités: une protéine kinase cycline-dépendante (Cdk) appelée Cdc-2 et une cycline mitotique. Le MPF est activé par des phosphorylations dues à des enzymes. Lorsque le taux de MPF activé est suffisant, il déclenche des changements dans la cellule qui la conduiront en mitose. Grâce à son activité kinase, il induit la condensation des chromosomes, la disparition de la membrane nucléaire et la formation du fuseau mitotique. Il induit aussi la synthèse d'une enzyme de digestion de la cycline lors de la transition métaphase-anaphase qui entraîne la dégradation du MPF donc la préparation de l'interphase suivante.

Facteur Rhésus *m.* [Rhesus factor] Sigle: Rh – Chacun des agglutinogènes érythrocytaires du système Rhésus, le premier (agglutinogène D) ayant été découvert chez le Singe Rhésus (*Macacus rhesus*). Les individus qui sont porteurs de ce facteur D sont Rh^+, les autres Rh^-, les deux types étant incompatibles: l'introduction de ces agglutinogènes chez un receveur Rh– déclenche la formation d'anticorps anti- Rh.

Facteur σ ou Facteur sigma *m.* [σ Factor] Sous-unité de l'ARN polymérase bactérienne qui se lie aux autres unités au moment de la transcription pour lui permettre de reconnaître le promoteur. Dès le début de la transcription, le facteur se détache. Il existe plusieurs facteurs sigma qui sont spécifiques d'un promoteur donné.

Facteur thymique sérique *m.* [Thymic humoral factor] **Syn.:** Thymuline.

FAD *n. f.* Sigle de Flavine adénine dinucléotide.

Fagicole *adj. (du lat. fagus, hêtre et colere, habiter).* [Fagicolous] Qui vit sur ou sous les Hêtres.

Faisceau *n. m.* [Fascicle, Fasciculus] Groupe de fibres parallèles accolées les unes aux autres. **Ex.**: Faisceau musculaire, faisceau nerveux.

Faisceau auriculo-ventriculaire *m.* [Atrio-ventricular bundle] **Syn.**: Faisceau de His.

Faisceau conducteur *m.* Chez les Trachéophytes, structure cylindrique longitudinale et qui est formée de trachéides et/ou de vaisseaux. Le faisceau peut être libérien, xylémien ou libéroligneux selon la nature des éléments. Un **faisceau collatéral** est formé d'une zone de xylème et d'une autre de phloème. Un **faisceau bicollatéral** possède une plage de xylème entourée de deux régions de phloème.

Faisceau de His *m.* [Bundle of His] Dans le cœur des adultes d'Oiseaux et de Mammifères, groupe de fibres nerveuses qui partent du nœud auriculoventriculaire de Haschoff-Tawara, qui parcourt une partie du septum interventriculaire d'avant en arrière avant de se scinder en deux branches qui se ramifient en un *réseau de Purkinje*. **Syn.**: Faisceau auriculo-ventriculaire.

Famille *n. f.* [Family] Unité systématique correspondant à une division d'un ordre elle-même divisée en sous-familles et en genres. La désinence est -*acées* en botanique et -*idés* en zoologie. **Ex.**: Poacées, Bovidés.

Famille multigénique *f.* [Multigenic family] Groupe de gènes issus de duplications et mutations d'un gène ancestral unique. Ces gènes peuvent être très éloignés les uns des autres et même situés sur des chromosomes différents.

Fanon *n. m. (du francique fano, morceau d'étoffe).* ▸ ① Chez les Cétacés Mysticètes, lame kératinisée provenant de l'épithélium du palais. Les fanons s'assemblent en deux rangées longitudinales séparées par une crête palatine médiane. Chaque rangée peut compter jusqu'à 8000 fanons, séparés les uns des autres par moins d'1 cm. Les filaments kératinisés de deux fanons successifs s'entremèlent de façon à former un filtre qui retient le krill tandis que l'eau est expulsée hors de la bouche par les mouvements de la langue. [Whalebone]; ▸ ② Repli cutané qui pend sous le cou de certains Vertébrés comme le Bœuf, le Dindon. [Dewlap]

Farci *adj.* Se dit d'un stipe de Basidiomycètes dont la partie centrale est constituée d'une moelle lâche et légère.

Farnésol *n. m.* [Farnesol] Alcool sesquiterpénique (15 carbones) rencontré dans certaines essences végétales (ex.: Camomille).

Fascia *n. m. (mot lat., bande).* [Fascia] ▸ ① Gaine de tissu conjonctif entourant des organes ou des muscles d'un même groupe fonctionnel. **Ex.**: Fascia rénal; ▸ ② **Fascia superficiel**, syn.: Hypoderme.

Fasciation *n. f.* [Fasciation] Caractère de certains organes végétaux qui s'aplatissent au lieu de conserver leur forme cylindrique, le plus souvent sous l'effet d'un parasite.

Fasciculé *adj.* [Fascicular, Fasciculate] Se dit d'un système racinaire qui possède plusieurs racines d'importance égale.

Fascié *adj.* ▸ ① Marqué de bandes; ▸ ② Qui présente une fasciation.

Fastigié *adj. (du lat. fastigium, faîte).* [Fastigiated] Se dit d'un arbre ou d'un port caractérisé par des branches dressées formant un angle aigu avec le tronc. **Ex.**: Peuplier (*Populus sp.*, Salicacées).

Faune *n. f. (du lat. Faunus, dieu champêtre).* [Fauna] Ensemble des animaux d'un lieu donné.

Faunistique *adj.* [Faunistic] Relatif à la faune.

Faunule *n. f.* [Faunula] Faune d'un micro-habitat.

Fausse-cloison *n. f.* Chez certaines Angiospermes, séparation qui partage secondairement un ovaire uniloculaire en deux loges. **Ex.**: Silique des Brassicacées.

Faux-fruit *n. m.* [Accessory fruit] Production végétale ayant les caractères d'un fruit mais résultant du développement de structures annexes et non pas de l'ovaire. **Ex.**: Fraise (développement du réceptacle floral).

Favéole *n. f.* Chacune des cavités prismatiques en cul-de-sac délimitées par des septums à la périphérie des poumons septés (Dipneustes, la plupart des Amphibiens et des Reptiles).

Fèces *n. f. pl. (du lat. faex, excrément).* [Faeces] Excrétas éliminés par l'anus constitués des résidus de la digestion et des Bactéries du tube digestif. **Syn.**: Excrément.

Fécondation *n. f.* [Fertilization] Fusion d'un gamète mâle et d'un gamète femelle qui aboutit à la formation d'un zygote diploïde. Elle comprend la *plasmogamie* (fusion des deux cytoplasmes) et la *caryogamie* (fusion des deux noyaux), les deux phénomènes pouvant être éloignés dans le temps, ce qui conduit à une *dicaryophase* intermédiaire (Champignons supérieurs). Chez les Unicellulaires, le zygote correspond au nouvel individu. Chez les Métazoaires, il subit les différentes phases du développement embryonnaire (segmentation, blastulation, gastrulation). Chez les Angiospermes, la fécondation est double et forme deux embryons, l'un diploïde qui donnera le nouvel individu et l'autre triploïde qui donnera l'albumen. Certaines espèces réalisent l'**autofécondation** (ou autogamie), c'est-à-dire la fusion de gamètes issus du même pied. Chez les Animaux, la fécondation peut être externe ou interne (dans le corps de la femelle). La fécondation a pour fonctions principales de rétablir l'état diploïde, de transmettre les caractères héréditaires aux jeunes et d'activer l'œuf en vue de la segmentation.

Fécondation croisée *f.* **Syn.**: Allogamie.

Fécondité *n. f.* [Fecundity] Faculté des êtres vivants de se reproduire.

Feed-back *n. m. (mot angl., de to feed, nourrir et back, en retour).* **Syn.**: Rétrocontrôle.

Femelle *adj. et n. f. (du lat. femella, petite femme).* [Female] Se dit d'un organisme ou d'un organe qui produit des ovules (chez les Animaux), des oosphères (chez les Végétaux) ou qui reçoit le matériel génétique (Bactéries F^-). **Ant.**: Mâle.

Fémur *n. m. (du lat. femur, cuisse).* [Femur] ▸ ① Chez les Tétrapodes, os long et unique du stylopode du membre postérieur (cuisse); ▸ ② Chez les Insectes, troisième segment des pattes, entre le trochanter et le tibia.

Fenêtre ronde, Fenêtre ovale *f.* Chez les Tétrapodes, ouvertures du labyrinthe dans la caisse du tympan, recouvertes par une membrane.

• La **fenêtre ovale** ou **fenêtre du vestibule** est reliée à l'étrier ou à la columelle. [Oval window]

• La **fenêtre ronde** ou **fenêtre de la cochlée** correspond à l'extrémité opposée du labyrinthe par rapport à la fenêtre ovale. [Round window]

Fente blastoporale *f.* [Blastopore cleft] Lors de la gastrulation des œufs hétérolécithes, dernier stade du blastopore en forme de fente, qui apparaît lorsque l'invagination du bouchon vitellin est terminée.

Fente de filtration *f.* Zone de passage de l'urine primitive des capillaires sanguins vers la lumière de la capsule de Bowman. Elle est constituée de la membrane basale et du diaphragme de fente interpédieux et son épaisseur est de 100 à 400 nm.

Fente operculaire *f.* **Syn.**: Ouïe.

Fer *n. m.* [Iron] Symb.: Fe – Élément chimique (Z = 26) du groupe des métaux. C'est un oligoélément constitutif de l'hème de certaines chromoprotéines comme les cytochromes, l'hémoglobine et la myoglobine et du groupement prosthétique de certaines enzymes (catalase, peroxydase). Le fer est mis en réserve dans des protéines (ferritine, hémosidérine).

Fermé *adj.* [Closed] ▸ ① Se dit d'une formation végétale dense qui recouvre totalement le sol; ▸ ② Se dit d'une communauté lorsque toutes ses niches écologiques sont occupées et qu'elle ne peut donc recevoir d'espèces nouvelles.

Fermentation *n. f. (du lat. fervere, bouillir).* [Fermentation]. Processus cellulaire catabolique producteur d'ATP, réalisé en anaérobiose (sauf pour la fermentation acétique), au cours duquel les électrons et les protons issu de l'oxydation du potentiel réducteur NADH + H^+ ne sont pas transférés à l'oxygène comme dans la respiration mais au pyruvate ou à l'un de ses dérivés. Le substrat n'est pas dégradé complètement et le rendement en ATP est donc faible. Chaque type de fermentation prend le qualificatif correspondant au déchet principal final.

a. Fermentation lactique [Lactic fermentation] **Ex.**: Bactéries lactiques, *Chlorella* (Algues), muscles: Le pyruvate issu de la glycolyse est réduit directement en acétate par une lacticodéshydrogénase à NAD. L'accepteur final est ici le pyruvate et il n'y a pas de dégagement de CO_2. On distingue:

• la fermentation homolactique où tout le pyruvate donne du lactate. Réaction chimique: $C_6H_{12}O_6 \rightarrow 2\ CH_3–CHOH–COOH$;

• la fermentation hétérolactique qui donne du lactate, de l'éthanol et du CO_2. Réaction chimique: $C_6H_{12}O_6 \rightarrow CH_3–CHOH–COOH + CO2 + CH_3–CH_2OH$.

b. Fermentation alcoolique [Alcoholic fermentation] **Ex.**: Bactérie *Saccharomyces:* Le pyruvate issu de la glycolyse est décarboxylé par une pyruvate décarboxylase à thiamine pyrophosphate en acétaldéhyde. Celui-ci est réduit en éthanol par une alcool déshydrogénase à NAD. Il y a dégagement d'une molécule de CO_2 et utilisation d'un NADH + H^+ par l'acétaldéhyde qui est l'accepteur d'électrons. Réaction chimique: $C_6H_{12}O_6 \rightarrow 2\ CH_3–CH_2OH + 2\ CO_2$.

c. Fermentation butyrique [Butyric fermentation] **Ex.**: *Clostridium:* Le pyruvate issu de la glycolyse est décarboxylé en acétaldéhyde. Deux acétaldéhydes donnent un acétylacétate qui est réduit en acide butyrique. Réaction chimique: $C_6H_{12}O_6 \rightarrow CH_3–CH_2–CH_2–COOH + 2\ CO_2 + 2\ H_2$.

d. Fermentation propionique [Propionate fermentation] **Ex.**: *Propionibacterium:* Le lactate issu de la réduction du pyruvate est transformé en propionate, en acétate et en CO_2. Réaction chimique: $3\ CH_3–CHOH–COOH \rightarrow 2$

$CH_3–CH_2–COOH + CH_3–COOH + CO_2 + H_2O$.

e. Fermentation acétique [**Acetic fermentation**] **Ex.**: Bactérie *Acetobacter:* L'éthanol issu de la fermentation alcoolique est oxydé en acétate. Cette fermentation nécessite de l'oxygène.

f. Fermentation des acides mixtes ou fermentation acide mixte [**Mixed acid fermentation**] **Ex.**: Bactéries *Escherichia*, *Salmonella:* Elle aboutit à plusieurs acides: acide formique, acide éthanoïque, acide lactique, acide succinique, acide acéto-acétique et acide acéto-lactique. Ces acides peuvent être à leur tour des accepteurs de protons et d'électrons et être transformés en alcools et aldéhydes.

g. Fermentation butanediolique [**Butanediolic fermentation**] **Ex.**: Bactéries *Enterobacter, Serratia:* Le pyruvate est décarboxylé en α-acétolactate, qui sera décarboxylé en acétoïne qui sera elle-même réduite par le NADH en 2,3-butanediol.

Ferrédoxine *n. f.* [**Ferredoxin**] Transporteur protéique d'électrons, contenant du fer et du soufre. Dans le chloroplaste, la ferrédoxine intervient dans diverses réductions (réduction des nitrites, des sulfates, réduction du NADP de la chaîne photosynthétique).

Ferritine *n. f.* [**Ferritin**] Hétéroprotéine intracellulaire de 600 à 800 kDa, formée de 42 sous-unités qui ménagent une cavité qui contient quelques milliers d'ions Fe^{3+}. Elle est présente dans les cellules du foie, de la rate, de la moelle osseuse et de l'intestin. Lors d'un déficit en fer, une aconitase est fixée à l'ARNm codant pour la ferritine ce qui empêche sa traduction. Si le fer est en excès, l'aconitase fixe le fer et se détache de l'ARNm ce qui permet la reprise de la production de la ferritine qui fixera le fer excédentaire.

Ferroprotéine *n. f. (du lat. ferrum, fer et protéine).* [**Ferroprotein**] Toute protéine contenant du fer. **Ex.**: Hémoglobine, cytochrome, ferrédoxine.

Ferroxydase *n. f.* [**Ferroxidase**] **Syn.**: Céruloplasmine.

Fertilisine *n. f.* [**Fertilizin**] Glycoprotéine de 300 kDa fixée à la gangue de certains ovules. Elle se dilue dans l'eau de mer, se lie aux anti-fertilisines de la tête des spermatozoïdes et déclenche leur agglutination autour de l'ovule.

Feuillage *n. m.* [**Leaves, Foliage**] Ensemble des feuilles d'un végétal.

Feuillaison *n. f.* [**Leafing**] Apparition annuelle des feuilles chez une plante vivace. **Syn.**: Foliation. **Ant.**: Défeuillaison, Défoliation.

Feuille *n. f.* [**Leaf**] Organe aérien des Cormophytes, fixé à la tige, généralement chlorophyllien et de surface importante par rapport à son épaisseur ce qui permet une bonne réception de la lumière afin d'optimiser la photosynthèse.

• Chez les Bryophytes, elles ne sont présentes que chez les Mousses (avec nervures) et les Hépatiques à feuilles (sans nervures).

• Chez les Ptéridophytes, ce sont les frondes.

• Chez les Spermatophytes, elles sont extrêmement variables mais formées fondamentalement d'un limbe et d'un pétiole.

• Chez les Gymnospermes, ce sont des aiguilles ou des écailles apprimées contre le rameau.

• Chez les Angiospermes, elles peuvent former des pièges et sécréter des enzymes digestives (Plantes carnivores), certaines sont en forme de vrille

(Plantes grimpantes), elles sont épineuses (feuilles aciculaires) chez les Plantes adaptées à la sécheresse, écailleuses autour d'un bourgeon. Elles peuvent être accompagnées de structures particulières: stipule, ligule, gaine, ochréa, phyllode. Elles sont entières, composées palmées ou composées pennées.

Feuillet *n. m.* [Omasum] Chez les Mammifères Ruminants, dernier compartiment de l'estomac antérieur, situé sur le côté droit et débouchant dans la caillette (estomac postérieur). **Syn.:** Omasum, Psaltérium.

Feuillet β *n. m.* [β-sheet] Structure secondaire en accordéon d'une chaîne polypeptidique, chaque segment de la chaîne constitutif de ce feuillet étant orienté en sens opposé à celui des segments adjacents. La structure est rendue rigide par des liaisons hydrogène entre les segments voisins. Les feuillets β sont présents dans la plupart des protéines globulaires.

Feuillet embryonnaire *m.* [Embryonic sheet] Chacune des lames cellulaires mises en place à la gastrulation et qui sont à l'origine de tous les tissus de l'organisme. Chez les Diploblastiques, ce sont l'*ectoblaste* et l'*endoblaste*. Chez les Triploblastiques, un troisième feuillet apparaît, le mésoblaste.

Feuillu *adj. et n. m.* [Broad-leaved] ▸ ① Qui porte des feuilles; ▸ ② N. m. Arbre qui porte des feuilles non en aiguilles, par opposition aux Conifères.

Feuler *n. m. (du lat. felis, chat).* [To growl] Pousser son cri, le *feulement*, en parlant du Tigre, du Puma, du Chat.

FGF *n. m. (Sigle de l'angl. Fibroblast growth factor).* [FGF] Voir Facteur de croissance des fibroblastes.

Fibre *n. f.* [Fiber] ▸ ① Toute cellule allongée, vivante ou morte, animale ou végétale; ▸ ② Structure filamenteuse extracellulaire formée par des macromolécules pouvant être de natures diverses; ▸ ③ Cellule de soutien des Angiospermes, allongées, lignifiées, disposées parallèlement aux vaisseaux conducteurs. Un bois qui possède des fibres est dit *hétéroxylé*.

Fibre de Sharpey *f.* [Sharpey's fiber] Chacun des faisceaux de collagène assurant une solide attache de la racine de la dent à l'os alvéolaire.

Fibre élastique *f.* [Elastic fiber] Voir Élastine.

Fibre musculaire *f.* [Muscular fiber] Cellule musculaire allongée, parfois très grande. La membrane plasmique est appelé *sarcolemme*, le cytoplasme, *sarcoplasme* et le réticulum endoplasmique, *réticulum sarcoplasmique*. On distingue les fibres musculaires striées squelettiques, striées cardiaques et lisses.

a. Fibre musculaire striée squelettique, cellule musculaire cylindrique, longue, résultant de la fusion de nombreux myoblastes et possédant de ce fait de nombreux noyaux. Elles sont attachées aux os et/ou à la peau. Elles ont une apparence striée du fait de la régularité de la disposition des myofilaments et des myofibrilles. Il existe deux tubules transverses par sarcomère, à la jonction entre une strie A et une strie I. La contraction est volontaire, rapide, parfois anaérobie. [Skeletal striated muscular fiber];

b. Fibre musculaire striée cardiaque, cellule musculaire du cœur, mononucléée, aux myofibrilles non régulières. Il existe un seul tubule transverses par sarcomère au niveau de la ligne Z. Elles possèdent des jonctions électriques au niveau de disques intercalaires. La contraction est involontaire, rythmique, lente et aérobie. [Cardiac striated muscular fiber];

c. **Fibre musculaire lisse**, cellule musculaire des parois des organes viscéraux, mononucléée et non striée. Les myofilaments ne sont pas organisés en sarcomères, il n'y a pas de tubules transverses. La contraction est involontaire, parfois rythmique, très lente et réalisée surtout en anaérobiose. [Smooth muscular fiber]

Fibre nerveuse *f.* [Nerve fiber] Prolongement d'un neurone. Elles peuvent être myélinisées ou non, afférentes ou efférentes, dans les systèmes nerveux central ou périphérique. Ce sont les axones et les dendrites.

Fibrinase *n. f.* [Fibrinase] Protéine plasmatique synthétisée par le foie et qui stabilise les polymères de fibrine du caillot sanguin en formant des liaisons entre ses monomères. Elle est activée par la thrombine, en présence d'ions Ca^{2+}. **Syn.**: Facteur XIII, Facteur de stabilisation de la fibrine, Transglutaminase.

Fibrine *n. f.* [Fibrin] Protéine fibreuse présente dans le caillot sanguin et formée de monomères (fibrinopeptides) issus du fibrinogène sous l'action de la thrombine. La thrombine enlève au fibrinogène des oligopeptides dont la polymérisation donne la fibrine, en réseau d'abord lâche puis consolidé grâce à l'action de la fibrinase (facteur XIII).

Fibrinogène *n. m.* [Fibrinogen] Protéine plasmatique soluble de 340 kDa, produite par le foie et constituant le précurseur de la fibrine. **Syn.**: Facteur I.

Fibrinolyse *n. f.* [Fibrinolysis] Digestion enzymatique de la fibrine par la plasmine, ce qui aboutit à l'élimination du caillot sanguin.

Fibrinolysine *n. f.* [Fibrinolysin] **Syn.**: Plasmine.

Fibrinopeptide *n. m.* [Fibrinopeptide] Lors de la coagulation, oligopeptide d'une vingtaine d'acides aminés détaché du fibrinogène par la thrombine et contituant le monomère de la fibrine. Les fibrinopeptides sont insensibles au changement de leur séquence en acides aminés, ce qui en fait un outil incomparable pour estimer le taux de mutation au cours de l'évolution (un acide aminé tous les 200 000 ans).

Fibroblaste *n. m.* [Fibroblast] Cellule peu différenciée du tissu conjonctif proprement dit. Les fibroblastes sécrètent une matrice extracellulaire souple et riche en collagène fibrillaire de types I et III. Ils peuvent migrer vers un site où a lieu une différenciation ou une régénération et s'y multiplier. Ils peuvent probablement se différencier en d'autres types de cellules conjonctives (dans l'hypothèse où les fibroblastes sont équivalents d'un tissu à l'autre). Les fibroblastes qui peuvent se multiplier sont appelés *cellules mésenchymateuses*.

Fibrocyte *n. m.* [Fibrocyte] Fibroblaste âgé, à activité réduite.

Fibroïne *n. f.* [Fibroin] Protéine fibreuse riche en glycine, constitutive de la soie.

Fibronectine *n. f.* [Fibronectin] Glycoprotéine de la matrice extracellulaire sécrétée par les fibroblastes. C'est un dimère composé de deux grandes chaînes reliées par deux ponts disulfure près de l'extrémité carboxy- terminale. Sur chaque unité, un domaine se lie au collagène, un autre à un récepteur de la membrane plasmique et un autre à l'héparine. La fibronectine favorise l'attachement des cellules à la matrice et participe à la migration des cellules. Il existe de multiples formes de la fibronectine, produites grâce à l'épissage alternatif de l'ARNpm.

Fibula *n. f.* [**Fibula**] Un des deux os du zeugopode postérieur, généralement moins robuste que l'autre (tibia). **Syn.**: Péroné (chez l'Homme).

Filament intermédiaire *m.* [**Intermediate filament**] Fibre protéique cytoplasmique d'un diamètre de 8 à 10 nm, dite *intermédiaire* en raison de son diamètre compris entre celui des microtubules et celui des filaments d'actine. Les filaments intermédiaires sont stables, résistants et constituent le cytosquelette des cellules. Ce sont des polymères, les monomères étant des polypeptides fibreux allongés dont il existe plusieurs types, mais qui ont tous en commun une région centrale d'environ 310 acides aminés qui forme une hélice α. Cette région se prolonge par une tête N-terminale et une queue C-terminale, qui varient d'un type à l'autre. Les monomères s'assemblent en dimères, puis en tétramères. Ces derniers s'assemblent par 8 en une super-hélice. On distingue 4 types de peptides formant les filaments intermédiaires:

- les **cytokératines I et II** (cellules épithéliales);
- les **protéines des neurofilaments** (NF-L, NF-M, NF-H);
- la **vimentine** (nombreuses cellules d'origine mésodermique) et protéines apparentées (*desmine* des muscles, *protéine fibrillaire acide gliale* des cellules gliales, *périphérine* des neurones);
- les **lamines A, B et C** (lamina nucléaire).

Filamine *n. f.* [**Filamin**] Protéine liant l'actine de 280 kDa, homodimérique, qui se fixe à deux filaments d'actine croisés à angle droit et les immobilise dans cette configuration. Elle contribue à former un réseau d'actine lâche ressemblant à un gel. Elle est abondante dans la plupart des cellules animales.

Filandre *n. f.* [**Gossamer**] Fil de soie sécrété par une Araignée et porté par le vent, assurant ainsi la dispersion de l'Araignée. **Syn.**: Fil de la Vierge.

Filet *n. m.* [**Filament**] Partie allongée d'une étamine, portant les anthères. La partie du filet qui sépare les anthères est le *connectif*. Le filet peut être aplati ou non, velu ou non, de long à inexistant. Il est inséré sur le réceptacle ou sur un pétale.

Filière *n. f.* [**Spinneret**] Chez les Arachnides Aranéides, organe de l'opisthosoma (10e et 11e métamères) au nombre de 1 à 4 paires, en forme de cône et portant de petits tubules ou *fusules* (400 par filières) qui émettent chacun une fibrille de soie. Chez les Aranéomorphes femelles, les filières antérieures sont recouvertes d'une plaque criblée, le *cribellum*.

Filoplume *n. f.* Plume ressemblant à un poil, réduite à son rachis, associée à une plume de contour.

Filopode *n. m. (du lat. filum, fil et pous, podos, pied).* [**Filopodium**] Excroissance cytoplasmique d'une cellule qui lui permet de se mouvoir de façon amiboïde.

Filtreur *adj. et n. m.* [**Filter feeder**] Se dit des animaux qui se nourrissent d'organismes de très petite taille ou de particules aimentaires en suspension dans l'eau en les filtrant. **Ex.**: Bivalves. **Syn.**: Suspensivore.

Fimbrié *adj. (du lat. fimbria, franges).*

[Fimbriate] Se dit d'un organe végétal ou fongique qui présente des franges.

Fimbrine *n. f.* [Fimbrin] Protéine liant l'actine de 68 kDa responsable de l'arrangement des filaments d'actine en faisceaux parallèles séparés de 14 nm, particulièrement au niveau des filopodes et des microvillosités.

Fimicole *adj. (du lat. fimus, fumier et colere, habiter).* [Fimicolous] Qui pousse, vit dans le fumier.

Fissuricole *adj.* **Syn.**: Chasmophile.

Fitness *n. f. (mot angl.).* [Fitness] Aptitude à la survie des êtres vivants.

Fixateur *adj. et n. f.* Se dit d'une plante psammophile qui fixe le sable, dans les régions littorales et désertiques. Ces plantes constituent le 3e degré d'efficacité colonisatrice après les plantes pionnières et édificatrices.

Fixateur d'azote *adj. et n.* [Nitrogen fixator] Se dit d'un Procaryote capable de réduire le diazote atmosphérique en amines.

Fixation *n. f.* [Fixing] Technique de conservation des cellules et des structures. La fixation rend les membranes plasmiques perméables aux colorants et stabilisent les macromolécules. La fixation chimique nécessite des substances appelées *fixateurs* (tétroxyde d'osmium, aldéhydes, acide acétique). La fixation et l'inclusion peuvent être remplacées par la congélation.

Fixé *adj.* Se dit d'un organisme qui est fixé au substrat. **Ex.**: Anémones de mer, Crinoïdes, Algues.

Fixisme *n. m.* [Fixism] Doctrine aujourd'hui abandonnée selon laquelle les espèces n'évolueraient pas. **Ant.**: Transformisme.

Flabellum *n. m. (mot lat., éventail).* [Flabellum] Chez les Limules (*Xiphosura polyphemus*), processus court et large des coxas de la dernière paire de pattes locomotrices, servant au nettoyage des branchies.

Flagellum *n. m. (mot lat., fouet).* [Flagellum] Chez les Arachnides Pseudoscorpions, chacune des soies de la face externe des chélicères.

Flagelle *n. m. (du lat. flagellum, fouet).* [Flagella] Extension cytoplasmique allongée permettant le déplacement des cellules. Chez les Eucaryotes (Unicellulaires, gamètes, zoospores), le flagelle possède un axe central de *microtubules* entouré par des fibres contractiles. Chez les Bactéries, le flagelle est un polymère filiforme de *flagellines*, non entouré par la membrane plasmique mais rattaché à elle par un disque intramembranaire qui tourne sur lui-même entraînant le flagelle dans son mouvement.

Flagelline *n. f.* [Flagellin] Protéine de 30 à 60 kDA du flagelle des Bactéries ne contenant ni cystéine ni tryptophane.

Flavédo *n. m. (du lat. flavus, jaune).* Voir Albédo.

Flavine adénine dinucléotide *f.* [Flavin adenine dinucleotide] Sigle: FAD – Transporteur d'hydrogène résultant de la combinaison d'un noyau diméthyl-isoalloxazine à une adénosine-5'-monophosphate (AMP). Deux atomes d'hydrogène peuvent se fixer, un sur chacun des deux atomes d'azote non saturés du noyau isoalloxazine. Le FAD est une coenzyme qui se lie à une apoenzyme pour former une flavoprotéine de la famille des déshydrogénases (succinodéshydrogénase du cycle de Krebs, acylcoA déshydrogénase de la β-oxydation des acides gras).

Flavine mononucléotide *f.* [Flavin mononucleotide] Sigle: FMN – Transporteur d'hydrogène résultant de la phosphorylation de la riboflavine (vitamine B_2). Le mode de fixation des hydrogènes est identique à celui du FAD. Le FMN est aussi une coenzyme de déshydrogénases ($NADH_2$ ubiquinine réductase du complexe I de la chaîne respiratoire).

Flavone *n. f. (du lat. flavus, jaune).* [Flavone] Flavonoïde obtenu par oxydation d'une flavonone et présent dans les vacuoles de certaines plantes, notamment des Fabales, auxquelles il confère leur couleur jaune. Le flavonol issu de l'hydroxylation en C3 de la flavone est aussi de couleur jaune.

Flavonoïde *n. m. (du lat. flavus, jaune).* [Flavonoid] Dérivé de phénylpropanoïdes par une triméthylation puis une cyclisation qui aboutissent à la formation d'une chalcone. Ce sont les **flavonones** (obtenues par cyclisation complète d'une chalcone), les **flavones** (par oxydation d'une flavonone), les **flavonols** (par hydroxylation d'une flavone), les **isoflavones** (par déplacement du cycle latéral du C2 au C4 de l'hétérocycle d'une flavone) et les **anthocyanes** (par double réduction d'une flavonone). Les flavones, flavonols et chalcones sont jaunes, les anthocyanes rouges, bleues ou violettes.

Flavonol *n. m.* [Flavonol] Voir Flavone et Flavonoïde.

Flavonone *n. f.* [Flavonone] Voir Flavonoïde.

Flavoprotéine *n. f.* [Flavoprotein] Déshydrogénase qui possède une coenzyme: le FAD (flavine adénine dinucléotide) ou le FMN (flavine mononucléotide). **Syn.:** Protéoflavine.

Fléchisseur *adj. et n. m.* [Flexor] *Muscle fléchisseur* ou n. m. *Fléchisseur*, muscle qui sert à fléchir. **Ant.:** Extenseur.

Fleur *n. f.* [Flower] Organe reproducteur des Angiospermes composé de pièces fertiles et stériles. *L'androcée* est formé des pièces fertiles mâles, ou étamines, dont les anthères produisent le pollen; le *gynécée* est formé des pièces fertiles femelles ou carpelles, dont les ovaires contiennent les ovules et sont surmontés d'un style; le périanthe comprend le *calice*, externe, formé de sépales et la *corolle*, interne, formée de pétales, souvent colorés. Les fleurs peuvent être bisexuées ou unisexuées mâles ou femelles. Si les pièces stériles manquent, la fleur est dite apérianthée. Après la fécondation, le gynécée donne un fruit qui contient les graines issues des ovules.

Fleuron *n. m.* [Floret] Fleur régulière et tubulée d'un capitule d'Astéracées Tubuliflores ou Radiées. Un tel capitule est dit *fleuronné*.

Floraison *n. f.* [Flowering] Épanouissement des fleurs.

Flore *n. f. (du lat. flos, floris, fleur).* [Flora] ▸ ① Ensemble des espèces végétales d'une région donnée; ▸ ② Ouvrage qui décrit les espèces végétales d'une région ou qui permet leur détermination; ▸ ③ Ensemble des microorganismes dans un lieu donné.

Floricole *adj. (du lat. flos, floris, fleur et colere, habiter).* [Floricolous] Qui vit sur les fleurs.

Florifère *adj. (du lat. flos, floris, fleur et ferre, porter).* [Floriferous, Flower- bearing] Qui porte des fleurs.

Floriste *n. (de flore).* Botaniste spécialiste des flores.

Floristique *adj.* [Floristic] Relatif à la flore.

Florule *n. f.* [Florula] Flore d'un territoire restreint.

Flosculeux *adj. (du lat. flos, fleur).*

[Flosculous] Se dit d'une fleur d'Astéracées composée uniquement de fleurons. Une telle fleur appartient aux Tubuliflores.

Flottaison *n. f.* [Floating] Aptitude d'un organisme vivant à flotter.

Fluor *n. m. (mot lat., écoulement).* [Fluorine] Symb.: F – Élément chimique (Z = 9) du groupe des halogènes. C'est un oligoélément présent surtout dans les os et les dents (0,03 % dans l'émail) où il forme des cristaux de fluoroapatite ($Ca_{10}(PO_4)_6F_2$) ce qui les rend plus durs. Il joue un rôle dans la prévention des caries.

Fluviatile *adj.* [Fluvial] Qui vit dans les eaux douces courantes ou au bord des rivières.

FMN Sigle de Flavine mononucléotide.

Fœtus *n. m. (mot lat., gestation).* [F(o)etus] Chez les Mammifères vivipares, futur individu dès lors qu'il présente les traits caractéristiques de l'espèce (chez l'Homme, à partir du 3e mois), jusqu'à sa naissance. Le fœtus vit dans l'utérus, relié à sa mère par un placenta.

Foie *n. m.* [Liver] Chez les Vertébrés, organe de l'appareil digestif issu du bourgeonnement de l'épithélium duodénal. C'est la glande la plus volumineuse, à sécrétion exocrine (bile) et endocrine (lipoprotéines, glucose, protéines plasmatiques). Ces deux modes sécrétoires sont exercés par les mêmes cellules, les *hépatocytes*, cellules épithéliales polyédriques et polarisées.

Foliacé *adj.* [Foliaceous] Se dit d'un organe ou d'un organisme, notamment d'un Lichen, qui à l'apparence d'une feuille. Ex.: *Lobaria sp., Palmeria sp.*

Foliation *n. f.* [Foliation] ▸ ① Disposition des feuilles sur la tige; ▸ ② **Syn.**: Feuillaison.

Foliicole *adj. (du lat. folium, feuille et colere, habiter).* [Foliicolous] Qui vit sur les feuilles (surtout les Champignons).

Foliole *n. f.* [Leaflet] Chacune des parties d'une feuille composée. En fonction de leur nombre, la feuille sera bifoliolée, trifoliolée ou multifoliolée. Une feuille se distingue d'une foliole par la présence d'un bourgeon axillaire à la base de la feuille.

Folique *adj.* Voir Acide folique.

Follicule *n. m. (du lat. folliculus, petit sac).* [Follicle] ▸ ① Fruit sec déhiscent qui s'ouvre par une seule fente de déhiscence (ventrale). Il est issu d'un ovaire unicarpellé. **Ex.**: Ancolie (*Aquilegia sp.*), Hellébore (*Helleborus sp.*), Pivoine (*Paeonia sp.*); ▸ ② Petite structure arrondie à l'intérieur d'un organe ou d'un tissu. Voir ci-après.

Follicule de De Graaf *m.* [Graafian follicle] Chez les Mammifères, follicule ovarien tertiaire juste avant l'ovulation. Il est composé d'une *thèque externe* fibreuse, d'une *thèque interne* vascularisée sécrétant des œstrogènes, de la *granulosa* qui ménage en son centre une cavité, *l'antrum*. Les cellules de la granulosa entourant l'ovocyte forme la *corona radiata* et celles qui le rattachent à la paroi forme le *cumulus oophorus*.

Follicule lymphatique *m.* [Lymphatic follicle] Corps globuleux caractéristique du tissu lymphatique et composé de leucocytes. Certains présentent un centre plus clair, le centre germinatif, composé de lymphocytes B, de cellules dendritiques et de macrophages. Les follicules peuvent se regrouper dans des organes, les *ganglions lymphatiques*, ou former des amas de follicules dits agrégés.

Follicule ovarien *m.* [Ovarian follicle] Structure composée d'un ovocyte et des cellules folliculaires qui l'entourent. Chez les Insectes, l'ovocyte est entouré d'une seule couche de cellules folliculaires. Chez les Vertébrés non-mammaliens, la maturation des follicules concerne l'ovocyte et non pas les cellules folliculaires. Chez les Mammifères Marsupiaux et Euthériens, les cellules folliculaires se multiplient énormément alors que l'ovocyte reste petit et alécithe. Chez ces derniers, on distingue:

• des **follicules primordiaux** entourés incomplètement par quelques cellules;

• des **follicules primaires**, entourés d'une couche continue de cellules folliculaires;

• des **follicules secondaires** entourés de plusieurs couches cellulaires;

• des **follicules tertiaires**, apparaissant seulement à la maturité sexuelle et dont la granulosa se creuse d'une cavité ou *antrum*;

• des **follicules de De Graaf**, dont l'antrum est vaste (voir Follicule de De Graaf).

Follicule pileux *m.* [**Hair follicle**] Chez les Mammifères, structure cutanée qui résulte de l'invagination de l'épiderme jusqu'au derme voire jusqu'à l'hypoderme et qui représente le site de formation du poil. La paroi du follicule pileux comprend une *gaine conjonctive externe* et une *gaine épithéliale interne*. La base du follicule s'élargit en un *bulbe pileux* qui possède une saillie centrale, la *papille dermique*. Le poil pousse à partir de la papille et est guidé par la paroi du follicule vers la surface de la peau.

Follicule thyroïdien *m.* [**Thyroid follicle**] Voir Thyroïde.

Folliculine *n. f.* [**Folliculin**] **Syn.** désuet d'Œstrone. Voir Œstrogènes.

Folliculogenèse *n. f. (de follicule et du gr. genesis, formation).* [**Follicle genesis**] Processus de maturation d'un follicule primordial jusqu'à l'ovulation ou l'atrésie.

Folliculostimuline *n. f.* [**Follicle stimulating hormone**]. Sigle: FSH – Hormone adénohypophysaire qui stimule la maturation des follicules ovariens et la sécrétion d'œstrogènes. Elle stimule le synthèse de testostérone par les cellules de Sertoli. Sa synthèse est sous le contrôle de la FSH-RH ou gonadolibérine, elle-même sous rétrocontrôle par les œstrogènes, la testostérone et l'inhibine. **Syn.**: Folliculotropine, Gonadotrop(h)ine.

Folliculotropine *n. f.* [**Folliculotropin**] **Syn.**: Folliculostimuline.

Fondation *n. f.* [**Foundation**] Établissement d'une nouvelle colonie chez les animaux sociaux.

Fondatrice *n. f. et adj. f.* [**Founder**] Se dit de la reine qui est à l'origine d'une nouvelle colonie, chez les animaux sociaux.

Fongicole ou Fungicole *adj. (du lat. fungus, champignon et colere, habiter).* [**Fungicolous**] Se dit d'un organisme qui vit dans un Champignon. **Syn.**: Mycétophile.

Fongique *adj. (du lat. fungus, champignon).* [**Fungal**] Relatif aux Champignons.

Fongivore ou Fungivore *adj. (du lat. fungus, champignon et vorare, manger).* [**Fungivorous**] Qui se nourrit de Champignons.

Fontinal *adj. (du lat. fons, fontis, fontaine, source).* Qui vit dans ou autour des sources.

Foramen *n. m. (mot lat., ouverture).*

[Foramen] Chez les Brachiopodes, orifice situé entre la valve ventrale et la valve dorsale, par lequel sort le pédoncule de fixation le cas échéant.

Foramen interventriculaire du cerveau *m.* **Syn.**: Trou de Monro.

Forcipule *n. m.* Chez les Myriapodes Opisthogonéates, chacun des deux appendices puissants du premier métamère du tronc, en forme de crochet, soudés par leur coxopodite. Ils servent à saisir et immobiliser leurs proies grâce à une glande à venin qui leur est reliée.

Forêt *n. f. (du lat. silva forestis, forêt du tribunal royal, de forum, tribunal).* [Forest] Formation végétale ligneuse constituée d'arbres feuillus ou résineux qui dominent un sous-bois. On distingue de l'équateur au nord:

- la **forêt pluvieuse tropicale** ou **Pluviisylve;**
- la **forêt tropophile** ou **Hiémisylve;**
- la **forêt sclérophylle** ou **Durisylve;**
- la **forêt caducifoliée** ou **Estisylve;**
- la **forêt pluvieuse tempérée;**
- la **forêt mixte de Conifères et de feuillus;**
- la **forêt boréale de Conifères** ou **Aciculisylve.**

Forêt-galerie *n. f.* [Gallery-forest] Forêt longue et étroite qui longe les rives d'un cours d'eau.

Forêt primaire *f.* Forêt climacique.

Formation végétale *f.* [Plant community] Ensemble des végétaux qui possèdent un habitus semblable et qui forment une unité végétale homogène.

Forêt primitive *f.* Forêt qui a gardé son état climacique d'origine, sans jamais avoir été perturbée par l'Homme.

Formique *adj.* Voir Acide formique.

Formule dentaire *f.* [Dental formula] Nombre de dents d'une demi-mâchoire écrit sous forme de fractions avec le nombre de dents supérieures au numérateur et le nombre de dents inférieures au dénominateur suivies d'une lettre correspondant au type de dent. **Ex.**: Formule fondamentale des Carnivores: 3 I + 1 C + 4 PM + 3 M = 44

Formule florale *f.* [Floral formula] Représentation sous forme chiffrée de la composition d'une fleur. Ex: aS + bP + cE + dC où S = sépale, P = pétale, E = étamine, C = carpelle et où a, b, c, d sont les nombres de pièces florales. Elle indique en outre le type de symétrie de la fleur, la disposition des pièces florales et la position du gynécée.

N-formylméthionine *n. f.* [N-formylmethionine] Premier acide aminé d'une protéine qui se forme lors de la traduction des ARNm chloroplastiques, mitochondriaux et bactériens.

Fosse ovale *f.* Vestige du trou de Botal chez les adultes de certains Mammifères dont l'Homme, apparaissant comme une petite dépression au niveau du septum interauriculaire du cœur.

Fosse temporale *f.* [Temporal fossa] Chez les Amniotes excepté les Chéloniens (anapsides), ouverture du toit dermique en arrière de l'orbite, faisant apparaître le neurocrâne enchondral sous-jacent. Elles peuvent être doubles (l'une inférieure, l'autre supérieure) ou uniques (inférieure ou supérieure).

Fossette *n. f.* [Dimple] Organe thermosensible résultant de l'invagination du tégument, chez les Crotalinés (fossette faciale) et les Boïdés (fossette labiale).

Fouet *n. m.* Extrémité de l'aile des Oiseaux.

Fougeraie *n. f.* Formation végétale composée de Fougères.

Fouisseur *adj. et n. m.* [Burrowing] Se dit des animaux qui creusent des galeries, des terriers. **Ex.**: Taupe.

Foulaie *n. f.* **Syn.**: Hêtraie.

Fourche de réplication *f.* [Replication fork] Site de réplication de l'ADN au niveau duquel les deux brins se séparent et où s'assemblent les nucléotides pour former les brins complémentaires.

Fourmilière *n. f.* [Anthill] Habitation construite par les sociétés de Fourmis, formée de nombreuses chambres reliées par des galeries.

Fourreau *n. m.* [Sheath] Enveloppe protéique dont s'entourent certains Invertébrés pour leur protection. **Ex.**: Fourreau des Phryganes.

Fourrure *n. f.* [Fur, Coat] Pelage dense et fin de certains animaux.

Fovéa *n. f. (du lat. fovea (centralis), fosse (centrale)).* [Fovea] Chez de nombreux Vertébrés, dépression centrale de la tache jaune de la rétine, où les photorécepteurs sont des cônes recevant directement la lumière et où ils sont reliés chacun à un neurone bipolaire.

Fragment d'Okasaki *m.* [Okasaki fragment] Courte séquence d'ADN formée lors de la réplication de l'ADN par l'ADN polymérase à partir du brin d'ADN 3' 5'. Chaque séquence est formée de 100 à 200 nucléotides chez les Eucaryotes et de 1000 à 2000 nucléotides chez les Procaryotes. Les fragments se forment à partir d'une amorce d'ARN, formée par une ADN primase. L'amorce sera ensuite digérée et les fragments reliés les uns aux autres par une ADN ligase pour former un brin continu.

Fragment Fab *m.* [Fab fragment] Segment d'une immunoglobuline obtenu grâce à l'hydrolyse par la papaïne. Il contient le paratope qui se lie à l'antigène.

Frai *n. m.* ▸ ① Ponte par les femelles de Poissons associée à l'émission de laitance par les mâles. [Spawning]; ▸ ② Groupe d'œufs fécondés chez les Poissons et les Amphibiens. [Spawn]

Frangeant *adj. (de l'angl. to fringe, franger).* Se dit d'un récif corallien lorsqu'il touche la terre ferme.

Fraxinaie *n. f. (du lat. fraxinus, Frêne).* **Syn.**: Frênaie.

Frayage *n. m.* [Facilitation] Facilitation progressive du passage d'un influx nerveux dans un nerf du fait de la répétition de ce passage.

Frayère *n. f.* [Spawning ground] Lieu où les poissons déposent leurs œufs.

Frein *n. m.* [Fr(a)enum] Repli cutané servant à retenir une structure, un organe. **Ex.**: Frein de la langue, frein du prépuce.

Frênaie *n. f. (de Frêne).* Peuplement de Frênes (*Fraxinus excelsior*, Oléacées). **Syn.**: Fraxinaie.

Frénulum *n. m. (du lat. frenum, frein).* [Frenulum] Chez certains Annélides Pogonophores, partie antérieure du mésosome lorsque ce dernier est nettement séparé du protosome.

Frondaison *n. f. (du lat. frons, frondis, feuillage).* Ensemble des feuilles d'un arbre. [Foliage]; leur apparition. [Foliation]

Fronde *n. f. (du lat. frons, frondis, feuillage).* [Frond] ▸ ① Feuille des Filicinées; ▸ ② Thalle foliacé de certaines grandes Algues.

Frontaline *n. f.* [Frontalin] Phéromone émise par le mâle du Coléoptère *Dendroctonus brevicomis* après qu'il a été attiré par la phéromone femelle, *l'exobrébicomine*, la femelle ayant été elle-même attirée par le *myrcène* d'un arbre. Le mélange myrcène, exobrévicomine et frontaline constitue une phéromone grégaire qui attire mâles et femelles.

Frottis *n. m.* [Smear] Préparation sur lame mince d'un liquide biologique en vue de son examen en microscopie. Cette préparation nécessite l'étalement, le séchage, la fixation et la coloration du produit étudié.

Fructicole *adj. (du lat. fructus, fruit et colere, habiter).* [Fructicolous] Qui vit dans les fruits.

Fructifère *adj. (du lat. fructus, fruit et ferre, porter).* [Fructiferous] Qui porte des fruits.

Fructification *n. f.* [Fruition, Fructification] Formation des fruits; époque de cette formation.

Fructose *n. m. (du lat. fructus, fruit et suff. -ose).* [Fructose] Monosaccharide du groupe des cétohexoses, représentant le sucre principal des fruits. Ses formes phosphorylées (*fructose-6-phosphate, fructose-1,6-bisphosphate, fructose-2,6-bisphosphate*) sont des métabolites intermédiaires de la glycolyse, du cycle de Calvin et des synthèses d'amidon, de saccharose et de glycogène. Formule: $C_6H_{12}O_6$. **Syn.**: Lévulose (= L-fructose).

Frugivore *adj. et n. m. (du lat. frux, frugis, récolte et vorare, manger).* [Frugivorous (adj.)] Qui se nourrit de fruits. **Syn.**: Carpophage.

Fruit *n. m.* [Fruit] Chez les Angiospermes: ▸ ① **Fruit simple:** Organe qui contient les graines, et qui résulte de la croissance et de la transformation d'un ovaire (cas des fruits vrais). La paroi d'un fruit ou *péricarpe* est composée de l'extérieur vers l'intérieur d'un *épicarpe*, d'un *mésocarpe* et d'un *endocarpe*. Les graines sont issues du développement des ovules; un fruit est *monosperme* s'il n'en contient qu'une, *polysperme* sinon. On distingue les fruits qui possèdent un mécanisme de dispersion des graines, les fruits *déhiscents*, et ceux qui n'en possèdent pas, les fruits *indéhiscents*. Parmi ces deux catégories existent des *fruits charnus* et des *fruits secs* ce qui permet finalement de distinguer 4 catégories:

- les **fruits secs déhiscents:** capsules, follicules, gousses;
- les fruits secs indéhiscents: akènes;
- les **fruits charnus déhiscents:** baies;
- les **fruits charnus indéhiscents:** drupes;

▸ ② **Fruit composé** ou **multiple:** Groupe de plusieurs fruits simples issus de carpelles indépendants appartenant à une même fleur; **Ex.**: Polyakène des Renoncules, Polydrupe des Ronces; ▸ ③ **Fruit complexe** ou **faux-fruit** ou **pseudo-fruit:** Groupe de plusieurs fruits simples associés à d'autres structures de la fleur. **Ex.**: Fraise (akènes associés au réceptacle), cynorhodon (akènes associés au conceptacle). Lorsque les fruits simples proviennent de fleurs différentes, le fruit global est une *infrutescence*. **Ex.**: Ananas, figue. Voir Tableaux des fruits.

Frustule *n. m. ou f. (du lat. frustum, fragment).* [Frustule] Coque protectrice siliceuse des Bacillariophycées (anciennes Diatomées), formée de deux valves: la valve supérieure ou *épivalve* ou *épithèque* et la valve inférieure ou *hypovalve* ou *hypothèque*.

Frutescent *adj. (du lat. frutex, arbrisseau).* [Frutescent] Qui possède des tiges ligneuses sans être un arbre. Tous les arbustes et les arbrisseaux sont frutescents.

Frutex *n. m.* [Frutex] Tout arbuste ou arbrisseau.

Fruticée *n. f. (du lat. frutex, arbrisseau).* [Fruticeta] Formation végétale ouverte, formée de plantes frutescentes. **Ex.**: Maquis. **Syn.**: Buissonnaie.

Fruticuleux *adj. (du lat. frutex, arbrisseau).* [Fruticose] Se dit d'un Lichen dont le thalle est dressé, ramifié à la manière d'un arbrisseau. **Ex.**: Usnée (*Usnea sp.*).

FSH *n. f.* [FSH] Sigle de Folliculostimuline.

FTS *n. m. (Sigle de Facteur thymique sérique).* **Syn.**: Thymuline.

Fucose *n. m. (de Fucus et suff. -ose).* [Fucose] Hexose des glycoprotéines des Algues brunes (Phéophycées). **Syn.**: 6-Désoxygalactose.

Fucoxanthine *n. f.* [Fucoxanthin] Caroténoïde des Phéophycées (Algues brunes). **Syn.**: Phycoxanthine.

Fulcre *n. m. (du lat. fulcrum, soutien).* Chez les Zygomycètes Mucorales, petite expansion filiforme émise par les suspenseurs et entourant parfois la zygospore.

Fulcrum *n. m. (mot lat., support).* [Fulcrum] Chez les Rotifères (Lophotrochozoaires Syndermates), pièce impaire du mastax (appareil masticateur) portant les mâchoires.

Fumarase *n. f.* [Fumarase] Dans le cycle de Krebs, enzyme qui catalyse l'hydratation du fumarate en malate.

Fungicole → **Fongicole**

Fungivore → **Fongivore**

Funiculaire *adj.* [Funic] Relatif à un cordon (spermatique, ombilical...).

Funicule *n. m. (du lat. funiculus, petite corde).* ▸ ① Chez les Angiospermes, filament qui relie l'ovule au placenta. [Funicle]; ▸ ② Chez les Gastéromycètes Nidulariales, filament qui relie chaque péridiole au péridium.

Furca *n. f. (mot lat., fourche).* [Furca] Chez les Hexapodes Collemboles, appendice impair du 4e métamère abdominal formé d'une partie basilaire ou *manubrium* portant deux branches ou *rami*. Au repos, la fulcra est ramenée sous l'abdomen et est accrochée au *rétinacle*. Des contractions musculaires décrochent la fulcra brusquement et provoque le saut de l'animal.

Fuscine *n. f. (du lat. fuscus, noir).* [Fuscin] Pigment noir de la rétine, proche de la mélanine.

Fuseau achromatique *m.* [Achromatic spindle] Ensemble des microtubules qui se mettent en place entre les deux pôles astraux d'une cellule qui entre en division mitotique ou méiotique. Les *microtubules kinétochoriens* se fixent aux kinétochores des chromosomes, à la différence des *microtubules polaires* qui se terminent libres au niveau de l'équateur de la cellule. Les *microtubules astraux* rayonnent dans toutes les directions à partir des centrosomes. Le fuseau apparaît pendant la prophase à partir de la division du centrosome en deux asters qui formeront les pôles du fuseau. Ces microtubules sont responsables de la migration des chromosomes vers les pôles lors de l'anaphase. Lors de la cytodiérèse, la position du fuseau détermine le site du sillon de division dans les cellules animales ou le site du phragmoplaste dans les cellules végétales. **Syn.**: Fuseau mitotique, Fuseau de division.

Fuseau mitotique, Fuseau de division *m.* [Mitotic spindle] **Syn.**: Fuseau achromatique.

Fuseau neuromusculaire *m.* [**Neuromuscular spindle**] Chacun des corpuscules propriocepteurs situés à l'intérieur des muscles striés squelettiques des Tétrapodes. Ils sont formés de quelques myocytes intrafusoriaux modifiés enfermés dans une capsule de tissu conjonctif. Ces myocytes sont entourés de fibres nerveuses sensitives de type Ia et II sensibles à l'étirement des muscles, ce qui permet au système nerveux central de connaître l'état d'étirement du muscle.

Futaie *n. f.* Forêt d'arbres élevés.

G

G Symbole de la glycine dans la formule des protéines.

GABA *n. m. (acronyme de Gamma-aminobutyric acid).* [GABA] Acide aminé non constitutif des protéines, neurotransmetteur inhibiteur qui déclenche l'ouverture de canaux Cl^- ce qui provoque une hyperpolarisation membranaire. Il est synthétisé par décarboxylation de l'acide glutamique. Formule: $H_2N–(CH_2)_3–COOH$. **Syn.**: Acide pipéridique, Acide 4-aminobutanoïque.

GAG *n. m.* Sigle de Glycosaminoglycane.

Gaine *n. f. (du lat. vagina, fourreau).* ▸ ① Élément foliaire qui entoure la tige et qui provient du développement des stipules ou du pétiole. [Leaf sheath]; ▸ ② **Gaine de Schwann**, syn.: Neurolemme. [Schwann sheath].

Gaine tentaculaire *f.* Chez les Ectoproctes, invagination en doigt de gant à partir de l'orifice cystidien dans laquelle peut se replier le lophophore.

Galactane *n. m. (du gr. gala, galaktos, lait).* [Galactan] Polyholoside de galactose formant les branches latérales des pectines.

Galactogène *adj. et n. m. (du gr. gala, galaktos, lait et genos, naissance).* ▸ ① Qui stimule la sécrétion de lait. [Galactogogue]; ▸ ② N. m. Galactane de la mucine des Escargots constitués de D- et L-galactoses unis par liaisons 1,3. [Galactogen]

Galactokinase *n. f. (de galacto(se) et kinase).* [Galactokinase] Enzyme hépatique qui catalyse la phosphorylation du galactose en galactose-1-phosphate.

Galactophore *adj. (du gr. gala, galaktos, lait et pherein, porter).* [Galactophore] Voir Canal galactophore.

Galactolipide *n. m. (de galacto(se) et lipide).* [Galactolipid] Tout lipide complexe comportant un galactose.

Galactopoïèse *n. f. (du gr. gala, galaktos, lait et poiein, faire).* [Galactopoiesis] Élaboration du lait par les glandes mammaires.

Galactosamine *n. f. (du gr. gala, galaktos, lait et amine).* [Galactosamine] Voir Hexosamine.

Galactose *n. m. (du gr. gala, galaktos, lait et suff. -ose).* [Galactose] Aldohexose isomère du glucose dont il diffère par la position de l'hydroxyle sur le C 4. Il est présent dans le lait sous forme liée au glucose, le *lactose*.

Galactosidase *n. f.* [Galactosidase] Enzyme qui catalyse l'hydrolyse des galactosides. On distingue l'α- et la β-galactosidase. **Ex.**: Galactosidase bactérienne, galactosidase des lysosomes.

Galactosyltransférase *n. f.* [Galactosyltransferase] Chez les Mammifères, protéine réceptrice de la membrane plasmique de la tête des spermatozoïdes qui se lie avec les N-acétyl-D-galactosamines de la protéine ZP 3 de la zone pellucide. Cette liaison déclenche la réaction acrosomiale.

Galbule *n. f. (du lat. galbulus, pomme de cyprès).* [Yew berry] Cône femelle réduit à seulement quelques écailles ovulifères charnues, présent chez certains espèces de Conifères comme les Genévriers (*Juniperus sp.*).

Galerie *n. f.* [Gallery] Petit tunnel creusé par certains animaux dans le sol ou le bois et servant de lieu de passage entre leurs différents lieux de vie.

Galle *n. f.* [Gall] **Syn.**: Cécidie.

Gallicole *adj. (de galle et du lat. colere, habiter).* [Gallicolous] Qui vit dans une galle.

Galligène *adj. (de galle et du gr. genos, origine).* [Galligenous] **Syn.**: Cécidogène.

Gallique *adj.* Voir Acide gallique.

Galop *n. m.* [Gallop] Chez les Chevaux, les zèbres et certains autres quadrupèdes, allure naturelle la plus rapide.

Galvanisation *n. f. (de Galvani, médecin italien).* [Galvanism] Application de courants électriques continus de faible tension sur des éléments excitables comme les muscles et les nerfs, dans un but expérimental ou thérapeutique.

Galvanotaxie, Galvanotropisme [Galvanotaxis, Galvanotropism] Voir Taxie et Tropisme.

Gamétange *n. m. (de gamète et du gr. aggos, réceptacle).* [Gametangium] Chez les Cormophytes, organe reproducteur produisant les *gamètes*. Le gamétange mâle est *l'anthéridie* et produit les *anthérozoïdes*; le gamétange femelle est *l'archégone*, produit *l'oosphère* et donne leur deuxième nom aux Cormophytes, les *Archégoniates*. Les gamétanges sont portés par le *gamétophyte*. **Ant.**: Gamétocyste.

Gamétangie *n. f. (de gamète et du gr. aggos, réceptacle).* [Gametangiogamy] Mode de fécondation par fusion des gamétanges.

Gamète *n. m. (du gr. gametê, épouse).* [Gamete] Cellule reproductrice sexuée haploïde. Gamètes mâles et femelles sont généralement différents par leur forme, leur taille et leur mobilité. Les gamètes mâles sont les *spermatozoïdes* chez les Animaux et les *anthérozoïdes* chez les Végétaux; les gamètes femelles sont les *ovules* chez les Animaux et les *oosphères* chez les Végétaux. Les gamètes de sexe opposé fusionnent pour former un zygote diploïde et initient ainsi la diplophase. **Ant.**: Agamète.

Gamétocyste *n. m. (de gamète et kustis, vessie).* [Gametocyst] Chez les Thallophytes, organe reproducteur produisant les gamètes. Le gamétocyste provient du développement d'une seule cellule et les gamètes ne sont entourés que par la paroi squelettique de cette seule cellule. Le gamétocyste mâle est une *anthéridie*, le gamétocyste femelle une *oogone* ou *oocyste*. **Ant.**: Gamétange.

Gamétogenèse *n. f. (de gamète et du gr. genos, naissance).* [Gametogenesis] Différenciation des gamètes. Chez les Animaux, on distingue la formation des gamètes mâles ou *spermatogenèse* et la formation des gamètes femelles ou *ovogenèse*.

Gamétokyste *n. m. (de gamète et kyste).* Chez les Grégarines (Protozoaires Apicomplexes Sporozoaires), kyste formé par deux gamontes mâle et femelle après qu'ils se sont accouplés. À l'intérieur du kyste, le noyau diploïde se divise activement, les noyaux fils migrent à la périphérie, s'entourent d'une portion de cytoplasme et forment les gamètes par pédicularisation. Les gamètes fusionneront et donneront des ookystes (spores). Le gamétokyste plein d'ookystes est rejeté à l'extérieur et libère les spores qui donneront les sporozoïtes.

Gamétophyte *n. m. (de gamète et du gr. phuton, plante).* [**Gametophyte**] Chez les Végétaux et les Champignons, organisme haploïde qui représente la partie haploïde du cycle de développement et qui produit les gamètes. Les gamétophytes peuvent être bisexués ou unisexués. Chez les Préspermatophytes et les Spermatophytes, le gamétophyte femelle ou **mégagamétophyte** est *l'endosperme* ou le *sac embryonnaire* alors que le gamétophyte mâle ou **microgamétophyte** est le *grain de pollen*. **Ant.**: Sporophyte.

Gamocarpellé *adj. (du gr. gamos, mariage et carpelle).* [**Gamocarpellous**] Dont les carpelles sont soudés en un ovaire unique. **Syn.**: Cénocarpe, Syncarpe.

Gamogonie *n. f. (du gr. gamos, mariage et gonos, génération).* [**Gamogony**] **Syn.**: Reproduction sexuée.

Gamone *n. f.* [**Gamone**] Toute substance qui favorise le rapprochement des gamètes. Les *gynogamones* sont produites par l'ovule, les *androgamones* par le spermatozoïde. **Ex.**: Fertilisine (Gynogamone), Antifertilisine (Androgamone).

Gamonte *n. m.* [**Gamont**] Chez certains Protozoaires, individu haploïde dont les divisions successives de son noyau aboutissent à la formation de nombreux gamètes.

Gamopétale *adj. (du gr. gamos, mariage et pétale).* [**Gamopetalous**] Dont les pétales sont soudés. **Ant.**: Dialypétale, Choripétale.

Gamosépale *adj. (du gr. gamos, mariage et sépale).* [**Gamosepalous**] Dont les sépales sont soudés. **Ant.**: Dialysépale, Chorisépale.

Gamostémone *adj. (du gr. gamos, mariage et stamen, fil).* [**Gamostemon**] Dont les étamines sont soudées.

Ganglion lymphatique *m.* [**Lymph gland**] Chez les Amniotes, organe lymphatique secondaire qui provient de la dilatation de vaisseaux lymphatiques. Leurs macrophages épurent la lymphe de ses corps étrangers et les lymphocytes T qui se lient aux antigènes déclenchent la réaction immunitaire. Chez les Anoures, les Reptiles et les Oiseaux, ils possèdent une organisation primitive. Les vrais ganglions sont caractéristiques des Mammifères. Une capsule conjonctive entoure le tissu conjonctif réticulaire et émet des travées conjonctives. Le tissu conjonctif réticulaire soutient les cellules immunitaires, est parcouru de sinus lymphatiques (capillaires) et présente trois régions concentriques: le *cortex externe*, composé de lymphocytes B regroupés en follicules lymphatiques, le *paracortex* constitué de lymphocytes T et de cellules dendritiques, et la *médulla interne* formée de plasmocytes et de macrophages. **Syn.**: Nœud lymphatique.

Ganglion nerveux *m.* [**Nerve ganglion**] Amas de corps cellulaires dont les axones forment les nerfs. Les ganglions associés aux nerfs afférents (sensitifs) sont situés de part et d'autre de la moelle épinière ou dans l'encéphale: ce sont les **ganglions rachidiens et crâniens**. Les ganglions associés aux nerfs efférents (moteurs) du système nerveux autonome sont situés soit près du SNC (**ganglions du tronc sympathique**), soit à l'avant de la colonne (**ganglions prévertébraux**) soit dans ou près de l'organe desservi (**ganglions intra- et extramuraux**). Dans ces ganglions existent des synapses entre neurones préganglionnaires et postganglionnaires et des synapses avec des neurones d'intégration.

Ganglioside *n. m.* [Ganglioside] Sphingoglycolipide dont la structure de base est un lactosylcéramide et qui possède toujours un oligosaccharide présentant un ou plusieurs acides sialiques (acide N-acétylneuraminique). Les gangliosides existent dans la membrane plasmique de la plupart des cellules, et sont abondants dans celle des neurones. Ils interviennent probablement dans la protection des membranes contre l'environnement extérieur et dans la réception de molécules extracellulaires. **Ex.**: Ganglioside GM1 (récepteur de la toxine tétanique).

Gangue *n. f.* [Sheath] Chez les Amphibiens, couche mucopolysaccharidique qui entoure l'œuf et qui gonfle au contact de l'eau. La gangue est sécrétée par les voies génitales femelles lors du passage de l'œuf.

Ganoïde *adj. (du gr. ganos, éclat).* [Ganoid] Se dit des écailles de certains Poissons caractérisées par le remplacement de l'émail par une couche superficielle de *ganoïne*. Les écailles ganoïdes véritables n'existent plus que chez les Polyptères et les *Lepisosteus*. La ganoïne et la dentine disparaissent chez tous les autres Actinoptérygiens, les écailles ganoïdes étant transformées en fines lamelles ou *écailles élasmoïdes* chez les Téléostéens.

Gap junction *f.* **Syn.**: Jonction gap. Voir Jonction cellulaire.

Garenne *n. f.* [Warren] Étendue boisée où vivent les Lapins sauvages.

Garrigue *n. f. (du provenç. garric, terrain pierreux).* [Garrigue] Formation végétale méditerranéenne basse, ouverte, sur sol calcaire, composée d'une fruticée thermoxérophile. La garrigue correspond à un stade régressif de la chênaie sclérophylle.

Gastérozoïde *n. m.* [Gasterozooid] Chez les Dolioles (Tuniciers Thaliacés), chacun des blastozoïdes attachés sur les côtés de l'appendice dorsal de l'oozoïde.

Gastralia *n. f.* [Gastralia] Formation osseuse dermique ventrale des Rhynchocéphales et des Crocodiliens. **Syn.**: Côte abdominale, Parasternum.

Gastrine *n. f. (du gr. gastêr, gastros, ventre et suff. -ine).* [Gastrin] Hormone polypeptidique endocrine sécrétée par les cellules G de la muqueuse gastrique lorsqu'elles sont stimulées par des substances chimiques comme les peptides et la caféine ou par une augmentation du pH. La gastrine stimule la sécrétion du suc gastrique (HCl surtout) et la contraction des muscles lisses de l'intestin.

Gastrozoïde ou Gastrozoïte *n. m. (du gr. gastêr, gastros, ventre et zôoeidês, semblable à un animal).* [Gastrozooid] Chez les Hydrozoaires coloniaux, polype nourricier spécialisé dans la prise de nourriture grâce à la présence d'un filament pêcheur urticant inséré à sa base. Ce filament est parfois absent (*Vellela*).

Gastrula *n. f. (dimin. du lat. gastra, vase).* [Gastrula] Stade embryonnaire qui résulte des grands mouvements morphogénétiques affectant la blastula. Dans une gastrula, les feuillets embryonnaires sont en place et l'organogenèse commence pour former le stade suivant, la neurula.

Gastrulation *n. f.* [Gastrulation] Seconde phase du développement embryonnaire au cours de laquelle des mouvements morphogénétiques remanient la blastula et répartissent les blastomères en feuillets embryonnaires (2 ou 3).

Gaulis *n. m.* [Sapling stage] Formation forestière jeune, stade intermédiaire entre le taillis et la futaie, et caractérisée par des pousses grandes mais encore minces.

Gause *n. pr.* Voir Principe de Gause.

Gelée royale *f.* [Royal jelly] Chez les Abeilles, substance énergétique produite par les glandes pharyngiennes des ouvrières et qui rend sexuées les larves à qui elle est distribuée. Ces larves deviendront donc des reines ou des faux-bourdons.

Gélose *n. f. (de gél(atine) et ose).* [Gelose] Chez certaines Algues marines, composé pectique formé de galactose, prenant l'aspect d'une gelée à température ambiante, ce qui permet son utilisation dans la confection de milieux de culture. **Syn.**: Agar-agar.

Gelsoline *n. f.* [Gelsolin] Protéine liant l'actine de 90 kDa et dont le rôle est de fragmenter le réseau d'actine. Elle est activée par la liaison à un ion Ca^{2+}. Cela entraîne le relâchement du cytoplasme qui est nécessaire lors des processus de fusion membranaire (entre cellules, entre organites).

Gémellipare *adj. (du lat. gemellus, jumeau et parere, engendrer).* [Gemelliparous] Qui porte des jumeaux, phénomène appelé *gémelliparité*.

Géminé *adj.* [Geminate] Qui se présente par paires.

Gemmation *n. f. (du lat. gemmare, bourgeonner).* [Gemmation] Formation de bourgeon chez les plantes et chez certains animaux qui se reproduisent par bourgeonnement.

Gemme *n. f. (du lat. gemma, pierre précieuse).* ▸ ① Production résineuse brute des Conifères. [Pine resin]; ▸ ② Diaspore issue du gamétophyte de certaines Mousses et Hépatiques par multiplication végétative. De la gemme émergera un nouveau protonéma.

Gemmifère *adj. (du lat. gemma, pierre précieuse ou bourgeon, et ferre, porter).* [Gemmiferous] ▸ ① Qui produit de la gemme; ▸ ② Qui porte des bourgeons, en parlant d'une plante.

Gemmiparité *n. f.* [Gemmiparity] **Syn.**: 2. Bourgeonnement.

Gemmule *n. f. (du lat. gemma, bourgeon).* [Gemmule] ▸ ① Bourgeon apical de la plantule lorsqu'elle est encore incluse dans la graine. **Syn.**: Plumule; ▸ ② Chez les Spongiaires, forme de résistance libérée à la mauvaise saison lors de la mort de l'organisme maternel. Les gemmules sont des amas de cellules indifférenciées dans une coque protectrice pourvue d'amphidisques, et sont élaborées dans la mésoglée. Au printemps, elles germent et forment un nouvel individu.

Gencive *n. f.* [Gum] Portion de la muqueuse buccale qui recouvre la partie dentaire des maxillaires.

Gène *n. m. (du gr. genos, origine).* [Gene] Segment nucléotidique d'ADN fonctionnel (ou d'ARN chez certains Virus) qui code pour un ARN_t ou un ARN_r et le cas échéant pour une chaîne polypeptidique ou plusieurs chaînes isoformes (dans le cas d'épissage alternatif et de modifications post-transcriptionnelles). Un gène peut se présenter sous plusieurs formes légèrement différentes appelées *allèles*.

• **Gène à effet maternel**, gène transcrit en grande quantité dans l'ovocyte lors de sa formation et dont les produits apparaissent dans le zygote avant ceux du génome paternel;

• **Gène codominant**, voir Codominance;

• **Gène constitutif**, syn.: Gène de ménage;

• **Gène continu**, gène de structure dépourvu d'introns, surtout présent chez les Procaryotes;

• **Gène cytoplasmique**, gène porté par des chromosomes mitochondriaux ou chloroplastiques;

• **Gène de ménage**, gène qui s'exprime dans tous les types cellulaires et dont les produits assurent les fonctions indispensables à la survie des cellules. Ils ne subissent donc pas de régulation. **Syn.**: Gène domestique, Gène constitutif;

• **Gène de régulation**, gène qui code pour une protéine régulatrice;

• **Gène de segmentation**, gène régulateur du développement qui détermine le nombre et la polarité des segments (chez la Drosophile, on en compte 22);

• **Gène gap**, chacun des gènes de segmentation qui déterminent une région entière de l'organisme (6 gènes gap chez la Drosophile). **Ex.**: hunchback, giant;

• **Gène pair rule**, chacun des gènes de segmentation qui définissent le nombre de parasegments. **Ex.**: fushitarazu, even-skipped, odd-paired;

• **Gène de polarité segmentaire**, chacun des gènes qui s'expriment dans chaque parasegment en fonction des protéines pair rule et qui déterminent leur polarité antéro-postérieure. **Ex.**: engrailed, wingless.

• **Gène discontinu**, syn.: Gène morcelé;

• **Gène domestique**, syn.: Gène de ménage;

• **Gène extranucléaire**, gène contenu dans l'ADN chloroplastique et mitochondrial. La transmission de ces gènes est non mendélienne. **Syn.**: Gène cytoplasmique, Gène non mendélien;

• **Gène fragmenté**, syn.: Gène morcelé;

• **Gène homéotique**, syn.: Gène sélecteur homéotique;

• **Gène lié au sexe**, gène porté par un chromosome sexuel;

• **Gènes liés**, gènes portés par un même chromosome et suffisamment proches pour être transmis ensemble;

• **Gène morcelé**, gène constitué d'une alternance de séquences codantes (les exons) et non codantes (les introns). **Syn.**: Gène mosaïque, Gène interrompu;

• **Gène mosaïque**, syn.: Gène morcelé;

• **Gène non mendélien**, syn.: Gène extranucléaire;

• **Gène pléiotropique**, gène responsable de plusieurs caractères phénotypiques apparemment éloignés;

• **Gène précoce**, gène viral transcrit dès l'infection. **Ant.**: gène tardif;

• **Gène récessif**, voir Récessif;

• **Gène sélecteur homéotique**, chacun des gènes qui s'expriment après les gènes de segmentation et qui déterminent les structures de chacun des segments. Chez la Drosophile, ils forment deux complexes: le complexe Antennapedia (5 gènes) et le complexe Bithorax, l'ensemble formant le complexe HOM;

• **Gène suppresseur de tumeur**, gène empêchant la formation de tumeurs.

Syn.: Anti-oncogène [**Antioncogene (n.)**]
• **Gène tardif**, gène viral transcrit tardivement. **Ant.**: Gène précoce.

Génération *n. f.* [**Generation**] Ensemble des individus qui sont nés au même moment.

Générique *adj. (du lat. genus, generis, genre).* [**Generic**] Relatif au genre (binôme linnéen).

Génétique *n. f. et adj. (du gr. genêtikos, propre à la génération).* [**Genetics (n.), Genetic (adj.)**] Science de l'hérédité. La **génétique des populations** étudie statistiquement la transmission des gènes dans une population. La **génétique moléculaire** étudie la biochimie des acides nucléiques, leur réparation, leur réplication, leur expression et leur régulation. La **génétique formelle** étudie les gènes et leur transmission. La **génétique du développement** traite des processus génétiques qui ont lieu au cours du développement. La **génétique de l'évolution** est consacrée à l'étude des mécanismes génétiques de l'évolution des espèces.

Genévraie *n. f.* Peuplement de Genévriers (*Juniperus sp.*) représentant souvent une formation de transition avant la forêt. **Syn.**: Genévrière, Junipéraie.

Genévrière *n. f.* **Syn.**: Genévraie.

Génie génétique *m.* [**Genetic engineering**] Ensemble des méthodes et techniques de laboratoire qui permettent d'obtenir de nouvelles combinaisons de gènes ou de fragments de gènes dans le but de modifier le génome d'une cellule ou d'un organisme.

Génique *adj.* [**Genic**] Relatif à un gène.

Génital *adj.* [**Genital**] Relatif à la reproduction de l'homme et des animaux et à leurs organes reproducteurs.

Génitalité *n. f.* [**Genitality**] Aptitude des organismes sexués à se reproduire.

Génome *n. m.* [**Genome**] Ensemble du matériel génétique d'un organisme. Il peut être constitué d'ADN ou d'ARN et être mono- ou bicaténaire. Les **génomes mitochondrial** et **chloroplastique**, correspondant aux molécules d'ADN des organites correspondants.

Génomique *adj. et n. f.* ▸ ① Relatif au génome [**Genomic**]; ▸ ② *N. f.* Discipline qui étudie le génome et ses applications. [**Genomics**]

Génotype *n. m. (de l'all. Genotypus, de Gen, gène et Typus, type).* [**Genotype**] Ensemble de l'information génétique déterminant le phénotype.

Genre *n. m. (du lat. genus, generis, origine).* [**Genus (Pl. Genera)**] En systématique, subdivision de la famille qui regroupe des espèces proches. Le nom de genre est le premier du binôme linéen et porte une majuscule. **Ex.**: *Canis, Bellis, Agaricum, Trypanosoma, Bacillus*.

Géobionte *adj. et n. m. (du gr. gê, terre et bios, vie).* [**Geobiontic (adj.), Geobiont (n.)**] Qui vit dans le sol. **Ex.**: Lombric, Taupe, Rat-taupe. **Syn.**: Géophile.

Géocarpe *adj. (du gr. gê, terre et karpos, fruit).* [**Geocarpic**] Dont les fruits se forment dans la terre. **Ex.**: Arachide (*Arachis hypogea*, Fabacées).

Géome *n. m. (du gr. gê, terre).* Ensemble des composantes abiotiques d'un milieu.

Géonémie *n. f.* [**Geonemy**] Partie de la biogéographie qui décrit la répartition des êtres vivants.

Géophagie *n. f. (du gr. gê, terre et phagein, manger).* [**Geophagy**] Absorption de terre par certains animaux dits *géophages*.

Géophile *adj. (du gr. gê, terre et philein, ami).* [Geophilous] **Syn.**: Géobionte.

Géophyte *n. f. (du gr. gê, terre et phuton, plante).* [Geophyte] Plante qui perd ses organes aériens lors de la mauvaise saison et qui se perpétue par l'intermédiaire de rhizomes (Muguet), de tubercules (Dahlia) ou de bulbes (Jacinthe des bois). Ce terme correspond à un type biologique de la classification de Raunkiaer. Voir le tableau des formes biologiques.

Géophytisme *n. m. (du gr. gê, terre et phuton, plante).* [Geophytism] Ensemble des caractères d'une géophyte.

Géotaxie *n. f. (du gr. gê, terre et taxie).* [Geotaxis] Voir Taxie.

Géotropisme *n. m. (du gr. gê, terre et tropisme).* [Geotropism] **Syn.** ancien de Gravitropisme.

Géraniol *n. m. (de gérani(um) et (alco)ol).* [Geraniol] Alcool monoterpénique non cyclique à deux liaisons insaturées, présent dans les essences de certaines plantes (Pélargonium, Rose, Citronnelle).

Germarium *n. m.* [Germarium] Chez certains Invertébrés, notamment les Insectes, région de l'ovariole qui contient les cellules germinales primordiales qui donneront les ovocytes, les cellules nourricières, et les cellules folliculaires.

Germe *n. m.* [Germ] ▸ ① Embryon d'une graine; ▸ ② Microorganisme capable d'engendrer une maladie.

Germen *n. m. (mot lat., germe).* [Germen] Ensemble des cellules de la lignée germinale. S'oppose à Soma.

Germigène *n. m. (de germe et du gr. genos, naissance).* [Germigen] Ovaire des Plathelminthes, dans lequel se déroule uniquement l'ovogenèse (sans vitellogenèse).

Germination *n. f.* [Germination] Début de développement d'un nouvel individu à partir d'une diaspore qui était en vie ralentie (spores, graines). La germination n'a lieu que lorsque les conditions extérieures et l'état physiologique de la graine sont favorables.

Germoplasme *n. m.* [Germoplasm] Tout élément d'un végétal capable de donner un nouvel individu.

Germovitellarium *n. m.* Chez les Rotifères (Lophotrochozoaires Syndermates) femelles, gonade bilobée caractérisée par une dissociation des lieux de l'ovogenèse (dans la partie antérieure) et de la vitellogenèse (dans la partie postérieure).

Gésier *n. m. (du lat. gigeria, entrailles de volailles sacrifiées).* ▸ ① Partie postérieure de l'estomac des Oiseaux, musculaire, correspondant au pylore. Le gésier a un rôle essentiellement mécanique, particulièrement chez les Oiseaux granivores (broyage). [Gizzard]; ▸ ② Estomac des Insectes, musculeux et doté d'une cuticule pourvue d'épines et de dents.

Gestation *n. f. (du lat. gerere, porter).* [Gestation] État d'une femelle vivipare qui porte un ou plusieurs embryons, de la fécondation à la parturition. Cette femelle est dite *gestante* ou *gravide*.

Gibbérelline *n. f. (du genre Gibberella, Champignon Ascomycète).* [Gibberellin] Hormone végétale du groupe des diterpènes cycliques (20 C) synthétisée dans les méristèmes apicaux, dans les jeunes feuilles et les embryons, c'est-à-dire dans les zones de divisions actives. Elle favorise la germination, le bourgeonnement, la croissance de la tige et des feuilles, la floraison et la fructification.

GIP *n. m. (Sigle de l'angl. Gastric inhibitory peptide).* [GIP] Voir Peptide inhibiteur gastrique.

Gîte *n. m. (du verbe gésir).* [Form] Refuge du Lièvre (O. Lagomorphes).

Gitonogamie *n. f.* [Gitonogamy] Voir Allogamie.

Glabre *adj. (du lat. glaber, sans poil).* [Glabrous] Dépourvu de poils, de duvet.

Glaire cervicale *f.* [Cervical mucus] Mucus sécrété par les glandes cervicales de l'utérus et qui obture le canal du col utérin. Elle empêche le passage des microbes et des spermatozoïdes sauf lors de l'ovulation où sa texture devient plus lâche.

Gland *n. m.* [Glans] Chez les Marsupiaux et les Mammifères Euthériens, extrémité renflée du pénis contenant un corps caverneux ou spongieux.

Glande *n. f. (du lat. glans, gland).* [Gland] Structure le plus souvent d'origine épithéliale dont la fonction principale est la sécrétion de substances. Les glandes peuvent être unicellulaires ou pluricellulaires. Elles sont *exocrines* si elles déversent leurs produits dans le milieu extérieur ou *endocrines* si c'est dans le sang.

Glande à sel *f.* [Salt gland] Organe excréteur de liquide concentré en sels chez les Oiseaux marins (**glandes nasales**) et les Reptiles marins (**glandes nasales** chez les Sauriens, **glandes orbitales** chez les Chéloniens, **glandes sublinguales** chez les Ophidiens, glandes disposées sur la langue chez les Crocodiliens et **glandes rectales** chez les Élasmobranches).

Glande androgène *f.* [Androgenic gland] Chez les Crustacés, glande endocrine sécrétant des hormones induisant la masculinisation.

Glande brune *f.* Chez les Échinodermes Astérides et Échinides, glande de l'appareil hémal, à rôles hématopoïétique et excréteur, en relation avec le sinus axial de l'appareil périhémal ou sinusaire.

Glande bulbo-urétrale *f.* [Bulbo-urethral gland] **Syn.**: Glande de Cowper.

Glande de Bartholin *f.* [Bartholin's gland] Chez les Mammifères femelles, glande paire qui débouche dans le vestibule de l'appareil génital et qui sécrète un liquide lubrifiant pour faciliter la copulation.

Glande de Bowman *f.* [Bowman's gland] Glande de l'appareil olfactif des Tétrapodes qui sécrète un liquide muqueux à la surface de la muqueuse nasale permettant la dissolution des molécules odorantes.

Glande de Brünner *f.* [Brünner's gland] Chez les Mammifères, chacune des petites glandes de la sous-muqueuse du duodénum qui produisent un mucus alcalin neutralisant l'acidité du chyme gastrique. Leur conduit débouche au fond des glandes de Lieberkühn. **Syn.**: Glande duodénale.

Glande de Cowper *f.* [Cowper's gland] Chez la plupart des Mammifères mâles, petite glande paire issue d'une paire de bourgeons de l'urètre membraneux. Elles sécrètent un liquide visqueux qui lubrifie l'urètre avant l'éjaculation. **Syn.**: Glande bulbo-urétrale.

Glande de Lieberkühn *f.* [Lieberkühn's gland] Chez les Tétrapodes, glande tubuleuse simple résultant de l'invagination de l'épithélium intestinal dans la lamina propria. Le fond des glandes est formée de cellules séreuses (chez les Mammifères, cellules de Paneth qui sécrètent le lysozyme) et de cellules souches qui se multiplient et se différencient en divers types cellulaires (entérocytes, cellules muqueuses). Ces cellules migrent vers le sommet des microvillosités où elles sont éliminées.

L'épithélium intestinal est ainsi renouvelé en quelques jours. **Syn.**: Crypte de Lieberkühn.

Glande de Littré *f.* [Littre's gland] Chez les Mammifères, chacune des petites glandes exocrines disséminées le long de l'urètre. **Syn.**: Glande urétrale.

Glande de mue *f.* [Molting gland] **Syn.**: Glande prothoracique.

Glande de Tyson *f.* [Tyson's gland] Glande sébacée du prépuce qui sécrète des phéromones. Chez le Castor, elles sécrètent le castoréum. **Syn.**: Glande préputiale.

Glande duodénale *f.* [Duodenal gland] **Syn.**: Glande de Brünner.

Glande du sinus *f.* [Sinus gland] Chez les Crustacés, organe neuro-hémal des pédoncules oculaires qui reçoit les neurosécrétions de neurones divers, qui les stocke et qui les libère dans le sang. Parmi ces sécrétions figure l'hormone inhibitrice de la mue (MIH pour *Moulting inhibiting hormone*). **Syn.**: Glande sanguine, Glande sinusaire.

Glande génitale *f.* [Genital gland] **Syn.**: Gonade.

Glande interrénale *f.* [Interrenal gland] **Syn.**: Surrénale.

Glande lacrymale *f.* [Lacrimal gland] Glande orbitaire des Tétrapodes qui sécrète un liquide qui humidifie et lubrifie l'œil.

Glande mammaire *f* ▸ ① Chez les Mammifères, chacune des glandes cutanées tubulo-alvéolaires sécrétant le lait et regroupées en mamelles sur la face ventrale du thorax et de l'abdomen ou dans les régions inguinales et latéro-dorsales. Les glandes mammaires apparaissent chez les fœtus des deux sexes. Elles ne se développeront que chez la femelle lors de la maturation sexuelle. Elles atteignent leur plein développement lors de la gestation. La sécrétion de lait débute sous l'action de la prolactine à la fin de la gestation et se poursuit tant que la sécrétion de prolactine est stimulée par la tétée. [Mammary gland]; ▸ ② **Syn.**: Glande préfrontale.

Glande muqueuse *f.* [Mucous gland] Glande formée principalement de cellules muqueuses. **Ex.**: Glande salivaire sublinguale.

Glande nasale *f.* [Nasal gland] Glande à sel des Oiseaux marins et des Sauriens marins et déserticoles.

Glande nidamentaire *f.* Chez les Chondrichtyens, glande des canaux de Müller qui sécrète l'albumine et la coquille de l'œuf.

Glande parotide *f.* [Parotid gland] Voir Glande salivaire.

Glande pinéale *f.* [Pineal body] **Syn.**: Épiphyse.

Glande pituitaire *f.* [Pituitary gland] **Syn.**: Hypophyse.

Glande préfrontale *f.* [Prefrontal gland] Chez les Abeilles ouvrières, glande paire de la tête qui sécrète la gelée royale et qui débouche dans l'hypopharynx. Elle est absente chez la reine et chez les mâles. **Syn.**: ▸ ② Glande mammaire.

Glande préputiale *f.* [Preputial gland] **Syn.**: Glande de Tyson.

Glande prothoracique *f.* [Prothoracic gland] Chez les Insectes, glande endocrine qui sécrète l'hormone de mue ou *ecdysone* sous l'action de *l'hormone prothoracotrope* synthétisée par les cellules neurosécrétrices du cerveau. Leur localisation varie selon le groupe: autour des trachées du prothorax chez les Lépidoptères, autour de l'aorte à la base de la tête (anneau de Weismann) chez les Diptères, sur la face ventrale de la tête (glande ventrale). Les glandes prothoraciques proviennent d'une invagination ectodermique du labium et conservent d'ailleurs une position labiale chez les Thysanoures. **Syn.**: Glande de mue.

Glande salivaire *f.* [Salivary gland] Chez les Tétrapodes, glande qui sécrète la salive. On distingue chez les mammifères:

• les **glandes parotides** situées contre le conduit auditif externe, en arrière de la branche montante de la mandibule;

• les **glandes sous-maxillaires** contre la face interne de la mandibule;

• les **glandes sublinguales** situées sous la langue.

Glande sébacée *f.* [Sebaceous gland] Chez les Mammifères, glande cutanée acineuse annexée à un poil et sécrétant le sébum. La sécrétion est exocrine holocrine et le sébum est déversé dans l'espace pilosébacé qui entoure le poil dans le follicule pileux. Elles sont issues de l'invagination de la gaine épithéliale externe du follicule. Elles sont absentes seulement chez les Cétacés.

Glande séreuse *f.* [Serous gland] Glande constituée majoritairement de cellules séreuses. **Ex.**: Glande parotide.

Glande séro-muqueuse *f.* [Seromucous gland] Glande constituée de cellules muqueuses et de cellules séreuses. **Ex.**: Glande salivaire submandibulaire.

Glande sinusaire *f.* **Syn.**: Glande du sinus.

Glande sous-maxillaire *f.* [Submandibular gland] Voir Glande salivaire.

Glande sublinguale *f.* [Sublingual gland] Voir Glande salivaire.

Glande sudoripare *f.* [Sweat gland] Chez les Mammifères, glande cutanée tubuleuse simple débouchant à la surface du tégument et sécrétant la sueur. Les glandes sudoripares sont constituées d'une partie profonde pelotonnée et sécrétrice située dans l'hypoderme, reliée à la surface par le segment excréteur du tube.

On distingue:

• les **glandes sudoripares apocrines**, les plus nombreuses, issues de la gaine épithéliale externe des follicules pileux. Chez l'Homme, elles sont situées au niveau des aisselles, du nombril, des mamelons, des conduits auditifs externes et de la région ano-génitale;

• les **glandes sudoripares mérocrines**, peu nombreuses, débouchant à la surface du tégument. Elles sont exceptionnellement nombreuses chez l'Homme, à la faveur de la rareté des poils, et y jouent un rôle thermorégulateur important. Les glandes sudoripares sont absentes chez les Cétacés, les Siréniens et les Proboscidiens.

Glande surrénale *f.* [Adrenal gland] **Syn.**: Surrénale.

Glande tubuleuse *f.* [Tubular gland] Glande exocrine dont les cellules sécrétrices forment un tube.

Glande urétrale *f.* [Urethral gland] **Syn.**: Glande de Littré.

Glande uropygienne *f.* [Uropygial gland] Glande cutanée des Oiseaux, à sécrétion holocrine, s'ouvrant à la face dorsale du croupion. La sécrétion huileuse est utilisée pour lisser les plumes et les imperméabiliser.

Glande ventrale *f.* Voir Glande prothoracique.

Glapir *v. i.* [To bark] Pousser un *glapissement*, cri aigu et bref, chez certains animaux.

Glatir *v. i. (du lat. glattire, japper).* Pousser son cri, en parlant de l'Aigle.

Glaucothoé *n. f.* [Glaucothoaea]

Chez les Pagures (Décapodes Anomoures), dernier stade larvaire qui succède au stade zoé et qui ressemble à l'adulte mais qui présente encore une symétrie bilatérale.

Gléba *n. f.* [Gleba] Tissu mycélien à l'origine des spores chez certains Champignons supérieurs comme la Truffe.

Glène *n. f.* [Socket] **Syn.**: Cavité glénoïde. Voir Glénoïde.

Glénoïde *adj. (du gr. glênê, cavité et eidos, aspect).* [Glenoid] Se dit d'une cavité arrondie d'un os dans laquelle s'emboîte le condyle d'un autre os. **Ex.**: Cavité glénoïde de l'omoplate. **Syn.**: Sphéroïde.

Gléocystide *n. f.* [Gleocystidium] Voir Cystide.

Glie *n. f.* [Glia] **Syn.**: Névroglie.

Globe oculaire *m.* [Eyeball] Chez les Vertébrés, organe sphérique responsable de la vision et logé dans une orbite. La paroi est formée de l'extérieur vers l'intérieur de la *tunique fibreuse*, de la *tunique vasculaire* et de la *rétine*. La rétine contient les cellules photoréceptrices et provient d'une évagination du prosencéphale. La tunique vasculaire qui nourrit les autres tuniques et la tunique fibreuse qui est protectrice proviennent du mésenchyme périencéphalique. Le globe oculaire est séparé par le *cristallin* en deux cavités: une *cavité antérieure* contenant l'humeur aqueuse et une *cavité postérieure* remplie du corps vitré. Le cristallin est transparent et permet l'accommodation. **Syn.**: Bulbe oculaire.

Globine *n. f.* [Globin] Protéine constitutive des hémoglobines et des myoglobines. Elle est associée à un groupement prosthétique appelé hème.

Globoïde *n. m.* [Globoid] Inclusion de phytine dans les grains d'aleurone des graines.

Globule blanc *m.* [White blood cell] **Syn.**: Leucocyte.

Globule polaire *m.* [Polar body] Petite cellule haploïde issue de la méiose inégale de l'ovocyte et ne contenant que très peu de cytoplasme. Le premier globule polaire, issu de la division réductionnelle, possède un lot haploïde de chromosomes et le deuxième, issu de la division équationnelle, un lot haploïde de chromatides. Ils meurent rapidement après leur apparition. **Syn.**: Polocyte.

Globule rouge *m.* [Red blood cell] **Syn.**: Érythrocyte.

Globule sanguin *m.* [Blood corpuscle] Chacune des cellules sanguines. Il existe des *globules blancs (leucocytes)* et des *globules rouges (érythrocytes)*.

Globulin *n. m.* **Syn.**: Plaquette.

Globuline *n. f.* [Globuline] Classe de protéines globulaires insolubles dans l'eau pure mais solubles dans les solutions salines diluées. Dans le plasma sanguin, les globulines α et β transportent les ions et les vitamines liposolubles et les globulines γ sont des immunoglobulines. Il existe des **ovoglobulines** dans le blanc d'œuf, des **lactoglobulines** dans le lait, des **phytoglobulines** chez les Végétaux (*légumine* du Pois, *arachine* de l'Arachide, *édastine* du Chanvre).

Glochidie *n. f. (du gr. glôkhis, pointe).* Chez certains Végétaux (*Opuntia*), poil rigide ou petite épine pourvue de crochets dirigés vers la base à la manière d'un harpon.

Glochidium *n. m.* [Glochidium] Larve migratrice de certains Lamellibranches d'eau douce (*Unio* et *Anodonta*). Elle possède deux valves, se nourrit par son manteau dont les cellules sont dotées d'un pouvoir de phagocytose et se fixe sur les nageoires ou les branchies d'un Poisson le temps de se développer. Elle reprend ensuite une vie libre dans la vase.

Glomérule *n. m.* [Glomerule] Inflorescence dense et globuleuse de fleurs sessiles. **Ex.**: Glomérule de la Raiponce globuleuse (*Phyteuma orbiculare*, Campanulacées).

Glomérule de Malpighi *m.* [Malpighi's glomerule] **Syn.**: Glomérule rénal.

Glomérule olfactif *m.* [Olfactory glomerulus] Chez les Vertébrés, structure complexe du bulbe olfactif où des centaines de fibres olfactives font synapse avec une cellule mitrale unique.

Glomérule rénal *m.* [Renal glomerulus] Chez les Vertébrés, peloton de capillaires fenestrés représentant le site de filtration du plasma sanguin. Ils sont entourés par l'extrémité du néphron ou capsule de Bowman sauf chez les larves d'Anamniotes qui possèdent des néphrons ouverts dans la cavité cœlomique avec glomérule externe. **Syn.**: Glomérule de Malpighi.

Glomus aortique *m.* [Aortic body] **Syn.**: Corps aortique.

Glomus carotidien *m.* [Carotid body] **Syn.**: Corps aortique.

Glotte *n. f. (du gr. glôtta, langue).* [Glottis] Ouverture antérieure du larynx délimitée par les cordes vocales et offrant passage à l'air. Le diamètre de la glotte varie selon la contraction des cordes vocales.

Glouglouter *v. i.* [To gobble] Pousser son cri, le *glouglou*, en parlant du Dindon, de la Dinde.

Glousser *v. i.* [To cluck] Pousser son cri, le *gloussement*, en parlant de la Poule, de la Gélinotte.

Glucagon *n. m. (du gr. glukus, doux et agô, je conduis).* [Glucagon] Hormone polypeptidique de 29 acides aminés sécrétée par les cellules α des îlots de Langerhans du pancréas. Elle stimule la glycogénolyse, la gluconéogenèse, l'uréogenèse et la cétogenèse. Sa sécrétion est stimulée par l'hypoglycémie, par l'augmentation du taux sanguin d'acides aminés et par le système nerveux sympathique.

Glucidase *n. f.* [Glucidase] **Syn.**: Osidase.

Glucide *n. m. (du gr. glukus, doux).* [Carbohydrate] Composé de formule générale $C_x(H_2O)_y$ possédant au moins deux fonctions alcool et une fonction réductrice cétonique ou aldéhydique. On distingue les sucres simples ou *oses* et les sucres complexes ou *osides*. Les glucides constituent une source importante d'énergie pour les organismes hétérotrophes. Ils possèdent de nombreuses fonctions:

• soutien: cellulose;

• réserve énergétique: glycogène, amidon, inuline, miel;

• information: glycocalyx.

Syn. désuet: Hydrate de carbone.

Glucocorticoïde *n. m.* [Glucocorticoid] Chacune des hormones stéroïdes à 21 C élaborées par la zone fasciculée de la corticosurrénale. Les glucocorticoïdes influent sur le métabolisme de la plupart des cellules. Ils inhibent l'entrée d'eau dans les cellules (rôle anti-inflammatoire) et stimulent la gluconéogenèse, la glycogénogenèse, la mobilisation des acides gras du tissu adipeux et la synthèse d'enzymes. Ce sont le cortisol, la cortisone et la corticostérone. **Syn.**: Glucocorticostéroïde.

Glucocorticostéroïde *n. m. et adj.* [Glucocorticosteroid] **Syn.**: Glucocorticoïde.

Glucokinase *n. f.* [Glucokinase] Enzyme de la classe des transférases qui catalyse la phosphorylation du glucose en glucose-6-phosphate en utilisant un ATP. Son K_m pour le glucose est plus élevé (10^{-2} M) que celui de l'hexokinase, c'est pourquoi elle n'agit que lorsque la concentration du glucose est élevée (après un repas par exemple). Sa synthèse est stimulée par l'insuline.

Gluconéogenèse *n. f.* [Gluconeogenesis] Synthèse de glucose à partir de composés non glucidiques comme l'acide pyruvique, l'acide lactique, les intermédiaires du cycle de Krebs, les acides aminés glycoformateurs et le glycérol, seul lipide glycoformateur. La gluconéogenèse est stimulée par le glucagon et inhibée par l'insuline. **Syn.:** Glyconéogenèse, Néoglucogenèse, Néoglycogenèse.

Glucosamine *n. f.* [Glucosamine] Voir Hexosamine.

Glucosane *n. m.* [Glucosan] Homopolymère de glucose. **Ex.:** Amidon, cellulose, glycogène.

Glucose *n. m.* [Glucose] Aldohexose représentant la source énergétique principale de toutes les cellules vivantes. Il constitue à lui seul l'amidon, la cellulose et le glycogène. Lié au fructose, il forme le saccharose qui est la forme de transport des glucides chez les Végétaux. Lié au galactose, il forme le lactose (sucre du lait). Dans les réactions métaboliques, il existe souvent sous forme phosphorylée. **Syn.:** Dextrose (D-glucose).

Glucose-6-phosphatase *n. f.* [Glucose-6-phosphatase] Enzyme qui catalyse la déphophorylation du glucose-6-phosphate en glucose.

Glucose-6-phosphate *n. m.* [Glucose-6-phosphate] Forme activée du glucose représentant le composé central du métabolisme du glucose. Il peut être transformé en fructose-6-phosphate dans la glycolyse, en acide 6- phosphogluconique dans le cycle des pentoses phosphates, en glucose-1- phosphate dans la glycogénogenèse ou redonner du glucose.

Glucosidase *n. f.* [Glucosidase] Voir Glycosidase.

Glucoside *n. m.* [Glucoside] Voir Hétéroside.

Glume *n. f. (du lat. gluma, balle de graine).* [Glume] Chez les Poacées, chacune des deux bractées scarieuses de la base de l'épillet, l'une inférieure et l'autre supérieure.

Glumelle *n. f.* [Glume] Chez les Poacées, chacune des deux bractées protectrices de la fleur. Il existe:

- une glumelle interne ou supérieure appelée aussi **paléole**, à nervures latérales et parfois manquantes;
- une glumelle externe ou inférieure appelée aussi **lemme**, à nervure médiane et pourvue parfois d'un fin prolongement ou *arête*.

Glumellule *n. f.* [Glume] Chez les Poacées, chacune des deux bractées (rarement trois, ex.: Bambous), à la base des éléments reproducteurs de la fleur. Elles sont les équivalents des pétales. **Syn.:** Lodicule, Stragule.

Glutaminase *n. f.* [Glutaminase] Enzyme qui catalyse l'hydrolyse de la glutamine en acide glutamique et ammoniaque.

L-glutamine *n. f.* [L-Glutamine] Symb.: Gln, Q – Un des vingt acides aminés constitutifs des protéines. C'est une forme de transport et de réserve de l'azote. La glutamine cède son amide au 5-phosphoribosyl-1-pyrophosphate pour la formation des bases azotées.

Codons correspondants: CAA, CAG.

Formule: $H_2N–CO–CH_2–CH_2–CH(NH_2)–COOH$.

Glutamine synthétase *n. f.* [Glutamine synthetase] Enzyme qui catalyse l'amidination de l'acide glutamique par condensation avec l'ammoniac en présence d'ATP et de Mg^{2+} pour former la glutamine. Elle est présente dans toutes les cellules pour détoxifier l'ammoniac libéré par le catabolisme des composés aminés.

Glutamique *adj.* Voir Acide glutamique.

Glutathion *n. m.* [Glutathione] Sigles: GSH, GS-SG – Tripeptide formé d'un acide glutamique, d'une cystéine et d'une glycine (cas de la forme réduite GSH), intervenant dans des réactions diverses. Sous la forme oxydée, deux glutathions sont réunis par une liaison disulfure entre les deux cystéines (GS-SG). Une enzyme à sélénium, la *glutathion peroxydase*, catalyse la réduction des radicaux libres et des peroxydes grâce à la déshydrogénation du glutathion.

Glutathion peroxydase *n. f.* [Glutathione peroxidase] Voir Glutathion.

Glutéline *n. f.* [Glutelin] Protéine végétale thermolabile constituant le gluten avec les gliadines. Les glutélines sont solubles dans les solutions diluées mais insolubles dans l'eau et les solutions neutres.

Gluten *n. m. (mot lat., glu).* [Gluten] Substance protéique de réserve à la périphérie des fruits des Monocotylédones, composée de gliadines et de glutélines.

Glycane *n. m.* [Glycan] **Syn.**: Polyholoside.

Glycémie *n. f. (du gr. glukus, doux et haima, sang).* [Glycemia] Taux de glucose dans le sang. Chez l'Homme, la glycémie moyenne est de 0,9 $g.l^{-1}$. Au- dessus de cette valeur, c'est une *hyperglycémie*, en dessous, une *hypoglycémie*.

Glycéraldéhyde *n. m.* [Glyceraldehyde] Aldotriose, composé intermédiaire du métabolisme du fructose, issu de l'hydrolyse du fructose-1-phosphate par une phosphofructose aldolase. Il est phosphorylé en 3-phosphoglycéraldéhyde par une glycéraldéhyde kinase. Formule: $CH_2OH–CHOH–CHO$.

Glycéraldéhyde-3-phosphate *n. m.* [Glyceraldehyde-3-phosphate] **Syn.**: 3-Phosphoglycéraldéhyde.

Glycéride *n. m. (de glycérine).* [Glyceride] Lipide simple formé par l'estérification des fonctions alcool du glycérol par des acides gras. Selon le nombre de fonctions alcools estérifiées, on parle de mono-, di- ou triglycéride.

Glycérine *n. f. (du gr. glukeros, doux).* [Glycerin] **Syn.** désuet de Glycérol.

Glycérol *n. m. (de glycérine).* [Glycerol] Trialcool entrant dans la constitution des glycérides. **Syn.** désuet: Glycérine.

Glycérophosphatide *n. m.* [Glycerophosphatid] **Syn.**: Glycérophospholipide.

Glycérophospholipide *n. m.* [Glycerophospholipid] Glycéride dont deux fonctions alcool sont estérifiées par des acides gras et la troisième par un acide phosphorique lié ou non à d'autres molécules. **Syn.**: Glycérophosphatide, Phosphoglycéride.

Glycine *n. f. (du gr. glukus, doux).* [Glycine] Symb.: Gly, G – Le plus simple des vingt acides aminés constitutifs des protéines, le radical variable étant un atome d'hydrogène. C'est un précurseur de nombreuses molécules: créatine, bases puriques, hème, glutathion. Il peut se conjuguer à de nombreuses molécules: l'acide cholique pour donner l'acide glycocholique, l'acide benzénique pour former l'acide hippurique. C'est aussi un neurotransmetteur inhibiteur du système nerveux central. Codons correspondants: GGU, GGC, GGA, GGG. Formule: $H_2N–CH_2–COOH$. **Syn.**: Glycocolle, Acide α-aminoacétique.

Glycocalyx *n. m.* [**Glycocalyx, Cell coat**] Enveloppe d'une cellule animale constituée des chaînes latérales oligosaccharidiques des glycolipides et glycoprotéines membranaires ou adsorbées. Elle protège la cellule et participe à la reconnaissance et à l'adhérence cellulaires. **Syn.**: Enveloppe cellulaire, Manteau cellulaire, Glycolemme.

Glycophile *adj. (du gr. glukus, doux et philos, ami).* Voir Glycophyte.

Glycocholique *adj.* Voir Acide biliaire.

Glycocolle *n. m. (du gr. glukus, doux et colle).* [**Glycocoll**] **Syn.**: Glycine.

Glycogène *n. m. (du gr. glukus, doux et genos, origine).* [**Glycogen**] Polyholoside ramifié de D-glucoses reliés par des liaisons α-(1,4). Les ramifications sont reliées à l'axe par une liaison α-(1,6). C'est une forme de réserve de glucose chez les Animaux et les Champignons.

Glycogène phosphorylase *f.* [**Glycogen phosphorylase**] Voir Glycogénolyse.

Glycogène synthétase *f.* [**Glycogen synthetase**] Lors de la glycogénogenèse, enzyme tétramérique de 360 kDa qui catalyse la formation de la liaison α-(1,4) entre un UDP-glucose et l'extrémité d'une chaîne de glycogène en cours de formation, avec libération de l'UDP.

Glycogénogenèse *n. f.* [**Glycogenogenesis**] Synthèse de glycogène à partir de glucose. Le glucose doit être auparavant phosphorylé en glucose-6-phosphate puis en glucose-1-phosphate. Celui-ci est lié à un UDP puis fixé au glycogène. La glycogénogenèse est stimulée par l'insuline et le cortisol et inhibée par le glucagon et l'adrénaline.

Glycogénolyse *n. f.* [**Glycogenolysis**] Dégradation du glycogène en glucose. Une glycogène phosphorylase forme du glucose-1-phosphate, qui est transformé en glucose-6-phosphate par une phosphoglucomutase et celui- ci en glucose par une glucose-6-phosphatase. La glycogénolyse est stimulée par le glucagon et l'adrénaline et inhibée par l'insuline et le cortisol.

Glycogénonéogenèse *n. f.* [**Glycogenoneogenesis**] Biosynthèse de glycogène à partir de composés non glucidiques. **Syn.**: Néoglycogénogenèse.

Glycolemme *n. m. (du gr. glukus, doux et lemma, enveloppe).* [**Glycolemma**] **Syn.**: Glycocalyx.

Glycolyse *n. f. (du gr. glukus, doux et lusis, dissolution).* [**Glycolysis**] Dégradation enzymatique du glucose qui conduit à la formation de deux molécules de pyruvate. Elle comprend dix étapes catalysées chacune par une enzyme spécifique et réparties en deux phases: les 5 premières étapes forment la phase d'investissement d'énergie et les suivantes la phase de récupération de l'énergie sous forme de potentiel réducteur et d'ATP (phosphorylation au niveau du substrat). L'oxydant n'est pas l'oxygène mais le NAD. Finalement, il se forme 2 ATP, 2 $NADH+H^+$ et 2 H_2O. **Syn.**: Voie d'Embden-Meyerhof-Parnas.

Glyconéogenèse → **Gluconéogenèse**

Glycopeptide *n. m.* [Glycopeptide] Composé formé d'un peptide et d'une partie glucidique.

Glycopexie *n. f.* [Glycopexis] Mise en réserve du glucose sous forme de glycogène dans les cellules hépatiques et musculaires.

Glycophorine *n. f. (du gr. glukus, doux et pherein, porter).* [Glycophorin] Dans les hématies, protéine transmembranaire de 131 acides aminés, la partie N-terminale étant située dans l'espace extracellulaire et la partie C-terminale dans l'espace cytosolique. Son nom provient du fait que la partie externe porte 16 chaînes oligosaccharidiques. La partie membranaire est une hélice α de 23 acides aminés. La fonction de la glycophorine est inconnue.

Glycophyte *n. f. (du gr. glukus, doux et phuton, plante).* [Glycophyte] Plante dite glycophile qui ne peut se développer que dans un sol pauvre en NaCl. **Ant.**: Halophyte.

Glycoprotéine *n. f. (du gr. glukus, doux et protéine).* [Glycoprotein] Abrév.: gp – Composé résultant de l'association d'une protéine et d'un groupement prosthétique glucidique. La plupart des protéines membranaires et solubles (excepté les protéines cytosoliques) sont glycosylées.

Glycosaminoglycane *n. m.* [Glycosaminoglycan] Sigle: GAG – Polysaccharide de non ramifié composé d'unités disaccharidiques répétitives. Un des sucres du disaccharide est un ose aminé (N-acétylglucosamine ou N-acétylgalactosamine) et l'autre sucre, un acide uronique. On distingue l'acide hyaluronique, la chondroïtine sulfate, le dermatane sulfate, l'héparine, l'héparane sulfate et le kératane sulfate. Ils peuvent s'associer à une protéine pour former un protéoglycane (sauf l'acide hyaluronique). **Syn.** ancien: Mucopolysaccharide.

Glycosidase *n. f.* [Glycosidase] Hydrolase qui catalyse la rupture des liaisons glycosidiques. **Ex.**: Glucosidase, galactosidase. **Syn.** ancien: Carbohydrase.

Glycosylation *n. f.* [Glycosylation] Addition de glucides sur un élément protéique. On distingue la N-glycosylation et la O-glycosylation:

- la **N-glycosylation** a lieu dans la lumière du réticulum endoplasmique. Un oligosaccharide, toujours le même, est transféré d'un dolichol au groupement NH_2 de la chaîne latérale d'une asparagine de la protéine, transfert catalysé par une oligosaccharyl transférase de la membrane du réticulum;
- la **O-glycosylation** a lieu dans l'appareil de Golgi. Les glucides sont ajoutés sur le groupement OH de la chaîne latérale d'une thréonine ou d'une sérine, transfert catalysé par une glycosyltransférase.

Glycosyltransférase *n. f.* [Glycosyltransferase] Enzyme membranaire du réticulum endoplasmique, de l'appareil de Golgi et de la membrane plasmique qui catalyse la liaison d'un glucide sur une protéine pour former une glycoprotéine. Ces enzymes sont spécifiques de leur substrat.

Glyoxysome *n. m.* [Glyoxysome] Dans les graines, type de peroxysome dans lequel a lieu le cycle du glyoxylate qui permet la transformation des lipides stockés dans la graine en glucides nécessaires à la germination.

GMPc *n. m. (Sigle de Guanosine- 3',5'-monophosphate cyclique).* [cGMP] Nucléotide cyclique à guanine jouant le rôle de médiateur intracellulaire. Il est synthétisé à partir du GTP par une guanylate cyclase et dégradé par une GMPc phosphodiestérase. Dans les photorécepteurs, le GMPc est lié aux canaux à Na^+ transmembranaires et les empêchent de se fermer à l'obscurité. Sa synthèse est déclenchée par l'activation des récepteurs à activité guanylate cyclase; il devient un second messager et se lie alors à une protéine kinase qui phosphorylera des protéines spécifiques.

GnRH *n. f.* [GnRH] Sigle de Gonadolibérine.

Gnathosome *n. m. (du gr. gnathos, mâchoire et sôma, corps).* [Gnathosome] Chez les Arachnides Acariens, région la plus antérieure du corps, en forme de rostre portant les chélicères et les pédipalpes, et ayant pour rôle de piquer, de râper ou de mordre.

Gomme *n. f.* [Gum] Substance visqueuse transparente qui s'écoule à l'extérieur du végétal généralement à la suite d'un traumatisme. Les gommes durcissent par dessiccation et sont insolubles dans les solvants organiques ce qui les distingue des résines. **Ex.**: Gomme adragante (*Astragalus gummifer*, Fabacées).

Gomme-résine *n. f.* [Gum-resin] Substance naturelle synthétisée par certains arbres et formée de gommes et de résines généralement triterpéniques. **Ex.**: Myrrhe (*Commiphora sp.*), Encens (*Boswellia sp.*), Opopanax (*Boswellia erythraea*).

Gonade *n. f. (du gr. gonê, semence).* [Gonad] Organe de l'appareil génital dans lequel se multiplient et se différencient les cellules sexuelles ou *gamètes*. La gonade mâle est le *testicule*, la gonade femelle, *l'ovaire*. Chez les hermaphrodites dont les gonades produisent les deux types de gamètes à la fois, on parle *d'ovotestis*. Chez les Vertébrés, les gonades sécrètent des hormones dans le sang (testostérone, œstrogènes).

Gonadolibérine *n. f.* [Gonadoliberin] Sigle: GnRH (*Gonadotropin releasing hormone*) – Hormone polypeptidique sécrétée par l'hypothalamus stimulant la synthèse des gonadostimulines par l'hypophyse. L'existence de deux gonadolibérines distinctes, la FSH-RH et la LH-RH n'est pas avérée.

Gonadostimuline *n. f. (de gonade et stimuline).* [Gonadotropin] Hormone qui stimule le développement et l'activité des gonades.

• Les **gonadostimulines hypophysaires** sont la folliculostimuline (FSH), l'hormone lutéinisante (LH) et la prolactine. **Syn.**: Hormone gonadotrope;

• Chez certaines espèces de Mammifères, le placenta sécrète la **gonadotrophine chorionique** (HCG). Elle stimule la maturation du corps jaune et la sécrétion par celui-ci de progestérone. [Chorionic gonadotropin] **Syn.**: Gonadotrop(h)ine.

Gonadotrope *adj. (de gonade et du gr. tropos, direction).* [Gonadotrophic] Qui agit sur les gonades.

Gonadotrophine ou Gonadotropine *n. f. (de gonade et du gr. trophê, nourriture).* [Gonadotropin] **Syn.**: Gonadostimuline.

Gonadotropine *n. f.* **Syn.**: Gonadostimuline.

Gonidie *n. f.* [Gonidium] Cellule d'Algues ou de Cyanobactéries dans un Lichen.

Gonie *n. f.* [Gone] Cellule germinale mâle (*spermatogonie*) ou femelle (*ovogonie*), peu différenciée et capable de se multiplier par mitoses. Elles se distinguent plus ou moins précocement des cellules somatiques. Elles sont toujours d'origine extragonadique et rejoignent les crêtes gonadiques par migration vasculaire ou interstitielle grâce à des mouvements amiboïdes.

Gonimoblaste *n. m.* [Gonimoblast]. **Syn.**: Carposporophyte.

Gonochorisme *n. m. (du gr. gonos, génération et khôrismos, séparation).* [Gonochorism] Caractère des espèces dont les individus sont unisexués mâles ou femelles. **Ant.**: Hermaphrodisme.

Gonocyte *n. m. (du gr. gonos, génération et kutos, cellule).* [Gonocyte] **Syn.**: Gonie.

Gononéphrotome *n. m. (du gr. gonos, génération et néphrotome).* [Gononephrotome] Voir Pièce intermédiaire.

Gonopode *n. m. (du gr. gonê, semence et pous, podos, pied).* [Gonopode] Chez les Arthropodes, chacun des appendices génitaux externes participant à la ponte ou à l'accouplement. Chez les Insectes femelles, les gonopodes forment en général un *oviscapte* (organe de ponte) qui permet de déposer les œufs dans de nombreux substrats mais ont disparu chez les Insectes évolués comme les Lépidoptères, les Coléoptères et les Diptères.

Gonosome *n. m. (du gr. gonos, génération et sôma, corps).* [Gonosome] Chromosome participant à la détermination du sexe. **Syn.**: Chromosome sexuel, Hétérochromosome, Hétérosome, Allosome.

Gonozoïde ou Gonozoïte *n. m. (du gr. gonos, génération, zôon, animal et eidos, aspect).* [Gonozooid] ▸ ① Chez les Cnidaires Hydrozoaires coloniaux, polype reproducteur; ▸ ② Chez les Dolioles (Tuniciers Thaliacés), chacun des blastozoïdes sexués hermaphrodites portés par les phorozoïdes.

Gousse *n. f.* [Pod] Fruit sec déhiscent s'ouvrant par deux fentes, l'une dorsale et l'autre ventrale, et issu d'un ovaire simple multiovulé. Les Fabales forment toutes des gousses. Certaines espèces forment des gousses qui sont secondairement modifiées: **gousse monosperme** (akène) du Sainfoin, **gousse lomentacée** (à segments akénoïdes) de la Coronille, **gousse ailée** du Pterocarpus.

Goût *n. m.* [Taste] Sens grâce auquel les animaux perçoivent les saveurs des aliments par des récepteurs gustatifs.

Gouttière épipharyngienne *f.* Chez les Céphalocordés, gouttière dorsale du pharynx qui récupère les particules alimentaires engluées de mucus et les conduit vers l'intestin.

Gouttière neurale *f.* [Neural groove] Chez la neurula des Vertébrés, neurectoderme en forme de gouttière dont les deux bords se rapprocheront et fusionneront pour former le tube nerveux.

Gouttière réticulaire *f.* [Reticular groove] Chez les Ruminants, gouttière qui s'étend de l'œsophage au feuillet et qui permet au lait (chez le Veau) de court-circuiter la panse et le bonnet.

Gradient électrochimique *m.* [Electrochemical gradient] Différence de concentration et de charge électrique d'une substance de part et d'autre d'une membrane.

Gradualisme *n. m.* [Gradualism] Théorie évolutive selon laquelle la spéciation s'opère graduellement par petits changements successifs sur de longues périodes. **Ant.**: Théorie des équilibres ponctués.

Grain *n. m.* [Grain] Fruit des Poacées.

Grain basal *m.* [Basal granule] **Syn.**: Blépharoplaste.

Grain d'amidon *m.* [Starch granule] Inclusion glucidique présente dans les chloroplastes lorsque la synthèse de trioses phosphate excède la capacité de sortie de ces trioses phosphate hors du chloroplaste. Les grains d'amidon constituent des réserves de glucose dans les amyloplastes. Leur taille et leur forme sont caractéristiques de l'espèce.

Grain de Palade *m.* [Palades's granule] **Syn.** désuet de Ribosome.

Grain de pollen *m.* [Pollen grain] Voir Pollen.

Grain de Woronine *m.* Chez les Ascomycètes, inclusion cytoplasmique présente près des perforations des cloisons des hyphes.

Grain de zymogène *m.* [Zymogen granule] Dans les cellules sécrétrices, chacune des vésicules cytoplasmiques apicales contenant des proenzymes comme le trypsinogène et la procarboxypeptidase. Ces grains très facilement colorables et opaques aux électrons proviennent de l'appareil de Golgi et sont rejetés par exocytose.

Graine *n. f.* [Seed] Chez les Spermatophytes, organe de dissémination résultant de la maturation d'un ovule. La graine contient un embryon diploïde, un endosperme (chez les Gymnospermes), un albumen et parfois un périsperme provenant du nucelle (chez les Angiospermes), le tout protégé par un tégument appelé *spermoderme*. Selon la réparition des réserves, on parle de:

- **graine exalbuminée** lorsque les réserves se situent seulement dans l'embryon;
- **graine albuminée:** réserves dans l'embryon et l'albumen;
- **graine à périsperme:** réserves dans l'embryon, l'albumen et le périsperme.

Gram *n. m. inv.* [Gram] Voir Coloration de Gram.

Gramicidine A *n. f.* [Gramicidin A] Ionophore peptidique de 15 acides aminés qui possèdent tous une chaîne latérale hydrophobe. Ces molécules s'assemblent par deux dans les membranes et créent un canal ionique. La gramicidine A est synthétisée par certaines Bactéries et constitue un antibiotique.

Graminicole *adj. (du lat. gramen, herbe et colere, habiter).* [Graminicolous] Qui vit parmi les herbes, particulièrement les Poacées.

Graminiforme *adj. (du lat. gramen, herbe et forma, forme).* [Graminiform] Dont l'habitus rappelle celui des Poacées. Tous les *Carex* (Cypéracées) sont graminiformes. **Syn.:** Graminoïde.

Graminoïde *adj.* [Graminoid] **Syn.:** Graminiforme.

Granivore *adj. et n. m. (du lat. granum, grain et vorare, manger).* [Granivorous (adj.)] Qui se nourrit de graines.

Granule cortical *m.* [Cortical granule] Vésicule du cytoplasme cortical des ovocytes de nombreuses espèces (Oursins, Anoures, certains Mammifères). Les granules corticaux proviennent de l'appareil de Golgi et contiennent des glycoprotéines, des glycosaminoglycanes et des protéases. Lors de la pénétration du spermatozoïde, ces vésicules déversent leur contenu par exocytose dans l'espace périovocytaire. Une enzyme digère les liaisons entre les membranes vitelline et plasmique de manière à permettre une entrée d'eau dans l'espace périovocytaire. La membrane vitelline est rendue plus résistante et devient la membrane de fécondation.

Granulocyte *n. m. (de granule et du gr. kutos, cellule).* [Granulocyte] Leucocyte pourvu d'un noyau lobé (d'où le synonyme polynucléaire) et de granulations cytoplasmiques. Ce sont tous des phagocytes. Selon leur affinité pour les colorants, on distingue les **granulocytes neutrophiles** (colorants acides et basiques), **basophiles** (colorants basiques) et **éosinophiles** (colorants acides comme l'éosine). **Syn.**: Polynucléaire. **Ant.**: Agranulocyte.

Granulosa *n. f.* [Granulosa] Dans un follicule ovarien de Mammifères, structure entourant l'ovocyte et formée par de nombreuses couches de cellules folliculaires. Dans le follicule tertiaire, la granulosa se creuse d'une cavité ou *antrum*. Après l'ovulation, elle forme, avec les thèques, le corps jaune sécréteur de progestérone et d'œstradiol.

Granum *n. m. (Pl.: Grana).* [Granum] Empilement de thylacoïdes dans un chloroplaste, d'un diamètre d'environ 0,3 µm. Les grana contiennent 85 % des photosystèmes II contre 10 % des photosystèmes I.

Grappe *n. f. (du francique krappa, crochet).* [Raceme] Inflorescence indéfinie dont les fleurs sont portées par des pédoncules et s'échelonnent le long de l'axe principal. **Ex.**: Inflorescence de la Glycine (*Wisteria sinensis*, Fabacées). **Syn.**: Racème. Voir le tableau des inflorescences.

Gras *adj. Plante grasse*, plante charnue à tige courte et large et pourvue d'un appareil racinaire très développé. Les plantes grasses sont des *xérophytes*. [Succulent plant]

Gravide *adj. (du lat. gravida, enceinte, de gravis, lourd).* [Gravid] Se dit d'une femelle de Mammifères en gestation.

Gravitropisme *n. m.* [Gravitropism] Mouvement dont l'orientation dépend de celle de la pesanteur. Les tiges ont un **gravitropisme négatif**, les racines, un **gravitropisme positif**. Les ramifications de second ordre ont généralement un **gravitropisme transversal** ou **diagravitropisme** ou **diagéotropisme**. **Syn.** ancien: Géotropisme.

Greffe *n. f. (du lat. graphium, stylet).* [Graft] Implantation d'un tissu, d'un organe d'un individu donneur sur une autre partie de son corps ou sur un autre individu dit receveur. On distingue:

- **l'autogreffe** lorsque le donneur est aussi le receveur;
- **l'homogreffe** ou **allogreffe** lorsque donneur et receveur sont de la même espèce;
- **l'hétérogreffe** ou **xénogreffe** lorsque donneur et receveur sont d'espèces différentes;
- la **greffe isotopique** lorsque le greffon est dans une position naturelle et la **greffe hétérotopique** ou **ectopique** dans le cas contraire;
- la **greffe bréphoplastique** lorsqu'un greffon embryonnaire est implanté sur un adulte.

Chez les animaux, lorsque donneur et receveur sont différents, l'hôte déclenche une réaction immunitaire contre le greffon et le greffon peut en déclencher une contre l'hôte. Des immunosuppresseurs permettent d'éliminer ces réactions.

Greffon *n. m.* [Graft] Voir Greffe.

Grégaire *adj. (du lat. grex, gregis, troupeau).* [Gregarious] Qui vit en groupe ou qui provoque le regroupement. Ce mode de vie, le *grégarisme*, peut être continuel (fourmilière, tapis d'Anémones) ou cyclique (essaim de Criquets).

Grégarisme *n. m.* [Gregariousness] Voir Grégaire.

Grêle *adj. et n. m.* [Intestin grêle, Small intestine]. Voir Intestin.

Griffe *n. f.* ▸ ① Phanère rigide de la phalange terminale des Amniotes. Elle comprend une partie dorsale, la *lame*, reposant sur l'épiderme ou *lit* et une partie ventrale, la *sole*. La base de la griffe, ou *matrice*, est enchâssée dans un repli de l'épiderme ou *mur*. Elle s'accroît en épaisseur chez les Chéloniens, les Crocodiliens et les Oiseaux et en longueur chez les Squamates et les Mammifères. Chez les Primates, la griffe est aplatie en un *ongle* et chez les Ongulés, elle se développe en un *sabot*. [Claw]; ▸ ② Racine tubéreuse de certaines plantes comme certaines Orchidacées et chez l'Asperge. [Crown]

Gris *adj.* Voir Dune grise.

Grisoller *v. i.* Pousser son cri, en parlant de l'Alouette (*Alauda arvensis*, Passériformes).

Grogner *v. i.* [To grunt] Pousser son cri, le *grognement*, en parlant de l'Ours, du Sanglier et du Cochon.

Groin *n. m. (du lat. grunnire, grogner).* [Snout] Museau tronqué du Porc et du Sanglier.

Groupement prosthétique *m.* [Prosthetic group] Toute molécule non protéique liée à une protéine pour lui permettre de fonctionner. **Ex.**: Hème, Coenzyme.

Groupe sanguin érythrocytaire *m.* [Blood group] Chacune des catégories dans lesquelles sont classés les individus selon le type d'agglutinogènes présents sur leurs globules rouges et le type d'agglutinines de leur sérum. Le *système ABO* comprend 4 groupes: A, B, AB (receveur universel) et O (donneur universel). Il existe de nombreux autres *systèmes érythrocytaires: systèmes Rhésus* (Rh^+ et Rh^-), *MN* (groupes M, N, MN), *Duffy*, *Kell*, *Kidd*. Il existe aussi des *systèmes leucocytaires* (NA, NB) et *des systèmes plaquettaires* (Pl^A, Pl^E, K^0).

Guanine *n. f. (de guano).* [Guanine] Symb.: G – Base azotée purique qui s'apparie à la cytosine dans les acides nucléiques. **Syn.**: 2-Amino-6-hydroxypurine.

Guanosine *n. f.* [Guanosine] Voir Ribonucléoside.

Guanosine-3',5'-mono-, di- ou triphosphate [Guanosine-3',5'-mono-, di- ou triphosphate] Sigles: GMP, GDP, GTP. GMP, syn.: Acide guanylique. Voir Ribonucléotide.

Guanosine-3',5'-phosphate cyclique [Guanosine-3',5'-phosphate cyclique] Voir GMPc.

Gubernaculum testis *m.* [Gubernaculum testis] Chez la plupart des Mammifères mâles jeunes, cordon musculaire qui relie le testicule en position intra- abdominale à la paroi abdominale de la région génitale. Sous l'influence des hormones sexuelles mâles, le cordon se contracte et entraîne la descente des testicules dans le scrotum.

Guilde *n. f.* [Guild] Ensemble des espèces d'un même habitat qui exploitent la même ressource. **Ex.**: Guilde des herbivores d'une savane.

Gummifère ou Gommifère *adj. (du lat. gummi, gomme et ferre, porter).* [Gummiferous] Se dit d'un arbre qui sécrète de la gomme.

Gustation *n. f.* [Gustation] Perception des saveurs par le sens du goût.

Guttation *n. f.* [Guttation] Exsudation de sève au niveau des feuilles.

Guttural *adj. (du lat. guttur, gosier).* [Guttural] Relatif au gosier.

Gymnospermique *adj. (de gymno-*

sperme). [**Gymnospermic**] Relatif aux Gymnospermes, qui a les caractères des Gymnospermes.

Gymnosporangie *n. f. (du gr. gumno, nu et de sporange).* Caractère des Végétaux dont les sporanges sont exposés, ne sont pas protégés. **Ant.**: Angiosporangie.

Gymnostome *adj. (du gr. gumno, nu et stoma, bouche).* Se dit d'une Mousse, d'une capsule dépourvue de péristome.

Gynandre *adj. (du gr. gunê, femelle et anêr, andros, mâle).* [**Gynandry**] Se dit d'un épi ou d'un épillet dont les fleurs femelles sont plus nombreuses que les fleurs mâles.

Gynandromorphisme *n. m. (du gr. gunê, femelle, andros, mâle et morphisme).* Caractère de certains Insectes qui présentent des parties femelles et des parties mâles, à la suite d'une mauvaise répartition des chromosomes sexuels lors des mitoses de segmentation.

Gynandrophore *n. m. (du gr. gunê, femelle, anêr, andros, mâle et pherein, porter).* [**Gynandrophore**] **Syn.**: Androgynophore.

Gynarchie *n. f. (du gr. gunê, femelle et arkhi-, exprimant la prééminence).* [**Gynarchy**] Société animale dirigée par les femelles. **Ex.**: Société d'Hyménoptères.

Gynécée *n. m. (du gr. gunê, femelle).* [**Gynaeceum**] Ensemble des carpelles d'une fleur. **Syn.**: Pistil.

Gynécie *n. f.* Ensemble des archégones, des paraphyses et des feuilles périchétiales chez les Mousses femelles. **Ant.**: Andrécie.

Gynobasique *adj. (du gr. gunê, femelle et base).* [**Gynobasic**] Se dit d'un style qui s'insère à la base des carpelles au lieu de les surmonter. C'est le cas chez la plupart des Lamiacées.

Gynodioécique *adj. (du gr. gunê, femelle et dioécique).* [**Gynodioecious**] **Syn.**: Gynodioïque.

Gynodioïque *adj. (du gr. gunê, femelle et dioïque).* [**Gynodioecious**] Voir Dioïque.

Gynogamète *n. m. (du gr. gunê, femelle et gamète).* Gamète femelle. **Ant.**: Androgamète.

Gynogamone *n. f. (du gr. gunê, femelle et gamone).* [**Gynogamone**] Voir Gamone.

Gynogenèse *n. f. (du gr. gunê, femelle et genèse).* [**Gynogenesis**] Développement d'un embryon à partir du seul pronucléus femelle, après pénétration du spermatozoïde qui ne joue qu'un rôle d'apport du spermaster pour l'établissement du fuseau achromatique. **Syn.**: Pseudogamie.

Gynomonoécique *adj. (du gr. gunê, femelle et monoécique).* [**Gynomonoecious**] **Syn.**: Gynomonoïque.

Gynomonoïque *adj. (du gr. gunê, femelle et monoïque).* [**Gynomonoecious**] Voir Dimonoïque.

Gynophore *n. m. (du gr. gunê, femelle et pherein, porter).* [**Gynophore**] Réceptacle floral qui a subi un allongement entre l'androcée et le gynécée. **Ex.**: Câprier, Arachide.

Gynospermatozoïde *n. m. (du gr. gunê, femelle et spermatozoïde).* [**Gynospermatozoon**] Spermatozoïde porteur d'un gonosome qui détermine le sexe femelle. Chez l'Homme, le gynospermatozoïde porte le gonosome X.

Gynosporophylle *n. f. (du gr. gunê, femelle et sporophylle).* [**Gynosporophylle**] **Syn.**: Carpelle.

Gynostège *n. m.* [**Gynostegium**] Structure florale spécifique des Asclépiadacées résultant de la concrescence des 5 anthères avec le stigmate.

Gynostème *n. m.* [**Gynostemium**]

Structure florale résultant de la soudure de l'androcée avec le gynécée (Orchidacées, Asclépiadacées, Saururacées). **Syn.**: Colonne.

Gypsophile *adj.* [**Gypsophilous**] Qui pousse en milieu gypseux ou riche en sulfates.

Gyrencéphalique *adj.* [**Gyrencephalic**] Se dit des Mammifères dont le néopallium présente des circonvolutions du fait de son fort développement dans un volume fixe. **Ant.**: Lissencéphalique.

Gyrus *n. m. (mot lat., cercle).* [**Gyrus, Convolution**] **Syn.**: Circonvolution cérébrale.

H

H Symbole de l'histidine dans la formule des protéines.

Habitat *n. m.* [Habitat] Milieu dans lequel vit un organisme.

Habituation *n. f.* [Habituation] Affaiblissement de la réponse à un stimulus lorsque celui-ci est appliqué trop souvent.

Habitus *n. m. (mot latin, manière d'être).* [Habitus] Aspect d'un végétal caractéristique de l'espèce à laquelle il appartient, parfois modifié par des facteurs du milieu. **Syn.:** Port.

Hadal *adj. (du gr. Hadès, roi des enfers).* [Hadal] Relatif aux fonds sous-marins au-delà de 6000 m.

Halicole *adj. (du gr. hals, halos, sel et du lat. colere, habiter).* [Halicolous] **Syn.:** Halophile.

Halion *n. m.* Toute formation frutescente halophile, dans le système de Clements.

Halobenthos *n. m. (du gr. hals, halos, sel et benthos).* [Halobenthos] Benthos marin.

Halobionte *n. m. (du gr. hals, halos, sel et bios, vie).* [Halobiont] Organisme adapté aux milieux salés.

Halobios *n. m. (du gr. hals, halos, sel et bios, vie).* [Halobios] Ensemble des organismes marins.

Halomorphe *adj. (du gr. hals, halos, sel et morphê, forme).* Se dit des caractères d'une plante halophile ou d'une plante touchée par l'action du sel.

Halonitrophile *adj.* [Halonitrophilous] Qui croît sur un sol riche en sels et en azote.

Halophile *adj. (du gr. hals, halos, sel et philos, ami).* [Halophilous] Qui vit dans des milieux riches en sels. **Syn.:** Halicole. **Ant.:** Halophobe.

Halophobe *adj. (du gr. hals, halos, sel et phobos, crainte).* [Halophobic] Qui vit dans des milieux pauvres en sels. **Ant.:** Halophile.

Halophyte *n. f. (du gr. hals, halos, sel et phuton, plante).* [Halophyte] Plante halophile. **Ex.:** Nombreuses Chénopodiacées (*Salicornia sp.*), espèces des mangroves (*Rhizophora sp.*). **Ant.:** Glycophyte.

Halophytie *n. f.* Biocénose végétale halophile.

Halophytique *adj. (du gr. hals, halos, sel et phuton, plante).* Se dit d'un milieu qui comporte des plantes halophiles.

Haloplancton ou Haliplancton *n. m. (du gr. hals, halos, sel et plancton).* [Haloplankton] Plancton marin.

Halopsammée *n. f. (du gr. hals, halos, sel et psammos, sable).* Formation végétale ouverte sur sol sableux et salé (classification d'Allorge et Jovet).

Haltère *n. m. (du gr. haltêres, balancier).* [Haltere]. **Syn.:** Balancier.

Hamathécium *n. m.* [Hamathecium] Ensemble des éléments stériles de l'hyménium d'une apothécie.

Hampe *n. f. (du lat. hasta, lance, tige).* [Flower spike] Axe dépourvu de feuilles et supportant une inflorescence. **Ex.**: Pissenlit, Pâquerette.

Hamuleux *adj. (du lat. hamulus, petit hameçon).* Qui est pourvu de petits poils crochus. **Ex.**: Fruit de la Bardane (*Arctium lappa*). **Syn.**: Lappacé.

Hanche *n. f.* **Syn.**: Coxa.

Hapaxanthique *adj.* [Hapaxanthic] **Syn.**: Monocarpique.

Haplobionte *n. m. (du gr. haplous, simple, bios, bie et ôn, ontos, l'être).* [Haplobiont] **Syn.**: Haplonte.

Haplochéilique *adj.* [Haplocheilic] Se dit des stomates qui sont issus de la division d'une cellule mère unique. On les rencontre chez les Cycadales, les Ginkgoales, les Ephédrales, les Renonculacées et les Monocotylédones. On distingue:

- les **stomates haplochéiliques monocycliques** lorsqu'ils ne sont entourés que par deux cellules annexes;
- les **stomates haplochéiliques amphicycliques** lorsque les cellules annexes sont elles-mêmes entourées par des cellules issues de leur propre division.

Haplochlamydé *adj. (du gr. haplous, simple et khlamus, manteau).* **Syn.**: Monochlamydé.

Haplodiplobionte *n. m. (du gr. haplous, simple, diploos, double et bios, vie).* [Haplodiplobiont] **Syn.**: Haplodiplonte.

Haplodiplonte *n. m. (du gr. haplous, simple et diplonte).* [Haplodiplont] Organisme qui possède un cycle de reproduction dit *haplodiplobiontique* ou *haplodiplophasique*, c'est-à-dire qui présente une alternance d'individus haploïdes et d'individus diploïdes. **Syn.**: Haplodiplobionte.

Haplodiplophasique *adj.* [Haplodiplophasic] **Syn.**: Haplodiplobiontique. Voir Haplodiplonte.

Haplohaustorial *adj.* Se dit de la symbiose entre un Champignon et les rhizoïdes de certaines Hépatiques comme les Jungermanniales.

Haploïde *adj. (du gr. haplous, simple et eidos, aspect).* [Haploid] Qui possède un lot unique de chromosomes.

Haplolépidé *adj. (du gr. haplous, simple et lepis, lepidos, écaille).* [Haplolepidous] Se dit d'un péristome de Mousse qui ne posssède qu'un seul verticille de dents. **Ant.**: Diplolépidé.

Haplométrose *n. f.* [Haplometrosis] Mode de fondation d'une société d'Insectes lorsqu'il est le fait d'une reine isolée qui vient d'être fécondée. **Ant.**: Pléométrose.

Haplonte *n. m. (du gr. haplous, simple).* [Haplont] Organisme qui possède un cycle de reproduction dit *haplobiontique* ou *haplophasique*, majoritairement haploïde, la phase diploïde étant réduite à la cellule œuf. **Syn.**: Haplobionte.

Haplopétale *adj. (du gr. haplous, simple et pétale).* [Haplopetalous] Qui n'a qu'un seul pétale.

Haplophase *n. f. (du gr. haplous, simple et phase).* [Haplophase] Période du cycle de reproduction pendant laquelle l'organisme est haploïde. Elle correspond aux gamètes chez les diplontes, à la vie entière chez les haplontes et au gamétophyte chez les haplodiplontes. **Ant.**: Diplophase.

Haplophasique *adj.* [Haplophasic] **Syn.**: Haplobiontique. Voir Haplonte.

Haplostèle *n. f. (du gr. haplous, simple et stèle).* [Haplostele] **Syn.**: Protostèle.

Haplostémone *adj. (du gr. haplous, simple et stamen, fil).* Se dit d'un androcée, d'une fleur qui possèdent un seul verticille d'étamines. Lorsque chaque étamine est insérée face au pétale correspondant, la fleur est dite *obhaplostémone*.

Haplotype *n. m.* [Haplotype] Ensemble des gènes d'un lot haploïde de chromosomes.

Haptène *n. m. (du gr. haptein, attacher).* [Hapten] Petite molécule qui possède la propriété de réactivité mais non celle d'immunogénicité. Les haptènes ne déclenchent une réponse immunitaire qu'à la condition qu'ils soient liés à des molécules vectrices, cette liaison étant reconnue comme étrangère.

Haptère *n. m. (du gr. haptein, attacher).* [Hapter] **Syn.:** 2. Crampon (Algues).

Haptique *adj. (du gr. haptein, toucher).* [Haptic] Relatif au sens du toucher.

Haptonastie *n. f. (du gr. haptein, toucher et nastie).* [Haptonasty] Voir Nastie.

Haptotaxie *n. f. (du gr. haptein, toucher et taxie).* [Haptotaxis] Voir Taxie.

Haptotropisme *n. m. (du gr. haptein, toucher et tropisme).* [Haptotropism] Voir Tropisme.

Harde *n. f. (de l'all. Herda, troupeau).* [Herd] Troupeau de grands Mammifères sauvages.

Hardy-Weinberg *n. pr.* Voir Loi de Hardy-Weinberg.

Harmomégathique *adj. (du gr. harmos, ajustement et megathos, volume).* Qui concerne les variations de volume du grain de pollen.

Hasté *adj. (du lat. hasta, lance).* Se dit d'un limbe foliaire en forme de fer de lance.

Haustorium *n. m. (du lat. haustus, action de puiser).* [Haustorium] Chez certaines plantes et Champignons parasites, structure spécialisée dans le prélèvement de nutriments à l'intérieur des cellules de l'hôte. La membrane plasmique des cellules parasitées n'est jamais perforée; le parasite reste extracellulaire.

HCG *n. f. (Sigle de Human chorionic gonadotrophin).* [HCG] Voir Gonadostimuline.

Hékistotherme *adj. et n. m.* [Hekistothermic (adj.)] Se dit d'une plante adaptée au climat subpolaire.

Héléoplancton *n. m.* [Heleoplankton] Plancton des mares temporaires.

Hélicase *n. f.* [Helicase] Enzyme qui catalyse le désenroulement de la double hélice d'ADN pour permettre la réplication. **Syn.:** ADN hélicase.

Hélice de Lynen *f.* [Lynen's helix] Représentation schématique de la β-oxydation des acides gras qui a lieu dans la matrice mitochondriale. Chaque tour de spire de l'hélice correspond au départ d'un acide acétique et de protons sous forme de potentiels réducteurs ($FADH_2$ et $NADH + H^+$).

Hélice α *n. f.* [α Helix] Type de structure secondaire des protéines, qui résulte de l'enroulement hélicoïdal d'une chaîne polypeptidique sur elle-même.

Hélicoïde *adj.* [Helicoid] Voir Cyme.

Héliocline *adj.* Qui vit en milieu modérément éclairé.

Héliofuge *adj. (du gr. hêlios, soleil et du lat. fugere, fuir).* [Heliofugous] **Syn.:** Photophobe.

Hélion *n. m.* Formation marécageuse climacique (système de Clements).

Héliophile *adj. (du gr. hêlios, soleil et philos, ami).* [Heliophilous] **Syn.:** Photophile.

Héliophobe *adj. (du gr. hêlios, soleil et*

phobos, crainte). [Heliophobic] **Syn.**: Photophobe.

Héliophyte *n. f. (du gr. hêlios, soleil et phuton, plante).* [Heliophyte] Plante héliophile.

Héliotaxie *n. f. (du gr. hêlios, soleil et taxie).* [Heliotaxis] **Syn.** désuet de Phototaxie. Voir Taxie.

Héliotherme *adj. (du gr. hêlios, soleil et thermos, chaud).* [Heliothermic] Qui s'expose au soleil pour se chauffer.

Héliotropisme *n. m. (du gr. hêlios, soleil et tropisme).* [Heliotropism] **Syn.** désuet de Phototropisme.

Hélioxérophile *adj.* [Helioxerophilous] **Syn.**: Déserticole.

Helminthologie *n. f. (de helminthe et du gr. logos, dicours).* [Helminthology] Partie de la zoologie qui étudie les Vers.

Hélobios *n. m. (du gr. hêlodes, marécage et bios, vie).* [Helobios] Ensemble des organismes qui vivent dans les marécages.

Hélocalciphile *adj. (du gr. hêlodes, marécage, calx, calcis, chaux et philos, ami).* Qui vit, pousse dans les vases calcaires.

Hélohylophile *adj. (du gr. hêlodes, marécage, hulê, bois et philos, ami).* [Helohylophilous] Qui vit, pousse dans les forêts humides voire marécageuses.

Hélophile *adj. (du gr. hêlodes, marécage et philos, ami).* [Helophilous] Voir Hélophyte.

Hélophyte *n. f. (du gr. hêlodes, marécage et phuton, plante).* [Helophyte] ▸ ① Plante aquatique *hélophile*, c'est- à-dire enracinée dans la vase, et immergée totalement ou partiellement. On distingue les **hélocalciphytes** (vase calcaire) et les **hélosiliciphytes** (vase siliceuse). **Ex.**: Roseau, Massette, Jonc; ▸ ② Plante des marécages.

Hélophytie *n. f.* Biocénose végétale hélophile.

Héloplancton *n. m. (du gr. hêlodes, marécage et plancton).* [Heloplankton] Plancton des marécages.

Hélosiliciphile *adj. (du gr. hêlodes, marécage, silex,-icis, caillou et philos, ami).* Qui vit, pousse dans les vases siliceuses.

Hémagglutination *n. f. (du gr. haima, sang et agglutination).* [H(a)emagglutination] Agglutination des globules rouges.

Hémangioblaste *n. m.* [Hemangioblast] Chez les embryons de Vertébrés, îlot mésenchymateux à l'origine des cellules souches hématopoïétiques.

Hématie *n. f. (du gr. haima, haimatos, sang).* [Red blood cell] **Syn.**: Érythrocyte.

Hématocrite *n. m. (du gr. haima, haimatos, sang et krites, juge).* [H(a)ematocrit] Rapport du volume des globules sanguins sur le volume sanguin total. Chez l'homme, l'hématocrite normal est d'environ 45 %, chez la femme, d'environ 40 %.

Hématophage *adj. et n. m. (du gr. haima, haimatos, sang et phagein, manger).* [H(a)ematophagous (adj.)] Se dit d'un animal qui se nourrit de sang.

Hématopoïèse *n. f. (du gr. haima, haimatos, sang et poiein, faire).* [H(a)ematopoiesis] Différenciation des cellules sanguines à partir de cellules souches multipotentes ou *hémocytoblastes*. Ces derniers sont à l'origine de cellules souches de deux lignées différentes: les cellules souches lymphoïdes à l'origine des lymphocytes et les cellules souches myéloïdes à l'origine de tous les autres types cellulaires (granulocytes, monocytes, érythrocytes, mégacaryocytes). Voir le tableau des lignées cellulaires de l'hématopoïèse.

Hématorrhée *n. f. (du gr. haima, haimatos, sang et rhein, couler).* [**H(a)ematorrhae**] Expulsion réflexe de liquide sanguin par certains Insectes pour leur défense.

Hématose *n. f. (du gr. haima, haimatos, sang).* [**H(a)ematosis**] Échanges gazeux entre le sang et les poumons, aboutissant à une oxygénation du sang.

Hématozoaire *n. m. (du gr. haima, haimatos, sang et zôon, animal).* [**H(a)ematozoon**] Tout Protozoaire parasite du sang.

Hème *n. m. (du gr. haima, sang).* [**Heme**] Protoporphyrine qui a chélaté un atome de fer ferreux et qui constitue le groupement prosthétique de molécules comme l'hémoglobine, la myoglobine, le cytochrome C.

Hémélytre *n. m. (du gr. hêmi, à moitié et élytre).* Aile antérieure des Hétéroptères dont seule la région proximale est sclérotinisée, à la différence des élytres qui le sont entièrement.

Héméropériodique *adj.* [**Hemeroperiodic**] Se dit d'une plante qui fleurit lorsque la durée d'éclairement dépasse un seuil minimal.

Hémérythrine *n. f. (du gr. haima, sang et eruthros, rouge).* [**H(a)emerythrin**] Pigment respiratoire des cellules sanguines des Sipunculiens, des Priapulides et des Brachiopodes. C'est une globuline à groupement prosthétique contenant du fer, de couleur violette à l'état oxydé (Fe^{3+}) et incolore à l'état réduit (Fe^{2+}).

Hémicellulose *n. f. (du gr. hêmi, à moitié et cellulose).* [**Hemicellulose**] Polysaccharide des parois des Végétaux et de certains Champignons, soluble dans les solutions alcalines et composé de glucose, galactose, mannose, arabinose et xylose. Les hémicelluloses comprennent un axe osidique sur lequel sont branchées des chaînes saccharidiques courtes.

Hémicéphale *adj. (du gr. hêmi, à moitié et kephalê, tête).* [**Hemicephalous**] Voir Vermiforme.

Hémicryptophyte *n. f. (du gr. hêmi, à moitié et cryptophyte).* [**Hemicryptophyte**] Plante dont les bourgeons ne subsistent qu'au ras du sol durant la mauvaise saison. Ce terme correspond à un type biologique du système de Raunkiaer. Voir tableau des types biologiques.

Hémicyclique *adj. (du gr. hêmi, à moitié et cyclique).* [**Hemicyclic**] Se dit des fleurs dont les pièces du périanthe sont disposées en verticilles alors que les pièces reproductrices sont disposées en spirales. **Syn.:** Hémispiralé.

Hémidesmosome *n. m. (du gr. hêmi, à moitié et desmosome).* [**Hemidesmosome**] Jonction cellulaire d'ancrage reliant la surface basale d'une cellule épithéliale à la lame basale sous- jacente. Il est formé d'une plaque cytoplasmique de desmoplakines contre la membrane plasmique et d'intégrines transmembranaires qui se lient aux protéines de la lame basale. Des filaments intermédiaires aboutissent dans les plaques perpendiculairement à ces plaques et non pas latéralement comme dans les desmosomes.

Hémiédaphon *n. m. (du gr. hêmi, à moitié et édaphon).* [**Hemiedaphon**] Voir Édaphon.

Hémiépiphyte *n. f. (du gr. hêmi, à moitié et épiphyte).* [**Hemiepiphyte**] Épiphyte qui s'enracine au sol.

Hémimétabole *n. m. et adj. (du gr. hêmi, à moitié et metabolê, changement).* [**Hemimetabolous (adj.)**] Voir Hétérométabole.

Hémiparasite *n. m. et adj. (du gr. hêmi, à moitié et parasite).* [Hemiparasite (adj. et n.)] Plante parasite chlorophyllienne qui tire son eau et ses sels minéraux des racines ou des tiges de son hôte, grâce à des suçoirs. **Ex.**: Gui (*Viscum sp.*), Mélampyre (*Melampyrum sp.*), Rhinanthe (*Rhinanthus sp.*), Euphraise (*Euphrasia sp.*).

Hémipénis *n. m. (du gr. hêmi, à moitié et pénis).* [Hemipenis] Chez les Squamates, invagination paire de la paroi latéro-dorsale du proctodéum qui se dévagine lors de l'accouplement. Un sillon séminal à la surface de chaque hémipénis conduit le sperme.

Hémisaprophyte *adj. et n. f.* [Hemisaprophyte (adj. et n.)] Plante chlorophyllienne saprophyte.

Hémisphère *n. m.* [Hemisphere] Chacun des deux lobes symétriques du cerveau ou du cervelet.

Hémisphère animal *m.* [Animal hemisphere] Celle des deux moitiés d'un œuf oligolécithe ou hétérolécithe qui possède le noyau, de grandes quantités d'ARN, mais une faible quantité de vitellus. **Ant.**: Hémisphère végétatif.

Hémisphère végétatif *m.* [Vegetative hemisphere] Celle des deux moitiés d'un œuf oligo- ou hétérolécithe qui est la plus riche en vitellus. **Ant.**: Hémisphère animal.

Hémispiralé *adj.* **Syn.**: Hémicyclique.

Hémizygote *n. m. et adj. (du gr. hêmi, à moitié et zygote).* [Hemizygote (n.), Hemizygous (adj.)] Se dit d'un individu diploïde qui possède un ou plusieurs gènes en un seul exemplaire.

Hémoblaste *n. m. (du gr. haima, sang et blastos, germe).* [H(a)emoblast] **Syn.**: Hémocytoblaste. Voir Hématopoïèse.

Hémocèle ou Hémocœle *n. m. (du gr. haima, sang et koilia, cavité).* [H(a)emocoel] Cavité viscérale des Arthropodes, remplie d'hémolymphe.

Hémochorial *adj. (du gr. haima, sang). Placenta hémochorial*, placenta décidué dont les villosités chorioniques sont en contact direct avec le sang maternel. Ces villosités sont réunies sur un petit disque; ce placenta est dit *discoïdal*. On le rencontre chez les Rongeurs, les Insectivores et les Primates. [H(a)emochorial placenta]

Hémocyanine *n. f. (du gr. haima, sang et kuanos, bleu).* [H(a)emocyanin] Pïgment respiratoire qui comporte deux atomes de cuivre directement liés à la protéine. On le rencontre chez les Crustacés, les Chélicérates et les Mollusques. La forme oxydée (à Cu^{2+}) est bleue, la forme réduite (à Cu^{+}) incolore.

Hémocyte *n. m. (du gr. haima, sang et kutos, cellule).* [H(a)emocyte] Voir Hémolymphe.

Hémocytoblaste *n. m. (du gr. haima, sang, kutos, cellule et blastos, germe).* [H(a)emocytoblast] Voir Hématopoïèse.

Hémoglobine *n. f. (du gr. haima, sang et globine).* [H(a)emoglobin] Abrév.: Hb – Chromoprotéine composée de 4 sous-unités deux à deux identiques. Chaque unité est formée d'une chaîne polypeptidique associée à un hème à atome de fer (Fe^{2+}). L'ensemble forme une molécule sphérique d'un diamètre de 55 Å. Il existe plusieurs hémoglobines en fonction du type de chaînes polypeptidiques: **l'hémoglobine A** (98 %) formée de deux chaînes α et deux chaînes β, **l'hémoglobine A_2** (2 %, 2 α et 2 δ) et **l'hémoglobine fœtale F** (2α et 2 γ ou 2 ε). L'hémoglobine est un transporteur d'oxygène (O_2 lié au fer de l'hème), de CO_2 et de protons. Chez les Vertébrés, elle n'est présente que dans les globules rouges qui en possèdent chacun environ 250 millions de molécules. Elle est aussi présente dans l'hémolymphe de certains Crustacés, dans les cellules conjonctives de certains Mollusques et Annélides et dans les cellules sanguines des Sipunculides, des Priapulides, des Échiuriens, des Phoronidiens et des Holothurides.

Hémolymphe *n. f. (du gr. haima, sang et lymphe).* [**H(a)emolymph**] Liquide de la cavité cœlomique des Invertébrés triploblastiques contenant des cellules appelées *hémocytes*.

Hémolyse *n. f. (du gr. haima, sang et lyse).* [**H(a)emolysis**] Lyse des globules rouges.

Hémolysine *n. f.* [**H(a)emolysin**] Substance capable de provoquer la lyse des globules rouges.

Hémoprotéine *n. f. (du gr. haima, sang et protéine).* [**H(a)emoprotein**] Chromoprotéine dont le groupement prosthétique est un hème.

Hémorragine *n. f. (du gr. haima, sang et rhêgnumi, jaillir).* [**H(a)emorrhagin**] Toxine altérant la paroi des vaisseaux sanguins.

Hémostase *n. f. (du gr. haima, sang et stasis, arrêt).* [**H(a)emostasis**] Arrêt d'une hémorragie. L'hémostase se déroule en trois étapes: la vasoconstriction du vaisseau lésé, la formation du clou plaquettaire et la coagulation proprement dite.

Hémostatique *n. f. (du gr. haima, sang et statique).* [**H(a)emostatics**] Étude de l'équilibre du sang dans les vaisseaux.

Hémotrophique *adj. (du gr. haima, sang et trophique).* [**H(a)emotrophic**] Se dit du mode de nutrition du fœtus dans le cas d'un placenta hémochorial ou endothéliochorial. **Ant.**: Histotrophique.

Hennir *v. i.* [**To whinny, to neigh**] Pousser son cri, le *hennissement*, en parlant du Cheval.

Héparane sulfate *n. m.* [**Heparan sulphate (US: sulfate)**] Glycosaminoglycane dont le motif disaccharidique est composé de D-glucosamine et de N-acétyl-D-glucosamine. Il est présent dans certains protéoglycanes comme les *perlécans,* dans la lame basale, et les *syndécans* reliés à la membrane plasmique de nombreuses cellules.

Héparine *n. f. (du gr. hêpar, foie).* [**Heparin**] Glycosaminoglycane dont le motif disaccharidique est composé d'acide D-glucuronique ou d'acide L- iduronique, et de N-acétyl-D-glucosamine. Chaque unité dissacharidique porte 2 à 3 sulfates. L'héparine est anticoagulante par stimulation de l'antithrombine III, une alphaglobuline plasmatique qui inactive la thrombine. L'héparine est aussi un facteur de libération de la lipoprotéine lipase de la paroi des capillaires. L'héparine est produite par les cellules endothéliales et est contenue dans les mastocytes et les granulocytes basophiles.

Hépatique *adj. (du gr. hêpar, hêpatos, foie).* [**Hepatic**] Qui se rapporte au foie.

Hépatocyte *n. m. (du gr. hêpar, hêpatos, foie et kutos, cellule).* [**Hepatic cell**] Cellule du tissu hépatique, d'origine endodermique, disposée en travées radiales dans des lobules hépatiques. Les hépatocytes sont polarisés: leur surface apicale est pourvue de microvillosités et n'est séparée du sang que par l'endothélium des capillaires sinusoïdes; les surfaces basales des hépatocytes délimitent un réseau de canalicules biliaires. Les hépatocytes interviennent dans le métabolisme des glucides et des lipides, synthétisent de nombreuses protéines plasmatiques, stockent les vitamines liposolubles et excrètent les sels biliaires et le cholestérol (bile). **Syn.**: Cellule hépatique.

Herbacé *adj.* [Herbaceous] De la nature de l'herbe, c'est-à-dire sans lignine. **Ant.**: Ligneux.

Herbe *n. f.* [Herb] Spermatophyte non lignifié, annuel ou vivace par ses parties souterraines.

Herbicole *adj. (de herbe et du lat. colere, habiter).* [Herbicolous] Qui vit dans la strate herbacée.

Herbier *n. m. (de herbe).* [Seagrass bed] ▸ ① Peuplement dense d'Algues et d'Angiospermes aquatiques, au fond de l'eau; ▸ ② Collection de référence de plantes séchées et conservées entre deux feuillets, destinée à l'étude botanique.

Herbivore *adj. et n. m. (de herbe et du lat. vorare, manger).* [Herbivorous (adj.), Herbivore (n.)] ▸ ① Adj. et n. m. Qui se nourrit uniquement d'herbes ou de feuilles. **Syn.**: Phytophage; ▸ ② N. m. pl. Ensemble des Mammifères herbivores.

Hercogamie *n. f. (du gr. ercos, barrière et gamos, mariage).* [Hercogamy] Type d'allogamie dû à une barrière mécanique. **Ex.**: Chez les Orchidées, rostellum qui sépare les pollinies des stigmates.

Hérédité *n. f. (du lat. heres, heredis, héritier).* [Inheritance] Transmission des caractères d'un individu à ses descendants par l'intermédiaire de ses gènes. La science de l'hérédité est la *génétique*.

• **Hérédité chromosomique**, transmission des caractères dépendant de la ségrégation lors de la méiose et de l'appariement lors de la fécondation. [Chromosomic inheritance];

• **Hérédité extrachromosomique**, hérédité liée aux gènes non chromosomiques. [Extrachromosomic inheritance];

• **Hérédité cytoplasmique**, transmission des caractères portés par les génomes mitochondriaux ou chloroplastiques, indépendante de la transmission mendélienne. Dans le cas d'une reproduction sexuée, ces organites ne sont apportés que par le gamète femelle. Dans le cas d'une reproduction par division binaire, les organites sont répartis au hasard entre la cellule fille et la cellule mère. [Cytoplasmic inheritance];

• **Hérédité holandrique**, transmission d'un caractère du père au fils. [Holandric inheritance] **Syn.**: Hérédité paternelle;

• **Hérédité liée au sexe**, transmission d'un caractère porté par un chromosome sexuel. [Sex-linked inheritance];

• **Hérédité maternelle**, transmission de caractères par la mère seulement (mitochondries). [Maternal inheritance];

• **Hérédité mendélienne**, syn.: Hérédité chromosomique. [Mendelian inheritance];

• **Hérédité paternelle**, syn.: Hérédité holandrique.

Hermaphrodisme *n. m. (du lat. hermaphroditus, nom d'un androgyne, fils d'Hermès et d'Aphrodite).* [Hermaphroditism] Caractère d'un organisme qui est capable de produire des gamètes mâles et des gamètes femelles. Chez les Animaux, la gamétogenèse peut se dérouler dans des gonades séparées ou non (ovotestis). L'hermaphrodisme peut être simultané, alternatif (alternativement mâle puis femelle) ou successif (une fois mâle, une fois femelle au cours de la vie). Une plante est dite hermaphrodite dans le cas où toutes ses fleurs sont bisexuées. **Syn.**: Bisexué. **Ant.**: Gonochorisme.

Hermatypique *adj.* [**Hermatypic**] Se dit des coraux qui participent à l'édification des récifs coralliens.

Herme → Erme

Herpétofaune *n. f.* [**Herpetofauna**] Ensemble des reptiles d'une région donnée.

Herpétologie → Erpétologie

Hespéride *n. f.* [**Hesperidium**]. Type de baie caractérisée par le développement considérable des poils de l'endocarpe qui deviennent pulpeux. Le mésocarpe et l'épicarpe forment une écorce coriace ou *zeste* qui est pourvue de nombreuses poches à essence. Les hespérides sont fréquentes chez les Rutacées. **Ex.**: Orange, Citron.

Hétérobaside *n. f. (du gr. heteros, autre et baside).* [**Heterobasidium**] Voir Baside.

Hétéroblastie *n. f.* [**Heteroblasty**] **Syn.**: Hétérophyllie.

Hétérobrachial *adj.* [**Heterobrachial**] Se dit d'un chromosome dont le centromère n'est pas en position médiane et dont les bras sont ainsi de taille inégale. **Ant.**: Métacentrique, Isobrachial.

Hétérocarpie *n. f. (du gr. heteros, autre et karpos, fruit).* [**Heterocarpy**] Caractère d'une inflorescence au sein de laquelle il existe des carpelles dissemblables (selon les fleurs) qui engendrent des fruits différents.

Hétérocéphale *adj. (du gr. heteros, autre et kêphale, tête).* [**Heterocephalous**] Se dit d'une Astéracée dont chaque individu porte des capitules uniquement mâles et d'autres uniquement femelles.

Hétérocerque *adj. (du gr. heteros, autre et kerkos, queue).* [**Heterocercal**] Chez les Chondrichtyens et les Chondrostéens, se dit de la nageoire caudale lorsqu'elle est formée de deux lobes dissymétriques. La colonne vertébrale se termine dans le lobe dorsal. **Ant.**: Homocerque.

Hétérochromatine *n. f. (du gr. heteros, autre et chromatine).* [**Heterochromatin**] Voir Chromatine.

Hétérochromatinisation *n. f.* [**Heterochromatinization**] Condensation de la chromatine en hétérochromatine.

Hétérochrome *adj. (du gr. heteros, autre et khrôma, couleur).* [**Heterochromous**] Se dit d'un capitule d'Astéracées dont les fleurs centrales n'ont pas la même couleur que les autres.

Hétérochromosome *n. m. (du gr. heteros, autre et chromosome).* [**Heterochromosome**] **Syn.**: Gonosome.

Hétéroconté *adj. (du gr. heteros, autre et kontos, bâton).* [**Heterocont**] Se dit d'une cellule d'Algues qui possède des flagelles différant par leur taille ou leur structure. **Ant.**: Isoconté.

Hétérocotylie *n. f.* **Syn.**: Anisocotylie.

Hétérocyste *n. m. (du gr. heteros, autre et kustis, vessie).* [**Heterocyst**] Chez les espèces filamenteuses de Cyanobactéries, grosse cellule, à paroi épaisse, non chlorophyllienne mais pourvue de la nitrogénase, enzyme nécessaire à la fixation de l'azote atmosphérique.

Hétérodonte *adj. (du gr. heteros, autre et odous, odontos, dent).* [**Heterodont**] Se dit d'une denture qui présente des dents diverses par leur forme et leur fonction.

Hétéroduplex *n. m. et adj.* [**Heteroduplex**] Se dit d'une molécule d'ADN dont la complémentarité des bases azotées n'est pas réalisée pour certaines d'entre elles, les deux brins n'étant pas entièrement complémentaires.

Hétéroécique *adj.* [Heteroecious] **Syn.**: Hétéroxène.

Hétérogamétique *adj. (du gr. heteros, autre et gamète).* [Heterogametic] Se dit du sexe qui forme deux types de gamètes, l'autre dit *homogamétique* ne fournissant qu'un seul type de gamète. C'est le sexe mâle chez les Mammifères (spermatozoïdes X ou Y) et le sexe femelle chez les Oiseaux (ovules Z ou W). Le sexe hétérogamétique détermine le sexe du zygote. **Syn.**: Digamétique. **Ant.**: Homogamétique, Monogamétique.

Hétérogamie *n. f. (du gr. heteros, autre et gamos, mariage).* [Heterogamy] ▸ ① Caractère de certaines Angiospermes qui portent plusieurs types de fleurs. **Ant.**: 2. Homogamie; ▸ ② **Syn.**: Anisogamie; ▸ ③ **Syn.**: Allogamie.

Hétérogonie *n. f. (du gr. heteros, autre et gonos, semence).* [Heterogony] Cycle de reproduction qui présente une alternance régulière entre une génération sexuée et une génération parthénogénétique. **Ex.**: Cycle du Puceron.

Hétérogreffe *n. f. (du gr. heteros, autre et greffe).* [Heterograft] Voir Greffe.

Hétérogyne *adj. (du gr. heteros, autre et gunê, femme).* [Heterogynous] Se dit des espèces animales dont les femelles peuvent prendre des formes différentes. **Ex.**: Femelles des Insectes sociaux.

Hétérolécithe *adj. (du gr. heteros, autre et lekhitos, jaune d'œuf).* [Heterolecithal] Se dit d'un œuf holoblastique dont le vitellus est réparti selon un gradient croissant du pôle animal au pôle végétatif. **Ex.**: Œuf d'Amphibiens.

Hétérologue *adj. (du gr. heteros, autre et logia, théorie).* [Heterologous] Se dit d'un tissu, d'un organe qui appartient à une espèce différente.

Hétéromère *adj. (du gr. heteros, autre et meros, partie).* [Heteromerous] Se dit d'un Lichen dont le thalle est formé de couches tissulaires de compositions différentes. Tous les Lichens foliacés et crustacés sont hétéromères. **Ant.**: Homéomère.

Hétérométabole *adj. et n. m. (du gr. heteros, autre et metabolê, changement).* [Heterometabolous (adj.)] Se dit d'un Insecte ptérygote dont la larve ressemble à l'adulte mais s'en distingue par la taille et l'absence d'appareil génital et d'ailes. Lorsque les modes de vie de l'adulte et de la larve sont identiques, on parle d'hétérométaboles *paurométaboles*, et dans le cas contraire d'hétérométaboles *hémimétaboles*. **Ant.**: Holométabole.

Hétéromorphe *adj. (du gr. heteros, autre et morphê, forme).* [Heteromorph] ▸ ① Se dit de chromosomes homologues qui diffèrent par leur forme et/ou leur taille. **Ant.**: Homomorphe; ▸ ② Se dit d'un organisme dont les phases haploïde et diploïde ont une forme différente; ▸ ③ **Syn.**: Métabole.

Hétéronéréis *n. f. (du gr. heteros, autre et néréis).* [Heteronereis] Forme épitoque des Polychètes Néréidiens.

Hétéropétale *adj.* [Heteropetalous] Se dit d'une fleur dont la corolle est formée de pétales différents. **Ant.**: Homopétale.

Hétérophagie *n. f. (du gr. heteros, autre et phagein, manger).* [Heterophagy] Absorption par une cellule de substances d'origine extracellulaire par endocytose. Les vésicules d'endocytose fusionnent avec des lysosomes et leur contenu est alors digéré. **Ant.**: Autophagie.

Hétérophagosome *n. m.* [Heterophagosome] Voir Phagosome.

Hétérophyllie *n. f. (du gr. heteros,*

autre et phyllon, feuille). [Heterophylly] Caractère d'une plante qui produit des feuilles différentes. **Syn.**: Hétéroblastie, Anisophyllie. **Ex.**: Nombreuses Alismatacées.

Hétérophytisme *n. m. (du gr. heteros, autre et phuton, plante).* [Heterophytism] Caractère d'une espèce végétale qui présente deux types d'individus diploïdes différents (mâles et femelles), qui produisent par méiose des spores différentes (hétérosporie) qui engendreront des prothalles différents (hétéroprothallie).

Hétéroplastique *adj.* [Heteroplastic] Voir Greffe.

Hétéroploïde *adj.* [Heteroploid] Qui présente une altération du nombre normal de chromosomes. On distingue la polyploïdie et l'aneuploïdie.

Hétéroprotéine *n. f. (du gr. heteros, autre et protéine).* [Conjugated protein] Molécule constituée d'une protéine et d'une partie non protéique appelée *groupement prosthétique*. **Ex.**: Lipoprotéine, glycoprotéine.

Hétéroprothallie *n. f. (du gr. heteros, autre et de prothalle).* [Heteroprothally] Présence de prothalles mâles et de prothalles femelles chez une même espèce végétale. L'hétéroprothallie est constante chez les Spermatophytes.

Hétéropycnose *n. f.* [Heteropycnosis] Différence de coloration entre chromosomes ou entre parties de chromosomes. **Ant.**: Isopycnose.

Hétérosépalie *n. f. (du gr. heteros, autre et de sépale).* [Heterosepaly] Caractère d'une fleur dont le calice est formé de sépales dissemblables. **Ex.**: *Rosa sp.* (Rosacées).

Hétéroside *n. m. (du gr. heteros, autre et oside).* [Heteroside] Composé formé d'un *glucide* lié par sa fonction réductrice à une molécule non glucidique ou *aglycone*. Selon la nature des atomes participant à la liaison osidique, on distingue les

- **N-hétérosides** dont la liaison osidique est réalisée entre un carbone du glucide et un azote de l'aglycone. **Ex.**: Nucléosides;
- **O-hétérosides** où la liaison a lieu avec un oxygène de l'aglycone. Les O-hétérosides cyanogènes sont caractérisés par la présence d'un groupement nitrile CN et leurs précurseurs sont des acides aminés. **Ex.**: Amygdaline;
- **S-hétérosides** où l'aglycone est lié par un atome de soufre au glucide. **Ex.**: Glucosinolate.

Ant.: Holoside.

Hétérosis *n. m.* [Heterosis] ▸ ① Supériorité de la vigueur d'un hybride par rapport à celle de ces deux parents, mesurable par différents caractères comme la taille, le taux de survie, la résistance, la fructification...; ▸ ② Supériorité d'un ou plusieurs caractères d'un hybride hétérozygote par rapport à l'homozygote correspondant. **Syn.**: Vigueur hybride, Luxuriance des hybrides.

Hétérosome *n. m. (du gr. heteros, autre et sôma, corps).* [Heterosome] **Syn.**: Gonosome.

Hétérosporie *n. f. (du gr. heteros, autre et spore).* [Heterospory] ▸ ① Formation de spores méiotiques différentes par un sporophyte dans le cas d'homophytisme ou par chacun des deux types de sporophytes dans le cas d'hétérophytisme. Ces spores mâles et femelles sont appelées *microspores* et *macrospores* et donneront naissance respectivement à des prothalles mâles et femelles (hétéroprothallie). L'hétérosporie n'est parfois pas suivie d'une hétéroprothallie; ▸ ② Chez certaines espèces de Basidiomycètes, formation de spores de tailles et de formes différentes. **Ant.**: Homosporie, Isosporie.

Hétérostémonie *n. f. (du gr. heteros, autre et stamen, fil).* [**Heterostemony**] Caractère d'un androcée qui possède des étamines dissemblables par leur taille, leur forme ou leur fertilité.

Hétérostylie *n. f. (du gr. heteros, autre et style).* [**Heterostyly**] Caractère de certaines plantes qui produisent des types de fleurs différentes par la taille de leur style et par la position de leurs étamines. On parle de fleurs *brévistylées*, *longistylées* et rarement de fleurs *mésostylées* (Salicaire, Colchique). **Ex.**: *Primula*, *Oxalis*. **Syn.**: Anisostylie.

Hétérothallisme *n. m. (du gr. heteros, autre et thalle).* [**Heterothallism**] Chez certains Champignons, Algues et Bryophytes, présence de deux thalles différents désignés par les signes + et –. La fécondation n'a lieu qu'entre un thalle + et un thalle –. **Ant.**: Homothallisme.

Hétérotherme *adj. et n. m. (du gr. heteros, autre et thermos, chaud).* [**Heterothermal**] Se dit d'un animal dont la température est tantôt constante et élevée, tantôt constante et basse; c'est le cas des animaux hibernants.

Hétérotopique *adj. (du gr. heteros, autre et topos, lieu).* [**Heterotopic**] Voir Greffe.

Hétérotriche *adj. (du gr. heteros, autre et thrix, trikhos, poil).* Se dit d'un thalle algal filamenteux qui possède des parties rampantes et d'autres dressées.

Hétérotrophe *adj. et n. m. (du gr. heteros, autre et trophê, nourriture).* [**Heterotrophic (adj.)**] Dont la source de carbone est la matière organique. **Ex.**: Tous les Animaux et Champignons. **Ant.**: Autotrophe.

Hétérotypique *adj.* Mitose hétérotypique, syn.: Mitose réductionnelle. Voir Méiose.

Hétéroxène *adj. (du gr. heteros, autre et xenos, étranger).* [**Heteroxenous**] Se dit d'un parasite dont le développement nécessite au moins deux hôtes. **Syn.**: Hétéroécique.

Hétéroxylé *adj.* Se dit d'un bois qui présente des fibres en plus des vaisseaux conducteurs. C'est le cas du bois des Angiospermes. **Ant.**: Homoxylé.

Hétérozygote *adj. (du gr. heteros, autre et zygote).* [**Heterozygous**] Qui possède des allèles différents pour un gène donné, sur chacun des chromosomes homologues. **Ant.**: Homozygote.

Hêtraie *n. f. (de Hêtre).* [**Beech grove**] Peuplement de Hêtres (*Fagus sylvaticus*), dans les zones froides et tempérées. **Syn.**: Foulaie.

Hexacanthe *adj. (du gr. hex, six et akantha, épine).* [**Hexacanth**] Se dit de l'embryon de certains Cestodes, pourvu de 6 crochets qui lui permettent de perforer la paroi intestinale de l'hôte qu'il va parasiter.

Hexapode *adj. (du gr. hex, six et pous, podos, pied).* Qui possède trois paires de pattes.

Hexokinase *n. f. (du gr. hex, six et kinase).* [**Hexokinase**] Enzyme qui catalyse la phosphorylation des hexoses, en présence de Mg^{2+}. Elle débute la glycolyse en transformant le glucose en glucose-6-phosphate.

Hexosamine *n. f. (de hexose et amine).* [**Hexosamine**] Glucide formé d'un hexose lié à une amine. **Ex.**: Glucosamine, galactosamine, mannosamine.

Hexose *n. m. (du gr. hex, six et ose).* [**Hexose**] Glucide simple à 6 atomes de carbone. S'il porte un groupement aldéhyde, on parle *d'aldohexose* (glucose, galactose, mannose); s'il porte un groupement cétone, on parle de *céto-hexose* (fructose).

Hibernacle *n. m.* [Hibernacle] Organe de certains végétaux aquatiques apparaissant dans des conditions défavorables et assurant sa multiplication végétative.

Hibernaculum *n. m.* [Hibernaculum] Logette où les animaux de petite taille passent l'hiver.

Hibernation *n. f.* [Hibernation] Ensemble des modifications que subissent les êtres vivants pendant l'hiver.

Hiémal *adj. (du lat. hiems, hiver).* [Hiemal] Se dit des Végétaux et des Champignons qui croissent en hiver.

Hiémation *n. f.* [Hiemation] Propriété de certaines plantes de croître en hiver. **Ex.**: Edelweiss, Hellébore.

Hiémisylve ou Hiémisilve *n. f.* Forêt tropicale caducifoliée dont les feuilles tombent lors de la saison sèche.

Hile *n. m.* [Hilum] ▸ ① Partie déprimée d'un organe par laquelle entrent ou sortent des vaisseaux sanguins, des nerfs et des conduits excréteurs. **Ex.**: Hile du rein; ▸ ② Trace laissée par le funicule sur le tégument d'une graine après qu'il s'en est détaché; ▸ ③ Point sombre d'un grain d'amidon correspondant au site d'origine des dépôts d'amidon; ▸ ④ Point d'insertion d'une spore fongique sur la baside ou sur le conidiophore.

Hippocampe *n. m. (du gr. hippos, cheval et kampê, courbure).* [Hippocampus] Prolongement du gyrus hippocampal qui est situé sur la face interne du lobe temporal et qui fait partie du système limbique. Il intervient dans la mémorisation.

Hirudine *n. f. (du lat. hirudo, -inis, sangsue).* [Hirudin] Substance anticoagulante de la salive des Achètes (= Hirudinées).

Hispide *adj.* [Hairy] Qui est hérissé de poils nombreux et rudes voire piquants.

Histamine *n. f. (du gr. histos, tissu et amine).* [Histamine] Monoamine biogène résultant de la décarboxylation de l'histidine par une histidine décarboxylase. L'histamine est libérée par les granulocytes basophiles et les mastocytes en présence d'un corps étranger, stimule l'inflammation et participe au déclenchement des allergies grâce à son rôle vasodilatateur et d'augmentation de la perméabilité des capillaires. Elle est aussi synthétisée par les histaminocytes de la paroi de l'estomac et stimule la production d'acide chlorhydrique par les cellules pariétales.

Histaminocyte *n. m. (de histamine et du gr. kutos, cellule).* [Histaminocyte] Endocrinocyte gastrique synthétisant de l'histamine.

Histidine *n. f. (du gr. histos, tissu).* [Histidine] Abrév.: His ou H – Un des vingt acides aminés constitutifs des protéines de la matière vivante. Sa décarboxylation donne de l'histamine et sa dégradation de l'acide glutamique. Codons correspondants: CAU et CAC.

Histiocyte *n. m. (du gr. histos, tissu et kutos, cellule).* [Histiocyte] Macrophage du tissu conjonctif. **Syn.**: Clasmatocyte.

Histoautoradiographie *n. f.* [Histoautoradiography] Voir Autoradiographie.

Histoblaste *n. m. (du gr. histos, tissu et blastos, germe).* Chez les Insectes Holométaboles, chacune des cellules indifférenciées réparties dans tout le corps larvaire qui participent à la constitution des organes propres à l'imago pendant la métamorphose (ailes, pattes, yeux).

Histochimie *n. f. (du gr. histos, tissu et chimie).* [**Histochemistry**] Étude de la composition chimique des cellules et de la répartition des substances chimiques dans les tissus au moyen de colorations spécifiques.

Histocompatibilité *n. f. (du gr. histos, tissu et compatibilité).* [**Histocompatibility**] Identité des antigènes tissulaires entre deux individus de la même espèce qui rend possible une greffe entre eux.

Histogenèse ou Histogénèse *n. f. (du gr. histos, tissu et genèse).* [**Histogenesis**] Développement et différenciation des tissus au cours de l'ontogenèse; étude de ces phénomènes.

Histologie *n. f. (du gr. histos, tissu et logos, discours).* [**Histology**] Partie de la biologie qui étudie la structure microscopique et ultramicroscopique des tissus et leurs propriétés fonctionnelles.

Histolyse *n. f. (du gr. histos, tissu et lusis, dissolution).* [**Histolysis**] Destruction des tissus, notamment lors de la métamorphose.

Histone *n. f. (du gr. histos, tissu).* [**Histone**] Protéine basique associée à l'ADN des Eucaryotes. Elles ont une forte proportion d'acides aminés chargés positivement (lysine et arginine) ce qui facilite leur liaison à l'ADN qui est négatif. Il existe 5 types d'histones:

• les **histones nucléosomiques** H_2A, H_2B, H_3 et H_4 possèdent de 102 à 135 acides aminés et forment un noyau protéique de 8 histones (deux de chaque type) autour duquel l'ADN s'enroule deux fois, l'ensemble formant un *nucléosome*. Les histones H_3 et H_4 sont parmi les protéines les plus conservées au cours de l'évolution;

• les **histones H_1** possèdent environ 220 acides aminés et sont moins bien conservées au cours de l'évolution. Elles sont reliées au segment d'ADN internucléosomique et interagissent pour former les enroulements d'ordre supérieur de l'ADN.

Histotrophique *adj. (du gr. histos, tissu et trophê, nourriture).* [**Histotrophic**] Se dit du mode de nutrition d'un fœtus qui est réalisée par l'intermédiaire d'un placenta indécidué. **Ant.**: Hémotrophique.

HLA ou H.L.A. *adj. (sigle de Human leucocyt antigen).* [**HLA**] Voir Complexe majeur d'histocompatibilité.

HLP ou HPL *n. f.* Sigle de Hormone lactogène placentaire. Voir ce mot.

Holandrique *adj. (du gr. holos, entier et anêr, andros, mâle).* [**Holandric**] Voir Hérédité.

Holarctis *n. m.* Voir Empire biogéographique.

Holoblastique *adj. (du gr. holos, entier et blastos, germe).* [**Holoblastic**] Se dit de la segmentation d'un œuf lorsqu'elle est totale.

Holobiotique *adj. (du gr. holos, entier et bios, vie).* [**Holobiotic**] Se dit des Animaux aquatiques qui migrent sans changer de milieu, dans l'eau douce (migration potamique) ou dans l'eau de mer (migration thalassique).

Holocrine *adj. (du gr. holos, entier et krinein, sécréter).* [**Holocrine**] Se dit d'une glande (ou de la sécrétion) où les cellules entières sont excrétées avec leurs produits de sécrétion. **Ex.**: Glande sébacée.

Holoenzyme *n. f. (du gr. holos, entier et enzyme).* [**Holoenzyme**] Enzyme complète, constituée d'une *apoenzyme* et d'une *coenzyme*.

Hologamie *n. f. (du gr. holos, entier et gamos, mariage).* [**Hologamy**] Mode de reproduction où les deux gamètes ne se distinguent pas des cellules somatiques et où il y a mélange du contenu des deux cellules. Ce mode se rencontre chez les organismes inférieurs: Champignons, Algues, Protozoaires. **Ex.**: *Chlamydomonas*, Spirogyre.

Hologonique *adj. (du gr. holos, entier et gonos, génération).* Chez les Nématodes, se dit d'un mode de gamétogenèse où la multiplication des cellules germinales a lieu sur toute la longueur du tube gonadique. **Ant.**: Télogonique.

Hololécithe *adj. (du gr. holos, entier et lekhitos, jaune d'œuf).* [**Hololecithal**] Se dit d'un œuf dont le vitellus est réparti de façon homogène.

Holomérocrine *adj. (du gr. holos, entier et mérocrine).* [**Holomerocrine**] **Syn.**: Apocrine.

Holométabole *adj. et n. m. (du gr. holos, entier et metabolê, changement).* [**Holometabolous (adj.)**] Se dit d'un Insecte dont la larve est très différente de l'adulte, par sa morphologie et son mode de vie. Ces larves subissent une métamorphose complète lors du stade nymphal. Les Insectes holométaboles sont tous endoptérygotes. **Ex.**: Lépidoptères, Diptères, Coléoptères. **Ant.**: Hétérométabole.

Holoparasite *n. m. et adj. (du gr. holos, entier et parasite).* [**Holoparasite**] Plante parasite non chlorophyllienne et qui doit donc prélever sa matière organique sur un hôte en plus de l'eau et des sels minéraux. **Ex.**: Cuscute (*Cuscuta sp.*, Cuscutacées), Orobanche (*Orobanche sp.*, Orobanchacées).

Holoplancton *n. m. (du gr. holos, entier et plancton).* [**Holoplankton**] Ensemble des organismes qui restent planctoniques toute leur vie. **Ant.**: Méroplancton.

Holoplexion *n. m.* À la verticale d'un lieu, ensemble des structures, des couches, des strates, de la base du sol au niveau de la roche mère jusqu'au sommet de la végétation.

Holopneustique *adj. (du gr. holos, entier et pneuma, souffle).* [**Holopneustic**] Se dit d'un Insecte dont les stigmates sont tous fonctionnels (10 ou 11 paires).

Holoprotéine *n. f. (du gr. holos, entier et protéine).* [**Simple protein**] Voir Protéine.

Holorépresseur *n. m. (du gr. holos, entier et répresseur).* [**Holorepressor**] Forme active de certains répresseurs d'opérons, après qu'ils se sont liés à un corépresseur.

Holosaprophyte *n. m. et adj. (du gr. holos, entier et saprophyte).* [**Holosaprophyte**] Végétal ou Champignon dépourvu de chlorophylle, non parasite et non symbionte et qui par conséquent doit se nourrir de matière organique morte. **Ex.**: Certaines Orchidées (*Corallorhiza trifida*, *Limodorum abortivum*).

Holoside *n. m. (du gr. holos, entier et oside).* [**Holoside**] Glucide dont l'hydrolyse ne fournit que des oses. **Ex.**: Cellulose, amidon. **Ant.**: Hétéroside.

Holotype *n. m. (du gr. holos, entier et tupos, modèle).* [**Holotype**] Spécimen d'origine à partir duquel a été décrit un nouveau taxon et qui sert de référence.

Homécique *adj.* **Syn.**: 2. Vicariant.

Homéoboîte *n. f. (du gr. homoios, semblable et boîte).* [**Homeobox**] Séquence d'ADN qui comprend environ 180 paires de bases et qui code pour un peptide de 60 acides aminés. Ce peptide constitue le domaine de liaison à l'ADN de la protéine régulatrice ou *homéodomaine*. **Syn.**: Homéobox.

Homéobox *n. f. (du gr. homoios, sem-*

blable et de l'angl. box, boîte). [Homeobox] **Syn.**: Homéoboîte.

Homéodomaine *n. m. (du gr. homoios, semblable et domaine).* [Homeodomain] Partie d'une homéoprotéine formée d'environ 60 acides aminés et qui permet la fixation à l'ADN. Sa structure tridimensionnelle contient un motif hélice-tour-hélice.

Homéogène *n. m. (du gr. homoios, semblable et gène).* [Homeogene] Gène à homéoboîte.

Homéomère *adj. (du gr. homoios, entier et meros, partie).* [Homeomerous] Se dit d'un Lichen dont le thalle a une structure homogène sur toute son épaisseur. **Ex.**: *Collema sp.* **Ant.**: Hétéromère.

Homéoprotéine *n. f. (du gr. homoios, semblable et protéine).* [Homeoprotein] Protéine régulatrice de l'ADN issue de la traduction d'un gène à homéoboîte. Elle se lie à l'ADN par son *homéodomaine* et inhibe ou active l'expression de certains gènes, notamment les gènes de développement embryonnaire.

Homéosis *n. f.* [Homeosis] Différenciation d'une partie du corps à la place d'une autre. L'étude des causes de telles transformations a été à l'origine de la découverte des gènes homéotiques.

Homéostase *n. f. (du gr. homoios, semblable et stasis, position).* [Homeostasis] Stabilité des fréquences alléliques d'une population malgré les variations environnementales et la pression sélective.

Homéostasie *n. f. (du gr. homoios, semblable et stasis, position).* [Homeostasis] Maintien de la constance des paramètres physiologiques en dépit des variations extérieures.

Homéotherme *adj. et n. m. (du gr. homoios, semblable et thermos, chaud).* [Homeothermic] **Syn.**: Endotherme.

Homéotique *adj.* [Homeotic] Se dit d'un gène ou d'un complexe de gènes qui contrôle le développement.

Homéotypique *adj. (du gr. homoios, semblable et tupos, modèle).* [Homeotypic] Voir Méiose.

Homing *n. m. (de l'angl. home, maison).* ▸ ① Retour des Saumons adultes dans la rivière où ils sont nés afin de s'y reproduire; ▸ ② **Syn.**: Écotaxie.

Hominisation *n. f. (du lat. homo, hominis, homme).* [Hominization] Passage du Singe à l'Homme, au cours de l'évolution, caractérisé principalement par l'apparition de la bipédie, par la libération de la main et par l'augmentation du volume crânien. Elle se serait étendue sur 20 à 25 millions d'années.

Homoallèle *n. m. (du gr. homos, semblable et allèle).* [Homoallele] **Syn.**: Isoallèle.

Homobaside *n. f.* [Homobasidium] Voir Baside.

Homocerque *adj. (du gr. homos, semblable et kerkos, queue).* [Homocercal] Se dit d'une nageoire caudale dont les deux lobes sont symétriques. La colonne vertébrale ne pénètre pas dans la nageoire. Ce type conserve des caractères d'une hétérocercie primitive, au niveau des dernières vertèbres caudales. **Ant.**: Hétérocerque.

Homochromie *n. f. (du gr. homos, semblable et khrôma, couleur).* [Homochromy] Identité de couleur entre un animal et le milieu environnant, ce qui lui permet de s'y confondre et d'échapper à ses prédateurs. Elle peut être due à des modifications de couleur du tégument, sous contrôle hormonal, ou simplement au fait que l'animal se positionne dans des endroits ayant la même couleur que lui.

Homochlamydé *adj. (du gr. homos, semblable et khlamus, manteau).* Se dit d'une fleur, d'un périanthe composés de tépales.

Homocystéine *n. f. (du gr. homos, semblable et cystéine).* [Homocysteine] Acide aminé précurseur de la méthionine par une transméthylation et de la cystéine par une transsulfuration qui nécessite une combinaison avec la sérine.

Formule: $HS–CH_2–CH_2–CH(NH_2)–COOH$.

Homodonte *adj. (du gr. homos, semblable et odous, odontos, dent).* [Homodont] Se dit d'une denture composée de dents semblables et de l'animal qui la porte.

Homoduplex *n. m. et adj.* [Homoduplex] Molécule d'ADN dans laquelle la complémentarité des bases entre les brins est respectée.

Homogamétique *adj. (du gr. homos, semblable et gamos, mariage).* [Homogametic] Se dit du sexe qui forme un seul type de gamètes. Le sexe homogamétique est le sexe mâle chez les Oiseaux (spermatozoïdes W) et femelle chez les Mammifères (ovules X). **Syn.**: Monogamétique. **Ant.**: Hétérogamétique.

Homogamie *n. f. (du gr. homos, semblable et gamos, mariage).* [Homogamy] ▸ ① **Syn.**: Isogamie; ▸ ② Caractère d'une Angiosperme qui ne produit qu'un seul type de fleurs, obligatoirement bisexuées. **Ant.**: Hétérogamie. ▸ ③ Maturation simultanée des organes reproducteurs mâles et femelles d'une fleur hermaphrodite. **Ant.**: Dichogamie.

Homogreffe *n. f. (du gr. homos, semblable et greffe).* [Homograft] Voir Greffe.

Homohydre *adj. (du gr. homos, semblable et hudôr, eau).* Se dit d'une plante dont la teneur en eau doit être constante et qui exige de ce fait une humidité atmosphérique importante.

Homologue *adj. (du gr. homos, semblable et logos, discours).* [Homologous] ▸ ① Se dit d'organes d'espèces voisines n'ayant pas nécessairement la même structure ni la même fonction mais provenant des mêmes ébauches embryonnaires. **Ant.**: Analogue; ▸ ② Voir Chromosome.

Homomorphe *adj. (du gr. homos, semblable et morphê, forme).* [Homomorph] ▸ ① Se dit de chromosomes homologues qui ont la même forme et la même taille. **Ant.**: Hétéromorphe; ▸ ② **Syn.**: Amétabole.

Homopétale *adj. (du gr. homos, semblable et pétale).* [Homopetalous] Dont tous les pétales sont semblables. **Ant.**: Hétéropétale.

Homophanie *n. f. (du gr. homos, semblable et phainein, paraître).* [Homophany] Type d'homochromie qui consiste en un assombrissement ou un éclaircissement du corps en fonction de l'éclairement du milieu.

Homophytisme *n. m. (du gr. homos, semblable et phuton, plante).* [Homophytism] Caractère des espèces végétales qui ne possèdent qu'un seul type d'individu diploïde au cours du cycle de reproduction. Chez les Spermatophytes, l'homophytisme n'existe que chez les Plantes monoïques.

Homoplastique *adj.* [Homoplastic] Voir Greffe.

Homoprothallie *n. f. (du gr. homos, semblable et prothalle).* [Homoprothallism] Voir Homosporie.

Homosporie *n. f. (du gr. homos, semblable et spore).* [Homospory] Production d'un seul type de spores méiotiques. Elles germeront en un prothalle hermaphrodite; il y aura donc *homoprothallie* ou *isoprothallie*. Chez certaines espèces d'Equisétinées, il existe une *homosporie anatomique* suivie d'une *hétérosporie physiologique* conduisant à deux prothalles différents. **Syn.**: Isosporie. **Ant.**: Hétérosporie.

Homothallisme *n. m.* [**Homothallism**] Caractère d'une espèce qui ne possède qu'un seul type de thalle, nécessairement bisexué. **Ant.**: Hétérothallisme.

Homoxylé *adj. (du gr. homos, semblable etxulon, bois).* Se dit d'un bois dépourvu de fibres et formé en majeure partie de trachéides, rencontré chez les Gymnospermes.

Homozygote *adj. et n. m. (du gr. homos, semblable et zygote).* [**Homozygous (adj.), Homozygote (n.)**] Qui possède deux allèles identiques pour un gène donné. **Ant.**: Hétérozygote.

Hordéine *n. f. (du lat. hordeum, orge).* [**Hordein**] Protéine du groupe des prolamines, extraite de l'Orge (*Hordeum sp.*, Poacées). Elle est riche en proline et en acide glutamique.

Horicloïde *adj.* Se dit de la structure d'un arbre dont les branches sont plagiotropes et verticillées. **Ex.**: *Abies alba*.

Horizon *n. m. (du gr. horizein, borner).* Couche de sol, distinguée des autres par ses caractéristiques physicochimiques et biologiques.

Horloge biologique *f.* [**Biological clock**] Ensemble des mécanismes physiologiques qui déterminent la rythmicité de nombreuses activités comportementales et physiologiques de l'organisme.

Hormétique *adj.* [**Hormetic**] Se dit d'une substance présente en très faible concentration dans les organismes mais qui leur est indispensable.

Hormogonie *n. f.* [**Hormogonium**] Fragment pluricellulaire d'un trichome de Cyanobactérie, apparaissant à la faveur de la gélification de cellules spéciales appelées *nécridies*. Chaque hormogonie peut régénérer un trichome complet.

Hormone *n. f. (du gr. hormôn, exciter).* [**Hormone**] Messager chimique sécrété par des cellules *endocrines* isolées ou réunies en une glande endocrine, émis dans un liquide circulant (sang, hémolymphe, sève élaborée) et qui déclenche une réaction spécifique sur d'autres cellules lointaines ou non dites *réceptrices*. On distingue:

- les **hormones dérivées d'acides aminés** (ex.: AIA dérivé du tryptophane, catécholamines et hormones thyroïdiennes dérivées de la tyrosine);
- les **hormones peptidiques** (ex.: Glucagon à 29 a.a., somatostatine à 14 a.a.) et **protéiques** (ex.: Insuline à 51 a.a.);
- les **hormones stéroïdes** (dérivées du cholestérol: ex.: Hormones sexuelles);
- les **hormones dérivées de l'acide mévalonique** (ex.: Gibbérellines, acide abscissique);
- les **hormones hydrocarbonées:** l'éthylène C_2H_4;
- les **hormones dérivées de l'adénine:** les cytokinines.

Les hormones stéroïdes et thyroïdiennes, lipophiles, pénètrent dans la cellule et se lient à des récepteurs intracellulaires. Le complexe hormone-récepteur pénètre dans le noyau et va se fixer sur l'ADN. Il agit comme un régulateur de la transcription des gènes. Les autres hormones se fixent à des récepteurs membranaires spécifiques ce qui active la synthèse d'un second messager intracellulaire (AMPc, GMPc, ADPRc, inositol triphosphate, diacylglycérol, ions calcium) qui entraîne une cascade de réactions biochimiques.

Remarque: Un certain nombre de substances sont des messagers cellulaires autocrines ou paracrines et ne sont donc pas des hormones vraies. **Ex.**: l'acide arachidonique et ses dérivés (leucotriènes, thromboxanes, prostaglandines), le monoxyde d'azote, les facteurs de croissance…

Hormone adrénocorticotrope *f.* [Adrenocorticotropic hormone] **Syn.**: Corticostimuline.

Hormone androgène *f.* [Androgenic hormone] Voir Androgène.

Hormone antidiurétique *f.* [Antidiuretic hormone] **Syn.**: Vasopressine.

Hormone antimüllérienne *f.* [Antimullerian hormone] Sigle: AMH – Hormone glycoprotéique dimérique d'environ 560 acides aminés, sécrétée par les cellules de Sertoli immatures au début de la vie fœtale. Elle provoque la disparition des canaux de Müller chez l'embryon.

Hormone corticotrope *f.* [Corticotropic hormone] **Syn.**: Corticostimuline.

Hormone de croissance *f.* [Growth hormone] **Syn.**: Somatostimuline.

Hormone de libération *f.* [Releasing hormone] **Syn.**: Libérine.

Hormone de mue *f.* [Molting hormone] Syn: Ecdysone.

Hormone folliculostimulante *f.* [Folliculostimulating hormone] **Syn.**: Folliculostimuline.

Hormone gonadotrope *f.* [Gonadotropic hormone] **Syn.**: Gonadostimuline.

Hormone juvénile *f.* [Juvenile hormone] Sigle: JH – Hormone sesquiterpénique synthétisée par les corpora allata des Insectes. Cinq types d'hormones juvéniles sont identifiées: JH 0 (C19), Iso-JH 0, JH I (C18), JH II (C17), JH III (C16). Lors du développement post-embryonnaire, elles induisent le maintien des caractères larvaires ou juvéniles (Hétérométaboles). Chez les Adultes, elles contrôlent le comportement sexuel, l'activité des gonades et la vitellogenèse. **Syn.**: Néoténine.

Hormone lactogène *f.* [Lactogenic hormone] **Syn.**: Prolactine.

Hormone lactogène placentaire *f.* Sigles: HLP, HPL, HCS (*de l'angl. Human chorionic somatomammotrophin)* – Protéine de 191 acides aminés sécrétée par le syncytiotrophoblaste, qui favorise l'anabolisme protidique, la sécrétion d'insuline et la lipolyse. Elle est hyperglycémiante et peut conduire au diabète gestationnel. Sa fonction lactogénique est limitée au rôle de préparation de la lactogenèse.

Hormone lutéinisante *f.* Sigle: LH (*Luteinizing hormone*) – Gonadostimuline synthétisée par les cellules gonadotropes de l'antéhypophyse. C'est une glycoprotéine d'environ 33000 Da formée de deux sous-unités. Chez la femelle, elle stimule la sécrétion de progestérone par les cellules folliculaires, provoque l'ovulation et la transformation du follicule mûr en corps jaune. Chez le mâle, elle stimule le développement et l'activité des cellules de Leydig. Sa sécrétion est sous le contrôle de la gonadolibérine hypothalamique et des sécrétions des gonades. **Syn.**: Hormone lutéinique, Hormone lutéotrope, Lutéotropine.

Hormone lutéotrope *f.* [Luteotropic hormon] **Syn.**: Hormone lutéinisante.

Hormone mélanostimulante ou mélanotrope *f.* [Melanocyte stimulating hormone] **Syn.**: Melanostimuline.

Hormone œstrogène *f.* [Estrogenic hormone] **Syn.**: Œstrogène.

Hormone prothoracotrope *f.* [Prothoracotropic hormone] Neurohormone peptidique synthétisée par la *pars intercerebralis* des Insectes et stockée dans les corpora cardiaca. Elle stimule la sécrétion de l'hormone de mue par les glandes prothoraciques. **Syn.**: Prothoracotropine, Ecdysiotrophine.

Hormone somatotrope *f.* [Somatotropic hormone] **Syn.**: Somatotropine.

Hormone stéroïde *f.* [Steroid hormone] Toute hormone synthétisée à partir du cholestérol.

Hormone thyréostimulante ou thyréotrope *f.* [Thyroid stimulating hormone, Thyrotropin] **Syn.**: Thyréostimuline.

Hormone végétale *f.* [Phytohormone] Voir Phytomédiateur.

Horripilation *n. f.* [Horripilation] Érection des poils durant le frisson, grâce à la contraction d'un muscle horripilateur.

Hôte *n. m.* [Host] Organisme ou cellule qui abrite un parasite, un symbionte ou un commensal, et par extension un gène étranger.

Houppe *n. f. (du francique huppo, touffe)*. **Syn.**: Huppe.

Houppier *n. m.* [Crown] Ensemble du branchage et du feuillage au-dessus du fût d'un arbre.

Houssaie *n. f. (de houx)*. Peuplement de Houx (*Ilex sp.*, Ilicacées), dans une forêt. **Syn.**: Houssière.

Houssière *n. f.* **Syn.**: Houssaie.

Hox *adj.* [Hox] Terme de nomenclature servant à désigner les gènes et les complexes de gènes sélecteurs homéotiques.

HSP [HSP] Sigle de Protéine de choc thermique.

Hululer ou Ululer *v. i.* [To hoot] Pousser son cri, le *(h)ululement*, en parlant des Oiseaux nocturnes.

Humérus *n. m. (du lat. humerus, épaule)*. [Humerus] Chez les Tétrapodes, os long du stylopode antérieur.

Humeur aqueuse *f.* [Aqueous humo(u)r] Liquide de la cavité antérieure du globe oculaire, sécrété par les procès ciliaires.

Humeur vitrée *f.* [Vitreous humo(u)r] **Syn.**: Corps vitré.

Humicole *adj. (du lat. humus, sol et colere, habiter)*. [Humicolous] Qui vit dans les sols riches en humus.

Humification *n. f.* [Humification] Formation de l'humus à partir de matière organique morte, faisant intervenir de nombreuses réactions enzymatiques réalisées par les Bactéries, les Champignons et la microfaune du sol.

Huppe *n. f.* [Tuft, Crest] Touffe de plumes sur la tête de certains Oiseaux dits *huppés*. **Syn.**: Houppe.

Hyalocyste *n. m. (du gr. hualos, verre et kustis, vessie)*. [Hyalocyst] **Syn.**: Hydrocyte.

Hyaloplasme *n. m. (du gr. hualos, verre et plasma, chose façonnée)*. [Hyaloplasm] **Syn.**: Cytosol.

Hyaluronidase *n. f.* [Hyaluronidase] Enzyme qui catalyse la dépolymérisation et la dégradation de l'acide hyaluronique. La hyaluronidase testiculaire est synthétisée par les spermatozoïdes et leur permet de pénétrer la membrane pellucide. Elle est synthétisée par de nombreuses Bactéries et leur permet de se répandre dans les tissus.

Hybridation *n. f.* [Hybridization, Cross-breeding] Croisement naturel ou artificiel entre deux organismes de variétés, de races ou d'espèces differentes. Dans ce dernier cas, on obtient un hybride presque toujours stérile chez les animaux mais souvent fertile chez les Végétaux.

Hybridation cellulaire *f.* [Cell hybridization] Fusion *in vitro* de deux cellules puis de leurs noyaux. **Syn.**: Hybridation somatique.

Hybridation des acides nucléiques *f.* [Nucleic acids hybridization] Appariement de deux brins complémentaires d'acides nucléiques en une double chaîne. Cet appariement peut être naturel ou réalisé *in vitro*. **Syn.**: Hybridation moléculaire.

Hybride *n. m.* [Hybrid] Résultat d'une hybridation, d'une hybridation cellulaire ou d'une hybridation moléculaire.

Hybridité agénésique *f.* **Syn.**: 1. Agénésie.

Hybridome *n. m.* [Hybridoma] Cellule hybride résultant de la fusion d'une cellule (généralement un lymphocyte) avec une cellule tumorale de myélome. Cette hybridation est réalisée en présence d'un agent hybridant, le polyéthylène glycol.

Hydatide *n. f. (du gr. hudatis, hudatidos, poche remplie d'eau).* [Hydatid] Cénure du Cestode *Echinococcus granulosus*, contenant des milliers de scolex et pouvant atteindre 15 kg.

Hydatode ou Hydathode *n. m. (de hudatis, hudatidos, poche remplie d'eau).* [Hydathode] Formation spécialisée dans l'évacuation d'eau et située à l'extrémité des nervures. Il s'agit généralement d'un stomate et d'une chambre sous-stomatique reliés à la nervure par un parenchyme lâche ou *épithème*. **Syn.**: Stomate aquifère.

Hydnoïde *adj.* [Hydnoid] Se dit d'un hyménium formé d'aiguillons, à la manière des Hydnes.

Hydranthe *n. m. (du gr. hudôr, eau et anthos, fleur).* [Hydranth] Polype nourricier des Cnidaires

Hydrémie ou Hydrohémie *n. f. (du gr. hudôr, eau et haima, sang).* [Hydraemia] Teneur en eau du sang.

Hydrobiologie *n. f. (du gr. hudôr, eau et biologie).* [Hydrobiology] Partie de la biologie qui étudie les espèces aquatiques.

Hydrobionte *n. m. (du gr. hudôr, eau et bios, vie).* [Hydrobiont] Organisme vivant dans l'eau.

Hydrobios *n. m. (du gr. hudôr, eau et bios, vie).* [Hydrobios] Ensemble des organismes vivant dans l'eau.

Hydrocaule *n. m. (du gr. hudôr, eau et caulis, tige).* [Hydrocaulus] Axe dressé des Cnidaires Hydrozoaires coloniaux, portant les hydranthes et les gonozoïdes.

Hydrochorie *n. f. (du gr. hudôr, eau et khôrein, se déplacer).* [Hydrochory] Dispersion des diaspores par l'eau.

Hydrocortisone *n. f. (du gr. hudôr, eau et cortisone)* [Hydrocortisone] **Syn.**: Cortisol.

Hydrocyte *n. m. (du gr. hudôr, eau et kutos, cellule).* [Hydrocyte] Chez les Sphaignes, grande cellule morte, losangique, pouvant se remplir d'eau. L'eau circule facilement dans toute la plante grâce à des pores ménagés dans la paroi cellulosique. Celle-ci possède des épaississements en spirale afin de maintenir le volume des cellules. **Syn.**: Hyalocyste.

Hydrogamie *n. f. (du gr. hudôr, eau et gamos, mariage).* [Hydrogamy] Fécondation qui a lieu en milieu aquatique. **Syn.**: 2. Hydrophilie.

Hydrogénase *n. f.* [Hydrogenase] Enzyme qui catalyse la réduction de deux protons en dihydrogène moléculaire.

Hydrogéophyte *n. f. (du gr. hudôr,*

eau et géophyte). [Hydrogeophyte] Voir Hydrophyte.

Hydrohémicryptophyte *n. f. (du gr. hudôr, eau et hémicryptophyte).* [Hydrohemicryptophyte] Voir Hydrophyte.

Hydrohémie → **Hydrémie**

Hydroïde *n. m. (du gr. hudôr, eau et eidos, aspect).* [Hydroid] Chez certaines Mousses, cellule morte, allongée, à paroi mince, à cloisons terminales biseautées, que l'on trouve dans les cordons centraux. Les hydroïdes assurent la conduction de l'eau. **Ant.**: Leptoïde.

Hydrolase *n. f. (de hydrol(yse) et suff. -ase).* [Hydrolase] Enzyme qui catalyse une hydrolyse.

Hydrolyse *n. f. (du gr. hudôr, eau et lusis, dissolution).* [Hydrolysis] Dégradation d'une molécule par addition d'eau.

Hydromorphe *adj. (du gr. hudôr, eau et morphê, forme).* Se dit des caractères d'une plante hydrophile.

Hydrophilie *n. f. (du gr. hudôr, eau et philos, ami).* [Hydrophily] ▸ ① Attirance d'une molécule ou d'une partie de molécule pour l'eau. **Ant.**: Hydrophobie; ▸ ② **Syn.**: Hydrogamie.

Hydrophobie *n. f. (du gr. hudôr, eau et phobos, crainte).* [Hydrophoby] Répulsion entre certaines molécules et l'eau. Les forces hydrophobes interviennent dans le maintien en groupes des molécules hydrophobes.

Hydrophyse *n. m.* Ensemble de l'eau libre d'un milieu.

Hydrophyte *n. f. (du gr. hudôr, eau et phuton, plante).* [Hydrophyte] Plante aquatique dont les organes assurant la multiplication passent l'hiver sous la surface de l'eau. Ce terme correspond à un type biologique du système de Raunkiaer. Il regroupe trois sous-types:

- les **hydrogéophytes:** organes enfouis dans la vase;
- les **hydrohémicryptophytes:** organes à la surface du substrat;
- les **hydrothérophytes:** les organes sont des graines ou des hibernacles.

Hydrophytie *n. f.* Biocénose végétale hydrophile.

Hydroponique *adj. (du gr. hudôr, eau et du lat. ponere, poser).* Culture hydroponique, culture de Végétaux sur un liquide nutritif, sans sol. [Hydroponics]. **Syn.**: Hydroculture.

Hydropyle *n. m. (du gr. hudôr, eau et pulôn, porte).* Zone de l'œuf spécialisée dans l'absorption d'eau lorsqu'elle est nécessaire pour le développement de l'embryon, notamment lorsque l'œuf est déposé dans les lieux arides.

Hydrorhize *n. f. (du gr. hudôr, eau et rhiza, racine).* [Hydrorhiza] Axe appliqué contre le support et portant des axes dressés ou *hydrocaules*, chez certains Cnidaires Hydrozoaires coloniaux.

Hydrosère *n. f. (du gr. hudôr, eau et du lat. series, succession).* [Hydrosere] Succession végétale ou *sère* qui se constitue à partir d'un milieu aquatique sans végétation.

Hydrosphère *n. f. (du gr. hudôr, eau et sphère).* [Hydrosphere] Voir Écosphère.

Hydrostade *n. m. (du gr. hudôr, eau et stade).* Période de la germination d'une graine pendant laquelle la présence d'eau est déterminante.

Hydrotaxie *n. f. (du gr. hudôr, eau et taxie).* [Hydrotaxis] Voir Taxie.

Hydrothermophile *adj. (du gr. hudôr, eau et thermophile).* [Hydrothermophilic] Qui se développe dans les eaux chaudes.

Hydrothérophyte *n. f. (du gr. hudôr, eau et thérophyte).* [Hydrotherophyte] Voir Hydrophyte.

Hydrotropisme *n. m. (du gr. hudôr, eau et tropisme).* [Hydrotropism] Voir Tropisme.

Hydrotype *n. m. (du gr. hudôr, eau et type).* [Hydrotype] Chacune des formes biologiques d'un végétal définies par leur système d'absorption et de rétention de l'eau. Ces formes sont: les hydrophytes, les mésophytes, les succulentes, les telmatophytes, les tropophytes et les xérophytes.

Hydroxyapatite *n. f.* [Hydroxyapatite] Composé formé de phosphate de calcium et d'hydroxyde de calcium, constitutif des os, de l'ivoire, de l'émail et du cément. Formule: $(PO_4)_6$ $Ca_9(OH)_2$ Ca.

1,25-Hydroxycholécalciférol *n. m.* [1,25-Hydroxycholecalciferol] Vitamine D3 active obtenue à partir du cholécalciférol par hydroxylations sur le C25 dans le foie et sur le C1 dans les reins. Elle accroît l'absorption intestinale du calcium et favorise la réabsorption du calcium et du phosphore dans les tubules rénaux.

Hydroxylase *n. f.* [Hydroxylase] Enzyme qui catalyse la fixation d'un hydroxyle sur un composé organique.

5-Hydroxylysine *n. f.* [5-Hydroxylysine] Un des acides aminés constitutifs des protéines du collagène. Elle résulte de l'hydroxylation en C5 de la lysine.

5-Hydroxyméthylcytosine *n. f.* [5-Hydroxymethylcytosine] Base azotée qui remplace la cytosine dans l'ADN de certains Bactériophages.

Hydroxyméthyluracile *n. m.* [Hydroxymethyluracil] Base azotée qui remplace la thymine dans l'ADN de certains Bactériophages.

Hydroxyphénylalanine *n. f.* [Hydroxyphenylalanine] **Syn.**: Tyrosine.

4-Hydroxyproline *n. f.* [4-Hydroxyproline] Acide aminé constitutif de certaines protéines. Il dérive de l'hydroxylation en C4 de la proline. Il se trouve dans certains collagènes et dans les glycoprotéines des parois végétales.

6-Hydroxypurine *n. f.* [6-Hydroxypurine] **Syn.**: Hypoxanthine.

5-Hydroxytryptamine *n. f.* [5-Hydroxytryptamine] **Syn.**: Sérotonine.

5-Hydroxytryptophane *n. m.* [5- Hydroxytryptophan] Acide aminé obtenu par hydroxylation du tryptophane par une tryptophane hydroxylase. Il est décarboxylé en sérotonine sous l'action de l'hydroxytryptophane décarboxylase. Cette réaction a lieu dans les cellules entérochromaffines et dans certaines cellules nerveuses (hypothalamus).

Hydroxytryptophane décarboxylase *n. f.* [Hydroxytryptophane decarboxylase] Voir Hydroxytryptophane.

Hydroxytyramine *n. f.* [Hydroxytyramine] **Syn.**: Dopamine.

Hygrochimène *adj.* Se dit d'un milieu dont la période humide a lieu en hiver. **Ant.**: Hygrothère.

Hygrohalin *adj.* [Hygrohaline] **Syn.**: Aérohalin.

Hygropétrique *adj. (du gr. hugros, humide et petra, roche).* [Hygropetric] Se dit d'un organisme qui vit à la surface des roches immergées.

Hygrophane *adj. (du gr. hugros, humide et phainein, paraître).* [Hygrophanous] Qui change de couleur en fonction de l'hydratation.

Hygrophile *adj. (du gr. hugros, humide et philos, ami).* [Hygrophilous] Qui vit dans les milieux humides. **Ant.**: Hygrophobe, Xérophile.

Hygrophobe *adj. (du gr. hugros, humide et phobos, crainte).* [Hygrophobic] Qui craint les lieux humides. **Ant.**: Hygrophile.

Hygrophyte *n. f. (du gr. hugros, humide et phuton, plante).* [Hygrophyte] Plante hygrophile.

Hygrophytie *n. f. (du gr. hugros, humide et phuton, plante).* Biocénose végétale hygrophile.

Hygrosciaphile *adj.* [Hygrosciaphilous] Qui aime les milieux humides et ombragés.

Hygrosciaphyte *n. f.* [Hygrosciaphyte] Plante hygrosciaphile.

Hygrosère *n. f. (du gr. hugros, humide et sère).* [Hygrosere] Succession végétale qui se constitue à partir d'un sol humide sans végétation.

Hygrotaxie *n. f. (du gr. hugros, humide et taxie).* [Hygrotaxis] Voir Taxie.

Hygrothère *adj.* Se dit d'un milieu dont la période humide a lieu en été. **Ant.**: Hygrochimène.

Hygrothermophile *adj.* [Hygrothermophilous] Qui vit dans les milieux humides et chauds.

Hygrotropisme *n. m. (du gr. hugros, humide et tropisme).* [Hygrotropism] Voir Tropisme.

Hylion *n. m.* Toute formation forestière climacique, dans le système de Clements.

Hylophile *adj. (du gr. hulê, bois et philos, ami).* [Hylophilous] Qui vit dans les forêts.

Hylophyte *n. f. (du gr. hulê, bois et phuton, plante).* [Hylophyte] Plante hylophile.

Hyménium *n. m. (du gr. humenion, petite membrane).* [Hymenium] Chez les Champignons supérieurs, couche unique de cellules fertiles portées par l'hyménophore. L'hyménium est composé chez les Basidiomycètes de basides (fertiles) et de cystides (stériles) et chez les Ascomycètes d'asques (fertiles) et de paraphyses (stériles).

Hyoïde ou Hyoïdien *adj. (du gr. huoeidês, en forme de Y).* [Hyoid] Voir Arc hyoïde.

Hyomandibulaire *n. m.* [Hyomandibular] Os du deuxième arc viscéral (arc hyoïde) qui participe à la suspension de la mâchoire supérieure au neurocrâne chez les Poissons. Il se transforme en columelle tympanique chez les Tétrapodes non mammaliens et en étrier chez les Mammifères.

Hyoscine *n. f.* [Hyoscine] **Syn.**: Scopolamine.

Hyperacidiphile *adj. (du gr. huper, au-delà, acide, et philos, ami).* Qui pousse sur des substrats très acides.

Hyperandrie *n. f. (du gr. huper, au-delà et anêr, andros, mâle).* [Hyperandry] Chez certaines espèces animales, proportion plus importante de mâles que de femelles.

Hypergenèse *n. f.* [Hypergenesis] **Syn.**: Hypertélie.

Hyperglycémie *n. f. (du gr. huper, au-delà et glycémie).* [Hyperglyc(a)emia] Voir Glycémie.

Hypermétamorphose *n. f. (du gr. huper, au-delà et métamorphose).* [Hypermetamorphosis] Cycle de développement qui comporte plusieurs formes larvaires et que l'on rencontre chez certains Insectes parasites (Coléoptères Méloïdes, Hyménoptères). Les différentes formes larvaires ne diffèrent que par leur apparence extérieure, les modifications internes ayant lieu lors de la métamorphose véritable.

Hypermutabilité *n. f. (du gr. huper, au-delà et mutabilité).* [Hypermutability] Propriété de certains organismes qui connaissent une fréquence élevée de mutations, notamment les Virus.

Hyperparasite *n. m. (du gr. huper, au-delà et parasite).* [Hyperparasite] Parasite d'un parasite. **Syn.**: Superparasite.

Hyperplasie *n. f. (du gr. huper, au-delà et plassein, modeler).* [Hyperplasy] Multiplication intense des cellules d'un tissu sans augmentation de leur volume.

Hypertélie *n. f. (du gr. huper, au-delà et telos, fin).* [Hypertely] Développement très important d'une structure anatomique, jusqu'à constituer parfois une gêne. **Ex.**: Bois de certains Cervidés. **Syn.**: Hypergenèse.

Hypertensine *n. f. (du gr. huper, au-delà et tens(ion)).* [Hypertensin] **Syn.**: Angiotensine.

Hypertrophie compensatrice *f.* [Compensatory hypertrophy] Mécanisme qui intervient, dans une paire d'organes, lorsque l'un des deux ne peut plus remplir sa fonction; l'autre se surdéveloppe pour compenser. Ce mécanisme intervient aussi sur certains organes lorsqu'ils régénèrent une partie amputée (amputation d'un lobe du foie).

Hyphe *n. f. ou m. (du gr. huphê, tissu).* [Hypha] Filament du mycélium des Champignons. Les hyphes peuvent être septées ou non, caractère qui détermine les deux grands groupes de Champignons: les Septomycètes et les Siphomycètes.

Hyphopodie *n. f. (du gr. huphê, tissu et pous, podos, pied).* [Hyphopodium] Conidiophore court qui ne porte qu'une seule conidie.

Hypnospore *n. f. (du gr. hupnos, sommeil et spore).* [Hypnospore] **Syn.**: Akinète.

Hypobaside *n. f. (du gr. hupo, au- dessous et baside).* [Hypobasidium] Partie basale, renflée, d'une hétérobaside. **Ant.**: Épibaside.

Hypochile *n. m. (du gr. hupo, au- dessous et chilos, lèvre).* [Hypochile] Partie proximale du labelle de certaines Orchidacées. **Ant.**: Épichile.

Hypocotyle *n. m. (du gr. hupo, au-dessous et cotylé(don)).* [Hypocotyl] Partie de l'axe caulinaire comprise entre la racine et le point d'attache des cotylédons, issue du développement important de la tigelle de l'embryon. Cet accroissement entraîne le soulèvement au-dessus du sol des cotylédons (germination épigée). **Syn.**: Axe hypocotylé.

Hypocratériforme *adj.* [Hypocrateriform] Se dit d'une fleur dont l'extrémité de la corolle est étalée.

Hypoderme *n. m. (du gr. hupo, au-dessous et derme).* [Hypoderm(a)] ▸ ① Chez les Tétrapodes, tissu conjonctif lâche, sous-cutané, reliant le tégument aux organes sous-jacents. Il est faiblement vascularisé et contient du tissu adipeux en quantité variable suivant les espèces et les régions du corps. **Syn.**: Fascia superficiel; ▸ ② Chez les Arthropodes, épithélium monostratifié qui sécrète la cuticule; ▸ ③ Chez les Spermatophytes, couche cellulaire située juste sous l'épiderme.

Hypogé *adj. (du gr. hupo, au-dessous et gê, terre).* [Hypogeous] ▸ ① Qui vit, se développe sous la surface de la terre. **Syn.**: Endogé; ▸ ② Se dit d'un type de germination où la tigelle croît peu, les cotylédons se développant alors dans le sol. **Ant.**: Épigé.

Hypoglycémie *n. f. (du gr. hupo, au-dessous et glycémie).* [Hypoglyc(a)emia] Voir Glycémie.

Hypogyne *adj. (du gr. hupo, au-dessous et gunê, femme).* [Hypogynous] Se dit d'une fleur à réceptacle convexe sur lequel le pistil est inséré au-dessus des autres pièces florales. L'ovaire est dit *supère*. **Syn.**: Supérovarié. **Ant.**: Épigyne, Inférovarié.

Hypolimnion *n. m. (du gr. hupo, au-dessous et limnê, lac).* [**Hypolimnion**] Zone profonde de l'eau des lacs, peu éclairée et mal oxygénée.

Hyponastie *n. f. (du gr. hupo, au-dessous et nastie).* [**Hyponasty**] Voir Nastie.

Hyponeurien *n. m. et adj. m. (du gr. hupo, au-dessous et neuron, nerf).* [**Hyponeural (adj.)**] Animal triploblastique protostomien dont le système nerveux est en position ventrale. S'oppose à Épineurien et Épithélioneurien.

Hypophléode *adj. (du gr. hupo, au-dessous et phloios, écorce).* Qui vit sous l'écorce des arbres. **Ant.**: Épiphléode.

Hypophloédal *adj. (du gr. hupo, au-dessous et phloios, écorce).* [**Hypophloedal**] Qui vit sous l'écorce des arbres.

Hypophylle *adj. (du gr. hupo, au- dessous et phullon, feuille).* [**Hypophyllous**] Qui est situé sur la surface inférieure d'une feuille.

Hypophyse *n. f. (du gr. hupophusis, croissance en dessous).* [**Hypophysis**] Chez les Vertébrés, glande endocrine appartenant au diencéphale. Elle est formée:

- d'un lobe postérieur ou *neurohypophyse*, qui est une évagination du plancher du diencéphale;
- d'un lobe antérieur et d'un lobe intermédiaire, l'ensemble formant l'*adénohypophyse*, provenant d'une évagination du plafond du stomodéum. Voir Adénohypophyse et Neurohypophyse.

Hyporhéique *adj. (du gr. hupo, au-dessous et rhein, couler).* [**Hyporheic**] Se dit du milieu existant dans les interstices d'un sédiment saturé en eau.

Hypostasie *n. f.* [**Hypostasis**] Relation qui existe entre gènes lorsqu'un ou plusieurs de ces gènes sont dominés par les autres.

Hypostomatique *adj. (du gr. hupo, au-dessous et de stomate).* Dont les stomates sont situés uniquement sur la face inférieure. **Ant.**: Épistomatique.

Hypostome *n. m. (du gr. hupo, en dessous et stoma, bouche).* [**Hypostome**] **Syn.**: Entonnoir.

Hypostracum *n. m. (du gr. hupo, au-dessous et ostrakon, coquille).* [**Hypostracum**] Couche la plus interne de la coquille des Mollusques, formée de cristaux d'aragonite perpendiculaires à la surface, qui protège la couche de nacre et sur laquelle les muscles s'insèrent.

Hypothalamus *n. m. (du gr. hupo, en dessous et thalamus).* [**Hypothalamus**] Chez les Vertébrés, organe nerveux et glandulaire du diencéphale, contrôlant les grandes fonctions végétatives et l'activité de la neurohypophyse. Il synthétise entre autres deux octapeptides déversés dans la neurohypophyse: l'hormone antidiurétique et l'ocytocine. Il produit des libérines et des statines qui contrôlent la synthèse des hormones de l'adénohypophyse.

Hypothécium *n. m. (du gr. hupo, en dessous et thêkê, loge).* [**Hypothecium**] Dans une apothécie, tissu interne portant l'hyménium.

Hypothèque, Hypovalve *n. f.* Voir Frustule.

Hypoxanthine *n. f.* [**Hypoxanthine**] Base purique de certains ARNt, formée par désamination de l'adénine par une adénase. **Syn.**: 6-Hydroxypurine.

Hypsodonte *adj. (du gr. hupsos, hauteur et odous, odontos, dent).* [**Hypsodont**] Se dit des dents qui ont une croissance continue et indéfinie. **Ant.**: Brachyodonte.

Hypsophylle *n. f. (du gr. hupsos, hau-*

teur et phullon, feuille). **[Hypsophyll]** Feuille de la partie supérieure d'un végétal. **Ant.**: Cataphylle.

Hystérothèce *n. m. (du gr. hustera, utérus et thêkê, loge).* **[Hysterothecium]** Sporophore des Ascomycètes Hystériales qui s'ouvre par une fente longitudinale.

I

I ▸ ① Symbole de l'isoleucine dans la formule des protéines; ▸ ② Symbole de l'iode.

Ichnologie *n. f. (du gr. ikhnos, trace et logos, discours).* [Ichnology] Science qui étudie les traces laissées par les animaux après leur passage.

Ichtyofaune *n. f. (du gr. ikhthus, poisson et faune).* [Ichthyofauna] Ensemble des Poissons d'un écosystème aquatique.

Ichtyologie *n. f. (du gr. ikhthus, poisson et logos, discours).* [Ichthyology] Partie de la zoologie qui étudie les Poissons.

Ichtyophage *adj. et n. m. (du gr. ikhthus, poisson et phagein, manger).* [Ichthyophagous (adj.), Ichthyophagist (n.)] **Syn.**: Piscivore.

Idiocladanthie *n. f. (du gr. idios, spécial, klados, rameau et anthos, fleur).* Formation des fleurs sur des rameaux aphylles ou à feuilles réduites.

Idiosome *n. m. (du gr. idios, propre et sôma, corps).* [Idiozome] Ensemble des centrioles et de l'appareil de Golgi dans une spermatide.

Idiotypie *n. f.* [Idiotypy] Variabilité d'un anticorps entre individus d'une même espèce.

IGF *n. m. (Sigle angl. de Insulin-like growth factor).* [IGF] Voir Facteur de croissance semblable à l'insuline.

Îlot de Langerhans *n. m.* [Islet of Langerhans] Dans le pancréas, groupe d'une dizaine de cellules endocrines irriguées par des capillaires fenestrés. Ils sont situés dans les lobules pancréatiques entre les acini, entre les lobules ou encore dans la paroi des canaux pancréatiques. Ils peuvent fusionner et donner des structures visibles à l'œil nu: organe insulaire des Myxines, corps de Brockmann des Téléostéens. On distingue 4 types majeurs d'endocrinocytes (pas tous présents selon les groupes zoologiques):

- les *cellules A ou* α (10 à 45 %) sécrétrices de glucagon;
- les *cellules B ou* β (50 à 85 %) sécrétrices d'insuline;
- les *cellules D ou* δ (2 à 25 %) sécrétices de gastrine et de somatostatine;
- les *cellules F* (1 à 2 %) sécrétrices du polypeptide pancréatique.

Iléon *n. m. (du gr. eilein, tordre).* [Ileum] Troisième segment de l'intestin grêle situé entre le jéjunum et le côlon.

Iliçaie *n. f.* **Syn.**: Chênaie verte.

Ilion *n. m. (du lat. ilium, flanc).* [Ilium] Chez les Tétrapodes, partie de la ceinture pelvienne reliée à la colonne vertébrale.

Imaginal *adj. (du lat. imago, image).* [Imaginal] Se dit d'une structure larvaire indifférenciée et destinée à donner un organe adulte précis.

Imago *n. m. (mot latin, image).* [**Imago**] Forme adulte, chez les Insectes.

Imbriqué *adj. (du lat. imbrex, tuile).* ▸ ① Se dit d'une préfloraison dans laquelle un pétale est recouvert par ses voisins, un autre recouvre ses voisins et les autres sont à la fois recouverts et recouvrants; ▸ ② Se dit d'éléments qui se recouvrent à la manière des tuiles d'un toit. **Ex.**: Écailles d'un bulbe.

Immature *adj.* [**Immature**] Qui n'a pas atteint l'âge de la reproduction.

Immergé *adj.* Se dit des éléments stériles d'un hyménium qui n'atteignent pas tout à fait la surface hyméniale où se trouvent les basidiospores.

Immarcescent *adj.* Se dit d'un organe qui tombe de la plante dès qu'il se flétrit. Ce caractère s'appelle l'immarcescence. **Ant.**: Marcescent.

Immun *adj. (d'après l'angl. immune).* [**Immune**] Se dit d'un organisme immunisé ou d'une substance qui immunise.

Immunisation *n. f.* [**Immunization**] Production d'anticorps contre un antigène par un organisme. Elle peut être obtenue artificiellement par la vaccinothérapie et la sérothérapie.

Immunité *n. f. (du lat. immunis, exempt).* [**Immunity**] Propriété d'un organisme de lutter contre un antigène. Si elle est congénitale, on parle *d'immunité naturelle*. Si elle apparaît au cours de la vie de l'organisme, on parle *d'immunité acquise*. *L'immunité humorale* est due aux anticorps, *l'immunité cellulaire* aux lymphocytes T.

Immunocompétent *adj. (du lat. immunis, exempt et compétent).* [**Immunocompetent**] Qui est capable de participer à une réaction immunitaire.

Immunocyte *n. m. (du lat. immunis, exempt et kutos, cellule).* [**Immunocyte**] Cellule lymphoïde intervenant dans l'immunité cellulaire.

Immunocytochimie *n. f.* [**Immunocytochemistry**] Technique de détection des protéines dans un tissu grâce à l'utilisation d'anticorps. Des anticorps purifiés spécifiques de la protéine recherchée sont rendus détectables par leur combinaison avec des molécules fluorescentes, avec de la peroxydase ou avec des molécules denses aux électrons (pour la microscopie électronique). Les anticorps sont mis en contact avec la coupe de tissu et se lient à la protéine correspondante. **Syn.**: Immunohistochimie.

Immunodépresseur *n. m. et adj.* [**Immunodepressor**] **Syn.**: Immunosuppresseur.

Immunofluorescence *n. f.* [**Immunofluorescence**] Technique de détection d'une molécule utilisant des anticorps spécifiques de cette molécule, marqués par une substance fluorescente.

Immunogène *adj. (du lat. immunis, exempt et genos, naissance).* [**Immunogenic**] Qui induit une réaction immunitaire.

Immunogénétique *n. f. (du lat. immunis, exempt et génétique).* [**Immunogenetics**] Branche de la génétique qui étudie le contrôle génétique du système immunitaire.

Immunoglobuline *n. f. (du lat. immunis, exempt et globuline).* [**Immunoglobulin**] Abrév.: Ig – Protéine plasmatique synthétisée par les plasmocytes. Les immunoglobulines possèdent un motif de base de 4 chaînes polypeptidiques: deux chaînes légères ou L (light) de 220 acides aminés et deux chaînes lourdes ou H (heavy) de 330 ou 440 acides aminés. Chaque chaîne possède une région variable et une région constante, les régions variables s'associant pour former le site de fixation de l'antigène. Il existe deux types de chaînes légères (κ et λ) et 5 types de chaînes lourdes (α, β, δ, ε, μ) qui déterminent 5 classes d'immunoglobulines:

• les **Ig A**, dimériques (Ig A sécrétoires) présentes dans diverses sécrétions comme la salive, la sueur, le lait;

• les **Ig D**, monomériques, récepteurs d'antigènes à la surface des lymphocytes B;

• les **Ig E**, monomériques, présentes dans la peau, les muqueuses, liées aux mastocytes et granulocytes basophiles. Lorsqu'elles sont activées par un antigène, elles déclenchent la libération d'histamine par ces cellules, ce qui provoque une réaction inflammatoire;

• les **Ig G**, majoritaires, monomériques. Elles se lient à des récepteurs des phagocytes et favorisent la phagocytose des antigènes. Elles traversent le placenta et donnent une immunité passive au fœtus;

• les **Ig M**, pentamériques. Ce sont les premières à apparaître à la surface des lymphocytes B en cours de maturation et lors d'une réaction immunitaire primaire.

Immunohistochimie *n. f.* [**Immunohistochemistry**] **Syn.**: Immunocytochimie.

Immunologie *n. f. (du lat. immunis, exempt et logos, discours).* [**Immunology**] Science de l'immunité, du point de vue de son développement, de ses mécanismes et de ses conséquences.

Immunosuppresseur *n. m. et adj. (du lat. immunis, exempt et suppresseur).* [**Immunosuppressor (n.), Immunosuppressive (adj.)**] Substance qui inhibe les réactions immunitaires. **Syn.**: Immunodépresseur.

Immunsérum *n. m.* [**Immune serum**] Sérum d'un animal immunisé contre un antigène donné.

Impair *adj.* [**Umpaired**] Qui n'a pas de double.

Imparidigité *adj. (du lat. impar, impair et digitus, doigt).* [**Imparidigitate**] Qui possède un nombre impair de doigts à chaque membre. **Ex.**: Périssodactyles.

Imparipenné *adj. (du lat. impar, impair et penné).* [**Odd-pinate**] Se dit d'une feuille composée pennée qui possède un nombre impair de folioles, une des folioles étant nécessairement terminale.

Incane *adj. (du lat. canus, blanc).* Se dit d'un organe végétal pourvu d'un duvet blanc.

Incapitulescence *n. f.* Inflorescence composée correspondant à un capitule de capitules. **Ex.**: Edelweiss.

Incisive *n. f.* [**Incisive, Incisor tooth**] Chez les Mammifères, dent labiale à couronne aplatie et tranchante et à racine simple. Elles peuvent se développer considérablement: défenses des Éléphants (incisives supérieures), corne du Narval (incisive supérieure gauche).

Incisure *n. f. (du lat. incisura, fente).* Découpure ou échancrure dans un organe végétal ou animal.

Inclus *adj.* Se dit d'une étamine qui s'insère entièrement dans le tube d'une corolle gamopétale, sans dépasser la gorge.

Inclusion *n. f.* [**Embedding**] Incorporation d'une substance dans un échantillon tissulaire de façon à le rigidifier avant qu'il ne soit découpé lors de la réalisation d'une coupe histologique.

Inclusion cytoplasmique *f.* [**Cytoplasmic inclusion**] Enclave de substances organiques ou minérales contenue dans le cytoplasme et qui n'est pas entourée d'une membrane. L'ensemble des inclusions cytoplasmiques forme le *deutoplasme*.

Incombant *adj.* Se dit de la disposition des feuilles d'une Hépatique lorsque le bord supérieur d'une feuille recouvre le bord inférieur de la feuille située au-dessus. **Syn.**: Incube.

Incomplet *adj.* [Incomplete] Se dit d'une fleur qui ne possède pas tous les types de pièces florales. **Ant.**: Complet.

Incubation *n. f. (du lat. incubare, couver).* [Incubation] Développement de l'embryon dans l'œuf ou dans une poche incubatrice. L'incubation nécessite des conditions et une durée spécifiques de chaque espèce.

Incube *adj.* **Syn.**: Incombant.

Indécidué *adj. Placenta indécidué*, placenta où l'épithélium utérin reste intact. Son expulsion lors de la parturition ne provoque pas d'hémorragie. Il en existe deux types: le placenta épithéliochorial (Porc, Cheval, Cétacés) et le placenta conjonctivochorial (Ruminants). [Indeciduate placenta] **Ant.**: Placenta décidué.

Indéfini *adj.* [Indefinite] Se dit d'une inflorescence de type grappe dont la croissance est théoriquement illimitée du fait de l'absence de fleurs à l'apex. **Syn.**: Indéterminé. **Ant.**: Défini.

Indéhiscent *adj.* [Undehiscent] Se dit d'un fruit qui ne s'ouvre pas spontanément à maturité. La germination nécessite au préalable une dégradation du péricarpe par les agents extérieurs. **Ex.**: Akène. **Ant.**: Déhiscent.

Indéterminé *adj.* [Indeterminate] **Syn.**: Indéfini.

Index centromérique *m.* [Centromeric index] Rapport numérique entre la longueur du bras court d'un chromosome et la longueur totale du chromosome, ce qui permet de caractériser la position du centromère.

Index foliaire *m.* [Foliar index] Rapport numérique entre la somme des surfaces foliaires des feuilles de la végétation considérée et la surface du territoire correspondant.

Index mitotique *m.* [Mitotic index] Nombre de cellules en cours de mitose rapporté au nombre total de cellules. Il permet de déduire le temps de génération cellulaire.

Indican *n. m. (du lat. indicum, indigo).* [Indican] Glucoside de l'Indigotier (*Indigofera sp.*, Fabacéees), utilisé comme colorant bleu.

Indice bryophytique *m.* Proportion de Bryophytes par rapport aux Trachéophytes, dans une station donnée.

Indice phyllotaxique *m.* Fraction permettant de définir l'insertion des feuilles le long d'une tige. Le numérateur indique le nombre de spires qui sont nécessaires pour retrouver une feuille disposée de la même façon que la précédente. Le dénominateur indique le nombre de feuilles qui sont insérées sur cette ou ces spires.

Indice ptéridologique *m.* Proportion de Ptéridophytes par rapport aux Trachéophytes, dans une station donnée. **Syn.**: Indice ptéridien.

Indifférenciation *n. f.* [Indifferentiation] État de cellules qui n'ont pas subi de différenciation.

Indigène *adj. et n. (du lat. indu, dans et genere, engendrer).* [Indigenous] Qui vit naturellement dans un milieu sans y avoir été importé par l'Homme. **Ant.**: 1. Allogène.

Individu *n. m.* [Individual] Tout être vivant considéré pour lui-même, menant une existence propre.

Individualisme *n. m.* [**Individualism**] Symbiose si forte que les deux symbiontes forment un nouvel individu entièrement différent des deux symbiontes pris isolément. **Ex.**: Lichens

Individuation *n. f.* [**Individuation**] Développement d'un individu.

Indolalanine *n. f.* [**Indolalanine**] **Syn.**: Tryptophane.

Inducteur *n. m.* [**Inducer**] Substance qui induit la différenciation des cellules d'un tissu possédant les récepteurs spécifiques correspondants. **Ex.**: Protéine Vg1, Activine.

Induction *n. f.* [**Induction**] ▸ ① Processus par lequel un territoire embryonnaire déterminé oriente la différenciation d'un autre territoire indifférencié; ▸ ② *Induction enzymatique*, commande de la synthèse d'une enzyme par une substance. [**Enzymatic induction**]

Indument *n. m. (du lat. indumentum, vêtement).* Surface pubescente d'un organe végétal. **Ex.**: Edelweiss.

Indupliqué *adj.* [**Induplicate**] Dans un bouton floral, se dit des pièces florales dont les bords sont repliés en dedans.

Indusie *n. f. (du lat. indusium, chemise).* [**Indusium**] ▸ ① Repli membraneux de la face inférieure de la fronde des Ptéridophytes permettant de recouvrir et de protéger les sporanges; ▸ ② Fourreau des larves aquatiques de Trichoptères.

Induvie *n. f. (du lat. induviae, vêtement).* [**Induvium**] Toute formation qui se développe près du fruit après la fécondation mais qui n'appartient pas aux pièces femelles de la fleur. **Ex.**: Réceptacle hypertrophié d'une fraise, arille.

Inerme *adj. (du lat. inermis, sans défense).* [**Inermed**] Qui est dépourvu d'épines, d'aiguillons, de piquants ou de crochets.

Inéquienne *adj. (du lat. in-, préfixe négatif, aequus, égal et annus, an).* Se dit d'une forêt dont les arbres ont des âges variés. **Ant.**: Équienne.

Infection *n. f.* [**Infection**] Pénétration d'un agent pathogène ou d'un symbionte dans un organisme, une cellule.

Infère *adj. (du lat. inferus, qui est au-dessous).* [**Inferior**] Se dit de l'ovaire d'une fleur lorsqu'il s'insère en dessous des autres pièces florales. **Ant.**: Supère.

Inférieur *adj.* Voir Plante.

Inférovarié *adj. (de infère et ovaire).* Dont l'ovaire est infère. **Syn.**: Épigyne. **Ant.**: Supérovarié.

Infestation *n. f.* [**Infestation**] Prolifération d'un parasite non microbien dans ou sur un organisme.

Inflammation *n. f.* [**Inflammation**] Ensemble des réactions locales d'un organisme déclenchées par un agent étranger. Elle est caractérisée par 4 signes: rougeur, chaleur, douleur, et tuméfaction.

Inflorescence *n. f. (du lat. inflorescere, se couvrir de fleurs).* [**Inflorescence**] Groupe de fleurs portées par un rameau. Les inflorescences simples appartiennent à deux types:

• le type **grappe** ou **inflorescence indéfinie** ou **monopodiale:** grappe, épi, corymbe, ombelle, capitule, spadice;

• le type **cyme** ou **inflorescence définie** ou **sympodiale:** cyme bipare, cyme unipare, glomérule.

• Les inflorescences sont composées lorsque les fleurs sont remplacées par des inflorescences. Elles sont composées homogènes lorsque l'inflorescence de rang secondaire est identique à l'inflorescence principale (ex.: grappe de grappes), composées mixtes dans le cas contraire (ex.: grappe d'épis). Voir Tableau des inflorescences.

Inflorescentiel *adj.* Relatif à l'inflorescence.

Influx nerveux *m.* [Nerve influx] **Syn.**: Potentiel d'action nerveux.

Information génétique *f.* [Genetic information] Information encodée dans une cellule ou un Virus.

Informosome *n. m.* [Informosome] Dans l'œuf d'Oursin, complexe cytoplasmique d'ARNm stabilisés par des ribonucléoprotéines.

Infraciliature *n. f. (du lat. infra, en dessous de et ciliature).* [Infraciliature] Ensemble des blépharoplastes d'une ciliature.

Infradien *adj. (du lat. infra, en dessous de et dies, jour).* Rythme infradien, rythme dont la période est supérieure à 28 heures. [Infradian rythm] **Ex.**: Rythme saisonnier. **Ant.**: Ultradien.

Infralittoral *adj. (du lat. infra, en dessous de et littoral).* [Infralittoral] Qui appartient à la zone littorale toujours immergée, même lors des basses mers exceptionnelles.

Infrapélagique *adj. (du lat. infra, en dessous de et pélagique).* [Infrapelagic] Voir Pélagique.

Infraspécifique *adj. (du lat. infra, en dessous de et spécifique).* [Infraspecific] Se dit d'un taxon plus petit que l'espèce. Ce sont les sous-espèces, variétés, races et cultivars.

Infrutescence *n. f.* [Infrutescence] Groupe de fruits issus d'une inflorescence. **Ex.**: Ananas, Figue.

Infundibulum *n. m. (mot lat. entonnoir).* [Infundibulum] ▸ ① Partie d'un organe, d'un canal, en forme d'entonnoir; ▸ ② **Syn.**: 2. Pavillon.

Ingestion *n. f.* [Ingestion] Prise de liquides ou de solides par voie orale.

Inhibine *n. f.* [Inhibin] Hormone glycoprotéique sécrétée par les cellules de Sertoli et les cellules de la granulosa d'un follicule tertiaire chez les Mammifères adultes. Sa synthèse est stimulée par la FSH et inhibe cette dernière par rétrocontrôle négatif. Elle contrôle la sécrétion des hormones hypophysaires et hypothalamiques.

Inhibition *n. f.* [Inhibition] Induction d'une diminution voire de l'arrêt d'une activité biologique.

Initiation *n. f.* [Initiation] ▸ ① Phase initiale de la transcription au cours de laquelle l'ARN polymérase se fixe sur le promoteur; ▸ ② Phase initiale de la traduction au cours de laquelle le ribosome se fixe sur l'ARNm. ▸ ③ Phase initiale de la réplication au cours de laquelle le complexe protéique de réplication (ADN polymérase, hélicase...) se fixe sur l'ADN.

Innervation *n. f. (du lat. in, dans et nervus, nerf).* [Innervation] Distribution des nerfs dans un organisme, un organe.

Inoperculé *adj.* [Inoperculate] Se dit d'une asque qui ne possède pas d'opercule et dont les spores s'échappent par un pore apical. **Ant.**: Operculé.

Inosine *n. f.* [Inosine] Nucléoside des ARNt dont la base est l'hypoxanthine.

Inositol phosphatide *n. m.* [Inositol phosphatide] **Syn.**: Phospho-inositide.

Inositol-1,4,5-triphosphate *n. m.* [Inositol- 1,4,5-triphosphate] Sigle: IP3 – Hexa-alcool cyclique résultant de l'hydrolyse du phosphatidylinositol-4,5-diphosphate par une phospholipase C membranaire. C'est un second messager qui entraîne la libération de Ca^{2+} du réticulum endoplasmique en se liant à un canal calcique dépendant de l'IP3.

Inotrope *adj.* Se dit d'une substance, et de son effet, qui augmente (inotrope +) ou diminue (inotrope –) la contractilité d'une fibre musculaire.

Inquilinisme *n. m. (du lat. inquilinus, locataire).* [Inquilinism] Relation trophique dans laquelle l'un des animaux détourne une partie de la nourriture de l'hôte et bénéficie de sa protection contre les prédateurs. La relation est donc bénéfique pour l'un des partenaires et sans conséquences pour l'autre. **Syn.**: Commensalisme.

Insectivore *adj. et n. m. (de insecte et du lat. vorare, manger).* [Insectivorous (adj.), Insectivore (n.)] Qui se nourrit d'Insectes.

Insertion *n. f.* [Insertion] Mutation génique correspondant à l'addition d'une ou de plusieurs paires de nucléotides.

Instinct *n. m. (du lat. instinctus, impulsion).* [Instinct] Tendance innée et héréditaire des animaux à adopter un comportement et des actes parfaitement adaptés à leur environnement, sans en avoir d'expériences préalables.

Insuline *n. f. (du lat. insula, île).* [Insulin] Hormone peptidique sécrétée par les cellules β des îlots de Langerhans du pancréas. Elle est composée de deux chaînes polypeptidiques reliées par des ponts disulfure, la chaîne A (21 acides aminés) et la chaîne B (30 acides aminés). Elle est synthétisée sous forme de pro-insuline (86 acides aminés) comprenant un peptide C qui sera excisé par les enzymes de l'appareil de Golgi. L'insuline active la pénétration du glucose et des acides aminés dans les cellules, la synthèse de protéines et de lipides, le stockage des lipides, la glycolyse et la glycogénogenèse. Elle inhibe la glycogénonéogenèse et la lipolyse.

Intégrine *n. f.* [Integrin] Protéine réceptrice de la membrane plasmique des cellules animales, formée de deux sous-unités glycoprotéiques transmembranaires, reliées par des liaisons faibles. Elles se lient plus ou moins spécifiquement aux protéines de la matrice extracellulaire, en présence de Ca^{2+} ou de Mg^{2+}. Elles sont reliées aux filaments d'actine du cytosquelette (ou aux filaments intermédiaires dans les hémidesmosomes) par l'intermédiaire de taline, de vinculine ou d'α-actinine. Elles sont aussi à l'origine de signaux intracellulaires par une voie semblable à celle des récepteurs à tyrosine kinase.

Intégripallié *adj. (du lat. integer, entier et pallium, manteau).* Se dit des Bivalves dépourvus de siphons et dont le dessin laissé par le bord du manteau sur la coquille est continu. **Ant.**: Sinu(si)pallié.

Interattraction *n. f.* [Interattraction] Attirance mutuelle entre animaux de la même espèce.

Intercalaire *adj.* [Intercalary] Se dit de la croissance des tiges lorsqu'elle a lieu loin de l'apex.

Intercellulaire *adj.* [Intercellular] Relatif à l'espace situé entre les cellules.

Intercinèse *n. f. (du lat. inter, entre et cinèse).* [Interkinesis] ▸ ① **Syn.**: Interphase; ▸ ② Phase intermédiaire entre la première et la deuxième division de méiose, chez certaines espèces.

Interclavicule *n. f.* Petit os impair situé entre les deux clavicules chez les Monotrèmes et certains Reptiles.

Intercotidal *adj.* [Intertidal] **Syn.**: Intertidal.

Interfécondité *n. f. (du lat. inter, entre et fécondité).* [Interfecundity] Capacité pour deux espèces ou deux races de se reproduire entre elles en donnant naissance à des individus féconds. **Syn.**: Interfertilité. **Ant.**: Interstérilité.

Interféron *n. m. (de interférer).* [**Interferon**] Glycoprotéine produite par des cellules en présence de toxines bactériennes ou infectées par un Virus. Les interférons se fixent aux récepteurs membranaires des cellules cibles et déterminent la synthèse d'enzymes qui bloquent la synthèse protéique et détruisent les ARNm viraux. Les interférons α sont sécrétés par les macrophages et les lymphocytes, les interférons β par les fibroblastes et les interférons γ par les cellules lymphoïdes. Les **interférons trophoblastiques** sont synthétisés par le trophectoderme des embryons des Mammifères lors de la nidification.

Interfertilité *n. f. (du lat. inter, entre et fertilité).* **Syn.**: Interfécondité.

Interleukine *n. f. (du lat. inter, entre, du gr. leukos, blanc et kinein, mettre en mouvement).* [**Interleukin**] Abrév.: IL – Peptide ou protéine servant de médiateur chimique entre les leucocytes. IL-1 est synthétisée par les cellules présentatrices d'antigènes. IL-2, 3, 4, 5 et 6 sont synthétisées par les lymphocytes T auxiliaires. Leur fonction la plus importante est de stimuler la prolifération des lymphocytes T et/ou B et l'activité des cellules NK. Voir Tableau des cytokinines.

Intermédine *n. f.* [**Intermedin**] **Syn.**: Mélanostimuline.

Intérocepteur *n. m. (du lat. interior, interne et (ré)cepteur).* [**Interoceptor**] Récepteur sensoriel du milieu interne. On distingue:

- les *propriocepteurs* situés dans les muscles squelettiques, les tendons, les articulations et les ligaments;
- les *viscérocepteurs* situés dans les viscères et les vaisseaux sanguins.

Intéroceptif *adj.* [**Interoceptive**] Se dit de la sensibilité aux stimulus produits par l'organisme lui-même.

Interphase *n. f. (du lat. inter, entre et phase).* [**Interphase**] Période du cycle cellulaire séparant deux mitoses successives. Elle comprend la phase G1 sans synthèse, la phase S avec duplication de l'ADN et la phase G2. **Syn.**: 1. Intercinèse.

Interpyre *n. m. (du lat. inter, entre et pur, feu).* Période de temps entre deux incendies de végétation, qui doit être suffisamment longue pour permettre la reconstitution de la végétation.

Interradius *n. m. (du lat. inter, entre et radius, rayon).* Chez les Échinodermes, chacun des secteurs compris entre deux radius, fondamentalement au nombre de 5 (symétrie pentaradiée). C'est un interradius qui porte la plaque madréporique.

Interspécifique *adj.* [**Interspecific**] Qui concerne au moins deux espèces.

Interstérilité *n. f.* [**Intersterility**] Impossibilité pour deux individus de se reproduire entre eux. **Ant.**: Interfécondité, interfertilité.

Intertidal *adj. (du lat. inter, entre et de l'angl. tide, marée).* [**Intertidal**] Qui vit dans la zone de balancement des marées, c'est-à-dire entre les niveaux des plus basses et des plus hautes mers de vives-eaux. **Syn.**: Intercotidal.

Intestin *n. m. (du lat. intestina, entrailles).* [**Intestine**] Chez les Vertébrés, dernier segment du tube digestif, lieu de l'hydrolyse enzymatique complète des aliments et de l'absorption des nutriments dans le sang et la lymphe. Il est formé de deux parties: *l'intestin grêle* et le *gros intestin*. L'épithélium intestinal est simple et constitué des entérocytes, des cellules caliciformes à mucus, de cellules séreuses et de cellules endocrines. L'intestin possède une grande surface d'absorption grâce à sa longueur importante et à la présence de plis circulaires, de villosités et de microvillosités.

Intima *n. f.* [Tunica intima] Revêtement interne des vaisseaux sanguins formé d'un endothélium et d'une couche sous-endothéliale de conjonctif lâche. **Syn.**: 4. Tunique interne, Endartère.

Intine *n. f.* [Intine] Partie interne de la paroi des grains de pollen, composée de cellulose et de composés pectiques. Lors de la germination du grain de pollen, l'intine sort par une aperture et s'étire pour former le tube pollinique.

Intracellulaire *adj. (du lat. intra, à l'intérieur de et cellulaire).* [Intracellular] Qui se trouve à l'intérieur d'une cellule. **Ant.**: Extracellulaire.

Intrant *n. m.* [Input] Tout élément (organisme, substance...) intervenant dans le bilan d'un écosystème.

Intrapopulationnel *adj.* [Intrapopulationnal] Qui intervient au sein d'une population.

Intraspécifique *adj.* [Intraspecific] Qui a lieu au sein d'une espèce donnée.

Introgression *n. f.* [Introgression] Introduction naturelle de gènes d'une espèce dans une autre par suite d'une hybridation interspécifique.

Intron *n. m. (du lat. intro, dedans).* [Intron] Dans le génome eucaryote, séquence de nucléotides alternant avec les exons et dont le rôle est peu connu. Lors de l'épissage des ARN prémessagers, les introns sont excisés et détruits. **Ant.**: Exon.

Introrse *adj. Étamine introrse*, étamine dont la déhiscence se fait vers l'intérieur de la fleur, cas le plus fréquent. [Introrse stamen] **Ant.**: Extrorse.

Intussusception *n. f. (du lat. intus, dedans et susceptio, entreprise).* [Intussusception] Mode de croissance des cellules végétales consistant en l'ajout de fibrilles de cellulose dans les lacunes de la paroi créées par la turgescence des cellules.

Inuline *n. f. (du lat. inula, aunée).* [Inulin] Polyholoside formé d'environ 70 fructofuranoses, soluble, présent dans les vacuoles des organes de réserves de certaines familles comme les Astéracées, Campanulacées, Liliacées. Elle est utilisée dans le test de clairance rénale (débit de filtration) car elle n'est ni sécrétée ni absorbée par les néphrons.

Invagination *n. f. (du lat. in, dans et vagina, gaine).* [Invagination] Mouvement morphogénétique de la blastula consistant en la pénétration d'un feuillet cellulaire dans une cavité sous- jacente.

Inversion chromosomique *f.* [Chromosome inversion] Réarrangement chromosomique consistant dans le retournement d'une portion d'un chromosome sur elle-même. Elles peuvent inclure le centromère (**inversion péricentrique**) ou non (**inversion paracentrique**).

Invertase *n. f. (de invertir et suff. -ase).* [Invertase] **Syn.** ancien de Saccharase.

Invertébré *adj. et n. m.* [Invertebrate (adj. et n.)] ▸ ① Dépourvu de vertèbres, de squelette interne; ▸ ② N. m. pl. Ensemble des animaux pluricellulaires qui n'ont pas de vertèbres. **Ant.**: Vertébrés.

In vitro *loc. adv. (mots lat., dans le verre).* [In vitro] Dans un milieu artificiel, en laboratoire. **Ant.**: *In vivo*.

In vivo *loc. adv. (mots lat., dans le vivant).* [In vivo] Dans l'organisme vivant. **Ant.**: *In vitro*.

Involucelle *n. m.* [Involucel] Ensemble des bractéoles à la base des ombellules d'une ombelle composée, ou à l'extérieur de l'involucre.

Involucre *n. m. (du lat. involucrum, enveloppe).* [Involucre] Ensemble des bractées formant une collerette à la base des ombelles, des capitules et de certaines fleurs isolées. **Ex.**: *Anemone sp.*

Involucrine *n. f.* [Involucrin] Voir Kératinisation.

Involuté *adj. (du lat. involvere, enrouler).* [Involute] ▸ ① Se dit d'un organe végétal qui est enroulé en dedans au moins partiellement. **Syn.**: Involutif; ▸ ② Se dit d'une préfloraison lorsque les bords des jeunes feuilles sont repliés sur la face supérieure.

Involutif *adj.* [Involute] **Syn.**: 1. Involuté.

Involution *n. f.* [Involution] Dégénérescence d'un organe, d'un tissu, au cours d'une morphogenèse.

Iode *n. m. (du gr. iôdês, violet).* [Iodine] Symb.: I – Élément chimique (Z = 53) du groupe des halogènes. C'est un oligoélément constitutif des hormones thyroïdiennes. Sa carence provoque le goître.

Iodotyrosine *n. f.* [Iodotyrosine] Tyrosine combinée à un (**mono-iodotyrosine**) ou deux (**di-iodotyrosine**) atomes d'iode et formée lors de l'iodation de la thyroglobuline pour synthétiser les hormones thyroïdiennes.

Iodovolatisation *n. f. (de iode et volatisation).* Excrétion d'iode par certaines Algues, notamment les Laminaires.

Ioduque *n. f.* Chez les Floridées (Algues rouges), cellule glandulaire qui accumule l'iode.

Ionocyte *n. m. (de ion et du gr. kutos, cellule).* [Ionocyte] Chez les Anamniotes aquatiques, cellule épithéliale jouant un rôle osmorégulateur. Les ionocytes possèdent de nombreuses mitochondries et de nombreuses invaginations de la membrane plasmique. Ces invaginations sont les sites des Na^+/K^+ ATPases qui assurent l'absorption ou l'excrétion d'ions contre leur gradient chimiosmotique. Ces cellules sont présentes dans les épithéliums des lamelles branchiales mais aussi au niveau des pseudobranchies des Téléostéens marins, de l'intestin des Chimères et de la muqueuse olfactive du Saumon. Elles existent aussi chez certains Invertébrés comme les Crustacés. **Syn.**: Cellule à chlorures.

Ionophore *n. m. (de ion et du gr. pherein, porter).* [Ionophore] Molécule hydrophobe qui s'insère dans la membrane plasmique et augmente sa perméabilité aux ions. On distingue deux types d'ionophores: les *transporteurs ioniques mobiles* et les *ionophores formant un canal*. Ils ne sont pas couplés à une source d'énergie donc le transport des ions ne peut se faire que dans le sens de leur gradient chimiosmotique (transport passif facilité).

Iridocyte *n. m. (du lat. iris, iridis, arc-en-ciel et du gr. kutos, cellule).* [Iridocyte] Cellule dermique qui contient des microcristaux de guanine et d'hypoxanthine (chez les Poissons), de purine et d'adénine (chez les Amphibiens). Ces cristaux sont incolores pris isolément mais, lorsqu'ils sont éclairés, s'irisent grâce à un phénomène d'interférence entre leurs faces parallèles. Le tégument change donc de couleur selon l'incidence de la lumière.

Iris *n. m. (mot lat., arc-en-ciel).* [Iris] Diaphragme de l'œil situé juste derrière la cornée et constitué d'un orifice central, la *pupille*, délimité par deux muscles antagonistes: le *constricteur*, circulaire, à innervation parasympathique et le *dilatateur*, radiaire, à innervation sympathique. Ces muscles déterminent le diamètre de la pupille en fonction de l'éclairement afin de protéger la rétine contre une lumière trop vive.

Ischion *n. m. (du gr. iskhion, hanches).* [Ischium] Chez les Tétrapodes, os postérieur du bassin.

Isidie *n. f.* [Isidium] Excroissance du thalle des Lichens foliacés, à structure hétéromère. Les isidies se détachent facilement et constituent des organes de la multiplication végétative.

Isoaccepteur *n. m. (du gr. isos, égal et accepteur).* [Isoacceptor] Chacun des ARNt spécifiques du même acide aminé.

Isoallèle *n. m. (du gr. isos, égal et allèle).* [Isoallele] Chacun des allèles qui s'expriment dans le phénotype de la même façon. **Syn.**: Homoallèle.

Isoamylose *n. f. (du gr. isos, égal et amylose).* [Isoamylose] **Syn.**: Amylopectine.

Isoanticorps *n. m. (du gr. isos, égal et anticorps).* [Isoantibody] Voir Iso-immunisation.

Isobrachial *adj. (du gr. isos, égal et brachial).* [Isobrachial] **Syn.**: Métacentrique.

Isocladie *n. f. (du gr. isos, égal et klados, rameau).* [Isoclady] Caractère de deux rameaux ou plus insérés au même niveau et qui sont de la même taille.

Isoconté *adj. (du gr. isos, égal et kontos, bâton).* Chez les Algues, se dit d'une cellule mobile dont les flagelles sont identiques, du point de vue de la taille et de la structure. **Ant.**: Hétéroconté.

Isocotylie *n. f. (du gr. isos, égal et cotyl(édon)).* Caractère des plantules de certaines Spermatophytes de posséder des cotylédons de structures et morphologies égales. **Ant.**: Anisocotylie, Hétérocotylie.

Isodynamie *n. f. (du gr. isos, égal et dunamis, puissance).* Équivalence énergétique entre aliments différents.

Isoenzyme *n. f. (du gr. isos, égal et enzyme).* [Isoenzyme] Chacune des formes d'une enzyme, différant par leur charge électrique et leur structure quaternaire, et séparables par électrophorèse. **Syn.**: Isozyme, Alloenzyme, Allozyme.

Isogamie *n. f. (du gr. isos, égal et gamos, mariage).* [Isogamy] Mode de fécondation où les gamètes se ressemblent, morphologiquement (**isogamie morphologique**) et/ou physiologiquement (**isogamie physiologique**). **Syn.**: 1. Homogamie. **Ant.**: Anisogamie, Hétérogamie.

Isogonie *n. f.* [Isogony] **Syn.**: Isométrie.

Isogreffe *n. f. (du gr. isos, égal et greffe).* [Isograft] Voir Greffe.

Iso-immunisation *n. f. (du gr. isos, égal et immunisation).* [Iso-immunization] Production d'anticorps contre les antigènes d'un individu de la même espèce. Ces anticorps sont appelés *iso-anticorps*. **Syn.**: Allo-immunisation.

Isolat *n. m.* [Isolate] ▸ ① Matériel biologique prélevé sur un organisme vivant, en vue de son étude ou de sa culture *in vitro*; ▸ ② Population isolée des autres populations de la même espèce et qui acquiert progressivement des caractères nouveaux spécifiques.

Isoleucine *n. f. (du gr. isos, égal et leucine).* [Isoleucine] Abrév.: Ile ou I – Acide aminé non polaire essentiel constitutif des protéines. Formule: $H_3C–CH_2–CH(CH_3)–CH(NH_2)–COOH$. Codons correspondants: AUU, AUC, AUA.

Isomérase *n. f.* [Isomerase] Enzyme

qui catalyse la conversion d'un composé en un de ses isomères ou *isomérisation.*

Isométrie *n. f. (du gr. isos, égal et metron, mesure).* [Isometry] Taux d'accroissement identique entre les différentes parties d'un organisme. **Syn.**: Isogonie.

Isopédine *n. f.* [Isopedin] Dans les écailles des Ostéichtyens, tissu osseux lamelleux formant une plaque basale supportant les autres structures de l'écaille.

Isophène *n. f. et adj. (du gr. isos, égal et phainein, briller).* [Isophene] Ligne imaginaire d'une carte reliant tous les points où un phénomène biologique a lieu à la même période de l'année.

Isophylle *adj. (du gr. isos, égal et phullon, feuille).* Se dit d'une plante dont les feuilles sont toutes identiques et ceci tout le temps. Ce caractère est *l'isophyllie.*

Isopode *adj. (du gr. isos, égal et pous, podos, pied).* [Isopod] Dont les pattes sont identiques.

Isoprothallie *n. f. (du gr. isos, égal et prothalle).* [Isoprothallism] **Syn.**: Homoprothallie. Voir Homosporie.

Isopycnose *n. f.* [Isopycnosis] Condensation moyenne d'un chromosome, cas le plus courant. **Ant.**: Hétéropycnose.

Isosporie *n. f. (du gr. isos, égal et spore).* [Isospory] **Syn.**: Homosporie.

Isostémone *adj. (du gr. isos, égal et stamen, fil).* [Isostemonous] Se dit d'un androcée qui possède le même nombre d'étamines que de pétales.

Isotocine *n. f.* [Isotocin] Chez les Ostéichtyens, hormone posthypophysaire nonapeptidique homologue de l'ocytocine.

Isotonie *n. f. (du gr. isos, égal et tonos, tension).* [Isotonicity] État d'équilibre osmotique entre deux solutions.

Isotonique *adj.* [Isotonic] Se dit d'une contraction musculaire durant laquelle la force reste constante. Une contraction isotonique est dite **concentrique** lorsque le muscle se contracte tout en se raccourcissant ou **excentrique** lorsque le muscle se contracte tout en s'allongeant.

Isotopique *adj. (du gr. isos, égal et topos, lieu).* [Isotopic] Voir Greffe.

Isotype *n. m. (du gr. isos, égal et type).* [Isotype] ▸ ① Déterminant antigénique d'une immunoglobuline caractéristique de tous les individus d'une espèce donnée. Ils déterminent les différentes classes et sous-classes d'immunoglobulines; ▸ ② Échantillon prélevé en même temps que l'holotype.

Isozyme *n. f.* [Isozyme] **Syn.**: Isoenzyme.

Itéropare *adj.* [Iteroparous] Se dit d'une espèce dont les femelles se reproduisent plusieurs fois dans leur vie.

Ivaie *n. f.* Peuplement d'Ifs, rencontré souvent au bord des cours d'eau.

Ivoire *n. m.* [Ivory] **Syn.**: Dentine.

J

Jabot *n. m. (du prélatin gaba, gorge d'oiseau).* ▸ ① Chez les Oiseaux, évagination de l'œsophage servant de réservoir de nourriture. Chez les Columbiformes, lors de l'incubation, le jabot différencie une zone épithéliale glandulaire qui sécrète le lait de jabot qui, régurgité, nourrira les jeunes jusqu'au 16e jour après l'éclosion. [Crop]; ▸ ② Chez les Insectes, poche prothoracique, à parois minces, sevant de réservoir alimentaire et située entre l'œsophage et le gésier.

Jacasser *v. i.* [To chatter] Pousser son cri, le *jacassement*, en parlant de la Pie.

Japper *v. i.* [To yelp, To yap] Pousser son cri, le *jappement*, en parlant du Chacal.

Jargonner *v. i.* Pousser son cri, en parlant du Jars.

Jarovisation *n. f.* **Syn.:** Vernalisation.

Jarre ou Jars *n. m. (du francique gard, aiguillon).* Poil de couverture, chez certains animaux à fourrure comme le Renard.

Jarret *n. m. (du gaul. garra, jambe).* [Hock] Endroit où se plient les jambes postérieures chez les Ongulés.

Jéjunum *n. m. (du lat. jejunum (intestinum), (intestin) à jeun).* [Jejunum] Segment de l'intestin grêle situé entre le duodénum et l'iléon.

Jet *n. m.* [Young shoot] **Syn.:** Scion.

Jonchaie *n. f.* Peuplement de Joncs. **Syn.:** Joncheraie, Jonchère.

Joncheraie *n. f.* **Syn.:** Jonchaie.

Jonchère *n. f.* **Syn.:** Jonchaie.

Jonciforme *adj. (de jonc et forme).* Dont l'apparence rappelle celle du Jonc.

Jonction cellulaire *f.* [Cellular junction] Structure membranaire assurant le contact entre cellules voisines ou entre une cellule et la matrice extracellulaire. Les jonctions cellulaires sont réparties en trois groupes:

a. les jonctions imperméables ou **jonctions étanches** ou **jonctions serrées.** Présentes dans les épithéliums, elles forment une barrière contre la diffusion des protéines transmembranaires entre la région apicale et la région basolatérale, et elles soudent les cellules entre elles. [Tight junction];

b. les jonctions d'ancrage: ce sont les desmosomes, les hémidesmosomes, les jonctions adhérentes et les jonctions cloisonnées. [Anchoring junction];

c. les jonctions communicantes ou **jonctions ouvertes.** Ce sont les jonctions de type gap, les synapses chimiques et les plasmodesmes. [Gap junction]

Jonction d'ancrage *f.* Voir Jonction cellulaire (b).

Jonction étanche *f.* Voir Jonction cellulaire (a).

Jonction imperméable *f.* Voir Jonction cellulaire (a).

Jonction ouverte *f.* Voir Jonction cellulaire (c).

Jonction serrée *f.* Voir Jonction cellulaire (a).

Jordanon *n. m. (de Jordan, botaniste lyonnais).* [**Jordanon**] Espèce rassemblant des individus identiques issus de l'autofécondation. **Syn.**: Espèce jordanienne, Espèce élémentaire.

Jugulaire *adj. (du lat. jugulum, gorge).* [**Jugular**] Relatif à la gorge.

Jumeau *adj. et n.* [**Twin**] Chez les Mammifères, chacun des individus nés de la même mère et en même temps. Les **jumeaux dizygotes** ou **bivitellins,** dits **faux jumeaux** résultent du développement d'œufs différents. Les **jumeaux monozygotes** ou **univitellins,** dits aussi **vrais jumeaux** résultent de la scission en deux du zygote.

Jungle *n. f. (de l'hindoustani jangal, steppe).* [**Jungle**] Dans les pays où existe la mousson, forme de savane composée de hautes herbes, de Fougères arborescentes, de Bambous et de Palmiers.

Junipéraie *n. f. (du genre Juniperus, Genévrier).* **Syn.**: Genévraie.

Juvénile *adj. et n.* [**Juvenile**] ▸ ① Se dit des stades jeunes du développement d'une espèce, c'est-à-dire avant la maturité sexuelle; ▸ ② Voir Hormone juvénile.

K

K ▸ ① Symbole de la lysine dans la formule des protéines; ▸ ② Symbole du potassium; ▸ ③ *Sélection K*, type de sélection naturelle qui s'exerce sur les stades juvéniles de façon à conserver les adultes et privilégier ainsi une taille maximale de la population et non la reproduction. [K selection]

Kaliémie *n. f. (de kalium et du gr. haima, sang).* [Kaliemia] Taux de potassium dans le sang.

Kallicréine *n. f.* [Kallikrein] Enzyme protéolytique plasmatique qui catalyse la formation de kinines, peptides hypotenseurs, à partir de kininogènes. Sa synthèse est provoquée par le facteur de Hageman (facteur XII).

Kallidine I *n. f.* [Kallidin I] **Syn.**: Bradykinine.

Kapok *n. m. (mot malais).* [Kapok] Duvet végétal très léger et imperméable, produit par les fruits de certains arbres de la famille des Malvacées (ancienne famille des Bombacacées).

Katharobe *n. m.* [Katharobe] Organisme qui vit dans des eaux pures.

Kentrogone *n. m.* [Kentrogone] Chez la Sacculine (Crustacé Cirripède), stade larvaire qui pénètre dans l'organisme du Crabe hôte à l'aide d'un dard appelé *kentron*.

Kentron *n. m.* [Kentron] Chez la Sacculine, sorte de dard porté par l'enveloppe de la larve au stade kentrogone et servant à perforer les téguments de l'hôte pour y faire pénétrer la masse cellulaire de la larve.

Kératane sulfate *n. m.* [Keratan sulphate (US: sulfate)] Glycosaminoglycane dont les unités disaccharidiques sont formées d'un D-galactose et d'une N-acétyl-D-glucosamine sulfatée. Il constitue une des chaînes d'un protéoglycane appelé *aggrécan*, présent dans certains cartilages.

Kératenchyme *n. m. (du gr. keras, keratos, corne et (par)enchyme).* Assise périphérique du phloème secondaire chez les plantes âgées, aux cellules fortement épaissies et aplaties ce qui lui donne de la dureté.

Kératine *n. f. (du gr. keras, keratos, corne).* [Keratin] Scléroprotéine riche en acides aminés soufrés présente surtout dans les cellules épithéliales épidermiques, où l'on parle de **cytokératine**, et dans les phanères (poils, plumes), où l'on parle de **trichokératine**. Ce sont généralement des **α-kératines** sauf dans les plumes d'Oiseaux qui sont formées de **β-kératines**. En fonction de leur composition en acides aminés, on les divise en type I (acides aminés acides) et II (acides aminés neutres ou basiques). Les filaments de kératine font partie de filaments intermédiaires et sont reliés aux desmosomes et hémidesmosomes.

Kératinisation *n. f.* [Keratinization] Processus par lequel les cellules épidermiques vivantes de la couche granuleuse se transforment en cellules squameuses mortes. Les cellules se remplissent de kératohyaline et de cytokératine, leurs noyaux dégénèrent et leurs membranes durcissent grâce à l'adjonction d'une protéine sur la face cytoplasmique, *l'involucrine*.

Kératinocyte *n. m. (de kératine et du gr. kutos, cellule).* [Keratinocyte] Cellule constitutive de la majorité de l'épiderme, se transformant graduellement d'une couche épidermique à une autre. La couche la plus interne est formée des *cellules basales*, à activité mitotique. Au-dessus existent plusieurs couches formées de *cellules épineuses*. Puis viennent les *cellules granuleuses*, lieu d'une kératinisation intense qui aboutit à leur transformation en *cellules squameuses*.

Kératinophile *adj. (de kératine et du gr. philos, ami).* [Keratinophilous] Se dit d'un Champignon qui pousse sur la kératine. **Ex.**: *Microsporum boullardi* (Champignon Imparfait).

Kératohyaline *n. f.* [Keratohyalin] Substance contenue dans les granules réfringents des cellules granuleuses de l'épiderme et composée principalement d'une protéine appelée *filaggrine*. La kératohyaline est impliquée dans l'aplatissement des cellules kératinisées et dans la formation du réseau de kératine.

Kinase *n. f. (du gr. kinein, mettre en mouvement).* [Kinase] Enzyme qui catalyse une phosphorylation.

Kinésine *n. f. (du gr. kinêsis, mouvement).* [Kinesin] Protéine motrice dépendante des microtubules, formée de deux chaînes lourdes, constituées chacune d'une tête et d'une queue, et de plusieurs chaînes légères. Les kinésines se lient au microtubule par leurs têtes qui permettent le déplacement le long du microtubule grâce à leur activité ATPasique. Leurs queues se lient à des organites cytoplasmiques.

Kinétochore *n. m. (du gr. kinêtos, mobile et khôrein, se déplacer).* [Kinetochor] Complexe protéique qui se forme lors de la prophase au niveau du centromère des chromosomes (un sur chaque chromatide). Il constitue le site de fixation du chromosome à des microtubules spécialisés du fuseau achromatique appelés *microtubules kinétochoriens* dont il contrôle l'assemblage et le désassemblage.

Kinine *n. f. (du gr. kinein, mettre en mouvement).* [Kinin] Petit peptide issu d'un précurseur, le *kininogène*, grâce à une enzyme, la *kallicréine*. Les kinines sont vasodilatatrices, augmentent la perméabilité des capillaires, déclenchent le chimiotactisme des leucocytes et jouent donc un rôle prépondérant dans le déclenchement de l'inflammation. **Ex.**: Bradykinine, kallidine.

Kininogène *n. m. (de kinine et du gr. genos, origine).* [Kininogen] Voir Kinine.

Kinocil *n. m. (du gr. kinein, mettre en mouvement et cil).* [Kinocilium] Dans les cellules ciliées de l'oreille interne, le plus grand des cils, unique, situé à l'extrémité de la rangée de stéréocils. Lorsque les cils sont poussés vers le kinocil, il se crée une dépolarisation et dans le cas contraire, une hyperpolarisation.

Kistrine *n. f.* [Kystrin] Protéine du venin des Vipères qui inhibe la coagulation du sang en se liant à certains facteurs de coagulation.

Krill *n. m. (du norv. kril, petite friture).* [Krill] Plancton composé de petits Crustacés servant de nourriture aux Cétacés Mysticètes.

Kynurénine → **Cynurénine**

Kyste *n. m. (du gr. kustis, vessie).* [Cyst] Forme de résistance de certains organismes aux conditions défavorables.

L

L Symbole de la leucine dans la formule des protéines.

Labelle *n. m. (du lat. labellum, petite lèvre).* [Labellum] Chez les Orchidacées, tépale supérieur différant des autres par sa forme, sa taille et sa couleur. Primitivement dorsal, il est amené en position ventrale par torsion du pédoncule floral ou de l'ovaire; c'est la *résupination*. Il joue un rôle d'attraction et d'aire d'atterrissage pour les Insectes. Chez de rares espèces primitives, le labelle reste en position dorsale.

Labferment *n. m. (de l'all. Lab, présure et ferment).* [Labferment] **Syn.**: Rennine.

Labié *adj. (du lat. labium, lèvre).* [Lipped] Se dit d'une fleur dont les sépales et/ou les pétales s'agencent en deux éléments mimant les deux lèvres d'une bouche.

Labium *n. m. (mot lat., lèvre).* [Labium] Pièce buccale impaire des Insectes, résultant de la fusion des deux appendices biramés porté par le 5e métamère.

Labre *n. m. (du lat. labrum, lèvre).* [Labrum] Pièce buccale impaire des Insectes correspondant à un sclérite céphalique et non à un appendice. Le labre est mobile et pousse les aliments dans la cavité préorale.

Labrocyte *n. m.* [Labrocyte] **Syn.**: Mastocyte.

Labyrinthe *n. m.* [Labyrinth] Chez les Vertébrés, système complexe de cavités dans l'oreille interne servant à l'équilibration et à l'audition. On distingue le **labyrinthe membraneux** rempli d'endolymphe entouré et protégé par le **labyrinthe cartilagineux** ou **osseux** dont il suit les contours. Entre ces deux labyrinthes circule la *périlymphe*. Le labyrinthe membraneux est constitué de trois parties: le *vestibule* (équilibre statique), les *canaux semi-circulaires* (équilibre dynamique) et la *cochlée* (audition).

Laccase *n. f. (de lacc(ol) et suff. -ase).* [Laccase] Enzyme de la classe des oxydoréductases qui catalyse la transformation du laccol en laque, chez certains arbres appelés laquiers et qui catalyse la polymérisation oxydative des monolignols en lignine.

Laccifère *adj. (du lat. lacca, laque et ferre, porter).* Qui produit de la laque. **Ex.**: Certains arbres d'Extrême-Orient (Laquier).

Lacinié *adj. (du lat. lacinia, frange).* [Laciniate] Se dit d'un organe qui est découpé en lanières étroites et allongées.

Lactalbumine *n. f. (du lat. lac, lactis, lait et albumine).* [Lactalbumin] Voir Albumine.

Lactase *n. f. (du lat. lac, lactis, lait et

suff. -ase). [Lactase] Enzyme de la classe des hydrolases qui catalyse l'hydrolyse du lactose en glucose et galactose. Cette enzyme intestinale est située dans la partie externe de la membrane des microvillosités.

Lactate *n. m.* [Lactate] Sel de l'acide lactique. Voir ce mot.

Lactate déshydrogénase *n. f.* [Lactate dehydrogenase] Enzyme à NAD de la classe des hydrolases qui catalyse la réduction du lactate en pyruvate en anaérobiose. Elle est formée de 4 chaînes peptidiques (sauf chez les Bactéries) de deux types différents qui s'assemblent différemment selon le tissu, ce qui donne naissance à des isoenzymes. **Syn.:** Lacticodéshydrogénase, Déshydrogénase lactique.

Lactation *n. f. (du lat. lactare, allaiter)*. [Lactation] ▸ ① Chez les femelles de Mammifères, sécrétion de lait par les glandes mammaires. Elle commence peu avant la parturition sous l'effet d'une augmentation des œstrogènes, de la progestérone et de l'hormone lactogène placentaire qui induisent la synthèse de prolactine. L'éjection du lait est sous le contrôle de l'ocytocine dont la sécrétion est stimulée par les succions exercées par les petits; ▸ ② Période de l'allaitement.

Lactescent *adj. (du lat. lactescere, devenir laiteux)*. [Milky] Qui contient un suc laiteux. **Ex.:** Euphorbiacées.

Lactifère *adj. (du lat. lac, lactis, lait et ferre, porter)*. [Lactiferous, Lacteal] Qui produit ou apporte le lait.

Lactique *adj.* Voir Acide lactique.

Lactoflavine *n. f. (du lat. lac, lactis, lait et flavine)*. [Lactoflavin] **Syn.:** Riboflavine.

Lactose *n. m.. (du lat. lac, lactis, lait et ose)*. [Lactose] Diholoside réducteur formé de D-glucose et de D-galactose et contenu dans le lait (71 $g.l^{-1}$ chez la femme).

Lacune *n. f.* [Lacuna] Espace intercellulaire dont le diamètre est supérieur à celui des cellules environnantes.

Lacuneux *adj.* [Lacunar(y), Lacunal] Se dit d'un tissu ou d'un organe végétal qui présente des lacunes.

Lacustre *adj. (de lac, d'après palustre)*. [Lakeside] Qui vit, pousse dans un lac ou près d'un lac.

Lagéna *n. f.* [Lagena] Dans l'oreille interne des Vertébrés, évagination du saccule, rudimentaire chez les Poissons, peu développée chez les Amphibiens et les Reptiles mais qui s'allonge et s'enroule en hélice chez les Marsupiaux et les Euthériens pour former la cochlée.

Lagéniforme *adj. (du lat. lagoena, bouteille et forme)*. [Lageniform] En forme de bouteille.

Laine *n. f.* [Wool] Ensemble des poils de certains Mammifères, notamment des Ovidés, les protégeant efficacement contre le froid.

Laineux *adj.* [Wooly] Se dit d'un végétal qui est couvert de duvet.

Lait *n. m.* [Milk] Liquide blanc, nutritif, sécrété par les glandes mammaires chez les Mammifères femelles. Une sorte de lait est aussi sécrété par le jabot chez les Oiseaux Columbiformes, mâles et femelles pour nourrir leurs petits.

Lait utérin *m.* [Uterine milk] Chez les Mammifères à placenta épithéliochorial, liquide sécrété par les glandes utérines au cours de la gestation, servant à la nutrition du fœtus (histiotrophie). **Syn.:** Embryotrophe.

Laitance *n. f.* [Milt] Semence des Poissons mâles.

Lamarckisme *n. m. (de Lamarck, naturaliste français).* [Lamarckism] Théorie transformiste selon laquelle les êtres vivants acquièrent des caractères sous l'influence du milieu et les transmettent à leur descendance.

Lame basale *f.* [Basal lamina] Matrice extracellulaire située à la base des feuillets épithéliaux et autour des cellules de Schwann, des cellules adipeuses et des cellules musculaires. Elle sépare ces cellules du tissu conjonctif. On la trouve aussi dans le corpuscule rénal et au niveau des alvéoles pulmonaires. Elle est constituée de collagène de type IV, de perlécan (protéoglycane à héparane sulfate), de laminine et d'entactine. Elle présente trois couches: la *lamina lucida*, transparente aux électrons et proche des cellules, la *lamina densa*, opaques aux électrons, et parfois la *lamina fibroreticularis*, en contact avec le tissu conjonctif. **Syn.**: Membrane basale.

Lame latérale *f.* [Lateral lamina] Partie du mésoderme des embryons de Vertébrés à l'origine de la splanchnopleure et de la somatopleure, feuillets qui délimitent la cavité cœlomique.

Lamelle *n. f.* [Lamella, Gill] Chacun des feuillets constitutifs de l'hyménophore chez les Champignons Basidiomycètes agaricoïdes. **Syn.**: Lame.

Lamelle moyenne *f.* [Middle lamella] Paroi primaire initiale, constituée de composés pectiques et de protéines.

Lamina densa, Lamina fibroreticularis, Lamina lucida *f.* Voir Lame basale.

Lamina nucléaire *f.* [Nuclear lamina] Réseau de filaments intemédiaires de 10 à 20 nm d'épaisseur qui tapisse la membrane nucléaire interne des cellules eucaryotes. Les filaments sont constitués de lamines de types A, B et C. La lamina se dépolymérise lors de la mitose.

Laminine *n. f.* [Laminin] Glycoprotéine de la lame basale constituée de trois longues chaînes polypeptidiques disposées en croix. Elles possèdent des domaines de liaison au collagène, à l'entactine et au perlécan, aux autres constituants de la lame basale ainsi qu'aux récepteurs membranaires de la laminine.

Lamprocystide *n. f.* [Lamprocystidium] Voir Cystide.

Lancéolé *adj.* [Lanceolate] Se dit d'une feuille en forme de fer de lance. **Ex.**: *Plantago lanceolata* (Plantaginacées).

Lande *n. f.* [Moor] Formation végétale souvent artificielle formée d'arbrisseaux et de sous-arbrisseaux poussant sur sols peu fertiles et acides.

Landicole *adj. (de lande et du lat. colere, habiter).* Qui vit dans les landes.

Langue *n. f.* [Tongue] Chez les Tétrapodes, organe musculeux, mobile, logé dans la bouche et pouvant servir au brassage des aliments, à la préhension des proies (Caméléon), à l'olfaction (Serpent), à la gustation, au toucher et à la phonation (Homme). Elle est innervée par les fibres sensitives des nerfs facial (7e) et glossopharyngien (9e) et par les fibres motrices du nerf hypoglosse (12e).

Lanterne d'Aristote *f.* Chez certains Échinodermes Échinides, appareil masticateur complexe formé de 5 mâchoires constituées chacune d'une pyramide tronquée interradiale, d'une dent, d'une rotule et d'un compas, sur lequel s'insèrent les muscles masticateurs.

Lanugo *n. m. (mot lat., duvet).* [Lanugo] Duvet dont est recouvert le fœtus humain et qui disparaît à la naissance.

Lapidicole *adj. (du lat. lapis, idis, pierre et colere, habiter).* [Lapidicolous] Qui vit dans les éboulis rocheux.

Lapilleux *adj. (du lat. lapis, pierre).* Se dit d'un fruit qui comporte dans sa pulpe des concrétions sclérifiées. **Ex.**: Poire.

Lappacé *adj. (du lat. lappa, Bardane).* **Syn.**: Hamuleux.

Laque *n. f. (du sanscrit laksha, teinture rouge).* [Lac] Gomme-résine synthétisée par certains arbres surtout extrême-orientaux appelés *Laquiers*.

Lariçaie *n. f. (du genre Larix, Mélèze).* Peuplement de Mélèzes (*Larix decidua.*).

Laricicole *adj. (du genre Larix et du lat. colere, habiter).* [Laricicolous] Qui pousse sous les Mélèzes.

Larve *n. f. (du lat. larva, masque).* [Larva] Forme juvénile des animaux à développement indirect. La forme adulte est acquise après le passage par un stade de transformations importantes appelé *métamorphose*. Il existe des larves dans tous les embranchements d'Invertébrés et chez les Crâniates Anamniotes.

Larvivore *adj. (de larve et du lat. vorare, manger).* [Larvivorous] Qui se nourrit de larves.

Larynx *n. m. (du gr. larugx, gosier).* [Larynx] Chez les Tétrapodes, organe creux correspondant à la partie antérieure de la trachée. Il est formé de pièces cartilagineuses provenant du 5e arc viscéral chez les Tétrapodes non mammaliens et des 4e et 5e arcs chez les Mammifères. Chez les premiers, ces pièces sont les cartilages aryténoïdes et cricoïdes; chez les Mammifères se rajoutent les cartilages thyroïdes. Le larynx protège les cordes vocales qui sont des replis internes de sa muqueuse.

Lasso *n. m.* [Lariat] Segment d'ARNm en forme de boucle qui se forme lors de l'excision des introns.

Latébra *n. f.* [Latebra] Dans l'œuf d'Oiseau, zone centrale du vitellus en liaison avec la cicatricule par le col de Pander.

Latex *n. m. (mot lat., liqueur).* [Latex] Émulsion sécrétée par certains Végétaux et contenant de nombreuses substances comme l'amidon, des alcaloïdes, des lipides et des hydrocarbures.

Laticifère *n. m. et adj. (du lat. latex, laticis, liqueur et ferre, porter).* [Laticifer] Structure anatomique vivante formée de files cellulaires ou de tubes cœnocytiques dans lesquels les vacuoles sont remplies de latex.

Latifolié *adj.* [Latifoliate] Dont les feuilles ont un limbe large.

Latigé *adj.* Qui se développe en s'étalant à la surface du sol.

Laurifolié *adj.* Se dit d'une forêt riche en essences ligneuses à feuilles coriaces comme celle des Lauriers. **Syn.**: Lauriphylle.

Lauriphylle *adj. (du lat. laurus, -i, laurier et phullon, feuille).* **Syn.**: Laurifolié.

Laxiflore *adj. (du lat. laxus, lâche).* [Laxiflorous] Se dit d'une inflorescence dont les fleurs sont espacées.

Laurisylve ou Laurisilve *n. f. (du lat. laurus, -i, laurier et silva, forêt).* Forêt souvent luxuriante des régions chaudes et humides, riche en espèces laurifoliées.

Lécithine *n. f. (du gr. lekithos, jaune d'œuf).* [Lecithin] Phospholipide membranaire formé de deux acides gras, d'un glycérol, d'un phosphate et d'une choline. **Syn.**: Phosphatidylcholine.

Lécithocèle *n. m. (du gr. lekithos,*

jaune d'œuf et kêlê, tumeur). [Lecithocele]

• **Lécithocèle primaire**, cavité de la blastula primaire des Mammifères. **Syn.**: Vésicule vitelline primaire;

• **Lécithocèle secondaire**, cavité de la blastula secondaire des Mammifères, délimitée par le mésenchyme extra-embryonnaire doublé de l'endoderme. **Syn.**: Vésicule vitelline secondaire.

Lectine *n. f. (du lat. legere, choisir).* [Lectin] Globuline membranaire qui se lie spécifiquement aux glucides. Elles interviennent dans la reconnaissance et l'adhérence cellulaires. Les lectines des poils absorbants sont les récepteurs des polysaccharides de la paroi bactérienne lors de l'installation de la symbiose fixatrice de N_2. **Ex.**: Concanavaline A.

Lectotype *n. m.* [Lectotype] Spécimen à partir duquel a été décrit un nouveau taxon lorsque ce dernier est né du démantèlement d'un taxon préexistant.

Léghémoglobine *n. f. (de lég(umineuse) et hémoglobine).* [Legh(a)emoglobin] Chromoprotéine de 17 500 Da, voisine de la myoglobine, présente dans les nodosités fixatrices d'azote des Légumineuses et de certains arbres. Elle fixe l'oxygène ce qui protège la nitrogénase bactérienne qui est inhibée par l'oxygène. La globine est codée par un gène de la plante, l'hème par un gène bactérien. Sa synthèse a lieu dans le cytosol des cellules infectées par les Bactéries.

Légumine *n. f. (de légume).* [Legumin] Globuline végétale mise en réserve dans les graines des Fabacées.

Légumineux *adj.* [Leguminous] Dont le fruit est une gousse.

Léiopile *adj. (du gr. leios, lisse et pileus, bonnet).* Se dit d'un carpophore de Basidiomycètes dont le chapeau est lisse.

Lek *n. m.* [Lek] Espace sur lequel une population d'Oiseaux vient parader et se reproduire. Il comporte une partie centrale où se regroupent les femelles et une partie périphérique formé des territoires délimités par chacun des mâles concentriquement, la place du territoire étant fonction de la place hiérarchique et de l'âge du mâle (les mâles dominants sont près du centre). De ce comportement résulte que seul un petit nombre de mâles assurent la fécondation de toutes les femelles.

Lemme *n. f.* [lem] *(du gr. lemma, enveloppe).* [Lemma] Voir Glumelle.

Lenticelle *n. f. (du lat. lens, lentis, lentille).* [Lenticel] Chez certains arbres, ouverture du liège permettant l'entrée d'air vers les tissus profonds.

Lentique *adj.* [Lentic] Relatif aux eaux douces calmes. **Ant.**: Lotique.

Lépicène *n. m.* Ensemble des deux glumes d'un épillet de Poacées. Terme ancien.

Lépidotaxie *n. f. (du gr. lepis, lepidos, écaille et taxis, arrangement).* [Lepidotaxis] Disposition des écailles des Poissons.

Lépidotriche *n. m.* Chez les Ostéichtyens, rayon exosquelettique osseux de la partie non musculaire des nageoires.

Lépreux *adj.* Se dit de Lichens primitifs dont le thalle est une juxtaposition d'algocystes.

Leptocaule *adj. (du gr. leptos, mince et caulis, tige).* [Leptocaulous] Dont la tige est grêle.

Leptocéphale *n. m. et adj. (du gr. leptos, mince et kephalê, tête).* [Leptocephalus] Larve de l'Anguille et du Congre, comprimée, transparente, naissant dans la mer des Sargasses (Atlantique Nord) et migrant vers les rivières européennes.

Leptocystide *n. f. (du gr. leptos, mince et cystide).* [Leptocystidium] Voir Cystide.

Leptoïde *n. m.* [Leptoid] Chez certaines Mousses, cellule de l'axe central de la tige du gamétophyte, à rôle conducteur de nutriments. Ces cellules sont allongées, à paroi épaissie, et possèdent des cloisons transversales pourvues de nombreux plasmodesmes, caractères qui les rendent semblables au protophloème des plantes supérieures. **Ant.**: Hydroïde.

Leptoméninge *n. f. (du gr. leptos, mince et méninge).* [Leptomeninge] Chacune des méninges souples, c'est-à-dire l'arachnoïde et la pie-mère. **Ant.**: Pachyméninge.

Leptophylle *adj. (du gr. leptos, mince et phullon, feuille).* [Leptophyllous] Dont les feuilles sont petites et minces.

Leptosporangié *adj. (du gr. leptos, mince et sporange).* [Leptosporangiate] Se dit des Ptéridophytes Filicinées dont les sporanges ont une paroi formée d'une seule assise de cellules toutes issues d'une seule cellule épidermique unique. **Ant.**: Eusporangié.

Leptotène *n. m. (du gr. leptos, mince et tainia, bandelette, ruban).* [Leptotene] Premier stade de la prophase I de méiose pendant lequel les chromosomes commencent leur condensation.

Létal *adj. (du lat. letalis, mortel).* [Lethal] Qui provoque la mort.

Leucine *n. f. (du gr. leukos, blanc).* [Leucine] Abrév.: Leu, L – Acide aminé non polaire constitutif des protéines. Les interactions hydrophobes qui existent entre les chaînes latérales de leucines (glissière à leucines) stabilisent les hélices α de certaines protéines de liaison à l'ADN. Codons correspondants: UUA, UUG, CUU, CUA, CUG, CUC.

Leucocyste *n. m. (du gr. leukos, blanc et kustis, vessie).* [Leucocyst] Chez certaines Mousses, cellule morte, allongée, à paroi mince, constituant des réserves d'eau.

Leucocyte *n. m. (du gr. leukos, blanc et kutos, cellule).* [Leucocyte ou Leukocyte] Toute cellule du système immunitaire, qu'elle soit sanguine ou tissulaire. Elles sont classées en trois types:

- les **granulocytes** ou **polynucléaires**, issus des myéloblastes;
- les **monocytes** qui se transforment dans les tissus en macrophages, issus des monoblastes;
- les **lymphocytes T et B**, issus des lymphoblastes.

A la différence des érythrocytes, les leucocytes sont nucléés. **Syn.**: Globule blanc. Voir Tableau des lignées cellulaires de l'hématopoïèse.

Leucoplaste *n. m. (du gr. leukos, blanc et plaste).* [Leucoplast ou Leukoplast] Plaste dépourvu de pigments, à rôle de mise en réserve de nutriments. Ce sont les **amyloplastes**, les **protéoplastes** et les **oléoplastes**. Voir ces mots.

Leucopoïèse *n. f. (du gr. leukos, blanc et poiêsis, formation).* [Leucopoiesis ou Leukopoiesis] Différenciation des leucocytes.

Leucotriène *n. m.* [Leukotriene] Eicosanoïde à 3, 4 ou 5 doubles liaisons. Les leucotriènes à 3 et 5 doubles liaisons sont issus respectivement des acides dihomo-γ-linolénique et eicosapentanoïque. Ceux à 4 doubles liaisons sont formés à partir de l'acide arachidonique grâce à une 5-lipooxygénase. Les leucotriènes augmentent la perméabilité vasculaire et stimulent la contraction des muscles lisses. Ils attirent les leucocytes, entraînent l'agrégation des plaquettes et interviennent dans l'allergie et l'inflammation.

Lèvre blastoporale *f.* [Blastopore lip] Dans une gastrula d'Amphibiens, limite du blastopore à la surface de la gastrula. Il apparaît en premier une lèvre dorsale puis deux lèvres latérales et enfin une lèvre ventrale qui, en se rejoignant, forment une lèvre circulaire qui entoure le bouchon vitellin.

Lévulose *n. m. (du lat. laevus, gauche et ose).* [Levulose] **Syn.**: L-Fructose.

LH *n. f.* [LH] Sigle de Hormone lutéinisante.

Liaison chimique *f.* [Chemical bond] Combinaison entre deux atomes pour former un composé nouveau. On distingue:

• les **liaisons covalentes**, lorsque chacun des atomes fournit un ou plusieurs électrons pour former la liaison. [Covalent bond];

• les **liaisons faibles**, sans mise en commun d'électrons.

Liaison disulfure *f.* [Disulfide bond] Liaison covalente d'une protéine qui s'établit entre deux atomes de soufre appartenant à des acides aminés soufrés. Elles assurent la stabilité de la structure tertiaire des protéines.

Liaison génétique *f.* [Genetic linkage] Association de deux gènes portés par le même chromosome, transmis ensemble et entre lesquels les crossing-overs sont rares. **Syn.**: Linkage.

Liaison hydrogène *f.* [Hydrogen bond] Liaison faible entre un hydrogène et un atome fortement électronégatif comme l'azote ou l'oxygène. Leur grand nombre assure un maintien efficace de la structure des macromolécules.

Liaison peptidique *f.* [Peptide bond] Liaison qui unit deux acides aminés dans une chaîne peptidique. Elle est réalisée entre la fonction acide de l'un et la fonction amine de l'autre et s'accompagne de la libération d'une molécule d'eau.

Liaison phosphodiester *f.* [Phosphodiester bond] Dans un acide nucléique, liaison entre un phosphate et deux riboses ou désoxyriboses, constituant les "montants de l'échelle" de la molécule nucléique.

Liane *n. f.* [Creeper, Liana] Plante herbacée ou ligneuse, souple au moins en partie, qui ne peut s'élever qu'en prenant appui sur des supports solides en s'enroulant autour (volubile) ou en s'y agrippant (grimpante).

Lianescence *n. f.* Caractère des lianes et des plantes lianiformes.

Liber *n. m. (mot lat., écorce).* [Phloem] Chez les Gymnospermes et les Dicotylédones, tissu conducteur secondaire qui transporte la sève élaborée. Il est formé:

• chez les Gymnospermes, de cellules criblées, de cellules de Strasburger et de parenchyme;

• chez les Dicotylédones, de tubes criblés, de cellules compagnes, de parenchyme et de fibres. **Syn.**: Phloème secondaire. Voir Tableau de la structure du phloème.

Libérine *n. f.* [Releasing hormon, Liberine] Sigle: RH (pour *Releasing hormone*) – Chacune des neurohormones peptidiques sécrétées par l'hypothalamus et déversées dans l'hypophyse par l'intermédiaire du système porte hypophysaire. Elles stimulent la synthèse de stimulines hypophysaires spécifiques. **Syn.**: Hormone de libération.

Lichen *n. m. (mot lat., du gr. leikhên,*

lécher). [Lichen] Association symbiotique entre un Champignon (mycobionte hétérotrophe) et une Algue ou une Cyanobactérie (photobiontes autotrophes). Les Lichens sont cosmopolites et très résistants aux conditions extrêmes de température et de sécheresse. Les Algues sont toujours des Chlorophycées. Les Champignons sont des Ascomycètes (98 % des Lichens), des Basidiomycètes, des Phycomycètes ou des Mastigomycètes (une seule espèce connue).

Lichénaie *n. f.* Station caractérisée par l'abondance des Lichens.

Lichénicole *adj. (de Lichen et du lat. colere, habiter).* [Lichenicolous] Qui vit sur un Lichen.

Lichénique *adj.* Qui se rapporte aux Lichens.

Lichénologie *n. f. (de Lichen et du gr. logos, discours).* [Lichenology] Partie de la botanique dont l'objet est l'étude des Lichens. Elle apporte notamment des informations sur l'extension de la pollution, à laquelle les Lichens sont très sensibles.

Liège *n. m. (du lat. levis, léger).* [Cork] **Syn.**: Suber, phellème.

Ligament *n. m. (du lat. ligare, lier).* [Ligament] Faisceau de tissu conjonctif dense régulier qui unit les éléments d'une articulation. Les ligaments, hormis quelques exceptions, opposent une grande résistance à l'étirement.

Ligand *n. m. (mot angl., du lat. ligare, lier).* [Ligand] Molécule qui se lie à une protéine réceptrice de façon non covalente et spécifique.

Ligase *n. f.* [Ligase] Enzyme qui catalyse la liaison de deux molécules. **Syn.**: Synthétase.

Ligature *n. f.* [Ligation] Réparation d'un acide nucléique consistant en la formation d'une liaison phosphodiester entre deux nucléotides dissociés.

Ligne primitive *f.* [Primitive streak] Sillon médiodorsal de la gastrula des œufs télolécithes au niveau duquel s'invaginent l'ectoblaste et le mésoblaste. Son extrémité antérieure s'élargit en un nœud de Hensen. Elle est l'équivalent de la fente blastoporale des Amphibiens.

Lignée cellulaire *f.* [Cell lineage] Population de cellules provenant de la même souche et génétiquement identiques. La *lignée germinale* est l'ensemble des cellules qui se différencieront en gamètes.

Lignée évolutive *f.* Ensemble des espèces qui dérivent les unes des autres au cours de l'évolution.

Ligneux *adj. (du lat. lignum, bois).* [Ligneous] Se dit d'une plante lignifiée, qui a la consistance du bois. **Ant.**: Herbacé.

Lignicole *adj. (du lat. lignum, bois et colere, habiter).* [Lignicolous] Qui vit dans le bois.

Lignification *n. f. (de lignifier, du lat. lignum, bois et facere, faire).* [Lignification] Combinaison de la cellulose des parois végétales avec de la lignine, dans certains tissus, particulièrement les tissus de soutien et de conduction. La lignification rigidifie les tissus et stoppe la croissance des cellules si elle est totale.

Lignine *n. f. (du lat. lignum, bois).* [Lignin] Hétéroside azoté polymérisé, constitutif des parois de certaines cellules végétales dites *lignifiées*. Elle confère leur rigidité aux plantes ligneuses.

Lignivore *adj. (du lat. lignum, bois et vorare, manger).* [Lignivorous] Qui se nourrit de bois.

Lignosité *n. f.* Caractère d'une plante, d'un organe, d'un tissu lignifié.

Ligule *n. f. (du lat. ligula, langue).* [**Ligule**] ▸ ① **Ligule foliaire,** petite languette membraneuse insérée sur la feuille des Poacées et de certaines Cypéracées, à la limite entre la partie libre et la gaine de la feuille; ▸ ② **Ligule florale,** corolle de certaines fleurs d'Astéracées, résultant de la soudure de 5 pétales; ▸ ③ Languette membraneuse insérée sur la face supérieure des feuilles des Sélaginelles, près de la tige.

Limbe *n. m. (du lat. limbus, bord).* [**Limb, Lamina**] ▸ ① Partie de la feuille généralement élargie et aplatie et qui réalise la plus grande partie de la photosynthèse. Le limbe peut être rattaché sur l'axe directement ou par l'intermédiaire d'un pétiole. Il peut subir des modifications importantes qui sont des adaptations aux conditions du milieu; ▸ ② Partie élargie d'un pétale ou d'un sépale.

Limicole *adj. (du lat. limus, limon et colere, habiter).* [**Limicolous**] Qui vit dans la vase.

Liminal *adj. (du lat. limen, seuil).* Qui est juste au niveau du seuil de perception.

Limivore *adj. (du lat. limus, limon et vorare, manger).* [**Limivorous**] Qui ingère la vase pour se nourrir de la matière organique qu'elle contient. **Syn.:** Limophage, Pélophage.

Limnicole *adj. (du gr. limnê, étang et colere, habiter).* [**Limnicolous**] Qui vit dans les eaux douces stagnantes. **Syn.:** Limnétique, Stagnicole, Stasophile.

Limnion *n. m.* [**Limnion**] Ensemble des écosystèmes aquatiques d'eau calme: lac, étang, marécage.

Limnobenthos *n. m. (du gr. limnê, étang, lac et benthos).* [**Limnobenthos**] Benthos des eaux douces.

Limnobiologie *n. f. (du gr. limnê, étang, lac et logos, discours).* [**Limnobiology**] Étude des organismes qui vivent dans les eaux douces stagnantes.

Limnobionte *n. m. (du gr. limnê, étang et bios, vie).* [**Limnobiont**] Voir Limnobios.

Limnobios *n. m. (du gr. limnê, étang et bios, vie).* [**Limnobios**] Ensemble des organismes appelés *limnobiontes* qui vivent dans les eaux douces stagnantes.

Limnodophile *adj.* [**Limnodophilous**] Qui vit dans les marais salants.

Limnophile *adj. (du gr. limnê, étang et philos, ami).* [**Limnophilous**] Qui vit dans les eaux douces calmes.

Limnophyte *n. f. (du gr. limnê, étang et phuton, plante).* [**Limnophyte**] Végétal aquatique fixé au fond d'une eau stagnante et dont les feuilles sont entièrement immergées ou flottantes à la surface de l'eau. **Syn.:** Stasophyte.

Limnophytie *n. f. (du gr. limnê, étang et phuton, plante).* Formation végétale limnophile.

Limnoplancton *n. m. (du gr. limnê, étang et plancton).* [**Limnoplankton**] Plancton qui vit dans les eaux douces stagnantes.

Limonène *n. m. (de limon, citron et suff. -ène).* [**Limonene**] Monoterpène cyclique présent dans les agrumes et chez les Menthes.

Limophage *adj. (du lat. limo, limon et du gr. phagein, manger).* [**Limophagous**] **Syn.:** Limivore.

Linéaire *adj.* [**Linear**] Se dit d'une feuille dont la longueur équivaut au moins à douze fois sa largeur.

Linkage *n. m. (mot angl., liaison, de to link, lier).* **Syn.:** Liaison génétique.

Linnéon *n. m. (de Carl von Linné, naturaliste suédois).* [**Linneon**] Espèce définie par l'interfécondité de tous ses représentants. **Syn.:** Espèce linnéenne.

Lipase *n. f. (du gr. lipos, graisse et suff. -ase).* [Lipase] Enzyme estérase du groupe des hydrolases qui catalyse l'hydrolyse des glycérides en glycérol et acides gras. Elle est synthétisée par le pancréas, par l'estomac, par les glandes d'Ebner de la langue et par certaines Bactéries.

Lipide *n. m. (du gr. lipos, graisse).* [Lipid] Famille hétérogène de composés insolubles dans l'eau, le plus souvent solubles dans les solvants organiques (éther, chloroforme, acétone), et formés d'au moins 8 atomes de carbone. On distingue:

- les **acides gras;**
- les **eicosanoïdes** (dérivés d'acides gras poly-insaturés);
- les **glycérolipides**, obtenus par estérification d'un glycérol par un ou des acides gras;
- les **sphingolipides** dans lesquels le glycérol est remplacé par un amino-alcool à longue chaîne: sphingosine, dihydrosphingosine, phytosphingosine;
- les **cérides;**
- les **hydrocarbures;**
- les **lipides polyisopréniques ou isoprénoïdes,** obtenus par polymérisation d'unités d'isoprène.

Ils ont de très nombreuses fonctions: réserve énergétique (tissu adipeux, graines oléagineuses), protection thermique (pannicule adipeux), constituant des cellules (phospholipides membranaires), information (eicosanoïdes), locomotion (spermaceti du Cachalot), protection (cires végétales). Voir Tableau des lipides.

Lipochondrie *n. f. (du gr. lipos, graisse et khondrion, grain).* [Lipochondrion] Inclusion lipidique dans le vitellus d'un œuf.

Lipochrome *n. m. (du gr. lipos, graisse et khrôma, couleur).* [Lipochrome] Pigment lipophile du groupe des caroténoïdes, lié aux inclusions lipidiques intracellulaires. **Syn.**: Chromolipide.

Lipocortine *n. f.* [Lipocortin] Protéine sécrétée par les leucocytes, inhibant la synthèse des eicosanoïdes ce qui diminue la réaction inflammatoire. Sa synthèse est stimulée par les corticostéroïdes.

Lipocyte *n. m. (du gr. lipos, graisse et kutos, cellule).* [Lipocyte] **Syn.**: Adipocyte.

Lipofuscine *n. f. (du gr. lipos, graisse et du lat. fuscus, noir).* [Lipofuscin] Pigment brun du groupe des lipochromes, présent dans certains types de cellules, surtout lorsqu'elles sont âgées, d'où leur autre nom de *pigment du vieillissement*.

Lipogenèse *n. f. (du gr. lipos, graisse et genesis, formation).* [Lipogenesis] Biosynthèse des lipides. **Ant.**: Lipolyse.

Lipoïde *n. m. (du gr. lipos, graisse et eidos, aspect)* [Lipoid] Toute molécule polyisoprénique. **Ex.**: Terpénoïdes, caroténoïdes, stéroïdes.

Lipolyse *n. f. (du gr. lipos, graisse et lusis, dissolution).* [Lipolysis] Hydrolyse des lipides en acides gras et alcool. **Ant.**: Lipogenèse.

Lipophore *n. m. (du gr. lipos, graisse et pherein, porter).* [Lipophore] Voir Chromatophore.

Lipopolysaccharide *n. m.* [Lipopolysaccharide] Sigle: LPS – Molécule de la membrane externe des Bactéries à Gram négatif, formée d'un lipide A, d'un polysaccharide et d'une chaîne latérale O. Le LPS stabilise la structure membranaire et le lipide A est une endotoxine.

Lipoprotéine *n. f. (du gr. lipos, graisse et protéine).* [Lipoprotein] Composé qui résulte de la combinaison de protéines à des lipides et qui circule dans le milieu extracellulaire. C'est la forme de transport des glycérides dans le corps. On distingue:

• les **lipoprotéines à très basse densité** (VLDL pour *Very low density lipoprotein*) synthétisées dans le foie à partir du cholestérol provenant des intestins;

• les **lipoprotéines à basse densité** (LDL pour *Low density lipoprotein*), forme principale de transport du cholestérol;

• les **lipoprotéines à haute densité** (HDL pour *High density lipoprotein*) qui véhiculent le cholestérol provenant du renouvellement des cellules et des membranes cellulaires.

Lipoprotéine lipase *f.* [**Lipoprotein lipase**] Enzyme qui hydrolyse les lipoprotéines de très basse densité et qui se trouve dans les cellules endothéliales des vaisseaux sanguins.

Lipotrope *adj. (du gr. lipos, graisse et trepein, tourner).* [**Lipotropic**] Qui se fixe sur les lipides des cellules vivantes.

Lipovitelline *n. f.* [**Lipovitellin**] Lipoprotéine du vitellus des œufs d'Amphibiens, synthétisée dans le foie de la mère. Elle dérive de la vitellogénine.

Liquide amniotique *m.* [**Amniotic fluid**] Liquide contenu dans la cavité amniotique.

Liquide céphalorachidien *m.* [**Cerebrospinal fluid**] Liquide contenu dans l'espace sous-arachnoïdien qui existe entre la pie-mère et l'arachnoïde. Sa composition est analogue à celle du plasma sanguin dont il est d'ailleurs issu. Il est élaboré par les plexus choroïdes des ventricules.

Liquide extracellulaire *m.* [**Extracellular fluid**] Liquide du milieu interne qui entoure les cellules. Il contient nettement moins d'ions K^+ et beaucoup plus d'ions Na^+ et Cl^- que le liquide intracellulaire. On distingue le liquide interstitiel qui entoure les cellules fixes et le liquide intravasculaire qui est contenu dans les vaisseaux sanguins (*plasma*) et lymphatiques *(lymphe)*.

Liquide intracellulaire *m.* [**Intracellular fluid**] Liquide contenu dans les cellules, riche en ions K^+ et HPO_4^{2-} et pauvre en Na^+ et Cl^-.

Liquide périvitellin *m.* [**Perivitelline fluid**] Liquide émis par l'œuf dans l'espace périvitellin lors de la fécondation.

Lirelle *n. f.* [**Lirella**] Chez certains Ascolichens discolichens, apothécie allongée ressemblant à une fente à la surface du thalle.

Lisière *n. f.* Frontière entre deux formations végétales différentes.

Lissencéphalique *adj. (de lisse et encéphale).* [**Lissencephalic**] Se dit d'un cerveau dépourvu de circonvolutions, chez les Mammifères dits inférieurs comme les Rongeurs, les Marsupiaux et les Insectivores. **Ant.:** Gyrencéphalique.

Lithium *n. m.* [**Lithium**] Élément chimique (Z = 3) du groupe des alcalins, nécessaire au bon fonctionnement du système nerveux.

Lithodome *adj. (du gr. lithos, pierre et du lat. domus, maison).* [**Lithodomous**] Qui vit dans les cavités des rochers.

Lithophage *adj. (du gr. lithos, pierre et phagein, manger).* [**Lithophagous**] Qui creuse la roche pour s'y loger.

Lithophagophyte *n. f.* [**Lithophagophyte**] Plante dont les sécrétions creusent la roche.

Lithophile *adj. (du gr. lithos, pierre et philos, ami).* [**Lithophilous**] Qui vit dans un biotope rocheux.

Lithophyte *n. f. (du gr. lithos, pierre et phuton, plante)*. [Lithophyte] Plante lithophile.

Lithophytie *n. f.* Biocénose végétale lithophile.

Lithosère *n. f.* [Lithosere] Succession végétale qui se constitue à partir d'une roche nue.

Litière *n. f.* [Litter] Ensemble des dépôts organiques provenant des végétaux qui ont poussé sur le site.

Littoral *adj.* [Littoral, Coastal] Relatif à la zone de séparation entre le continent et l'océan.

Livrée *n. f.* [Coat] Aspect d'un Vertébré qui peut varier ou non au fil des saisons ou du développement de l'animal.

Lobe *n. m.* [Lobe] ▸ ① Partie arrondie d'une feuille, comprise entre deux sinus; ▸ ② Partie d'un organe, généralement globuleuse. **Ex.**: Lobes de l'oreille, du poumon.

Lobe polaire *m.* [Polar lobe] Masse de cytoplasme du pôle végétatif formant un lobe lors des premières divisions des œufs à segmentation spirale. Il contient de grandes quantités d'ARNm et son ablation entraîne la formation de larve sans mésoderme.

Lobé *adj.* [Lobed, Lobate] Se dit d'une feuille dont les lobes n'atteignent pas la moitié du limbe.

Lobopode *n. m. (de lobe et du gr. pous, podos, pied)*. Chez les Onychophores (Protostomiens Ecdysozoaires Panarthropodes), chacun des nombreux appendices terminés par deux griffes, ressemblant à des moignons coniques annelés et non articulés.

Lobule *n. m.* [Lobule] ▸ ① Unité structurale et fonctionnelle d'un organe dit *lobuleux*, notamment le foie et les poumons; ▸ ② **Syn.**: 2. Épiblaste.

Lochère *n. f.* Prairie envahie par des Carex (*Carex sp.*, Cypéracéees).

Lochmophile *adj.* [Lochmophilous] Qui vit dans les bosquets.

Lochmophyte *n. f.* [Lochmophyte] Plante lochmophile.

Locomoteur *adj.* [Locomotor] Qui sert à la locomotion.

Locula *n. f.* [Locula] Chez les Cyanobactéries et les Champignons supérieurs, partie la plus interne de la paroi, en contact avec la membrane plasmique.

Loculaire *adj. (du lat. loculus, compartiment)*. [Loculate] Se dit d'un organe végétal composé de plusieurs loges. **Syn.**: Loculé, loculeux.

Loculicide *adj. (du lat. loculus, compartiment et caedere, tuer)*. [Loculicidal] Se dit de la déhiscence d'une capsule qui se produit sur la face externe des carpelles. **Ex.**: Capsule d'une Violette.

Locus *n. m. (mot lat., lieu)*. [Locus] Emplacement d'un gène sur un chromosome.

Lodicule *n. f.* [Lodicule] **Syn.**: Glumellule.

Loge *n. f.* ▸ ① Chacune des deux parties de l'anthère séparées par le connectif et composées de deux sacs; ▸ ② Dans un ovaire d'Angiospermes, compartiment contenant les ovules et délimité par les parois d'un carpelle ou de plusieurs carpelles soudés.

Loi de Bergmann *(Carl Bergmann, naturaliste allemand, 1814-1865)* [Bergmann's rule] Loi selon laquelle la taille des organismes croît avec la latitude. Elle n'est vérifiée que pour les Vertébrés homéothermes.

Loi de Boveri [Boveri's rule] Principe selon lequel le nombre et la morphologie des chromosomes sont identiques chez tous les individus d'une même espèce.

Loi de Cope *(Edward Dunker Cope, paléontologiste américain, 1840-1897)* [Cope's rule] Principe selon lequel les formes primitives évoluent plus rapidement que les formes évoluées.

Loi de Dollo *(paléontologue français, 1857-1931).* [Dollo's rule] Principe empirique selon lequel la spécialisation des espèces s'accompagne d'une diminution des mutations qui pourraient les faire évoluer.

Loi de Haeckel *(Ernst Haeckel, biologiste allemand, 1834-1919)* [Haeckel's rule] Principe selon lequel l'ontogenèse récapitule anatomiquement et physiologiquement la phylogenèse.

Loi de Hardy-Weinberg [Hardy-Weinberg's rule] Principe selon lequel, dans une population panmictique, illimitée, sans mutation et sans dérive génétique, et pour un gène à deux allèles A (fréquence p) et a (fréquence q), les 3 génotypes possibles AA, aa, Aa se stabilisent à la première génération avec les fréquences p^2 pour AA, q^2 pour aa et 2pq pour Aa.

Loi de Mendel [Mendel's rule] Loi de transmission des caractères héréditaires établie par Gregor Mendel.

Lomentacé *adj.* [Lomentaceous] Se dit d'un fruit qui possède de fausses cloisons transversales qui délimitent de fausses loges ne contenant qu'une seule graine. Les articles ainsi formés peuvent se détacher et être disséminés indépendamment du reste du fruit.

Longévif *adj.* Se dit d'un organisme qui vit longtemps. **Ant.**: Éphémère.

Longicorne *adj. (du lat. longus, long et corne).* Qui a de longues cornes, de longues antennes.

Longirostre *adj. (du lat. longus, long et rostre).* Qui a un long bec ou un long museau.

Longistylé *adj. (du lat. longus, long et style).* [Longistyle] Voir Hétérostylie.

Lophodonte *adj.* [Lophodont] Se dit des dents des Proboscidiens qui présentent des crêtes transversales de dentine entourées de cément.

Lophophore *n. m. (du gr. lophos, aigrette et pherein, porter).* [Lophophore] Chez les Lophophoriens, ensemble des tentacules ciliés présents autour de la bouche. Ces tentacules sont des évaginations du corps et les battements ciliaires créent un courant d'eau qui apporte les particules alimentaires à la bouche.

Lotique *adj.* [Lotic] Relatif aux eaux courantes. **Ant.**: Lentique.

LPS *n. m.* Sigle de Lipopolysaccharide. Voir ce mot.

Lucicole *adj. (du lat. lux, lucs, lumière et colere, habiter).* [Lucicolous] **Syn.**: Luciphile.

Lucifuge *adj. (du lat. lux, lucs, lumière et fugere, fuir).* [Lucifugous] Se dit d'un être vivant ou d'un organe végétal qui fuit la lumière. **Syn.**: Photophobe. **Ant.**: Luciphile, Lucicole, Photophile.

Luciphile *adj.* [Luciphilous] Se dit d'un organisme qui recherche la lumière. **Syn.**: Lucicole, Photophile. **Ant.**: Lucifuge, Photophobe.

Lumière *n. f.* ▸ ① Cavité d'un organe, en contact direct ou indirect avec l'extérieur de l'organisme. [Lumen]; ▸ ② Radiations électromagnétiques visibles ou non, émises par un corps incandescent ou luminescent. C'est un facteur écologique capital: son intensité, la fréquence des radiations, la durée d'exposition à la lumière déterminent la distribution des êtres vivants à toutes les échelles. Son intensité contrôle l'activité photosynthétique. Sa durée contrôle la période de la floraison et le cycle vital des espèces animales. [Light]

Lupuline *n. f. (de lupulus, nom d'espèce du Houblon).* [Lupulin] Alcaloïde quinolizidinique contenu dans les graines de Lupins (*Lupinus sp.*, Fabacées).

Lutéine *n. f.* [Lutein] ▸ ① Xanthophylle que l'on trouve dans les feuilles, les fleurs, le vitellus et le corps jaune; ▸ ② **Syn.** désuet de Progestérone.

Lutéinisation *n. f.* [Luteinization] Après l'ovulation, transformation d'un follicule ovarien en corps jaune.

Lutéolyse *n. f.* [Luteolysis] Involution du corps jaune en l'absence de fécondation.

Lutéotropine *n. f.* [Luteotropin] **Syn.:** Hormone lutéinisante.

Luticole *adj.* [Luticolous] Qui pousse, vit sur des sédiments très fins.

Lyase *n. f.* [Lyase] Classe d'enzymes qui catalysent l'ajout ou la suppression d'un groupement chimique autrement que par hydrolyse en formant une double liaison.

Lycopène *n. m.* [Lycopene] Pigment caroténoïde de couleur rouge, contenu notamment dans les chromoplastes des tomates. Formule: $C_{40} H_{56}$.

Lycophore *n. m.* [Lycophora] Chez les Plathelminthes Cestodaires, larve née d'un cocon de ponte et possédant 5 paires de crochets.

Lygophile *adj.* [Lygophilous] Qui vit dans la pénombre.

Lymphe *n. f. (du lat. lympha, eau).* [Lymph] Liquide organique incolore circulant entre les cellules (**lymphe interstitielle**) ou dans les vaisseaux lymphatiques (**lymphe vasculaire**). Elle a une composition semblable à celle du plasma et transporte des leucocytes.

Lymphoblaste *n. m. (du lat. lympha, eau et du gr. blastos, germe).* [Lymphoblast] Cellule lymphoïde de la moelle osseuse, précurseur des lymphocytes.

Lymphocyte *n. m. (du lat. lympha, eau et du gr. kutos, cellule).* [Lymphocyte] Leucocyte intervenant dans la réponse immunitaire spécifique et dépourvu de la capacité de phagocytose. On distingue:

- les **lymphocytes B,** participant à la réponse immunitaire à médiation humorale: ils se transforment en plasmocytes sécréteurs d'anticorps au contact d'un antigène;
- les **lymphocytes T,** participant à la réponse immunitaire à médiation cellulaire. Ils deviennent matures après leur passage dans le thymus. Les **lymphocytes T cytotoxiques** lysent les cellules infectées par un virus. Les **lymphocytes T auxiliaires** sécrètent des interleukines qui aident la réponse humorale. Les **lymphocytes T suppresseurs** inhibent la réponse immnunitaire.

Lymphokine *n. f. (du lat. lympha, eau et du gr. kinein, mouvoir).* [Lymphokin] Interleukine sécrétée par les lymphocytes T.

Lymphopoïèse *n. f. (du lat. lympha, eau et du gr. poiêsis, formation).* [Lymphopoiesis] Différenciation de lymphocytes dans la moelle osseuse et le thymus.

Lymphotoxine *n. f.* [Lymphotoxin] Substance sécrétée par les lymphocytes T et toxique pour les autres cellules. **Syn.:** Facteur cytotoxique.

Lyoenzyme *n. f.* [Lyoenzyme] **Syn.:** Exoenzyme.

Lyré *adj.* Se dit d'une feuille pennée dont la foliole terminale est nettement plus grande que les autres.

Lyse *n. f. (du gr. lusis, dissolution).* [Lysis] Destruction de cellules ou de tissus.

Lysigène *adj.* [Lysigenous] Se dit des

poches et des canaux sécréteurs qui sont apparus grâce à la lyse des cellules sécrétrices elles-mêmes.

Lysine *n. f. (du gr. lusis, dissolution).* [Lysine] ▸ ① Symb.: Lys, K – Acide aminé essentiel constitutif des protéines. Codons correspondants: AAA, AAG; ▸ ② Toute substance qui provoque la lyse d'une cellule.

Lysine oxydase ou lysyl oxydase *n. f.* [Lysine oxidase] Enzyme extracellulaire qui catalyse la désamination des lysines et des hydroxyprolines d'une fibrille de collagène ou d'élastine, pour former des aldéhydes. Ces derniers forment des liaisons covalentes entre eux ou avec d'autres lysines et hydroxylysines appartenant à d'autres fibrilles.

Lysine vasopressine *n. f.* [Lysine vasopressin] Forme de vasopressine que l'on rencontre chez quelques Mammifères comme le Porc.

Lysogénie *n. f.* **Syn.**: Lysogénisation.

Lysogénisation *n. f.* [Lysogenisation] Intégration du matériel génétique d'un Bactériophage dit tempéré dans celui d'une cellule. Le génome viral est alors appelé *prophage* et sera répliqué en même temps que le génome bactérien. L'infection n'est donc pas suivie immédiatement de la lyse de la cellule. **Syn.**: Lysogénie.

Lysokinase *n. f.* [Lysokinase] **Syn.**: Plasmine.

Lysosome *n. m. (du gr. lusis, dissolution et sôma, corps).* [Lysosome] Chez les Eucaryotes, organite cellulaire dont le contenu a un pH égal à 5 et contient des enzymes protéolytiques. Ces enzymes sont inefficaces au pH intracellulaire (égal à 7) ce qui évite l'autolyse de la cellule en cas de déversement du lysosome dans le cytosol.

Lysozyme *n. m. (du gr. lusis, dissolution et (en)zyme).* [Lysozyme] Enzyme qui détruit la paroi des Bactéries. C'est une protéine globulaire présente dans les sécrétions des granulocytes et des monocytes et dans diverses sécrétions comme la salive et les larmes.

M

M Symbole de la méthionine dans la formule des protéines.

Mâchoire *n. f.* [Jaw] Chez les Gnathostomes, chacun des deux arcs osseux de la bouche qui supportent les dents le cas échéant. Ils proviennent du premier arc viscéral ou arc mandibulaire: la **mâchoire supérieure** provient du cartilage ptérygo-carré et la **mâchoire inférieure** ou **mandibule** du cartilage de Meckel.

Macis *n. m. (mot lat., du lat. macir, écorce aromatique).* [Mace] Voir Arille.

Macrobenthos *n. m. (du gr. makros, grand et benthos).* [Macrobenthos] Voir Benthos.

Macrocystide *n. f. (du gr. makros, grand et cystide).* [Macrocystidium] Voir Cystide.

Macroécosystème *n. m.* [Macroecosystem] **Syn.:** Biome.

Macroévolution *n. f. (du gr. makros, grand et évolution).* [Macroevolution] Évolution à l'échelle des grandes subdivisions systématiques.

Macrofaune *n. f. (du gr. makros, grand et faune).* [Macrofauna] Ensemble des animaux de taille supérieure à 1 mm.

Macroflore *n. f. (du gr. makros, grand et flore).* [Macroflora] Ensemble des végétaux de taille supérieure à 1 cm.

Macrogamète *n. m. (du gr. makros, grand et gamète).* [Maacrogamete] En cas d'anisogamie, le plus gros des deux gamètes, presque toujours femelle.

α2-Macroglobuline *n. f.* Protéine globuleuse plasmatique qui intervient dans la tolérance du blastocyste par l'utérus de la mère, grâce à son action d'inhibition de la cytotoxicité et du complément.

Macromère *n. m. (du gr. makros, grand et meros, partie).* [Macromere] Dans un œuf à segmentation inégale, chacun des blastomères de l'hémisphère végétatif, plus volumineux que ceux de l'hémisphère animal.

Macromolécule *n. f. (du gr. makros, grand et molécule).* [Macromolecule] Polymère formé d'un grand nombre d'unités simples appelées *monomères*. **Ex.:** Protéine, acide nucléique.

Macromycète *n. m. (du gr. makros, grand et mukos, mukêtos, champignon).* [Macromycete] Champignon dont les sporophores sont visibles à l'œil nu.

Macronemata *n. m.* [Macronemata] Chez certaines Mousses acrocarpes, long rhizoïde poussant au niveau des bourgeons, à rôle protecteur.

Macronucléus *n. m. (du gr. makros, grand et du lat. nucleus, noyau).* [Macronucleus] Chez les Protozoaires Ciliés, un des deux noyaux, plus grand que l'autre, jouant un rôle trophique seulement. **Syn.**: Macronoyau. **Ant.**: Micronucléus.

Macrophage *n. m. et adj. (du gr. makros, grand et phagein, manger).* ▸ ① N. m. Gros leucocyte doté d'une mobilité et d'un pouvoir phagocytaire importants et issu de la différenciation d'un monocyte. Les macrophages font partie des cellules présentatrices d'antigènes: l'élément étranger est phagocyté puis digéré. Des peptides étrangers sont ensuite présentés à la surface du phagocyte ce qui stimule le lymphocyte T correspondant qui entre en contact avec lui. On distingue les **macrophages fixes**, spécifiques d'un tissu donné (macrophages stellaires du foie, cellules à poussières des alvéoles) et les **macrophages libres** qui circulent dans le liquide interstitiel. **Syn.**: Macrophagocyte. [Macrophage]; ▸ ② Adj. Se dit d'un animal qui se nourrit de proies de grande taille par rapport à lui. [Macrophagous]

Macrophagocyte *n. m.* [Macrophagocyte] **Syn.**: 1. Macrophage.

Macrophorbiaie *n. f.* **Syn.**: Mégaphorbiaie.

Macrophylle *adj. (du gr. makros, grand et phullon, feuille).* [Macrophyll] Dont les feuilles ont plus de 25 cm de long et une surface comprise entre 18 cm^2 et 1640 cm^2.

Macrophyte *n. f. (du gr. makros, grand et phuton, plante).* [Macrophyte] Plante aquatique de grande taille.

Macroplancton *n. m. (du gr. makros, grand et plancton).* [Macroplankton] Voir Plancton.

Macropode *adj. et n. m. (du gr. makros, grand et pous, podos, pied).* Qui a de longs membres.

Macrosmique *adj.* [Macrosmic] Se dit d'un Mammifère qui a un odorat développé. **Ex.**: Carnivores, Insectivores, Rongeurs. **Ant.**: Microsmique.

Macrosphérique *adj. (du gr. makros, grand et sphérique).* [Macrospherical] Chez les Foraminifères, se dit de la loge sécrétée par les schizozoïtes et constituant la loge initiale du gamonte.

Macrosporange *n. m. (du gr. makros, grand et sporange).* [Macrosporangium] **Syn.**: Mégasporange.

Macrospore *n. f. (du gr. makros, grand et spore).* [Macrospore] **Syn.**: Mégaspore.

Macrosporophylle *n. f. (du gr. makros, grand et sporophylle).* [Macrosporophyll] **Syn.**: Mégasporophylle.

Macula *n. f. (mot lat., tache).* [Macula] Petite zone circulaire située dans l'axe optique de l'œil et comprenant la plus forte densité de photorécepteurs et autres cellules rétiniennes, ce qui lui confère une haute résolution visuelle. **Syn.**: Tache jaune.

Macula densa *f.* [Macula densa] Groupe de cellules spécialisées du tubule contourné distal, en contact avec l'artériole afférente juste avant sa capillarisation dans le corpuscule rénal. Ces cellules réagissent au débit et à l'osmolarité du filtrat urinaire en libérant ou non des substances chimiques qui causent la vasoconstriction des artérioles glomérulaires afférentes.

Macule *n. f.* [Macula] Chez les Vertébrés, plage sensorielle différenciée dans l'épithélium de l'utricule (**macule utriculaire**), du saccule (**macule sacculaire**) et de la lagéna (**macule lagénaire**). Une macule comporte des cellules sensorielles portant des stéréocils et un kinocil et d'une cupule contenant des otoconies. Elles sont sensibles aux accélérations linéaires et à la gravité.

Magnésium *n. m.* [Magnesium] Élément chimique (Z = 12) du groupe des alcalinoterreux. Il est en grande quantité dans les os où il est sous forme de carbonate de magnésium à la surface des cristaux d'hydroxyapatite. C'est un cofacteur des kinases. Il est nécessaire à la contraction et à la relaxation normales des muscles. C'est le cofacteur de stabilisation de l'ATP et de l'ADP. C'est aussi un constituant de la chlorophylle.

Magnétite *n. f.* [Magnetite] Oxyde de fer présent sous forme de particules dans certaines cellules de certains Vertébrés (Pigeon, Saumon) et de certaines Bactéries et qui permet la sensibilité au champ magnétique terrestre.

Magnum *n. m.* [Magnum] Partie médiane des voies génitales des Oiseaux femelles, responsable de la sécrétion d'albumine.

Main *n. f.* [Hand] ▸ ① Chez les Primates, extrémité du membre antérieur, correspondant à l'autopode; ▸ ② Vrille des plantes grimpantes.

Malacoïde *adj. (du gr. malakos, mou et eidos, aspect).* [Malacoid] Se dit du thalle des Myxomycètes.

Malacologie *n. f. (du gr. malakos, mou et logos, dicours).* [Malacology] Partie de la zoologie qui traite des Mollusques.

Malacophile *adj. (du gr. malakos, mou et philos, ami).* [Malacophilous] Se dit d'une Angiosperme dont les fleurs sont pollinisées par un Gastéropode. **Ex.**: Dorine (*Chrysosplenium alternifolium*).

Malaire *adj. (du lat. mala, mâchoire, joue).* [Malar] Qui se rapporte à la joue.

Malate *n. m.* [Malate] Sel de l'acide malique. Voir ce mot.

Malate déshydrogénase *n. f.* [Malate dehydrogenase] Sigle: MDH – Enzyme à NAD ou à NADP qui catalyse l'oxydation du malate en oxaloacétate dans le cycle de Krebs et la réduction de l'oxaloacétate en malate lors de la fixation du CO_2 chez les Plantes CAM ou en C4. **Syn.**: Malicodéshydrogénase.

Mâle *n. m. et adj.* [Male] ▸ ① N. m. Individu appartenant au sexe pourvu de la capacité de fécondation; ▸ ② Adj. Propre au sexe doué de la capacité de fécondation. **Ant.**: Femelle.

Malique *adj.* Voir Acide malique.

Malonylcoenzyme A *n. f.* [Malonylcoenzyme A] Composé obtenu par carboxylation de l'acétylcoA par une acétylcoA carboxylase à biotine, cette réaction constituant la première étape de la biosynthèse des acides gras dans le cytosol.

Maltase *n. f. (de malt et suff. -ase).* [Maltase] Enzyme du groupe des glycosidases qui catalyse l'hydrolyse du maltose en deux glucoses. Elle est sécrétée par les glandes salivaires et pancréatiques. **Syn.**: α-Glucosidase.

Maltose *n. m. (de malt et ose).* [Maltose] Diholoside de α-glucoses réunis par une liaison (1,4).

Mamelle *n. f.* [Udder] Chez les femelles des Mammifères, organe formé de glandes mammaires composées tubulo-acineuses. Elles sont disposées sur le tronc (Rongeurs), sur le thorax (Homme, Chiroptères), sur l'abdomen (Baleines), dans la région inguinale (Ruminants) ou latérodorsale (certains Rongeurs). Les mamelles peuvent être *simples*, c'est-à-dire formées d'une seule glande mammaire (Ruminants) ou *composées* avec un nombre variable de glandes.

Mamillaire *adj.* [Mamillary] Qui a la forme d'un mamelon.

Mammalien *adj. (du lat. mamma, ma-*

melle). [Mammalian] Qui se rapporte aux Mammifères.

Mammalogie *n. f. (du lat. mamma, mamelle et du gr. logos, discours).* [Mammalogy] Partie de la zoologie qui traite des Mammifères.

Mandibule *n. f. (du lat. mandere, manger).* [Mandible] ▸ ① Mâchoire inférieure des Gnathostomes; ▸ ② Chacune des deux parties cornées d'un bec; ▸ ③ Chez les Arthropodes Mandibulates, pièce buccale puissante servant à broyer les aliments.

Manducation *n. f. (du lat. manducare, manger).* [Manducation] Ensemble des actions mécaniques préalables à la digestion (préhension, gustation, mastication, insalivation et déglutition).

Manganèse *n. m.* [Manganese] Symb.: Mn – Élément chimique (Z = 25) du groupe des métaux de transition. C'est un oligoélément cofacteur de l'arginase hépatique, de la pyruvate carboxylase et de la superoxyde dismutase. Il est nécessaire à la synthèse de la prothrombine, de l'insuline, de l'hémoglobine et des acides gras.

Mangrove *n. f. (mot angl., du malais).* [Mangrove] Forêt des littoraux tropicaux marins ou saumâtres, dominées par les Palétuviers (*Rhizophora sp.*).

Manne *n. f.* Exsudation sucrée de certains arbres (Frêne, Tamaris, Mélèze, Eucalyptus), parfois mangeable et d'un goût agréable.

Mannose *n. m. (de manne et suff. -ose).* [Mannose] Aldohexose que l'on trouve dans de nombreux fruits et graines.

Manteau *n. m.* ▸ ① Dos d'un animal lorsqu'il est coloré différemment du reste du corps. Un tel animal est dit *mantelé*; ▸ ② Chez les Brachiopodes et les Mollusques, repli du tégument dorsal délimitant une cavité palléale et sécrétant la coquille calcaire. [Mantle]; ▸ ③ Agrégat d'hyphes qui forment un revêtement autour de la racine ectomycorhizée ou ectendomycorhizée. ▸ ④ **Manteau cellulaire**, syn.: Glycocalyx.

Manubrium *n. m. (mot lat., manche, poignée).* [Manubrium] ▸ ① Chez les Cnidaires, tube portant la bouche disposé centralement sous l'ombrelle d'une méduse. Il met en contact le milieu extérieur et la cavité interne; ▸ ② Chacune des 8 cellules composant l'anthéridie des Algues Characées.

MAO *n. f. (Sigle de Monoamine oxydase).* Enzyme qui catalyse la désamination oxydative des catécholamines en acide vanilmandélique.

Maquis *n. m. (du corse macchia, tache).* [Maquis] Formation végétale méditerranéenne fermée, sur sols acides, composée de xérophytes arbustives et buissonnantes. Le maquis résulte de la dégradation de la forêt méditerranéenne de chênes-liège.

Marcescent *adj. (du lat. marcescere, se flétrir).* [Marcescent] Se dit d'un organe qui se flétrit sans se détacher de la plante. **Ant.**: Immarcescent.

Marcheur *adj. Oiseau marcheur*, oiseau adapté à la marche et volant difficilement. [Flightless bird]

Marcottage *n. m.* [Formation of runner, Layering (artificiel)] Mode de multiplication végétative des plantes vasculaires reposant sur l'enracinement puis l'isolement d'un rameau aérien, ou *marcotte*. Le marcottage peut être artificiel.

Marcotte *n. f.* [Layer] Voir Marcottage.

Margauder *v. i.* **Syn.**: Margoter.

Marginal *adj. (du lat. margo, marginis, marge).* Se dit de la croissance des thalles lamelleux d'Algues lorsqu'elle est réalisée par les cellules périphériques (de la marge) du thalle.

Margoter ou Margotter *v. i.* Pousser son cri, en parlant de la Caille. **Syn.**: Margauder.

Marin *adj.* [Sea] Qui vit dans l'eau de mer ou à proximité immédiate. **Ant.**: Dulçaquicole.

Marnicole *adj.* Qui pousse sur un substrat marneux.

Marqueur *n. m.* [Marker] Élément d'identification d'une cellule, d'une molécule, d'un allèle...

Marsupial *adj. (du lat. marsupium, bourse).* [Marsupial] Relatif aux Marsupiaux.

Marsupie *n. f.* [Marsupium] Chez les Marsupiaux, poche cutanée abdominale qui abrite les mamelles et le petit qui naît sous forme de pseudo-larve sans poils.

Marteau *n. m.* [Malleus] Chez les Mammifères, celui des trois osselets de l'oreille moyenne qui reçoit les vibrations du tympan et les transmet à l'enclume. Le marteau correspond à l'articulaire des Tétrapodes non-mammaliens.

Masque *n. m.* Chez les larves d'Odonates, labium allongé, transformé en organe ravisseur, qui au repos, cache les autres pièces buccales d'où son nom.

Massule *n. f.* **Syn.**: Pollinie.

Mastax *n. m.* [Mastax] Appareil masticateur des Rotifères, constitué de pièces cuticulaires ou *mâchoires* elles-mêmes formées de 7 pièces: un *fulcrum* impair, 2 *ramus*, 2 *uncus* et 2 *manubriums*, sur lesquelles s'insèrent les muscles masticateurs.

Masticateur *adj.* [Masticatory] Qui sert à mâcher.

Mastigonème *n. m. (du gr. mastigos, mouvement et nêma, filament).* [Mastigoneme] Chacune des très courtes fibrilles insérées sur les flagelles des Champignons Phycomycètes, des zoogamètes et zoospores d'Algues, perpendiculairement à eux.

Mastigosome *n. m. (du gr. mastigos, mouvement et sôma, corps).* **Syn.**: Blépharoplaste.

Mastigospore *n. f. (du gr. mastigos, mouvement et spore).* **Syn.**: Zoospore.

Mastigote *n. m. (du gr. mastigos, mouvement).* Tout Protozoaire pourvu d'un flagelle.

Mastocyte *n. m.* [Mast cell] Cellule conjonctive située sous les épithéliums et le long des vaisseaux sanguins qui libère de grandes quantités d'héparine et d'histamine en présence d'un antigène, ce qui déclenche l'inflammation. **Syn.**: Labrocyte.

Matériel génétique *m.* Ensemble des acides nucléiques d'une cellule.

Matrice extracellulaire *f.* [Extracellular matrix] Ensemble des macromolécules situées entre les cellules du tissu conjonctif. Ces molécules sont des protéoglycanes, des glycosaminoglycanes et des protéines fibreuses telles que le collagène, l'élastine, la fibronectine.

Matrice mitochondriale *f.* [Mitochondrial matrix] Voir Mitochondrie.

Maturation *n. f. (du lat. maturare, faire mûrir).* [Maturation] ▸ ① Ensemble des transformations morphophysiologiques nécessaires pour aboutir au complet développement, en parlant d'un organisme, d'un organe ou d'une cellule; ▸ ② **Maturation des ARN**, ensemble des modifications que subissent les ARN juste transcrits, généralement dans le noyau. [RNA maturation]

Maxillaire *n. m. et adj. (du lat. maxilla,*

mâchoire). ▸ ① Os dermique de la mâchoire supérieure issu de l'ossification de la partie antérieure du toit dermique de l'ostéocrâne. [**Maxilla, Jawbone**] ▸ ② Relatif aux maxillaires. [**Maxillary**]

Maxille *n. f.* [**Maxilla**] ▸ ① Chez les Insectes, pièce buccale paire portée par le métamère n° 4 entre les mandibules et le labium; ▸ ② Chez les Crustacés, pièce buccale paire située en arrière des maxillules.

Mazédium *n. m.* [**Mazedium**] Chez les Ascomycètes, masse d'ascospores au niveau de l'hyménium, résultant de la dégradation des parois des asques.

Méat *n. m.* [**Meatus**] ▸ ① Orifice d'un canal. **Ex.** Méat urinaire; ▸ ② Chez les Végétaux, espace intercellulaire de taille inférieure à celle des cellules et livrant passage aux gaz.

Mécanorécepteur *n. m.* [**Mechanoreceptor**] Voir Récepteur.

Média *n. f.* [**Media**] Tunique moyenne des vaisseaux sanguins, formée de cellules musculaires lisses et d'élastine. Ces cellules sont innervées par les fibres vasomotrices sympathiques et commandent le diamètre des vaisseaux.

Médiateur intracellulaire *m.* [**Intracellular mediator**] **Syn.:** Messager intracellulaire.

Médifixe *adj. (du lat. medius, central et fixe).* Se dit d'une anthère qui est rattachée au filet en son milieu. **Syn.:** Dorsifixe.

Médiostrate *n. f. (du lat. medius, central et strate).* Zone centrale des lames des basidiomes. Les hyphes y sont agencées différemment selon les espèces.

Médulla *n. f. (du lat. medulla, moelle).* [**Medulla**] Partie centrale d'un organe, d'une structure anatomique.

Médulle *n. f.* [**Medulla**] Zone centrale d'un thalle de Lichen hétéromère. Elle peut être formée uniquement d'hyphes ou d'un mélange d'hyphes et de gonidies.

Médulleux *adj. (du lat. medulla, mœlle).* Se dit d'une tige dont la moelle est abondante.

Médullosurrénale *n. f. (du lat. medulla, moelle et surrénale).* [**Adrenal medulla**] Chez les Marsupiaux et les Euthériens, partie centrale de la glande surrénale comportant les cellules chromaffines sécrétrices d'adrénaline. S'oppose à Corticosurrénale.

Méduse *n. f.* [**Medusa**] Forme libre, nageuse des Cnidaires. Chez les Anthozoaires, ce stade n'existe pas alors qu'il est prédominant chez les Scyphozoaires.

Mégacaryoblaste *n. m. (du gr. megas, grand, karuon, noyau et blastos, germe).* [**Megakaryoblast**] Cellule de la moelle osseuse, précurseur du mégacaryocyte. Voir Tableau des lignées cellulaires de l'hématopoïèse.

Mégacaryocyte *n. m. (du gr. megas, grand, karuon, noyau et kutos, cellule).* [**Megakaryocyte**] Cellule géante de la moelle osseuse pourvue d'un réseau d'invaginations de la membrane plasmique qui la compartimente. Les compartiments cytoplasmiques se détachent et sont à l'origine des plaquettes. Voir Tableau des lignées cellulaires de l'hématopoïèse.

Mégalope *n. f.* [**Megalopa**] Chez les Crustacés Décapodes Brachioures, forme larvaire succédant au stade métazoé et possédant encore un abdomen allongé.

Mégaphanérophyte *n. f.* [**Megaphanerophyte**] Voir Phanérophyte et le tableau des formes biologiques.

Mégaphorbiaie *n. f.* Formation végétale des ravins humides de moyenne montagne, caractérisée par des plantes herbacées de grande taille. **Syn.**: Macrophorbiaie.

Mégaphylle *adj. (du gr. megas, grand et phullon, feuille).* [**Megaphyll**] Se dit d'une plante qui possède de très grandes feuilles (surface supérieure à 1640 cm^2 selon Carl Raunkiaer). **Ex.**: *Gunnera sp., Victoria cruziana* (Nymphaeacées).

Mégaphyte *n. f. (du gr. megas, grand et phuton, plante).* [**Megaphyte**] Plante à tige de grande taille, non ligneuse et pas ou peu ramifiée. **Ex.**: Agave, Palmiers.

Mégaplancton *n. m. (du gr. megas, grand et plancton).* [**Megaplankton**] Voir Plancton.

Mégasporange *n. m. (du gr. megas, grand et sporange).* [**Megasporangium**] Sporange femelle, chez les Végétaux hétéroprothallés, donnant naissance à des spores femelles, les *mégaspores* ou *macrospores*. **Syn.**: Macrosporange. **Ant.**: Microsporange.

Mégaspore *n. f. (du gr. megas, grand et spore).* [**Megaspore**] **Syn.**: Macrospore. Voir Mégasporange.

Mégasporophylle *n. f. (du gr. megas, grand et sporophylle).* [**Megasporophylle**] Voir Sporophylle.

Mégatherme *adj.* [**Megatherm**] Se dit d'un organisme qui vit dans des biotopes très chauds toute l'année.

Méiocyte *n. m. (de meio(se) et du gr. kutos, cellule).* [**Meiocyte**] Cellule reproductrice qui subit une méiose.

Méiose *n. f. (du gr. meiosis, décroissance).* [**Meiosis**] Division du noyau de certaines cellules eucaryotes qui aboutit à la formation de 4 noyaux fils au nombre de chromosomes réduits de moitié, c'est-à-dire passant généralement d'un état diploïde à un état haploïde. La méiose est suivie de la formation de cellules haploïdes qui sont selon les cas des gamètes ou des spores méiotiques possédant chacun un noyau fils.

La méiose comprend deux divisions successives du noyau mais une seule duplication des chromosomes. La première division, **réductionnelle** ou **hétérotypique**, réduit de moitié le nombre de chromosomes, la deuxième division, **équationnelle** ou **homéotypique** scinde chaque chromosome en deux chromatides. La deuxième division n'a pas de prophase. En revanche, la prophase de première division est longue et est constituée de 5 stades: leptotène, zygotène, pachytène, diplotène et diacinèse. C'est à ce moment qu'ont lieu les recombinaisons génétiques au niveau des chiasmas.

Méiospore *n. f.* [**Meiospore**] Spore issue d'une méiose. **Ex.**: Ascospores, basidiospores, microspores, mégaspores.

Mélanine *n. f. (du gr. melas, melanos, noir).* [**Melanin**] Pigment présent dans les téguments, dans certaines phanères, dans la rétine pigmentaire, dans l'iris, dans la choroïde et dans la substance noire du tronc cérébral. Elle est synthétisée à partir de la tyrosine qui est hydroxylée en DOPA par une tyrosinase. La DOPA est oxydée en DOPA quinone, celle-ci est cyclisée en dopachrome qui est polymérisé en mélanine. Sa synthèse et sa dispersion dans les chromatophores cutanés sont sous le contrôle d'une hormone de l'hypophyse, la mélanostimuline.

Mélanoblaste *n. m. (du gr. melas, melanos, noir et blastos, germe).* [**Melanoblast**] Cellule souche des mélanocytes et des mélanophores, dans les crêtes neurales.

Mélanocyte *n. m. (du gr. melas, melanos, noir et kutos, cellule).* [Melanocyte] Chez les Mammifères, cellule pigmentaire qui synthétise de la mélanine et qui provient des mélanoblastes des crêtes neurales. Dans l'épiderme, les mélanocytes ont une forme étoilée et sont dans les couches profondes. Au fur et à mesure de sa synthèse, la mélanine est transférée aux kératinocytes.

Mélanophore *n. m. (du gr. melas, melanos, noir et pherein, porter).* [Melanophore] Chromatophore du tégument contenant de la mélanine sous forme de grains appelés *mélanosomes*. Ces mélanosomes peuvent rester dans les chromatophores (Poissons, Amphibiens, Reptiles) ou être excrétés dans les phanères et les kératinocytes (Oiseaux et Mammifères). Ils peuvent être dispersés dans tout le cytoplasme qui est alors assombri ou bien être rassemblés en amas (cellule claire).

Mélanosome *n. m. (du gr. melas, melanos, noir et sôma, corps).* [Melanosome] Voir Mélanophore.

Mélanostatine *n. f. (du gr. melas, melanos, noir et statine).* [Melanostatin] Sigle: MRIF (pour *Melanotropin release inhibiting factor*) – Neuropeptide hypothalamique qui inhibe la sécrétion de la mélanostimuline par l'hypophyse. La mélanostatine est synthétisée par la région supraoptique.

Mélanostimuline *n. f. (du gr. melas, melanos, noir et stimuline).* Sigle: MSH (pour *Melanocyte stimulating hormone*) – Chacune des hormones du lobe intermédiaire de l'hypophyse qui stimulent la sécrétion de mélanine et sa dispersion dans le cytoplasme des mélanophores. Ces hormones sont synthétisées à partir de la proopiomélanocortine dont l'hydrolyse fournit trois peptides: une α-*MSH* composée des acides aminés 1 à 13, une β-*MSH* formée des acides aminés 84 à 101 de l'extrémité carboxyterminale de la lipotrophine et une γ-*MSH* formée des acides aminés 44 à 55 de la proopiomélanocortine. **Syn.:** Intermédine, Hormone de stimulation des mélanocytes, Hormone mélanostimulante, Mélanotrophine, Mélanotropine.

Mélanotrop(h)ine *n. f.* [Melanotrop(h)in] **Syn.:** Mélanostimuline.

Mélatonine *n. f.* [Melatonin] Neurohormone sécrétée par les cellules du complexe pinéal des Vertébrés. Elle joue un rôle dans les rythmes de reproduction. Elle est sécrétée selon un rythme circadien, pendant la nuit. Elle dérive de la sérotonine par acétylation de la chaîne latérale par une transacétylase, suivie de la méthylation de l'hydroxyle par une transméthylase.

Mélézière *n. f.* **Syn.:** Lariçaie.

Mellifère *adj. (du lat. mel, miel et ferre, porter).* ▸ ① Qui produit du miel. [Melliferous]; ▸ ② Se dit d'une plante dont le nectar est utilisé par les Abeilles pour produire du miel. [Nectar plant]

Mellification *n. f.* [Mellification] Élaboration du miel par les Abeilles.

Melliphage *adj. (du lat. mel, miel et phagein, manger).* [Melliphagous] **Syn.:** Mellivore.

Mellivore *adj. (du lat. mel, miel et vorare, manger).* [Mellivorous] Qui se nourrit de miel. **Syn.:** Melliphage.

Mélolonthoïde *adj. (du genre Melolontha, Hanneton et du gr. eidos, aspect).* [Melolonthoid] Se dit de la larve de certains Coléoptères et Hyménoptères, caractérisée par un corps mou et arqué, par une tête et un thorax sclérifiés avec un appareil buccal broyeur, par l'absence d'yeux. Les larves mélolonthoïdes vivent dans la matière organique en décomposition et dans le terreau des arbres creux et se déplacent peu.

Membrane *n. f. (du lat. membrum, membre).* [Membrane] Couche de tissu qui entoure un organe ou qui tapisse une cavité, un conduit. **Ex.**: Endocarde, méninge.

Membrane allantochoriale *f.* [Allantochorial membrane] **Syn.**: Allantochorion.

Membrane basale *f.* [Basement membrane] **Syn.**: Lame basale.

Membrane cellulaire *f.* [Cell membrane] Structure cellulaire fondamentale formée d'une double couche de phospholipides associés à d'autres lipides, à des protéines et des glucides. La membrane plasmique ou plasmalemme délimite le cytoplasme de la cellule. Les organites sont entourés d'une membrane cellulaire simple (peroxysomes, lysosomes, réticulum endoplasmique, dictyosomes, vacuole) ou double (noyau, plastes).

Membrane chorio-allantoïdienne *f.* **Syn.**: Allantochorion.

Membrane coquillière *f.* [Shell membrane] Enveloppe secondaire entourant l'œuf des Sauropsidés et sécrétée par la région terminale de l'oviducte. Elle est formée de deux feuillets: les membranes coquillières interne et externe.

Membrane de fécondation *f.* [Fertilization membrane] Résultat de la transformation de la membrane vitelline sous l'action du contenu des granules corticaux après la fécondation. Elle constitue une barrière aux spermatozoïdes.

Membrane nictitante *f.* [Nictitating membrane] Voir Nictitant.

Membrane nucléaire *f.* [Nuclear membrane] Voir Enveloppe nucléaire.

Membrane pellucide *f.* [Zona pellucida] Voir Membrane vitelline.

Membrane plasmique *f.* [Plasma membrane] Membrane cellulaire qui délimite le cytoplasme. La composition en lipides, protéines et glucides des deux feuillets membranaires diffère considérablement:

- les protéines peuvent être périphériques ou transmembranaires. Elles sont responsables de la plupart des fonctions de la membrane: perméabilité sélective, communication, jonction, certaines réactions enzymatiques;
- les phospholipides présents surtout sur le feuillet externe sont la phosphatidylcholine et la sphingomyéline; sur le feuillet interne, ce sont le phosphatidylinositol et la phosphatidylsérine;
- les glucides sont absents du feuillet interne. Ils sont liés aux lipides et/ou aux protéines du feuillet externe et constituent le glycocalyx. **Syn.**: Membrane cytoplasmique, Plasmalemme.

Membrane tectoriale *f.* [Tectorial membrane] Chez les Tétrapodes, membrane protéique posée au-dessus des cellules sensorielles ciliées de la papille lagénaire (organe de Corti) et reliée aux stéréocils. **Syn.**: Membrane tectrice.

Membrane tectrice *f.* **Syn.**: Membrane tectoriale.

Membrane vitelline *f.* [Vitelline membrane] Enveloppe primaire de l'œuf, formée dans l'ovaire. Elle est constituée de protéines fibreuses et de glycosaminoglycanes. **Syn.**: Membrane pellucide (chez les Mammifères).

Membre *n. m.* [Member] Chez les Tétrapodes, chacune des quatre parties articulées de l'organisme servant notamment à la locomotion.

Mémoire immunitaire *f.* [Immunological memory] Capacité d'un organisme de conserver des lymphocytes spécifiques d'un antigène et ainsi de pouvoir réagir efficacement à une seconde exposition à ce même antigène.

Mendélisme *n. m. (de Mendel).* [Mendelism] Théorie de la transmission des caractères héréditaires reposant sur les lois de Mendel (entre autres, indépendance génétique des caractères, disjonction des caractères opposés).

Méninge *n. f.* [Meninge] Chacune des trois membranes qui entourent et protègent le système nerveux central: ce sont de l'intérieur vers l'extérieur: la pie-mère, l'arachnoïde et la dure-mère.

Ménisque *n. m. (du gr. mêniskos, croissant).* [Meniscus] Dans une articulation synoviale, disque de cartilage fibreux situé entre les deux surfaces articulaires qui améliore l'ajustement des deux os.

Menstruation *n. f.* [Menstruation] A la fin d'un cycle œstral, écoulement de sang résultant de la dégradation de l'endomètre lorsqu'il n'y a pas eu fécondation.

Menthol *n. m. (de menthe et suff. -ol).* [Menthol] Alcool monoterpénique cyclique rencontré chez la Menthe (*Mentha sp.*, Lamiacées).

Mérèse *n. f.* [Merisis] Chez les Végétaux, augmentation du nombre de cellules notamment dans les méristèmes, ce qui représente un des mécanismes de la croissance.

Méricarpe *n. m. (du gr. meros, partie et karpos, fruit).* [Mericarp] Chacun des éléments d'un fruit composé ou multiple qui s'en dissocient à maturité.

Méristème *n. m. (du gr. meristos, partagé).* [Meristem] Chez les Végétaux, tissu formé de cellules embryonnaires, certaines restant quiescentes et d'autres se multipliant activement pour la croissance des tissus ou l'apparition de nouveaux organes. Les cellules méristématiques sont petites, isodiamétriques et à paroi fine. Chez les Végétaux supérieurs, on distingue les **méristèmes primaires** pour la croissance en longueur: méristèmes apicaux et intercalaires, et les **méristèmes secondaires** pour la croissance en épaisseur: assise subérophellodermique, cambium libéroligneux.

Méristémonie *n. f.* Présence d'étamines ramifiées, dans certaines familles de Dicotylédones. **Ex.**: Malvacées.

Méristique *adj.* [Meristic] Se dit d'un caractère qui est associé à la métamérie.

Méristoderme *n. m.* [Meristoderma] Chez les Algues de grande taille, méristème assurant la croissance en diamètre du stipe.

Mérithalle *n. m.* [Merithallus] **Syn.**: Entre-nœud.

Méroblastique *adj. (du gr. meros, partie et blastos, germe).* [Meroblastic] Se dit de la segmentation d'un œuf lorsqu'elle est partielle.

Mérocrine *adj. (du gr. meros, partie et krinein, sécréter).* [Merocrine] Se dit d'une sécrétion exocrine (ou de la glande qui la produit) lorsqu'elle est émise par exocytose des vésicules de sécrétion.

Méroïstique *adj.* [Meroistic] Chez les Insectes, se dit d'un ovariole qui possède des cellules nourricières. Ces cellules peuvent accompagner les ovocytes: c'est le type *polytrophique* (Lépidoptères, Diptères, Hyménoptères) ou rester à l'extrémité du germarium: c'est le type *acrotrophique* (Hémiptères).

Méromixie *n. f. (du gr. meros, partie et de l'angl. to mix, mélanger).* [Meromixis] Chez les Bactéries, après la conjugaison ou la transduction, fusion du génome complet de la Bactérie réceptrice et du génome incomplet de la Bactérie donneuse. Il en résulte un *mérozygote*.

Méropélagique *adj. (du gr. meros, partie et pélagique).* [Meropelagic] Qui ne vit dans les eaux de haute mer que pendant une phase de son développement.

Méroplancton *n. m. (du gr. meros, partie et plancton).* [Meroplankton] Plancton formé d'écophases larvaires. **Ant.**: Holoplancton.

Mérotomie *n. f. (du gr. meros, partie et temnein, couper).* [Merotomy] Section expérimentale d'une cellule en deux parties, une seule d'entre elles conservant le noyau. Elle permet de comprendre le rôle du noyau dans la morphogenèse et les biosynthèses.

Mérozygote *n. m. (du gr. meros, partie et zygote).* [Merozygote] Voir Méromixie.

Merrain *n. m. (du lat. materia, bois de construction).* Tige principale de la ramure des Cervidés.

Mésarche *adj.* [Mesarch] Se dit d'une stèle, d'un faisceau conducteur dans lesquels le protoxylème occupe une position médiane, sa différenciation étant à la fois centrifuge et centripète.

Mescaline *n. f. (du mexicain mexcalli, peyotl).* [Mescaline] Alcaloïde isoquinoléique du Peyotl (*Echinocactus williamsii*, Cactacées) qui a des effets psychotropes (distorsion des formes, intensification des couleurs). **Syn.**: 3,4,5-Triméthoxyphénéthylamine.

Mésencéphale *n. m. (du gr. mesos, au milieu et encéphale).* [Mesencephalon] Chez les Vertébrés, partie de l'encéphale située entre le diencéphale et le métencéphale. Le mésencéphale est formé:

- d'un *toit (tectum)* qui comprend les tubercules bijumeaux et les tores semi-circulaires chez les non-mammaliens, et les tubercules quadrijumeaux chez les Mammifères;
- d'un *plancher (tegmentum)* qui comprend les noyaux des 3e et 4e nerfs crâniens;
- d'un *pied* présent seulement chez les Mammifères et formé des pédoncules cérébraux.

Mésenchyme *n. m. (du gr. mesos, au milieu et enkhuma, injection).* [Mesenchyme] Tissu embryonnaire lâche pouvant se différencier en tout type de tissu conjonctif et en épithéliums.

Mésentère *n. m. (du gr. mesos, au milieu et enteron, intestin).* [Mesentery] Repli du péritoine qui relie un organe à la paroi de la cavité et contribue à le soutenir.

Mésentéron *n. m. (du gr. mesos, au milieu et enteron, intestin).* [Mesenteron] Partie moyenne du tube digestif des Insectes, d'origine mésodermique, assurant la digestion et l'absorption des aliments. Le mésentéron s'étend du sphincter cardiaque jusqu'à la zone d'insertion des tubes de Malpighi.

Mésoblaste *n. m. (du gr. mesos, au milieu et blastos, germe).* [Mesoblast] ▸ ① Rameau à croissance limitée chez les espèces ligneuses; ▸ ② **Syn.**: Mésoderme. ▸ ③ **Mésoblaste cordal**, syn.: Cordomésoblaste.

Mésocarpe *n. m. (du gr. mesos, au milieu et karpos, fruit).* [Mesocarp] Partie médiane de la paroi d'un fruit.

Mésochile *n. m. (du gr. mesos, au mi-*

lieu et chilos, lèvre). [**Mesochile**] Partie du labelle de certaines Orchidacées, remarquable par sa forme et sa coloration.

Mésoderme *n. m. (du gr. mesos, au milieu et derma, peau).* [**Mesoderm**] Chez les Triploblastiques, un des trois feuillets embryonnaires apparaissant à la gastrulation entre l'ectoderme et l'endoderme. Il est à l'origine du tissu conjonctif s.l. et des appareils circulatoire et urogénital. **Syn.**: 2. Mésoblaste.

Mésoglée *n. f.* [**Mesogloea**] Chez les Diploblastiques, substance gélatineuse séparant l'ectoderme et l'endoderme, primitivement anhiste mais colonisée secondairement par divers types de cellules nerveuses ou musculaires.

Mésohalobe *adj.* [**Mesohalobous**] Qui vit dans des eaux saumâtres de salinité comprise entre 5 et 20 pour mille.

Méso-inositol *n. m.* [**Meso-inositol**] **Syn.**: Myo-inositol.

Mésolécithe *adj. (du gr. mesos, au milieu et lekhitos, jaune d' œuf).* [**Mesolecithal**] Se dit d'un œuf hololécithe dont le vitellus est en quantité moyenne.

Mésologie *n. f. (du gr. mesos, au milieu et logos, discours).* Étude du milieu à l'échelle locale ou stationnelle.

Mésologique *adj.* Relatif au milieu.

Mésomère *n. m. (du gr. mesos, au milieu et meros, partie).* [**Mesomere**] Blastomère du pôle animal de la blastula d'Oursins, de taille intermédiaire entre les macromères et les micromères du pôle végétatif.

Mésonéphros *n. m. (du gr. mesos, au milieu et néphros).* [**Mesonephros**] Seconde structure rénale des Vertébrés apparaissant au cours du développement. Il constitue le rein définitif chez les Anamniotes et disparaît chez les Amniotes pour être remplacé par le métanéphros. Chez les Amniotes mâles, il en subsiste quelques vestiges qui participent à la formation de l'épididyme, des spermiductes et des canaux efférents du testicule.

Mésonotum *n. m.* Tergite (dorsal) médian du thorax des Insectes.

Mésopélagique *adj. (du gr. mesos, au milieu et pélagique).* [**Mesopelagic**] Voir Pélagique.

Mésophanérophyte *n. f. (du gr. mesos, au milieu et phanérophyte).* [**Mesophanerophyte**] Voir Phanérophyte et le tableau des formes biologiques.

Mésophile *adj. (du gr. mesos, au milieu et philos, ami).* [**Mesophilous**] Se dit d'un organisme qui ne peut vivre que dans des milieux où les facteurs écologiques ne prennent pas de valeurs extrêmes.

Mésophylle *n. m. et adj. (du gr. mesos, au milieu et phullon, feuille).* [**Mesophyll**] ▸ ① N. m. Parenchyme chlorophyllien des feuilles, situé entre les épidermes inférieur et supérieur; ▸ ② Adj. Se dit d'une plante dont les feuilles ont une taille moyenne (surface comprise entre 20 et 180 cm^2, selon Carl Raunkiaer).

Mésophyte *n. f. (du gr. mesos, au milieu et phuton, plante).* [**Mesophyte**] Plante mésophile.

Mésoplancton *n. m. (du gr. mesos, au milieu et plancton).* [**Mesoplankton**] Voir Plancton.

Mésosome *n. m. (du gr. mesos, au milieu et sôma, corps).* [**Mesosome**] Structure bactérienne résultant de l'invagination de la membrane plasmique et à laquelle se fixe le chromosome lors de la réplication. Cette structure est discutée et souvent considérée comme un artéfact.

Mésosternite *n. m. (du gr. mesos, au milieu et sternite).* Sternite (ventral) médian du thorax des Insectes.

Mésothélium *n. m.* [Mesothelium] Épithélium simple pavimenteux des séreuses qui entourent les organes et qui tapissent la cavité générale. Les cellules mésothéliales produisent un liquide qui lubrifie les feuillets de la séreuse.

Mésotherme *adj. et n. m. (du gr. mesos, au milieu et thermos, chaud).* [Mesothermic] Qui vit dans les régions de climat tempéré. **Syn.**: Mésothermophile.

Mésothermophile *adj.* [Mesothermophilous] **Syn.**: Mésotherme.

Mésothorax *n. m. (du gr. mesos, au milieu et thorax).* [Mesothorax] Chez les Insectes, métamère médian du thorax qui porte la deuxième paire de pattes et éventuellement la première paire d'ailes.

Mésotocine *n. f.* [Mesotocin] Chez les Oiseaux, neurohormone hypothalamique remplaçant l'ocytocine.

Messager intracellulaire *m.* [Intracellular messenger] Molécule synthétisée lors de la stimulation d'un récepteur membranaire par une substance informative extracellulaire. Le messager intracellulaire transmet l'information en activant des protéines kinases. **Ex.**: AMPc, Ca^{2+}, diacylglycérol. **Syn.**: Médiateur intracellulaire, Second messager.

Messicole *adj. et n. f. (du lat. messis, moisson et colere, habiter).* [Messicolous, Grainland (adj.), Cropland weed (n.)] Se dit d'une plante adventice des cultures de céréales. **Syn.**: Ségétal.

Métabole *adj. et n. m. (du gr. metabolê, changement).* [Metabolous (adj.)] Se dit des Insectes qui subissent une métamorphose au cours de leur développement post-embryonnaire dit indirect. **Syn.**: 3. Hétéromorphe. **Ant.**: Amétabole.

Métabolisme *n. m. (du gr. metabolê, changement).* [Metabolism] Ensemble des réactions biochimiques des cellules et tissus vivants. Il comprend l'*anabolisme* (synthèse des constituants) et le *catabolisme* (dégradation).

Métabolite *n. m. (du gr. metabolê, changement).* [Metabolite] Toute substance organique qui participe aux réactions métaboliques ou qui en résulte.

Métacarpe *n. m. (du gr. meta, après et carpe).* [Metacarpus] Ensemble osseux constitué fondamentalement de 5 os appelés *os métacarpiens* et situé entre le carpe et les phalanges.

Métacentrique *adj.* [Metacentric] Se dit des chromosomes dont le centromère est en position médiane et dont les bras sont ainsi d'égale longueur. **Syn.**: Isobrachial. **Ant.**: Hétérobrachial.

Métacercaire *n. f. (du gr. meta, après et cercaire).* [Metacercaria] Chez les Plathelminthes Trématodes, forme larvaire résultant de la perte de l'appendice caudal et de l'enkystement de la cercaire. Une fois ingérée par un Vertébré, la paroi de la métacercaire est digérée puis cette dernière perfore la muqueuse intestinale et gagne des organes.

Métachromasie *n. f.* [Metachromasia] Propriété d'un colorant qui donne des colorations différentes aux divers éléments d'une préparation histologique.

Métachromatine *n. f.* [Metachromatin] Complexe d'ARN et de phosphates chez les Cyanobactéries et dans les vacuoles des Champignons. **Syn.**: Volutine.

Métachromatisme *n. m.* [Metachromatism] Changement de coloration des animaux en fonction de facteurs internes ou externes.

Métagenèse *n. f.* [Metagenesis] Alternance régulière d'une reproduction sexuée et d'une multiplication asexuée dans le cycle d'une espèce.

Métallicole *adj.* [Metallicolous] **Syn.**: Métallophile.

Métallophile *adj. (du lat. metallum, métal et du gr. philos, ami).* [Metallophilous] Se dit d'une plante qui pousse préférentiellement ou uniquement sur un sol riche en un métal donné. **Syn.**: Métallicole.

Métallophyte *n. f. (du lat. metallum, métal et du gr. phuton, plante).* [Metallophyte] Plante métallophile.

Métalloprotéine *n. f. (du lat. metallum, métal et protéine).* [Metalloprotein] Hétéroprotéine dont le groupement prosthétique est un atome métallique. **Ex.**: Hémoglobine, chlorophylle.

Métamérie *n. f. (du gr. méta et meros, partie).* [Metamery] Mode d'organisation du corps en segments successifs ou *métamères*.

Métamorphose *n. f. (du gr. meta, après et morphê, forme).* [Metamorphosis] Ensemble des transformations morphologiques, anatomiques, physiologiques et éthologiques de certains animaux assurant le passage du stade larvaire au stade adulte. Il existe des **métamorphoses progressives** où l'adulte est plus complexe que la larve et des **métamorphoses régressives** où l'adulte est plus simple (cas des parasites). Elle existe chez les Insectes et les Amphibiens.

Métanauplius *n. m. (du gr. meta, après et nauplius).* [Metanauplius] Chez les Crustacés, larve succédant au nauplius, longue de 0,4 à 0,6 mm et possédant les ébauches de 4 métamères postmandibulaires, une furca et un système nerveux séparé du tégument. Après plusieurs mues, elle donnera naissance à la protozoé.

Métanéphridie *n. f. (du gr. meta, après et néphridie).* [Metanephridium] Chez les Annélides, organe excréteur métamérisé constitué d'un *canal néphridien* et d'un pavillon cilié ou *néphrostome* qui s'ouvre dans la cavité cœlomique du segment qui précède.

Métanéphros *n. m. (du gr. meta, après et néphros).* [Metanephros] Rein des Amniotes formé de néphrons fermés et glomérulés. L'uretère et les tubes collecteurs proviennent du développement d'un bourgeon du canal de Wolff sous l'induction du blastème mésenchymateux métanéphrogène. Le bourgeon wolffien une fois développé induit le blastème à former les néphrons.

Métanotum *n. m.* Tergite (dorsal) postérieur du thorax des Insectes.

Métaphase *n. f. (du gr. meta, après et phase).* [Metaphase] Seconde phase de la mitose et de chacune des divisions de la méiose durant laquelle les chromosomes se placent sur le plan équatorial de la cellule. Elle suit la prophase et précède l'anaphase.

Métaphloème *n. m. (du gr. meta, après et phloème).* [Metaphloem] Voir Phloème et le tableau de la structure du phloème.

Métaphyse *n. f. (du gr. meta, après et phusis, croissance).* [Metaphysis] Partie d'un os long qui fait la jonction entre la diaphyse et l'épiphyse.

Métaphyte *n. f. (du gr. meta, après et phuton, plante).* [Metaphyte] Plante pluricellulaire. **Ant.**: Protophyte.

Métapleure *n. f.* [Metapleura] Chez les Céphalocordés, repli tégumentaire qui forme une nageoire caudale.

Métapneustique *adj.* [Metapneustic]

Se dit des Insectes dont seule la dernière paire de stigmates est fonctionnelle. **Ex.**: Dytique, Hydrophile.

Métapode *n. m.* [**Metapodium**] Partie médiane de l'autopode constituant le métacarpe ou le métatarse.

Métasternite *n. m.* Sternite (ventral) postérieur du thorax des Insectes.

Métatarse *n. m. (du gr. meta, après et tarse).* [**Metatarsus**] Ensemble osseux formé fondamentalement de 5 *os métatarsiens*, situés entre le tarse et les phalanges.

Métathorax *n. m. (du gr. meta, après et thorax).* [**Metathorax**] Chez les Insectes, partie postérieure du thorax qui porte la troisième paire de pattes et éventuellement la deuxième paire d'ailes.

Métatrochophore *n. f. (du gr. meta, après et trochophore).* [**Metatrochophore**] Chez les Polychètes, trochophore évoluée qui porte de nombreux métamères.

Métatrypanosome *n. m. (du gr. meta, après et trypanosome).* [**Metatrypanosome**] Forme infectieuse des Trypanosomes présente dans les canaux salivaires du vecteur piqueur et transmise à l'hôte vertébré par la salive lors de la piqûre.

Métaxénie *n. f.* [**Metaxenia**] Hérédité paternelle transmise par le pollen.

Métaxylème *n. m. (du gr. meta, après et xylème).* [**Metaxylem**] Xylème primaire apparaissant après le protoxylème et s'en distinguant pas son incapacité à grandir encore. **Syn.**: Deutéroxylème. Voir Tableau de la structure du xylème.

Métazoaires *n. m. pl. (du gr. meta, après et zôon, animal).* [**Metazoa**] Ensemble des organismes pluricellulaires à cellules sans paroi et dont les cellules embryonnaires s'organisent en 2 ou 3 feuillets différents.

Métencéphale *n. m. (du gr. met(a), après et encéphale).* [**Metencephalon**] Chez les Vertébrés, vésicule céphalique embryonnaire issue de la division du rhombencéphale en deux vésicules, la seconde étant le myélencéphale. Sa partie dorsale donne le cervelet et sa partie ventrale une partie du bulbe rachidien et chez les Mammifères, la protubérance annulaire, les pyramides et les olives bulbaires.

Méthanogène *adj. (de méthane et du gr. genos, origine).* [**Methanogenic**] Se dit des Archées anaérobies qui réduisent le CO_2 en méthane CH_4.

Méthionine *n. f.* [**Methionine**] Symb.: Met, M – Acide aminé essentiel constitutif des protéines. Elle joue un rôle fondamental dans les réactions de transméthylation. Codon correspondant: AUG.

6-Méthyladénine *n. f.* [**6-Methyladenine**] Base azotée issue de la méthylation de l'adénine en C6 et présente dans certains ARNt.

Méthylation *n. f.* [**Methylation**] Fixation d'un méthyle ($-CH_3$) sur une molécule.

Méthylbenzoylecgonine *n. f.* [**Methylbenzoylecgonine**] **Syn.**: Cocaïne.

Méthylcobalamine *n. f.* [**Methylcobalamine**] Coenzyme des transméthylases, résultant du remplacement de l'hydroxyadénosine de la cobalamine par un méthyle. **Syn.**: Cobamide.

5-Méthylcytosine *n. f.* [**5-Methylcytosine**] Base azotée pyrimidique résultant, chez les Vertébrés, de la méthylation d'une cytosine d'une séquence CG appariée à la même séquence en sens inverse sur l'autre brin d'ADN. Le degré de méthylation influence l'activité du gène correspondant.

7-Méthylguanosine triphosphate *n. f.* [**7-Methylguanosine triphosphate**] Ribonucléotide fixé à l'extrémité 5' des ARNm nucléaires des Eucaryotes lors de leur synthèse dans le noyau. Elle protège l'ARN en formation de la destruction.

1-Méthylhypoxanthine *n. f.* [**1-Methylhypoxanthine**] Base azotée dérivée de la méthylation de l'hypoxanthine et présente dans certains ARNt.

Méthyltransférase *n. f.* [**Methyltransferase**] **Syn.**: Transméthylase.

5-Méthyluracile *n. m.* [**5-Methyluracile**] **Syn.**: Thymine.

Métuloïde *adj.* [**Metuloid**] Se dit d'une cystide à paroi épaissie par des incrustations.

Meugler *v. i.* [**To low, To moo**] **Syn.**: Beugler.

Micro-aérobie *adj.* [**Micro-aerobic**] **Syn.**: Micro-aérophile.

Micro-aérophile *adj.* [**Micro-aerophilous**] Qui vit dans un milieu sous-saturé en oxygène. **Syn.**: Micro-aérobie.

Microbe *n. m. (du gr. mikros, petit et bios, vie).* [**Microbe**] **Syn.**: Microorganisme.

Microbenthos *n. m. (du gr. mikros, petit et benthos).* [**Microbenthos**] Voir Benthos.

Microbiologie *n. f. (du gr. mikros, petit et biologie).* [**Microbiology**] Science qui étudie les microorganismes. Elle est scindée en plusieurs disciplines en fonction du microorganisme étudié: bactériologie, protistologie, virologie... Le spécialiste de cette science est le *microbiologiste*.

Microécosystème *n. m.* [**Microecosystem**] Écosystème de très petite dimension. **Ex.**: Flaque d'eau.

Microendémisme *n. m.* [**Microendemism**] Présence dans une région donnée de taxons endémiques de rang taxonomique inférieur à l'espèce.

Microévolution *n. f. (du gr. mikros, petit et évolution).* [**Microevolution**] Ensemble des changements héréditaires aboutissant à l'apparition d'espèces et de genres nouveaux. S'oppose à Macroévolution.

Microfaune *n. f. (du gr. mikros, petit et faune).* [**Microfauna**] Faune invisible à l'œil nu.

Microfilament *n. m. (du gr. mikros, petit et filament).* [**Microfilament**] Polymère hélicoïdal d'actines G d'un diamètre de 5 à 9 nm, faisant partie du cytosquelette. Ce sont des structures dynamiques qui se polymérisent et se dépolymérisent au niveau de leur extrémité plus. On les rencontre surtout sous le cortex cellulaire; ils contrôlent ainsi la forme, les mouvements et les déplacements des cellules. La diversité de leurs fonctions est due à la variété des protéines qui lient l'actine et qui assure l'agencement des filaments entre eux et avec les éléments cellulaires.

Microflore *n. f. (du gr. mikros, petit et flore).* [**Microflora**] Ensemble des microorganismes du sol ou vivant en symbiose ou en commensalisme à la surface de la peau ou dans les cavités naturelles de l'organisme.

Microgamétophyte *n. m.* [**Microgametophyte**] Voir Gamétophyte.

Microglie *n. f. (du gr. mikros, petit et gloios, glue).* [**Microglia**] Ensemble des petites cellules gliales ou *microgliocytes* ou *cellule de Hortega* à rôle de phagocytose dans le système nerveux central. Ce sont des cellules immunitaires qui proviendraient de la moelle osseuse.

β2-Microglobuline *n. f.* [**β2-Microglobulin**] Protéine plasmatique de 12 kDa constitutive des molécules de classe I du CMH.

Microhabitat *n. m. (du gr. mikros, pe-*

tit et habitat). [Microhabitat] Habitat de petite taille. **Ex.**: Flaque d'eau.

Micromère *n. m. (du gr. mikros, petit et meros, partie).* [Micromere] Blastomère de l'hémisphère animal, dans le cas d'une segmentation inégale.

Micronemata *n. m. (du gr. mikros, petit et nêma, nêmatos, fil).* [Micronemata] Rhizoïde court porté par les rameaux rampants des Mousses pleurocarpes, favorisant leur fixation et l'absorption d'eau.

Microniscienne *adj. Larve microniscienne*, voir Épicaridien.

Micronoyau *n. m.* **Syn.**: Micronucléus.

Micronucléus *n. m. (du gr. mikros, petit et nucléus).* [Micronucleus] Chez les Protozoaires Ciliés, le plus petit des deux noyaux qui intervient dans la reproduction sexuée. **Syn.**: Micronoyau. **Ant.**: Macronucléus.

Microorganisme ou Micro-organisme *n. m. (du gr. mikros, petit et organisme).* [Microorganism] Tout être vivant visible seulement au microscope.

Microphage *adj. et n. m. (du gr. mikros, petit et phagein, manger).* [Microphagous] Se dit d'un animal qui se nourrit de proies ou de particules de très petite taille par rapport à lui.

Microphanérophyte *n. f.* [Microphanerophyte] Voir Phanérophyte.

Microphylle *n. f. et adj. (du gr. mikros, petit et phullon, feuille).* ▸ ① N. f. Chez certaines Ptéridophytes, feuille de petite taille, à une seule nervure et formée sans brèche foliaire. [Microphyll]; ▸ ② Adj. Se dit d'une plante qui possède de petites feuilles (surface comprise entre 2 et 20 cm^2, selon Carl Raunkiaer).

Microplancton *n. m. (du gr. mikros, petit et plancton).* [Microplankton] Voir Plancton.

Micropyle *n. m. (du gr. mikros, petit et pulê, porte).* ▸ ① Chez les Spermatophytes et les Préspermatophytes, orifice de l'ovule délimité par les téguments de l'ovule et mettant en contact les archégones avec le milieu extérieur. C'est le lieu de passage des grains de pollen des Préspermatophytes et du tube pollinique des Gymnospermes et l'un des lieux possibles de passage du tube pollinique des Angiospermes. [micropyle]; ▸ ② Ouverture des œufs à coque rigide des Téléostéens et des Myxines, offrant passage aux spermatozoïdes.

Microscope *n. m. (du gr. mikros, petit et skopein, observer).* Instrument d'optique qui agrandit l'image d'un objet grâce à un système de lentilles. On distingue:

- le **microscope photonique** qui utilise les rayons lumineux et dont le pouvoir séparateur maximal est de 0,2 µm. [Light microscope];
- le **microscope électronique** qui utilise un faisceau d'électrons émis dans le vide et dirigé grâce à des lentilles électromagnétiques: le *microscope électronique à transmission* permet de voir objet en coupe et le *microscope électronique à balayage* permet d'observer la surface des objets. [Electron microscope]

Voir Tableau de comparaison des microscopes.

Microsmique *adj.* [Microsmic] Se dit des Vertébrés dont l'organe olfactif est peu développé donc peu performant. **Ant.**: Macrosmique.

Microsphérique *adj.* [Microspherical] Chez les Foraminifères, se dit des individus qui se développent à partir d'une loge initiale de petite taille et dont le noyau unique se divise tout au long de la croissance. Chaque noyau obtenu s'isolera dans un territoire cytoplasmique et formera un nouvel individu appelé schizozoïte. Les individus microsphériques représentent la phase de multiplication asexuée ou schizogonique. **Ant.**: Macrosphérique.

Microsporange *n. m. (du gr. mikros, petit et sporange).* [**Microsporangium**] Chez les Ptéridophytes, sporange mâle qui forme des spores mâles ou *microspores*. Son équivalent chez les Spermatophytes est le sac pollinique. **Ant.**: Mégasporange, Macrosporange.

Microspore *n. f. (du gr. mikros, petit et spore).* [**Microspore**] Voir Microsporange.

Microsporophylle *n. f. (du gr. mikros, petit et sporophylle).* [**Microsporophyll**] Feuille qui porte des microsporanges (mâles). **Syn.**: Androsporophylle.

Microtherme *adj. (du gr. mikros, petit et thermos, chaud).* [**Microthermic**] Qui vit dans les biotopes froids.

Microtome *n. m. (du gr. mikros, petit et temnein, couper).* [**Microtome**] Instrument de précision permettant de réaliser des coupes sériées de quelques micromètres d'épaisseur. L'échantillon doit être préalablement inclus dans une substance facile à couper comme la paraffine ou être congelé. **L'ultramicrotome** permet des coupes de quelques nanomètres d'épaisseur pour l'observation au microscope électronique à transmission.

Microtubule *n. m. (du gr. mikros, petit et tubule).* [**Microtubule**] Polymère de tubuline en forme de tube creux d'un diamètre de 25 nm, présent dans le cytoplasme de toutes les cellules eucaryotes. Chaque microtubule est constitué de 13 protofilaments parallèles, chacun étant formé d'une alternance d'α-tubuline et de β-tubuline. Ils possèdent chacun une extrémité plus à croissance rapide situé près de la membrane plasmique et une extrémité moins à croissance lente enchâssée dans le centrosome à partir duquel ils rayonnent. Des protéines associées aux microtubules (MAP) les stabilisent. Les microtubules constituent le squelette des microvillosités, des axones, des cils et des flagelles, forment les centrioles et les éléments du fuseau achromatique lors de la division cellulaire et constituent les supports du déplacement des organites.

Microvillosité *n. f. (du gr. mikros, petit et villosité).* [**Microvilli**] Expansion en forme de doigt de la membrane plasmique de certaines cellules animales et particulièrement des cellules épithéliales qui ont besoin d'une surface d'échanges importante. Chaque microvillosité possède un faisceau de 20 à 30 filaments d'actine parallèles dont les extrémités plus sont au sommet de la microvillosité et qui sont maintenus ensemble à intervalles réguliers grâce à la villine.

Miel *n. m.* [**Honey**] Substance sucrée, ambrée et sirupeuse synthétisée par les Abeilles dans leur jabot, à partir du nectar des fleurs.

Miellat *n. m.* [**Honey dew**] Excrétion sucrée élaborée par les parasites phytophages comme le Puceron à partir de la sève élaborée dont ils se nourisssent. Ce miellat est récolté par certaines Fourmis pour s'en nourrir.

Miellée *n. f.* Substance sucrée, mucilagineuse et collante exsudée par les feuilles de certains arbres (Tilleul) durant l'été.

Migrateur *adj. et n. m.* [**Migrating, Migratory (adj.), Migrator (n.)**] Se dit d'un animal qui migre.

Migration *n. f.* [**Migration**] ▸ ① Déplacement périodique d'animaux en grand nombre et sur de grandes distances; ▸ ② Déplacement de cellules dans l'organisme.

Milieu *n. m. (du lat. medius, au milieu et lieu).* ▸ ① Ensemble des facteurs chimiques, physiques et biologiques qui entourent un être vivant. [Environment]; ▸ ② **Milieu intérieur**, ensemble des liquides physiologiques extracellulaires de l'organisme; ▸ ③ **Milieu de culture**, substrat sur lequel poussent des microorganismes. Un milieu de culture *minimum* ne contient que du glucose et des substances minérales. [Culture medium]

Mimétique *adj.* [Mimic] Qui utilise le mimétisme.

Mimétisme *n. m. (du gr. mimeisthai, imiter).* [Mimicry] Propriété de certaines espèces animales qui prennent la teinte de leur milieu environnant (*homochromie*) ou la forme d'un élément du milieu (*homomorphie*) ou qui ressemble à une autre espèce mieux protégée ou redoutée par les prédateurs. Le mimétisme assure la protection de l'individu par la discrétion qu'elle apporte ou par la suggestion au prédateur d'une dangerosité potentielle.

Minéralisation *n. f.* [Mineralization] Imprégnation d'organes par la silice (Prêle: *Equisetum sp.*, certaines Poacées), par le calcaire (Figuier: *Ficus sp.)* ou par divers sels minéraux.

Minéralocorticoïde *n. m. et adj.* [Mineralocorticoid] Toute hormone stéroïde à 21 C synthétisée dans la zone glomérulée (externe) du cortex surrénalien. Elles favorisent la réabsorption du sodium et l'excrétion du potassium. Les minéralocorticoïdes principaux sont l'aldostérone et la corticostérone. **Syn.**: Minéralocorticostéroïde.

Minéralocorticostéroïde *n. m. et adj.* **Syn.**: Minéralocorticoïde.

Minéralotrophe *adj. (de minéral et du gr. trophê, nourriture).* Voir Tourbière.

Miracidium *n. m.* [Miracidium] Chez les Trématodes polyxènes, larve ciliée aquatique libérée à l'éclosion d'un œuf. Le miracidium est pourvu d'un tube digestif rudimentaire, de deux ganglions cérébroïdes, de 4 ocelles et de deux protonéphridies. Après avoir pénétré un hôte, il subit une métamorphose régressive et se transforme en sporocyste.

MIT *n. f.* Sigle de mono-iodotyrosine. Voir ce mot.

Mitochondrie *n. f. (du gr. mitos, filament et khondrion, grain).* [Mitochondrion] Organite cytoplasmique des Eucaryotes spécialisé dans l'oxydation des nutriments (cycle de Krebs) et la synthèse d'ATP par phosphorylation oxydative. Il est délimité par deux membranes qui ménagent entre elles un *espace intermembranaire* dans lequel sont concentrés les protons avant leur passage au niveau de l'ATP synthétase. La membrane interne forme des replis appelés *crêtes* à l'intérieur de la mitochondrie ou *matrice*. Les mitochondries possèdent un génome mitochondrial, peuvent synthétiser des protéines et se multiplient par scissiparité.

Mitogène *adj. et n. m. (de mito(se) et du gr. genos, naissance).* [Mitogenic (adj.), Mitogen (n.)] Se dit d'une substance qui favorise les mitoses. **Ex.**: Auxine.

Mitoribosome *n. m.* [Mitoribosome] Ribosome des mitochondries, contenu dans la matrice.

Mitose *n. f. (du gr. mitos, filament).* [Mitosis]. Division du noyau des cellules eucaryotes aboutissant à deux noyaux fils possédant le même nombre de chromosomes et génétiquement identiques au noyau parental. Elle comprend 4 phases: la prophase, la métaphase, l'anaphase et la télophase. (Voir ces mots).

La **mitose chaosienne** a lieu sans centrosomes et sans microtubules chez certaines Amibes (famille des Chaosidés).

La **mitose euglénienne** est caractérisée par l'absence de centrosome et par la persistance de l'enveloppe nucléaire et du nucléole. Les chromosomes se disposent autour du nucléole pendant la métaphase (pas de plaque équatoriale vraie).

Mixotrophe *adj.* [**Mixotrophic**] Se dit d'un végétal photosynthétique qui se procure ses éléments minéraux à partir d'un autre organisme mort ou vivant. Selon les modalités de nutrition, on parle de plante *hémiparasite*, *hémisaprophyte* et *carnivore*.

Mixte *adj.* Se dit d'un thalle de Lichen qui présente une partie foliacée et une partie fruticuleuse.

Moelle *n. f.* [**Pith**] Parenchyme lacuneux contenu dans le centre de la tige et des racines des plantes vasculaires.

Moelle allongée *f.* [**Medulla oblongata**] **Syn.** désuet de Bulbe rachidien.

Moelle épinière *f.* [**Spinal cord**] Partie postérieure du système nerveux central, en forme de cordon cylindrique (plat chez les Cyclostomes) située dans le canal rachidien et protégée par les vertèbres. De la moelle épinière rayonnent les nerfs rachidiens sensitifs ou moteurs. Elle joue un rôle de transmission des informations en provenance ou en direction de l'encéphale et est responsable des réflexes simples.

Moelle osseuse *f.* [**Bone marrow**] Chez les Crâniates, tissu conjonctif remplissant les cavités des os. Elle n'a une fonction hématopoïétique que chez les Tétrapodes (sauf la majorité des Urodèles). La **moelle osseuse rouge** contient les précurseurs des cellules sanguines et de nombreux capillaires sanguins. Elle est présente dans tous les os chez les nouveau-nés et seulement dans les os plats chez les adultes. La moelle des os longs est transformée en **moelle jaune**, graisseuse et perd sa fonction hématopoïétique.

Molaire *n. f. (du lat. (dens) molaris, (dent) en forme de meule).* [**Molar**] Chez les Mammifères, dent jugale postérieure à plusieurs racines et à couronne servant au broyage. Les molaires ne sont pas précédées par des dents de lait à la différence des prémolaires.

Molécule d'adhérence cellulaire *f.* [**Cell adhesion molecule**] Glycoprotéine membranaire assurant la liaison entre deux cellules ou entre une cellule et la matrice. Les molécules d'adhérence cellulaire possèdent un domaine cytoplasmique qui se lie au cytosquelette, un domaine transmembranaire hydrophobe et un domaine extracellulaire qui se lie à des protéines spécifiques. Il en existe deux grands types: les molécules indépendantes et dépendantes du calcium.

Molybdène *n. m. (du gr. molubdis, plomb).* [**Molybdenum**] Élément chimique (Z = 42), du groupe des métaux. C'est un cofacteur de la nitrate réductase, de la xanthine oxydase, de la sulfite oxydase et de l'adéhyde oxydase.

Monadelphe *adj. (du gr. monos, seul et adelphos, frère).* [**Monadelph**] Dont les étamines sont soudées en un seul tube qui entoure le pistil. **Ex.:** Malvacées.

Monandre *adj. (du gr. monos, seul et*

anêr, andros, mâle). **[Monandrous]** Qui possède une seule étamine.

Monères *n. f. pl. (du gr. monerês, simple).* **[Monera]** Ancien règne des Bactéries maintenant scindé en deux domaines: les Archées et les Eubactéries.

Monoamine oxydase *n. f.* **[Monoamine oxidase]** Sigle: MAO – Enzyme à FAD de la membrane externe des mitochondries qui catalyse la désamination oxydative des monoamines selon la réaction: $R–CH_2–NH_2 + H_2O + O_2$ R–CHO + $NH_3 + H_2O_2$. Les monoamines oxydases du système nerveux permettent l'inactivation de l'adrénaline, de la noradrénaline et de la sérotonine.

Monoblaste *n. m. (du gr. monos, seul et blastos, germe).* **[Monoblast]** Précurseur des monocytes dans la moelle osseuse.

Monocarpique *adj. (du gr. monos, seul et karpos, fruit).* **[Monocarpic]** Se dit d'une Angiosperme qui ne fleurit qu'une fois au cours de sa vie, avant de mourir. **Ex.**: Agave, Bambou. **Syn.**: Hapaxanthique. **Ant.**: 2. Polycarpique.

Monocaténaire *adj.* **[Simple stranded]** Se dit d'un acide nucléique qui ne comporte qu'un seul brin. **Ex.**: Les ADN de certains Virus et tous les ARN.

Monocaule *adj. (du gr. monos, seul et kaulos, tige).* **[Monocauline]** Qui possède une seule tige. **Ant.**: Pluricaule.

Monocellulaire *adj. (du gr. monos, seul et cellulaire).* **[Monocellular]** **Syn.**: Unicellulaire.

Monocénose *n. f.* Biocénose monospécifique.

Monochasial *adj.* Voir Sympodial.

Monochlamydé *adj.* **[Monochlamydeous]** **Syn.**: Apétale.

Monocline *adj.* **Syn.**: Bisexué, Hermaphrodite.

Monocyclique *adj.* **[Monocyclic]** Se dit d'une espèce animale qui n'a qu'un cycle sexuel par an.

Monocyte *n. m. (du gr. monos, seul et kutos, cellule).* **[Monocyte]** Gros leucocyte mononucléaire pourvu d'un noyau échancré, correspondant au précurseur circulant des macrophages tissulaires.

Monœcie ou Monécie *n. f. (du gr. monos, seul et oikia, maison).* **[Monoecy]** Voir Monoïque.

Monœcique ou Monécique *adj.* **[Monoecious]** **Syn.**: Monoïque.

Monogame *adj. (du gr. monos, seul et gamos, union).* **[Monogamous]** Se dit des animaux qui forment un couple stable au moins pendant l'élevage des petits.

Monogamétique *adj.* **[Monogametic]** **Syn.**: Homogamétique.

Monogénétique *adj. (du gr. monos, seul et genos, origine).* **[Monogenetic]** ▸ ① Se dit d'un cycle végétal qui ne comporte qu'un seul type d'individu soit haploïde soit diploïde. La méiose et la fécondation se succèdent alors rapidement dans le temps; ▸ ② **Syn.**: Monoxène.

Monogénie *n. f. (du gr. monos, seul et genos, origine).* **[Monogeny]** Formation d'une descendance uniquement mâle (*arrhénogénie*) ou uniquement femelle (*thélygénie*).

Monogénique *adj.* **[Monogenic]** Se dit d'un caractère qui n'est contrôlé que par un seul gène.

Monogyne *adj. (du gr. monos, seul et gunê, femme).* **[Monogynous]** ▸ ① Se dit d'une fleur qui possède un pistil simple formé d'un seul style et d'un seul stigmate; ▸ ② Se dit d'une société qui n'a qu'une reine féconde.

Monohybridisme *n. m. (du gr. monos, seul et hybridisme).* **[Monohybridism]** Croisement entre deux parents qui ne diffèrent que par un seul caractère.

Mono-iodotyrosine *n. f.* [Monoiodotyrosine] Sigle: MIT – Dérivé mono-iodé de la tyrosine se formant dans le colloïde des follicules thyroïdiens.

Monoïque *adj. (du gr. monos, seul et oikos, maison).* [Monoecious] Se dit d'une plante qui possède à la fois des organes reproducteurs mâles et femelles. Cet état est la *monécie*. **Syn.**: Monécique, Bisexué.

Monolectique *adj.* [Monolectic] Se dit d'une espèce nectarivore qui butine une seule espèce de plante. **Ant.**: Polylectique.

Mononucléaire *adj. et n. m.* [Mononuclear (adj. et n.)] Voir Monocyte.

Mono-ovulaire *adj.* [Uniovular] **Syn.**: Monozygote.

Mono-oxygénase *n. f.* [Monooxygenase] Voir Oxygénase.

Monopérianthé *adj. (du gr. monos, seul et périanthe).* **Syn.**: Apétale.

Monophage *adj. (du gr. monos, seul et phagein, manger).* [Monophagous] Se dit d'un animal qui ne se nourrit que d'un seul type d'aliments. **Ex.**: Koala (feuilles d'Eucalyptus). **Syn.**: Univore.

Monophylétique *adj.* [Monophyletic] Se dit d'un groupe d'espèces qui ont un ancêtre commun.

Monophylle *adj. (du gr. monos, seul et phullon, feuille).* [Monophyllous] Se dit d'une plante qui ne possède qu'une seule feuille.

Monophyse *n. m.* Feuillage d'un végétal arborescent monocaule.

Monopodial *adj. (du gr. monos, seul et pous, podos, pied).* [Monopodial] Se dit de la croissance d'une tige lorsqu'elle est réalisée à partir du bourgeon terminal.

Monopoliste *adj. (de monopole).* Se dit d'une espèce qui tend à éliminer les autres qui l'entourent jusqu'à former un peuplement monospécifique.

Monosaccharide *n. m. (du gr. monos, seul et saccharide).* [Monosaccharide] **Syn.**: Ose.

Monospécifique *adj. (du gr. monos, seul et du lat. species, espèce).* [Monospecific] Qui ne comprend qu'une seule espèce.

Monosperme *adj. (du gr. monos, seul et sperma, semence).* [Monospermous] Se dit d'un fruit qui ne possède qu'une seule graine.

Monospermie *n. f. (du gr. monos, seul et sperma, semence).* [Monospermy] Pénétration d'un seul spermatozoïde dans le gamète femelle. **Ant.**: Polyspermie.

Monostèle *n. f. (du gr. monos, seul et stèle).* [Monostele] Stèle composée d'un seul faisceau conducteur libéro-ligneux.

Monotrème *adj. (du gr. monos, seul et trêma, orifice).* [Monotrematous] Qui possède un seul orifice pour les voies digestives, urinaires et génitales.

Monotriche *adj. (du gr. monos, seul et thrix, thrikos, poil).* Qui possède un seul flagelle.

Monovalent *adj. et n. m.* [Monovalent] **Syn.**: Univalent.

Monovoltin *adj.* [Monovoltine] Se dit d'une espèce qui produit une génération de descendants par an. **Ant.**: Polyvoltin.

Monoxène *adj. (du gr. monos, seul et xenos, étranger).* [Monoxenous] Se dit d'un parasite (ou de son cycle) qui ne se développe que dans un seul hôte. **Syn.**: 2. Monogénétique. **Ant.**: Polyxène.

Monoxyde d'azote *m.* [Nitric oxide] Formule: NO – Hormone gazeuse synthétisée par désamination de l'arginine grâce à la NO synthase. Le No diffuse au travers des membranes plasmiques et se fixe sur la guanylate cyclase et stimule la production de GMPc. Il a une action vasodilatatrice et intervient dans de nombreuses fonctions physiologiques comme l'érection et la relaxation des sphincters du tube digestif. **Syn.**: Oxyde nitrique, Facteur endothélial de relaxation vasculaire (EDRF).

Monozygote *adj. et n. m. (du gr. monos, seul et zygote).* [**Monozygotic, Monozygous (adj.)**] Se dit des individus issus d'un même œuf. **Syn.**: Univitellin, Uniovulaire, Mono-ovulaire. **Ant.**: Dizygote.

Montagnard *adj.* Voir Étage de végétation.

Monticole *adj.* [**Monticolous**] Qui vit, pousse sur les reliefs.

Morgan *n. m. (de Morgan, généticien américain).* [**Morgan**] Unité de distance génétique. On utilise préférentiellement le *centimorgan* qui correspond à un taux de recombinaison génétique entre deux locus de 1 %.

Morphallaxie *n. f.* [**Morphallaxis**] Régénération des tissus lésés par dédifférenciation des tissus voisins.

Morphine *n. f. (de Morphée, dieu du sommeil).* [**Morphine**] Alcaloïde du groupe des morphinanes, abondant dans le latex des Plantes du genre *Papaver.* La morphine inhibe la libération de la substance P, neurotransmetteur de la douleur, et inhibe la synthèse d'enképhalines.

Morphogène *adj. (du gr. morphê, forme et genos, origine).* [**Morphogenetic**] Se dit d'une substance diffusible en concentration graduelle qui informe les cellules sur leur position dans l'embryon et qui détermine la différenciation de tissus embryonnaires.

Morphogenèse *n. f. (du gr. morphê, forme et genesis, naissance).* [**Morphogenesis**] Différenciation et croissance d'un tissu, d'un organe ou d'un organisme.

Morphogénie *n. f.* Étude des réponses d'un végétal aux conditions du milieu.

Morphologie *n. f. (du gr. morphê, forme et logos, discours).* [**Morphology**] Forme et structure extérieure d'un être vivant, d'un organe; leur étude scientifique.

Morphoplasme *n. m. (du gr. morphê, forme et plasma, chose façonnée).* Ensemble des éléments figurés du cytoplasme.

Morphose *n. f. (du gr. morphê, forme).* [**Morphosis**] Modification morphologique d'un être vivant situé dans des conditions écologiques locales particulières. **Ex.**: Anémomorphose. **Syn.**: Écomorphose.

Mort cellulaire programmée *f.* [**Programmed cell death**] Ensemble de processus cellulaires aboutissant à la mort de cellules nécessaire dans la morphogenèse, la formation des réserves (ex.: albumen), la défense contre les agents pathogènes. **Syn.**: Apoptose.

Morula *n. f. (du lat. morum, mûre).* [**Morula**] Jeune embryon en phase de segmentation formé de quelques dizaines de blastomères qui lui confèrent une surface mamelonnée, en forme de mûre.

Mosaïque *adj.* ▸ ① Voir Développement mosaïque; ▸ ② **Gène mosaïque**, voir Gène. [**Mosaic gene**]

Motiline *n. f. (de motil(ité) et suff. -ine).* [**Motiline**] Hormone polypeptidique de 29 acides aminés sécrétée cycliquement par les cellules APUD de l'intestin grêle. Elle stimule la motricité gastrique antrale donc la vidange gastrique.

Motoneurone *n. m.* [**Motor neuron**]

Neurone qui innerve une fibre musculaire.

Motricité *n. f.* [**Motor function**] Fonction physiologique qui assure les mouvements de l'organisme.

MPF *n. m.* [**MPF**] Sigle de Facteur promoteur de la phase M.

MSH *n. f.* Sigle anglais de Hormone mélanostimulante ou mélanostimuline. Voir ce mot.

Mucilage *n. m.* [**Mucilage**] Substance pectique mucilagineuse sécrétée par certains Végétaux et Champignons.

Mucine *n. f.* [**Mucin**] Mélange de glycoprotéines sécrété par les cellules caliciformes des muqueuses. La mucine s'hydrate dans le milieu extracellulaire et forme le *mucus*.

Mucopolysaccharide *n. m.* [**Mucopolysaccharide**] **Syn.** ancien de Glycosaminoglycane.

Mucoprotéine *n. f.* [**Mucoprotein**] **Syn.**: Protéoglycane.

Mucron *n. m.* [**Mucron**] Petite pointe qui termine certaines organes végétaux, notamment les feuilles. De tels organes sont dits *mucronés*.

Mucus *n. m. (mot lat., morve).* [**Mucus**] Voir Mucine.

Mue *n. f.* [**Moult(ing) (US: Molt(ing))**] ▸ ① Renouvellement cyclique des phanères ou de la couche supérieure du tégument. Elle existe dans des groupes très divers (Arthropodes, Vertébrés) et a lieu en certaines saisons ou à des stades déterminés du développement des animaux. Chez les Insectes Holométaboles, il existe des mues accompagnées de modifications internes profondes: ce sont les mues nymphale et imaginale. **Syn.**: Exuviation; ▸ ② Tégument laissé par l'animal qui a mué. **Syn.**: Exuvie.

Mugir *v. i.* [**To low, To moo**] Pousser son cri, le *mugissement*, en parlant des Bovidés.

Mulch *n. m.* ▸ ① Ensemble des éléments desséchés encore présents sur la plante vivante. **Ex.**: Feuilles marcescentes d'un Charme. ▸ ② Litière couvrant un sol.

Müllérien *adj. (de Müller, entomologiste allemand). Mimétisme müllérien*, mimétisme où deux espèces toxiques ou prédatrices adoptent la même couleur et/ou la même forme de telle façon qu'un prédateur qui en aura mangé une se méfiera de l'autre. **Syn.**: Synaposématisme. [**Mullerian mimicry**]

Multicaule *adj. (du lat. multus, nombreux et caulis, tige).* [**Multicauline**] Se dit d'un végétal qui possède de nombreuses tiges issues d'une même souche. **Ex.**: Ronce, Forsythia.

Multicellulaire *adj. (du lat. multus, nombreux et cellulaire).* [**Multicellular**] **Syn.**: Pluricellulaire.

Multiflore *adj. (du lat. multus, nombreux et flos, floris, fleur).* [**Multiflora**] Qui possède de nombreuses fleurs. **Ant.**: Uniflore.

Multilobé *adj. (du lat. multus, nombreux et lobé).* [**Multilobate**] Qui est divisé en plusieurs lobes.

Multiloculaire *adj. (du lat. multus, nombreux et loculaire).* [**Multilocular**] Se dit d'un ovaire qui comprend plusieurs loges.

Multiovulé *adj. (du lat. multus, nombreux et ovule).* [**Multiovulate**] Se dit d'un ovaire ou d'une écaille ovulifère qui possède plusieurs ovules.

Multipare *adj. (du lat. multus, nombreux et parere, engendrer).* [**Multiparous (adj.), Multipara (n.)**] Se dit d'une femelle qui met bas plusieurs petits en une seule portée.

Multiple *adj.* [**Multiple**] Se dit d'un

fruit issu d'un gynécée formé de plusieurs carpelles distincts (gynécée polycarpe). Chaque fleur produit donc plusieurs fruits simples. **Ex.**: Polydrupe de la Ronce.

Multiplication végétative *f.* [Vegetative propagation] **Syn.**: Reproduction asexuée.

Multivoltinisme *n. m.* [Multivoltinism] Caractère d'une espèce qui se reproduit plusieurs fois par an.

Muqueuse *n. f.* [Mucous membrane] Membrane qui tapisse les cavités internes s'ouvrant sur le milieu extérieur. Les muqueuses sont constituées d'un épithélium reposant sur une couche de tissu conjonctif lâche appelée *lamina propria*.

Muricole *adj. (de mur et du lat. colere).* Qui vit sur les vieux murs.

Musc *n. m.* [Musk] Substance brune très odorante sécrétée par les glandes préputiales de certains Rongeurs et par le Chevrotain mâle.

Muscarine *n. f. (de (amanita) muscaria, (amanite) tue-mouche, d'où elle est extraite).* [Muscarin] Alcaloïde toxique parasympathicomimétique présent chez l'Amanite tue-mouches (*Amanita muscaria*). Elle stimule les récepteurs de l'acétylcholine des muscles lisses, du muscle cardiaque et des cellules glandulaires.

Muscicole *adj. (du lat. muscus, mousse et colere, habiter).* [Muscicolous] Qui pousse sur ou parmi les Mousses.

Muscinal *adj.* ▸ ① Qui est composé essentiellement de Mousses; ▸ ② Se dit de la strate végétale composée essentiellement de Mousses mais aussi de Champignons, de Lichens et de petites Spermatophytes. **Syn.**: Musciné.

Muscle *n. m. (du lat. musculus, petit rat).* [Muscle] Organe excitable, contractile, extensible et élastique qui assure par ses contractions les mouvements, le maintien de la posture, la stabilisation des articulations et la production de chaleur. On distingue les muscles striés, les muscles lisses et le muscle cardiaque qui diffèrent par de nombreuses caractéristiques physiologiques ou anatomiques. Ils ont une origine mésoblastique ou ectomésoblastique (crêtes neurales) et dérivent soit des myotomes (**muscles myotomiaux** de la musculature somatique) soit de la spanchnopleure des lames latérales (**muscles splanchnopleuraux** de la musculature viscérale).

Musculature *n. f.* [Musculature] Ensemble des muscles d'un organisme ou d'un organe.

Musculeuse *n. f.* Couche de muscles de la paroi de certains organes creux, particulièrement du tube digestif.

Mutagène *adj. et n. m. (de muta(tion) et du gr. genos, origine).* [Mutagenic (adj.)] Qui provoque des mutations.

Mutagenèse *n. f. (de muta(tion) et du gr. genesis, naissance).* [Mutagenesis] Induction d'une mutation par l'action d'un agent mutagène.

Mutant *adj. et n.* [Mutant] Qui a subi une mutation.

Mutase *n. f.* [Mutase] Enzyme de la classe des isomérases qui catalyse le déplacement intramoléculaire d'un groupement.

Mutation *n. f.* [Mutation] Modification du génome. Elles peuvent porter sur:

- des gènes (**mutations géniques**),
- des groupes de gènes (**mutations chromosomiques**),
- le nombre de chromosomes (**mutations génomiques**).

Elles peuvent toucher les cellules somatiques (non héréditaires, pouvant provoquer des cancers) et les cellules germinales (héréditaires).

• **Mutation de régulation:** mutation qui touche la région régulatrice du gène;

• **Mutation faux-sens:** mutation qui entraîne la modification de la composition en acides aminés de la protéine. [**Missense mutation**];

• **Mutation homéotique:** qui provoque une homéosis. [**Homeotic mutation**];

• **Mutation inverse**, mutation qui rétablit le phénotype d'origine;

• **Mutation neutre**, mutation qui n'entraîne pas de modification de phénotype;

• **Mutation non-sens:** mutation qui provoque l'apparition d'un codon stop. [**Nonsense mutation**];

• **Mutation silencieuse**, mutation qui ne modifie pas la séquence d'acides aminés;

• **Mutation suppressive**, syn.: Mutation inverse. [**Suppressor mutation**]

Mutationnisme *n. m.* [**Mutation theory**] Théorie évolutionniste formulée par De Vries selon laquelle les espèces apparaissent subitement à côté de la souche principale grâce à des mutations héréditaires des cellules germinales.

Mutique *adj.* Qui n'est pas pourvu d'une arête. **Ant.**: Aristé.

Muton *n. m.* [**Muton**] Plus petit élément affecté par une mutation (paire de nucléotides).

Mutualisme *n. m.* [**Mutualisme**] **Syn.**: Symbiose (au sens strict).

Mycélium *n. m. (du gr. mukos, champignon).* [**Mycelium**] Ensemble d'hyphes constituant l'appareil végétatif des Champignons supérieurs. Le **mycélium primaire** est haploïde. Le **mycélium secondaire** résulte de la plasmogamie entre deux hyphes complémentaires de mycélium primaire et possède des cellules binucléées (n + n).

Mycétophage *adj. et n. m. (du gr. mukos, mukêtos, champignon et phagein, manger).* [**Mycetophagous (adj.)**] **Syn.**: Fongivore.

Mycétophile *adj. (du gr. mukos, mukêtos, champignon et philos, ami).* [**Mycetophilous**] **Syn.**: Fongicole.

Mycobionte *n. m. (du gr. mukos, champignon et bios, vie).* [**Mycobiont**] Partenaire fongique d'une symbiose.

Mycocécidie *n. f. (du gr. mukos, champignon et cécidie).* [**Mycocecidium**] Voir Cécidie.

Mycocénose ou Mycocœnose *n. f. (du gr. mukos, champignon et koinos, commun).* [**Mycocoenosis**] Biocénose formée de Champignons.

Mycologie *n. f. (du gr. mukos, champignon et logos, discours).* [**Mycology**] Partie de la botanique qui étudie les Champignons. Le spécialiste de mycologie est le *mycologue*.

Mycorhize *n. f. (du gr. mukos, champignon et rhiza, racine).* [**Mycorrhiza**] Association symbiotique entre un Champignon et les racines d'une plante chlorophyllienne.

• **Mycorhize ectotrophe**, syn.: Ectomycorhize,

• **Mycorhize endotrophe**, syn.: Endomycorhize,

• **Mycorhize ectendotrophe**, syn.: Ectendomycorhize.

Mycorhizome *n. m. (du gr. mukos, champignon et rhizome).* [**Mycorhizome**] Association symbiotique entre un Champignon et un rhizome ou l'appareil souterrain des plantes arhizes comme certaines Orchidacées.

Mycorhizosphère *n. f.* [**Mycorhizos-**

phere] Ensemble du volume souterrain où existent des mycorhizes.

Mycosymbionte *n. m.* **[Mycosymbiont]** Partenaire fongique d'un Lichen ou d'une mycorhize.

Mycothalle *n. m. (du gr. mukos, champignon et thalle).* **[Mycothallus]** Association symbiotique entre un champignon et un thalle, équivalente de la mycorhize.

Mycotoxine *n. f.* **[Mycotoxin]** Toxine synthétisée par un Champignon. **Ex.:** Aflatoxine.

Myélencéphale *n. m. (du gr. muelos, moelle et encéphale).* **[Myelencephalon]** Vésicule céphalique embryonnaire résultant de la division du rhombencéphale en deux vésicules (l'autre étant le métencéphale). Le myélencéphale est à l'origine du bulbe rachidien et de la toile choroïdienne du quatrième ventricule.

Myéline *n. f. (du gr. muelos, moelle et suff. -ine).* **[Myelin]** Substance lipoprotéique constituant une gaine autour de l'axone de la plupart des fibres nerveuses. Cette gaine résulte de nombreux enroulements de la membrane cellulaire de cellules gliales: ce sont les cellules de Schwann dans le système nerveux périphérique et les oligodendrocytes dans le système nerveux central. La gaine de myéline protège les axones et les isole les uns des autres.

Myéloblaste *n. m. (du gr. muelos, moelle et blastos, germe).* **[Myeloblast]** Précurseur de la lignée granulocytaire dans la moelle osseuse. Voir tableau des lignées cellulaires de l'hématopoïèse.

Myélocyte *n. m. (du gr. muelos, moelle et kutos, cellule).* **[Myelocyte]** Cellule de la lignée lymphoïde dérivée des promyélocytes et à l'origine des granulocytes. Voir tableau des lignées cellulaires de l'hématopoïèse.

Myoblaste *n. m. (du gr. mus, muscle et blastos, germe).* **[Myoblast]** Chez les Vertébrés, cellule embryonnaire uninucléée issue des myotomes. Ils donnent les fibres musculaires en fusionnant les uns avec les autres. Certains myoblastes persistent chez l'adulte; ce sont les *cellules satellites*.

Myocarde *n. m. (du gr. mus, muscle et kardia, cœur).* **[Myocardium]** Tissu de la partie moyenne de la paroi du cœur, formé de fibres musculaires striées cardiaques et d'un réseau de fibres nerveuses (tissu nodal) qui assurent les contractions rythmiques du cœur.

Myocèle *n. m. (du gr. mus, muscle et kêlê, tumeur).* **[Myocoel]** Cavité des somites.

Myodermatome *n. m. (du gr. mus, muscle et dermatome).* **[Myodermatome]** **Syn.:** Dermomyotome.

Myofibrille *n. f. (du gr. mus, muscle et fibrille).* **[Myofibril]** Élément contractile d'une fibre musculaire striée, en forme de long cylindre placé dans le sens de la longueur des fibres. Chaque myofibrille est constituée d'une succession de *sarcomères* mis bout à bout. Chaque fibre en contient plusieurs centaines qui remplissent la quasi totalité de son volume.

Myofilament *n. m. (du gr. mus, muscle et filament).* **[Myofilament]** Filament protéique des cellules musculaires, responsable de leur contraction. Il existe des filaments épais de *myosine* (diamètre: 16 nm) et des filaments minces *d'actine* (diamètre: 8 nm). Le raccourcissement de la cellule musculaire est dû au glissement des filaments d'actine entre les filaments de myosine.

Myoglobine *n. f. (du gr. mus, muscle et*

globine). [Myoglobin] Protéine spécifique des muscles composée de 153 acides aminés et d'un hème semblable à une sous-unité d'hémoglobine. Elle fixe l'O_2 et constitue une réserve d'oxygène pour le muscle.

Myo-inositol *n. m. (du gr. mus, muscle et inositol).* [**Myo-inositol**] Isomère de l'inositol présent dans les muscles. **Syn.**: Méso-inositol.

Myokinase *n. f. (du gr. mus, muscle et kinase).* [**Myokinase**] **Syn.**: Adénylate kinase.

Myomère *n. m. (du gr. mus, muscle et meros, partie).* [**Myomere**] ▸ ① Chez les Céphalocordés, chacune des masses musculaires métamérisées, séparées les unes des autres par des cloisons conjonctives appelées *myoseptes;* ▸ ② **Syn.**: Myotome.

Myomètre *n. m. (du gr. mus, muscle et mêtra, matrice).* [**Myometrium**] Partie médiane de la paroi utérine constituée de muscles longitudinaux et circulaires et dont les contractions servent à l'expulsion du fœtus lors de la parturition.

Myosepte *n. m. (du gr. mus, muscle et du lat. septum, cloison).* [**Myoseptum**] Chez les Céphalocordés, chacune des cloisons conjonctives métamérisées séparant les myomères les uns des autres.

Myosine *n. f. (du gr. mus, muscle et suff. -ine).* [**Myosine**] ▸ ① *Myosine II*, protéine dimérique des cellules musculaires, à activité motrice et ATPasique. Elle est composée de deux chaînes lourdes identiques d'environ 2000 acides aminés enroulées l'une autour de l'autre et associées chacune à deux chaînes légères (190 et 170 acides aminés). L'extrémité N-terminale forme la tête motrice qui se lie aux filaments d'actine; ▸ ② Chacune des petites protéines des cellules non musculaires qui possèdent une tête motrice et un site de liaison à la membrane ou à un filament d'actine.

Myotome *n. m. (du gr. mus, muscle et temnein, couper).* [**Myotome**] Chez les embryons de Vertébrés, partie interne du dermomyotome, à l'origine de la musculature striée squelettique. **Syn.**: 2. Myomère.

Myotube *n. m.* [**Myotube**] **Syn.**: Myotubule.

Myotubule *n. m. (du gr. mus, muscle et tubule).* [**Myotubule**] Stade intermédiaire dans la formation des cellules musculaires, résultant de la fusion des myoblastes. **Syn.**: Myotube.

Myrmécochorie *n. f. (du gr. murmêx, murmêkos, fourmi et khôrein, se déplacer).* [**Myrmecochory**] Voir Zoochorie.

Myrmécodome *n. m. (du gr. murmêx, murmêkos, fourmi et du lat. domus, maison).* Partie d'une plante qui offre habitat aux Fourmis.

Myrmécologie *n. f. (du gr. murmêx, murmêkos, fourmi et logos, discours).* [**Myrmecology**] Voir Entomologie.

Myrmécophage *adj. (du gr. murmêx, murmêkos, fourmi et phagein, manger).* [**Myrmecophagous**] Qui se nourrit de Fourmis. **Ex.**: Fourmilier.

Myrmécophile *adj. et n. (du gr. murmêx, murmêkos, fourmi et philos, ami).* [**Myrmecophilous**] Qui vit, pousse en présence de Fourmis. **Ex.**: *Dischidia rafflesiana.*

Myrmécophyte *n. f. (du gr. murmêx, murmêkos, fourmi et phuton, plante).* [**Myrmecophyte**] Plante myrmécophile.

Myrmécotrophique *adj. (du gr. murmêx, murmêkos, fourmi et trophê, nourriture).* [**Myrmecotrophique**] Se dit d'une plante ou d'un animal dont certains éléments ou certaines sécrétions constituent une source de nourriture pour les Fourmis. **Ex.**: Pucerons.

Myrmécoxénique *adj.* [**Myrmecoxenous**] Se dit d'une plante qui fournit à la fois l'habitat et la nourriture aux Fourmis; elle est donc à la fois *myrmécodomique* et *myrmécotrophique*.

Myrrhe *n. f.* [**Myrrh**] Gomme-résine aromatique synthétisée par *Commiphora sp.* (Burséracées).

Myrtillaie *n. f.* Formation végétale suffrutescente composée essentiellement de Myrtilles (*Vaccinium myrtillus*, Éricacées).

Mysis *n. f.* [**Mysis**] Chez les Crustacés, dernier stade larvaire qui acquiert les appendices abdominaux au cours de mues successives.

Myxomyosine *n. f.* [**Myxomyosin**] Protéine servant au déplacement des Champignons mobiles (Myxomycètes).

Myxosporium *n. m.* [**Myxosporium**] Ensemble des deux couches externes de la paroi sporale des Champignons, l'ectospore et la périspore.

N

N Symbole de l'asparagine dans la formule des protéines.

NA Sigle de Noradrénaline. Voir ce mot.

Nacre *n. f.* [**Mother-of-pearl**] Chez les Mollusques, couche interne de la coquille formé par l'empilement régulier de couches de conchyoline et de cristaux d'aragonite. Cette disposition entraîne une interférence des radiations lumineuses responsable de l'aspect irisé de la nacre. Contrairement aux autres couches, la nacre est synthétisée tout au long de la vie de l'animal.

NAD *n. m. (sigle de Nicotinamide adénine dinucléotide).* [**NAD**] Coenzyme de déshydrogénases sur laquelle sont transférés les électrons et les protons du substrat. Le NAD est formé de deux ribonucléotides monophosphate liés par leurs phosphates et de leurs bases qui sont pour l'un, l'adénine et pour l'autre, le nicotinamide. La forme réduite est le $NADH_2$. Il est synthétisé à partir du tryptophane. Il intervient entre autres dans la glycolyse, dans la chaîne respiratoire et dans la formation des acides aminés.

NADP *n. m. (sigle de Nicotinamide adénine dinucléotide phosphate).* [**NADP**] Coenzyme de déshydrogénases, transporteur d'électrons et de protons. Le NADP est formé à partir du NAD par liaison d'un phosphate sur le groupe hydroxyle 2' du ribose associé à l'adénine. Le NADP intervient dans la photosynthèse, dans la synthèse des acides gras et dans les hydroxylations.

Nageoire *n. f.* [**Fin**] Organe de la locomotion chez les Cyclostomes, les Poissons et certains autres Vertébrés aquatiques. Ce sont des expansions cutanées soutenues par des rayons squelettiques. Il existe de fausses nageoires impaires, sans support squelettique, chez les Tétrapodes restés amphibies ou secondairement retournés à l'eau.

Namatophile *adj.* [**Namatophilous**] Qui vit dans les eaux douces agitées.

Namatophyte *n. f.* [**Namatophyte**] Plante namatophile.

NANA *n. m.* [**NANA**] Sigle de Acide N- acétylneuraminique.

Nanophanérophyte *n. f. (du lat. nanus, nain et phanérophyte).* [**Nanophanerophyte**] Voir Phanérophyte et Tableau des types biologiques.

Nanophylle *adj. (du gr. nannos, petit et phullon, feuille).* [**Nanophyllous**] Se dit d'une plante qui possède de très petites feuilles (surface comprise entre 0,25 et 2,25 cm^2), selon Carl Raunkiaer).

Nanoplancton *n. m. (du gr. nannos, petit et planton).* [**Nanoplankton**] Voir Plancton.

Narine *n. f.* [**Nostril**] Orifice de l'organe olfactif. Chez les Poissons, il existe une **narine externe** mettant le sac olfactif en contact avec l'extérieur. Chez les Tétrapodes, il existe en plus une **narine interne** en contact avec le pharynx.

Nasse *n. f.* Structure qui entoure le pore apical des asques chez certains Ascomycètes inoperculés.

Nastie *n. f.* [Nasty] Flexion d'un organe végétal dont la direction est déterminée par la structure de l'organe et non par la direction ou l'intensité du stimulus. Elle est due à une inégalité de turgescence de l'organe. On distingue:

• **l'épinastie** quand la flexion se réalise de bas en haut;

• **l'hyponastie** quand la flexion abaisse l'organe;

• la **thigmonastie** ou **haptonastie** due aux contacts avec l'organe (étamines de l'Épine-vinette);

• la **séismonastie** due à un choc (Sensitive);

• la **thermonastie** due à une variation de température (pétales de Tulipe);

• la **photonastie** due à une variation de l'éclairement;

• la **chimionastie** due à des substances chimiques;

• la **nyctinastie** due à l'alternance jour-nuit.

Naturalisation *n. f.* [Naturalization] Acclimatation définitive d'une espèce d'origine étrangère dans un nouveau milieu où elle se développe comme une espèce indigène.

Naturaliste *n. (de nature).* Biologiste qui étudie la nature, les sciences naturelles

Nature *n. f. (du lat. natura, nature).* Ensemble du monde physique où vit l'Homme.

Nauplius *n. m. (mot lat.).* [Nauplius] Première forme larvaire de la plupart des Crustacés. Le corps n'est pas métamérisé. Il porte 2 soies caudales, trois paires d'appendices (antennules, antennes et mandibules), un œil nauplien unique et dorsal. Le stade suivant est le *métanauplius*.

Nécridie *n. f. (du gr. nekros, mort).* [Necridium] Cellule particulière d'un trichome de Cyanobactéries qui finit par s'altérer ce qui provoque la scission du trichome en deux. C'est un mode de multiplication végétative.

Nécromasse *n. f. (du gr. nekros, mort et masse).* [Necromass] Masse totale de matière organique morte dans un écosystème. **Syn.**: Sapromasse, Thanatomasse.

Nécrophage *adj. (du gr. nekros, mort et phagein, manger).* [Necrophagous] Qui se nourrit de matière putréfiée. **Ant.**: Biophage.

Nécrophyte *n. f. (du gr. nekros, mort et phuton, plante).* [Necrophyte] Végétal qui pousse sur des organismes morts.

Nectaire *n. m.* [Nectary] Glande sécrétrice de nectar associée aux pièces florales (nectaire floral) ou aux feuilles (nectaire extrafloral). Le nectar attire les Insectes pollinisateurs.

Nectar *n. m. (mot lat.).* [Nectar] Liquide sucré sécrété par les nectaires et qui attire les Insectes. Les Abeilles fabriquent le miel à partir du nectar.

Nectarifère *adj. (de nectar et du lat. ferre, porter).* [Nectariferous] Qui sécrète du nectar, qui porte des nectaires.

Nectarivore *adj. (de nectar et du lat. vorare, manger).* [Nectarivorous] Qui se nourrit de nectar.

Necton *n. m. (du gr. nêktos, qui nage).* [Nekton] Ensemble des organismes aquatiques qui nagent activement. **Ant.**: Plancton.

Nectosome *n. m. (du gr. nêktos, qui nage et sôma, corps).* Chez les Cnidaires Hydrozoaires Siphonophores, région antérieure d'une colonie dont les méduses modifiées en pneumatophores et en cloches natatoires assurent la flottaison et la locomotion.

Nématoblaste *n. m. (du gr. nêma, nêmatos, fil et blastos, germe).* [Nematoblast] **Syn.:** Cnidoblaste.

Nématocécidie *n. f. (de nématode et cécidie).* [Nematocecidium] Voir Cécidie.

Nématocyste *n. m. (du gr. nêma, nêmatos, fil et kustos, vessie).* [Nematocyst] **Syn.:** Cnidocyste.

Némoral *adj. (du lat. nemoralis, des forêts).* Qui vit dans les bois.

Néoblaste *n. m. (du gr. neos, nouveau et blastos, germe).* [Neoblast] Cellule indifférenciée qui assure la reconstitution de tissus lésés ou amputés chez les espèces à fort pouvoir de régénération (Turbellariés, Polychètes).

Néocérébellum *n. m.* [Neocerebellum] **Syn.:** Hémisphère cérébelleux.

Néocortex *n. m. (du gr. neos, nouveau et cortex).* [Neocortex] **Syn.:** Néopallium.

Néodarwinisme *n. m. (du gr. neos, nouveau et darwinisme).* [Neodarwinism] Théorie évolutionniste selon laquelle l'évolution procède de mutations et de la sélection naturelle. **Syn.:** Théorie synthétique de l'évolution.

Néoglucogenèse ou Néoglycogenèse *n. f.* [Neoglucogenesis] **Syn.:** Gluconéogenèse.

Néoglycogénogenèse *n. f.* [Neoglycogenogenesis] **Syn.:** Glycogénonéogenèse.

Néopallium *n. m. (du gr. neos, nouveau et pallium).* [Neopallium] Chez les Mammifères, couche périphérique de substance grise dans le télencéphale, lisse chez les Mammifères inférieurs (lissencéphaliques) et plissée chez les Mammifères supérieurs (gyrencéphaliques). Il est formé fondamentalement de 6 couches de neurones et se divise en différentes aires motrices, sensorielles et associatives. Il est responsable de la commande motrice volontaire et des fonctions mentales supérieures. **Syn.:** Néocortex.

Néosoptile *n. f.* Plume des oisillons formée d'une hampe longue pourvue seulement de quelques barbes. **Syn.:** Téléoptile.

Néoténie *n. f. (du gr. neos, jeune et teinein, prolonger).* [Neoteny] Persistance de caractères larvaires chez des organismes sexuellement matures. La néoténie peut être facultative (Amblystome) ou obligatoire (Protée). **Syn.:** Progenèse.

Néoténine *n. f. (du gr. neos, jeune et teinein, prolonger).* [Neotenin] **Syn.:** Hormone juvénile.

Néotropis *n. m. ou f.* [Neotropis] Voir Empire biogéographique.

Néotype *n. m.* [Neotype] Spécimen à partir duquel une espèce a été redécrite après la perte de l'holotype ou à cause de l'imprécision de la première description.

Néphéliphile *adj. (du gr. nephelê, nuage et philos, ami).* Qui vit dans une atmosphère brumeuse.

Néphridie *n. f. (du gr. nephridios, qui concerne le rein).* [Nephridium] Organe excréteur des Invertébrés. On en distingue plusieurs types selon les groupes: protonéphridies, néphridies à solénocytes, métanéphridies.

Néphrocyte *n. m.* [Nephrocyte] Chez les Ascidies, cellule qui accumule les déchets azotés dans les gonades, l'intestin et le tégument pour compenser l'absence de néphridies.

Néphron *n. m. (du gr. nephros, rein).* [**Nephron**] Unité structurale et fonctionnelle du rein des Vertébrés. Chaque néphron est généralement constitué d'un *corpuscule rénal* où a lieu la filtration du sang et la formation de l'urine primaire, et d'un *tubule rénal* qui transporte l'urine et la modifie (sécrétion, réabsorption). Il existe des néphrons ouverts, communiquant avec la cavité cœlomique par un néphrostome, et des néphrons fermés qui ne sont pas en contact avec le cœlome. Selon la présence ou l'absence du glomérule et son type, on distingue 4 types de néphrons:

- les **néphrons ouverts à glomérule externe** (pronéphros des larves d'Anamniotes);
- les **néphrons ouverts à glomérule interne** (mésonéphros des Holostéens, Brachioptérygiens, Urodèles et Apodes);
- les **néphrons fermés glomérulés** (mésonéphros des Cyclostomes, Téléostéens, Chondrostéens, Anoures et Amniotes);
- les **néphrons fermés aglomérulés** (quelques espèces de Téléostéens marins).

Néphrostome *n. m. (du gr. nephros, rein et stoma, bouche).* [**Nephrostome**] Entonnoir cilié de l'extrémité du canal néphrostomial des néphrons ouverts ou des métanéphridies.

Nerf *n. m. (du lat. nervus, ligament).* [**Nerve**] Cordon cylindrique composé de fibres nerveuses (dendrites ou axones) reliant le système nerveux central à un organe. On distingue les **nerfs crâniens** et les **nerfs rachidiens** (ou **spinaux**) selon qu'ils sont reliés à l'encéphale ou à la moelle épinière. Les nerfs peuvent être moteurs, sensitifs ou mixtes. Voir le tableau des nerfs crâniens.

Néritique *adj. (du gr. nêritês, coquillage).* Relatif à la zone comprise entre la surface de l'eau et la plateforme continentale, et à ce qu'elle contient (sédiments, êtres vivants).

Nervation *n. f.* [**Nervation**] Disposition des nervures d'une feuille ou d'une aile d'Insectes.

Nervure *n. f.* [**Nervure, Vein, Rib**] ▸ ① Structure allongée et saillante d'une feuille ou d'une fronde. Elles sont formées des faisceaux conducteurs libéro-ligneux associés à du sclérenchyme; ▸ ② Tube corné ramifié des ailes des Insectes assurant leur renforcement.

Nésoïde *adj.* Se dit d'un ensemble de plantes rampantes qui forment un couvert végétal continu mais peu dense. **Ex.**: *Potentilla sp.* (Rosacées).

Neurectoblaste *n. m.* [**Neurectoblast**] **Syn.**: 1. Neuroblaste.

Neurectoderme *n. m.* [**Neurectoderm**] **Syn.**: 1. Neuroblaste.

Neurobiologie *n. f. (du gr. neuron, nerf et biologie).* [**Neurobiology**] Étude du système nerveux.

Neuroblaste *n. m.* ▸ ① Chez les embryons de Cordés, partie dorsale de l'ectoblaste à l'origine du système nerveux et des crêtes neurales. **Syn.**: Neurectoblaste, Neurectoderme; ▸ ② Cellule nerveuse embryonnaire à l'origine des neurones. [**Neuroblast**]

Neurocrâne *n. m.* [**Neurocranium**] Partie du crâne des Vertébrés qui protège l'encéphale et les organes sensoriels pairs. **Ant.**: Splanchnocrâne, Viscérocrâne.

Neurofibrille *n. f.* [**Neurofibril**] Faisceau de neurofilaments d'un neurone.

Neurofilament *n. m. (du gr. neuron,*

nerf et filament). [**Neurofilament**] Filament intermédiaire des neurones, formé de protéines spécifiques. Ils constituent la majeure partie du cytosquelette des neurones.

Neurohormone *n. f.* [**Neurohormone**] Hormone synthétisée par des neurones. Elles peuvent être libérées dans le sang ou dans une synapse et y jouer le rôle de neurotransmetteur.

Neurohypophyse *n. f. (du gr. neuron, nerf et hypophyse).* [**Neurohypophysis**] Partie postérieure de l'hypophyse formée du *lobe postérieur* (*pars nervosa*), de la *tige pituitaire* et de *l'éminence médiane rétro-chiasmatique (infundibulum)*. Elle reçoit et accumule les hormones hypothalamiques (ocytocine et hormone antidiurétique). **Syn.:** Posthypophyse.

Neurolemme *n. m. (du gr. neuron, nerf et lemma, enveloppe).* [**Neurolemma**] Cytoplasme de la cellule de Schwann repoussé à la périphérie de la gaine de myéline.

Neurolemmocyte *n. m. (du gr. neuron, nerf, lemma, enveloppe et kutos, cellule).* [**Neurolemmocyte**] **Syn.:** Cellule de Schwann.

Neuromaste *n. m.* [**Neuromast**] Groupe de cellules épidermiques faisant partie du système mécanosensoriel superficiel ou *système latéral*, sensible aux mouvements de l'eau. Ils comprennent des cellules sensorielles ciliées, des cellules de soutien et des cellules basales de remplacement. Chaque neuromaste est surmonté d'une cupule dans laquelle s'insèrent les cils des cellules sensorielles. Ils sont situés à la surface de l'épiderme (Cyclostomes, Poissons, Amphibiens) ou à l'intérieur de canaux épidermiques (Poissons seulement).

Neuromédiateur *n. m. (du gr. neuron, nerf et médiateur).* [**Neuromediator**] Messager chimique sécrété par un neurone. **Syn.:** Neurotransmetteur.

Neurone *n. m. (du gr. neuron, nerf).* [**Neuron**] Cellule du système nerveux, formé d'un corps cellulaire et de ses prolongements: *dendrites* et *axone*. Ils transmettent les influx nerveux par l'intermédiaire de jonctions appelées *synapses*. Ils sont caractérisés par une vie longue, par l'absence de divisions et par un métabolisme élevé. Selon le nombre de prolongements, on distingue des neurones **unipolaires, bipolaires** et **multipolaires**. Selon la direction de l'influx, on distingue des **neurones moteurs** et des **neurones sensitifs**. Les **interneurones** ou **neurones d'association** existent entre deux neurones et sont des relais où s'effectue l'intégration des influx nerveux.

Neuropeptide *n. m. (du gr. neuron, nerf et peptide).* [**Neuropeptide**] ▸ ① Peptide sécrété par des cellules nerveuses, jouant un rôle de neuromédiateur. **Ex.:** Ocytocine, hormone antidiurétique; ▸ ② **Neuropeptide Y**, peptide hypothalamique de 38 acides aminés stimulateur de la faim et inhibiteur de la sécrétion intestinale.

Neurophysine *n. f.* [**Neurophysin**] Hormone protéinique neurohypophysaire de 93 acides aminés, vectrice de la vasopressine (MSEL-neurophysine) et de l'ocytocine (VLDL-neurophysine).

Neurophysiologie *n. f. (du gr. neuron, nerf et physiologie).* [**Neurophysiology**] Physiologie du système nerveux.

Neurosécrétion *n. f.* [**Neurosecretion**] Synthèse et sécrétion d'une hormone par un neurone dans le sang.

Neurotoxine *n. f.* [**Neurotoxin**] Toxine qui touche particulièrement le système nerveux. **Ex.**: Tétrodotoxine.

Neurotransmetteur *n. m. (du gr. neuron, nerf et transmetteur).* [**Neurotransmitter**] Composé synthétisé par le neurone présynaptique et contenu dans des vésicules, déversé dans la synapse par exocytose puis fixé par des récepteurs spécifiques de la membrane postsynaptique. Ils représentent la forme chimique de transmission de l'influx nerveux. **Ex.**: Acétylcholine, dopamine. **Syn.** ancien: Neuromédiateur.

Neurotrope *adj. (du gr. neuron, nerf et tropos, direction).* [**Neurotrophic**] Qui se fixe sur le tissu nerveux.

Neurula *n. f. (du gr. neuron, nerf, d'après morula).* [**Neurula**] Chez les Triploblastiques, forme embryonnaire qui suit la gastrula et qui est caractérisée par la mise en place du plan d'organisation générale de l'animal et notamment par la formation du tube neural. L'ensemble de ces mouvements morphogénétiques s'appelle la *neurulation.*

Neurulation *n. f.* [**Neurulation**] Voir Neurula.

Neuston *n. m.* [**Neuston**] Ensemble des organismes flottant à la surface de l'eau.

Neustophage *adj.* [**Neustophagous**] Qui se nourrit d'organismes neustoniques.

Neutrocole *adj. (de neutre et du lat. colere, habiter).* **Syn.**: Neutrophile.

Neutrophile *adj. et n. m. (de neutre et du gr. philos, ami).* [**Neutrophilous (adj.)**] ▸ ① Adj. Qui vit dans un milieu de pH neutre. **Syn.**: Neutrocole; ▸ ② Voir Granulocyte.

Neutrophyte *n. f.* [**Neutrophyte**] Plante neutrophile.

Névraxe *n. m. (du gr. neuron, nerf et axe).* [**Nevrax**] Système nerveux central.

Névroglie *n. f. (du gr. neuron, nerf et glia, glu).* [**Neuroglia**] Tissu nourricier et de soutien des neurones du système nerveux, formé de plusieurs types de cellules: les astrocytes, les oligodendrocytes, les cellules épendymaires, les cellules microgliales, les cellules de Schwann et les cellules satellites ganglionnaires. **Syn.**: Glie.

Nexine *n. f.* [**Nexin**] ▸ ① Protéine de l'axonème des cils ou des flagelles qui crée une liaison entre deux doublets de microtubules contigus; ▸ ② Protéine inhibitrice des protéases à sérine, sécrétée par les fibroblastes.

Niacine *n. f.* [**Niacin**] **Syn.**: Nicotinamide, Vitamine B3, Vitamine PP.

Niche écologique *f.* [**Ecological niche**] Partie d'un écosystème occupée par une seule espèce qui est parfaitement adaptée aux conditions écologiques qui y règnent. Une niche écologique ne se définit pas par l'emplacement géographique occupé par l'espèce mais par l'emplacement fonctionnel au sein de l'écosystème.

Nicheur *adj.* [**Nesting**] Se dit d'un Oiseau qui construit son nid dans une aire géographique délimitée.

Nicotinamide *n. m.* [**Nicotinamide**] Amide de l'acide nicotinique, précurseur des coenzymes NAD et NADP. Le nicotinamide est aussi la vitamine PP (pour *Pellagra preventing*) ou niacine dont la carence provoque la pellagre.

Nicotinamide adénine dinucléotide *m.* [**Nicotinamide adenine dinucleotide**]. Voir NAD.

Nicotinamide adénine dinucléotide phosphate *m.* [**Nicotinamide adenine dinucleotide phosphate**] Voir NADP.

Nicotine *n. f. (de (herba) nicotiana, (herbe à) Nicot ou Tabac).* [**Nicotine**] Alcaloïde du Tabac (*Nicotiana sp.*, Solanacées) synthétisé à partir de l'acide nicotinique et de l'ornithine.

Nictation ou Nictitation *n. f. (du lat. nictare, clignoter).* [**Nictation, Nictitation**] Clignement réflexe des paupières permettant de nettoyer la cornée et de la lubrifier.

Nictitant *adj. (du lat. nictare, clignoter). Paupière nictitante*, paupière verticale (troisième paupière) présente chez la plupart des Amniotes. [**Nictitating membrane**] **Syn.**: Membrane nictitante.

Nid *n. m.* [**Nest**] Abri construit par certains animaux comme les Oiseaux, certains Mammifères et Insectes, pour la couvaison et/ou l'élevage des petits lorsqu'ils sont nidicoles.

Nidation *n. f. (du lat. nidus, nid).* [**Nidation**] Chez les Mammifères, implantation de l'œuf fécondé dans la muqueuse utérine. La nidation a lieu généralement au stade blastocyste.

Nidicole *adj. (du lat. nidus, nid et colere, habiter).* [**Nidicolous**] Se dit des oisillons qui commencent leur développement dans le nid. A l'éclosion, ils n'ont ni plumes ni yeux fonctionnels. **Syn.**: Psilopédique. **Ant.**: Nidifuge, Ptilopédique.

Nidification *n. f.* [**Nidification, Nesting**] Construction d'un nid.

Nidifuge *adj. (du lat. nidus, nid et fugere, fuir).* [**Nidifugous**] Se dit des oisillons qui naissent achevés et qui peuvent ainsi quitter le nid immédiatement après l'éclosion. Leurs yeux sont fonctionnels et ils sont recouverts de plumes. **Syn.**: Ptilopédique. **Ant.**: Nidicole, Psilopédique.

Nitratation *n. f.* [**Nitratation**] Voir Nitrification.

Nitrification *n. f.* [**Nitrification**] Oxydation de l'ammoniac en nitrates. Elle comporte deux étapes: la *nitrosation* où oxydation de l'ammoniaque (NH_4^+) en nitrites (NO_{2-}) puis la *nitratation* où oxydation des nitrites en nitrates (NO_{3-}). La première réaction est réalisée par les Bactéries nitreuses (*Nitrosomonas*), la seconde par des Bactéries nitriques (*Nitrobacter*); ces Bactéries qui tirent leur énergie de ces réactions sont dites chimiolithotrophes.

Nitrogénase *n. f. (de nitrogène et ase).* [**Nitrogenase**] Complexe enzymatique des Bactéries fixatrices d'azote, formé d'une dinitrogénase réductase et d'une dinitrogénase. Elle catalyse le transfert de protons et d'électrons sur l'azote ou sur d'autres composés possédant des liaisons double ou triple. Elle est inhibée par l'oxygène d'où la présence obligatoire de mécanismes qui diminuent la teneur en oxygène à proximité de la nitrogénase.

Nitrophile *adj. (de nitre et philos, ami).* [**Nitrophilous**] Qui pousse sur des sols riches en azote, surtout sous forme de nitrates. **Ex.**: Ortie.

Nitrophyte *n. f. (de nitre et du gr. phuton, plante).* [**Nitrophyte**] Plante nitrophile.

Nitrosation *n. f.* [**Nitrozation**] Voir Nitrification.

Nivéal *adj. (du lat. nix, nivis, neige).* [**Winter flowering**] Qui fleurit sous la neige ou en hiver. **Ex.**: Edelweiss.

Nivicole *adj.* [**Nivicolous**] **Syn.**: Chionophile.

Nocicepteur *n. m.* [**Nociceptor**] Récepteur spécifique de la douleur. Il s'agit de terminaisons nerveuses libres situées sous la peau pour la détection des douleurs cutanées, dans les tendons et les articulations, pour les douleurs somatiques, et enfin dans les organes corporels pour les douleurs viscérales.

Noctiluque *adj. (du lat. noctilucus, qui luit pendant la nuit).* [**Noctiluc**] Qui émet de la lumière dans l'obscurité.

Nocturne *adj. et n. m.* [**Nocturnal**] ▸ ① Adj. Qui s'active seulement la nuit. **Ant.**: Diurne; ▸ ② N. m. pl. Groupe d'Oiseaux rapaces qui ne chassent que la nuit. [**Nocturnal birds**]

Nodosité *n. f.* [**Root nodule**] Petite tumeur que développent certaines plantes au niveau de leurs racines, de leurs tiges (*Sesbania sp.*, Fabacées) ou de leurs feuilles (nombreuses Rubiacées) sous l'action de Bactéries symbiotiques fixatrices d'azote atmosphérique (*Rhizobium sp.*, Actinomycètes, *Mycobacterium sp.*). **Syn.**: Nodule.

Nodule *n. m.* **Syn.**: Noduline.

Noduline *n. f.* [**Nodulin**] Chacune des protéines des nodosités fixatrices d'azote codés par des gènes spécifiques de la plante. Il existe des nodulines précoces et des nodulines tardives.

Nœud *n. m.* [**Node**] ▸ ① Groupe de cellules cardiaques nodales constituant le centre qui produit un influx nerveux rythmique qui déclenchera les contractions du cœur. Chez les embryons de Vertébrés et les adultes de Poissons et d'Amphibiens, c'est le **nœud sino-atrial** situé dans la paroi du sinus veineux. Chez les Oiseaux et Mammifères adultes, le **nœud de Keith et Flack** est le plus antérieur, près du débouché de la veine cave supérieure puis vient le **nœud atrio-ventriculaire d'Aschoff-Tawara** situé dans le septum interauriculaire; ▸ ② Renflement ponctuel d'une tige au niveau duquel s'insèrent les feuilles.

Nœud de Hensen *m.* [**Hensen's node**] Renflement de l'extrémité antérieure de la ligne primitive des œufs télolécithes et alécithes.

Nœud de Ranvier *m.* [**Ranvier's node**] Zone d'interruption de la gaine de myéline correspondant à la limite entre deux cellules de Schwann contiguës. C'est à ce niveau que les canaux ioniques membranaires sont concentrés.

Nœud lymphatique *m.* [**Lymphatic node**] **Syn.**: Ganglion lymphatique.

Non-sens *adj.* [**Nonsense**] Voir Codon.

Noradrénaline *n. f. (de nor-, acronyme de l'all. N ohne Radical (azote sans radical) et adrénaline).* [**Noradrenaline**] Catécholamine résultant de l'hydroxylation de la dopamine par la dopamine hydroxylase et qui donne l'adrénaline par méthylation grâce à une transméthylase. C'est un neurotransmetteur des fibres adrénergiques du système nerveux central et des fibres sympathiques postganglionnaires (sauf celles qui innervent les glandes sudoripares et certains vaisseaux sanguins). Elle est aussi sécrétée par les médullosurrénales qui la libèrent en cas d'hypotension et de stress. **Syn.** désuet: Sympathine.

Normoblaste *n. m.* [**Normoblast**] **Syn.**: Érythroblaste.

Normocyte *n. m.* [**Normocyte**] **Syn.**: Érythrocyte.

Northern blotting *m. (par jeu de mot avec southern blotting, technique inventée par Southern).* [**Northern blotting**] Technique de détection des ARN par une sonde d'ADN de séquence complémentaire.

NO-synthase *n. f.* [**NO-synthase**] Système enzymatique qui catalyse la synthèse de NO à partir d'arginine, de NADPH et de tétrahydrobioptérine.

Notocorde ou Notochorde *n. f. (du gr. nôtos, dos et corde).* [**Notochord**] **Syn.**: Corde dorsale.

Nouaison *n. f. (de nouer).* [**Fruit set-**

ting] Transformation de l'ovaire en fruit.

Nouure *n. f. (de nouer).* Commencement de la formation du fruit.

Noyau *n. m. (du lat. nodus, nœud).* ▸ ① Organite spécifique des Eucaryotes renfermant la quasi totalité du génome cellulaire. Il est délimité par une enveloppe nucléaire qui est une double membrane en continuité avec le réticulum endoplasmique rugueux et tapissée sur sa face interne d'un réseau de filaments intermédiaires (lamina nucléaire). Les échanges entre le noyau et le cytoplasme se font par des pores nucléaires. Le noyau contient le nucléoplasme, la chromatine, le ou les nucléoles et les transcrits primaires. Lors de la division cellulaire, la chromatine se condense et l'enveloppe nucléaire se désagège (sauf cas rares). **[Nucleus]**; ▸ ② Endocarpe lignifié des drupes, contenant la graine ou *amande*. **[Stone]**; ▸ ③ Amas de corps neuronaux dans le système nerveux central. **Ex.**: Noyaux basaux. **[Ganglion (pl.: Ganglia)]**

Noyau de Pander *m.* **[Pander's nucleus]** Dans l'œuf des Oiseaux, petit volume de vitellus formé primitivement, en relation avec la latébra par le col et recouvert par la cicatricule.

Nu *adj.* ▸ ① Se dit des ovules de Gymnospermes qui ne sont pas protégés par un ovaire; ▸ ② Se dit d'une fleur qui est dépourvue de périanthe. **Syn.**: Apérianthé; ▸ ③ Qui n'est pas recouvert de phanères. **Ex.**: Rat-taupe.

Nucelle *n. m. (du lat. nux, nucis, noix).* **[Nucellus]** Chez les Spermatophytes et les Préspermatophytes, tissu parenchymateux diploïde de l'ovule, correspondant au sporange. Après la fécondation, le nucelle est digéré par l'embryon. Dans certains cas, il en reste une partie; il est alors appelé *périsperme* et constitue une partie des réserves de la graine.

Nucivore *adj. (du lat. nux, nucis, noix et vorare, manger).* **[Nucivorous]** Qui se nourrit de noix.

Nucléase *n. f. (du lat. nucleus, noyau et suff. -ase).* **[Nuclease]** Enzyme du groupe des hydrolases qui catalyse l'hydrolyse des liaisons phosphodiester des acides nucléiques. On distingue:

- les **ribonucléases** qui hydrolysent les ARN;
- les **désoxyribonucléases** qui hydrolysent l'ADN;
- les **endonucléases** qui hydrolysent l'intérieur de la chaîne polynucléotidique;
- les **exonucléases** qui détachent les nucléotides terminaux.

Nucléé *adj.* **[Nucleate]** Qui possède un ou plusieurs noyaux.

Nucléocapside *n. f.* **[Nucleocapsid]** Dans un Virus, ensemble de la capside et de l'acide nucléique.

Nucléoïde *n. m.* **[Nucleoid]** **Syn.**: Chromosome bactérien.

Nucléole *n. m.* **[Nucleolus]** Dans le noyau, corps dense, sphéroïde, non limité par une membrane, où sont synthétisés les ARN ribosomaux et où sont assemblés les *ribosomes*. Le nucléole est composé de grandes boucles d'ADN contenant des groupes de gènes d'ARNr et provenant de plusieurs chromosomes. Chaque groupe de gènes est appelé *organisateur nucléolaire*. La transcription est réalisée par les ARN polymérases I et III (pour ARN 5 S). La taille du nucléole dépend de l'activité de la cellule.

Nucléoline *n. f.* **[Nucleolin]** Protéine de liaison aux ARNr, abondante dans le nucléole.

Nucléoplasme *n. m. (du lat. nucleus, noyau et du gr. plasma, chose façonnée).* [**Nucleoplasm**] Dans le noyau, liquide dans lequel baignent les éléments nucléaires. Il contient entre autres les protéines de la duplication, de la transcription et de la régulation des gènes; ces protéines sont synthétisées dans le cytoplasme. **Syn.:** Caryoplasme.

Nucléopore *n. m.* [**Nucleopore**] Chacun des pores de l'enveloppe nucléaire offrant passage aux molécules qui doivent transiter entre le nucléoplasme et le cytoplasme, notamment les ARN messagers.

Nucléosidase *n. f.* [**Nucleosidase**] Enzyme qui catalyse l'hydrolyse des nucléosides en bases azotées et pentoses. Elle sont synthétisées par les glandes de la muqueuse intestinale et sont situées dans la bordure en brosse des entérocytes.

Nucléoside *n. m.* [**Nucleoside**] Composé formé d'une base azotée et d'un pentose: le ribose (**ribonucléoside**) ou le désoxyribose (**désoxyribonucléoside**). Voir ces mots.

Nucléosome *n. m. (du lat. nucleus, noyau et du gr. sôma, corps).* [**Nucleosome**] Particule sphéroïde de 11 nm de diamètre, formée d'un noyau protéique de 8 histones et d'une hélice d'ADN formant deux tours. C'est l'unité fondamentale d'empaquetage de l'ADN, donnant à la chromatine l'apparence d'un collier de perles. Chaque nucléosome est séparé du suivant par un segment d'ADN internucléosomique sans histones. Le noyau protéique est formé des histones H2A, H2B, H3 et H4, chacune en double exemplaire; ce sont des protéines très conservées au cours de l'évolution. Selon certains auteurs, un nucléosome comprend aussi l'ADN internucléosomique qui le relie au suivant.

Nucléotidase *n. f.* [**Nucleotidase**] Enzyme qui catalyse l'hydrolyse des nucléotides en nucléosides et phosphates.

Nucléotide *n. m.* [**Nucleotide**] Composé formé d'une base azotée, d'un ribose ou d'un désoxyribose et de 1 à 3 phosphates. Les nucléotides des acides nucléiques ne comportent qu'un seul phosphate. Les nucléotides cytoplasmiques peuvent jouer le rôle de second messager (AMPc, GMPc), de transporteur d'énergie (ATP, GTP) et participer à la constitution d'autres composés (coenzyme A).

Nucule *n. f.* [**Nutlet**] Akène à paroi très rigide. **Ex.:** Noisette.

Nullisomie *n. f.* [**Nullisomy**] Manque d'une paire de chromosomes homologues par rapport au nombre normal.

Nupharaie *n. f. (du genre Nuphar).* Peuplement végétal hydrophile dominé par le genre *Nuphar* (Nymphéacées).

Nutation *n. f.* [**Nutation**] Mouvement lent et circulaire de l'apex des tiges et des racines de certaines Plantes vasculaires, particulièrement important chez les plantes volubiles.

Nutriment *n. m.* [**Nutrient**] Composé pouvant être directement absorbé par la muqueuse intestinale. **Ex.:** Glucose, acides aminés, vitamines, eau.

Nutrition *n. f. (du lat. nutrire, nourrir).* [**Nutrition**] Ensemble des fonctions physiologiques qui assurent les processus d'assimilation et de désassimilation. La nutrition comprend l'alimentation, la digestion, la respiration, la circulation et l'excrétion.

Nyctalopie *n. f. (du gr. nux, nuktos, nuit et ôps, vue).* [**Nyctalopy**] Faculté de distinguer les objets dans l'obscurité.

Nycthémère *n. m. (du gr. nux, nuktos, nuit et hêmera, jour).* [Nycthemeron] Durée d'un cycle d'un rythme circadien, c'est-à-dire un jour et une nuit (24 heures).

Nyctinastie *n. f. (du gr. nux, nuktos, nuit et nastie).* [Nyctinasty] Voir Nastie.

Nyctipériodique *adj.* [Nyctiperiodic] Se dit d'une espèce végétale qui fleurit en période de jours courts.

Nymphaie *n. f. (du genre Nymphaea).* Peuplement végétal hydrophile dominé par le genre *Nymphaea* (Nymphéacées).

Nymphe *n. f.* [Nymph] Écophase du développement des Insectes holométaboles entre le stade larvaire et le stade adulte. La nymphe subit la métamorphose et ne se déplace pas ni ne se nourrit.

Nymphose *n. f.* [Nymphosis] Transformation de la larve en nymphe.

O

Oasis *n. f.* ▸ ① Territoire du désert caractérisé par une végétation apparue à la faveur d'une nappe d'eau; ▸ ② Zone entourant les sources hydrothermales sous-marines et abritant de nombreux organismes.

Obdiplostémone *adj.* [Obdiplostemonous] Voir Diplostémone.

Occipital *n. m. et adj.* [Occipital] Chez les Tétrapodes, chacun des quatre os postérieurs du neurocrâne enchondral délimitant le foramen magnum: un supra-occipital, deux occipitaux latéraux et un basi-occipital.

Océanodrome *adj. (de océan et du gr. dromos, course).* [Oceanodromous] Qui migre dans les eaux pélagiques. **Ant.**: Potamodrome.

Ocelle *n. m. (du lat. oculus, œil).* [Ocellus] Œil simple des Insectes et de certains Chélicérates. On distingue les ocelles frontaux et latéraux. Les ocelles latéraux ou *stemmates* (de 1 à 7 de chaque côté) n'existent que chez les larves d'Holométaboles et sont remplacés à la métamorphose par des yeux composés. Ce sont en fait des yeux composés réduits à une ou quelques ommatidies. Les ocelles latéraux comprennent trois couches de cellules superposées: les cellules cornéagènes, les cellules rétiniennes et les cellules pigmentaires.

Ochréa *n. m.* [Ochrea] Chez les Polygonacées, pièce membraneuse résultant de la soudure des stipules et entourant la tige au-dessus du point d'insertion du pétiole.

Ocre *adj.* [Ochre (US: Ocher)] Voir Codon.

Ocytocine *n. f. (du gr. ôkus, rapide et tokos, accouchement).* [Oxytocin] Hormone nonapeptidique hypothalamique. Elle stimule les contractions utérines lors de la parturition, et la contraction des cellules myoépithéliales des acini sécréteurs de lait lors de la tétée. Sa synthèse et sa libération sont contrôlées par les stimulations mécaniques exercées au niveau de ces organes: dilatation du col de l'utérus et succion. Formule:

Cys–Tyr–Ile–Gln–Asn–Cys–Pro
└── S — S ──────────┘

Il existe de nombreux homologues dans le règne animal:

- *vasotocine* (Arg 8);
- *mésotocine* (Ile 8);
- *isotocine* (Ser 4, Ile 8);
- *glumitocine* (Ser 4, Gln 8);
- *valitocine* (Val 8)
- *asvatocine* (Asn 4, Val 8);
- *phasvatocine* (Phe 3, Asn 4, Val 8).

Syn.: Pitocine (désuet), Oxytocine.

Odontoblaste *n. m. (du gr. odous, odontos, dent et blastos, germe).* [**Odontoblast**] Cellule mésenchymateuse prismatique au contact de l'épithélium interne de l'organe adamantin. Elles émettent un prolongement cytoplasmique au niveau duquel elles sécrètent la dentine. Le corps cellulaire des odontoblastes reste donc toujours externe à la dentine.

Odorat *n. m.* [**Smell**] Sens grâce auquel les animaux perçoivent les odeurs.

Oécie *n. f.* Chez les Brachiopodes, poche incubatrice formée par la paroi de la cystide et dans laquelle se développe un embryon unique.

Œil *n. m.* [**Eye**] Organe de la vue formé de cellules photoréceptrices et de structures annexes complémentaires qui dépendent du groupe systématique. Les yeux existent chez les Annélides, les Mollusques, les Panarthropodes (Euarthropodes, Tardigrades et Onychophores) et les Cordés.

Œil nauplien *m.* Chez la larve nauplius, œil unique dorsal pigmenté en rouge, résultant de la coalescence de 3 ocelles.

Œcoumène → Écoumène

Œsophage *n. m. (du gr. oisophagos, qui porte ce que l'on mange).* [**Oesophagus (US: Esophagus)**] Chez les Vertébrés, canal du tube digestif qui conduit les aliments du pharynx à l'estomac et qui n'a pas d'activité enzymatique ou absorbante. Il est constitué d'une muqueuse et d'une musculeuse à fibres lisses et/ou striées. Il donne par évagination le *jabot* des Oiseaux et la *vessie gazeuse* des Poissons Actinoptérygiens.

Œstradiol ou Estradiol *n. m. (de œstrus, du gr. di-, deux fois et suff. -ol).* [**Oestradiol (US: Estradiol)**] Voir Œstrogène.

Œstrane *n. m.* [**Oestrane (US: Estrane)**] Voir Stéroïde.

Œstriol *n. m.* [**Oestriol (US: Estriol)**] Voir Œstrogène.

Œstrogène ou Estrogène *n. m. et adj. (de œstrus et du gr. genos, origine).* [**Oestrogen (US: Estrogen) (adj. et n.)**] Groupe d'hormones stéroïdes à 18 atomes de carbone (sans chaîne latérale), synthétisées dans la thèque interne des follicules ovariens, dans le placenta ainsi que dans les corticosurrénales et les testicules. Les œstrogènes exercent selon les cas une rétro-inhibition ou une rétroactivation de la libération de la FSH et de la LH par l'adénohypophyse. Ils stimulent l'ovulation et la production d'une glaire cervicale aqueuse. Ils stimulent la croissance, la maturation et le maintien du fonctionnement des organes reproducteurs femelles et des glandes mammaires. L'œstrogène le plus actif est *l'œstradiol*. *L'œstrone* (ou *folliculine*) est l'hormone circulante. *L'œstriol* dérive de l'œstrone.

Œstrone ou Estrone *n. f.* [**Oestrone (US: Estrone)**] Voir Œstrogènes.

Œstrus *n. m. (mot lat., du gr. oistros, fureur).* [**Oestrus (US: Estrus)**] Période de l'ovulation dans le cycle œstral.

Œuf *n. m.* [**Egg**] ▸ ① Cellule diploïde résultant de la fécondation d'un ovule par un spermatozoïde ou d'une activation parthénogénétique. **Syn.:** Cellule œuf; ▸ ② Ensemble du zygote et de ses annexes: gangue chez les Amphibiens, albumen, membranes coquillières et coquilles chez les Oiseaux, capsule chez les Sélaciens…

OGM *n. m. (sigle de Organisme Génétiquement Modifié).* [**GMO (Genetically modified organism)**] Organisme dont le génome a été modifié artificiellement de manière contrôlée par l'adjonction, la suprression ou la modification d'un ou de plusieurs gènes ou fragments de gènes, à des fins pharmaceutiques, agroalimentaires ou de recherche.

Oïdie *n. f. (du gr. ôœidês, ovoïde).* [**Oidium**] Chez certains Champignons, cellule qui se détache d'une hyphe primaire ou secondaire et qui reconstituera un autre individu. C'est une forme de multiplication végétative.

Oléagineux *adj. et n. (du lat. oleaginus, relatif à l'olivier).* [**Oleaginous (adj.)**] Qui contient de l'huile.

Oléoplaste *n. m. (du lat. oleum, huile et plaste).* [**Oleoplast**] Plaste spécialisé dans la mise en réserves des lipides.

Olfaction *n. f.* [**Olfaction**] Fonction physiologique sensorielle par laquelle les animaux perçoivent les odeurs.

Oligodendrocyte *n. m. (du gr. oligos, peu nombreux, dendron, arbre et kutos, cellule).* [**Oligodendroglia**] Cellule de la névroglie dont les prolongements cytoplasmiques s'enroulent autour des axones du système nerveux central pour former la gaine de myéline.

Oligodonte *adj. (du gr. oligos, peu nombreux et odous, odontos, dent).* [**Oligodont**] Se dit d'un animal qui possède un petit nombre de dents. **Ant.**: Polyodonte.

Oligoélément *n. m. (du gr. oligos, peu nombreux et élément).* [**Trace element**] Chacun des éléments chimiques du groupe des métaux présents en faible quantité dans l'organisme mais cependant indispensables. Ce sont les éléments suivants: Cu, Mn, Co, Si, Cr, Sn, As, V, Mo, Zn, Se, Li, F, I, B. **Syn.**: Élément oligodynamique.

Oligolécithe *adj. (du gr. oligos, peu nombreux et lekithos, jaune d'œuf).* [**Oligolecithal**] Se dit d'un œuf pauvre en vitellus. **Ex.**: Oursins.

Oligopeptide *n. m. (du gr. oligos, peu nombreux et peptide).* [**Oligopeptide**] Voir Peptide.

Oligophage *adj. et n. m. (du gr. oligos, peu nombreux et phagein, manger).* [**Oligophagous**] Se dit d'un animal dont les proies appartiennent à un petit nombre d'espèces différentes.

Oligosperme *adj. (du gr. oligos, peu nombreux et sperma, semence).* [**Oligospermous**] Se dit d'un fruit qui possède peu de graines.

Oligosporé *adj. (du gr. oligos, peu nombreux et spore).* Se dit d'un Champignon qui produit peu de spores.

Oligostémone *adj. (du gr. oligos, peu nombreux et stamen, fil).* Se dit d'une fleur, d'un androcée qui possède peu d'étamines. **Ex.**: *Veronica sp.* (Scrophulariacées).

Oligotrophe *adj. (du gr. oligos, peu nombreux et trophê, nourriture).* [**Oligotrophic**] Se dit d'un biotope pauvre en éléments nutritifs, ou d'un végétal qui se développe dans de tels milieux.

Olive bulbaire *f.* [**Oliva medullae oblongatae**] Chez les Mammifères, renflement ovale du bulbe rachidien renfermant les noyaux gris olivaires qui transmettent au néocérébellum les informations d'étirement des muscles et des articulations.

Omasum *n. m.* [**Omasum**] **Syn.**: Feuillet.

Ombelle *n. f. (du lat. umbella, parasol).* [**Umbel**] Inflorescence indéfinie dans laquelle les pédoncules floraux s'insèrent en un même point de la tige et sont de taille identique, de telle sorte que les fleurs soient sur un même plan. Dans les ombelles composées, chaque fleur qui termine un pédoncule est remplacée par une ombelle secondaire appelée *ombellule*.

Ombellé *adj.* [Umbellate] Disposé en ombelle.

Ombellule *n. f.* [Umbellule] Voir Ombelle.

Ombilic *n. m.* [Umbilicus] Dépression à la base ou au sommet de certains fruits dits *ombiliqués*. **Ex.**: Pomme, poire.

Ombiliqué *adj.* [Umbilicate] ▸ ① Se dit d'un Lichen foliacé fixé à son support en un seul endroit; ▸ ② Se dit d'une feuille reliée au pétiole par le milieu de sa surface qui est légèrement creusé. **Ex.**: Capucine; ▸ ③ Voir Ombilic.

Ombrelle *n. f.* [Umbrella] Partie du corps des méduses qui porte les tentacules.

Ombrogène *adj.* *Tourbière ombrogène*, qui est alimentée exclusivement par les eaux pluviales. Ce sont généralement des tourbières à Sphaignes. [Ombrogenous peatland]

Ombrophile *adj.* [Ombrophilous] ▸ ① Qui pousse dans des milieux où les pluies sont abondantes et régulières. **Syn.**: Pluviophile. **Ant.**: Ombrophobe, Pluviophobe; ▸ ② Se dit de la forêt tropicale humide où l'humidité et la chaleur sont importantes et où les strates basses et moyennes sont dans une semi-obscurité.

Ombrophobe *adj.* [Ombrophobous] Qui craint une pluviométrie et une hygrométrie importantes. **Syn.**: Pluviophobe. **Ant.**: 1. Ombrophile, Pluviophile.

Ombrophyte *n. f.* [Ombrophyte] Plante ombrophile.

Ombrotrophique *adj.* [Ombrotrophic] Se dit d'un organisme autotrophe qui tire ses éléments minéraux des eaux de ruissellement. **Ex.**: Lichens.

Omentum *n. m.* [Omentum] **Syn.**: Épiploon.

Ommatidie *n. f.* *(du gr. ommation, petit œil).* [Ommatidium] Unité fonctionnelle des yeux composés, formée d'une cornéule, d'un cristallin et d'une rétinule. Chaque ommatidie est séparée des autres par des cellules pigmentaires dont la disposition permet de distinguer deux types d'yeux: les yeux par apposition et les yeux par superposition.

Omnivore *adj. et n. m.* *(du lat. omnis, tout et vorare, manger).* [Omnivorous (adj.), Omnivore (n.)] Qui mange de tout.

Omphalochorial *adj.* *Placenta omphalochorial*, placenta dont les villosités choriales sont irriguées par des vaisseaux sanguins issus du lécithocèle. Ce placenta se rencontre chez les Marsupiaux et chez certains Euthériens (Cheval, Rongeurs, Insectivores). [Omphalochorial placenta] **Syn.**: Omphaloplacenta.

Omphaloplacenta *n. m.* [Omphaloplacenta] Voir Omphalochorial.

Oncirostre *adj.* *(du lat. uncus, crochu et rostre).* Qui a le bec crochu.

Oncogène *n. m.* [Oncogene] Gène qui, après avoir subi une mutation, code pour une protéine qui induit une prolifération anarchique des cellules à l'origine de la cancérisation. **Syn.**: Gène oncogénique.

Oncosphère *n. f.* [Oncosphere] Chez les Plathelminthes Cestodes, ensemble de *l'embryon hexacanthe* et de son enveloppe chitinoïde ou *embryophore*.

Oncotique *adj.* *(du gr. ogkos, masse, volume).* *Pression oncotique*, pression osmotique due à des particules en suspension dans un liquide, notamment des protéines. [Oncotic pressure]

Ongle *n. m.* [Nail] Griffe des Primates dont le limbe est aplati et la sole réduite.

Onglet *n. m.* Partie proximale du pétale par laquelle il s'insère sur le réceptacle. L'onglet est plus étroit que le limbe du pétale et plus ou moins développé selon l'espèce.

Onglon *n. m.* Sabot des Artiodactyles et des Proboscidiens.

Onguiculé *adj.* [Unguiculate] ▸ ① Dont les doigts portent un ongle; ▸ ② Se dit d'un pétale pourvu d'un onglet bien net.

Ongulé *adj.* [Ungulate] Se dit des animaux dont l'extrémité des doigts est protégée par une formation cornée (griffe, onglon, ongle, sabot).

Onguligrade *adj. et n. m. (du lat. ungula, ongle et gradi, marcher).* [Unguligrad] Qui marche sur des sabots, équivalents des ongles.

Onisciforme *adj.* [Onisciform] Se dit des larves de certains Coléoptères, en forme de Cloportes, avec un bouclier dorsal qui cache en partie les pattes et la tête.

Ontogenèse *n. f. (du gr. ôn, ontos, ce qui est et genesis, naissance).* [Ontogenesis] Développement d'un organisme depuis la formation du zygote jusqu'au début du stade adulte. **Syn.**: Ontogénie. S'oppose à Phylogenèse.

Ontogénie *n. f.* [Ontogeny] **Syn.**: Ontogenèse.

Oocyste *n. m. (du gr. ôon, œuf et kustos, vessie).* [Oocyst] Voir Gamétocyste.

Oocyte *n. m. (du gr. ôon, œuf et kutos, cellule).* [Oocyte] **Syn.**: Ovocyte.

Oogamie *n. f. (du gr. ôon, œuf et gamos, mariage).* [Oogamy] Type d'anisogamie très nette où le gamète femelle est immobile, volumineux, riche en réserves nécessaires au développement de l'embryon, et où le gamète mâle est petit, dépourvu de réserves, mobile ou non.

Oogenèse *n. f. (du gr. ôon, œuf et genesis, naissance).* [Oogenesis] **Syn.**: Ovogenèse.

Oogone *n. f. (du gr. ôon, œuf et gonos, gonê, génération).* [Oogonium] Voir Gamétocyste.

Ookyste *n. m. (du gr. ôon, œuf et kyste).* Chez les Protozoaires Apicomplexes, coque épaisse entourant les zygotes.

Oologie *n. f. (du gr. ôon, œuf et logos, discours).* [Oology] Étude des œufs des Animaux ovipares.

Oolyse *n. f. (du gr. ôon, œuf et lyse).* [Oolysis] Dégénérescence d'un œuf non fécondé.

Oophage *adj. (du gr. ôon, œuf et phagein, manger).* [Oophagous] Qui se nourrit d'œufs.

Oophore *n. m. (du gr. ôon, œuf et pherein, porter).* [Oophore] **Syn.**: Cumulus oophorus. Voir Corona radiata.

Oosome *n. m. (du gr. ôon, œuf et sôma, corps).* [Oosome] **Syn.**: Plasme germinatif.

Oosphère *n. f. (du gr. ôon, œuf et sphère).* [Oosphere] Gamète femelle des Végétaux et des Champignons.

Oospore *n. f. (du gr. ôon, œuf et spora, semence).* [Oospore] Chez les Charophycées, forme de résistance en état de vie ralentie résultant de la calcification de la paroi de l'oocyste après fécondation de son oosphère. L'oospore est formée du zygote, de l'oocyste et d'une assise externe de cellules hélicoïdales qui entourent l'oocyste. Après méiose, il y a germination d'une tétraspore et formation d'un individu haploïde.

Oostégite *n. m.* Chez les Crustacés Péracarides, chacune des expansions lamellaires portées par le coxopodite des péréiopodes.

Oothèque *n. f. (du gr. ôon, œuf et*

thêkê, loge). [Ootheca] Coque protectrice qui entoure un amas d'œufs pondus ensemble chez certains Insectes (Blattes, Mantes, Pucerons). Elle est formée de protéines tannées sécrétées par des glandes annexes de l'oviducte, les *glandes collétériques.*

Oozoïde *n. m. (du gr. ôon, œuf et zôoeidês, semblable à un animal).* [Oozoid] Individu né par voie sexuée chez les Bryozoaires et les Urocordés.

Opale *adj.* [Opal] Voir Codon.

Opérateur *n. m.* [Operator] ▸ ① Chez les Procaryotes, segment d'ADN d'un opéron, sur lequel se fixe le répresseur (**opéron inductible**) ou le complexe répresseur/corépresseur (**opéron répressible**) ce qui empêchera la fixation de l'ARN polymérase sur le promoteur donc la transcription des gènes de l'opéron; ▸ ② Segment d'ADN sur lequel se fixent des régulateurs de la transcription.

Opercule *n. m. (du lat. operculum, couvercle).* [Operculum] ▸ ① Chez les Ostéichtyens, repli cutané qui est soutenu par les os operculaires et qui protège les branchies en délimitant une chambre branchiale qui s'ouvre en arrière par une fente operculaire ou *ouïe;* ▸ ② Chez les Amphibiens, petit os qui relie la ceinture pectorale à la fenêtre ovale. Il n'a pas d'équivalent chez les autres Vertébrés; ▸ ③ Organe en forme de couvercle dont la présence empêche la dispersion des spores. Il en existe:

- chez les Ascomycètes Discomycètes Operculés, à l'extrémité des asques;
- chez les Mousses, au sommet de la capsule du sporophyte;

▸ ④ Pièce calcaire ou cornée qui ferme la coquille chez certains Gastéropodes; ▸ ⑤ Couvercle qui obture les alvéoles des ruches.

Operculé *adj.* [Operculate] Voir Opercule.

Opéron *n. m.* [Operon] Unité de transcription formée d'un promoteur, d'un ou plusieurs opérateurs et de gènes de structure dont la transcription est sous le contrôle d'un ou plusieurs gènes régulateurs. On distingue:

- les **opérons inductibles:** ils sont inhibés par un répresseur. La transcription n'a lieu que si le répresseur est inactivé par sa combinaison avec un inducteur (ex.: Opéron lactose);
- les **opérons répressibles:** ils sont toujours transcrits sauf lorsque le répresseur est activé par sa liaison avec un corépresseur (ex.: Opéron tryptophane).

Ophiagé *n. m.* Tout organe allongé permettant l'exploration de l'espace par les Végétaux lianescents.

Ophioplutéus *n. f.* [Ophiopluteus] Voir Plutéus.

Opioïde *adj. et n. m.* [Opioid] Se dit des peptides qui exercent un effet physiologique identique à celui de la morphine.

Opisthocœle *adj. (du gr. opisthen, derrière et kêlê, tumeur).* [Opisthocoel] Se dit d'un corps vertébral dont la face antérieure est convexe et la face postérieure, concave par rapport au centre vertébral.

Opisthoglyphe *adj. (du gr. opisthen, derrière et gluphê, ciselure).* [Opisthoglyph] Se dit des Serpents dont les crochets venimeux sont situés au fond de la bouche.

Opisthognathe *adj. (du gr. opisthen, derrière et gnathos, mâchoire).* Chez les Insectes, se dit de la disposition des pièces buccales lorsqu'elles sont dirigées en arrière au repos. **Ant.:** Prognathe.

Opisthonéphros *n. m. (du gr. opisthen, derrière et néphros, rein).* [Opisthonephros] Mésonéphros des Anamniotes. Il correspond à l'ensemble du mésonéphros et du métanéphros chez les Amniotes.

Opisthosoma *n. m. (du gr. opisthen, derrière et sôma, corps).* Abdomen des Chélicérates.

Opium *n. m. (du gr. opos, suc).* [Opium] Latex des capsules du Pavot somnifère (*Papaver somniferum*, Papavéracées) riche en alcaloïdes dont la morphine, la codéine, la papavérine et la noscapine.

Opposé *adj.* [Opposite] Se dit de deux feuilles lorsqu'elles sont insérées au même niveau sur la tige. **Ant.**: Alterne et Verticillé.

Opsine *n. f. (du gr. opsis, vision).* [Opsin] Glycoprotéine des disques des photorécepteurs à 7 domaines transmembranaires qui se lie au 11-cis-rétinal pour former la rhodopsine (Mammifères) et au déhydro-3-rétinal pour former la porphyropsine (Poissons).

Opsonine *n. f. (du gr. opson, aliment).* [Opsonin] Toute molécule qui se fixe sur un antigène et en facilite la phagocytose (phénomène *d'opsonisation*). Les opsonines les plus importantes sont les anticorps, les protéines du complément (C3a, C4a, C5a) et les lectines.

Opsonisation *n. f.* [Opsonization] Voir Opsonine.

Opticum *n. m. (du gr. optikos, relatif à la vue).* Chez les Insectes, masse ganglionnaire la plus interne des lobes optiques du protocérébron.

Optimum écologique *m.* [Ecological optimum] Valeur d'un facteur écologique limitant pour laquelle l'activité biologique est optimale.

Orbite *n. f.* [Socket, Orbit] Cavité osseuse qui abrite l'œil.

Ordre *n. m.* [Order] Groupe taxonomique réunissant plusieurs familles et appartenant à une classe. Un ordre peut être subdivisé en infra-ordres et en sous-ordres, et être contenu dans un super-ordre.

Oreille *n. f.* [Ear] Organe pair de l'audition. On distingue:

- **l'oreille interne** présente chez tous les Vertébrés: elle est constituée d'un labyrinthe membraneux protégé par un labyrinthe cartilagineux ou osseux qui l'entoure. Elle est seule présente chez les Poissons et les Cyclostomes. [Inner ear];
- **l'oreille moyenne** présente chez les Tétrapodes, interposée entre le tégument (tympan) et l'oreille interne et contenant des os qui transmettent l'onde acoustique (columelle tympanique, marteau, enclume, étrier, opercule). [Middle ear];
- **l'oreille externe** formée d'un conduit auditif externe chez les Crocodiliens, les Oiseaux et les Mammifères, complété par un pavillon auditif chez les Mammifères. [Outer ear]

Oreillette *n. f.* [Auricle] Chacune des deux cavités antérieures du cœur, présentes chez les Tétrapodes et les Dipneustes.

Organe *n. m. (du gr. organon, instrument, outil).* [Organ] Partie délimitée du corps formée de plusieurs tissus qui remplissent une ou plusieurs fonctions spécifiques.

Organe adamantin *m.* [Adamantine organ] Massif cellulaire épithélial qui entoure la dent et les écailles des Poissons en formation et qui produit l'émail. **Syn.**: Organe de l'émail.

Organe ampullaire *m.* Chez les Lamproies, les Poissons (sauf Holostéens) et les Amphibiens (sauf Anoures), organe sensoriel cutané relié à l'extérieur par un canal, formé de cellules de soutien et d'électrorécepteurs. Ils sont sensibles aux champs électriques de basse fréquence et interviennent dans l'électrolocation.

Organes arborescents *m. pl.* Chez la plupart des Échinodermes Holothurides, sorte de «poumons» représentés par des sacs ramifiés qui s'unissent en leur partie distale avant de déboucher dans l'ampoule rectale. Leur paroi musculeuse expulse rythmiquement l'eau de mer qui entre passivement et ces organes ont ainsi un rôle respiratoire et excréteur.

Organe de Bojanus *m.* Rein des Mollusques, formé de tubules pelotonnés glandulaires et fortement irrigués.

Organe de Corti *m.* [Organ of Corti] Organe auditif des Crocodiliens, des Oiseaux et des Mammifères, résultant de l'allongement de la papille basilaire dans le canal cochléaire.

Organe de Hanström *m.* [Hanström's organ] **Syn.**: Organe X.

Organe de Jacobson *m.* [Jacobson's organ] **Syn.**: Bulbe olfactif accessoire.

Organe de Johnston *m.* Chez les Insectes Ptérygotes, ensemble de scolopidies sur la paroi du 2e article antennaire et sur la membrane intersegmentaire de la troisième articulation de l'antenne. Cet organe est sensible aux mouvements et à l'équilibre.

Organe de l'émail *m.* **Syn.**: Organe adamantin.

Organe de Ruysche *m.* [Ruysche's organ] **Syn.**: Bulbe olfactif accessoire.

Organe épigonal *m.* [Epigonal organ] Organe lymphoïde des Élasmobranches issu de la partie stérile des crêtes génitales et entourant les gonades.

Organe frontal *m.* **Syn.**: Corps accessoire.

Organe infundibulaire *m.* [Infundibular organ] Groupe de quelques cellules différenciées dans la paroi ventrale de la vésicule frontale des Céphalocordés. Son rôle est mal connu.

Organe insulaire *m.* Chez les Myxines, gros îlot pancréatique endocrine issu de la fusion d'îlots élémentaires.

Organe olfactif accessoire *m.* [Accessory olfactory organ] **Syn.**: Bulbe olfactif accessoire.

Organe parapinéal *m.* [Parapineal organ] Seconde évagination du toit du diencéphale (la première est l'épiphyse), chez les Lamproies, quelques Téléostéens et la plupart des Sauriens. Il contient des photorécepteurs fonctionnels ou modifiés.

Organe perliforme *m.* Chez quelques dizaines d'espèces de Téléostéens, épaississement épidermique apparaissant juste avant la reproduction sur la tête, le dos et les nageoires des mâles. **Syn.**: Tubercule de reproduction.

Organe pinéal *m.* [Pineal organ] Évagination du toit du diencéphale formant *l'épiphyse* accompagnée, chez les Anoures, du *corps accessoire extracrânien*. Le corps accessoire provient de l'épiphyse embryonnaire et migre sous l'épiderme avant la différenciation du neurocrâne.

Organe progonal *m.* Organe lymphoïde des Amphibiens Anoures mâles, issu de la partie stérile des crêtes génitales et coiffant les testicules.

Organe rotateur *m.* Chez les Céphalocordés, organe fortement cilié suspendu à la paroi dorsale de la bouche, servant à créer un courant d'eau respiratoire et alimentaire.

Organe tendineux de Golgi *m.* [Gol-

gi tendon organ] Chez les Mammifères, corpuscule sensoriel des tendons reliés aux muscles striés, sensibles à l'étirement du tendon lorsque le muscle se contracte. Ils sont constitués de fibres collagènes autour desquelles s'enroulent les fibres nerveuses sensitives. **Syn.**: Organe musculotendineux de Golgi, Fuseau neurotendineux.

Organe tubéreux *m.* Chez les Téléostéens électriques, organe électrorécepteur situé dans une invagination de l'épiderme, non relié à l'extérieur par un canal à la différence des organes ampullaires.

Organe voméronasal *m.* [**Vomeronasal organ**] **Syn.**: Bulbe olfactif accessoire.

Organe X *m.* [**X organ**] Chez les Crustacés, groupe de cellules neurosécrétrices situé dans les pédoncules oculaires et sécrétant l'hormone inhibitrice de la mue (MIH). Les axones déversent leur sécrétion dans la glande du sinus. **Syn.**: Organe de Hanström.

Organe Y *m.* [**Y organ**] Chez les Crustacés, glande de mue de la région céphalique sécrétant la crustecdysone.

Organisateur nucléolaire *m.* [**Nucleolar organizer**] Voir Nucléole.

Organisme *n. m.* [**Organism**] Être vivant.

Organite *n. m. (de organe).* [**Organelle**] Chacune des structures intracellulaires différenciées qui remplissent des fonctions déterminées. **Ex.**: Mitochondrie, réticulum endoplasmique, noyau, plaste.

Organogenèse *n. f. (de organe et genèse).* [**Organogenesis**] Formation des organes au cours du développement ou au cours de la régénération.

Organoleptique *adj. (de organe et du gr. lêptikos, qui prend).* [**Organoleptic**] Qui affecte les organes des sens.

Organographie *n. f. (de organe et du gr. graphein, écrire).* [**Organography**] Étude des organes.

Orisome *n. m.* [**Orisome**] Complexe d'initiation de la réplication du chromosome bactérien, présent à l'origine de réplication.

Ornithine *n. f.* [**Ornithine**] Acide aminé basique non constitutif des protéines mais qui participe au cycle de l'urée. Dans la mitochondrie, l'ornithine se combine au carbamyl phosphate pour former la citrulline avec libération du phosphate grâce à une ornithine transcarbamylase. Formule: $H_2N{-}(CH_2)_3{-}CH(NH_2){-}COOH$.

Ornithine transcarbamylase *n. f.* [**Ornithine transcarbamylase**] **Syn.**: Ornithine carbamyltransférase, Citrulline phosphorylase. Voir Ornithine.

Ornithochorie *n. f. (du gr. ornis, ornithos, oiseau et khôrein, se déplacer).* [**Ornithochory**] Voir Zoochorie.

Ornithocoprophile *adj. (du gr. ornis, ornithos, oiseau et coprophile).* [**Ornithocoprophilous**] Se dit des Invertébrés qui se développent dans les excréments d'Oiseaux.

Ornithogamie *n. f.* [**Ornithogamy**] Mode de pollinisation assurée par les Oiseaux.

Ornithologie *n. f. (du gr. ornis, ornithos, oiseau et logos, discours).* [**Ornithology**] Partie de la zoologie qui étudie les Oiseaux. Le spécialiste est un *ornithologue*.

Ornithophage *adj. (du gr. ornis, ornithos, oiseau et phagein, manger).* [**Ornithophagous**] Qui se nourrit d'Oiseaux.

Ornithophilie *n. f. (du gr. ornis, ornithos, oiseau et philos, ami).* [**Ornithophily**] **Syn.**: Ornithogamie.

Orohylion *n. m. (du gr. oros, montagne et hulê, bois).* Toute formation forestière climacique située en altitude (Système de Clements).

Oropharynx *n. m. (du lat. os, oris, bouche et pharynx).* [Oropharynx] Partie moyenne du pharynx qui communique avec la bouche.

Orophile *adj. (du gr. oros, montagne et philos, ami).* [Orophilous] Qui vit, pousse dans les montagnes.

Orophyte *n. f. (du gr. oros, montagne et phuton, plante).* [Orophyte] Plante *orophile*, souvent caractérisée par des tiges courtes, des feuilles épaisses et des couleurs vives.

Orthogenèse *n. f. (du gr. orthos, droit et genesis, origine).* [Orthogenesis] Ancienne théorie selon laquelle les êtres vivants évoluent de manière prédéterminée, vers un but défini, sans donner prise à la sélection naturelle. **Syn.**: Évolution rectilinéaire, Aristogenèse, Rectigradation.

Orthomitose *n. f. (du gr. orthos, droit et mitose).* [Orthomitosis] Mitose la plus répandue au cours de laquelle l'enveloppe nucléaire disparaît et les chromosomes rattachés au fuseau achromatique se placent dans le plan équatorial lors de la métaphase.

Orthophototropisme *n. m. (du gr. orthos, droit, phôs, phôtos, lumière et tropisme).* Mode de croissance d'un organe dit *orthophototrope* parallèlement à la direction principale de la lumière.

Orthoploïdie *n. f. (du gr. orthos, droit et (ha)ploïdie).* [Orthoploidy] **Syn.**: Euploïdie.

Orthosympathique *adj. (du gr. orthos, droit et sympathique).* [Orthosympathic] **Syn.**: Sympathique.

Orthotrope *adj. (du gr. orthos, droit et tropos, direction).* [Orthotrope] ▸ ① Se dit d'une tige, d'un rameau qui pousse verticalement; ▸ ② Se dit d'un ovule d'Angiospermes dont le micropyle, la chalaze et le hile sont alignés.

Os *n. m.* [Bone] Pièce rigide du squelette des Tétrapodes (ne se dit pas des pièces squelettiques des Cyclostomes et des Poissons), d'origine mésodermique, ectodermique ou ectomésodermique (crêtes neurales). On distingue des os longs, des os courts, des os plats et des os irréguliers. Ils sont tous formés de tissu osseux spongieux ou compacts. Ils ont de nombreuses fonctions:

- soutien (colonne vertébrale);
- protection (os crâniens);
- locomotion;
- réserve de calcium et de phosphore;
- transmission des ondes sonores (osselets de l'oreille moyenne);
- hématopoïèse (moelle rouge des os plats).

Os canon *m.* [Canon bone] Os long correspondant au métacarpien III chez les Périssodactyles et aux métacarpiens III et IV chez les Artiodactyles.

Os cornu *m.* **Syn.**: Cornillon.

Os marsupial *m.* [Marsupial bone] Chez les Marsupiaux, chacun des deux os allongés reliés au pubis. **Syn.**: Épipubis.

Os palpébral *m.* [Palpebral bone] Os hétérotypique des paupières des Crocodiles.

Os pénien *m.* [Penian bone] Os hétérotypique de la cloison conjonctive qui sépare les deux corps caverneux du pénis des Euthériens. **Syn.**: Baculum.

Os pneumatique *m.* [Pneumatic bone] Chez les Oiseaux, os comportant des cavités dans lesquelles peuvent pénétrer les sacs aériens. C'est une adaptation au vol car cela permet d'alléger l'animal.

Os wormien *m. (de Wormius, méde-*

cin danois). [Wormian bone] Os surnuméraire qui apparaît entre les os du crâne des Mammifères.

Osamine *n. f.* [Osamine] Ose aminé. **Ex.**: Glucosamine, Galactosamine.

Oscule *n. m. (du lat. osculum, petite bouche).* [Oscule] ▸ ① Orifice de sortie de l'eau chez les Spongiaires; ▸ ② Orifice interne des branchies en bourses (Cyclostomes) les faisant communiquer avec le pharynx.

Ose *n. m. (de (gluc)ose).* [Monosaccharide] Glucide non hydrolysable de formule $C_nH_{2n}O_n$. On peut classer les oses selon le nombre d'atomes de carbone (triose, tétrose, pentose, hexose), selon leur fonction (aldose à fonction aldéhyde, cétose à fonction cétone) et selon leur structure cyclique (furanose à structure pentagonale, pyranose à structure hexagonale). **Ex.**: Glucose ($C_6H_{12}O_6$). **Syn.**: Monosaccharide.

Osidase *n. f.* [Osidase] Enzyme de la classe des hydrolases qui catalyse la rupture des liaisons glucidiques. **Ex.**: Maltase (maltose 2 glucoses). **Syn.**: Glucidase.

Oside *n. m.* [Oside] Glucide dont l'hydrolyse fournit uniquement des oses (holoside) ou des oses et des groupements non glucidiques (hétéroside).

Osmorécepteur *n. m. (du gr. ôsmos, poussée et récepteur).* [Osmoreceptor] Récepteur sensible aux changements d'osmolarité du milieu intérieur.

Osmorégulation *n. f. (du gr. ôsmos, poussée et régulation).* [Osmoregulation] Ensemble des processus homéostatiques qui maintiennent l'osmolarité de l'organisme à son niveau normal. L'osmorégulation est réalisée par divers organes: branchies, poumons, reins, néphridies, glandes à sels.

Osmose *n. f. (du gr. ôsmos, poussée).* [Osmosis] Diffusion d'un solvant à travers une membrane semi-perméable séparant deux solutions. La diffusion a lieu de la solution où l'activité de l'eau est la plus forte (solution diluée) vers la solution où l'activité de l'eau est moindre (solution concentrée).

Osmotrophie *n. f. (du gr. ôsmos, poussée et trophê, nourriture).* [Osmotrophy] Mode d'alimentation par diffusion des nutriments à travers le tégument.

Osphradie *n. f.* [Osphradium] Chez les Mollusques, organe chimiorécepteur ectodermique situé à la base des branchies, formé de cellules neuroépithéliales ciliées richement innervées.

Osséine *n. f. (de os et suff. -ine).* Matrice extracellulaire de l'os, formée d'une substance fondamentale glycoprotéique et de fibres de collagène, rendue rigide par des dépôts de cristaux de sels minéraux.

Osselet *n. m.* [Otic bone] ▸ ① Chez les Tétrapodes, chacun des petits os de la cavité tympanique qui transmettent les ondes acoustiques du tympan à la fenêtre ovale. Ce sont le marteau, l'enclume, l'étrier, la columelle tympanique (Tétrapodes non-mammaliens) et l'opercule (Amphibiens); ▸ ② **Osselet de Weber**, chacun des 4 osselets qui forment une chaîne reliant la paroi antérieure de la vessie gazeuse à la capsule otique chez les Téléostéens dits Otophysaires.

Ossification *n. f.* [Ossification] Transformation d'un tissu conjonctif en tissu osseux par minéralisation de la matrice extracellulaire. Si l'os est issu d'une pièce cartilagineuse, le cartilage sera préalablement détruit et remplacé par du tissu osseux: c'est **l'ossification enchondrale** ou **endochondrale** qui donne les os cartilagineux. Si l'os est formé directement à partir du tissu conjonctif, on parle **d'ossification dermique** ou **ossification de membrane** ou **ossification intramembraneuse**, donnant les os plats superficiels ou os de membrane. **Syn.**: Ostéogenèse.

Ostéoblaste *n. m. (du gr. ostêon, os et blastos, germe).* [**Osteoblast**] Cellule mésenchymateuse qui sécrète l'ostéoïde et qui se transformera en ostéocyte dans les lacunes du tissu osseux.

Ostéoclaste *n. m. (du gr. ostêon, os et klastos, brisé).* [**Osteoclast**] Dans le tissu osseux, grande cellule phagocytaire multinucléée capable de dégrader l'os et jouant ainsi un rôle important dans le remodelage osseux. Les ostéoclastes dérivent de la lignée monocytaire.

Ostéocrâne *n. m.* [**Osteocranium**] Crâne osseux, absent chez les Cyclostomes et les Chondrichtyens, formé par ossification enchondrale du crâne cartilagineux ou par ossification dermique. S'oppose à Chondrocrâne.

Ostéocyte *n. m. (du gr. ostêon, os et kutos, cellule).* [**Osteocyte**] Ostéoblaste mature du tissu osseux, inactif, logé dans une cavité appelée *ostéoplaste*.

Ostéogenèse *n. f.* [**Osteogenesis**] **Syn.**: Ossification.

Ostéoïde *n. m.* [**Osteoid**] Matrice extracellulaire de nature collagène qui est synthétisée par l'ostéoblaste et qui subira une minéralisation.

Ostéolyse *n. f. (du gr. ostêon, os et lusis, dissolution).* [**Osteolysis**] Destruction du tissu osseux par les ostéoclastes.

Ostéon *n. m.* [**Osteon**] Unité structurale de l'os compact, en forme de cylindre disposé longitudinalement. Chaque cylindre est composé de lamelles osseuses concentriques et est creusé en son centre d'un *canal de Havers* qui offre passage à des capillaires et des fibres nerveuses. A la jonction de chaque lamelle existent des lacunes ou *ostéoplastes* dans lesquelles sont logés les *ostéocytes*. Les ostéoplastes sont reliés entre eux et aux canaux de Havers par des canalicules très fins appelés *canaux de Volkmann*. L'espace entre les ostéons est comblé par des lamelles incomplètes appelées *lamelles interstitielles*. Au contact du périoste, des *lamelles circonférentielles* recouvertes d'ostéoblastes du périoste entourent l'ensemble des ostéons. **Syn.**: Système de Havers.

Ostéoplaste *n. m. (du gr. ostêon, os et plaste).* [**Osteoplast**] Logette de l'ostéon qui abrite un seul ostéocyte. Chaque ostéoplaste est relié aux autres et au canal de Havers par des canalicules. Ces cavités proviennent des espaces qu'occupaient les ostéoblastes et qui n'ont donc pas été ossifiés.

Ostiole *n. m. (du lat. ostium, porte).* [**Ostiole**] Petit orifice par lequel une structure s'ouvre sur l'extérieur. **Ex.**: Ostiole des stigmates des Arthropodes, des stomates, des conceptacles.

Ostracologie *n. f. (du gr. ostrakon, coquille et logos, discours).* [**Ostracology**] **Syn.**: Conchyliologie.

Ostracum *n. m. (du gr. ostrakon, coquillage).* Chez les Mollusques, couche moyenne de la coquille sécrétée par le bord du manteau, formée de cristaux de calcite disposés perpendiculairement à la surface de la coquille entre les fibres de conchyoline.

Otoconie *n. f.* [**Otoconic**] **Syn.**: Otolithe.

Otocyste *n. m. (du gr. oûs, ôtos, oreille et kustis, vessie).* [**Otocyst**] ▸ ① Organe d'équilibration chez les Invertébrés; ▸ ② Vésicule otique paire des embryons de Vertébrés. Elle se différenciera en utricule et en saccule.

Otolithe *n. m. (du gr. oûs, ôtos, oreille et lithos, pierre).* [**Otolith**] Concrétion calcaire de l'oreille interne des Vertébrés, dont le mouvement est perçu par les cellules ciliées des plages sensorielles. **Syn.**: Otoconie, Statolithe, Statoconie.

Ouïe *n. f.* ▸ ① Sens qui permet la perception des sons. [**Hearing**]; ▸ ② N. f. pl. Ouverture externe de la chambre branchiale des Poissons. **Syn.**: Fente operculaire. [**Gills**]

Ouvert *adj.* [**Open**] Se dit d'une formation végétale qui ne couvre pas totalement le sol du fait de l'espacement des individus.

Ovaire *n. m. (du lat. ovum, œuf).* [**Ovary**] ▸ ① Glande génitale femelle, site de l'ovogenèse et, chez les Vertébrés, de la synthèse d'hormones sexuelles; ▸ ② Chez les Angiospermes, partie basale d'un carpelle ou du gynécée qui contient les ovules dans une loge (**ovaire uniloculaire**) ou plusieurs loges (**ovaire pluriloculaire**).

Ovalbumine *n. f. (du lat. ovum, œuf et albumine).* [**Ovalbumin**] Voir Albumine.

Ovariole *n. m.* [**Ovariole**] Chez les Insectes, chacun des compartiments de l'ovaire. L'extrémité distale, le *germarium*, contient les ovogonies et les cellules préfolliculaires. Le reste de l'ovariole constitue la zone de croissance des ovocytes ou *vitellarium*. Chaque ovariole est suspendu à la paroi du corps par le *filament terminal* et est relié au calice de l'ovaire par un *pédicelle*.

Oviducte *n. m. (du lat. ovum, œuf et ducere, conduire).* [**Oviduct**] Conduit génital femelle assurant le passage de l'ovocyte après l'ovulation. Chez les Vertébrés, les oviductes proviennent des canaux de Müller.

Ovigère *n. m.* Chez les Pycnogonides mâles (Euarthropodes Chéliciériformes), appendice porté par le proboscis servant à transporter les œufs. Chez la femelle, les ovigères sont réduits voire absents.

Ovipare *adj. et n. m.(du lat. ovum, œuf et parere, engendrer).* [**Oviparous (adj.)**] Se dit d'une espèce animale dont l'embryon ne se développe pas aux dépens des tissus maternels mais à partir des réserves nutritives contenues dans un œuf pondu à l'extérieur de l'organisme.

Ovipositeur *n. m. (du lat. ovum, œuf et positor, qui place).* [**Ovipositor**] Organe de ponte chez certains animaux femelles. **Syn.**: Tarière.

Oviscapte *n. m. (du lat. ovum, œuf et du gr. skaptô, je fouille).* [**Oviscapt**] Organe de ponte de certains Insectes femelles (Orthoptères) leur permettant d'introduire leurs œufs dans des substrats résistants.

Ovocyte *n. m. (du lat. ovum, œuf et kutos, cellule).* [**Oocyte**] Cellule sexuelle femelle des Métazoaires. **Syn.** désuet: Oocyte.

Ovogenèse *n. f. (du lat. ovum, œuf et genesis, formation).* [**Oogenesis**] Formation des ovules. **Syn.** désuet: Oogenèse.

Ovoglobuline *n. f. (du lat. ovum, œuf et globuline).* [**Ovoglobulin**] Voir Globuline.

Ovogonie *n. f. (du lat. ovum, œuf et du gr. gonos, gonia, génération).* [**Oogonium**] Voir Gonie.

Ovotestis *n. m. (du lat. ovum, œuf et testis, testicule).* [**Ovotestis**] Glande génitale à la fois mâle et femelle, chez les organismes hermaphrodites.

Ovotide *n. m.* [**Ootid**] Cellule sexuelle femelle pourvue de 23 chromosomes.

Ovovivipare *adj. et n. m.* [Ovoviviparous (adj.)] Se dit d'une espèce ovipare dont les œufs éclosent dans le corps de la femelle.

Ovulation *n. f.* [Ovulation] Chez les Mammifères, rupture du follicule ovarien et de la paroi ovarienne qui libère l'ovule.

Ovule *n. m. (du lat. ovum, œuf).* [Ovum] ▸ ① Gamète femelle mature des Métazoaires; ▸ ② Chez les Spermatophytes et les Préspermatophytes, organe reproducteur à l'origine du gamète femelle ou *oosphère*. Chez les Gymnospermes et les Préspermatophytes, l'ovule est nu c'est-à-dire qu'il n'est pas entouré de téguments extérieurs à la différence des Angiospermes.

Oxaloacétique *adj.* Voir Acide oxaloacétique.

Oxydase *n. f.* [Oxidase] Toute enzyme catalysant une oxydation en utilisant l'oxygène comme accepteur d'électrons.

Oxyde nitrique *m.* [Nitric oxide] **Syn.**: Monoxyde d'azote.

Oxydoréductase *n. f.* [Oxidoreductase] Classe d'enzymes qui catalysent le transfert d'électrons d'un substrat à un autre. Cette classe regroupe les oxydases, les oxygénases, les réductases, les peroxydases, les hydroxylases et les déshydrogénases. **Syn.**: Réductase.

Oxygénase *n. f.* [Oxygenase] Enzyme du groupe des oxydoréductases qui catalyse l'addition d'un (**monooxygénase**) ou de deux atomes d'oxygène (**dioxygénase**).

Oxygène *n. m. (du gr. oxus, acide et genos, origine).* [Oxygen] Élément chimique (Z = 8) du groupe des non-métaux. L'oxygène moléculaire est l'accepteur final d'électrons de la chaîne respiratoire mitochondriale. Il est libéré par les organismes photosynthétiques à partir d'une molécule d'eau. C'est un constituant de toutes les molécules organiques.

Oxyhémoglobine *n. f.* [Oxyh(a)emoglobin] Voir Hémoglobine.

Oxymyoglobine *n. f.* [Oxymyoglobin] Voir Myoglobine.

Oxyon *n. m. (du gr. oxus, acide).* Toute formation climacique de type lande.

Oxyphorique *adj.* [Oxyphoric] Relatif au transport d'oxygène. **Ex.**: Pouvoir oxyphorique de l'hémoglobine.

Oxyphylle *adj. (du gr. oxus, pointu et phullon, feuille).* Se dit d'une plante qui porte des feuilles étroites et terminées en pointe.

Oxysère *n. f.* [Oxysere] Succession végétale qui se constitue à partir d'un substrat acide.

Oxytaxie *n. f.* [Oxytaxis] Voir Taxie.

Oxytocine *n. f.* [Oxytocin] **Syn.**: Ocytocine.

P

P ▸ ① Symbole de la proline dans la formule des protéines; ▸ ② Symbole du phosphore.

Pachycaule *adj. (du gr. pakhus, épais et du lat. caulis, tige).* Se dit d'une plante qui possède une tige renflée. Ce caractère est la *pachycaulie*.

Pachyméninge *n. f. (du gr. pakhus, épais et méninge).* [Pachymeninge] Dure-mère, par opposition aux leptoméninges (arachnoïde et pie-mère).

Pachyte *n. m. (du gr. pakhutês, épaisseur).* Ensemble du xylème et du phloème secondaires dans une tige ou une racine.

Pachytène *n. m. (du gr. pakhutês, épaisseur et tainia, bandelette, ruban).* [Pachytene] Troisième stade de la prophase de la première division de méiose, après le zygotène et avant le diplotène. Les chromosomes homologues sont reliés par les complexes synaptonémaux. A ce stade ont lieu les crossing-over entre chromatides de chromosomes homologues.

Pagophile *adj.* [Pagophilous] Qui vit au pied des reliefs.

Pagophyte *n. f.* [Pagophyte] Plante pagophile.

Paillette *n. f.* [Palea] Chacune des petites lamelles scarieuses situées entre les fleurs des capitules, chez les Astéracées et les Dipsacacées. Un tel capitule est dit *paléacé*.

Palais *n. m.* ▸ ① Chez les Tétrapodes, ensemble d'os dermiques formant la partie supérieure de la cavité buccale. Le **palais primaire** est formé d'avant en arrière par: les vomers, les ptérygoïdes, les palatins, les ectoptérygoïdes et le parasphénoïde impair. Chez les Tortues, les Crocodiliens et les Mammifères, les maxillaires, prémaxillaires et palatins du toit dermique se replient ventralement pour former le **palais secondaire**. Dans ce cas, le palais primaire régresse et est souvent réduit au seul vomer. [Palate]; ▸ ② Renflement du pétale inférieur des fleurs zygomorphes, fermant en partie la gorge de la corolle.

Paléacé *adj.* [Paleaceous] Voir Paillette.

Paléobotanique *n. f. et adj. (du gr. palaios, ancien et botanique).* Étude des Végétaux fossiles. Le spécialiste est le *paléobotaniste*.

Paléocérébellum *n. m.* [Pal(a)eocerebellum] Corps du cervelet commun à tous les Vertébrés, recevant des informations des muscles, tendons et articulations.

Paléoclimat *n. m. (du gr. palaios, ancien et climat).* Climat d'une époque passée.

Paléoécologie *n. f. (du gr. palaios, ancien et écologie).* Étude des écosystèmes des époques passées. Le spécialiste est le *paléoécologue*.

Paléoenvironnement *n. m. (du gr. palaios, ancien et environnement).* Environnement d'une époque passée.

Paléoflore *n. f. (du gr. palaios, ancien et flore).* Flore d'une région donnée à une époque passée.

Paléole *n. f.* Glumelle supérieure des épillets de Poacées. **Syn.**: Paléa.

Paléopallium *n. m. (du gr. palaios, ancien et pallium).* [Pal(a)eopallium] Chez les Vértébrés, région olfactive des hémisphères cérébraux. Chez les Cyclostomes et les Poissons, il est développé et correspond aux centres olfactifs secondaires. Chez les Tétrapodes, le paléopallium est réduit et donne les lobes olfactifs. Les deux paléopalliums sont reliés par une *commissure paléopalliale*.

Palindrome *n. m. (du gr. palindromos, qui court en sens inverse).* [Palindrome] Chacune des séquences d'ADN de deux brins complémentaires dont les bases azotées se succèdent dans un ordre identique pour les deux brins, dans un sens de lecture donné (par exemple de 5' vers 3').

Palingenèse *n. f.* [Palingenesis] Au cours de l'embryogenèse, apparition de structures présentes à l'état adulte chez des ancêtres.

Palissadique *adj.* [Palissadic] ▸ ① Voir Parenchyme; ▸ ② **Assise palissadique**, première couche de cellules racinaires au contact du manteau fongique d'une ectomycorhize et entre lesquelles s'introduisent les hyphes du réseau de Hartig.

Palléal *adj. (du lat. palla, manteau).* [Palleal] Relatif au manteau des Mollusques et des Bryozoaires.

Pallium *n. m. (mot lat., manteau).* [Pallium] **Syn.**: Cortex cérébral.

Palmatifide *adj. (du lat. palmatus, palmé et findere, fendre).* [Palmatifid] Se dit d'une feuille palmée dont les sinus séparant les lobes atteignent le milieu du limbe. **Syn.**: Palmifide.

Palmatilobé *adj. (du lat. palmatus, palmé et lobé).* [Palmatilobate] Se dit d'une feuille palmée dont les sinus séparant les lobes n'atteignent pas le milieu du limbe. **Syn.**: Palmilobé.

Palmatinervé *adj.* Se dit d'une feuille dont les nervures partent en éventail à partir du pétiole.

Palmatipartite *adj. (du lat. palmatus, palmé et partitus, divisé).* Se dit d'une feuille palmée dont les sinus séparant les lobes dépassent le milieu du limbe. **Syn.**: Palmatiparti.

Palmatiséqué *adj. (du lat. palmatus, palmé et séqué).* Se dit d'une feuille palmée dont les sinus atteignent presque le pétiole.

Palmé *adj.* ▸ ① Se dit d'une feuille dont le limbe est divisé en segments (feuille simple) ou en folioles (feuille composée) qui divergent en éventail à partir de l'extrémité du pétiole. [Palmate]; ▸ ② Dont les doigts sont réunis par une membrane. [Web- footed]

Palmifide *adj.* [Palmifide] **Syn.**: Palmatifide.

Palmiforme *adj.* [Palmiform] En forme de Palmier.

Palmilobé *adj.* [Palmilobate] **Syn.**: Palmatilobé.

Palmipède *adj. et n. m. (du lat. palma, palme et pes, pedis, pied).* [Palmiped(e) (adj. et n.)] Dont les pieds sont palmés.

Palmure *n. f.* Membrane tendue entre les doigts des animaux palmipèdes.

Palpacule *n. m.* Chez les Cnidaires Hydrozoaires Siphonophores, long filament tactile portant de nombreux cnidoblastes, porté par les cystozoïtes.

Palpe *n. m.* [Palp] ▸ ① Un des trois appendices de la tête des Chélicérates Pycnogonides, entre les chélicères et les ovigères; ▸ ② Organe tactile et gustatif chez de nombreux animaux (Lamellibranches, Arthropodes, Annélides).

Palpébral *adj.* [Palpebral] Relatif aux paupières.

Palpigère *n. f.* Chez les Insectes, saillie du basipodite du labium, sur laquelle sont fixés les palpes labiaux.

Paludicole *adj. (du lat. palus, paludis, marais et colere, habiter).* [Paludicolous] Syn: Palustre.

Paludisylve ou Paludisilve *n. f. (du lat. palus, paludis, marais et silva, forêt).* Forêt des marécages, souvent caractérisée par une pauvreté spécifique.

Palustre *adj. (du lat. paluster, marécageux).* [Marsh] Qui pousse, vit dans les marais, les marécages. Syn: Paludicole.

Palynologie *n. f. (du gr. palunein, répandre (de la farine) et logos, discours).* [Palynology] Étude des pollens, et spécialement des pollens fossiles. Le spécialiste est le *palynologue*.

Panchronique *adj. (du gr. pan, tout et khrônos, temps).* Se dit d'une espèce qui a très peu évolué durant les temps géologiques. **Ex.:** Limule, Cælacanthe.

Pancréas *n. m. (du gr. pan, tout et kreas, chair).* [Pancreas] Chez les Vertébrés, glande annexe du tube digestif issu du bourgeonnement de l'épithélium intestinal et formé de deux tissus glandulaires distincts:

• le *tissu exocrine* qui sécrète de nombreuses enzymes digestives et qui est formé *d'acini* réunis en lobules séparés par des cloisons conjonctives;

• le *tissu endocrine* formé de cellules isolées ou regroupées en *îlots de Langerhans* entourés de capillaires sanguins fenestrés. Par fusion, les îlots donnent *l'organe insulaire* des Myxines, indépendant du pancréas exocrine et le *corps de Brockmann* des Téléostéens. Les cellules α ou A sécrètent le glucagon (hormone hyperglycémiante), les cellules β ou B, l'insuline (hormone hypoglycémiante), les cellules D, la gastrine et la somatostatine et les cellules F, le polypeptide pancréatique.

Panicule *n. f. (du lat. panus, épi).* [Panicle] Grappe composée lâche. **Ex.** Panicule de l'Avoine.

Panmixie *n. f. (du gr. pan, tout et mixis, mélange).* [Panmixis] Croisement au hasard des individus d'une population.

Pannicule adipeux *m.* [Panniculis] Chez les Mammifères à poils rares, hypoderme riche en graisse formant une couche continue et isolante.

Panoïstique *adj. Ovaire panoïstique*, ovaire des Insectes dont les cellules germinales primordiales évoluent toutes en ovocytes. Il n'y a donc pas de cellules nourricières, les nutriments vitellogéniques étant captés par pinocytose par les ovocytes à partir de l'hémolymphe. On rencontre ce type d'ovaires chez les Insectes peu évolués: les Aptérygotes, les Orthoptères, les Dictyoptères, les Isoptères, les Éphéméroptères et les Odonates. [Panoistic ovary] **Ant.:** Méroïstique.

Panse *n. f. (du lat. pantex, panticis, ventre).* [First stomach, Rumen, Paunch] Le premier et le plus volumineux compartiment de l'estomac des Ruminants. **Syn.:** Rumen.

Panspermie *n. f. (du gr. pan, tout et sperma, germe).* Ancienne théorie proposée par Arrhénius (1905) selon laquelle la vie terrestre proviendrait de germes et de spores venus de l'espace.

Pantothénique *adj.* Voir Acide pantothénique.

Papaïne *n. f. (de papaye).* [Papain] Protéase formée de 187 acides aminés extraite du latex du Papayer (*Carica papaya*). Elle est utilisée pour hydrolyser les anticorps qui donnent alors deux fragments identiques Fab et un fragment Fc. **Syn.**: Caricine.

Papavérine *n. f. (du lat. papaver, Pavot).* [Papaverine] Alcaloïde benzylisoquinoléique des Papavéracées, à propriété musculotrope spasmolytique.

Papille *n. f.* ▸ ① Chacune des cellules épidermiques qui forment une petite saillie à la surface de l'organe, ce qui confère à ce dernier une texture soyeuse. **Ex.**: Papilles de nombreux pétales. [Papilla]; ▸ ② Petite structure proéminente à la surface d'une muqueuse. Voir ci-après.

Papille amphibienne *f.* Organe auditif des Anoures et de quelques Urodèles et Apodes, sensible aux fréquences de 100 à 1000 Hz. Elle est complémentaire de la papille basilaire qui elle est sensible aux fréquences allant de 1000 à 5000 Hz.

Papille basilaire *f.* Chez les Tétrapodes, organe auditif du labyrinthe membraneux, formé de cellules auditives ciliées recouvertes par une membrane tectrice. Elle est peu développée chez les Amphibiens (disparaît chez la plupart des Urodèles et des Apodes) et les Reptiles mais s'allonge en un organe de Corti chez les Crocodiliens, les Oiseaux et les Mammifères.

Papille gustative *f.* [Taste bud] Chez les Vertébrés, structure épithéliale faisant saillie à la surface de la muqueuse bucco-pharyngée et regroupant la plupart des bourgeons du goût. Selon leurs formes, on distingue: les **papilles fungiformes**, **caliciformes** (peu nombreuses, sensibles à l'amer), et **foliées**.

Pappus ou Pappe *n. m.* Aigrette de soies calicinales rattachée aux akènes des Astéracées et des Valérianacées. Le pappus provient du développement du calice après la fécondation. Chez certaines espèces, il est pédicellé et facilite la dispersion des graines par le vent (anémochorie).

Parabasal *adj.* Voir Appareil parabasal.

Parabionte *n. m.* [Parabiont] Voir Parabiose.

Parabiose *n. f. (du gr. para, à côté de et bios, vie).* [Parabiosis] ▸ ① Association de deux espèces différentes d'Insectes sociaux dans le même nid sans que les couvains ne soient mélangés; ▸ ② Greffe par laquelle on fait communiquer les milieux intérieurs de deux organismes appelés *parabiontes* qui diffèrent par leur physiologie, leur stade de développement afin d'observer les effets de l'un sur l'autre.

Paracorolle *n. f. (du gr. para, à côté de et corolle).* **Syn.**: Coronule.

Paracrine *adj. (du gr. para, à côté de et krinein, sécréter).* [Paracrine] Se dit d'une glande ou d'une cellule (ou de la sécrétion elle-même) qui sécrète une substance à action locale.

Paracytique *adj.* [Paracytic] Se dit d'un stomate entouré de deux cellules annexes allongées selon son grand axe.

Parade nuptiale *f.* [Courtship] Comportement ritualisé de certains animaux lors de la période d'accouplement, assurant l'attirance et la séduction des individus du sexe opposé.

Paradesmose *n. f.* **Syn.**: Centrodesmose.

Parallélinerve *adj. (de parallèle et du lat. nervus, ligament).* Se dit d'une feuille dont les nervures sont disposées dans le sens de la longueur et sont plus ou moins parallèles entre elles.

Paramylon *n. m.* [Paramylum] Chez les Euglénophytes, polymère de glucoses β situé dans le cytoplasme sous forme de globules de réserve appelés *paramylies*. Il n'est pas coloré en violet par l'eau iodée.

Paraphylle *n. f. (du gr. para, à côté de et phullon, feuille).* [Paraphyll] Chez certaines Mousses, petite pièce foliacée insérée sur la tige entre les feuilles normales.

Paraphyse *n. f. (du gr. para, à côté de et phusa, vessie).* [Paraphysis] Chez les Végétaux et les Champignons, élément allongé stérile au sein d'une structure fertile. **Ex.**: Paraphyses de l'hyménium des Champignons supérieurs.

Paraplasme *n. m. (du gr. para, à côté de et plasma, chose façonnée).* [Paraplasm] Ensemble des inclusions inertes du cytoplasme cellulaire.

Parasegment *n. m. (du gr. para, à côté de et segment).* [Parasegment] Chez la larve de Drosophile, chacune des 14 aires qui découpent transversalement le blastoderme et qui sont définies par les limites d'expression des gènes de segmentation. Un parasegment correspond à la partie postérieure d'un segment et à la partie antérieure du segment postérieur suivant.

Parasexualité *n. f. (du gr. para, à côté de et sexualité).* [Parasexuality] Ensemble des processus d'échange de matériel génétique réalisés indépendamment de la fécondation et de la méiose. On la rencontre chez les Virus et les Bactéries. **Ex.**: Transduction, Conjugaison.

Parasite *n. m. et adj. (du gr. para, à côté de et sitos, nourriture).* [Parasite (n.), Parasitic (adj.)] Organisme vivant sur (**ectoparasite**) ou dans (**endoparasite**) un autre organisme et à ses dépens. Il présente des adaptations anatomiques et morphologiques liées au fait qu'il n'a plus besoin de se mouvoir ni de détecter sa nourriture ou ses prédateurs. Le cycle complet d'un parasite peut nécessiter un seul (**parasite monoxène**) ou plusieurs hôtes (**parasite polyxène**).

Parasitisme *n. m.* [Parasitism] Relation trophique entre deux organismes, l'un appelé *parasite* vivant aux dépens de l'autre appelé *hôte*. Le parasite peut être externe (ectoparasite) ou interne (endoparasite) dans le milieu intérieur, dans la lumière du tube digestif ou dans les cellules. Le parasitisme peut être provisoire ou définitif.

Parasitoïde *n. m.* [Parasitoid] Sorte de parasite qui entraîne la mort de son hôte.

Parasitologie *n. f. (de parasite et logos, discours).* [Parasitology] Partie de la biologie qui étudie les parasites.

Parasternum *n. m.* **Syn.**: Gastralia.

Parasymbiose *n. f. (du gr. para, à côté de et symbiose).* [Parasymbiosis] Présence d'un troisième organisme au sein d'une symbiose, sans qu'il participe à celle-ci.

Parasympathicolytique *adj. et n. m.* Se dit d'une substance qui a des effets opposés à une excitation du système nerveux parasympathique. **Ant.**: Parasympathicomimétique.

Parasympathicomimétique *adj. et n. m.* [Parasympathomimetic] Se dit d'une substance qui a les mêmes effets qu'une excitation du système nerveux parasympathique. **Ant.**: Parasympathicolytique.

Parasympathique *adj.* [Parasympathetic] Relatif au système nerveux parasympathique. **Ant.**: Sympathique, Orthosympathique.

Paratétracytique *adj.* Se dit d'un stomate qui est entouré de 4 cellules annexes.

Parathormone *n. f. (de parat(hyroïde) et hormone).* [Parathormone] Hormone polypeptidique de 84 acides aminés sécrétée par les parathyroïdes, à action hypercalcémiante et phosphodiurétique. Sa synthèse est contrôlée par la calcémie.

Parathyroïde *n. f. (du gr. para, à côté de et thyroïde).* [Parathyroid] Chez les Tétrapodes, chacune des 2 ou 4 glandes endocrines situées au voisinage de la thyroïde et sécrétant la parathormone hyperglycémiante. Elles dérivent de l'épithélium des 3e et/ou 4e paires de poches viscérales.

Paratomie *n. f. (du gr. para, à côté de et temnein, couper).* [Paratomy] Mode de scissiparité au cours de laquelle il existe une régénération de la zone de rupture avant la séparation des fragments. On la rencontre chez les Annélides Polychètes. **Ant.**: Architomie.

Paratope *n. m.* [Antibody combining site] Site de liaison d'un anticorps à un antigène.

Paratype *n. m.* [Paratype] Spécimen provenant de la même station que l'holotype et à partir duquel la description de l'espèce est complétée.

Paraviviparité *n. f.* [Paraviviparity] Mode de développement au cours duquel un œuf, après avoir été pondu est repris par la femelle ou par le mâle pour être incubé dans une poche incubatrice.

Parenchyme *n. m.* [Parenchyma] ▸ ① Tissu d'un organe qui assure son fonctionnement physiologique; ▸ ② Tissu végétal formé de cellules peu différenciées bien qu'elles puissent se spécialiser dans une fonction donnée. On peut ainsi distinguer les parenchymes assimilateur, aérifère (syn.: Aérenchyme), sécréteur, libérien, ligneux, médullaire, de réserve…

Parenchymella *n. f.* **Syn.**: Parenchymula.

Parenchymula *n. f.* Chez les Spongiaires Hexactinellides et Démosponges, larve dont le blastocèle est déjà rempli de cellules. **Syn.**: Parenchymella.

Pariade *n. f.* [Pairing] Période où les Oiseaux se réunissent par deux avant de s'accoupler; cet accouplement.

Parichnos *n. m.* [Parichnos] Cordon de parenchyme aérifère chez certaines Ptéridophytes fossiles et certaines Préspermatophytes.

Paridigité *adj. (du lat. par, égal et digitus, doigt).* Se dit des Mammmifères ongulés qui ont un nombre pair de doigts à chaque patte. **Ex.**: Artiodactyles.

Pariétal *adj.* ▸ ① Relatif à la paroi; ▸ ② Se dit de la placentation des ovules contre la paroi des ovaires.

Paripenné *adj. (du lat. par, pareil et penné).* Feuille composée pennée qui possède un nombre pair de folioles (pas de folioles terminales). **Ant.**: Imparipenné.

Paroi *n. f.* [Wall] Matrice extracellulaire qui entoure la membrane plasmique des cellules des Bactéries, des Champignons et des Végétaux. Elle joue un rôle de protection et donne leur forme aux cellules. Chez les Végétaux, on distingue une *paroi primaire pectocellulosique* à laquelle s'ajoute une *paroi secondaire* chez les cellules qui ont terminé leur croissance, contenant de la lignine et parfois de la subérine. Chez les Bactéries, la paroi est composée de peptidoglycanes, d'acides teichoïques et peut être entourée d'une capsule. Chez les Champignons, elle est composée entre autres de chitine.

Pars distalis *f.* **[Pars distalis]** **Syn.**: Antéhypophyse.

Pars intercerebralis *f.* **[Pars intercerebralis]** Chez les Insectes, région médiane du protocérébron, site de la sécrétion de l'hormone prothoracotrope.

Pars intermedia *f.* **[Pars intermedia]** Voir Adénohypophyse.

Pars nervosa *f.* **[Pars nervosa]** Voir Neurohypophyse.

Pars tuberalis *f.* **[Pars tuberalis]** Voir Adénohypophyse.

Parthénocarpique *adj. (du gr. parthenos, vierge et karpos, fruit).* **[Parthenocarpic]** Se dit d'un fruit qui s'est développé à partir d'un ovaire non fécondé. Ce fruit est dépourvu de graines. **Ex.**: Banane. **Syn.**: Asperme.

Parthénogenèse *n. f. (du gr. parthenos, vierge et genesis, naissance).* **[Parthenogenesis]** Développement d'un ovule sans qu'il soit fécondé. On distingue:

• la **parthénogenèse rudimentaire**, si l'ovule avorte;

• la **parthénogenèse occasionnelle** ou **accidentelle**, si elle n'est pas la norme;

• la **parthénogenèse régulière** ou **normale**, si elle est constante. Elle est *obligatoire* si elle concerne tous les œufs ou *facultative* si elle concerne certains œufs seulement. Elle est *cyclique* si les générations parthénogénétiques alternent avec d'autres qui ne le sont pas;

• la **parthénogenèse géographique**, si elle existe en fonction du lieu où l'individu se trouve;

• la **parthénogenèse larvaire** ou **pédogenèse**, lorsqu'elle a lieu à l'état larvaire.

Parthénospore *n. f. (du gr. parthenos, vierge et spore).* **[Parthenospore]** Chez certaines Algues, gamétocyste qui se développe sans avoir été fécondé par un autre.

Parturition *n. f. (du lat. parturire, accoucher).* **[Parturition]** Mise bas, chez les Mammifères Euthériens. Elle est sous contrôle hormonal, en particulier par l'ocytocine hypothalamique qui provoque les contractions et par la relaxine.

Patagium *n. m.* **[Patagium]** Peau tendue entre les membres antérieurs et postérieurs servant au vol plané chez certains Mammifères. **Ex.**: Écureuils volants.

Patelle ou Patella *n. f.* **[Patella]** **Syn.**: Rotule.

Patobionte *n. m.* **[Patobiont]** Qui vit dans la litière végétale.

Pauciflore *adj. (du lat. pauci, un petit nombre de et flos, floris, fleur).* **[Few-flowered]** Qui porte un petit nombre de fleurs.

Paucispécifique *adj.* **[Paucispecific]** Qui comprend un petit nombre d'espèces.

Paupière *n. f.* **[Eyelid]** Chez les Tétrapodes, repli cutané mobile qui humidifie et protège l'œil. Il existe deux paupières horizontales et, chez certains Amniotes, une paupière verticale ou **paupière nictitante**.

Paurométabole *adj. et n. m.* **[Paurometabolous]** Voir Hétérométabole et le tableau des types de développement chez les Hexapodes.

Pavillon *n. m. (du lat. papilio, papillon).* ▸ ① Chez la plupart des Mammifères, partie visible et mobile de l'oreille externe, en continuité avec le conduit auditif et améliorant la réception des ondes sonores. [External ear, Pinna, Auricle]; ▸ ② Extrémité élargie des trompes utérines qui reçoit l'ovule. **Syn.**: Infundibulum.

Pavimenteux *adj. (du lat. pavimentum, pavement).* [Pavimentous] Voir Épithélium.

PDGF *n. m. (Sigle de Platelet derived growth factor).* [PDGF] Voir Facteur de croissance dérivé des plaquettes.

PDH *n. f.* Sigle de Pyruvate déshydrogénase. Voir ce mot.

Peau *n. f. (du lat. pellis, peau d'animal).* [Skin] Tégument des Vertébrés, formé d'un tissu superficiel d'origine épiblastique, *l'épiderme* et d'un tissu profond d'origine mésoblastique (et des crêtes neurales), le *derme* et *l'hypoderme*. Il est en continuité avec les muqueuses. La peau est à l'origine de formations cutanées: phanères cornés, glandes cutanées et formations squelettiques. Elle peut avoir un rôle protecteur, sensoriel, respiratoire, osmorégulateur, excréteur, nutritif, thermorégulateur et de communication.

Pectase *n. f.* [Pectase] Enzyme qui catalyse la dégradation des pectines de la paroi des cellules végétales.

Pectine *n. f. (du gr. pêktos, figé).* [Pectin] Substance de la lamelle moyenne de la paroi squelettique des cellules végétales formée d'un mélange de polysaccharides acides (acides pectiques).

Pédalé *adj.* Se dit d'une feuille composée palmée dont chaque foliole s'insère sur le pétiole de la foliole qui précède.

Pédicellaire *n. m. (du lat. pes, pedis, pied).* [Pedicellaria] Chez les Échinides et les Astérides, chacune des petites pinces situées à la base des piquants ou isolées sur la surface du tégument et servant à nettoyer le tégument. Elles sont formées de trois pièces calcaires sessiles ou portées par un court pédoncule.

Pédicelle *n. m. (du lat. pes, pedis, pied).* [Pedicel] ▸ ① Petit axe frêle qui supporte la capsule des Bryophytes et le sporange des Ptéridophytes; ▸ ② Dans une inflorescence, ramification de l'axe qui ne supporte qu'une seule fleur; ▸ ③ Chez les Insectes, second article de l'antenne portant une partie de l'organe de Johnston et sur lequel s'insère le flagellum articulé.

Pédicule allantoïdien *m.* [Allantois pedicle] Chez les embryons d'Amniotes, canal reliant l'allantoïde à la paroi ventrale de l'intestin postérieur

Pédicule vitellin *m.* [Yolk pedicle] Chez les embryons d'Amniotes, canal reliant l'intestin antérieur à la vésicule vitelline. **Syn.**: Canal vitellin.

Pédiophile *adj.* [Pediophilous] Qui vit sur les hauts plateaux.

Pédiophyte *n. f.* [Pediophyte] Plante pédiophile.

Pédipalpe *n. m. (du lat. pes, pedis, pied et palpe).* [Pedipalp] Second appendice du prosoma des Arachnides, après les chélicères, pouvant être très développé et servir à la marche (Palpigrades) ou à la préhension (pince des Scorpions).

Pédofaune *n. f. (du gr. pedon, sol et faune).* [Pedofauna] Faune qui vit dans le sol. En fonction de la taille, on distingue la microfaune, la mésofaune et la macrofaune.

Pédoflore *n. f. (du gr. pedon, sol et flore).* [Pedoflora] Ensemble des Procaryotes, des Protophytes, des Champignons et des Végétaux vivant dans le sol.

Pédogenèse *n. f.* [Pedogenesis] Parthénogenèse larvaire. **Ex.:** *Miastor.*

Pédologie *n. f. (du gr. pedon, sol et logos, discours).* Science dont l'objet est l'étude des sols. Le spécialiste est le *pédologue*.

Pédon *n. m. (du gr. pedon, sol).* ▸ ① Ensemble des organismes qui vivent à la surface des sédiments, dans un biotope aquatique. ▸ ② Volume de sol minimal pour être étudié comme échantillon significatif.

Pédoncule *n. m. (du lat. pes, pedis, pied).* [Peduncle] ▸ ① Axe qui supporte une fleur unique ou une inflorescence; ▸ ② Structure qui relie deux organes ou deux parties d'un organe.

• **Pédoncules cérébraux**, chez les Mammifères, faisceau de fibres nerveuses motrices issues du cortex et reliant le cerveau au tronc cérébral;

• **Pédoncules cérébelleux**, chez les Mammifères, faisceau de fibres nerveuses reliant le cervelet au tronc cérébral.

Pédosphère *n. f.* [Pedosphere] Zone du sol habitée par des êtres vivants.

Peigne *n. m.* ▸ ① Chez les Scorpionides, chacun des deux organes sensoriels du second segment du mésosoma, formé de trois pièces chitineuses qui portent de nombreuses lamelles à la manière d'un peigne. Leur rôle est mal connu; ▸ ② Rangée de poils sur la face externe des pattes des Abeilles. [Pollen rake]; ▸ ③ Chez les Oiseaux, structure vasculaire plissée se projetant dans le corps vitré à partir du point aveugle de la rétine. ▸ ④ **Peigne branchial**, syn.: Branchicténie.

Pelage *n. m.* [Coat] Ensemble des poils d'un Mammifère.

Pélagique *adj. (du gr. pelagos, haute mer).* [Pelagic, Pelagian] Qui vit en haute mer. Selon la profondeur, on distingue les zones:

• **épipélagique**, jusqu'à –50 m;
• **mésopélagique** de –50 à –100 m;
• **infrapélagique** de –100 à –600 m;
• **bathypélagique** de –600 à –3000 m;
• **abyssopélagique** de profondeur supérieure à 3000 m.

Pélagos *n. m. (mot gr., haute mer).* [Pelagos] Ensemble des organismes pélagiques vivant loin du fond et qui n'en dépendent pas pour leur survie. **Ant.:** Benthos.

Pellucide *adj.* [Pellucid] Voir Membrane pellucide.

Pélophage *adj. (du gr. pêlos, boue et phagein, manger).* [Pelophagous] **Syn.:** Limivore.

Pélophile *adj. (du gr. pêlos, boue et philos, ami).* [Pelophilous] Qui pousse sur un substrat argileux.

Pélophyte *n. f. (du gr. pêlos, boue et phuton, plante).* [Pelophyte] Plante pélophile.

Pélophytie *n. f.* Biocénose végétale pélophile.

Pelote de réjection *f.* [Pellet] Amas d'os, de plumes, de poils et de cuticules, qui non digéré, est régurgité par les Oiseaux rapaces. **Syn.:** Pelote de régurgitation.

Pelouse *n. f.* [Lawn] Formation végétale herbacée.

Pelté *adj.* Se dit d'une feuille dont le pétiole s'insère au milieu du limbe. **Ex.:** Capucine.

Pelvis rénal *m.* [Renal pelvis] **Syn.:** Bassinet.

Penduliflore *adj.* Dont les inflorescences sont pendantes. **Ex.:** Robinier (*Robinia pseudacacia*, Fabacées).

Pénétrance *n. f.* [Penetrance] Dans une population, pourcentage des individus porteurs d'un allèle ou de plusieurs allèles et qui expriment le phénotype correspondant.

Pénicillé *adj.* [Penicillate] En forme de pinceau.

Pénicilline *n. f.* [Penicillin] Groupe d'antibiotiques synthétisés par les Champignons du genre *Penicillium*. Les pénicillines inhibent la synthèse des peptidoglycanes de la paroi des Bactéries. Elles sont hydrolysées par la pénicillinase qui est synthétisée par les Bactéries pénicillo-résistantes. **Ex.**: Pénicillines G et V, Ampicilline.

Pénis *n. m.* [Penis] Organe copulateur impair des Chéloniens, Crocodiliens, Oiseaux et Mammifères.

Pennatifide *adj. (du lat. pennatus, ailé et findere, fendre).* [Pennatifid] Se dit d'une feuille pennée dont les sinus atteignent le milieu du limbe.

Pennatilobé *adj. (du lat. pennatus, ailé et lobé).* [Pennatilobate] Se dit d'une feuille pennée dont les sinus n'atteignent pas le milieu du limbe.

Pennatipartite *adj. (du lat. pennatus, ailé et partitus, divisé).* Se dit d'une feuille pennée dont les sinus dépassent le milieu du limbe.

Pennatiséqué *adj.* Se dit d'une feuille pennée dont les sinus atteignent la nervure médiane de la famille.

Penne *n. f. (du lat. penna, plume).* ▸ ① Chacune des divisions de premier ordre de la fronde d'une Ptéridophyte ou d'une Préspermatophyte. [Penna]; ▸ ② Plume de contour. [Quill]

Penné *adj. (du lat. penna, plume)* [Pennate] Se dit d'une feuille composée dont les folioles se répartissent de part et d'autre de l'axe primaire ou d'une feuille simple dont les nervures secondaires sont disposées le long et de part et d'autre de la nervure principale.

Penniforme *adj. (du lat. penna, plume et forma, forme).* [Penniform] Se dit d'une feuille dont le limbe est en forme de plume.

Penninervé *adj. (du lat. penna, plume et nervus, nerf).* Se dit d'une feuille dont les nervures secondaires partent à angle droit de la nervure principale, à la manière des barbes d'une plume.

Pentacyclique *adj. (du gr. pente, cinq et cyclique).* [Pentacyclic] Se dit d'une fleur qui possède cinq verticilles de pièces florales: sépales, pétales, étamines (2 verticilles), carpelles.

Pentadactyle *adj. (du gr. pente, cinq et daktulos, doigt).* [Pentadactyle] Qui a 5 doigts à chaque membre.

Pentamère *adj. (du gr. pente, cinq et meros, partie).* [Pentamer] ▸ ① Se dit d'un Insecte dont les tarses sont formés de cinq articles; ▸ ② Se dit d'une fleur qui a cinq pétales et cinq sépales.

Pentose *n. m. (du gr. pente, cinq et (gluc)ose).* [Pentose] Voir Ose.

Pépie *n. f.* [Pip] Partie indurée de la langue de certains Oiseaux.

Pépier *v. i.* [To cheep, To chirp] Pousser de petits cris, le *pépiement*, en parlant des jeunes Oiseaux.

Pépin *n. m.* [Pip] Graine des baies et des piridions.

Péponide *n. f. (du lat. pepo, peponis, courge).* [Peponide] Baie des Cucurbitacées, à épicarpe très épaissi, parfois ligneux, et à loge unique. Voir Tableau des fruits simples.

Pepsine *n. f. (du gr. pepsis, digestion).* [Pepsin] Protéase acide sécrétée par les cellules principales de la muqueuse gastrique sous forme de pepsinogène. On obtient la pepsine par perte d'un segment amino-terminal de 44 acides aminés. C'est une endopeptidase qui découpe les protéines en oligopeptides.

Pepsinogène *n. m.* [Pepsinogen] Voir Pepsine.

Peptide *n. m.* [Peptide] Chaîne d'acides aminés reliés par des liaisons peptidiques –CO–NH–.

Peptide C *m.* Voir Insuline.

Peptide inhibiteur gastrique *m.* Sigle: GIP (*Gastric inhibitory peptide*) – Polypeptide de 43 acides aminés synthétisé par la muqueuse du duodénum et libéré lors de l'arrivée du chyme. Il inhibe la sécrétion d'acide chlorhydrique.

Peptide natriurétique auriculaire *m.* [Auricular natriuretic peptide] **Syn.**: Facteur natriurétique auriculaire.

Peptide signal *m.* [Signal peptide] Séquence d'acides aminés d'un polypeptide, servant à adresser ce dernier vers un organite précis ou vers la membrane plasmique dans le cas de la sécrétion. Le peptide signal se trouve:

• soit à l'extrémité du polypeptide et peut alors être excisé par une signal peptidase;

• soit réparti en plusieurs endroits à l'intérieur du polypeptide et n'est fonctionnel que lorsque ses différentes parties sont réunies à la faveur d'un arrangement tridimensionnel de la protéine.

Peptidoglycane *n. m.* [Peptidoglycan] Composé de la paroi des Eubactéries, formé de chaînes d'acides N-acétylmuramiques et de N-acéylglucosamines. Les acides N-acétylmuramiques portent chacun un tétrapeptide. Ces derniers sont reliés par deux par un pentapeptide de glycines.

Peptidyltransférase *n. f.* [Peptidyltransferase] Au niveau d'un ribosome, enzyme qui catalyse la formation d'une liaison peptidique entre la chaîne polypeptidique en formation et un nouvel acide aminé.

Perchis *n. m.* Jeune futaie dont les troncs ont un diamètre inférieur à 20 cm.

Pérennant *adj.* Se dit d'un organe végétal qui subsiste plusieurs années durant. **Syn.**: Pérenne.

Perfolié *adj. (du lat. per, à travers et folium, feuille).* [Perfoliate] Se dit d'une feuille sessile dont la base enserre entièrement la tige en donnant l'impression que la tige traverse la feuille.

Perforation *n. f.* Chacun des pores de communication situés aux extrémités des éléments de vaisseaux du xylème.

Perforine *n. f.* [Perforin] Protéine des lymphocytes T cytotoxiques, libérée au point de contact avec la cellule cible par exocytose des vésicules. Elle se polymérise dans la membrane plasmique de la cellule à lyser et constitue un canal transmembranaire par lequel sort le cytoplasme.

Périanthe *n. m. (du gr. peri, autour et anthos, fleur).* [Perianth] ▸ ① Ensemble des pièces stériles d'une fleur, qui protège les pièces fertiles mâles (androcée) et/ou femelles (gynécée). ▸ ② Chez les Hépatiques à feuilles, organe situé à l'extrémité du pied femelle, formé de 2 à 3 feuilles soudées destinées à protéger les archégones acrogynes.

Péricarde *n. m. (du gr. perikardion, autour du cœur).* [Pericardium] Enveloppe qui délimite une cavité cœlomique dite *cavité péricardique* dans laquelle se loge le cœur. Le péricarde est formé de trois parois:

• la *lame viscérale* du péricarde séreux, située directement contre le myocarde;

• la *lame pariétale* du péricarde séreux ou *épicarde;*

• le *péricarde fibreux*, composé de

conjonctif dense, qui entoure et protège le cœur.

La cavité péricardique est située entre les deux lames du péricarde séreux.

Péricarpe *n. m. (du gr. perikarpion, autour du fruit).* [Pericarp] Paroi d'un fruit formée de trois couches qui sont de l'extérieur vers l'intérieur:

• *l'épicarpe*, réduit à un épiderme coloré;

• le *mésocarpe*, qui donne la partie juteuse des fruits charnus;

• *l'endocarpe*, parfois sclérifié et transformé en noyau.

Péricaryon *n. m. (du gr. peri, autour et karuon, noyau).* [Perikaryon] Zone de cytoplasme qui entoure le noyau des neurones.

Péricaulome *n. m. (du gr. peri, autour et caulome).* Ensemble des tissus qui entourent le centre de la tige des Cormophytes ou caulome. **Ex.**: Bois, Liber, Suber.

Péricentral *adj. (du gr. peri, autour et central).* **Syn.**: Coxal. Voir Cellule péricentrale.

Péricheze *n. m.* Chez les Mousses, involucre de feuilles périchétiales qui entourent et protègent les archégones. **Syn.**: Périchète, *périchaetium*.

Périchondre *n. m. (du gr. peri, autour et khondros, cartilage).* [Perichondrium] Tissu conjonctif dense, bien vascularisé, qui entoure les cartilages non articulaires.

Périclade *n. m. (du gr. peri, autour et klados, rameau).* ▸ ① Chez certaines Liliacées, partie basale effilée de la fleur formée par la concrescence du périanthe, de l'androcée et du gynophore. ▸ ② Base engainante d'un pétiole.

Péricline *adj. (du gr. peri, autour et klinein, pencher).* Qui est dirigé parallèlement à la surface. **Ant.**: Anticline.

Péricycle *n. m. (du gr. peri, autour et kuklos, cercle).* [Pericycle] Assise cellulaire la plus externe du cylindre central des tiges et des racines, située juste en dedans de l'endoderme. Le péricycle a une aptitude rhizogène.

Péricytique *adj. (du gr. peri, autour et kutos, cellule).* [Pericytic] Se dit d'un stomate qui possède une seule cellule annexe qui l'entoure complètement.

Périderme *n. m. (du gr. peri, autour et derme).* [Periderm] ▸ ① Ensemble des tissus secondaires protecteurs des tiges âgées de Dicotylédones. Ce sont le liège (externe) et le phelloderme (interne) synthétisés par l'assise subéro-phellodermique. ▸ ② Dans la blastula des Insectes, épithélium périphérique formé par fragmentation du cytoplasme périphérique coenocytique autour de chacun des nombreux noyaux.

Péridesme *n. m.* Assise de cellules parenchymateuses pauvres en chloroplastes entourant les faisceaux cribrovasculaires des limbes foliaires d'Angiospermes. C'est l'équivalent du *tissu de transfusion* des aiguilles des Gymnospermes.

Péridium *n. m.* [Peridium] Enveloppe des sporophores de certains Champignons supérieurs, protégeant la gléba.

Périgone *n. m.* [Perigone] ▸ ① Chez les Mousses mâles, involucre de feuilles dites *périgoniales* qui entoure et protège les anthéridies; ▸ ② Chez les Angiospermes, périanthe dont les pièces florales (pétales et sépales) sont toutes identiques. **Ex.**: Périgone de la Tulipe.

Périgyne *adj. (du gr. peri, autour et gunê, femme).* [Perigynous] Se dit d'une fleur dont les pièces florales s'insèrent à la base de l'ovaire.

Périlymphe *n. f. (du gr. peri, autour et lymphe).* [Perilymph] Voir Labyrinthe.

Périmétrium *n. m. (du gr. peri, autour et mêtra, matrice).* [Perimetrium] Partie du péritoine viscéral entourant l'utérus.

Périmysium *n. m.* [Perimysium] Gaine conjonctive qui sépare les faisceaux de fibres musculaires striées.

Périnée *n. m.* [Perineum] Chez les Mammifères Euthériens, partie inférieure du bassin séparant le rectum et l'appareil uro-génital.

Périnèvre *n. m. (du gr. peri, autour et neuron, nerf).* [Perineurium] Cloison conjonctive qui isole les faisceaux de fibres nerveuses à l'intérieur d'un nerf.

Périopticum *n. m. (du gr. peri, autour et optikos, relatif à la vision).* Chez les Insectes, masse ganglionnaire la plus externe des lobes optiques du protocérébron.

Périoste *n. m.* [Periosteum] Membrane double entourant et protégeant les os. Elle comprend une couche externe fibreuse composée de tissu conjonctif dense et une couche interne ostéogénique composée d'ostéoclastes et d'ostéoblastes. Il est riche en fibres nerveuses et en vaisseaux lymphatiques et sanguins.

Périostracum *n. m. (du gr. peri, autour et ostrakon, coquillage).* Chez les Mollusques, couche la plus externe de la coquille, sécrétée par le bord du manteau, formée de conchyoline.

Périphyse *n. f. (du gr. peri, autour et phusis, croissance).* Chez certains Champignons Pyrénomycètes, chacun des nombreux filaments mycéliens stériles et courts, situés près de l'ostiole.

Périphyton *n. m.* Ensemble des organismes vivant à la surface des substrats immergés.

Périplasme *n. m. (du gr. peri, autour et plasma, chose façonnée).* [Periplasm] ▸ ① Mélange de cytoplasme et de nucléoplasme entourant les chromosomes après la dégradation de l'enveloppe nucléaire lors de la division cellulaire; ▸ ② Couche de cytoplasme qui entoure le vitellus dans les œufs centrolécithes; ▸ ③ Chez les Bactéries à Gram négatif, espace compris entre les membranes interne et externe, comportant le peptidoglycane. ▸ ④ Région prériphérique stérile d'un oogone (gamétocyste femelle), entourant la partie centrale fertile ou *ooplasme*.

Périsperme *n. m. (du gr. peri, autour et sperma, semence).* [Perisperm] Dans certaines graines, tissu périphérique résultant de l'accumulation de réserves dans le nucelle. **Ex.**: Nymphéacées, Pipéracées.

Périspore *n. f.* [Perispore] Partie externe de la paroi des spores fongiques.

Périssoploïde *adj. (du gr. perissos, impair et (ha)ploïde).* [Perissoploid] Qui possède un nombre impair de lots chromosomiques.

Péristaltisme *n. m. (du gr. peristellein, envelopper).* [Peristalsis] Mécanisme de progression des aliments dans le tube digestif par vagues de contractions musculaires se propageant de proche en proche.

Péristome *n. m. (du gr. peri, autour et stoma, bouche).* [Peristome] ▸ ① Ouverture de la coquille des Gastéropodes; ▸ ② Chez les Mousses de l'ordre des Bryales, couronne de dents au sommet de la capsule des sporophytes. Il peut y avoir une ou deux rangées de dents (*endostome* et *exostome*), le nombre de dents étant toujours un multiple de 4. Certaines Bryales ne possèdent pas de péristomes et sont dites *gymnostomes*.

Périthèce *n. m. (du gr. peri, autour et thêkê, boîte).* [Perithecium] Chez les

Euascomycètes Pyrénomycètes, organe reproducteur en forme de bouteille contenant les asques et des paraphyses. Un périthèce comprend un ventre, un col et un ostiole (parfois absent).

Péritoine *n. m. (du gr. peritonaion, ce qui est tendu autour).* [Peritoneum] Membrane séreuse qui tapisse les parois abdominale et pelvienne (**péritoine pariétal**) et qui recouvre les organes (**péritoine viscéral**). Le péritoine délimite la *cavité péritonéale*.

Péritrème *n. m.* Chez les Insectes, cadre chitineux des stigmates.

Péritriche *adj. (du gr. peri, autour et trichos, poil).* [Peritrich] Se dit d'un organisme unicellulaire qui possède de nombreux flagelles répartis sur toute sa surface.

Périttogamie *n. f. (du gr. perittos, exceptionnel et gamos, mariage).* **Syn.**: Somatogamie.

Perle *n. f. (du lat. perna, jambe).* [Pearl] Concrétion sphérique de nacre synthétisée par le manteau de certains Mollusques autour d'un corps étranger pour l'isoler.

Perméase *n. f. (de permé(able) et suff. -ase).* [Permease] Chacune des enzymes de la membrane des Bactéries et de certains organites, assurant le transport actif d'ions et de molécules organiques.

Peroxydase *n. f.* [Peroxidase] Enzyme de la classe des oxydoréductases qui catalyse l'oxydation du substrat avec formation d'eau à partir d'un atome d'oxygène issu d'une molécule de peroxyde d'hydrogène (H_2O_2).

Peroxysome *n. m. (de peroxy(de) et du gr. sôma, corps).* [Peroxisome] Organite cytoplasmique présent dans toutes les cellules eucaryotes, limité par une seule membrane et contenant des enzymes d'oxydation utilisant l'oxygène moléculaire ou le peroxyde d'hydrogène. Ces enzymes réalisent la β-oxydation des acides gras. Chez les Végétaux, ils sont les sites de la photorespiration dans les feuilles, et les sites de la conversion des acides gras en glucides dans les graines en germination (*glyoxysomes*). Ils ne possèdent pas de génome et sont capables d'autoréplication. Les protéines sont importées dans les peroxysomes grâce à un tripeptide signal carboxy-terminal.

Persistant *adj.* [Persistent] Se dit des feuilles (et du feuillage) qui ne tombent pas en hiver. **Ant.**: Caduc.

Personé *adj. (du lat. persona, masque).* Qui a la forme d'un visage.

Perspiration *n. f. (du lat. perspirare, souffler à travers).* [Perspiration] Ensemble des échanges gazeux réalisés au travers de la peau. Elle est particulièrement développée chez les Amphibiens.

Pérule *n. f. (du lat. perula, besace).* ▸ ① Ensemble des écailles d'un bourgeon, à rôle protecteur. ▸ ② Chez certaines Orchidées dites *pérulées*, extension de la base du gynostème, formant un renflement sous la corolle.

Pessière *n. f.* Peuplement d'Épicéas (*Picea sp*, Pinacées).

Pétale *n. m. (du gr. petalon, feuille).* [Petal] Chacune des pièces florales qui composent la corolle. Leur taille, leur forme et leur couleur sont très variables. Ils présentent le plus souvent une partie basale effilée, *l'onglet*, et une partie distale élargie, le *limbe*. Ils peuvent être libres (fleur dialypétale) ou soudés (fleur gamopétale).

Pétalodie *n. f. (du gr. petalon, feuille)* [Petalody] Anomalie d'une fleur dont certaines pièces florales sont transformées en pétales, notamment les étamines.

Pétaloïde *adj. (de pétale et du gr. eidos, aspect).* [**Petaloid**] Qui ressemble à un pétale.

Pétiole *n. m.* [**Petiole**] Partie basale de la feuille qui porte le limbe et le rattache à la tige. Les faisceaux conducteurs présentent une symétrie bilatérale ce qui indique la nature foliaire et non caulinaire du pétiole. Il est parfois absent; la feuille est alors dite *sessile.*

Pétiolule *n. m.* [**Petiolul**] Pétiole secondaire qui supporte les limbes des folioles d'une feuille composée.

Peuplement *n. m.* [**Community**] Ensemble des populations qui occupent le même habitat et qui présentent une écologie semblable.

Peupleraie *n. f.* [**Poplar stand**] Peuplement de Peupliers (*Populus sp*, Salicacées). **Syn.**: Populaie.

Pézophitie *n. f.* Formation végétale pézophile.

Pézophyte *n. f.* Plante *pézophile*, c'est-à-dire ni hydrophile ni hygrophile. **Syn.**: Chthnophyte.

Phage *n. m.* [**Phage**] Aphérèse de Bactériophage. Voir ce mot.

Phagocyte *n. m. (du gr. phagein, manger et kutos, cellule).* [**Phagocyte**] Toute cellule capable d'englober un corps étranger en l'entourant par des expansions de son cytoplasme puis de la digérer. Les phagocytes peuvent être libres ou fixes. **Ex.**: Macrophage.

Phagocytose *n. f.* [**Phagocytosis**] Mécanisme par lequel certaines cellules animales ou certains Protozoaires englobent et digèrent des particules étangères.

Phagosome *n. m. (du gr. phagein, manger et sôma, corps).* [**Phagosome**] Vésicule contenant des particules étrangères englobées par phagocytose (**hétérophagosome**) ou des particules appartenant à la cellule et englobées par autophagie (**autophagosome**). Les phagosomes fusionnent avec des lysosomes et donnent des *phagolysosomes* où a lieu la digestion par les enzymes lysosomiales.

Phagotrophie *n. f. (du gr. phagein, manger et trophê, nourriture).* [**Phagotrophy**] Mode de nutrition des Protozoaires par phagocytose des proies.

Phalange *n. f.* [**Phalanx**] Chacun des os des doigts et des orteils disposés dans le prolongement des métacarpiens et des métatarsiens. L'ensemble des phalanges constitue *l'acropode.*

Phanère *n. m. (du gr. phaneros, apparent).* [**Phanera, Appendage of the skin**] Toute production épidermique des Vertébrés, formée principalement de kératine. **Ex.**: Poil, plume, griffe, sabot, corne.

Phanérogamie *n. f.* [**Phanerogamy**] Partie de la botanique qui traite des Phanérogames. Le spécialiste est un *phanérogamiste.*

Phanérophyte *n. f. (du gr. phaneros, visible et phuton, plante).* [**Phanerophyte**] Plante caractérisée par un appareil végétatif ligneux développé et des bourgeons situés à plus de 25 cm du sol. Les phanérophytes forment un type biologique comprenant plusieurs sous- types:

- les **mégaphanérophytes;**
- les **mésophanérophytes;**
- les **microphanérophytes;**
- les **nanophanérophytes.**

Voir Tableau des types biologiques.

Pharynx *n. m. (du gr. pharugx, pharuggos, gorge).* [**Pharynx**] Chez les Cordés et les Hémicordés, partie antérieure du tube digestif s'ouvrant sur l'extérieur. L'épithélium est pluristratifié et les fibres musculaires sont striées. Fondamentalement, l'épithélium du pharynx des Cordés s'évagine entre les arcs viscéraux pour former les *poches viscérales* qui s'ouvrent par des *fentes branchiales* à l'extérieur ou dans une cavité péribranchiale. Il joue un rôle respiratoire et nutritif chez les Procordés et les larves de Lamproies, mais seulement respiratoire chez les Poissons et les larves d'Amphibiens. Chez les Tétrapodes terrestres, il n'a plus de rôle respiratoire mais donne naissance par évagination à la trachée et aux poumons. Chez tous les Vertébrés, son épithélium se différencie en diverses glandes endocrines (thyroïde, parathyroïde, thymus et corps ultimo-branchiaux).

Phase d'accroissement *f.* [Growth phase] Au cours de la gamétogenèse, phase de croissance des ovocytes I et des spermatocytes I qui sont au stade diplotène de la prophase de première division de méiose.

Phases G0, G1, G2, S *f.* Voir Interphase.

Phellème *n. m. (du gr. phellos, liège).* Syn.: Liège.

Phelloderme *n. m. (du gr. phellos, liège et derma, peau).* [Phelloderm] Parenchyme secondaire issu de l'activité de la face interne de la zone génératrice subéro-phellodermique. Contrairement au liège, il est souvent réduit et ses cellules restent vivantes longtemps.

Phellogène *n. m. (du gr. phellos, liège et genos, origine).* [Phellogen] Zone génératrice subéro-phellodermique formée par dédifférenciation d'une zone de parenchyme et synthétisant le liège et le phelloderme.

Phellophile *adj.* Voir Phellophyte.

Phellophyte *n. f.* Plante *phellophile*, c'est-à-dire poussant sur les sols pierreux.

Phénétique *n. f. et adj. (du gr. phainein, briller).* Méthode phylogénétique qui repose sur la quantification des ressemblances entre êtres vivants pour déterminer leur lien de parenté. Cette méthode est peu pertinente pour les caractères morphologiques en raison de l'existence de caractères analogiques, c'est-à-dire résultant d'une convergence évolutive et non d'une ascendance commune. Cependant, elle devient pertinente si l'on considère un grand nombre de caractères car les analogies sont alors en proportion négligeable.

Phénocopie *n. f. (de phéno(type) et copie).* [Phenocopy] ▸ ① Modifications phénotypiques non héréditaires apparaissant sous l'influence du milieu; ▸ ② Phénotype similaire ou identique à un autre phénotype.

Phénogénétique *n. f. (de phéno(type) et génétique).* [Phenogenetics] Étude de l'influence des facteurs environnementaux sur la réalisation du phénotype.

Phénologie *n. f. (du gr. phainein, briller et logos, discours).* [Phenology] Étude de l'influence du climat sur la périodicité des phénomènes biologiques qui se succèdent tout au long de l'année.

Phénotype *n. m. (du gr. phainein, briller et tupos, empreinte).* [Phenotype] Ensemble des caractères morphologiques, anatomiques et physiologiques d'un individu correspondant à l'expression du génotype en interaction avec les conditions de milieu. Le phénotype le plus courant est dit *sauvage*. Les autres, dits *mutés* ou *mutants*, en sont dérivés par des mutations.

Phénylalanine *n. f. (de phényle et alanine).* [Phenylalanine] Symb.: Phe, F – Acide aminé aromatique essentiel entrant dans la constitution des protéines de la matière vivante. La phénylalanine en excès est transformée en tyrosine par hydroxylation grâce à une phénylalanine hydroxylase qui nécessite un cofacteur, la bioptérine tétrahydrogénée, et la présence d'oxygène. La phénylalanine est à l'origine, par l'intermédiaire de la tyrosine, des amines biogènes et de la mélanine. Codons correspondants: UUU, UUC. **Syn.**: Acide-α-amino-β-phénylpropionique.

Phénylalanine hydroxylase *n. f.* [**Phenylalanine hydroxylase**] Voir Phénylalanine.

Phéochromocyte *n. m.* [**Pheochromocyte**] **Syn.**: Cellule chromaffine.

Phéoplaste *n. m. (du gr. phaios, brun et plaste).* [**Phaeoplast**] Plaste des Algues brunes contenant un pigment brun, la fucoxanthine.

Phéromone *n. f. (du gr. pherein, transporter et (hor)mone).* [**Pheromone**] Substance chimique sécrétée par un animal, qui provoque un changement physiologique ou comportemental chez un autre individu de la même espèce. On distingue 5 types de phéromones:

- les **phéromones sexuelles,**
- les **phéromones d'agrégation** (ou **grégaires**),
- les **phéromones de marquage** (ou **de piste**),
- les **phéromones d'alarme,**
- les **phéromones d'espacement** (ou **épidéictiques**).

Phialide *n. f.* [**Phialide**] Chez certains Champignons septomycètes, cellule engendrant un nombre indéfini de conidies par bourgeonnement.

Philoprogénique *adj.* [**Philoprogenitive**] Se dit d'une espèce dont les descendants sont nombreux.

Phloème *n. m. (du gr. phloios, écorce).* [**Phloem**] Chez les Plantes vasculaires, tissu conducteur de la sève élaborée. Il est constitué de tubes criblés formés de cellules vivantes, de parenchyme et parfois de cellules de contact et de fibres. Le **phloème primaire** est formé à partir du méristème apical primaire et le **phloème secondaire** à partir de l'assise génératrice libéro-ligneuse. Les premiers tubes criblés constituent le **protophloème** puis, à la fin de la croissance de l'organe, se différencient d'autres tubes criblés plus grands constituant le **métaphloème**. Voir le tableau de la structure du phloème.

Phlogoïde *adj.* Se dit d'une plante qui, par ramification basale importante, forme un plateau de tallage.

Phonotaxie *n. f. (du gr. phônê, son et taxie).* [**Phonotaxy**] Voir Taxie.

Phorbe *n. f.* Toute plante herbacée non graminoïde.

Phorésie *n. f.* [**Phoresy**] Relation temporaire entre deux organismes réduite au transport de l'un par l'autre.

Phorophyte *n. m. (du gr. pherein, porter et phuton, plante).* [**Phorophyte**] Se dit d'un végétal qui porte un autre Végétal ou un Champignon, sans réaliser obligatoirement une relation trophique avec lui.

Phorophytion *n. m.* Ensemble des organismes qui sont plaqués contre leur support, sans racines ou à racines réduites. **Ex.**: Lichens, Mousses. Ce sont souvent des plantes pionnières.

Phorozoïde *n. m. (du gr. pherein, porter et zôoeidês, semblable à un animal).* [**Phorozooid**] Chez les Tuniciers Thaliacés, blastozoïde asexué de deuxième génération qui porte sur ses pédoncules blastozoïdes de troisième génération ou gonozoïde.

Phosphagène *n. m.* [**Phosphagen**] Composé qui sert de réserve de phosphates pour la synthèse d'ATP à partir d'ADP. **Ex.**: Phosphocréatine, phosphoarginine.

Phosphatase *n. f.* [Phosphatase] Toute enzyme de la classe des hydrolases qui catalyse l'hydrolyse des liaisons phosphoester. On distingue les phosphatases acides, efficaces à pH acide et les phosphatases basiques, efficaces à pH basique. **Ex.**: Phosphodiestérase, Acylphosphatase.

Phosphate de pyridoxal *m.* [Pyridoxal phosphate] **Syn.**: Phosphopyridoxal, Pyridoxal phosphate. Voir Pyridoxine.

Phosphatide *n. m.* [Phosphatide] **Syn.**: Glycérophospholipide.

Phosphatidylcholine *n. f.* [Phosphatidylcholine] Glycérophospholipide non chargé dont le phosphate est estérifié par la choline. La phosphatidylcholine est présente majoritairement dans le feuillet externe de la membrane plasmique et dans les endomembranes. Elle est contenue en grande quantité dans le jaune d'œuf d'où son synonyme. **Syn.**: Lécithine.

Phosphatidyléthanolamine *n. f.* [Phosphatidylethanolamine] Glycérophospholipide non chargé dont le phosphate est estérifié par l'éthanolamine. Il est présent majoritairement dans le feuillet cytoplasmique de la membrane plasmique et dans les endomembranes. **Syn.**: Céphaline.

Phosphatidylglycérol *n. m.* [Phosphatidylglycerol] Glycérophospholipide non chargé dont le phosphate est estérifié par le glycérol. C'est un précurseur des cardiolipides. Il est surtout répandu dans les membranes bactériennes.

Phosphatidylinositol *n. m.* [Phosphatidylinositol] Glycérophospholipide à inositol, chargé négativement, présent dans le feuillet cytoplasmique de la membrane plasmique. Il est phosphorylé par des kinases en phosphatidylinositol-4,5-diphosphate. Ce dernier sera clivé par une phospholipase Cβ en inositol triphosphate et en diacylglycérol qui sont deux seconds messagers intracellulaires.

Phosphatidylsérine *n. f.* [Phosphatidylserine] Glycérophospholipide peu abondant des endomembranes et du feuillet interne de la membrane plasmique. Sa présence sur le feuillet externe d'une cellule induirait la phagocytose de celle-ci par les macrophages.

Phosphoarginine *n. f.* [Phosphoarginine] Phosphagène des Invertébrés. **Syn.**: Arginine phosphate, Acide arginine phosphorique.

Phosphocréatine *n. f.* [Phosphocreatine] **Syn.**: Créatine phosphate.

Phosphodiestérase *n. f.* [Phosphodiesterase] Enzyme de la classe des hydrolases qui catalyse l'hydrolyse d'une liaison phosphodiester. **Ex.**: AMPc phosphodiestérase, phospholipase C, nucléase.

Phosphodihydroxyacétone *n. f.* [Phosphodihydroxyacetone] **Syn.**: Dihydroxyacétone phosphate.

Phosphoénolpyruvate *n. m.* [Phosphoenolpyruvate] **Syn.**: Acide phosphoénolpyruvique.

Phosphofructokinase *n. f.* [Phosphofructokinase]

• **Phosphofructokinase I**, enzyme qui catalyse la phosphorylation du fructose-6-phosphate en fructose-1,6-diphosphate en utilisant un ATP. Elle est inhibée par l'ATP et le citrate et activée par l'AMP et le fructose-2,6-diphosphate.

• **Phosphofructokinase II**, enzyme qui catalyse la phosphorylation du fructose-6-phosphate en fructose-2,6-diphosphate en utilisant un ATP.

Phosphoglycéraldéhyde *n. m.* [Phosphoglyceraldehyde] Composé intermédiaire de la glycolyse et du cycle de Calvin. Dans la glycolyse, il provient de la transformation du fructose-1,6-bisphosphate par une aldolase et donnera du 1,3-bisphosphoglycérate par une triose phosphate déshydrogénase. C'est le processus inverse dans le cycle de Calvin: il provient du 1,3-bisphosphoglycérate et donne du fructose-1,6-bisphosphate par les mêmes enzymes que la glycolyse.

2-Phosphoglycérate *n. m.* [2-Phosphoglycerate] Dans la glycolyse, ester phosphorique du glycérate qui est transformé en phosphoénolpyruvate par une énolase.

Phosphoglycérate kinase *n. f.* [Phosphoglycerate kinase] Dans la glycolyse, enzyme qui catalyse la déphosphorylation du 1,3-diphosphoglycérate en 3-phosphoglycérate. Il y a formation d'un ATP à partir d'un ADP.

Phosphoglycérate mutase *n. f.* [Phosphoglycerate mutase] Enzyme qui catalyse la conversion du 3-phosphoglycérate en 2-phosphoglycérate, dans la glycolyse.

Phosphoglycéride *n. m.* [Phosphoglyceride] **Syn.**: Glycérophospholipide.

Phospho-inositide *n. m.* [Phosphoinositide] Glycérophospholipide qui contient de l'inositol. Ce sont les phosphatidylinositol, phosphatidylinositol-4-phosphate et phosphatidylinositol-4,5-diphosphate, précurseurs de messagers intracellulaires (inositol triphosphate et diacylglycérol). **Syn.**: Inositol phosphatide.

Phospholipase *n. f.* [Phospholipase] Enzyme qui catalyse l'hydrolyse des glycérophospholipides. Il en existe 4 types:

- la **phospholipase A1** qui hydrolyse la liaison ester en C1 du glycérol;
- la **phospholipase A2** qui hydrolyse la liaison ester en C2 du glycérol;
- la **phospholipase C** qui hydrolyse la liaison entre le glycérol et l'acide phosphatidique;
- la **phospholipase D** qui hydrolyse la liaison entre l'acide phosphatidique et le radical.

Phospholipide *n. m.* [Phospholipid] Lipide complexe dont une fonction alcool primaire est estérifiée par un acide phosphorique. On distingue les *glycérophospholipides* dont l'alcool est le glycérol et les *sphingolipides* dont l'alcool est la sphingosine, la dihydrosphingosine ou la phytosphingosine.

Phosphomutase *n. f.* [Phosphomutase] Enzyme de la classe des isomérases qui catalyse le déplacement d'un groupement phosphate d'une partie d'une molécule à une autre.

Phosphonolipide *n. m.* [Phosphonolipid] Glycérophospholipide caractérisé par une liaison phosphore-carbone, présent chez certains Eucaryotes unicellulaires à la place des phosphatides classiques.

Phosphopantéthéine *n. f.* [Phosphopantetheine] Ester phosphorique de la pantéthéine entrant dans la constitution de la coenzyme A et de l'acide gras synthase (ACP).

Phosphoprotéine *n. f.* [Phosphoprotein] Protéine comportant des phosphates. **Ex.**: Caséine.

Phosphopyridoxal et Phosphopyridoxamine *n. m. et n. f.* [Phosphopyridoxal, Phosphopyridoxamine] Voir Phosphate de pyridoxal et Pyridoxine.

Phosphore *n. m.* [Phosphorus] Symb.: P – Élément chimique (Z = 15) du groupe des non-métaux. C'est un constituant des nucléotides, des protéines, des phospholipides. Il est présent sous forme de phosphates dans les os et les dents. La liaison entre les trois phosphates de l'ATP est la source d'énergie de l'organisme.

Phosphorisation *n. f.* [**Phosphorization**] Formation du phosphate de calcium dans l'organisme animal.

Phosphorylase *n. f.* [**Phosphorylase**] Enzyme qui catalyse l'estérification d'un ose par un phosphate. Cette réaction est une phosphorylation.

Phosphorylation *n. f.* [**Phosphory- lation**] Fixation d'un radical phosphoryle sur un composé organique.

Phosvitine *n. f.* [**Phosvitin**] Phosphoprotéine du jaune d'œuf.

Photo-apériodique *adj.* [**Photoaperiodic**] Se dit des plantes dont la floraison est indépendante de la photopériode.

Photoautotrophe *adj. (du gr. phôs, phôtos, lumière et autotrophe).* [**Photoautotrophic**] Voir Phototrophe et le tableau des types nutritionnels des êtres vivants.

Photobiologie *n. f. (du gr. phôs, phôtos, lumière et biologie).* [**Photobiology**] Partie de la biologie qui étudie l'action de la lumière sur les êtres vivants.

Photobionte *n. m. (du gr. phôs, phôtos, lumière et (sym)bionte).* [**Photobiont**] Partenaire chlorophyllien d'une symbiose lichénique. Ce sont des Algues, le plus souvent Chlorophycées (*Trebouxia*), et/ou des Cyanobactéries (*Nostoc*).

Photogenèse *n. f. (du gr. phôs, phôtos, lumière et genèse).* [**Photogenesis**] Formation de lumière par un être vivant.

Photohétérotrophe *adj. (du gr. phôs, phôtos, lumière et hétérotrophe).* [**Photoheterotrophic**] Voir Phototrophe et le tableau des types nutritionnels des êtres vivants.

Photo-inhibition *n. f.* [**Photoinhibition**] Ralentissement ou arrêt d'une activité physiologique dû à la présence de lumière.

Photolyse *n. f. (du gr. phôs, phôtos, lumière et lusis, dissolution).* [**Photolysis**] Scission d'une molécule d'eau en électrons, protons et oxygène dans le lumen des thylacoïdes.

Photomorphisme *n. m. (du gr. phôs, phôtos, lumière et morphê, forme).* Modification d'une plante due à la lumière.

Photomorphose *n. f. (du gr. phôs, phôtos, lumière et morphê, forme).* Résultat du photomorphisme.

Photonastie *n. f. (du gr. phôs, phôtos, lumière et nastie).* [**Photonasty**] Voir Nastie.

Photopériode *n. f. (du gr. phôs, phôtos, lumière et période).* [**Photoperiod**] Répartition du jour et de la nuit au cours d'un nycthémère. On distingue la *photophase* diurne et la *scotophase* nocturne.

Photopériodisme *n. m. (du gr. phôs, phôtos, lumière et périodisme).* [**Photoperiodism**] Sensibilité d'un être vivant aux variations du rythme nycthéméral et de la photopériode en fonction de l'année.

Photophase *n. f.* [**Photophasis**] Voir Photopériode.

Photophile *adj. (du gr. phôs, phôtos, lumière et philos, ami).* [**Photophilous**] Qui affectionne les milieux fortement éclairés. **Syn.:** Lucicole, Luciphile, Héliophile. **Ant.:** Photophobe, Lucifuge, Luciphobe, Héliophobe.

Photophobe *adj. (du gr. phôs, phôtos, lumière et phobos, crainte).* [**Photophobous**] Qui craint la lumière directe. **Syn.:** Lucifuge, Luciphobe, Héliophobe. **Ant.:** Luciphile, Photophile, Lucicole, Héliophile.

Photophore *n. m.* [Photophore] Organe responsable de la bioluminescence.

Photophosphorylation *n. f. (du gr. phôs, phôtos, lumière et phosphorylation).* [Photophosphorylation] Formation d'ATP à partir d'ADP lors de la photosynthèse. L'énergie nécessaire provient du passage des protons au niveau d'une ATP synthase. Il existe:

- une **photophosphorylation acyclique**, c'est-à-dire associée à un transport linéaire des électrons de l'eau jusqu'au NADP permettant la synthèse de $NADPH_2$;
- une **photophosphorylation cyclique** où les électrons issus du photosystème I reviennent à la plastoquinone. De ce fait, cette photophosphorylation n'est pas accompagnée de la synthèse de $NADPH_2$.

Photophyte *n. f. (du gr. phôs, phôtos, lumière et phuton, plante).* [Photophyte] Plante photophile.

Photorécepteur *n. m. (du gr. phôs, phôtos, lumière et récepteur).* [Photo(re)ceptor] Cellule animale sensible à la lumière.

Photorespiration *n. f. (du gr. phôs, phôtos, lumière et respiration).* [Photorespiration] Cycle complexe au cours duquel le phosphoglycolate formé par oxydation du ribulose-1,5-bisphosphate par la fonction oxygénase de la Rubisco est retransformé en ribulose-1,5-bisphosphate. Ce cycle nécessite 4 molécules d'oxygène, 2 FAD, 2 NAD et 1 ATP. Il libère 2 phosphates, 1 CO_2, 1 NH_3 et 2 H_2O. Il a lieu dans 4 compartiments cellulaires: chloroplaste, peroxysome, mitochondrie et cytosol. La photorespiration diminue l'assimilation du CO_2 mais contribuerait à abaisser la teneur en oxygène qui est toxique pour les tissus. Elle est très faible chez les plantes en C4 et les plantes à métabolisme crassulacéen.

Photostade *n. m. (du gr. phôs, phôtos, lumière et stade).* [Photostage] Période du développement d'une plante où les premières feuilles apparaissent et où la lumière est alors importante pour le déclenchement de la photosynthèse.

Photosynthèse *n. f. (du gr. phôs, phôtos, lumière et synthèse).* [Photosynthesis] Ensemble complexe de processus permettant aux organismes chlorophylliens de synthétiser des glucides en utilisant la lumière comme source d'énergie. On distingue:

- la **photosynthèse oxygénique** chez les Végétaux et les Cyanobactéries où du dioxygène issu de la photolyse de l'eau est dégagé;
- la **photosynthèse anoxygénique** chez les Bactéries phototrophes autres que les Cyanobactéries. **Syn.**: Assimilation chlorophyllienne.

Photosystème *n. m. (du gr. phôs, phôtos, lumière et système).* [Photosystem] Chacun des complexes protéiques des cellules photosynthétiques, formés d'une *antenne collectrice* de lumière et d'un *centre réactionnel* et situés dans la membrane des thylacoïdes, des chlorosomes (Bactéries) ou des phycobilisomes (Cyanobactéries et Rhodophycées). L'antenne est formée de protéines qui établissent des liaisons stables avec les pigments photosynthétiques (chlorophylles a et b et caroténoïdes). Le centre réactionnel est un dimère de chlorophylles a (ou de bactériochlorophylles a) associé à quelques protéines. Chez les Végétaux, il existe deux photosystèmes I et II qui diffèrent par la forme de leur antenne, par leur localisation et par les protéines associées aux photopigments.

Phototaxie *n. f. (du gr. phôs, phôtos, lumière et taxie).* [Phototaxy] Voir Taxie.

Phototrophe *adj. (du gr. phôs, phôtos, lumière et trophê, nourriture).* [Phototrophic] Se dit des organismes qui nécessitent de l'énergie lumineuse pour réaliser leurs synthèses de matière organique. On distingue:

- les **photoautotrophes** dont la source de carbone est le CO_2;
- les **photohétérotrophes** dont la source de carbone est organique;
- les **photolithotrophes** dont la source de protons et d'électrons est inorganique;
- les **photoorganotrophes** dont la source de protons et d'électrons est organique.

Voir le tableau des types nutritionnels des êtres vivants.

Phototropisme *n. m. (du gr. phôs, phôtos, lumière et tropisme).* [Phototropism] Voir Tropisme.

Phragmitaie *n. f. (de phragmite, du gr. phragmitês, qui sert à faire une haie).* **Syn.**: Roselière.

Phragmoplaste *n. m. (du gr. phragma, cloison et plaste).* [Phragmoplast] Lors de la division d'une cellule végétale, ensemble des phragmosomes à l'origine de la nouvelle cloison à croissance centrifuge qui partagent une cellule en deux cellules filles.

Phragmosome *n. m. (du gr. phragma, cloison et sôma, corps).* [Phragmosome] Chacune des vésicules golgiennes qui s'assemblent à l'équateur d'une cellule végétale en télophase. Leurs membranes réunies forment les deux membranes des cellules filles, et leur contenu forme la lame pectique qui les sépare. Les membranes sont interrompues au niveau des points de passage du réticulum endoplasmique qui deviendront les plasmodesmes.

Phréaticole *adj.* [Phreaticolous] Qui vit dans les eaux souterraines. **Syn.**: Phréatobie, Phréatophile, Stygophile, Stygobie.

Phréatobiologie *n. f.* [Phreatobiology] Biologie des eaux souterraines.

Phréatophyte *n. f. (du gr. phrear, -atos, puits et phuton, plante).* Plante dont le développement est dépendant de la présence d'une nappe phréatique, notamment dans les régions désertiques.

Phrénique *adj. (du gr. phrên, phrenos, diaphragme).* [Phrenic] Relatif au diaphragme.

Phrénosine *n. f.* [Phrenosin] Le plus abondant des cérébrosides (sphingogalactolipide) du cerveau des Vertébrés.

Phycobiline *n. f. (du gr. phucos, algue et du lat. bilis, bile).* [Phycobilin] Groupement prosthétique chromophore tétrapyrrolique à chaîne ouverte des phycobiliprotéines, pigments des Rhodophycées et des Cyanobactéries.

Phycobiliprotéine *n. f. (du gr. phucos, algue et biliprotéine).* [Phycobiliprotein] Pigment assimilateur formé de phycobiline. Ce sont les *phycoérythrines* (rouges) des Rhodophycées et les *phycocyanines* (bleues) des Cyanobactéries. Ces pigments sont réunis en antennes photocollectrices appelées *phycobilisomes*, rattachées aux thylacoïdes ou à la membrane bactérienne.

Phycobilisome *n. m. (du gr. phucos, algue, du lat. bilis, bile et du gr. sôma, corps).* [Phycobilisome] Voir Phycobiliprotéine.

Phycobionte *n. m.* [Phycobiont] Composant algal d'un Lichen.

Phycocyanine *n. f. (du gr. phucos, algue et kuanos, bleu).* [Phycocyanin] Voir Phycobiliprotéine.

Phycoérythrine *n. f. (du gr. phucos,*

algue et eruthros, rouge). [Phycoerythrin] Voir Phycobiliprotéine.

Phycologie *n. f. (du gr. phucos, algue et logos, disours)*. [Phycology] **Syn.**: Algologie.

Phycophage *adj. (du gr. phucos, algue et phagein, manger)*. [Phycophagous] Qui se nourrit d'Algues.

Phycoxanthine *n. f. (du gr. phucos, algue et xanthine)*. [Phycoxanthin] **Syn.**: Fucoxanthine.

Phylétique *adj.* [Phyletic] Relatif à la formation des espèces ou à la phylogénie.

Phyllaire *n. f. (du gr. phullon, feuille)*. Chacune des bractées d'un involucre.

Phyllidie *n. f.* [Phyllidium] Tissu de régénération d'une partie lésée d'un thalle lichénique, auquel les deux symbiontes participent.

Phylloclade *n. m. (du gr. phullon, feuille et klados, rameau)*. **Syn.**: Cladode.

Phyllode *n. f. (du gr. phullon, feuille et eidos, aspect)*. [Phyllode] Pétiole développé en lame foliaire qui remplace le limbe absent ou très réduit de certaines feuilles. **Ex.**: *Nepenthes sp*.

Phylloïde *n. f. (du gr. phullon, feuille et eidos, aspect)*. [Phylloid] Chez les Ptéridophytes, organe d'apparence foliaire, à nervure unique, de taille réduite.

Phyllome *n. m. (du gr. phullon, feuille)*. Ensemble des feuilles, des cotylédons et des pièces florales d'une plante.

Phyllomorphique *adj.* [Phyllomorphic] Se dit d'un rameau qui ressemble à une feuille. **Ex.**: Cladode.

Phyllophage *adj. (du gr. phullon, feuille et phagein, manger)*. [Phyllophagous] Qui se nourrit de feuilles. **Ex.**: Koala (feuilles d'Eucalyptus).

Phyllophore *n. m. (du gr. phullon, feuille et pherein, manger)*. [Phyllophore] Rachis de nature caulinaire chez les Ptéridophytes primitives.

Phylloquinone *n. f.* [Phylloquinone] Voir Tableau des vitamines.

Phyllosome *n. m. (du gr. phullon, feuille et sôma, corps)*. [Phyllosoma] Larve de la Langouste.

Phyllosphère *n. f. (du gr. phullon, feuille et sphère)*. [Phyllosphere] Microécosystème de la surface des feuilles, particulièrement développé chez les plantes tropicales.

Phyllotaxie *n. f. (du gr. phullon, feuille et taxis, ordre)*. [Phyllotaxis] Arrangement des feuilles sur la tige. Les feuilles sont alternes, opposées ou verticillées. Deux points d'insertion successifs forment entre eux un angle de divergence exprimé à l'aide d'une fraction: *l'indice phyllotaxique*. Le dénominateur corrrespond aux nombres de feuilles rencontrées avant d'en retrouver une insérée juste sous la feuille de départ. Le numérateur correspond aux nombres de tours nécessaires pour y parvenir.

Phyllule *n. f. (du gr. phullon, feuille)*. Cicatrice que laisse une feuille sur la tige, après sa chute.

Phylogenèse *n. f. (du gr. phulon, race et genesis, origine)*. [Phylogenesis] Reconstitution de la filiation des espèces au cours de l'évolution. **Syn.**: Phylogénie.

Phylogénétique *n. f. et adj.* [Phylogenetics] ▸ ① Branche de la génétique qui étudie les modifications génétiques des espèces au cours de l'évolution; ▸ ② Adj. Relatif à la phylogenèse.

Phylum *n. m. (du gr. phulon, race)*. [Phylum] Embranchement monophylétique, c'est-à-dire dont les espèces le composant sont toutes issues d'un même ancêtre.

Physalidophage *adj. (du gr. phusaleos, gonflé et phagein, manger)*. Dans une endomycorhize, se dit de l'hôte qui obtient des métabolites fongiques en lysant les vésicules.

Physème *n. m.* **Syn.** désuet de Fronde (d'une Algue).

Physiologie *n. f. (du gr. phusis, nature et logos, discours).* [Physiology] Science qui étudie le fonctionnement des organes et des cellules (*cytophysiologie*). Le spécialiste de cette science est le *physiologiste*. Voir Biologie.

Physocliste *adj.* [Physoclist] Chez certains Téléostéens adultes, se dit d'une disposition anatomique où le canal pneumatique qui relie l'œsophage et la vessie gazeuse disparaît. **Ant.**: Physostome.

Physode *n. m.* [Physode] Chacun des corps incolores, réfringents dans le cytoplasme des Phéophycées, des Xanthophycées et des Chrysophycées.

Physogastrie *n. f. (du gr. physis, croissance et gastêr, gastros, ventre).* Chez les reines des Termites (Insectes Isoptères), hypertrophie considérable de l'abdomen lors de la maturité sexuelle pendant laquelle elles peuvent pondre jusqu'à 30 000 œufs par jour.

Physostigmine *n. f. (du genre Physostigma).* [Physostigmine] Alcaloïde dérivé du tryptophane synthétisé par le *Physostigma venenosum* (Fabacées). C'est un parasympathicomimétique qui inhibe la cholinestérase. **Syn.**: Ésérine.

Physostome *adj.* [Physostome] Chez les Actinoptérygiens peu évolués, se dit d'une disposition anatomique où il existe un canal pneumatique qui relie l'œsophage à la vessie gazeuse. **Ant.**: Physocliste.

Phytine *n. f.* [Phytin] Sel de calcium et de magnésium de l'acide phytique formant les globoïdes des grains d'aleurone des graines.

Phytoalexine *n. f. (du gr. phuton, plante et alexein, repousser).* [Phytoalexin] Composé antimicrobien synthétisé par les Végétaux lorsqu'ils sont exposés à des organismes pathogènes (Bactéries, Champignons).

Phytobenthos *n. m. (du gr. phuton, plante et benthos).* [Phytobenthos] Voir Benthos.

Phytobiologie *n. f. (du gr. phuton, plante et biologie).* [Phytobiology] Voir Biologie.

Phytocénose ou Phytocœnose *n. f. (du gr. phuton, plante et koinos, commun).* [Phytocenosis] Biocénose végétale.

Phytochrome *n. m. (du gr. phuton, plante et khrôma, couleur).* [Phytochrome] Chromoprotéine soluble qui contrôle les activités photopériodiques des plantes (croissance, germination, floraison). Elle est organisée en homodimères, chacune des sous-unités étant formée de deux domaines:

- un domaine N-terminal formé de 600 acides aminés auquel est rattaché un chromophore tétrapyrrolique responsable de la sensibilité à la lumière rouge;
- un domaine C-terminal de 400 acides aminés responsable de la dimérisation du phytochrome et de la transduction du signal.

Phytocinétique *n. f.* Étude de la dynamique de la végétation.

Phytocœnose → **Phytocénose**

Phytoécologie *n. f. (du gr. phuton, plante et écologie).* [Phytoecology] Voir Écologie.

Phytogéographie *n. f. (du gr. phuton, plante et géographie).* [Phytogeography] Voir Biogéographie.

Phytohormone *n. f. (du gr. phuton, plante et hormone).* [Phytohormone] Voir

Phytomédiateur et le tableau des hormones végétales.

Phytol *n. m.* [Phytol] Lipide polyisoprénique à fonction alcool, constitutif de la chlorophylle.

Phytolithe *n. m. (du gr. phuton, plante et lithos, pierre).* Toute production minérale d'une plante. **Ex.**: Silice des Prêles.

Phytomasse *n. f. (du gr. phuton, plante et masse).* Biomasse végétale.

Phytomédiateur *n. m.* Composé jouant le rôle d'hormone végétale ou de régulateur de certaines activités biologiques des végétaux. On distingue les 5 hormones végétales traditionnelles et des régulateurs comme les brassinolides, les jasmonates, l'acide salicylique et la systémine.

Phytoparasite *adj. et n. m. (du gr. phuton, plante et parasite).* Qui parasite les Végétaux.

Phytophage *adj. et n. m. (du gr. phuton, plante et phagein, manger).* [Phytophagous (adj.)] Se dit des animaux qui se nourrissent de matière végétale.

Phytoplancton *n. m. (du gr. phuton, plante et plancton).* [Phytoplankton] Voir Plancton.

Phytosociologie *n. f. (du gr. phuton, plante et sociologie).* [Phytosociology] Partie de l'écologie qui étudie la structure et l'évolution des phytocénoses. On distingue:

- l'association (désinence: *-etum*);
- l'alliance (*-ion*) regroupant plusieurs associations;
- l'ordre (*-alia*) regroupant plusieurs alliances;
- la classe (*-etea*) regroupant plusieurs ordres.

Phytosphère *n. f.* [Phytosphere] Ensemble des Végétaux de la biosphère.

Phytostabilisation *n. f.* [Phytostabilization] Stabilisation d'un terrain par les plantes.

Phytostasie *n. f. (du gr. phuton, plante et de stase).* Période de stabilité de la végétation.

Phytostérol *n. m. (du gr. phuton, plante et stérol).* [Phytosterol] Stérol des végétaux. Ex: Ergostérol (Ergot de Seigle), stigmastérol (Physostigma), sitostérol, fucostérol (Algues).

Phytotelme *n. f.* [Phytotelmata] Petite quantité d'eau retenue dans une cavité d'une plante dans laquelle des organismes dits *phytotelmiques* peuvent se développer.

Phytotelmique *adj.* [Phytotelmic] Voir Phytotelme.

Phytotoxine *n. f.* [Phytotoxin] Substance toxique d'origine végétale.

Phytotron *n. m. (du gr. phuton, plante, d'après cyclotron).* [Phytotron] Enceinte de laboratoire dont les conditions écologiques sont contrôlées et où l'on peut étudier la croissance des Végétaux dans un environnement précis.

Phytozoaire *n. m. (du gr. phuton, plante, zôon, animal et suff. -aire).* [Phytozoon] Tout animal à symétrie radiaire qui lui donne une apparence de plante. **Ex.**: Échinodermes, Méduse, Anémone.

Picéicole *adj. (du genre Picea et du lat. colere, habiter).* Qui pousse sur les Épicéas.

Pièce intermédiaire *f.* [Intermediate piece] ▸ ① Zone paire du mésoblaste embryonnaire située entre les somites et les lames latérales et à l'origine des gononéphrotomes. **Syn.**: Mésoblaste intermédiaire; ▸ ② Voir Spermatozoïde.

Pie-mère *n. f. (du lat. pia mater, pieuse mère).* [Pia mater] Chez les Crâniates, partie interne de la méninge interne (leptoméninge), formée d'une membrane fibroblastique vascularisée qui adhère au système nerveux central.

Pigment *n. m.* [Pigment] Composé coloré présent dans divers tissus animaux et végétaux et leur conférant une couleur spécifique et parfois une fonction spécifique. **Ex.**: Chlorophylles, caroténoïdes, mélanine.

Pigment biliaire *m.* [Bile pigment] Métabolite coloré de la bile résultant de la dégradation de l'hème de l'hémoglobine dans le système réticulo-endothélial hépatique. Le premier pigment, la *biliverdine*, est formé par ouverture du cycle tétrapyrrolique, élimination du fer et perte de la globine. Ensuite la réduction de la biliverdine par une biliverdine réductase à NADP donne la *bilirubine*. Dans le foie, la bilirubine est conjuguée avec deux acides glycuroniques et devient soluble. Elle est évacuée par la bile dans l'intestin où elle sera transformée en *urobilinogène* et en *stercobilinogène*.

Piléique *adj.* [Pileal] Relatif au chapeau d'un Champignon supérieur.

Piléocarpe *adj.* Se dit d'un Champignon qui développe son chapeau avant son stipe.

Piléocystide ou Pilocystide *n. f.* [Pileocystidium] Voir Cystide.

Piléorhize *n. f. (du lat. pileus, bonnet et du gr. rhiza, racine).* **Syn.**: Coiffe racinaire.

Piléus *n. m.* [Pileus] Chapeau d'un Champignon.

Pilidium *adj. et n. f. Larve pilidium*, larve des Némertes à développement indirect, correspondant à une gastrula ciliée qui porte une touffe aborale de longs cils agglutinés et deux lobes latéraux.

Pilier de Corti *m.* [Pillar of Corti] Dans l'organe de Corti des Mammifères, cloison conjonctive longitudinale qui sépare les cellules ciliées internes des cellules ciliées externes.

Pilifère *adj. (du lat. pilus, poil et ferre, porter).* [Piliferous] En biologie végétale, qui porte des poils.

Pilocarpine *n. f. (de Pilocarpe).* [Pilocarpine] Alcaloïde dérivé de l'histidine présent dans le genre *Pilocarpus* (Rutacées). C'est un parasympathicomimétique.

Pilocystide *n. f.* Voir Cystide.

Pilus *n. m. (mot lat., poil). Pl.: Pili.* [Pilus] Expansion de la surface d'une Bactérie lui permettant de s'attacher à une Bactérie ou à un autre support. Un des pili, le **pilus sexuel**, est utilisé par une Bactérie donneuse à la manière d'un grappin pour attirer à elle une Bactérie receveuse. Les gènes codant le pilus sexuel sont situés sur le plasmide F ou facteur de fertilité.

Pinacocyte *n. m.* [Pinacocyte] Chez les Spongiaires, chacune des cellules aplaties, jointives, recouvertes d'une fine cuticule, formant l'ectoblaste.

Pince *n. f.* [Pincer, Claw] Partie distale des grosses pattes de certains Crustacés servant à la préhension.

Pinéal *adj. (du lat. pinea, pomme de pin).* [Pineal] Voir Organe pinéal.

Pinéalocyte *n. m. (de pinéal et du gr. kutos, cellule).* [Pinealocyte] Cellule glandulaire exocrine du complexe pinéal sécrétant la mélatonine pendant la nuit. Les pinéalocytes sont présents chez les Téléostéens, les Serpents, les Oiseaux et les Mammifères. Ils dérivent de photorécepteurs.

Pinède *n. f.* [Pine forest] Peuplement de Pins (*Pinus sp*, Pinacées). **Syn.**: Pineraie, Pinière.

Pineraie *n. f.* **Syn.**: Pinède.

Pinicole *adj. (de pin et du lat. colere,*

habiter). [Pinicolous] Qui pousse, vit dans les Pins, les pinèdes.

Pinière *n. f.* **Syn.**: Pinède.

Pinnule *n. f. (du lat. pinnula, petite aile).* [Pinnulae] Chacune des divisions d'une penne de fronde de Fougères.

Pinocytose *n. f. (du gr. pinein, boire, d'après phagocytose).* [Pinocytosis] Type d'endocytose consistant en une internalisation de liquide extracellulaire dans de petites vésicules au niveau des puits recouverts de clathrine de la membrane plasmique.

Pionnier *adj.* [Pionnier] Se dit des premières espèces végétales ou fongiques qui colonisent un milieu jusqu'alors nu.

Pipérine ou Pipérin *n. f. et n. m. (du lat. piper, poivre).* [Piperine] Alcaloïde pipéridinique présent chez le genre *Piper* (Pipéracées).

Piquant *n. m.* [Quill (Porc-épic), Bristle (Hérisson)] ▸ ① Gros poil de couverture modifié des Hérissons, des Échidnés et des Porcs-épics; ▸ ② Chacun des éléments calcaires effilés et piquants portés par le test des Échinides et servant à leur protection et à leur déplacement.

Piridion *n. m. (du lat. pirum, poire).* Fruit complexe des Rosacées Malacées. **Ex.**: Pomme, Poire, Coing. Voir le tableau des fruits composés.

Piscivore *adj. et n. m. (du lat. piscis, poisson et vorare, manger).* [Piscivorous, Fish-eating] Qui se nourrit de Poissons. **Syn.**: Ichtyophage.

Pistil *n. m. (du lat. pistillus, pilon).* [Pistil] **Syn.**: Gynécée.

Pistillé *adj.* [Pistillate] **Syn.**: Carpellé.

Pistillode *n. m. (de pistil).* Dans une fleur mâle, pistil dégénéré stérile.

Pitocine *n. f.* [Pitocin] Voir Ocytocine.

Pivot *n. m.* [Tap root] Racine principale qui s'enfonce verticalement dans le sol. **Syn.**: Racine pivotante.

Pivotant *adj.* Racine pivotante, syn.: Pivot.

Placenta *n. m. (mot lat., galette).* [Placenta] ▸ ① Chez les Mammifères Thériens, annexe embryonnaire résultant de l'association des villosités du chorion embryonnaire et de la muqueuse utérine et reliée au fœtus par le cordon ombilical. Il permet les échanges respiratoires et nutritifs et l'excrétion entre le fœtus et la mère. Il synthétise la progestérone, des œstrogènes, l'hormone lactogène placentaire et la gonadostimuline chorionique (HCG). On en distingue divers types:

- selon les membranes impliquées (**omphaloplacenta** et **allantoplacenta**);
- selon la disposition des villosités choriales (**placentas diffu, cotylédonaire, zonaire, discoïde**);
- selon la structure histologique (**placentas épithéliochorial, endothéliochorial, hémochorial, décidué, indécidué**). Voir tous ces termes; ▸ ② Bord des feuilles carpellaires où sont insérés les ovules.

Placentation *n. f.* [Placentation] ▸ ① Formation du placenta; ▸ ② Disposition des placentas dans un ovaire pluricarpellé. Si les carpelles étaient ouverts avant de se souder entre eux, la placentation est *pariétale*. S'ils étaient refermés, la placentation est *axile* dans le cas où les cloisons ont persisté ou *centrale* si elles ont disparu.

Placode *n. f. (du gr. plax, plakos, plaque et eidos, aspect).* [Placode] Chez les Vertébrés, plage épaissie de l'épiblaste céphalique qui se développe en récepteurs sensoriels (sauf pour les placodes adénohypophysaire et cristallinienne) et en ganglions de certains nerfs crâniens. **Ex.**: Placode otique, Placode olfactive.

Plage de lyse *f.* [**Lysis plaque**] Dans une culture gélosée de Bactéries, zone circulaire plus claire où les Bactéries ont été lysées par des Bactériophages.

Plagiogéotrope *adj. (du gr. plagios, oblique et tropos, direction).* [**Plagiogeotropic**] Se dit d'une tige qui pousse obliquement par rapport à l'horizontale.

Plancton *n. m. (du gr. plagktos, errant).* [**Plankton**] Ensemble des organismes aquatiques qui ne peuvent s'opposer aux courants. On distingue:

a. selon la nature:
- le **zooplancton** (plancton animal);
- le **phytoplancton** (plancton végétal);
- le **bactérioplancton** (plancton bactérien);

b. selon la profondeur de vie:
- **l'épiplancton** dans les eaux superficielles;
- le **mésoplacton** dans les eaux mésopélagiques;
- **l'abyssoplancton** dans les eaux abyssales.
- le **bathyplancton** dans les eaux bathypélagiques;

c. selon la taille:
- le **picoplancton** inférieur à 1 µm;
- **l'ultraplancton** de 1 à 5 µm de diamètre;
- le **nanoplancton** de 5 à 50 µm;
- le **microplancton** de 50 à 500 µm;
- le **mésoplancton** de 500 µm à 5 mm;
- le **macroplancton** de 5 mm à 5 cm;
- le **mégaplancton** supérieur à 5 cm.

Ant.: Necton.

Planctonivore *adj. (de plancton et du lat. vorare, manger).* [**Planktonivorous**] **Syn.**: Planctonophage.

Planctonologie *n. f.* [**Planktonology**] Étude du plancton.

Planctonophage *adj. (de plancton et du gr. phagein, manger).* [**Planktonophagous**] Qui se nourrit de plancton. **Syn.**: Planctonivore, Planctotrophe.

Planctophyte *n. f. (de plancto(n) et du gr. phuton, plante).* [**Planktophyte**] Végétal planctonique.

Planctotrophe *adj. (de plancto(n) et du gr. trophê, nourriture).* [**Planktotrophic**] **Syn.**: Planctonophage.

Planitiaire *adj.* Se dit de l'étage correspondant aux plaines et collines et des plantes qui y vivent.

Planogamète *n. m. (du gr. planos, errant et gamète).* [**Planogamete**] Gamète mobile grâce à des cils ou des flagelles. **Syn.**: Zoogamète.

Planogamie *n. f. (du gr. planos, errant et gamos, union).* [**Planogamy**] Mode de fécondation qui fait intervenir deux gamètes mobiles.

Planospore *n. f. (du gr. planos, errant et spore).* [**Planospore**] Spore mobile grâce à des flagelles ou des cils. **Syn.**: Zoospore.

Planozygote *n. m. (du gr. planos, errant et zygote).* Zygote mobile grâce à des flagelles ou des cils. **Syn.**: Zoozygote.

Plante *n. f. (du lat. planta, plant).* [**Plant**] Organisme pluricellulaire appartenant au règne des Végétaux.
- **Plante de jours courts**, plante qui fleurit lorsque la photopériode est inférieure à 12 h;
- **Plante de jours longs**, plante qui fleurit lorsque la photopériode est supérieure à 12 h;
- **Plante grasse**, syn.: Plante succulente;
- **Plantes inférieures**, syn: Thallophytes;

• Plantes supérieures, syn: Cormophytes.

Plantigrade *adj. et n. m. (de plante (du pied) et du lat. gradi, marcher).* [Plantigrade (adj. et n.)] Qui marche sur la plante des pieds.

Plantule *n. f. (du lat. plantula, petite plante).* [Plantlet] Jeune spermatophyte encore dépendante des réserves de la graine. Elle est formée de *cotylédons* (un, deux ou plus), d'une *tigelle*, d'une *gemmule* et d'une *radicule,* respectivement à l'origine de la tige, du méristème apical, de la racine.

Planula *n. f.* [Planula] Chez les Cnidaires, larve didermique, ciliée, nageuse, qui se fixe et donne le polype.

Plaque cuticulaire *f.* [Cuticulate plate] Réseau dense de microfilaments à l'extrémité apicale des cellules sensorielles ciliées, sous les stéréocils.

Plaque équatoriale *f.* [Equatorial plate] Ensemble des chromosomes lorsqu'ils sont placés à l'équateur de la cellule lors de la métaphase. **Syn.**: Plaque métaphasique.

Plaque métaphasique *f.* [Metaphasic plate] **Syn.**: Plaque équatoriale.

Plaque motrice *f.* [Motor end plate] Partie du sarcolemme de la fibre musculaire en contact avec la fibre nerveuse. Elle est formée de nombreux replis jonctionnels; il en résulte un accroissement de la surface de contact avec la fibre nerveuse et du nombre possible de récepteurs à l'acétylcholine.

Plaque neurale *f.* [Neural plate] Épaississement longitudinal de l'ectoblaste dorsal qui apparaît en fin de gastrulation des embryons de Cordés, et qui correspond au territoire morphogénétique présomptif du système nerveux central.

Plaquette sanguine *f.* [Blood platelet] Élément figuré du sang résultant de la fragmentation d'une grosse cellule de la moelle osseuse rouge, le *mégacaryocyte.* Chez les non-mammaliens, elles sont fusiformes et nucléées alors que chez les Mammifères, ce sont des disques anucléés. Elles contiennent des mitochondries, des lysosomes et des granules de sécrétion renfermant diverses substances: fibrinogène, fibronectine, accélérine, ATP, ADP, sérotonine, facteur de croissance dérivé des plaquettes. Au niveau d'une lésion de l'endothélium, elles adhèrent entre elles et forment un clou plaquettaire. **Syn.**: Thrombocyte (terme parfois réservé aux plaquettes nucléées seulement), Globulin.

Plaquette vitelline *f.* [Yolk platelet] Chacun des organites cytoplasmiques des ovocytes qui contiennent des protéines de réserve comme la *phosvitine* et la *lipovitelline*, toutes deux dérivées de la *vitellogénine.* Celle-ci est synthétisée dans le foie maternel et est intégrée dans l'ovocyte par micropinocytose lors de l'accumulation du vitellus.

Plasma *n. m. (mot gr., chose façonnée).* [Plasma] Partie liquide du sang qui contient 90 % d'eau, des sels minéraux, des glucides, des protéines et des lipides sous forme de lipoprotéines.

Plasmagène *n. m.* [Plasmagene] Toute gène à transmission héréditaire non mendélienne. **Ex.**: Gène cytoplasmique, Gène extranucléaire, Gène plastidial.

Plasmalemme *n. m. (mot gr., chose façonnée et du gr. lemma, enveloppe).* [Plasmalemma] **Syn.**: Membrane cytoplasmique.

Plasme germinatif *m.* [Germ plasm] Partie du cytoplasme de l'hémisphère végétatif de certains ovocytes, contenant des granules de ribonucléoprotéines basophiles. Le plasme germinatif donne naissance aux cellules germinales primordiales. Il se transmet ainsi d'une génération à l'autre; c'est la continuité germinale. On le rencontre chez les Anoures, les Nématodes et les Insectes. **Syn.**: Plasme germinal, Plasme polaire, Déterminant germinal, Idioplasme, Oosome.

Plasme polaire *m.* **[Pole plasm] Syn.**: Plasme germinatif.

Plasmide *n. m. (de plasm(a) et -ide).* **[Plasmid]** Chez certaines Bactéries, ADN circulaire (ou parfois linéaire) extrachromosomique à réplication autonome. Certains plasmides peuvent contenir plusieurs centaines de gènes permettant par exemple le transfert du plasmide lors de la conjugaison, la résistance à des antibiotiques, la production de toxines, la production d'antibiotiques et la tumorisation. Ils peuvent être utilisés comme vecteur de gènes.

• **Plasmide conjugatif,** plasmide portant des gènes de transfert. **Syn.**: Plasmide autotransférable;

• **Plasmide de résistance** ou **Plasmide R**, plasmide qui porte des gènes codant pour la synthèse d'enzymes qui inhibent certains antibiotiques;

• **Plasmide F**, syn.: Facteur F;

• **Plasmide résidant,** plasmide présent naturellement dans une cellule;

• **Plasmide Ri,** plasmide de la Bactérie *Agrobacterium rhizogenes* qui induit la production de racines;

• **Plasmide Ti** (pour *Tumor Inducing*), plasmide porté par la Bactérie *Agrobacterium tumefaciens* qui induit des tumeurs, chez certaines Plantes.

Plasmine *n. f. (de plasma).* **[Plasmin]** Protéase à spectre large qui clive de nombreuses protéines dont la fibronectine, la laminine et la fibrine. Elle participe à la dégradation de la matrice extracellulaire et des caillots sanguins. C'est la forme active du *plasminogène* synthétisé par le foie, par ouverture de la liaison peptidique Arg 560-Val 561 par les activateurs du plasminogène. **Syn.**: Fibrinolysine, Lysokinase.

Plasminogène *n. m. (de plasmine et du gr. genos, naissance).* **[Plasminogen]** Voir Plasmine.

Plasmocyte *n. m. (du gr. plasma, chose façonnée et kutos, cellule).* **[Plasma cell]** Voir Lymphocyte B.

Plasmode *n. m. (du gr. plama, chose façonnée et eidos, aspect).* **[Plasmodium]** Chez les Myxomycètes, appareil végétatif cœnocytique correspondant à une grosse cellule plurinucléée qui n'est pas entourée d'une paroi squeletique et où les noyaux ne sont pas isolés par une membrane. Un noyau et le cytoplasme qui l'entoure forment une *énergide.* Il présente des *pseudopodes* lui permettant de se mouvoir et de réaliser la phagocytose. On distingue:

• L'aphanoplasmode: mince, translucide, peu apparent;

• Le phanéroplasmode: bien développé;

• Le pseudoplasmode: à cellules distinctes.

Plasmodesme *n. m.* **[Plasmodesma]** Canalicule qui fait communiquer les cytoplasmes de deux cellules végétales adjacentes au travers de la paroi squelettique. Le canal peut être en partie obturé par une travée de réticulum endoplasmique ou *desmotubule.*

Plasmodiérèse *n. f.* **[Plasmodiaeresis] Syn.**: Cytodiérèse.

Plasmogamie *n. f. (du gr. plasma, chose façonnée et gamos, mariage).* **[Plas-**

mogamy] Fusion des cytoplasmes des gamètes mâle et femelle, lors de la fécondation.

Plasmolyse *n. f. (du gr. plasma, chose façonnée et lusis, dissolution).* [Plasmolysis] Contraction du cytoplasme d'une cellule par sortie d'eau vacuolaire vers l'extérieur par exosmose lorsque la cellule est plongée dans une solution hypertonique. La plasmolyse conduit à la mort de la cellule.

Plasmozygote *n. m. (du gr. plasma, chose façonnée et zygote).* Zygote cœnocytique plurinucléé.

Plaste *n. m. (du gr. plassein, modeler).* [Plast] Organite cytoplasmique spécifique des cellules végétales. A partir des proplastes indifférenciés se forment les *chloroplastes*, site de la photosynthèse, les *chromoplastes*, renfermant des pigments colorés, les *leucoplastes* sans pigments et à rôle de réserves (*amyloplastes*, *protéoplastes*, *oléoplastes*).

Plastidome *n. m.* [Plastidome] Ensemble des plastes d'une cellule.

Plastocyanine *n. f.* [Plastocyanin] Dans la chaîne photosynthétique de transfert des électrons, petite protéine de 10 kDa à un atome de cuivre transférant les électrons du complexe b6f au photosystème I. Elle est située sur le feuillet luminal du thylacoïde auquel elle est faiblement liée.

Plastoquinone *n. f.* [Plastoquinone] Transporteur d'électrons de la chaîne photosynthétique de la membrane des thylacoïdes. Elles sont tour à tour réduites par deux atomes d'hydrogène puis oxydées ce qui constitue le cycle Q. Ce cycle s'accompagne d'un transfert d'électrons de la quinone B au complexe b6f et d'un transfert de protons du stroma au lumen.

Plat *adj.* Voir Tourbière.

Plateau *n. m.* Tige particulière en forme de disque, dans les bulbes.

Plectamnios *n. m.* [Plectamnion] Chez les Mammifères, amnios qui naît de la réunion des replis amniotiques qui naissent à la périphérie du bouton embryonnaire (amniogenèse par plissement).

Plectenchyme *n. m.* [Plectenchyma] Chez les Champignons, feutrage serré d'hyphes enchevêtrées et anastomosées, ressemblant à un tissu.

Plectostèle *n. f.* [Plectostele] Type de stèle dont le cylindre central ligneux est partagé en bandelettes séparées par le liber à croissance centripète.

Pléiochasial *adj.* [Pleiochasial] Voir Sympodial.

Pléiomorphe *adj. (du gr. pleiôn, plus nombreux et morphê, forme).* [Pleiomorphic] Se dit d'un organisme qui revêt des formes très différentes au cours de son développement.

Pléiophyse *n. m. (du gr. pleiôn, plus nombreux et phusis, production).* Feuillage des lianes.

Pléiotope *adj.* [Pleiotopic] Qui peut vivre dans des milieux variés.

Pléiotropie *n. f. (du gr. pleiôn, plus nombreux et tropos, direction).* [Pleiotropy] Propriété d'un gène qui est impliqué dans de nombreux processus physiologiques.

Pléométrose *n. f.* [Pleometrosis] Chez les Insectes sociaux, mode de fondation d'une colonie par une reine accompagnée de plusieurs ouvrières (essaim) et non isolée. **Ant.:** Haplométrose.

Pléon *n. m.* Abdomen des Crustacés, portant des appendices appelés *pléopodes*.

Pléopode *n. m.* Voir Pléon.

Plérocercoïde *adj.* [Plerocercoid] Se

dit de la larve des Cestodes Pseudophyllidiens portant des pseudobothridies et une queue globuleuse munie de 6 crochets.

Plésiomorphe *adj. (du gr. plêsios, voisin et morphê, forme).* [**Plesiomorphic**] Se dit d'un caractère ancestral, primitif. **Ant.**: Apomorphe.

Pleuridie *n. f. (du gr. pleura, côté).* [**Pleuridia**] Chacune des ramifications latérales d'un cladome, unité structurale de base des Algues pluricellulaires.

Pleurite *n. m. (du gr. pleura, côté).* [**Pleurite**] Partie latérale souple, extensible, non sclérotinisée du tégument des Arthropodes.

Pleurobaside *n. f. (du gr. pleura, côté et baside).* [**Pleurobasidium**] Baside qui naît sur le côté de l'hyphe et non à son apex.

Pleurocarpe *adj. (du gr. pleura, côté et karpos, fruit).* [**Pleurocarpous**] Se dit des Mousses dont le sporophyte pousse latéralement et non à l'apex du gamétophyte. **Ant.**: Acrocarpe.

Pleuroconté *adj. (du gr. pleura, côté et kontos, bâton).* Se dit d'une cellule mobile d'Algue dont les flagelles sont insérés latéralement.

Pleurocystide *n. f. (du gr. pleura, côté et cystide).* [**Pleurocystidium**] Voir Cystide.

Pleurodonte *adj. (du gr. pleura, côté et odous, odontos, dent).* [**Pleurodont**] Se dit de l'implantation d'une dent lorsque la racine est soudée à la face externe de l'os.

Pleuromitose *n. f. (du gr. pleura, côté et mitose).* [**Pleuromitosis**] Type de mitose caractérisée par la persistance de l'enveloppe nucléaire et rencontrée chez certains Protozoaires. Les chromosomes s'insèrent sur la membrane nucléaire et migrent vers les pôles sans réaliser préalablement la plaque équatoriale. Le stade métaphasique est donc supprimé.

Pleuronématé *adj. (du gr. pleura, côté et nêma, -atos, filament).* Se dit d'un flagelle qui porte deux rangées latérales de poils très fins et courts ou mastigonèmes.

Pleuston *n. m.* [**Pleuston**] Ensemble des organismes qui vivent librement à la surface de l'eau.

Pleustophyte *n. f.* [**Pleustophyte**] Plante pleustonique.

Plèvre *n. f. (du gr. pleura, côté).* [**Pleura**] Membrane séreuse double formée d'un *feuillet viscéral* en contact avec les poumons et un *feuillet pariétal* rattaché à la paroi de la cage thoracique. Ces deux feuillets délimitent une *cavité pleurale* qui fait partie de la cavité générale. Le feuillet viscéral dérive de la splanchnopleure, le feuillet pariétal de la somatopleure.

Plexus *n. m. (mot lat., entrelacement).* [**Plexus**] Réseau de nerfs, de vaisseaux sanguins ou de vaisseaux lymphatiques.

Plexus choroïde, réseau de vaisseaux sanguins de la paroi des ventricules cérébraux qui sécrètent le liquide céphalorachidien.

Pli circulaire *m.* **Syn.**: Valvule connivente.

Ploïdie *n. f.* [**Ploidy**] Nombre de lots de chromosomes d'une cellule.

Plotophyte *n. f.* [**Plotophyte**] Plante aquatique pourvue de structures de flottaison. **Ex.**: Jacinthe d'eau (*Eichornia crassipes*).

Plumage *n. m.* [**Plumage**] Voir Plume.

Plume *n. f. (du lat. pluma, duvet).* [**Feather**] Phanère spécifique des Oiseaux. L'ensemble des plumes, ou *plumage* constitue un revêtement protecteur et isolant et permet le vol. On distingue:

- les **pennes** ou **plumes de contour**, composées d'un rachis, d'un calamus et d'un étendard ou vexillum;
- les **plumules** ou **plumes de duvet**, petites, sans rachis, portant quelques barbes;
- les **filoplumes**, presque réduites au rachis et ressemblant à un poil.

Plumule *n. f.* ▸ ① **Syn.**: 1. Gemmule; ▸ ② Voir Plume.

Pluriannuel *adj. (du gr. plures, plusieurs et annuel).* [**Pluriannual**] Se dit d'une plante qui ne fleurit qu'au bout de plusieurs années de vie végétative.

Pluricaule *adj. (du gr. plures, plusieurs et du lat. caulis, tige).* Qui possède plusieurs tiges. **Ant.**: Monocaule.

Pluricellulaire *adj.* [**Pluricellular**] Se dit des organismes formés de plusieurs cellules. **Syn.**: Multicellulaire. **Ant.**: Monocellulaire, Unicellulaire.

Pluriloculaire *adj. (du gr. plures, plusieurs et loculaire).* [**Plurilocular**] Se dit d'un ovaire qui est formé de plusieurs loges.

Plurinucléé *adj. (du gr. plures, plusieurs et nucléé).* [**Plurinucleate**] Se dit d'une cellule qui est pourvue de plusieurs noyaux.

Pluriovulé *adj. (du gr. plures, plusieurs et de ovule).* Se dit d'un ovaire ou d'un carpelle qui contient plusieurs ovules. **Ant.**: Uniovulé.

Pluriséminé *adj. (du gr. plures, plusieurs et semen, seminis, semence).* Se dit d'un fruit qui comporte plusieurs graines.

Plurispécifique *adj.* [**Plurispecific**] Relatif à plusieurs espèces à la fois.

Plutéus *n. m. (du lat. pluteus, abri).* [**Pluteus**] Larve des Échinides (**échinoplutéus**) et des Ophiurides (**ophioplutéus**), de forme pyramidale et munie de 4 bras.

Pluviophile *adj.* [**Pluviophilous**] **Syn.**: Ombrophile.

Pluviophobe *adj.* [**Pluviophobous**] **Syn.**: Ombrophobe.

Pluvisylve ou Pluvisilve *n. f. (du lat. pluvia, pluie et silva, forêt).* Forêt sempervirente des régions humides et chaudes.

Pneumatophore *n. m. (du gr. pneuma, pneumatos, souffle et pherein, porter).* [**Pneumatophore**] Différenciation des racines de certains ligneux (ex.: Cyprès-chauve, *Sonnerretia sp.*) poussant dans un sol recouvert d'eau. Les pneumatophores, à gravitropisme négatif, s'élèvent au-dessus de la surface de l'eau et permettent l'approvisionnement des racines en oxygène. **Syn.**: Racine aérifère.

Pneumocyte *n. m. (du gr. pneumôn, poumon et kutos, cellule).* [**Pneumocyte**] Cellule formant l'épithélium pulmonaire. Chez les Amniotes, il en existe deux types:

- les **pneumocytes de type I**, aplatis, représentant 97 % de la surface alvéolaire;
- les **pneumocytes de type II**, cuboïdes, sécréteurs de surfactant.

Les pneumocytes ne sont séparés des capillaires que par une lame basale ce qui facilite le passage des gaz.

Poche de Needham *f.* Chez les Nautiles (*Nautilus pompilus*, Mollusques Céphalopodes), sac situé à la sortie du testicule et qui recueille les spermatozoïdes.

Poche marsupiale *f.* [**Pouch**] **Syn.**: Marsupie.

Poche pharyngienne *f.* [**Pharyngeal pouch**] **Syn.**: Poche viscérale.

Poche pulmonaire *f.* [Pulmonary pouch] **Syn.**: 2. Poumon.

Poche sécrétrice *f.* Cavité du parenchyme de certains organes, délimitée par des cellules sécrétrices qui y déversent leurs produits de sécrétion (essences, résines).

Poche viscérale *f.* [Visceral pouch] Chez les Crâniates, évagination de l'épithélium du pharynx entre les arcs viscéraux du splanchnocrâne. Chez les Cyclostomes, les Poissons et les larves d'Amphibiens, elles s'ouvrent sur l'extérieur au niveau des fentes branchiales. Chez les autres Vertébrés, elles n'existent qu'au stade embryonnaire. **Syn.**: Poche pharyngienne.

Podétion *n. m.* Structure dressée de certains Lichens fruticuleux comme *Cladonia*.

Podie *n. f.* [Podia] **Syn.**: 1. Ambulacre.

Podocyte *n. m. (du gr. pous, podos, pied et kutos, cellule).* [Podocyte] Chacune des cellules qui forment le feuillet interne de la capsule de Bowman. Ces cellules sont pourvues de nombreux prolongements qui entourent les capillaires fenestrés et qui constituent la barrière de filtration.

Podosome *n. m. (du gr. pous, podos, pied et sôma, corps).* Partie postérieure du prosoma des Acariens (Arachnides) qui porte les 4 paires de pattes.

Podosperme *n. m. (du gr. pous, podos, pied et sperma, semence).* **Syn.** désuet de Funicule.

Pœcilotherme *adj.* **Syn.**: Ectotherme.

Poïkilohydre *adj. (du gr. poikilos, variable et hudôr, eau).* [Poikilohydric] Se dit d'un organisme qui supporte des variations importantes de la teneur en eau du milieu.

Poïkilotherme ou Pœcilotherme *adj. (du gr. poikilos, variable et thermon, chaleur).* [Poikilothermal] **Syn.**: Ectotherme.

Poil *n. m.* [Hair] ▸ ① Phanère propre aux Mammifères, en forme de filament composé d'une moelle centrale à cellules peu kératinisées, d'un cortex à cellules très kératinisées et d'une cuticule à cellules très aplaties. On distingue:

• les **poils laineux** formant la laine, le duvet, la bourre, sans moelle, servant d'isolant thermique;

• les **poils de couverture**, raides, gros, à moelle importante: **Ex.**: Crins (Équidés), jarres (Renard), piquants (Hérisson);

• les **vibrisses**, tactiles, richement innervées.

L'ensemble des poils s'appelle le *pelage;*

▸ ② Filament fin, court de l'épiderme des Végétaux. On distingue:

• les **poils absorbants**, situés sur une petite surface proche de l'apex des racines, la zone pilifère. Ils augmentent la surface d'absorption racinaire;

• les **poils urticants** associés à une glande sécrétrice de substances urticantes (acide formique);

• les **poils glanduleux**, sécréteurs d'essence;

• les **poils tecteurs**, à rôle recouvrant et protecteur.

Point chaud *m.* [Hot spot] Région du génome où les mutations et les transpositions sont plus fréquentes.

Point de compensation *m.* [Compensation point] Valeur de l'intensité lumineuse ou de la teneur en CO_2 pour lesquelles photosynthèse et respiration s'équilibrent.

Point de flétrissement *m.* [Withering point] Teneur minimale en eau du sol en deçà de laquelle la plante ne peut vaincre la tension capillaire de l'eau.

Point végétatif *m.* [**Growing point**] **Syn.**: Méristème apical.

Poion *n. m.* Toute formation herbacée climacique.

Polarité *n. f.* [**Polarity**] ▸ ① Séparation des charges électriques opposées de part et d'autres d'une membrane. Il en résulte un potentiel de membrane; ▸ ② Existence de pôles fonctionnellement différents dans une structure vivante (cellule, organe).

Poléophile *adj.* [**Poleophilous**] **Syn.**: Poléotolérant.

Poléophobe *adj.* [**Poleophobous**] Qui craint la pollution. **Ant.**: Poléotolérant, Poléophile.

Poléotolérant *adj.* Qui peut pousser en milieux pollués. **Syn.**: Poléophile. **Ant.**: Poléophobe.

Pollen *n. m. (mot lat., farine).* [**Pollen**] Chez les Spermatophytes, sorte de poudre formée par les grains de pollen libérés par les étamines.

Pollinant *adj.* Se dit d'une fleur, d'une plante, d'un peuplement au moment de la libération du pollen ou *pollination*.

Pollination *n. f.* [**Pollination**] Émission de pollen.

Pollinie *n. f.* [**Pollinium**] Masse de grains de pollen agglomérés, spécifique des Orchidées et des Asclépiadacées. **Syn.**: Massule.

Pollinifère *adj. (de pollen et du lat. ferre, porter).* [**Polliniferous**] Qui porte du pollen.

Polliniphage *adj. (de pollen et du gr. phagein, manger).* [**Polliniphagous**] Qui se nourrit de pollen.

Pollinique *adj. (du lat. pollen, -inis, farine).* Relatif au pollen.

Pollinisateur *adj. et n. m.* [**Pollinisator**] Qui pollinise une fleur.

Pollinisation *n. f.* [**Pollination**] Transport d'un grain de pollen de l'étamine jusqu'aux stigmates des carpelles chez les Angiospermes ou jusqu'aux ovules chez les Gymnospermes.

Polocyte *n. m.* [**Polocyte**] **Syn.**: Globule polaire.

Polocytique *adj.* [**Polocytic**] Se dit d'un stomate qui possède une seule cellule annexe qui l'entoure partiellement.

Polyadelphe *adj. (du gr. polus, nombreux et adelphos, frère).* [**Polyadelph**] Dont les étamines sont associées en plusieurs faisceaux.

Polyadénylation *n. f.* [**Polyadenylation**] Chez les Eucaryotes, modification post-transcriptionnelle par une poly-A polymérase consistant en l'ajout d'une chaîne de 100 à 200 acides adényliques appelée queue poly-A à l'extrémité 3' d'un ARN prémessager.

Polyakène *n. m. (du gr. polus, nombreux et akène).* [**Polyaken**] Fruit multiple formé de plus de 4 akènes. **Ex.**: Polyakène des Benoîtes (*Geum sp.*, Rosacées).

Polyandre *adj. (du gr. polus, nombreux et anêr, andros, mâle).* [**Polyandrous**] Se dit d'une femelle qui vit, s'accouple avec plusieurs mâles.

Poly-A polymérase *f.* [**Poly-A polymerase**] Voir Polyadénylation.

Polyallélisme *n. m. (du gr. polus, nombreux et allélisme).* [**Polyallelism**] Caractère d'un gène qui possède plusieurs allèles.

Polyarche *adj.* [**Polyarch**] Se dit d'une stèle qui possède plusieurs pôles ligneux.

Polycalique *adj.* [**Polycalic**] Se dit des Insectes sociaux qui créent des colonies formées de plusieurs réseaux avec chacun une reine.

Polycarpique *adj. (du gr. polus, nombreux et karpos, fruit).* [Polycarpic] ▸ ① Se dit d'un gynécée dont les carpelles ne sont pas soudés. **Syn.**: Dialycarpellé; ▸ ② Se dit d'une Angiosperme qui peut fleurir plusieurs fois dans sa vie. **Ant.**: Monocarpique.

Polycentrique *adj. (du gr. polus, nombreux et centrique).* [Polycentric] Se dit d'un chromosome qui porte plusieurs centromères.

Polycistronique *adj.* [Polycistronic] Se dit d'un ARNm qui résulte de la transcription de plusieurs gènes d'un opéron.

Polydomique *adj. (du gr. polus, nombreux et du lat. domus, maison).* [Polydomic] Se dit d'une colonie d'Insectes sociaux formée de plusieurs nids.

Polyembryonie *n. f. (du gr. polus, nombreux et embryon).* [Polyembryony] Formation de plusieurs embryons à partir d'une seule cellule œuf.

Polyéthisme *n. m.* [Polyethism] Spécialisation fonctionnelle des individus d'une colonie d'Insectes.

Polygame *adj. (du gr. polus, nombreux et gamos, mariage).* [Polygamous] ▸ ① Se dit d'un mâle qui vit et s'accouple avec plusieurs femelles; ▸ ② Se dit d'une Angiosperme qui possède à la fois des fleurs unisexuées ou stériles et des fleurs hermaphrodites sur le même pied. **Syn.**: Dimonoïque.

Polygastrique *adj. (du gr. polus, nombreux et gastrique)* [Polygastric] Se dit des Mammifères dont l'estomac est formé de plusieurs compartiments.

Polygénie *n. f.* [Polygeny] **Syn.**: Polymérie.

Polygynie *n. f. (du gr. polus, nombreux et gunê, femme).* [Polygyny] ▸ ① Mode de reproduction où le mâle s'approprie plusieurs femelles à la fois; ▸ ② Présence de plusieurs reines dans une société d'Insectes polydomique.

Polyholoside *n. m.* Polymère d'unités monosaccharidiques toutes identiques (**homopolyholoside**) ou différentes (**hétéropolyholoside**). **Syn.**: Polysaccharide, Polyoside, Glycane.

Polyhybridisme *n. m. (du gr. polus, nombreux et hybridisme).* [Polyhybridism] Croisement de deux individus qui diffèrent par plusieurs caractères.

Polylectique *adj.* [Polylectic] Se dit d'une espèce nectarivore qui butine de nombreuses espèces de plantes. **Ant.**: Monolectique.

Polymérase *n. f.* [Polymerase] Toute enzyme qui catalyse une polymérisation.

Polymérie *n. f.* [Polymery] Type d'hérédité où le caractère est déterminé par la transcription de plusieurs gènes. On distingue:

- la **polymérie additive** où chaque gène peut déclencher l'apparition du caractère mais l'expression de l'ensemble des gènes permet une expression optimale de ce caractère;
- la **polymérie complémentaire** où chaque gène est responsable d'une partie du caractère.

Syn.: Polygénie.

Polymorphisme *n. m.* [Polymorphism] ▸ ① Propriété de certaines espèces dont les individus présentent des formes différentes; ▸ ② Existence de plusieurs formes d'une molécule (protéine, acide nucléique). **Ex.**: Formes de la double hélice d'ADN (ADN A, B, Z). Dans le cas des gènes qui ont plusieurs allèles, on parle de *polyallélisme*.

Polynucléaire *adj. et n. m. (du gr. polus, nombreux et nucléaire).* **Syn.**: Granulocyte.

Polynucléotide *n. m. (du gr. polus, nombreux et nucléotide).* [Polynucleotide] **Syn.**: Acide nucléique.

Polyodonte *adj. (du gr. polus, nombreux et odous, odontos, dent).* [Polyodont] Se dit d'un animal qui possède de nombreuses dents. **Ant.**: Oligodonte.

Polyoside *n. m. (du gr. polus, nombreux et oside).* **Syn.**: Polyholoside.

Polype *n. m. (du gr. polus, nombreux et pous, pied).* [Polyp] Forme fixée des Cnidaires, solitaire ou coloniale, alternant ou non avec une forme libre, la *méduse*.

Polypeptidase *n. f.* [Polypeptidase] Enzyme de la bordure en brosse intestinale qui catalyse la rupture des polypeptides en oligopeptides et en acides aminés. **Ex.**: Carboxypeptidase.

Polypeptide *n. m. (du gr. polus, nombreux et peptide).* [Polypeptide] Voir Peptide.

Polypeptide intestinal vasoactif *m.* Sigle: VIP (*Vasoactive intestinal peptide*) – Polypeptide duodénal de 28 acides aminés qui provoque la dilatation des capillaires intestinaux, inhibe la sécrétion d'acide chlorhydrique par l'estomac et stimule les sécrétions intestinales et pancréatiques, la glycogénolyse et la lipolyse.

Polypeptide pancréatique *m.* [Pancreatic polypeptide] Hormone de 36 acides aminés sécrétée par les cellules F (PP) du pancréas endocrine. Son rôle est mal connu.

Polypétale *adj. (du gr. polus, nombreux et pétale).* [Polypetalous] **Syn.**: Dialypétale.

Polyphage *adj. et n. m. (du gr. polus, nombreux et phagein, manger).* [Polyphagous] Qui se nourrit d'aliments de natures diverses. **Syn.**: Euryphage, Allotrophe.

Polyphylétique *adj.* [Polyphyletic] Se dit d'un groupe systématique comprenant des espèces issues d'ancêtres différents.

Polyphyodonte *adj. et n. m. (du gr. poluphuês, qui pousse plusieurs fois et odous, odontos, dent).* [Polyphyodont] Chez les Vertébrés non mammaliens, se dit d'une espèce qui présente plusieurs générations de dents.

Polypide *n. m.* Chez les Brachiopodes, individu suspendu dans une cystide, constitué principalement d'un tube digestif avec un orifice buccal entouré d'une couronne de tentacules ciliés. L'ensemble du polypide et de la cystide forme une zoécie.

Polypier *n. m.* [Polypary] Squelette calcaire des Cnidaires coloniaux.

Polyplanétisme *n. m.* [Polyplanetism] Chez certains Phycomycètes, élaboration de plusieurs générations de zoospores différentes, dérivant les unes des autres.

Polyploïde *adj. (du gr. polus, nombreux, d'après diploïde).* [Polyploid] Qui possède plus de deux lots de chromosomes. Les organismes polyploïdes qui ont un nombre pair de lots de chromosomes sont dits *artioploïdes*, ceux à nombre impair, *périssoploïdes*.

Polyribosome *n. m. (du gr. polus, nombreux et ribosome).* [Polysome] Assemblage de plusieurs ribosomes, libres ou liés au réticulum endoplasmique rugueux, le long d'un ARNm. **Syn.**: Polysome, Ergosome.

Polysaccharide *n. m. (du gr. polus, nombreux et saccharide).* [Polysaccharide] **Syn.**: Polyholoside.

Polysépale *adj. (du gr. polus, nombreux et sépale).* [Polysepalous] **Syn.**: Dialysépale.

Polysome *n. m. (du gr. polus, nom-*

breux et sôma, corps). [Polysome] **Syn.**: Polyribosome.

Polysomie *n. f. (du gr. polus, nombreux et sôma, corps).* [Polysomy] Voir Aneuploïdie.

Polysperme *adj. (du gr. polus, nombreux et sperma, semence).* [Polyspermous] Se dit d'un fruit qui possède de nombreuses graines. **Ant.**: Monosperme.

Polyspermie *n. f. (du gr. polus, nombreux et sperma, semence).* [Polyspermy] Pénétration de plusieurs spermatozoïdes dans un même ovule. **Syn.**: Polyzoospermie. **Ant.**: Monospermie.

Polystélie *n. f.* [Polystely] Présence de plusieurs stèles indépendantes chez certaines Ptéridophytes.

Polytène *adj. (du gr. polus, nombreux et tainia, bandelette, ruban).* Voir Chromosome polytène.

Polytriche *adj. (du gr. polus, nombreux et trichos, soie).* [Polytrich] Se dit d'une Bactérie qui possède de nombreux flagelles.

Polytrophique *adj. (du gr. polus, nombreux et trophê, nourriture).* [Polytrophic] Voir Méroïstique.

Polytrophisme *n. m. (du gr. polus, nombreux et trophê, nourriture).* [Polytrophism] Régime alimentaire varié.

Polytypique *adj.* [Polytypic] Se dit d'une espèce qui comporte plusieurs races géographiques.

Polyvoltin *adj.* [Polyvoltine] Se dit d'une espèce qui produit plusieurs générations par an. **Ant.**: Monovoltin.

Polyxène *adj.* [Polyxenic] Se dit d'un parasite qui se développe sur plusieurs hôtes différents. **Ant.**: Monoxène.

Polyzoïque *adj.* [Polyzoic] ▸ ① Se dit d'une espèce animale qui vit en colonie; ▸ ② Qui comporte des segments qui se détachent pour la reproduction. **Ex.**: Ténia.

Polyzoospermie *n. f.* **Syn.**: Polyspermie.

POMC *n. f.* Sigle de Proopiomélanocortine. Voir ce mot.

Ponctuation *n. f.* [Pit] Petite zone amincie de la paroi des cellules végétales, sans paroi secondaire. A leur niveau sont concentrés de nombreux plasmodesmes.

Pondaison *n. f.* [Egg-laying time] Saison de la ponte chez les Oiseaux.

Pont cytoplasmique *m.* [Cytoplasmic connection] Dans les ovaires méroïstiques polytrophiques des Insectes, communication cytoplasmique entre un ovocyte et une cellule nourricière permettant le passage des nutriments.

Pont de Varole *m.* **Syn.**: Protubérance annulaire.

Pont disulfure *m.* [Disulphid bond] Liaison entre deux atomes de soufre d'une protéine contribuant à la stabilisation de sa structure tertiaire ou quaternaire.

Ponte *n. f.* Expulsion des œufs des voies génitales par une femelle. [Laying]; l'ensemble de ces œufs.

Pool génétique *m.* [Gene pool] Ensemble de l'information génétique d'une population.

Populaie *n. f. (du lat. populus, Peuplier).* **Syn.**: Peupleraie.

Population *n. f. (du lat. populus, peuple).* [Population] Groupe localisé d'organismes qui appartiennent à une seule espèce et qui se reproduisent librement entre eux. **Syn.**: Dème.

Populicole *adj. (du lat. populus, peuplier et colere, habiter).* Qui pousse près des Peupliers.

Pore *n. m. (du gr. poros, passage).* [Pore] ▸ ① Orifice du conduit des glandes sudoripares au niveau de la peau; ▸ ② **Pore nucléaire**, zone d'interruption de l'enveloppe nucléaire permettant une communication entre nucléoplasme et cytoplasme. [Nuclear pore]

Poricide *adj.* [Poricidal] Se dit de la déhiscence d'anthères ou de fruits déhiscents qui se fait par de petits trous. **Ex.**: Capsule poricide du Coquelicot (*Papaver sp*., Papavéracées).

Porine *n. f.* [Porin] Protéine transmembranaire des Bactéries permettant le passage des ions et autres petites molécules hydrophiles.

Porocyte *n. m. (de pore et du gr. kutos, cellule)*. Chez les Spongiaires, cellule tubulaire qui traverse la mésoglée de l'endoderme à l'ectoderme, et qui est creusée d'un canal permettant le passage de l'eau de mer.

Porogamie *n. f. (de pore et du gr. gamos, union)*. [Porogamy] Chez la plupart des Angiospermes, mode de fécondation où le tube pollinique atteint l'ovule en passant par le micropyle. **Ant.**: Acrogamie.

Porphyrine *n. f. (du gr. porphureos, de couleur pourpre)*. [Porphyrin] Molécule formée de 4 noyaux pyrroles reliés par des ponts carbonés qui peuvent chélater un atome de fer ou de magnésium. La porphyrine constitue le motif de base de l'hème.

Porphyropsine *n. f.* [Porphyropsin] Pigment visuel des Poissons d'eau douce, des Tortues d'eau douce et des larves d'Amphibiens, formée d'une opsine reliée au 3-déhydrorétinal.

Port *n. m.* [Habit] Aspect général, physionomie d'un végétal. **Syn.**: Habitus.

Portée *n. f.* [Litter, Brood] Chez la femelle de Mammifères, ensemble des petits nés lors d'une seule parturition.

Posthypophyse *n. f. (du lat. post, après et hypophyse)*. [Posthypophysis] **Syn.**: Neurohypophyse.

Potamocole *adj. (du gr. potamos, fleuve et du lat. colere, habiter)*. [Potamocolous] **Syn.**: Potamophile.

Potamodrome *adj. (du gr. potamos, fleuve et dromos, course)*. [Potamodromous] Qui migre dans les eaux douces. **Ant.**: Océanodrome.

Potamophile *adj. (du gr. potamos, fleuve et philos, ami)*. [Potamophilous] Qui vit dans les cours d'eau. **Syn.**: Potamocole.

Potamophyte *n. f. (du gr. potamos, fleuve et phuton, plante)*. [Potamophyte] Plante potamophile.

Potamoplancton *n. m. (du gr. potamos, fleuve et plancton)*. [Potamoplankton] Plancton des eaux douces.

Potamotoque *adj. (du gr. potamos, fleuve et tokos, enfantement)*. [Potamotokous] Se dit d'un organisme marin qui remonte les fleuves pour s'y reproduire. **Ex.**: Saumon. **Syn.**: Anadrome. **Ant.**: Thalassotoque, Catadrome.

Potassium *n. m.* [Potassium] Symb.: K (kalium) – Élément chimique (Z = 19) du groupe des alcalins. C'est le cation le plus abondant dans les cellulles. Il est l'un des ions responsables du potentiel d'action.

Potentiel d'action nerveux *m.* [Action potential] Inversion rapide suivie d'un rétablissement de la polarité d'une membrane d'une cellule nerveuse, se propageant le long de la cellule et le cas échéant aux cellules nerveuses voisines par l'intermédiaire d'une synapse. **Syn.**: Influx nerveux.

Potentiel de membrane *m.* [Membrane potential] Différence de potentiel électrique de part et d'autre d'une membrane. La face cytoplasmique est moins chargée que la face externe.

Potentiel postsynaptique *m.* [Post-

synaptic potential] Variation du potentiel de membrane du neurone postsynaptique. Le potentiel postsynaptique peut être *excitateur (PPSE)* ou *inhibiteur (PPSI)*.

Potentiel primaire de régénération *m.* Ensemble des espèces qui apparaissent ou participent à une succession secondaire. On distingue:

- le **potentiel advectif** formé par les plantes qui sont disséminées par un vecteur (vent, animaux);
- le **potentiel séminal** édaphique formé par les espèces déjà présentes sous forme de graines et d'organes;
- le **potentiel végétatif** formé par les espèces présentes sous forme de souches ou de troncs brisés.

Potomètre *n. m.* **[Potometer]** Instrument qui permet de mesurer l'absorption d'eau par une plante.

Poumon *n. m.* **[Lung]** ▸ ① Organe pair de la respiration chez certains Poissons Ostéichtyens et chez les Tétrapodes. La paroi épithéliale dérive d'une évagination de l'endoblaste pharyngien. On distingue:

- les **poumons cavitaires** ou **sacculaires** chez certains Poissons Ostéichtyens, chez les Amphibiens et chez de nombreux Reptiles. Ce sont de simples sacs à paroi lisse ou avec de petits septums;
- les **poumons pluricavitaires** chez les Reptiles Varanidés, Crocodiliens et Chéloniens et chez les Mammifères;
- les **poumons tubulaires** des Oiseaux qui présentent une séparation des zones d'échanges respiratoires et de ventilation pulmonaire (par les sacs aériens).

▸ ② Chez les Arachnides, invagination tégumentaire fortement irriguée permettant les échanges gazeux. **Syn.**: Poche pulmonaire.

Pourpre rétinien *m.* **[Visual purple]** **Syn.**: Rhodopsine.

PPSE *n. m.* Sigle de Potentiel postsynaptique excitateur. Voir Potentiel postsynaptique.

PPSI *n. m.* Sigle de Potentiel postsynaptique inhibiteur. Voir Potentiel postsynaptique.

Prairie *n. f.* **[Meadow]** Formation végétale herbacée, dense, surtout constituée de Poacées et de Fabacées. Une prairie évolue naturellement vers la forêt si les conditions écologiques le permettent. Il existe des prairies permanentes aux hautes altitudes où elles constituent donc le climax.

Pratinicole *adj.* **[Pratinicolous]** Qui vit, pousse dans les prairies. **Syn.**: Praticole.

Précipitine *n. f.* **[Precipitin]** Tout anticorps qui fait précipiter l'antigène qui lui correspond.

Préclimax *n. m.* **[Preclimax]** Stade d'une succession qui précède le climax. **Syn.**: Subclimax.

Précoce *adj.* Se dit des jeunes Vertébrés qui n'ont pas besoin des soins de leur parents après la naissance. **Ant.**: Altricial.

Prédateur *n. m. et adj. (du lat. praeda, proie).* **[Predator (n. m.), Predatory (adj.)]** Organisme qui se nourrit d'un autre organisme.

Prédation *n. f.* **[Predation]** Relation trophique dans laquelle un individu, le *prédateur*, se nourrit d'autres individus, les *proies*. La prédation joue un rôle important dans la régulation des effectifs des proies et des prédateurs. **Ex.**: Prédation entre les Lemmings et l'Hermine. Voir le tableau des relations trophiques.

Préfeuille *n. f. (du lat. prae, devant et*

feuille). Petite feuille insérée juste sous la fleur sur le pédicelle floral.

Préfloraison *n. f. (du lat. prae, devant et floraison).* **[Preflowering]** Disposition des pièces périanthaires dans le bouton floral. On distingue les préfloraisons carénale, contortée ou tordue, imbriquée, quinconciale, spiralée, valvaire et vexillaire. Voir ces mots. **Syn.**: Vernation.

Préfoliation *n. f. (du lat. prae, devant et foliation).* **[Prefoliation]** Disposition des feuilles dans le bourgeon végétatif. Chez les Ptéridophytes, on parle de *préfrondaison*. **Syn.**: Vernation.

Préformation *n. f.* **[Preformation]** Ancienne théorie selon laquelle la cellule œuf contiendrait déjà tous les organes qui n'auraient plus alors qu'à grandir. **Syn.**: Préformationnisme, Préformisme.

Préformationnisme, Préformisme *m.* **[Preformationism, Preformism]** **Syn.**: Préformation.

Prégnénolone *n. f.* **[Pregnenolone]** Stéroïde à 21 C constituant le précurseur de toutes les hormones stéroïdes. Elle est formée à partir du cholestérol grâce à une desmolase. La régulation hypophysaire de la synthèse des stéroïdes par ACTH et LH agit sur cette molécule.

Préhensile *adj. (du lat. prehendere, saisir).* **[Prehensile]** Se dit d'un organe qui peut saisir.

Prémaxillaire *n. m.* **[Premaxillary]** Os pair le plus antérieur du toit dermique de l'ostéocrâne.

Prémolaire *n. f. (du lat. prae, devant et molaire).* **[Premolar]** Dent jugale antérieure, précédée par des dents de lait.

Préoral *adj.* Qui est situé en avant de la bouche.

Préproprotéine *n. f.* **[Preproprotein]** Protéine juste traduite et encore liée à son peptide signal qui sera éliminé dans le réticulum endoplasmique ou lors de leur importation dans un organite.

Prépuce *n. m.* **[Prepuce, Foreskin]** Chez les Mammifères, repli tégumentaire qui entoure l'extrémité distale du pénis.

Présure *n. f. (du lat. prendere, prendre).* **[Rennet]** **Syn.**: Rennine.

Prévernal *adj.* **[Prevernal]** Se dit d'une plante dont le développement se réalise au tout début du printemps.

Primaire *adj.* **[Primary]** ▸ ① Se dit des tissus qui se forment à partir des méristèmes primaires, c'est-à-dire les méristèmes apicaux, axillaires et intercalaires; ▸ ② Se dit d'une formation végétale qui n'a pas subi de perturbations majeures naturelles ou anthropiques depuis quelques siècles.

Primase *n. f.* **[Primase]** **Syn.**: ARN primase.

Primatologie *n. f. (de primate et du gr. logos, discours).* **[Primatology]** Branche de la zoologie qui étudie des Primates. Le spécialiste est un *primatologue*.

Primine *n. f. (du lat. primus, premier).* **[Primine]** Chez les Angiospermes, tégument interne d'un ovule bitégumenté, son nom provenant du fait qu'il est le premier à se différencier autour du nucelle. **Ant.**: Secondine.

Primipare *adj. (du lat. primus, premier et parere, engendrer).* **[Primipara]** Se dit d'une femelle de Mammifère qui met bas pour la première fois.

Primordium *n. m.* **[Primordium]** Premier stade de développement d'une feuille ou d'une pièce florale, au niveau de l'apex.

Primosome *n. m. (du lat. primus, premier et du gr. sôma, corps).* **[Primosome]**

Ensemble de l'ARN primase et de l'hélicase sur la chaîne tardive de l'ADN, au cours de la réplication de l'ADN.

Principe de Gause *(n. pr.)* [Gause's principle] Principe selon lequel une même niche écologique ne peut être occupée que par une seule espèce.

Prion *n. m. (de l'angl. pr(otein) i(nfectious particle) et suff. -on).* [Prion] Particule protéique infectieuse qui ne déclenche aucune réaction immunitaire mais qui est cependant responsable de maladies nerveuses dégénératives (encéphalopathies).

Proaccélérine *n. f.* [Proaccelerin] Voir Facteur de coagulation.

Proamnios *n. m.* [Proamnion] Chez la jeune neurula d'Oiseau, région ectodermique en avant de la région céphalique, qui formera le repli amniotique antérieur.

Probaside *n. f.* [Probasidium] **Syn.**: Téleutospore.

Procambium *n. m.* [Procambium] Méristème primaire des racines, à l'origine de la stèle.

Procaryote *adj. et n. m. (du lat. pro, avant et (eu)caryote).* [Prokaryote (n.), Prokaryotic (adj.)] Microorganisme unicellulaire dépourvu de véritable noyau. Les Procaryotes sont aussi dépourvus d'organites. Ils regroupent les Archées et les Eubactéries.

Procercoïde *adj.* [Procercoid] Chez les Cestodes Pseudophyllidiens, se dit de la forme larvaire présente dans la cavité générale du Cyclops et qui se transformera en larve plérocercoïde dans un Poisson. Elle possède une queue courte pourvue de 6 crochets.

Procès ciliaire *m.* [Ciliary process] Crête épithéliale vascularisée des corps ciliaires des Crocodiliens, Oiseaux et Mammifères.

Procœle *adj.* [Procoele] Se dit des vertèbres dont la face antérieure est concave et la face postérieure convexe par rapport au centre vertébral.

Procollagène *n. m.* [Procollagen] Précurseur du collagène possédant un propeptide à chaque extrémité N- et C-terminale. Le procollagène est sécrété à l'extérieur de la cellule où des enzymes protéolytiques éliminent les propeptides.

Procombant *adj. (du lat. pro, avant et cubare, être couché).* Se dit d'une tige qui rampe sur le sol et qui ne s'enracine pas.

Proconvertine *n. f.* [Proconvertin] Facteur de coagulation qui active la facteur X en présence de facteurs tissulaires et de calcium. **Syn.**: Facteur VII.

Procoracoïde *n. m.* [Procoracoid] Os pair ventral de la ceinture pectorale endosquelettique.

Proctodéum *n. m. (du gr. prôktos, anus).* [Proctodaeum] ▸ ① Chez les Arthropodes, partie postérieure du tube digestif, d'origine ectodermique; ▸ ② Chez les embryons de certains Vertébrés, invagination de l'ectoblaste qui formera tout le cloaque (chez les Amphibiens) ou une partie seulement (Sauropsidés). Le proctodéum est absent chez les Mammifères Euthériens.

Producteur *n. m. et adj.* [Producer (n.), Productive (adj.)] Tout organisme autotrophe, premier maillon des chaînes trophiques. **Syn.**: Producteur primaire.

Productivité *n. f.* [Productivity] Masse de matière organique formée par unités de surface ou de volume et de temps.

Prodynorphine *n. f.* [Prodynorphin] Voir Endomorphine.

Proenképhaline *n. f.* [Proenkephalin] Voir Endomorphine.

Proenzyme *n. f.* [Proenzyme] Précurseur inactif d'une enzyme. **Ex.**: Prothrombine. **Syn.**: Zymogène.

Proépisématique *adj.* [Proepisematic] Caractère permettant la reconnaissance des individus qui appartiennent à une même colonie.

Proérythroblaste *n. m.* [Proerythroblast] Voir Érythroblaste.

Progenèse *n. f.* [Progenesis] **Syn.**: Néoténie.

Progéniteur *n. m. et adj.* [Progenitor (n.)] Cellule souche engagée dans une lignée cellulaire.

Progénote *n. m. (du lat. progenies, souche).* [Progenote] Cellule ancestrale hypothétique qui serait à l'origine de tous les êtres vivants.

Progestatif *adj. (du lat. pro, qui est pour et gestare, porter).* [Progestin] Qui favorise la gestation.

Progestérone *n. f. (du lat. pro, qui est pour, gestare, porter et (horm)one).* [Progesterone] Hormone sexuelle stéroïde à 21 C, sécrétée par le corps jaune, le chorion, le placenta (prend le relai du corps jaune) et les corticosurrénales (comme précurseur des autres hormones). Elle provoque le maintien de l'endomètre, stimule le développement des glandes mammaires et supprime l'œstrus. Elle dérive de la prégnénolone et constitue le précurseur de toutes les autres hormones stéroïdes.

Proglottis *n. m. (du gr. pro, en avant et glottis, langue).* [Proglottid] Chacun des anneaux d'un Cestode. Ils se forment par bourgeonnement en arrière du scolex. Ils comprennent tous un appareil reproducteur hermaphrodite et un appareil excréteur.

Prognathe *adj. (du gr. pro, avant et gnathos, mâchoire).* Se dit de la disposition des pièces buccales lorsqu'elles sont dirigées vers l'avant. **Ex.**: Coléoptères. **Ant.**: Opisthognathe.

Prohormone *n. f.* [Prohormone] Précurseur inactif d'une hormone.

Proie *n. f.* [Prey] Être vivant qui sert de nourriture à un animal.

Pro-insuline *n. f.* [Proinsulin] Précurseur inactif de l'insuline comportant un polypeptide de 31 acides aminés, le peptide C, qui unit les chaînes A et B. Ce peptide est excisé par une enzyme protéolytique ce qui active la protéine.

Prolactine *n. f. (du lat. pro, en avant et lactus, lait).* [Prolactin] Symb.: LTH (*Luteotropic hormone*) ou Prl – Hormone peptidique d'environ 200 acides aminés sécrétée par les cellules η de l'antéhypophyse et qui stimule la production de lait, l'instinct de couvaison chez les Oiseaux, le développement du corps jaune. **Syn.**: Hormone lactogène, Hormone lutéotrophe, Lutéotrophine, Lutéostimuline.

Prolactostatine *n. f.* [Prolactostatin] Tout facteur inhibiteur de la sécrétion de prolactine. Ce sont la dopamine, le GABA et la somatostatine.

Prolamine *n. f. (de pro(téine) et amine).* [Prolamin] Holoprotéine végétale des graines. **Ex.**: Zéine, Hordéine.

Prolifère *adj. (du lat. proles, descendance et ferre, porter).* ▸ ① Se dit d'une fleur dont l'axe poursuit sa croissance après formation de la fleur. [Proliferous]; ▸ ② Se dit d'un thalle d'Algue dont la marge élabore des expansions ressemblant au thalle d'origine.

Proline *n. f.* [Proline] Symb.: Pro, P – Acide aminé hétérocyclique hydrophobe à fonction amine secondaire, constitutif des protéines de la matière vivante. Elle peut être hydroxylée en hydroxyproline. Codons correspondants: CGU, CCC, CCA, CCG. **Syn.**: Acide pyrrolidine-2-carboxylique. Voir tableau des acides aminés.

Promoteur *n. m.* [Promotor] Séquence d'ADN sur laquelle l'ARN polymérase doit se fixer pour que la transcription puisse être initiée.

Pronation *n. f.* [Pronation] Mouvement de l'autopode de certains Mammifères vers l'avant grâce à la torsion du zeugopode, le radius passant devant l'ulna. **Ant.**: Supination.

Pronéphros *n. m. (du lat. pro, avant et du gr. nephros, rein).* [Pronephros] Rein primitif, fonctionnel seulement chez les larves d'Anamniotes. Chez tous les autres Vertébrés, il est vestigial.

Pronotum *n. m.* Tergite antérieur du thorax des Insectes.

Pronucléus *n. m.* [Pronucleus] Chacun des noyaux haploïdes mâle et femelle dans l'ovule fécondé, avant la caryogamie.

Proopiomélanocortine *n. f.* [Proopiomelanocortin] Sigle: POMC – Polypeptide adénohypophysaire de 265 acides aminés représentant une prohormone. Après clivage protéolytique, la proopiomélanocortine donne la corticostimuline (ACTH) et la β-lipotropine.

Propagule *n. f. (du lat. propago, bouture).* [Propagule] ▸ ① Chez les Bryophytes et les Spongiaires, petit massif pluricellulaire qui, une fois disséminé, est à l'origine d'un nouvel individu. Chez les Bryophytes, les propagules peuvent prendre naissance dans des organes spécialisés appelés *corbeilles à propagules;* ▸ ② Partie minimale d'une population permettant la colonisation d'un nouvel habitat.

Properdine *n. f.* [Properdin] β-globuline plasmatique, une des protéines du complément qu'elle active.

Prophage *n. m.* [Prophage] Voir Lysogénisation.

Prophase *n. f.* [Prophase] Première phase de la division cellulaire mitotique ou méiotique. La prophase de première division de méiose est formée de 5 stades: leptotène, zygotène, pachytène, diplotène et diacinèse. La prophase de seconde division de méiose est très réduite voire inexistante.

Prophyse *n. m.* Feuillage d'un arbre en cours de croissance.

Proplaste *n. m.* [Proplast] Précurseur indifférencié des plastes, dans les cellules méristématiques.

Propneustique *adj.* [Propneustic] Se dit des Insectes dont seule la paire antérieure de stigmates est fonctionnelle.

Propolis *n. f.* [Propolis] Sécrétion cireuse des glandes ventrales des Abeilles avec laquelle elles entourent divers déchets et cadavres.

Propriocepteur *n. m.* [Proprioceptor] Récepteur des stimulus provenant des tendons, des ligaments et des muscles. **Syn.**: Propriorécepteur.

Propriorécepteur *n. m.* [Proprioreceptor] **Syn.**: Propriocepteur.

Proprotéine *n. f.* [Proprotein] Précurseur inactif d'une protéine dont une partie doit être clivée pour obtenir une protéine active.

Prosencéphale *n. m.* [Prosencephalon] Première des trois vésicules céphaliques embryonnaires des Vertébrés. Elle donne le télencéphale et le diencéphale.

Prosoplectenchyme *n. m.* [Prosoplectenchym] Chez les Lichens, pseudotissu fongique dont les hyphes possèdent des parois très épaisses et un cytoplasme réduit.

Prostacycline *n. f.* [Prostacyclin] Eicosanoïde synthétisé par les cellules endothéliales, inhibant l'agrégation des plaquettes et stimulant la vasodilatation. **Syn.**: Prostaglandine I_2.

Prostaglandine *n. f. (de prosta(te), gland(e) et suff. -ine).* **[Prostaglandin]** Sigle: PG – Eicosanoïde comprenant un cycle à 5 C. On en connaît 9 types notés PGA à PGI, suivis d'un chiffre correspondant au nombre de doubles liaisons en dehors du cycle. Les prostaglandines inhibent la lipolyse, stimulent la synthèse des hormones hypophysaires, inhibent la synthèse de progestérone et ont une action anti-inflammatoire. Elles sont antagonistes de nombreuses hormones en inhibant l'activité de l'adénylate cyclase membranaire. **Prostaglandine I_2**, syn.: Prostacycline.

Prostate *n. f. (du gr. prostatês, qui se tient en avant).* **[Prostate]** Glande annexe de l'appareil reproducteur mâle des Mammifères, provenant de bourgeons de l'urètre prostatique. Elle sécrète une partie du liquide séminal qu'elle évacue dans de nombreux canaux excréteurs qui débouchent dans l'urètre.

Prosternite *n. m.* Sternite (ventral) antérieur du thorax des Insectes.

Prostré *adj.* Se dit d'une plante qui est appliquée contre son substrat, et du port correspondant.

Protamine *n. f. (de prot(éine) et amine).* **[Protamin]** Chacune des protéines globulaires basiques riches en cystéine et arginine synthétisées à la fin de la spermiogenèse et associées à l'ADN des spermatozoïdes. **Ex.**: Salmine (Saumon), clupéine (Hareng), sturine (Esturgeon).

Protandrie *n. f.* **[Protandry]** **Syn.**: Protérandrie.

Protéase *n. f. (de proté(ine) et suff. -ase).* **[Protease]** Toute enzyme du groupe des hydrolases qui catalyse l'hydrolyse des protéines. On distingue les *endopeptidases* qui rompent les liaisons à l'intérieur de la chaîne et les *exopeptidases* qui ne détachent que des acides aminés terminaux.

Protéasome *n. m. (de protéa(se) et du gr. sôma, corps).* **[Proteasome]** Complexe protéasique cytosolique qui hydrolyse les protéines.

Protéine *n. f. (du gr. prôtos, premier et suff. -éine).* **[Protein]** Macromolécule organique azotée constituée d'une ou de plusieurs chaînes polypeptidiques. Leurs acides aminés sont reliés par des liaisons peptidiques et l'ordre de leur succession est déterminé par l'enchaînement des codons sur l'ARNm correspondant. On distingue:

a. selon leur forme:

• les **protéines fibreuses** dans les tissus de soutien;

• les **protéines globulaires** à activité biologique.

b. selon leur composition:

• les **holoprotéines** constituées seulement d'acides aminés;

• les **hétéroprotéines** qui comportent en plus un groupement prosthétique non protéique: glycoprotéines, lipoprotéines, métalloprotéines, chromoprotéines, phosphoprotéines.

Protéine de choc thermique *f.* **[Heat shock protein]**. Sigle: HSP – Protéine chaperonne participant à la mise en place de la conformation spatiale des protéines et à leur maintien. Elles sont synthétisées en grande quantité sous l'effet d'une élévation de température au-dessus d'un seuil qui dépend de la présence d'autres stress et de l'espèce.

Protéine de liaison à l'auxine *f.* **[Auxin binding protein]** Voir 3. ABP.

Protéine G *f.* **[G protein]** Glycoprotéine trimérique intervenant dans la transmission des signaux extracellulaires. Elles sont constituées des sous-unités α, β et γ. Les chaînes β et γ ancrent la protéine G à la face cytoplasmique de la membrane plasmique. La chaîne α se lie d'abord au récepteur protéique membranaire ce qui active la protéine G, puis se lie à la protéine à activer. Ces chaînes diffèrent selon le type de protéine G. On distingue:

- la **protéine G stimulatrice** (**G_s**) qui active l'adénylate cyclase;
- la **protéine G inhibitrice** (G_i) qui l'inhibe;
- la **protéine G_q** qui active la phospholipase Cβ;
- la **protéine G_0** qui active les canaux K^+ et inhibe les canaux Ca^{2+};
- la **protéine G_t** (transducine) qui active une GMPc phosphodiestérase dans les photorécepteurs des Vertébrés.

Protéine kinase *f.* [**Protein kinase**] Toute enzyme de phosphorylation des protéines. Elles sont activées en se liant à une substance spécifique:

- **protéine kinase A** (AMPc dépendante);
- **protéine kinase C** (Ca^{2+} dépendante);
- **protéine CaM kinase** (complexe Ca^{2+}/calmoduline dépendante);
- **protéine kinase G** (GMPc dépendante);
- **tyrosine kinase,** protéine qui phosphoryle les tyrosines.

Protéine P *f.* [**P protein**] Protéine des tubes criblés qui constitue un réseau filamenteux dont le rôle est inconnu.

Protéoflavine *n. f.* **Syn.**: Flavoprotéine.

Protéogenèse *n. f.* [**Proteogenesis**] Synthèse de protéines.

Protéoglycane *n. m.* [**Proteoglycan**] Macromolécule résultant de la condensation d'une protéine avec un glycosaminoglycane. **Syn.**: Mucoprotéine.

Protéolyse *n. f.* [**Proteolysis**] Dégradation enzymatique des protéines.

Protéoplaste *n. m.* [**Proteoplast**] Leucoplaste riche en protéines.

Protérandrie *n. f. (du gr. proteros, le premier et anêr, andros, mâle).* [**Proterandry**] Caractère des espèces hermaphrodites dont la maturation des gamètes mâles a lieu avant celle des gamètes femelles. **Syn.**: Protandrie. **Ant.**: Protogynie.

Protéranthe *adj. (du gr. proteros, premier et anthos, fleur).* [**Proteranth**] Se dit d'une plante dont les fleurs apparaissent avant les feuilles.

Protéroglyphe *adj. (du gr. proteros, premier et gluphê, ciselure).* [**Proteroglyph**] Se dit des Serpents dont le venin s'écoule dans les canalicules d'une paire de crochets antérieurs.

Protérogynie *n. f.* [**Proterogyny**] **Syn.**: Protogynie.

Prothalle *n. m. (du lat. pro, avant et thalle).* [**Prothallus**] Chez les Ptéridophytes, organisme de petit taille correspondant à la phase gamétophytique (haploïde) du cycle de développement. Ils peuvent être chlorophylliens ou hétérotrophes, hermaphrodites ou unisexués, aériens ou souterrains.

Prothoracotropine *n. f.* [**Prothoracotropin**] Voir Hormone prothoracotrope.

Prothorax *n. m. (du gr. pro, avant et thorax).* [**Prothorax**] Segment antérieur du thorax des Insectes, dépourvu d'ailes.

Prothrombine *n. f.* [**Prothrombin**] Précurseur inactif plasmatique de la thrombine synthétisé par le foie en présence de vitamine K. L'activateur de la prothrombine le transforme en *thrombine* active, protéase qui détache 4 oligopeptides du fibrinogène et le transforme en fibrine.

Protide *n. m.* [Protide] Tout composé organique azoté formé d'acides aminés. Parmi les protides, on classe les peptides, les protéines et les hétéroprotéines.

Protistologie *n. f. (de protiste et du gr. logos, discours).* [Protistology] Branche de la biologie qui étudie les Protistes.

Protogynie *n. f. (du gr. prôtos, premier et gunê, femme).* [Protogyny] Caractère des espèces hermaphrodites dont l'appareil reproducteur femelle est mature avant l'appareil mâle. **Ant.:** Protérandrie, Protandrie. **Syn.:** Protérogynie.

Protonéma *n. m. (du gr. prôtos, premier et nêma, filament).* [Protonema] Chez les Bryophytes, premier stade de développement du gamétophyte, juste après sa germination à partir d'une spore. Il a l'aspect d'un filament ou d'une lame et est toujours chlorophyllien.

Protonéphridie *n. f. (du gr. prôtos, premier et néphridie).* [Protonephridium] Appareil excréteur des triploblastiques acœlomates pourvu d'une cellule sécrérice (cellule-flamme) et d'un canal collecteur.

Protonymphon *adj. et n. m. Larve protonymphon*, larve des Pycnogonides, parasitant les Cnidaires jusqu'à la métamorphose.

Protophloème *n. m. (du gr. prôtos, premier et phloème).* [Protophloem] Voir Phloème et le tableau de la structure du phloème.

Protophylle *n. f. (du gr. protos, premier et phullon, feuille).* [Protophyll] Chacune des feuilles d'aspect juvénile qui apparaissent peu après la germination.

Protoplasme *n. m. (du gr. protos, premier et plasma, chose façonnée).* [Protoplasm] Ensemble du cytoplasme et du noyau.

Protoplasmode *n. m. (du gr. prôtos, premier et plasmode).* Voir Plasmode.

Protoplaste *n. m.* [Protoplast] Cellule végétale, fongique ou bactérienne dont on a ôté la paroi à l'aide d'enzymes (protoplastisation). Les protoplastes pourront être cultivés *in vitro* et fusionnés entre eux et former des hybrides.

Protostèle *n. f. (du gr. prôtos, premier et stèle).* [Protostele] Stèle la plus simple, dépourvue de moelle, constituée d'un axe central de xylème entouré d'un manchon de liber. **Syn.:** Haplostèle.

Protostomien *adj. et n. m. (du gr. prôtos, premier et stoma, bouche).* [Protostomian (adj.)] Tout animal triploblastique cœlomate dont la bouche est issue du blastopore. **Ant.:** Deutérostomien.

Prototrophe *adj.* [Prototroph] Se dit d'un organisme unicellulaire, d'une souche, qui peuvent se développer sur un milieu minimum sans apports exogènes, en synthétisant tous les composés dont ils ont besoin. **Ant.:** Auxotrophe.

Protoxylème *n. m.* [Protoxylem] Premier xylème primaire formé, constitué de trachéides annelées et spiralées, et caractérisé par sa capacité à s'allonger, contrairement au métaxylème. Voir Tableau de la structure du xylème.

Protubérance annulaire *f.* [Pons Varoli] Région proéminente du tronc cérébral issue du métencéphale. Elle est constituée d'un ensemble de fibres nerveuses transversales qui relient les deux hémisphères cérébelleux et de fibres nerveuses longitudinales qui relient le cerveau à la moelle épinière. **Syn.**: Pont de Varole.

Proventif *adj.* Se dit d'un bourgeon ancien qui retrouve tardivement une activité à la faveur d'un afflux important de nutriments.

Provirus *n. m.* [**Provirus**] ADN viral intégré dans le génome d'une cellule procaryote (provirus appelé alors *prophage*) ou eucaryote.

Provitamine *n. f.* [**Provitamin**] Précurseur d'une vitamine.

Pruine *n. f. (du lat. pruina, givre).* [**Bloom**] Pellicule cireuse très fine, à la surface de certains fruits et de certains Lichens (cortex supérieur). **Syn.**: Efflorescence.

Psaltérium *n. m.* [**Psalterium**] **Syn.**: Feuillet.

Psammée *n. f.* Formation herbacée à buissonnante ouverte sur sol sableux (Classification d'Allorge et Jovet).

Psammicole *adj. (du gr. psammos, sable et colere, habiter).* [**Psammicolous**] **Syn.**: Psammophile.

Psammique *adj.* [**Psammic**] **Syn.**: Psammophile.

Psammophile *adj. (du gr. psammos, sable et philos, ami).* [**Psammophilous**] Qui vit dans le sable. **Syn.**: Ammocole, Ammophile, Arénicole, Psammicole, Psammique, Sabulicole.

Psammon *n. m.* [**Psammon**] Ensemble des êtres vivants qui vivent dans le sable.

Psammophyte *n. f.* [**Psammophyte**] Plante psammicole.

Psammophytie *n. f.* Biocénose végétale psammophile.

Psammosère *n. f.* [**Psammosere**] Succession végétale qui se constitue à partir du sable.

Pseudocyphelle *n. f.* [**Pseudocyphella**] Ouverture du thalle de certains Lichens hétéromères, laissant apparaître la médulle. Elles favorisent l'aération du thalle et l'absorption d'humidité.

Pseudogamie *n. f.* [**Pseudogamy**] Mode de reproduction où le gamète femelle se développe après stimulation par un spermatozoïde mais non suivie d'une amphimixie.

Pseudogène *n. m.* [**Pseudogene**] Gène non fonctionnel résultant de la mutation d'un gène fonctionnel.

Pseudo-hermaphrodisme *n. m.* [**Pseudohermaphroditism**] Présence de caractères femelles chez un mâle et de caractères mâles chez une femelle.

Pseudopode *n. m.* [**Pseudopodium**] Prolongement cytoplasmique rétractile permettant à la cellule de se mouvoir et de réaliser la phagocytose.

Psilopédique *adj.* [**Psilopaedic**] **Syn.**: Nidicole.

Psilophyte *n. f.* [**Psilophyte**] Plante qui vit dans les savanes.

Psychrophile *adj. (du gr. psukhros, froid et philos, ami).* [**Psychrophilic**] Se dit d'un organisme qui se développe à basse température.

Psychrophyte *n. f. (du gr. psukhros, froid et phuton, plante).* [**Psychrophyte**] Végétal ou champignon qui pousse à basse température.

Ptéridie *n. f. (du gr. pteron, aile).* **Syn.**: Samare.

Ptéridien *adj.* Voir Indice ptéridologique.

Ptéridine *n. f.* [**Pteridine**] Base azotée cyclique de l'acide folique et des ptérines.

Ptéridologie *n. f. (de Ptérido(phytes) et du gr. logos, discours).* Sous-discipline de la botanique qui étudie les Ptéridophytes.

Ptéridologique *adj.* Voir Indice ptéridologique.

Ptéridophytion *n. m.* Ensemble des Ptéridophytes d'une station.

Ptérine *n. f.* [Pterin] Chacun des pigments hétérocycliques azotés contenus dans des chromatophores appelés ptérinophores et responsables de colorations jaunes à rouges.

Ptérinophore *n. m. (de ptérine et du gr. pherein, porter).* [Pterinophore] Voir Ptérine.

Ptérinosome *n. m. (de ptérine et du gr. sôma, corps).* [Pterinosome] Granule de ptérines contenu dans les chromatophores.

Ptérodactyle *adj. (du gr. pteron, aile et daktulos, doigt).* Dont les doigts sont reliés par une membrane. **Ex.**: Chauve-souris (Chiroptères).

Ptérostigma *n. m. (du gr. pteron, aile et stigma, point).* Chez les Odonates et les Hyménoptères, petite zone sombre sur le bord antérieur des ailes, remplie d'air.

Ptérothèque *n. f. (du gr. pteron, aile et thêkê, loge).* [Pterotheca] Ébauche d'une aile chez les Insectes hétéroptères.

Ptérothorax *n. m. (du gr. pteron, aile et thorax).* Partie du thorax portant les ailes, c'est-à-dire l'ensemble du mésothorax et du métathorax.

Ptérygoïde *n. m.* [Pterygoid] Os dermique pair participant à la constitution du palais.

Ptérygopode *n. m.* [Pterygopode] Organe copulateur pair des Chondrichtyens mâles situé à la hauteur des nageoires pelviennes et soutenu par une baguette de cartilage issu de la transformation d'un rayon de la nageoire. **Syn.**: Clasper.

Ptérygote *n. m. et adj. (du gr. pteron, aile).* [Pterygote] Tout insecte fondamentalement pourvu d'ailes (les ailes pouvant disparaître secondairement). **Ant.**: Aptérygote.

Ptéryle *n. f.* Zone de la peau des Oiseaux au niveau de laquelle s'implantent les plumes. **Ant.**: Aptérie.

Ptilopédique *adj.* [Ptilopaedic] **Syn.**: Nidifuge.

Ptyalagogue *adj. (du gr. ptualon, salive et agein, conduire).* [Ptyalagogue] Qui stimule la sécrétion salivaire.

Ptyaline *n. f. (du gr. ptualon, salive).* [Ptyalin] Amylase salivaire active à pH supérieur à 4 donc inactivée lors de son arrivée dans l'estomac.

Ptyosome *n. m.* Voir Arbuscule.

Ptyxie *n. f. (du gr. ptyx, pli).* État des feuilles ou des pétales pliées, enroulées ou froissées dans un bourgeon.

Pubescent *adj. (du lat. pubescere, se couvrir de poils).* [Pubescent] ▸ ① Couvert de poils fins, de duvet; ▸ ② En période de puberté.

Pubis *n. m. (mot lat.)* [Pubis] Chez les Tétrapodes, os pair antérieur de la ceinture pelvienne.

Puff *n. m.* [Puff] Chacune des régions décondensées des chromosomes polytènes au niveau desquelles ont lieu des synthèses actives d'ARN. **Syn.**: Anneau de Balbiani, Boursouflure.

Pulpe *n. f.* Voir Rate.

Pulpe dentaire *f.* [Pulp] Tissu conjonctif d'une dent, dans la chambre pulpaire.

Pulvinaire *adj. (du lat. pulvinus, coussin).* Se dit d'une plante en forme de coussin. **Syn.**: Pulviné

Pulvinus *n. m. (mot lat., coussin).* [Pulvinus] Structure située à la base des pétioles et des pétiolules de certaines espèces, dont les variations de turgescence permettent des mouvements des feuilles et des folioles.

Pupaison *n. f.* [Pupation] Nymphose des Diptères.

Puparium *n. m.* [Puparium] Enveloppe de la nymphe des Diptères et de certains Hyménoptères.

Pupe *n. f. (du lat. pupa, poupée).* [Pupa] Nymphe des Diptères.

Pupille *n. f. (du lat. pupilla, petite fille, à cause de la petite image qu'on voit s'y refléter).* [Pupil] Dans l'œil, ouverture centrale ménagée par l'iris et par laquelle rentre la lumière. Son diamètre est déterminé par les muscles iridiens en fonction de l'éclairement lumineux.

Pupipare *adj.* [Pupiparous] Se dit d'un Insecte qui pond des pupes.

Pupivore *adj.* [Pupivorous] Se dit d'un Insecte dont les larves parasitent les larves d'autres Insectes.

Purine *n. f. (du lat. purus, pur et suff. -ine).* [Purine] Composé azoté bicyclique comportant un noyau pyrimidine et un noyau imidazole et constituant le squelette des bases puriques.

Pycnide *n. f. (du gr. puknos, dense).* [Pycnidium] Chez certains Champignons, structure sphérique creuse tapissée de conidies qui élaborent des *conidiospores* ou *pycnospores*. C'est un organe de multiplication végétative.

Pycnocéphale *adj. (du gr. pycnos, compact et kephalê, tête).* Se dit des fleurs formant une céphalanthie.

Pygostyle *n. m.* [Pygostyle] Chez les Oiseaux, groupe de vertèbres caudales soudées.

Pylore *n. m. (du gr. pulôros, portier).* [Pylorus] Orifice de l'estomac communiquant avec le duodénum. Son ouverture est contrôlée par un sphincter.

Pyramide *n. f.* [Pyramis medullae oblongatae] Saillie longitudinale de la face ventrale du bulbe rachidien qui contient les fibres nerveuses corticospinales issues de l'aire motrice.

Pyrénoïde *n. m. (du gr. purên, noyau et eidos, aspect).* [Pyrenoid] Inclusion de Rubisco (Ribulose bisphosphate carboxylase oxygénase) au sein des chloroplastes de certaines Algues.

Pyrénolichen *n. m. (de pyréno(mycètes) et lichen).* [Pyrenolichen] Lichen dont le mycobionte est un Ascomycète Pyrénomycète.

Pyridoxine *n. f. (du gr. pur, puros, feu).* [Pyridoxine] Noyau azoté existant sous forme d'aldéhyde (pyridoxal) et d'amine (pyridoxamine). Sous forme de phosphate de pyridoxal, c'est une coenzyme du métabolisme azoté (décarboxylation des acides aminés, transamination, synthèse de l'hème). **Syn.:** Vitamine B6. Voir le tableau des vitamines.

Pyrimidine *n. f. (de pyri(dine) et (a)mid(e)).* [Pyrimidine] Noyau azoté commun à toutes les bases pyrimidiques. Dans les bases puriques, la pyrimidine est combinée à un noyau imidazole.

Pyromorphe *adj. (du gr. pur, puros, feu et morphê, forme).* Se dit des caractères d'une plante pyrophile.

Pyromorphisme *n. m. (du gr. pur, puros, feu et morphê, forme).* Influence du feu sur les plantes, la végétation pyrophiles.

Pyromorphose *n. f. (du gr. pur, puros, feu et morphê, forme).* Résultat (accommodat) de l'action du feu sur les plantes pyrophiles.

Pyrophile *adj. (du gr. pur, puros, feu et philos, ami).* [Pyrophilous] Se dit d'une plante qui résiste au feu et dont les graines nécessitent parfois une exposition au feu pour germer. **Ant.:** Pyrophobe.

Pyrophobe *adj. (du gr. pur, puros, feu et phobos, crainte).* [Pyrophobous] Qui ne résiste pas au feu ou qui ne peut se développer dans un milieu incendié. **Ant.**: Pyrophile.

Pyrophyte *n. f. (du gr. pur, puros, feu et phuton, plante).* [Pyrophyte] Plante pyrophile. **Ex.**: *Quercus suber* (Fagacées).

Pyroxylophile *adj.* [Pyroxylophilous] Qui vit sur les troncs d'arbres incendiés.

Pyruvate déshydrogénase *n. f.* [Pyruvate dehydrogenase] Complexe enzymatique qui catalyse la décarboxylation oxydative du pyruvate en acétate.

Pyruvate kinase *n. f.* [Pyruvate kinase] Enzyme qui catalyse le transfert du phosphate du phosphoénolpyruvate sur l'ADP avec formation d'ATP et de pyruvate ou inversement.

Pyxide *n. f. (du lat. pyxis, -idis, coffret).* [Pyxidium] Capsule à déhiscence transversale. Voir le tableau des fruits simples.

Q

Q Symbole de la glutamine dans la formule des protéines.

Quadrifide *adj. (du lat. quattuor, quatre et findere, fendre).* [**Quadrifid**] Qui présente quatre découpures, en parlant d'un organe végétal. Lorsque les découpures sont profondes, on emploie le terme de *quadripartite*.

Quadrifolié *adj. (du lat. quattuor, quatre et folium, feuille).* [**Quadrifoliate, Four-leaved**] Dont les feuilles sont regroupées par quatre.

Quadriloculaire *adj.* [**Quadrilocular**] Qui est divisé en quatre loges.

Quadripartite *adj. (du lat. quadripartitus, partagé en quatre).* [**Quadripartite**] Voir Quadrifide.

Quadripétale *adj. (du lat. quattuor, quatre et pétale).* [**Quadripetalous**] Qui a quatre pétales. **Ex.:** Fleur des Brassicacées, des Rubiacées.

Quadrumane *adj. et n. (du lat. quattuor, quatre et manus, main).* [**Quadrumanous (adj.), Quadrumane (n. m.)**] Dont les quatre membres sont terminés par un organe de préhension. **Ex.:** Paresseux, Caméléon.

Queue poly-A *f.* Voir Polyadénylation.

Queuine *n. f.* [**Queuin**] Base de certains ARNt.

Quiescence *n. f.* [**Quiescence**] **Syn.:** Dormance.

Quinconcial *adj.* Se dit de la préfloraison où deux pétales sont recouverts, deux pétales sont recouvrants et où un pétale est à la fois recouvert et recouvrant.

Quiné *adj.* Se dit d'organes végétaux regroupés par cinq.

Quinine *n. f.* [**Quinine**] Alcaloïde présent dans le genre *Cinchona sp.* (Rubiacées), à propriété antimalarique.

Quinone *n. f.* [**Quinone**] Composé aromatique transporteur d'électrons dans la chaîne respiratoire mitochondriale et la chaîne photosynthétique.

Quotient respiratoire *m.* [**Respiratory quotient**] Sigle: QR – Rapport du volume de CO_2 expiré sur le volume d'O_2 consommé dans le même temps.

R

R Symbole de l'arginine dans la formule des protéines.

Race *n. f. (de l'it. razza, sorte).* [Race] Subdivision d'une espèce qui rassemble des organismes présentant des caractères particuliers en commun.

Racème *n. m. (du lat. racemus, grappe).* [Raceme] **Syn.:** Grappe.

Rachis *n. m.* [Rachis] ▸ ① Axe supportant les pennes des frondes, les folioles des feuilles ou les fleurs de certaines inflorescences (grappe); ▸ ② **Syn.:** Calamus; ▸ ③ **Syn.:** Colonne vertébrale.

Racine *n. f. (du lat. radix, radicis, racine).* [Root] ▸ ① Organe spécifique des Cormophytes Trachéophytes, site d'absorption des minéraux et de l'eau et à rôle de fixation de la plante. Généralement, les racines sont souterraines, à gravitropisme positif. Cependant, elles peuvent être aériennes (chez les épiphytes), à gravitropisme négatif (ex: pneumatophores), diagéotropiques, ou encore chlorophylliennes; ▸ ② Partie basale de la dent, enchâssée dans la mâchoire; ▸ ③ Partie proximale des nerfs rachidiens issue de la moelle épinière. On distingue la racine ventrale, d'origine médullaire, constituée des axones des neurones moteurs et la racine dorsale, provenant des crêtes neurales et constituée des axones des neurones sensitifs.

Racine aérienne *f.* Racine adventive du tronc ou des branches d'un arbre.

Racine aérifère *f.* [Aeriferous root] **Syn.:** Pneumatophore.

Racine-contrefort *n. f.* **Syn.:** Contrefort.

Racine-échasse *n. f.* [Stilt-root] Chacune des racines adventives puissantes qui soutiennent le tronc au-dessus du sol, chez certains ligneux. **Ex.:** *Pandanus sp.*

Racine-palette *n. f.* **Syn.:** Contrefort.

Radiation adaptative *f.* [Adaptative radiation] Voir Radiation évolutive.

Radiation évolutive *f.* [Evolutive radiation] Apparition intense de nouvelles espèces, en particulier après une crise écologique ayant conduit à une importante extinction. On parle de *radiation adaptative* dans le cas où ces nouvelles espèces colonisent de nouvelles niches écologiques.

Radicant *adj. (du lat. radicari, prendre racine).* Qui développe des racines adventives. **Ex.:** Lierre (*Hedera helix*, Araliacées), Potentille rampante (*Potentilla repens*, Renonculacées).

Radicelle *n. f. (du lat. radix, -icis, racine).* [Rootlet, Radicel] Chacune des ramifications de la racine principale.

Radicicole *adj. (du lat. radix, -icis, ra-*

cine et colere, habiter). [Radicicolous] Qui pousse, vit sur les racines (en symbiose ou non).

Radicivore *adj. (du lat. radix, -icis, racine et vorare, manger).* [Radicivorous] **Syn.**: Rhizophage.

Radicule *n. f. (du lat. radix, -icis, racine).* [Radicle] Voir Plantule.

Radiobiologie *n. f. (du lat. radius, rayon et biologie).* [Radiobiology] Partie de la biologie qui étudie les effets des rayonnements sur les êtres vivants.

Radiole *n. f. (du lat. radius, rayon).* [Radiole] Piquant des Oursins.

Radius *n. m. (mot lat., rayon).* [Radius] Os long interne du zeugopode du membre chiridien.

Radula *n. f. (mot lat., racloir).* [Radula] Chez les Mollusques (sauf Lamellibranches), rape chitineuse à la surface de la langue, portant de nombreuses dents qui se renouvellent à l'arrière au niveau de la gaine de la radula.

Raire *v. i.* **Syn.**: Bramer.

Raméal *adj.* Relatif aux rameaux.

Rameau *n. m.* [Bough] Petite branche.

Rameux *adj. (du lat. ramus, rameau).* [Branching, Ramose] Qui est très ramifié.

Ramiflore *adj.* Se dit d'une plante dont les fleurs poussent sur les rameaux. **Ex.**: Forsythia (oléacées).

Rampant *adj.* [Creeping] Se dit d'une plante dont la tige ou certains rameaux croissent horizontalement sur le substrat.

Ramure *n. f.* ▸ ① Ensemble des branches et des rameaux d'un arbre ou d'un arbuste. [Branches, Boughs]; ▸ ② Ensemble des bois des Cervidés. [Antlers]

Ramus *n. m.* Voir Mastax.

Rapace *n. m. (du lat. rapere, saisir).* [Bird of prey] Tout Oiseau carnivore pourvu de serres et d'un bec pointu, crochu et puissant. Les **rapaces nocturnes** appartiennent à l'ordre des Strigiformes, les **rapaces diurnes** à l'ordre des Falconiformes.

Raphé *n. m. (du gr. rhaphê, suture).* [Raphe] ▸ ① Dans les ovules anatropes, zone de soudure entre le funicule et les téguments; ▸ ② Ligne médiane d'un organe symétrique, formée de fibres conjonctives serrées. **Ex.**: Raphé du scrotum des valves des Diatomées (=Bacillariophycées).

Raphide *n. f. (du gr. raphis, -idos, aiguille).* [Raphide] Aiguille d'oxalate de calcium présente dans certaines cellules végétales.

Raphidié *adj.* Pourvu de raphides.

Rapport nucléocytoplasmique *m.* [Nucleocytoplasmic ratio] Rapport du volume du noyau à celui du cytoplasme. Ce rapport est élevé dans les cellules méristématiques et diminue au fur et à mesure de la différenciation cellulaire.

Rate *n. f. (du néerl. râte, rayon de miel).* [Spleen] Organe lymphoïde hématopoïétique des Vertébrés (sauf Cyclostomes et Dipneustes). Elle est composée de deux tissus:

- une *pulpe rouge* constituée de cordons cellulaires riches en macrophages et de sinus veineux. Elle a un rôle d'épuration du sang (macrophages), de stockage des globules rouges (rate dilatable de certains Mammifères) et un rôle érythropoïétique chez les embryons et chez les adultes non-mammaliens;
- une *pulpe blanche* située autour des artères spléniques, à rôle lymphopoïétique.

Ration alimentaire *f.* [Food ration,

Ration of food] Quantité d'aliments à ingérer quotidiennement pour assurer une bonne santé.

Rayon *n. m.* Pièce squelettique allongée qui soutient les nageoires. On distingue les **rayons endosquelettiques**, à la base des nageoires, et les **rayons exosquelettiques** qui s'articulent sur les premiers.

Réaction acrosomienne *f.* [Acrosome reaction] Voir Acrosome.

Réaction corticale *f.* [Ovular cortex reaction] Lors de la fécondation, ensemble des modifications du cortex ovulaire qui empêchent la polyspermie. Elles consistent en:

- une exocytose des granules corticaux dont le contenu est déversé entre la membrane plasmique et l'enveloppe vitelline;
- une contraction des microfilaments corticaux qui éjectent du liquide cytoplasmique dans l'espace périvitellin. Les enzymes protéolytiques des granules transforment la membrane vitelline en une membrane de fécondation.

Réaction de Hill *f.* [Hill reaction] Photolyse de l'eau dans le lumen des thylacoïdes ou dans le cytoplasme des Bactéries photosynthétiques, dont la réaction est: $2\ H_2O \rightarrow 4\ H^+ + 4\ e^- + O_2$.

Récalcitrant *adj.* Se dit d'une graine qui craint la dessiccation et doit donc germer dès qu'elle tombe au sol.

Recaulescence *n. f.* [Recaulescence] Au cours de la croissance, déplacement d'un bourgeon axillaire d'une feuille, de l'aisselle au limbe de cette feuille.

Recensement *n. m.* [Census] Mesure de l'effectif d'une population.

Réceptacle *n. m. (du lat. recipere, recevoir).* [Receptacle] Extrémité du pédoncule sur laquelle s'insèrent les pièces florales. **Syn.:** Clinanthe.

Récepteur *n. m. (du lat. recipere, recevoir).* [Receptor] Protéine capable de reconnaître et de se lier spécifiquement à une molécule informative. Les récepteurs peuvent être membranaires ou intracellulaires.

Récepteur nucléaire *m.* [Nuclear receptor] Protéine qui possède un site de liaison à une hormone et un site de liaison à l'ADN.

Récepteur sensoriel *m.* [Sensory receptor] Cellule spécialisée dans la détection des variations du milieu extérieur. Selon la nature du stimulus auquel elles sont sensibles, on distingue:

- les **mécanorécepteurs** (pression mécanique);
- les **chimiorécepteurs** (substances chimiques);
- les **électrorécepteurs** (courant électrique);
- les **magnétorécepteurs** (courant magnétique);
- les **thermorécepteurs** (chaleur);
- les **photorécepteurs** (lumière).

Syn.: Cellule sensorielle.

Récessif *adj. (de récession).* [Recessive] Se dit d'un allèle ou d'un caractère qui ne s'exprime dans le phénotype que si l'organisme est homozygote pour l'allèle. **Ant.:** Dominant.

Recombinaison génétique *f.* [Genetic recombinaison] Tout réarrangement physique de la succession des loci.

Recombinant *n. m. et adj.* [Recombinant] Bactérie issue d'un croisement par conjugaison (**conjuguant**), transduction (**transductant**) ou transformation (**transformant**).

Rectembryé *adj.* Se dit d'une graine ou d'un fruit dans lesquels l'embryon est pourvu d'une radicule droite.

Rectigradation *n. f.* **Syn.:** Orthogenèse.

Rectinerve *adj. (du lat. rectus, droit et nervus, ligament).* Se dit d'une feuille, d'un limbe qui porte des nervures parallèles et droites. C'est le cas général chez les Monocotylédones.

Rectrice *adj. et n. f. (du lat. rector, qui dirige). Plume rectrice* ou n. f. *Rectrice*, chacune des grandes plumes de la queue qui dirigent le vol des Oiseaux. [Tail feather]

Rectum *n. m. (du lat. rectum (intestinum), intestin droit).* [Rectum] Partie terminale du gros intestin faisant suite au côlon.

Récurrent *adj. (du lat. recurrens, qui revient en arrière).* [Recurrent] Se dit d'un nerf ou d'un vaisseau qui revient en arrière par rapport à son point d'origine.

Rédie *n. f. (de Redi, naturaliste it.).* [Redia] Chez les Plathelminthes Trématodes Digéniens, troisième stade larvaire présent dans l'hépatopancréas d'un Gastéropode et qui se développe à partir du sporocyste par bourgeonnement interne. Par ce même processus, les rédies donnent naissance aux rédies-filles puis aux cercaires.

Rédoxine *n. f.* [Redoxin] Transporteur protéique d'électrons entre deux enzymes d'une chaîne d'oxydoréduction. Ex: Ferrédoxine (contient du fer).

Réductase *n. f.* [Reductase] **Syn.**: Oxydoréductase.

Réduction chromatique *f.* Diminution de moitié du nombre de chromosomes au cours de la méiose.

Réer *v. i.* **Syn.**: Bramer.

Réfléchi *adj.* Se dit d'une pièce florale qui est rabattue en arrière. **Ex.**: Pétales du *Cyclamen* (Primulacées), sépales de *Ranunculus bulbosus* (Renonculacées).

Réflexe *n. m. et adj.* [Reflex] Réaction involontaire et rapide à un stimulus. On distingue:

- selon l'origine du stimulus, les **réflexes extéroceptifs**, **proprioceptifs** et **intéroceptifs**;
- selon le type d'organes concernés, les **réflexes moteurs** et **trophiques**;
- selon le nombre de synapses en jeu, les **réflexes mono-** et **polysynaptiques**.

Réfractaire *adj.* Qui ne réagit pas à un stimulus.

Régénération *n. f.* [Regeneration] Réparation d'un tissu, d'un organe lésé.

Région biogéographique *f.* Voir Empire biogéographique.

Règle d'Allen *f. (Joel Asaph Allen, zoologiste américain).* [Allen's rule] Règle climatique selon laquelle il y a réduction de la taille des membres et des appendices chez les individus vivant dans les régions froides et accroissement pour ceux vivant dans les régions chaudes.

Règle de Dyar et Prizbram *f.* [Dyar and Prizbram's rule] Principe selon lequel il existe un rapport fixe entre la taille ou le poids avant et après chaque mue chez les Arthropodes. Ces rapports fournissent un taux de croissance linéaire et un taux de croissance pondérale.

Règne *n. m.* [Kingdom] Grande division du monde vivant. Linné en distinguait deux: le règne animal et le règne végétal. Depuis Whittaker (1969), on en distingue 5: Bactéries (Monera), Protistes (Protista), Champignons (Fungi), Animaux (Animalia), Végétaux (Vegetalia). Avec l'avènement de la biologie moléculaire, le vivant est aujourd'hui scindé en trois domaines: les Archées, les Eubactéries et les Eucaryotes.

Régressif *adj.* Se dit d'une succession qui éloigne la végétation du climax, notamment par simplification de la composition spécifique.

Régulation *n. f.* [Regulation] Processus de maintien de l'organisme dans des conditions physiologiques optimales. **Ex.**: Régulation de la température.

Régulation astérienne *f.* [Aster regulation] Établissement de la dicentrie d'un ovule grâce à l'apport d'un centriole par le spermatozoïde.

Régulation autogène *f.* [Autogenic regulation] **Syn.**: Autorégulation.

Régulation embryonnaire *f.* [Embryo regulation] Propriété de certains embryons de pouvoir combler un déficit de cellules (**régulation des déficiences**) ou de s'accommoder d'un excès de cellules (**régulation des excédents**), à certains stades précoces du développement.

Régulier *adj.* [Regular] **Syn.**: Actinomorphe.

Régulon *n. m.* Opéron servant à la régulation de la composition du milieu intracellulaire.

Rein *n. m.* [Kidney] Organe excréteur et glandulaire, formée de néphrons (Vertébrés) ou de néphridies (Invertébrés).

Relaxine *n. f.* [Relaxin] Chez les Mammifères, hormone polypeptidique synthétisée par le corps jaune, qui provoque le relâchement de la symphyse pubienne afin de favoriser le passage du petit lors de la parturition.

Relevé floristique *m.* Inventaire des espèces végétales présentes dans une station donnée; ensemble des opérations qui le permettent.

Relique *n. f. et adj. (du lat. reliquiae, restes).* [Relict] Espèce survivante d'un groupe dont la majorité des espèces ont aujourd'hui disparu. **Ex.**: Cælacanthe, Limule, *Ginkgo biloba*.

Rémige *n. f. (du lat. remex, remigis, rameur).* [Flight feather] Grande plume des ailes des Oiseaux.

Rémigium *n. m. (mot lat., mouvement des ailes).* [Remigium] Partie antérieure des ailes des Insectes, la seule active dans le vol car elle est la seule soumise directement aux contractions des muscles alaires.

Remontant *adj.* [Repeat-flowering] Qui fleurit plusieurs fois dans l'année.

Rénette *n. f.* Chez les Nématodes, chacune des cellules excrétrices filtrant le liquide périviscéral, insérées au niveau de la jonction entre l'œsophage et l'intestin. Ces cellules sont creusées d'un canalicule cytoplasmique qui rejette de l'ammoniac et parfois de l'urée en s'ouvrant sur l'extérieur par un pore excréteur.

Rénine *n. f. (du lat. ren, renis, rein).* [Renin] Enzyme de la classe des hydrolases qui clive l'angiotensinogène en angiotensine I. Elle est synthétisée par les cellules juxtaglomérulaires du rein sous l'effet d'une diminution de la pression artérielle.

Rennine *n. f. (de l'all. Renne, présure).* [Rennin] Enzyme gastrique des jeunes Mammifères qui catalyse la tranformation du *caséinogène* soluble du lait en *caséine* insoluble. **Syn.**: Chymosine, Présure, Labferment.

Réplication *n. f.* [Replication] Ensemble des processus qui permettent de reproduire à l'identique un ADN. La molécule obtenue est constituée d'un brin nouveau complémentaire et du brin originel qui a servi de matrice; on dit de ce fait que la réplication est semi-conservative.

Réplisome *n. m. (de répli(cation) et du gr. sôma, corps).* [Replisome] Complexe protéique permettant la réplication de l'ADN au niveau de la fourche de réplication.

Réplum *n. m.* **Syn.:** Fausse-cloison.

Répresseur *n. m.* [Repressor] Effecteur qui inhibe la transcription d'un gène.

Reproduction *n. f.* [Reproduction] Fonction physiologique par laquelle les êtres vivants engendrent d'autres êtres vivants qui leur ressemblent. On distingue la **reproduction asexuée** (ou **multiplication végétative** ou **agamie** ou **agamogenèse**), sans intervention de cellules sexuelles, et la **reproduction sexuée** qui fait intervenir des cellules sexuelles appelées *gamètes*.

Reptation *n. f. (du lat. reptare, ramper).* [Crawling] Mode de locomotion de certains animaux par un mouvement d'ondulation de l'ensemble du corps sur le sol.

Réseau *n. m.* **Syn.:** Bonnet.

Réseau admirable *m.* [Rete mirabile] Réseau de capillaires sanguins de certains Animaux formant un échangeur thermique entre les vaisseaux qui proviennent des muscles (chauds) et ceux qui proviennent de la peau (froide).

Réseau alimentaire *m.* **Syn.:** Réseau trophique.

Réseau de Hartig *m.* [Hartig network] Dans une ectomycorhize, réseau d'hyphes qui s'insèrent entre les cellules de l'écorce racinaire. Voir le tableau des mycorhizes.

Réseau trophique *m.* [Trophic web] Groupe de chaînes alimentaires connectées les unes aux autres. **Syn.:** Réseau alimentaire.

Réserpine *n. f. (du lat. r(auvolfia) serp(ent)in(a)).* [Reserpin] Alcaloïde indolique du *Rauvolfia sp.* (Apocynacées), antiadrénergique, neuroleptique et antihypertensif.

Réserve *n. f.* [Reserve, Store] Stock de substances accumulées lorsqu'elles sont en excès dans le but de les utiliser ultérieurement en cas de manque. Elles peuvent être internes (tissu adipeux, glycogène, amidon) ou externes à l'organisme (réserve de graines des Écureuils).

Résine *n. f.* [Resin] Mélange de substances organiques, d'aspect visqueux, sécrété par les Spermatophytes.

Résinifère *adj.* [Resiniferous] Qui produit de la résine.

Résinocyte *n. m.* [Resinocyte] Poche contenant de la résine chez certaines plantes.

Résistance *n. f.* [Resistance] Capacité à résister à un agent environnemental.

Respiration *n. f.* [Respiration] Fonction physiologique de nutrition grâce à laquelle les organismes peuvent oxyder un substrat organique afin de récupérer et d'utiliser l'énergie qui est libérée par la réaction. On distingue deux étapes:

- la **respiration externe** qui correspond aux échanges de gaz entre le milieu intérieur et le milieu extérieur,
- la **respiration interne ou respiration cellulaire**, processus catabolique producteur d'ATP et de potentiel réducteur grâce à l'oxydation complète de substrats organiques tels que le glucose, certains acides aminés et certains acides gras, l'accepteur terminal des électrons étant l'oxygène (**respiration aérobie**) ou de petites molécules minérales comme les nitrates (NO_3^-), les sulfates (SO_4^{2-}), le CO_2, le Fe^{3+} (**respiration anaérobie**).

Résupiné *adj. (du lat. resupinus, qui se renverse).* [Resupine] Se dit des fleurs de nombreuses Orchidacées qui ont subi une torsion de 180° du pédoncule ou de l'ovaire, les pièces supérieures devenant inférieures et inversement. Ce phénomène est appelé *résupination.*

Rete testis *m. (mots lat.).* [Rete testis] Dans les testicules des Amniotes et de certains Poissons, ensemble de canalicules anastomosés qui font communiquer les canaux séminifères des testicules avec les canaux efférents.

Réticulé *adj.* [Reticulate(d)] Chez les spermatophytes se dit d'un vaisseau conducteur dont la paroi secondaire est disposée de telle façon qu'elle dessine un réseau à la surface du vaisseau.

Réticuline *n. f.* [Reticulin] Fibre de collagène de type III entourant les cellules des tissus très cellularisés (foie, moelle osseuse).

Réticulocyte *n. m. (de réticulé et du gr. kutos, cellule).* [Reticulocyte] Érythrocyte jeune qui a perdu son noyau mais qui contient encore du réticulum endoplasmique. Voir Tableau des lignées cellulaires de l'hématopoïèse.

Réticulum *n. m. (du lat. reticulum, réseau).* [Reticulum] **Syn.:** Bonnet.

Réticulum endoplasmique *m.* [Endoplasmic reticulum] Organite cytoplasmique composé de sacs membranaires aplatis et anastomosés appelés *citernes*, en continuité avec la membrane externe du noyau. On en distingue deux types:

- le **réticulum endoplasmique rugueux** (**RER**) ou **granuleux** (**REG**), sur lequel se fixent des ribosomes. Les protéines synthétisées dans ces ribosomes passent directement dans la lumière du réticulum où elles sont glycosylées et où elles acquièrent leur structure tertiaire. **Syn.:** Ergastoplasme. [Rough endoplasmic reticulum];
- le **réticulum endoplasmique lisse** (**REL**), sans ribosomes, participant à la synthèse des lipides et à la détoxification de certaines substances. Dans les cellules végétales, les réticulums de deux cellules adjacentes sont en continuité grâce à des plasmodesmes. [Smooth endoplasmic reticulum]

Réticulum sarcoplasmique *m.* [Sarcoplasmic reticulum] Type de réticulum endoplasmique spécifique des fibres musculaires, constitué d'un réseau de *sarcotubules* qui entourent chaque myofibrille. Les sarcotubules aboutissent dans des citernes terminales qui entourent deux par deux un tubule transverse (invagination du sarcolemme). Ce réticulum emmagasine les ions calcium et les libère lors de l'influx nerveux.

Rétinacle *n. m.* ▸ ① Chez les Orchidacées, petite masse gélifiée et gluante à laquelle deux pollinies sont rattachées par l'intermédiaire du caudicule (pédicelle). Le rétinacle, et par suite les pollinies, se fixe sur la tête de l'Insecte pollinisateur qui vient visiter la fleur. Le rétinacle est sécrété par les bursicules qui sont des étamines modifiées; ▸ ② Dispositif de couplage de deux ailes par l'intermédiaire d'un crochet, notamment chez les Hyménoptères. [Retinaculum]; ▸ ③ Chez les Collemboles, organe porté par le troisième segment abdominal et résultant de la soudure d'une paire d'appendices restés embryonnaires.

Rétinal *n. m. (de rétine et suff. -al).* [Retinal] Aldéhyde du rétinol, qui s'associe à l'opsine pour former la rhodopsine. Lié à l'opsine, il est sous forme d'isomère 11-cis. Lorsqu'il absorbe un photon, il passe sous forme trans et se détache de l'opsine qui change alors de conformation, ce qui déclenche une suite de réactions biochimiques à l'origine de la formation de l'influx nerveux.

Rétine *n. f. (du lat. rete, réseau).* [Retina] Tunique interne du globe oculaire des Vertébrés. Elle provient d'une évagination de la base du prosencéphale. On distingue:

• la **rétine nerveuse** constituée de couches successives de neurones (photorécepteurs, cellules horizontales, cellules bipolaires, cellules ganglionnaires et cellules amacrines) et de cellules gliales;

• la **rétine pigmentaire**, épithélium simple prismatique dont les cellules synthétisent de la mélanine, nourrissent les photorécepteurs, phagocytent les disques des segments externes et constituent des réserves de vitamine A. Il existe une zone à haute densité de photorécepteurs, *l'aire centrale* et inversement, une *zone aveugle*, site du nerf optique. L'œil des Céphalopodes possède une rétine similaire mais plus simple et sans cônes.

Rétinoïque *adj.* Voir Acide rétinoïque.

Rétinol *n. m. (de rétine et suff. -ol).* [Retinol] Vitamine A1, composé polyisoprénique cyclique à 20 C. Son aldéhyde, le *rétinal*, existe sous deux formes isomériques qui peuvent s'interchanger sous l'effet des photons, propriété mise à profit dans les photorécepteurs. Il est le précurseur de l'acide rétinoïque, facteur inducteur de la morphogenèse embryonnaire. **Syn.:** Vitamine A1, Xérophtol. Voir Tableau des vitamines.

Rétinule *n. f. (de rétine et suff. -ule).* Chez les Insectes, petite rétine des ommatidies, des ocelles et des stemmates, formée de quelques cellules rétiniennes.

Rétractile *adj.* [Retractile] Se dit d'un organe que l'animal peut rentrer. **Ex.:** Griffe des Félins.

Rétrocontrôle *n. m.* [Feed(-)back] Régulation en retour d'une activité biochimique par le produit dont elle contrôle la synthèse. Le rétrocontrôle peut être positif (*rétroactivation*) ou négatif (*rétro-inhibition*). **Syn.:** Contrôle en retour, Feed(-)back.

Rétrocroisement *n. m.* [Backcross] **Syn.:** Croisement en retour.

Rétrorse *adj.* [Retrorse] Se dit d'une étamine dont la zone de déhiscence de l'anthère est dirigée vers le bas. **Ant.:** Antrorse.

Rétrotranscriptase *n. f.* [Retrotranscriptase] **Syn.:** Transcriptase inverse.

Rétroversion *n. f.* [Retroversion] Inclinaison d'un organe vers l'arrière selon un plan vertical, sans flexion. **Ant.:** Antéversion.

Rétrovirus *n. m. (de re(verse) tr(anscriptase) et virus).* [Retrovirus] Tout virus à ARN et à transcriptase inverse, une enzyme qui permet de synthétiser une molécule d'ADN à partir de l'ARN. **Ex.:** Virus du SIDA (VIH).

Réversion *n. f.* [Reverse mutation] Mutation qui supprime ou compense une mutation précédente.

Reviviscence *n. f. (du lat. reviviscere, revenir à la vie).* [Reviviscence] Propriété de certains organismes de pouvoir reprendre une activité normale après sa cessation complète lors d'une période d'anhydrobiose. **Ex.:** Tardigrades, Bryophytes.

Révoluté *adj. (du lat. revolvere, rouler).* [Revolute] Se dit d'un organe dont les marges s'enroulent vers l'extérieur. **Ex.**: Feuilles du Romarin (*Rosmarinus sp.*, Lamiacées).

Rhabdite *n. m. (du gr. rhabdos, baguette).* **[Rhabdite]** Chez les Turbellariés, structure protéique aciculaire, combinée à du calcium, à rôle énigmatique (déchet, défense ?) que l'on trouve dans certaines cellules de l'épithélium.

Rhabdome *n. m. (du gr. rhabdos, baguette).* Chez les Insectes, région axiale photosensible de la rétinule, entourée par les cellules rétiniennes et striée transversalement.

Rhéobase *n. f. (du gr. rheô, rhein, couler et base).* Intensité du plus faible courant électrique continu suffisant pour exciter un élément excitable d'un organisme.

Rhéophile *adj. (du gr. rheô, rhein, couler et philos, ami).* **[Rheophilous]** Se dit des organismes qui vivent dans les torrents, grâce à leur capacité à se fixer fortement et à leur hydrodynamisme.

Rhéophyte *n. f. (du gr. rheô, rhein, couler et phuton, plante).* **[Rheophyte]** Plante rhéophile.

Rhéotaxie *n. f. (du gr. rheô, rhein, couler et taxie).* **[Rheotaxis]** Voir Taxie.

Rhéotropisme *n. m. (du gr. rheô, rhein, couler et tropisme).* **[Rheotropism]** Voir Tropisme.

Rhésus *n. m. et adj. (du Singe Macacus rhesus).* **[Rhesus]** Voir Facteur rhésus.

Rhinencéphale *n. m. (du gr. rhis, rhinos, nez et encéphale).* **[Rhinencephalon]** Rhinencéphale basal, syn.: Paléopallium; **Rhinencéphale limbique**, syn.: Archipallium.

Rhitroplancton *n. m.* **[Rhitroplankton]** Plancton de la partie supérieure des cours d'eau.

Rhizagé *n. m.* Ensemble des racines principales. On distingue:

- le **rhizagé strict**, ensemble des racines souterraines;
- **l'hypsorhizagé**, ensemble des racines échasses, aériennes et épiphytiques;
- **l'épirhizagé**, ensemble des racines palettes et racines traçantes.

Rhizine *n. f. (du gr. rhiza, racine).* **[Rhizina]** Chacun des faisceaux formés de plusieurs hyphes assurant la fixation des Lichens foliacés sur leur substrat.

Rhizocaline *n. f.* **[Rhizocaline]** Substance synthétisée par les Champignons symbiotiques des Orchidacées et des Éricacées, indispensable à la germination des graines.

Rhizoderme *n. m. (du gr. rhiza, racine et derma, peau).* **[Rhizoderm]** Épiderme jeune des racines, donnant naissance aux poils absorbants. **Syn.**: Assise pilifère.

Rhizogenèse *n. f. (du gr. rhiza, racine et genèse).* **[Rhizogenesis]** Production de nouvelles racines, à partir de l'endoderme ou du péricycle.

Rhizoïde *n. m. (du gr. rhiza, racine et eidos, aspect).* **[Rhizoid]** Chacun des filaments cellulaires jouant le même rôle que les racines, chez certaines Algues, chez les Bryophytes et chez les prothalles de Ptéridophytes.

Rhizome *n. m. (du gr. rhizôma, ce qui est enraciné).* **[Rhizome]** Chez certaines plantes vivaces, tige souterraine diagéotrope qui porte des racines adventives, des feuilles rudimentaires (écailles), un bourgeon apical, des bourgeons latéraux et des tiges feuillées aériennes. **Ex.**: Muguet, Sceau-de-Salomon, Polypode.

Rhizomorphe *n. m. (du gr. rhiza, racine et morphê, forme).* **[Rhizomorph]** Chez certains Champignons supérieurs, faisceau de quelques centaines d'hyphes, parfois très long (plusieurs mètres) constituant un mode de colonisation du milieu.

Rhizophage *adj. (du gr. rhiza, racine et phagein, manger).* **[Rhizophagous]** Qui se nourrit de racines. **Syn.**: Radicivore.

Rhizophyse *n. m. (du gr. rhiza, racine et phusis, croissance).* Ensemble des racines, des stolons, des rhizomes et des plateaux de tallage.

Rhizoplaste *n. m. (du gr. rhiza, racine et plassein, modeler).* **[Rhizoplast]** Chez les Flagellés, filament qui relie le centrosome et le blépharoplaste.

Rhizosphère *n. f. (du gr. rhiza, racine et sphère).* **[Rhizosphere]** Partie du sol en contact avec les racines ou qui en subit l'influence. Cette zone comprend la majorité des organismes du sol car ils bénéficient des exsudats racinaires.

Rhodamylon *n. m. (du gr. rhodon, rose et amylon).* Polymère ramifié de glucoses, extraplastidial, spécifique des Rhodophytes. **Syn.**: Amidon floridéen.

Rhodopsine *n. f. (du gr. rhodon, rose et opsis, vue).* **[Rhodopsin]** Chez les Tétrapodes, pigment visuel des bâtonnets de la rétine, chromoprotéine membranaire formée d'une opsine combinée à une molécule de rétinal et située dans les disques des segments externes des bâtonnets. Le détachement du rétinal par un photon entraîne un changement de conformation de l'opsine qui se liera à la transducine (protéine G) qui activera la phosphodiestérase. Cette enzyme dégrade le GMPc qui est fixé aux canaux calcium et qui les maintient ouverts. La fermeture des canaux entraîne une hyperpolarisation qui inhibe la libération du neurotransmetteur par le photorécepteur. **Syn.**: Pourpre rétinien, Érythropsine.

Rhombencéphale *n. m. (du gr. rhombos, losange et encéphale).* **[Rhombencephalon]** Chez les embryons de Vertébrés, vésicule cérébrale primaire postérieure qui est à l'origine du métencéphale et du myélencéphale. **Syn.**: Cerveau postérieur, Arrière-cerveau.

Rhoophile *adj.* **[Roophilous]** Qui vit dans les petits ruisseaux.

Rhopalie *n. f. (du gr. rhopalon, massue).* **[Rhopalium]** Chez les Cnidaires Scyphozoaires, chacun des organes sensoriels en forme de massue, situés sur le pourtour de l'ombrelle des méduses.

Rhyacophile *adj.* **[Rhyacophilous]** Qui vit dans les torrents.

Rhynchodéum *n. m. (du gr. runkhos, bec).* **[Rhynchodeum]** Chez les Némertes (Protostomiens Lophotrochozoaires), invagination ectodermique qui s'ouvre à l'extérieur par un pore dorsal par rapport à la bouche et dans laquelle s'ouvre la trompe dévaginable.

Rhytidome *n. m. (du gr. rhutidôsis, rugosité).* **[Rhytidome]** Tissu mort de la périphérie d'une tige ligneuse comprenant les tissus externes au liège et le liège le plus ancien. Le rhytidome s'exfolie sous la pression du liège sous-jacent, par plaques (ex.: Platane, *Pinus bungeana*), écailles ou anneaux complets.

Riboflavine *n. f. (de ribo(se) et flavine).* **[Riboflavin]** Vitamine B2 formée d'un noyau 6,7-diméthyl-isoalloxazine combiné à un ribitol, alcool dérivé du ribose. Par phosphorylation sur le ribose, on obtient la riboflavine mononucléotide (FMN). Cette dernière combinée à l'adénosine monophosphate donne la flavine adénine dinucléotide (FAD). FAD et FMN sont des cofacteurs d'enzymes (déshydrogénases surtout). La riboflavine n'est pas synthétisée par les animaux et doit donc être apportée par l'alimentation. **Syn.**: Lactoflavine, Vitamine B2. Voir le tableau des vitamines.

Ribonucléase *n. f.* **[Ribonuclease]** Enzyme de la classe des hydrolases qui catalyse la rupture des liaisons phosphodiester des ARN. On distingue les **endoribonucléases** (clivage à l'intérieur de l'ARN) et les **exoribonucléases** (clivage aux extrémités des ARN).

Ribonucléoside *n. m.* **[Ribonucleoside]** Combinaison d'un ribose et d'une base azotée. Ce sont l'adénosine (base azotée: adénine), la cytidine (cytosine), la guanosine (guanine), la thymidine (thymine), l'uridine (uracile) et l'inosine (hypoxanthine). **Syn.**: Riboside. Voir Tableau des nucléosides et nucléotides.

Ribonucléotide *n. m.* **[Ribonucleotide]** Composé formé d'un ribonucléoside estérifié par un ou plusieurs phosphates. On distingue:

- l'adénosine-5'-mono-, di-, triphosphate;
- la thymidine-5'-mono-, di-, triphosphate;
- la cytidine-5'-mono-, di-, triphosphate;
- la guanosine-5'-mono-, di-, triphosphate;
- l'uridine-5'-mono-, di-, triphosphate;
- l'inosine-5'-mono-, di-, triphosphate.

Les ribonucléotides monophosphates constituent les ARN. L'AMP et le GMP sont les précurseurs des seconds messagers AMPc et GMPc. L'ATP est la molécule de transport d'énergie. L'UDP et l'ADP se fixent au glucose lors de la synthèse respectivemement du saccharose et de l'amidon.

Syn.: Ribotide. Voir Tableau des nucléosides et nucléotides.

Ribose *n. m. (de arabinose).* **[Ribose]** Aldopentose constitutif des ribonucléotides.

Riboside *n. m.* **[Riboside]** **Syn.**: Ribonucléoside.

Ribosome *n. m. (de ribo(se) et du gr. sôma, corps).* **[Ribosome]** Organite cytoplasmique qui permet la traduction, c'est-à-dire le déchiffrage de l'ARNm et la synthèse des protéines. Ils sont tous constitués de deux sous-unités:

- chez les Eucaryotes: une unité de 40 S (33 protéines et un ARNr de 18 S) et une unité de 60 S (49 protéines et les ARNr 5 S, 5,8 S et 28 S);
- chez les Procaryotes: une sous-unité de 30 S (21 protéines et un ARNr 16 S) et une sous-unité de 50 S (34 protéines et les ARNr 5 S et 23 S).

Syn. désuet: Grain de Pallade.

Ribotide *n. m.* **[Ribotide]** **Syn.**: Ribonucléotide.

Ribovirus *n. m. (de ribose et virus).* **[Ribovirus]** Tout virus à ARN simple ou double brin.

Ribozyme *n. m. (de ribo(se) et (en)zyme).* **[Ribozyme]** ARN à activité enzymatique, pouvant cliver ou épisser d'autres ARN.

Ribulose-1,5-bisphosphate *n. m.* **[Ribulose-1,5-bisphosphate]** Sigle: RuBP – Pentose sur lequel se fixe un CO_2 lors de la phase sombre de la photosynthèse et qui est régénéré à partir de trois trioses phosphate au cours du cycle de Calvin.

Rigophile *adj. (du lat. rigor, froid et philos, ami).* Qui vit dans les stations froides.

Rigosère *n. f.* Succession végétale

qui commence par une période climatique froide.

Riparial *adj.* [Riparial] **Syn.**: Ripicole.

Ripicole *adj. (du lat. ripa, rive et colere, habiter).* [Ripicolous, Rivarian] Qui pousse, vit sur les rives des cours d'eau. **Syn.**: Amnicole, Riparial, Ripiphile.

Ripiphile *adj.* [Ripiphilous] **Syn.**: Ripicole.

Ripisylve ou Ripisilve *n. f.* Formation boisée, buissonnante des berges des cours d'eau. **Syn.**: Forêt ripicole.

Rivicole *adj. (de rive et du lat. colere, habiter).* **Syn.**: Rivulaire.

Rivulaire *adj. (du lat. rivulus, ruisselet).* Qui vit dans les ruisseaux ou sur leurs bords. **Syn.**: Rivicole.

Rookerie ou Roquerie *n. f. (de l'angl. rook, oiseau vivant en colonie).* [Rookery] Dans les régions polaires, colonie d'Oiseaux qui se protègent du froid en se serrant les uns contre les autres.

Roselière *n. f.* [Reed bed] Formation végétale de grandes hélophytes (Roseau, Massette), au bord des cours d'eau et des étangs. **Syn.**: Phragmitaie.

Rosette *n. f.* [Rosette] Ensemble des feuilles d'une plante insérées très près du sol. **Ex.**: Pâquerette (*Bellis perennis*, Astéracées), Pinguicule (*Pinguicula sp.*).

Rosettophylle *adj.* Dont les feuilles forment une rosette.

Rostellum *n. m.* [Rostellum] Chez les Orchidacées, extrémité recourbée du gynostème, correspondant à un stigmate avorté. Il est placé entre les stigmates fonctionnels et les pollinies.

Rostre *n. m. (du lat. rostrum, bec).* [Rostrum] ▸ ① Pièce buccale pointue chez les Hémiptéroïdes; ▸ ② Prolongement vers l'avant du tégument céphalique chez les Crustacés Malacostracés.

Rotacé *adj. (du lat. rota, roue).* Se dit d'une corolle gamopétale dont le tube est court et dont les pétales sont disposés comme les rayons d'une roue.

Rotation d'équilibration *f.* [Equilibration rotation] **Syn.**: Rotation d'orientation.

Rotation d'orientation *f.* [Orientation rotation] Chez les Amphibiens, mouvement de rotation de l'œuf entier selon la pesanteur, après la réaction corticale qui a libéré la membrane plasmique de la membrane vitelline. Le pôle végétatif se trouve alors en bas, car il est le plus lourd (chargé de réserves). **Syn.**: Rotation d'équilibration.

Rotation de symétrisation *f.* [Symmetrization rotation] Chez les Amphibiens, mouvement de rotation du cytoplasme cortical (superficiel) de l'œuf fécondé d'environ 30° vers le point d'entrée du spermatozoïde, autour d'un axe passant par le centre de l'œuf et perpendiculaire au plan passant par le pôle animal, le pôle végétatif et le point d'entrée du spermatozoïde. Le cytoplasme descend vers le pôle végétatif du côté de l'entrée du spermatozoïde et remonte vers le pôle animal du côté opposé à cette entrée. Cette rotation détermine l'axe de symétrie bilatérale de l'embryon d'où son nom.

Rotule *n. f. (du lat. rota, roue).* [Kneecap, Patella] ▸ ① Os sésamoïde situé dans le tendon du muscle quadriceps fémoral. La rotule protège l'articulation du genou et accentue l'effet de levier des muscles de la cuisse sur le tibia. **Syn.**: Patelle, Patella. ▸ ② Voir Lanterne d'Arsitote.

Roucouler *v. i.* [To coo] Pousser son cri, le *roucoulement*, en parlant des Colombidés.

Rubisco *n. f. (acronyme de RibUlose*

BISphosphate Carboxylase Oxygénase). [**Rubisco**] Enzyme qui catalyse la carboxylation du ribulose-1,5-bisphosphate (phase d'incorporation du CO_2 du cycle de Calvin) ou son oxygénation, dans les chloroplastes et chez les Bactéries photosynthétiques. La rubisco est formée de huit grandes sous-unités (56 kDa) codées par l'ADN chloroplastique et de huit petites (14 kDa) codées par l'ADN nucléaire. Le site actif est portée par les grandes sous-unités. **Syn.:** Carboxydismutase (désuet), RuBP carboxylase (désuet).

Rudéral *adj. (du lat. rudus, ruderis, décombres).* [**Ruderal**] Qui pousse parmi les décombres. **Ex.:** Ortie (*Urtica dioica*, Urticacées).

Rumen *n. m. (mot lat., ventre).* [**Rumen**] Premier compartiment de l'estomac antérieur des Ruminants. Il a pour fonction d'accumuler une quantité très importante de nourriture avant la rumination et constitue une chambre de fermentation. **Syn.:** Panse.

Rumination *n. f.* [**Rumination**] Fonction physiologique des ruminants qui correspond à la remontée des aliments du rumen vers la bouche pour y être mâchés et imprégnés de salive.

Rupestre *adj. (du lat. rupes, rocher).* [**Rupestral**] Qui vit parmi les rochers. On distingue:

- les *lithophytes* qui sont fixés directement sur la roche à la faveur de rhizines et de rhizoïdes (Lichens, Moussses);
- les *chasmophytes* qui se fixent entre les roches, dans les fissures (Fougères, petites Angiospermes).

Syn.: Saxatile, Saxicole, Rupicole.

Rupicole *adj.* [**Rupicolous**] **Syn.:** Rupestre.

Ruptile *adj. (du lat. ruptum, rompu).* Qui s'ouvre spontanément en se déchirant.

Rutoside *n. m. (du lat. ruta, rue).* [**Rutosid**] Alcaloïde du groupe des flavonoïdes présent en quantité importante chez le *Sophora japonica* (Fabacées), le Sarrasin *Fagopyrum esculentum* (Polygonacées) et *l'Eucalyptus macrorrhyncha* (Myrtacées).

Rythme biologique *m.* [**Biological rhythm**] Variation périodique de l'intensité d'une activité physiologique, d'un phénomène biologique. **Syn.:** Biorythme.

S

S Symbole de la sérine dans la formule des protéines.

Sabot *n. m.* [Hoof] Chez les Ongulés, étui corné très développé qui entoure la phalange terminale des doigts.

Sabulicole *adj. (du lat. sabulum, sable).* [Sabulicolous] **Syn.**: Psammophile.

Sac aérien *m.* [Airsac] Diverticule extrapulmonaire de la bronche primaire et de certaines bronches secondaires, en relation avec les poumons. On distingue deux sacs cervicaux, un sac interclaviculaire impair, deux sacs thoraciques, deux sacs crâniaux, deux sacs caudaux et deux sacs abdominaux. Par leurs changements de volume, ils assurent une circulation continue d'air dans les poumons.

Saccharogène amylase *n. f.* [Saccharogene amylase] **Syn.**: β-amylase.

Sac embryonnaire *m.* [Embryo sac] Gamétophyte des Angiospermes situé au cœur du nucelle. Il est formé de 7 cellules: 2 synergides et l'oosphère du côté micropylaire, 3 antipodes du côté opposé et une cellule végétative dicaryotique soit un total de 8 noyaux. Il dérive généralement d'une seule mégaspore formée dans le nucelle (sporange) et qui a subi 3 mitoses successives (70 % des espèces). Chez certaines espèces (*Œnothera*), la mégaspore ne subit que deux mitoses; les antipodes et un noyau polaire sont absents. D'autres sont formés à partir de 2 (*Allium*) voire 4 (*Fritillaria*) mégaspores.

Sac lymphatique *m.* [Lymphatic sac] Chez les Amphibiens, chacun des sinus de l'hypoderme dans lesquels circule la lymphe.

Sac pollinique *m.* [Pollen sac] Chacune des cavités dans lesquelles sont élaborées les cellules mères des grains de pollen. Ce sont donc des microsporanges, situés sur la face inférieure des écailles des Gymnospermes ou dans les anthères des étamines des Angiospermes, des Chlamydospermes et des Préspermatophytes.

Saccharase *n. f.* [Saccharase] Enzyme qui catalyse l'hydrolyse du saccharose en glucose et fructose. Le mélange de ces deux sucres est lévogyre alors que le saccharose est dextrogyre. Le mélange est ainsi appelé *mélange inverti* et la saccharase une *invertase*. **Syn.** ancien: Invertase.

Saccharose *n. m. (du gr. sakkharon, sucre et -ose).* [Saccharose] Diholoside formé de glucose et de fructose (α-D-glucopyranose-(1,2)-β-D-fructofuranoside). C'est la forme de transport des glucides chez les Végétaux et parfois une forme de réserve (Betterave, Canne à sucre, Érable). **Syn.**: Sucrose.

Saccule *n. m. (du lat. sacculus, petit sac).* [Saccule] ▸ ① Chacune des cavités aplaties d'un dictyosome de l'appareil de Golgi. Les saccules sont incurvés et présentent une polarité fonctionnelle entre la face trans (concave vers l'extérieur) qui reçoit les vésicules et la face cis (convexe vers l'extérieur) qui en expédie; ▸ ② Dans l'oreille interne, une des deux vésicules du vestibule qui s'invagine en une lagéna ou en un canal cochléaire.

Sacrum *n. m. (du lat. (os) sacrum, os sacré, car il était offert aux dieux lors des sacrifices d'animaux).* [Sacrum] Chez les Mammifères, os impair de l'extrémité postérieure de la colonne vertébrale résultant de la fusion de 3 à 5 vertèbres sacrées.

Sagitté *adj. (du lat. sagitta, flèche).* Se dit d'une feuille qui a la forme d'un fer de lance.

Salicoside *n. m. (du lat. salix, -icis, saule et oside).* [Salicosid] Glucoside de l'acide salicylique présent chez le Saule (*Salix sp.*).

Salive *n. f.* [Saliva] Liquide sécrété dans la bouche par les glandes salivaires. La salive contient 99 % d'eau, des électrolytes, des immunoglobulines A, une amylase (ptyaline), de la mucine, du lysozyme et des peroxydases.

Salmine *n. f. (du lat. salmo, saumon).* [Salmine] Voir Protamine.

Saltation *n. f. (du lat. saltare, sauter).* [Saltation] Apparition soudaine d'une nouvelle espèce au cours de l'évolution.

Saltigrade *adj.* [Saltigrade] Se dit des animaux qui se déplacent en sautant.

Samare *n. f. (du lat. samara, graine d'orme).* [Samara] Akène dont le péricarpe se prolonge en une aile membraneuse. Lorsque deux samares sont soudées, on parle de *disamare*. **Syn.**: Ptéridie.

Sang *n. m.* [Blood] Chez les Cordés, tissu conjonctif fluide composé d'une partie liquide, le plasma et de cellules, les globules sanguins et plaquettes. Il possède de nombreuses fonctions:

- transport des gaz, des nutriments, des déchets, des hormones, des anticorps et des protéines plasmatiques;
- hémostase;
- immunité;
- répartition de la chaleur.

Sansouire *n. f.* Prairie halophile méditerranéenne composée de Salicornes (*Salicornia sp.*, Chénopodiacées).

Sapinière *n. f.* [Fir plantation] Peuplement de Sapins (*Abies sp.*). **Syn.:** Abiétaie.

Saprobionte *adj. (du gr. sapros, putride et bios, vie).* [Saprobiont] Organisme saprophile.

Sapromasse *n. f. (du gr. sapros, putride et masse).* [Sapromass] **Syn.:** Nécromasse.

Saprophage *adj. (du gr. sapros, putride et phagein, manger).* [Saprophagous] Qui se nourrit de matière organique morte. **Syn.:** Saprotrophe.

Saprophile *adj. (du gr. sapros, putride et philos, ami).* [Saprophilous] Qui vit dans la matière organique en décomposition.

Saprotrophe *adj. (du gr. sapros, putride et trophê, nourriture).* [Saprotroph] **Syn.:** Saprophage.

Sarcolemme *n. m. (du gr. sarx, sarkos, chair et lemma, enveloppe).* [Sarcolemma] Membrane plasmique des fibres musculaires, s'invaginant par endroits pour former les tubules transverses entourés des citernes du réticulum sarcoplasmique.

Sarcomère *n. m. (du gr. sarx, sarkos, chair et meros, partie).* [Sarcomere] Chacune des unités anatomiques et fonctionnelles d'une myofibrille, délimitées par les stries Z. Chaque sarcomère contient des myofilaments de myosine et d'actine qui glissent entre eux ce qui permet la contraction musculaire.

Sarcoplasme *n. m.* [Sarcoplasm] Cytoplasme des fibres musculaires.

Saurochorie *n. f.* [Saurochory] Voir Zoochorie.

Saut *n. m.* [Jump] Mode de locomotion de certains Arthropodes (Insectes, Araignées) et Vertébrés. Pour une espèce donnée, il peut être occasionnel (chez les Mammifères seulement) ou représenter l'unique moyen de locomotion (certains Amphibiens, Reptiles, Oiseaux et Mammifères).

Sauvage *adj. (du lat. silva, forêt).* Se dit d'un organisme qui présente le phénotype le plus courant dans la nature ou de l'allèle qui commande ce phénotype.

Savane *n. f.* [Savanna(h)] Formation végétale arbustive ou herbeuse des régions tropicales sèches, constituée principalement d'espèces xérophytiques.

Savanicole *adj.* Qui vit dans les savanes.

Saxatile *adj. (du lat. saxum, rocher).* **Syn.:** Rupestre.

Saxicole *adj. (du lat. saxum, rocher et colere, habiter).* [Saxicolous] **Syn.:** Rupestre.

Scalariforme *adj. (du lat. scala, escalier et forme).* [Scalariform] Voir Trachéide.

Scape *n. m. (du lat. scapus, tige).* ▸ ① **Syn.:** Hampe florale; ▸ ② Segment basal des antennes des Insectes.

Scapeux *adj.* [Scapose] Se dit d'une plante qui possède une hampe florale. **Ex.:** La plupart des Astéracées.

Scapula *n. f. (du lat. scapulae, épaules).* [Scapula] Os dorsal pair de la ceinture pectorale primaire.

Scarieux *adj. (du lat. scaria, bouton).* [Scarious] Se dit d'une partie membraneuse, desséchée et translucide d'un végétal.

Scatophage *adj. (du gr. skor, skatos, excrément et phagein, manger).* [Scatophagous] **Syn.:** Coprophage.

Schizocarpique *adj. (du gr. skhizein, fendre et karpos, fruit).* [Schizocarpic] Se dit d'une Angiosperme qui disperse à maturité des méricarpes issus de la scissure du cénocarpe.

Schizocœlie *n. f. (du gr. skhizein, fendre et koilos, creux).* [Schizocoely] Formation d'une vésicule cœlomique par creusement d'un massif mésodermique.

Schizogamie *n. f. (du gr. skhizein, fendre et gamos, mariage).* [Schizogamy] Stolonisation des Annélides Polychètes. **Syn.:** Schizogenèse.

Schizogène *adj. (du gr. skhizein, fendre et genos, naissance).* [Schizogenous] Chez les Végétaux, se dit des cavités, poches et canaux de sécrétion formées par l'écartement des cellules sécrétrices.

Schizogenèse *n. f. (du gr. skhizein, fendre et genesis, formation).* [Schizogenesis] **Syn.:** Schizogamie.

Schizogonie *n. f. (du gr. skhizein, fendre et gonos, génération).* [Schizogony] Multiplication asexuée de certains Protozoaires (Sporozoaires) consistant en de nombreuses mitoses sans cytodiérèse du sporozoïte puis individualisation d'énergides uninucléées haploïdes appelées *schizozoïtes* qui donneront les gamontes à l'origine des gamètes.

Schizolysigène *adj.* [Schizolysogenous]. Se dit des poches sécrétrices nées de l'écartement des cellules puis de la lyse des cellules en contact avec la lumière ainsi formée. **Ex.**: Poches sécrétrices des Agrumes.

Schizométamérie *n. f. (du gr. skhizein, fendre et métamérie).* [Schizometamery] Chez certains Annélides, mode de reproduction asexuée consistant en un détachement par scissiparité d'un métamère riche en réserves qui pourra redonner 2 ou 4 individus.

Schizonte *n. m. (du gr. skhizein, fendre).* [Schizont] Forme schizogonique multinucléée qui donnera les schizozoïtes diploïdes qui vont subir la méiose.

Schizozoïte *n. m. (du gr. skhizein, fendre).* [Schizozoïte] Voir Schizogonie.

Sciaphile *adj. (du gr. skia, ombre et philos, ami).* [Shade-loving] Qui vit, pousse obligatoirement ou préférentiellement en milieu ombragé. **Ant.**: Sciaphobe.

Sciaphobe *adj. (du gr. skia, ombre et phobos, crainte).* Qui craint les milieux ombragés. **Ant.**: Sciaphile.

Sciaphyte *n. f. (du gr. skia, ombre et phuton, plante).* [Sciaphyte] Plante sciaphile.

Sciatique *adj. (du gr. iskhion, hanche).* [Sciatic] Relatif à la hanche, à l'ilion.

Scion *n. m. (du francique kith, rejeton).* [Shoot] Jeune pousse de l'année. **Syn.**: Jet.

Scissiparité *n. f. (du lat. scindere, diviser et parere, engendrer).* [Scissiparity] Mode de reproduction asexuée par division de l'organisme.

Scissure *n. f. (du lat. scindere, diviser).* [Fissure] Sillon séparant les hémisphères ou les lobes du cerveau et du cervelet et les lobes des poumons. **Syn.**: Fissure (pour le cerveau seulement).

Sclérenchyme *n. m. (du gr. sklêros, dur et (par)enchyme).* [Sclerenchyma] Tissu végétal de soutien dont les cellules ont une paroi épaisse lignifiée. Il n'y a ni méat ni lacune et les cellules sont généralement mortes.

Scléreux *adj. (du gr. sklêros, dur).* [Sclerous] Se dit d'une cellule morte à paroi lignifiée.

Sclérite *n. f. et m. (du gr. sklêros, dur).* ▸ ① N. f. Cellule scléreuse. [Sclereid]; ▸ ② N. m. Chacune des pièces squelettiques rigides des Arthropodes. Ce sont les sternites, les tergites et les pleurites. [Sclerite]

Scléroblaste *n. m. (du gr. sklêros, dur et blastos, germe).* [Scleroblast] ▸ ① Chez les Échinodermes, cellule spécialisée dans l'élaboration d'une plaque calcaire. Elles sont d'origine mésodermique et sont situées dans le derme; ▸ ② Chez les Spongiaires, cellule de la mésoglée sécrétrice des spicules calcaires. Elles sont d'origine ectodermique.

Scléromère *n. m. (du gr. sklêros, dur et meros, partie).* [Scleromere] **Syn.**: Sclérotome.

Sclérophylle *adj. (du gr. sklêros, dur et phullon, feuille).* [Sclerophyllous] Se dit d'une plante (sclérophyte) dont les feuilles sont coriaces, à cuticule épaisse, adaptées à la sécheresse.

Sclérophyte *n. f.* [Sclerophyte] Plante sclérophylle.

Scléroprotéine *n. f. (du gr. sklêros, dur et protéine).* [Scleroprotein] Toute protéine fibreuse peu soluble entrant dans la constitution des tissus de soutien. **Ex.**: Kératine, collagène.

Sclérote *n. m. (du gr. sklêrotês, dureté).* [Sclerotium] Structure sclérifiée résultant de la coalescence d'hyphes en un plectenchyme résistant. C'est une forme de résistance de certaines espèces de Champignons. **Ex.**: Sclérote de l'Ergot de Seigle (*Claviceps purpurea*).

Sclérotesta *n. f.* [Sclerotesta] Couche moyenne sclérifiée du tégument de l'ovule des Préspermatophytes.

Sclérotine *n. f.* [Sclerotin] Protéine de la cuticule des Arthropodes.

Sclérotique *n. f. (du gr. sklêrotês, dureté).* [Sclera] Tunique externe protectrice du globe oculaire sur laquelle s'insèrent les muscles oculomoteurs. A l'avant du cristallin, elle se continue par la cornée qui est transparente et laisse passer la lumière. La sclérotique peut être ossifiée (Actinoptérygiens, Chéloniens, Sauriens, Oiseaux et l'Ornithorynque). Elle est issue du mésenchyme périencéphalique. **Syn.**: Sclère.

Sclérotome *n. m. (du gr. sklêros, dur et temnein, couper).* [Sclerotome] Partie ventromédiane d'un somite dont les cellules se désagrègent et migrent dans l'espace péricordal et forment le mésenchyme squelettogène à l'origine des vertèbres. **Syn.**: Scléromère.

Scobiforme *adj. (du lat. scobis, limaille et forme).* Se dit des graines qui sont très petites. **Ex.**: Orchidées.

Scolex *n. m. (du gr. skôlêx, ver).* [Scolex] Extrémité antérieure des Cestodes dépourvue de bouche et d'organes sensoriels. On distingue des scolex:

• de type *pseudophyllidien* qui porte 2 pseudobothridies;

• de type *tétrarhynchide* qui porte 4 pseudobothridies et 4 trompes rétractiles;

• de type *diphyllidien* qui porte 4 pseudobothridies et de fortes épines;

• de type *cyclophyllidien* qui porte 4 ventouses ou bothridies.

Scolopidie *n. f.* Chez les Insectes, unité structurale et fonctionnelle des mécanorécepteurs, constituée de 3 cellules: une cellule sensorielle, une cellule-enveloppe et une cellule-coiffe. On trouve les scolopidies dans les organes de Johnston des antennes, dans les organes tympaniques, dans les organes tensorécepteurs et dans les organes subgénaux.

Scopolamine *n. f. (de Scopoli, naturaliste du XVIIIè s. et amine).* [Scopolamine] Alcaloïde tropanique à propriété parasympathicolytique, présent chez diverses Solanacées. **Syn.**: Hyoscine.

Scorpioïde *adj.* [Scorpioid] Voir Cyme et le tableau des inflorescences.

Scotophase *n. f.* [Scotophase] Voir Photopériode.

Scotophile *adj.* [Scotophilic] Qui vit dans l'obscurité.

Scrotum *n. m. (mot lat.)* [Scrotum] Évagination cutanée dans laquelle migrent les testicules, chez certains Mammifères (Carnivores, Ruminants, Primates). **Syn.**: Bourses.

Scrub *n. m. (mot angl., de shrub, arbrisseau).* [Scrub] En Australie, formation végétale dense de buissons et d'arbustes.

Scutellum *n. m. (du lat. scutum, bouclier).* [Scutellum] Cotylédon des embryons de Poacées.

Scutum *n. m. (mot lat., bouclier).* [Scutum] Voir 2. Écusson.

Scyphistome *n. m. (du gr. skuphos, coupe et stoma, bouche).* [Scyphistoma] Polype des Cnidaires Scyphozoaires. Il est de taille réduite et donne des méduses de grande taille par strobilisation (multiplication asexuée).

Sébum *n. m. (du lat. sebum, suif).* [Sebum] Substance grasse constituée d'acides gras, de triglycérides, de cires, de cholestérol et de débris cellulaires, sécrétée par les glandes sébacées selon le mode holocrine.

Sécodonte *adj.* [Secodont] Se dit des dents jugales de Carnivores dont l'arête est tranchante.

Second messager *m.* [Second messenger] Voir Messager intracellulaire.

Secondaire *adj.* [Secundary] Se dit des tissus résultant de l'activité des assises génératrices subéro-phellodermique (liège, phelloderme) et libéro-ligneuse (xylème et phloème secondaires).

Secondine *n. f.* [Secondine] Chez les Angiospermes, tégument externe d'un ovule bitégumenté, son nom provenant du fait qu'il est le second à se différencier autour du nucelle. **Ant.**: Primine.

Sécrétine *n. f. (de sécrétion).* [Secretin] Hormone peptidique de 27 acides aminés dont la sécrétion par les cellules APUD du duodénum est stimulée par la présence d'acide chlorhydrique, de bile ou de graisses. Elle stimule la production d'un suc pancréatique riche en bicarbonates donc de pH alcalin.

Sécrétion *n. f. (du lat. secretio, séparation).* [Secretion] Production d'une substance spécifique par une cellule, un tissu ou un organe donnés; cette substance. Les sécrétions peuvent être déversées à l'intérieur ou à l'extérieur de l'organisme.

Sécrétoire *adj. Pièce sécrétoire*, protéine formée dans les cellules épithéliales, unissant 2 immunoglobulines A. [Secretory piece]

Sédoïde *adj. (de Sedum et du gr. eidos, aspect).* Qui ressemble au Sédum, petite Crassulacée aux feuilles ovoïdes et charnues.

Ségétal *adj.* [Segetal] **Syn.**: Messicole.

Segmentation *n. f.* [Segmentation] Première étape de l'ontogenèse pendant laquelle la cellule œuf se divise en blastomères de plus en plus petits, le volume de l'œuf restant inchangé. La segmentation peut être:

- **totale** (si pas ou peu de vitellus) ou *partielle* (si vitellus important);
- **totale égale** si tous les blastomères sont identiques;
- **totale inégale** dans le cas contraire (présence de micromères, mésomères et macromères);
- **totale radiaire** si les sillons de division sont verticaux ou horizontaux et se coupent à angle droit;
- **totale spirale** si chaque sillon de division est oblique par rapport au sillon précédent.

Ségrégation *n. f. (du lat. segregare, séparer du troupeau).* [Segregation] **Syn.**: Disjonction.

Séismonastie *n. f. (du gr. seismos, secousse et nastie).* [Seismonasty] Voir Nastie.

Sélectine *n. f.* [Selectin] Molécule d'adhérence intercellulaire contenant un domaine lectine qui se lie à des glucides spécifiques. Les **sélectines P** sont exprimées à la surface des cellules endothéliales situées près d'une inflammation et se lient aux glucides membranaires des neutrophiles. Les **sélectines L** sont situées à la surface des lymphocytes et se lient à des glucides membranaires des cellules endothéliales des veinules postcapillaires dans les ganglions lymphatiques. La liaison est dépendante de la présence de calcium.

Sélection naturelle *f.* [Natural selection] Théorie émise par Darwin selon laquelle les individus les plus faibles ou les moins adaptés au milieu ont une plus faible probabilité de se reproduire par rapport aux individus adaptés. Il en résulte au fil des générations une sélection des individus adaptés et des caractères favorables à l'espèce, au détriment des autres.

Sélection thymique *f.* [Thymic selection] Dans le thymus, ensemble des processus qui aboutissent à la destruction des lymphocytes qui réagissent aux auto-antigènes et à la sélection de ceux qui réagissent aux antigènes étrangers. Il en résulte une tolérance immunitaire pour les molécules du soi et une reconnaissance des molécules étrangères.

Sélénium *n. m. (du gr. selênê, lune).* [Selenium] Symb.: Se – Élément chimique (Z = 34) du groupe des non-métaux. C'est un cofacteur de certaines enzymes comme la glutathion peroxydase et la superoxyde dismutase.

Sélénodonte *adj. (du gr. selênê, lune et odous, odontos, dent).* [Selenodont] Se dit des dents de Ruminants dont les tubercules ont une forme de croissant.

Sélénotaxie *n. f. (du gr. selênê, lune et taxie).* [Selenotaxy] Voir Taxie.

Sémelpare *adj.* [Semelparous] Se dit d'une espèce qui ne se reproduit qu'une seule fois dans sa vie, avant de mourir. **Ex.**: Agave.

Semence *n. f.* ▸ ① Graine ou fruit contribuant à la dispersion d'une Spermatophyte. [Seed]; ▸ ② **Syn.**: Sperme. [Semen]

Semi-dominance *n. f.* [Semidominance] Relation qui existe entre deux allèles qui s'expriment de façon conjointe et dont les effets sur le phénotype s'ajoutent.

Semi-perméable *adj.* [Semipermeable] Se dit d'une membrane qui laisse passer le solvant mais pas le soluté.

Sempervirent *adj. (du lat. semper virens, toujours vert).* [Evergreen, Sempervirent] Se dit d'un Végétal ligneux qui conserve son feuillage durant l'hiver.

Sénescence *n. f. (du lat. senescere, vieillir).* [Senescence, Aging] Vieillissement naturel des structures vivantes.

Sénestre ou Senestre *adj.* Se dit d'une coquille enroulée dans le sens inverse des aiguilles d'une montre en partant du sommet. **Ant.**: Dextre.

Sensibilité *n. f.* [Sensitivity] Propriété d'un être vivant ou d'une structure vivante de capter un stimulus et d'y réagir.

Sépale *n. m. (du gr. skepê, enveloppe et (pét)ale).* [Sepal] Chacune des pièces foliacées les plus externes du périanthe. L'ensemble des sépales composent le *calice*. Ils sont généralement verts mais peuvent prendre d'autres colorations; ils sont dits alors *pétaloïdes*.

Sépalule *n. m. (de sépale et suff. -ule).* Chacun des petits sépales formant le *calicule*, sous le calice.

Sépia *n. f. (du lat. sepia, seiche).* [Sepia] **Syn.**: Encre.

Sépicole *adj.* Qui vit dans les haies.

Septation *n. f. (de septum).* Séparation d'éléments par une cloison ou septum. **Ex.**: Loges d'un ovaire pluriloculaire.

Septicide *adj. (du lat. septum, cloison et caedere, tailler en pièces).* [Septicidal] Se dit de la déhiscence d'une capsule par délamination des cloisons intercarpellaires d'un ovaire pluriloculaire ou des sutures carpellaires d'un ovaire uniloculaire.

Septifrage *adj. (du lat. septum, cloison et frangere, briser).* [Septifragal] Se dit de la déhiscence d'une capsule par rupture des cloisons intercarpellaires. Elle s'accompagne obligatoirement d'un autre type de déhiscence.

Septomycètes *n. m. pl. (du lat. septum, cloison et du gr. mukos, mukêtos, champignon).* [Septomycetes] Ensemble des Champignons dont les hyphes sont septées. Ce sont les Ascomycètes et les Basidiomycètes. **Ant.**: Siphomycètes.

Septum *n. m. (mot lat., cloison).* [Septum] Cloison séparant deux cavités. ▸ ① **Septum interauriculaire**, cloison qui sépare les deux oreillettes cardiaques; ▸ ② **Septum interbranchial**, chez les Sélaciens, chacune des lames conjonctives de l'appareil branchial pharyngien sur lesquelles sont fixées les branchies.

Séqué *adj. (du lat. secare, couper).* Se dit d'une feuille dont les sinus entre les lobes vont jusqu'au pétiole (feuille *palmatiséquée*) ou au rachis (feuille *pennatiséquée*).

Séquençage *n. m.* [Sequencing] Technique de détermination de l'ordre des acides aminés ou des nucléotides au sein d'un polymère.

Séquence *n. f.* [Sequence] Enchaînement ordonné des constituants monomériques d'un polymère;

• **Séquence de Hogness**, syn.: Boîte TATA des Eucaryotes;

• **Séquence de Pribnow**, syn.: Boîte TATA des Procaryotes.

Sère *n. f.* [Sere] Dans le système de Clements, succession végétale complète, du stade pionnier au climax.

Séreux *adj. et n. f. (du lat. serum, petit-lait).* ▸ ① *Membrane séreuse* ou n. f. *Séreuse,* membrane formée d'un mésothélium reposant sur une couche de tissu conjonctif et qui recouvre les organes (feuillet viscéral) et tapisse les cavités du corps (feuillet pariétal). Les cellules mésothéliales produisent une sérosité qui supprime les frottements entre les deux feuillets. [Serous membrane] **Ex.**: Plèvre, péritoine, péricarde; ▸ ② **Séreuse de Von Baer, syn.**: Chorion.

Sérial *adj.* Se dit des bourgeons axillaires situés à l'aisselle d'une même feuille et disposés les uns au-dessus des autres par taille décroissante.

Sériation *n. f.* Distribution spatiale des Végétaux en fonction d'un gradient écologique.

Séricigène *adj. (du lat. sericus, de soie et genos, naissance).* [Sericigenous] Qui produit de la soie. **Ex.**: Glande séricigène.

Séricine *n. f. (du lat. sericus, de soie).* [Sericin] Scléroprotéine de la soie.

Sérine *n. f. (de séri(ci)ne).* [Serine] Symb.: Ser, S – Acide aminé neutre constitutif des protéines. Elle est synthétisée à partir de l'acide 3-phosphoglycérique. Par décarboxylation, elle donne l'éthanolamine constitutive des céphalines. En se combinant au palmitylcoA, elle forme la sphingosine. Codons correspondants: AGC, AGU, UCA, UCC, UCG, UCU. Formule: $CH_2OH–CH(NH_2)–COOH$.

Sérine protéase *n. f.* [Serine protease] Famille d'enzymes protéolytiques présentant une homologie de 40 % dans leurs séquences d'acides aminés. Ce sont des protéines digestives (trypsine, chymotrypsine, élastase), des protéines de la coagulation et du complément. Leur site actif contient une sérine.

Séronégatif *adj.* [Antibody negative] Se dit d'un individu dont le sérum est dépourvu d'anticorps contre un antigène donné. **Ant.**: Séropositif.

Séropositif *adj.* [Antibody positive] Se dit d'un individu dont le sérum est contient des anticorps contre un antigène donné. **Ant.**: Séronégatif.

Sérosité *n. f.* [Serosity] Liquide sécrété par une séreuse.

Sérotinal *adj. (du lat. serotinus, tar-*

dif). Se dit des fleurs ou des fruits qui apparaissent tardivement dans la saison.

Sérotonine *n. f. (de sérum, ton(ique) et suff. -ine)*. [Serotonin] Sigle: 5-HT (5-Hydroxytryptamine) – Amine biogène, neuromédiateur sécrété par certaines parties du système nerveux central (tronc cérébral, moelle épinière, système limbique, épiphyse) et par les endocrinocytes gastro-intestinaux. Elle provoque la contraction des muscles lisses et participe au sommeil. Elle est synthétisée par hydroxylation puis décarboxylation du tryptophane. Elle est le précurseur de la mélatonine. **Syn.**: 5-Hydroxytryptamine.

Serre *n. f.* [Claws, Talons] Griffe des rapaces.

Serrulé *adj.* Se dit d'une feuille, d'une pinnule dont la marge est pourvue de petites dents arquées vers le sommet de l'organe.

Sérum *n. m. (du lat. serum, petit- lait)*. [Serum] Partie liquide du sang qui reste après coagulation. Le sérum correspond au plasma moins le fibrinogène qui, transformé en fibrine, a formé le caillot.

Sérumalbumine *n. f.* [Serumalbumin] Holoprotéine globulaire la plus abondante du plasma (40 à 50 $g.l^{-1}$), synthétisée dans le foie. Elle maintient la pression osmotique des capillaires (pression oncotique) et joue un rôle de transport de certaines molécules insolubles dans l'eau.

Sésamoïde *adj. et n. m. (du gr. sêsamoeidês, qui ressemble au grain de sésame)*. *Os sésamoïde* ou *n. m. Sésamoïde*, os des Mammifères se développant dans certains tendons et certaines articulations. [Sesamoid (bone)] **Ex.**: Rotule.

Sessile *adj.* [Sessile] Qui s'insère directement sur le support, sans pédoncule ou sans pétiole.

Sève *n. f. (du lat. sapa, vin cuit)*. [Sap] Chez les Trachéophytes, liquide qui circule dans les faisceaux conducteurs et qui apporte les substances nécessaires aux cellules. On distingue:

- la **sève brute** ou **ascendante**, solution minérale formée dans les racines à partir de l'eau et des minéraux du sol. Elle monte vers les tissus aériens par les vaisseaux du xylème. [Xylem sap];
- la **sève élaborée** ou **descendante**, solution riche en produits organiques (acides aminés, saccharose, hormones) formés dans les cellules photosynthétiques. Elle circule dans les tubes criblés du phloème. [Phloem sap]

Sexduction *n. f.* [Sexduction] Transformation d'une Bactérie receveuse F^- en Bactérie donneuse F^+ par transmission du facteur de fertilité.

Sexe *n. m.* [Sex] Ensemble des caractères et des fonctions qui permettent de distinguer des individus mâles et femelles.

Sexe génétique *m.* [Genotypic sex] Sexe déterminé dès la fécondation par le type de chromosomes sexuels.

Sexe phénotypique *m.* [Phenotypic sex] Expression phénotypique du sexe mâle ou femelle, au cours du développement. Ce sont les *caractères sexuels primaires*: sexe gonadique (ovaire ou testicule) et sexe gonophorique (organes génitaux internes et externes) et les *caractères sexuels secondaires* (morphologie, comportements sexuels).

Sex-ratio *n. f. (mot angl., de sex, sexe et ratio, pourcentage)*. [Sex-ratio] Rapport entre le nombre de mâles et le nombre de femelles dans une population. On distingue la **sex-ratio primaire** calculée à la naissance et la **sex-ratio secondaire**

calculée à l'âge adulte.

Sexualité *n. f.* [Sexuality] Ensemble des comportements sexuels.

Sexué *adj.* ▸ ① Se dit d'un organisme qui connaît la méiose et la fécondation. [Sexed]; ▸ ② Se dit d'une reproduction qui se fait par des gamètes. [Sexual]

Sexupare *adj. (de sexe et du lat. parere, engendrer).* [Sexupare] Se dit d'une femelle parthénogénétique qui engendre des individus sexués mâles et femelles. **Ant.**: Virginipare.

Sialique *adj.* Voir Acide sialique.

Sidérophiline *n. f. (du gr. sidêros, fer et philos, ami).* [Siderophilin] **Syn.**: Transferrine.

Sigmoïde *adj. et n. m. (de sigma et du gr. eidos, aspect).* [Sigmoid] Voir Côlon.

Silenceur *n. m.* [Silencer] Région de l'ADN qui diminue la transcription d'un gène. **Ant.**: Amplificateur.

Silicicole *adj. (de silice et du lat. colere, habiter).* [Silicicolous] Qui pousse sur des sols siliceux. **Ex.**: Éricacées.

Silicule *n. f.* [Silicule] Silique dont la longueur ne dépasse pas trois fois sa largeur.

Silique *n. f.* [Siliqua] Fruit sec déhiscent dérivant d'un ovaire bicarpellé uniloculaire mais qui présente pourtant deux loges grâce à la formation d'une fausse cloison. Les siliques s'ouvrent au niveau de 4 fentes de déhiscence longitudinales (déhiscence septifrage). On parle de **silique latiseptée** lorsque le fruit est comprimé parallèlement à la fausse-cloison et de **silique angustiseptée** si le fruit est comprimé perpendiculairement. Voir le tableau des fruits simples.

Sinus *n. m. (mot lat., courbe).* [Sinus] ▸ ① Échancrure d'une feuille entre deux lobes; ▸ ② Cavité de certains os; ▸ ③ Dilatation d'un segment de vaisseau. **Ex.**: Sinus carotidien.

Sinus carotidien *m.* [Carotid sinus] Chez les Mammifères, région dilatée des carotides internes, riche en barorécepteurs qui participent à la régulation de la pression artérielle.

Sinus urogénital *m.* [Urogenital sinus] Chez l'embryon des Mammifères, compartiment ventral du cloaque séparé du compartiment dorsal par l'éperon périnéal. Il est fermé par la membrane uro-génitale et communique avec la vessie. Chez les Monotrèmes, le sinus uro-génital évolue en vagin chez la femelle et en canal séminal chez le mâle. Chez les Thériens, il forme les urètres prostatique et membraneux chez le mâle, la totalité de l'urètre et une partie du vagin chez la femelle.

Sinus veineux *m.* Chambre cardiaque postérieure à parois minces et peu musculeuses qui collecte le sang provenant des tissus. Il est présent chez tous les embryons de Crâniates et chez tous les adultes sauf la plupart des Oiseaux et des Mammifères où il est incorporé à l'oreillette droite.

Sinusipallié ou Sinupallié *adj. (de sinus et du lat. pallium, manteau).* Se dit des Bivalves pourvus d'un siphon et dont le dessin laissé par le bord du manteau sur la coquille laisse apparaître une échancrure correspondant à l'empreinte du siphon. **Ant.**: Intégripallié.

Sinusoïde *adj. et n. m. Capillaire sinusoïde* ou n. m. *Sinusoïde*, capillaire au diamètre irrégulier et grand que l'on trouve dans le foie, la rate et la moelle osseuse. [Sinusoid]

Siphomycètes *n. m. pl.* [Siphomycetes] Ensemble des Champignons dont les hyphes ne sont pas cloisonnées.

Ant.: Septomycètes.

Siphon *n. m. (du gr. siphôn, tube creux).* Chez certains Bivalves et chez les Ascidies, prolongement tubulaire du manteau qui se termine par un orifice inhalant ou exhalant par lequel l'eau entre ou sort.

Siphonogamie *n. f. (de siphon et du gr. gamos, mariage).* [Siphonogamy] Mode de fécondation par l'intermédiaire d'un tube pollinique qui libère les anthérozoïdes dans une synergide chez les Angiospermes ou près de l'oosphère dans l'archégone chez les Gymnospermes. S'oppose à Zoïdogamie.

Siphonoglyphe *n. m. (de siphon et du gr. gluphê, ciselure).* Chez les Cnidaires Anthozoaires, gouttière ciliée du pharynx.

Siphonostèle *n. f.* [Siphonostele] Type de stèle caractérisée par un cylindre central de moelle. La siphonostèle est dite:

- **ectophloïque** lorsque le manchon de phloème entoure le xylème sur sa face extérieure seulement;
- **amphiphloïque** losque le phloème enserre le xylème sur ses faces interne et externe.

Siphonula *adj. et n. f. Larve siphonula*, larve des Cnidaires Hydrozoaires Siphonophores, qui porte un pneumatophore au pôle antérieur et un gastrozoïte au pôle postérieur.

Siphosome *n. m.* Chez les Cnidaires Hydrozoaires Siphonophores, partie postérieure d'une colonie constituée de nombreuses cormidies dont les polypes spécialisés assurent les fonctions de nutrition, de reproduction et de reproduction. S'oppose à Nectosome.

Site accepteur *m.* [Acceptor site] Abrév.: Site A – Dans un ribosome, site où se fixe l'aminoacyl-ARNt.

Site actif *m.* [Active site] Région d'une enzyme pouvant se lier spécifiquement à un substrat et au sein de laquelle les réactions chimiques catalysées s'opèrent. **Syn.**: Site catalytique

Site catalytique *m.* [Catalytic site] **Syn.**: Site actif.

Site ribosomique *m.* Chacune des trois loges de la grande sous-unité des ribosomes des Eucaryotes et des Procaryotes. On distingue:

- le site A dans lequel vient se fixer l'aminoacyl-ARNt,
- le site P, où se fixe le peptidyl-ARNt,
- le site E (pour exit) ou S (pour sortie), à partir duquel l'ARNt libéré de son peptide quitte le ribosome.

Sitostérol *n. m. (du gr. sitos, blé et stérol).* [Sitosterol] Stérol végétal.

Société *n. f.* [Society] Groupe d'animaux qui appartiennent à la même espèce et qui coopèrent pour réaliser les fonctions nécessaires à la vie de tous.

Sociobiologie *n. f.* [Sociobiology] Étude des causes biologiques du comportement social.

Sodium *n. m.* [Sodium] Symb.: Na (natrium) – Élément chimique (Z = 11) du groupe des alcalins. C'est le cation le plus abondant du liquide extracellulaire. Il joue un rôle important dans la formation du potentiel d'action.

Soie *n. f.* ▸ ① Substance résistante et élastique sécrétée par les glandes séricigènes de certaines Arthropodes (Aranéides, Insectes) et formée de séricine et de fibroïne. [Silk]; ▸ ② Pédicelle des sporophytes des Bryophytes.

Soldat *n. m. (du lat. soldare, payer une solde).* Dans les sociétés animales, chacun des individus responsables de la défense, plus gros et plus forts que les autres.

Sole de reptation *f.* **Syn.**: Sole pédieuse.

Sole pédieuse *f.* Chez certains Mollusques, partie du pied en contact avec le substrat qui permet la fixation ou la reptation par des contractions musculaires. **Syn.**: Sole de reptation.

Solénocyte *n. m. (du gr. solên, étui et kutos, cellule).* [Solenocyte] Cellule excrétrice flagellée de type protonéphridial que l'on rencontre chez les Annélides Polychètes et les Céphalocordés.

Solénoglyphe *adj. (du gr. solên, étui et gluphê, ciselure).* [Solenoglyph] Se dit des Serpents dont les crochets venimeux possèdent un canal fermé pour l'écoulement du venin.

Solénostèle *n. f. (du gr. solên, étui et stèle).* [Solenostele] Type de siphonostèle qui présente peu de brèches foliaires.

Soma *n. m. (du gr. sôma, corps).* [Soma] Ensemble des cellules non sexuelles d'un organisme, dites *cellules somatiques*. **Ant.**: Germen.

Somatocrinine *n. f.* [Somatocrinin] **Syn.**: Somatolibérine.

Somatogamie *n. f. (du gr. sôma, corps et gamos, mariage).* [Somatogamy] Chez certains Champignons, fusion de cellules somatiques et non de gamètes, à l'origine du mycélium diploïde qui formera les spores. **Syn.**: Périttogamie.

Somatolibérine *n. f.* [Somatoliberin] Sigles: GH-RH, SRF – Hormone polypeptidique hypothalamique provoquant la sécrétion de l'hormone somatotrope ou hormone de croissance par les cellules α de l'adénohypophyse. **Syn.**: Somatocrinine.

Somatomédine *n. f.* [Somatomedin] Sigle: IGF (*Insulin-like growth factor*) – Chacun des polypeptides synthétisés par le foie et ayant une fonction de facteur de croissance des chondrocytes, des fibroblastes, des hépatocytes, des adipocytes et des lymphocytes. **Syn.**: Facteur de croissance semblable à l'insuline.

Somatopleure *n. f. (du gr. sôma, corps et pleuron, côté).* [Somatopleura] Feuillet mésodermique externe. S'oppose à Splanchnopleure.

Somatostatine *n. f.* [Somatostatin] Sigles: GH-IH, SRIF – Hormone hypothalamique oligopeptidique de 14 acides aminés libérée dans l'hypophyse antérieure. Elle inhibe la synthèse de l'hormone de croissance, de la thyréostimuline et celle des hormones pancréatiques.

Somatotropine ou Somatotrophine *n. f. (du gr. sôma, corps et trophê, nourriture).* [Somatotrop(h)in] Sigles: GH, STH – Hormone polypeptidique sécrétée par les cellules α de l'antéhypophyse. Elle favorise la multiplication cellulaire, l'assimilation des protéines et la croissance des tissus. Sa sécrétion est inhibée par la somatostatine et activée par la somatolibérine, deux hormones hypothalamiques. **Syn.**: Hormone somatotrope, Hormone de croissance.

Somite *n. m. (du gr. sôma, corps).* [Somite] Chez les embryons de Vertébrés, chacun des massifs cellulaires creux de tissu mésodermique issus de la segmentation du mésoblaste dorsal situé de part et d'autre de la corde et du tube neural. Les somites se différencient en sclérotome (vertèbres), en dermatome (derme) et en myotome (musculature striée volontaire).

Sommation *n. f.* [Summation] Synthèse de tous les stimulus reçus par une cellule dans un temps donné, pouvant aboutir ou non à l'excitation de cette cellule.

Sommeil *n. m.* [Sleep] État psychophysiologique caractérisé par la suspension totale ou partielle de la vigilance, par la décontraction musculaire et par le ralentissement des activités cardiaque et respiratoire.

Soralie *n. f. (du gr. sôros, tas).* [**Soralium**] Déchirure du cortex d'un Lichen par laquelle s'échappe une poudre constituée de petits amas d'hyphes et de gonidies appelés *sorédies*. Chaque sorédie peut reconstituer un nouvel individu et permet d'éviter la rupture de la symbiose.

Sore *n. m. (du gr. sôros, tas).* [**Sorus**] Chez les Ptéridophytes, amas de sporanges.

Sorédie *n. f. (du gr. sôros, tas).* [**Soredium**] Voir Soralie.

Souche type *f.* Souche servant à décrire une espèce bactérienne.

Soufre *n. m.* [**Sulphur (US: Sulfur)**] Symb.: S – Élément chimique (Z = 16) du groupe des non-métaux. C'est un élément constitutif de la cystéine, de la méthionine, du glutathion, de la taurine et des hétérocycles des vitamines B1 et B8. Il joue un rôle plastique dans la kératine et les protéoglycanes du tissu conjonctif.

Soulane *n. f. (du lat. sol, soleil).* **Syn.** Adret.

Soupe primordiale *f.* [**Primordial soup**] **Syn.**: Soupe primitive.

Soupe primitive *f.* [**Primitive soup**] Milieu liquide et chaud contenant des molécules organiques et dans lequel se seraient formées les premières cellules vivantes. **Syn.**: Soupe primordiale.

Sous-arbrisseau *n. m.* [**Subshrub**] Voir Arbrisseau.

Sous-classe *n. f.* [**Subclass**] Voir Classe.

Sous-embranchement *n. m.* [**Subphylum**] Voir Embranchement.

Sous-espèce *n. f.* [**Subspecies**] Voir Espèce.

Sous-étage *n. m.* Dans une forêt, ensemble des espèces végétales dominées par les espèces les plus hautes.

Sous-famille *n. f.* [**Subfamily**] Voir Famille.

Sous-genre *n. m.* [**Subgenus**] Voir Genre.

Sous-ligneux *adj. et n. m.* Se dit d'une plante dont seule la partie basale est lignifiée.

Sous-ordre *n. m.* [**Suborder**] Voir Ordre.

Sous-stomatique *adj.* Voir Chambre sous-stomatique.

Spadice *n. m. (du lat. spadix, -icis, branche de palmier).* [**Spadix**] Inflorescence indéfinie, épi à axe charnu, à fleurs unisexuées et incomplètes. Le spadice est protégé par une grande bractée appelée *spathe*. On les rencontre chez les Aracées et les Arécacées.

Spanandrie *n. f. (du gr. spanios, rare).* [**Spanandry**] Déficit en individus mâles chez certaines espèces. **Ant.**: Spanogynie.

Spananthe *adj.* **Syn.**: Pauciflore.

Spanogynie *n. f.* [**Spanogyny**] Déficit en individus femelles chez certaines espèces. **Syn.**: Spanandrie.

Spartéine *n. f. (du gr. sparton, corde de genêt).* [**Sparteine**] Alcaloïde tétracyclique présent chez certaines Fabales comme le Genêt à balais (*Cytisus scoparius*).

Spathe *n. f. (du gr. spathê, épée).* [**Spathe**] Grande bractée en forme de cornet enveloppant un spadice.

Spathiflore *adj.* Dont les fleurs possèdent une spathe.

Spatulé *adj.* Se dit d'un organe en forme de spatule.

Spéciation *n. f. (du lat. species, espè-*

ce). [Speciation] Formation d'une nouvelle espèce. On distingue:

• la **spéciation allopatrique** où deux populations sont séparées par une barrière géographique;

• la **spéciation sympatrique** où les deux populations qui conduisent à des espèces distinctes vivent dans le même endroit mais ont un comportement reproducteur incompatible (ex.: reproduction durant des saisons différentes).

Spécifique *adj.* [Specific] Relatif à une espèce donnée.

Spectrine *n. f.* [Spectrin] Protéine fibreuse hétérodimérique du cytosquelette des hématies, reliée à la membrane plasmique. Les hétérodimères s'associent pour former des tétramères de 200 nm de long dont les extrémités sont liées à des filaments d'actine et à la bande 4.1, l'ensemble formant un réseau protéique indéformable.

Spermaceti *n. m. (du lat. sperma, semence et cetus, baleine).* [Spermaceti] Masse de tissu adipeux dans la tête des Baleines, participant à la locomotion. Il est formé d'un tissu alvéolaire qui contient une huile transparente liquide qui devient blanche et onctueuse dans le cadavre froid. **Syn.**: Blanc de Baleine.

Spermaster *n. m. (du gr. sperma, semence et aster).* [Spermaster] Dans le zygote, aster formé autour du centriole apporté par le spermatozoïde.

Spermathèque *n. f. (du gr. sperma, semence et thêkê, loge).* [Spermatheca] Poche musculeuse du tractus génital femelle dans laquelle sont conservés les spermatozoïdes chez certaines espèces, notamment les Insectes.

Spermatide *n. f. (du gr. sperma, - atos, semence et suff. -ide).* [Spermatid] Cellule germinale haploïde qui est issue de la deuxième division de méiose et qui se transforme en spermatozoïde au cours de la spermiogenèse.

Spermatie *n. f. (du gr. sperma, semence).* [Spermatium] Chez certains Champignons et certaines Algues, aplanogamète mâle uninucléé qui fécondera le gamète femelle *via* le trichogyne.

Spermatocyste *n. m. (du gr. sperma, spermatos, semence et kustis, vessie).* [Spermatocyst] Voir Gamétocyste.

Spermatocyte *n. m. (du gr. sperma, spermatos, semence et kutos, cellule).* [Spermatocyte] Cellule de la lignée germinale mâle. Les **spermatocytes I** sont diploïdes, sont issus des spermatogonies et subissent la première division de méiose. Les **spermatozoïdes II** sont haploïdes, ont subi la première division de méiose et vont subir la deuxième division de la méiose et se transformer alors en *spermatides*.

Spermatodesme *n. m.* Chez les Insectes, faisceau de spermatozoïdes fixés par leur tête à une même cellule de la zone de transformation des tubes séminifères des testicules.

Spermatogamète *n. m. (du gr. sperma, semence et gamète).* Gamète mâle.

Spermatogenèse *n. f. (du gr. sperma, spermatos, semence et genesis, formation).* [Spermatogenesis] Différenciation des spermatozoïdes à partir des spermatogonies. Elle comprend la multiplication des spermatogonies, la croissance des spermatocytes, la méiose, l'élimination du cytoplasme excédentaire. La dernière phase où les spermatides se transforment en spermatozoïdes s'appelle la *spermiogenèse*.

Spermatogonie *n. f. (du gr. sperma, spermatos, semence et gonos, génération).* [Spermatogonium] Chacune des cellules germinales mâles qui se multiplient durant toute la vie sexuelle, certaines cellules évoluant en spermatozoïdes et les autres restant spermatogonies pour maintenir leur nombre.

Spermatophore *n. m. (du gr. sperma, spermatos, semence et pherein, porter).* [Spermatophore] Amas de spermatozoïdes agglomérés dans une sécrétion mucilagineuse de glandes de l'appareil reproducteur. On les rencontre chez les Céphalopodes, les Insectes, les Tritons.

Spermatozoïde *n. m. (du gr. sperma, spermatos, semence et zôoeidês, ressemblant à un animal).* [Spermatozoon] Gamète mâle, animal ou végétal. Les spermatozoïdes des Végétaux sont plutôt appelés *anthérozoïdes*.

Sperme *n. m. (du gr. sperma, semence).* [Sperm] Liquide sécrété par les glandes annexes de l'appareil reproducteur mâle et qui contient les spermatozoïdes en suspension, des nutriments, des électrolytes, des enzymes et des oses. **Syn.**: 2. Semence.

Spermiducte *n. m. (du gr. sperma, semence et ducere, conduire).* [Spermiduct] Chez les Amniotes, canal de transport des spermatozoïdes du testicule vers l'extérieur de l'organisme. Il est issu du canal de Wolff. **Syn.**: Canal déférent.

Spermine *n. f. (de sper(me) et (a)mine).* [Spermin] Polyamine sécrétée par la prostate, responsable de l'odeur caractéristique du sperme et de son pH basique. Elle est présente aussi dans la plupart des tissus animaux.

Spermiokyste *n. m. (du gr. sperma, semence et kyste).* Chez les choanocytes des Spongiaires, vacuole à paroi épaisse qui contient le spermatozoïde et qui sera injectée dans l'ovule.

Spermocentre *n. m. (du gr. sperma, semence et centre).* Centrosome du spermatozoïde.

Spermoderme *n. m. (du gr. sperma, semence et derma, peau).* [Spermoderm] Tégument d'une graine.

Spermiogenèse *n. f.* [Spermiogenesis] Étape de la spermatogenèse pendant laquelle la spermatide se transforme en spermatozoïde.

Spermogonie *n. f. (du gr. sperma, semence et gonos, génération).* [Spermogony] Appareil producteur des spermaties chez certains Champignons.

Spermiokyste *n. m.* [Spermiocyst] Chez les Spongiaires, vacuole à paroi épaisse d'un choanocyte dans laquelle a pénétré un spermatozoïde. Le choanocyte perd son flagelle et sa collerette et se transforme en une cellule charriante mobile qui injecte le spermiokyste dans l'ovocyte.

Spermosine *n. f.* [Spermosin] Protéine des flagelles des spermatozoïdes.

Sphagnicole *adj. (du lat. sphagnum, sphaigne et colere, habiter).* [Sphagnicolous] Qui pousse, vit près des Sphaignes.

Sphénethmoïde *n. m.* [Sphenethmoid] Chez les Tétrapodes, os antérieur impair du neurocrâne enchondral.

Sphéroplaste *n. m.* [Spheroplast] Bactérie dont on a ôté expérimentalement la paroi.

Sphingolipide *n. m. (de sphingo(sine) et lipide).* [Sphingolipid] Phospholipide dont l'alcool est la sphingosine, à laquelle les acides gras sont liés par des liaisons amide au lieu de liaisons ester.

Sphingomyéline *n. f. (de sphingo(sine) et myéline).* [Sphingomyelin] Sphingolipide à acide gras à 24 C et estérifié par la phosphocholine, abondant dans les gaines de myéline.

Sphingosine *n. f. (du gr. sphiggein, enserrer).* [Sphingosin] Alcool aminé à 18 carbones constitutif des sphingolipides et synthétisé par combinaison du palmitylcoenzyme A et de la sérine grâce à des enzymes à NAD et FAD.

Formule: $CH_3–(CH_2)_{12}–CH=CH–CHOH–CH(NH_2)–CH_2OH$.

Spicastre *n. m. (du lat. spica, épi).* Inflorescence déterminée correspondant à un épi de verticilles. **Ex.**: Nombreuses Lamiacées.

Spiciflore *adj.* Dont les fleurs sont en épis.

Spiciforme *adj. (du lat. spicus, épi et forme).* [Spiciform] Se dit d'une inflorescence qui ressemble à un épi.

Spicule *n. m. (du lat. spiculum, dard).* [Spicule] ▸ ① Petite formation calcaire ou siliceuse de la mésoglée des Spongiaires. Les spicules sont formés par les scléroblastes d'origine ectodermique et forment un squelette interne. Chez les Éponges calcaires, ils sont calcaires. Chez les Hexactinellides, ils sont siliceux et pourvus de 3 axes et 6 pointes (*spicules triaxonides hexactines*). Chez les Démosponges, ils sont siliceux et parfois absents; ▸ ② Formation calcaire sécrétée par les micromères de la gastrula des Échinides.

Spinulé ou Spinuleux *adj. (du lat. spina, épine).* Qui porte des épines.

Spiracle *n. m.* [Spiracle] Chez les Têtards des Anoures, orifice unique situé sur le côté gauche par lequel sort l'eau qui a baigné les branchies.

Spiracule *n. m.* [Spiracle] Chez les Cyclostomes, orifice externe qui fait communiquer les poches branchiales pharyngiennes avec l'extérieur.

Spiralé *adj.* ▸ ① Se dit d'une trachéide ou d'un vaisseau dont les épaississements de la paroi sont en forme de spire; ▸ ② Se dit d'une préfloraison où les pièces florales ne sont jamais entièrement recouvertes ni entièrement recouvrantes; ▸ ③ Se dit d'une fleur dont les pièces s'insèrent selon une spire et non un verticille.

Spiralia *n. m. pl.* [Spiralia] Ensemble des Invertébrés dont la segmentation de l'œuf est spirale. **Ex.**: Annélides, Mollusques.

Spirolobé *adj.* [Spirolobate] Se dit d'un embryon de Dicotylédones dont les cotylédons sont enroulés en spirale dans la graine. **Ex.**: *Beta sp.*, *Chenopodium sp.*

Splanchnocrâne *n. m. (du gr. splagkhnon, viscère et crâne).* [Viscerocranium] Chez les Crâniates, partie du squelette crânien situé autour des cavités buccale et pharyngienne. Il provient de l'ectomésenchyme issu des crêtes neurales. **Syn.**: Viscérocrâne. S'oppose à Neurocrâne.

Splanchnologie *n. f. (du gr. splagkhnon, viscère et logos, discours).* [Splanchnology] Partie de l'anatomie qui étudie les viscères.

Splanchnopleure *n. f. (du gr. splagkhnon, viscère et pleuron, côté).* [Splanchnopleure] Chez les Cœlomates, feuillet mésodermique interne des lames latérales. S'oppose à Somatopleure.

Splénique *adj. (du gr. splên, rate).* [Splenic] Relatif à la rate.

Splicéosome *n. m.* [Spliceosome] Complexe ribonucléoprotéique formé des petites particules nucléaires ribonucléoprotéiques (snRNP) U1, U2, U5 et U4/U6 qui participent à l'épissage des ARN prémessagers. **Syn.**: Complexe d'épissage.

Spongine *n. f.* [Spongin] Chez les Spongiaires, scléroprotéine riche en liaisons disulfure et en tyrosine halogénée, synthétisée par les spongioblastes et formant des fibres dans la mésoglée.

Spongioblaste *n. m.* [Spongioblast]

Cellule des Spongiaires qui synthétise une partie seulement de chaque fibre de spongine. Plusieurs spongioblastes associés en chaînette sont nécessaires pour synthétiser une fibre entière.

Spontané *adj.* Se dit d'une espèce végétale qui s'est introduite et développée dans un milieu sans intervention de l'homme.

Sporange *n. m. (de spore et du gr. aggos, réceptacle).* [Sporangium] Chez les Cormophytes, organe pluricellulaire qui produit des spores haploïdes à la suite de la méiose des cellules mères des spores. Ils sont formés d'une partie interne fertile protégée par une partie externe stérile. On distingue le sporange femelle ou **macrosporange** ou **mégasporange** et le sporange mâle ou **microsporange**. Chez les Spermatophytes et les Préspermatophytes, les microsporanges sont les sacs polliniques et les mégasporanges, le nucelle.

Spore *n. f. (du gr. spora, semence).* [Spore] Cellule unique ou amas pluricellulaire qui peut résister à des conditions défavorables voire extrêmes et qui est capable de donner un nouvel individu. Les spores sont formées par un processus sexué (reproduction sexuée) ou asexué (multiplication végétative). Les spores peuvent être mobiles (**planospores** ou **zoospores**) ou non (**aplanospores**).

Sporocarpe *n. m. (de spore et du gr. karpos, fruit).* [Sporocarp] Chez les Filicinées Hydroptéridales, organe globuleux et clos qui protège les sporanges. Chez les Marsiléacées, les sporocarpes contiennent des microsporanges et des mégasporanges. Chez les Salviniacées, ils sont unisexués.

Sporocyste *n. m. (de spore et du gr. kustis, vessie).* [Sporocyst] ▸ ① Chez les Thallophytes, organe qui produit des spores; ▸ ② Forme larvaire de la Grande Douve (*Fasciola hepatica*) provenant de la transformation du miracidium et donnant naissance à des rédies par bourgeonnement interne.

Sporogone *n. m. (de spore et du gr. gonos, génération).* [Sporogonium] Sporophyte des Bryophytes, composé d'un pédicelle supportant une capsule productrice des spores.

Sporogonie *n. f. (de spore et du gr. gonos, génération).* [Sporogony] Chez certains Protozoaires, formation des sporozoïtes par méiose du zygote.

Sporophore *n. m. (de spore et du gr. pherein, porter).* [Sporophore] Appareil reproducteur des Champignons supérieurs comportant les sporocystes (basides et asques). **Syn.** ancien: Carpophore.

Sporophylle *n. f. (de spore et du gr. phullon, plante).* [Sporophyll] Chez les Cormophytes, pièce de nature foliaire supportant les sporanges. Selon le sexe des spores, on distingue les **microsporophylles** et les **mégasporophylles. Ex.:** Fronde, étamine, écaille ovulifère, feuille carpellaire.

Sporophyte *n. m. (de spore et du gr. phuton, plante).* [Sporophyte] Individu qui représente la phase diploïde du cycle de développement des Végétaux et des Champignons et qui produit les spores. S'oppose à Gamétophyte.

Sporopollénine *n. f.* [Sporopollenin] Voir Exine.

Sporozoïte ou Sporozoïde *n. m. (de spore et du gr. zôoeidês, semblable à un animal).* [Sporozoite] Chez les Protozoaires parasites, chacun des individus issus du zygote par sporogonie et participant à la phase de contamination.

Sporulation *n. f.* [Sporulation] Production de spores par un processus sexué ou non.

Squamifère *adj. (du lat. squamifer, couvert d'écailles).* [Squamiferous] Qui est recouvert d'écailles.

Squelette *n. m. (du gr. skeletos, desséché).* [Skeleton] ▸ ① Chez les Vertébrés, ensemble des os et cartilages qui constitue la charpente du corps sur laquelle s'insèrent les muscles; ▸ ② **Squelette externe**, formation externe dure servant à la fois de protection et d'armature, chez certains Invertébrés. **Ex.**: Carapace, test, coquille. **Syn.**: Exosquelette.

Stagnicole *adj.* [Stagnicolous] **Syn.**: Limnicole.

Staminal *adj. (du lat. stamen, fil).* [Staminal] Relatif aux étamines.

Staminé *adj. (du lat. stamen, fil).* [Staminate] Se dit d'une fleur qui possède des étamines mais pas de carpelles. **Ant.**: Carpellé, Pistillé.

Staminifère *adj. (du lat. stamen, fil et ferre, porter).* [Staminiferous] Qui porte des étamines.

Staminode *n. m. (du lat. stamen, fil et eidos, aspect).* [Staminode] Étamine stérile.

Stanniocalcine *n. f.* [Stanniocalcin] Hormone hypocalcémiante sécrétée par les corpuscules blancs de Stannius chez les Holostéens et les Téléostéens.

Staphylin *adj. (du gr. staphulê, luette).* [Staphylinus] Relatif à la luette. **Syn.**: Uvulaire.

Stasigenèse *n. f.* [Stasigenesis] Période de stabilité évolutive d'une espèce.

Stasophile *adj.* [Stasophilous] **Syn.**: Limnicole.

Stasophyte *n. f.* [Stasophyte] **Syn.**: Limnophyte.

Statenchyme *n. m. (du gr. statos, stable et enkuma, épanchement).* Tissu de la coiffe contenant les cellules gravisensibles ou *statocystes* responsables du gravitropisme positif des racines.

Station *n. f. (du lat. stare, se tenir debout).* [Station] Lieu où vit un être vivant, une population, caractérisé par des conditions écologiques précises.

Statoblaste *n. m. (du lat. status, fixé et blastos, germe).* [Statoblast] Chez les Bryozoaires Phylactolèmes, bourgeon de dissémination formé dans le funicule. Ils assurent la pérennité des espèces d'une année à l'autre.

Statocyste *n. m. (du lat. status, fixé et du gr. kustis, vessie).* [Statocyst] Cellule végétale sensible à la gravitation grâce à des *statolithes* qui sont des grains d'amidon. Les statocystes sont abondants dans la coiffe.

Statolithe *n. m. (du lat. status, fixé et du gr. lithos, pierre).* [Statolith] ▸ ① Voir Statocyste; ▸ ② **Syn.**: Otolithe.

Stégie *n. f.* Palier évolutif.

Stèle *n. f.* [Stele] Ensemble du xylème, du phloème et éventuellement de la moelle, dans le cylindre central d'une tige ou d'une racine.

Stemmate *n. m. (du gr. stemma, -atos, couronne).* Chacun des ocelles latéraux des larves d'Insectes holométaboles.

Sténobathe *adj. (du gr. stenos, étroit et bathus, profond).* [Stenobathic] Se dit d'une espèce aquatique qui ne tolère que de faibles changements de profondeur. **Ant.**: Eurybathe.

Sténobionte ou Sténobiote *n. m.* [Stenobiont] Organisme qui vit dans des conditions écologiques précises, sans pouvoir tolérer des changements. De tels organismes sont dits *sténoèces*. **Ant.**: Eurybionte.

Sténoèce *adj. (du gr. stenos, étroit et oikos, maison).* [Stenoky] Voir Sténobionte.

Sténoécique *adj.* **Syn.**: Sténoèce.

Sténohalin *adj. (du gr. stenos, étroit et halin).* [Stenohaline] Se dit d'une espèce aquatique qui ne tolère pas les changements de concentration en sels. **Ant.**: Euryhalin.

Sténohygre *adj. (du gr. stenos, étroit et hugros, humide).* [Stenohygric] Qui vit dans des limites étroites d'humidité de l'air. **Ant.**: Euryhygre.

Sténo-ionique *adj.* [Stenoionic] Qui vit dans des limites étroites de pH. **Ant.**: Eury-ionique.

Sténopériodique *adj.* Se dit d'une plante amphipériodique qui ne peut fleurir que lorsque la nuit et le jour sont de durées à peu près égales.

Sténophage *adj. (du gr. stenos, étroit et phagein, manger).* [Stenophagous] Dont le régime alimentaire est peu diversifié. **Ant.**: Euryphage.

Sténophote *adj. (du gr. stenos, étroit et phôs, phôtos, lumière).* [Stenophotic] Qui ne tolère pas les écarts d'éclairement. **Ant.**: Euryphote.

Sténotherme *adj. (du gr. stenos, étroit et thermos, chaud).* [Stenothermal] Qui vit dans des limites étroites de température. **Ant.**: Eurytherme.

Sténotope *adj.* [Stenotopic] Qui vit exclusivement dans un biotope donné. **Ant.**: Eurytope.

Stéphanoconté *adj. (du gr. stephanos, couronne et kontos, bâton).* Se dit d'une cellule mobile d'Algues dont les cils ou les flagelles sont regroupés en couronne.

Stérane *n. m.* [Sterane] Hydrocarbure cyclique, noyau de base des stéroïdes à 17 carbones.

Stercobiline et Stercobilinogène *n. f.* et *n. m.* [Stercobilin, Stercobilinogen] Voir Pigment biliaire.

Stercoraire *adj. (du lat. stercus, stercoris, excrément).* Qui pousse, vit sur les excréments et/ou s'en nourrit. **Syn.**: Coprophage.

Stéréide *n. f.* [Stereid] Chez les Bryophytes, cellule à paroi épaissie, située sous l'épiderme et donnant une certaine rigidité aux feuilles et à la tige.

Stéréocil *n. m. (du gr. stereos, solide et cil).* [Stereocilium] Chacune des microvillosités géantes à la surface de certaines cellules sensorielles, notamment celles du système stato-acoustico-latéral. La flexion des microvillosités par un stimulus mécanique entraîne l'ouverture ou la fermeture de canaux ioniques membranaires et la production ou non d'un potentiel récepteur. **Syn.**: Cil stéréoscopique.

Stéréome *n. m. (du gr. stereos, solide).* Ensemble des tissus qui donne leur rigidité aux Végétaux.

Stéréospécificité *n. f.* [Stereospecificity] Relation structurale qui existe entre un ligand et un récepteur de ce ligand dont les structures spatiales sont complémentaires et permettent ainsi leur association spécifique.

Stéride *n. m. (de stér(ol) et suff. -ide).* [Sterid] Lipide dont l'alcool est un stérol.

Stérigmate *n. m.* [Sterigma] Fine expansion cytoplasmique d'une baside, au bout de laquelle se différencie une basidiospore.

Stérile *adj.* [Sterile] ▸ ① Qui ne peut se reproduire par la voie sexuée; ▸ ② Qui est exempt de tout microbe.

Stérinoplaste *n. m.* [Sterinoplast] Plaste qui élabore des stérols.

Sternèbre *n. m.* Chacun des segments du sternum des Mammifères.

Sternum *n. m.* [Sternum, Breastbone] Chez les Tétrapodes (excepté les Ophidiens et les Chéloniens), os impair endosquelettique de la face ventrale du tronc, relié aux côtes thoraciques et à la ceinture pectorale. Chez les Oiseaux Carinates, il porte le bréchet.

Stéroïde *n. m. et adj. (de stér(ol) et du gr. eidos, aspect).* [Steroid] Substance dérivée d'un stérol.

Sterrhophile *adj.* [Sterrhophilous] Qui vit dans une lande.

Sterrhophyte *n. f.* [Sterrhophyte] Plante sterrhophile.

Stichidie *n. f. (du gr. stichos, en ligne).* [Stichidium] Chez les Rhodophytes, groupe de sporocystes portés par un rameau du tétrasporophyte.

Stichonématé *adj. (du gr. stichos, en ligne et nêma, -atos, fil).* Se dit d'un flagelle qui porte une seule rangée de poils fins et courts ou *mastigonèmes*.

Stigma *n. m. (mot gr., point).* [Stigma] Organe photorécepteur imprégné de carotènes chez les cellules mobiles de certaines Algues comme les Euglènes, les *Fucus* et les *Chlamydomonas*.

Stigmate *n. m. (du gr. stigma, point).* ▸ ① Chez les Insectes et les Myriapodes, chacun des orifices de la cuticule par lesquels les trachées communiquent avec l'extérieur. Ils sont fondamentalement pairs, symétriques, métamérisés. Les stigmates possèdent généralement un système d'occlusion et un système de filtration. Spiracle; ▸ ② Extrémité distale du pistil, souvent élargie, pourvue de papilles stigmatiques qui reçoivent les grains de pollen. [Stigma].

Stimulation *n. f.* [Stimulation] Action d'un stimulus sur un élément excitable.

Stimule *n. m. (du lat. stimulus, aiguillon).* Poil urticant chez certaines plantes.

Stimuline *n. f.* [Stimuline] Chacune des hormones adénohypophysaires qui stimulent d'autres glandes endocrines. Ce sont la corticostimuline, la folliculostimuline, la thyrostimuline, la prolactine, la mélanostimuline, la somatotropine. La sécrétion de stimulines est inhibée par les statines et stimulée par les libérines hypothalamiques.

Stimulus *n. m. (mot lat., aiguillon).* [Stimulus] Toute cause externe ou interne à l'organisme capable de provoquer une réaction de la part d'une structure organique excitable.

Stipe *n. m. (du lat. stipes, tige).* ▸ ① Chez les Monocotylédones et les Fougères arborescentes, axe cylindrique ressemblant à un tronc mais formé par l'ensemble des bases des feuilles ou des frondes tombées. [Trunk]; ▸ ② Chez certaines Algues, partie inférieure cylindrique du thalle portant la fronde; ▸ ③ **Syn.**: Pied (Champignons). [Stipes]

Stipelle *n. f.* Organe foliacé situé à la base des folioles dans une feuille composée.

Stipité *adj.* Qui est porté par un stipe ou qui est pourvu d'un stipe.

Stipule *n. f. (du lat. stipula, paille).* [Stipule] Organe foliacé situé à la base des pétioles chez certaines espèces d'Angiospermes. Sa forme est un critère de détermination des espèces.

Stolon *n. m. (mot lat., rejeton).* ▸ ① Tige aérienne rampante ou souterraine, à feuilles très réduites et entrenœuds longs et qui peut s'enraciner pour produire un nouvel individu. **Syn.**: Coulant; ▸ ② Tube filiforme qui relie les individus d'une colonie, chez les Invertébrés coloniaux (Cnidaires, Lophophoriens, Urocordés).

Stolonifère *adj.* Qui émet des stolons.

Stomate *n. m. (du gr. stoma, bouche).*

[Stoma] ▸ ① Chez les Végétaux aériens, chacune des structures épidermiques qui constituent un site d'échanges de gaz et d'eau entre la plante et le milieu extérieur. Chez les Trachéophytes, chaque stomate comprend deux *cellules de garde*, chlorophylliennes, épidermiques, réniformes, qui ménagent entre elles une ouverture, *l'ostiole*. Chez les Bryophytes, plusieurs petites cellules participent à la formation du stomate; ▸ ② **Stomate aquifère**, syn.: Hydat(h)ode. [Water stoma]

Stomocorde ou Stomochorde *n. f. (du gr. stoma, bouche et c(h)orde).* Chez les Stomochordés ou Hémichordés, diverticule canalaire du tube digestif situé au-dessus de la bouche et dont les cellules vacuolisées rappellent celles de la chorde des Vertébrés.

Stomodéum *n. m. (du gr. stoma, bouche et odaios, qui conduit).* [Stomodaeum] ▸ ① Partie antérieure du tube digestif des Insectes, d'origine ectodermique, recouverte d'une cuticule qui est renouvelée à chaque mue; ▸ ② Chez les embryons de Vertébrés, dépression épiblastique peu profonde qui se raccordera à l'endoderme et constituera la cavité buccale.

Stragule *n. f. (du lat. stragulum, couverture).* **Syn.** désuet de Glumellule.

Strate *n. f. (du lat. stratum, chose étendue).* [Stratum] Chacun des niveaux verticaux de végétation. On distingue les *strates muscinale*, *herbacée*, *arbustive* et *arborescente*.

Stratège *n. m.* [Strategist]

• **Stratège r**, espèce à croissance rapide, à espérance de vie faible, de petite taille et consacrant beaucoup d'énergie à la reproduction.

• **Stratège K**, espèce à croissance lente, à espérance de vie forte, de grande taille et consacrant beaucoup d'énergie à l'accroissement de la biomasse des adultes.

• **Stratège i**, espèce d'une biocénose pionnière, à faible richesse spécifique, mal organisée, à croissance rapide.

• **Stratège s**, espèce d'une biocénose climacique, à forte richesse spécifique, bien organisée, à croissance faible.

Stratocénose *n. f.* [Stratocoenosis] Biocénose d'une strate forestière.

Stratum *n. m. (mot lat., couche).* [Stratum] Couche de cellules.

Streptokinase *n. f.* [Streptokinase] Voir Activateur du plasminogène.

Streptomycine *n. f. (de Streptomyces et suff. -ine).* [Streptomycin] Antibiotique synthétisé par le Champignon *Streptomyces griseus*, actif seulement chez les Bactéries.

Stridulation *n. f.* [Stridulation] Bruit strident produit par certains Insectes (Cigales, Grillons) en frottant des organes striés entre eux.

Strie A *n. f.* Partie médiane du sarcomère contenant les filaments épais de myosine et les filaments fins d'actine, apparaissant de ce fait sombre au microscope. **Syn.**: Bande A.

Strobile *n. m. (du gr. strobilos, toupie).* [Strobile] Chez certaines Ptéridophytes, organe reproducteur cylindrique formé d'un axe sur lequel sont insérées les sporophylles qui supportent les sporanges. **Ex.**: Strobile des Équisétinées.

Stroma *n. m. (du gr. strôma, tapis).* [Stroma] ▸ ① Faux tissu fongique formé d'un agrégat plus ou moins serré d'hyphes; ▸ ② Voir Chloroplaste; ▸ ③ Tissu conjonctif de soutien constituant la trame d'un organe.

Stromatolithe *n. m. (du gr. strôma, tapis et lithos, pierre).* [Stromatolith] Concrétion calcaire formée par des Cyanobactéries par l'accumulation de carbonate de calcium dans leur paroi.

Strophiole *n. f. (du lat. strophium, bandelette).* [Strophiole] **Syn.**: Arille.

Strychnine *n. f. (du genre Strychnos).* [Strychnine] Alcaloïde indolique du Vomiquier (*Strychnos nux-vomica*, Loganiacées).

Sturine *n. f.* [Sturine] Voir Protamine.

Stygobie *adj.* [Stygobious] **Syn.**: Phréaticole.

Stygofaune *n. f.* [Stygofauna] Faune des nappes phréatiques.

Stygophile *adj.* [Stygophilous] **Syn.**: Phréaticole.

Stylagé *n. m.* **Syn.**: Tronc.

Style *n. m. (du lat. stilus, poinçon).* [Style] Voir Carpelle.

Stylet *n. m. (de l'it. stilo, poignard).* [Stylet] Appareil buccal piqueur et suceur chez les Insectes piqueurs hématophages ou phytophages. **Ex.**: Diptères, Hémiptères.

Stylopode *n. m. (du lat. stilus, poinçon et du gr. pous, podos, pied).* ▸ ① Nectaire spécifique des Apiacées, correspondant à la base élargie du ou des styles; ▸ ② Segment proximal du membre chiridien, ne comportant qu'un seul os (humérus ou fémur). [Stylopodium]

Subalpin *adj.* [Subalpine] Voir Étage de végétation.

Subclimax *n. m.* [Subclimax] **Syn.**: Préclimax.

Suber *n. m. (mot lat., liège).* [Phellem] Chez les Spermatophytes, tissu secondaire de protection formé de cellules mortes subérisées issues de l'assise subéro-phellodermique. **Syn.**: Liège.

Subéraie ou Suberaie *n. f.* [Cork oak grove] Peuplement de Chênes-lièges (*Quercus suber*, Fagacées).

Subérifié *adj.* Imprégné de subérine.

Subérine *n. f.* [Suberin] Substance lipidique qui se dépose sur les parois squelettiques des cellules du suber, entraînant leur mort.

Submontagnard *adj.* Voir Étage de végétation.

Substance blanche *f.* [White substance] Partie du tissu nerveux formée des prolongements des neurones, située au centre de l'encéphale et à la périphérie de la moelle épinière.

Substance fondamentale *f.* [Ground substance] Partie de la matrice extracellulaire correspondant à un gel hydraté de glycosaminoglycanes et de protéoglycanes.

Substance grise *f.* [Grey substance] Partie du tissu nerveux formée des corps neuronaux et de leurs prolongements non myélinisés, située à la périphérie de l'encéphale (cortex), au centre de la moelle épinière, et constituant les noyaux gris de la base.

Substance P *f.* [Substance P] Neuropeptide de 11 acides aminés, antagoniste des endomorphines et des enképhalines, participant à la formation du message de la douleur dans les neurones sensoriels nociceptifs. Formule: Arg-Pro-Lys-Pro-Gln-Gln-Phe-Phe-Gly-Leu-Met.

Substrat *n. m.* ▸ ① Composé qui se lie à une enzyme qu'elle transformera en produit(s). [Substrate]; ▸ ② Support sur lequel sont fixés les Végétaux, les Champignons, certaines Algues et certains Animaux, et duquel ils peuvent tirer de nombreuses substances minérales ou organiques indispensables. [Substratum]

Subule *n. f.* Pointe de l'arête des Poacées.

Subulé *adj. (du lat. subula, alène).* Qui s'effile progressivement en une pointe très aiguë. **Ex.**: Dard.

Suc *n. m.* [Juice] Tout liquide organique.

• **Suc digestif,** liquide contenant des enzymes digestives, sécrété par les organes du tube digestif (suc pancréatique, gastrique, intestinal);

• **Suc vacuolaire,** liquide de la vacuole;

• **Suc nucléaire,** syn.: Nucléoplasme.

Succenturié *adj. (du tal. succenturiatus, qui est en réserve).* Ventricule succenturié, partie antérieure de l'estomac des Oiseaux qui sécrète le suc gastrique.

Succession végétale *f.* Ensemble des stades de la végétation d'un territoire donné qui évolue à cause des changements des conditions écologiques.

Succinique *adj. (du lat. succinum, ambre).* Voir Acide succinique.

Succube *adj. (du lat. sub, sous et cubare, coucher).* **Syn.**: 2. Décombant.

Succulent *adj. (du lat. succus, suc).* [Succulent] Se dit d'une plante dont les tissus sont riches en eau.

Suçoir *n. m.* [Haustorium] Organe équivalent de la racine, par lequel les plantes parasites se fixent sur leur hôte et en tirent des substances nutritives.

Sucrose *n. m.* [Sucrose] **Syn.**: Saccharose.

Sudoripare *adj. (du lat. sudor, sueur et parere, engendrer).* Voir Glande sudoripare.

Sueur *n. f.* [Sweat] Produit de sécrétion des glandes sudoripares, formée d'eau, de sels, d'acides gras et d'urée. Son évaporation à la surface de la peau permet de rafraîchir le corps.

Suffrutescent *adj.* [Suffruticose] Qui a les caractères d'un sous-arbrisseau.

Suffrutex *n. m.* **Syn.**: Sous-arbrisseau.

Suint *n. m. (de suer).* [Suint] Sébum du mouton qui se mêle à la laine.

Superclasse *n. f.* [Superclass] Groupe systématique comprenant plusieurs classes proches.

Supère *adj. (du lat. superus, qui est audessus).* Ovaire supère, ovaire inséré audessus des autres pièces florales. [Superior ovary] **Ant.**: Infère.

Superfamille *n. f.* Groupe systématique comprenant plusieurs familles proches. [Superfamily]

Superordre *n. m.* [Superorder] Groupe systématique qui comporte plusieurs ordres proches.

Supérovarié *adj.* Dont l'ovaire est supère. **Syn.**: Hypogyne. **Ant.**: Inférovarié.

Superoxyde dismutase *n. f.* [Superoxide dismutase] Enzyme qui catalyse la dismutation des ions superoxyde en peroxyde d'hydrogène. $2\ O_2^- + 2\ H^+$ $H_2O_2 + O_2$.

Superparasite *n. m.* [Superparasite] **Syn.**: Hyperparasite.

Supination *n. f. (du lat. supinare, mettre sur le dos).* [Supination] Chez les Primates, décroisement du radius et de l'ulna qui permet de tourner la paume vers le ciel. **Ant.**: Pronation.

Supraliminaire *adj.* Se dit d'un stimulus qui est assez intense pour provoquer une réaction.

Supraplexion *n. m.* Ensemble des strates supérieures d'une formation, comportant les ligneux, les lianes, les épiphytes et les parasites.

Surcimant *adj.* **Syn.**: Émergent.

Surfactant *n. m.* [Surfactant] Substance lipidique synthétisée par les pneumocytes II et formant un film à la surface des alvéoles. Le surfactant est composé de lipoprotéines, de glycérophospholipides, de triglycérides et de cholestérol. Il diminue la tension superficielle quand les alvéoles rétrécissent et l'augmente quand elles s'élargissent.

Surrénal *adj. et n. f.* Voir Glande surrénale.

Suspenseur *n. m.* [Suspensor] ▸ ① Chez les Zygomycètes, petit compartiment cellulaire en contact avec le gamétocyste; ▸ ② Chez les Lycopodinées et certaines Angiospermes, petit organe qui, par sa croissance, enfonce l'embryon au centre du prothalle (Lycopodinées) ou au centre de l'ovule (Angiospermes). Il résulte du développement d'une des deux cellules issues de la première division de l'oosphère.

Suspensivore *adj. et n. m.* [Suspensivorous] **Syn.**: Filtreur.

Suture *n. f. (du lat. suere, coudre).* [Suture] Articulation fibreuse entre les os de la tête. Par ossification du tissu conjonctif, les os fusionnent et les sutures deviennent des *synostoses*.

Sycone *n. m. (du gr. sukon, figue).* [Syconium] Inflorescence définie des Figuiers (*Ficus carica*, Moracées), formée par un réceptacle en outre enfermant ainsi les nombreuses fleurs. Le sycone mature correspond à la figue. Voir tableau des fruits composés.

Sylvatique *adj. (du lat. silva, forêt).* **Syn.**: Sylvicole.

Sylvicole *adj. (du lat. silva, forêt et colere, habiter).* [Silvicolous] Qui vit dans les forêts. **Syn.**: Sylvatique.

Symbionte ou Symbiote *n. m.* [Symbiont] Voir Symbiose.

Symbiose *n. f. (du gr. sumbioûn, vivre ensemble).* [Symbiosis] Au sens strict (français), association durable entre deux organismes d'espèces différentes appelés *symbiontes*, qui en tirent chacun des avantages. **Ex.**: Lichen, mycorhize, nodosité. Au sens large, toute association durable entre deux organismes d'espèces différentes.

Sympathicolytique *adj.* [Sympathicolytic] Qui s'oppose au système nerveux sympathique. **Ant.**: Sympathicomimétique.

Sympathicomimétique *adj.* [Sympathomimetic] Dont l'action est similaire à celle du système nerveux sympathique. **Ant.**: Sympathicolytique.

Sympathine *n. f.* [Sympathine] ▸ ① Tout neuromédiateur synthétisé par le système nerveux sympathique. **Ex.**: Adrénaline; ▸ ② **Syn.** désuet de Noradrénaline.

Sympathique *adj.* [Sympathic] Voir Système nerveux autonome.

Sympatrique *adj. (du gr. sun, avec et patris, patrie).* [Sympatric] ▸ ① Se dit d'espèces voisines qui vivent dans la même aire géographique sans s'hybrider; ▸ ② Voir spéciation.

Ant.: Allopatrique.

Symphilie *n. f. (du gr. sun, avec et philia, ami).* [Symphyly] Relation trophique qui existe entre une société d'Insectes et un commensal dont la sécrétion nourrit les premiers. **Ex.**: Relation Fourmis/Pucerons.

Symphyse *n. f. (du gr. sumphusis, union).* [Symphysis] Articulation cartilagineuse très peu mobile. **Syn.**: Amphiarthrose (désuet).

Symphytie *n. f. (du gr. sun, avec et phuton, plante).* Biocénose végétale qui se développe sur un autre végétal.

Symplaste *n. m.* [Symplast] Chez les Trachéophytes, ensemble des compartiments cellulaires vivants qui communiquent par l'intermédiaire des plasmodesmes. **Ant.**: Apoplaste.

Sympodial *adj. (du gr. sun, avec et pous, podos, pied).* [Sympodial] Se dit d'un mode de croissance (ou de ramification) caractérisé par l'arrêt du fonctionnement du bourgeon apical et par la reprise de la croissance par un (*croissance monochasiale*), deux (*croissance dichasiale*) ou plusieurs (*croissance pléiochasiale*) bourgeons axillaires.

Synange *n. m. (du gr. sun, avec et (spor)ange).* [Synangium] Groupe de sporanges soudés entre eux chez certaines espèces de Ptéridophytes comme les Ophioglossacées.

Synanthéré *adj.* [Synantherous] Dont les anthères sont soudées. Ce caractère est la *synanthérie*.

Synanthropisation *n. f.* [Synanthropisation] Installation d'une espèce dans un milieu occupé par l'Homme. Une telle espèce est dite *synanthrope*.

Synaposématisme *n. m. (du gr. sun, avec, apo, au loin et sêma, -atos, signe).* [Synaposematism] **Syn.**: Mimétisme müllérien. Voir Müllérien.

Synapse *n. f. (du gr. sunapsis, liaison).* La synapse est l'unité fonctionnelle de la communication entre deux cellules excitables. On en distingue deux types:

• **la synapse chimique**, point de jonction de deux cellules excitables (deux neurones ou un neurone et une cellule effectrice musculaire ou glandulaire) où l'information nerveuse est transmise par l'intermédiaire d'un composé chimique libéré dans la fente synaptique située entre les deux cellules. [Chemical synapse];

• **la synapse électrique** correspondant à des canaux protéiques qui font communiquer les cytoplasmes de deux cellules adjacentes, ce qui permet de synchroniser leur activité électrique. [Electrical synapse]

Synapside *adj.* [Synapsid] Se dit des Vertébrés dont le toit dermique est perforé par la fosse temporale inférieure seulement. Ce type caractérise la lignée mammalienne.

Synapsine *n. f.* [Synapsin] Phosphoprotéine qui ancre les vésicules cytoplasmiques au cytosquelette.

Synaptase *n. f.* [Synaptase] **Syn.**: Émulsine.

Synapton *n. m.* **Syn.**: Complexe synaptonémal.

Syncarpe *n. m. et adj. (du gr. sun, avec et karpos, fruit).* [Syncarp] ▸ ① Fruit multiple. **Ex.**: Mûre de la Ronce (*Rubus sp.*, Rosacées), Framboise (*Rubus sp.*, Rosacées); ▸ ② **Syn.**: Gamocarpellé.

Syncaryon *n. m.* [Synkaryon] Noyau de fécondation, résultant de la caryogamie.

Synchondrose *n. f. (du gr. sun, avec et khondros, cartilage).* [Synchondrosis] Articulation cartilagineuse formée uniquement d'une lame de cartilage hyalin. **Ex.**: Cartilage entre épiphyse et diaphyse d'un os long.

Syncytiotrophoblaste *n. m.* [Syncytiotrophoblast] Voir Trophoblaste.

Syncytium *n. m. (du gr. sun, avec et kutos, cellule).* [Syncytium] Masse cytoplasmique plurinucléée. **Syn.**: Cénocyte;

Syncytium vitellin, dans les œufs à segmentation méroblastique, ensemble cytoplasmique formé par les cellules périphériques encore imparfaitement cloisonnées. [Vitelline syncytium]

Syndèse *n. f. (du gr. sundein, lier ensemble).* [Syndesis] Appariement chromosomique pendant la prophase de méiose.

Syndesmochorial *adj.* **Syn.**: Conjonctivochorial.

Syndesmologie *n. f. (du gr. sundemos, ligament et logos, dicours).* [Syndesmology] Partie de l'anatomie qui étudie les ligaments et les articulations.

Syndétochéilique *adj.* Se dit des stomates dont les cellules annexes dérivent de la même cellule mère que les cellules de garde. On les rencontre chez les Chlamydospermes et certaines familles d'Angiospermes.

Synécologie *n. f. (du gr. sun, avec et écologie).* [Synecology] Voir Écologie.

Synécrose *n. f.* Relation trophique qui conduit à la mort des partenaires.

Synergide *n. f. (du gr. sun, avec et ergon, travail).* [Synergid] Chacune des deux cellules haploïdes du sac embryonnaire entourant l'oosphère. Leur partie supérieure présente des épaissements de la paroi qui créent des digitations du cytoplasme; c'est *l'appareil filiforme*.

Syngénique *adj.* ▸ ① Se dit de deux animaux appartenant à la même lignée pure; ▸ ② Se dit d'un tissu ou d'un organe d'un donneur lorsque donneur et receveur appartiennent à la même lignée pure; se dit de la greffe de ce tissu. **Ant.**: Allogénique.

Synnéma *n. m.* Chez les Champignons: ▸ ① Faisceau de conidiophores soudés; ▸ ② Faisceau d'hyphes stériles non soudées.

Synostose *n. f. (du gr. sun, avec et osteon, os).* Voir Suture.

Synovial *adj. Membrane synoviale*, séreuse de la capsule articulaire des articulations mobiles, qui sécrète un liquide lubrifiant, la *synovie*. [Synovial membrane]

Synovie *n. f.* [Synovia] Liquide sécrété par la membrane synoviale d'une articulation mobile. Il contient de l'acide hyaluronique qui lui confère son aptitude à lubrifier les cartilages et réduire ainsi les frottements.

Synsacrum *n. m.* [Synsacrum] Chez les Oiseaux, os issu de la fusion de nombreuses vertébres lombaires et caudales.

Synstémone *adj.* **Syn.**: Adelphe.

Synthase *n. f.* [Synthase] Enzyme qui catalyse une synthèse non couplée à la rupture d'une liaison à haut potentiel énergétique.

Synthétase *n. f.* [Synthetase] Classe d'enzymes qui catalysent une synthèse couplée à la rupture d'une liaison à haut potentiel énergétique d'un nucléotide triphosphate. **Syn.**: Ligase.

Syntype *n. m.* [Syntype] Chacun des spécimens d'une série dans laquelle aucun holotype n'a été défini.

Synusie *n. f.* [Synusia] Dans une biocénose, ensemble des espèces inféodées à un biotope particulier.

Synzoochorie *n. f.* [Synzoochory] Voir Zoochorie.

Syrinx *n. f. (du gr. surigx, tuyau).* [Syrinx] Organe du chant spécifique des Oiseaux, situé à la bifurcation des bronches.

Syrtidophile *adj.* [Syrtidophilous] Se dit des espèces qui vivent dans le sable émergé jouxtant un cours d'eau.

Syrtidophyte *n. f.* [Syrtidophyte] Plante syrtidophile.

Systématique *n. f.* [Systematics] Science de la classification des êtres vivants.

Système ABO *m.* [ABO system] Système de typage immunologique des individus en fonction de la présence ou non des agglutinogènes A et B sur les hématies.

Système cardionecteur *m.* [Conducting system of the heart] **Syn.**: Tissu nodal.

Système de Havers *m.* [Haversian system] **Syn.**: Ostéon.

Système de Raunkiaer *m.* Système descriptif des plantes fondé sur la position des bourgeons par rapport au sol lors de la mauvaise saison.

Système latéral *m.* Ensemble des structures sensorielles superficielles (neuromastes) des Anamniotes aquatiques.

Système nerveux autonome *m.* [Autonomic nervous system] Une des deux composantes de la partie motrice du système nerveux périphérique. Il est lui-même scindé en deux types:

• le **système nerveux sympathique** qui permet la réaction de l'organisme dans l'urgence (fuite, combat...);

• le **système nerveux parasympathique** qui intervient dans la conservation de l'énergie et l'accomplissement normal des fonctions physiologiques.

Syn.: Système neuro-végétatif.

Système neuro-végétatif *m.* **Syn.**: Système nerveux autonome.

Système racinaire *m.* [Root system] Ensemble des racines d'un végétal.

Système réticulo-endothélial *m.* [Reticulo-endothelial system] **Syn.**: Système réticulo-histiocytaire.

Système réticulo-histiocytaire *m.* [Reticulo-histiocytic system] Ensemble des cellules phagocytaires libres ou fixées. **Syn.**: Système réticulo-endothélial.

Systole *n. f. (du gr. sustolê, contraction).* [Systole] Contraction du cœur. **Ant.**: Diastole.

T

T ▸ ① Symbole de la désoxythymidine dans la formule des acides nucléiques; ▸ ② Symbole de la thréonine dans la formule des protéines; ▸ ③ Voir Lymphocyte.

Tache jaune *f.* **Syn.**: Macula.

Tachygenèse *n. f. (du gr. takhus, rapide et genesis, formation).* [Tachygenesis] Chez certaines espèces, développement ontogénique accéléré dû à la suppression de certains stades embryonnaires.

Tachymétabole *adj. (du gr. takhus, rapide et metabolê, changement).* [Tachymetabolous] Se dit des animaux dont le métabolisme crée suffisamment de chaleur pour maintenir la température du corps constante. **Ant.**: Bradymétabole.

Tachymorphisme *n. m. (du gr. takhus, rapide et morphê, forme).* [Tachymorphism] Accélération de la création des espèces, au cours de l'évolution.

Tachytélie *n. f.* [Tachytely] Accélération de l'évolution pour une espèce donnée.

Tactisme *n. m. (du gr. taktos, ordonné).* [Tactism] **Syn.**: Taxie.

Taïga *n. f. (mot russe).* [Taiga] Forêt de Conifères d'Amérique et d'Asie septentrionales, formant à elle seule un biome terrestre.

Taline *n. f.* [Talin] Protéine cytoplasmique qui sert d'intermédiaire de liaison entre les intégrines et les filaments d'actine.

Tallage *n. m.* [Tillering] Production de pousses secondaires adventives appelées *talles* au niveau du collet d'une plante herbacée, particulièrement d'une Poacée; ensemble de ces talles.

Talle *n. f.* [Tiller ear] Voir Tallage.

Tanin ou Tannin *n. m.* [Tannin] Famille de glycosides végétaux dérivés d'acides polyphénoliques, présents dans les vacuoles.

TAP-1, TAP-2 Protéine de la membrane du réticulum endoplasmique rugueux (RER) permettant le passage des peptides du cytosol vers la lumière du RER.

Taphrophile *adj.* [Taphrophilous] Qui vit dans les fossés.

Taphrophyte *n. f.* [Taphrophyte] Plante taphrophile.

Tapis *n. m.* Assise nourricière des sporanges et des anthères qui intervient dans la nutrition respectivement des spores et des grains de pollen en formation.

Tarière *n. f.* **Syn.**: Ovipositeur.

Tarse *n. m. (du gr. tarsos, claie).* [Tarsus] ▸ ① Dernier segment des pattes des Insectes. ▸ ② Voir Basipode.

Taurine *n. f.* [Taurin] Acide aminé non constitutif des protéines qui se combine avec l'acide cholique (acide biliaire) pour former l'acide taurocholique. La taurine est issue de la cystéine. Formule: $H_2N–CH_2–CH_2–SO_3H$.

Taurocholique *adj.* Voir Acide biliaire.

Tautomère *adj. (du gr. tauto, le même et meros, partie).* [Tautomer] Se dit d'un organe qui est entièrement situé du même côté du corps.

Taxaie *n. f.* Peuplement d'Ifs (*Taxus baccata*, Taxacées).

Taxie *n. f. (du gr. taxis, arrangement).* [Taxis] Mouvement d'orientation des organismes libres, déclenché par un stimulus externe. Selon la direction de ce mouvement par rapport à celle du stimulus, on distingue les taxies positives et les taxies négatives. Selon la nature du stimulus, on distingue:

- l'**acrotaxie** ou **oxytaxie** (oxygène);
- l'**actinotaxie** (rayonnement);
- l'**aérotaxie** (interface eau/atmosphère);
- l'**anémotaxie** (vent);
- la **barotaxie** (pression);
- la **branchiotaxie** (eau plus oxygénée);
- la **chimiotaxie** (composé chimique);
- la **galvanotaxie** (courant électrique);
- la **gravitaxie** ou **géotaxie** (pesanteur);
- l'**hydrotaxie** (eau);
- l'**hygrotaxie** (humidité);
- la **phonotaxie** (son);
- la **phototaxie** ou **héliotaxie** (lumière);
- la **rhéotaxie** (courant d'eau);
- la **sélénotaxie** (lumière lunaire);
- la **thermotaxie** (température);
- la **thigmotaxie** ou **haptotaxie** (contact).

Syn.: Tactisme (pour les organismes unicellulaires et les cellules d'un organisme pluricellulaire).

Taxocénose ou Taxocœnose *n. f.* [Taxocoenosis] Ensemble des espèces d'un même taxon dans une biocénose.

Taxol *n. m. (du gr. taxos, if).* [Taxol] Diterpène amidique de l'If stimulant la formation des microtubules mais inhibant leur dépolymérisation en tubuline.

Taxon *n. m. (du gr. taxis, ordre).* [Taxon] Toute unité systématique, indépendamment de son rang.

Taxonomie ou Taxinomie *n. f.* [Taxonomy] **Syn.**: Systématique.

Tectrice *adj. f. et n. f. (du lat. tectus, couvert).* Plume tectrice ou *n. f. Tectrice*, plume de contour située sur le dos des Oiseaux.

Tégument *n. m. (du lat. tegere, couvrir).* [Tegument] ▸ ① Ensemble des tissus périphériques qui recouvrent le corps des animaux. **Ex.**: Peau, écailles, carapace, cuticule; ▸ ② Chez les Préspermatophytes et les Spermatophytes, enveloppe protectrice des ovules et des graines. Chez les Préspermatophytes, le tégument des ovules est unique et composé de trois couches (sarcotesta, sclérotesta et endotesta). Chez les Angiospermes, il y a le plus souvent deux téguments: un tégument interne (*primine*) et un tégument externe (*secondine*).

Télencéphale *n. m. (du gr. telos, limite et encéphale).* [Telencephalon] Vésicule antérieure de l'encéphale embryonnaire à l'origine des hémisphères cérébraux, des lobes olfactifs et des corps striés.

Téléomorphe *adj.* Se dit de la phase sexuée des Champignons. **Ant.**: Anamorphe.

Téléoptile *n. m.* [Teleoptile] **Syn.**: Néosoptile.

Télétoxie *n. f.* **Syn.**: Allélopathie.

Télétoxique *adj.* [Teletoxic] Se dit d'une espèce qui peut être toxique à distance grâce à l'émission de substances nocives. Voir Allélopathie.

Téleutospore *n. f. (du gr. teleutos, fin et spore).* Chez les Urédinales, spore pluricellulaire qui, après germination, engendre des archéobasides. **Syn.**: Téliospore, Probaside.

Téliospore *n. f.* **Syn.**: Téleutospore.

Telmatophyte *n. f.* [Telmatophyte] Plante aquatique dont les tissus sont remplis d'air.

Téloblaste *n. m.* [Teloblast] Chez les embryons de certains Invertébrés, chacune des cellules qui migrent vers l'archentéron et qui formeront les masses mésodermiques.

Télocentrique *adj.* [Telocentric] Se dit d'un chromosome dont le centromère est situé à une extrémité. **Syn.**: Télocentromérique.

Télogonique *adj. (du gr. telos, fin et gonos, génération).* Chez les Nématodes, se dit d'un mode de gamétogenèse où les cellules germinales se multiplient à l'extrémité distale du tube gonadique. **Ant.**: Hologonique.

Télolécithe *adj. (du gr. teleios, complet et lekithos, jaune d'œuf).* [Telolecithal] Se dit d'un œuf dont la quasi totalité du volume est occupée par le vitellus. La segmentation ne peut être que partielle. **Ex.**: Œufs des Oiseaux.

Télome *n. m.* Selon la théorie de Zimmermann, axe primitif des Trachéophytes, ramifié dichotomiquement en télomes fils et qui est à l'origine de tous les organes (feuilles, tiges, racines). **Syn.**: Cauloïde.

Télomérase *n. f.* [Telomerase] Enzyme qui catalyse la synthèse d'ADN télomérique à l'extrémité des chromosomes.

Télomère *n. m. (du gr. telos, limite et meros, partie).* [Telomer] Extrémité des chromosomes de certains Eucaryotes, constituée de séquences répétées d'ADN riches en guanosines. Chez l'Homme, la séquence est un hexanucléotide GGGTTA.

Télophase *n. f. (du gr. telos, fin et phase).* [Telophase] Dernière phase de la mitose et de la deuxième division de méiose, au cours de laquelle l'enveloppe nucléaire et le nucléole des deux noyaux fils se reforment, les chromosomes se décondensent et le fuseau achromatique se dépolymérise.

Télotrophique *adj. (du gr. telos, fin et trophê, nourriture).* [Telotrophic] **Syn.**: Acrotrophique.

Telson *n. m. (mot gr., limite).* Dernier segment des Arthropodes, au niveau duquel s'ouvre l'anus.

Ténascine *n. f.* [Tenascin] Complexe glycoprotéique de 6 chaînes polypeptidiques qui se lient à la fibronectine et au syndécan. Elle joue un rôle dans le guidage des migrations cellulaires grâce à sa capacité à stimuler ou à inhiber l'adhérence cellulaire.

Tendon *n. m.* [Tendon] Tissu conjonctif fibreux qui prolonge un muscle et s'insère sur un os.

Tentacule *n. m. (du lat. tentare, palper).* [Tentacle] Expansion du corps à rôle tactile, préhenseur et parfois locomoteur chez certains Animaux. **Ex.**: Céphalopodes.

Tentorium *n. m.* Chez les Insectes, endosquelette céphalique formé de la coalescence d'apodèmes, qui accroît la rigidité de la capsule céphalique et sur lequel s'insèrent les muscles céphaliques.

Ténuiflore *adj.* Dont les fleurs sont de petite taille.

Ténuinucellé *adj. (du lat. tenuis, mince et de nucelle).* Se dit d'un ovule dont le nucelle est peu épais. **Ant.**: Crassinucellé.

Ténuirostre *adj. (du lat. tenuis, fin et rostrum, bec).* Se dit d'un Oiseau qui a un bec fin.

Tépale *n. m.* [Tepal] Pièce périanthaire des fleurs des Monocotylédones. Ce sont des sépales qui ressemblent à des pétales.

Térébrant *adj. (du lat. terebrare, percer avec une tarière).* [Terebrant] Se dit d'un animal qui perce des trous, creuse des galeries.

Tergum *n. m. (mot latin, dos).* Chez les Crustacés Cirripèdes Thoraciques (ex.: Anatifes), chacune des deux plaques calcaires apicales, formant une partie de la carapace protégeant le corps.

Terminaison *n. f.* [Termination] ▸ ① Phase terminale de la transcription et de la traduction; ▸ ② Extrémité de certains éléments anatomiques. **Ex.**: Terminaison axonique.

Termitophile *adj. (de termite et du gr. philos, ami).* [Termitophilous] Qui vit dans les termitières.

Terné *adj.* Se dit d'organes disposés par trois ou qui sont composés de trois parties identiques.

Terricole *adj. (du lat. terra, terre et colere, habiter).* [Terricolous] Qui vit dans la terre.

Terrier *n. m.* [Burrow, Hole (Lapin), Earth (Renard), Sett (Blaireau)] Nid creusé dans le sol par un Vertébré.

Territoire *n. m.* [Territory] Espace qu'un animal, un couple ou un groupe se réserve et dont il interdit l'accès aux autres individus de son espèce et à certaines autres espèces. Le territoire peut être marqué par des sécrétions (phéromones). Ce comportement existe chez de nombreux groupes zoologiques (Insectes, Crustacés, Poissons, Oiseaux, Mammifères).

Territoire présomptif *m.* [Presumptive field] Région de l'embryon à l'origine d'un élément anatomique donné (organe, tissu...).

Test [tɛst] *n. m. (du lat. testa, coquille).* [Test] Tégument calcaire, siliceux ou chitineux de certains Invertébrés.

Testacé *adj. (du lat. testa, coquille).* [Shell-forming] Qui est recouvert d'une coquille, d'un test.

Test-cross *n. m.* **Syn.**: Croisement en retour.

Testicule *n. m. (du lat. testis, témoin (de virilité)).* [Testiscle, Testis] Gonade mâle, lieu de la spermatogenèse. Chez les Vertébrés, il est entouré d'une tunique fibreuse, l'albuginée et comprend des cellules endocrines qui sécrètent des androgènes, les *cellules de Leydig*.

Testostérone *n. f. (de test(icule), stér(ol) et (horm)one).* [Testosterone] Hormone sexuelle mâle, stéroïde à 19 C synthétisé par les cellules de Leydig à partir de la progestérone. Elle provoque l'apparition des caractères sexuels mâles primaires et secondaires et stimule la synthèse des protéines. La synthèse de la testostérone est contrôlée par les gonadostimulines hypophysaires, elles-mêmes sous la dépendance de la gonadolibérine hypothalamique.

Têtard *n. m. (de tête).* [Tadpole] Larve des Amphibiens.

Tête *n. f.* [Head] Partie antérieure du corps des Artiozoaires, lorsqu'elle est individualisée. Elle porte la bouche et la majeure partie des organes sensoriels et nerveux.

Tétracyclique *adj. (du gr. tettares,*

quatre et cyclique). [Tetracyclic] Se dit d'une fleur dont les pièces florales sont réparties en 4 verticilles.

Tétradactyle *adj. (du gr. tettares, quatre et daktulos, doigt)*. [Tetradactylous] Dont les membres ont 4 doigts.

Tétrade *n. f. (du gr. tettares, tetrados, groupe de quatre)*. ▸ ① Lors de la méiose, groupe de 2 chromosomes homologues soit 4 chromatides. **Syn.**: Bivalent. [Tetrad]; ▸ ② Groupe de 4 spores méiotiques ou *tétraspores*.

Tétradyname *adj. (du gr. tettares, quatre et dunamis, puissance)*. Se dit d'un androcée, d'une fleur qui possède 4 étamines plus grandes que les autres.

Tétrakène *n. m. (du gr. tettares, quatre et akène)*. [Tetraken] Groupe de 4 akènes issu d'un ovaire à 2 carpelles possédant chacun 2 loges grâce à la présence d'une fausse cloison. On les rencontre chez les Borraginacées et les Lamiacées.

Tétra-iodothyronine *n. f.* [Tetraiodothyronine] **Syn.**: Thyroxine.

Tétramère *adj. et n. m. (du gr. tettares, quatre et meros, partie)*. ▸ ① Se dit d'une fleur dont chaque verticille possède 4 pièces; ▸ ② N. m. Molécule qui comporte 4 sous-unités identiques.

Tétraploïde *adj. (du gr. tetraplous, quadruple)*. [Tetraploid] Qui a 4 n chromosomes.

Tétrapodes *n. m. pl. (du gr. tettares, quatre et pous, podos, pied)*. [Tetrapods] Ensemble des Vertébrés qui possèdent 4 membres. Ce sont les Amphibiens, les Reptiles, les Oiseaux et les Mammifères.

Tétraptère *adj. (du gr. tettares, quatre et pteron, aile)*. [Tetrapterous] Se dit des Insectes qui ont deux paires d'ailes. **Ex.**: Odonates.

Tétraspore *n. f. (du gr. tettares, quatre et spore)*. [Tetraspore] Chacune des 4 spores issues d'une méiose. **Syn.**: Spore méiotique.

Tétrasporocyste *n. m. (du gr. tettares, quatre et sporocyste)*. [Tetrasporocyst] Sporocyste de Rhodophycées.

Tétrasporophyte *n. m. (du gr. tettares, quatre et sporophyte)*. [Tetrasporophyte] Second sporophyte des Rhodophycées qui différencie des tétrasporocystes produisant des tétraspores.

Tétrodotoxine *n. f.* [Tetrodotoxin] Poison du Poisson Téléostéen *Tetrodon*, qui empêche le flux des ions sodium dans les canaux membranaires.

Tétroxyde d'osmium *m.* [Osmium tetroxide] Fixateur utilisé en microscopie photonique ou électronique.

TGF *n. m.* (sigle de *Transforming growth factor*). [TGF] Famille de facteur de croissance polypeptidique.

Thalamiflores *n. f. pl.* Ensemble des familles de Dicotylédones dialypétales dont les fleurs ont un thalamus. **Ex.**: Magnoliacées, Renonculacées, Nymphéacées.

Thalamus *n. m. (du gr. thalamos, lit)*. [Thalamus] ▸ ① Gros noyau de substance grise issu des parois latérales du diencéphale. Le **thalamus dorsal** est un centre de relai des informations sensorielles qui se dirigent vers le cortex. Le **thalamus ventral** est un centre moteur existant chez les Anamniotes seulement. **Syn.**: Couches optiques; ▸ ② Réceptacle bombé chez certaines espèces d'Angiospermes.

Thalassique *adj.* [Thalassic] Voir Holobiotique.

Thalassotoque *adj. (du gr. thalassa, mer et tokos, frai)*. [Thalassotokous] Se dit d'un organisme amphibiotique qui migre vers la mer pour s'y reproduire. **Syn.**: Catadrome. **Ant.**: Anadrome, Potamotoque.

Thalle *n. m. (du gr. thallos, rameau).* **[Thallus]** Appareil végétatif des Thallophytes et de certaines Bryophytes, dépourvu de feuilles, de tiges, de racines et de tissus conducteurs.

Thallophytes *n. f. pl. (de thalle et du gr. phuton, plante).* **[Thallophytes]** Ensemble des organismes à thalle. Ce sont les Algues, les Champignons, les Lichens. **Syn.**: Plantes inférieures.

Thamniscophagie *n. f. (du gr. thamnus, buisson et phagein, manger).* Lyse des arbuscules des endomycorhizes par les cellules de l'hôte afin d'en tirer des éléments nutritifs. Lorsque les vésicules sont aussi lysées, on parle de *thamniscophysalidophagie*.

Thamnocole *adj. (du gr. thamnus, buisson et du lat. colere, habiter).* **[Thamnocolous]** Qui vit dans les arbustes ou les buissons. **Syn.**: Thamnophile.

Thamnophile *adj. (du gr. thamnus, buisson et philos, ami).* **[Thamnophilic]** **Syn.**: Thamnocole.

Thanatomasse *n. f.* **[Thanatomass]** **Syn.**: Nécromasse.

Thanatose *n. f. (du gr. thanatos, mort).* **[Thanatosis]** Simulation comportementale de la mort par certains animaux qui veulent se soustraire à leurs prédateurs. **Syn.**: Akinèse.

Thélygène *adj. (du gr. thêlus, féminin et genos, naissance).* **[Theligenous]** Se dit d'une femelle dont la descendance est entièrement femelle.

Thélytoque *adj. (du gr. thêlus, féminin et tokos, enfantement).* **[Thelitokous]** Voir Parthénogenèse.

Théobromine *n. f. (du gr. theos, dieu et brôma, nourriture).* **[Theobromin]** Base azotée diméthylée, alcaloïde du Cacaoyer (*Theobroma cacao*, Sterculiacées). **Syn.**: 3,7-Diméthylxanthine.

Théophylline *n. f. (de thé et du gr. phullon, feuille).* **[Theophyllin]** Alcaloïde du Thé (*Camellia sinensis*, Théacées) et du Kolatier (*Cola sp.*, Sterculiacées). **Syn.**: 1,3-Diméthylxanthine.

Thèque *n. f. (du gr. thêkê, loge).* **[Theca]** Enveloppe des follicules ovariens formée de deux couches de cellules thécales: la **thèque interne** sécrète des œstrogènes, la **thèque externe** est musculaire.

Thermoacidophile *adj.* **[Thermoacidophilic]** Se dit des Archées qui vivent en milieu acide et à haute température.

Thermodurique *adj.* **[Thermoduric]** **Syn.**: Thermorésistant.

Thermogenèse ou Thermogénèse *n. f. (du gr. thermon, chaleur et genesis, formation).* **[Thermogenesis]** Production de chaleur physiologique.

Thermogénine *n. f.* **[Thermogenin]** Protéine de la membrane interne des mitochondries des adipocytes du tissu adipeux brun qui rend la membrane perméable aux ions H^+, ce qui empêche la synthèse d'ATP mais favorise la production de chaleur.

Thermolyse *n. f. (du gr. thermon, chaleur et lusis, dissolution).* **[Thermolysis]** Perte de chaleur par un organisme.

Thermonastie *n. f. (du gr. thermon, chaleur et nastie).* **[Thermonasty]** Voir Nastie.

Thermopériodisme *n. m. (du gr. thermon, chaleur et périodisme).* **[Thermoperiodism]** Variation cyclique de la croissance et du développement des plantes en fonction de la température.

Thermophile *adj. (du gr. thermon, chaleur et philos, ami).* **[Thermophilic]** Qui vit à des températures élevées.

Thermophyte *n. f.* **[Thermophyte]** Plante thermophile.

Thermorécepteur *n. m. (du gr. thermon, chaleur et récepteur).* **[Thermorecep-**

tor] Récepteur sensoriel sensible à la température.

Thermorégulation *n. f. (du gr. thermon, chaleur et régulation).* [**Thermoregulation**] Régulation physiologique de la température du corps chez les organismes homéothermes.

Thermorésistant *adj.* [**Heat-resistant**] Qui résiste à des températures élevées, parfois supérieures à 100 °C. **Syn.**: Thermodurique.

Thermotaxie *n. f. (du gr. thermon, chaleur et taxie).* [**Thermotaxis**] Voir Taxie.

Thermotropisme *n. m. (du gr. thermon, chaleur et tropisme).* [**Thermotropism**] Voir Tropisme.

Thérophyte *n. f. (du gr. theros, saison et phuton, plante).* [**Therophyte**] Plante qui passe la mauvaise saison sous forme de graines. Ce terme correspond à un type biologique de la classification de Raunkiaer.

Thiamine *n. f. (du gr. theion, soufre et amine).* [**Thiamine**] Vitamine B1, constituée d'un cycle pyrimidique et d'un cycle thiazolique. Son ester phosphorique, la **thiamine pyrophosphate** ou **diphosphothiamine** ou cocarboxylase, est entre autres une coenzyme de la pyruvate décarboxylase et d'une transcétolase du cycle des pentoses phosphate. La carence en vitamine B1 provoque le béribéri. **Syn.**: Aneurine. Voir le tableau des vitamines.

Thigmonastie *n. f. (du gr. thigma, fait de toucher et nastie).* [**Thigmonasty**] Voir Nastie.

Thigmotaxie *n. f. (du gr. thigma, fait de toucher et taxie).* [**Thigmotaxis**] Voir Taxie.

Thigmotropisme *n. m. (du gr. thigma, fait de toucher et tropisme).* [**Thigmotropism**] Voir Tropisme.

Thorax *n. m. (mot lat.).* [**Thorax**] ▸ ① Partie du corps des Insectes comprise entre la tête et l'abdomen et qui porte les pattes et les ailes. Il comprend trois métamères: le *prothorax*, le *mésothorax* et le *métathorax;* ▸ ② Partie antérieure du tronc des Tétrapodes comportant le cœur et les poumons, protégés par des côtes et un sternum.

Thréonine *n. f. (de érythrose et suff. -ine).* [**Threonine**] Symb.: Thr, T – Acide aminé essentiel constitutif des protéines. Codons: ACU, ACC, ACA, ACG.

Formule: H_3C–CHOH–$CH(NH_2)$–COOH.

Thrombine *n. f. (du gr. thrombos, caillot et suff. -ine).* [**Thrombin**] Voir Prothrombine.

Thrombocyte *n. m. (du gr. thrombos, caillot et kutos, cellule).* [**Thrombocyte**] **Syn.**: Plaquette sanguine.

Thrombokinase *n. f. (du gr. thrombos, caillot et kinase).* [**Thrombokinase**] Protéine plasmatique synthétisée par le foie en présence de vitamine K. Elle intervient dans la coagulation sanguine. **Syn.**: Thromboplastine plasmatique, Facteur X, Facteur Stuart, Facteur Stuart-Prower.

Thromboplastine plasmatique *f.* [**Plasma thromboplastin**] **Syn.**: Thrombokinase.

Thrombopoïèse *n. f. (du gr. thrombos, caillot et poiein, faire).* [**Thrombopoiesis**] Formation des plaquettes sanguines.

Thrombosthénine *n. f.* [**Thrombosthenin**] Protéine contractile des plaquettes sanguines dont la contraction permet la formation du caillot sanguin.

Thromboxane *n. m.* [**Thromboxan**] Eicosanoïde à propriété vasoconstrictrice synthétisé à partir des prostaglandines dans les plaquettes sanguines.

Les thromboxanes stimulent l'agrégation des plaquettes.

Thylacoïde ou Thylakoïde *n. m.* [Thylakoid] Dans le stroma des chloroplastes, chacun des saccules dont la membrane simple délimite un espace appelé *lumen* et comporte les chaînes photosynthétiques de transporteurs d'électrons.

Thylle ou Tyle *n. f. (du gr. thulas, poche).* [Tylosis] Diverticule cytoplasmique que les cellules parenchymateuses qui entourent les vaisseaux du bois émettent dans ces derniers *via* les ponctuations. Les thylles finissent par obstruer les vaisseaux et arrêter la progression des Champignons parasites.

Thymidine *n. f.* [Thymidine] Ribonucléoside dont la base azotée est la thymine.

Thymidine-5'-mono-, di- ou triphosphate [Thymidine-5'-mono-, di- ou triphosphate] TMP: **Syn.**: Acide thymidylique. Voir Ribonucléotide.

Thymine *n. f. (de thymus et -ine).* [Thymine] Abrév.: T – Base azotée pyrimidique de l'ADN, remplacée par l'uracile dans les ARN. Sa base complémentaire est l'adénine. **Syn.**: 5-Méthyluracile.

Thymocyte *n. m. (de thymus et du gr. kutis, cellule).* [Thymocyte] Lymphocyte immature qui se multiplie activement surtout dans le cortex des lobules du thymus. Sous l'action des hormones thymiques, il subissent une maturation au cours de laquelle ceux qui réagissent aux autoantigènes sont phagocytés. Les autres migrent vers la zone interne des lobules et deviennent des lymphocytes T qui coloniseront par la voie sanguine les organes lymphoïdes secondaires (rate, ganglions lymphatiques) où ils finiront leur maturation.

Thymopoïétine *n. f. (de thymus et du gr. poiein, faire).* [Thymopoietin] Hormone thymique correspondant à deux polypeptides I et II qui induisent la maturation des thymocytes.

Thymosine *n. f.* [Thymosin] ▸ ① Hormone thymique polypeptidique qui stimule la maturation des thymocytes; ▸ ② Petite molécule qui inhibe la polymérisation de l'actine en se fixant sur les monomères d'actine.

Thymuline *n. f.* [Thymulin] Hormone thymique nonapeptidique sécrétée par les cellules réticulaires du thymus.

Thymus *n. m. (mot lat., du gr. thumos, excroissance charnue).* [Thymus] Organe lymphoïde formé de cellules épithéliales, les *cellules réticulaires,* provenant du bourgeonnement de l'épithélium de certaines poches viscérales embryonnaires et de *thymocytes*, lymphocytes immatures ayant migré depuis les organes hématopoïétiques primaires (foie, moelle osseuse...). Il est partagé en lobules par des septums conjonctifs. Le thymus sécrète des hormones qui induisent la maturation des thymocytes: thymopoïétine, thymosine, thymuline.

Thyréocyte *n. m. (de thyréo, thyroïde et du gr. kutos, cellule).* [Thyreocyte] Voir Thyroïde.

Thyréolibérine *n. f.* [Thyreoliberin] Sigles: TRH ou TRF (pour *Thyrotropin releasing hormon* ou *factor*). – Hormone hypothalamique tripeptidique qui induit la sécrétion de thyréostimuline. Formule: Glutamine – histidine – proline (Glu – His – Pro). **Syn.:** Hormone de libération de la thyréostimuline.

Thyréostimuline *n. f.* [Thyreostimuline] Hormone glycoprotéique adénohypophysaire d'environ 200 acides aminés. Elle stimule l'activité de la thyroïde en favorisant la fixation d'iode sur la thyroglobuline et la protéolyse de la thyroglobuline iodée. Sa sécrétion est stimulée par le thyréolibérine et inhibée par la somatostatine (GH- IH). **Syn.**: Thyrotrophine, Thyrotropine, Hormone thyréotrope.

Thyrocalcitonine *n. f.* [Thyrocalcitonin] **Syn.**: Calcitonine.

Thyroglobuline *n. f.* [Thyroglobulin] Glycoprotéine synthétisée dans les cellules folliculaires thyroïdiennes (thyréocytes) et sécrétée dans la lumière des follicules où elle fixe des atomes d'iode. Elles sont alors internalisées par les thyréocytes et hydrolysées en triiodothyronine et tétra-iodothyronine ou thyroxine qui passent dans la circulation sanguine, et en résidus qui seront désiodés et hydrolysés en tyrosine.

Thyroïde *n. f. et adj. (du gr. thureoeidês, en forme de bouclier).* [Thyroid] ▸ ① N. f. Glande endocrine provenant d'une invagination médiane et impaire du plancher pharyngien. Elle est composée de *follicules* qui sont des cavités sphériques délimitées par un épithélium simple de cellules cubiques, les *thyréocytes*, et remplies du *colloïde* qui contient la thyroglobuline sur laquelle se fixent les atomes d'iode. Entre les follicules existent des *cellules parafolliculaires* ou *cellules C* qui sécrètent une hormone hypocalcémiante, la calcitonine; ▸ ② Adj. **Cartilage thyroïde**, cartilage antérieur du larynx propre aux Mammifères, pair chez les Monotrèmes, impair chez les autres, issu des 2e et 3e paires d'arcs branchiaux.

Thyrotropine ou Thyrotrophine *n. f. (de thyro(ïde) et du gr. trophê, nourriture).* [Thyrotrop(h)in] **Syn.**: Thyréostimuline.

Thyroxine *n. f. (de thyro(ïde), ox(yde) et suff. -ine).* [Thyroxine] Tétra-iodothyronine, hormone T4 peu active, désiodée au niveau des tissus en triiodothyronine (T3) 5 à 10 fois plus active.

Thyrse *n. m. (du lat. thyrsus, tige).* Grappe composée de forme pyramidale. **Ex.**: Marronnier, Lilas, Troène.

Tibia *n. m. (mot lat., flûte).* [Tibia] ▸ ① Quatrième et avant-dernier article des pattes des Insectes, entre le fémur et le tarse; ▸ ② Os long du zeugopode du membre chiridien postérieur, en position antérieure ou interne.

Tige *n. f. (du lat. tibia, flûte).* [Stem] Organe allongé à symétrie radiale portant fondamentalement des feuilles. Chez les Bryophytes, elle est constituée de couches externes de cellules à paroi épaissie, les stéréides et d'un axe central de cellules à paroi mince qui transportent l'eau, les hydroïdes. Chez les plantes vasculaires, elle comprend un cylindre central entouré d'une écorce. Les tiges souterraines à réserves sont des rhizomes ou des tubercules. La tige peut jouer de nombreux rôles: elle conduit la sève, porte les feuilles, fleurs et fruits, réalise la photosynthèse, emmagasine des réserves, permet la fixation au support et la défense contre les prédateurs.

Tige pituitaire *f.* [Pituitary stalk] Extrémité inférieure de l'hypothalamus formée des axones du faisceau hypothalamo-neurohypophysaire et qui se termine par le lobe nerveux de l'hypophyse.

Tigelle *n. f.* [Tigelie] Chez les Spermatophytes et les Préspermatophytes, tige embryonnaire qui supporte le ou les cotylédons et la gemmule.

Tissu *n. m.* [Tissue] Ensemble de cellules de même morphologie qui sont associées anatomiquement pour réaliser une fonction donnée.

a. Chez les Animaux, on distingue:

• les **tissus épithéliaux** à cellules fortement jointives, situés à la surface des organes, du corps ou des cavités;

• les **tissus conjonctifs** à rôle de soutien, à cellules peu jointives et à matrice extracellulaire abondante;

• les **tissus musculaires**, contractiles;

• le **tissu nerveux** formé par les neurones.

b. Chez les Végétaux, on distingue:

• les **tissus de revêtement:** épiderme, liège, tégument des graines et fruits;

• les **tissus de soutien:** sclérenchyme, collenchyme;

• les **tissus conjonctifs:** parenchymes;

• les **tissus conducteurs:** xylème, phloème;

• les **tissus sécréteurs:** poches, canaux.

c. Chez les Champignons, on distingue:

• les **prosenchymes** où les hyphes sont peu jointives et peu enchevêtrées;

• les **synenchymes** où les hyphes sont intimement liées et enchevêtrées, parfois même perdant leur individualité.

Tissu conjonctif *m.* [**Connective tissue**] Tissu de soutien qui relie entre eux différents tissus au sein d'un organe ou entre organes. Il provient du mésenchyme embryonnaire. On distingue:

• les **tissus conjonctifs lâches:** tissus conjonctifs aréolaire, adipeux, réticulaire;

• les **tissus conjonctifs denses** réguliers et irréguliers;

• les **tissus conjonctifs spécialisés:** cartilage hyalin, cartilage élastique, cartilage fibreux, tissu osseux, tissu sanguin.

Tissu interstitiel *m.* [**Interstitial tissue**] Tissu conjonctif entre les tubules séminifères dans les testicules et entre les follicules ovariens dans les ovaires.

Tissu musculaire *m.* [**Muscular tissue**] Tissu contractile par les myofilaments d'actine et de myosine. Chez les Vertébrés, on distingue:

• le **tissu musculaire strié squelettique:** cellules plurinucléées, myofilaments organisés en sarcomères, tubules transverses aux jonctions strie A/strie Z, épimysium, périmysium, endomysium;

• le **tissu musculaire strié cardiaque:** cellules reliées entre elles par des disques intercalaires, mono- ou dinucléées, myofilaments organisés en sarcomères, tubules transverses au niveau des stries Z, endomysium seulement;

• le **tissu musculaire lisse:** cellules mononucléées, myofilaments dispersés dans la cellule, pas de tubules transverses, endomysium seulement.

Tissu nodal *m.* [**Nodal tissue**] Tissu cardiaque constitué de cellules musculaires spécialisées pauvres en myofilaments, à l'origine des contractions rythmiques du cœur. Il est composé du *nœud sino-atrial* ou *nœud de Keith et Flack*, du *nœud atrioventriculaire* ou *nœud de Tawara*, du *faisceau de His* et des *fibres de Purkinje*. **Syn.**: Système cardionecteur.

Tocophérol *n. m. (du gr. tokos, accouchement et pherein, transporter).* [**Tocopherol**] Vitamine E, formée de deux cycles (noyau chromane) et d'une chaîne latérale polyisoprénique à 15 carbones (phytyle). Elle est antioxydante et a des actions sur les enzymes, l'agrégation plaquettaire et le métabolisme des hématies. Voir Tableau des vitamines.

Tolypophagie *n. f. (du gr. tolypos, peloton et phagein, manger).* [Tolypophagy] Lyse des pelotons des endomycorhizes à pelotons par les cellules de l'hôte qui complémente ainsi son alimentation en nutriments d'origine fongique.

Tomenteux *adj. (du lat. tomentum, duvet).* [Tomentose] Couvert de duvet, d'un tomentum.

Tonofibrille *n. f. (du gr. tonos, tension et fibrille).* [Tonofibril] Voir Tonofilament.

Tonofilament *n. m. (du gr. tonos, tension et filament).* [Tonofilament] Filament intermédiaire de cytokératine formant des faisceaux ou *tonofibrilles*.

Tonoplaste *n. m. (du gr. tonos, tension et plaste).* [Tonoplast] Voir Vacuole.

Tonsille *n. f.* [Tonsil] **Syn.**: 1. Amygdale.

Topogène *adj.* [Topogenous] Se dit d'une tourbière formée dans un creux topographique et alimentée par les eaux de ruissellement.

Topo-isomérase *n. f.* [Topoisomerase] **Syn.**: ADN topo-isomérase.

Tordu *adj.* **Syn.**: Contorté.

Tornaria *n. f. et adj.* [Tornaria] Larve libre, nageuse des Stomocordés. Son nom provient du fait qu'elle tourne continuellement autour de son axe.

Torus *n. m. (mot lat., protubérance).* [Torus] Dans les trachéides des Gymnospermes, renflement de la lamelle moyenne au niveau d'une aréole. Le déplacement latéral du torus sous la pression de l'une ou de l'autre des cellules adjacentes permet de modifier le passage latéral de la sève entre les deux cellules.

Totipotence *n. f. (du lat. totus, tout et potens, qui peut).* [Totipotency] Propriété des cellules embryonnaires qui peuvent exprimer la totalité du génome et donc développer la totalité de l'organisme.

Toundra *n. f. (mot lapon).* [Tundra] Biome terrestre boréal situé entre la taïga et les régions arctiques nues. La végétation est composée de ligneux nains, de Poacées, de Lichens et de Bryophytes.

Tourbeux *adj.* Se dit d'une plante qui pousse dans les tourbières.

Tourbière *n. f.* [Peat bog] Formation végétale en milieu humide formée principalement de plantes herbacées dont la dégradation très lente aboutit à la formation d'épaisses couches de tourbe. On distingue:

- les **tourbières à Sphaignes** (ou **tourbières bombées** ou **hautes** ou **ombrogènes** ou **ombrotrophes**);
- les **tourbières plates** (ou **tourbières basses** ou **minéralotrophes** ou **topogènes**).

Toxine *n. f.* [Toxin] Composé toxique élaboré par de nombreuses espèces de tout règne.

Traçant *adj.* Se dit d'un organe qui se développe horizontalement.

Trace foliaire *f.* Faisceau libéroligneux qui assure la continuité entre la stèle et le pétiole d'une feuille, au niveau d'une brèche foliaire.

Trachée *n. f.* [Trachea] ▸ ① Chez les Arthropodes, chacun des tubes ramifiés qui transportent l'air. Ils résultent d'une invagination ectodermique et sont limités par un épithélium qui sécrète une cuticule; ▸ ② Chez les Vertébrés, conduit qui transporte les gaz entre l'extérieur et les poumons ou les sacs aériens. Elle est absente chez les Poissons et les Anoures. **Syn.** désuet: Trachée-artère; ▸ ③ Chez les Trachéophytes, vaisseau annelé ou spiralé.

Trachée-artère *n. f. (du gr. artêria*

trakheia, conduit respiratoire raboteux). **Syn.** désuet de Trachée.

Trachéide *n. f. (de trachée et du gr. eidos, aspect).* [Tracheid] Chez les Ptéridophytes, les Gymnospermes et quelques Angiospermes, cellule morte, allongée, en biseau qui transporte la sève brute. Elles communiquent entre elles par des ponctuations. Selon le type de ponctuations, on distingue les **trachéides aréolées** (Gymnospermes) et les **trachéides scalariformes** (Ptéridophytes).

Trachéole *n. f.* [Tracheole] Chez les Arthropodes, chacune des ramifications terminales d'une trachée qui débouchent au contact des cellules.

Trachéophyte *adj. et n. f.* [Tracheophyte] Végétal qui possède des vaisseaux conducteurs. Les Trachéophytes forment un groupe qui comprend les Ptéridophytes, les Préspermatophytes et les Spermatophytes. **Syn.**: Rhizophyte, Xylophyte.

Tractelle *n. f.* [Tractellum] Chez certains Protozoaires, flagelle qui tire la cellule.

Tractus *n. m. (mot lat., traînée).* [Tract] Ensemble d'organes qui constitue un appareil anatomo-fonctionnel. **Ex.**: Tractus génital, digestif.

Traduction *n. f.* [Translation] Synthèse de protéines en fonction de l'information génétique d'un ARNm. Elle est ainsi nommée par le fait que «l'alphabet génétique» à 4 bases azotées est traduit en «alphabet protéique» à 20 acides aminés. A trois bases correspondent un acide aminé, l'ordre des bases commandant l'ordre des acides aminés. La traduction se fait au niveau des ribosomes et comprend trois étapes:

• *l'initiation* ou début de la traduction, au niveau d'un triplet AUG (méthionine);

• *l'élongation* ou formation des protéines;

• la *terminaison* ou fin de la synthèse protéique, au niveau d'un codon stop (UAA, UAG, UGA).

Transaminase *n. f.* [Transaminase] Enzyme à pyridoxal phosphate de la classe des transférases qui catalyse une transamination spécifique.

Transamination *n. f.* [Transamination] Transfert réversible d'un groupement amine d'un acide aminé à un acide α-cétonique, catalysé par une transaminase à pyridoxal phosphate.

Transcortine *n. f.* [Transcortin] Globuline plasmatique qui transporte le cortisol.

Transcriptase inverse *f.* [Reverse transcriptase] Enzyme qui catalyse la synthèse d'un brin d'ADN dit ADNc à partir d'une matrice d'ARN. Elle est présente chez les Virus à ARN qui peuvent ainsi synthétiser un ADN qui pourra s'intégrer au génome de la cellule hôte. **Syn.**: Rétrotranscriptase.

Transcription *n. f.* [Transcription] Processus par lequel un ARN messager est synthétisé à partir d'une molécule d'ADN. La transcription nécessite la fixation d'une ARN polymérase sur l'un des deux brins de l'ADN au niveau d'un promoteur. Elle produit un ARN simple brin complémentaire du brin matrice de l'ADN.

Transcrit *n. m.* [Transcript] ARN obtenu par transcription de l'ADN par une ARN polymérase. Ce transcrit primaire sera modifié pour donner un ARN mature.

Transcytose *n. f. (du lat. trans, à travers et du gr. kutos, cellule).* [Transcytosis] Transfert de substances d'un compartiment extracellulaire à un autre au travers d'une cellule épithéliale.

Transduction *n. f.* [Transduction] ▸ ① Transfert de matériel génétique entre deux cellules grâce à un Virus. On distingue la **transduction généralisée** où n'importe quel gène peut être transféré et la **transduction localisée** où seuls les gènes chromosomiques proches du prophage sont transférables; ▸ ② Conversion d'un signal en un autre de nature physique différente. **Ex.**: Transduction de la lumière en signal électrique dans les photorécepteurs.

Transfection *n. f.* [Transfection] Introduction de matériel génétique dans une cellule grâce à un vecteur. **Syn.**: 2. Transformation.

Transférase *n. f.* [Transferase] Classe d'enzymes qui catalysent le transfert d'un groupement.

Transferrine *n. f. (du lat. trans, par-delà et ferrum, fer).* [Transferrin] Combinaison d'une globuline plasmatique (*apotransferrine*) et d'atomes de fer qui constitue une forme de transport du fer dans le sang. Elle cède son fer dans l'appareil de Golgi à une autre protéine, la ferritine. **Syn.**: Sidérophiline.

Transformation *n. f.* [Transformation] ▸ ① Prélèvement dans le milieu par une Bactérie dite compétente de molécules ou de fragments d'ADN, suivi de leur incorporation dans le génome de la cellule hôte de façon stable. Ce processus est aléatoire et peut concerner n'importe quelle partie du génome bactérien; ▸ ② **Syn.**: Transfection.

Transformisme *n. m.* [Transformism] Théorie de l'évolution selon laquelle les espèces dérivent les unes des autres par des transformations successives au cours du temps. **Ant.**: Fixisme.

Transgenèse *n. f.* [Transgenesis] Ensemble des techniques de transfert, de modification ou de suppression de gènes dits *transgènes*. Les organismes qui ont subi ces techniques et dont le matériel génétique étranger a été incorporé de manière stable au génome de l'hôte sont dits *transgéniques*.

Transgénique *adj.* [Transgenic] Voir Transgenèse.

Transglutaminase *n. f.* [Transglutaminase] **Syn.**: Fibrinase.

Transition allostérique *f.* [Allosteric transition] A la suite de la fixation ou de la libération d'une molécule, changement conformationnel réversible d'une protéine qui devient alors active ou inactive.

Transition blastuléenne *f.* [Mid blastula transition] Chez les Amphibiens, changement dans le rythme de la segmentation caractérisé par des divisions qui deviennent asynchrones et des cycles cellulaires qui s'allongent.

Translocation *n. f.* [Translocation] ▸ ① Transfert d'un segment de chromosome vers un autre endroit du génome; ▸ ② Lors de la traduction, déplacement du ribosome de trois bases sur l'ARNm.

Transméthylase *n. f.* [Transmethylase] Enzyme de la classe des transférases qui catalyse le transfert de méthyle. **Syn.**: Méthyltransférase.

Transmigration *n. f.* **Syn.**: Diapédèse.

Transpiration *n. f.* [Transpiration] ▸ ① Chez les Vertébrés, excrétion de sueur par les glandes sudoripares; ▸ ② Chez les Végétaux, évacuation de vapeur d'eau par les stomates et la cuticule.

Transport actif *m.* [Active transport] Transfert d'une molécule au travers d'une membrane lipidique par l'intermédiaire de protéines porteuses, contre son gradient électrochimique. Ce transfert nécessite donc de l'énergie provenant de l'hydrolyse de l'ATP ou de l'énergie libérée par le transport d'ions dans le sens de leur gradient électrochimique.

Transport passif *m.* [Passive transport] Transfert d'une molécule au travers d'une membrane lipidique, dans le sens de son gradient électrochimique, ce qui ne nécessite pas d'énergie extérieure.

Transport axonal *m.* [Axonal transport] Dans un neurone, transport d'organites du corps cellulaire aux synapses ou des synapses au corps cellulaire.

Transporteur d'électrons *m.* [Electron carrier] Chacune des molécules de la chaîne respiratoire mitochondriale ou de la chaîne photosynthétique chloroplastique qui, par le jeu d'oxydoréductions successives, se transmettent des électrons jusqu'au récepteur final.

Transporteur membranaire *m.* Protéine membranaire qui assure le passage d'ions ou de molécules d'une face à l'autre de la membrane.

Transposase *n. f.* [Transposase] Enzyme codée par un élément transposable et permettant sa transposition.

Transposon *n. m.* [Transposon] Fragment d'ADN capable de se déplacer d'un locus génétique à un autre. Lorsqu'il s'intègre dans un gène, ce dernier peut devenir inactif.

Transversion *n. f.* [Transversion] Mutation ponctuelle correspondant au remplacement d'une base purique par une base pyrimidique ou inversement.

Tremblaie *n. f.* Peuplement de Trembles (*Populus tremula*, Salicacées).

Triacylglycérol *n. m.* [Triacylglycerol] **Syn.**: Triglycéride. Voir Glycéride.

Triandre *adj. (du gr. tri-, trois et anêr, andros, mâle).* Qui possède trois étamines.

Triblastique *adj.* [Triblastic] **Syn.**: Triploblastique.

Trichobothrie *n. f. (du lat. thrix, trikhos, soie et bothrion, fossette).* Chacune des soies longues réparties sur le corps des Arachnides, sensibles aux déplacements d'air et aux vibrations sonores.

Trichocyste *n. m. (du gr. thrix, trikhos, poil et kustis, vessie).* [Trichocyst] Extrusome des Ciliés et divers autres Protozoaires. Ce sont des organites délimités par une membrane qui projettent hors de la cellule des pointes, des disques ou des rubans sur les proies.

Trichogamie *n. f. (du gr. thrix, trikhos, poil et gamos, mariage).* Fécondation par l'intermédiaire d'un trichogyne.

Trichogyne *n. m. (du gr. thrix, trikhos, poil et gunê, femme).* [Trichogyne] ▸ ① Expansion cytoplasmique des gamétocystes femelles des Ascomycètes (ascogones) par laquelle passent les anthérozoïdes avant d'atteindre le gamète femelle; ▸ ② Expansion longue et effilée des gamétocystes femelles des Rhodophycées (carpogones) sur laquelle les spermaties viennent se coller. La fécondation donnera un carposporophyte.

Trichokératine *n. f. (du gr. thrix, trikhos, poil et kératine).* [Trichokeratin] Voir Kératine.

Trichome *n. m. (du gr. trikhôma, touffe de poils).* [Trichome] Colonie filamenteuse de Cyanobactéries.

Trichothallique *adj.* [Trichothallic] Se dit de la croissance de certaines Algues (Phéophycées) grâce à un méristème intercalaire.

Tricoque *adj.* Se dit de la capsule

des Euphorbiacées qui est formée de trois loges et qui dérive d'un ovaire tricarpellé à placentation axile (un ou deux ovules par carpelle). A maturité, les trois coques se séparent par les déhiscences septifrage, septicide et loculicide.

Tricuspide *adj. (du lat. tricuspis, -idis, à trois pointes).* [**Tricuspid**] Qui est pourvu de trois pointes.

Tridactyle *adj. (du gr. tri-, trois et daktulos, doigt).* Se dit d'un membre qui porte trois doigts ou de l'animal correspondant. **Ex.**: Paresseux tridactyle.

Triécie ou Triœcie *n. f. (du gr. tri-, trois et oikos, maison).* [**Trioecy**] Voir Trioïque.

Trifide *adj. (du lat. tri-, trois et findere, fendre).* [**Trifid**] Qui est fendu en trois parties séparées par des fentes profondes.

Trifoliolé *adj.* [**Trifoliolate**] Se dit d'une feuille formée de trois folioles.

Trigénétique *adj.* [**Trigenetic**] Se dit du cycle de développement des Algues rouges qui comporte trois individus différents:

- le *gamétophyte* haploïde;
- le premier sporophyte ou *carposporophyte* qui élabore des carpospores améiotiques donc diploïdes;
- le second sporophyte ou *tétrasporophyte* qui élabore des tétraspores méiotiques donc haploïdes qui redonneront le gamétophyte.

Triglycéride *n. m.* [**Triglyceride**] Voir Glycéride.

Trigone *n. m. (du gr. tri-, trois et gônia, angle).* [**Fornix**] **Syn.**: Commissure archipalliale. Voir Archipallium.

Trihydroxy-2,6,8-purine *n. f.* [**Trihydroxy-2,6,8-purine**]. **Syn.**: Acide urique.

Triiodothyronine *n. f.* [**Triiodothyronine**] Abrév.: T3 – Hormone thyroïdienne active formée de deux tyrosines sur lesquelles sont fixées trois atomes d'iode. Elle est formée par condensation entre une diiodotyrosine et une mono-iodotyrosine dans les cellules folliculaires.

Trilobé *adj.* [**Three-lobed, trilobate**] Se dit d'une feuille qui est pourvue de trois lobes.

Trilobitique *adj.* [**Trilobitic**] Se dit de la larve des Chélicérates Mérostomes qui ressemble aux Trilobites. Elle est libre, fouisseuse et nage sur le dos.

Triloculaire *adj.* [**Trilocular**] Se dit d'un gynécée à trois loges issues de trois carpelles.

Trimère *adj. et n. m. (du gr. tri-, trois et meros, partie).* [**Trimer**] ▸ ① Se dit d'une fleur dont les verticilles possèdent trois pièces florales. La quasi totalité des fleurs des Monocotylédones et les fleurs de quelques Dicotylédones sont trimères; ▸ ② Molécule à 3 sous- unités.

1,3,7-Triméthylxanthine *n. f.* [**1,3,7-Trimethylxanthine**]. **Syn.**: Caféine.

Trimonoïque *adj.* [**Trimonoecious**] Se dit d'une espèce dont chaque pied porte des fleurs mâles, des fleurs femelles et des fleurs hermaphrodites. Ce caractère est la *trimonœcie* ou *trigamie*. Voir Tableau de la répartition des organes reproductifs.

Trinervé *adj. (du gr. tri-, trois et nerv(ure)).* Se dit d'une feuille qui possède trois nervures.

Trioïque *adj. (du gr. tri-, trois et oikos, maison).* [**Trioecious**] Se dit d'une plante qui possède trois pieds différents: à fleurs mâles, à fleurs femelles et à fleurs bisexuées. Ce phénomène est la *triécie*. Voir Tableau de la répartition des organes reproductifs.

Triplet *n. m.* [**Triplet**] Unité d'information génétique composée de trois nucléotides d'un acide nucléique et correspondant à un acide aminé ou à un codon stop.

Triploblastique *adj. et n. m.* [**Triploblastic**] Se dit des Métazoaires qui possèdent trois feuillets embryonnaires: l'endoderme, l'ectoderme et le mésoderme. **Syn.**: Triblastique. **Ant.**: Diploblastique.

Triploïde *adj. (du gr. triplous, triple).* [**Triploid**] Qui possède trois lots de chromosomes (3 n).

Trisser *v. i. (du gr. trizein, grincer).* Pousser son cri, le *trissement*, en parlant de l'Hirondelle.

Tristique *adj.* Se dit de l'insertion des feuilles sur une tige lorsqu'il existe un angle de 180° entre les points d'insertion successifs.

Tritocérébron *n. m.* Chez les Insectes, cerveau postérieur formé de deux masses nerveuses de part et d'autre de l'œsophage, réunies par une commissure tritocérébrale sous-œsophagienne.

Trivalve *adj. (du gr. tri-, trois et valve).* [**Trivalve, Trivalvular**] Qui a trois valves.

Trochanter *n. m. (du gr. trokhazein, courir).* [**Trochanter**] Second article de la patte des Insectes, articulé avec la coxa et le fémur.

Trochophore *adj. et n. f. (du gr. trokhos, roue et pherein, porter).* [**Trochophore**] Se dit de la larve des Annélides et de certains Mollusques. Elle a une forme de toupie, est surmontée d'une touffe de flagelles, porte deux couronnes ciliées locomotrices et n'est pas métamérisée.

Troglobie *adj. (du gr. trôglê, trou et bios, vie).* [**Troglobie**] **Syn.**: Cavernicole.

Trompe *n. f.* ▸ ① Chez les Proboscidiens, prolongement musculeux de l'appendice nasal à rôle sensoriel, de préhension, de pompage et de refoulement. [**Trunk**]; ▸ ② Chez les Annélides, organe musculeux à rôle sensoriel et préhensile, pourvu de crochets (Polychètes errantes) ou non (Polychètes sédentaires). [**Proboscis**]; ▸ ③ Chez certains Insectes, appareil buccal suceur ou piqueur-suceur issu du développement de certaines pièces buccales (galéa des maxilles chez les Lépidoptères, labium chez les Mouches). [**Proboscis**]

Trompe d'Eustache *f.* [**Eustachian tube**] Chez les Tétrapodes, canal de communication entre l'oreille moyenne et le pharynx.

Trompe utérine *f.* [**Uterine tube**] Oviducte des Mammifères qui s'ouvre dans la cavité abdominale par un pavillon, site de réception de l'ovocyte. **Syn.**: Trompe de Fallope (chez la femme).

Tronc *n. m.* [**Trunk**] ▸ ① Tige d'un arbre. **Syn.**: Stylagé; ▸ ② Chez les Mammifères, partie du corps renfermant les viscères et sur laquelle sont rattachés la tête et les membres.

Tronc cérébral *m.* [**Brain stem**] Ensemble du mésencéphale, de la protubérance annulaire et du bulbe rachidien.

Tronciflore *adj.* Se dit d'un arbre dont les fleurs poussent sur le tronc. **Ex.**: Arbre de Judée (*Cercis siliquastrum*, Césalpiniacées).

Trophallaxie *n. f. (du gr. trophê, nourriture et allassein, échanger).* [**Trophallaxis**] Échange de nourriture de bouche à bouche entre les individus d'une société d'Insectes (Fourmis, Termites, Abeilles).

Trophique *adj. (du gr. trophê, nourriture).* [**Trophic**] Relatif à la nutrition.

Trophoblaste *n. m. (du gr. trophê,*

nourriture et blastos, germe). [Trophoblast] Chez les Mammifères Thériens, feuillet de cellules périphériques qui entoure l'embryon. Doublé d'une lame de mésoblaste extra-embryonnaire, il fournit le chorion. Il se différencie en deux couches formant les villosités choriales:

- une couche interne faite de cellules cuboïdales, le *cytotrophoblaste*,
- une couche externe épaisse et syncitiale, le *syncytiotropoblaste*.

Trophocyte *n. m. (du gr. trophê, nourriture et kutos, cellule).* [Trophocyte] **Syn.**: Cellule nourricière.

Trophosperme *n. m. (du gr. trophê, nourriture et sperma, semence).* **Syn.** désuet de Placenta (des ovaires végétaux).

Trophozoïde *n. m. (du gr. trophê, nourriture et zôoeidês, semblable à un animal).* [Trophozooid] Chez les Dolioles (Urocordés), chacun des blastozoïdes asexués à rôle nourricier portés par l'appendice caudal des oozoïdes.

Tropisme *n. m. (du gr. tropos, direction).* [Tropism] Réaction d'orientation d'un organisme fixé par rapport à un stimulus extérieur. On distingue des **tropismes positifs** si l'organisme s'oriente vers le stimulus et des **tropismes négatifs** s'il est orienté dans le sens contraire. Selon le stimulus, on distingue:

- **l'actinotropisme** (rayonnements);
- **l'anémotropisme** (vent);
- le **chimiotropisme** (composé chimique);
- le **galvanotropisme** (courant électrique);
- le **gravitropisme** ou **géotropisme** (gravité);
- **l'hydrotropisme** (eau);
- **l'hygrotropisme** (humidité);
- le **phototropisme** ou **héliotropisme** (lumière);
- le **thermotropisme** (température);
- le **thigmotropisme** ou **haptotropisme** (contact).

Tropomyosine *n. f. (du gr. tropos, tour et myosine).* [Tropomyosin] Protéine qui se fixe en longueur sur l'actine et qui empêche cette dernière de se fixer à la myosine lorsque la concentration intracytoplasmique en calcium est faible.

Troponine *n. f.* [Troponin] Complexe de trois polypeptides I, T et C qui se place entre l'actine et la myosine des cellules musculaires. La troponine I se lie à l'actine, la troponine T se lie à la tropomyosine, la troponine C se lie aux ions calcium.

Tropophyte *n. f.* [Tropophyte] Plante adaptée à l'alternance des saisons sèches et des saisons humides.

Trou de Botal *m.* [Foramen ovale] Chez les embryons d'Amniotes, perforation du septum interauriculaire qui permet de shunter la circulation pulmonaire lorsque les poumons ne sont pas encore fonctionnels.

Trou de Monro *m.* [Interventricular foramen] Chacun des orifices qui font communiquer les ventricules latéraux avec le troisième ventricule. **Syn.**: Foramen interventriculaire du cerveau.

Trypsine *n. f. (du gr. thrupsis, broiement).* [Trypsin] Enzyme protéolytique pancréatique, forme active du *trypsinogène* par perte d'un hexapeptide grâce à l'entérokinase. Elle active la chymotrypsinogène en trypsine et la procarboxypeptidase en carboxypeptidase.

Trypsinogène *n. m.* [Trypsinogen] Voir Trypsine.

Tryptophane *n. m. (de trypsine et du gr. phainein, paraître).* [Tryptophan]

Symb.: Trp, W – Acide aminé essentiel constitutif des protéines. Il est le précurseur du NAD, de la sérotonine, de la mélatonine, de l'auxine. Codon correspondant: UGG. **Syn.**: Indolalanine.

Tube *n. m.* [Tube] ▸ ① Chacune des petites formations cylindriques soudées les unes aux autres et portant les basides chez certains Basidiomycètes; ▸ ② Chez les Angiospermes gamopétales, partie proximale cylindrique de la corolle. Une telle plante est dite *tubulée*.

Tube criblé *m.* [Sieve tube] Chez les Plantes vasculaires, structure conductrice du phloème formée par une succession de cellules allongées qui communiquent entre elles par des perforations des parois transversales adjacentes appelées *cribles*. Les tubes criblés sont associés à des fibres et du parenchyme libérien et transportent la sève élaborée.

Tube de Malpighi *m.* [Malpighian tubule] Chez les Insectes, évagination tubulaire du tube digestif à la jonction du mésentéron et du proctodéum. Les tubes de Malpighi sont délimités par un épithélium simple à bordure en brosse doublé d'une gaine musculaire. Ils baignent dans l'hémolymphe dont ils extraient les déchets et les minéraux en excès. Chez certains Insectes, ils sécrètent la soie des cocons. Chez d'autres, ils emmagasinent certaines substances (vitamine B2, diastases). Ils sont absents chez certains Aptérygotes.

Tube digestif *m.* [Digestive tract] Ensemble des conduits de l'appareil digestif. Chez les Mammifères, ces conduits sont la bouche, le pharynx, l'œsophage, l'estomac, les intestins et le conduit anal.

Tube neural *m.* [Neural tube] Chez les cordés, système nerveux central embryonnaire formé à partir de la plaque neurale par soulèvement, convergence et fusion de ses bords.

Tube pollinique *m.* [Pollen tube] Prolongement tubulaire du grain de pollen. Chez les Angiospermes, il s'étend du stigmate à l'oosphère et sert de voie de guidage aux anthérozoïdes. Chez les Gymnospermes, il s'étend de la partie du nucelle située vers le micropyle jusqu'à l'archégone et l'oosphère.

Tube séminifère *m.* [Seminiferous tubule] Chez les Vertébrés Amniotes, chacun des longs tubes très contournés des testicules des Vertébrés où se déroule la spermatogenèse. Ils sont issus de la différenciation des cordons sexuels, eux-mêmes issus de la partie interne des ébauches gonadiques. Leurs équivalents chez les Anamniotes sont les cystes germinaux. **Syn.**: Tubule séminifère.

Tubercule *n. m. (du lat. tuberculum, petite bosse).* [Tuber] Portion renflée d'une tige souterraine ou aérienne ou d'une racine qui sert de réserve de glucides et peut redonner un individu par multiplication végétative.

Tubercules bijumeaux *m. pl.* Chez les non-mammaliens, lobes optiques (mésencéphale).

Tubercule de reproduction *m.* **Syn.**: Organe perliforme.

Tubercule génital *m.* [Genital tubercle] Chez les Mammifères, ébauche du pénis chez le mâle ou du clitoris chez la femelle, formant une saillie à l'avant de la membrane uro-génitale.

Tubercules quadrijumeaux *m. pl.* Lobes du toit du mésencéphale des Mammifères. Les tubercules antérieurs coordonnent les mouvements des yeux et de la tête. Les tubercules postérieurs forment un relai auditif entre l'oreille et l'aire auditive. **Syn.**: Colliculi.

Tuberculum *n. m.* Tête accessoire d'une côte qui s'articule avec le processus transverse des vertèbres. S'oppose à Capitulum.

Tubéreux *adj. (du lat. tuberosous, pourvu de protubérances).* [Tuberous] Qui porte des tubercules.

Tubérisation *n. f.* [Tuberisation] Transformation d'une tige ou d'une racine en un tubercule par mise en réserve de nutriments.

Tubérivore *adj.* [Tuberivorous] Qui mange des tubercules.

Tubicole *adj. et n. m. (du lat. tubus, tube et colere, habiter).* [Tubicolous (adj.)] Se dit d'un Annélide Polychète sédentaire qui vit dans un tube membraneux, calcaire ou encore formé de grains de sable agglutinés.

Tubule séminifère *m.* [Seminiferous tubule] **Syn.**: Tube séminifère.

Tubule transverse *m.* Invagination tubulaire du sarcolemme en contact étroit avec le réticulum sarcoplasmique et les myofibrilles. Les tubules transverses ont pour rôle de conduire efficacement l'influx nerveux au plus près des myofibrilles pour permettre une réaction musculaire rapide. **Syn.**: Tubule T.

Tubuliflore *adj. (du lat. tubulus, petit tube et flos, floris, fleur).* Se dit d'une Composée dont le capitule ne porte que des fleurs tubulées.

Tubuline *n. f. (du lat. tubulus, petit tube et suff. -ine).* [Tubulin] Protéine hétérodimérique constitutive des microtubules. Elle est formée de deux polypeptides, l'**α-tubuline** et la **β-tubuline**, qui se polymérisent en protofilaments linéaires avec alternance d'α- et β-tubuline. 13 protofilaments s'associent pour former un tubule creux de 25 nm de diamètre.

Tunicine *n. f.* [Tunicin] Type de cellulose constitutive de la tunique des Tuniciers.

Tunique *n. f.* ▸ ① Tissu de protection d'un organe. [Tunic]

Tunique vaginale ou *n. f.* **Vaginale,** enveloppe la plus externe du testicule formée de deux feuillets issus du péritoine; ▸ ② Chacune des pièces foliaires gorgées de réserves qui forment un bulbe tuniqué. [Coat]; ▸ ③ Enveloppe des Tuniciers (Urocordés) sécrétée par l'épiderme, correspondant à une matrice extracellulaire colonisée secondairement par des cellules d'origine sanguine. Elle est constituée d'eau, de protéines, de glucides et de tunicine (variété de cellulose); ▸ ④ **Tunique interne,** syn.: Intima.

Turbiné *adj.* En forme de toupie, de cône.

Turficole *adj. (du lat. turba, tourbe et colere, habiter).* Qui pousse, vit dans les milieux tourbeux.

Turgescence *n. f. (du lat. turgere, se gonfler).* [Turgescence] ▸ ① Augmentation du volume par rétention de sang; ▸ ② État d'une cellule gonflée lorsqu'elle est placée dans un milieu hypotonique.

Turion *n. m. (du lat. turio, jeune pousse).* [Spear] Jeune pousse qui se développe à fleur de terre à partir de la souche d'une plante vivace. **Ex.**: Turion d'Asperge (comestible).

Turriculé *adj. (du lat. turricula, petite tour).* Qui a la forme d'une petite tour. **Syn.**: Turriforme.

Turriforme *adj.* **Syn.**: Turriculé.

Tuyau *n. m.* **Syn.**: Calamus.

Tympan *n. m. (du gr. tumpanon, tambourin).* [Tympanum, Eardrum] Chez les

Tétrapodes, membrane mince translucide de tissu conjonctif située à la limite entre l'oreille externe et l'oreille moyenne. Sa face externe est recouverte de peau et sa face interne d'une muqueuse. Il vibre sous l'action des ondes sonores et transmet ainsi le stimulus mécanique aux osselets de l'oreille moyenne.

Type *n. m.* [Type] Spécimen dont l'étude a permis la création d'une nouvelle espèce.

Type biologique *m.* [Biological type] Chacune des formes biologiques définies par le botaniste Carl Raunkiaer qui correspondent à un mode de conservation des éléments pérennants (bourgeons, graines) lors de la mauvaise saison. Voir le tableau des types biologiques.

Typogenèse *n. f.* [Typogenesis] Période de production de nouveaux taxons au cours de l'évolution, à la faveur d'une pression de sélection forte.

Typostase *n. f.* [Typostasis] Période de stabilité de l'évolution d'un phylum.

Tyrosinase *n. f.* [Tyrosinase] Enzyme du groupe des hydroxylases qui catalyse la formation de DOPA à partir de la tyrosine. Elle contient du cuivre. **Syn.**: Tyrosine hydroxylase.

Tyrosine *n. f. (du gr. turos, fromage car découverte dans la caséine).* [Tyrosine] Abrév.: Tyr, Y – Acide aminé constitutif des protéines et précurseur des hormones thyroïdiennes et des catécholamines. Elle est formée par hydroxylation de la phénylalanine par une phénylalanine hydroxylase en présence d'une coenzyme, la bioptérine. Sa dégradation aboutit à l'acide fumarique et à l'acide acétylacétique. Codons: UAU, UAC. **Syn.**: Hydroxyphénylalanine.

Tyrosine hydroxylase *n. f.* [Tyrosine hydroxylase] **Syn.**: Tyrosinase.

Tyrosine kinase *n. f.* [Tyrosine kinase] Voir Protéine kinase.

U

Ubiquinone *n. f.* [Ubiquinone] Quinone des mitochondries animales ou végétales transportant les électrons dans la chaîne respiratoire. **Syn.**: Coenzyme Q.

Ubiquiste *adj. et n. (du lat. ubique, partout).* [Ubiquist] ▸ ① Se dit d'une espèce qui peut se développer dans des habitats variés. **Syn.**: Cosmopolite; ▸ ② Se dit de l'expression d'un gène qui est actif dans toutes les cellules de l'organisme et/ou à tous les stades de développement.

Ubiquitine *n. f.* [Ubiquitin] Protéine de 76 acides aminés, thermostable, bien conservée au cours de l'évolution et jouant un rôle dans la dégradation des protéines. L'ubiquitine est liée à un complexe enzymatique qui reconnaît les protéines qui possèdent un signal de dégradation. L'ubiquitine est alors fixée sur les groupements ε-amine des lysines de la protéine et cette fixation est reconnue par le protéasome.

Uliginaire *adj.* **Syn.**: Uligineux.

Uligineux *adj.* [Uliginous] Qui vit dans les lieux humides. **Syn.**: Uliginaire.

Ulna *n. m. (mot lat., avant-bras).* [Ulna] Os long du zeugopode du membre chiridien antérieur, en position postérieure ou externe.

Ultradien *adj. (du lat. ultra, au-delà et dies, jour).* [Ultradian] Se dit d'un rythme biologique dont la période est inférieure à 20 heures. **Ant.**: Infradien.

Ultramicrotome *n. m.* [Ultramicrotome] Voir Microtome.

Ultraplancton *n. m.* [Ultraplankton] Voir Plancton.

Ululer → **Hululer**

Unciné *adj. (du lat. uncus, crochet).* Qui porte un crochet.

Uncus *n. m. (mot lat., crochet).* Voir Mastax.

Unguéal *adj. (du lat. unguis, ongle).* Relatif à l'ongle.

Unguifère *adj. (du lat. unguis, ongle et ferre, porter).* [Unguiferous] Qui porte un ongle.

Unicaule *adj. (du lat. unus, un et caulis, tige).* Qui possède une seule tige.

Unicellulaire *adj. et n. m. (du lat. unus, un et cellulaire).* [Unicellular] Formé d'une seule cellule. **Ant.**: Pluricellulaire.

Unicloïde *adj.* Se dit d'une plante herbacée dont la tige ou la hampe florale est unique et non ramifiée. **Ex.**: Marguerite (*Leucanthemum vulgare*, Astéracées).

Uniflore *adj. (du lat. unus, un et flos, floris, fleur).* Qui porte une seule fleur. **Ant.**: Multiflore.

Unifolié *adj. (du lat. unus, un et folié).* [Unifoliate] Qui porte une seule feuille.

Uniloculaire *adj. (du lat. unus, un et loculaire).* [Unilocular] Qui ne comprend qu'une seule loge.

Uninervé *adj. (du lat. unus, un et nervé).* Se dit d'une feuille qui ne porte qu'une seule nervure. **Ex.**: Feuille de Mousse.

Uniovulaire *adj.* [Uniovular] **Syn.**: Monozygote.

Uniovulé *adj. (du lat. unus, un et ovule).* Qui ne renferme qu'un seul ovule. **Ex.**: Ovaire des Poacées.

Unipare *adj. (du lat. unus, un et parere, engendrer).* [Uniparous] ▸ ① Se dit d'une femelle de Mammifères qui ne donne généralement qu'un seul petit à chaque gestation; ▸ ② Voir Cyme.

Uniport *n. m.* [Uniport] Transport transmembranaire énergie-dépendant d'une substance unique dans un seul sens.

Uniramé *adj. (du lat. unus, un et ramus, rameau).* Qui n'est pourvu que d'une seule branche. **Ex.**: Appendices des Insectes. **Ant.**: Biramé.

Unisexué *adj. (du lat. unus, un et sexué).* [Unisexual] Qui est mâle ou femelle.

Unitegminé *adj. (du lat. unus, un et tegminé).* Se dit d'un ovule qui est enveloppé par un seul tégument. Ce sont les ovules des Préspermatophytes, des Gymnospermes et de certaines Angiospermes. **Ant.**: Bitegminé, Bitégumenté.

Univalent *n. m. et adj.* [Univalent (adj.)] Chromosome non apparié en raison notamment d'une aneuploïdie. **Syn.**: Monovalent.

Univalve *adj. (du lat. unus, un et valve).* Dont la coquille est formée d'une seule pièce.

Univitellin *adj. (du lat. unus, un et vitellus, jaune d'œuf).* **Syn.**: Monozygote.

Univoltin *adj. (du lat. unus, un et de l'ital. volta, fois).* [Monovoltin] Qui ne se reproduit qu'une seule fois par an.

Univore *adj.* [Univorous] **Syn.**: Monophage.

Uracile *n. m. (de ur(o)-, ac(étique) et suff. -ile).* [Uracil] Abrév.: U – Base pyrimidique entrant dans la constitution des ribonucléotides. **Syn.**: Dihydroxy-2,4-pyrimidine.

Uréase *n. f.* [Urease] Enzyme qui catalyse la dégradation de l'urée en ammoniac et dioxyde de carbone chez divers Végétaux et microorganismes.

Urédie *n. f.* [Uredium] Ensemble d'urédospores à la surface d'un végétal parasité par des Basidiomycètes Urédinales. **Syn.**: Urédosore.

Urédosore *n. m.* **Syn.**: Urédie.

Urédospore *n. f. (du lat. uredo, charbon et spore).* [Uredospore] Spore diploïde spécifique des Basidiomycètes Urédinales (Rouilles). Ce sont des agents efficaces de dissémination capables de redonner immédiatement un nouvel individu.

Urée *n. f.* [Urea] Diamide de l'acide carbonique, forme d'élimination de l'azote purique ou protéinique, chez les Mammifères, les Anoures, les Poissons et certains Insectes. Formule: H_2N–CO–NH_2.

Uréogenèse ou Uréogénèse *n. f.* [Ureogenesis] Formation de l'urée au cours du cycle de l'urée, dans le foie.

Ur(é)otélisme *n. m.* **ou Ur(é)otélie** *n. f.* Mode d'excrétion de l'azote qui se fait par l'urée.

Uretère primaire *m.* **Syn.**: Canal de Wolff.

Uretère secondaire *m.* Canal excréteur du métanéphros provenant du bourgeonnement précloacal du canal de Wolff.

Urètre *n. m.* [Urethra] Chez les

Mammifères, canal excréteur de l'urine et chez le mâle du sperme, situé entre la vessie et le méat urinaire. Chez le mâle, on distingue les **urètres prostatique** et **membraneux** issus tous les deux du sinus urogénital et **l'urètre pénien** issu du tubercule génital. Chez la femelle, il est issu du sinus urogénital.

Uricase *n. f.* [Uricase] Enzyme du groupe des oxydoréductases qui catalyse la décarboxylation oxydative de l'acide urique en allantoïne. Elle est absente chez les Primates, les Oiseaux, les Reptiles et les Poissons.

Uricogenèse *n. f.* [Uricogenesis] Biosynthèse de l'acide urique à partir de la glutamine.

Uricotélisme *n. m.* **ou Uricotélie** *n. f.* [Uricotely] Mode d'excrétion de l'azote sous forme d'acide urique.

Uridine-5'-mono-, di- ou triphosphate *f.* [Uridine-5'-mono-, di- ou triphosphate] Sigles: UMP, UDP, UTP. UMP, syn.: Acide uridylique. Voir Ribonucléotide.

Uridine diphosphate glucose *f.* [Uridine diphosphate glucose] Sigle: UDPG – Glucose combiné à un UDP par le phosphate, précurseur du glycogène.

Urine *n. f. (du lat. aurum, or).* [Urine] Chez les Vertébrés, liquide organique aqueux chargé en urée, acide urique ou ammoniac, synthétisé par les néphrons et rejeté à l'extérieur de l'organisme.

Urinifère *adj. (de urine et du lat. ferre, porter).* Qui conduit l'urine.

Urique *adj.* Voir Acide urique.

Urne *n. f.* ▸ ① Chez les Bryophytes, corps de la capsule qui abrite les spores; ▸ ② Feuille modifiée de certaines plantes carnivores leur servant d'organe de piégeage de petits animaux.

Urobiline *n. f.* [Urobilin] Pigment tétrapyrrolique orangé qui résulte de l'oxydation à l'air de l'urobilinogène.

Urobilinogène *n. m.* [Urobilinogen] Métabolite tétrapyrrolique de la bilirubine formé par les Bactéries intestinales, précurseur de l'urobiline.

Urodéum *n. m.* [Urodeum] Partie médiane du cloaque des Sauropsidés où débouchent les conduits urinaires et génitaux.

Urophyse *n. f. (du gr. oura, queue et phusis, croissance).* Partie renflée de la moelle caudale des Téléostéens constituant un organe neurohémal qui libère des hormones osmorégulatrices, les *urotensines*.

Uropode *n. m. (du gr. oura, queue et pous, podos, pied).* [Uropod] Chez les Crustacés, chacun des deux appendices du dernier métamère qui forment avec le telson une nageoire caudale.

Uropyge *n. m. (du gr. oura, queue et pugê, fesse).* [Uropygium] Croupion des Oiseaux dont la peau comporte des glandes sébacées appelées *glandes uropygiennes* qui sécrètent une substance huileuse utilisée pour oindre les plumes.

Urospermiducte *n. m. (du gr. oura, queue et spermiducte).* [Urogenital duct] Canal de Wolff des Anamniotes qui assure l'évacuation de l'urine et des spermatozoïdes.

Urostyle *n. m.* Chez les Amphibiens, os résultant de la fusion des vertèbres caudales.

Urotélisme ou Urotélie → Uréotélisme

Urotensine *n. f.* [Urotensin] Voir Urophyse.

Urticant *adj.* [Stinging] Dont la piqûre provoque une démangeaison.

Utérus *n. m. (du lat. uterus, matrice).* [Uterus] ▸ ① Chez les Tétrapodes, partie renflée des canaux de Müller. Chez les Amphibiens, il sert à stocker les ovules quelques heures avant la ponte. Chez les Oiseaux, seul le canal de Müller gauche persiste; il sécrète une solution saline et la coquille. Chez les Mammifères, l'utérus est musculeux et est l'organe de la gestation; ▸ ② Chez les Invertébrés, partie de l'oviducte où séjournent les ovules ou les embryons.

Utricule *n. f. (du lat. uter, utris, outre).* [Utricle] ▸ ① Enveloppe membraneuse qui entoure les fleurs des Cypéracées; ▸ ② Feuille modifiée des Utriculaires, en forme d'outre, au sein de laquelle règne une pression inférieure à celle de l'extérieur. Un simple contact provoque l'ouverture de l'outre et l'aspiration de la proie à l'intérieur; ▸ ③ Voir Vestibule.

Uvée *n. f. (du lat. uva, raisin, par analogie de couleur).* [Uvea] Tunique vasculaire de l'œil comprenant la choroïde, des corps ciliaires et de l'iris.

Uvulaire *adj. (du lat. uva, luette).* [Uvular] Relatif à la luette. **Syn.**: Staphylin.

V

V Symbole de la valine dans la formule des protéines.

Vacuole *n. f. (du lat. vacuum, espace vide).* [Vacuole] ▸ ① Organite des cellules végétales et fongiques contenant de l'eau, des électrolytes, des acides organiques, des pigments hydrosolubles. Elle est entourée d'une membrane appelée *tonoplaste*. Elle constitue une réserve d'eau pour le cytoplasme et accumule certaines substances (oxalate de calcium, latex, opium, tanins). L'ensemble des vacuoles constituent le *vacuome* ou *appareil vacuolaire;* ▸ ② **Vacuole contractile**, chez les Protozoaires dulçaquicoles, organite qui, en se contractant, rejette à l'extérieur l'eau excédentaire. ▸ ③ Dans les cellules animales, chacun des petits sacs délimités par une membrane, à contenus et rôles variables.

Vacuome *n. m.* [Vacuome] Voir Vacuole.

Vagile *adj. (du lat. vagari, errer)* [Vagile] Mobile, non fixé.

Vagin *n. m. (du lat. vagina, gaine).* [Vagina] Chez les Amniotes, partie du canal de Müller qui reçoit le pénis et qui est située entre l'utérus et le vestibule vaginal.

Vagina *n. f.* Chez les Champignons supérieurs, couche externe de la paroi cellulaire.

Vaginelle *n. f.* Gaine membraneuse qui entoure la base du faisceau d'aiguilles chez certains Conifères.

Vaginule *n. f.* Chez les Mousses, massif cellulaire du gamétophyte qui entoure le suçoir du sporophyte.

Vaisseau ligneux *m.* [Wood vessel] Élément du xylème conducteur de la sève brute. Les vaisseaux sont constitués d'une file de cellules mortes dont les parois transversales sont altérées pour faciliter le passage de la sève. Ils possèdent des épaississements lignifiés de leur paroi squelettique en anneau (vaisseau annelé), en spirale (*v. spiralé*), en réseau (*v. réticulé*) ou presque continu (*v. ponctué*).

Vaisseau lymphatique *m.* [Lymphatic vessel] Chacun des tubes creux dans lesquels circule la lymphe.

Vaisseau sanguin *m.* [Blood vessel] Chacun des tubes creux de l'appareil circulatoire dans lesquels circule le sang dans un sens déterminé: du cœur vers les tissus périphériques dans les *artères*, des tissus vers le cœur dans les *veines*.

Valine *n. f. (de (acide) val(érique) et (am)ine).* [Valine] Symb.: Val, V – Acide aminé hydrophobe essentiel constitutif des protéines. Codons correspondants: GUU, GUC, GUA, GUG. Formule: $(CH_3)_2$–CH–CH(NH_2)–COOH.

Vallicole *adj.* Qui vit au fond des vallées.

Valvaire *adj.* Se dit d'une préfloraison ou d'une estivation où les pièces florales ne se touchent pas par leurs marges. On distingue les préfloraisons valvaires;

• **typique** lorsque les pétales forment un cercle parfait en section;

• **induplicative** lorsque les marges des pétales s'incurvent vers le centre du bouton floral;

• **réduplicative** lorsque les marges s'incurvent vers l'extérieur.

Valvule *n. f.* [Valvule] ▸ ① Repli membraneux qui prévient le reflux d'une substance dans un conduit. **Ex.**: Valvules cardiaques; ▸ ② **Valvule connivente**, repli de la muqueuse de l'intestin. **Syn.**: Pli circulaire.

Variété *n. f.* [Variety] Groupe d'individus qui se distinguent des autres individus de l'espèce par quelques différences minimes.

Vascularisation *n. f.* [Vascularization] Disposition des vaisseaux dans un organe, un organisme.

Vasculogenèse *n. f.* [Vasculogenesis] Formation embryonnaire des premiers vaisseaux sanguins et lymphatiques.

Vasoconstriction *n. f. (du lat. vas, récipient et constriction).* [Vasoconstriction] Diminution du diamètre des vaisseaux sanguins par contraction de leurs fibres musculaires lisses.

Vasodilatation *n. f. (du lat. vas, récipient et dilatation).* [Vasodilatation] Augmentation du diamètre des vaisseaux sanguins par relâchement de leurs fibres musculaires lisses.

Vasomoteur *adj. (du lat. vas, récipient et moteur).* [Vasomotor] Qui concerne la contraction ou la dilatation des vaisseaux.

Vasopressine *n. f. (du lat. vas, récipient, press(ion) et suff. -ine).* [Vasopressin] **Syn.**: Hormone antidiurétique.

Vecteur *n. m. et adj.* [Vector] ▸ ① Élément du milieu qui transporte les diaspores et les agents pathogènes; ▸ ② Élément qui transporte un acide nucléique d'une cellule à une autre. **Ex.**: Plasmide, Phage.

Végétatif *adj.* [Vegetative] Qui concerne les processus physiologiques qui assurent la vie, la croissance, le développement et la multiplication lorsqu'elle ne relève pas de la sexualité.

Végétation *n. f. (de végéter).* [Vegetation] Ensemble des plantes d'un territoire donné.

Végétaux *n. m. pl. (du lat. vegetare, croître).* [Plant species] Règne rassemblant des organismes eucaryotes pluricellulaires dont les cellules sont pourvues d'une paroi squelettique cellulosique. Ce sont les Algues pluricellulaires et les Cormophytes. **Syn.**: Vegetalia.

Veine *n. f.* [Vein] Vaisseau sanguin qui ramène le sang des capillaires vers le cœur. Les petites veines sont appelées *veinules*. S'oppose à Artère.

Vélamen *n. m. (du lat. velamen, voile).* Revêtement de cellules mortes entourant les racines aériennes de certaines Plantes. Les cellules se gorgent d'air ou d'eau selon les conditions atmosphériques.

Véligère *adj. et n. f. Larve véligère* ou n. f. *Véligère*, larve qui succède à la trochophore chez les Mollusques Gastéropodes, Scaphopodes et Lamellibranches. Elle se distingue de la trochophore par la présence d'une coquille chitinoïde, de l'ébauche du pied et d'une couronne ciliée hypertrophiée formant un *vélum locomoteur.* [Veliger larva]

Vélum ou Velum *n. m. (du lat. velum, voile).* ▸ ① Chez les Cyclostomes, évagination du plafond pharyngien qui, par ses battements, permet la ventilation des branchies; ▸ ② Chez les Céphalocordés, diaphragme musculaire qui sépare la bouche du pharynx; ▸ ③ Chez les Cnidaires hydrozoaires, diaphragme musculeux qui obture en partie l'ombrelle constituée par le corps de la méduse. **Syn.**: Craspédon; ▸ ④ Organe locomoteur cilié des larves de certains Mollusques.

Vénéneux *adj. (du lat. venenum, venin).* [**Poisonous**] Qui contient un poison. **Syn.**: Vireux.

Venin *n. m.* [**Venom**] Ensemble de substances toxiques sécrétées par certains animaux pour leur défense. On distingue les neurotoxines, les hémorragines, les hémolysines et les coagulines.

Ventouse *n. f. (du lat. ventosa (cucurbita), (courge) pleine d'air).* [**Sucker**] Organe de fixation par création d'une dépression entre l'organisme et le substrat, existant chez certains animaux (Céphalopodes, Plathelminthes, Annélides).

Ventre *n. m. (du lat. venter, ventris, estomac).* Voir Archégone.

Ventricule *n. m. (du lat. ventriculus (cordis), petit ventre (du cœur)).* [**Ventricle**] ▸ ① Compartiment à paroi musculaire du cœur des Vertébrés, unique chez les embryons, les Cyclostomes, les Poissons (sauf les Dipneustes) et les Amphibiens. Il est totalement scindé en deux chez les Crocodiliens, les Oiseaux et les Mammifères; ▸ ② Chacune des cavités de l'encéphale dans lesquelles circule le liquide céphalorachidien; ▸ ③ **Ventricule succenturié**, Voir Succenturié.

Ventrobronche *n. f.* Chez les Oiseaux, type de bronche secondaire dont l'extrémité se dilate en sacs aériens cervicaux, interclaviculaires et thoraciques antérieurs.

Vermiforme *adj. (du lat. vermis, ver et forme).* [**Vermiform**] ▸ ① Se dit des animaux qui ont la forme d'un ver; ▸ ② Se dit des larves de certains Insectes Holométaboles dépourvues de pattes et à tête réduite voire absente. Elles se nourrissent de substances liquides. On distingue:

- les **larves eucéphales** à yeux, antennes et mandibules;
- les **larves hémicéphales** à tête invaginée dans le premier segment thoracique et à mandibules transformées en crochets;
- les **larves acéphales** sans tête (ex.: Asticot).

Vermis *n. m. (mot lat., ver).* [**Vermis**] Chez les Mammifères, partie médiane du cervelet correspondant au paléocérébellum.

Vermivore *adj. (du lat. vermis, ver et vorare, manger).* Qui se nourit de vers.

Vernaculaire *adj. (du lat. vernaculus, domestique).* [**Vernacular**] Se dit du nom courant des organismes, par opposition au nom scientifique (binôme linnéen).

Vernal *adj. (du lat. vernus, printanier).* [**Vernal**] Qui se développe au printemps.

Vernalisation *n. f. (du lat. vernus, printanier).* [**Vernalization**] Levée de dormance des bourgeons et des graines par le froid. **Syn.**: Jarovisation.

Vernation *n. f. (du lat. vernus, printanier).* [**Vernation**] **Syn.**: Préfloraison, Préfoliation.

Verruqueux *adj. (du lat. verricosus, qui a une verrue).* [**Warty**] Pourvu de petites excroissances non piquantes, en parlant d'un organe végétal ou fongique.

Vertèbre *n. f.* [Vertebra] Chacun des os constituant la colonne vertébrale.

Vertex *n. m. (mot lat., sommet de la tête).* Chez les Insectes, sommet de la capsule céphalique, formé de deux sclérites réunis par la suture coronale.

Verticille *n. m. (du lat. vertex, sommet).* [Verticil] Groupe de plus de deux organes insérés en un même point.

Verticillé *adj.* [Verticillate] **Syn.**: Cyclique.

Vésical *adj. (du lat. vesica, vessie).* [Vesical] Relatif à la vessie.

Vésicule *n. f. (du lat. vesica, vessie).* [Vesicle] ▸ ① Organe en forme de petit sac; ▸ ② Renflement d'hyphes intracellulaires ou intercellulaires dans le cas des endomycorhizes à vésicules. Ces vésicules constituent des réserves lipidiques.

Vésicule acrosomienne *f.* [Acrosomal vesicle] **Syn.**: Acrosome.

Vésicule biliaire *f.* [Gall bladder] Organe en forme de petit sac qui emmagasine la bile entre deux prises alimentaires.

Vésicule blastodermique *f.* [Blastodermic vesicle] **Syn.**: Blastocyste.

Vésicule céphalique *f.* [Brain vesicle] Dilatation antérieure du tube neural de l'embryon des Vertébrés à l'origine de l'encéphale. Elle se différenciera en trois vésicules (prosencéphale, mésencéphale et rhombencéphale).

Vésicule de sécrétion *f.* [Secretory vesicle] Voir Appareil de Golgi.

Vésicule optique *f.* [Optic vesicle] Évagination latérale du diencéphale qui lui reste reliée par un pédoncule optique qui deviendra le nerf optique. Sa paroi externe s'invagine et s'accole à sa paroi interne de façon à former une cupule (*vésicule optique secondaire*).

Vésicule séminale *f.* [Seminal vesicle] ▸ ① Réservoir de spermatozoïdes chez certains animaux mâles; ▸ ② Chacune des deux glandes annexes des Mammifères mâles issues du canal de Wolff. Elles sécrètent le liquide séminal mais ne stockent pas de spermatozoïdes.

Vésicule vitelline *f.* [Vitelline vesicle] **Syn.**: Lécithocèle.

Vessie *n. f.* [Bladder] Organe sacculaire musculeux dans lequel s'accumule l'urine entre deux mictions. Chez les Poissons osseux, elle dérive du canal de Wolff. Chez les Amphibiens, elle est issue de la partie endoblastique du cloaque. Chez les Reptiles et les Mammifères, elle provient de l'allantoïde. Elle est absente chez les Cyclostomes, les Crocodiliens et les Oiseaux (chez ces deux derniers, urine semi-solide mélangée aux excréments).

Vessie gazeuse *f.* [Air bladder] Chez la plupart des Poissons Actinoptérygiens, diverticule de la paroi dorsale de l'œsophage rempli de gaz. La vessie gazeuse a un rôle de flottaison, de respiration (chez certains Téléostéens et Holostéens) et d'audition (en relation avec l'oreille interne). **Syn.**: Vessie natatoire, Vessie aérienne.

Vessie natatoire *f.* **Syn.**: Vessie gazeuse.

Vestibule *n. m.* [Vestibule] Partie du labyrinthe membraneux comprenant l'utricule, le saccule et les canaux semicirculaires.

Vexillaire *adj.* Se dit d'une préfloraison où l'étendard couvre les ailes qui couvrent elles-mêmes la carène.

Vexille ou Vexillum *n. m.* ▸ ① Chacune des deux rangées de barbes portées par le rachis des plumes d'Oiseaux; ▸ ② **Syn.**: Étendard.

Vibratile *adj.* [Vibrant] Qui crée des vibrations.

Vibrisse *n. f.* [Vibrissa] Poil tactile raide de certains Mammifères dont le follicule pileux est richement innervé et entouré de sinus veineux.

Vicariant *adj. (du lat. vicarius, suppléant).* [Vicarious] ▸ ① Se dit d'un hôte occasionnel qui remplace l'hôte habituel, dans une relation de parasitisme; ▸ ② Se dit d'espèces proches phylogénétiquement mais vivant dans des zones géographiques distinctes aux conditions écologiques semblables ou dans des niches écologiques différentes d'une même région. Ce caratère est la *vicariance* ou *homécie*. **Syn.**: Homécique.

Vie *n. f.* [Life] Propriété propre aux êtres vivants de pouvoir vivre, c'est-à-dire d'accomplir de leur naissance à leur mort toutes les fonctions physiologiques nécessaires à leur bon fonctionnement.

Vigueur hybride *f.* [Hybris vigo(u)r] **Syn.**: Hétérosis.

Villeux *adj. (du lat. villus, poil).* [Hairy, Villous] Qui porte des poils.

Villine *n. f.* [Villin] Protéine de 92 kDa qui démantèle ou réticule les filaments d'actine.

Vimentine *n. f.* [Vimentin] Protéine de 57 kDa constituant les filaments intermédiaires des cellules mésenchymateuses et endothéliales dans lesquelles elle s'attache aux desmosomes et hémidesmosomes.

Vinculine *n. f.* [Vinculin] Protéine d'attachement des filaments intermédiaires à la ceinture d'adhérence.

Virescence *n. f. (du lat. virescere, devenir vert).* [Virescence] Verdissement d'un organe végétal habituellement d'une autre couleur.

Vireux *adj.* **Syn.**: Vénéneux.

Virginipare *adj.* [Virginiparous] Se dit d'une femelle parthénogénétique dont la descendance est elle-même parthénogénétique. **Ant.**: Sexupare.

Virion *n. m.* [Virion] Particule virale infectieuse formée d'un acide nucléique et de protéines.

Viroïde *n. m.* [Viroid] Agent infectieux des plantes, consistant en une molécule d'ARN simple brin circulaire.

Virologie *n. f. (de virus et du gr. logos, discours).* [Virology] Partie de la microbiologie qui traite des Virus. Le spécialiste est un *virologiste* ou *virologue*.

Virulence *n. f. (du lat. virulentia, infection).* [Virginiparous] Aptitude d'un germe à provoquer des troubles dans l'organisme hôte.

Virus *n. m. (mot lat., poison).* [Virus] Microorganisme acellulaire, parasite intracellulaire obligatoire. Les Virus ne comprennent qu'un seul type d'acide nucléique (ADN chez les Désoxyvirus, ARN chez les Ribovirus).

Viscère *n. f. (du lat. viscus, visceris, chair).* [Viscus] Tout organe contenu dans les cavités crânienne, thoracique et abdominale des Vertébrés.

Viscidie *n. f.* [Viscidium] **Syn.**: 1. Rétinacle.

Vitamine *n. f. (du lat. vita, vie et amine).* [Vitamin] Molécule organique sans valeur énergétique, agissant à dose faible, non synthétisée par les animaux et devant donc être apportée par l'alimentation. On distingue: *NB:* Les vitamines B4, B7, B10, B11, B13, B14, B15 et Q ne sont plus considérées comme des vitamines; leurs caractères vitaminiques (indispensables et insuffisamment synthétisées) ne sont pas prouvés et leur carence discutée et peu expressive, donc sans grand intérêt.

a. les vitamines hydrosolubles:

• **vitamine B1**, syn.: thiamine, aneurine, vitamine antibéribérique;

• **vitamine B2**, syn.: riboflavine, lactoflavine, vitamine G;

• **vitamine B3**, syn.: vitamine PP, vitamine antipellagreuse, niacine, nicotinamide;

• **vitamine B4** (désuet), syn.: adénine (= 6-aminopurine);

• **vitamine B5**, syn.: acide panthoténique;

• **vitamine B6**, syn.: pyridoxine;

• **vitamine B7** (désuet), syn.: inositol, vitamine I;

• **vitamine B8**, syn.: vitamine H, biotine;

• **vitamine B9**, syn.: acide folique, vitamine M, folacine, Acide ptéroylglutamique;

• **vitamine B10** (désuet), syn.: acide para-aminobenzoïque;

• **vitamine B11** (désuet), syn.: vitamine BT, vitamine T, carnitine;

• **vitamine B12**, syn.: cobalamine;

• **vitamine B13** (désuet), syn.: acide orotique;

• **vitamine B14** (désuet), syn.: xanthoptérine;

• **vitamine B15** (désuet), syn.: acide pangamique;

• **vitamine BT** (désuet), syn.: vitamine B11, vitamine T, carnitine;

• **vitamine C**, syn.: acide ascorbique, vitamine antiscorbutique;

• **vitamine G**, syn.: vitamine B2;

• **vitamine H**, syn.: vitamine B8;

• **vitamine M**, syn.: vitamine B9;

• **vitamine PP**, syn.: vitamine B3;

• **vitamine T** (désuet), syn.: carnitine.

b. les vitamines liposolubles:

• **vitamine A:** rétinol, axérophtol;

• **vitamine D:** calciférol, facteur antirachitique;

• **vitamine E:** tocophérol;

• **vitamine F:** acide linoléique;

• **vitamine K:** phylloquinone, vitamine antihémorragique.

• **vitamine Q** (désuet), syn.: ubiquinone.

Voir Tableau des vitamines.

Vitellarium *n. m.* [Vitellarium] Partie des ovarioles des Insectes qui comprend les ovocytes en cours de croissance accompagnés ou non de cellules nourricières.

Vitellogenèse *n. f.* [Vitellogenesis] Synthèse et accumulation de vitellus dans les ovocytes.

Vitellogénine *n. f.* [Vitellogenin] Protéine hépatique transportée jusqu'aux ovaires où elle se clive en phosvitine et lipovitelline.

Vitellolyse *n. f.* [Vitellolysis] Dégradation du vitellus au cours du développement embryonnaire.

Vitellophage *n. m.* Cellule du vitellus qui digère le vitellus.

Vitellus *n. m. (mot lat., jaune d'œuf).* [Yolk, Vitellus] Substance de réserve des ovocytes, de nature glucidique, protéique ou lipidique.

Vivace *adj.* [Perennial] Se dit d'une plante qui vit plus de deux ans grâce à un appareil végétatif résistant à la mauvaise saison.

Viverreum *n. m.* **Syn.**: Civette.

Vivipare *adj. et n. m.* [Viviparous] ▸ ① Se dit d'un animal dont l'embryon se développe complètement dans l'utérus maternel; ▸ ② Se dit d'une plante dont la graine se développe alors qu'elle encore sur la plante mère.

VLDL *n. f.* Voir Lipoprotéine.

Voie d'Embden-Meyerhof-Parnas *f.* Sigle: Voie EMP – Première partie anaérobie de la glycolyse, jusqu'à la synthèse du pyruvate.

Voie des pentoses phosphate *f.* Voir Cycle des pentoses phosphate.

Voile *n. m.* Chez les Basidiomycètes Agaricales:

• **Voile général**, membrane qui enveloppe entièrement le primordium. Après développement, le résidu du voile général donne la *volve* et les *squames*;

• **Voile partiel**, membrane reliant la marge du chapeau au stipe. Après développement, le résidu du voile partiel donne *l'anneau* ou la *cortine*.

Volorécepteur *n. m. (de vol(ume) et récepteur).* Récepteur sensoriel sensible au volume sanguin.

Volubile *adj. (du lat. volubilis, qui tourne aisément).* **[Voluble, Twining]** Se dit d'une tige qui croît en s'enroulant autour du support.

Volutine *n. f.* [Volutine] **Syn.**: Métachromatine.

Volvation *n. f. (du lat. volvere, rouler).* Enroulement sur eux-mêmes de certains animaux pour se protéger. **Ex.**: Cloporte, Tatou, Hérisson.

Volve *n. f. (du lat. volva, enveloppe).* Voir Voile.

Vomer *n. m.* [Vomer] Os dermique pair constitutif du palais.

Vrille *n. f. (du lat. vitis, vigne).* **[Tendril]** Organe de fixation de certaines plantes grimpantes, d'origine foliaire (Bryone dioïque: *Bryonia dioica*), stipulaire (Salsepareille: *Smilax sp.*), raméale (Vigne: *Vitis vinifera*) ou racinaire (Vanillier: *Vanilla sp.*). **Syn.**: 5. Cirr(h)e.

WXY

W Symbole du tryptophane dans la formule des protéines.

Western blotting *m. (d'après Southern blotting).* [**Westhern blotting**] Technique visant à détecter ou quantifier une ou plusieurs protéines au sein d'un échantillon, à l'aide d'anticorps. Les protéines sont d'abord séparées par électrophorèse sur gel puis transférées sur une membrane de nitrocellulose (blot). Puis elles sont mises en contact avec des anticorps spécifiques d'une protéine pour la repérer.

Xanthine *n. f. (du gr. xanthos, jaune et suff. -ine).* [**Xanthine**] Base purique qui donne sa couleur jaune à l'urine. Ses dérivés méthylés sont des alcaloïdes:

• *caféine* ou 1,3,7-triméthylxanthine;

• *théobromine* ou 3,7-diméthylxanthine;

• *théophylline* ou 1,3-diméthylxanthine.

Syn.: 2, 6-Dihydroxypurine.

Xanthophore *n. m. (du gr. xanthos, jaune et pherein, porter).* [**Xanthophore**] Voir Chromatophore.

Xanthophylle *n. f. (du gr. xanthos, jaune et phullon, feuille).* [**Xanthophyll**] Pigment caroténoïde jaune, dérivé hydroxylé des carotènes. On les rencontre dans les chromoplastes des fruits et des fleurs et dans la graisse animale. **Ex.**: Zéaxanthine, Violaxanthine.

Xénogamie *n. f.* [**Xenogamy**] Voir Allogamie.

Xérochimène *adj.* Se dit d'un milieu où la période sèche a lieu en hiver. **Ant.**: Xérothère.

Xérophile *adj.* [**Xerophilous**] Qui vit dans les lieux secs.

Xérophyte *n. f. (du gr. xêros, sec et phuton).* [**Xerophyte**] Plante xérophile.

Xérosère *n. f.* [**Xerosere**] Succession végétale à partir d'un substrat nu et sec.

Xérothère *adj.* Se dit d'un milieu où la période sèche a lieu en été. **Ant.**: Xérochimène.

Xylane *n. m.* [**Xylan**] Polysaccharide des parois végétales, formé de xylose.

Xylème *n. m. (du gr. xulon, bois).* [**Xylem**] Tissu conducteur de la sève brute, formé de trachéides et chez les Angiospermes, de vaisseaux et de fibres. Le **xylème primaire** est issu des méristèmes apicaux (procambium), le **xylème secondaire** des méristèmes latéraux (assise génératrice libéro-ligneuse). Voir Tableau de la structure du xylème.

Xyloglucane *n. m.* [**Xyloglucan**] Polysaccharide de l'hémicellulose, formé d'une chaîne de glucoses sur lesquels sont branchés des xyloses.

Xylophage *adj. et n. m. (du gr. xulon,*

bois et phagein, manger). [**Xylophagous (adj.)**] Qui se nourrit de bois.

Xylophyte *n. f.* [**Xylophyte**] **Syn.**: Trachéophyte.

Xylose *n. m. (de xyl(o) et ose).* [**Xylose**] Aldopentose de la paroi des cellules végétales (hémicellulose).

Xylulose-5-phosphate *n. m.* [**Xylulose-5-phosphate**] Ester phosphorique du xylulose résultant de l'isomérisation du ribulose-5-phosphate dans la voie des pentoses phosphate.

Y Symbole de la tyrosine dans la formule des protéines.

Z

Zéaxanthine *n. f. (du genre Zea et xanthine).* [Zeaxanthin] Xanthophylle des grains de Maïs (*Zea sp.*, Poacées).

Zébrure *n. f.* [Stripe] Rayure du pelage d'un animal.

Zéine *n. f.* [Zein] Prolamine contenue dans les grains de Maïs, riche en leucine et acide glutamique.

Zeugopode *n. m.* [Zeugopodium] Segment médian du membre chiridien, formé de deux os longs.

Zinc *n. m.* [Zinc] Symb.: Zn – Élément chimique (Z = 30) du groupe des métaux. C'est un oligoélément jouant un rôle structural dans certaines protéines (à doigts de zinc). C'est un cofacteur d'environ 200 enzymes dont l'alcool déshydrogénase, l'adolase, les peptidases, les superoxydes dismutases. Il est nécessaire à la spermatogenèse, à la synthèse de l'insuline, des immunoglobulines et des acides nucléiques. Il favorise la multiplication cellulaire et la cicatisation.

Zinzinuler *v. i.* Pousser son cri, en parlant de la Mésange et de la Fauvette.

Zoarium *n. m.* Colonie de Bryozoaires.

Zoé *n. f. et adj. (du gr. zôê, vie).* [Zoaca] Stade larvaire des Crustacés Décapodes qui succède au stade nauplius. La zoé présente les ébauches des 5 derniers segments thoraciques.

Zoécie *n. f.* **ou Zoïte** *n. m. (du gr. zôon, animal et oikia, maison).* [Zoecium] Chacun des individus d'une colonie de Bryozoaires. **Syn.**: Zoïte.

Zoïde *n. m. (du gr. zôoeidês, semblable à un animal).* [Zoid] Toute cellule qui peut se mouvoir par des cils ou des flagelles.

Zoïdogamie *n. f. (du gr. zôoeidês, semblable à un animal et gamos, mariage).* [Zoidogamy] Mode de fécondation caractérisé par la mobilité des spermatozoïdes. On rencontre la zoïdogamie chez les Algues, les Bryophytes, les Ptéridophytes et les Préspermatophytes.

Zoïdophilie *n. f. (du gr. zôoeidês, semblable à un animal et philos, ami).* [Zoidophily] Mode de pollinisation dont le vecteur est un animal. On distingue:

- l'**entomophilie** (Insectes);
- la **chiroptérophilie** (Chauves-souris);
- l'**ornithophilie** (Oiseaux);
- l'**anthropophilie** (Hommes).

Syn.: Zoogamie.

Zoïte *n. m.* **Syn.**: Zoécie.

Zonaire *adj.* Placenta zonaire, placenta dont les villosités chorioniques sont regroupées en couronne. [Zonary placenta]

Zona radiata *f.* [Zona radiata] Ensemble des microvillosités de l'ovocyte jeune des Mammifères entouré des cellules folliculaires dans le follicule.

Zone pellucide *f.* [Zona pellucida] Enveloppe glycoprotéique sécrétée par les ovocytes des Mammifères et qui les entoure. C'est l'équivalent de la membrane vitelline chez les autres animaux.

Zonule ciliaire *f.* Appareil suspenseur du cristallin formé de fibrilles conjonctives. **Syn.**: Zonule de Zinn.

Zonule de Zinn *f.* **Syn.**: Zonule ciliaire.

Zoobenthos *n. m. (du gr. zôon, animal et benthos).* [Zoobenthos] Voir Benthos.

Zoobiotique *adj. (du gr. zôon, animal et biotique).* [Zoobiotic] Qui est déterminé par l'action de l'Homme ou des Animaux.

Zoocécidie *n. f. (du gr. zôon, animal et cécidie).* [Zoocecidium] Voir Cécidie.

Zoochorie *n. f. (du gr. zôon, animal et khôrein, se déplacer).* [Zoochory] Dispersion des diaspores par les animaux. On distingue:

a. selon le mode:

• **l'endozoochorie** lorsque les diaspores sont avalées;

• **l'ectozoochorie** ou **épizoochorie** lorsque les diaspores sont fixées sur le tégument ou les phanères de l'animal;

• la **synzoochorie** lorsque les diaspores sont mis en réserve par l'animal.

b. selon l'animal vecteur:

• **l'anthropochorie** et **androchorie** ou **brotochorie** (Homme);

• la **chiroptérochorie** (Chauves-souris);

• **l'entomochorie** (Insectes);

• la **myrmécochorie** (Fourmis);

• **l'ornithochorie** ou **avichorie** (Oiseaux);

• la **saurochorie** (Reptiles).

Voir tableau des modes de dispersion des diaspores.

Zoogamète *n. m.* [Zoogamete] Gamète mobile. **Syn.**: Planogamète.

Zoogamie *n. f.* [Zoogamy] **Syn.**: Zoïdophilie.

Zoogéographie *n. f.* [Zoogeography] Voir Biogéographie.

Zooglée *n. f. (du gr. zôon, animal et glotos, glu).* [Zoogloea] Masse mucilagineuse formée de Bactéries agglutinées.

Zoolite *n. m.* Structure résultant de l'activité animale. Les zoolites peuvent être rejetés ou déposés à la surface du sol (turricule, taupinière) ou construits (barrage de Castors).

Zoologie *n. f. (du gr. zôon, animal et logos, discours).* [Zoology] Science qui étudie les animaux. Le spécialiste est un zoologiste. Voir Biologie.

Zoomasse *n. f.* [Zoomass] Masse de tous les animaux d'un territoire donné.

Zoophage *adj.* [Zoophagous] Qui se nourrit d'animaux. **Syn.**: Carnivore.

Zooplancton *n. m. (du gr. zôon, animal et plancton).* [Zooplankton] Voir Plancton.

Zoosémiotique *n. f.* [Zoosemiotics] Partie de l'éthologie qui étudie les signaux utilisés par les animaux pour communiquer entre eux et les comportements qui leur sont associés.

Zoospore *n. f. (du gr. zôon, animal et spore).* [Zoospore] Spore mobile participant à la reproduction asexuée, chez les Algues et les Champignons inférieurs.

Zoosporocyste *n. m. (du gr. zôon, animal et sporocyste).* [Zoosporocyst] Organe qui produit des zoospores.

Zoosporulation *n. f. (du gr. zôon, animal et sporulation).* Formation de zoospores.

Zoozygote *n. m. (du gr. zôon, animal*

et zygote). **Syn.** : Planozygote.

Zygapophyse *n. f.* [**Zygapophysis**] Apophyse d'articulation entre deux vertèbres successives.

Zygomorphe *adj. (du gr. zugon, joug et morphê, forme).* [**Zygomorphic**] Se dit d'une fleur à symétrie bilatérale. **Ant.**: Actinomorphe.

Zygospore *n. f.* [**Zygospore**] Spore des Zygomycètes.

Zygote *n. m. (du gr. zugôtos, attelé).* [**Zygote**] Cellule résultant de la fusion de deux gamètes.

Zygotène *n. m. (de zygo(te) et du gr. tainia, bandelette, ruban).* [**Zygotene**] Second stade de la prophase de première division de méiose. **Syn.**: Amphitène.

Zymogène *n. m.* [**Zymogen**] **Syn.**: Proenzyme.

Zymotique *adj. (du gr. zumôtikos, propre à faire fermenter).* [**Zymotic**] Relatif à la fermentation.

Tableaux

TABLEAU 1 : **Les 20 acides aminés constitutifs des protéines**

Noms	Abréviations à 3 lettres	Symboles à 1 lettre	Formules brutes
Alanine	Ala	A	$C_3H_7NO_2$
Arginine	Arg	R	$C_6H_{14}N_4O_2$
Acide aspartique	Asp	D	$C_4H_7NO_4$
Asparagine	Asn	N	$C_4H_8N_2O_3$
Cystéine	Cys	C	$C_3H_7NO_2S$
Acide glutamique	Glu	E	$C_5H_9NO_4$
Glutamine	Gln	Q	$C_5H_{10}N_2O_3$
Glycine	Gly	G	$C_2H_5NO_2$
Histidine	His	H	$C_6H_9N_3O_2$
Isoleucine	Ile	I	$C_6H_{13}NO_2$
Leucine	Leu	L	$C_6H_{13}NO_2$
Lysine	Lys	K	$C_6H_{14}N_2O_2$
Méthionine	Met	M	$C_5H_{11}NO_2S$
Phénylalanine	Phe	F	$C_9H_{11}NO_2$
Proline	Pro	P	$C_5H_9NO_2$
Sérine	Ser	S	$C_3H_7NO_3$
Thréonine	Thr	T	$C_4H_9NO_3$
Tryptophane	Trp	W	$C_{11}H_{12}N_2O_2$
Tyrosine	Tyr	Y	$C_9H_{11}NO_3$
Valine	Val	V	$C_5H_{11}NO_2$

TABLEAU 2 : **Classification des acides aminés constitutifs des protéines**

Caractères électriques au pH biologique			Acides aminés	Caractères chimiques
À chaîne latérale non polaire (hydrophobe)	Acides aminés neutres		**1. Glycine**	À chaîne hydrocarbonée
			2. Alanine	
			3. Valine	
			4. Leucine	
			5. Isoleucine	
			6. Phénylalanine	Aromatiques
			7. Tryptophane	
			8. Proline	Hétérocyclique
			9. Méthionine	Soufrés
À chaîne latérale polaire (hydrophile)			**10. Cystéine**	
			11. Sérine	Hydroxylés
			12. Thréonine	
			13. Tyrosine	Aromatique
			14. Asparagine	Dicarboxyliques amidinés
			15. Glutamine	
	Acides aminés chargés	Chargés négativement (acides)	**16. Acide aspartique**	
			17. Acide glutamique	
		Chargés positivement (basiques)	**18. Arginine**	Aliphatiques
			19. Histidine	
			20. Lysine	

Tableau 3 : Les acides gras

a. Cn: x, n-y
Avec n: nb. de carbones
x: nb. de doubles liaisons
n-y: position de la 1re double liaison à partir du méthyle terminal, les autres étant en position malonique

Formules simplifiées[a]	Appellations communes	Noms officiels	Sources
C4: 0	Acide butyrique	Acide butanoïque	Nombreuses graisses, crème du lait
C6: 0	Acide caproïque	Acide hexanoïque	
C8: 0	Acide caprylique	Acide octanoïque	
C10: 0	Acide caprique	Acide décanoïque	
C10: 1	Acide caproléique	Acide décénoïque	
C12: 0	Acide laurique	Acide dodécanoïque	Graisses végétales (Laurier) et en plus faible quantité dans les graisses animales
C12: 1	Acide lauroléique	Acide dodécénoïque	
C14: 0	Acide myristique	Acide tétradécanoïque	Graisses animales, huile de palme et de muscade
C14: 0 iso	Acide isomyristique	Acide 12-méthyltridécanoïque	
C14: 1	Acide myristoléique	Acide tétradécénoïque	
C16: 0	Acide palmitique	Acide hexadécanoïque	Très répandu, dans toutes les graisses
C16: 0 iso	Acide isopalmitique	Acide 14-méthylpentadécanoïque	
C16: 0 ante-iso		Acide 13-méthylpentadécanoïque	
C16: 1, n-7 cis	Acide palmitoléique	Acide cis-9-hexadécénoïque	Très répandu, dans toutes les graisses
C16: 1, n-7 trans	Acide palmitélaïdique	Acide trans-9-hexadécénoïque	
C16: 3	Acide hiragonique	Acide 6,10,14-hexadécatriénoïque	
C18: 0	Acide stéarique	Acide octadécanoïque	Très répandu et abondant

TABLEAU 3 : **Les acides gras** (SUITE)

Formules simplifiées[a]	Appellations communes	Noms officiels	Sources
C18: 0 iso	Acide isostéarique	Acide 16-méthylheptadécanoïque	
C18: 0 ante-iso		Acide 15-méthylheptadécanoïque	
C18: 0, OH n-9, n-10	Acide dihydroxystéarique	Acide 9, 11-dihydroxyoctadécanoïque	
C18: 1, n-9 cis	Acide oléique	Acide 9-octadécénoïque	Le plus abondant des ac. gras insaturés: 53 % du tissu adipeux humain, 33 % des ac. gras du lait, dans toutes les huiles (surtout d'olive)
C18: 1, n-9 trans	Acide élaïdique	Acide trans-9-octadécénoïque	
C18:1, n-7 trans	Acide vaccénique	Acide trans-11-octadécénoïque	Graisse de bœuf et de mouton, lait
C18:1, OH n-7	Acide ricinoléique	Acide 11-hydroxy-9-octadécanoïque	
C18: 2, n-6	Acide linoléique	Acide 9, 12-octadécadiénoïque	
C18:3, n-6	Acide γ-linolénique	Acide 6, 9, 12-octadécatriénoïque	
C18: 3, n-3	Acide α-linolénique	Acide 9, 12, 15-octadécatriénoïque	
C18: 4, n-3	Acide stéaridonique	Acide 6, 9, 12, 15-octadécatétraénoïque	
C20: 0	Acide arachidique	Acide eicosanoïque	
C20: 1, n-9	Acide gadoléique	Acide 11-eicosénoïque	
C20: 3, n-6	Acide dihomo-γ-linolénique	Acide 8, 11, 14-eicosatriénoïque	
C20: 3, n-9		Acide 5, 8, 11-eicosatriénoïque	
C20: 4, n-6	Acide arachidonique	Acide 5, 8, 11, 14-eicosatétraénoïque	
C20: 5, n-3	Acide timmodonique	Acide 5, 8, 11, 14, 17-eicosapentaénoïque	
C22: 0	Acide béhénique	Acide docosanoïque	
C22: 1, n-9 cis	Acide érucique	Acide cis-13-docosénoïque	Huile de Colza

TABLEAU 3 : **Les acides gras** (SUITE)

Formules simplifiées[a]	Appellations communes	Noms officiels	Sources
C22: 1, n-9 trans	Acide brassidique	Acide trans-13-docosénoïque	
C22: 1, n-11	Acide cétoléique	Acide 11-docosénoïque	Huiles de poisson
C22: 2		Acide docosadiénoïque	
C22: 3		Acide docosatriénoïque	
C22: 4, n-6		Acide 7, 10, 13, 16-docosatétraénoïque	
C22: 5, n-6		Acide 4, 7, 10, 13, 16-docosapentaénoïque	
C22: 5, n-3	Acide clupanodonique	Acide 7, 10, 13, 16, 19-docosapentaénoïque	
C22: 6, n-3	Acide cervonique	Acide 4, 7, 10, 13, 16, 19-docosahexaénoïque	
C23: 0		Acide tricosanoïque	
C24: 0	Acide lignocérique	Acide tétracosanoïque	Dans les sphingomyélines et les cérébrosides
C24: 1, n-9	Acide nervonique ou sélacholéique	Acide 15-tétracosénoïque	Huiles de foie de Sélaciens, sphingomyélines et cérébrosides
C26:0	Acide cérotique	Acide hexacosanoïque	
C26: 1	Acide ximénique	Acide 17-hexacosénoïque	Cérébrosides
C28: 0	Acide montanique	Acide octocosanoïque	
C30:0	Acide mélissique	Acide tricontanoïque	
C32:0	Acide laccéroïque	Acide dotricontanoïque	

TABLEAU 4 : **Les lipides biologiques**

NB : Les lipides sont définis ici comme étant des composés carbonés, insolubles dans l'eau.

<table>
<tr><td>ACIDES GRAS</td><td colspan="3">• Acides gras saturés (voir tableau des acides gras)
• Acides gras mono-insaturés (voir tableau des acides gras)
• Acides gras poly-insaturés (voir tableau des acides gras)
• Acides gras hydroxylés (ex. : Acide ricinoléique)
• Acides gras ramifiés (ex. : Acide phytanique, acides mycoliques)
• Acides gras à très longue chaîne</td></tr>
<tr><td rowspan="2">DERIVES DES ACIDES GRAS POLY-INSATURES à 20 atomes de carbone (acide arachidonique surtout)</td><td>Eicosanoïdes</td><td colspan="2">• Prostaglandines
• Leucotriènes</td></tr>
<tr><td colspan="3">Peroxydes lipidiques</td></tr>
<tr><td>COMPOSES VOISINS</td><td colspan="3">• Aldéhydes gras
• Alcools gras</td></tr>
<tr><td rowspan="8">GLYCEROLIPIDES = Lipides obtenus par estérification d'un glycérol par un ou des acides gras</td><td>Glycérides
= Acylglycérols</td><td colspan="2">• Monoglycérides = Monoacylglycérols (à 1 acide gras)
• Diglycérides = Diacylglycérols (à 2 acides gras)
• Triglycérides = Triacylglycérols (à 3 acides gras)</td></tr>
<tr><td rowspan="4">Glycérophospholipides
= Glycérophosphatides
= Phosphoglycérides</td><td>Diacylphosphatides</td><td>• Acides phosphatidiques : un glycérol estérifié par 2 acides gras et un acide phosphorique
• Phosphatidylcholines = Lécithines : l'acide phosphorique est estérifié par la choline
• Phosphatidyléthanolamines : l'acide phosphorique est estérifié par l'éthanolamine
• Phosphatidylsérines : l'acide phosphorique est estérifié par la sérine
• Phosphatidylglycérols : l'acide phosphorique est estérifié par un 2e glycérol
• Phosphatidylinositols : l'acide phosphorique est estérifié par l'inositol
• Diphosphatidylglycérols = Cardiolipides : 2 acides phosphatidiques reliés par un glycérol</td></tr>
<tr><td>Alkénylphosphatides
= Plasmalogènes</td><td>C1 du glycérol relié à un aldéhyde gras au lieu d'un acide gras par une liaison éther-oxyde éthylénique :
• Alkénylphosphatidyléthanolamine
• Alkénylphosphatidylcholine</td></tr>
<tr><td>Alkylphosphatides =
Étherphosphatides</td><td>C1 du glycérol relié à un alcool gras au lieu d'un acide gras par une liaison éther-oxyde</td></tr>
<tr><td>Phosphonolipides</td><td>Présence d'une liaison phosphore-carbone</td></tr>
<tr><td colspan="3">Bétaïne lipides (acides phosphatidiques absents)</td></tr>
<tr><td colspan="3">Glycosyldiglycérides : un alcool libre d'un diacylglycérol est relié à un ou plusieurs oses</td></tr>
<tr><td colspan="3">N-acyléthanolamine</td></tr>
</table>

TABLEAU 4 : Les lipides biologiques (SUITE)

NB : Les lipides sont définis ici comme étant des composés carbonés, insolubles dans l'eau.

SPHINGOLIPIDES : Le glycérol est remplacé par un amino-alcool à longue chaîne : sphingosine, dihydrosphingosine, phytosphingosine	Sphingomyélines	
	Sphingoglycolipides : Un ou plusieurs oses reliés au carbone 1 d'un céramide	• Galactolipides (l'ose est un galactose) • Glycolipides neutres (1 à 10 oses) • Gangliosides • Phytoglycolipides
CERIDES	Esters d'acides gras et d'alcools à longue chaîne	
HYDROCARBURES	De structure : CH_3–$(CH_2)_n$–CH_3	
LIPIDES POLYISOPRENIQUES = ISOPRENOÏDES Polymérisation d'unités d'isoprène	Monoterpènes	• Myrcène, géraniol, citral, limonène, terpinène, cinéole, pinène, camphre, menthol, menthone • Iridoïdes et Séco-iridoïdes
	Diterpènes	Phytol, vitamine A, taxol, taxinine, atisine, acides réséniques, ginkgolides
	Triterpènes	• Squalène • Stérols (ex. : Cholestérol, ergostérol, stigmastérol, sitostérols) • Acides biliaires (ex. : Acide cholique, acide désoxycholique) • Hormones stéroïdiques (ex. : androgènes, œstrogènes, progestérone, corticostéroïdes, ecdystéroïdes) • Vitamines D • Brassinostéroïdes • Sapogénines stéroïdiques, alcaloïdes stéroïdiques, hétérosides stéroïdiques
	Tétraterpènes (= Caroténoïdes)	• Carotènes, lycopène • Xanthophylles (par hydroxydation des carotènes) : Zéaxanthine, violaxanthine, flavoxanthine, rhodaxanthine, crocétine
	Polyterpènes	• Caoutchouc • Terpènes alcools (solanésol)
	Quinones à chaîne isoprénique	• Vitamines E (tocophérol, tocotriénol) • Ubiquinones et plastoquinones • Phylloquinones : Vitamines K1 et K2

TABLEAU 5 : Le code génétique

Première base azotée de l'ARNm (extrémité 5')	Deuxième base azotée de l'ARNm				Troisième base azotée de l'ARNm (extrémité 3')
	U	C	A	G	
U	UUU Phénylalanine	UCU Sérine	UAU Tyrosine	UGU Cystéine	U
	UUC Phénylalanine	UCC Sérine	UAC Tyrosine	UGC Cystéine	C
	UUA Leucine	UCA Sérine	UAA STOP (codon ocre)	UGA STOP (codon opale)	A
	UUG Leucine	UCG Sérine	UAG STOP (codon ambre)	UGG Tryptophane	G
C	CUU Leucine	CCU Proline	CAU Histidine	CGU Arginine	U
	CUC Leucine	CCC Proline	CAC Histidine	CGC Arginine	C
	CUA Leucine	CCA Proline	CAA Glutamine	CGA Arginine	A
	CUG Leucine	CCG Proline	CAG Glutamine	CGG Arginine	G
A	AUU Isoleucine	ACU Thréonine	AAU Asparagine	AGU Sérine	U
	AUC Isoleucine	ACC Thréonine	AAC Asparagine	AGC Sérine	C
	AUA Isoleucine	ACA Thréonine	AAA Lysine	AGA Arginine	A
	AUG Méthionine	ACG Thréonine	AAG Lysine	AGG Arginine	G
G	GUU Valine	GCU Alanine	GAU Acide aspartique	GGU Glycine	U
	GUC Valine	GCC Alanine	GAC Acide aspartique	GGC Glycine	C
	GUA Valine	GCA Alanine	GAA Acide glutamique	GGA Glycine	A
	GUG Valine	GCG Alanine	GAG Acide glutamique	GGG Glycine	G

TABLEAU 6 : Les exceptions à l'universalité du code génétique

Codons	Traductions		Espèces concernées	ADN concernés
	Habituelles	Exceptionnelles		
UGA	STOP	Tryptophane	Mammifères Levures Neurospora	ADN mitochondrial
CUA	Leucine	Thréonine	Levures	
AUA	Isoleucine	Méthionine	Mammifères Insectes	
AGA	Arginine	STOP Sérine	Mammifères Insectes	
UAA **UAG** **UGA**	STOP	Ne sont pas des codons stop	Paramécies	ADN nucléaire

TABLEAU 7 : Le complément

Protéines	Fragments	Fonctions
C1	C1q C1r C1s	Se fixe au fragment Fc du complexe antigène/anticorps Active C1s Clive C2 et C4
C2	C2	Neutralise les virus
C3	C3a C3b C3e	Anaphylatoxine Se fixe aux lipopolysaccharides bactériens et aux endotoxines
C4	C4a C4b	Anaphylatoxine Neutralise les virus, opsonine
C5 clivé par la convertase de C5 (C3bBb3b)	C5a C5b	Anaphylatoxine Initie l'attaque membranaire
C6 C7 C8 C9		Composants du complexe d'attaque membranaire (CAM) qui forme un pore dans la membrane des cellules cibles (C5b67 se forme d'abord puis C5b6789)
Facteur B		Se fixe au C3b fixé et est alors clivé en deux fragments par le facteur D ce qui donne le C3bBb (convertase de C3)
Facteur D		Clive le facteur B
Properdine		Se fixe à et stabilise la convertase de C3 qui devient alors le C3bBb3b (convertase de C5)
Facteur H		Régule la voie alterne
Facteur I		Dégrade C3b, régule la voie alterne
Protéine fixant C4b		Inhibe l'assemblage de C4bC2a
Complexe C1 INH		Clive C1 en C1r et C1s
Protéine S		Se fixe à C5b67 et empêche l'attachement du CAM à la membrane

Tableau 8 : Les cytokines et leurs actions

Familles	Cytokines	Taille et forme	Cellules productrices	Activités
Hématopoïétines (à 4 hélices)	IL-2 (= Facteur de croissances des lymphocytes T)	133 a.a., monomère	Lymphocytes T	Stimule la prolifération des lymphocytes T
	IL-3 (= Facteur de stimulation des colonies ou CSF)	133 a.a., monomère	Lymphocytes T, cellules épithéliales thymiques	Dans l'hématopoïèse précoce
	IL-4 (= BCGF-1, BSF-1)	129 a.a., monomère	Lymphocytes T, mastocytes	Activation des lymphocytes B, commutation Ig E, suppression des lymphocytes T_H1
	IL-5 (= BCGF-2)	115 a.a., homodimère	Lymphocytes T, mastocytes	Croissance et différenciation des granulocytes éosinophiles
	IL-6 (= IFN-β2, BSF-2, BCDF)	184 a.a., monomère	Lymphocytes T, macrophages, cellules endothéliales	Croissance et différenciation des lymphocytes B et T Production des protéines de l'inflammation
	IL-7	152 a.a., monomère	Cellules non T	Croissance des lymphocytes pré-T et pré-B
	IL-9	125 a.a., monomère	Lymphocytes T	Stimule les mastocytes et les T_H2
	IL-11	178 a.a., monomère	Fibroblastes du stroma	Action synergique avec IL-3 et 4 dans l'hématopoïèse
	IL-13 (= P600)	132 a.a., monomère	Lymphocytes T	Croissance et différenciation des lymphocytes B Inhibe les lymphocytes T et la production des cytokines inflammatoires des macrophages
	G-CSF	monomère	Fibroblastes et monocytes	Stimule le développement et la différenciation des granulocytes neutrophiles
	IL-15 (= Facteur de croissances des lymphocytes T)	114 a.a., monomère	Cellules non T	Stimule la croissance de l'épithélium intestinal, des lymphocytes T et des NK
	GM-CSF (= Facteur de stimulation des colonies des granulocytes et des macrophages)	127 a.a., monomère	Lymphocytes T, macrophages	Stimule la croissance et le développement des cellules de la lignée monocytaire
	OSM (= OM, Oncostatine M)	196 a.a., monomère	Lymphocytes T, macrophages	Stimule le sarcome de Kaposi, inhibe la croissance des mélanomes
	LIF (= Leukemia Inhibitory Factor)	179 a.a., monomère	Stroma de la moelle osseuse, fibroblastes	Maintient les cellules souches embryonnaires
	Epo (= Erythropoïétine)	165 a.a., monomère	Cellules rénales, hépatocytes	Stimule les progéniteurs des érythroblastes

TABLEAU 8 : **Les cytokines et leurs actions** (SUITE)

Familles	Cytokines	Taille et forme	Cellules productrices	Activités
Interférons	IFN-γ	143 a.a., homodimère	Lymphocytes T et NK	Active les macrophages, augmente synthèse des molécules du CMH, commutation de classes des Ig
	IFN-α	166 a.a., monomère	Leucocytes	Activité antivirale, augmente la synthèse des molécules du CMH de classe I
	IFN-β		Fibroblastes	
Immunoglobulines	B7.1 (= CD80)	262, dimère	Cellules présentatrices d'antigènes	Stimule les lymphocytes T
	B7.2 (= B70, CD86)		Cellules présentatrices d'antigènes	Stimule les lymphocytes T
Famille du TNF	TNF-α (= Cachectine)	157, trimère	Macrophages, cellules NK, lymphocytes T	Inflammation
	TNF-β (= Lymphotoxine, LT, LT-α)	171 a.a., trimère	Lymphocytes T et B	Destruction cellulaire
	LT-β		Lymphocytes T et B	Stimule le développement des ganglions lymphatiques
	Ligand de CD40 (=CD40L)	Trimère	Lymphocytes T, mastocytes	Active les lymphocytes B, commutation de classe des Ig
	Ligand Fas (= FasL)	Trimère	Lymphocytes T	Apoptose
	Ligand de CD27 (=CD27L)		Lymphocytes T	Stimule la prolifération des lymphocytes T
	Ligand de CD30 (=CD30L)		Lymphocytes T	Stimule la prolifération des lymphocytes T
	4-1BBL		Lymphocytes T	Costimule les lymphocytes B et T
	Trail	281 a.a., trimère	Lymphocytes T et monocytes	Apoptose des lymphocytes T activés et des cellules tumorales
	OPG-L (= RANK-L)	316 a.a., trimère	Ostéoblastes, lymphocytes T	Stimule les ostéoclastes donc la résorption osseuse

TABLEAU 8 : Les cytokines et leurs actions (SUITE)

Familles	Cytokines	Taille et forme	Cellules productrices	Activités
Non assignée	TGF-β	112 a.a., homo- et hétérotrimère	Chondrocytes, monocytes, lymphocytes T	Inhibe la croissance cellulaire, stimule la sécrétion de Ig A
	IL-1α	159 a.a., monomère	Macrophages, cellules épithéliales	Active les lymphocytes T et les macrophages
	IL-1β	153 a.a., monomère	Macrophages, cellules épithéliales	Active les lymphocytes T et les macrophages
	IL-1RA	?, monomère	Monocytes, macrophages, granulocytes neutrophiles, hépatocytes	Antagoniste naturel de l'IL-1
	IL-10 (= Inhibiteur F de la synthèse des cytokines)	160 a.a., homodimère	Lymphocytes T, macrophages	Inhibe les macrophages
	IL-12 (= Facteur de stimulation des cellules NK)	197 et 306 a.a., hétérodimère	Lymphocytes B, macrophages	Active les cellules NK, induit la différenciation des lymphocytes T CD4 en lymphocytes T_H1
	MIF	115, monomère	Lymphocytes T	Inhibe la migration des macrophages, active les macrophages
	IL-16	130 a.a., homotétramère	Lymphocytes T, mastocytes, granulocytes éosinophiles	Chimioattractant des lymphocytes T CD4, des monocytes et des éosinophiles
	IL-17 (= mCTLA-8)	150 a.a., monomère	Lymphocytes T CD4 mémoire	Induit la synthèse des cytokines par les épithéliums, les endothéliums et les fibroblastes
	IL-18 (= IGIF, Facteur d'induction de l'IFN-γ)	157 a.a., monomère	Macrophages et cellules de Kupffer activées	Induit la production d'IFN- pas les lymphocytes T et les cellules NK, favorise l'induction des T_H1

TABLEAU 9 : Les sites de synthèse et les effets des phytohormones

	Acide abscissique	Auxines	Cytokinines	Gibbérellines	Ethylène
Site de synthèse	Coiffe de la racine, feuilles et tiges âgées	Embryon, méristèmes racinaire et caulinaire	Racines	Embryon, apex racinaire et caulinaire	Fruits en maturation, tissus sénescents
Dormance	Induction			Levée de dormance des bourgeons et semences	
Germination	Inhibition			Induction	
Croissance cellulaire et différenciation	Inhibition de l'élongation cellulaire	Induction des divisions cambiales Stimulation de la rhizogenèse	Induction	Induction	Inhibition de l'élongation cellulaire
Dominance apicale		Inhibition des bourgeons axillaires	Induction des bourgeons axillaires	Induction	
Floraison		Induction chez les plantes de jours courts		Induction	
Développement du fruit		Induction		Induction de la croissance Inhibition de la maturation	Accélération de la maturation
Abscission des feuilles et sénescence	Induction	Inhibition	Inhibition		Induction
Autres effets	Régulation hydrique		Induction de l'ouverture des stomates	Régulation de la consommation des réserves	Inhibition de la sénescence foliaire

Tableau 10 : Les hormones des Mammifères et leurs effets

Locali-sation	Glandes	Nom des hormones	Nature chimique des hormones	Effets des hormones
ENCEPHALE	Hypothalamus	**Somatolibérines = Somatocrinines = GH-RH = GRH = SRF**	3 polypeptides différents de 37, 40 et 44 acides aminés	• Stimule la sécrétion par l'hypophyse d'hormone de croissance (GH).
		Corticolibérine = CRH	Polypeptide de 41 acides aminés	• Stimule la sécrétion par l'hypophyse de corticostimuline (ACTH).
		Gonadolibérine = GnRH	Décapeptide	• Stimule la sécrétion par l'hypophyse de folliculostimuline (FSH) et d'hormone lutéinisante (LH).
		Thyréolibérine = TRH	Tripeptide Gln-His-Pro	• Stimule la sécrétion par l'hypophyse de thyréostimuline (TSH).
		Somatostatine = GH-IH = SRIF	Polypeptide de 14 acides aminés	• Inhibe la sécrétion d'hormone de croissance (GH) et de thyréostimuline (TSH).
		Mélanolibérine = MSH-RH = MRH	Pentapeptide	• Stimule la sécrétion par l'hypophyse de mélanostimuline (MSH).
		Mélanostatine = MSH-IH = MIF	Tripeptide : Pro-Leu-Gly	• Inhibe la sécrétion par l'hypophyse de mélanostimuline (MSH).
		Facteurs inhibiteurs de la prolactine = PIF	Polypeptides	• Inhibe la sécrétion de prolactine.
	Adéno-hypophyse	**Somatostimuline = Somatotrophine = Hormone de croissance = GH = STH**	Protéine de 191 acides aminés	• Stimule l'anabolisme protéique, la sécrétion de glucagon, la lipolyse (hyperglycémiante). • Facteur de croissance des cartilages, des os et des muscles.
		Corticostimuline = Corticotrophine = Hormone corticotrope = ACTH	Polypeptide (acides aminés 1 à 39 de la POMC)	• Stimule la sécrétion des hormones stéroïdes par les corticosurrénales.
		Thyréostimuline = Hormone thyréotrope = TSH	Glycoprotéine de 201 acides aminés	• Stimule la sécrétion d'hormones thyroïdiennes, la lipolyse. • Élève le métabolisme basal.
		Folliculostimuline = Hormone folliculostimulante = FSH	Glycoprotéine de 210 acides aminés	• Provoque la croissance et la maturation des follicules ovariens, la sécrétion d'oestradiol par la thèque interne des follicules. • Provoque le développement des tubes séminifères et la spermatogenèse.

TABLEAU 10 : Les hormones des Mammifères et leurs effets (SUITE)

Locali-sation	Glandes	Nom des hormones	Nature chimique des hormones	Effets des hormones
ENCEPHALE	Adéno-hypophyse (suite)	**Hormone lutéinisante = Hormone lutéinique = LH = ICSH (*Interstitial cells stimulating hormone*)**	Glycoprotéine de 204 acides aminés	• Provoque la transformation du follicule en corps jaune. • Provoque la sécrétion de progestérone (qui provoque l'ovulation et la maintien de l'endomètre). • Stimule la production de testostérone par les cellules de Leydig.
		Prolactine = Hormone lactogène = Hormone lutéotrope = Lutéotropine = LTH	Protéine de 198 acides aminés	• Stimule la synthèse de progestérone par le corps jaune. • Prépare les glandes mammaires à la sécrétion de lait et stimule la synthèse du lait après la parturition.
		Mélanostimuline = Hormone mélanotrope = Hormone mélanostimulante = α-MSH	Polypeptide (acides aminés 1 à 13 de la POMC)	• Stimule la synthèse de la mélanine.
		Hormone lipotrope = LPH	Protéine de 91 acides aminés (acides aminés 42 à 132 de la POMC)	• Précurseur de la β-endorphine. • Faible activité lipolytique.
		β-endorphine	Polypeptide de 31 acides aminés (acides aminés 102 à 132 de la POMC)	• Stimule la sécrétion de prolactine. • Inhibe la sécrétion de LH.
	Neuro-hypophyse	**Vasopressine = Hormone antidiurétique = ADH**	Nonapeptide : Cys-Tyr-Phe-Glu-Asp-Cys-Pro-Arg-Gly	• Élève la pression artérielle. • Stimule la réabsorption de l'eau au niveau des tubes distal et collecteur en augmentant le nombre d'aquaporines.
		Ocytocine = OT	Nonapeptide : Cys-Tyr-Ile-Glu-Asp-Cys-Pro-Leu-Gly	• Stimule les contractions utérines. • Provoque l'éjection de lait par la contraction des cellules myo-épithéliales des glandes mammaires.
		Neurophysines	Protéines de 93 acides aminés	• MSEL-neurophysines : vectrices de l'ADH. • VLDV-neurophysines : vectrices de l'ocytocine.
	Épiphyse	**Mélatonine = N-acétyl-5-méthoxytryptamine**	Hormone dérivée de la sérotonine	• Stimule l'activité de la glutathion peroxydase, une enzyme anti-oxydante. • Réduit la peroxydation des lipides membranaires. • Neutralise les radicaux libres.

TABLEAU 10 : Les hormones des Mammifères et leurs effets (SUITE)

Locali-sation	Glandes	Nom des hormones	Nature chimique des hormones	Effets des hormones
THORAX	Thyroïde	**T4 = Thyroxine = Tétra-iodothyronine T3 = 3,5,3'-triiodothyronine**	Hormones dérivées de la tyrosine avec 3 ou 4 atomes d'iode	• Stimule l'anabolisme protéique et le métabolisme basal. • Stimule la glycogénolyse, la lipolyse. • Favorise l'absorption intestinale des glucides. • Augmente la diurèse et l'excrétion calcique.
		Calcitonine	Polypeptide de 32 acides aminés	• Inhibe le catabolisme osseux ce qui entraîne une hypocalcémie et une hypophosphatémie. • Favorise l'absorption intestinale du calcium. • Augmente l'excrétion urinaire de calcium, des phosphates, du sodium et du potassium.
	Parathyroïde	**Parathormone = PTH**	Protéine de 84 acides aminés	• Favorise l'ostéolyse en stimulant la formation et l'activité des ostéoclastes en dépolymérisant les mucopolysaccharides qui fixent le calcium. • Inhibe l'ostéogenèse par dédifférenciation des ostéoblastes • Inhibe la réabsorption des phosphates et du sodium • Active la 1-α-hydroxylase rénale qui donne le calcitriol.
	Cœur	**Facteur natriurétique auriculaire = FNA ou ANF = Atriopeptide**	Polypeptide de 28 acides aminés	• Favorise l'excrétion de sodium, la diurèse, la vasodilatation par stimulation de la synthèse de NO.
ABDOMEN	Muqueuse digestive	**Gastrine (cellules G gastriques et duodénales)**	Polypeptide de 17 acides aminés	• Stimule la synthèse d'acide chlorhydrique par les cellules pariétales gastriques. • Stimule la motricité gastro-intestinale et le relâchement des sphincters d'Oddi et pylorique.
		Cholécystokinines = CCK (cellules duodénales)	Différents peptides de 4, 8, 12, 33, 58 acides aminés à partir d'un précurseur commun de 114 aa	• Stimule les cellules acineuses du pancréas, la contraction de la vésicule biliaire, la sécrétion gastrique d'acide chlorhydrique et de pepsine, la motilité de l'intestin grêle et du gros intestin • Inhibe la motilité et la vidange gastriques.
		Sécrétine (cellules S duodénales)	Polypeptide de 27 acides aminés	• Stimule la sécrétion de pepsine. • Inhibe la motilité gastrique.
		Motiline	Polypeptide de 22 acides aminés	• Stimule la motilité gastrique.

TABLEAU 10 : **Les hormones des Mammifères et leurs effets** (SUITE)

Locali-sation	Glandes	Nom des hormones	Nature chimique des hormones	Effets des hormones
ABDOMEN	Muqueuse digestive	**Peptide inhibiteur gastrique = GIP (cellules K duodénales)**	Polypeptide de 43 acides aminés	• Inhibe la synthèse d'acide chlorhydrique.
		Entéroglucagon = Glicentine et Oxyntomoduline (cellules L)	Polypeptides	• Inhibe la motilité et la sécrétion gastriques.
		Peptide intestinal vasoactif = VIP (cellules D intestinales)	Polypeptide de 28 acides aminés	• Stimule la glycogénolyse, la lipolyse, la vasodilatation et l'hypotension artérielle.
	Pancréas endocrine (îlots de Langerhans)	**Insuline**	Protéine de 51 acides aminés	• Stimule la glycogénogenèse, la lipogenèse hépatique, la glycolyse, la synthèse de protéines.
		Glucagon	Polypeptide de 29 acides aminés	• Stimule la glycogénolyse hépatique et la gluconéogenèse • Inhibe la glycolyse
	Médullo-surrénale	**Adrénaline**	Hormone dérivée de la phénylalanine	• CŒUR : par récepteurs bêta : – Effet inotrope : Augmentation de la force de contraction cardiaque. – Effet chronotrope :augmentation de la fréquence cardiaque. – Effet bathmotrope : augmentation de l'excitabilité cardiaque. – Effet dromotrope : augmentation de la conductibilité électrique cardiaque. • VAISSEAUX : redistribution sanguine des aires cutanées vers le cœur et les muscles. • HYPOTHALAMUS : stimule la sécrétion d'ACTH. • MUSCLES LISSES : Provoque une broncho-dilatation et une diminution du tonus intestinal • FOIE : Stimule la glycogénolyse.
		Noradrénaline	Hormone dérivée de la phénylalanine	• Provoque une vasoconstriction générale sauf pour les coronaires.

TABLEAU 10 : Les hormones des Mammifères et leurs effets (SUITE)

Localisation	Glandes	Nom des hormones	Nature chimique des hormones	Effets des hormones
ABDOMEN	Cortico-surrénale	**Cortisol** **Corticostérone**	Hormones glucocorticoïdes dérivées du cholestérol	• Stimule la gluconéogenèse et diminue l'utilisation du glucose. • Stimule la protéolyse et inhibe le transfert membranaire des acides aminés. • Provoque une immunodépression par éosinopénie et lymphophénie. • A une action anti-inflammatoire.
		Aldostérone	Hormone minéralocorticoïde dérivée du cholestérol	• Provoque une rétention sodique rénale donc une hypernatrémie. • Provoque une excrétion potassique donc une hypokaliémie.
	Rein	**Calcitriol = 1,25-Dihydroxycholécalciférol**	Vitamine D 3 active	• INTESTIN : Augmente l'absorption intestinale du calcium et indirectement du phosphore. • REIN : Augmente la réabsorption rénale du calcium et du potassium. • OS : Stimule la minéralisation.
	Rein (90 %) et foie (10%)	**Érythropoïétine = EPO**	Glycoprotéine de 166 acides aminés	• Augmente l'érythropoïèse en agissant sur les érythroblastes.
	Ovaire et placenta	**Œstradiol = Dihydrofolliculine**	Hormone stéroïde dérivée du cholestérol	• Restaure l'endomètre utérin après les règles. • Augmente la filance de la glaire cervicale autour de l'ovulation. • Stimule le péristaltisme des trompes. • Stimule la rétention hydrosodée. • Stimule les ostéoblastes. • Entraîne une hypothermie. • Stimule la sécrétion de prolactine. • Augmente le bon cholestérol (HDL).
		Progestérone	Hormone stéroïde dérivée du cholestérol	• Provoque la formation de la dentelle endométriale. • Diminue la filance de la glaire cervicale (bouchon muqueux). • Provoque l'ovulation et l'augmentation de la température lors de l'ovulation. • Provoque la croissance des acini mammaires.

TABLEAU 10 : **Les hormones des Mammifères et leurs effets** (SUITE)

Locali-sation	Glandes	Nom des hormones	Nature chimique des hormones	Effets des hormones
ABDOMEN	**Testicule**	**Testostérone** **Dihydrotestostérone** **(5-α-DHT)**	Hormone stéroïde dérivée du cholestérol	• Provoque une masculinisation. • Stimule l'anabolisme protéique. • Stimule l'activité du cartilage de conjugaison (croissance pubertaire).
		Inhibines A et B	Glycoprotéine	• Inhibe la sécrétion de FSH • Diminue la sécrétion de testostérone par les cellules de Leydig
		Activine	Glycoprotéine	• Active la sécrétion de FSH. • Augmente la sécrétion de testostérone par les cellules de Leydig.
	Placenta	**Gonadotrophine chorionique = HCG**	Glycoprotéine de 237 acides aminés	• Stimule la migration des testicules fœtaux vers le scrotum.
		Hormone placentaire lactotrope = HPL	Protéine de 191 acides aminés	• Provoque une hyperglycémie (diabète gestationnel). • Augmente l'anabolisme protidique, la lipolyse et la sécrétion d'insuline. • Prépare la lactogenèse.

TABLEAU 11 : Les caractéristiques et propriétés des classes d'immunoglobulines (Ig) humaines

Caractéristiques \ Classes	IgA	IgD	IgE	IgG	IgM
Sous-classes	A1 et A2	Non	Non	G1, G2, G3 et G4	Non
Chaîne lourde	Types $\alpha1$ et $\alpha2$	Type δ	Type ε	Types $\gamma1$, $\gamma2$, $\gamma3$, $\gamma4$	Type μ
Structure	• Monomère (IgA sériques) • Dimère (Ig A sécrétoires) Polymère	Monomère	Monomère	Monomère	• Monomère : Ig M membranaires • Pentamère : Ig M sériques (étoile ou agrafe) • Tétra- ou hexamère chez d'autres classes de Vertébrés
Oligosaccharides (%)	7 à 11 %	9 à 14 %	12 %	2 à 3 %	12 %
Effets de la chaleur	Thermostable	Thermostable	Thermolabile	Thermostable	Thermostable
Demi-vie dans le plasma	6 jours	3 jours	2 jours	G1, G2, G4 : 20 jours G3 : 7 jours	5 jours
Pourcentage des anticorps dans le sérum	10 à 15 %	0,2 %	0,002 %	80 %	5 à 10 %
Localisation	• Sang • Lymphe • Sécrétions (larmes, salive, mucus, lait)	Membrane des lymphocytes B	Membrane des polynucléaires basophiles et des mastocytes	• Sang • Lymphe • Liquide interstitiel	Sang
Fonctions	• Protection à la surface des muqueuses. • Protection du nouveau-né (lait).	Déclenchement de la réponse immunitaire.	• Réactions allergiques. • Défense contre les parasites extracellulaires.	• Classe la plus importante dans les réponses secondaires. • Stimulation de la phagocytose. • Immunité passive du fœtus et nouveau-né.	• Classe prédominante dans la réponse primaire. • Seules Ig chez les Poissons. • Pouvoir d'agglutination des antigènes.
Nombre de sites de liaison à l'antigène	• Monomère : 2 • Dimère : 4	2	2	2	• Monomère : 2 • Pentamère : 10
Activation du complément	Non	Non	Non	Oui (sauf Ig G4)	Oui
Passage transplacentaire	Non	Non	Non	Oui, par récepteurs des Ig G du trophoblaste	Non
Opsonisation	Oui	Non	Non	Oui (Ig G1 surtout)	Non
Activation des cellules NK	Non	Non	Non	Oui (par Ig G1)	Non

TABLEAU 12 : Les vitamines

VITAMINES		AUTRES NOMS	FONCTIONS	SYNDROMES DE CARENCE ET DÉFICIENCE	APPORTS QUOTIDIENS CHEZ L'ADULTE	SOURCES
HYDROSOLUBLES	C	**Acide ascorbique**	• Intervient dans 2 types de réactions: hydroxylations et oxydoréductions • Indispensable à la synthèse des hydroxyprolines et hydroxylysines du collagène • Diminue l'oxydation des lipoprotéines plasmatiques • Déstabilise les capsomères des virus • Maintient les ponts disulfure des anticorps • Stimule la transformation du cholestérol en acides biliaires et celle du tryptophane en sérotonine • Piège les radicaux libres • Stimule la synthèse des glucocorticoïdes • Favorise l'absorption et l'utilisation du fer	Carence grave: Scorbut. Asthénie, mauvaise dentition, mauvaise cicatrisation, sensibilité aux infections	110 mg	Fruits (agrumes, baies surtout), légumes
HYDROSOLUBLES	B1	**Thiamine, Aneurine**	Forme active: pyrophosphate de thiamine (TPP) qui est une coenzyme de nombreuses décarboxylases du métabolisme glucidique	Béribéri, atrophie musculaire, épuisement, perte d'appétit et de la mémoire	1,3 mg	Levure de bière, germes de blé, son de riz, enveloppe des graines, abats, légumes verts, poissons, œufs
HYDROSOLUBLES	B2	**Riboflavine, Lactoflavine**	Précurseur des FAD et FMN	Ariboflavinose, lésions cutanées, photophobie	1,6 mg	Levure de bière, lait, enveloppe des graines, abats, œufs, poissons
HYDROSOLUBLES	B3	**PP, Nicotinamide, Niacine**	Précurseur des NAD et NADP Vasodilatateur des vaisseaux périphériques	Lésions cutanées, fatigue, Les 4 D: dermatite, diarrhée, démence, décès Forme grave: pellagre	18 à 20 mg	Levure de bière, son de blé, abats et viande
HYDROSOLUBLES	B5	**Acide pantothénique**	Forme active: Coenzyme A	Dépression, dégénérescence neuromusculaire	5 à 10 mg	Synthèse intestinale, levure de bière, son de blé, du riz, abats, jaune d'œufs, chou
HYDROSOLUBLES	B6	**Pyridoxine**	Forme active: phosphate de pyridoxal: coenzyme de nombreuses enzymes du métabolisme des acides aminés, de l'hème et de l'acide oxalique	Rare, lésions séborrhéiques	1,8 mg	Levure de bière, germes de blé, abats, jaune d'œuf, viande, fruits et légumes verts

TABLEAU 12 : Les vitamines (SUITE)

VITAMINES		AUTRES NOMS	FONCTIONS	SYNDROMES DE CARENCE ET DÉFICIENCE	APPORTS QUOTIDIENS CHEZ L'ADULTE	SOURCES
HYDROSOLUBLES (suite)	B8	**Biotine, Vitamine H**	Coenzyme de 3 carboxylases: acétylcoA carboxylase, propionylcoA carboxylase et pyruvate carboxylase	Douleurs musculaires, nausées, épuisement, taux élevé de cholestérol	100 à 300 µg	Levure de bière, jaune d'œuf, chocolat, arachide
	B9	**Vitamine M, Acide folique, Folacine, Acide ptéroylglutamique**	Forme active tétrahydrogénée: acide tétrahydrofolique Favorise la synthèse de la méthionine, des bases azotées	Anémie mégaloblastique, troubles nerveux et gastriques	0,4 mg	Légumes verts, abats, viandes, jaune d'œuf
	B12	**Cyanocobalamine**	Transfert d'un H d'un carbone à celui d'à côté, de CH3 sur l'homocystéine pour former la méthionine	Anémie pernicieuse	2,4 µg	Viande, foie, lait, synthèse par la flore intestinale
LIPOSOLUBLES	A	**Rétinol, Axérophtol**	Antioxydant important Donne le rétinal de la rétine, agit sur la croissance des dents et des os, sur la cicatrisation	Xérophthalmie, hyperkératose, peau et cheveux secs	1,5 mg	Huile de foie de poisson, beurre, foie, jaune d'œuf
	D: - D2 - D3	**Facteur antirachitique - Ergocalciférol - Cholécalciférol**	Forme active: 1,25-dihydroxycholécalciférol Active la synthèse de la protéine fixatrice de Ca dans l'intestin et permet la minéralisation osseuse	Rachitisme, déminéralisation (ostéomalacie), tonus musculaire réduit	5 µg	Huile de foie de poisson, foie, poissons gras, jaune d'oeuf
	E	**α-Tocophérol, Facteur de fécondité**	Antioxydant qui neutralise les radicaux libres, empêche l'oxydation des phospholipides des membranes	Très rare, stérilité	12 à 15 mg	Huiles, germes de blé, légumes verts, graines oléagineuses
	K: - K1 - K2	**- Phylloquinone - Ménaquinone**	Cofacteur de la protéine carboxylase qui agit sur la synthèse des facteurs de coagulation dont la thrombokinase Intermédiaire de la chaîne photosynthétique des électrons (photosystème I)	Rare: hémorragie	45 g	Synthèse par la flore intestinale (50 %), légumes verts, foie, œufs, huiles

TABLEAU 13 : Le système sanguin érythrocytaire ABO

Groupes sanguin	Antigènes des hématies (= agglutinogènes)	Anticorps du plasma (= agglutinines)	Donneurs compatibles	Fréquences des groupes sanguins (pourcentage de la population des États-Unis)		
				Peau blanche	Peau noire	Peau de type asiatique
A	A	Anticorps anti-B	A et 0	41	27	28
B	B	Anticorps anti-A	B et 0	9	20	27
AB	A et B	Aucun	A, B, AB et 0 (receveur universel)	3	4	5
0	Ni A ni B	Anticorps anti-A et anti-B	0	47	49	40

TABLEAU 14 : Les nucléosides et nucléotides des acides nucléiques

Bases	Dans l'ARN		Dans l'ADN	
	Ribonucléosides	Ribonucléotides	Désoxyribonucléosides	Désoxyribonucléotides
Adénine	Adénosine	Acide adénylique = Adénosine-5′-monophosphate = AMP	Désoxyadénosine	Acide désoxyadénylique = Désoxyadénosine-5′-monophosphate = dAMP
Thymine			Désoxythymidine	Acide désoxythymidylique = Désoxythymidine-5′-monophosphate = dTMP
Guanine	Guanosine	Acide guanylique = Guanosine-5′-monophosphate = GMP	Désoxyguanosine	Acide désoxyguanylique = Désoxyguanosine-5′-monophosphate = dGMP
Cytosine	Cytidine	Acide cytidylique = Cytidine-5′-monophosphate = CMP	Désoxycytidine	Acide désoxycytidylique = Désoxycytidine-5′-monophosphate = dCMP
Uracile	Uridine	Acide uridylique = Uridine-5′-monophosphate = UMP		

TABLEAU 15 : **Comparaison des microscopes optique et électronique**

	Microscope optique	Microscope électronique
Grossissement maximum	1000 à 1500	10^6
Résolution maximum	200 nm	0,1 nm
Rayonnement	Lumière visible	Faisceau d'électrons
Nature des lentilles	En verre	Électromagnétiques
Milieu pour l'échantillon	Air	Vide poussé
Support pour l'échantillon	Lame de verre	Grille métallique

TABLEAU 16 : Comparaison des Bactéries, des Archées et des Eucaryotes

Propriétés	Procaryotes		Eucaryotes
	Bactéries	Archées	
Organisation du matériel génétique:			
• Noyau délimité par une enveloppe	Non	Non	Oui
• ADN lié à des histones	Non	Chez certaines	Oui
• Nombre de chromosomes	Un + plasmides	Un + plasmides	Plus d'un
• Introns	Rares	Rares	Oui
• Nucléole	Non	Non	Oui
• Mitose	Non	Non	Oui
Organites membranaires	Non	Non	Oui
Paroi cellulaire	Peptidoglycane	De nature diverse, sans peptidoglycane	Oui sauf chez les Animaux et les Protozoaires. Pas de peptidoglycane
Lipides membranaires	Acides gras non ramifiés Liaisons ester avec le glycérol Pas de stérols (sauf Mycoplasmes et Méthanotrophes)	Acides gras ramifiés Liaisons éther avec le glycérol Pas de stérols	Acides gras non ramifiés Liaisons ester avec le glycérol Présence de stérols
ARNm polycistroniques	Oui	Oui	Non
ARNm avec introns	Non	Non	Oui
ARN de transfert	Présence de thymine	Thymine remplacée par un pseudo-uracile ou un méthylpseudo-uracile	Présence de thymine
Ribosomes	70 S	70 S (forme caractéristique)	80 S pour les ribosomes cytoplasmiques
ARN polymérase	Une	Plusieurs	Trois
Métabolisme:			
• Fixation de l'azote	Oui	Oui	Non
• Photosynthèse chlorophyllienne	Oui	Non	Oui
• Méthanogenèse	Non	Oui	Non
• Chimiolithotrophie	Oui	Oui	Non

TABLEAU 17 : Comparaison des Bactéries Gram +, des Bactéries Gram - et des Mycoplasmes

Caractéristiques	Bactéries à Gram positif	Bactéries à Gram négatif	Mycoplasmes
Effets de la coloration de Gram	Les Bactéries retiennent le violet cristal et sont donc colorées en violet	Les Bactéries ne retiennent pas le violet cristal. Elles apparaissent rouges par une contre-coloration à la safranine	N'ont pas de paroi cellulaire donc ne peuvent pas retenir le violet cristal
Acides teichoïques	Présents	Absents	Absents
Lipopolysaccharides (LPS)	Peu	Beaucoup	Absents
Peptidoglycane	En couches épaisses	Une couche fine unique	Absent, de même que ses précurseurs
Membrane externe et espace périplasmique	Absents	Présents	Absents
Corpuscule basal des flagelles	Corpuscule basal à 2 anneaux	Corpuscule basal à 4 anneaux	Absent
Forme cellulaire	Sphériques, en bâtonnet, en filament.	Sphériques, ovales, en bâtonnets droit ou courbé, en filament, en hélice	Pléomorphes
Appendices	Généralement absents	Pili, fimbriae, pédoncules	Absents
Mobilité	Généralement non mobiles ou mobiles par flagelles péritriches	Mobiles par flagelles polaires, lophotriches ou péritriches, par glissement	Généralement non mobiles ou par mouvements amiboïdes
Métabolisme	Chimioorganotrophie	Phototrophie Chimiolithotrophie Chimiorganotrophie	Chimioorganotrophie, besoin de stérols pour certains
Toxines	Exotoxines	Endotoxines	Absentes
Endospores	Oui	Non	Non
Sensibilité au lysozyme	Importante	Faible	Résistants
Sensibilité à la pénicilline et au sulfamide	Élevée	Faible	Résistants
Sensibilité au chloramphénicol	Faible	Élevée	Résistants
Sensibilité à la streptomycine et à la tétracycline	Faible	Élevée	Faible (non bactéricide)
Résistance à l'assèchement	Élevée	Faible	Faible

TABLEAU 18 : Les lignées cellulaires de l'hématopoïèse

Cellule souche multipotente						
Cellule souche déterminée						
Proérythroblaste	Lymphoblaste	Myéloblaste			Monoblaste	Mégacaryoblaste
Érythroblaste basophile = normoblaste précoce	Prolymphocyte	Promyélocyte neutrophile	Promyélocyte éosinophile	Promyélocyte basophile	Promonocyte	Mégacaryocyte
Érythroblaste polychromatophile = normoblaste intermédiaire		Myélocyte neutrophile	Myélocyte éosinophile	Myélocyte basophile		
Érythroblaste éosinophile = normoblaste tardif		Métamyélocyte neutrophile	Métamyélocyte éosinophile	Métamyélocyte basophile		
Réticulocyte		Neutrophile à noyau encoché	Eosinophile à noyau encoché	Basophile à noyau encoché		
ERYTHROCYTE (HEMATIE)	**LYMPHOCYTE**	**GRANULOCYTE NEUTROPHILE**	**GRANULOCYTE EOSINOPHILE**	**GRANULOCYTE BASOPHILE**	**MONOCYTE**	**THROMBOCYTE (PLAQUETTE)**

TABLEAU 19 : **Les différents types d'inflorescences**

Inflorescences déterminées ou définies ou cymeuses ou sympodiales	Inflorescences indéterminées ou indéfinies ou racémeuses		
• Cyme unipare scorpioïde • Cyme unipare hélicoïde • Cyme bipare • Cyme multipare • Cyme paniculaire • Cyme racémiforme • Cyme allongée • Thyrse déterminé	Inflorescences simples	Fleurs pédonculées	• Grappe ou Racème • Corymbe • Ombelle
		Fleurs sessiles	• Épi • Capitule • Spadice • Glomérule
	Inflorescences composées	Inflorescences homogènes	• Panicule = racème double • Ombelle composée • Corymbe composé
		Inflorescences mixtes	• Chaton = épi de cymes bipares • Thyrse indéterminé = grappe de cymes

TABLEAU 20 : Classification des fruits simples

<table>
<tr><th></th><th colspan="4">FRUITS SECS</th><th colspan="2">FRUITS CHARNUS</th></tr>
<tr><td rowspan="5">FRUITS INDÉHISCENTS (ne s'ouvrant pas par une fente de déhiscence)</td><td rowspan="4">Péricarpe non soudé à la graine: AKENE</td><td colspan="3">Péricarpe prolongé en une aile membraneuse: SAMARE
Ex.: Fraxinus, Ulmus, Liriodendron</td><td rowspan="2">Un noyau: DRUPE MONOSPERME
Ex.: Prunus, Rubus, Juglans, Cocos</td><td rowspan="7">A noyau: DRUPE</td></tr>
<tr><td colspan="3">Péricarpe portant un pappus: CYPSELA
Ex.: Nombreuses Astéracées</td></tr>
<tr><td colspan="3">Péricarpe osseux: NUCULE
Ex.: Corylus, Quercus</td><td rowspan="3">Plusieurs noyaux: DRUPE POLYSPERME
Ex.: Coffea</td></tr>
<tr><td colspan="3">Plusieurs akènes soudés se séparant en méricarpes:
DIAKENE (à 2 C): ex.: Daucus
TETRAKENE (à 4 C): ex.: Lamiacées</td></tr>
<tr><td></td><td colspan="3">Péricarpe soudé à la graine: CARYOPSE
Ex.: La plupart des Poacées</td></tr>
<tr><td rowspan="8">FRUITS DÉHISCENTS (s'ouvrant par une ou plusieurs fentes de déhiscence)</td><td rowspan="2">Ovaire unicarpellé (= simple)</td><td colspan="3">Déhiscence ventrale seulement: FOLLICULE
Ex.: Aquilegia, Magnolia, Helleborus</td><td>DRUPE DEHISCENTE
Ex.: Carya, Sageretia</td></tr>
<tr><td colspan="3">Déhiscences ventrale et dorsale: GOUSSE
Ex.: Fabacées</td><td rowspan="4">À zeste, poches à essence et poils endocarpiques charnus: HESPERIDE
Ex.: Rutacées</td><td rowspan="7">A pépins: BAIE</td></tr>
<tr><td rowspan="6">Ovaire pluricarpellé (= composé)</td><td></td><td>Ovaire uniloculaire</td><td>Ovaire pluriloculaire</td></tr>
<tr><td>Déhiscence ventrale = suturale (au niv. des carpelles)</td><td>CAPSULE A DEHISCENCE VENTRALE</td><td>CAPSULE SEPTICIDE</td></tr>
<tr><td>Déhiscence dorsale (au niv. de la nervure dorsale)</td><td colspan="2">CAPSULE LOCULICIDE</td></tr>
<tr><td>Déhiscence paraplacentaire = valvaire (de part et d'autres des placentas)</td><td>À 2 carpelles:
SILIQUE
SILICULE
Ex.: La plupart des Brassicacées</td><td>CAPSULE SEPTIFRAGE</td><td rowspan="3">À péricarpe cutinisé en partie: PEPONIDE
Ex.: Cucurbita</td></tr>
<tr><td>Déhiscence au niveau de pores</td><td colspan="2">CAPSULE PORICIDE
Ex.: Papaver</td></tr>
<tr><td>Déhiscence transversale</td><td colspan="2">PYXIDE
Ex.: Anagallis</td></tr>
</table>

TABLEAU 21 : **Les fruits composés et complexes**

LES FRUITS COMPOSES ET COMPLEXES	
Fruits composés ou multiples	• POLYDRUPE: Ex.: framboise (*Rubus sp.*) • POLYAKENE: Ex.: benoîte (*Geum sp.*, Rosacées)
Fruits complexes ou faux-fruits ou pseudo-fruits	• PIRIDION: Ex.: pomme (*Malus sp.*) • CYNORHODON (*Rosa sp.*) • FRAISE (*Fragaria sp.*) • INFRUTESCENCES: Ex.: ananas (*Ananas sp.*), mûre (*Morus sp.*), sycone (*Ficus sp.*)

Tableau 22 : **Les types de dispersion des diaspores**

Types de dispersion	Agents de dispersion	Exemples de plantes et de diaspores
Anémochorie ou Aérochorie	Vent	Fruits à ailes: Erable (*Acer*) Fruits à pappus: Astéracées
Anthropochorie ou Androchorie	Homme	
Autochorie ou Bolochorie	La plante elle-même, par éjection forte	*Ecballium*, Balsamine (*Impatiens*)
Barochorie ou Clitochorie	Gravité	Graines lourdes: Palétuvier (*Rhizophora*)
Chiroptérochorie	Chauves-souris	
Ectozoochorie ou Épizoochorie	Animaux par fixation externe	Fruits à crochets: Bardane (*Arctium*)
Endozoochorie	Animaux avec passage dans le tube digestif	Fruits charnus, à couleurs vives: baies, drupes
Entomochorie	Insectes	
Hydrochorie	Eau	Noix de coco, Lis mathiole (*Pancratium maritimum*)
Myrmécochorie	Fourmis	Graines à élaïosome: Perce-neige (*Galanthus*), Nivéole (*Leucojum*)
Ornithochorie ou Avichorie	Oiseaux	Plantes à baies
Saurochorie	Reptiles	
Synzoochorie	Animaux par mise en réserves	Fruits de nombreux arbres: Chêne (*Quercus sp.*), Noyer (*Juglans sp.*) mis en réserve par l'Écureuil
Zoochorie	Animaux en général	

TABLEAU 23 : Répartition des organes reproductifs chez les Angiospermes

Monoécie: Fleurs mâles et fleurs femelles sur le même pied		
Andromonoécie: Fleurs mâles et fleurs hermaphrodites sur le même pied	Gynomonoécie: Fleurs femelles et fleurs hermaphrodites sur le même pied	Trimonoécie: Fleurs mâles, fleurs femelles et fleurs hermaphrodites sur le même pied

Dioécie: Fleurs mâles et fleurs femelles sur des pieds différents			
	Pied 1	Pied 2	Pied 3
Androdioécie	Fleurs mâles	Fleurs hermaphrodites	
Gynodioécie	Fleurs femelles	Fleurs hermaphrodites	
Trioécie	Fleurs mâles	Fleurs femelles	Fleurs hermaphrodites

TABLEAU 24 : Les différents types de mycorhizes

	Ectomycorhizes	Endomycorhizes à arbuscules	Endomycorhizes à pelotons	Endomycorhizes éricoïdes	Ectendomycorhizes		
Mycobionte	Nombreux Homobasidiomycètes, quelques Euascomycètes	Une quarantaine d'espèces de Zygomycètes	Homobasidiomycètes (*Rhizoctonia* pour la plupart)	Ascomycètes ou Basidiomycètes			
Plante hôte	Arbres des forêts tempérées	La majorité des plantes supérieures	Orchidées	Éricales			Arbres (*Pinus*)
				Bruyères et plantes voisines	Arbousier et plantes voisines	Éricales non chlorophylliennes (*Monotropa*)	
Développement du champignon	Manteau fongique autour de la racine	Pas de manteau; Suçoirs intracellulaires en arbuscules	Pas de manteau; Suçoirs intracellulaires en pelotons	Manteau fongique	Manteau fongique; Suçoirs intracellulaires en pelotons	Manteau fongique; Suçoirs spécialisés	Manteau fongique; Réseau de Hartig; Suçoirs intracellulaires en pelotons

TABLEAU 25 : Structure du phloème

<table>
<tr><th>Origine</th><th colspan="8">Procambium</th><th colspan="5">Cambium</th></tr>
<tr><th rowspan="2">Nom du tissu</th><th colspan="8">Phloème primaire</th><th colspan="5">Phloème secondaire = liber</th></tr>
<tr><th colspan="4">Protophloème</th><th colspan="9">Métaphloème</th></tr>
<tr><th rowspan="2">Nature des cellules</th><th rowspan="2">Eléments conducteurs</th><th rowspan="2">Cellules de contact</th><th rowspan="2">Parenchyme vertical</th><th rowspan="2">Fibres</th><th rowspan="2">Eléments conducteurs</th><th rowspan="2">Cellules de contact</th><th rowspan="2">Parenchyme vertical</th><th rowspan="2">Fibres</th><th rowspan="2">Eléments conducteurs</th><th rowspan="2">Cellules de contact</th><th colspan="2">Parenchyme</th><th rowspan="2">Fibres</th></tr>
<tr><th>vertical</th><th>horizontal</th></tr>
<tr><td>Ptéridophytes</td><td rowspan="2">Cellules criblées</td><td>Non</td><td>Oui</td><td rowspan="2">Non</td><td rowspan="2">Cellules criblées</td><td>Non</td><td>Oui</td><td rowspan="2">Non</td><td colspan="5"></td></tr>
<tr><td>Gymnospermes</td><td>?</td><td>?</td><td>Cellules de Strasburger</td><td>Rare</td><td>Cellules criblées</td><td>Cellules de Strasburger</td><td colspan="2" rowspan="2">Oui</td><td>Non</td></tr>
<tr><td>Dicotylédones</td><td>Tubes criblés</td><td>Cellules compagnes</td><td>Oui</td><td>Fibres périphloémiennes</td><td>Tubes criblés</td><td>Cellules compagnes</td><td>Oui</td><td>Non ou rares</td><td>Tubes criblés</td><td>Cellules compagnes</td><td>Oui</td></tr>
<tr><td>Monocotylédones</td><td colspan="8">Idem</td><td colspan="5"></td></tr>
</table>

Tableau 26 : Structure du xylème

<table>
<tr><th>Origine du tissu</th><th colspan="8">Procambium</th><th colspan="5">Cambium</th></tr>
<tr><th rowspan="2">Nom du tissu</th><th colspan="8">Xylème primaire</th><th colspan="5">Xylème secondaire = bois</th></tr>
<tr><th colspan="4">Protoxylème</th><th colspan="9">Métaxylème</th></tr>
<tr><th rowspan="2">Nature des cellules</th><th rowspan="2">Eléments conducteurs</th><th rowspan="2">Cellules de contact</th><th rowspan="2">Parenchyme vertical</th><th rowspan="2">Fibres</th><th rowspan="2">Eléments conducteurs</th><th rowspan="2">Cellules de contact</th><th rowspan="2">Parenchyme vertical</th><th rowspan="2">Fibres</th><th rowspan="2">Eléments conducteurs</th><th rowspan="2">Cellules de contact</th><th colspan="2">Parenchyme</th><th rowspan="2">Fibres</th></tr>
<tr><th>vertical</th><th>horizontal</th></tr>
<tr><th>Ptéridophytes</th><td rowspan="4">Trachéides annelées, spiralées</td><td rowspan="2">Oui</td><td>Non</td><td rowspan="4">Non</td><td>Trachéides scalariformes</td><td rowspan="2">Oui</td><td>Non</td><td>Non</td><td colspan="5"></td></tr>
<tr><th>Gymnospermes</th><td rowspan="3">Oui</td><td>Trachéides aréolées</td><td>Oui</td><td>Non</td><td>Trachéides aréolées</td><td>Horizontales</td><td>Rare</td><td rowspan="2">Oui</td><td>Non</td></tr>
<tr><th>Dicotylédones</th><td rowspan="2">Cellules associées aux vaisseaux</td><td>Vaisseaux rayés, réticulés, ponctués</td><td>Cellules associées aux vaisseaux</td><td>Oui</td><td>Non ou rares</td><td>Vaisseaux ponctués + trachéides</td><td>Cellules associées aux vaisseaux</td><td>Oui</td><td>Oui</td></tr>
<tr><th>Monocotylédones</th><td colspan="4">Idem</td><td colspan="5"></td></tr>
</table>

TABLEAU 27 : Organisation de la tête des Mandibulates et du céphalothorax des Chélicériformes

Groupes / Métamères	Chélicériformes (avec un céphalothorax)			Mandibulates = Antennates (avec une tête)		
	Pycnogonides	Chélicérates		Myriapodes	Pancrustacés	
		Mérostomes	Arachnides		Crustacés	Hexapodes
Acron	• Pas d'appendices • Pas d'yeux composés • 4 ocelles dorsaux sur la « trompe »	• Pas d'appendices • 2 yeux composés latéraux • 2 ocelles dorso-médians	• Pas d'appendices • Pas d'yeux composés • De 0 à 12 ocelles dorsomédians	• Pas d'appendices • Pas d'yeux composés • 2 groupes latéraux d'ocelles	• Pas d'appendices • 2 yeux composés pédonculés	• Pas d'appendices • De 0 à 2 yeux composés • De 0 à 3 ocelles dorsaux
1	Pas d'appendices			Antennes	Antennules	Antennes
2	Chélicères			Pas d'appendices (métamère prémandibulaire)	Antennes	Pas d'appendices (métamère prémandibulaire)
3	Palpes	Pattes I	Pédipalpes	Mandibules		
4	Ovigères	Pattes II	Pattes I	Maxillules	Maxillules	Maxilles
5	Métamères absents dans le céphalothorax	Pattes III	Pattes II	Labium (fusion des 2 maxilles)	Maxilles	Labium (fusion de 2 appendices)
6		Pattes IV	Pattes III	Métamères absents (dans la tête)		
7		Pattes V	Pattes IV			
8		Chilaria				

TABLEAU 28 : Les annexes embryonnaires des Crâniates

<table>
<tr><th>Milieux de vie</th><th colspan="5">Groupes zoologiques</th><th>Réserves vitellines des œufs</th><th>Annexe vitelline</th><th>Allantoïde</th><th>Amnios</th><th>Placenta</th></tr>
<tr><td rowspan="8">Crâniates aquatiques</td><td colspan="5">Myxinoïdes</td><td>Œufs télolécithes</td><td>Sac vitellin</td><td rowspan="8">Non</td><td rowspan="8">Absent = Anamniotes</td><td rowspan="2">Non</td></tr>
<tr><td rowspan="11">Vertébrés</td><td colspan="4">Pétromyzontides (Lamproies)</td><td>Œufs hétérolécithes</td><td>Non</td></tr>
<tr><td rowspan="10">Gnathostomes</td><td>Chondrichtyens</td><td colspan="2">Sélaciens = Élasmobranches</td><td>Œufs télolécithes</td><td>Sac vitellin</td><td>« Placenta » vitellin chez certains Requins</td></tr>
<tr><td rowspan="9">« Ostéichtyens »</td><td colspan="2">Actinoptérygiens (sauf Téléostéens)</td><td>Œufs hétérolécithes</td><td>Non</td><td>Non</td></tr>
<tr><td colspan="2">Téléostéens</td><td>Œufs télolécithes</td><td>Sac vitellin</td><td>« Placenta » péricardique chez certains</td></tr>
<tr><td rowspan="7">Sarcoptérygiens</td><td>Actinistiens (Cœlacanthe)</td><td>Œufs télolécithes</td><td>Sac vitellin</td><td rowspan="3">Non</td></tr>
<tr><td>Dipneustes</td><td>Œufs hétérolécithes</td><td>Non</td></tr>
<tr><td>Lissamphibiens</td><td>Œufs hétérolécithes</td><td>Non</td></tr>
<tr><td rowspan="4">Crâniates terrestres</td><td>« Reptiles »</td><td rowspan="3">Œufs télolécithes</td><td rowspan="3">Sac vitellin</td><td rowspan="4">Oui</td><td rowspan="4">Présent = Amniotes</td><td>Chez les Squamates placentaires</td></tr>
<tr><td>Oiseaux</td><td rowspan="2">Non</td></tr>
<tr><td>Mammifères Monotrèmes</td></tr>
<tr><td>Mammifères Thériens</td><td>Œufs alécithes</td><td>Lécithocèle sans vitellus</td><td>Oui</td></tr>
</table>

TABLEAU 29 : **Organisation de l'encéphale humain**

Les structures sont classées des plus antérieures aux plus postérieures

Vésicules encéphaliques embryonnaires		Structures de l'encéphale adulte		Espaces ventriculaires associés
Prosencéphale = cerveau antérieur	Télencéphale	5 lobes cérébraux	• Lobe frontal (une partie dans le système limbique) • Lobe temporal • Lobe insulaire • Lobe pariétal • Lobe occipital	Ventricules latéraux (n° 1 et 2)
		Cortex cérébral (= substance grise formée des corps cellulaires des neurones)	• Aires corticales motrices • Aires corticales sensitives • Aires corticales associatives	
		Substance blanche sous-corticale (= axones le plus souvent myélinisés des neurones)	• Neurofibres commissurales (entre les hémisphères) • Neurofibres associatives (à l'intérieur d'un même hémisphère) • Neurofibres de projection (entre les hémisphères et les centres nerveux inférieurs)	
		Noyaux gris centraux	• Corps striés : noyau caudé, putamen et globus pallidus • Amygdales (système limbique)	
		Hippocampe (système limbique)		
		Noyaux septaux = Noyaux du télencéphale basal		
	Diencéphale	Épithalamus et complexe pinéal		Troisième ventricule
		Thalamus		
		Hypothalamus (système limbique)	• Hypothalamus antérieur chiasmatique • Hypothalamus moyen tubérien • Hypothalamus postérieur	
Mésencéphale = cerveau moyen	Mésencéphale	• Tectum : tubercules quadrijumeaux supérieurs et inférieurs • Substance grise périaqueducale • Noyaux d'Edinger-Westphal (innervation parasympathique de l'iris) • Noyaux des nerfs crâniens oculomoteur commun (III) et trochléaire (IV) • Partie antérieure de la formation réticulaire • Noyaux rouges • Substance noire ou substantia nigra ou locus niger • Pédoncules cérébraux ventraux		Aqueduc de Sylvius

TABLEAU 29 : Organisation de l'encéphale humain (SUITE)

Les structures sont classées des plus antérieures aux plus postérieures

Vésicules encéphaliques embryonnaires		Structures de l'encéphale adulte		Espaces ventriculaires associés
Rhombencéphale = cerveau postérieur	Métencéphale	Cervelet	• Néocérébellum : hémisphères cérébelleux • Paléocérébellum : corps du cervelet (= vermis) • Archicérébellum : auricules, flocules	Quatrième ventricule
		Pont	• Pédoncules cérébelleux supérieurs, inférieurs et moyens • Noyau oculomoteur externe (nerf VI) • Noyau vestibulaire (nerf VIII) • Noyau cochléaire (nerf VIII) • Noyau principal du trijumeau (nerf V) • Noyau moteur du trijumeau (nerf V) • Noyau moteur du facial (nerf VII) • Noyaux salivaires supérieurs (nerf VII) et inférieurs (nerf IX)	
	Myélencéphale	• Noyaux graciles et cunéiformes • Noyau moteur dorsal du vague (nerf IX) • Noyau du faisceau solitaire • Noyau du grand hypoglosse (nerf XII) • Noyau spinal du trijumeau (nerf V) • Noyau du nerf spinal (nerf XI) • Noyau ambigu (nerfs IX et XI) • Partie postérieure de la formation réticulaire • Centres cardiovasculaires et respiratoires • Olives bulbaires ventrales • Pyramides bulbaires ventrales (fibres motrices)		

TABLEAU 30 : **Les nerfs crâniens humains**

Nerfs crâniens		Nerfs sensitif, moteur ou mixte	Fonctions principales	Localisation des neurones dont les axones ou les dendrites constituent le nerf crânien
N°	Noms			
I	**Nerf olfactif**	Sensitif	Odorat	Épithélium de la muqueuse nasale
II	**Nerf optique**	Sensitif	Vision	Cellules ganglionnaires de la rétine nerveuse
III	**Nerf oculomoteur commun**	Mixte essentiellement moteur	Motricité : • de 4 muscles du bulbe de l'œil • du muscle releveur de la paupière supérieure • du muscle ciliaire (accommodation) • du sphincter de la pupille	Noyaux du mésencéphale : • Noyau oculomoteur commun • Noyau oculomoteur commun • Noyau d'Edinger-Westphal • Noyau d'Edinger-Westphal
IV	**Nerf trochléaire**	Mixte essentiellement moteur	Motricité et sensibilité proprioceptive du muscle oblique supérieur du bulbe de l'oeil	Noyau du trochléaire (mésencéphale)
V	**Nerf trijumeau à 3 branches :** • **Nerf ophtalmique (n° V_1)** • **Nerf maxillaire (n° V_2)** • **Nerf mandibulaire (n° V_3)**	• V_1 Sensitif • V_2 Sensitif • V_3 Mixte	• Sensibilité de la face au toucher, à la température et à la douleur • V_3 innerve les muscles masticateurs	• Ganglion trigéminal ou de Gasser • Noyau moteur du trijumeau (pont)
VI	**Nerf oculomoteur externe ou nerf abducens**	Mixte essentiellement moteur	Motricité et sensibilité proprioceptive du muscle droit latéral du bulbe de l'œil	Noyau oculomoteur externe (pont)
VII	**Nerf facial**	Mixte	• Motricité et sensibilité proprioceptive des muscles d'expression du visage et du cuir chevelu. • Stimulation des glandes lacrymales et salivaires • Goût (deux tiers antérieurs de la langue)	• Noyau moteur du facial (pont) • Ganglions ptérygopalatins et submandibulaires • Ganglions géniculés
VIII	**Nerf vestibulo-cochléaire : 2 branches :** • **Nerf vestibulaire** • **Nerf cochléaire**	Sensitif	• Equilibre • Audition	• Ganglion vestibulaire • Ganglion spiral

TABLEAU 30 : **Les nerfs crâniens humains** (SUITE)

Nerfs crâniens		Nerfs sensitif, moteur ou mixte	Fonctions principales	Localisation des neurones dont les axones ou les dendrites constituent le nerf crânien
N°	Noms			
IX	**Nerf glossopharyngien**	Mixte	• Motricité et sensibilité proprioceptive des muscles de la déglutition • Stimulation de la glande salivaire parotide • Sensibilité du pharynx au toucher, à la température et à la douleur • Goût (partie postéreure de la langue) • Sensibilité des barorécepteurs et des chimiorécepteurs carotidiens	• Ganglion otique • Noyau salivaire inférieur (pont) • Ganglions supérieur et inférieur • Ganglions supérieur et inférieur • Ganglions supérieur et inférieur
X	**Nerf vague ou nerf pneumogastrique**	Mixte	• Motricité des viscères thoraciques et abdominaux, du pharynx et du larynx (déglutition). • Sensibilité des viscères thoraciques et abdominaux • Sensibilité des barorécepteurs et chimiorécepteurs carotidiens • Goût (partie postérieure de la langue et du pharynx)	• Noyau moteur dorsal du vague (bulbe) • Ganglion plexiforme • Ganglion plexiforme • Ganglion plexiforme
XI	**Nerf spinal ou nerf accessoire**	Mixte essentiellement moteur	• Motricité et sensibilité proprioceptive des muscles sterno-cléido-mastoïdien et trapèze • Motricité et sensibilité proprioceptive du larynx, du pharynx et du voile du palais	Noyau du nerf spinal (bulbe)
XII	**Nerf hypoglosse**	Mixte essentiellement moteur	Motricité et sensibilité proprioceptive de la langue et de ses muscles extrinsèques pour la déglutition, la mastication et la parole	Noyau de l'hypoglosse (bulbe)

TABLEAU 31 : **Les types nutritionnels des êtres vivants**

Source de carbone	Source d'énergie	Source d'électrons	Types nutritionnels	Organismes concernés
CO_2 → **autotrophe**	Lumière → **phototrophe**	Molécules inorganiques réduites → **lithotrophe**	**Autotrophe photolithotrophe**	• Bactéries sulfureuses pourpres et vertes • Cyanobactéries • Algues • Végétaux
	Oxydation de composés chimiques → **chimiotrophe**		**Autotrophe chimiolithotrophe**	• Bactéries oxydant le soufre, l'H_2, le fer • Bactéries nitrifiantes
Source organique → **hétérotrophe**	Lumière → **phototrophe**	Composés organiques → **organotrophe**	**Hétérotrophe photoorganotrophe**	• Bactéries non sulfureuses pourpres et vertes
	Oxydation de composés chimiques → **chimiotrophe**		**Hétérotrophe chimioorganotrophe**	• Protozoaires • Mycètes • La plupart des Bactéries non photosynthétiques • Animaux

TABLEAU 32 : Les familles et genres de Virus et leurs principales caractéristiques

Types de génome	Caractéristiques de la capside	*Familles* de virus	*Genres* de Virus	Hôtes	Pathologies
ADN double brin	Capside nue, icosaédrique	**ADÉNOVIRIDÉS**	• ***Mastadenovirus (HAdV)*** • ***Aviadenovirus***	• Mammifères • Oiseaux	• Gastroentérites, infections respiratoires, conjonctivites
		IRIDOVIRIDÉS	• ***Iridovirus*** • ***Chloriridovirus*** • ***Ranavirus*** • ***Lymphocystivirus***	• Poissons, Amphibiens • Insectes • Grenouilles • Poissons	
		POLYOMAVIRIDÉS	• ***Polyomavirus (virus JC, BK)***	• Vertébrés	• Cancers diffus
		PAPILLOMAVIRIDÉS	• ***Papillomavirus (HPV)***	• Vertébrés	• Verrues, cancers du col de l'utérus
	Capside enveloppée cylindrique	**BACULOVIRIDÉS**	• ***Virus de la polyédrose nucléaire*** • ***Virus de granulose*** • ***Baculovirus***	Invertébrés	
	Capside enveloppée icosaédrique	**HERPÈSVIRIDÉS**	• ***Simplexvirus (HHV 1 et 2)*** • ***Varicellovirus (VZV)*** • ***Cytomegalovirus (CMV)*** • ***Lymphocryptovirus (EBV : Virus humain d'Epstein-Barr)*** • ***SHV***	Vertébrés	• Type 1 : Herpès buccal, encéphalites Type 2 : génital • Varicelle et zona • Encéphalites • Mononucléose infectieuse • Cancer de Kaposi
		ASFARVIRIDÉS	• ***Asfivirus***	• Porcs et sangliers	• Peste porcine africaine
	Capside enveloppée complexe	**POXVIRIDÉS**	• ***Orthopoxvirus*** • ***Parapoxvirus (Virus de l'Orf)*** • ***Molluscipoxvirus*** • ***Avipoxvirus*** • ***Entomopoxvirus*** • ***Leporipoxvirus***	• Vertébrés • Vertébrés • Vertébrés • Oiseaux • Insectes • Lapins	• Vaccine, variole • Myxomatose des Lapins
	Capside nue, icosaédrique	**CORTICOVIRIDÉS**	• ***Phage PM2***	• Pseudomonas	
		PHYCODNAVIRIDÉS		• Algues (*Paramecium sp.*, *Chlorella sp.*)	

TABLEAU 32 : **Les familles et genres de Virus et leurs principales caractéristiques** (SUITE)

Types de génome	Caractéristiques de la capside	*Familles* de virus	*Genres* de Virus	Hôtes	Pathologies
ADN double brin	Capside nue avec queue	**PODOVIRIDÉS**	• ***Phages T7, P22***	• Bactéries	• Lyse de Bactéries
		MYOVIRIDÉS	• ***Phages T2, T4, T6, PBS1, SP8, SP50, P2 et Mu***	• Bactéries	• Lyse de Bactéries
		SIPHOVIRIDÉS	• ***Phage lambda (λ), Khi (χ) et ϕ80***	• Bactéries	• Lyse de Bactéries
		TECTIVIRIDÉS	• ***Tectivirus (Phages PRDI, Bam35)***	• Bactéries	• Lyse de Bactéries
	Capside nue bi-icosaédrique	**GEMINIVIRIDÉS**	• ***Virus de la mosaïque jaune du Haricot***	• Plantes	• Mosaïques et nécroses de plantes
ADN simple brin	Capside nue, en bâtonnets, filamenteux ou hélicoïdaux	**INOVIRIDÉS**	• ***Inovirus (Phages M13 et fd)*** • ***Plectovirus***	• Bactéries • Mycoplasmes	
	Capside nue icosaédrique	**MICROVIRIDÉS**	• ***Coliphages G4 et ΦX 174***	• Bactéries	
		PARVOVIRIDÉS	• ***Parvovirus*** • ***Erythrovirus (Virus B19)*** • ***Dependovirus*** • ***Densovirus*** • ***Iteravirus***	• Vertébrés • Vertébrés • Insectes	
ARN double brin	Capside enveloppée	**CYSTOVIRIDÉS**	• ***Phage ϕ6***	• Pseudomonas	
	Capside nue icosaédrique	**RÉOVIRIDÉS**	• ***Reovirus*** • ***Orbivirus*** • ***Coltivirus*** • ***Rotavirus*** • ***Cypovirus*** • ***Phytoreovirus***	• Vertébrés • Vertébrés, Insectes • Vertébrés et tiques • Vertébrés • Insectes • Plantes	• Encéphalites • Diarrhées • Polyédrose cytoplasmique • Tumeurs de blessures
		BROMOVIRIDÉS	• ***Virus de la mosaïque de la Luzerne*** • ***Virus de la mosaïque du brome, du concombre***	Plantes	Mosaïques foliaires

TABLEAU 32 : Les familles et genres de Virus et leurs principales caractéristiques (SUITE)

Types de génome	Caractéristiques de la capside	*Familles* de virus	*Genres* de Virus	Hôtes	Pathologies
ARN simple brin positif	Capside nue icosaédrique	**COMOVIRIDÉS**	• ***Virus des anneaux nécrotiques du Tabac*** • ***Virus de la mosaïque du Niébé***	Plantes	Nécroses foliaires
		PICORNAVIRIDÉS	• ***Enterovirus (HEV A, B, C, D)*** • ***Rhinovirus (HRV A et B)*** • ***Hepatovirus (HAV)*** • ***Cardiovirus (VHEV)*** • ***Aphtovirus***	Vertébrés	• Poliomyélite ? • Rhumes • Hépatite A • Encéphalomyélite • Fièvre aphteuse, aphtes
		CALICIVIRIDÉS	• ***Virus HEV*** • ***Virus de Norwalk (NV)*** • ***Sapovirus (Virus sapporo)*** • ***Lagovirus***	Vertébrés	• Hépatite E
		TOMBUSVIRIDÉS	• ***Tombusvirus, Avenavirus, Panicovirus, Dianthovirus, Necrovirus***	• Végétaux	
		LEVIVIRIDÉS	• ***Levivirus (Coliphage MS2)*** • ***Allolevivirus (Coliphage Q*** • ***β)***	Bactéries	
	Capside nue hélicoïdale	**TOBAMOVIRIDÉS**	• ***VMT (Virus de la mosaïque du Tabac)***	• Plantes	• Mosaïque du Tabac
	Capside enveloppée icosaédrique	**FLAVIVIRIDÉS**	• ***Flavivirus*** • ***Pestivirus*** • ***Hepacivirus (HCV)***	Vertébrés	• Fièvre jaune, dengue • Peste porcine classique • Hépatite C
		TOGAVIRIDÉS	• ***Alphavirus (Virus de la forêt de Semliki et Virus Sindbis)*** • ***Rubivirus***	Vertébrés	• Encéphalites • Rubéole
		ARÉNAVIRIDÉS	• ***Arenavirus (Virus Lassa, Junin, Machupo, Sabia)***	• Vertébrés	• Chorioméningite lymphocytaire, Fièvres hémorragiques

TABLEAU 32 : **Les familles et genres de Virus et leurs principales caractéristiques** (SUITE)

Types de génome	Caractéristiques de la capside	*Familles* de virus	*Genres* de Virus	Hôtes	Pathologies
ARN simple brin positif	Capside enveloppée icosaédrique	**BUNYAVIRIDÉS**	• ***Orthobunyavirus (CEV)*** • ***Hantavirus (Virus Hantaan, Virus Séoul)*** • ***Nairovirus (Virus Congo-Crimée)*** • ***Phlebovirus (Virus de la vallée du rift)*** • ***Tospovirus (TSWV)***	Vertébrés et Végétaux	• Encéphalite • Fièvre hémorragique • Fièvre hémorragique • Fièvres de la vallée du rift • Taches de la Tomate
		ORTHOMYXOVIRIDÉS	• ***Influenzavirus A, B et C***	• Vertébrés	• Grippe
	Capside enveloppée hélicoïdale	**PARAMYXOVIRIDÉS**	• ***Rubulavirus*** • ***Morbillivirus*** • ***Pneumovirus (HRSV : Virus respiratoire syncitial humain)*** • ***Respirovirus***	Vertébrés	• Oreillons • Rougeole • Pneumonie
		CORONAVIRIDÉS	• ***Coronavirus*** • ***Torovirus***	Vertébrés	Rhume de cerveau Hépatite de la souris
	Capside enveloppée complexe	**RHABDOVIRIDÉS**	• ***Vesiculovirus*** • ***Lyssavirus*** • ***Virus de Végétaux***	• Vertébrés, Insectes • Vertébrés, Insectes • Végétaux	• Stomatite vésiculaire • Rage • Jaunisse de la Laitue
		FILOVIRIDÉS	• ***Virus Marburg*** • ***Virus Ebola***	Vertébrés	Fièvres hémorragiques
ARN et trans-criptase inverse	Capside enveloppée icosaédrique	**RÉTROVIRIDÉS**	• ***Alpharetrovirus (ALV, AMV)*** • ***Betaretrovirus*** • ***Gammaretrovirus (MLV, FLV)*** • ***Deltaretrovirus (PTLV)*** • ***Spumavirus (CFV)*** • ***Lentivirus (HIV 1 et 2, SIV, BIV, EIAV, Visna, FIV, CAEV)***	Animaux	• Leucémie aviaire • Stomatite vésiculeuse • Leucémies murine, féline • Leucémies humaines • SIDA
ADN et trans-criptase inverse	Capside nue icosaédrique	**CAULIMOVIRIDÉS**	• ***Virus de la mosaïque du Chou-fleur***	• Végétaux	• Mosaïques et nécroses végétales
	Capside enveloppée icosaédrique	**HÉPADNAVIRIDÉS**	• ***Orthohepadnavirus (ex. :HBV)*** • ***Avihepadnavirus (DHVB)***	• Vertébrés • Hérons, Canards	Hépatites B

TABLEAU 33 : Les relations trophiques entre les êtres vivants[a]

Relations trophiques	Organisme A	Organisme B
Neutralisme (pas de relation)	0	0
Compétition (A et B en concurrence pour un même élément du milieu)	–	–
Antagonisme = **Antibiose** (A élimine B)	+	–
Prédation (A mange B)	+	–
Parasitisme (A parasite B)	+	–
Commensalisme (A mange les reliefs des repas de B)	+	0
Coopération (A et B sont avantagés par leur rapprochement)	+	+
Mutualisme = symbiose s. s. (association durable obligatoire, bénéfique pour A et B)	+	+

a. 0: aucun effet; +: favorisé; –: défavorisé

TABLEAU 34 : **Les types biologiques des végétaux supérieurs terrestres**

Durée de vie	Position des bourgeons	Formes biologiques	Sous-catégories et exemples
Inférieure à 1 an = végétaux annuels	Passage de la mauvaise saison sous forme de graines	Thérophytes	• éphémérophytes (déserticoles) • d'hiver et de printemps • d'automne
Entre 1 et 2 ans = végétaux bisannuels	Au niveau du sol	Hémicryptophytes bisannuelles	• *Daucus carota*
Supérieure à 2 ans = végétaux vivaces ou pérennes	Au niveau du sol	Hémicryptophytes	• cespiteuses (= en touffes: Graminées) • en rosette (*Bellis perennis*) • stolonifères (*Stellaria nemorum*) • grimpantes
	Dans le sol	Géophytes ou Cryptophytes	• à bulbes (*Crocus, Gladiolus*) • à tubercules (*Ficaria verna*) • à rhizomes (*Convallaria*)
	Dans la vase	Hélophytes	• *Phragmites, Typha*
	À moins de 25 cm au-dessus du sol	Chaméphytes	• herbacées dressées ou rampantes (*Trifolium repens*) • ligneuses suffrutescentes (*Erica, Calluna*) • en coussinet (*Silene acaulis*)
	À plus de 25 cm au-dessus du sol	Phanérophytes (arbres, arbustes, arbrisseaux, sous-arbrisseaux et lianes ligneuses)	• micro (ou nano) phanérophytes (entre 0,25 et 2 m) • mésophanérophytes (entre 2 et 5 m) • macrophanérophytes (entre 5 et 25 m) • mégaphanérophytes (> 25 m) • épiphytes

TABLEAU 35 : **Les types de développement chez les Hexapodes (Euarthropodes Mandibulates, 34 ordres)**

Amétaboles (Aptérygotes): 6 ordres	Métaboles (Ptérygotes): 28 ordres		
	Hétérométaboles (Exoptérygotes)		Holométaboles (Endoptérygotes): 11 ordres
	Paurométaboles: 13 ordres	Hémimétaboles: 4 ordres	
• Archéognathes • Campodéoïdes • Collemboles • Japygoïdes • Protoures • Thysanoures s.s. (ou Zygentomes: Lépismes)	• Blattoptères (Blattes) • Dermaptères (Perce-oreilles) • Grylloblattoptères (ou Notoptères) • Hémiptères (ou Hétéroptères: Punaises, Gendarmes) • Homoptères (Cigales, Pucerons) • Isoptères (Termites) • Mantoptères (Mantes) • Orthoptères (Grillons, Sauterelles) • Phasmidioptères (ou Chéleutoptères: Phasmes) • Phthiraptères (Poux) • Psocoptères (Psoques) • Thysanoptères (Thrips) • Zoraptères (1 genre: *Zorotypus*)	• Embioptères • Ephéméroptères (Ephémères) • Odonates (Libellules, Demoiselles) • Plécoptéroïdes (Perles)	• Coléoptères (Scarabées, Coccinelles) • Diptères (Mouches) • Hyménoptères (Abeilles, Guêpes, Fourmis) • Lépidoptères (Papillons) • Mécoptères (Panorpes) • Mégaloptères • Névroptères (ou Planipennes) • Rhaphidioptères • Siphonaptères (ou Aphaniptères: Puces) • Strepsiptères (Stylops) • Trichoptères (Phryganes, *Hydropsyche*)

TABLEAU 36 : **Classification phylogénétique des Eubactéries**

CLADOGRAMME : 18 groupes monophylétiques			Nombre d'espèces classées sur la base de l'ARNr 16 S
EUBACTERIES	Protéobactéries	1. Protéobactéries ε	232
		2. Protéobactéries δ	332
		3. Protéobactéries α	1488
		4. Protéobactéries β	682
		5. Protéobactéries γ	1924
	Firmicutes	6. Groupes Gram+ *Bacillus/Clostridium*	2513
		7. Actinobactéries (Gram+)	2134
		8. Cyanobactéries	295
		9. Groupe *Thermus/Deinococcus*	52
		10. Bactéries vertes sulfureuses	28
		11. Flavobactéries	152
		12. Bactéroïdes	181
		13. Spirochètes	341
		14. Chlamydiales	107
		15. Planctomycétales	82
		16. Bactéries vertes non sulfureuses	16
		17. Aquificales	9
		18. Thermotogales	25
		Nombre total d'espèces	10 593

TABLEAU 37 : Classification phylogénétique des Archées

CLADOGRAMME : 12 groupes monophylétiques			Nombre d'espèces basées sur l'ARNr 16 S
ARCHEES	Crénarchées	1. Thermoprotéales	16
		2. Désulfurococcales	14
		3. Sulfolobales	25
	Euryarchées	4. Thermococcales	39
		5. Méthanopyrales	1
		6. Méthanobactériales	109
		7. Méthanococcales	20
		8. Thermoplasmales	5
		9. Archéoglobales	6
		10. Halobactériales	105
		11. Méthanomicrobiales	33
		12. Méthanosarcinales	36
		Nombre total d'espèces	**409**

TABLEAU 38 : **Classification phylogénétique des Eucaryotes**

CLADOGRAMME : 22 groupes monophylétiques					Nombre d'espèces
EUCARYOTES	Bicontes	Lignée verte		1. Glaucophytes	13
			Métabiontes	2. Rhodobiontes	5500
				3. Chlorobiontes	277 900
		Chromoalvéolés	Alvéolobiontes	4. Ciliés	8000
				5. Dinophytes	2200
				6. Apicomplexés	5000
				7. Straménopiles	105 900
				8. Cryptophytes	200
				9. Haptophytes	500
		Rhizariens		10. Actinopodes	12 000
				11. Foraminifères	6000
				12. Chlorarachniophytes	6
		Excavobiontes		13. Euglénobiontes	1400
				14. Parabasaliens	350
				15. Métamonadines	300
				16. Percolozoaires	20
	Unicontes	Opisthocontes	Champignons	17. Eumycètes	100 000
				18. Microsporidies	800
			Choano-organismes	19. Choanoflagellés	120
				20. Métazoaires	1 211 600
		Amœbozoaires		21. Rhizopodes	200
				22. Mycétozoaires	530
				Nombre total d'espèces	**1 738 539**

TABLEAU 39 : **Classification phylogénétique des Eumycètes**

CLADOGRAMME : 4 groupes monophylétiques			
EUMYCETES			1. Chytridiomycètes
			2. Zygomycètes
			3. Ascomycètes
			4. Basidiomycètes

TABLEAU 40 : Classification phylogénétique des Chlorobiontes

<table>
<tr><th colspan="6">CLADOGRAMME : 9 groupes monophylétiques</th><th>Nombre d'espèces</th></tr>
<tr><td rowspan="9">CHLOROBIONTES</td><td colspan="5">1. Ulvophytes</td><td>3680</td></tr>
<tr><td colspan="5">2. Prasinophytes</td><td>180</td></tr>
<tr><td rowspan="7">Streptophytes</td><td colspan="4">3. ? Chlorokybophytes</td><td>1</td></tr>
<tr><td colspan="4">4. Klebsormidiophytes</td><td>40</td></tr>
<tr><td rowspan="5">Phragmoplasto-phytes</td><td rowspan="4">Plasmodesmo-phytes</td><td colspan="2">5. ? Chaetosphaeridiophytes</td><td>4</td></tr>
<tr><td colspan="2">6. Charophytes</td><td>81</td></tr>
<tr><td rowspan="2">Parenchymo-phytes</td><td>7. Coléochaetophytes</td><td>15</td></tr>
<tr><td>8. Embryophytes</td><td>269 900</td></tr>
<tr><td colspan="3">9. Zygnématophytes</td><td>4000</td></tr>
<tr><td colspan="6">**Nombre total d'espèces**</td><td>**277 901**</td></tr>
</table>

Remarque : Les groupes avec un point d'interrogation ont une classification incertaine.

Tableau 41 : Classification phylogénétique des Angiospermes

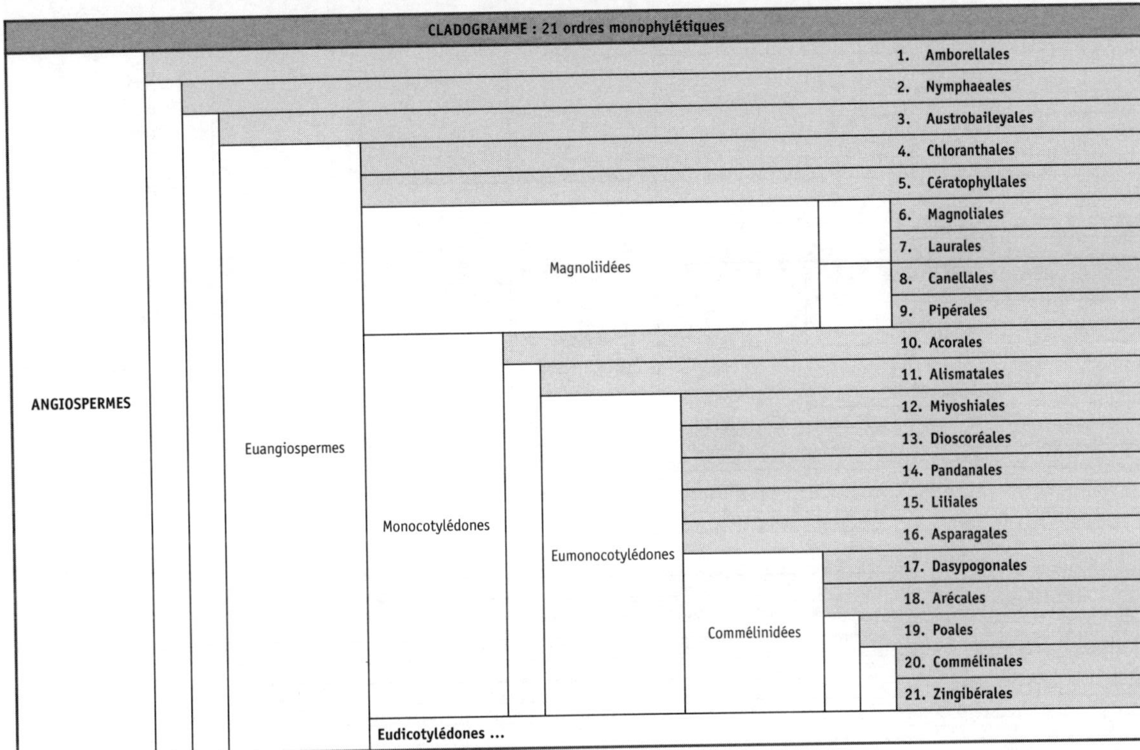

TABLEAU 42 : Classification phylogénétique des Eudicotylédones

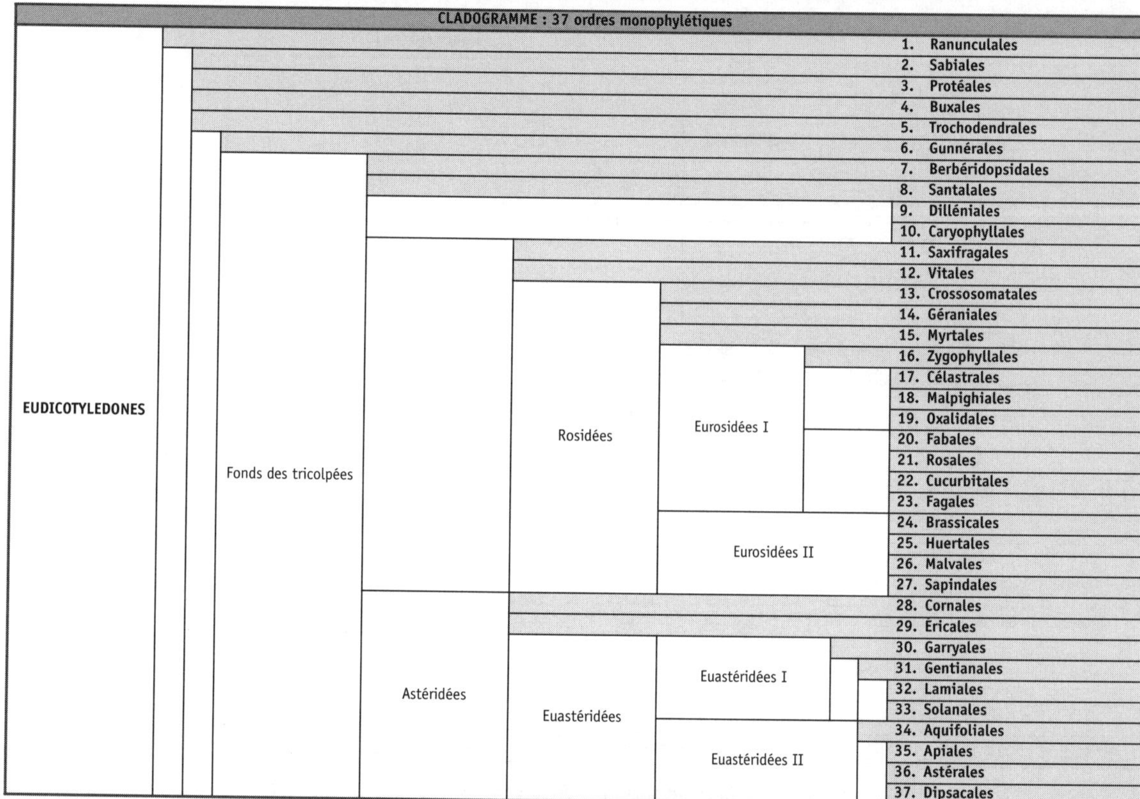

Tableau 43 : Classification phylogénétique des Métazoaires

CLADOGRAMME : 10 groupes monophylétiques				Nombre d'espèces
METAZOAIRES			1. ? Placozoaires	1 esp. : *Trichoplax adhaerens*
			2. Démosponges	8000
			3. Éponges hexactinellides	1000
			4. Éponges calcaires	1000
	Eumétazoaires		5. Cnidaires	9000
			6. Cténophores	100
			7. ? Myxozoaires	1200
		Bilatériens	8. Protostomiens	1 333 000
			9. ? Mésozoaires	50
			10. Deutérostomiens	58 330
			Nombre total d'espèces	**1 411 680**

Remarque : Les groupes avec un point d'interrogation ont une classification incertaine.

TABLEAU 44 : Classification phylogénétique des Protostomiens

CLADOGRAMME : 22 groupes monophylétiques						Nombre d'espèces
PROTOSTOMIENS	Lophotrochozoaires	Eutrochozoaires	Syndermates		1. Rotifères	1 800
					2. Acanthocéphales	1 150
					3. ? Cycliophores	1
			Spiraliens		4. Entoproctes	150
				Parenchymiens	5. Plathelminthes	13 780
					6. Némertes	900
					7. Mollusques	117 495
					8. Siponcles	320
					9. Annélides	14 360
		Lophophorates			10. Ectoproctes	4 500
				Phoronozoaires	11. Brachiopodes	335
					12. Phoronidiens	15
					13. ? Chaetognathes	100
	Cuticulates				14. Gastrotriches	430
		Ecdysozoaires	Panarthropodes		15. Onychophores	80
					16. Tardigrades	600
					17. Euarthropodes	956 414
			Introvertés	Nématozoaires	18. Nématodes	20 000
					19. Nématomorphes	325
				Céphalorhynches	20. Kinorhynches	150
					21. Loricifères	9
					22. Priapuliens	16
					Nombre total d'espèces	**1 132 930**

Remarque : Les groupes avec un point d'interrogation ont une classification incertaine.

TABLEAU 45 : Classification phylogénétique des Mollusques

CLADOGRAMME : 8 groupes monophylétiques						Nombre d'espèces
MOLLUSQUES					1. Solénogastres	350
					2. Caudofovéates	100
	Eumollusques				3. Polyplacophores	900
		Conchifères			4. Monoplacophores	15
			Ganglioneures	Viscéroconques	5. Gastéropodes	103 000
					6. Céphalopodes	730
				Diasomes	7. Bivalves	12 000
					8. Scaphopodes	400
					Nombre d'espèces total	117 495

TABLEAU 46 : Classification phylogénétique des Euarthropodes

CLADOGRAMME : 10 groupes monophylétiques				Nombre d'espèces
EUARTHROPODES	Chélicériformes		1. Pycnogonides	1000
		Chélicérates	2. Mérostomes	5
			3. Arachnides	74 445
	Mandibulates = Antennates		4. Myriapodes	12 050
		Pancrustacés	5. Rémipèdes	11
			6. Céphalocarides	9
			7. Maxillopodes	15 214
			8. Branchiopodes	934
			9. Malacostracés	22 671
			10. Hexapodes	830 075
			Nombre total d'espèces	**956 414**

TABLEAU 47 : Classification phylogénétique des Arachnides

CLADOGRAMME : 11 groupes monophylétiques	
ARACHNIDES	1. Scorpionides
	2. Opilionides
	3. Pseudoscorpionides
	4. Solpugides
	5. Palpigrades
	6. Acariens
	7. Ricinulides
	8. Aranéides
	9. Amblypyges
	10. Uropyges
	11. Schizomides

TABLEAU 48 : Classification phylogénétique des Hexapodes

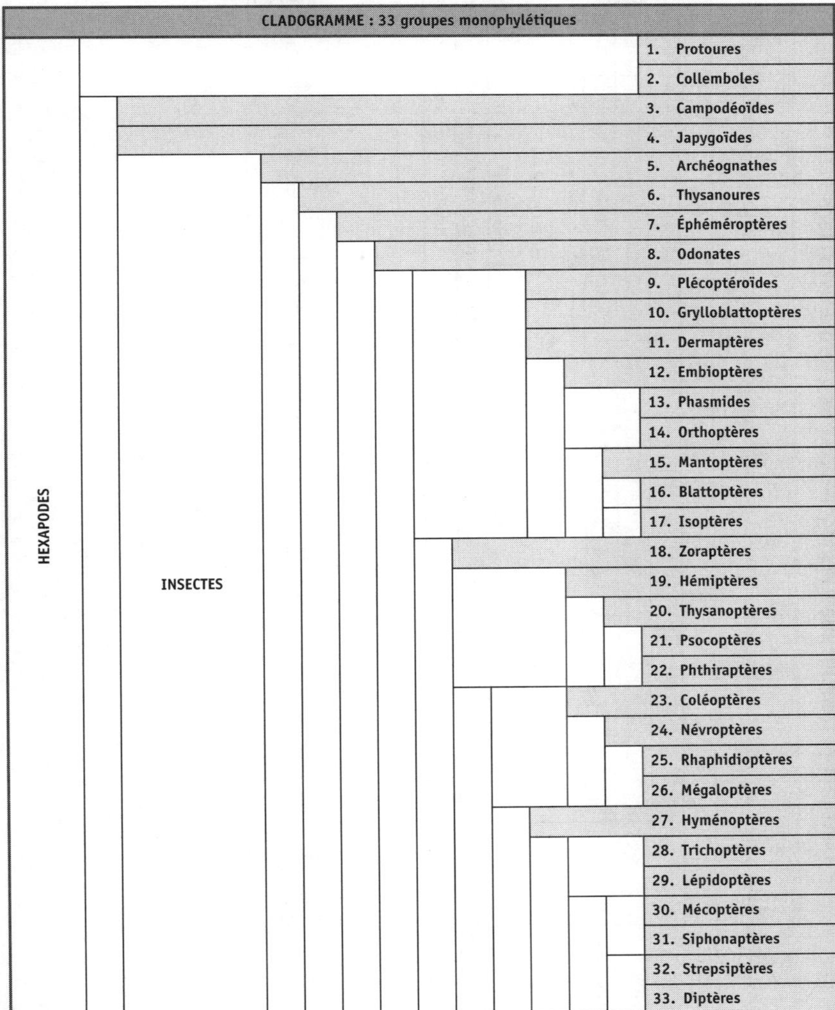

TABLEAU 49 : Classification phylogénétique des Deutérostomiens

<table>
<tr><th colspan="9">CLADOGRAMME : 9 groupes monophylétiques</th><th>Nombre d'espèces</th></tr>
<tr><td rowspan="9">DEUTEROSTOMIENS</td><td colspan="8">1. Échinodermes</td><td>6000</td></tr>
<tr><td rowspan="8">Pharyngo-trèmes</td><td colspan="7">2. Hémichordés</td><td>85</td></tr>
<tr><td rowspan="7">Chordés</td><td colspan="6">3. Urochordés</td><td>1300</td></tr>
<tr><td rowspan="6">Myoméro-zoaires</td><td colspan="5">4. Céphalocordés</td><td>13</td></tr>
<tr><td rowspan="5">Crâniates</td><td colspan="4">5. Myxinoïdes</td><td>22</td></tr>
<tr><td rowspan="4">Vertébrés</td><td colspan="3">6. Pétromyzontides</td><td>38</td></tr>
<tr><td rowspan="3">Gnatho-stomes</td><td colspan="2">7. Chondrichtyens</td><td>846</td></tr>
<tr><td rowspan="2">Ostéichtyens</td><td>8. Sarcoptérygiens</td><td>26 315</td></tr>
<tr><td>9. Actinoptérygiens</td><td>23 712</td></tr>
<tr><td colspan="9">Nombre d'espèces total</td><td>58 331</td></tr>
</table>

TABLEAU 50 : Classification phylogénétique des Échinodermes

CLADOGRAMME : 5 groupes monophylétiques			
ÉCHINODERMES			1. Crinoïdes
			2. Holothurides
			3. Échinides
			4. Ophiurides
			5. Astérides

TABLEAU 51 : Classification phylogénétique des Actinoptérygiens

CLADOGRAMME : 5 groupes monophylétiques					Nombre d'espèces
ACTINOPTERYGIENS				1. **Cladistiens**	10
	Actinoptères			2. **Chondrostéens**	26
		Néoptérygiens		3. **Ginglymodes**	7
			Halécostomes	4. **Halécomorphes**	1
				5. **Téléostéens**	23 668
				Nombre d'espèces total	**23 712**

TABLEAU 52 : **Classification phylogénétique des Téléostéens**

CLADOGRAMME : 15 groupes monophylétiques	
TÉLÉOSTÉENS	1. Ostéoglossomorphes
	2. Élopomorphes
	3. Clupéomorphes
	4. Ostariophyses
	5. Argentinoïdes
	6. Ésocoïdes
	7. Salmonoïdes
	8. Osméroïdes
	9. Stomiiformes
	10. Aulopoïdes
	11. Chlorophthalmidés
	12. Alépisauroïdes
	13. Atéléopodiformes
	14. Myctophiformes
	15. Acanthomorphes

TABLEAU 53 : Classification phylogénétique des Sarcoptérygiens

CLADOGRAMME : 11 groupes monophylétiques								Nombre d'espèces
SARCOPTERYGIENS							1. Actinistiens	1
	Rhipidistiens						2. Dipneustes	6
		Tétrapodes	Lissamphibiens				3. Gymnophiones	165
						Batraciens	4. Urodèles	429
							5. Anoures	4381
			Amniotes				6. Mammifères	4496
				Sauropsides			7. Chéloniens	290
					Diapsides	Lépidosauriens	8. Squamates	6850
							9. Sphénodontiens	2
						Archosauriens	10. Oiseaux	9672
							11. Crocodiliens	23
							Nombre d'espèces total	26 315

Tableau 54 : Classification phylogénétique des Squamates

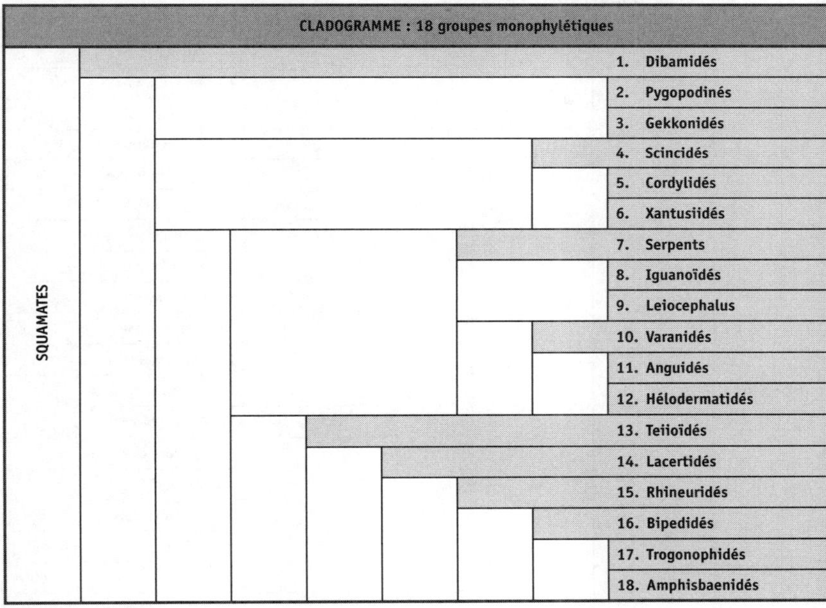

Tableau 55 : Classification phylogénétique des Oiseaux

CLADOGRAMME : 23 ordres monophylétiques						
OISEAUX						1. Paléognathes
	Néognathes	Galloansérées				2. Ansériformes
						3. Galliformes
		Néoaves				4. Psittaciformes
						5. Cuculiformes
						6. Strigiformes
						7. Caprimulgiformes
						8. Apodiformes
						9. Piciformes
						10. Passériformes
						11. Coliiformes
						12. Coraciiformes
						13. Ciconiiformes
						14. Gruiformes
						15. Charadriiformes
						16. Falconiformes
						17. Ardéidés
						18. Columbiformes
						19. Procellariiformes
						20. Pélécaniformes
						21. Sphénisciformes
						22. Podicipédiformes
						23. Gaviiformes

TABLEAU 56 : Classification phylogénétique des Mammifères

<table>
<tr><th colspan="13">CLADOGRAMME : 24 groupes monophylétiques</th><th>Nombre d'espèces</th></tr>
<tr><td rowspan="24">MAMMIFERES</td><td colspan="11"></td><td>1. Monotrèmes</td><td>3</td></tr>
<tr><td rowspan="23">Thériens</td><td colspan="10"></td><td>2. Marsupiaux</td><td>272</td></tr>
<tr><td rowspan="22">Euthériens</td><td colspan="9"></td><td>3. Xénarthres</td><td>29</td></tr>
<tr><td rowspan="21">Épithériens</td><td colspan="4" rowspan="6">Afrothériens</td><td colspan="2" rowspan="3">Afro-insectiphiles</td><td colspan="2"></td><td>4. Tubulidentés</td><td>1</td></tr>
<tr><td colspan="2" rowspan="2">Afro-insectivores</td><td>5. Afrosoricides</td><td>45</td></tr>
<tr><td>6. Macroscélides</td><td>15</td></tr>
<tr><td colspan="2" rowspan="3">Paenongulés</td><td colspan="2"></td><td>7. Hyracoïdes</td><td>6</td></tr>
<tr><td colspan="2" rowspan="2">Téthythériens</td><td>8. Proboscidiens</td><td>2</td></tr>
<tr><td>9. Siréniens</td><td>5</td></tr>
<tr><td rowspan="15">Boréoeuthériens</td><td colspan="3" rowspan="5">Euarchontoglires</td><td colspan="2" rowspan="3">Euarchontes</td><td colspan="2"></td><td>10. Dermoptères</td><td>2</td></tr>
<tr><td colspan="2" rowspan="2">Primates l.s.</td><td>11. Scandentiens</td><td>19</td></tr>
<tr><td>12. Primates s.s.</td><td>182</td></tr>
<tr><td colspan="4" rowspan="2">Glires</td><td>13. Lagomorphes</td><td>80</td></tr>
<tr><td>14. Rongeurs</td><td>2021</td></tr>
<tr><td rowspan="10">Leurasiathériens</td><td colspan="6"></td><td>15. Eulipotyphles</td><td>297</td></tr>
<tr><td rowspan="9">Scrotifères</td><td colspan="5"></td><td>16. Chiroptères</td><td>925</td></tr>
<tr><td rowspan="8">Fere-ongulés</td><td colspan="4"></td><td>17. Périssodactyles</td><td>18</td></tr>
<tr><td colspan="4" rowspan="2">Ferae</td><td>18. Carnivores</td><td>271</td></tr>
<tr><td>19. Pholidotes</td><td>7</td></tr>
<tr><td rowspan="5">Cétartiodactyles</td><td colspan="3"></td><td>20. Tylopodes</td><td>6</td></tr>
<tr><td rowspan="4">Non nommé</td><td colspan="2"></td><td>21. Suines</td><td>19</td></tr>
<tr><td rowspan="3">Non nommé</td><td></td><td>22. Ruminants</td><td>191</td></tr>
<tr><td rowspan="2">Non nommé</td><td>23. Hippopothamidés</td><td>2</td></tr>
<tr><td>24. Cétacés</td><td>78</td></tr>
<tr><td colspan="13">**Nombre d'espèces total**</td><td>**4496**</td></tr>
</table>

TABLEAU 57 : Classification phylogénétique des Primates

CLADOGRAMME : 10 groupes monophylétiques									Nombre d'espèces
PRIMATES	Strepsirrhiniens							1. Lorisiformes	10
								2. Lémuriformes	22
	Haplorrhiniens							3. Tarsiiformes	3
		Simiiformes						4. Platyrrhiniens	51
			Catarrhiniens					5. Cercopithécoïdes	82
				Hominoïdes				6. Hylobatoïdés	9
					Hominoïdés			7. Pongidés	1
						Hominidés		8. Gorillinés	1
							Homininés	9. Hominines	1
								10. Panines	2
								Nombre d'espèces total	**182**

Index anglais-français

A

Index anglais-français

Index anglais-français

B

Index anglais-français

Binucleate	Binucléé
Binucleolate	Binucléolé
Bioaccumulation	Bioaccumulation
Bioacoustics	Bioacoustique
Bioastronomy	Bioastronomie
Bioavailability	Biodisponibilité
Bioavailable	Biodisponible
Bioc(o)enology	Biocénologie ou Biocœnologie
Bioc(o)enosis	Biocénose ou Biocœnose
Biocatalyst	Biocatalyseur
Biocenotics	Biocénotique ou Biocœnotique
Biochemistry	Biochimie
Biochory	Biochorie
Bioclimatology	Bioclimatologie
Bioconcentration	Bioconcentration
Bioconversion	Bioconversion
Biocycle	Biocycle
Biocytin	Biocytine
Biodegradation	Biodégradation
Biodiversity	Biodiversité
Bioelectricity	Bioélectricité
Bioelement	Bioélément
Bioenergetic	Bioénergétique (adj.)
Bioenergetics	Bioénergétique (n. f.)
Biofacies	Biofaciès
Biogenesis	Biogenèse
Biogenic	Biogène
Biogenic amine	Amine biogène
Biogeocenosis	Biogéocœnose ou Biogéocénose
Biogeocyle	Biogéocycle
Biogeographical empire	Empire biogéographique
Biogeography	Biogéographie
Bioindicator	Bio-indicateur (n. et adj.)
Biolistics	Biolistique
Biologic cycle	Cycle biologique
Biological clock	Horloge biologique
Biological diversity	Diversité biologique
Biological rhythm	Rythme biologique
Biological type	Type biologique
Biology	Biologie
Bioluminescence	Bioluminescence
Biomagnetism	Biomagnétisme
Biomagnification	Bioamplification
Biomass	Biomasse
Biome	Biome
Biomechanics	Biomécanique
Biometeorology	Biométéorologie
Biomethane	Biométhane
Biometry	Biométrie
Biomorphosis	Biomorphose
Bionomic	Bionomique
Bionomy	Bionomie
Biophagous	Biophage
Biophylaxis	Biophylaxie
Biophysics	Biophysique
Biopolymer	Biopolymère
Biopsy	Biopsie
Biorhexistasy	Biorhexistasie
Biorythm	Biorythme
Biosciences	Biosciences
Biosome	Biosome
Biosphere	Biosphère
Biostratigraphy	Biostratigraphie
Biosynthesis	Biosynthèse
Biotechnology	Biotechnologie
Biotecton	Biotecton
Biotic	Biotique
Biotin	Biotine
Biotope	Biotope
Biotrophic	Biotrophe
Biovular	Biovulaire
Biparous cyme	Cyme bipare
Biped	Bipède
Bipennate	Bipenné, Bipenne
Bipinnaria	Bipinnaria
Bipolar cell	Cellule bipolaire
Birch stand	Bétulaie
Bird of prey	Rapace
Bischoff crown	Couronne de Bischoff
Bisexual	Bisexué
Bisporic	Bisporique
Bithorax	Bithorax
Bivalent	Bivalent
Bivalve	Bivalve
Bivitelline	Bivitellin
Bivoltine	Bivoltin
Bladder	Vessie
Blastema	Blastème
Blastoconidium	Blastoconidie
Blastocoele	Blastocœle, Blastocèle
Blastocyst	Blastocyste
Blastoderm	Blastoderme
Blastodermic vesicle	Vésicule blastodermique
Blastodisc	Blastodisque
Blastogenesis	Blastogenèse
Blastokinesis	Blastokinèse
Blastomere	Blastomère
Blastopore	Blastopore
Blastopore cleft	Fente blastoporale
Blastopore lip	Lèvre blastoporale
Blastospore	Blastospore
Blastostyle	Blastostyle
Blastozoid	Blastozoïde ou Blastozoïte
Blepharoplast	Blépharoplaste
Blood	Sang
Blood corpuscle	Globule sanguin
Blood group	Groupe sanguin érythrocytaire
Blood platelet	Plaquette sanguine
Blood vessel	Vaisseau sanguin
Bloom	Efflorescence
Bloom	Pruine
Blowhole	Évent
Body of vertebrae	Corps vertébral
Bolochory	Bolochorie
Bombykol	Bombycol
Bone	Arête (Poissons)
Bone	Os
Bone marrow	Moelle osseuse
Botanical	Botanique (adj.)
Botanist	Botaniste
Botany	Botanique (n. f.)
Bough	Rameau
Boughs	Branchage
Boughs	Ramure (arbre)
Bovery's rule	Loi de Boveri
Bowman's capsule	Capsule de Bowman
Bowman's cell	Cellule de Bowman
Bowman's gland	Glande de Bowman
Brachiation	Brachiation
Brachidium	Brachidium
Brachyblast	Brachyblaste
Brachycephalic	Brachycéphale (adj.)
Brachyodont	Brachyodonte
Brachyptery	Brachyptérie
Bract	Bractée
Bracteole	Bractéole
Bradykinin	Bradykinine
Bradykininogen	Bradykininogène
Bradymetabolous	Bradymétabole (adj.)
Brain	Cerveau

C

Index anglais-français

D

E

F

G

H

Heterothallism	Hétérothallisme
Heterothermal	Hétérotherme
Heterotopic	Hétérotopique
Heterotrophic	Hétérotrophe (adj.)
Heteroxenous	Hétéroxène
Heterozygous	Hétérozygote
Hexacanth	Hexacanthe
Hexokinase	Hexokinase
Hexosamine	Hexosamine
Hexose	Hexose
Hibernacle	Hibernacle
Hibernaculum	Hibernaculum
Hibernation	Hibernation
Hiemal	Hiémal
Hiemation	Hiémation
Hill	Collinéen
Hill reaction	Réaction de Hill
Hilum	Hile
Hinge	Charnière
Hippocampus	Hippocampe
Hippuric acid	Acide hippurique
Hirudin	Hirudine
Histamine	Histamine
Histaminocyte	Histaminocyte
Histidine	Histidine
Histiocyte	Histiocyte
Histoautoradiography	Histoautoradiographie
Histochemistry	Histochimie
Histocompatibility	Histocompatibilité
Histogenesis	Histogenèse ou Histogénèse
Histological section	Coupe histologique
Histology	Histologie
Histolysis	Histolyse
Histone	Histone
Histotrophic	Histotrophique
HLA	HLA
Hock	Jarret
Holandric	Holandrique
Holandric inheritance	Hérédité holandrique
Hole	Terrier (Lapin)
Holobiotic	Holobiotique
Holoblastic	Holoblastique
Holocrine	Holocrine
Holoenzyme	Holoenzyme
Hologamy	Hologamie
Hololecithal	Hololécithe
Holomerocrine	Holomérocrine
Holometabolous	Holométabole (adj.)
Holoparasite	Holoparasite
Holoplankton	Holoplancton
Holopneustic	Holopneustique
Holorepressor	Holorépresseur
Holosaprophyte	Holosaprophyte
Holoside	Holoside
Holotype	Holotype
Homeobox	Homéoboîte, Homéobox
Homeodomain	Homéodomaine
Homeogene	Homéogène
Homeomerous	Homéomère
Homeoprotein	Homéoprotéine
Homeosis	Homéosis
Homeostasis	Homéostase
Homeostasis	Homéostasie
Homeothermic	Homéotherme
Homeotic	Homéotique
Homeotic mutation	Mutation homéotique
Homeotypic	Homéotypique
Homing	Écotaxie
Hominization	Hominisation
Homoallele	Homoallèle
Homobasidium	Homobaside
Homocercal	Homocerque
Homochromy	Homochromie
Homocysteine	Homocystéine
Homodont	Homodonte
Homoduplex	Homoduplex
Homogametic	Homogamétique
Homogamy	Homogamie
Homograft	Homogreffe
Homologous	Homologue
Homomorph	Homomorphe
Homopetalous	Homopétale
Homophany	Homophanie
Homophytism	Homophytisme
Homoplastic	Homoplastique
Homoprothallism	Homoprothallie
Homospory	Homosporie
Homothallism	Homothallisme
Homozygote	Homozygote (n.)
Homozygous	Homozygote (adj.)
Honey	Miel
Honey dew	Miellat
Hoof	Sabot
Hordein	Hordéine
Horizontal cell	Cellule horizontale
Hormetic	Hormétique
Hormogonium	Hormogonie
Hormone	Hormone
Horn	Corne
Horn cell	Cellule kératinisée
Horned	Cornu
Horripilation	Horripilation
Hortega's cell	Cellule de Hortega
Host	Hôte
Host cell	Cellule hôte
Hot spot	Point chaud
Hox	Hox
HSP	HSP
Hull	Cosse
Hull	Brou
Humerus	Humérus
Humicolous	Humicole
Humification	Humification
Husk	Coque
Husk	Cosse
Husk	Brou
Hyaline cartilage	Cartilage hyalin
Hyalocyst	Hyalocyste
Hyaloplasm	Hyaloplasme
Hyaluronic acid	Acide hyaluronique
Hyaluronidase	Hyaluronidase
Hybrid	Hybride
Hybrid DNA	ADN hybride
Hybridization	Hybridation
Hybridoma	Hybridome
Hybris vigo(u)r	Vigueur hybride
Hydathode	Hydatode ou Hydathode
Hydatid	Hydatide
Hydnoid	Hydnoïde
Hydraemia	Hydrémie ou Hydrohémie
Hydranth	Hydranthe
Hydrobiology	Hydrobiologie
Hydrobiont	Hydrobionte
Hydrobios	Hydrobios
Hydrocaulus	Hydrocaule
Hydrochory	Hydrochorie
Hydrocortisone	Hydrocortisone
Hydrocyte	Hydrocyte
Hydrogamy	Hydrogamie
Hydrogen bond	Liaison hydrogène

I

J

K

L

M

N

O

P

Q

R

S

T

U

V

WXY

Z